Helmuth Gericke

Mathematik in Antike, Orient und Abendland

Helmuth Gericke

Mathematik in Antike und Orient

marix verlag

Vorwort

Geschichte der Mathematik ist an den Universitäten der Bundesrepublik kein Prüfungsgebiet. Der Dozent muß sich daher überlegen, 1) welchen Zeitaufwand er interessierten Studenten zumuten kann, 2) wieviel Zeit er braucht, um etwas mehr als einen oberflächlichen Überblick zu bieten. Ich habe eine sich über zwei Semester erstreckende zweistündige Vorlesung als angemessen angesehen und mehrmals solche Vorlesungen gehalten. Das vorliegende Buch enthält den Stoff des ersten der beiden Semester. (Im zweiten Semester wird die Geschichte der Mathematik im Abendland behandelt.)

Ohne den berühmten „Mut zur Lücke" geht es natürlich nicht. Meine Absicht war, möglichst nahe an die Originale heranzuführen und dabei die Art des mathematischen Denkens der verschiedenen Völker zu verschiedenen Zeiten sichtbar werden zu lassen. Wichtiger als die vollständige Aufzählung aller mathematischen Leistungen war mir die vollständige Durchführung der einzelnen Beispiele. Dabei habe ich mich bemüht, den Gedankengang lückenlos darzustellen, erwarte aber, daß der Leser einfache Schlüsse und besonders einfache Rechnungen selbst durchführt.

Ein Werk wie das vorliegende erhebt keinen Anspruch auf Originalität. Im Laufe vieler Jahre habe ich mit vielen Kollegen mathematische Fragen besprochen und viel dabei gelernt. Das meiste und wichtigste verdanke ich der langjährigen Zusammenarbeit mit Kurt Vogel, sehr viel auch der gemeinsamen Arbeit mit den Mitgliedern des Instituts für Geschichte der Naturwissenschaften an der Universität München, Kurt Elfering, Menso Folkerts (der auch die Korrekturen mitgelesen hat), Brigitte Hoppe, Winfried Petri, Karin Reich und Ivo Schneider. Auch Kollegen anderer Fächer, insbesondere der orientalistischen, haben mir durch Auskünfte und Informationen geholfen. Für sehr viel Rat und Hilfe bei der chinesischen Mathematik und Geschichte danke ich Herrn Hermann Kogelschatz, für wichtige mathematisch-kritische Hinweise Herrn Günter Pickert. (Selbstverständlich bin ich für eventuelle Fehler allein verantwortlich.)

Viele Anregungen verdanke ich dem mathematikhistorischen Kolloquium in Oberwolfach, das Joseph Ehrenfried Hofmann ins Leben gerufen und in jedem Jahr bis zu seinem Tode geleitet hat. Seine eindringlichen Bemühungen um Genauigkeit mathematikhistorischer Forschung haben ihren Eindruck nicht verfehlt.

Für ausgezeichnete Arbeitsbedingungen danke ich dem Deutschen Museum in München, insbesondere dem früheren und dem jetzigen Direktor seiner Bibliothek, den Herren Friedrich Klemm und Ernst H. Berninger.

Dem Verlag danke ich für liebenswürdige und geduldige Beratung und Hilfe bei der Gestaltung des Buches, die sich bis ins einzelne erstreckte, und für die große Sorgfalt der Ausführung.

Möge das Buch dazu beitragen, die Freude an der Mathematikgeschichte zu fördern.

Freiburg, im Januar 1984 Helmuth Gericke

Hinweise für den Leser

Spitze Klammern ⟨ ⟩ bezeichnen eigene Einfügungen und Erläuterungen.

Eckige Klammern [ ] bezeichnen Verweisungen.

Literatur und Quellenangaben sind in Kap. 4 zusammengefaßt, und zwar in der gleichen Gliederung nach Kulturkreisen wie in den Kapiteln 1–3, d. h. die zum Abschnitt 1.1 gehörigen Angaben stehen in 4.1.1, die zum Abschnitt 1.2 gehörigen in 4.1.2 usw. Ein Beispiel: In Kap. 2 steht (S. 77): „Proklos berichtet [S. 157] ..." Dieses Zitat ist in Kap. 4.2 unter „Proklos" nachzuschlagen. Dort findet man (S. 249), daß Proklos' Euklidkommentar nach der Ausgabe von Friedlein zitiert wird, und in dieser Ausgabe steht das erwähnte Zitat auf S. 157.

Zweitliteratur, die sich auf nur einen antiken Autor bezieht, ist bei diesem angegeben, sonst unter „Gesamtdarstellungen" oder „Weitere Literatur". Das Ziel war dabei, die zu einem Autor gehörige Literatur bei diesem zusammenzufassen und andererseits die Angaben allgemeinerer Literatur nicht durch die Angaben von Spezialarbeiten zu belasten.

Zitierte Werke von abendländischen Mathematikern sind in Abschnitt 4.4 aufgeführt. Ausführliche Angaben gehören in eine Geschichte der Mathematik des Abendlandes; hier sind nur die zum Auffinden des Zitats nötigen Angaben gemacht. Auf sie wird im Text durch [4.4] hingewiesen.

Das Kap. 4 dient zugleich als Namensindex. Hier sind in eckigen Klammern die Seiten von Kap. 1–3 angegeben, auf denen der betr. Autor erwähnt ist.

Errata:
in „Mathematik in Antike und Orient"

S. 34 am Ende der Zeile 12: Quadrat<u>zahl</u> (nicht: Quadratwurzel).

S. 55, Zeile 1: Pr. <u>3</u>5–38 (nicht 25...).

S. 123, Zeilen 13 und 15:

In jeder der beiden Formeln ist $\frac{1}{2\pi}$ zu ersetzen durch $\frac{1}{\pi/4}$.

S. 232, Diokles, um 100 <u>v.</u> Chr. (nicht n. Chr.).

S. 245, Bei Leon. 2. Zeile: Ma<u>gn</u>aurapalast (nicht Madaura...).

S. 283, 6. Zeile der Tabelle 3<u>2</u>2–185 (nicht 332).

S. 283, 8. Zeile der Tabelle 2<u>7</u>2–<u>2</u>36 (nicht 336).

Abkürzungen

Nachschlagewerke und Gesamtdarstellungen

Sie wurden selbstverständlich immer benutzt, aber nur in Ausnahmefällen zitiert, z. B. wenn ein längeres Zitat wörtlich übernommen wurde.

Diels: Diels, H.: Fragmente der Vorsokratiker. Siehe S. 221.
DSB: Dictionary of Scientific Biography. (S. 215).
L. arab. W.: Lexikon der arabischen Welt. (S. 262).
LAW: Lexikon der Alten Welt. (S. 221).
Oxf.: The Oxford Classical Dictionary. (S. 221).
Pog.: Poggendorff's Handwörterbuch. (S. 215).
RE: Pauly-Wissowa, Realencyclopädie. (S. 221).
Sen: Bose, Sen, Subbarayappa: History of Science in India. (S. 221).
TL: Tusculum-Lexikon. (S. 221).

Textausgaben und Museumssignaturen

für babylonische Texte S. 219, für ägyptische Texte S. 220.

Zeitschriftentitel

Arch. Hist. Exact Sci.: Archive for History of Exact Sciences. New York, Heidelberg, Berlin: Springer. Seit 1960.
Bibl. Math.: Bibliotheca Mathematica. Ed. G. Eneström, Stockholm. Serie 1: 1884–1886. Serie 2: *1*, 1887 - *13*, 1894. Serie 3: *1*, 1900 - *14*, 1913/14.
Hist. Math.: Historia Mathematica. New York: Academic Press. Seit 1974.
Qu. u. St.: Quellen und Studien zur Geschichte der Mathematik, Astronomie und Physik. Berlin: Springer.
Abt. A. Quellen. Bd. 1, 1930 - Bd. 4, 1936.
Abt. B. Studien. *1*, 1929 - *4*, 1938.
Sonst sind Zeitschriftentitel nur soweit abgekürzt, daß der Titel deutlich erkennbar bleibt.

Sonstiges

Für „Opera omnia" und alle ähnlichen Bezeichnungen ist stets die Abkürzung „Op." verwendet. Übersetzungen sind durch d. = deutsch, e. = englisch, f. = französisch bezeichnet.

Bei mehreren Werken desselben Verfassers ist jeweils vor dem Titel eine Abkürzung angegeben, die beim Zitieren benutzt wird.

Wenn Originaltexte in „Bücher" eingeteilt sind, sind diese mit römischen Ziffern bezeichnet.

Inhaltsverzeichnis

1. Vorgriechische Mathematik

1.1 Prähistorische Mathematik

1.1.1 Rechensteine

Unter „Vorgeschichte“ versteht man bekanntlich die Geschichte der Zeit, in der noch keine Schrift existierte. Man wird aus dieser Zeit nicht viele Dokumente mathematischer Kenntnisse erwarten, aber man kann doch annehmen, daß die Menschen schon zählen und vielleicht etwas rechnen konnten, bevor sie schreiben lernten. Es sind einige sehr alte Mammutknochen gefunden worden, auf denen Striche eingeritzt sind, sogar in einer gewissen Anordnung und Gruppierung, die man als Notizen von Zahlen ansehen kann.

An vielen Stellen im Orient, von Kleinasien bis zum Industal, hat man kleine geometrische Körperchen aus Ton gefunden, Kugeln, Scheibchen, Kegel, Zylinder und andere Figuren, 1 bis 3 cm groß; manchmal waren mehrere solche Objekte in kleinen Tongefäßen gesammelt, die durch einen Deckel verschlossen waren. Sie stammen aus verschiedenen Zeiten vom 9. bis 2. Jahrtausend v. Chr. Allein in Jarmo im Irak fand man 1 153 Kugeln, 206 Scheibchen und 106 Kegel aus dem 7. Jahrtausend v. Chr. Denise Schmandt-Besserat interpretiert diese Körperchen als Repräsentanten von Handelsware [P. W., S. 41, 47]. Wenn z. B. ein Händler mit 3 Kühen und 5 Schafen (oder anderen Waren, D. Schmandt-Besserat denkt an Textilien oder andere Handwerkserzeugnisse) über Land geschickt wurde, so bekam er ein solches Gefäß mit 3 Kegeln und 5 Scheibchen mit, das zur Kontrolle dem Empfänger verschlossen abgeliefert werden mußte. Zu noch größerer Sicherheit wurden manchmal die in dem Gefäß enthaltenen Körper auf der Außenseite aufgezeichnet.

Auf manchen dieser Körperchen sind Striche zu sehen, oder Vertiefungen, die durch Eindrücken eines runden Stabes entstanden sein können. Vielleicht wurde die Anzahl der Gegenstände auch in dieser Weise angegeben.

Man wird wohl auch auf den Gedanken gekommen sein, daß die Zeichnungen allein genügen, daß man die Körperchen gar nicht braucht. Das könnte ein Schritt auf dem Wege zur Schrift gewesen sein. Die ältesten sumerischen Zahl- und Schriftzeichen haben anscheinend gewisse Ähnlichkeit mit einigen der alten Zeichnungen.

Wie problematisch eine solche Interpretation ist, sieht man daraus, daß solche Körperchen, die z. T. durchlöchert sind, auch als Amulette gedeutet worden sind. Die geschilderte Interpretation als Rechensteine scheint recht plausibel zu sein.

S. auch Damerow u. Lefèvre unter 4.0.2.2.

1.1.2 Geometrie

Geometrisches findet man z. B. in Ornamenten [Vogel, K.: VM Bd. 1], aber auch in den Grundrissen megalithischer Bauwerke, von denen Stonehenge wohl das bekannteste ist. Man hat, hauptsächlich auf den Britischen Inseln, viele solche Steinsetzungen, auch Holzkonstruktionen, etwa aus der Zeit um 2000 v. Chr., gefunden und an ihnen nicht nur astronomische, sondern auch mathematische Konstruktionsprinzipien entdeckt. A. Thom hat über 600 solche Bauwerke vermessen und untersucht, hat die Grundrisse in Typen eingeteilt (Kreise, Ellipsen, abgeflachte Kreise, eiförmige Ringe und komplizierter zusammengesetzte Figuren) und Theorien für die geometrische Konstruktion angegeben, die von anderen Forschern teils abgewandelt, teils kritisch besprochen worden sind. Alle denkbaren Gesichtspunkte bespricht Heggie. Van der Waerden hat wichtige Schlüsse für die Mathematikgeschichte gezogen [Prebab. M. und GAAC].

Die untersuchten Steinsetzungen sind wahrscheinlich oft Gräber oder dienten kultischen Zwecken. In solchen Fällen können aus magischen Gründen exakte Konstruktionen gefordert sein. Der Grundriß ist oft ein Kreis oder eine Ellipse. Wenn man sich vorstellt, daß die Konstruktionen mit Schnüren ausgeführt wurden, wie das aus späterer Zeit von den Indern überliefert ist, so kann ein Kreis mit einer geschlossenen Schnur gezogen werden, die um einen festen Pflock herumbewegt wird, und mit zwei festen Pflöcken könnte man eine Ellipse erhalten. Cowan und Agnell haben Konstruktionen mit Schnüren und Leitpflöcken auch für andere Figuren ausgearbeitet. Freilich führen oft verschiedene Konstruktionen zu Grundrissen, die mit den vorgefundenen hinreichend übereinstimmen; wie es wirklich gemacht wurde, bleibt unbekannt.

33 Grundrisse haben Formen, die Thom als „abgeflachte Kreise" bezeichnet. Sie lassen sich so beschreiben (Abb. 1.1 und 1.2): Man zeichnet um O einen Kreis $AMPN$. Der Radius OA sei mit r bezeichnet. Dann nimmt man vom Durchmesser AP ein Stück weg – manchmal 1/12, manchmal 2/14 –, schlägt mit AB um A den Kreis und rundet die Ecken (nach Augenmaß oder Gefühl) ab.

Thom hat für das Abrunden genaue Vorschriften angegeben, die eine andere Vorstellung von der Konstruktion voraussetzen. Nach der Zeichnung des Kreises $AMPN$ bestimmt man die Punkte C, G so, daß der Bogen CG ein Drittel des Kreisumfangs ist. Das kann man z. B. erreichen, indem man um P einen Kreis mit dem Radius r zeichnet. Dann halbiert man die Strecken OC und OG und zeichnet um die Mittelpunkte E bzw. E' die Kreisbögen CH und GK mit dem Radius $CE = r/2$, sodann den Bogen HK mit dem Radius AH $(=AB)$. Technisch könnte man das so machen: Man schlägt in E und E' je einen Pflock ein, befestigt eine Schnur in A und legt sie um E herum bis C. Bewegt man das freie Ende, so beschreibt es den Bogen $CHBKG$.

Wir (!) können die Länge $AB = AE + EC$ so berechnen: Da das Dreieck OCP gleichseitig und $OE = \frac{1}{2} OC = \frac{r}{2}$ ist, ergibt sich

$$OF = \frac{r}{4}, \quad FE = \frac{r}{4} \cdot \sqrt{3},$$

also $$AE^2 = AF^2 + FE^2 = \left(\frac{5}{4} r\right)^2 + \left(\frac{r}{4} \cdot \sqrt{3}\right)^2,$$

$$AE = \frac{r}{2} \cdot \sqrt{7}.$$

Setzen wir näherungsweise $\sqrt{7} = \frac{8}{3}$, so wird $AE = \frac{4}{3} r$,

$$AB = AE + EC = \frac{11}{6} r = \frac{11}{12} MN.$$

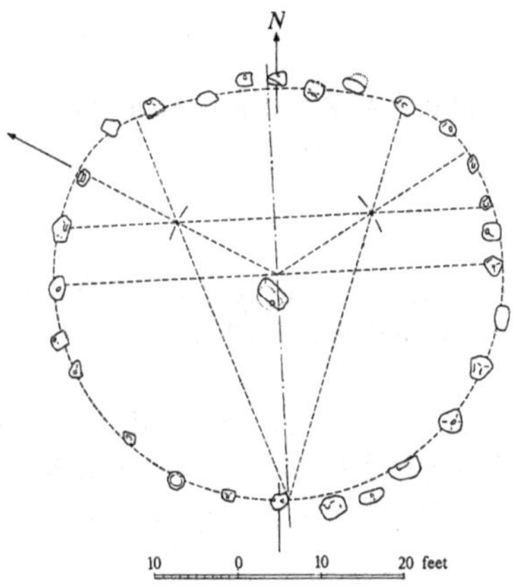

Abb. 1.1. Cambret Moor [Thom, S. 64]

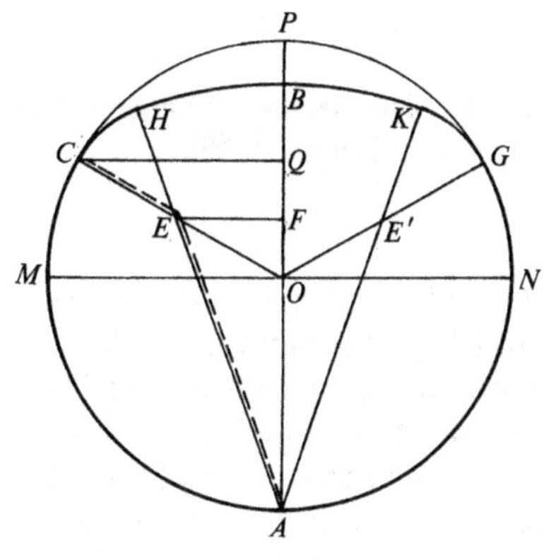

Abb. 1.2. Konstruktionsskizze zu Cambret Moor

Bei dieser Konstruktion ist die mehrmals vorkommende Wahl des Verhältnisses $\frac{AB}{MN} = \frac{11}{12} = 0{,}91$ motiviert. Es kommen aber auch andere Verhältnisse vor, nämlich mehrmals 0,86 und vereinzelt 0,93 und 0,81. Thom gibt auch für diese Verhältnisse exakte Konstruktionsvorschriften an.

Die Lage der Steine auf den Abrundungsbögen ist nicht so genau, daß daraus entschieden werden könnte, ob diese Bögen exakt konstruiert oder nach Gefühl gezogen wurden. Die exakten Konstruktionen liefern zwar die vorgefundenen Werte, aber das Auftreten mehrerer verschiedener Werte läßt doch an eine gewisse Willkür denken.

10 Grundrisse bezeichnet Thom als „eiförmige Ringe“. Sie bestehen aus den Bögen von zwei Kreisen, die in 6 Fällen durch Abrundungsbögen (Typ I), in 4 Fällen durch die gemeinsamen Tangenten verbunden werden. Ich bespreche hier nur den Typ I, für den der „Druidentempel“ (Abb. 1.3) ein besonders schönes Beispiel ist.

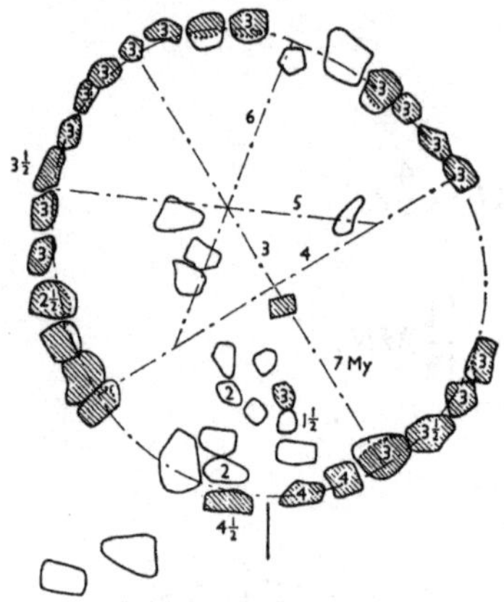

Abb. 1.3. Druidentempel, innerer Ring [Thom, S. 69]

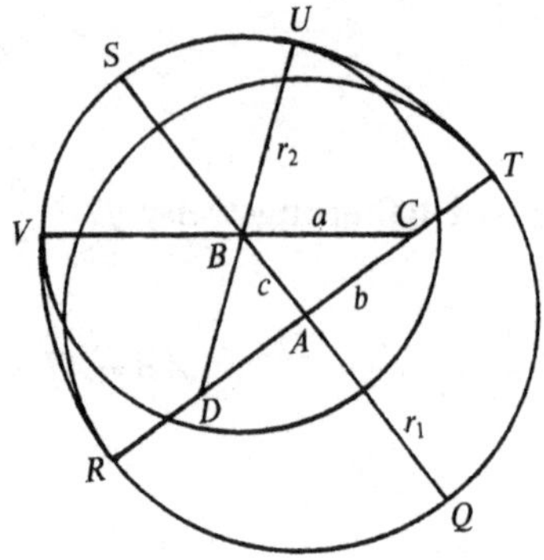

Abb. 1.4. Konstruktionsskizze

Die Maße des Druidentempels sprechen dafür, daß eine Maßeinheit von 83 cm Länge verwendet wurde, die Thom auch in anderen Fällen gefunden hat; er nennt sie „megalithic yard (*MY*)“.

Wir wollen zunächst einmal rechnen und dabei von der Vorstellung ausgehen, daß der Erbauer die Maße $AB=c$, r_1 und r_2, die Radien der beiden Kreise, festgelegt hat und nun die Lage des Punktes C, des Mittelpunktes des Verbindungsbogens, ermitteln will. Wir setzen

$$BC=a,\ CA=b \text{ und } r_1-r_2=d.$$

Es muß $CR=b+r_1=CV=a+r_2$ sein, also $a-b=d$.
Ferner ist

(P) $$c^2=a^2-b^2=(a+b)(a-b),$$

also

$$a+b=\frac{c^2}{d},$$

$$a=\frac{1}{2}\left(\frac{c^2}{d}+d\right),\quad b=\frac{1}{2}\left(\frac{c^2}{d}-d\right).$$

Wir bemerken: Das bei dieser Konstruktion auftretende rechtwinklige Dreieck ABC hat immer dann (nicht nur dann) ganzzahlige Seiten, evtl. nach Multiplikation mit 2, wenn c und d ganze Zahlen sind und c^2 durch d teilbar ist. Ein ähnliches Problem behandeln die Sulbasūtras (s. S. 67) und Brahmagupta (s. S. 190).

Sind die Erbauer vielleicht von dem Dreieck ABC ausgegangen, d. h. haben sie sich zuerst ein pythagoreisches Zahlentripel ausgedacht und danach ihren Bauplan entworfen?

Technisch könnte man so vorgehen: Die Punkte A, B, C werden im Gelände durch Pflöcke festgelegt. Man muß dann noch den Radius r_1 willkürlich wählen. Nun befestigt man in C eine Schnur von der Länge $b+r_1$ und führt sie um A herum bis zurück zum Punkt T. Bewegt man das freie Ende, so erhält man den Bogen $TQRVSU$. Für das letzte Stück UT muß man die Schnur in D befestigen.

Beim Druidentempel und bei drei weiteren Bauten hat das Dreieck das Seitenverhältnis 3:4:5. Dieses Dreieck könnte bei Handwerkern schon in früher Zeit bekannt gewesen sein; es ist ein bequemes Mittel, um rechte Winkel, z. B. bei Türen und Türrahmen, zu kontrollieren. Bei diesen Bauten kann man sich verhältnismäßig leicht vorstellen, daß die Grundrißkonstruktion von diesem Dreieck ausgegangen ist. Problematischer ist das im 5. Fall, wo das nicht genau rechtwinklige Dreieck mit den Seiten $5\frac{1}{2}$, $6\frac{1}{2}$, $8\frac{1}{2}$ auftritt ($11^2+13^2=290$, $17^2=289$), und bei dem 6. Fall (Woodhenge), den wir noch besprechen wollen.

Woodhenge ist ein Holzbauwerk, von dem nur die Reste der Pfosten im Boden gefunden wurden. Die Radiokarbon-Methode ergibt, daß es etwa um 1800 v. Chr. gebaut wurde. Zu dieser Zeit war die babylonische Mathematik bereits auf ihrem Höhepunkt, und man konnte dort auch pythagoreische Zahlentripel berechnen. Aber man konnte dort auch seit 1000 Jahren schreiben.

Wie das Bauwerk Woodhenge ausgesehen haben könnte, zeigt Abb. 1.6. Erhalten ist jedoch, wie gesagt, nur der Grundriß (Abb. 1.5). Er besteht aus 6 parallelen Ringen; es muß also eine verhältnismäßig genaue Konstruktion angenommen werden.

Thom geht von den Werten $AB=c=6\,MY$, $r_1-r_2=1\,MY$ aus und erhält $BC=a=18\frac{1}{2}MY$, $AC=b=17\frac{1}{2}MY$. Hat der Erbauer wirklich dieses pythagoreische Zahlentripel gekannt? Dann wäre ihm ein hohes Niveau mathematischer Kenntnis zuzuschreiben.

Da die Konstruktionslinien doch nicht ganz genau durch die Pfosten gehen und die Punkte A, B, C, D im Gelände nicht markiert sind, sondern als Mittelpunkte der Kreise rekonstruiert werden müssen (was besonders bei den Punkten C, D sehr unsicher ist), sei eine Variante erlaubt. In der Zeichnung von Thom ist $r_1=10$ mm, $AB=12{,}5$ mm, $r_2=7{,}5$ mm. Wenn ich von der problematischen Voraussetzung ausgehe, daß diese Messung an der kleinen Figur genau genug ist, liegt es nahe, eine Längeneinheit anzunehmen, die im Plan 2,5 mm und nach dem angegebenen Maßstab in der Natur ca. 1 m lang ist. Ich nenne sie Doppelelle (*DE*). Dann ist $AB = c = 5\,DE$, und die Kreisradien des inneren Ringes sind $r_1 = 4\,DE$, $r_2 = 3\,DE$. (Bei Thom ist $r_1 = 4{,}92\,MY$, $r_2 = 3{,}92\,MY$; die Differenz würde im Gelände bei r_2 ca. 20 cm betragen.)

Die Rechnung ergibt mit $c = 5$, $d = 1$ die Werte: $b = 12\,DE$, $a = 13\,DE$, also selbstverständlich auch ein pythagoreisches Zahlentripel, aber ein anderes. Die

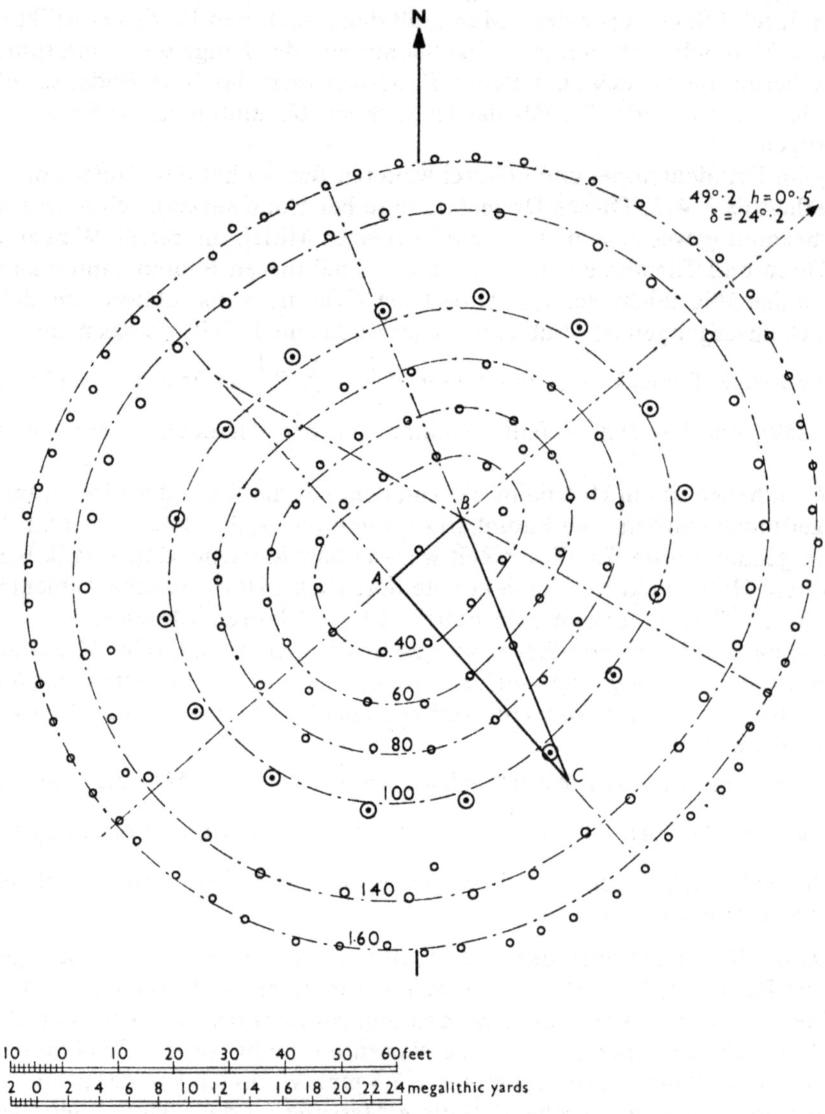

Abb. 1.5. Grundriß von Woodhenge [Thom, S. 74].
Die Zahlen an den Ringen sind die Umfänge in Megalithic Yard

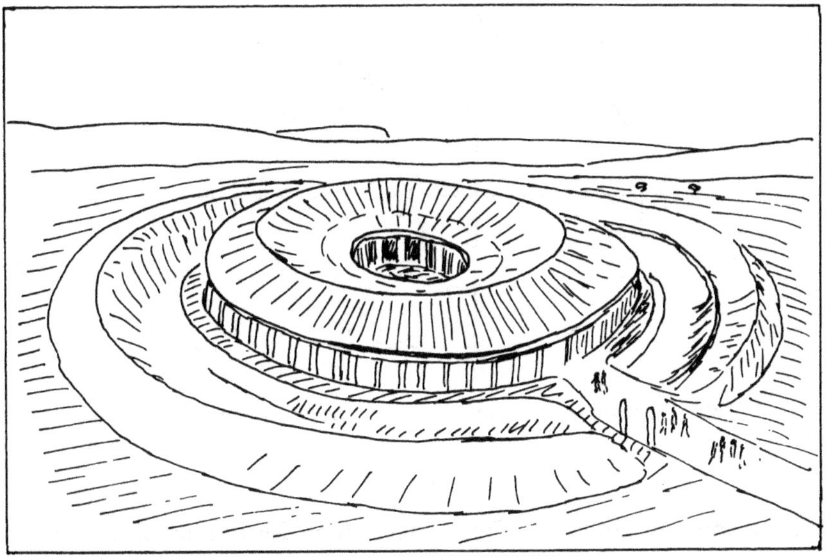

Abb. 1.6. Wie Woodhenge ausgesehen haben könnte. Skizze nach einem Bild von Alan Sorrell [Ashbee, Pl. 30 b]

Punkte *C*, *D* liegen nach dieser Rechnung auf dem durch die stärkeren Pfosten gekennzeichneten Hauptring, der im Bild der Außenfront des Gebäudes entsprechen würde. Die Lage der Pfosten auf den Verbindungsbögen ist auch mit dieser Annahme über die Lage der Punkte *C*, *D* verträglich.

Die Lage der Pfosten ist nach meiner Ansicht auch mit der Annahme verträglich, daß die Verbindungsbögen gar nicht als exakte Kreisbögen konstruiert, sondern nach Augenmaß gezogen wurden, oder mit der Annahme, daß sie zwar als Kreisbögen gedacht waren, aber der Punkt *C* durch Probieren gefunden wurde. Dann hätte der Erbauer das Auftreten des pythagoreischen Tripels gar nicht bemerkt. Dagegen läßt sich freilich sagen, daß man damals bei ungenauer Konstruktion von Kultbauten mit dem Zorn der Götter rechnen mußte.

Wenn die Punkte *C*, *D* auf dem Hauptring liegen, so gestattet das eine andere Annahme über die Konstruktion, die nicht von dem inneren Ring, sondern vom Hauptring ausgeht: Man wähle den Punkt *A* und die Richtung *AB* (nicht notwendig den Punkt *B*); in Woodhenge zeigt sie zum Punkt des Sonnenaufgangs zur Zeit der Sommersonnenwende. Man konstruiert die zu *AB* senkrechte Richtung und wählt auf ihr (evtl. ohne zu messen) einen Punkt *C*. Nun konstruiert man wie schon oben ausgeführt: Man schlägt in *A* einen Pflock ein, befestigt in *C* eine Schnur und führt sie um *A* herum wieder bis zum Punkt *C* (s. Abb. 1.7). Mit dem freien Ende zeichnet man den Halbkreis *CFD*. Beim Weitergehen über *D* hinaus entsteht ein Kreisbogen mit dem Radius *CD*. Wie weit soll dieser Bogen gezogen werden?

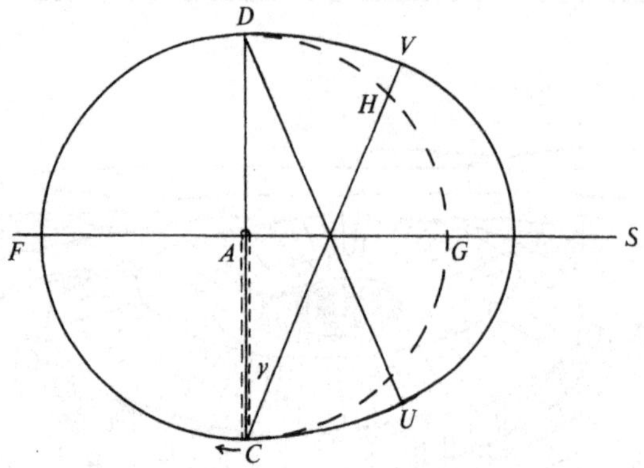

Abb. 1.7. Schnurkonstruktion für den Grundriß von Woodhenge

Nach unserer an Hand der Figur angestellten Rechnung ist $\tan\gamma = \frac{5}{12}$. Einer tan-Tabelle entnehmen wir $\gamma = 22°37'$, also ungefähr $22\frac{1}{2}°$. Das besagt, daß der Kreisbogen so weit gezogen werden muß, bis die Schnur durch den Halbierungspunkt H des Bogens DG geht. Hat die Schnur diese Lage erreicht, so schlägt man dort, wo sie die Hauptrichtung schneidet - das ist dann B - einen Pflock ein und führt die Schnur weiter um diesen Punkt herum. Für das letzte Stück des Ringes muß natürlich D als Mittelpunkt gewählt werden.

Bei diesem Verfahren braucht man überhaupt nicht an eine bestimmte Längeneinheit zu denken.

Man erhält den Radius r_1 vom inneren Ring als $r_1 = \frac{1}{3}AC$; die beiden Zwischenringe entstehen durch Teilung des Abstandes in drei gleiche Teile.

Man kann sich auch noch andere Konstruktionsvarianten ausdenken. Der Erbauer würde wahrscheinlich darüber lachen und erklären, daß er es ganz anders gemacht hat.

Es sollte auch beachtet werden, daß ein Holzbauwerk, das auf Pfosten ruht, die in parallelen Ringen von etwa $2\frac{1}{2}$ m Abstand angeordnet sind, anders entworfen werden muß als etwa ein Ring aus riesigen Steinblöcken mit einem Durchmesser von - sagen wir: 20 m. Ich halte sogar die Verwendung verschiedener Maßeinheiten für möglich, z. B. „Schritt“ beim Steinring, „Elle“ bei Woodhenge.

In einzelnen Bauwerken haben die Erbauer auch andere Konstruktionsideen entwickelt. Ein Beispiel: In Moel ty Ucha [Thom S. 85] (Abb. 1.8.) scheint ein regelmäßiges Fünfeck zugrunde zu liegen. Der linke Teilbogen ist der des umschriebenen Kreises, die übrigen sind Kreisbögen, deren Mittelpunkte die jeweils gegenüberliegenden Ecken des Fünfecks sind. Für die Abrundung der Ecken muß man wohl nicht unbedingt eine exakte Konstruktion annehmen. Thom betrachtet sie als Kreisbögen, deren Mittelpunkte auf dem eigens dafür konstruierten inneren Kreise liegen. Jedoch meint A. Burl [S. 44]: „On the scribed circumference of the projected circle several stones could have been set diametrically opposite each other. The intervening spaces could then

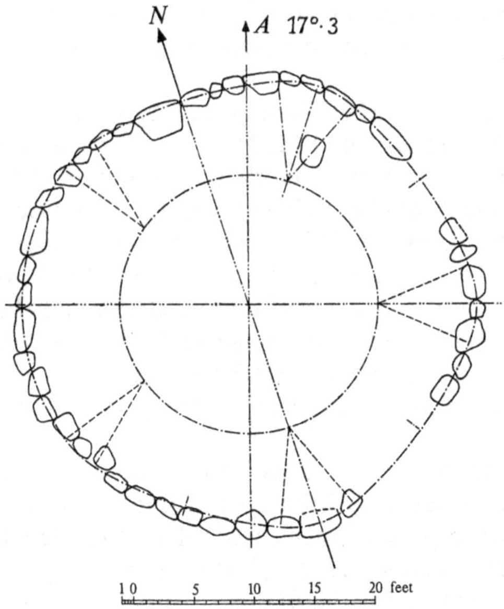

Abb. 1.8. Moel ty Ucha [Thom S. 85]

be filled in by separate work-gangs keeping as near the required curve as their judgements allowed.“

Ich habe diese Dinge so ausführlich besprochen, weil diese neuen Untersuchungsmethoden einen recht wichtigen Einblick in prähistorische geometrische Gedanken geben, die hier besser zu erkennen sind als etwa in Ornamenten auf Keramikgefäßen. Andererseits kann die mathematische Interpretation dieser Grundrisse noch keineswegs als abgeschlossen oder gesichert gelten. Dabei wären auch andere, z.T. noch ungelöste Fragen zu berücksichtigen, insbesondere die nach der Zweckbestimmung der Bauten, oder z.B. die Frage, warum mehrere Grundrisse zwei Zentren oder eine ausgeprägte Hauptrichtung haben. Oder ob sich vielleicht manchmal während des Baus der schon begonnene Kreis als zu groß oder zu klein erwiesen hat, so daß man ihn abgeflacht oder etwas angestückt hat. Man muß also mit Schlüssen auf die mathematischen Kenntnisse der Megalithiker noch sehr vorsichtig sein.

1.2 Darstellung der Zahlen

1.2.1 Historische Bemerkungen

Die Schrift entstand um 3000 v.Chr. etwa gleichzeitig in Mesopotamien und in Ägypten. Es ist nicht ausgeschlossen, daß die Entdeckung, daß man schreiben kann, von Mesopotamien nach Ägypten gelangt ist, jedoch ist die Art der Schrift in beiden Ländern sehr verschieden.

Wir wollen für die vorgriechische Zeit ein wenig auf die allgemeine Geschichte eingehen; von der Zeit der Griechen an haben wir mehr davon in der Schule gelernt.

Aus dem Beitrag von Herbert Jankuhn „Der Ursprung der Hochkulturen“ in der Propyläen Weltgeschichte [Bd. II, 2, S. 575ff.] entnehme ich, daß man, abgesehen von der im einzelnen noch unbekannten Dienstbarmachung des Feuers, zwei die menschliche Lebenshaltung revolutionierend verändernde Vorgänge feststellen kann: den Übergang von der aneignenden Lebensweise eiszeitlicher Jäger und Sammler zu der produzierenden Wirtschaftsweise nacheiszeitlicher Bauern und (2.) die Entstehung der städtischen Hochkultur. Als charakteristisch für die Stadt wird angesehen, daß arbeitsteiliges Gewerbe, Handwerker, Händler, auftreten, somit Schichten, die von dem Zwang der Lebenserhaltung durch Produktion von Nahrungsmitteln mindestens teilweise befreit sind.

Die ältesten bäuerlichen Siedlungen findet man im vorderen Orient in einem Gebiet, das man den „fruchtbaren Halbmond“ genannt hat. Das ist das Gebiet von der syrisch-palästinensischen Küste über den Libanon, Taurus zu den Westhängen des Zagros und der Flußoase des Euphrat und Tigris. Diese Siedlungen liegen nicht in den Flußtälern, sondern an den Abhängen der Gebirge, wo Regenfeldbau möglich ist, während in den Flußtälern Bewässerungsanlagen erforderlich sind.

Eine in das 7. Jahrtausend zu datierende Stadtanlage ist bei Jericho gefunden worden, am Abhang des Jordantales, und zwar bei einer sehr ergiebigen Quelle. Einige Bauten scheinen auf ein Bewässerungssystem zu deuten, das hier sozusagen in lokalem Rahmen gebaut wurde. Nachdem man so etwas im Kleinen gelernt hatte, konnte man es in den Flußtälern des Euphrat und Tigris im Großen anwenden. Dabei dürfte die Existenz einer entsprechend mächtigen Herrschaftsform eher Voraussetzung als Folge der Besiedlung der Flußtäler sein.

1.2.2 Zahlzeichen der Sumerer

Etwa um 3200 v. Chr. müssen die Sumerer, deren Rasse und Herkunft unbekannt ist, in das Gebiet des Unterlaufs von Euphrat und Tigris eingewandert sein. Es entstanden einige Stadtstaaten, darunter Uruk, wo man die Entstehung der Schrift deutlich erkennen kann. Man hat hier mehrere Schichten gefunden, die von oben nach unten mit I bis V bezeichnet werden und die u. a. durch die Form der Ziegel zu unterscheiden sind. Die Schicht V ist noch ohne Schrift, in der Schicht IV ist Schrift anzutreffen.

Wie diese ältesten Schrifttafeln aussehen, zeigt Abb. 1.9. Sie enthalten Zahlzeichen, und zwar  = 1,  = 10,  = 60,  = 600. Daß diese Zeichen tatsächlich die angegebenen Zahlen bedeuten, kann man daraus ableiten, daß  und  bis zu 9 mal,  bis zu 5 mal vorkommt, und daß manchmal auf der Rückseite die Summe der Zeichen der Vorderseite angegeben ist. Die Zeichen, die neben den Zahlen stehen, bedeuten z. T. Tiere (Abb. 1.10), z. T. sind sie

Abb. 1.9. Altsumerische Zahlzeichen.
Tafeln aus Uruk, um 2900 v. Chr. [Falkenstein, Nr. 335, 339]

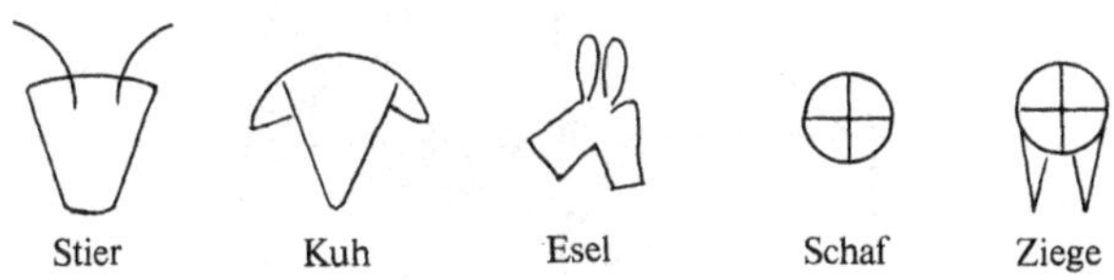

Abb. 1.10. Tierbilder auf Abb. 1.9

nicht zu deuten. Es könnten vielleicht Eigennamen sein, und die Tafeln könnten besagen, daß der Bauer X dem Tempel eine gewisse Anzahl Rinder schuldet oder dergleichen.

Die Bildzeichen wurden mit einem angeschärften Griffel eingeritzt, die Zahlzeichen mit einem runden Griffel eingedrückt, indem dieser entweder schräg oder senkrecht gehalten wurde. Der Schreiber mußte für die Zahlen einen kleinen und einen großen Griffel haben. Ich könnte mir vorstellen, daß er gelegentlich den großen Griffel gerade nicht zur Hand hatte und dann 60 mit demselben Zeichen schrieb wie 1; welche Zahl gemeint war, ging meistens aus dem Zusammenhang hervor. Außerdem wurden im Laufe der Zeit die gezeichneten Bilder durch Eindrücke des angeschärften Griffels ersetzt. Bei schrägem Eindrücken entsteht ein Keil 𒁹, bei fast senkrechtem Eindrücken ein Winkelhaken 𒌋. Aus der Figur ⊕—, die „Auge" bedeutet, wird dann 𒅆 oder 𒌋𒁹⊢—. Bei den Zahlen bedeutet der Keil 𒁹 = 1 oder 60 oder eine Potenz von 60, auch 1/60 usw., der Winkelhaken 𒌋 = 10 oder 600 oder 10/60 usw.

Wenn wir die Sexagesimalzahlen durch arabische Ziffern wiedergeben, teilen wir die einzelnen Sexagesimalstellen durch Kommata voneinander ab, die Ganzen von den Sexagesimalbrüchen durch „;". Ein solches ; steht nie im Text, sondern ist stets Interpretation. Auf der in Abb. 1.11 wiedergegebenen Tafel [MCT; S. 42] stehen die Zahlen 30 , 1,24,51,10 , 42,25,35. Bei einer möglichen Interpretation der Stellen ist

$$0;30 \cdot 1;24,51,10 = 0;42,25,35 \quad (0;30 = 1/2)$$

Somit ist 1;24,51,10 ein – übrigens recht guter – Näherungswert für $\sqrt{2}$.

Es gibt in der ältesten Zeit auch Anzeichen für ein reines Dezimalsystem mit besonderen Zeichen für 100 und 1000. In „wissenschaftlichen" Texten wird ausschließlich das sexagesimale System geschrieben.

Das Sexagesimalsystem ist also eigentlich ein gemischtes Zehner- und Sechsersystem. Daß als erste Stufe der Zusammenfassung 10 gewählt wurde, ist nicht weiter verwunderlich. Das haben die meisten Völker so gemacht; vermutlich hat man überall die Finger als Hilfsmittel zum Zählen benutzt. Warum

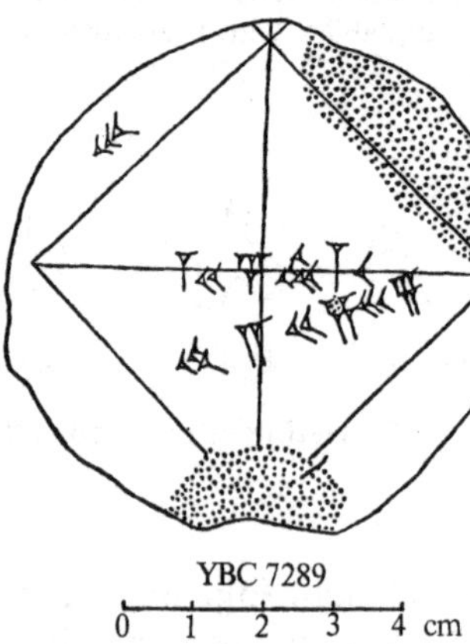

Abb. 1.11 [MCT, S. 42]

aber die Sumerer als zweite Stufe 6 gewählt haben, darüber gibt es verschiedene Hypothesen, die alle nicht zwingend sind. Mir gefällt eine Hypothese von Neugebauer, die vom Gewichtssystem ausgeht, das ja zugleich Geldsystem ist, wenn man an Gold- oder Silberstücke von bestimmtem Gewicht denkt.

Man wird im täglichen Leben etwa die folgenden Gewichtseinheiten brauchen:

1) ein kleines Gewicht für Gewürze oder auch Edelmetalle (beim Goldschmied); es mag etwa 7–8 g schwer sein. Bei den Babyloniern heißt es *gin* = Schekel;

2) ein Haushaltsgewicht von etwa 1 Pfund, bei den Babyloniern *mana* = steinerne Dattel. Allerdings werden Getreide, Mehl usw. meist in Hohlmaßen (Scheffel) gemessen;

3) ein Gewicht, das der Last entspricht, die ein Mann tragen kann, 1 Talent = etwa 60 Pfund.

Diese Gewichtseinheiten stehen zunächst nicht in Beziehung zueinander. Ihre Beziehung wird irgendwann einmal durch eine staatliche Verfügung festgelegt, und zwar so, daß 1) das ungefähre Verhältnis gewahrt bleibt, 2) daß 1/2, 1/3, 1/4, 1/6 des größeren Gewichts ganzzahlige Vielfache des kleineren Gewichts sind. Das führt auf das Verhältnis 1:60.

Das ist also eine von mehreren Hypothesen. Daß das Sexagesimalsystem von der Einteilung des Kreises in 360°, also 6 Sextanten zu je 60°, abzuleiten wäre, ist unwahrscheinlich. Eher kann die Einteilung des Kreises auf Grund des schon vorhandenen Sexagesimalsystems eingeführt worden sein.

Eine Zahlendarstellung in einem Positionssystem ist nur eindeutig, wenn auch ein Zeichen für eine Lücke vorhanden ist. Z. B.: 𒈫 kann 2 bedeuten oder $1 \cdot 60 + 1 = 61$ oder $1 \cdot 60^2 + 1$. Bei den meisten Zahlen wird die Mehrdeutigkeit dadurch vermieden, daß die Zahlzeichen für Einer und Zehner verschieden sind, daß also meistens Zahlzeichen verschiedener Art abwechseln, z. B. $71 = 1 \cdot 60 + 1 \cdot 10 + 1 =$ 𒁹𒌋𒁹. Ein weiterer Vorteil ist die übliche Anordnung: 4 wird 𒐉 geschrieben, nicht 𒁹𒁹𒁹𒁹. Dieses Zeichen kann nun aber $1 \cdot 60 + 3$ oder $2 \cdot 60 + 2$ oder $3 \cdot 60 + 1$ oder noch anderes bedeuten. Die Babylonier rücken dann zunächst die Zeichen auseinander: $2 \cdot 60 + 2$ würden sie so schreiben: 𒈫 𒈫. Beispiele:

[ST V, Vs. Sp. 2, Z. 3] 𒌋 𒌋 $= 10 \cdot 60 + 10 = 610$

[ST V, Vs. Sp. 2, Z. 4] 𒌋 𒌋𒐊 $= 10 \cdot 60 + 15 = 615.$

Aber in den Susa-Texten gibt es auch schon ein Lückenzeichen 𒑲 (zwei kleine Winkelhaken), das anscheinend zunächst für das Fehlen einer halben Sexagesimalstelle benutzt wird:

[ST XII, Vs., Z. 12] 𒌍 𒑲 𒌋𒐋 𒌋𒑲 $= 30{,}16{,}40.$

Für das Fehlen einer ganzen Sexagesimalstelle kommt es in seleukidischen Texten vor, z. B. [AO 6484, Rs. 10 = *MKT*; **1**, 101]

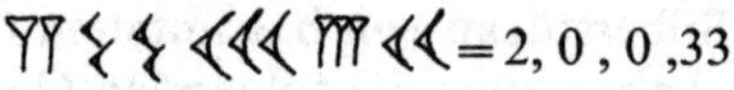 = 2, 0 , 0 ,33,20.

1.2.3 Zahlzeichen der Ägypter

Ägypten besteht aus zwei Ländern: Oberägypten, das ist das langgestreckte Niltal von Assuan an, das im Osten und Westen von Wüsten eingeschlossen ist, und Unterägypten, das ist das Sumpf- und Marschland des Nildeltas. Diese beiden Länder wurden um 2900 v. Chr. unter dem König Narmer geeint; jedoch könnte die Einigung schon durch das Werk vorangegangener Generationen vorbereitet gewesen sein.

Auf einer Platte (Schminktafel) des Königs Narmer wird die Unterwerfung von Unterägypten dargestellt. Diese Platte enthält die ältesten bekannten ägyptischen Schriftzeichen.

„Auf der Rückseite der Narmerplatte (Abb. 1.12) hält der Falke – Symbol sowohl des Gottes Horus als auch des Königs von Oberägypten – in einem seiner Füße, der einer Hand gleicht, einen Strick, dessen anderes Ende im Munde eines menschlichen Kopfes (Symbol des besiegten Feindes) liegt; hinter dem Kopf befinden sich 6 Lotosstengel ... Eine Lotosblüte ... bedeutet in der Schriftkonvention die Zahl 1000, die 6 Lotosblüten deshalb 6000. Die Bildergruppe kann sich nur auf die Gefangenen beziehen, deren Zahl 6000 ist“ [K. Földes-Papp; S. 72].

Abb. 1.12. Aus der Narmerplatte

W. Wolf interpretiert dieses Bild allerdings so: „... bringt der göttliche Falke dem König das ‚Papyrusland‘ ein“ [Frühe Hochkulturen, Belser Stilgeschichte Bd. 1, S. 58].

Eine Keule desselben Königs Narmer enthält weitere Zahlzeichen, nämlich (s. Abb. 1.13)

den Finger	für	10 000
die Kaulquappe	für	100 000
den Gott der Unendlichkeit	für	1 000 000.

Abb. 1.13. Keulenknauf des Narmer [Aus Quibell, Hierakonpolis I].
Unten Mitte: 400 000 erbeutete Rinder, 1 422 000 erbeutete Ziegen, 120 000 Gefangene.

Abb. 1.14. Kalkstein-Statuette des Chasechem (2. Dyn.) (Ashmolean Museum, Oxford) Am Sockel: 47 209 unterworfene Rebellen.

Auf der Statue steht das Namenszeichen Cha-sechem. Ob Cha-sechem später den Namen Cha-sechemui angenommen hat oder ob Cha-sechemui sein Nachfolger war, ist unsicher. Deshalb wurde in der Zeittafel S. 275 Cha-sechemui als letzter König der 2. Dynastie angegeben.

Das Bild besagt dann, daß Narmer 400000 Rinder und 1422000 Ziegen erbeutet und 120000 Gefangene gemacht hat.

Auf einer Statue des Königs Cha-sechem aus der 2. Dynastie ist die Anzahl der unterworfenen Gegner mit 47209 angegeben (Abb. 1.14). Wir sehen also |=1, 𓍢=100. Dazu kommt noch ∩=10. Da die Ägypter von rechts nach links schreiben und wir bei moderner Umschrift von links nach rechts, werden die Zahlzeichen oft spiegelbildlich wiedergegeben.

In dieser exakten Form wurden die Zahlen nur auf Denkmälern aus Stein oder Holz geschrieben. Wenn man mit Tusche auf Papyrus schrieb, wurden sie vereinfacht (s. Tafel Zahlzeichen). Diesen „hieratischen" Zeichen kann man ihren Ursprung aus den „hieroglyphischen" Zeichen noch mehr oder weniger gut ansehen. Aber man kann sie auch schon als Vorstufe zu „Individualzahlzeichen" ansehen, die die Anzahl der Striche oder der anderen Grundfiguren nicht mehr erkennen lassen.

1.3 „Babylonische" Mathematik

1.3.1 Historisches

In Mesopotamien drangen um 2400 v.Chr. die semitischen Akkader ein. Sie sind nach ihrer Hauptstadt Akkade genannt, deren Name zwar überliefert ist, die aber bisher nicht gefunden wurde. Die Akkader haben die sumerische Schrift und vielleicht auch sumerische mathematische Kenntnisse übernommen. Um 2300 erreichte ihr Reich seine größte Ausdehnung, brach aber bald zusammen. Nach einer Fremdherrschaft der „Gutäer" (ca. 2233–2130) erstand noch einmal ein sumerisches Reich. Um 1800 erstarkte Babylon, das unter Hammurapi seine Glanzzeit erlebte. Nach historischen und astronomischen Daten ist es wahrscheinlich, daß die „erste babylonische Dynastie" von −1829 bis −1530, Hammurapi selbst von −1727 bis −1685 regierte [van der Waerden, Astr., S. 47]. Bei Zeitangaben für mathematische Texte wird diese Zeit als „altbabylonisch" angegeben. Die wichtigsten mathematischen Texte stammen aus dieser Zeit.

Für die Datierung sind Venusbeobachtungen aus der Zeit des Königs Ammizaduga hilfreich. Nächst Sonne und Mond ist die Venus der auffälligste Himmelskörper. Sie erscheint manchmal als Morgenstern, manchmal als Abendstern; es ist nicht selbstverständlich, daß die Babylonier gemerkt haben, daß das derselbe Stern ist.

Für eine grobe Abschätzung gehen wir davon aus, daß die Umlaufszeit der Erde ca. 365 Tage, die der Venus ca. 224 Tage beträgt. Die Erde legt also pro Tag ca. 360/365 = ca. 1° zurück, die Venus ca. 360/224 = ca. 1,6°, relativ zu der Verbindungslinie Erde–Sonne also ca. 0,6°.

In „oberer Konjunktion" mit der Sonne ist die Venus unsichtbar, sichtbar wird sie erst, wenn sie sich um 10° von der Sonne entfernt hat (Abb. 1.15). Da die Entfernung Sonne–Venus sich zur Entfernung Sonne–Erde ungefähr wie 0,7 : 1 verhält, muß die Venus sich von der Geraden Erde–Sonne um ca. 24° entfernt haben, wenn sie von der Erde aus sichtbar sein soll. Das dauert also ungefähr 40 Tage. Sie ist dann als Abendstern nach Sonnenuntergang sichtbar.

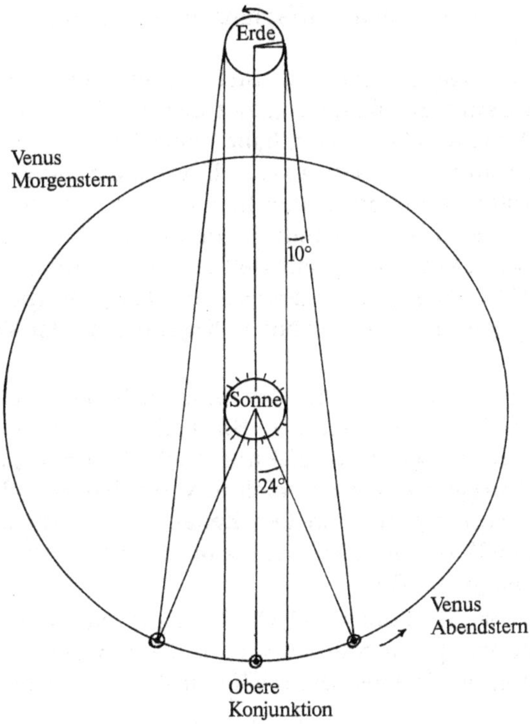

Abb. 1.15. Zu den Venusbeobachtungen.
Damit man sehen kann, daß z. B. bei einer Elongation von 10° die Venus noch sichtbar ist, wenn die Sonne schon untergegangen ist, mußte die Erde (und auch die Sonne) im Verhältnis zur Venusbahn viel zu groß gezeichnet werden. Auch die Winkel von 10° und 24° konnten nicht richtig wiedergegeben werden.

Nach etwa 222 Tagen, von der Konjunktion aus gerechnet, erreicht Venus ihre größte Elongation, nach etwa 287 Tagen verschwindet sie bei einer Elongation von 10° in den Sonnenstrahlen und erscheint nach ca. 14 Tagen wieder als Morgenstern. Die Dauer der Sichtbarkeit und Unsichtbarkeit ist jahreszeitlich sehr verschieden.

Diese Erscheinungen wurden zur Zeit des Königs Ammizaduga (1581–1561) beobachtet und als Vorzeichen gewertet: „Wenn im Monat Araḫsamna am 10. Tage Venus im Osten verschwand, 2 Monate und 6 Tage unsichtbar blieb und im Monat Tebētu am 16. wieder erschien, so wird die Ernte des Landes gedeihen." Oder in anderen Fällen: „… so gibt es Katastrophen von Königen" usw.

Neugebauer hat demnach die Beobachtungen aus der Absicht erklärt, empirisches Material für Voraussagen zu gewinnen. Ein anderer Grund liegt nach van der Waerden in der Sternreligion. Sin (der Mond), Shamash (die Sonne) und Ishtar, die Göttin, der die Venus zugeordnet ist, sind die großen Götter der Babylonier. So wie Sin und Shamash Monat und Jahr bestimmen, und damit Saat und Ernte, so muß auch Ishtar = Venus einen Einfluß auf das menschliche Leben haben. Diese beiden Auffassungen widersprechen sich nicht, sondern ergänzen sich.

Man kann die Angaben über die Sichtbarkeit der Venus astronomisch nachrechnen und damit die Regierungszeit des Königs Ammizaduga bestimmen. Aber diese Venuserscheinungen haben eine Periode von 56 oder 64 Jahren (in diesem Zeitraum verschieben sie sich um einen babylonischen Monat), man muß also zusätzlich andere Daten heranziehen. Damit ergeben sich drei Möglichkeiten für die zu bestimmende Regierungszeit. Van der Waerden gibt gute Gründe für die „kurze Chronologie" an; nach dieser regierte Ammizaduga von 1581–1561. Die Regierungszeit von Hammurapi ist dadurch bestimmt, daß sie 146 Jahre vor Ammizaduga begann. [van der Waerden, Astr., S. 37–50].

Andere Autoren rechnen auch mit den anderen Möglichkeiten, z. B. benutzt D. O. Edzard in Fischers Weltgeschichte Bd. 1, Kap. 5 die „mittlere Chronologie", nach der Ammizaduga 1646–1626 und auch Hammurapi 65 Jahre früher als oben angegeben regierte. Da ich mich in verschiedenen Werken orientiert habe, kann ich Unstimmigkeiten in den Zeitangaben nicht ausschließen. Da die mathematischen Texte meist nur sehr grob datiert werden können, spielen diese 65 Jahre keine große Rolle.

Gesichert sind erst die Daten von 747 v. Chr. an; seit dieser Zeit sind, beginnend unter der Regierung von Nabonassar von Babylon, systematische Finsternisbeobachtungen aufgezeichnet, die noch von Ptolemaios benutzt wurden.

Im 16. Jh. drangen die Hethiter bis Babylon vor, das sie 1530 zerstörten. Damit machten sie anscheinend nur den Weg frei für die Kassiten - ein Volk aus den Bergen im Nordosten von Mesopotamien - die von 1500 bis 1160 in Babylon herrschten. Nördlich davon entstand das Mitanni-Reich, dem Volkstum nach Churriter mit einer arischen Oberschicht. Sie benutzten Pferde und Streitwagen und hatten in Syrien Zusammenstöße mit den Ägyptern. Etwa seit 1200 wurden die Assyrer die stärkste Macht in Mesopotamien. Für uns sind die Könige Tiglatpilesar I (1117–1078) und Assurbanipal (669–627) dadurch bedeutsam, daß sie große Bibliotheken anlegten, der erste in Assur, der zweite in Ninive. Sie haben systematisch Schriften gesammelt und abschreiben lassen, wobei neben der religiösen und mythischen Literatur hauptsächlich Verzeichnisse von Omina (Vorzeichen) eine Rolle spielten. Babylon war oft unter der Herrschaft der Assyrer, machte aber wiederholt Befreiungsversuche. Um 850 wanderten Chaldäer in Babylon ein; für die Griechen war das der Name für die Babylonier.

In der Zeit zwischen 1500 und 1000 waren indogermanische Arier in den Iran eingewandert, etwa gleichzeitig oder vorher waren Arier nach Indien gezogen. Im 9. Jh. werden die Meder erstmals bezeugt, um 700 die Perser in ihrer späteren Heimat, der Persis. Perser ließen sich damals auch in Choresmien, südlich des Aralsees nieder.

616 vernichteten die Meder im Bund mit Babylon das assyrische Reich, 614 wurde Assur, 612 Ninive zerstört. 550 erhoben sich die Perser, unterwarfen die Meder, dann Lydien und die griechischen Städte in Kleinasien, eroberten 539 Babylon, 525 Ägypten. Damit kommen wir in bekanntere Zeiten. 500 begann der Aufstand der ionischen Städte, damit die Auseinandersetzung der Perser mit den Griechen.

Infolge des Alexanderzuges wurden die politischen Verhältnisse im vorderen Orient neu geordnet. 321 wurde Seleukos, der Begründer der Seleukiden-Dynastie, Satrap in Babylon, gewann nach einer Vertreibung 316 seine Satrapie zurück und nahm 305 die Königswürde an. Sein Reich umfaßte ganz Iran und das Zweistromland.

Wann und wo war in diesen doch recht bewegten Zeiten Zeit für Kultur, Zeit für Mathematik? Und gab es vielleicht unter den zahlreichen Völkern eines oder einige, die besonders begabt für Mathematik waren?

Es gibt Anhaltspunkte dafür, daß die Mathematik etwa zwischen 2500 und 2000 bei den Sumerern entstanden sein könnte. Zur Zeit der Hammurapi-Dynastie und später in der persischen und seleukidischen Zeit scheint Babylon ein Zentrum der Mathematik und der Astronomie gewesen zu sein. Man nennt heute die Mathematik des Zweistromlandes oft der Kürze halber „babylonische Mathematik“. Wir wollen uns einige Beispiele dieser Mathematik ansehen. Dazu ist es nützlich, die Maßsysteme zu kennen. Ursprünglich mußten sie freilich erst aus den Aufgabentexten erschlossen werden.

1.3.2 Einige babylonische Maße

Im allgemeinen liegen die Verhältnisse der Maße zueinander fest, während die absolute Größe oft schwankt.

Gewichtsmaße:

1 gú	Talent	= 60 ma-na	
1 ma-na	Mine	= 60 gín	ca. 1 Pfund
	steinerne Dattel		
1 gín	Schekel	= 1 gín	= 1/60 ma-na
1 ma-na-tur	kleine Miene	= 1/3 gín	= 1/180 ma-na
1 gín-tur		= 1/60 gín	
1 še	Gerstenkorn	= 1/180 gín	

gín und še werden auch als Bezeichnungen für die Brüche 1/60 und 1/180 gebraucht.

Längenmaße:

1 UŠ	Länge	= 60 GAR	
1 GAR	Grenze		
	(eines SAR?)	= 12 kuš	(etwas mehr als 6 m)

1 kuš Elle $= 30$ šu-si (ca. 52 cm)
1 šu-si Finger, Zoll

Flächenmaße:

1 SAR = Beet = $(1 \text{ GAR})^2$.
Es wird eingeteilt wie die Mine:
1 SAR = 60 gín, 1 gín = 3 ma-na-tur = 180 še.
Diese Einteilung hat zur Folge, daß die kleineren Einheiten sich nicht mehr ohne weiteres als Quadrate von Längeneinheiten auffassen lassen.

Ein viel benutztes *Volumenmaß* ist
1 (Raum-)SAR = 1 (Flächen-)SAR · 1 Elle.
Die Babylonier messen allgemein die Länge und Breite eines Bauwerks in GAR, die Höhe oder Tiefe in Ellen.

1.3.3 Anfänge der Mathematik

Die Umrechnung der Flächeneinheiten gab schon in alter Zeit Anlaß zur Aufstellung von Tabellen. Einen solchen Text, der „nach vorsichtiger Schätzung an den Anfang oder in die Mitte des 25. Jh. v. Chr. zu datieren" ist, hat D. O. Edzard 1969 veröffentlicht [E 1]. Der Text beginnt:

$$(1 \text{ Elle})^2 \langle = \rangle \ 1 \text{ ma-na-tur } 15 \text{ še}$$

Wir rechnen nach:

$$\left(\frac{1}{12}\text{ GAR}\right)^2 = \frac{1}{144}\text{ SAR} = \frac{180}{144}\text{ ma-na-tur} = \left(1+\frac{1}{4}\right)\text{ ma-na-tur}$$

$$\frac{1}{4}\text{ ma-na-tur} = 15 \text{ še.}$$

Der Text sagt weiter:
$(2 \text{ Ellen})^2 \langle = \rangle\ 2 \text{ gín} - 1 \text{ ma-na-tur}$
$(3 \text{ Ellen})^2 \langle = \rangle\ 4 \text{ gín} - \frac{1}{4} \text{ gin}$
usw. bis
$(11 \text{ Ellen})^2 \langle = \rangle\ 1 \text{ SAR} - 10 \text{ gín } \langle + \rangle\ 75 \text{ še}$
$(18 \text{ Ellen})^2 \langle = \rangle\ 2 \text{ SAR } 15 \text{ gín.}$
Anm.: = und + stehen nicht im Text; bemerkenswert ist die Existenz einer Bezeichnung für „–", nämlich  = lal; sie wird auch bei der Darstellung von Zahlen gebraucht, z. B. 19 = 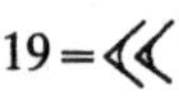 = 20 – 1.

Es sind noch einige wenige Texte dieser Art bekannt, z. B. VAT 12 593 [MKT; **1**, S. 91], in dem die Zahlen noch mit dem runden Griffel geschrieben sind, und aus späterer, altbabylonischer Zeit auch solche, bei denen die Flächen von Rechtecken mit verschiedenen langen Seiten angegeben sind. [MCT; S. 6–9].

Aus der spätsumerischen Zeit, etwa kurz vor 2000, sind weitere Rechentafeln erhalten. Die wichtigsten sind Reziprokentabellen, die Zahlenpaare angeben, deren Produkt 1 bzw. 60 ist: 2 *igi* 30 , 3 *igi* 20 , 4 *igi* 15 usw. (*igi* bedeutet ungefähr „gegenüber“). Mit Hilfe dieser Tabellen werden Divisionen auf Multiplikationen zurückgeführt. Diejenigen Zahlen, die nicht von der Form $2^a 3^b 5^c$ sind, haben keine Reziproken, die mit endlich vielen Sexagesimalstellen geschrieben werden können. Sie werden entweder ausgelassen, oder es steht z. B. da: 7 *igi-nu* (d. h. etwa: „7 hat kein Gegenüber“).

Dazu kommen Multiplikationstabellen und in späterer Zeit Tabellen für Quadrate, Quadratwurzeln, Kubikwurzeln, Potenzen einzelner Zahlen u. a. Interessant ist eine Tabelle, die zu n die Werte n^3+n^2 angibt [VAT 8492, MKT; **1**, S. 76–77] – damit kann man kubische Gleichungen lösen – ferner eine altbabylonische Tafel, auf der arithmetische und geometrische Reihen einander gegenübergestellt sind, was in gewisser Weise als Logarithmentafel aufgefaßt werden kann [MLC 2078: MCT, S. 35], aber wir wissen nicht, wie diese (für eine richtige Logarithmentafel viel zu kleine) Tabelle benutzt wurde.

Tabelle 1.1. Auszüge aus altbabylonischen Rechentabellen

Böhl 1328 [MKT, Bd. 3, S. 51] Quadrate

1	1
1, 5 1, 5	1,10,25
1,10 1,10	1,21,40
1,15 1,15	1,33,45
Fortsetzung, berechnet:	
1,20	1,46,40
1,25	2, 0,25
1,30	2,15
1,35	2,30,25
1,40	2,46,40
1,45	3, 3,45
1,50	3,21,40
1,55	3,40,25
2	4

Aus VAT 8492 [MKT, Bd. 1, S. 76/77]

n^2+n^3		n
5,[4,12]	– e	26 ba-si
5,40,12	– e	27
6,18,[56]	– e	28
7,30	– e	29
7,45	– e	30
. . . .		. . . .
12,15	– e	35
. . . .		. . . .
18,13,20	– e	40
. . . .		. . . .
31,[2]1,[36		48]

„Logarithmen“. MLC 2078. [MCT, S. 35]

1)	15 – e	2 ib-si$_8$
	30 – e	4 ib-si$_8$
	45 – e	8 ib-si$_8$
	1 – e	16 ib-si$_8$
	Linke Kante:	
	1,16 – e	32 ib-si$_8$
	1,30 – e	1,4 ib-si$_8$

2)	2 – e	1 ib-si$_8$
	4 – e	2 ib-si$_8$
	8 – e	3 ib-si$_8$
	16 – e	4 ib-si$_8$
	32 – e	5 ib-si$_8$
	1,4 – e	6 ib-si$_8$

Bedeutung etwa: Von 15 (= 1/4) ist 2 die Lösungszahl, d. h. $16^{1/4} = 2$ usw.

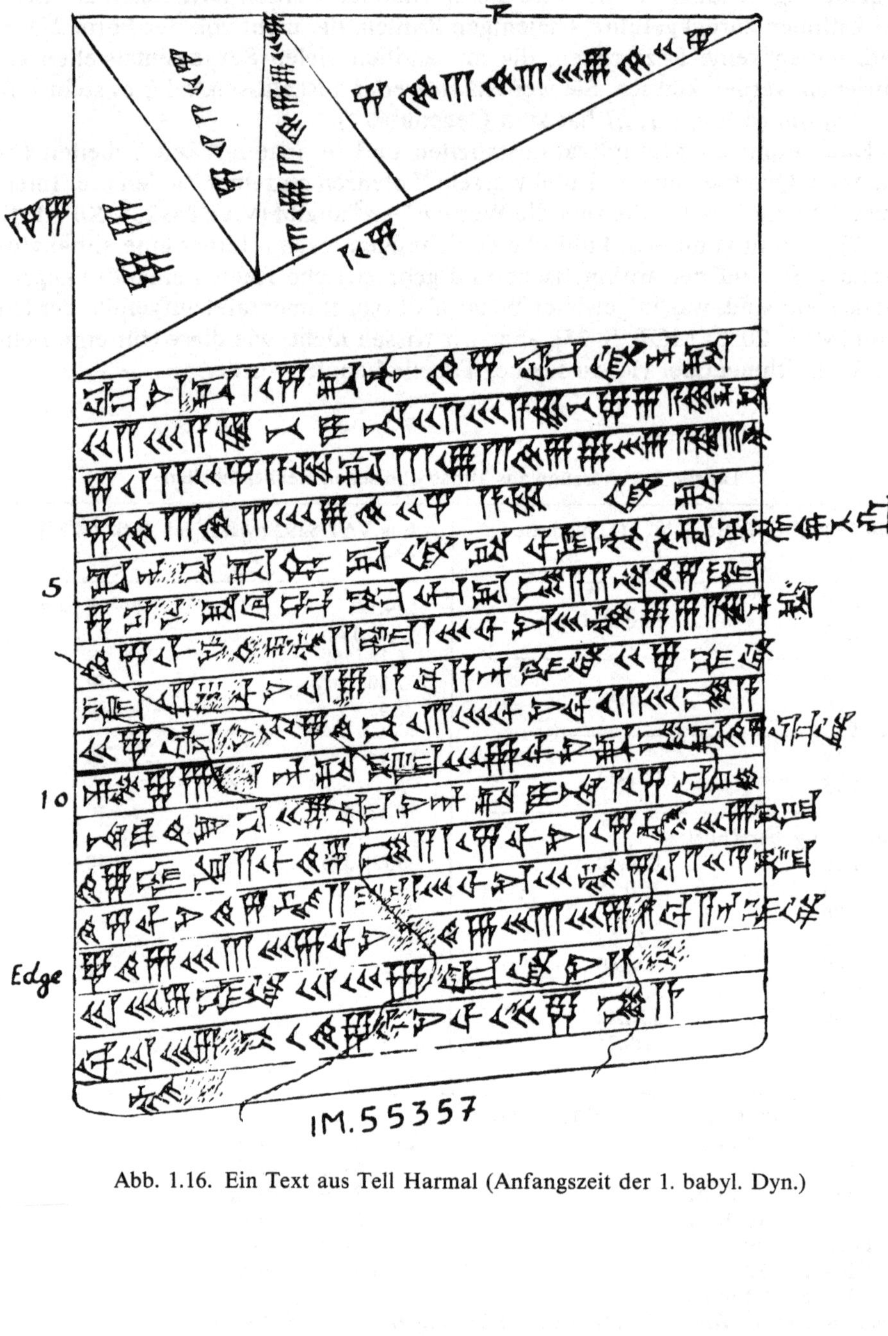

Abb. 1.16. Ein Text aus Tell Harmal (Anfangszeit der 1. babyl. Dyn.)

Die nächsten gut datierbaren Texte wurden im Tell Harmal bei Bagdad, dem alten Schurrupak, gefunden; sie stammen aus der Zeit kurz vor Hammurapi, also aus dem 18. Jh. v. Chr. Einen dieser Texte zeigt Abb. 1.16. In Abb. 1.17 ist die Figur einmal mit den transkribierten Zahlen und einmal mit den zur Erklärung benutzten Bezeichnungen gezeichnet.

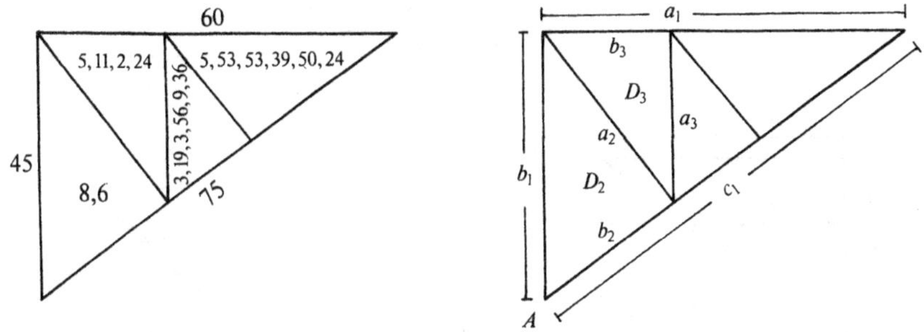

Abb. 1.17. IM. 55357

Angegeben ist auch der Flächeninhalt des ganzen Dreiecks $D_1 = 22{,}30$. Berechnet wird zunächst b_2, und zwar nach einer Anweisung, die wir durch die Formel

$$b_2 = \sqrt{\frac{1}{a_1} \cdot b_1 \cdot 2 \cdot D_2} \tag{1}$$

wiedergeben. Der Text lautet:

... nimm das Reziproke von 1⟨=60⟩ der Länge
und multipliziere es mit 45.
45 siehst du.
Multipliziere 45 mit 2 und 1,30 siehst du.
Multipliziere 1,30 mit 8,6, der oberen Fläche,
und du siehst 12,9.
Was ist die Quadratwurzel von 12,9?
27 ist die Quadratwurzel.
27 ist die Breite des oberen Dreiecks.

Anm. Etwa um 2500 wurde die Schriftrichtung gedreht, derart daß das, was vorher oben war, jetzt im Bild links erscheint; im Text wird es aber noch als „oben“ bezeichnet.

Wie man auf die Vorschrift (1) kommt, ist nicht angegeben. Die folgende Überlegung [vgl. Vogel VM 2, S. 76–79] würde vielleicht im Rahmen der babylonischen Möglichkeiten liegen. Klappt man das linke Teildreieck um die durch A gehende Winkelhalbierende um, so erhält man den ausgezogenen Teil der Abb. 1.18. Ergänzt man die gestrichelten Linien, so läßt sich aus der Figur ablesen:

$$a_1 b_2 = a_2 b_1 \quad \text{also} \quad (2) \quad a_2 = \frac{a_1}{b_1} b_2 .$$

Oder: Als Maß für die Böschung einer schrägen Fläche wird sowohl von den Babyloniern wie von den Ägyptern der „Rücksprung" benutzt, das ist die Länge r, um die man zurückgehen muß, wenn man um 1 Einheit in die Höhe gegangen ist. Das babylonische Fachwort sà-gal ist vom Zeitwort „essen" abgeleitet, man denkt also an das Weg-gegessene. In Abb. 1.18 wäre der Rücksprung

$$r = \frac{a_2}{b_2} = \frac{a_1}{b_1}.$$

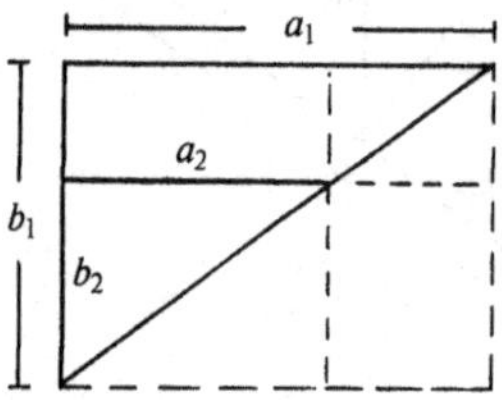

Abb. 1.18

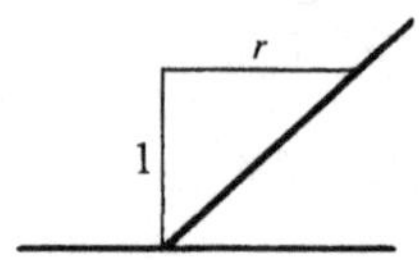

Abb. 1.19

Eine dritte Möglichkeit wäre die Überlegung:

Wenn $b_1 = k \cdot b_2$ ist, so ist auch $a_1 = k \cdot a_2$.

Nun ist $D_2 = \frac{1}{2} a_2 b_2 = \frac{1}{2} \frac{a_1}{b_1} b_2^2$.

Daraus folgt (1).

Dann wird berechnet: $a_2 = D_2 : (b_2/2) = 36$.

Zur Berechnung von b_3 wendet der Schreiber dasselbe Verfahren wie zur Berechnung von b_2 an, mit dem um D_2 verkleinerten Dreieck als Ausgangsdreieck. Bei der Berechnung von a_3 bricht der Text ab.

Die Aufgabe setzt einige mathematische Kenntnisse voraus. Ferner ist sie eigentlich nicht sinnvoll. Daß man ein Dreieck, dessen Seiten im Verhältnis 3:4:5 stehen, untersucht und bemerkt, daß bei solchen Teilungen Dreiecke mit dem gleichen Seitenverhältnis entstehen, wäre eine sinnvolle Überlegung. Man käme dann sofort auf

$$b_2 : a_2 : b_1 = 3:4:5,$$

also

$$b_2 = \frac{3}{5} b_1 = 27, \quad a_2 = \frac{4}{5} b_1 = 36.$$

Ebensoleicht erhält man die übrigen Strecken. Aber wie soll man die Flächen kennen, bevor man die entsprechenden Strecken kennt? Eine Erklärung wäre vielleicht diese: Es handelt sich um eine Schulaufgabe oder um eine Übungsaufgabe im mathematischen Praktikum. Der Lehrer hat die Flächen zunächst auf dem Wege über die Seiten ausgerechnet und seinen Schülern dann die Aufgabe anders herum vorgelegt. Man kann das aber auch als eine wissenschaftliche Überlegung auffassen: Wenn die Seiten gegeben sind, lassen sich die Flächen ausrechnen. Dann fragt man umgekehrt: Wenn die Flächen gegeben sind, lassen sich dann die Seiten ausrechnen? Jedenfalls meine ich, daß dies keine Aufgabe aus der Praxis oder für die Praxis ist, sondern daß ein gewisses theoretisches Interesse vorliegt.

Es gibt freilich Aufgaben über die Teilung von Dreiecken und Vierecken durch Transversalen, die man als Aufgaben der praktischen Felderteilung ansehen kann, aber bei der hier vorgeführten Aufgabe handelt es sich doch wohl um so etwas wie eine theoretische Überhöhung.

In Susa wurden 23 Tafeln mit mathematischem Inhalt gefunden, die aus der Zeit kurz nach Hammurapi stammen. Sie sind von E. M. Bruins und M. Rutten mit französischer Übersetzung herausgegeben worden (zitiert als ST). ST IX enthält die Bemerkungen

i-na ak-ka-di-i	Nach (der Methode des) Akkaders [Z. 10]
ki-a-am Ak-ka-du-ú	so macht es der Akkader [Z. 18].

Die Mathematiker von Susa haben also von den Akkadern gelernt.

Viele andere mathematische Texte sind von Händlern erworben und oftmals nur nach der Schrift zu datieren. Abgesehen von der Reihenfolge: Metrologische Tabellen – Rechentabellen – Aufgabentexte ist die Entwicklung der babylonischen Mathematik für uns nicht erkennbar, zumal die ältesten bekannten Aufgabentexte die Mathematik schon auf ihrem Höhepunkt zeigen.

Das erhaltene Material ist so umfangreich und vielseitig, daß die Gesamtheit der mathematischen Kenntnisse der Babylonier hier nicht vorgestellt werden kann. Ich will versuchen, den Umfang dieser Kenntnisse dadurch anzudeuten, daß ich Beispiele auswähle, die etwa an der Grenze des Kenntnisbereichs liegen und die außerdem einen Eindruck von der Art der babylonischen Mathematik vermitteln sollen.

1.3.4 Algebra

Eine strenge Trennung zwischen Algebra und Geometrie ist nicht möglich, zumal die Worte Länge, Breite, Tiefe oder Höhe, Fläche und Volumen oft nur die Bedeutung von Unbekannten einer algebraischen Gleichung haben; z.B. werden Längen und Flächen unbedenklich addiert.

Systeme linearer Gleichungen kommen mehrfach vor; ein einfaches Beispiel ist ST VII, Problem A. Ich schreibe links den Text, rechts eine Erläuterung in moderner Formelschreibweise. Dabei bedeutet L die Länge, B die Breite.

Ein Viertel der Breite zur Länge addiert gibt 7 Handbreiten	$\frac{1}{4}B+L=7$
Länge und Breite addiert gibt 10 Handbreiten	$B+L=10$
Wieviel ist die Breite und die Länge?	
. . . . .	
7 mal 4, des Viertels, ist 28	$B+4\ L=28$
10 von 28 ist 18	$3\ L=18$
Das Reziproke von 3 ist 0;20	
0;20 mal 18 ist 6	$L=6$
6 von 10 ist 4	$B=4$

Schließlich werden die Handbreiten noch in Finger (Zoll) umgerechnet. Es ist 1 Handbreit $=5$ Finger, also $L=30$, $B=20$. Dieses Zahlenpaar kommt bei sehr vielen Aufgaben als Lösung vor.

Die Aufgabe ST IX enthält eine Menge wichtiger Einzelheiten. Ich berichte über den Rechengang und gebe nur zwei Sätze des Textes im Wortlaut wieder:

„Ich bilde die Summe der Fläche, der Länge und der Breite; 1 ist diese Fläche."

$$LB+L+B=1\,. \tag{1}$$

„3 mal die Länge und 4 mal die Breite, davon den 17. Teil habe ich zur Breite addiert: 30."

$$\frac{1}{17}(3\,L+4\,B)+B=0;30 \tag{2}$$

Die Festlegung auf 0;30 wird hier durch (1) erzwungen. Würde man L und B mit einem Faktor 60^k multiplizieren, so würde LB den Faktor 60^{2k} erhalten.

Das Dividieren durch 17 ist erstaunlich, weil 1/17 keinen endlichen Sexagesimalbruch ergibt. Der Aufgabensteller wird gewußt haben, daß als Lösung $L=0;30$, $B=0;20$ herauskommt; dann ist

$$3\,L+4\,B=2;50=170/60\,.$$

Zur Lösung wird zuerst (2) mit 17 multipliziert:

$$3\,L+21\,B=8{,}30\,. \tag{3}$$

Nun wird das System (1), (3) auf die Form

$$x+y=a\,, \quad xy=b \tag{NF 1}$$

gebracht, indem

$$21\cdot(B+1)=x\,, \quad 3\cdot(L+1)=y$$

gesetzt wird. Natürlich werden die Buchstaben x,y nicht eingeführt, sondern es wird folgendermaßen gerechnet:

$\langle x+y=\rangle\; 21\,B+21+3\,L+3=32{,}30\;\langle =a\rangle$ nach (3)

$\langle xy=\quad\rangle\; 3\cdot 21\cdot(LB+L+B+1)=3\cdot 21\cdot 2=2{,}06\;\langle =b\rangle$ nach (1).

Dieses System wird mit Hilfe der Identität

$$\text{(J)} \qquad \left(\frac{x+y}{2}\right)^2 = \left(\frac{x-y}{2}\right)^2 + xy$$

gelöst. Gerechnet wird

$$\frac{x-y}{2} = \sqrt{(a/2)^2 - b} = c = 11{,}45\,.$$

$$x = a/2 + c\,, \quad y = a/2 - c\,.$$

Der Text lautet:
„Teile die Summe 32,30 durch 2, du findest 16,15.
Quadriere dies, du findest 4,24,03,45.
Ziehe davon 2,06 ab, du findest 2,18,03,45.
Was ist die Quadratwurzel davon? 11,45 ist die Wurzel.
Addiere 11,45 zu 16,15, du findest 28.
Subtrahiere 11,45 von 16,15, du findest 4,30."
Daraus ist dann zu berechnen:

$$L + 1 = 4{,}30 : 3 = 1{,}30 \qquad L = 30$$

$$B + 1 = 28 : 21 = 4 : 3 = 1{,}20, \quad B = 20\,.$$

Aufgaben des Typs (NF 1) kommen häufig vor, auch ähnliche Aufgaben mit den Daten $x-y=a$, $xy=b$ oder $x+y=a$, $x^2-y^2=b$. K. Vogel hat diese Formen 1933 als „Normalformen" bezeichnet; ich habe deshalb die Bezeichnung (NF 1) gewählt.

Wie die Babylonier auf die Identität (J) gekommen sind, oder wie sie sich davon überzeugt haben, daß die Rechenvorschrift ein richtiges Resultat liefert, wissen wir nicht. Euklid beweist (J) geometrisch [El. II, § 5] (s. S. 128), aber ob die Babylonier solche Überlegungen angestellt haben, ist nicht überliefert. Vielleicht haben sie auch mit Zahlen gespielt, etwa mit $x=30$, $y=20$. Dann ist $S = \dfrac{x+y}{2} = 25$, $D = \dfrac{x-y}{2} = 5$, und nun bemerkt man vielleicht beim Anschauen dieser Zahlen, daß

$$S + D = 30, \quad \text{also} = x, \quad S - D = 20, \quad \text{also} = y$$

ist, und vielleicht auch, daß

$$S^2 - D^2 = 600 = 10{,}0\,, \quad \text{also } = xy \quad \text{ist.}$$

Man könnte das dann an anderen Beispielen probiert und wahrscheinlich schon nach dem zweiten Beispiel geglaubt haben. (Dies ist natürlich reine Phantasie.)

Wie kommt man überhaupt auf ein solches Gleichungssystem wie NF 1? In der Praxis kommt so etwas doch nicht vor. Der folgende Text VAT 7528 [MKT 1, S. 512=TMB, S. 206/7] scheint mir einen Hinweis zu enthalten.

Text:

1. Ein kleiner Kanal. 2 Ellen obere Breite,
   1 Elle untere Breite. $1\frac{1}{2}$ Ellen Tiefe.
   $\frac{1}{3}$ SAR Erde die Leistung.
   Welche Länge nimmt ein Mann?
   $1\frac{1}{2}$ GAR $3\frac{1}{3}$ Ellen nimmt er.

Bemerkungen:

1 SAR=(1 GAR)^2 1 Elle=ca. 18 m^3.
1/3 SAR=ca. 6 m^3 ist die Tagesleistung, die man von einem Arbeiter erwartet. Bei dem Graben mit dem angegebenen Querschnitt ergibt das eine Länge von $1\frac{1}{2}$ GAR $3\frac{1}{3}$ Ellen, das sind nicht ganz 11 m. Diese Länge sei mit b bezeichnet.

Text:

2. Ein kleiner Kanal. 6 gis seine Länge.
   2 Ellen obere Weite, 1 Elle untere Weite.
   $1\frac{1}{2}$ Ellen seine Tiefe.
   $\frac{1}{3}$ SAR Erde die Leistung.
   18 Leute. Die Tage sind was?
   11 Tage und ein 4-tel sind die Tage.

Bemerkungen:

Jetzt ist die Gesamtlänge des zu grabenden Kanals gegeben:
L=6 gis=ca. 2 km.
Sei a die Anzahl der Arbeiter, t die Anzahl der Tage, so ist

$$L=b\cdot a\cdot t\,.$$

Gegeben ist L, b, also $L/b=at$, und a, gesucht t; das ist eine vernünftige praktische Aufgabe.

Text:

3. Ein kleiner Kanal. 6 gis seine Länge.
   2 Ellen obere Weite, 1 Elle untere Weite.
   $1\frac{1}{2}$ Ellen seine Tiefe. $\frac{1}{3}$ SAR Erde die Leistung.
   Die Leute und Tage addiert: 29,15.
   Die Leute und Tage sind was?
   18 Leute. 11 Tage und ein 4-tel sind die Tage.

Bemerkungen:

Gegeben ist wieder $L/b=at$, aber jetzt, praktisch sinnlos, $a+t$. Durch diese Variation der gegebenen Größen kommt man also auf eine Aufgabe vom Typ NF 1.
In Nr. 4 wird bei sonst gleichen Angaben $a-t=6{,}45$ gegeben. In allen Fällen wird nur die Lösung, nicht der Lösungsweg angegeben. – [S. auch K. Vogel, VM Bd. 2, S. 56/57].

Solche Variationen der gegebenen Größen sind geradezu bezeichnend für die babylonische Algebra. Ich führe noch einen umfangreicheren Text dieser Art an [MCT, S. 66–75]. Er besteht aus drei Tafeln:
Text G: YBC 4657 enthält 31 Aufgaben ohne Lösungen,
Text H: YBC 4663 enthält Lösungen der Aufgaben 1–8,
Text J : YBC 4662 enthält Lösungen der Aufgaben 19–28.
Darin treten die folgenden Größen auf:

uš	= Länge	l = 5 GAR (ca. 30 m)
sag	= Breite	b = 1;30 GAR (ca. 9 m)
gagar	= Fläche	$g = l \cdot b = 7;30$ SAR (hier: SAR = GAR^2)
bùr	= Tiefe	h = 6 kùš (Ellen) (ca. 3 m)
sah̯ar	= Volumen	$V = l \cdot b \cdot h = 45$ SAR (= GAR^2 Ellen).

Es handelt sich also um eine Ausschachtung von ca. 30 m Länge, ca. 9 m Breite und ca. 3 m Tiefe. Die Berechnung der Kosten beruht auf den folgenden Größen:

és-kàr:	$\lambda = 0;10$ SAR: Tagesleistung eines Mannes, hier nur 1/6 SAR = 3 m^3, wohl wegen der größeren Tiefe.
á:	w = 6 še = 0;2 gín Silber: Tageslohn eines Mannes.
u_4:	t = 9 Tage: Dauer der Arbeit
erim-h̯á:	m = 30: Anzahl der Arbeiter
erim-h̯á:	$M = m \cdot t = 4{,}30$: Anzahl der Tagewerke
kù-babbar:	E = 9 gín: Gesamtkosten.

In der ersten Aufgabe sind l, b, h, λ, w gegeben und g, V, M, E gesucht – eine vernünftige Aufgabe der Praxis. Wie dann variiert wird, zeigt die Tabelle 1.2.

Man kann diese Variationen vielleicht als Kontrollrechnungen auffassen, vielleicht aber auch als den Versuch, die Beziehungen zwischen den vorkommenden Größen gründlich zu durchleuchten.

Ein Text, bei dem aus wenigen Angaben viel erschlossen werden muß, der aber etwas Aufschluß über die Arbeitsweise der babylonischen Mathematiker gibt, ist ST V. Er enthält 13 Abschnitte zu je bis zu 18 Zeilen, in jeder Zeile eine ganz knapp angedeutete Aufgabe ohne Lösung. Es wird immer mit denselben Zahlenpaaren a, b gearbeitet. Im ersten Abschnitt wird verlangt, sie zu multiplizieren. Der Text lautet ungefähr:

30 die Seite des Quadrats, mit 2, der Länge ⟨multipliziert⟩ ist was?
30 die Seite des Quadrats, mit 3, der Länge ⟨multipliziert⟩ ist was?

usw. Wir schreiben allgemein:

a die Seite des Quadrats, mit b, der Länge ⟨mult.⟩ ist was?

a wird nicht als Breite, sondern als Seite des Quadrats bezeichnet, weil später auch mit a^2 gearbeitet wird.

Die Paare, deren Multiplikation verlangt wird, sind in der Tabelle 1.3 zusammengestellt.

Tabelle 1.2.
Variationen der Ausschachtungsaufgabe

Nr.	gegeben	gesucht
1	l, b, h, λ, w	g, V, M, E
2	E, b, h, λ, w	l
3	E, l, h, λ, w	b
4	E, l, b, λ, w	h
5	E, l, b, h, w	λ
6	E, l, b, h, λ	w
7	$E, h, \lambda, w, l-b$	l, b
8	$E, h, \lambda, w, l-b$	l, b
9	l, b, h	g, V
10	V, b, h	l
11	V, l, h	b
12	V, l, b	h
13	$V, h, l+b$	l, b
14	$V, h, l-b$	l, b
15	$g+V, b, h$	l
16	$g+V, l, h$	b
17	$g+V, h, l+b$	l, b
18	$g+V, h, l-b$	l, b
19	$g, V, l+b$	l, b, h
20	$g, V, l-b$	l, b, h
21	$g, V, h=\frac{1}{7}(l-b)$	l, b, h
22	l, b, h, λ	λ_l[1]
23	l, b, h, λ, m	$m\lambda_l$
24	l, b, h, λ, m	t
25	b, h, λ, m, t	l
26	l, h, λ, m, t	b
27	l, b, λ, m, t	h
28	l, b, h, m, t	λ
29	$m, t, h, \lambda, l+b$	l, b
30	$m, t, h, \lambda, l-b$	l, b

[1] λ_l ist die Länge, die 1 Mann in 1 Tag ausgräbt; sie ergibt sich zu 0; 1, 6,40 GAR = $6\frac{2}{3}$ Zoll, = ca. 11 cm!

Die Aufgabenreihen arbeiten stets mit diesen Zahlenpaaren a, b. Ich bezeichne die gesuchten (im Text nicht zahlenmäßig angegebenen) Größen mit großen, die gegebenen Größen mit kleinen Buchstaben. Ein paar Beispiele aus § 3 und § 4 sollen das erläutern.

§ 2 ist zerstört; man könnte an $A \cdot b = c$ oder $a + ab = C$ denken.

Tabelle 1.3. ST V, 1. Abschnitt

Zeile	im Text a	b	Nicht im Text C	Erläuterungen
1	30	2	1	
2	30	3	1,30	
3	30	4	2	
4	30	2/3	20	
5	30	1/2	15	
6	30	1/3	10	
7	30	1/4	7,30	
8	30	$1/(3\cdot 4)$	2,30	
9	35	1/7	5	$35=5\cdot 7$
10	35	2/7	10	
11	4,5	$1/(7\cdot 7)$	5	$4{,}5=245=5\cdot 7\cdot 7$
12	4,5	$2/(7\cdot 7)$	10	
13	55	1/11	5	
14	55	2/11	10	
15	10,5	$1/(11\cdot 11)$	5	$10{,}5=605=5\cdot 11\cdot 11$
16	10,5	$2/(11\cdot 11)$	10	
17	6,25	$1/(11\cdot 7)$	5	$6{,}25=385=5\cdot 11\cdot 7$
18	6,25	$2/(11\cdot 7)$	10	

§ 3: $A+A\cdot b=c$.

Der Anfang ist zerstört, als Beispiel gebe ich den Text der Zeile, die der Zeile 13 in § 1 entspricht:

„Zur Seite des Quadrats habe ich 1/11 der Länge addiert; es ist 1.“

Mit $A=55$ ist die Aufgabe gelöst.

§ 4: $A-A\cdot b=c$.

Hier kommen natürlich die ersten drei Werte von § 1 nicht in Frage. Die erste mögliche Zeile lautet:

„Die Seite geht über 2/3 ihrer Länge um 10 hinaus.“

Die Lösung ist $A=30$.

In den folgenden Abschnitten wird verlangt:

§ 5: $a^2\cdot b=C_5$
§ 6: $A^2\cdot b=c_6$
§ 7: $a^2\cdot b^2=C_7$
§ 8: $A^2+A^2b^2=c_8$
§ 9: $A^2-A^2b^2=c_9$
§ 10: $a^2+bA=c_{10}$
§ 11a: $A^2-b\cdot A=c_{11a}$
§ 11b: $b\cdot A-A^2=c_{11b}$
§ 12: $A^2-b\cdot A^2=c_{12}$.

§ 13 enthält verschiedene andere Aufgaben, z. B.

$$x^2+y^2=21{,}40 \quad , \quad x+y=50$$
$$x^2-y^2=20 \quad , \quad y=x/7$$
$$x^2-y^2=16{,}40 \quad , \quad y=x/(7\cdot 7)\,.$$

Der Text scheint mir deshalb bemerkenswert zu sein, weil sich der Mathematiker offenbar von einfachen zu schwereren Aufgaben folgerichtig durcharbeitet, und z. T. auch schwerere Aufgaben als Umkehrungen von einfacheren behandelt werden. Außer der Form der Aufgaben kommt es hier auch auf die im Sexagesimalsystem schwierigen Divisionen durch 7 und 11 an.

In BM 85 200 + VAT 6599 (die Tafel ist in zwei Stücke zerbrochen, von denen sich eines in London und das andere in Berlin befindet; MKT 1, S. 200) wird u. a. eine kubische Gleichung gelöst. Es sollen die Länge L, die Breite B und die Tiefe T eines Quaders ausgerechnet werden. Gegeben ist

$$LB+LBT=1{,}10 \tag{1}$$

(Text: Querschnitt und Volumen sollst du addieren: es ist 1,10). Gegeben ist ferner

$$L=\frac{1}{12}\,T\,, \tag{2}$$

$$B=\frac{2}{3}\,L \tag{3}$$

Setzt man dies in (1) ein, so erhält man

$$T^2+T^3=4{,}12\,.$$

Dann steht ohne Rechnung die Lösung $T=6$ da. Sie könnte aus einer Tabelle für n^2+n^3 abgelesen sein (s. S. 21).

1.3.5 Geometrie

1. Der „Satz des Pythagoras"

Auf der Tafel BM 85 196, Vs. II, 7–20 [MKT 2, S. 47/48,53] steht:

„Ein Balken,[0;]30 [GAR]
Von oben ist er 6 herabgekommen.
Von unten was hat er sich entfernt?
30 quadriere, 15 siehst du.
6 von 30 abgezogen, 24 siehst du.
24 quadriere, 9,36 siehst du.
9,36 von 15 ziehe ab. 5,24 siehst du.
5,24 hat was als Quadratwurzel? 18.
18 am Boden hat er sich entfernt."

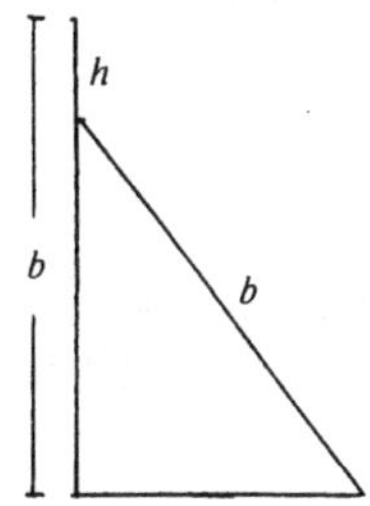

Abb. 1.20

Gerechnet wird also: $a=\sqrt{b^2-(b-h)^2}$.
In den folgenden Zeilen wird entsprechend ausgerechnet: „Wenn er sich 18 am Boden entfernt hat, wieviel ist er herabgekommen?"

Die Aufgabe ist mit Varianten weltweit immer wieder behandelt worden [Tropfke (4.0.2.2.), S. 619]. Bei Leonardo von Pisa ist z. B. eine Lanze an einen Turm angelehnt [4.4].

Zunächst sei betont, daß bei den Babyloniern nicht ein Satz angegeben ist, sondern eine Rechenvorschrift. Aber wieder wissen wir keine Antwort auf die Fragen: Wie ist man auf diese Vorschrift gekommen? Und wie hat man sich davon überzeugt, daß sie richtige Ergebnisse liefert?

Zur zweiten Frage: Die durchgeführte Umkehrung ist ja eine Kontrollrechnung.

Für den Spezialfall des gleichschenklig-rechtwinkligen Dreiecks könnte man einen Beweis aus der Abb. 1.21 ablesen, die auf einer altbabylonischen Tafel vorkommt [BM 15285, MKT 1, S. 137–140]. Dabei steht: „1 ist die Länge. Ein Quadrat; [in sein Inneres] 8 Dreiecke habe ich gelegt. Was sind ihre Flächen?" - mehr nicht.

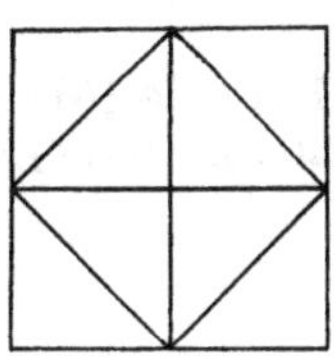
Abb. 1.21

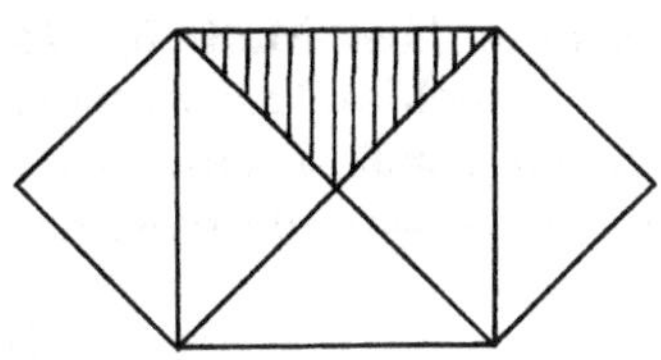
Abb. 1.22

Hierzu sei eine Bemerkung von Schopenhauer angeführt [4.4]: „Ebenso lehrt der Pythagorische Lehrsatz uns eine *qualitas occulta* des rechtwinkligen Dreiecks kennen; des Eukleides stelzbeiniger, ja hinterlistiger Beweis verläßt uns beim Warum, und beistehende, schon bekannte, einfache Figur ⟨Abb. 1.22⟩ gibt uns auf einen Blick weit mehr als jener Beweis, Einsicht in die Sache und innere feste Überzeugung von jener Notwendigkeit und von der Abhängigkeit jener Eigenschaft vom rechten Winkel. Auch bei ungleichen Katheten muß es sich zu einer solchen anschaulichen Überzeugung bringen lassen.“

Einen Beweis für den Satz des Pythagoras bringt Bhaskara II (s. S. 194). Er geht davon aus, daß in der Abb. 1.23 die Seiten der Teildreiecke den Seiten des ganzen Dreiecks proportional sind, ohne das zu beweisen. Daraus folgt dann

$$\frac{p}{a}=\frac{a}{c}, \quad \frac{q}{b}=\frac{b}{c},$$

also $a^2+b^2=pc+qc=c^2$. Dieser Beweis würde im Rahmen der babylonischen Möglichkeiten liegen [Bruins, Bab. Geom., S. 201–207].

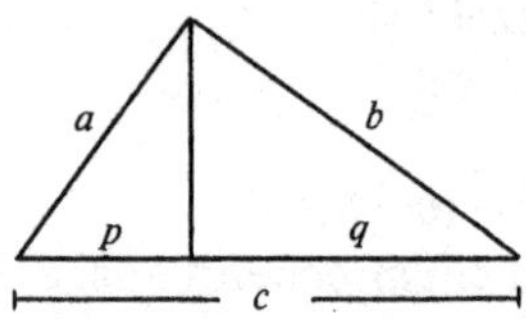

Abb. 1.23

Ich könnte mir auch vorstellen, daß einem Rechner beim Berechnen von Quadratzahltabellen auffällt, daß $3^2+4^2=5^2$ ist, und daß es noch öfter vorkommt, daß die Summe zweier Quadratzahlen wieder eine Quadratwurzel ist. Nun weiß man (ich vermute: seit ältesten Zeiten), daß ein Dreieck mit den Seiten 3,4,5 rechtwinklig ist, und man könnte auf den Gedanken kommen, nachzusehen, ob das bei den anderen Tripeln auch der Fall ist.

Es gibt einen Text (Plimpton 322), auf dem 15, z.T. vielstellige pythagoreische Zahlentripel stehen, wobei zwei der drei Zahlen als „Breite“ und „Diagonale“ bezeichnet sind. Man darf sich danach die babylonische Arithmetik keinesfalls als primitiv vorstellen. Für diesen mehrmals besprochenen Text verweise ich auf die Darstellung in dem Buch von van der Waerden [E. W., S. 125–128] und auf eine neuere Arbeit von O. Schmidt [On Plimpton 322. Pythagorean Numbers in Babylonian Mathematics. Centaurus **24**, 1980, S. 4–13], ferner auf J. Friberg [Methods und Traditions of Babylonian Mathematics. Hist. Math. *8,* 1981, S. 277–318].

Es gab auch andere Rezepte. In VAT 6598, Rs. I, 19–24 [MKT 1, S. 282] wird die Diagonale D eines Tores von der Höhe $H=40$ ($=0;40$ GAR) und der Weite $W=10$ ($=0;10$ GAR) nach der Vorschrift

$$D=H+W^2/2H$$

zu 41,15 ausgerechnet. Unmittelbar danach [Rs. II, 1–4] folgt eine Berechnung nach der Vorschrift

$$D=H+W^2\cdot 2H;$$

sie ergibt $D=42,13,20$.

Da $2H=4/3$ nicht allzuweit von 1 entfernt und $W^2=1/36$ ziemlich klein ist, ist der Unterschied zwischen den beiden Ergebnissen nicht sehr groß.

Soll man annehmen, daß hier bewußt Näherungswerte für eine nicht in einer Quadratwurzeltabelle zu findende Wurzel berechnet werden?

Sei a ein Näherungswert für $\sqrt{z}$, $z=a^2+r$. Gesucht wird d so, daß $(a+d)^2=z=a^2+r$ ist. Wenn man d^2 vernachlässigt, erhält man $d=r/2a$, also

(NQ) $$z=a+\frac{r}{2a}.$$

(Die Bezeichnung (NQ) soll an „*N*äherungsformel für die *Q*uadratwurzel“ erinnern.)
Das ist genau das, was in der ersten Vorschrift (für $r=W^2$, $a=H$) ausgerechnet wurde. Aber ob der Babylonier sich das so gedacht hat, wissen wir nicht.

Die Tafel YBC 7289 [MCT, S. 42–43] enthält einen sehr guten Näherungswert für $\sqrt{2}$, nämlich 1;24,51,10 (s. S. 12). In einem Dezimalbruch umgerechnet ist das 1,4142128 ...; der richtige Wert ist 1,414214 ...

Nun kann man aus einer Quadratzahlentabelle ziemlich leicht den Näherungswert $\sqrt{2}\approx 1;25$ ablesen (s. S. 21). Wendet man hierauf die Formel (NQ) an, so erhält man den angegebenen Wert.
Anm.: $1;25=17/12$, $(17/12)^2=289/144$.

Man kann aber auch so vorgehen: Ist $a_1\approx\sqrt{2}$ ein zu großer Näherungswert, so ist $a_2=2:a_1$ ein zu kleiner Wert, also wird $(a_1+a_2)/2$ ein besserer Näherungswert sein. Dieses Vorgehen führt zu demselben Ergebnis.

2. Flächen und Volumina

Die Berechnung der Fläche eines Rechtecks und eines Dreiecks ist den Babyloniern (selbstverständlich) geläufig. Auch die Fläche eines Trapezes wird oft (als $\frac{a+b}{2}\cdot h$) berechnet, z. B. muß das bei dem „kleinen Kanal“ (S. 28) vorausgesetzt werden. Für das allgemeine Viereck kommt, allerdings selten, z. B. in YBC 4675 [MCT, S. 44], die Vorschrift $\frac{a+c}{2}\cdot\frac{b+d}{2}$ vor, die auch von den Ägyptern beim Tempel von Edfu [59] und später von den römischen Agrimensoren benutzt wurde [168].

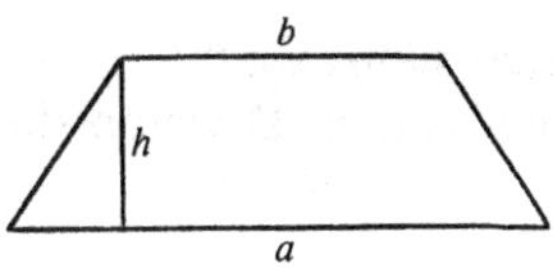

Abb. 1.24

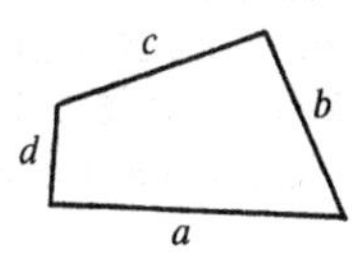

Abb. 1.25

Das arithmetische Mittel wird auch bei komplizierteren Figuren benutzt, z. B. bei der Berechnung eines Belagerungsdammes von der in Abb. 1.26 gezeichneten Form. BM 85194, Vs. I. 1–12 [MKT 1, S. 152].

Vorder- und Rückseite sind senkrecht stehende Trapeze mit den Größen

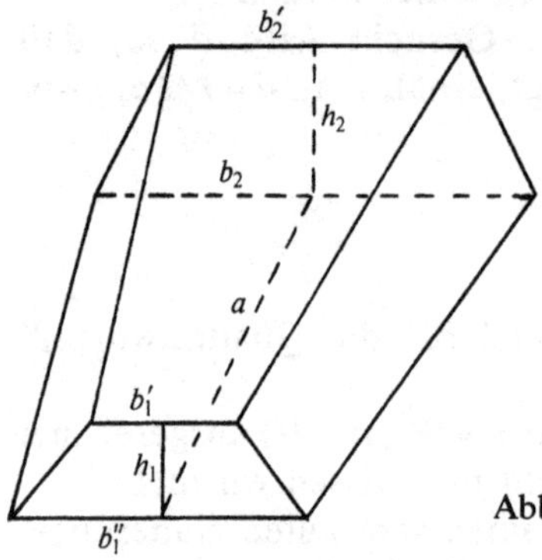

$b_1''=1$ GAR ⟨$=12$ Ellen⟩
$b_1'=0;30$ GAR ⟨$=6$ Ellen⟩
$h_1=4$ Ellen
$b_2''=1;30$ GAR ⟨$=18$ Ellen⟩
$b_2'=1$ GAR ⟨$=12$ Ellen⟩
$h_2=6$ Ellen
$a=10$ GAR.

Abb. 1.26

Berechnet wird

$$V=\frac{1}{2}\left(\frac{b_2''+b_2'}{2}+\frac{b_1''+b_1'}{2}\right)\cdot\frac{h_1+h_2}{2}\cdot a\,.$$

Belagerungsdämme und Kanäle, Ausschachtungen und Aufschüttungen haben die Babylonier oft berechnet; meistens sind die Formen etwas einfacher als in der eben besprochenen Aufgabe.

Ein Kegelstumpf wird in BM 85194, Vs. III, 23–30 [MKT 1, S. 156/7] berechnet: „Ein Fundament. 4 der untere Umfang, 2 der obere Umfang, 6 die Höhe. Die Erdmassen sind was?“ (Abb. 1.27) ⟨Horizontale Strecken werden in GAR, vertikale in Ellen gemessen. Mit $d=u/3$ ist der obere Durchmesser 2/3 GAR, der untere 4/3 GAR, die Höhe 6 Ellen $=1/2$ GAR. Bei der Rechnung braucht man darauf nicht zu achten, weil die Volumeneinheit 1 SAR $=(1\text{ GAR})^2\cdot 1$ Elle ist.⟩

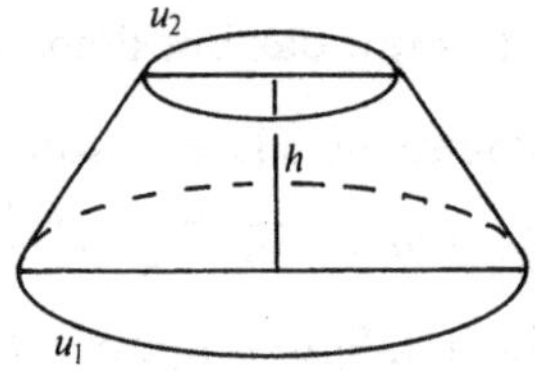

Abb. 1.27

„4 quadriere, 16 siehst du.
16 mit 5 (wegen der) Krümmung multipliziere. 1,20 siehst du.“
⟨Die Multiplikation mit 5 bedeutet im Sexagesimalsystem Division durch 12. Es wird die Fläche des unteren Kreises zu

$$F_1=u_1^2/12=u_1^2/4\pi$$

berechnet. In der Tabelle ST III (S. 39) erscheint 5 als „Konstante des Kreises“.⟩
„2 quadriere, 4 siehst du.
4 mit 5 (wegen der) Krümmung multipliziere. 20 siehst du.“
⟨Die Fläche des oberen Kreises wird als $F_2=u_2^2/12$ berechnet.⟩

„1,20 und 20 füge hinzu, 1,40 siehst du.
1/2 von 1,40 brich ab, 50 siehst du.
50 mit 6, der Höhe, multipliziere.
5 siehst du als Erdmassen des Fundaments.
So ist das Verfahren.“

⟨Das Volumen wird als $V=(F_1+F_2)\cdot\frac{1}{2}\cdot h$ berechnet.⟩

Diese Verallgemeinerung der Formel für die Fläche eines Trapezes gibt natürlich nicht das richtige Resultat. Sie wird auch für den Pyramidenstumpf verwendet, jedoch kommt einmal, und zwar auch in dem Text BM 85 194, Rs. II, 41–49, eine Vorschrift für die Berechnung des quadratischen Pyramidenstumpfes vor, die an einer kritischen Stelle beschädigt ist, aber so ergänzt werden kann, daß sie richtig wird. Die Ägypter kannten eine richtige Vorschrift (s. S. 63).

3. Polygone

ST I zeigt ein Dreieck mit den Seiten 50, 50, 60 und den sehr sorgfältig gezeichneten umbeschriebenen Kreis (Abb. 1.28). Die angeschriebenen Zahlen findet man so: Die Höhe teilt das Dreieck in zwei rechtwinklige Dreiecke, in denen die Hypotenuse $=50$ und eine Kathete $=30$ ist. Also ist die andere Kathete $CD=40$.

Sei $CM=MB=r$ der Radius des umbeschriebenen Kreises, so gilt in dem rechtwinkligen Dreieck MDB:

$$(40-r)^2+30^2=r^2$$

Daraus errechnet man $r=31{,}15$.

Man kann dieses Dreieck als ein Teildreieck eines regelmäßigen Fünfecks ansehen. Denn das regelmäßige Fünfeck erhält man (näherungsweise), wenn man in einen Kreis vom Radius 50 fünf Sehnen von der Länge 60 einträgt.

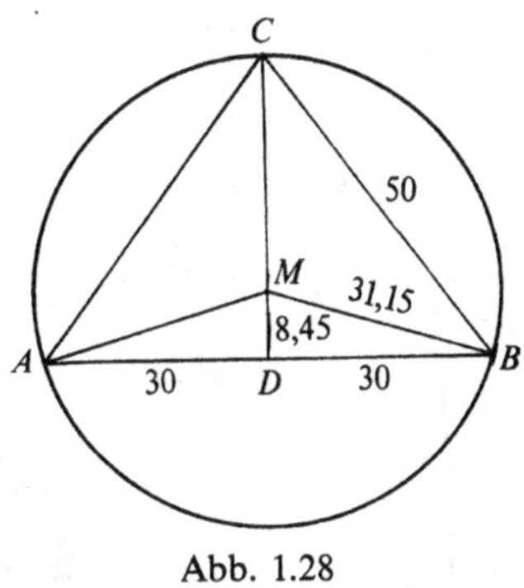

Abb. 1.28

Nun ist die Fläche unseres Dreiecks $30\cdot 40$, die Fläche des Fünfecks also $5\cdot 30\cdot 40=1{,}40{,}00$, die Fläche des Fünfecks mit der Seite 1 statt 60 also $1;40=5/3$. Die schon erwähnte Konstantentabelle ST III sagt in Zeile 26:

„1,40 ist die Konstante des Fünfecks“.

Denselben Wert verwendet auch Heron [Geometrica 21,15 = Op. Bd. 4, S. 383]. Die Fläche des regelmäßigen Fünfecks mit der Seite s berechnet er zu $s^2 \cdot 5/3$. Jedoch verwendet er auch den Faktor 12/7.

Text II Vs. zeigt ein regelmäßiges Sechseck, dessen Seite mit 30 und dessen Umkreisradius mit 30 angegeben ist. In einem Teildreieck steht 6,33,45. Zum Verständnis dieser Zahl berechnen wir zunächst den Flächeninhalt des gleichseitigen Dreiecks mit der Seite 1. Seine Höhe ist $\sqrt{3}/2$. Aus der schon einmal benutzten Quadratzahlentabelle kann man den Näherungswert $\sqrt{3} \approx 1;45$ $\langle = 7/4 \rangle$ ablesen. Also ist die Höhe $= 1;45/2 = 52,30$ (wenn „0;" weggelassen wird). Dieser Wert steht in Zeile 29 der Konstantentabelle.

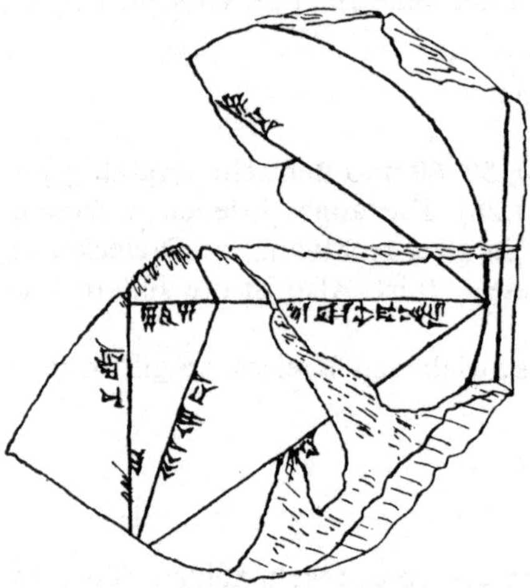

Text I. Vorderseite
(Gegenüber Abb. 1.28 gedreht wegen der Stellung der Zahlzeichen)

Text II. Vorderseite

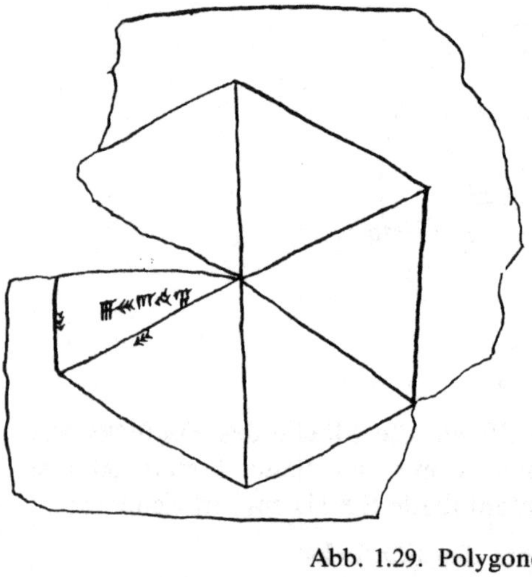

Text III. Rückseite

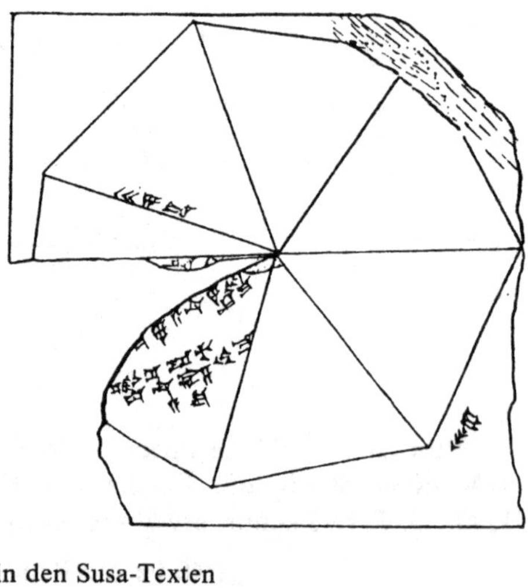

Abb. 1.29. Polygone in den Susa-Texten

Die Fläche des gleichseitigen Dreiecks mit der Seite 1 ist also =52,30/2=26,15, die des Dreiecks mit der Seite 30 (=1/2) somit 26,15:4=6,33,45.

Um die Fläche des Sechsecks mit der Seite 1 (bzw. 60) zu erhalten, muß man diese Zahl mit 4·6 multiplizieren; man erhält 2,37,30. Diese Zahl steht in der Konstantentabelle in Zeile 27. Heron benutzt 13/5=2;36 [Op. Bd. 4, S. 384/5].

Auf der Rückseite des Textes II ist ein Siebeneck mit dem Umkreisradius 35 (und infolgedessen der Seite 30) gezeichnet. Von der Inschrift ist so viel zerstört, daß sie nicht mehr verständlich ist. Die Konstantentabelle gibt in Zeile 28 als Konstante des Siebenecks 3,41, was Bruins nachgerechnet hat. Heron [a. a. O.]: 43/12=3;35.

1.3.6 Kompendien

Eine sachlich geordnete Zusammenstellung geometrischer Kenntnisse ist

1. Die *Konstantentabelle ST III*

Der Text lautet:
Zeile
1) Konstante, mit der man das, was folgt (multiplizieren muß)
2) 5 die Konstante des Kreises
3) 20 der Sehne des Kreises (d. h. des Durchmessers)
4) 10 des Pfeils des Kreises (d. h. des Radius)
5) 16 Konstante des Kreises, der 2 še enthält (?)
6) 16,26,46,40 Konstante des Kreises, der 3 še enthält (?)

7) 15 Konstante des Halbkreises
8) 40 der Sehne des Halbkreises
9) 20 des Pfeils des Halbkreises

10) 6,33,45 die Konstante des Drittelkreises
11) 52,30 der Sehne des Drittelkreises
12) 15 des Pfeils des Drittelkreises

13) 13, 7,30 die Konstante eines Bogens
14) 52,30 der Sehne eines Bogens
15) 30 des Pfeils eines Bogens

16) 13 (?) 20 (?) die Konstante der „Gerstenfigur" [Popp, S. 42]
17) 56,40 der Sehne der Gerstenfigur
18) 23,20 des Pfeils der Gerstenfigur

19) 16,52,30 die Konstante des „Ochsenauges"
20) 52,30 der Sehne des Ochsenauges
21) 30 des Pfeils des Ochsenauges

22) 26,40 die Konstante des *abusamiku*
23) 1,20 die „Diagonale" des *abusamiku*
24) 33,20 die „Transversale" des *abusamiku*
25) 15 die Konstante des *abusamiku* von 3.

26) 1,40 die Konstante des Fünfecks
27) 2,37,30 die Konstante des Sechsecks
28) 3,41 die Konstante des Siebenecks
29) 52,30 die Konstante des Dreiecks
30) 57,36 die Konstante des (verbesserten) Kreises
31) 1,25 die Konstante der Diagonale des Quadrats
32) 1,15 die Konstante der Diagonale des Rechtecks
33) 48 die Konstante des Reservoirs (?)

Die übrigen Zeilen 34–71 enthalten u.a. Konstanten für Ziegel und andere Materialien.

Erläuterungen zur Konstantentabelle ST III

Zu Zeile

2) $0;5=\frac{1}{12}$ ist die Fläche des Kreises mit dem Umfang $U=1$, also der Faktor, mit dem man das Quadrat des Umfangs multiplizieren muß, um die Fläche zu erhalten: $F=U^2/12=U^2/4\pi$.

3) $0;20=\frac{1}{3}$ ist der Durchmesser des Kreises vom Umfang 1, also der Faktor, mit dem man den Umfang multiplizieren muß, um den Durchmesser zu erhalten.

4) Der „Pfeil" ist die Höhe des Segments über der Sehne.

5, 6) unklar

7) unklar; mit Rücksicht auf die folgenden Zeilen würde man hier 10 erwarten.

8, 9) Jetzt ist der Umfang des *Halb*kreises = 1.

10–12) Ist der Bogen des Drittelkreises = 1, so ist der Kreisumfang = 3, also der Radius $MA=r=1/2$. Dann ist die Sehne $s=AC=\sqrt{3}/2=52{,}30$,
der Pfeil $f=DB=1/4=15$,
die Fläche $s\cdot f/2=6{,}33{,}45$. Das ist die Fläche des Dreiecks ABC.

13–15) Was mit „Bogen" gemeint ist, ist unklar. Die Sehne ist die gleiche wie beim Drittelkreis, Pfeil und Fläche sind das Doppelte. Die berechnete Fläche ist die des Rhombus $ABCM$.

16–18) Die „Gerstenfigur" ist vielleicht das Zweieck aus zwei Viertelkreisen. Ist der Bogen des Viertelkreises = 1, so ist der Kreisradius $r=4/6$, die Sehne $AC=s=r\cdot\sqrt{2}=56{,}40$ (mit $\sqrt{2}=1{,}25$, s. Zeile 31),

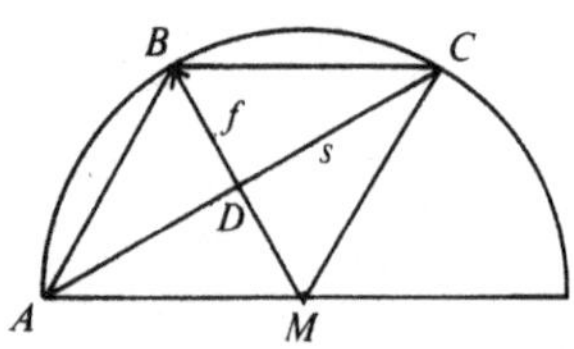

Abb. 1.30

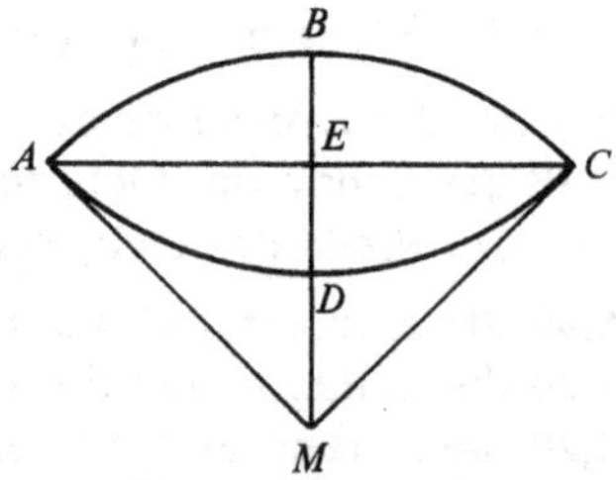

Abb. 1.31. Gerstenfigur

der Pfeil $DB = f = 2\ (MB - ME) = 2\left(r - \frac{s}{2}\right) = 23{,}20.$

Die Fläche des Kreises vom Umfang 4 ist 16/12, also die des Viertelkreises = 1/3. Zieht man hiervon die Fläche des Dreiecks *AMC*, nämlich $(s/2)^2 = 2/9$ ab, so erhält man als Fläche des Segments 1/9 und als Fläche des Zweiecks 2/9 = 13,20.

19–21) Beim Ochsenauge ist die Sehne gleich der des Drittelkreises, der Pfeil doppelt so groß wie bei diesem. Es könnte das Zweieck aus zwei Drittelkreisbögen gemeint sein [Popp, S. 40]. Berechnet man den Flächeninhalt analog zu dem des vorigen Zweiecks, so erhält man den in Zeile 19 angegebenen Wert. [S. auch Vajman, A. A.: Sumero-Vavilonskaja matematika (Sumerisch-babylonische Mathematik). Moskau 1961. Russisch.]

22–25) Für das *abusamiku* schlägt Popp die durch vier Viertelkreise begrenzte Figur (Abb. 1.32) vor. „Geht man ... von der Bogenlänge $b = 1$ aus, so erhält man für die Transversale $h = 33{,}20$ und für die Diagonale $d = 1{,}20$. Die Fläche ist dann tatsächlich 26,40. Geht man aber von $d = 1$, also vom Umfang 3 des gesamten Kreises aus, so erhält man den in Zeile 25 angegebenen Wert 15 als Fläche“.

26–28) s. S. 37/38.

29) $52{,}30 = \sqrt{3}/2$, also die Höhe des gleichseitigen Dreiecks mit der Seite 1.

30) $57{,}36 = 24/25$ ist nach Bruins als Korrekturfaktor anzusehen, d.h. man hat (vgl. Z. 2) $F = (U^2/12) \cdot (24/25)$ zu rechnen. Das entspricht dem Wert $3\frac{1}{8}$ für π. Eine von K. Vogel stammende Begründung dieses Wertes mittels des Zehnecks hat O. Becker wiedergegeben [Praxis der Math. *3*, 1961, S. 58–62].

31) 1,25 ist ein Näherungswert für $\sqrt{2}$; vgl. die Tabelle auf S. 21.

32) Gemeint ist offenbar das Rechteck mit der größeren Seite 1 und dem Seitenverhältnis 4:3. Siehe z.B. IM 55357, S. 22.

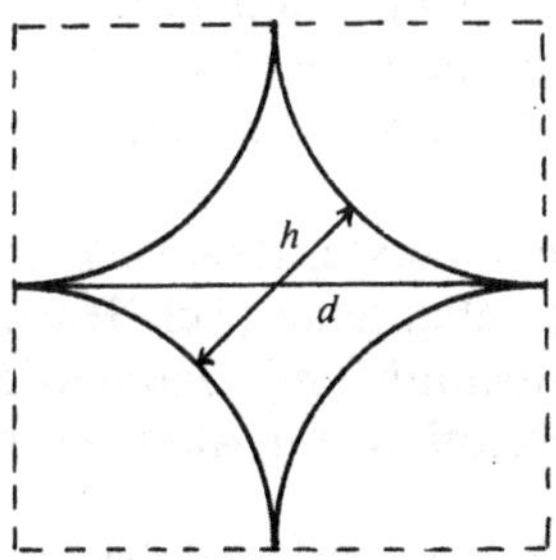

Abb. 1.32. abusamiku

2. Weitere Kompendientexte

In einem Text aus Teil Harmal [E 3] kommt eine solche Konstantentabelle zusammen mit Zusammenstellungen algebraischer Aufgaben vor, die an den Text ST V (s. S. 29) erinnern: jede Zeile enthält die Andeutung einer Aufgabe ohne Angabe der Lösung, z.B.: „Zur Fläche des Quadrats sind 10 seiner Seite zu addieren.“ Die folgenden Zeilen enthalten statt 10 die Zahlen 9,8,7,...,3,2,1.

Goetze interpretiert das als die Aufgabe, die Gleichungen $x^2+nx=y$ bei gegebenem y zu lösen.

In ähnlicher Weise werden Ausdrücke der folgenden Formen beschrieben:

$$x^2+\left(x+\frac{x}{n}\right),\quad x^2-\frac{x}{n},\quad x^2-nx,\quad x^2-\left(x+\frac{x}{n}\right),\quad x^2-\left(mx+\frac{x}{n}\right).$$

Dann folgt eine Konstantentabelle, ähnlich ST III, ferner u. a. Berechnung von Transportleistungen, weiter die Zerlegung eines Dreiecks durch Parallelen zu einer Seite; derartige Aufgaben kommen auch in mehreren anderen Texten vor, sie scheinen für die Verteilung von Grundstücken unter mehrere Anspruchsberechtigte eine Rolle zu spielen.

Eine andere Tafel enthält außer einem mit dem Vorigen gleichlautenden Teil einige Aufgaben mit zwei Gleichungen und zwei Unbekannten, etwa in der Art von NF 1.

Der Herausgeber Goetze meint, daß zu dem Text die Einleitungsworte passen würden: „Ich bin ein Mathematiker geworden. Hier stehen die Dinge, die ich lernen mußte.“ In der Tat scheint eine Zusammenfassung des gesamten mathematischen Lehrstoffs vorzuliegen, und zwar sind hier Übersichten über algebraische und geometrische und noch andersartige Aufgaben auf einer Tafel vereinigt. Das läßt die Vermutung aufkommen, daß auch die Susa-Texte oder ein Teil davon nicht eine willkürliche Sammlung von Aufgaben, sondern eine geordnete Zusammenfassung des mathematischen Lehrstoffs sind.

1.3.7 Zusammenfassung der altbabylonischen Mathematik

Unsere Quellen sind:

um 3000–2900 erste Schrifttafeln mit Zahlen. Das Sexagesimalsystem ist bereits vorhanden, gelegentlich kommt ein 100-er System vor.

um 2500 metrologische Tafeln, Umrechnungen von Flächen in verschiedenen Maßen.

um, z. T. noch vor 2000 Tabellentexte, Reziprokentabellen u. a.

um 1800 erste bekannte Aufgabentexte (Tell Harmal); sie zeigen bereits eine hochentwickelte Rechentechnik und Geometrie. Die wohl etwas späteren Susa-Texte enthalten Kenntnisse der Akkader, die diese also bereits vorher gehabt haben müssen.

bis 1500 zahlreiche weitere Texte, oft unbestimmter Herkunft.

Die Rechentechnik dieser altbabylonischen Texte geht bis zu Potenzen und Wurzeln, die Algebra bis zu Gleichungen mit zwei, gelegentlich auch mehr Unbekannten, quadratischen Gleichungen und einzelnen Gleichungen höheren Grades.

Die Geometrie ist weitgehend an der Praxis orientiert. Die Babylonier beherrschen die grundlegenden Maßbeziehungen beim Dreieck, Viereck, Kreis und einigen regelmäßigen Polygonen. Außerdem gibt es zahlreiche Aufgaben, in denen das Volumen von Gräben, Dämmen und anderen Bauwerken berechnet wird.

Die Form, in der die mathematischen Kenntnisse dargeboten werden, ist die der Rechenvorschrift, natürlich mit bestimmten Zahlen; jedoch sind sie meist so allgemein gehalten, daß beliebige Zahlen eingesetzt werden können. Man sieht das daran, daß gelegentlich eine Multiplikation mit 1 oder auch die Operation $\sqrt{1}=1$ ausdrücklich angegeben ist. Begründungen, Herleitungen oder Beweise finden sich in den Texten nicht. Dabei ist aber zu berücksichtigen, daß wir nicht wissen, was der Lehrer beim mündlichen Unterricht gesagt hat.

Bei manchen Aufgaben kann man an Anfänge eines theoretisch-wissenschaftlichen Interesses denken (s. S. 24). Das gilt besonders für die vielen „Serientexte“, in denen gewisse Probleme mit Variationen der Daten durchgespielt werden. Sachlich geordnete Zusammenfassungen von algebraischen und geometrischen Kenntnissen, sowie Kenntnissen über Material, Arbeitsleistungen und Kosten scheinen in einigen Texten (aus Tell Harmal und Susa) vorzuliegen.

1.3.8 Astronomie

Nach 1500 gibt es fast keine mathematischen Texte mehr, Fortschritte der Mathematik scheint es erst in spätbabylonischer und persischer Zeit im Rahmen der Astronomie zu geben. Wir besprechen daher ganz kurz die Entwicklung der babylonischen Astronomie, nicht an Hand der Quellen, sondern nach dem Buch von van der Waerden [Astr.], und zwar unter dem besonderen Gesichtspunkt, welche Voraussetzungen für eine mathematische Behandlung notwendig sind.

Grundlage dafür ist zunächst eine Zeitrechnung. Die Bedeutung des Sonnenjahres ist selbstverständlich klar, weniger klar ist, wie man einen Anfang des Sonnenjahres festlegen kann oder festgelegt hat. Genau festgelegt wurde der Beginn des Mondmonats, und zwar nach dem ersten Erscheinen der Mondsichel nach Neumond. Da der Mondmonat etwa $29\frac{1}{2}$ Tage hat, ändert sich die Monatslänge; sie wurde auf Grund der Beobachtung jeweils festgesetzt, d.h. es wurde amtlich bekannt gemacht: Der 30. Adaru ist als der 1. Nisannu zu zählen. Das Jahr wurde zu 12 Mondmonaten gerechnet. Da aber das Jahr tatsächlich etwa $12\frac{1}{3}$ solche Monate hat, wurde ungefähr alle drei Jahre, aber zunächst ganz unregelmäßig, ein Monat doppelt gezählt. Erst spät hat man dafür bestimmte Perioden aufgestellt.

Die Venusbeobachtungen zur Zeit von Ammizaduga wurden oben (S. 17) erwähnt. Zu diesen Beobachtungen braucht man keine Geräte, und da nur die Tage angegeben werden, auch keine genaue Einteilung des Tages. Im täglichen Leben wurde die Nacht von Sonnenuntergang bis Sonnenaufgang in 3 Nachtwachen und der Tag in 3 Tagwachen eingeteilt, die jahreszeitlich verschieden lang waren. Die verschiedene Länge wurde in assyrischer Zeit anscheinend mit Wasseruhren gemessen; die Änderung der Tageslänge scheint (nach nicht ganz sicheren Venusberechnungen) der erste schriftlich festgehaltene periodische Vorgang gewesen zu sein, und zwar auf assyrischen Texten aus der 2. Hälfte des 2. Jahrtausends. Hier findet sich auch die Einteilung des Ganztags (Tag und Nacht) in 12 bēru. bēru bezeichnet auch eine Länge von etwa 10 km, was mit dem in einer Doppelstunde zurückgelegten Weg gut zusammenpassen würde. In der Astronomie scheint mit bēru jedoch eine Entfernung am Himmel gemeint zu sein.

Etwa von 1300 an gibt es „Astrolabe", Tafeln, auf denen jedem Monat drei Sterne oder Sternbilder zugeordnet werden. Besonders wichtig ist eine Serie von Texten, die nach dem Anfangswort mul-APIN genannt wird. (mul = Stern, APIN = Pflug = das Dreieck im Sternbild Stier). Es gibt mehrere Duplikate. Die ältesten erhaltenen Exemplare sind auf 687 v. Chr. zu datieren, doch dürfte der Inhalt auf ältere Kenntnisse zurückgehen. Hier ist von Sternbildern „im Wege des Mondes" die Rede, und es wird festgestellt, daß auch die Sonne und die übrigen Planeten diesen Weg durchlaufen. Er wird zunächst in vier Teile geteilt. Die genaue Festlegung des Tierkreises und die Einteilung in 12 Zeichen zu je 30° erfolgte erst später, wahrscheinlich nicht viel später. Jedoch stammt der älteste Text, auf dem von Tierkreiszeichen die Rede ist, etwa aus der Zeit um 450 v. Chr.

Damit besteht die Möglichkeit, den Ort der Sonne, des Mondes und der Planeten am Himmel genau festzulegen und solche Erscheinungen wie z. B. die verschiedene Geschwindigkeit der Sonne in den verschiedenen Jahreszeiten festzuhalten. Man tat das - natürlich - in Form von Tabellen, die aber nicht ausschließlich auf Beobachtungen beruhten, sondern auch berechnet wurden, mindestens in der Weise, daß Zwischenwerte durch rechnerische Interpolation gefunden wurden. Die Geschwindigkeit der Sonne erscheint manchmal so, als gäbe es zwei verschiedene konstante Geschwindigkeiten für je ein halbes Jahr, manchmal als „lineare Zackenfunktion" (s. Abb. 1.33; die babylonischen Texte enthalten jedoch keine Zeichnung).

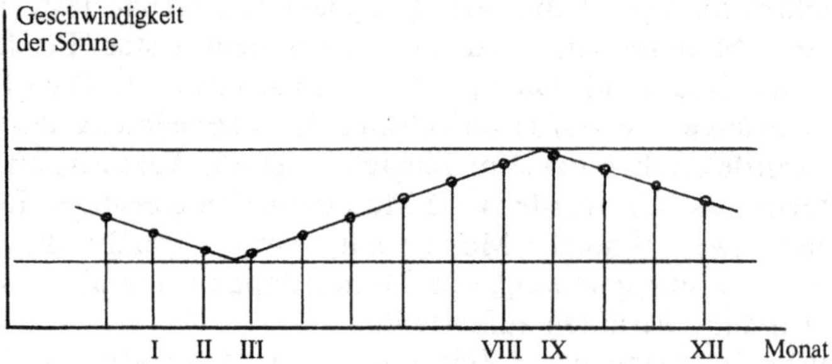

Abb. 1.33. Lineare Zackenfunktion [Neugebauer, Ex. Sci., S. 111]

Die Werte einer solchen Funktion können aus wenigen Ausgangsdaten mit Hilfe der konstanten Differenz leicht berechnet werden, und davon haben die Babylonier offenbar Gebrauch gemacht. Die interessierenden Himmelserscheinungen beruhen auf der Überlagerung von mehreren periodischen Vorgängen. Diese Rechnungen wurden zwischen 600 und 300 v. Chr. zu großer Vollkommenheit entwickelt. Texte wurden in Babylon und in Uruk gefunden.

Dabei werden nur beobachtbare Fakten aufgeschrieben, analysiert und vorausberechnet. Von einer Vorstellung davon, was die Sterne sind (ob sie z. B. glühende Steine sind, wie später Anaxagoras meinte), oder von einem Fragen nach den physikalischen Gründen und Gesetzen ihrer Bewegungen, ist nichts bekannt. Aus Mythen und Sagen läßt sich ein Weltbild ableiten, wie es in Abb. 1.34 wiedergegeben ist.

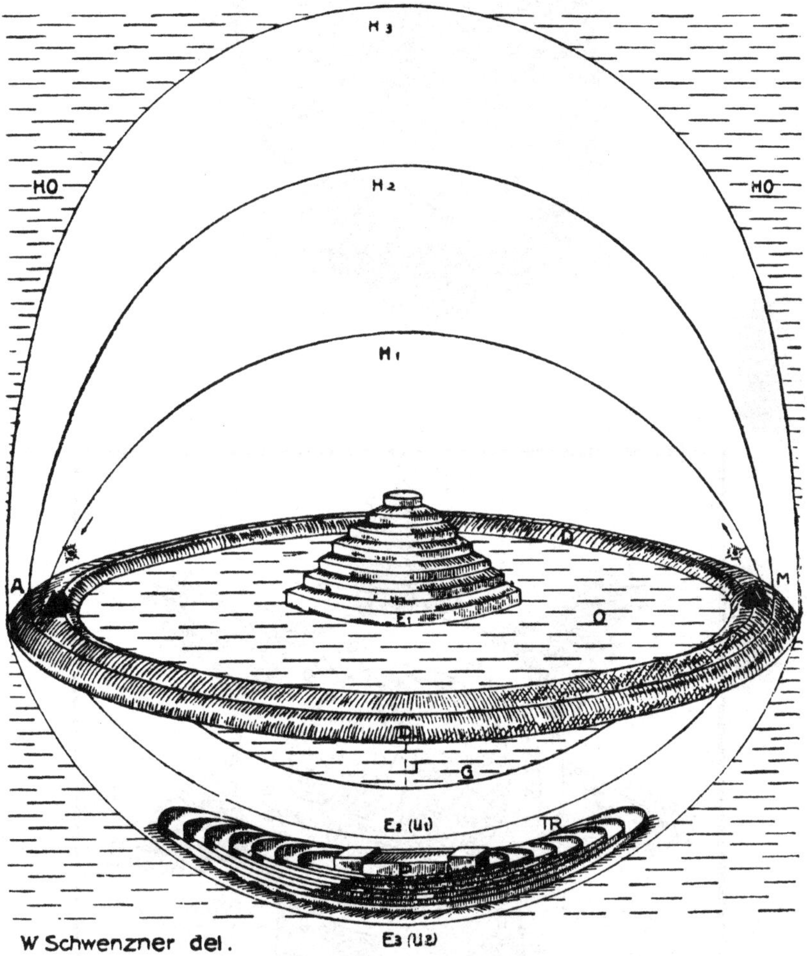

E_1:	Erde (Oberwelt).	A:	Abend (Westen); die beiden Berge des Sonnenuntergangs.
E_2, E_3:	2. u. 3. Erde (Unterwelt).	M:	Morgen (Osten); die beiden Berge des Sonnenaufgangs.
H_1, H_2, H_3:	1. 2. 3. Himmel.	D:	Damm des Himmels.
HO:	Himmlischer Ozean.	TR:	Die 7 Mauern u. der Palast (P.) des Totenreiches.
O:	Irdischer Ozean.		
T, G:	Tiefe u. Grund des ird. Ozeans.		

Abb. 1.34. Das babylonische Weltbild (nach einer Skizze von W. Schwenzer) [Meißner, Bd. 2, S. 109]

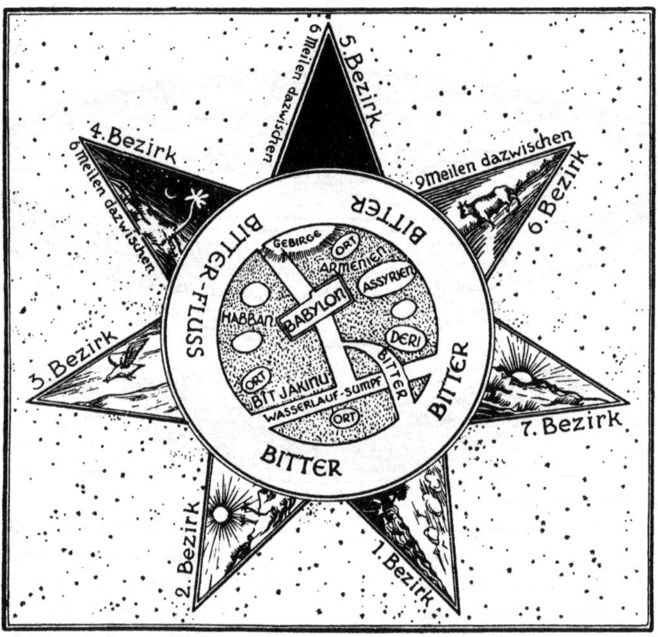

Abb. 1.35. Babylonische Weltkarte (Tontafel aus dem 7. Jh. v. Chr. – BM 92687) [Jeremias, Abb. 89, 90]

Von der Erde hatte man wohl die Vorstellung, daß es eine runde, vom Ozean umschlossene Scheibe ist, mit Babylon im Mittelpunkt und unbewohnbaren Gegenden jenseits des Ozeans. So zeigt es uns eine Tafel etwa aus dem 7. Jh. v. Chr., also einer relativ späten Zeit (Abb. 1.35).

Nach neueren Untersuchungen [W. Papke: Die Keilschriftserie MUL-Apin, Dokument wissenschaftlicher Astronomie im 3. Jahrtausend. Diss. Tübingen 1978] gehen die in der Serie mul-APIN niedergelegten astronomischen Kenntnisse auf die Sumerer (um 2300 v. Chr.) zurück. Das würde die früheren Vorstellungen von der Astronomie grundlegend verändern. Auch die ziemlich naive Vorstellung vom Weltbild der Babylonier (Abb. 1.34), die vor mehr als 50 Jahren entwickelt wurde, muß durch eine exakt astronomische begründete ersetzt werden. Da ich von diesen Untersuchungen erst während der Drucklegung dieses Buches erfahren habe (durch persönliche Mitteilung von Herrn Papke, dem ich dafür meinen besten Dank sage), kann ich nicht näher darauf eingehen.

Übrigens: auch viele mathematische Texte sind Abschriften älterer Vorlagen, deren Entstehungszeit nicht sicher bekannt ist.

Aus der Seleukidenzeit gibt es auch wieder einige rein mathematische Texte. Sie zeigen eine, wie mir scheint, geringfügige Weiterentwicklung der altbabylonischen Mathematik.

1.4 Die Mathematik der Ägypter

1.4.1 Zeitrechnung

Die Ägypter haben den Anfang des Jahres durch den heliakischen Aufgang des Sirius (ägyptisch: Sothis) festgelegt.

Vom geozentrischen Standpunkt aus bleibt die Sonne hinter der Bewegung des Fixsternhimmels zurück, in 1 Jahr um 1 Tag, in 1 Tag also um etwa 4 Minuten. Wenn also ein Stern in der Ekliptik an einem Tag gleichzeitig mit der Sonne aufgeht und daher unsichtbar ist, so geht er am nächsten Tage etwa 4 Minuten früher auf, nach einigen Tagen um so viel früher, daß er vor Sonnenaufgang zu sehen ist. Der Sirius steht nicht in der Ekliptik, auch wäre noch die geographische Breite des Beobachtungsortes und anderes zu berücksichtigen, aber für die Erläuterung des Begriffs „heliakischer Aufgang" mag das Gesagte vielleicht genügen. Seine Beobachtung dürfte ziemlich ungenau sein, aber sie ist, wie schon bei den Babyloniern gesagt wurde, ohne ein Instrument und ohne genauere Zeitmessung möglich.

Auf den heliakischen Aufgang des Sirius folgt in der Regel nach wenigen Tagen der Beginn der Nilüberschwemmung, der für die ägyptische Landwirtschaft lebenswichtig ist.

Das Jahr wird in drei Jahreszeiten eingeteilt: Achet = Überschwemmungszeit, Peret = Wachstumszeit, Shemou = Ernte-, Hitzezeit. Jede Jahreszeit wird in vier Monate zu je 30 Tagen eingeteilt. Dazu kommen am Ende des Jahres 5 Zusatztage, die als Feiertage angesehen werden können.

Dieses Kalenderjahr ist nun um etwa 1/4 Tag zu kurz, also liegt der kalendermäßige Neujahrstag nach 4 Jahren um 1 Tag zu früh, d. h. vor dem Sothisaufgang. Im Lauf der Jahrhunderte wandert er durch das ganze Jahr, nach $4 \cdot 365 = 1460$ Jahren liegt er wieder an der richtigen Stelle. Es ist anzunehmen, daß dieser Kalender zu einem Zeitpunkt eingeführt wurde, als der Neujahrstag richtig lag. Man weiß, daß das im Jahre 139 n.Chr. der Fall war. Also kommen für die Einführung des Kalenders die Jahre 1321, 2781, 4241 in Betracht. Bei der Annahme von 2781 würde sie in die Blütezeit des Alten Reichs fallen, was nicht unwahrscheinlich ist. Erst zur Zeit des Kaisers Augustus ist man in Ägypten dazu übergegangen, in jedem vierten Jahr einen 6. Zusatztag einzuschieben, was die Römer schon unter Cäsar (Julianischer Kalender) getan hatten.

Die Chronologie mit der Einteilung in Dynastien beruht auf einer Geschichte Ägyptens, die ein Priester in Heliopolis, Manetho, im 3. Jh. v. Chr. geschrieben hat. Seine Quellen waren Königsannalen und Königslisten, die in den Tempeln geführt wurden. Davon sind einige wenige erhalten. Das Werk Manethos ist verloren, aber spätere Autoren haben so viel davon abgeschrieben, daß wenigstens die Liste der Dynastien gesichert ist. Im Einzelnen bestehen Schwierigkeiten, weil manche Könige im Laufe ihrer Regierungszeit verschiedene Beinamen annahmen, z. B. nach einem gewonnenen Krieg. Es gibt aber auch Inschriften der Art, daß der Frühaufgang des Sirius im Jahre 7 der Regierung des Sesostris III. am 16. Tag des 4. Monats des Peret stattfand. Das war also das Jahr 1877 ± 2.

1.4.2 Aus der Geschichte

Für die politische Geschichte ist es bedeutsam, daß Ägypten im Osten und Westen von Wüsten begrenzt ist und nur im Norden und im Süden mit anderen Völkern in Berührung kommen kann. Im Süden waren die Grenzen des ägyptischen Machtbereichs gegenüber dem Sudan oft in Bewegung. Im Norden hat Ägypten seinen Einflußbereich manchmal bis nach Syrien erstreckt, ist aber nicht nur von dort, sondern auch von Libyen gefährlichen Angriffen ausgesetzt gewesen.

Auf die Einigung des Reichs um 3000 folgte eine Zeit der Macht und des Wohlstandes im Alten Reich. Die Könige der 4. und 5. Dynastie bauten die Pyramiden, bei denen man eigentlich heute noch nicht recht weiß, wie die Ägypter derartige Massen von Steinen mit einer derartigen Genauigkeit zusammenbauen konnten.

Wenn dabei zwischen verschiedenen Maßen als Verhältnis ein sehr genauer Wert von π auftritt, so besagt das nicht, daß die Ägypter den Zahlenwert von π sehr genau gekannt haben. Er könnte durch ein geometrisches Verfahren beim Bau automatisch hereingekommen sein. Von einem Techniker, T. E. Conolly, stammt ein derartiger Erklärungsversuch, der von W. R. Fuchs [Formel und Fantasie, Stuttgart, Deutsche Verlagsanstalt 1976, S. 90f.] wiedergegeben ist: Die Bauleute haben horizontale Strecken durch Abrollen einer Rolle gemessen, die etwa einen Radius von 1 Elle gehabt haben könnte, vertikale Strecken aber mit einer gewöhnlichen Elle. Eine horizontale Strecke von 1 Rollelle ist dann eine Strecke von 2π gewöhnlichen Ellen. So kann man in das Verhältnis von senkrechten zu waagerechten Strecken leicht den Faktor π hineinbekommen. –

Aber: Es gibt aus der Zeit des Alten Reiches viele Bilder von den Tätigkeiten des Alltagslebens, auf denen man auch die Werkzeuge der Handwerker gut erkennen kann; ein Bild, auf dem mit Rollen gemessen wird, ist mir nicht bekannt.

Nach der 6. Dynastie erstarkte die Macht der Provinzfürsten, während die des Pharao abnahm. Es kam zu einer Zeit politischer Wirren, in der das Ansehen des Königs, der Glaube an seine Göttlichkeit, schweren Schaden litt, was möglicherweise auch die Weltanschauung der Ägypter in unwiderruflicher Weise beeinflußt hat.

Um 2040 gelang es Mentuhotep, einem Fürsten von Theben, das Reich wieder zu einen. Er und seine Nachfolger schufen wieder eine starke Zentralgewalt und erweiterten und sicherten die Herrschaft Ägyptens gegenüber den Nachbarländern Nubien im Süden, Libyen im Westen und der Sinai-Halbinsel im Osten. Es entstand eine neue hohe Kultur, deren Ausstrahlung weit nach Asien reichte. Ihren Höhepunkt erreichte sie in der Zeit von Amenemhet III (1844–1797). Wie weit sie auf anderen geistigen Grundlagen beruhte als die Kultur des Alten Reiches, kann hier nicht untersucht werden.

In dieser Zeit wurden die beiden wichtigsten mathematischen Papyri verfaßt; erhalten sind Abschriften aus späterer Zeit. Sie zeigen uns, wie es auch bei den erhaltenen babylonischen Texten war, nicht den Anfang der Mathematik, sondern ein schon fortgeschrittenes Stadium.

Aus dieser Zeit stammt auch die Einführung der 36 „Dekane"; das sind entweder einzelne Sterne, z. B. der Sirius, oder Sternbilder, die in einem Streifen südlich der Ekliptik stehen und um je etwa 10° voneinander entfernt sind. In einer Nacht gehen 18 dieser Dekane durch den Meridian; ihr Meridiandurchgang oder ihr Auf- oder Untergang kann zur Zeitbestimmung in der Nacht dienen.

Während der 13./14. Dynastie werden für einen sehr kurzen Zeitraum sehr viele Königsnamen genannt. Man kann an Streitigkeiten innerhalb des Königshauses denken, wahrscheinlich jedenfalls an eine Schwächung der Macht des Pharao. Zugleich drangen vom Delta her die Hyksos ein. (Der Name bedeutet „Herrscher fremder Völker"). Ob das Eindringen eine gewaltsame Eroberung oder eine fortschreitende Infiltration war, ist nicht sicher. Um 1560 übernahm ein Hyksos die Herrschaft über Ägypten.

Aus dieser Zeit stammen die erhaltenen Abschriften der beiden wichtigsten mathematischen Papyri:

Der Papyrus Moskau (P. M.), genannt nach seinem Aufbewahrungsort, dem Museum der Schönen Künste in Moskau, ist 5,44 m lang und 8 cm breit. Er enthält ungeordnet 25 Aufgaben, meist aus dem täglichen Leben. Er ist von einem Schreiber der 13. Dyn. nach einer Vorlage aus der Zeit der 12. Dyn. geschrieben.

Etwas jünger ist der Papyrus Rhind (P. Rh.), genannt nach seinem ersten Besitzer. Er ist 5,34 m lang und 33 cm breit. Er enthält eine Liste der Divisionen $2:n$ und 84 Aufgaben in lehrbuchartiger Anordnung. Er beginnt mit den Worten: „Genaues Rechnen. Einführung in die Kenntnis aller existierenden Gegenstände und aller dunklen Geheimnisse. Dieses Buch wurde geschrieben im Jahr 33, im vierten Monat der Überschwemmungsjahreszeit unter seiner

Majestät dem König von Ober- und Unterägypten A-user-Re (d.i. Apophis aus der Hyksoszeit), mit Leben versehen, in Anlehnung an eine alte Schrift aus der Zeit des Königs von Ober- und Unterägypten Ne-ma'et-Re (Amenemhet III). Der Schreiber A'h-mosè hat die Abschrift angefertigt."

Um 1540 wurden die Hyksos vertrieben; die folgende Zeit wird als das Neue Reich bezeichnet. Zu seinen Königen gehören u.a. Echnaton (1364–1347), Tutanchamun (1347–1333) und mehrere Könige des Namens Ramses. Auf eine Periode religiöser Auseinandersetzungen folgte eine Periode der Ausdehnung des Reiches, besonders nach Asien. Ramses II stieß 1285 bei Kadesch mit den Hethitern zusammen. Der Pharao geriet in eine Falle, die ihm die Hethiter gestellt hatten, konnte aber entkommen und den größten Teil seines Heeres retten. Beide Parteien feierten das als Sieg. 1270 schloß Ramses mit dem Hethiterkönig Hattusili III einen Friedens- und Bündnisvertrag, der später dadurch bekräftigt wurde, daß der Hethiterkönig seine älteste Tochter dem Ramses zur Frau schickte.

Seit dieser Zeit gab es oft Kämpfe mit den Libyern, die von Westen her in das Delta eindrangen, und den mit ihnen verbündeten „Seevölkern", darunter Griechen und Philistern. Ramses III konnte die Angriffe noch abwehren, nach ihm verfiel das Reich. Es wurde zeitweise von Libyern beherrscht, zeitweise von den Assyrern (671–664), zeitweise von den Persern (525–404 und 343–332), dazwischen von eigenen Dynastien regiert. 332 eroberte Alexander Ägypten, danach regierten die Ptolemäer, von 30 v.Chr. an die Römer.

Die Mathematik lag in Ägypten in den Händen der „Schreiber". Die Bezeichnung ist etwas irreführend, es dürften hohe Staatsbeamte gewesen sein. Über die Aufgaben eines Schreibers zur Zeit des Neuen Reiches informiert ein Brief, der etwa um 1250 geschrieben ist, in dem ein Schreiber einem Kollegen seine Unwissenheit vorwirft [Papyrus Anastasi I. A. Erman: Die Literatur der Ägypter. 1923]. Hiernach mußte ein Schreiber berechnen können:

den Bedarf an Ziegeln für eine Rampe von vorgeschriebener Form und Größe,

die Anzahl von Leuten, die zum Transport eines Obelisken gebraucht werden,

die Anzahl der Leute, die gebraucht werden, um ein Denkmal innerhalb von 6 Stunden aufzustellen,

den Proviantbedarf eines Heeres.

Ein Stück dieses Briefes lautet: „Man sagt zu dir: Leere den Kasten aus, der mit Sand geladen ist unter dem Denkmal deines Herrn (... zum Aufrichten schwerer Lasten. Sie wurden oben auf einen mit Sand gefüllten Raum gebracht und der Sand aus diesem allmählich so entleert, daß der Block in die gewünschte Lage kam), das man aus dem roten Berge gebracht hat. Es mißt 30 Ellen, wenn es auf dem Boden ausgestreckt liegt, und 20 Ellen in der Breite. (Von den weiteren Angaben versteht man nur, daß der „Kasten" aus mehreren Abteilungen besteht, die mit Sand vom Ufer gefüllt sind, und daß sie alle 50 Ellen hoch sind.) – Man beauftragt dich, zu erfahren, und es ist etwas, was den König jetzt beschäftigt: Wieviel Mann beseitigen ihn in 6 Stunden. Ihre Herzen sind richtig (aber) ihre Lust ihn zu beseitigen ist gering, da die Zeit nicht kommt, (wo?) du dem Heere Muße gibst, damit sie ihr Essen empfangen ⟨du hast die Mittagspause nicht einkalkuliert!⟩. Möge man das Denkmal auf seinen Platz stellen, denn man hegt den Wunsch, es schön zu sehen." (Der König will die Statue besichtigen, daher die Frist von 6 Stunden.)

Das sind Aufgaben, die mit den im P. Rh. und P. M. entwickelten mathematischen Methoden lösbar sind. Eine Weiterentwicklung der Mathematik darüber hinaus ist nicht zu beobachten, auch nicht in einigen kleineren Papyri. Selbst die demotischen Papyri aus der Zeit von 300 v. Chr. bis 300 n. Chr. [hrsg. von Parker 1972] zeigen nur geringfügige Fortschritte, z. T. babylonischen Einfluß, aber anscheinend wenig oder gar keinen griechischen Einfluß, obwohl doch um 300 v. Chr. Euklid in Alexandria wirkte.

1.4.3 Einige ägyptische Maße

Längenmaße
1 Elle (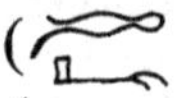) = 7 Handbreiten = 28 Finger = ca. 52 cm
1 khet ( = Rute, Holz) = 100 Ellen

Flächenmaß
1 setat = $(1 \text{ khet})^2$ = ca. 1 Morgen

Volumenmaße
1 Kubikelle
1 hekat (Scheffel) = 4,8 Liter
1 khar (Sack) = 20 hekat = $\frac{2}{3}$ Kubikellen

1.4.4 Papyrus Rhind

1. Arithmetik

Der Papyrus Rhind ist ein sachlich gut geordnetes Lehrbuch. Um das festzustellen, muß man freilich das ganze Werk Aufgabe für Aufgabe (wir sagen im Anschluß an die Ausgabe von Chace auch „Problem") durchgehen. Das kann hier nur in Ausschnitten angedeutet werden.

Der Papyrus beginnt mit Divisionsaufgaben und Aufgaben zur Bruchrechnung. Bei den Babyloniern gab es keine besondere Bruchrechnung, weil Brüche im Sexagesimalsystem geschrieben wurden und man daher mit ihnen ebenso rechnen konnte wie mit ganzen Zahlen. Die Ägypter arbeiten fast nur mit Stammbrüchen, d. h. Brüchen mit dem Zähler 1 oder besser gesagt: mit den *n*-ten Teilen eines Ganzen. Man schreibt z. B. $\frac{1}{5}$ indem man über die 5 das Zeichen  setzt; es bedeutet *ro* = Mund, oder auch den Anfangsbuchstaben davon, *r*. In Anlehnung daran schreibt man bei der Übertragung n̄ für $\frac{1}{n}$. Für einige Brüche gibt es besondere Zeichen:

 = 1/2,  = 1/4,  = 1/3,  = 2/3;

wir schreiben $\bar{\bar{3}}$ für 2/3.

Die Rechenoperationen sind selbstverständlich der Schreibweise der Zahlen angepaßt. Die Addition ist bei allen antiken Zahldarstellungen ohne weiteres klar, z. B. |||| + || = $\genfrac{}{}{0pt}{}{|||}{|||}$. Bei unserer Schreibweise $4+2=6$ muß der Schüler ein Eins-und-Eins, d. h. die Summen der einstelligen Zahlen auswendig lernen.

Anm. Allgemein bedeutet das Nebeneinanderschreiben von Zahlen früher stets die Addition. Wenn man aber, wie bei unserer Schreibweise, ein Positionssystem mit Individualzahlzeichen verwendet, hat das Nebeneinanderschreiben von Ziffern eine festgelegte Bedeutung: 24 bedeutet $2 \cdot 10+4$, kann also nicht mehr für eine andere Operation benutzt werden. Das ändert sich, wenn man mit Symbolen rechnet: ab könnte wieder als $a+b$ interpretiert werden. Aber nachdem man im 15. Jh. das Zeichen + eingeführt hatte, war die Schreibweise ab für das Produkt frei. In diesem Sinne wurde sie anscheinend zuerst von Harriot (um 1600) und dann von Descartes benutzt.

Die Multiplikation und Division führen die Ägypter auf die in ihrer Zahlenschreibweise einfachen Operationen Verdoppeln und Halbieren zurück. Wie das gemacht wird, wollen wir uns am Problem 24 ansehen. Gefordert ist, x aus der Gleichung $x+(x/7)=19$ auszurechnen. Im Text stehen nur die Zahlen der Rechnung, ohne die Erläuterungen.

Tabelle 1.4. Papyrus Rhind, Problem 24

Spalte	Text	Erläuterung
1	Ein Haufen und $\bar{7}$ sind 19 1 7 $\bar{7}$ 1	Man teilt den Haufen in 7 Teilhaufen: $x=7y$, $(1+\bar{7})x=8y$
2	1 8 \2 16 $\bar{2}$ 4	Wie oft sind 8 (Teilhaufen) in 19 enthalten?
3	\\$\bar{4}$ 2 \\$\bar{8}$ 1	2 $\bar{4}$ $\bar{8}$ mal
4	\1 2 $\bar{4}$ $\bar{8}$ \2 4 $\bar{2}$ $\bar{4}$ \4 9 $\bar{2}$	2 $\bar{4}$ $\bar{8}$ mal 7 (=1+2+4)
5/6	Mache es so. Der Haufen ist 16 $\bar{2}$ $\bar{8}$ $\bar{7}$ 2 $\bar{4}$ $\bar{8}$ Summe 19	Probe

Die Babylonier hätten vielleicht die Gleichung mit 7 multipliziert (vgl. S. 25). Die Ägypter rechnen so, als ob eine neue Unbekannte y durch $y=7x$ eingeführt wird. Vielleicht haben sie sich den Haufen in 7 Teilhaufen zerlegt gedacht (nach K. Vogel). Die Aufgabe geht dann in unserer Schreibweise in $8y=19$ über; es ist also 19 durch 8 zu dividieren bzw. nachzusehen, wie oft 8 in 19 enthalten ist. Dazu wird 8 so oft wie möglich verdoppelt; geschrieben wird das so

1	8
\2	16

Um die restlichen 3 auszuschöpfen, wird 8 jetzt mehrmals halbiert:

$\overline{2}$	4
\\$\overline{4}$	2
\\$\overline{8}$	1

Die Zahlen, die zur Summe 19 gehören, werden angestrichen, das Ergebnis ist $\langle y=\rangle 2\ \overline{4}\ \overline{8}$.
Dies muß noch mit 7 multipliziert werden. Dazu wird schrittweise verdoppelt. Schließlich folgt eine Probe.

Mit der Lösung dieser linearen Gleichung habe ich etwas vorgegriffen; ich wollte zunächst nur die Rechentechnik beschreiben.

Beim Rechnen mit Brüchen kann es vorkommen, daß $\bar{n}$ verdoppelt werden muß. Ist n gerade, so macht das keine Schwierigkeit. Ist aber n ungerade, so muß das Ergebnis durch Stammbrüche ausgedrückt werden, wobei aber die Schreibweise $\bar{n}\ \bar{n}$ nicht benutzt wurde. Man könnte sich dazu überlegen: Wenn man z. B. 2 Brote unter 7 Personen verteilen will, so wird man nicht jedes Brot in 7 Teile teilen, sondern in 4 Teile und nur den einen, bei der Verteilung übrig bleibenden 8. Teil weiter in 7 Teile teilen. Das entspräche der Formel

$$2:(2n-1)=\frac{1}{n}+\frac{1}{n(2n-1)}.$$

Der Papyrus Rhind gibt Zerlegungen von $2:n$ in Stammbrüche für alle ungeraden Zahlen an, und zwar von

$$2:5=\overline{3}\ \overline{15}, \qquad 2:7=\overline{4}\ \overline{28}$$

bis $$2:101=\overline{101}\ \overline{202}\ \overline{303}\ \overline{606}.$$

Die beiden ersten Zerlegungen entsprechen unserer Formel, die übrigen aber meistens nicht. Die letzte Zerlegung ergibt sich unmittelbar aus

$$2=1+\frac{1}{2}+\frac{1}{3}+\frac{1}{6}.$$

Diese „$2:n$-Tabelle" ist aber auch das einzige Rechenhilfsmittel, das der ägyptische Rechner braucht. Er braucht keine Reziprokentabellen, keine Multiplikationstabellen und er braucht kein Einmaleins auswendig zu lernen.

Beim Addieren von Brüchen wird etwas ähnliches wie ein Hauptnenner benutzt. In Pr. 7 soll $2/7=\overline{4}\ \overline{28}$ mit $7/4=1\ \overline{2}\ \overline{4}$ multipliziert werden. Das sieht zunächst so aus:

1	$\overline{4}\ \overline{28}$
$\overline{2}$	$\overline{8}\ \overline{56}$
$\overline{4}$	$\overline{16}\ \overline{112}$

Nun verschafft sich der Rechner in der ersten Zeile ganze Zahlen, indem er alles zu 28-teln macht. (Man kann sich vorstellen, daß er ein in Ellen gegebenes Maß in Fingerbreiten umrechnet.)

Unter die 1. Zeile:	1	$\overline{4}$	$\overline{28}$
schreibt er in roten Zahlen	1	7	1
und rechnet weiter	$\overline{2}$	$3\ \overline{2}$	$\overline{2}$
	$\overline{4}$	$1\ \overline{2}\ \overline{4}$	$\overline{4}$.

Diese Zahlen können wegen $\overline{2}+\overline{2}=1$ und $\overline{4}+\overline{4}=\overline{2}$ leicht addiert werden. Das Ergebnis 14 muß dann noch durch 28 dividiert werden.

In Problem 9 wird dann die Multiplikation von $\overline{2}\ \overline{14}\ \langle=4/7\rangle$ mit $1\ \overline{2}\ \overline{4}\ \langle=7/4\rangle$ verlangt. Der Rechner schreibt nur hin

1	$\overline{2}\ \overline{14}$
$\overline{2}$	$\overline{4}\ \overline{28}$
$\overline{4}$	$\overline{8}\ \overline{56}$

Ergebnis 1.

Er benutzt also nicht von vornherein, daß das Ergebnis das Doppelte des Ergebnisses von Problem 7 sein muß, aber irgendwie macht er wohl doch Gebrauch von dem, was er bei Problem 7 gelernt hat. Das Verfahren unterscheidet sich von unserem dadurch, daß im Zähler auch Brüche vorkommen dürfen. Man braucht übrigens nur in der Ausgangszeile für ganze Zahlen zu sorgen; beim Halbieren treten nur Potenzen von 1/2 auf, und die lassen sich ohne Schwierigkeit addieren.

Solche und andere Aufgaben zur Division und zur Bruchrechnung sind der Inhalt der auf die $2:n$-Tabelle folgenden Probleme 1–23.

Die Probleme 24–34 enthalten sogenannte Hau-Rechnungen. Dieser vielbenutzte Ausdruck kommt daher, daß die gesuchte Größe als „Haufen" bezeichnet wird: 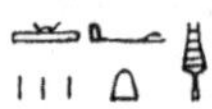 was als ꜥḥꜥ zu umschreiben ist. Da die Ägypter nur die Konsonanten schreiben, ist die Vokalisierung unsicher; früher sagte man „hau", heute würde man eher „aha" sagen. Die letzten Zeichen (links!) sind sog. Determinative: ||| bezeichnet eine Mehrzahl, , das Bild einer Buchrolle, bezeichnet einen abstrakten Begriff. In dem etwas älteren P. Moskau steht statt der Buchrolle ein Korn ○ ; damals hat man sich den Haufen wohl noch konkret vorgestellt. – Wie diese Aufgaben gerechnet wurden, wurde oben dargestellt.

Pr. 25–38 sind weitere Aufgaben zur Bruchrechnung, jetzt bezogen auf die Einteilung eines Scheffels.

Pr. 39 und 40 sind sehr interessante Aufgaben über arithmetische Reihen, auf deren Besprechung ich hier verzichten muß.

2. Geometrie

Bei den folgenden Aufgabengruppen scheint mir die Reihenfolge (vielleicht beim bschreiben) etwas durcheinandergeraten zu sein. Aber vielleicht dürfen wir auch bei den Ägyptern nicht unsere logischen Maßstäbe anlegen.

Der Papyrus beginnt mit der Berechnung des Inhalts von runden (zylindrischen) und rechteckigen (kubischen) Getreidespeichern (Pr. 41–46). Danach folgen die dazu erforderlichen Flächenberechnungen, vorher ist aber noch eine Aufgabe (Pr. 47) über die Teilung eines Scheffels in die Vielfachen von 10 eingeschoben.

Problem 48 bringt eine Figur und die Zahlenreihen zur Berechnung von $8 \cdot 8 = 64$ und $9 \cdot 9 = 81$. Die Abb. 1.36 zeigt oben das in hieratischer Schrift geschriebene Original, darunter die Übertragung des Herausgebers in hieroglyphische Schriftzeichen. Der Text bedeutet offenbar, daß das Quadrat mit der Seitenlänge 9 den Flächeninhalt 81 und der Kreis mit dem Durchmesser 9 den Flächeninhalt 64 hat.

Problem 50 gibt dann die Anweisung zur Berechnung der Kreisfläche als $\left(d - \frac{d}{9}\right)^2$. Das entspricht dem Wert $\pi/4 = (8/9)^2$ oder $\pi = 256/81 = 3{,}16\ldots$

Der Text lautet: „Beispiel der Berechnung eines runden Feldes vom (Durchmesser) 9 ḫt. Was ist der Betrag seiner Fläche? Nimm 1/9 von ihm (dem Durchmesser) weg. Der Rest ist 8. Multipliziere 8 mal 8. Es wird 64“.

Wie kamen die Ägypter auf diesen recht genauen Wert? Man könnte sich überlegen [F. von Krbek, Eingefangenes Unendlich. 2. Aufl. Leipzig, Akad. Verl. Ges. 1954, S. 211]: Die Seite s des Quadrats, das denselben Flächeninhalt hat wie der Kreis mit dem Durchmesser d, wird man erhalten, indem man von d einen Bruchteil wegnimmt. Da man natürlich nur an Stammbrüche denkt, kommt man zu dem Ansatz

$$s = d - \frac{1}{n} \cdot d = d \cdot \left(1 - \frac{1}{n}\right).$$

Die Ägypter wählen $n = 9$, und das ist tatsächlich der bestmögliche Wert; $n = 8$ und $n = 10$ liefern schlechtere Ergebnisse.

Aber wie konnten die Ägypter das feststellen? Denkbar wäre, daß man Getreide aus einem zylindrischen Gefäß in ein Gefäß mit quadratischer Grundfläche umfüllt und die Höhen vergleicht. Dieser Gedanke wird dadurch gestützt, daß im P. Rh. gerade vorher Berechnungen von Getreidespeichern stehen. [Vgl. M. Simon: Zur ägyptischen Mathematik. Arch. Math. Phys. *9*, 1904, S. 102/3].

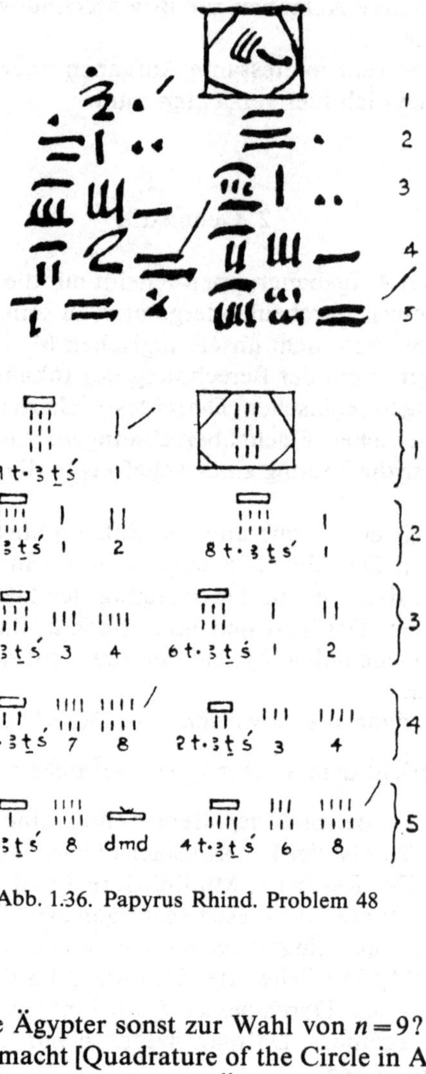

Abb. 1.36. Papyrus Rhind. Problem 48

Oder wie kamen die Ägypter sonst zur Wahl von $n=9$? H. Engels hat den folgenden Vorschlag gemacht [Quadrature of the Circle in Ancient Egypt. Hist. Math. *4*, S. 137–140]: Man weiß, daß die Ägypter Quadratnetze zu Entwürfen und Konstruktionszeichnungen benutzt haben. Will man zu einem gegebenen Quadrat den flächengleichen Kreis zeichnen, so wird man vielleicht das Quadrat wie in Abb. 1.37a unterteilen und den Kreis so legen wie es die Figur zeigt. Bei weiterer Unterteilung des Quadrats ergibt sich anschaulich $r\approx\frac{9}{8}\cdot\frac{s}{2}$ (Abb. 1.37b). Rechnerisch ergibt sich: Die Länge eines der kleinen Quadrate ist $\frac{s}{16}$, somit

$$r=MB=\frac{s}{16}\cdot\sqrt{8^2+4^2}=\frac{s}{16}\cdot\sqrt{80}\approx\frac{9}{16}s\,.$$

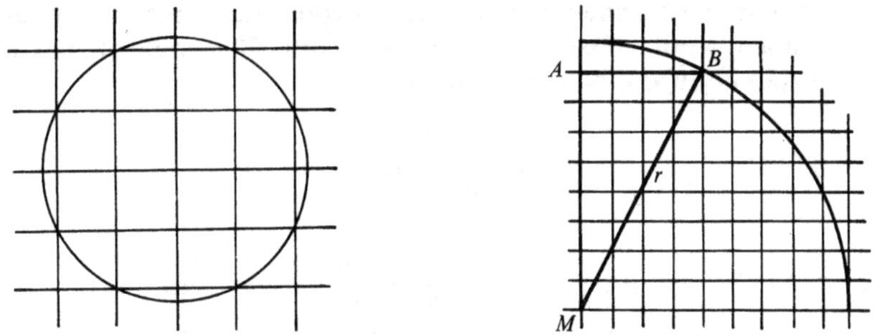

a b

Abb. 1.37 [Aus H. Engels]

Die gleiche Figur hat bereits W. Popp konstruiert (Abb. 1.38), zwar mit einer umständlicheren Begründung, die aber daraus abgeleitet wird, daß sich im Pap. Kahun für die Kreisfläche die (gleichwertige) Rechenvorschrift

$$F = \left(d + \frac{d}{3}\right)^2 \cdot \frac{4}{9}$$

findet. Popp zeichnet das Quadrat über $d + \frac{d}{3}$ und zeigt, daß das Quadrat von Abb. 1.37 gerade 4/9 dieses größeren Quadrats ist [Ablösung antiker Rezepte ... (s. unter 4.1.0)].

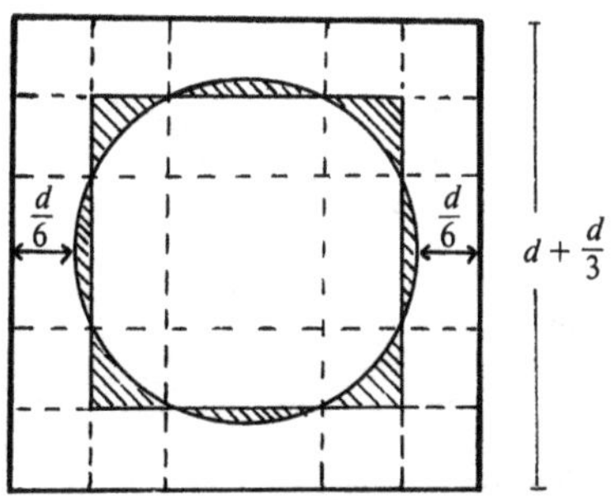

Abb. 1.38 [W. Popp]

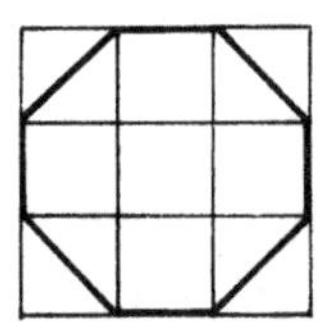

Abb. 1.39

Die Figur im P. Rh. zeigt aber nicht den zum Quadrat flächengleichen, sondern den dem Quadrat einbeschriebenen Kreis oder das den Kreis approximierende Achteck (s. Abb. 1.39), dessen Fläche sofort als $d^2\left(1 - \frac{2}{9}\right)$ erkannt werden kann. [K. Vogel, VM *1*, S. 66, und schon 1928 in einer Besprechung von Arbeiten von A. Rey, Mitteilungen zur Gesch. d. Medizin u. d. Naturwiss. Nr. 129, Bd. 27, S. 381].

Dann müßte man noch annehmen, daß der Ägypter die Vorschrift in der Form $F=(d\cdot x)^2$ haben wollte, also doch die Seite des flächengleichen Quadrats suchte, und daß er an die Näherungsformel

$$\left(1-\frac{1}{9}\right)^2 \approx 1-\frac{2}{9}$$

gedacht oder sich sonst irgendwie $\frac{7}{9}=\frac{63}{81}\approx\frac{64}{81}$ klargemacht hat.

Zwischen den beiden Kreisaufgaben steht (Pr. 49) diejenige Aufgabe, mit der die Flächenlehre eigentlich beginnen müßte, nämlich die Berechnung der Rechtecksfläche als Produkt der beiden Seiten. Dem Schreiber kommt es dabei aber wohl hauptsächlich auf die Umrechnung in verschiedene Einheiten an. Er rechnet:
10 ḫ*t* × 1 ḫ*t* = 10 ḫt^2 = 100000 Quadratellen = 1000 „Landellen".
1 Landelle ist ein Streifen von 1 ḫ*t* = 100 Ellen Länge und 1 Elle Breite.

In Pr. 51 wird der Flächeninhalt eines Dreiecks auf den eines Rechtecks zurückgeführt. Die Figur ist nicht sehr exakt gezeichnet; wenn wir annehmen, daß sie ein rechtwinkliges Dreieck darstellt, ist die Rechnung richtig. Es wird angegeben, daß eine Seite halbiert werden soll „um es rechteckig zu machen" und diese Hälfte mit der anderen Seite multipliziert werden soll. Das deutet auf die in Abb. 1.40b skizzierte Überlegung hin. In der folgenden Aufgabe werden bei der Berechnung der Fläche eines Trapezes als $\frac{a+b}{2}\cdot h$ (Abb. 1.41) dieselben Worte gebraucht: „um es rechteckig zu machen."

a b

Abb. 1.40

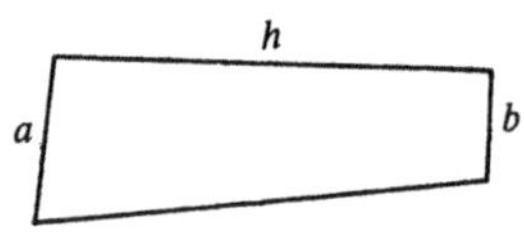

Abb. 1.41

Pr. 53–55 behandeln Dreiecke, die in Abschnitte eingeteilt sind.

Wir wollen hier einmal abschweifen zu einem sehr späten Text, einer Inschrift am Horus-Tempel in Edfu, die aus dem 2. Jh. v. Chr. stammt [Lepsius, Meeks]. Dort sind die Maße von Tempelgütern angegeben, die jeweils in Parzellen zerlegt sind. Die Parzellen sind Dreiecke und Vierecke, deren Flächen nach der Formel $\frac{a+c}{2} \cdot \frac{b+d}{2}$ (s. S. 35) berechnet werden. Bei Dreiecken wird $d=0$ gesetzt; für 0 wird das Zeichen ⸺ benutzt. Die geometrische Interpretation ist unsicher, weil ein Viereck durch die Angabe seiner vier Seiten nicht eindeutig bestimmt ist und außerdem die vierte Zahl vielleicht gar nicht die vierte Seite bedeutet. Die in der Abb. 1.42 gegebene Interpretation geht von der Annahme aus, daß das Landstück vielleicht in ähnlicher Weise vermessen

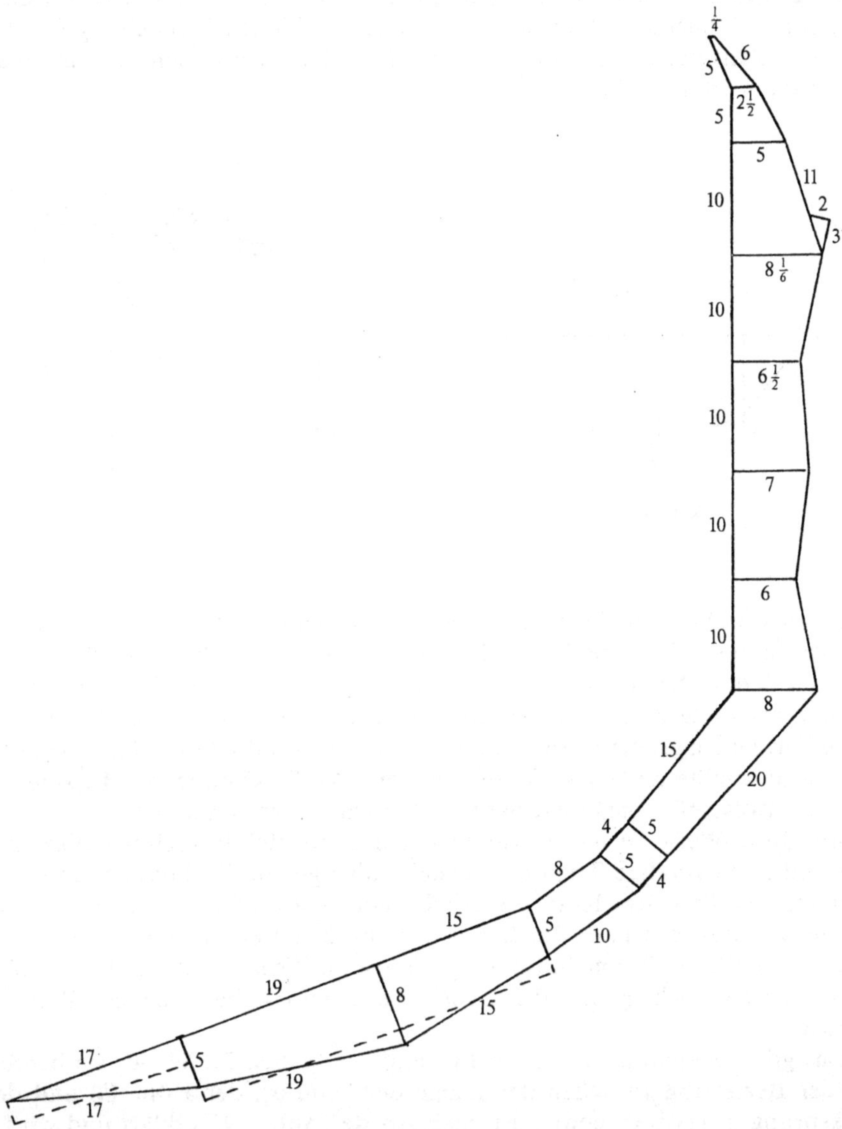

Abb. 1.42. Horustempel von Edfu. Das Grundstück der Inschrift V [Nach Lepsius, Tafel 6]

wurde, wie es (zwei Jahrhunderte später) Heron beschreibt [Dioptra XXIV = Op. Bd. 3, S. 266]: Man lege irgendwie, aber natürlich möglichst zweckmäßig, eine Gerade *AB* durch die Fläche und visiere rechtwinklig dazu die Ecken *C, D, E, F, G, H* an (Abb. 1.43). Das ist mit einem Gerät möglich, das zur Zeit Herons unter dem Namen *ἀστερίσκον* bekannt war; die römischen Landmesser nannten es *stella* oder *groma*. Es besteht aus einem Metallkreuz, das durch Aufhängung oder Unterstützung in horizontaler Lage gehalten werden muß. An den Enden hängen mit Gewichten beschwerte Fäden, über die visiert werden kann (Abb. 1.44). Mehrere solche Kreuze sind bei Ausgrabungen im römischen Gebiet gefunden worden, auch fand man den Grabstein eines Vermessungsfachmanns mit einer bildlichen Darstellung [s. Dilke unter 4.2 „Agrimensoren"]. Ein gleichwertiges Gerät wird noch von Simon Stevin (1585) erwähnt [4.4].

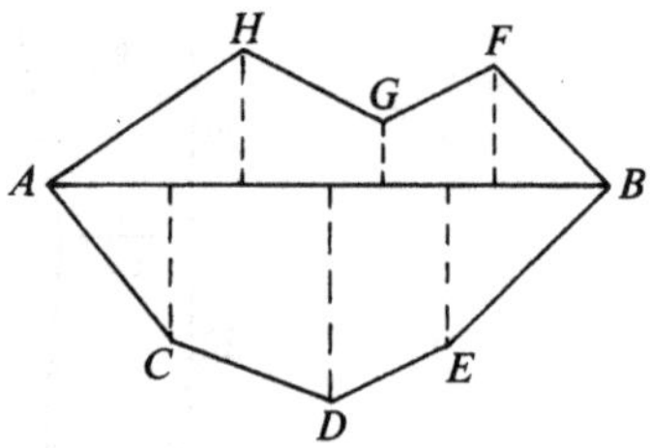

Abb. 1.43

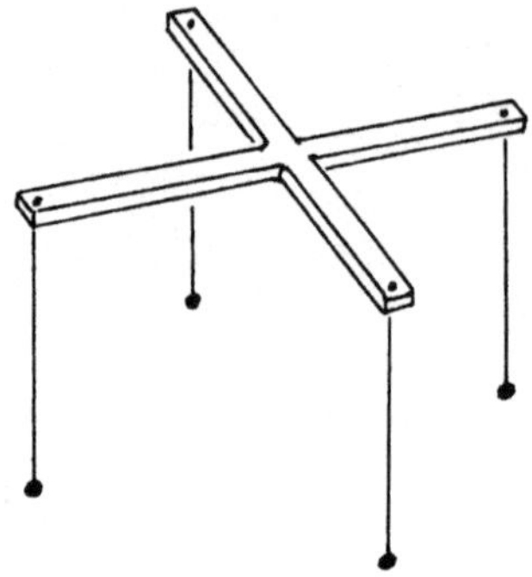

Abb. 1.44

Es ist durchaus denkbar, daß ein solches Gerät und ein solches Vermessungsverfahren schon vor Heron üblich war. Man kann dann annehmen, daß z. B. von dem ersten Viereck links unten nur die Seiten 5, 8, 19 gemessen wurden und als vierte Zahl noch einmal 19 hingeschrieben wurde, weil diese Zahl in die Formel eingesetzt werden mußte. Nur dort, wo die Grundlinie einen Bogen macht, mußte anders verfahren werden. Die Zeichnung von Lepsius, die ich nur unwesentlich geändert habe, entspricht dieser Annahme.

Auf diese Weise ist das zu vermessende Landstück in rechtwinklige Dreiecke und rechtwinklige Trapeze eingeteilt, also genau die Figuren, deren Berechnung der Pap. Rh. lehrt. Natürlich kann man nicht behaupten, daß die Ägypter zur Zeit des Pap. Rh. Landstücke nach diesem Verfahren vermessen haben, ich halte es aber nicht für ausgeschlossen. *Wenn* das der Fall sein sollte, würde der Pap. Rh. genau die Geometrie gelehrt haben, die der Praktiker brauchte.

Das gilt vielleicht auch für die Pyramidenaufgaben Pr. 56–60. Sie handeln von der Beziehung zwischen der Länge der Seite $\langle s \rangle$, der Höhe $\langle h \rangle$ und dem Rücksprung $\langle r \rangle$ (śkd = seqed). r ist nach Art der Abb. 1.45 erklärt und wird in Handbreiten pro Elle gemessen. Da 1 Elle = 7 Handbreiten ist, ist

$$r = \frac{s/2}{h} \text{ Ellen pro Elle}$$

$$= \frac{s/2}{h} \cdot 7 \text{ Handbreiten pro Elle.}$$

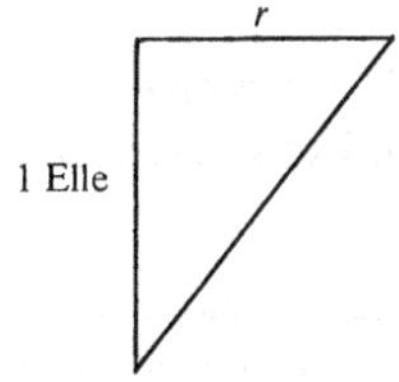

Abb. 1.45

In den genannten Aufgaben wird stets eine der drei Größen aus den beiden anderen berechnet.

Problem 56. „Beispiel der Berechnung einer Pyramide, 360 Ellen in der Länge ⟨der Seite⟩, 250 Ellen in der Höhe. Laß mich wissen ihren Rücksprung.

Nimm 1/2 von 360, es ist 180. Rechne mit 250 um 180 zu erhalten. ⟨Nimm 250 so oft bis es 180 ergibt, d.h. dividiere 180 durch 250.⟩ Es ist $\overline{2}$ $\overline{5}$ $\overline{50}$ Elle. 1 Elle hat 7 Handbreiten. Multipliziere mit 7.

1	7
$\overline{2}$	3 $\overline{2}$
$\overline{5}$	1 $\overline{3}$ $\overline{15}$
$\overline{50}$	$\overline{10}$ $\overline{25}$

Der Rücksprung ist 5 $\overline{25}$ Handbreiten."

⟨Bei der Cheops-Pyramide ist
$s = 440$ Ellen, $h = 280$ Ellen, $r = 5\frac{1}{2}$ Handbr./Elle,
der Böschungswinkel ungefähr 52°.⟩

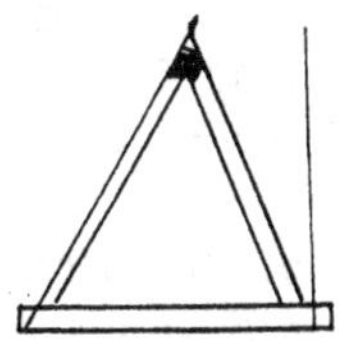

Abb. 1.46

Problem 57. Gegeben: $r = 5$ Handbr., 1 Finger, $s = 140$ Ellen
Berechnet wird $h = 93$ $\overline{3}$ Ellen.

Problem 58. Gegeben: $h = 93$ $\overline{3}$ E., $s = 140$ E.
Berechnet wird $r = 5$ Hb., 1 F.

Problem 59. Gegeben: $h = 8$, $s = 12$
Berechnet wird $r = 5$ Hb., 1 F.

Problem 59B. Gegeben: $r = 5$ Hb., 1 F., $s = 12$.
Berechnet wird $h = 8$.

Der Architekt O. Hertwig [s. unter 4.1.4. Einzelfragen] hat diese Aufgaben als Anweisungen dafür aufgefaßt, wie man ein Gerät, eine hölzerne Schablone, anfertigen kann, mit der beim Bau der Pyramide die gewünschte Neigung richtig eingehalten werden kann. Er meint auch, daß nicht die senkrechte Höhe, sondern die schräg-liegende Höhe der Seitenfläche gemeint war.

3. Vermischte Probleme

Die bisher besprochenen Aufgaben stehen auf der Vorderseite des P. Rh. Auf der Rückseite stehen verschiedene Aufgaben, von denen ich nur zwei Typen nenne:

1) Verteilungsaufgaben, z. B. Pr. 65: „Verteile 100 Brote unter 10 Männer, von denen je einer ein Bootsmann, ein Werkführer und ein Torwächter ist, die doppelte Portionen erhalten."

Ein wenig schwieriger ist Pr. 63: „Verteile 700 Brote an 4 Männer, 2/3 an einen, 1/2 an den anderen [1/3 an den dritten, 1/4 an den vierten]. Wieviel erhält jeder?

Addiere $\bar{\bar{3}}+\bar{3}+\bar{2}+\bar{4}$: $=1\ \bar{2}\ \bar{4}$ ⟨$=7/4$⟩.
Dividiere 1 durch $1\ \bar{2}\ \bar{4}$: $=\ \bar{2}\ \overline{14}$ ⟨$=4/7$⟩
⟨Vergleiche hierzu Problem 9, hier S. 54.⟩
Multipliziere 700 mit $\bar{2}\ \overline{14}$: $=400$.
Mache $\bar{\bar{3}}$ von 400: $=266\ \bar{\bar{3}}$
$\bar{3}$ von 400: $=133\ \bar{3}$
$\bar{2}$ von 400: $=200$
$\bar{4}$ von 400: $=100$."

2) pfśw (pefsu-) Aufgaben. Pefsu kann etwa mit „Backverhältnis" übersetzt werden; es bedeutet die Anzahl Brote oder Krüge Bier, die aus einem Scheffel (Hekat = ca. 4,8 Liter) Korn hergestellt werden können. Die Aufgaben beziehen sich auf den Vergleich von Brotsorten und Bier mit verschiedenen Backverhältnissen.
Problem 76. 1000 Brote vom Pefsu 10 sind zu tauschen gegen eine (gesuchte) Anzahl von Broten vom Pefsu 20 und die gleiche Anzahl vom Pefsu 30.
Problem 77. 10 Krüge Bier vom Pefsu 2 sind zu tauschen gegen Brote vom Pefsu 5. Wieviel Brote erhält man?

1.4.5 Papyrus Moskau

Der P. M. enthält Aufgaben derselben Art wie der P. Rh., aber auch weiterführende. In Aufg. 6 werden aus der Fläche eines Rechtecks ($F=12$) und dem Verhältnis der Seiten („3/4 der Länge für die Breite", also $y=\frac{3}{4}x$) die Seiten berechnet. Es ist – in moderner Schreibweise – die Gleichung $\frac{3}{4}x^2=12$ zu lösen. Man erhält $x=\sqrt{16}=4$. Die Aufgabe erfordert also das Ausziehen einer Quadratwurzel, allerdings mit einem sehr einfachen Radikanden. Immerhin gibt es ein Zeichen dafür: 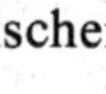. Die allgemeine quadratische Gleichung kommt in den bekannten ägyptischen Texten nicht vor.

Aufgabe 6. „Form der Berechnung eines Rechtecks.
Wenn man dir nennt ein Rechteck von 12 in der Fläche, $xy=12$
$\overline{2}$ $\overline{4}$ der Länge für die Breite $y=\frac{3}{4}x$
Rechne du mit $\overline{2}$ $\overline{4}$ um zu finden 1, es entsteht $1\frac{1}{3}$ $1:\frac{3}{4}=1\frac{1}{3}$
Rechne du mit dieser 12, die in der Fläche ist, $1\frac{1}{3}$mal. Es entsteht 16. $1\frac{1}{3}\cdot 12=16=x^2$
Berechne du seine Quadratwurzel; es entsteht 4 für die Länge. $\sqrt{16}=4=x.$
Sein $\overline{2}$ $\overline{4}$, nämlich 3, für die Breite.“ $\frac{3}{4}x=3=y.$

Aufgabe 10 gibt die Berechnung eines Gegenstandes, der durch das Zeichen  $=nb.t$ bezeichnet ist. Gegeben ist seine „Mündung“ (ich bezeichne sie mit m): $m=4\frac{1}{2}$. Gerechnet wird

$$F=2m\cdot\left(1-\frac{1}{9}\right)\cdot\left(1-\frac{1}{9}\right)\cdot m\,.$$

Das wäre nach S. 41 die Fläche des Halbkreises mit dem Radius m, wenn man das Schriftzeichen so interpretiert: 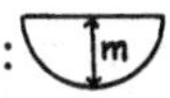. Tatsächlich bedeutet  in demotischen Papyri ein Kreissegment; aber in der Alltagssprache bedeutet das Zeichen einen Korb. Deshalb hat Struve die Aufgabe als Berechnung der Oberfläche einer Halbkugel mit dem Durchmesser m interpretiert. Die Rechnung gibt keine Entscheidung, da die Fläche des Halbkreises mit dem Radius m gleich der Oberfläche der Halbkugel mit dem Durchmesser m ist. Die Interpretation als Halbkugelfläche würde den Ägyptern Kenntnisse zuschreiben, die nach unserem sonstigen Wissen erst Archimedes erreicht hat, und der Wortlaut des ägyptischen Textes zwingt nicht zu dieser Interpretation [s. Seidenberg: Sem. C].

In Aufgabe 14 wird das Volumen eines quadratischen Pyramidenstumpfes nach der Vorschrift berechnet:

$$V=(a^2+b^2+ab)\cdot h/3\,.$$

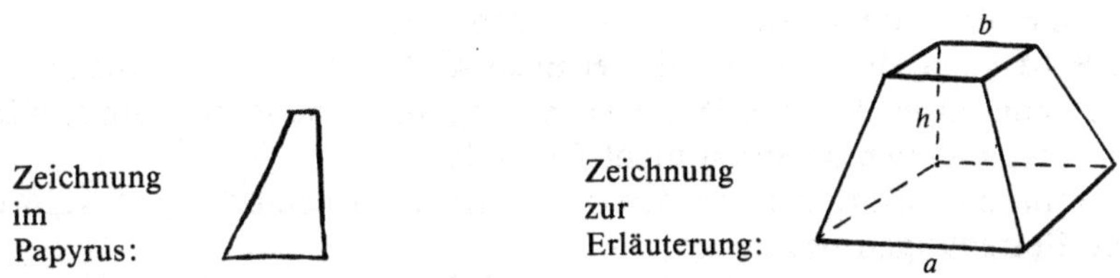

Abb. 1.47

Gegeben: $h=6$, $a=4$, $b=2$.
Rechnung: Rechne du mit dieser 4 quadriert. Es entsteht $16=a^2$
Verdopple du 4. Es entsteht $8=ab$
Rechne du mit dieser 2 quadriert. Es entsteht $4=b^2$
Addiere du diese 16 und diese 8 und diese 4. Es entsteht 28
Berechne du $\overline{3}$ von 6. Es entsteht $2=h/3$
Rechne du mit 28 2 mal. Es entsteht 56.

Die Vorschrift ist korrekt. Da man das Volumen des Pyramidenstumpfes heute als Differenz der Volumina zweier Pyramiden zu berechnen pflegt, hat man daraus schließen wollen, daß die Ägypter die Vorschrift für die Berechnung des Volumens einer Pyramide gekannt haben müßten; diese ist aber nur mit infinitesimalen Methoden zu gewinnen.

Nach K. Vogel kann man jedoch die Berechnung des Pyramidenstumpfes als Mittelbildung verstehen. Bei den Babyloniern gab es für den Kegelstumpf eine Vorschrift (s. S. 36), die für einen Pyramidenstumpf mit quadratischem Grundriß auf $(a^2+b^2)\cdot h/2$ führen würde. Mittelt man über die drei Flächen a^2, ab, b^2, so erhält man die ägyptische Vorschrift.

Damit wird nicht behauptet, daß die Ägypter die Vorschrift für die Berechnung des Pyramidenvolumens nicht gekannt hätten. Nur: sie ist nicht überliefert, und für die Berechnung des Pyramidenstumpfes wird sie nicht gebraucht. Wie die Ägypter die Vorschrift für den Pyramidenstumpf wirklich gefunden haben, wissen wir nicht.

1.4.6 Schlußbemerkung zur ägyptischen Mathematik

Ein Vergleich der ägyptischen Mathematik mit der babylonischen ist fast unmöglich, weil die Haltbarkeit und infolgedessen die Erhaltung der Originaldokumente so sehr verschieden ist.

Die erhaltenen ägyptischen Schriften zeigen uns nicht den Anfang der Mathematik. Es ist nicht auszuschließen, daß die in ihnen zusammengefaßten Kenntnisse wenigstens in Ansätzen schon in der Blütezeit des Alten Reiches, in der Zeit des Baus der großen Pyramiden gefunden worden sind; jedenfalls hätte man sie damals gut gebrauchen können.

Der P. Rh. ist so etwas wie ein Lehrbuch für den Grundkurs der höheren Mathematik. In der Arithmetik und Algebra geht er bis zur Lösung einer linearen Gleichung mit einer Unbekannten, in der Geometrie lehrt er die Berechnung der grundlegenden Flächen und Volumina sowie der Böschungsverhältnisse; Verteilungsaufgaben und Aufgaben über das „Backverhältnis" dürften für den damaligen Beamten wichtig gewesen sein.

Der P. M. zeigt, daß man auf dieser Basis weiterarbeiten und auch schwierigere Probleme lösen konnte. Wie weit die Ägypter gekommen sind, läßt sich aus dem vorhandenen Material nicht feststellen.

Babylonischer Einfluß ist in dieser Zeit nicht zu bemerken, obwohl diplomatische Beziehungen bestanden.

Nach 1500 scheint es in der Mathematik keine Fortschritte mehr gegeben zu haben. Die in der Schreiber-Streitschrift aus dem 13. Jh. genannten Aufgaben verlangen nicht mehr als in den großen Papyri geboten wird. Konnte man also genug Mathematik um die Aufgaben der Praxis zu bewältigen?

Die Form, in der die mathematischen Kenntnisse dargeboten werden, ist wie bei den Babyloniern die Rechenvorschrift. Verhältnismäßig oft wird bei den Ägyptern das Ergebnis durch eine Probe geprüft, d.h. man hat geprüft, daß eine Vorschrift in Einzelfällen stimmt; es gibt keinen Beleg dafür, daß man jemals gefragt hätte, *warum* sie immer stimmt.

1.4.7 Ein kurzer Blick auf die Naturwissenschaften, insbesondere die Astronomie

Außer den Perioden von Sonne und Mond war für die Ägypter der heliakische Aufgang des Sirius (Sothis) beachtenswert, denn er kündigte den baldigen Beginn der Nilüberschwemmung an.

Etwa um 2000 legten die Ägypter 36 sog. „Dekane" fest, teils Sterne, teils Sternbilder, die zur Bestimmung der Nachstunden benutzt werden konnten, damit die Totenopfer und -gebete zur richtigen Zeit stattfinden konnten.

Mythische Vorstellungen vom Kosmos sind aus Darstellungen auf Särgen und in Totenbüchern etwa aus dem 10. Jh. bekannt (Abb. 1.48); die Vorstellungen selbst sind vielleicht älter. Der Luftgott Schu trennt die Himmelsgöttin Nut, die an ihrem Leib die Sterne trägt, von ihrem Gemahl, dem am Boden liegenden Erdgott Geb, und erschafft damit die Welt.

Als Vorstufe der Naturwissenschaft sind handwerkliche und technische Kenntnisse und Fertigkeiten anzusehen. Darüber geben Bilder in Gräbern guten Aufschluß. Seit alter Zeit ist die Waage bekannt, in der Schiffahrt auf dem Nil werden Segel benutzt, und was alles zum Bau der Pyramiden notwendig war, ist schwer zu übersehen.

Auffallend ist die Genauigkeit der Darstellungen, z. B. von Tieren, von denen zahlreiche Arten im Bild sorgfältig unterschieden werden.

Von theoretischen Überlegungen zu all diesem ist nichts bekannt - vielleicht wegen der schlechten Haltbarkeit des Schreibmaterials.

Abb. 1.48. Der Kosmos im ägyptischen Mythos.
Von einem Sarg im Rijks-Museum Leiden. [Piankoff, S. 48, Fig. 32]

1.5 Altindische Mathematik

Im Indusgebiet sind schon um 3000 v. Chr. bäuerliche Siedlungen nachgewiesen. Etwa um 2500 entstand eine städtische Kultur in Harappa und Mohenjo-daro. Einige der aufgefundenen Bauwerke deuten auf Entwässerungsanlagen oder Wasserbehälter; Schrift ist vorhanden, aber bis jetzt noch nicht entziffert; Zahlen wurden anscheinend durch senkrechte, in Gruppen angeordnete Striche dargestellt [Sen., S. 138], sonst aber wissen wir nichts darüber, ob mathematische Kenntnisse vorhanden waren. Gefundene Rollsiegel beweisen Handelsverkehr mit den Sumerern im Zweistromland. Diese Kultur hatte ihre Blütezeit bis etwa 1800 v. Chr.

Um 1500 drangen Eroberer aus Nordwesten ein, die sich „arya", d. h. „die Edlen" nannten. In ihrer Religion gab es bestimmt festgelegte Riten, bestimmte Hymnen und Gebete, auch bestimmte Vorschriften für den Bau von Altären. Diese mußten je nach den Wünschen des Opfernden bestimmte Formen haben, z. B. „Wer die himmlische Welt zu erlangen wünscht, schichte den Altar in Gestalt eines Falken". [A. S., Kap. 18,1]. Die Vorschriften lehren also, wie verschiedene Formen der Altäre herzustellen sind, oder wie ein Altar von einer Form in eine andere umgebaut werden kann. Da die Höhe des Altars bestimmt ist, ist nur von ebenen Figuren die Rede. Diese Vorschriften wurden wahrscheinlich jahrhundertelang mündlich überliefert, schriftlich niedergelegt wurden sie etwa in der Mitte des ersten Jahrtausends. Da die Konstruktionsmittel Schnüre sind, heißen die Schriften Schnurregeln = Śulbasūtra. Nach Michaels [S. 21] bedeutet śulba auch „Meßkunst", Śulbasūtra also „Leitfaden zur Meßkunst". Uns liegen drei dieser Schriften vor, es gab noch einige weitere [Sen, S. 140]:

B.S.: Baudhāyana-Śulbasūtra, entstanden ca. 600–500 v. Chr.
A.S.: Āpastamba-Śulbasūtra, entstanden ca. 500–400 v. Chr.
K.S.: Kātyāyana-Śulbasūtra, entstanden ca. 400–300 v. Chr.
Der Inhalt der drei Schriften ist im wesentlichen der gleiche.

Im K.S. wird zuerst das Auffinden der W-O-Richtung gelehrt: Um einen senkrecht aufgestellten Stab schlägt man einen Kreis und beobachtet die bei-

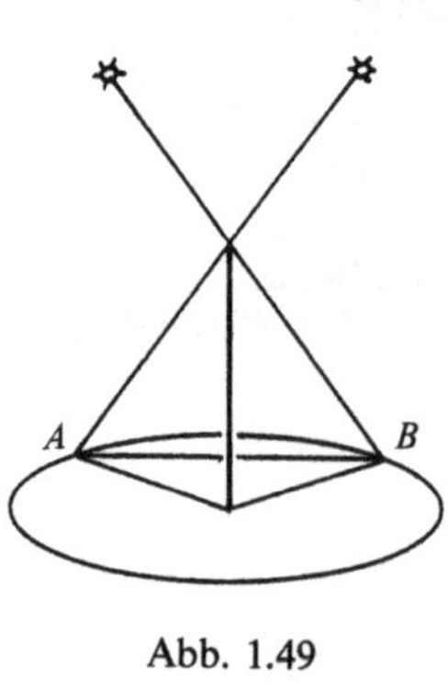

Abb. 1.49

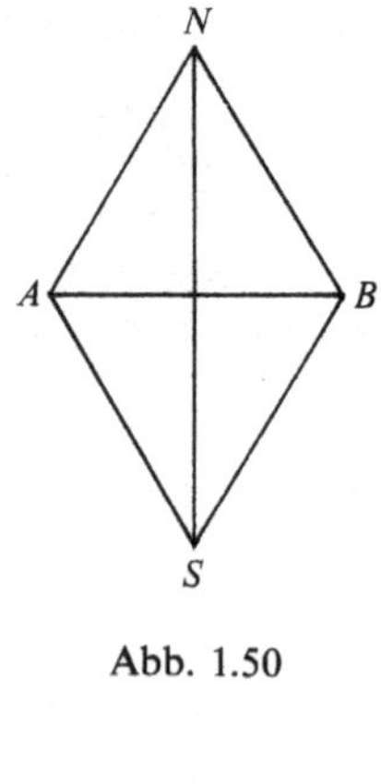

Abb. 1.50

den Punkte, an denen der Schatten des Stabes am Vormittag und am Nachmittag gerade bis zum Kreis reicht (Abb. 1.49).

Die N-S-Richtung wird erhalten, indem man eine Schnur der Länge 2 AB mit den Enden in A und B befestigt und einmal nach Norden, einmal nach Süden spannt (Abb. 1.50).

Rechte Winkel werden mit Hilfe von rechtwinkligen Dreiecken mit ganzzahligen Seiten, d.h. mittels pythagoreischer Zahlentripel konstruiert, obwohl man nach der vorigen Konstruktion eigentlich kein neues Verfahren brauchen würde.

K.S.I, § 12: „Nachdem man das Maß (d.h. die Schnur, deren Länge die Länge des gewünschten Rechtecks ist) verdoppelt hat, setzt man eine Marke an den vierten Teil der Verlängerung". Dann befestigt man die Enden der Schnur bei A und B, faßt die Schnur an der Marke und zieht sie straff (Abb. 1.51).

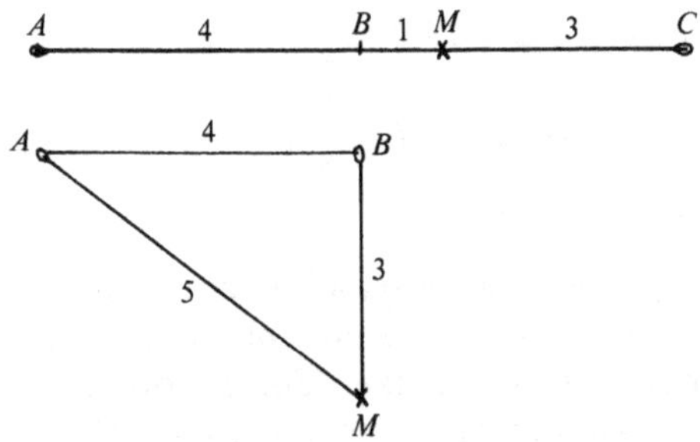

Abb. 1.51

Setzen wir (!) zum Vergleich mit S. 4

$$AM = a, \quad MB = b, \quad AB = c,$$

so ist hier gegeben $$a + b = 2c\,.$$

Aus (P) $$c^2 = (a+b)(a-b)$$

folgt $$a - b = \frac{c}{2},$$

somit $$a = \frac{5}{4}c, \quad b = \frac{3}{4}c\,.$$

Ganzzahlige Werte erhält man für $c = 4$.

Ein zweites Beispiel gibt K.S. § 14: „Man fügt das halbe Maß hinzu und setzt eine Marke an den 6. Teil der Verlängerung." Mehr sagt der Text nicht.

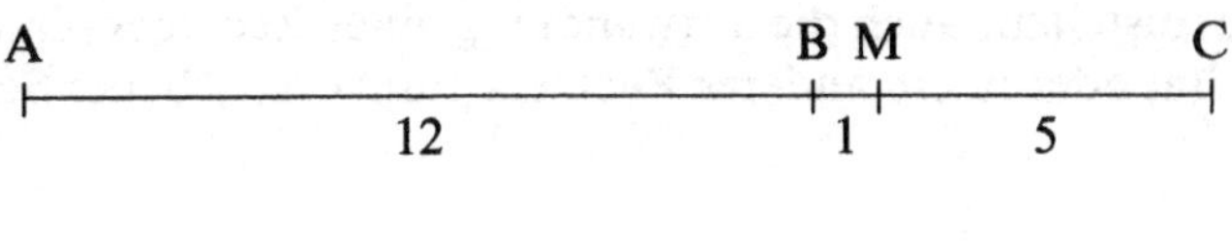

Es ist also $$a+b=\frac{3}{2}c,$$

und nach (P) $$a-b=\frac{2}{3}c,$$

somit $$a=\frac{13}{12}c,\quad b=\frac{5}{12}c.$$

Für $c=12$ erhält man das Tripel 5,12,13.
Im B.S. § 49 werden außer diesen noch die folgenden Tripel ohne Erläuterung aufgezählt:

8,15,17 ⟨hier wäre also $c=15$, $a+b=\frac{5}{3}c$⟩

7,24,25 ⟨hier wäre also $c=24$, $a+b=\frac{4}{3}c$⟩

12,35,37 ⟨hier wäre also $c=35$, $a+b=\frac{7}{5}c$⟩

15,36,39 ⟨das entspricht 5,12,13⟩.

Wie oben gesagt, kannten die Babylonier schon um 1800 v. Chr. pythagoreische Zahlentripel und Methoden, sie zu finden. So wird man an eine Übernahme babylonischer Kenntnisse denken dürfen, obwohl in Indien die Regeln vielleicht schon lange bekannt waren, bevor sie schriftlich niedergelegt wurden. Während wir aber aus den babylonischen Texten nur Rechenvorschriften kennen, bringen die Śulbasūtras den allgemeinen Satz: „Die Diagonale eines Rechtecks bringt beides hervor, was die Seiten einzeln hervorbringen." [B.S.I, 45; A.S.I, 4; K.S.II, 11]. Bewiesen wird dieser Satz hier nicht. Es wird nur auf die Zahlenbeispiele hingewiesen. Dabei ist zu berücksichtigen, daß die Śulbasūtras als Anweisungen für die Erbauer von Altären gedacht sind und nicht als wissenschaftliche Monographien.

Für die Diagonale des Quadrats wird angegeben [z. B. A.S. I, 6]: „Man verlängere das Maß (der Quadratseite) um seinen dritten Teil und diesen um seinen vierten Teil, weniger $\frac{1}{34}$ dieses vierten Teils." Das besagt

$$\sqrt{2}=1+\frac{1}{3}+\frac{1}{4}\cdot\frac{1}{3}-\frac{1}{34}\cdot\frac{1}{4\cdot 3}.$$

Ohne den letzten Bruch hätte man $\sqrt{2}\approx\frac{17}{12}$; rechnet man den ganzen Ausdruck in sexagesimale Schreibweise um, so erhält man 1;24,51,10,35, also praktisch den babylonischen Wert (s. S. 35).

Der pythagoreische Satz wird dazu benutzt, Summe und Differenz von Quadraten darzustellen; auch die Verwandlung eines Rechtecks in ein flächengleiches Quadrat oder in ein anderes Rechteck mit vorgegebener Seite wird besprochen.

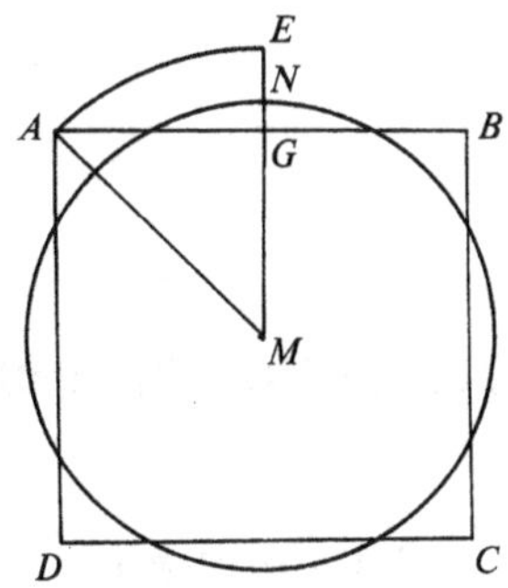

Abb. 1.52

Für die Verwandlung eines Quadrats mit der Seite s in einen Kreis geben die Śulbasūtras die Regel: Man drehe die halbe Diagonale MA in die Lage ME; NG sei ein Drittel des Überschusses EG; dann ist MN der Radius des gesuchten Kreises. Das entspricht einem Wert von π von etwa 3,088.

Albrecht Dürer gibt in der „Unterweisung der Messung mit dem Zirkel und Richtscheit" (1525), Buch 2, die Vorschrift: Teile die Diagonale des Rechtecks in 10 Teile und nimm 8 davon für den Durchmesser des Kreises. Er bezeichnet diese Vorschrift ausdrücklich als Näherungsverfahren. Sie entspricht dem Wert $\pi = 3\frac{1}{8}$.

Will man umgekehrt einen Kreis mit dem Durchmesser d in ein flächengleiches Quadrat mit der Seite s verwandeln, so lehren die Śulbasūtras: Man nehme $s = \frac{13}{15}d$. Das entspricht $\pi = 3\frac{1}{225}$.

In einem zweiten Teil geben die Śulbasūtras ausführliche praktische Anweisungen für das Aufschichten der Ziegel zu Altären verschiedener Form (z. B. sollen die Fugen in zwei Schichten nicht aufeinander treffen).

2. Griechische Mathematik

2.1 Quellen

Originale der Werke der griechischen Mathematiker – wie der griechischen Schriftsteller überhaupt – sind nicht erhalten, mit Ausnahme einiger Papyri aus der Zeit um 200 n. Chr., also etwa zur Zeit oder kurz vor Diophant. Sie sind allerdings besonders wichtig, weil sie uns Einblick in das damalige Rechnen geben, und weil in ihnen ein Zeichen für die Unbekannte vorkommt, das auch Diophant benutzt (s. S. 143).

Vollständige Abschriften der Werke gibt es in der Philosophie erst von Platon, in der Mathematik erst von Euklid an. Die ältesten noch vorhandenen Platon-Handschriften und die ältesten Euklid-Handschriften stammen aus dem 9. Jh. nach Chr.

Die Elemente von Euklid sind im 4. Jh. n. Chr. von Theon von Alexandria bearbeitet worden, so daß manchmal unklar war, was von Euklid selbst und was von Theon stammt. Jedoch ist im vorigen Jahrhundert eine Handschrift entdeckt worden, die auf eine vor-theonische Vorlage zurückgeht.

Die Werke von Archimedes, Apollonios, Heron, Nikomachos, Diophant und Pappos sind (natürlich in Abschriften) unvollständig erhalten, arabische Übersetzungen bieten wesentliche Ergänzungen. Die Werke der genannten Autoren sind verhältnismäßig leicht zugänglich, die meisten auch in deutscher Übersetzung, alle in französischer oder englischer Übersetzung.

Wie erfahren wir etwas über die Mathematik vor Euklid?

Platon und Aristoteles zitieren oft mathematische Definitionen und Sätze und deuten manchmal Beweismethoden an. Das läßt Schlüsse auf den Stand der Mathematik zu ihrer Zeit zu.

Solche Andeutungen wurden von den Kommentatoren manchmal näher erklärt. So finden sich mathematik-historische Bemerkungen z. B. bei Alexander von Aphrodisias (2.–3. Jh. n. Chr.), Simplikios (6. Jh. n. Chr.), Philoponos (6. Jh. n. Chr.) u. a. Eine Hauptquelle für ihre Kenntnisse ist eine Geschichte der Geometrie von Eudemos (um 300 v. Chr., also etwa zur Zeit Euklids), die leider nicht erhalten ist, aber oft zitiert wird.

Auch Kommentare zu mathematischen Schriften enthalten historische Angaben, insbesondere der Kommentar von Proklos zum 1. Buch der Elemente Euklids (geschrieben um 450 n. Chr.) und die Kommentare des Eutokios (um 500 n. Chr.) zu Archimedes und Apollonios (sie sind in den von Heiberg herausgegebenen Werken von Archimedes und Apollonios enthalten).

Aus dem Werk von Euklid selbst kann manches Ältere rekonstruiert werden. Die „Elemente" sind ein Sammelwerk, eine Zusammenfassung der Grundlagen und Grundkenntnisse der Mathematik (sie umfassen keineswegs die ganze damals bekannte Mathematik). Der Sinn eines solchen Werks ist nicht Originalität, sondern die logische Ordnung, zu der natürlich eine erhebliche geistige und schöpferische Leistung gehört. Das so geordnete Wissen kann dann als Grundlage für die weitere Forschung benutzt werden und ist auch bereits in der Antike so benutzt worden. Euklid hat offenbar einige seiner Vorlagen oberflächlich oder gar nicht, andere recht gründlich überarbeitet. Mit philologischen und mathematischen Methoden läßt sich bei vielen Teilen feststellen, woher sie stammen.

In dem historisch-geographischen Werk von Herodot (ca. 484 - nach 430 v. Chr.) finden sich einige Angaben über Thales, Aus einem populären Werk von Diogenes Laertius „Leben und Meinungen der großen Philosophen", geschrieben etwa um 300 n. Chr., erfahren wir einige Lebensdaten und Anekdoten, aber auch einiges über die Lehre der behandelten Philosophen; dies ist allerdings für die Naturwissenschaften etwas ergiebiger als für die Mathematik.

Es ist ähnlich wie bei den Babyloniern und Ägyptern: Was wir gut kennen, ist die fertige griechische Mathematik; die Entwicklung dorthin muß aus späteren Mitteilungen und kurzen Zitaten erschlossen werden; das gelingt bei den Griechen aber erheblich besser als bei den früheren Völkern.

2.2 Die Entwicklung der deduktiven Methode

Vorbemerkung. Der folgende Abschnitt hat einen doppelten Zweck:

1) Es soll die Entwicklung der deduktiven Methode verfolgt werden, die bei Euklid fertig vorliegt, und die in den drei vorangegangenen Jahrhunderten von Thales an Schritt für Schritt erarbeitet wurde. Wegen des Fehlens direkter Quellen müssen hier Andeutungen ausgewertet werden, was manchmal etwas mühsam ist. K. von Fritz und A. Szabó haben dazu umfangreiche sorgfältige Arbeiten veröffentlicht, auf die ich mich natürlich stütze.

2) Es sollen diejenigen in diesen Jahrhunderten erzielten Ergebnisse erwähnt werden, auf die später zurückgegriffen werden muß, allerdings ohne Anspruch auf Vollständigkeit. Hier sei auf die Bücher von Th. Heath und B. L. van der Waerden verwiesen.

Methode und Ergebnisse sind nicht unabhängig voneinander. Die einfache Möglichkeit, zu beweisen, d. h. die Gültigkeit eines Satzes auf die Gültigkeit anderer (einfacherer) Sätze zurückzuführen, führt bereits ohne tiefere Analyse der Methode zu schönen Ergebnissen, und kompliziertere Ergebnisse regen zur Verfeinerung und theoretischen Begründung der Methode an.

2.2.1 Der Anfang: Thales

1. Biographisches

Nach Herodot, der Thales von allen, die über ihn berichtet haben, zeitlich am nächsten steht, war er „von den Ahnen her nach seiner Herkunft Phönizier“ [I, 72]. Er ist wahrscheinlich im Jahre 624 v. Chr. in Milet geboren. Er „war zunächst politisch tätig und wandte sich dann der Naturwissenschaft zu“ [Diog. L. I, 1,23]. Wie war die politische Lage? Der König von Lydien, Alyattes, lag von 590 an im Krieg mit den Medern. Am 28. Mai 585 kam es während einer Schlacht zu einer Sonnenfinsternis. Die Schlacht wurde abgebrochen und Frieden geschlossen. Diese Sonnenfinsternis hatte Thales vorhergesagt, allerdings nur das Jahr. Welche Grundlagen Thales für diese Vorhersage gehabt haben könnte, ist mehrfach untersucht worden, insbesondere von van der Waerden [Astr. S. 122–123].

Die Lyder wandten sich dann gegen die ionischen Städte. Alyattes eroberte 575 Smyrna und zerstörte es. 560 wurde Kroisos König von Lydien. Er eroberte Ephesus; von den ionischen Städten blieb nur Milet frei. 550 wurde Medien von dem Perserkönig Kyros erobert. Die Lyder hatten nun statt der Meder die anscheinend gefährlicheren Perser als Nachbarn. Kroisos griff sie 546 an, wurde aber geschlagen; sein Reich wurde persische Provinz.

Die politische Tätigkeit des Thales dürfte darin bestanden haben, daß er Ratgeber der regierenden Persönlichkeiten in Milet war. Vor dem Untergang der ionischen Städte soll er einen engen Zusammenschluß empfohlen haben, eine gemeinsame Ratsversammlung auf der zentral gelegenen Insel Teos [Herodot I, 170]. Daß er dem Kroisos geholfen habe, den Halys zu überschreiten, indem er den Fluß ableitete, berichtet Herodot nur mit Vorbehalten [I, 75]. Er soll verhindert haben, daß Milet den Kroisos gegen Kyros unterstützte. „Das rettete später, nach dem Siege des Kyros, den Staat“ [Diog. L. I, 25].

Daß Thales auf Reisen auch in Ägypten war, wird mehrfach bezeugt. Er hat den ionischen Seeleuten beigebracht, sich auf See nicht nach dem großen Bären, sondern nach dem kleinen Bären zu orientieren. (So dürfte eine etwas unklare Mitteilung von Diogenes Laertius zu interpretieren sein [Heath: Aristarch, S. 23].) Bei anderen astronomischen Erkenntnissen, die Diogenes Laertius dem Thales zuschreibt, ist diese Zuschreibung unsicher.

Nach Aristoteles [Politik A 11 = 1259a 6–17] soll Thales gezeigt haben, daß man mit der Wissenschaft auch reich werden könne. Er habe nämlich auf Grund seiner astronomischen Kenntnisse eine gute Ölernte vorausgesehen und schon im Winter alle Ölpressen in Milet und auf Chios gemietet und auf diese Weise nachher einen großen Gewinn erzielt.

Platons Erzählung, Thales sei einmal bei der Betrachtung des Sternenhimmels in einen Brunnen gefallen [Theaitetos 174a], paßt eigentlich schlecht zu dem Bild dieses anscheinend durchaus nicht wirklichkeitsfremden Mannes; sie könnte freilich auch die völlige Hingabe an eine forschende Betrachtung ausdrücken.

Thales starb in der 58. Olympiade, d.h. zwischen 548 und 545. [Diog. L. I, 1, 38].

2. Philosophisches und Naturwissenschaftliches

Aristoteles [Met. A 3 = 983b 17-32]: „Es muß einen natürlichen Stoff geben, einen oder mehrere, aus dem das andere entsteht, während er selber erhalten bleibt. Freilich über Zahl und Art dieses Grundstoffs waren sie sich nicht einig: Thales, der Begründer dieses Gedankenganges, behauptete, es sei das Wasser. Deswegen lehrte er auch, die Erde schwimme auf dem Wasser. Vielleicht kam er zu dieser Auffassung durch die Beobachtung, daß überall die Nahrung flüssig ist und daß selbst die Wärme aus dem Wasser komme und von ihm lebe; das aber, woraus etwas entsteht, muß ja immer sein Urgrund sein. Dies also veranlaßte ihn zu seiner Lehre und weiter der Umstand, daß der Same überall feucht ist und das Wasser der natürliche Ursprung alles Feuchten ist. Manche meinen sogar, daß schon in grauer Vorzeit lange vor unserm Geschlecht die Schöpfer der Theogonien dieselbe Auffassung über die Natur vertreten hätten. Denn sie haben ja Okeanos und Tethys zu Stammeltern der Entwicklung gemacht, und der Eidzeuge der Götter ist das Wasser, das jene Dichter selbst „Styx" nennen."

Nietzsche schreibt dazu [4.4]: „Die griechische Philosophie scheint mit einem ungereimten Einfalle zu beginnen, mit dem Satze: daß das Wasser der Ursprung und der Mutterschoß aller Dinge sei. Ist es wirklich nötig, hierbei stille zu stehen und ernst zu werden? Ja, und aus drei Gründen: erstens weil der Satz etwas vom Ursprung der Dinge aussagt; zweitens weil er dies ohne Bild und Fabelei tut; und endlich drittens, weil in ihm, wenngleich nur im Zustande der Verpuppung, der Gedanke enthalten ist „alles ist eins". Der erstgenannte Grund läßt Thales noch in der Gemeinschaft mit Religiösen und Abergläubischen, der zweite aber nimmt ihn aus dieser Gesellschaft und zeigt uns ihn als Naturforscher, aber vermöge des dritten Grundes gilt Thales als der erste griechische Philosoph."

Vor Thales dachte man sich die Entstehung der Welt als Zeugung und Geburt von Göttern oder als handwerkliche Herstellung durch einen Schöpfergott, verstand man Naturerscheinungen (z.B. Gewitter) als Ausdruck der Stimmung von Göttern - ein Weltverständnis auf der Grundlage dessen, was der Mensch täglich erlebte. Thales sucht ein Weltverständnis „ohne Bild und Fabelei" - wie ist das möglich und wie kann ein solches Weltverständnis aussehen?

Wenn man die Vermutungen des Aristoteles als richtig annimmt, hat Thales nach natürlichen Ursachen der Erscheinungen gefragt. Das wird vielleicht deutlicher, wenn wir die Lehren seiner Schüler und Nachfolger ansehen. Anaximander (ca. 610-545) lehrte [Diels 12 A 9]: „Ursprung und Urgrund der seienden Dinge ist das Grenzenlos-Unbestimmbare (*τὸ ἄπειρον*). Er meint als Ursprungsstoff aber weder Wasser noch irgendein anderes von den sogenannten Elementen, sondern eine andere, unbestimmbare Substanz, aus der alle Himmel und die Welten unter ihnen entstünden. ... Aus dem Einen sonderten sich die in ihm enthaltenen Gegensätze aus. Gegensätze sind Warmes und Kaltes, Trockenes und Feuchtes und so fort."

[Diels 13 A 5]: „Anaximenes, ein Schüler des Anaximander, lehrt auch wie jener, die Substanz der Natur sei grenzenlos, aber nicht wie jener, unbestimmbar, sondern bestimmt: Luft nennt er sie. ... Gelockert werde sie Feuer, verdichtet Wind, dann Wolke, weiter durch noch stärkere Verdichtung Wasser, dann Erde, dann Steine; alles übrige aber entstehe aus diesen."

[Diels 13 B 2]: „Wie unsere Seele, die Luft ist, uns beherrschend zusammenhält, so umfaßt auch die ganze Weltordnung Hauch und Luft."

Anaximander und Anaximenes bedenken also die Art und Weise, wie die Dinge aus dem Urstoff entstanden sein können; der eine meint: durch Trennung des Entgegengesetzten, der andere konkreter, physikalischer: durch Verdünnung und Verdichtung. Und Anaximenes denkt auch an eine ordnende und lenkende Kraft.

Den nächsten Schritt, den Schritt zur Erfassung des Begriffs „Naturgesetz" scheint Heraklit getan zu haben. Wir zitieren zunächst Nietzsche [a.a.O. 5]: „Das Werden schaue ich an, ruft er (Heraklit), und niemand hat so aufmerksam diesem ewigen Wellenschlage und Rhythmus der Dinge zugesehen. Und was schaute ich? Gesetzmäßigkeiten, unfehlbare Sicherheiten, immer gleiche Bahnen des Rechtes, hinter allen Überschreitungen der Gesetze richtende Erinnyen, die ganze Welt das Schauspiel einer waltenden Gerechtigkeit und dämonisch allgegenwärtiger, ihrem Dienste untergebener Naturkräfte." Dazu zwei Sprüche von Heraklit [Diels 22 B 30]: „Diese Weltordnung, dieselbige für alle Wesen, schuf weder einer der Götter noch der Menschen, sondern sie war immer und ist und wird sein ewig lebendiges Feuer, erglimmend nach Maßen und erlöschend nach Maßen." Und [Diels 22 B 94]: „Helios wird seine Maße nicht überschreiten; sonst werden ihn die Erinnyen, der Rechtsgöttin Schergen, ausfindig machen."

Das also war „im Zustand der Verpuppung" im Ansatz des Thales enthalten: die Aufgabe, das Weltgeschehen auf der Grundlage allgemeiner Naturgesetze zu verstehen. Wie weit Thales selbst diesen Ansatz ausgearbeitet hat, bleibt für uns unbestimmt. Jedenfalls hat er auch bei einzelnen Naturerscheinungen nach natürlichen Ursachen gefragt. [Aristoteles: De anima I, 7 = 405a 19–21]: „Soweit man sich erinnert, scheint auch Thales die Seele als Bewegungsursprung (*κινητικόν τι* = etwas, was Bewegung erzeugen kann) betrachtet zu haben, wenn er dem Magnetstein eine Seele zuspricht, weil er das Eisen bewege." Hier geht es einerseits um die Bedeutung, die man dem Wort „Seele" beilegt, andererseits aber darum, daß Thales bei einer Bewegung eine im Gegenstand selbst liegende physikalische Ursache, eine bewegende Kraft, sucht oder postuliert.

Nach einer Ursache fragte Thales auch bei den regelmäßigen Überschwemmungen des Nil; er vermutete, daß die Etesienwinde den Abfluß des Wassers ins Meer verhinderten [Herodot II, 20].

3. Mathematisches

Auch in der Mathematik hat Thales allgemeine Sätze aufgestellt und gelegentlich nach den Ursachen ihrer Gültigkeit gefragt. Die folgenden mathematischen Leistungen werden von ihm berichtet:

[Diog. L. I, 1,27]: „Hieronymos berichtet, er habe die Höhe der Pyramiden gemessen vermittelst ihres Schattens, den er genau in dem Zeitpunkt abmaß, wo unser Schatten und unser Leib die gleiche Länge haben."

Diese Mitteilung gibt zu einigen Bedenken Anlaß:

1) Die Böschungswinkel der älteren Pyramiden von Gizeh betragen etwa 52°, während einige jüngere Pyramiden Böschungswinkel von etwa 42° haben. Das Verfahren war also bei den älteren Pyramiden nur bei günstigem Sonnenstand, bei den jüngeren überhaupt nicht anwendbar.

2) Wenn die Spitze des Pyramidenschattens nicht senkrecht über einer Pyramidenkante lag, erforderte die Bestimmung der Schattenlänge eine zusätzliche Rechnung (Abb. 2.1). Die günstige Lage dürfte nur an einem bestimmten Tag im Jahr vorhanden sein.

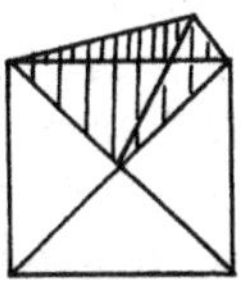

Abb. 2.1

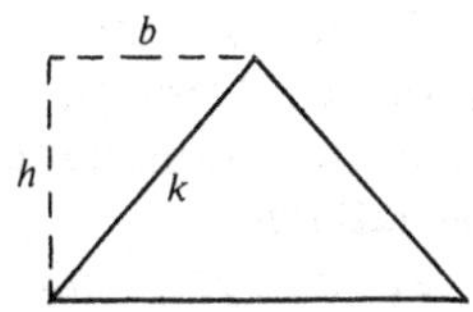

Abb. 2.2

3) In einigen Aufgaben des Papyrus Rhind wird die Höhe der Pyramide aus dem Rücksprung und der Länge der Kante berechnet. Weshalb war es dann erwähnenswert, daß Thales die Höhe der Pyramiden bestimmen konnte? Sah man das Verfahren des Thales als eine direkte Messung und somit als eine Probe auf die Richtigkeit der Rechnung an? Oder war, wie Hertwig vorschlägt [Anh. 1, S. 57–60], mit der Bezeichnung pr-m-wś gar nicht die senkrechte Höhe h, sondern die schräg liegende Höhe der Seitenfläche (k) gemeint, also der Rücksprung nicht $r=\frac{b}{h}$, sondern $r=\frac{b}{k}$ (Abb. 2.2)? Dann hätte Thales vielleicht zum ersten Male eine Messung der unzugänglichen senkrechten Höhe angegeben.

4) Gerade die Tatsache, daß die Ägypter mit dem Rücksprung zu rechnen verstanden, läßt die Frage aufkommen, ob Thales vielleicht doch auf die Forderung der Gleichheit der Länge von Gegenstand und Schatten verzichten konnte, also einen einfachen Ähnlichkeitssatz benutzt, der doch unmittelbar evident ist.

[Diog. L. I, 1,24]: „Er hat, wie Pamphile berichtet, zuerst das rechtwinklige Dreieck in den Kreis eingezeichnet."

Pamphile war eine Schriftstellerin zur Zeit des Kaisers Nero, von der mathematische Leistungen nicht bekannt sind. Der griechische Text läßt nach F.

Krafft [G. d. N. I, S. 90/91] die Übersetzung und Interpretation zu: er habe das zum Kreis gehörige, d.h. das zum Kreis flächengleiche Dreieck gezeichnet. Auch wenn man diese Interpretation nicht annehmen möchte, so ist doch die Interpretation der genannten Stelle als „Satz des Thales" recht unsicher.

Deutlichere Angaben über mathematische Leistungen enthält der Kommentar des Proklos zum 1. Buch von Euklids Elementen, der sich, manchmal ausdrücklich, auf die Mathematikgeschichte des Eudemos stützt.

[Proklos, S. 250]: Thales hat „erkannt und ausgesprochen" (*ἐπιστῆσαι καὶ εἰπεῖν)*, daß die Basiswinkel im gleichschenkligen Dreieck gleich sind. Dabei habe er in altertümlicher Weise die gleichen (*ἴσας* d.h. maßgleichen) Winkel „ähnlich" (*ὁμοίας* d.h. gestaltgleich) genannt [v. Fritz, Gl.]. Diese letzte Bemerkung gilt als Anzeichen dafür, daß der Gewährsmann von Proklos sogar die Bezeichnungsweise von Thales genau gekannt hat.

[Proklos, S. 299]: Daß Scheitelwinkel gleich sind, „habe, wie Eudemos berichtet, Thales zuerst gefunden, einen Beweis habe aber erst Euklid für erforderlich gehalten."

[Proklos, S. 352], zum Satz: Wenn zwei Dreiecke zwei Winkel und eine Seite gleich haben, dann sind auch die übrigen Seiten und der übrige Winkel einander gleich. „Eudemos führt in seiner Geschichte der Geometrie diesen Lehrsatz auf Thales zurück. Denn bei der Art und Weise, auf die er die Entfernung der Schiffe auf See bestimmt haben soll, erklärt Eudemos die Heranziehung desselben für unerläßlich".

Leider sagt Eudemos nicht, wie Thales die Messung gemacht hat. In der Vermessungslehre wird (später) öfter die Aufgabe behandelt, die Entfernung von einem Standpunkt A zu einem unzugänglichen Punkt B zu messen. Heron [Dioptra VIII = Op. Bd. 3, S. 220] beschreibt das folgende Verfahren: Man wähle auf der Verlängerung von BA willkürlich einen Punkt C, errichte auf AC in C eine Senkrechte CE von beliebiger Länge, visiere von E aus den Punkt B an und gehe auf der Geraden EB bis zu dem Punkt D, der von A aus im rechten Winkel zu BC gesehen wird. Dann gilt

$$AB:DF=AD:FE \text{ oder } AB=\frac{AD\cdot DF}{CE-AD}.$$

Die Messung erfordert als Gerät nur die Groma, ein Meßband und ein paar Stangen.

Heron wendet das Verfahren auf die Messung der Breite eines Flusses an; man wählt dann als B einen markanten Punkt am anderen Ufer. Für die Messung der Entfernung eines Schiffes auf See (die vielleicht zwischen 500 und 1000 m beträgt) dürfte es weniger geeignet sein, weil man eine ebene Fläche $ACED$ braucht, die mit Rücksicht auf die Genauigkeit nicht zu klein sein darf, und weil die Messung einige Zeit braucht, während der das Schiff wahrscheinlich nicht still steht.

Außerdem wird nicht der Kongruenzsatz, sondern ein Ähnlichkeitssatz gebraucht.

Die Möglichkeit, daß man auf der Geraden $AD\perp AB$ bis zu einem Punkt geht, von dem aus B unter einem Winkel von 45° gesehen wird, erwähnt Heron nicht. Mit der Groma wäre das auch nicht zu machen, wohl aber mit der Dioptra, die Heron gerade in diesem Werk beschreibt.

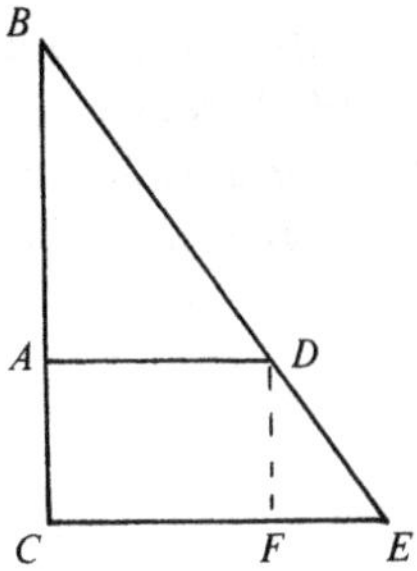

Abb. 2.3

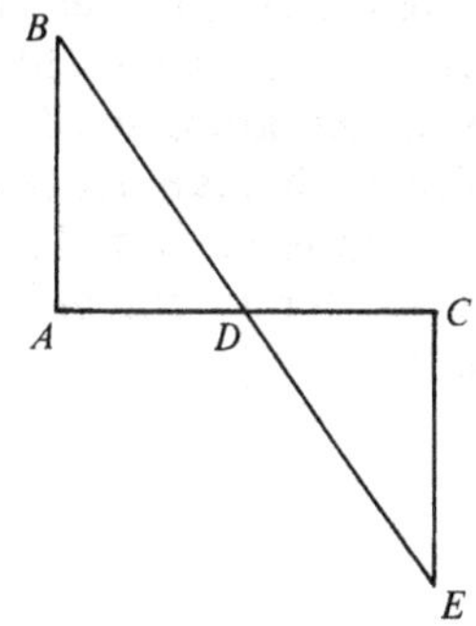

Abb. 2.4

Wir würden heute nur das Dreieck *BAD* benutzen und die Strecke *AD* und die beiden Winkel bei *A* und *D* messen, wobei der Winkel bei *A* kein rechter zu sein braucht (Vorwärts-Einschneiden). Die gesuchten Größen würden wir entweder trigonometrisch berechnen – das war z. Zt. von Heron und erst recht zur Zeit von Thales nicht möglich – oder das Dreieck verkleinert aufzeichnen und die Figur ausmessen. Ich möchte Thales dieses Verfahren zutrauen. Planzeichnungen in verkleinertem Maßstab sind in Ägypten schon in früher Zeit nachweisbar.

Aber wo tritt der Kongruenzsatz auf? Er besagt: Wenn in einem Dreieck eine Seite und zwei Winkel gegeben sind, so sind die anderen Seiten eindeutig bestimmt. Das braucht man zur Rechtfertigung des Verfahrens. Die Verkleinerung könnte man vielleicht als unproblematisch ansehen.

Es gibt aber in der Antike auch ein Verfahren, bei dem der Kongruenzsatz ausdrücklich benutzt wird. Es stammt von dem römischen Landmesser Marcus Iunius Nipsus [s. unter Iunius]: Man gehe (Abb. 2.4) von *A* aus im rechten Winkel zu *BA* zum Punkt *D* und weiter zum Punkt *C* mit $DC = AD$. Von dort gehe man senkrecht zu *AC* bis zu demjenigen Punkt *E*, von dem aus gesehen die Punkte *D* und *B* in einer Geraden liegen. Dann ist $CE = AB$.

Auch dieses Verfahren wird von Nipsus zur Messung der Breite eines Flusses vorgeschlagen. Für die Messung der Entfernung eines Schiffes auf See dürfte es noch weniger geeignet sein als das von Heron. [Heath, Gr. Math. I, S. 132].

Heath gibt noch weitere mögliche Verfahren an; wir haben diejenigen ausgewählt, die unabhängig von Thales etwas über das griechische und römische Vermessungswesen aussagen.

Hat Thales Sätze nicht nur „erkannt und ausgesprochen", sondern auch bewiesen? Proklos berichtet [S. 157]: „Daß der Kreis durch den Durchmesser halbiert wird, soll zuerst Thales bewiesen haben (*ἀποδεῖξαί φασιν*); der Grund für die Halbierung liegt aber darin, daß die Gerade ohne jede Ablenkung durch den Mittelpunkt geht. Denn da sie durch die Mitte geht und in allen ihren Teilen immer die gleiche Bewegungsrichtung einhält, ohne nach der einen oder anderen Seite auszubiegen, schneidet sie zur Kreisperipherie hin beiderseits das Gleiche ab. – Will man dies auch auf mathematischem Wege beweisen, so denke dir den Durchmesser gezogen und die eine Kreishälfte auf die andere gelegt (Abb. 2.5). Ist sie nicht gleich, so wird sie entweder innerhalb oder außerhalb zu liegen kommen. In beiden Fällen wird sich die Folgerung ergeben, daß die kürzere Strecke der längeren gleich ist. Denn alle Strecken vom Mittelpunkt zur Peripherie sind gleich. Es wird nun die zu einem äußeren Punkt gehende Strecke der zu einem inneren Punkt gehenden gleich sein. Das ist aber unmöglich."

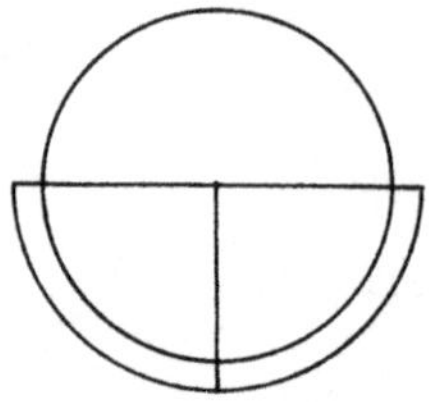

Abb. 2.5

Anm.: Simplikios hat [nach al-Nayrīzī, S. 20f.] auch die Möglichkeit berücksichtigt, daß die eine Kreishälfte teilweise innerhalb, teilweise außerhalb der anderen zu liegen kommt. Daß nur ein Punkt der Peripherie des einen Halbkreises im Innern des anderen Halbkreises liegen muß, bemerkt Leibniz [4.4].

Proklos gibt hier zwei Beweise wieder. Den ersten würden wir eher als Plausibilitätsbetrachtung bezeichnen. Es ist eine ohne jede Methode entwikkelte Überlegung, die erklären soll, warum das so ist. Der zweite Beweis ist durch die Worte „Will man dies auch auf mathematische Weise beweisen ..." scharf vom ersten abgesetzt. Er benutzt die Methode des Aufeinanderlegens und die genaue Definition des Kreises, nimmt das Gegenteil der Behauptung an und leitet daraus einen Widerspruch ab.

Stammen diese Beweise von Thales? Zunächst sei festgehalten: Proklos sagt: „Man sagt, daß Thales ... bewiesen habe." Proklos wußte also nicht, ob Thales den Satz überhaupt bewiesen hat. Also kann er nicht gewußt haben, *wie* Thales den Satz bewiesen hat. Ich könnte mir vorstellen, daß Thales die Plausibilitätsbetrachtung angestellt hat; das wäre dann der erste bekannte Versuch, einen mathematischen Satz zu begründen. Das zum „mathematischen" Beweis erforderliche Rüstzeug wurde meiner Ansicht nach erst in den folgenden Jahrhunderten entwickelt.

4. Zusammenfassung

Mit Thales beginnt die griechische Mathematik, sich von der ägyptischen und babylonischen Mathematik abzusetzen und ihren eigenen Weg zu gehen. Kann man das wirklich behaupten? Wissen wir vielleicht immer noch zu wenig von der vorgriechischen Mathematik? Und sind die Nachrichten über Thales vielleicht dadurch verfälscht, daß z. B. Eudemos vielleicht ganz unabsichtlich die Leistungen des Thales in der Sprech- und Denkweise seiner, des Eudemos,

Zeit wiedergibt? Weil das alles so wichtig und so unsicher ist, haben wir die Nachrichten über Thales so ausführlich wiedergegeben. Wir schließen daraus:

1) Thales hat ebenso wie frühere Mathematiker Vorschriften zur Berechnung geometrischer Größen angegeben.

2) Er hat aber auch allgemeine Sätze angegeben, und er hat die Gültigkeit von Vorschriften durch solche allgemeinen Sätze begründet (wenn das nicht eine anachronistische Annahme von Eudemos ist). – Nun ist das zunächst eine Formsache. Ob ich sage: „In einem rechtwinkligen Dreieck ist das Quadrat über der Hypotenuse gleich der Summe der Quadrate über den Katheten“ oder ob ich sage: „Wenn du die Hypotenuse eines rechtwinkligen Dreiecks ausrechnen willst, mußt du ... usw.“, das scheint ungefähr dasselbe zu sein. Aber eine Vorschrift wird dadurch gerechtfertigt, daß sie richtige Ergebnisse liefert, und das merkt man bei der praktischen Anwendung. Ein Satz verlangt eine logische Begründung.

3) Thales hat wenigstens in einem Falle eine Begründung eines Satzes angegeben, freilich wohl in der Form einer ohne Methode erfundenen Plausibilitätsbetrachtung. Anders kann ich mir den ersten Versuch, einen Satz zu begründen, auch nicht recht vorstellen. Dabei paßt die mathematische Denkweise des Thales zu seinen physikalischen Vorstellungen, bei denen er, wenn auch nur in Ansätzen, Begründungen im Sinne allgemeiner Gesetzmäßigkeiten gesucht hat.

4) Inhaltlich bewegen sich die Aussagen des Thales zumeist im Umkreis des Winkelbegriffs, den er wohl in die Geometrie eingeführt hat. Gegenüber dem Rücksprung, der sich nur auf die Neigung einer Ebene gegen die Vertikale bezog, ist jetzt der Winkel die Neigung zweier Linien gegeneinander, wenn auch nicht bekannt ist, ob Thales diese genaue Definition schon angegeben hat. Es ist auch nichts darüber gesagt, ob oder wie Thales Winkel *gemessen* hat. Es ist nicht unbedingt nötig, einen Winkel durch den zugehörigen Kreisbogen zu messen (was sich allerdings aus guten Gründen als praktisch erwiesen hat), man kann ihn auch in der Art des Rücksprungs durch die Strecke messen, die auf einer zu einem Schenkel senkrechten Geraden in bestimmter Entfernung vom Scheitel abgeschnitten wird. Wenn Thales gleiche Winkel „ähnlich“, d.h. gestaltgleich, genannt hat, so kann vielleicht daraus geschlossen werden, daß er an das Messen von Winkeln zunächst gar nicht gedacht hat.

5) Die Sätze des Thales sind sehr einfache, aber grundlegende Sätze. Dabei müssen wir berücksichtigen, daß wir sie aus dem Kommentar des Proklos zum ersten Buch von Euklids Elementen kennen. Wenn uns Kommentare zu den übrigen Büchern der Elemente erhalten wären (falls Proklos überhaupt solche geschrieben hat), würden wir vielleicht einen ganz anderen Eindruck von der Mathematik des Thales haben. Z.B. müßte der „Satz des Thales“ in einem Kommentar zum dritten Buch behandelt werden.

2.2.2 Pythagoras und die Pythagoreer

1. Biographisches

Pythagoras ist in Samos geboren, nach verschiedenen antiken Quellen entweder 600 v. Chr. oder um 570 v. Chr. Nach Reisen nach Ägypten und Babylon ging er um 529 nach Unteritalien und gründete dort einen Orden, in dem es vor allem um harmonische Lebensführung ging. Die Pythagoreer hatten – vielleicht auf Grund ihres engen Zusammenschlusses – auch starken politischen Einfluß, der von ihren Mitbürgern nicht immer gern gesehen wurde. Um 510 wurde Pythagoras aus Kroton vertrieben, ging nach Metapont und starb dort. Bei Unruhen in den Jahren zwischen 460 und 440 wurden die Pythagoreer aus Süditalien vertrieben, viele von ihnen ermordet. Eine Ausnahme bildete Tarent, wo der Pythagoreer Archytas (Blütezeit zwischen 400 und 360) sogar mehrfach zum Strategen gewählt wurde.

Pythagoras hat wahrscheinlich viel mathematisches Wissen aus Ägypten und Babylon mitgebracht und seinen Schülern vermittelt. Ob ihm eigene wissenschaftliche Leistungen zugeschrieben werden können, ist unsicher. Zum „Satz des Pythagoras" [Euklid El. 1, § 47] schreibt Proklos [S. 426]: „Schenken wir denjenigen Gehör, die das Altertum erforschen wollen, so werden wir finden, daß sie dies Theorem auf Pythagoras zurückführen und berichten, er habe der Entdeckung halber einen Stier geopfert." Da Pythagoras Tieropfer ablehnte, ist mindestens der letzte Teil dieses Berichts unglaubwürdig. Die neuen mathematischen Leistungen dürften zumeist von seinen Schülern stammen, die ihre Entdeckungen gern dem Meister zuschrieben. Platon und Aristoteles sprechen nur von „den Pythagoreern".

2. Harmonie von Tonintervallen

Iamblichos berichtet [V. P. § 115, S. 121] (hier gekürzt): „Pythagoras ging einmal an einer Schmiede vorbei, als er gerade darüber nachdachte, ob man für das Gehör ein Gerät als Hilfsmittel ersinnen könne wie für den Tastsinn die Waage oder die Maße ⟨also ob man Töne messen könne wie Gewichte und Ausdehnungen⟩. Da hörte er, wie die Hämmer das Eisen auf dem Amboß schlugen und im Wechsel die Klänge einander in harmonischen Intervallen antworten ließen. Er erkannte darin Oktav, Quint und Quart. Voll Freude lief er in die Schmiede und fand durch mancherlei Versuche heraus, daß der Unterschied in der Tonhöhe von der Masse des Hammers abhängt und nicht von der Gewalt des Hämmernden oder von der Gestalt des Hammers oder der Lage des geschlagenen Eisens. Da stellte er das Gewicht der Hämmer aufs genaueste fest, kehrte nach Hause zurück und untersuchte den Klang von Saiten, die durch verschiedene Gewichte gespannt waren usw."

Gegen diesen Bericht ist eingewandt worden, daß gar nicht der Hammer, sondern der Amboß in Schwingungen gerät. Aber O. Hertwig hat festgestellt, daß dieser Einwand nur für die heutige Konstruktion von Hammer und Amboß gilt, aber nicht für die griechische. Der griechische Amboß bestand aus einem Holzklotz, dem eine Metallhaube aufgesetzt war; dieses System konnte nicht schwingen. Dagegen hatten die Hämmer oft Metallstiele und waren in diesen so befestigt, daß sie schwingen konnten.

Schwerer wiegt der Einwand, daß die angegebenen Gewichtsverhältnisse für die durch Gewichte gespannten Saiten (ich habe sie hier nicht wiedergegeben - s. van der Waerden, Pyth. S. 369) nicht die angegebenen Tonintervalle ergeben. Es werden dem Pythagoras aber auch korrekte Versuche am Monochord zugeschrieben, anderen Pythagoreern Versuche an Vasen, die bis zu einer bestimmten Höhe mit Wasser gefüllt waren.

Hier werden also alte physikalische Experimente beschrieben, und zwar solche, bei denen die verursachenden Faktoren systematisch getrennt werden. Das Ergebnis dieser Versuche ist ein durch Zahlenverhältnisse ausgedrücktes physikalisches Gesetz.

3. Zahlenlehre

Aristoteles schreibt [Metaph. A 5, 985b 31 - 986a 3, Übers. van der Waerden, Pyth. S. 365]: „Da sie (die Pythagoreer) erkannten, daß die Eigenschaften und Verhältnisse der musikalischen Harmonie auf Zahlen beruhen und da auch alle anderen Dinge ihrer ganzen Natur nach den Zahlen zu gleichen schienen, so meinten sie, die Elemente der Zahlen seien die Elemente aller Dinge und der ganze Himmel sei Harmonie und Zahl“.

Die Pythagoreer haben daher eine Theorie der Zahlenverhältnisse und eine darauf gegründete Harmonielehre entwickelt, außerdem aber auch Eigenschaften von Zahlen und so etwas wie die Struktur des Bereichs der ganzen Zahlen untersucht. Ich kann hier nur über ein kleines Stück davon berichten und verweise insbesondere auf die ausführlichen Darstellungen von van der Waerden in E. W. und Pyth.

Eine Quelle für die pythagoreische Zahlenlehre ist die Arithmetik von Nikomachos von Gerasa; sie ist zwar um 100 n.Chr. geschrieben, enthält aber altes Gedankengut. Dort steht [Buch 1, Kap. 7,1]: „Die erste Einteilung der Zahlen ist die in gerade und ungerade“. Die zugehörigen Definitionen lauten bei Euklid [VII, Def. 6]: „Gerade ist die Zahl, die sich halbieren läßt“, [Def. 7]: „und ungerade die, die sich nicht halbieren läßt, oder die sich um eine Einheit von einer geraden Zahl unterscheidet.“ Über das Alter dieser Definition gibt es einen Hinweis in einem Fragment aus einer Komödie des Epicharm, der um 480 in Syrakus schrieb. [Diels 23 B 2]: „Wenn einer zu einer ungeraden Zahl, meinethalben auch zu einer geraden, einen Stein zulegen oder auch von den vorhandenen einen wegnehmen will, meinst du wohl, sie bleibe noch dieselbe?“ Um diese Zeit muß diese Definition also bekannt gewesen sein (außerdem war es offenbar damals üblich, Zahlen durch Steinchen darzustellen). Euklid definiert freilich vorher, was eine Zahl ist, nämlich [Def. 2] „eine aus Einheiten zusammengesetzte Menge“ - und davor definiert er noch was Einheit ist, nämlich [Def. 1] „das, wonach jedes Ding eines genannt wird.“ Wie alt diese Definitionen sind, wage ich nicht zu sagen. Den Begriff der abstrakten Einheit möchte ich für den spätesten halten. Er könnte aus der Begriffswelt des

Parmenides stammen; Platon spricht darüber im Staat [525 d – 526 a]. Proklos schreibt den Pythagoreern die Definition des Punktes als „Einheit mit Lage" zu [S. 95], dabei könnte aber „Einheit" als undefinierter Begriff benutzt sein.

Die Definition der Zahl soll nach Iamblichos [Nik. S. 10] Thales schon bei den Ägyptern vorgefunden haben. Iamblichos ist nicht unbedingt zuverlässig, aber eine Zahl ist in allen alten Kulturen eine Zusammenstellung von Einzelsymbolen, seien es nun Kerben in Knochen oder Griffeleindrücke in Ton oder Striche oder auch ausgelegte Steinchen. Nun weiß jeder Mensch, was eine Zahl ist, das braucht man nicht zu erklären. Aber eine wissenschaftliche Einteilung der Zahlen in gerade und ungerade muß genau festgelegt werden.

Hier tritt eine neue Auffassung von „Zahl" auf. Eine Zahl ist nicht nur ein Hilfsmittel, mit dem man zählt, mißt und rechnet, sondern sie ist selbst Gegenstand der Untersuchung, sie hat Eigenschaften, sie kann z. B. gerade oder ungerade sein, sie kann Teiler haben, Primzahl oder zusammengesetzte Zahl sein usw.

4. Die Lehre vom Geraden und Ungeraden

Am Ende des IX. Buches von Euklids Elementen steht eine Reihe von Sätzen, die mit den vorangegangenen keinen Zusammenhang haben. O. Becker hat gezeigt [G. u. U.], daß dieses Stück wahrscheinlich altpythagoreisch ist. Es beginnt „§ 21. Setzt man beliebigviele gerade Zahlen zusammen, so ist die Summe gerade.

$A \qquad\qquad B \quad C \quad D \qquad\qquad\qquad E$

Beliebig viele gerade Zahlen AB, BC, CD, DE seien zusammengesetzt. Ich behaupte, daß die Summe AE gerade ist.
Jede der Zahlen AB, BC, CD, DE hat, da sie gerade ist, einen Teil, der die Hälfte ist. Folglich hat auch die Summe AE einen Teil, der die Hälfte ist."

Nach Becker kann man sich diesen Satz durch Hinlegen von Steinchen sofort klarmachen, etwa so:

oooo oo ooo ooooo
oooo oo ooo ooooo

Der Satz ist ein Spezialfall des Satzes [El. VII, § 5]: „Wenn eine Zahl $\langle a \rangle$ von einer Zahl $\langle b \rangle$ ein Teil ist und eine weitere Zahl $\langle c \rangle$ von einer weiteren $\langle d \rangle$ derselbe Teil, dann muß auch die Summe von der Summe derselbe Teil sein, wie die eine Zahl von der entsprechenden."

Hier liegt die Definition zugrunde [El. VII, Def. 3]: „Teil einer Zahl ist eine Zahl, die größere von der kleineren, wenn sie die größere genau mißt."

Da eine Zahl eine aus Einheiten zusammengesetzte Menge ist, bedeutet das in der Sprache der Mengenlehre: b ist die Vereinigung von endlich vielen Mengen der Mächtigkeit von a:

$$b = a_1 \cup a_2 \cup \ldots \cup a_n .$$

Dabei sind alle a_k gleichmächtig und elementfremd. (Daß Mengen von Einheiten elementfremd sind, kann man durch Anhängen verschiedener Indizes erreichen. In Lehrbüchern der Mengenlehre wird das genauer besprochen.)
Ebenso sei

$$d = c_1 \cup c_2 \cup \ldots \cup c_n .$$

Dann wird gebildet

$$b \cup d = (a_1 \cup c_1) \cup (a_2 \cup c_2) \cup \ldots \cup (a_n \cup c_n) .$$

Daraus ist die Behauptung abzulesen.

Das ist der Gedankengang von Euklids Beweis. Euklid spricht natürlich nicht in der Sprache der Mengenlehre, aber sein Beweis kommt darauf hinaus, daß er das kommutative und das assoziative Gesetz für die Vereinigung von endlichen Mengen stillschweigend als selbstverständlich voraussetzt und daraus das distributive Gesetz für Zahlen ableitet.

Im Spezialfall $n=2$ ist der Sachverhalt noch leichter anschaulich einzusehen.

In Buch IX folgt § 22: „Setzt man beliebigviele ungerade Zahlen zusammen und ist ihre Anzahl gerade, so muß die Summe gerade sein.
... Da nämlich jede der Zahlen *AB, BC, CD, DE* ungerade ist, muß, wenn man von jeder die Einheit wegnimmt, jeder der Reste gerade sein, so daß auch deren Summe gerade sein muß. Auch die Anzahl der Einheiten ist aber gerade; also ist auch die Summe *AE* gerade.“

Dieser Satz wird also korrekt aus der Definition und dem vorangegangenen Satz abgeleitet. Und so wird es auch bei allen folgenden Sätzen gemacht. Sie lauten abgekürzt [s. van der Waerden, Pyth. 396/7]:

23. Eine Summe einer ungeraden Anzahl ungerader Zahlen ist ungerade.
24. Gerade minus gerade ergibt gerade.
25. Gerade minus ungerade ergibt ungerade.
26. Ungerade minus ungerade ergibt gerade.
27. Ungerade minus gerade ergibt ungerade.
28. Ungerade mal gerade ergibt gerade.
29. Ungerade mal ungerade ergibt ungerade.
30. Eine ungerade Zahl, die eine gerade Zahl teilt, teilt auch die Hälfte dieser Zahl.

Hier sei einmal der Beweis angedeutet: Die ungerade Zahl a teile die gerade Zahl b, es sei also $b = a \cdot c$. Dann kann c nicht ungerade sein, sonst wäre nach § 29 auch b ungerade.

31. Wenn eine ungerade Zahl mit einer Zahl teilerfremd ist, so auch mit dem Doppelten dieser Zahl.
32. Eine Zahl, die durch (wiederholte) Verdoppelung von 2 entsteht, ist ausschließlich gerade mal gerade.

gerade mal gerade bedeutet: zerlegbar in zwei gerade Faktoren. Die übrigen einschlägigen Begriffe dürften leicht verständlich sein. Die Definitionen stehen bei Euklid am Anfang von Buch VII.

33. Eine Zahl, deren Hälfte ungerade ist, ist ausschließlich gerade mal ungerade.
34. Eine Zahl, die nicht zu den unter 32 und 33 genannten gehört, ist sowohl gerade mal gerade als auch gerade mal ungerade.

Diese Sätze hat u. a. Bachet wieder aufgegriffen [4.4]. Sie bilden den Anfang einer feineren Einteilung der Zahlen als nur in gerade und ungerade, ungefähr im Sinne der Restklassen mod 4.

Es folgt ein Satz, der in dieses alte Stück eigentlich nicht hineinpaßt, von dem auch nur ein Spezialfall gebraucht wird: „§ 35. Hat man beliebigviele Zahlen in geometrischer Reihe (*ἑξῆς ἀνάλογον*, d. h. in stetiger Proportion) und nimmt man sowohl von der zweiten als auch von der letzten der ersten gleiche weg, dann muß sich wie der Überschuß der zweiten zur ersten, so der Überschuß der letzten zur Summe der ihr vorangehenden verhalten."

Sei $a_0=a$, $a_1=a\cdot q$, $a_2=a\cdot q^2, \ldots, a_{n+1}=a\cdot q^n$ die geometrische Folge und $s=a_0+a_1+\ldots+a_n$, so besagt der Satz

$$(1)\qquad \frac{a_1-a_0}{a_0}=\frac{a_{n+1}-a_0}{s}, \quad \text{also } s=a\cdot\frac{q^n-1}{q-1}.$$

(Ich schreibe Verhältnisse als Quotienten).

Euklids Beweis verläuft so: Nach der Definition der geometrischen Folge ist

$$\frac{a_1}{a_0}=\frac{a_2}{a_1}=\ldots=\frac{a_{n+1}}{a_n}.$$

Daraus folgt

$$(2)\qquad \frac{a_1-a_0}{a_0}=\frac{a_2-a_1}{a_1}=\ldots=\frac{a_{n+1}-a_n}{a_n}.$$

Nun gilt bei einer solchen stetigen Proportion [El. VII, § 12]: Es verhält sich die Summe der Vorderglieder zur Summe der Hinterglieder wie ein Vorderglied zu einem Hinterglied.

⟨Andeutung des Beweises: Wenn $a_{k+1}-a_k=c\cdot a_k$ ist, so ist

$$\Sigma(a_{k+1}-a_k)=c\cdot\Sigma a_k\rangle$$

Aus (2) folgt daher (1).

Für den folgenden Satz § 36 wird nur der Spezialfall $a_0=1$, $q=2$ gebraucht, also

$$1+2+\ldots+2^{n-1}=2^n-1.$$

Diesen Spezialfall, der wahrscheinlich schon den Babyloniern bekannt war, kann man nach Becker (durch Auslegen von Steinchen) so einsehen: Man geht von 1 aus und fügt immer die schon vorhandene Summe (Menge von Steinchen) noch einmal hinzu, also:

$$1+1=2, \quad 1+1+2=4, \quad 1+1+2+4=8 \quad \text{usw.}$$

Dabei ist die Summe jeweils das Doppelte des letzten Summanden,

also $$1+1+2+\ldots+2^{n-1}=2\cdot 2^{n-1}.$$

Mit Hilfe dieses Satzes wird bewiesen: § 36 (durch moderne Formulierung gekürzt):
Wenn $1+2+4+\ldots+2^n=2^{n+1}-1=p$ eine Primzahl ist, so ist $v=2^n p$ eine vollkommene Zahl, d. h. gleich der Summe ihrer Teiler, wobei 1 mitgezählt wird, v selbst aber nicht.

Die Teiler von v sind offenbar

$$1, 2, \ldots, 2^n \quad \text{, ihre Summe ist } p$$

$$p, 2p, \ldots, 2^{n-1}p \quad \text{, ihre Summe ist } p\cdot(2^n-1).$$

Daß es keine weiteren Teiler gibt, folgt aus den vorangegangenen Sätzen; insbesondere folgt aus Satz 30: Wenn u ein ungerader Teiler von v ist, so muß u auch Teiler von $v/2$, $v/4$, ... usw. sein; also muß $u=p$ sein.
Die Summe aller Teiler von v ist also $p+p\cdot(2^n-1)=2^n p$.

Damit ist ein recht tiefliegender Satz erreicht. Die hier angegebenen sind tatsächlich *alle* geraden vollkommenden Zahlen. Das hat erst Euler bewiesen [4.4]. Ob es ungerade vollkommene Zahlen gibt, ist bis heute unbekannt.

Ist dieses Stück nun wirklich alt? Offenbar hat doch Euklid mindestens redaktionelle Eingriffe vorgenommen. Die zugehörigen Definitionen und ein „Beweis“ für den Anfangssatz stehen an anderer Stelle, und wahrscheinlich wurde in § 35 der ursprüngliche Spezialfall durch den allgemeinen Satz ersetzt, der auch von den Pythagoreern stammen könnte, aber vielleicht erst aus späterer Zeit. Trotzdem ist die Methode, die hier zum ersten Mal sichtbar wird, wohl den älteren Pythagoreern zuzuschreiben: Jeder Satz ist aus den vorangegangenen logisch abgeleitet, und man kommt auf diese Weise von einfachen Ausgangssätzen zu tiefliegenden Resultaten. Der Anfangssatz wird unmittelbar aus der Definition gewonnen, enthält aber von unserem Standpunkt aus gesehen ein Axiom (das distributive Gesetz), das nicht ausgesprochen wird. Es läßt sich aus dem Arbeiten mit endlichen Mengen (Steinchen) gewinnen, und dieses wurde offenbar als evident angesehen.

Descartes hat in den *Regulae ad directionem ingenii* (1629) [4.4] ausgeführt, daß der Mensch zwei Möglichkeiten hat, zu sicheren Erkenntnissen zu kommen: Intuition und Deduktion. Unter Intuition versteht Descartes „ein so einfaches und distinktes Begreifen des reinen und aufmerksamen Geistes, daß über das Erkannte weiterhin kein Zweifel übrigbleibt ... So kann jeder durch Intuition mit dem Geist erfassen, daß er existiert, daß er Bewußtsein hat, daß das Dreieck bloß durch drei Seiten begrenzt wird, die Kugel durch eine einzige Oberfläche und dergl.; welcher Sätze es bei weitem mehr gibt, als man gemeinhin denkt.“ Zur Deduktion sagt er, daß „man von den meisten Dingen, wenngleich sie nicht von sich aus evident sind, doch ein sicheres Wissen hat, wenn sie nur von wahren und ⟨durch Intuition⟩ klar erkannten Prinzipien aus durch eine kontinuierliche und nirgendwo unterbrochene Bewegung des intuitiv jeden Einzelschritt hervorbringenden Denkens abgeleitet werden.“ [Regel 3].

Dieses Verfahren haben, meine ich, die Pythagoreer für die Mathematik entdeckt. Jetzt muß nicht mehr jeder Schlußsatz intuitiv gesichert werden, sondern nur die Ausgangssätze und jeder einzelne Schritt der Herleitung. Das eröffnet der Mathematik großartige Möglichkeiten, die bereits hier an dem Satz über vollkommene Zahlen sichtbar werden.

5. Anfänge der Logik bei den Eleaten

Etwa zur gleichen Zeit, um 500 und etwas später, wurden in der eleatischen Schule die Anfänge der Logik entwickelt. Von den Ideen dieser Denker kann ich hier nur eine sehr grobe Skizze, fast eine Karikatur geben. Es beginnt mit Xenophanes (ca. 570–475/70), dessen Denken einen religiösen Einschlag hat. Er sagt, man dürfe sich die Götter nicht nach menschlichem Bilde vorstellen, sondern es sei „Ein einziger Gott, unter Göttern und Menschen am größten, weder an Gestalt den Sterblichen ähnlich noch an Gedanken. Er ist ganz Auge, ganz Geist, ganz Ohr (Ganz sieht er, ganz denkt er, ganz hört er). Und stets am selben Ort verharrt er, sich gar nicht bewegend.“ [Diels 21 B 23, 24, 26]. [Diels 21 A 33]: „Er (Xenophanes) lehrt, eins sei das All, und sagt, die Gottheit sei ewig, eins, überall gleich, begrenzt, kugelförmig und in allen ihren Teilen voll Wahrnehmung.“

Parmenides (ca. 515–445 v. Chr.) hat diese Gedanken mehr rational ausgearbeitet. Er geht davon aus, daß Denken nichts anderes ist als „das Seiende vorliegen lassen und in die Acht nehmen“ [nach Heidegger]. Das Nicht-Seiende kann demnach nicht einmal gedacht werden. Deshalb kann das Seiende nicht entstanden sein. Denn aus Seiendem kann es nicht entstanden sein, sonst wäre es ja vorher schon vorhanden gewesen. Und aus Nicht-Seiendem kann es nicht entstanden sein, weil das Nichtseiende ja nicht einmal denkbar ist. Das Seiende muß auch Eines und Unveränderlich sein, weil es sonst irgendwie am Nicht-Seienden Anteil haben würde. Es kann keine Vielheit und keine Bewegung geben.

Natürlich gab es Gegner, die meinten, daß aus dieser Auffassung viel Ungereimtes folge. Ihnen trat Zenon (Blütezeit etwa 464–461) entgegen mit der Absicht, nachzuweisen, daß aus der Annahme, es gäbe Vieles oder es gäbe Bewegung, ebenfalls Widersprüche folgen. Die Paradoxien des Zenon sind so bekannt, daß ich sie hier nicht noch einmal erzählen möchte. Bemerken möchte ich: Aus einer Art mystisch-religiöser Schau des Xenophanes folgt eine sehr ernst gemeinte Auseinandersetzung des Parmenides mit dem nur scheinbar trivialen Satz „Das Seiende ist und das Nichtseiende ist nicht“, und dann folgen logische Beweiskunststückchen, die Zenon selbst als eine Art Jugendsünde bezeichnet [Platon, Parmenides 128]. Aus dieser Situation ergab sich die Forderung, daß ein Beweis absolut zwingend sein müsse und daß er sich nicht auf die Anschauung stützen dürfe. Denn Zenon wollte ja Aussagen beweisen, die der Meinung und der Anschauung seiner Gegner widersprachen.

6. Die Lehre vom Flächeninhalt

Ich erzähle zunächst, wie ich mir die Entstehung der Inhaltslehre vorstellen könnte, natürlich nicht ohne zu berücksichtigen, was wir historisch wissen.

Grundfigur für die Flächenmessung ist das Rechteck; seine Fläche ist das Produkt aus den Längen der Seiten.

Die nächste Aufgabe ist die Bestimmung der Fläche eines Dreiecks. *Eine* Möglichkeit dazu ist: man denkt sich das Dreieck in zwei rechtwinklige Dreiecke zerlegt; die Fläche eines rechtwinkligen Dreiecks ist die Hälfte des zugehörigen Rechtecks. Bei einer axiomatischen Auffassung würde hier der Satz (als Axiom) gebraucht werden:

(R) *Ein Rechteck wird durch eine Diagonale in zwei flächengleiche (sogar kongruente) Dreiecke zerlegt.*

Diese anschaulich evidente Tatsache haben schon die Babylonier bei ihren Rechnungen benutzt.

Will man den Flächeninhalt eines beliebigen Vielecks bestimmen, so zerlegt man es in Dreiecke und verwandelt diese in Rechtecke. („Verwandeln" soll die Herstellung einer flächengleichen Figur bedeuten). Dann sind Rechtecke verschiedener Größe zusammenzufassen. Dazu gibt es zwei Wege:

1) Man verwandelt jedes Rechteck in ein Quadrat und addiert die Quadrate mittels des Satzes von Pythagoras. Das letztere wird in den Śulbasūtras gelehrt. Wir besprechen hier nur den zweiten Weg:

2) Man verwandelt alle Rechtecke in solche mit einer vorgeschriebenen Seite. Das ist der einfachste Fall einer „Flächenanlegung". Wie sie gemacht wird, zeigt Abb. 2.6. $ABCD$ ist das gegebene Rechteck, AB' oder AD' die gegebene Seite, an die angelegt wird. Wie die Konstruktion durchgeführt wird, braucht wohl nicht beschrieben zu werden.

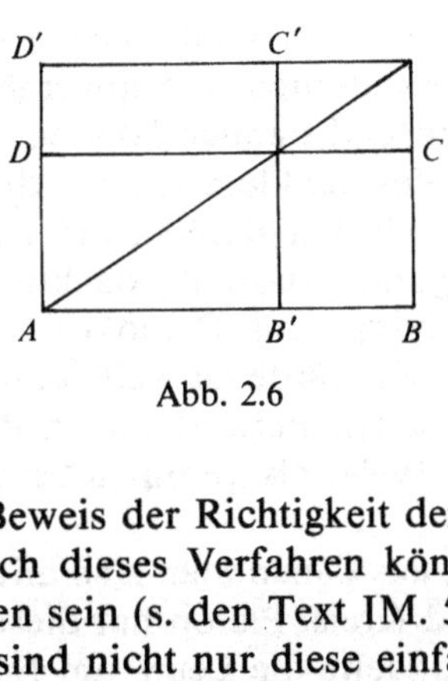

Abb. 2.6

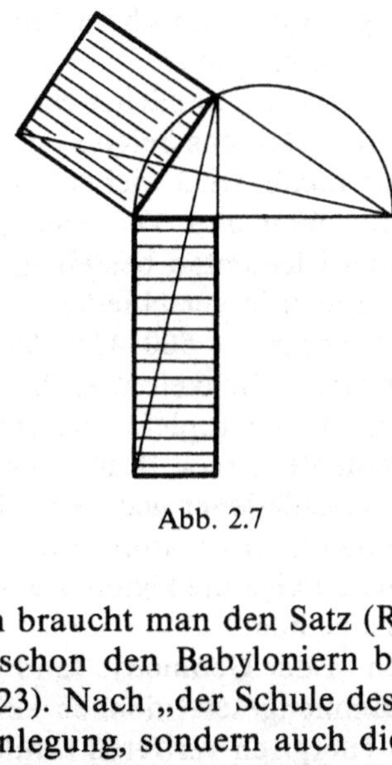
Abb. 2.7

Zum Beweis der Richtigkeit der Konstruktion braucht man den Satz (R).

Auch dieses Verfahren könnte praktisch schon den Babyloniern bekannt gewesen sein (s. den Text IM. 55357, hier S. 23). Nach „der Schule des Eudemos" sind nicht nur diese einfache Flächenanlegung, sondern auch die „Flächenanlegung mit Überschuß" und die „Flächenanlegung mit Fehlen" Errungenschaften der Pythagoreer [Proklos, S. 419]. Gemeint sind die Aufgaben: An eine gegebene Strecke ist eine gegebene Fläche so anzulegen, daß ein Quadrat überschießt bzw. fehlt. Wir sprechen davon später bei den quadratischen Gleichungen.

Man kann also jedes Polygon in ein Rechteck verwandeln. Will man zwei oder mehrere solche Rechtecke geometrisch vergleichen, so müßte man jedes Rechteck (wieder) an eine festgelegte Strecke anlegen. Eine solche Normierung kann man vermeiden, wenn man jedes Rechteck in ein Quadrat verwandelt. In beiden Fällen liegt die kleinere Fläche ganz in der größeren.

Die Verwandlung eines Rechtecks in ein Quadrat könnte gemäß Abb. 2.7 ausgeführt werden. Benötigt wird dazu

1) der Satz, daß die Fläche eines Dreiecks halb so groß ist wie die des Rechtecks mit gleicher Grundlinie und Höhe; er ergibt sich aus (R) in diesem Falle durch Subtraktion;
2) ein Kongruenzsatz;
3) zur Konstruktion des rechtwinkligen Dreiecks der Satz des Thales.

Es würde hier also gerade der Satz auftreten, den Euklid zu seinem Beweis des Satzes des Pythagoras benutzt. Bei Euklids Beweis ist aber das Dreieck bereits vorhanden, man braucht also den Satz des Thales dabei nicht.

Euklid gibt für die Verwandlung eines Rechtecks in ein Quadrat ein anderes Verfahren an [El. II, § 14], bei dem der Satz des Thales nicht benutzt wird, dafür aber der Satz des Pythagoras.

Wann könnte der Satz (R) problematisch geworden sein? Wann könnte der Gedanke aufgekommen sein, daß man ihn beweisen muß? Ich meine: dann, wenn man zu der Auffassung kommt, daß die Geometrie nicht auf willkürlich zusammengesuchten Aussagen aufgebaut werden soll, sondern daß ihre Grundlagen systematisch bestimmt werden sollen. Ist eine solche systematische Bestimmung möglich?

Sehen wir uns zunächst einmal die Naturphilosophie an. An dem Satz des Parmenides, daß das Seiende nicht entstanden sein und nicht vergehen kann – denn aus nichts wird nichts – kam man nicht vorbei. Da es nun aber in der Welt Entstehen und Vergehen gibt, kam man auf den Gedanken, daß alle Dinge aus Elementen bestehen, die selbst unveränderlich und unvergänglich sind, aber sich in verschiedener Weise vereinigen und trennen können.

Anaxagoras (ca. 500–425) dachte sich, daß jedes der kleinsten Teilchen alle Entfaltungsmöglichkeiten enthalten müsse, ähnlich den Keimen der Lebewesen. Empedokles („nicht viel später als Anaxagoras geboren") dachte an die vier Elemente Feuer, Luft, Wasser, Erde. Leukipp und Demokrit nahmen Atome verschiedener geometrischer Formen an. Es würde zu weit führen, die Auffassungen von Platon und Aristoteles hier zu erläutern, die auch die vier Elemente zu Grunde legten, sie aber in gewisser Weise als „Formen" einer Urmaterie ansahen.

Auch in der Geometrie fand man Elemente, aus denen man sich alle Figuren zusammengesetzt denken kann: Gerade und Kreis. Platon hat diesen Gedanken energisch vertreten [Philebos 51c]. Er „tadelte die Leute um Eudoxos und Archytas und Menaichmos, weil sie es unternommen hatten, die Würfelverdoppelung auf mechanische Einrichtungen zurückzuführen, ... Dadurch wird nämlich das Gute an der Geometrie zugrunde gerichtet und zerstört ..." Lösungen geometrischer Aufgaben mit anderen Hilfsmitteln als Lineal und Zirkel verfehlen den Sinn der Geometrie, der gerade darin besteht, zu zeigen, wie alle Figuren aus Geraden und Kreisen entstehen [vgl. A. D. Steele: Über die Rolle von Zirkel und Lineal in der griechischen Mathematik].

War Platon der Erste, der Gerade und Kreis als die Grundfiguren der Geometrie angesehen hat? Proklos berichtet in seinem Kommentar zu der Aufgabe, auf eine Gerade von einem nicht auf ihr liegenden Punkt das Lot zu fällen, daß Oinopides (um 450) sich mit diesem Problem beschäftigt habe. Nun ist es erstaunlich, daß zu einer so einfachen Konstruktion ein Urheber genannt wird. Ein Lot auf eine Gerade fällen konnte man schon lange. Aber vielleicht hat man es früher mit einem besonderen Gerät gezeichnet, z. B. mit einem rechtwinkligen Dreieck aus Holz, und Oinopides hat herausgebracht, wie man es mit Zirkel und Lineal machen kann. Das könnte bedeuten, daß schon zu dieser Zeit Gerade und Kreis als die Grundfiguren der Geometrie angesehen wurden.

Wenn das der Fall war, durften die Ausgangssätze der Geometrie nur Sätze über Geraden und Kreise sein, der Satz (R) mußte bewiesen werden. Zunächst muß sogar bewiesen werden, daß es überhaupt ein Rechteck gibt; denn nur die Existenz der Grundfiguren Gerade und Kreis darf als (anschaulich oder axiomatisch) gesichert gelten, die Existenz aller übrigen Figuren muß durch Konstruktion bewiesen werden (s. S. 109).

Wie kann ein Rechteck, speziell das zu dem rechtwinkligen Dreieck *ABC* gehörige, gezeichnet werden? Man wird auf *AB* in *A* und auf *BC* in *C* die Senkrechte errichten (Abb. 2.8). Schneiden sich diese beiden Senkrechten? Das konnte nicht bewiesen werden. Euklid forderte daher als unbeweisbares Postulat: Wenn zwei Geraden von einer dritten (hier *AC*) so geschnitten werden, daß $\varphi+\psi<2R$ sind, so schneiden sich die Geraden auf derjenigen Seite von *AC*, auf der die Winkel φ, ψ liegen. (Man weiß nach Konstruktion, daß $\varphi<1R$ und $\psi<1R$ ist; mehr weiß man nicht!).

Nimmt man dieses Postulat an, so läßt sich beweisen: Die Dreiecke *ABC* und *CDA* sind kongruent, also entsteht in *D* ein rechter Winkel.

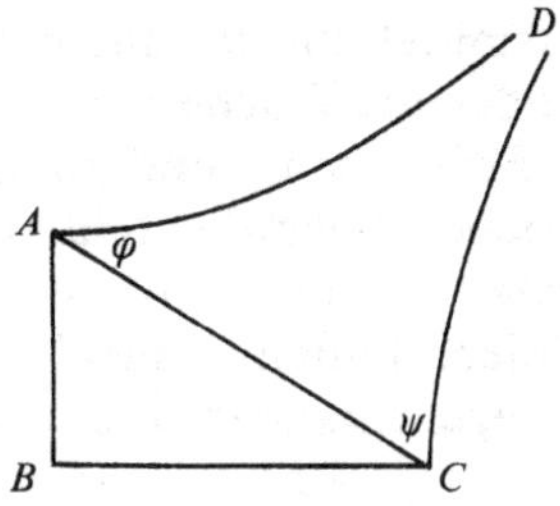

Abb. 2.8

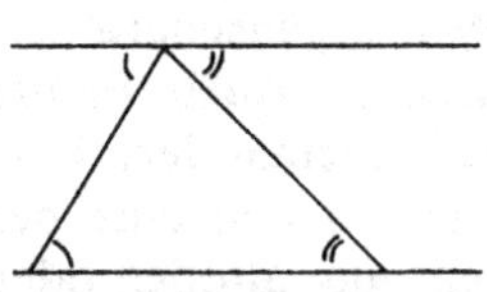

Abb. 2.9

Ich möchte nicht behaupten, daß das Parallelenpostulat auf diesem Wege gefunden worden ist. Es wäre z. B. denkbar, daß der Begriff des Parallelismus und insbesondere die Sätze über die Winkel, die beim Schnitt von zwei parallelen Geraden mit einer dritten auftreten, schon bekannt waren, als man einen Beweis für Satz (R) suchte. Jedenfalls haben nach Proklos bzw. Eudemos die Pythagoreer den Satz von der Winkelsumme im Dreieck mittels der Gleichheit der Wechselwirkung an Parallelen bewiesen [S. 379] (Abb. 2.9).

Euklid bringt folgerichtig die Lehre vom Flächeninhalt im I. Buch erst nach § 29, dem Satz über die Winkel an Parallelen, bei dessen Beweis zum ersten Mal das Parallelenpostulat gebraucht wird. Statt von Rechtecken spricht er allgemeiner von Parallelogrammen; die Existenz von Parallelogrammen beweist er in § 33: „Strecken, welche gleiche und parallele Strecken auf denselben Seiten verbinden, sind auch selbst gleich und parallel."

2.2.3 Aus der Mathematik des 5. und 4. Jahrhunderts

1. Zur Lage der Mathematik

Der Leser wird inzwischen den roten Faden vermissen. Das liegt – abgesehen von der Ungeschicklichkeit des Autors – daran, daß wir keine unmittelbaren Quellen haben. Wir können niemals behaupten „So ist es gewesen", sondern wir können nur aus Indizien schließen „So könnte es gewesen sein". Die Aussagen von Indizien sind nicht immer eindeutig, also müssen Einzelheiten genau besprochen werden. Dabei können verschiedene Autoren zu verschiedenen Schlüssen kommen. Ich möchte einige Thesen hier zusammenfassen:

Bei Thales meine ich den Übergang von Vorschriften zu allgemeinen Sätzen zu sehen. Anscheinend hat er sich gelegentlich (wenigstens einmal) Begründungen für die Gültigkeit solcher Sätze überlegt, aber noch ohne eine bestimmte Methode.

Die Pythagoreer haben die Möglichkeit entdeckt, schrittweise Sätze aus anderen Sätzen abzuleiten. Die notwendigen Ausgangssätze werden unmittelbar aus Definitionen abgeleitet, anscheinend bei Zahlen mittels anschaulich evidenter Operationen an endlichen Mengen.

Zu den Voraussetzungen dieser Art Mathematik zu treiben, gehört es, daß Zahlen und Figuren als selbständige Gegenstände der Untersuchung angesehen werden. Sie dienen nicht nur als Hilfsmittel, um die für ein Heer benötigte Menge an Verpflegung auszurechnen oder die Fläche eines Ackers oder die bei einem Kanalbau zu bewegenden Erdmassen, sondern Zahlen haben selbst Eigenschaften: sie sind gerade oder ungerade, teilbar oder Primzahlen usw. Auch Figuren haben Eigenschaften, ihre Teile stehen in Beziehungen zueinander: Punkte liegen auf Linien, Linien schneiden sich, berühren sich, haben eine bestimmte Neigung gegeneinander, Figuren sind inhaltsgleich oder ähnlich oder beides usw.

Die Pythagoreer brachten Ordnung in die Menge der (ganzen) Zahlen, indem sie sie nach bestimmten Gesichtspunkten in Arten einteilten, z. B. wie gesagt in gerade und ungerade usw.; sie untersuchten auch, wie die Zahlen zusammengesetzt sind, z. B. als gerade mal ungerade, oder die vollkommenen Zahlen als $2^n \cdot p$.

Ähnliches spielt sich in der Geometrie ab. Zunächst werden Arten von Figuren erklärt: Gerade, Kreis, Dreieck, Viereck, Quadrat usw. Ganz im Sinne der allgemeinen Tendenz, Komplizierteres durch Zusammensetzung aus Einfachem zu verstehen, zeigt sich, daß aus und mit Gerade und Kreis die übrigen Figuren konstruiert werden können. Es entsteht eine geordnete Theorie der geometrischen Konstruktionen; ich meine, daß auch das etwas Neues ist, was die Griechen geschaffen haben. Dabei liegt die Betonung auf „geordnete Theorie", denn konstruiert haben sicher schon die Erbauer der Pyramiden, und bestimmte Konstruktionen werden in den Śulbasūtras beschrieben; diese scheinen allerdings die einzige vorgriechische Quelle zu sein, in der Konstruktionen in Worten beschrieben werden.

Im 5. Jh. fanden einige Konstruktionsaufgaben besonderes Interesse: die Teilung eines Winkels in drei gleiche Teile - nachdem die Teilung in zwei gleiche Teile leicht zu konstruieren war; die Verdoppelung des Würfels - nachdem die Verdoppelung des Quadrats leicht zu leisten war [Platon, Menon 82-83]; die Konstruktion eines zum Kreis flächengleichen Quadrats - nachdem diese Aufgabe für ein Polygon gelöst war. Wir werden uns dabei vorstellen dürfen, daß die „elementaren" Konstruktionen bereits in einem Grundkanon festgelegt waren oder vielleicht von Hippokrates lehrbuchmäßig zusammengestellt worden sind.

Bis zu welcher Strenge dabei die Grundlagen (Definitionen, Axiome) entwickelt wurden, ist für mich nicht erkennbar. Ich würde eher an ein tastendes Suchen als an eine ausgearbeitete Systematik denken. Leider kennen wir die „Elemente" nicht, die Hippokrates und Theudios geschrieben haben; bei Rekonstruktionen aus Aristoteles und Euklid dürfte es schwer sein, die frühere Denkweise von der späteren zu trennen.

2. Die Dreiteilung des Winkels

Dafür fand Hippias von Elis (ein Sophist des späten 5. Jh.) eine ganz neuartige Methode: die Konstruktion einer geeigneten Kurve, die er durch eine doppelte Bewegung erzeugte. [Pappos Buch 4, XXX, Hultsch S. 252 ff.] (Abb. 2.10). Im Quadrat $ABCD$ bewege sich die Gerade DC mit konstanter Geschwindigkeit nach unten, gleichzeitig drehe sich der Strahl AD bzw. AP mit konstanter Winkelgeschwindigkeit. Der Schnittpunkt Q beschreibt eine Kurve, die später *τετραγωνίζουσα (γραμμή)* = Quadratrix genannt wurde.

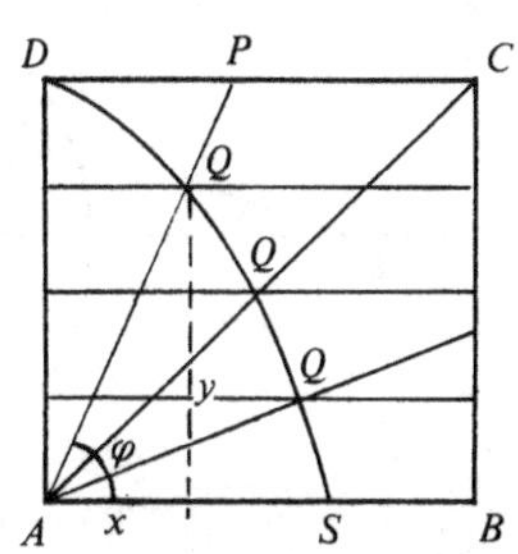

Abb. 2.10. Quadratrix

Die wesentliche Eigenschaft dieser Kurve ist, daß y proportional zu φ ist. Damit ist die Aufgabe, einen gegebenen Winkel φ in 3 oder n gleiche Teile zu teilen, darauf zurückgeführt, die Strecke y so zu teilen.

Einzelne Kurvenpunkte sind leicht zu zeichnen. Man braucht nur den rechten Winkel DAB und die Strecke CB zu halbieren und kann das beliebig oft fortsetzen.

Später hat Deinostratos (ein Bruder des Menaichmos, um 350) entdeckt, daß man mit dieser Kurve auch den Kreis quadrieren kann. An Stelle des griechischen Beweises sei hier das Resultat in modernen Formeln verifiziert:

Wir setzen $BC=1$. Da y proportional zu φ ist und dem Wert $\varphi=\pi/2$ der Wert $y=1$ entspricht, ist

$$y=\frac{1}{\pi/2}\cdot\varphi\,.$$

Ferner ist

$$x=\frac{y}{\tan\varphi}=\frac{1}{\pi/2}\,\frac{\varphi}{\tan\varphi}\,,$$

also

$$AS=\lim_{\varphi\to 0}x=\frac{1}{\pi/2}\,.$$

Auch die später viel benutzte Methode der Einschiebung (νεῦσις, lat. *inclinatio*, engl. *verging*) wurde bereits im 5. Jh. von Hippokrates angewandt. Pappos beschreibt sie etwa so [VII, 26, Hultsch S. 670]: Gegeben seien zwei Kurven g, h, ein Punkt A und eine Strecke s. Durch den Punkt A soll eine Gerade so gelegt werden, daß die Strecke zwischen g und h gleich s wird (Abb. 2.11). Die Anwendung bei Hippokrates zu schildern, würde etwas längere Ausführungen erfordern. Ich beschreibe deshalb ein Verfahren von Archimedes zur Dreiteilung des Winkels [Liber assumptorum VIII, Op. Bd. 2, S. 518], auf das später u. a. Viète zurückgegriffen hat.

Sei $\varphi=\sphericalangle AMB$ (Abb. 2.12) in drei gleiche Teile zu teilen. Man schlägt um den Scheitel M einen Kreis mit dem beliebigen Radius r und legt durch A eine Gerade so, daß $CD=r$ wird. Dann ist $\sphericalangle ADB=\alpha=\varphi/3$. Der Beweis durch mehrmalige Anwendung des Außenwinkelsatzes an gleichschenkligen Dreiecken ist aus der Abb. 2.12 abzulesen.

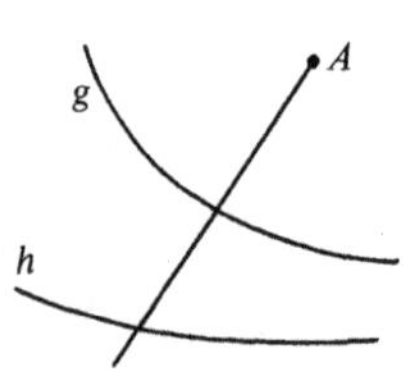

Abb. 2.11

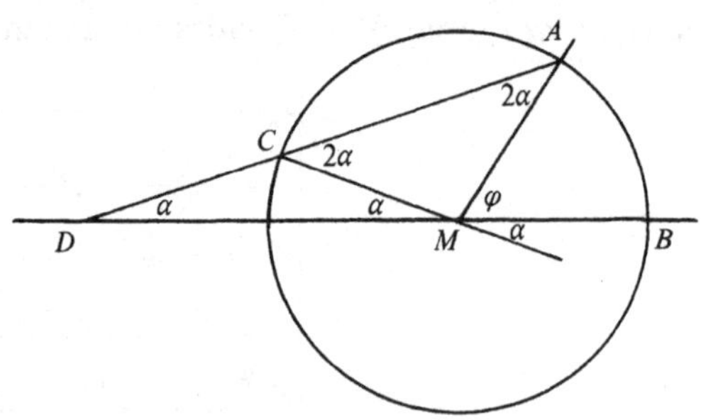

Abb. 2.12

3. Die Verdoppelung des Würfels

Diese Aufgabe, d.h. die Bestimmung von $\sqrt[3]{2}$, hat viele Bearbeiter gefunden. Eutokios (um 500 n. Chr.) hat in seinem Kommentar zu Archimedes' „Kugel und Zylinder“ ausführlich darüber berichtet [Archimedes Op. Bd. 3, S. 54–107. Die Geschichte des Problems beschreibt er dort S. 88 f.]. Hippokrates von Chios (um 440 v. Chr.) hat dazu einen wichtigen Schritt getan: Es gilt

$$1:x=x:x^2=x^2:x^3\,.$$

Setzen wir $x^2=y$, $x^3=2$, so wird daraus

(1) $$1:x=x:y=y:2\,.$$

Die Aufgabe ist also: zwischen 1 und 2, allgemeiner zwischen a und b zwei mittlere Proportionale einzuschalten. In dieser Form ist das Problem stets behandelt worden.

Ich bespreche hier nur die Lösung des Menaichmos. Aus (1) folgt

$$x^2=y,\quad y^2=2x,\quad xy=2\,.$$

Jede dieser drei Gleichungen ist von den beiden anderen abhängig, d.h. wenn zwei dieser Gleichungen erfüllt sind, ist auch die dritte erfüllt. Das sind aber die Gleichungen von zwei Parabeln und einer Hyperbel. Die Werte x, y können also als die Koordinaten der Schnittpunkte dieser Kurven bestimmt werden.

So hat Menaichmos das natürlich nicht ausgedrückt. Aber wie er es ausgedrückt hat, das können wir auch bei Eutokios nicht finden, denn dieser hatte ja bereits das Werk von Apollonios zur Verfügung, zu dem er auch einen Kommentar geschrieben hat. Versuchen wir also wieder einmal, zu phantasieren, wie es vielleicht gewesen sein könnte. Wir schreiben die Proportion (1), damit der Faktor 1 nicht verlorengeht, so:

(1′) $$a:x=x:y=y:b\,.$$

Aus dem ersten und letzten Glied folgt

$$xy=ab\,,$$

d.h. es sind alle zu dem gegebenen Rechteck ab flächengleichen Rechtecke zu konstruieren. Die Konstruktion mittels der „Gnomonfigur“ (s. S. 87) ist bekannt. Man kann sie für beliebige Werte von x durchführen und erhält eine Kurve, die später von Apollonios Hyperbel genannt wurde (s. Abb. 2.13).

Aus den beiden ersten Gliedern der Proportion (1′) erhält man

$$x^2=ay\,.$$

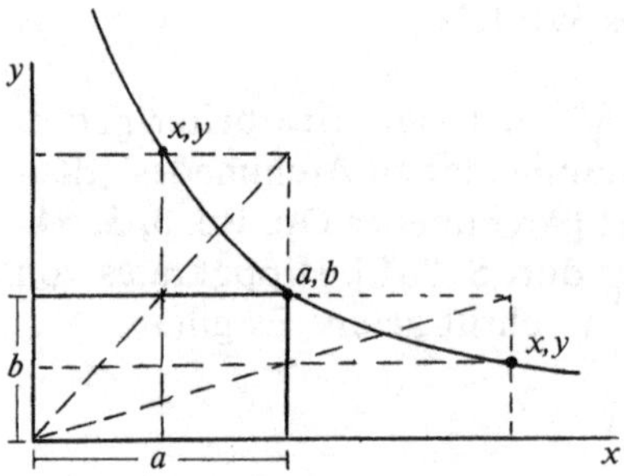

Abb. 2.13. $xy = ab$

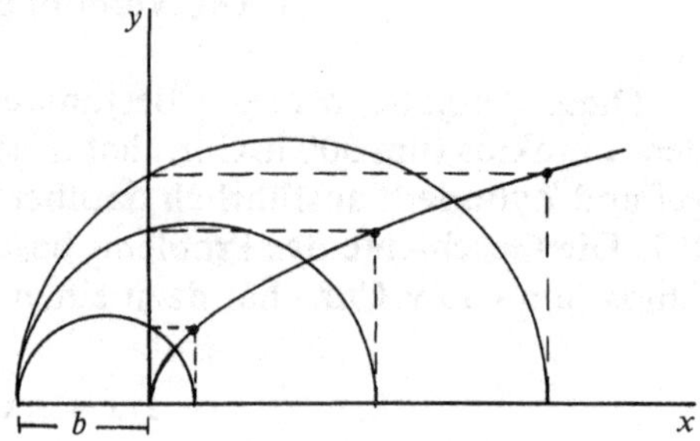

Abb. 2.14. $y^2 = bx$

Geht man von x (als unabhängiger Variable) aus, so hat man jeweils zu dem Quadrat über x das Rechteck mit der Seite a zu zeichnen, das dieselbe Fläche hat. Die Konstruktion könnte ebenfalls mit der Gnomonfigur ausgeführt werden.

Statt hier nun auch y als unabhängige Variable anzusehen, gehen wir von den beiden letzten Gliedern der Proportion aus; sie besagen: y ist die mittlere Proportionale zwischen b und x. Sie kann z. B. als Höhe des rechtwinkligen Dreiecks mit den Hypotenusenabschnitten b und x konstruiert werden (s. Abb. 2.14).

Die Namen Ellipse, Parabel und Hyperbel hat erst Apollonios eingeführt; Archimedes benutzt sie noch nicht. Es ist möglich, daß Menaichmos nur die Parabel und Hyperbel gekannt hat, und zwar noch nicht als Schnitte eines Kegels mit einer Ebene, sondern als geometrische Örter, vielleicht so wie hier skizziert oder ähnlich.

Die Aufgabe, zwischen zwei gegebenen Strecken zwei mittlere Proportionale einzuschalten, kann auch durch Einschiebungsverfahren gelöst werden. Verschiedene Verfahren sind von Nikomedes, Apollonios, Heron, Sporos und Pappos angegeben worden [s. Eutokios a.a.O., Heath, Gr. M. Bd. 1, S. 263–268].

4. Die Quadratur des Kreises

Wir wissen seit etwa 100 Jahren, daß π eine transzendente Zahl ist, d. h. keiner algebraischen Gleichung genügt. Die Kreisquadratur – etwa die Konstruktion der Seite des zum Kreis flächengleichen Quadrats oder der zum Umfang gleichen Strecke – kann daher nicht in der Weise geleistet werden, daß man algebraische Kurven (z. B. Kegelschnitte) zum Schnitt bringt, auch nicht durch ein Einschiebungsverfahren (s. S. 92), solange man dabei nur algebraische Kurven benutzt – und meistens wurden nur Kreise und Geraden benutzt. Man muß also entweder eine transzendente Kurve zu Hilfe nehmen wie z. B. die Quadratrix, oder ganz andere Wege finden.

Plutarch berichtet, Anaxagoras (ca. 500–425) habe „im Gefängnis die Quadratur des Kreises aufgeschrieben (oder: gezeichnet, griech. *ἔγραφε*).“ [Diels

59 A 38]. Anaxagoras wurde um 430 wegen Gottlosigkeit angeklagt, weil er behauptet hatte, die Sonne sei ein glühender Stein. Er mußte dann Athen verlassen und ging nach Lampsakos, wo er - hochgeehrt - etwa 425 gestorben ist. Von seiner Kreisquadratur ist weiter nichts überliefert.

Ferner haben sich Hippokrates von Chios (wohl um 440), Antiphon (spätes 5. Jh.) und Bryson mit der Kreisquadratur beschäftigt. Bryson war Schüler des Eukleides von Megara (ca. 450–370), der einer der ältesten Schüler des Sokrates war und später manchmal mit dem Verfasser der Elemente verwechselt wurde. Eine zeitliche Reihenfolge ist also nicht sicher festzustellen, und somit auch keine zeitliche Entwicklung der Ideen. Auch die Berichte über die Gedanken dieser Männer sind unsicher. Wir kennen sie nur aus Kommentaren zu Aristoteles, weil dieser gelegentlich die Kreisquadratur als Beispiel für logische Probleme erwähnt. Über die Kreisquadratur haben berichtet:

Alexander von Aphrodisias. Er lehrte etwa seit 198 n. Chr. in Athen. Sein Kommentar zur 2. Analytik des Aristoteles, auf den es für uns ankommt, ist nicht erhalten, wurde aber von Themistios und Philoponos benutzt und zitiert.

Themistios, ca. 317–388 n. Chr., wirkte in Konstantinopel.

Proklos, ca. 411–485 n. Chr. in Athen. Hier kommt nicht sein Euklid-Kommentar in Frage, sondern sein Kommentar zur Analytik des Aristoteles, der nicht erhalten ist. Die in Frage kommenden Stellen sind von Philoponos wiedergegeben.

Ammonios, geb. vor 445 n. Chr., gest. zwischen 517 und 526, war Schulhaupt in Alexandria. Zu seinen Schülern gehören

Philoponos; seine Aristoteles-Kommentare sind weiter ausgebaute und mit eigenen Zusätzen versehene Skripten nach den Vorlesungen von Ammonios [Böhm, S. 28], und

Simplikios, der in Athen wirkte, nach der Schließung der Platonischen Akademie (529 n. Chr.) nach Persien ging (wohl 531), nach zwei Jahren nach Athen zurückkehrte.

Simplikios stützt sich ausdrücklich, die Anderen wahrscheinlich auf die Mathematik-Geschichte des Eudemos.

Alle unsere Nachrichten sind also aus zweiter, dritter oder vierter Hand und sind sicher nicht immer wörtlich wiedergegeben. [s. O. Becker, Hipp.].

Philoponos schreibt: Nach Proklos habe Bryson gesagt: „Der Kreis ist größer als jedes eingeschriebene und kleiner als jedes umgeschriebene Polygon. (Im Vergleich) wozu es aber Größeres und Kleineres gibt, dazu gibt es auch Gleiches. Es gibt aber größere und kleinere Polygone als der Kreis, also gibt es auch ein ihm gleiches."

Hier wird ein „Stetigkeitsprinzip" bzw. ein „Zwischenwertsatz" ausgesprochen, der in der Folgezeit viel diskutiert worden ist. Seine allgemeine Gültigkeit wurde in Frage gestellt. Als Beispiel dafür dienten die „hornförmigen" Winkel. Nach Euklids Definition [El. I, Def. 8] ist ein Winkel die Neigung zweier Linien gegeneinander, also gibt es auch Winkel zwischen zwei sich berührenden Kreisen oder einem Kreis und seiner Tangente (Berührungswinkel). Dieser Winkel ist kleiner als jeder von 0 verschiedene geradlinige Winkel, aber nach der damaligen Auffassung größer als der geradlinige Winkel 0; und es gibt keinen geradlinigen Winkel, der dem Berührungswinkel gleich ist. Denkt man sich in Abb. 2.15 den Strahl AB so gedreht, daß der Winkel BAC die Werte von 90° bis 0° durchläuft, so wird er dabei niemals gleich dem Berührungswinkel. Damit bekommt der negierte Zwischenwertsatz die Form: „Der Übergang vom Größeren zum Kleineren geschieht nicht immer durch das Gleiche" [Proklos, K. Eukl., S. 234]. Beide Formen sind später von Campanus, Clavius [4.4], Peletier, Wallis und Anderen diskutiert worden, wobei meist Bryson ausdrücklich genannt wird. Bolzano bewies den Zwischenwertsatz 1817, nachdem er den Begriff „stetige Funktion" erklärt hatte [4.4].

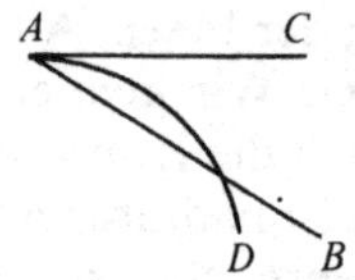

Abb. 2.15

Man kann auch fragen: Unter welchen Bedingungen gilt der Satz „Wozu es ein Größeres und ein Kleineres gibt, dazu gibt es auch ein Gleiches"? Man hat wohl gesagt, daß er nur für „homogene" Größen gilt. Wann sind Größen homogen? Eudoxos sagt [Euklid, El. V, Def. 4]: wenn sie vervielfältigt einander übertreffen können, also wenn das sog. Archimedische Axiom gilt. In diesem Sinne sind der hornförmige und der geradlinige Winkel nicht homogen; aber das scheint sogar für Proklos noch fraglich gewesen zu sein; er meint anscheinend, daß alle ebenen Winkel homogen sein müßten [S. 121 ff.]. Aristoteles sagt, daß eine Strecke und eine Kreislinie nicht kommensurabel sind und lehnt deshalb die Anwendung des Zwischenwertsatzes hier ab [Physik, VII, 4 = 248 b 2–6].

Tatsächlich haben die Griechen von diesem Satz nie Gebrauch gemacht. Selbst wenn seine Gültigkeit gesichert gewesen wäre, hätte das für die Kreisquadratur keinen Nutzen gebracht, denn, wie Ammonios sagt, „die den Kreis Quadrierenden forschten nicht danach, ob es möglich sei, daß ein dem Kreis flächengleiches Quadrat existiere, sondern in der Meinung, daß es so sein (existieren?) könne, versuchten sie, ein dem Kreis flächengleiches Quadrat ⟨konstruktiv⟩ zu erzeugen" [zitiert nach Becker, Eud. II – wie fast alles in diesem Abschnitt].

Ein reiner Existenzsatz war also nicht gefragt. Dazu kommt wohl, daß ein Leitgedanke der Euklidischen (oder sollen wir sagen: der Platonischen?) Geometrie dieser war: Die Existenz von Gerade und Kreis wird durch Postulate festgelegt; für alle übrigen Figuren muß die Existenz durch Konstruktion nachgewiesen werden. (Davon wird noch zu sprechen sein.) Das war zur Zeit des Ammonios wohl ein bei den Mathematikern anerkannter Grundsatz, wahrscheinlich mindestens seit Euklid, aber vermutlich noch nicht zur Zeit des Bryson.

Themistios beschreibt den Gedankengang von Bryson etwas anders: „Der Kreis ist größer als alle eingeschriebenen und kleiner als alle umbeschriebenen Polygone. Dasselbe gilt für das zwischen diese beschriebene Polygon. Dieses ist also ⟨flächen-⟩gleich dem Kreis." Dabei benutzt Bryson (nach Themistios) das Axiom: „Sind zwei Größen gegenüber denselben Größen stets größer bzw. kleiner, so sind sie gleich." Was gemeint ist, wird besser an der Definition des Eudoxos für die Gleichheit zweier Größenverhältnisse klar [Euklid, El. V, Def. 5]. Zwei Größenverhältnisse $\frac{A}{B}$ und $\frac{C}{D}$ sind gleich, wenn für jedes Verhältnis ganzer Zahlen m, n gilt:

$$\text{Wenn } \frac{A}{B} > \frac{m}{n}, \text{ so ist auch } \frac{C}{D} > \frac{m}{n},$$

$$\text{wenn } \frac{A}{B} = \frac{m}{n}, \text{ so ist auch } \frac{C}{D} = \frac{m}{n},$$

$$\text{wenn } \frac{A}{B} < \frac{m}{n}, \text{ so ist auch } \frac{C}{D} < \frac{m}{n}.$$

So drückt Euklid das nicht aus, sondern (natürlich in Worten) so:

$$\text{Wenn } n \cdot A > m \cdot B, \text{ so ist auch } n \cdot C > m \cdot D \text{ usw.}$$

Dieser Satz ist keine Existenz-, sondern eine Eindeutigkeitsaussage. Bei Bryson erscheint er als Axiom, bei Eudoxos als Definition.

Wie mag sich Bryson das „dazwischen beschriebene Polygon" vorgestellt haben? Jedenfalls mußte es nicht unbedingt mit dem Kreis zusammenfallen, es sollte ihm nur flächengleich sein. Ob Bryson versucht hat, die Fläche dieses Polygons zu berechnen, ist nicht überliefert. Das war damals auch gar nicht verlangt; verlangt war die geometrische Konstruktion eines dem Kreis flächengleichen Polygons.

Antiphon hat diese Konstruktion etwas bestimmter angegeben. Er ging vom ein- und umbeschriebenen Dreieck (nach Themistios) oder dem Quadrat (nach Simplikios) aus und verdoppelte jeweils die Seitenzahlen [Diels 87 B 13]. Er hat gemeint, daß die Seiten des Polygons schließlich „wegen ihrer Kleinheit die Peripherie des Kreises bedecken". Das dabei verwendete Wort *ἐφαρμόσειν* ist dasselbe wie in Euklids Axiom [El. I, Ax. 7 (8)]: „Was einander deckt, ist einander gleich." Eine Rechnung ist auch von Antiphon nicht überliefert.

Die Arbeit von Hippokrates ist u. a. von Simplikios überliefert, der angibt, daß er die Darstellung von Eudemos wörtlich wiedergegeben habe, mit Ausnahme einiger aus Euklid übernommener Zusätze. Dieses Stück ist daher neben der oben besprochenen Lehre vom Geraden und Ungeraden als das älteste zusammenhängend erhaltene Stück der griechischen Mathematik anzusehen.

Hippokrates hat sich darum bemüht, zunächst einige von Kreisbogenstükken begrenzte Flächen zu quadrieren. In Abb. 2.16 sind die Kreissegmente A, A, C ähnlich. Hippokrates ging von dem Satz $\langle S \rangle$ aus: Die Flächen ähnlicher Kreissegmente verhalten sich wie die Quadrate über ihren Sehnen. Da für die Sehnen gilt

$$2a^2 = c^2,$$

gilt für die Flächen

$$2A=C.$$

Fügt man zu dem Dreieck *PQR* einerseits $2A$ hinzu und nimmt andererseits C weg, so erhält man: Die Fläche des „Mondes" zwischen den Kreisbögen ist gleich der Fläche des Dreiecks. Hippokrates hat mehrere solcher Möndchen verschiedener Form in ähnlicher Weise quadriert. Die Quadratur des Kreises ist damit aber nicht zu erreichen. Im Zuge dieser Konstruktionen kommt auch einmal eine Einschiebung vor.

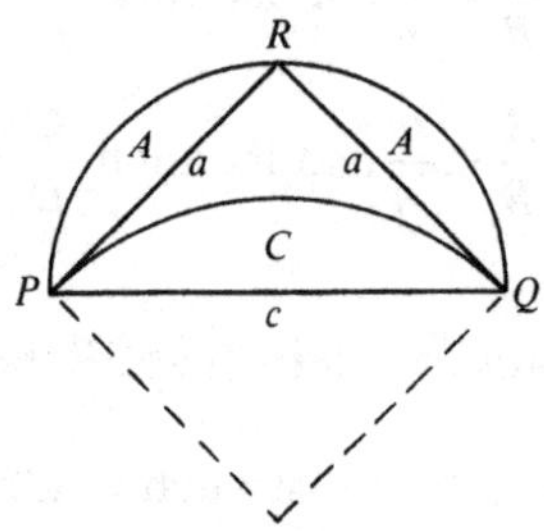

Abb. 2.16

Den Satz *S* leitet Simplikios mit den Worten ein: „Hippokrates legte sich einen Ausgangspunkt zurecht (ἀρχὴν ἐποιήσατο) und wählte als einen der dazu nützlichen Sätze" den Satz *S*. Ein strenger Beweis dieses Satzes würde infinitesimale Methoden erfordern. Aus der altbabylonischen Konstantentabelle ST III möchte ich schließen, daß der Sachverhalt damals bereits bekannt war. Zeile 2 dieses Textes lautet:

5 ist die Konstante des Kreises.

Wie aus Aufgabentexten bekannt ist, bedeutet das: Wenn man die Fläche des Kreises erhalten will, muß man *das Quadrat* des Umfangs mit 5 multiplizieren. (Da sexagesimal $5=5/60=1/12$ zu rechnen ist, bedeutet das: $F=u^2/12$, das entspricht dem Wert 3 für π).
Zeile 26 lautet:

1,40 ist die Konstante des Fünfecks.

Das würde entsprechend bedeuten: Die Fläche des regelmäßigen Fünfecks erhält man, wenn man *das Quadrat* der Seite mit 1,40 d.h. $1\frac{2}{3}$ multipliziert.

Einige weitere dieser Konstanten sind ähnlich zu interpretieren; auch Kreissegmente treten dabei auf.

Hippokrates könnte also hier eine altbekannte Tatsache als Ausgangspunkt seiner Untersuchung gewählt haben. Daraus wäre zu schließen, daß man zwar wußte, daß für geometrische Sätze unbewiesene Ausgangssätze gebraucht wurden, daß diese Ausgangssätze aber noch nicht in ein System gebracht waren.

Diese Überlegung wird dadurch in Frage gestellt, daß Simplikios dem Hippokrates einen Beweis des Satzes *S* zuschreibt, den er so skizziert: Es gilt der Satz [Euklid, El. XII, § 2]: „Kreise verhalten sich zueinander wie die Quadrate der Durchmesser". Dieser Satz wird auf gleiche Teile von zwei Kreisen, also ähnliche Kreissektoren übertragen, und weiter auf die zugehörigen Segmente.

Der Satz [El. XII, 2] wird bei Euklid mittels der von Eudoxos entwickelten Exhaustionsmethode bewiesen; der Beweis wird später (S. 117) wiedergegeben. Dieser Beweis war dem Simplikios bekannt und konnte vielleicht auch dem Eudemos bekannt sein, aber kaum dem Hippokrates. Also konnte Hippokrates diesen Satz allenfalls an Stelle von *S* als unbewiesenen Ausgangspunkt benutzt haben. Aber warum sagt Simplikios dann, Hippokrates habe sich *S* als Ausgangspunkt zurechtgelegt?

Simplikios hat aber auch gesagt, daß er Zusätze aus Euklid eingefügt hat. Ich meine: Simplikios will seinen Lesern zeigen, daß das Ergebnis von Hippokrates richtig ist; deshalb muß er für den Ausgangspunkt des Hippokrates einen Beweis auf der Grundlage von Euklids Elementen geben. Simplikios will außerdem zeigen, daß die Überlegung von Hippokrates einwandfrei ist; deshalb muß er diesen Beweis dem Hippokrates zuschreiben. (Ich bitte den Leser, sich eine eigene Meinung zu bilden. Lit.: O. Becker [Hipp.], Rudio, Heath [Gr. M. Bd. 1, S. 173, 183 ff.])

Nach dem Mathematikerverzeichnis von Proklos [S. 66/67] hat „Hippokrates als Erster ‚Elemente' zusammengestellt" (*στοιχεῖα συνέγραψεν*). „Reichhaltigere und nach Brauchbarkeit der Beweise bessere ‚Elemente' schrieb Leon", der etwas jünger als Eudoxos war. Schließlich hat Theudios „die ‚Elemente' in ein gut geordnetes System gebracht" (*καλῶς συνέταξεν*). Aus diesem Werk von Theudios könnte Aristoteles die Geometrie gelernt haben.

Was zur Zeit des Hippokrates naheliegend und fast notwendig war, war eine Kodifizierung oder lehrbuchmäßige Darstellung der elementaren Konstruktionen: Halbieren von Strecke und Winkel, Errichten von Senkrechten, Fällen von Loten usw. Diese Konstruktionen mußten gerechtfertigt werden, man mußte z. B. zeigen, daß der nach der Vorschrift konstruierte Punkt wirklich der Mittelpunkt der Strecke war usw. Es ist anzunehmen, daß Hippokrates sich auch hier wie bei der Quadratur der Möndchen Ausgangspunkte, also Axiome, zurechtlegte. Aus den Elementen Euklids läßt sich auf Grund von antiken Hinweisen eine Gruppe von Axiomen und Sätzen herausschälen, die aus einer älteren Quelle und also vielleicht von Hippokrates stammen könnten [van der Waerden, Postulate]. Aber wie die Elemente von Hippokrates wirklich ausgesehen haben, und wie sie sich über die Verbesserungen von Leon zu den „schön geordneten" von Theudios entwickelt haben, wissen wir leider nicht. Heiberg hat versucht, die Elemente des Theudios oder wenigstens Teile davon aus den Äußerungen von Aristoteles zu erschließen [Mathematisches zu Aristoteles]; aber auf diese Weise kann man natürlich nicht feststellen, was von Theudios und was von Aristoteles stammt.

5. Inkommensurable Größen

Es gibt Strecken, die kein gemeinsames Maß haben. Wie diese Entdeckung zustandegekommen ist, ist nicht überliefert. In Platons Dialog Theaitetos wird eine Verallgemeinerung besprochen, aus der hervorgeht, daß die Grundtatsache vorher bekannt war. Die Überlieferung schreibt die Entdeckung dem Pythagoreer Hippasos von Metapont zu, der sie etwa in der Mitte des 5. Jh. gemacht haben könnte [von Fritz, Ink.]. Knorr setzt sie noch etwas später an, etwa 430 [S. 42 ff.].

Euklid bringt [El. X, § 115 a] den bekannten Beweis dafür, „daß in jedem Quadrat die Diagonale ⟨d⟩ der Seite ⟨s⟩ linear inkommensurabel ist": Es ist $d^2=2s^2$. Wären sie kommensurabel, so hätten sie ein Verhältnis wie eine (ganze) Zahl ⟨p⟩ zu einer (ganzen) Zahl ⟨q⟩: $d:s=p:q$. Es kann vorausgesetzt werden, daß p und q nicht beide gerade Zahlen sind. Aus $d^2=2s^2$ folgt $p^2=2q^2$. Daraus folgt nach der Lehre vom Geraden und Ungeraden [Euklid El. IX, § 29, s. hier S. 83] daß p nicht ungerade sein kann; es ist also $p=2p'$. Dann ist aber $q^2=2p'^2$, also auch q eine gerade Zahl.

Ist dieser Beweis auch der Weg, auf dem die Erkenntnis gewonnen wurde? Ein indirekter Beweis geht von der zu beweisenden Tatsache aus, um aus der Annahme des Gegenteils einen Widerspruch herzuleiten. Die zu beweisende Tatsache muß also vorher bekannt sein oder wenigstens vermutet werden [Knorr, S. 24].

Man kann sich etwa vorstellen, daß zunächst ein gemeinsames Maß durch „Wechselwegnahme" gesucht worden ist (Abb. 2.17). Man zieht die Seite s von der Diagonale d ab; haben d und s das gemeinsame Maß e, so ist auch $r=d-s$ durch e meßbar, also auch $s_1=r$, $d_1=s-r$, also die Seite und Diagonale des kleineren Quadrats. Durch Fortsetzung des Verfahrens kann man (offenbar) erreichen, daß s_n und d_n immer noch das gemeinsame Maß e haben, aber beliebig klein, insbesondere $<e$ werden.

Ein Beweis dafür könnte so aussehen: Es ist

$$s_{n+1}=d_n-s_n<\frac{1}{2}s_n, \quad \text{denn } d_n=\sqrt{2}\,s_n.$$

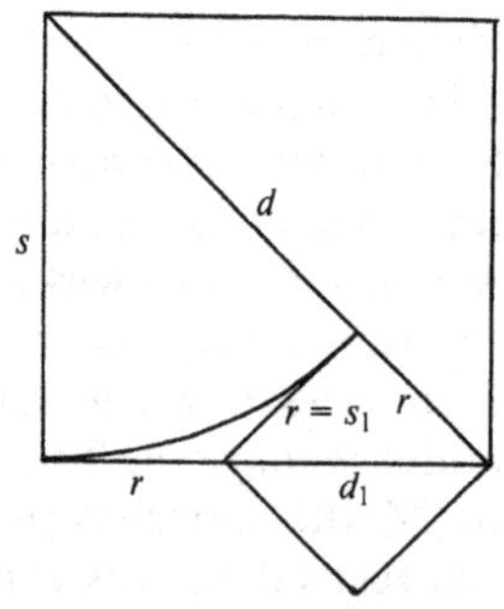

Abb. 2.17

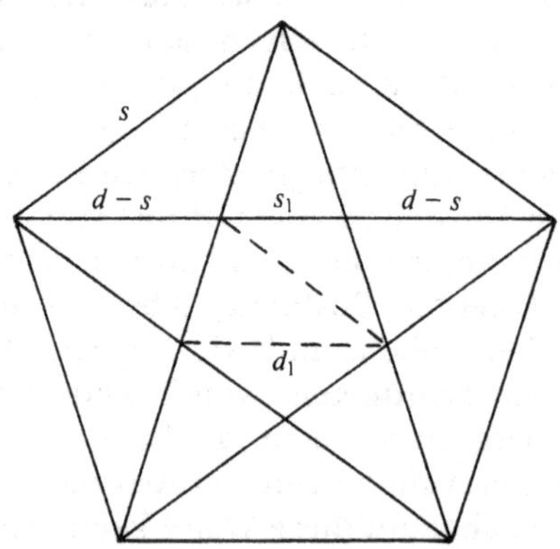

Abb. 2.18

Nun gilt: Sind zwei Größen, hier s und e, gegeben, und nimmt man von der größeren mehr als die Hälfte weg, vom Rest wieder mehr als die Hälfte usw., so erhält man nach endlich vielen Schritten eine Größe, die kleiner ist als die kleinere der gegebenen Größen, hier also $s_n < e$. Diesen Satz [Euklid El. X, § 1] kannte der Überlieferung nach Eudoxos; vielleicht war er auch schon früher bekannt. Aber auch ohne diesen Beweis kann die vorangegangene Überlegung dazu genügen, die Inkommensurabilität zu vermuten und sich dann den indirekten Beweis zu überlegen.

Auch beim regelmäßigen Fünfeck ist ein Beweis für die Inkommensurabilität der Diagonale d und der Seite s leicht und anschaulich zu führen. Die Diagonalen des Fünfecks erzeugen ein kleineres Fünfeck, dessen Diagonale mit d_1 und dessen Seite mit s_1 bezeichnet seien (Abb. 2.18). Man sieht verhältnismäßig leicht:

(*)
$$d_1 = d - s$$
$$s_1 = d - 2(d-s) = 2s - d\,.$$

Man muß nur feststellen, daß jede Diagonale zu einer Seite parallel ist, und benutzen, daß parallele Strecken zwischen Parallelen gleich lang sind.

Aus (*) folgt: Haben d und s ein gemeinsames Maß e, so haben d_1 und s_1 dasselbe gemeinsame Maß e. Daß bei Fortsetzung des Verfahrens d_n und s_n kleiner als e gemacht werden können, folgt daraus, daß $d_{n+1} = d_n - s_n < \frac{1}{2}\, d_n$ ist.

Dafür, daß Hippasos den Beweis am Fünfeck geführt haben könnte, sprechen die Argumente:

1) Es ist überliefert, daß Hippasos sich mit dem regelmäßigen Dodekaeder beschäftigt hat, dessen Seitenflächen bekanntlich Fünfecke sind.

2) Das Fünfeck bzw. das Pentagramm war das Erkennungszeichen der Pythagoreer; das wäre ein Motiv dafür, sich mit dieser Figur besonders gründlich zu beschäftigen.

3) Für einen geometrischen Satz wird man zunächst nach einem geometrischen Beweis suchen, nicht nach einem zahlentheoretischen.

Dagegen spricht, daß der Beweis am Quadrat überliefert ist, der am Fünfeck nicht. (Ich möchte übrigens nicht behaupten, daß der hier angegebene Beweisgang für das Fünfeck der einzig mögliche ist.)

Wir wollen uns insbesondere vergegenwärtigen, welche Voraussetzungen erfüllt sein mußten, damit diese Erkenntnis gewonnen werden konnte:

Es ist ein logischer Beweis nötig; denn daß etwas *nicht* existiert (hier: ein gemeinsames Maß), kann nicht anschaulich aufgezeigt werden. Notwendig ist also die Erkenntnis, daß es so etwas wie logische Beweise gibt.

Für den Beweis am Quadrat braucht man einen Spezialfall des Satzes von Pythagoras, der schon lange bekannt war und auch an einer einfachen Figur aufzuzeigen ist. Ferner braucht man etwas von der Lehre vom Geraden und Ungeraden, aber nur den Satz: Wenn p^2 gerade ist, ist p selbst gerade. Ich meine: notwendig ist ein klein wenig Beweistechnik, aber nicht ein ausgearbeitetes Axiomensystem.

Der Fünfecksbeweis scheint mir etwas mehr geometrische Kenntnisse vorauszusetzen. In der von mir angedeuteten Form wird etwas Parallelentheorie benutzt; dazu kommt die hier notwendige Überlegung, daß die Fünfecke beliebig klein werden.

2.2.4 Die logische Analyse

1. Sophistik

Das logische Argumentieren spielt auch in der Rhetorik eine Rolle, und die Rhetorik muß in den damaligen griechischen Demokratien wichtig gewesen sein, um Volksversammlungen und auch Gerichtshöfe zu beeinflussen. Die Stadt Leontinoi wird gewußt haben, warum sie ihren bedeutendsten Redner Gorgias im Jahre 427 als Führer einer Gesandtschaft nach Athen sandte.

Natürlich mußte ein Redner nicht nur logisch argumentieren, er mußte auch Emotionen zu wecken verstehen und anderes mehr. Aber die logische Argumentation hatte immerhin den Vorzug, daß sie zwingend war. Nur: so ganz sicher war das nicht; auch sie ließ sich – wenigstens scheinbar – manipulieren.

Als Beispiel sei ein Stück einer Rede des Gorgias wiedergegeben, allerdings nicht wörtlich, sondern nach der Inhaltsangabe von Gomperz [S. 18]. Die Schrift hat den Titel „Über die Natur". Aber Gorgias will beweisen: „1. Es existiert nichts; 2. wenn auch etwas existiert, so ist es doch für den Menschen unerkennbar; 3. ist es aber auch erkennbar, so ist es doch unaussprechlich und nicht mitteilbar. I. Es existiert nichts. Denn wenn etwas existiert, so muß dies entweder Seiendes sein oder Nichtseiendes oder Seiendes *und* Nichtseiendes. Allein jede dieser drei Möglichkeiten läßt sich widerlegen. A) Nichtseiendes kann nicht existieren. Erster Beweis: Wenn Nichtseiendes existiert, so kommt demselben Subjekt zugleich Sein und Nichtsein zu. Denn sofern das existierende Nichtseiende als Nichtseiendes gedacht wird, *ist* es nicht, sofern es aber als existierend gedacht wird, *ist* es wiederum. Dasselbe kann aber nicht zugleich sein und nicht sein.
Zweiter Beweis: Wenn das Nichtseiende existiert, so existiert das Seiende nicht. Denn Entgegengesetztes hat entgegengesetzte Eigenschaften. Das Seiende kann aber nicht ein Nichtseiendes sein. Folglich existiert das Nichtseiende nicht. Allein: B) auch Seiendes kann nicht existieren. Erster Beweis: Wenn Seiendes existiert, so muß es entweder ewig sein oder entstanden oder ewig *und* entstanden. Alle drei Möglichkeiten aber lassen sich widerlegen. ..."

Es sei bemerkt, daß hier einige Verfahren und Sätze der Logik benutzt werden, z. B.

das Verfahren der Fallunterscheidung,
der Satz vom Widerspruch (dasselbe kann nicht zugleich sein und nicht sein),
die Regel „Entgegengesetztes hat entgegengesetzte Eigenschaften" (die zwar falsch ist, aber plausibel klingt),
die Schlußregel:

Wenn A dann B (wenn das Nichtseiende existiert, dann existiert das Seiende nicht).
Nun aber non B (das Seiende kann nicht ein Nichtseiendes sein).
Also non A (folglich existiert das Nichtseiende nicht).

Hier wird als selbstverständlich vorausgesetzt: Das Seiende kann nicht ein Nichtseiendes sein. Und unmittelbar danach wird bewiesen: Seiendes kann nicht existieren. Rechnet Gorgias damit, daß die Zuhörer den vorigen Satz schon vergessen haben? Hat Gorgias mit dem komplizierten Aufbau die Zuhörer einfach überfahren?

Inhaltlich waren solche Reden offenbar nicht ernst zu nehmen. Gorgias, Protagoras und die weiteren sogenannten „Sophisten" waren Lehrer der Rhetorik, die herumreisten, oft Gäste in reichen und bildungsbeflissenen Häusern waren und gegen Honorar Kurse gaben – übrigens nicht nur in Rhetorik; sie vermittelten auch andere Kenntnisse. Sie mußten demonstrieren, wie man eine Rede geschickt anlegt, und die Probe ihres Könnens bestand gerade darin, daß sie möglichst unsinnige Behauptungen „beweisen" konnten. Gomperz schreibt [S. 27]: „Überall, wo der Fortschritt einer Kunst von der Eroberung neuer Kunstmittel ausgeht, äußert sich die Freude an dieser Erweiterung des Könnens in einem zunächst spielerischen Gebrauch der neuerschlossenen technischen Behelfe." In diesem Sinne sehe ich das Einüben logischer Verfahren, deren Berechtigung vorerst nicht untersucht wurde, als einen wichtigen Beitrag der Sophisten zur Entwicklung der Logik an.

In der Mathematik hat damals die Möglichkeit der Deduktion zu vielen neuen Ergebnissen geführt, ohne daß es zunächst nötig gewesen wäre, dieses Verfahren zu systematisieren oder theoretisch zu begründen. Möglich wäre freilich, daß die Pythagoreer oder etwa Hippokrates solche Systematisierung oder theoretische Begründung in Angriff genommen hätten.

2. Die Definition

Wenn das Argumentieren in Form einer Diskussion zwischen zwei Kontrahenten stattfand, kam es darauf an, zu wissen, wie man in einer solchen Diskussion gewinnen konnte. Sokrates kam auf den Gedanken, daß man die Ausgangsposition genau festlegen mußte. Das bedeutete zunächst, daß man die Begriffe, über die man sprechen wollte, genau definierte. Xenophon berichtet [Mem. IV, 6, 13–15]: Wenn jemand mit Sokrates darüber diskutieren wollte, ob *A* oder *B* der bessere Politiker sei, so verlangte Sokrates, zunächst festzulegen, welche Eigenschaften und Fähigkeiten ein guter Politiker haben muß: Er muß die Stadt reicher an Geld machen, er muß sie im Kriege den Gegnern überlegen machen, er muß in der Volksversammlung Streit schlichten und die Einheit wiederherstellen. Hat man sich darauf geeinigt, so ist leicht festzustellen, ob *A* oder *B* diesen Anforderungen besser entspricht.

Die Definition wird hier dadurch gewonnen, daß Merkmale des guten Politikers zusammengesucht werden, wie sie einem gerade einfallen. (Ich vermute, daß Sokrates sie so ausgesucht hat, daß der von ihm Favorisierte sich als der bessere erwies.)

Sokrates wollte aber wohl noch etwas mehr. Aristoteles sagt [Metaph. *M*, 4 = 1078 b 17–19]: „Sokrates war der erste, der auf dem Gebiete der ethischen Tugenden seine Betrachtungen anstellte und für sie die Allgemeinbegriffe zu definieren suchte", z. B. nach Xenophon den Begriff der Frömmigkeit. M.a.W. es ging ihm nicht um beliebige Begriffe, sondern um eine Begründung der Ethik.

Für Platon ist die Definition ein wesentlicher Bestandteil der Erkenntnis. Statt „Definition" möchte ich hier lieber „Begriffsbestimmung" sagen, aber beides hängt gerade für Platon sehr eng zusammen. Im 7. Brief schreibt er [342 a–c]: „Bei jedem Ding gibt es drei Momente, durch die die Erkenntnis notwendig zustandekommen muß; das vierte ist sie selbst; als fünftes ist das zu setzen, was ⟨durch die Vernunft⟩ erkennbar und das wahrhaft Seiende ist. Das eine ist der Name (*ὄνομα*), das zweite der Begriff (*λόγος* = die sprachlich ausgedrückte Begriffsdefinition), das dritte das ⟨mit den Sinnen wahrnehmbare⟩ Bild (*εἴδωλον*), das vierte die Erkenntnis (*ἐπιστήμη*).

Wenn du das jetzt Gesagte verstehen willst, so fasse es an einem ⟨Beispiel⟩ und denke dir dann die Sache bei allen Dingen entsprechend. „Kreis" ist ein angesprochenes Ding, das den eben von uns ausgesprochenen Namen hat. Das zweite ist die Begriffsdefinition, die aus Nenn- und Aussagewörtern zusammengesetzt ist, nämlich „das von seinen äußersten Punkten bis zum Mittelpunkt überall gleich weit Entfernte" .... Das dritte ist, was da hingemalt und ausgelöscht, gedrechselt und zerstört werden kann. Von diesem allen widerfährt dem Kreise an sich, um den sich unsere ganze Rede dreht, ... nichts. Das vierte ist das wissenschaftliche Erkennen."

Was folgt aus dieser Einschätzung der Definition für die Mathematik? Platon schreibt [Staat, 6. Buch, 510c]: „Du weißt ja doch, daß die, welche sich mit Geometrie und Arithmetik und dergleichen abgeben, den Begriff von Gerade und Ungerade (griech. nur: das Gerade und Ungerade) von Figuren und den drei Arten von Winkeln und sonst dergleichen bei jedem Beweisverfahren voraussetzen, als hätten sie über diese Begriffe ein Wissen; sie machen sie zu Hypothesen (Grundlagen) und halten es nicht für nötig, sich oder andern noch irgend eine weitere Rechenschaft davon zu geben als über etwas, das jedermann klar ist; diese (Hypothesen) nehmen sie als Ausgangspunkt und durchlaufen dann das Übrige (die mathematischen Beweise) bis sie zu dem gelangen, auf dessen Untersuchung sie ausgegangen sind." [S. von Fritz: Archai. Grundpr. S. 361].

⟨„Hypothesen" sind das, was man bei einer Diskussion zugrundelegt, das, worüber man sich bei Beginn der Diskussion mit seinem Kontrahenten verständigt.
„Rechenschaft geben" ist die Übersetzung von *λόγον διδόναι; λόγος* bedeutete im 7. Brief die Begriffsdefinition.⟩

Was Platon vermißt, sind also Definitionen. Und es sieht so aus, als würden Definitionen allein als die Grundlage von Beweisen angesehen. Dazu paßt es, daß in der Lehre vom Geraden und Ungeraden allein die Definition dieser Begriffe als Ausgangspunkt genommen wurde. Das 5. Buch von Euklids Elementen, das nach der Überlieferung von Eudoxos stammt, enthält nur Definitionen, keine Axiome; insbesondere ist auch das sog. Archimedische Axiom hier als Definition gefaßt. In den arithmetischen Büchern 7–9, die wahrscheinlich von den Pythagoreern stammen, stehen nur Definitionen und keine Axiome. Erst in der lateinischen Ausgabe von Campanus (ca. 1260 n. Chr.) finden sich Axiome zum 7. Buch. (Eingesehen wurde der Druck aus dem Jahre 1482). Freilich kann Euklid der Ansicht gewesen sein, daß die von ihm am Anfang des 1. Buches angegebenen Postulate und Axiome für das ganze Werk ausreichend seien. Die Vermutung, daß bis zur Zeit von Platon Definitionen allein als ausreichende Grundlagen einer beweisenden Wissenschaft angesehen wurden, ist also nicht besonders gut gesichert. Außerdem hat ja Hippokrates sich einen *Satz* als Ausgangspunkt und Grundlage seiner Untersuchung zurechtgelegt.

3. Wie muß eine Definition aussehen?

Wenn die Definition eine so große Bedeutung hat, darf man sich nicht darauf beschränken, die Merkmale auf gut Glück zusammenzusuchen, sondern muß sich um Regeln zur systematischen Aufstellung von Definitionen bemühen. Platon hat das im Dialog Sophistes besonders ausführlich erörtert. Er will eine Definition des Sophisten erarbeiten und führt als Übungsbeispiel zunächst eine Definition der Angelfischerei vor. Sie wird zunächst einem recht allgemeinen Begriff untergeordnet, dem Begriff *τέχνη*. Dieses Wort bedeutet etwa: auf Erfahrung und Wissen gegründetes Können. Das deutsche Wort „Kunst" hat eine engere Bedeutung; wir wollen es trotzdem hier verwenden. Platon teilt die Künste in erwerbende und hervorbringende, die erwerbenden

Tabelle 2.1. *Platons Definition der Angelfischerei.* Sophistes 218 e

Techne (Kunst)

hervorbringend	erwerbend
freiwillig (Kauf)	bezwingend
offen (Kampf)	heimlich (Nachstellung)
auf Lebloses	auf Lebendes (Jagd)
auf Landtiere	auf Wassertiere
auf Vögel	auf Fische
durch Fang	durch Verwundung
von oben (Harpune)	von unten (Angel).

„Nun also sind wir von der Angelfischerei nicht nur über den Namen einig, sondern haben auch die Erklärung über die Sache selbst zur Genüge erlangt".

Tabelle 2.2. *Der Baum des Porphyrios* nach Gregor Reisch [4.4]:

Substantia	
Corporea	Incorporea
Corpus	
Animatum	Inanimatum
Corpus animatum	
Sensibile	Insensibile
Animal	
Rationale	Irrationale
Homo	Equus
Ioannes, Petrus	Brunellus, Grisellus
Nicholaus	Spadicinus

in solche auf freiwilliger Basis und gewaltsame usw. und erreicht nach vielen Einteilungen die Angelfischerei (s. die schematische Darstellung auf S. 105).

Dabei entsteht eine Ordnungsrelation zwischen Begriffen, die Aristoteles durch die Worte „Gattung“ und „Art“ beschrieben hat. Die schematische Darstellung, präzisiert durch exakte Zweiteilungen, wurde unter dem Namen „Baum des Porphyrios“ bekannt. (Porphyrios schrieb im 3. Jh. n. Chr. eine Einleitung in die Kategorienlehre des Aristoteles.) Diese Ordnungsrelation ist auch der Grund dafür, daß logisches Schließen möglich ist: Was von der Gattung ausgesagt werden kann, kann auch von jeder ihrer Arten ausgesagt werden.

Um einen Begriff zu definieren, muß man nicht den ganzen Baum des Porphyrios angeben, es genügt die nächsthöhere Gattung und die charakterisierende Differenz *(Definitio fit per genus proximum et differentiam specificam).*

Es zeigt sich aber auch, daß die in dem Schema obersten Begriffe so nicht definiert werden können. Platon sagt [Theaitetos 202 b]: „Denn Verflechtung von Namen sei das Wesen der Erklärung. So wären die Urbestandteile (*στοιχεῖα*) unerklärbar (*ἄλογα*) und unerkennbar (*ἄγνωστα*), wahrnehmbar aber seien sie.“

4. Der Begriff „Größe“

Das ist der Begriff, mit dem es die Mathematik zu tun hat. Er gehört zu den „Kategorien“, die Aristoteles so einführt [Kat. 4 = 1 b 25–27]: „Jedes ohne Verbindung gesprochene Wort bezeichnet entweder eine Substanz oder eine Größe (*ποσόν*) oder eine Qualität oder eine Relation oder ein Wo oder ein Wann oder eine Lage oder ein Haben oder ein Wirken oder ein Leiden.“ Das Wort „Größe“ kann in zweifachem Sinne gebraucht werden: wir können sagen: etwas *ist* eine Größe, oder: etwas *hat* eine (bestimmte) Größe. Diese Zweideutigkeit scheint mir auch bei Aristoteles vorhanden zu sein.

Als einer der obersten Begriffe kann „Größe“ nicht in der gewöhnlichen Weise definiert werden. Aristoteles beginnt mit der Angabe einer charakteristischen Eigenschaft [Met. Δ, 13 = 1020 a 7 ff.]:

„Größe (*ποσόν*) heißt, was in Bestandteile zerlegbar ist, von denen jeder seiner Natur nach ein Eines und Dieses ist.“

Das dürfte bedeuten, daß jeder Teil für sich existieren kann, im Gegensatz zu den Teilen eines Organismus, und daß jeder Teil von der gleichen Art ist wie das Ganze. Ein Teil einer Länge ist selbst eine Länge; allerdings haben die Griechen ein einzelnes Schaf kaum als Schafherde und eine einzelne Einheit nicht als eine Zahl bezeichnet.

Aus dieser Erklärung darf abgeleitet werden: Das Ganze ist gleich der Summe seiner Teile. Das steht z. B. bei Clavius als Axiom [4.4].

Aristoteles teilt nun die Größen in zusammenhängende und nicht-zusammenhängende. Der Begriff „zusammenhängend“ ist in der früher entstandenen Schrift über die Physik definiert. Die Definition setzt die Definition von „Grenze“ voraus. Diesen Begriff bespricht Platon [Menon 75 d, e]: „Du nennst doch etwas „Ende“, ich meine etwa das, was die Grenze und das Äußerste ist.“ (Anschließend erklärt Platon, was „Figur“ ist, nämlich „was den Körper begrenzt“. Vgl. Euklid: El. I, Def. 14: „Eine Figur ist, was von einer oder mehreren Grenzen umfaßt wird“.) Platon gibt hier keine Definition von „Grenze“. Der Sprecher versucht nur, festzustellen, daß er und der Partner dasselbe unter diesem Wort verstehen. Euklid sagt [El. I, Def. 13]: „Eine Grenze ist das, worin etwas endigt.“ Aristoteles mag vielleicht diese Erklärung als bekannt vorausgesetzt haben, bevor er etwas genauer ausführte [Met. Δ, 17 = 1022 a 4]: „Grenze wird das Äußerste von jedem (Ding) genannt, außerhalb dessen zuerst nichts mehr von ihm angetroffen wird, innerhalb dessen zuerst alles liegt.“ ⟨Man bedenke, welche (topologischen) Begriffe zu einer modernen Definition von „Grenzpunkt“ erforderlich sind und wann diese Begriffe konzipiert worden sind.⟩

Aristoteles' Definition von „zusammenhängend“ lautet [Phys. V, 3 = 227 a 11]: „Ich sage, es sei etwas zusammenhängend (*συνεχές*, lat. continuum), wenn die Grenze eines jeden von zwei Dingen, mit welcher sie sich berühren, eine und dieselbe wird.“

Leibniz definiert [4.4 (gekürzt)]: Ein Kontinuum ist ein Ganzes, von dem je zwei Teile, die zusammen das Ganze überdecken, etwas Gemeinsames haben, d. h.: wenn sie keinen gemeinsamen Teil haben, so haben sie wenigstens eine gemeinsame Grenze.

> Continuum est totum, cujus duae quaevis partes cointegrantes (seu quae simul sumtae toti coincidunt) habent aliquid commune, et quidem si non sint redundantes seu nullam partem commune habeant, sive si aggregatum magnitudinis eorum aggregato totius aequale est, tunc saltem habent communem aliquem terminum.

Im 19. Jh. wurde die Definition im Rahmen der Mengenlehre neu formuliert. Während nach Aristoteles ein Kontinuum ins Unendliche teilbar ist und eben deshalb nicht aus unteilbaren Teilen (Punkten) bestehen kann, wird im 19. Jh., beginnend mit Bolzano 1847/48 [4.4], ein Kontinuum als Punktmenge mit bestimmten Eigenschaften definiert. Daß das möglich ist, kann anschaulich vielleicht so verstanden werden: Eine Strecke kann selbstverständlich nicht mit endlich vielen Punkten ausgefüllt werden; aber unendlich viele Punkte können vielleicht doch so dicht liegen, daß man von etwas Zusammenhängendem, einem Kontinuum sprechen kann. Die Schwierigkeit liegt für Aristoteles wie für uns darin, daß man sich unendlich viele Punkte nicht vorstellen kann.

Um bei einer Punktmenge M von „zusammenhängend“ sprechen zu können, braucht man einen Begriff, der die Lage eines Punktes gegenüber anderen Punkten von M beschreibt. Das leistet z. B. (es gibt auch andere Möglichkeiten) der Begriff „Umgebung“. Denken wir z. B. an eine Punktmenge in der euklidischen Ebene, so sind Umgebungen eines Punktes *p* diejenigen Teilmengen von *M*, die eine Kreisscheibe um *p* enthalten. In einer beliebigen Punktmenge lassen sich Umgebungen axiomatisch (d.h. durch ihre Eigenschaften) beschreiben. Eine Punktmenge *M*, in der ein solcher Umgebungsbegriff erklärt ist, heißt „topologischer Raum".

Der Begriff „Umgebung" ermöglicht die Definition des „Häufungspunktes": *p* heißt Häufungspunkt einer Teilmenge *A* von *M*, wenn jede Umgebung von *p* mindestens einen von *p* verschiedenen Punkt von *A* enthält. Ein Häufungspunkt von *A* braucht nicht zu *A* zu gehören. Wenn *A* alle Häufungspunkte enthält, heißt *A* „abgeschlossen".

Nun kann definiert werden, wann ein topologischer Raum *M* (oder eine Teilmenge eines topologischen Raumes) als „zusammenhängend" bezeichnet werden soll, nämlich dann, wenn je zwei nicht leere, abgeschlossene Mengen, die ihn überdecken, mindestens einen Punkt gemeinsam haben.

Ein zusammenhängender topologischer Raum ist z.B. die Menge der reellen Zahlen mit der Topologie, die daraus abgeleitet ist, daß $|a-b|$ als Abstand von a, b erklärt wird. Hier gibt es unendliche Teilmengen, die keinen Häufungspunkt haben. Es ist, z.B. für die Anwendungen in der Analysis, zweckmäßig, dieses Vorkommnis auszuschließen. Frechet hat Mengen, in denen ein Limes-Begriff erklärt ist und in denen es zu jeder unendlichen Menge von Elementen ein Limes-Element gibt, „kompakt" genannt [Sur quelques points du calcul fonctional. Rendiconti Circ. Matem. Palermo **22**, 1906, S. 4]. Auf die weitere Entwicklung und Präzisierung dieses Begriffes kann ich hier nicht eingehen.

Damit haben wir die Merkmale, durch die heute ein Kontinuum definiert wird, nämlich als ein zusammenhängender kompakter topologischer Raum.

Was unterscheidet diese Definition von der des Aristoteles? Die Definition von „zusammenhängend" ist inhaltlich ungefähr die gleiche. Auch für die Forderung der Kompaktheit kann man mit einiger Gewaltsamkeit eine Andeutung bei Aristoteles finden. Eine Teilmenge eines euklidischen Raumes ist dann und nur dann kompakt, wenn sie abgeschlossen und beschränkt ist; und Aristoteles führt zunächst die in einer oder zwei oder drei Richtungen zusammenhängenden Größen ein, die er Länge, Breite, Tiefe nennt, danach die begrenzten Größen, die Linie, Fläche, Körper heißen. In der modernen Definition ist genauer analysiert, welche Eigenschaften ein „Ganzes" (als Punktmenge aufgefaßt) haben muß, damit es Kontinuum genannt werden kann, und damit diese Definition einerseits möglichst gut das erfaßt, was wir uns anschaulich unter einem Kontinuum vorstellen, und andererseits für eine mathematische Verwendung brauchbar ist.

Wir kehren zur Einteilung der Größen [Metaph. *Δ*, 13] zurück:

„Was der Möglichkeit nach in nicht-zusammenhängende Teile zerlegbar ist, heißt *Menge (πλῆθος)*, was in zusammenhängende Teile zerlegbar ist, heißt *Ausdehnung (μέγεθος)*".

Das Wort *πλῆθος* hängt etymologisch mit *πολυ* = *viel* zusammen, ebenso wie das Wort *Menge* mit dem alten Wort *manec* = viel, das noch in *manch-, mannigfaltig* erhalten ist. – Auch *πλῆθος* hat die doppelte Bedeutung von *Menge* und *Maß einer Menge* = Mächtigkeit = Kardinalzahl. Beide Bedeutungen kommen bei der mathematischen Anwendung dieses Begriffes bei den Griechen vor.

Die Definition des Aristoteles „Menge ist ein aus nicht-zusammenhängenden Teilen bestehendes Ganzes" hat auch eine gewisse Ähnlichkeit mit der Definition von Cantor: „Menge ist eine Zusammenfassung wohlunterschiedener Objekte unserer Anschauung und unseres Denkens zu einem Ganzen" [Math. Ann. **46**, 1895, S. 481 = Ges. Abh. S. 282].

„Von der Ausdehnung heißt die, die nach einer Richtung zusammenhängt, Länge, nach zwei Richtungen Breite, nach drei Richtungen Tiefe. Von diesen wieder heißt die begrenzte Menge „Zahl", die ⟨begrenzte⟩ Länge „Linie", die Breite „Fläche" und die Tiefe „Körper".

Aristoteles führt hier also das ein-, zwei- und dreidimensionale Kontinuum ein. Die Einheit bzw. der Punkt als das, was keine Teile hat, fällt nicht unter diesen Begriff der Größe. Die Einheit hat Aristoteles bereits in Metaph. Δ,6 = 1015b 16ff. besprochen.

Euklids Definitionen haben mit diesen Erklärungen des Aristoteles so viel Ähnlichkeit, daß ein Zusammenhang angenommen werden muß. Es ist möglich, daß Euklid bewußt die Geometrie in das System des Aristoteles einordnen wollte. Es ist auch möglich, daß Aristoteles seine Theorie an einem mathematischen Werk seiner Zeit, etwa an den „Elementen“ des Theudios, die leider nicht erhalten sind, abgesehen hat.

5. Gerade und Kreis

Euklid geht nun weiter: Er definiert zusätzlich Gerade und Kreis und bringt damit in die n-dimensionale Mannigfaltigkeit (hier mit $n \leq 3$) eine bestimmte Struktur hinein. Riemann ist (1854) wieder auf die n-dimensionale Mannigfaltigkeit zurückgegangen und hat die Struktur durch eine Metrik eingeführt [4.4].

Daß Gerade und Kreis als Grundfiguren angesehen werden, dafür kann man sich auf eine Äußerung Platons [Philebos 51c] berufen: „Als Schönheit von Figuren versuche ich jetzt nicht das zu bezeichnen, was die Menge dafür nehmen dürfte, wie z. B. die von lebenden Wesen oder Gemälden, sondern ich verstehe darunter ... Gerade und Kreis und die von diesen aus durch Zirkel und Lineal und Winkel entstehenden ebenen und räumlichen ⟨Figuren⟩.“

Dieser Text würde eine sorgfältige Interpretation erfordern, die ich nicht zu geben beabsichtige. Meines Wissens ist es die einzige Stelle in Platons Dialogen, aus der auf die Beschränkung der Konstruktionsmittel auf Zirkel und Lineal geschlossen werden kann.

Im Dialog Hippias maior [287c, d] erklärt Platon, Schönheit sei das, weswegen schöne Gegenstände schön genannt werden. (Man vergleiche Euklid El. VII, Def. 1: Einheit ist das, wonach jedes Ding eines genannt wird.) Vielleicht will Platon im Philebos sagen, daß die Schönheit einer Figur dann verstanden ist, wenn ihre Konstruktion aus Gerade und Kreis erkannt ist.

Im Dialog Parmenides [137d, e] zeigt Platon, daß das Eins ohne Gestalt ist, weil es weder gerade noch rund sein kann. Darin steckt wieder die Vorstellung, daß „gerade“ und „rund“ die Elemente jeder Form sind. (Es folgen die Definitionen: „Rund ist dasjenige, dessen Enden von der Mitte überall gleich weit abstehen, gerade ist das, dessen Mitte die Enden deckt.“ ⟨Dabei könnte an das Entlangvisieren an einem Lineal gedacht sein.⟩ Da das Eins keine Teile, also keine Mitte und keine Enden hat, kann es weder gerade noch rund sein.)

6. Postulate und Axiome

Für Sokrates war es ein Ziel der Erkenntnis, genau zu erklären, was z. B. Frömmigkeit ist [Xenophon, Mem. IV, 6]. Platon wollte wissen, was Schönheit ist, was wissenschaftliche Erkenntnis ist, wie ein Sophist zu kennzeichnen ist und anderes mehr. Aristoteles fragt z. B. in der Physik: Was ist Bewegung? Was ist „Ort“, was ist das Leere, das Unendliche usw. Wenn Begriffsbestimmungen das Ziel sind und Begriffe aus einfachen Begriffen zusammengesetzt gedacht werden, dann sind die Definitionen der einfachen Begriffe die Grundlage solcher Wissenschaft.

Der Mathematiker will aber nicht (nur) verstehen, was ein Kreis ist, sondern er will Aussagen über den Kreis machen und sich von der Richtigkeit dieser Aussagen dadurch überzeugen, daß er sie auf gewisse Grundaussagen zurückführt, die ihrerseits „wahr“ sein sollen. Jedenfalls reichen Definitionen als Grundlage nicht aus, selbst dann nicht, wenn man die Regeln der Logik als selbstverständlich nicht besonders erwähnt.

Aristoteles beschreibt die Grundlagen (Prinzipien) einer beweisenden Wissenschaft in der 2. Analytik, Buch 1, Kap. 2 und 10. Ich gebe die Umschreibung von von Fritz [Archai 21] wieder: „Das (2.) Kapitel beginnt mit einer Definition des Wissens: man weiß etwas, wenn man den Grund erkennt, warum es so ist, und damit die Gewißheit hat, daß es nicht anders sein kann. *Eine* Art, auf diese Weise etwas zu wissen, ist durch einen Beweis. Ein Beweis ist ein wissenschaftlicher, d. h. im oben angegebenen Sinn zum Wissen führender, logischer Schluß (Syllogismus). Auf Grund dieser ersten und allgemeinsten Bestimmungen sucht Aristoteles dann festzustellen, welche Eigenschaften diejenigen Prämissen haben müssen, aus denen jede bewiesene Wissenschaft letzterdings abgeleitet wird: sie müssen wahr *(ἀληθεῖς)*, erste *(πρῶται)*, unvermittelt *(ἀμέσοι)*, einsichtiger *(γνωριμώτεραι)* als das aus ihnen Geschlossene, früher *(πρότεραι)*, und das aus ihnen Geschlossene begründend sein *(αἴτιαι)*.“

Was versteht Aristoteles darunter, daß die Prinzipien „wahr“ sein sollen? In der Topik [I, 1 = 100 a 30–b 20] sagt er: „Wahre und erste Sätze sind solche, die nicht erst durch anderes, sondern durch sich selbst glaubhaft sind *(δι' αὐτῶν ἔχοντα τὴν πίστιν)*. Denn bei den Prinzipien der Wissenschaften darf man nicht nach dem Warum fragen.“ Er sagt nicht, daß sie anschaulich evident sein sollen oder aus der Erfahrung zu abstrahieren sind. Vielleicht kann das, was er meint, durch die Worte „denkmöglich“ oder „denknotwendig“ umschrieben werden. Es würde damit in die Nähe von „widerspruchsfrei“ kommen.

Daß die Prinzipien „begründend“ sein sollen, entspricht der Forderung der Vollständigkeit: Die Prinzipien sollen ausreichen, um alles das, was bewiesen werden soll, wirklich zu beweisen.

Außerdem verlangt Aristoteles, daß die Prinzipien „einsichtiger“ und „früher“ sein sollen als das aus ihnen Geschlossene. Das bedeutet offenbar, daß die Auswahl dessen, was als erstes Prinzip genommen, und dessen, was daraus abgeleitet wird, nicht freisteht, sondern durch das Verhältnis der beiden zueinander bestimmt wird, und zwar so, daß das als Prinzip angenommene in sich einsichtiger, einfacher und abstrakter sein muß als das, was daraus abgeleitet wird. [v. Fritz, Archai 23 = Gr. Pr. 346].

Aristoteles unterscheidet drei Arten von Prinzipien [72 a 14–24]: „Von den unvermittelten Prinzipien eines Schlusses nenne ich *Thesen* ⟨Setzungen, Festsetzungen, Annahmen⟩ diejenigen, die man nicht beweisen kann und die nicht jeder schon inne zu haben braucht, der etwas wissenschaftlich begreifen will;

dagegen nenne ich die Prinzipien, die jeder, der etwas wissenschaftlich begreifen will, inne haben muß, *Axiome*. Denn es gibt einige solche Sätze ([Kap. 10 = 76 a 41]: z. B. daß Gleiches von Gleichem abgezogen, Gleiches läßt). Von den Thesen sind diejenigen, die ... annehmen, daß etwas ist oder nicht ist, *Hypothesen*, diejenigen, die das nicht tun, *Definitionen*. Denn die Definition ist zwar eine Thesis - denn der Arithmetiker setzt, daß Einheit das der Größe nach Unteilbare ist - aber keine Hypothese. Denn es ist nicht dasselbe, zu sagen, *was* Einheit ist, und *daß* Einheit ist." ⟨Hier wird „Hypothesen" in einem etwas engeren Sinne gebraucht als z. B. in Platons Staat (s. S. 104).⟩

Im 10. Kap. nennt Aristoteles eine andere Einteilung, die praktisch ungefähr, aber nicht vollständig mit dieser Einteilung in Axiome und Thesen zusammenfällt [76 a 37–38]: „Es sind aber von den Prinzipien, die man in den beweisenden Wissenschaften verwendet, die einen der jeweiligen Wissenschaft eigentümlich, die anderen allgemein." Tatsächlich handeln die Definitionen und Postulate im 1. Buch von Euklids Elementen von geometrischen Gegenständen, während die Axiome (sie heißen bei Euklid *κοιναὶ ἔννοιαι*, bei Campanus „communes animi conceptiones") allgemein für Größen gelten. Das gilt sogar von dem Axiom 7: „Was einander deckt, ist einander gleich". Es wird z. B. von Albert von Sachsen ausdrücklich auch auf Mengen angewandt [4.4].

Die Postulate fordern aber nicht nur die Existenz der begrifflich definierten Gegenstände Gerade und Kreis, sondern auch die Existenz von Beziehungen zwischen diesen und Punkten und zwischen Winkeln. Man müßte die Worte von Aristoteles „daß etwas ist" in diesem weiteren Sinne auslegen, d. h. sie auch für Relationen gelten lassen.

Andererseits fordern die Postulate nur die Existenz von Geraden und Kreisen, evtl. Punkten, aber nicht die Existenz anderer Figuren; deren Existenz muß durch Konstruktionen aus der von Geraden und Kreisen abgeleitet werden.

Das Postulat 5 (Parallelenpostulat) gibt an, unter welchen Bedingungen zwei Geraden einen Schnittpunkt haben. Es ist eigentlich klar, daß ein solches Postulat gebraucht wird. Aber man fand wohl, daß es nicht der Forderung entsprach, daß die Prinzipien „einsichtiger" und „früher" sein sollten als das aus ihnen Geschlossene. Die Kritiker dieses Postulats haben sich lange Zeit darum bemüht, es durch ein einleuchtenderes zu ersetzen.

Anm. Die Darstellung dieses Abschnitts beruht weitgehend auf der mehrfach zitierten Arbeit „Archai" von K. von Fritz. Dort ist vieles ausführlicher und gründlicher behandelt.

2.2.5 Zusammenfassung

Die Griechen sind von Rechenvorschriften zu allgemeinen Sätzen übergegangen. Da ein Theorem oft zahlreiche Vorschriften ersetzt, die aus ihm abgeleitet werden können, bedeutet das eine große Vereinfachung des Stoffes, so daß Kräfte für neue Entdeckungen frei werden.

Wir können uns schwer vorstellen, wie die Ägypter und Babylonier zu ihren Vorschriften gekommen sind, ohne allgemeine Sätze zu kennen und zu benutzen. Das Stichwort „Rezept", das oft auf die alten Vorschriften angewandt wird, kann da vielleicht hilfreich sein. Ein Koch- oder Backrezept ist keineswegs immer einfach. Gefunden wird es aber nicht auf Grund von Kenntnissen in der organischen Chemie, sondern durch Probieren. Das geschieht nicht ganz unsystematisch: der Bäcker weiß, was passiert, wenn er ein Ei mehr oder einen Löffel Mehl weniger nimmt.

Überliefert werden solche Rezepte bekanntlich durch Abschreiben. Dabei denkt der Abschreiber gar nicht mehr darüber nach, warum es so oder so gemacht wird, es muß nur ein guter Kuchen herauskommen.

Es ist nicht leicht, aber wohl nicht unmöglich, sich vorzustellen, daß mathematische Vorschriften in ähnlicher Weise entstanden sein könnten. Manche uns noch unverständliche Texte der Babylonier könnten mißlungene Versuche sein.

Das Ergebnis kann man oft praktisch prüfen. So ist es möglich, daß die Ägypter die Vorschrift für den Pyramidenstumpf korrigiert haben, weil die einfache Mittelbildung zu oft nicht stimmte (s. S. 64); sie hatten oft mit Steinen solcher Form zu tun. Auch bei den Babyloniern sind Korrekturen, hier für den Wert der Quadratdiagonale und den Kreis, bekannt (s. S. 35, 41). Eine Rechnung konnte durch eine Probe kontrolliert werden. Das haben die Ägypter oft getan; bei den Babyloniern hat das Variieren der Daten einer Aufgabe einen ähnlichen Erfolg.

Die Frage, *warum* eine Vorschrift richtig ist, wurde jedenfalls in den bisher bekannten Texten nicht gestellt. Das hat wohl Thales zum ersten Mal getan, wenn er, wie Eudemos sagt, die Messung der Entfernung von Schiffen auf See durch einen Kongruenzsatz gerechtfertigt hat.

Dazu muß man aber zunächst bemerken, daß es so etwas wie „Sätze" gibt. Das steht – meine ich – im Zusammenhang damit, daß man die Weltentstehung und einzelne physikalische Erscheinungen als naturgesetzlich, nicht als Tätigkeiten persönlicher Götter zu verstehen versucht.

Es setzt außerdem voraus, daß man Zahlen und Figuren als *Gegenstände* der Untersuchung ansieht, deren Eigenschaften und Relationen in Aussagen, Sätzen, erfaßt werden.

Zu all dem finden sich Ansätze bei Thales, Ansätze, aus denen im Lauf der Jahrhunderte allmählich wie aus einem Nebel scharfe Konturen heraustreten.

Pythagoras entdeckt, daß die Harmonie der Töne durch Zahlenverhältnisse bestimmt ist. Ein Vorgang der Wirklichkeit, noch dazu ein so ungreifbarer wie eine musikalische Harmonie, ist durch ein ganz strenges Zahlengesetz beherrscht.

Heraklit sieht in dem Vorgang des Werdens und Vergehens, das so flüchtig ist wie das Aufflammen und Erlöschen des Feuers, eine Gesetzmäßigkeit, aus der selbst der Sonnengott nicht ausbrechen kann.

Parmenides begründet die Unentrinnbarkeit des logischen Schließens: Das Seiende ist und das Nichtseiende ist nicht. Sein Schüler Zenon beginnt mit der Ausarbeitung von Methoden des formal-logischen Argumentierens. Daß dabei zuerst indirekte Schlüsse auftreten, dürfte daran liegen, daß sie besonders einfach sind; sie bedürfen keiner ausgearbeiteten Axiomatik (s. S. 101).

Ob die altpythagoreischen Gedankengänge, also die Lehre vom Geraden und Ungeraden und die Lehre vom Flächeninhalt, älter oder jünger sind als die Arbeiten von Zenon, scheint mir nicht sicher zu sein.

Nun stellt sich sowohl in der Mathematik der Pythagoreer und des Hippokrates wie auch in der Sophistik heraus, daß man gesicherte Ausgangspositionen braucht, um zu „wahren“ Ergebnissen zu kommen. Sokrates und Platon haben die Definition als grundlegend herausgestellt, wobei auch herauskam, daß die ersten Grundbegriffe nicht definierbar sind. Daß man in der Mathematik außer den Grund*begriffen* auch Grund*sätze* braucht, scheint Hippokrates bemerkt zu haben.

Aristoteles hat durchdacht, welche Grundlagen für eine beweisende Wissenschaft erforderlich sind, und hat das systematisch dargestellt. Ob er es an vielleicht schon vorhandenen „Elementen“ der Mathematik abgelesen hat, ist wohl kaum mit Sicherheit festzustellen.

Nachdem klargestellt war, von welcher Art die Grundlagen der beweisenden Wissenschaft sein müssen, war festzulegen, welches die Grundbegriffe und Grundsätze der Mathematik sein sollen. Das ist nicht als zeitliche Reihenfolge zu verstehen; die Mathematiker haben schon vorher Gerade und Kreis als Grundfiguren der Geometrie und „teilbar“ und „Primzahl“ usw. als Grundbegriffe der Zahlenlehre behandelt. Jetzt kommt das in eine systematische Ordnung. Aus der Kategorie der Größe, die nicht eigentlich definiert, sondern beschrieben wird, ergibt sich der Begriff der Zahl einerseits und des 1-, 2-, 3-dimensionalen Kontinuums andererseits. Dieser wird durch die Begriffe Gerade und Kreis spezialisiert. Axiome werden als allgemeine Aussagen über Größen, Postulate als Aussagen über Gerade und Kreis formuliert.

Zusammen mit der Methode machte auch der Inhalt der Mathematik große Fortschritte. Ich erinnere an die Quadratrix, also die Erfindung einer speziellen Kurve zur Lösung eines speziellen Problems (der Dreiteilung des Winkels), an die Erfindung der Einschiebungsmethode, an das Auftauchen von Zwischenwert- und Stetigkeitssätzen bei der Kreisquadratur, an die Entdeckung oder Erfindung der Kegelschnitte, vielleicht zuerst als geometrische Örter, aber bei Aristaios oder Euklid, deren Schriften darüber verloren sind, als Schnitte des Kreiskegels mit einer Ebene usw. usw.

Als besonders folgenreich erwies sich die Entdeckung inkommensurabler Strecken. Natürlich wird man sagen wollen, daß die Seite und die Diagonale eines Quadrats ein Verhältnis zueinander haben, auch wenn es nicht das Verhältnis einer ganzen Zahl zu einer ganzen Zahl ist. Dazu mußte eine neue Definition und Theorie allgemeiner Größenverhältnisse geschaffen werden. Sie erhielt im 4. Jh. durch Eudoxos ihre endgültige Gestalt.

2.3 Größenverhältnisse und Exhaustionsmethode

2.3.1 Zahlen- und Größenverhältnisse

Unter „Zahlen“ verstehen wir in diesem Abschnitt stets positive ganze Zahlen. Man hat gelegentlich gefragt, warum die Griechen die Begriffe der rationalen und der reellen Zahl nicht geschaffen haben. Ich möchte dagegen fragen, warum wir natürliche, ganze, rationale, reelle und komplexe Zahlen alle mit dem gemeinsamen Namen „Zahlen“ bezeichnen. Wie würde eine Definition aussehen, die genau diese Gegenstände umfaßt? Die Griechen hatten die Definition [El. VII, 2]: Zahl ist eine Zusammenfassung von Einheiten. Diese Definition erfaßt die natürlichen Zahlen (außer der 1); andere Dinge wurden nicht „Zahlen“ genannt.

Man kann allerdings Brüche in diesem Sinne als Zahlen auffassen, wenn man die ursprüngliche Einheit in kleinere Einheiten aufteilt, wie das ja beim Messen (etwa einer Strecke) in der Praxis ständig geschieht. Vielleicht haben schon die Ägypter so gedacht (s. S. 51). Platon sagt [Staat 525 d]: „Du weißt doch, daß die echten Meister in dieser Kunst einen auslachen und es nicht zulassen würden, wenn jemand es unternehmen würde, die Einheit in Gedanken zu zerschneiden, und wenn du sie zerteilen wolltest, so würden sie sie vervielfältigen und es nie geschehen lassen, daß die Einheit nicht als Einheit, sondern als viele Teile erschiene.“ Das scheint darauf hinzudeuten, daß auch die Griechen beim praktischen Rechnen die Einheit in Gedanken in kleinere Einheiten eingeteilt haben. In der Theorie aber ist der Begriff der Einheit mit dem Begriff der Unteilbarkeit verbunden, eine Vorstellung, die wahrscheinlich auf die Eleaten, Xenophanes und Parmenides, zurückgeht.

Also kann Euklid Brüche nicht als Zusammenfassungen kleinerer Einheiten erklären, sondern muß die Teile einer Zahl als das behandeln, was sie sind, nämlich eben Teile einer Zahl.

Natürlich kann ein Teil einer Zahl wieder eine Zahl sein. Euklid definiert [VII, Def. 3]: „Teil einer Zahl ist eine Zahl, die kleinere von der größeren, wenn sie die größere genau mißt.“ Wir werden hier eine Definition von „genau messen“ vermissen; wir würden definieren: a ist Teil von b, geschrieben $a=b/n$, wenn es eine (ganze) Zahl n gibt, für die $b=n\cdot a$ ist. Euklid definiert aber das Produkt erst in Definition 15.

Es gibt Zahlen, die aus mehreren solchen Teilen einer anderen Zahl bestehen. Wir würden $a=m\cdot(b/n)$ schreiben, aber das dürfen wir nicht als Produkt auffassen, sondern als Zusammenfassung mehrerer solcher Teile b/n, die aber auch nicht als kleinere Einheiten bezeichnet werden dürfen. Euklid bezeichnet eine solche Zahl a durch den Plural „Teile“ von b; Thaer übersetzt „Menge von Teilen“ (s. Kap. 4.2 unter „Euklid“). In etwas freier Wiedergabe lautet die Definition 4: Eine Zahl a heißt „einige Teile“ von b, wenn a die Zahl b nicht genau mißt.

Diese Definition bringt offenbar nicht das zum Ausdruck, was Euklid eigentlich meint. Sonst brauchte er nicht in § 4 zu beweisen: „Jede kleinere Zahl ist von jeder größeren Zahl entweder ein Teil oder eine Menge von Teilen.“ Zum Beweis benutzt Euklid das in §§ 2, 3 dargestellte „Euklidische Teilerverfahren“, d. h. er bestimmt den größten gemeinsamen Teiler, der allerdings (dieser Fall wird besonders besprochen) auch 1 sein kann.

Offenbar meint Euklid in Def. 4, daß a eine eindeutig bestimmte Menge von Teilen von b sein soll, d. h. in unserer Darstellung, daß m und n teilerfremd sein sollen.

Nachdem festgestellt ist, daß zwischen zwei Zahlen a, b immer eine Beziehung der Form $a=m\cdot(b/n)$ mit eindeutig bestimmten Zahlen m, n besteht, kann erklärt werden, wann zwei Zahlenpaare a, b und c, d „dem Verhältnis nach gleich" sind (Thaer übersetzt: in Proportion stehen), nämlich wenn zugleich mit $a=m\cdot(b/n)$ auch $c=m\cdot(d/n)$ gilt. (Trotzdem steht diese Definition 20 bei Euklid vor dem Satz von § 4, weil Definitionen grundsätzlich am Anfang stehen müssen.)

Es sei bemerkt, daß Euklid nicht definiert, was ein Verhältnis zweier Zahlen ist, sondern wann zwei Verhältnisse einander gleich sind.

Für geometrische Größen ist diese Definition nicht brauchbar, weil kein Analogon zu dem Satz § 4 gilt. Das kann den Grund haben, daß die Größen A, B von verschiedener Art sind, wie z. B. Strecken und Flächen. Aber auch bei Größen gleicher Art kann es vorkommen, daß sie kein gemeinsames Maß haben, d. h. daß es keine zwei Zahlen m, n gibt, für die $A=m\cdot(B/n)$ ist. Trotzdem wird man sagen wollen, daß z. B. in einem Dreieck eine Parallele zu einer Seite auf den beiden anderen Seiten Strecken abschneidet, die im gleichen Verhältnis stehen. Wie kann man zwei Größenpaare dem Verhältnis nach vergleichen?

Man kann sich vielleicht zunächst einmal n als fest vorstellen und der Reihe nach $m=1, 2, 3, \ldots$ setzen. Man wird ein m erhalten, für das

$$m\cdot(B/n)<A<(m+1)\cdot(B/n)$$

ist. Es kann sein, daß für dasselbe n und dasselbe m auch

$$m\cdot(D/n)<C<(m+1)\cdot D/n$$

gilt. Wenn dieser Fall für alle n eintritt, wird man die Verhältnisse $\frac{A}{B}$ und $\frac{C}{D}$ als gleich erklären können. Euklid sagt das etwas allgemeiner [Buch V, Def. 5]: $\frac{A}{B}=\frac{C}{D}$, wenn für alle Zahlenpaare m, n

aus $n\cdot A<m\cdot B$ stets $n\cdot C<m\cdot D$,
aus $n\cdot A=m\cdot B$ $\quad n\cdot C=m\cdot D$
und aus $n\cdot A>m\cdot B$ $\quad n\cdot C>m\cdot D$ folgt.

[S. auch Fowler (unter Eudoxos)].

Nach einem antiken Scholium soll das Buch V der Elemente Euklids, also diese Theorie der Größenverhältnisse, von Eudoxos stammen [Euklid, Op. Bd. 5, S. 280, 282].

Man braucht noch ein Kriterium dafür, wann zwei Größen von gleicher Art sind. Dieses Kriterium wird so formuliert, daß es genau das aussagt, was gebraucht wird, nämlich: Zwei Größen heißen „von gleicher Art" (homogen), wenn sie vervielfältigt einander übertreffen können. (In dieser Form steht die Definition bei al-Nayrīzī, S. 162. Euklid sagt [El. V, Def. 4]: „Daß sie ein Verhältnis zueinander haben, sagt man von Größen, die vervielfältigt einander übertreffen können").

Anm. Der Name „Archimedisches Axiom" scheint 1880 von O. Stolz eingeführt worden zu sein [Math. Ann. **22**, 1883, S. 504; hier wird auf eine frühere Arbeit verwiesen]. „Bei Archimedes begegnet man einer ausdrücklichen Annahme, welche mit diesem Grundsatze übereinstimmt [z. B.: K. u. Z. I., Postulat 5]. Derselbe mag daher kurz als das Axiom des Archimedes bezeichnet werden. – Fußnote: Archimedes sagt in der Vorrede zur Schrift de quad. parabolae ausdrücklich, daß den in Rede stehenden Grundsatz schon frühere Geometer benutzten. Dazu gehört, wie aus dem Anfange des I. B. von der Kugel und dem Cylinder hervorgeht, unzweifelhaft Eudoxos. Wahrscheinlich ist er noch älter." – Eben aus diesem Grunde möchte ich eine Umbenennung in „Axiom des Eudoxos" nicht befürworten. Sinnvoll erscheint mir die Bezeichnung „Axiom des Messens", die sich z. B. bei O. Becker findet [Eud. III, S. 243 f.].

Bei der Definition von $\frac{A}{B}=\frac{C}{D}$ ist es nicht nötig, daß alle vier Größen von gleicher Art sind; es genügt, wenn A und B von gleicher Art und C und D von gleicher Art sind.

Def. 7 erklärt, wann $\frac{A}{B}>\frac{C}{D}$ ist, nämlich wenn es ein Zahlenpaar m, n gibt, für das $n\cdot A>m\cdot B$ und $n\cdot C<m\cdot D$ ist. Wir würden dafür auch schreiben: $\frac{A}{B}>\frac{m}{n}>\frac{C}{D}$.

Jetzt ist es auch möglich, Größenverhältnisse mit Zahlenverhältnissen zu vergleichen, und, wenn eine Gleichheit nicht existiert, ein Größenverhältnis zwischen zwei Zahlenverhältnisse einzuschließen, sogar beliebig eng. Archimedes hat das bekanntlich für das Verhältnis des Kreisumfangs zum Durchmesser getan. Er schreibt [Kr., Op. Bd. 1, S. 242/3 = Op. d., S. 377]: „Der Umfang des Kreises ist demnach dreimal so groß wie der Durchmesser und noch um etwas größer, nämlich um weniger als 1/7, aber um mehr als 10/71 desselben." Er rechnet also mit Brüchen, wie das im täglichen Leben allgemein üblich gewesen sein dürfte.

Für Euklid sind sowohl Zahlen- wie Größenverhältnisse etwas anderes als Zahlen. Deshalb sind auch die Rechenoperationen für sie neu zu erklären. Euklid erklärt das „Zusammensetzen" von Verhältnissen so [El. VIII, § 5]:

1) $\frac{A}{B}*\frac{B}{D}=\frac{A}{D}$.

2) $\frac{A}{B}*\frac{C}{D}$ erhält man, indem man durch Erweiterung ein gleiches Zwischenglied herstellt: $\frac{A}{B}*\frac{C}{D}=\frac{A\cdot C}{B\cdot C}*\frac{B\cdot C}{B\cdot D}=\frac{A\cdot C}{B\cdot D}$.

Anm. Sind z. B. A, B, C, D Strecken, so sind $A\cdot C$ usw. Rechtecke.

Das griechische Fachwort *συντιθέναι* bedeutet auch addieren, und man hat diese Zusammensetzung auch lange Zeit als Addition aufgefaßt. Andererseits hat man schon in griechischer Zeit jedem Verhältnis einen „Wert" (*πηλικότης*, Thaer übersetzt „Abmessung") zugeordnet. Aus den wenigen Andeutungen geht nicht klar hervor, ob man diesen „Wert" als eine, möglicherweise irrationale, Zahl aufgefaßt hat. Im Kommentar des Theon von Alexandria (4. Jh. n. Chr.) zum Almagest des Ptolemaios steht: „Ein Verhältnis heißt aus zwei oder mehreren Verhältnissen zusammengesetzt, wenn die Werte der Verhältnisse miteinander vervielfacht den Wert eines Verhältnisses ergeben" [zitiert nach Tropfke (4.0.2.2.), S. 334]. Im Mittelalter kann man sogar finden: „Addere est multiplicare" – nämlich bei Verhältnissen.

2.3.2 Kreisflächen verhalten sich wie die Quadrate der Durchmesser

Dieser Satz trat bei der Möndchenquadratur des Hippokrates auf. Wir wollen sehen, wie sorgfältig bei Euklid jeder einzelne Schritt des Beweises durchgeführt ist.
⟨1⟩ [El. I, § 38]: „Auf gleichen Grundlinien zwischen denselben Parallelen gelegene Dreiecke sind (flächen-)gleich."
⟨2⟩ [El. VI, § 1]: „Dreiecke sowie Parallelogramme unter derselben Höhe verhalten sich zueinander wie die Grundlinien."

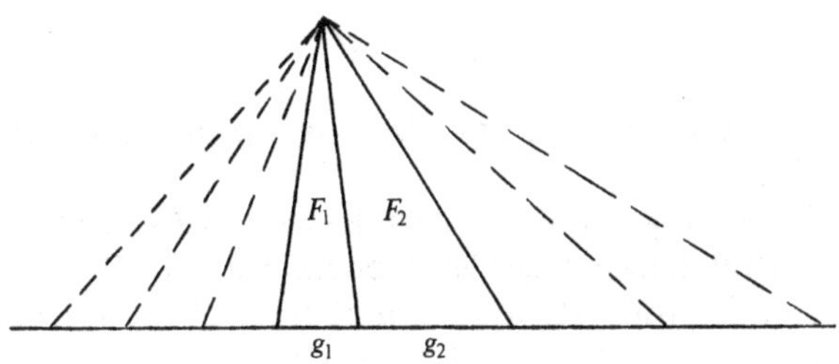

Abb. 2.19

Zum Beweis wird die Definition der Gleichheit von Größenverhältnissen benutzt. Seien g_1, g_2 die Grundlinien, F_1, F_2 die Flächen der beiden Dreiecke (Abb. 2.19). Man betrachte irgendwelche Vielfache der Grundlinien: $m \cdot g_1, n \cdot g_2$. Dann sind nach ⟨1⟩ die zugehörigen Flächen $m \cdot F_1, n \cdot F_2$. Wenn zwei Dreiecke mit gleicher Höhe verschiedene Grundlinien haben, hat das Dreieck mit der größeren Grundlinie die größere Fläche; das folgt aus ⟨1⟩. Also gilt: Wenn $m \cdot g_1 > n \cdot g_2$ ist, dann ist auch $m \cdot F_1 > n \cdot F_2$. Das gleiche gilt für $=$ und $<$. Daraus folgt ⟨2⟩. Wenn g_1 und g_2 kommensurabel sind, ist der Beweis natürlich etwas einfacher.
⟨3⟩ Einige Mühe, aber (außer der Ähnlichkeit) keine neuen Begriffsbildungen erfordert der Satz
[El. VI, § 19]: Ähnliche Dreiecke verhalten sich wie die Quadrate ihrer Seiten.
⟨4⟩ Der entsprechende Satz gilt auch für ähnliche Polygone, wie man durch Zerlegung in Dreiecke sieht [El. VI, § 20].
⟨5⟩ Man muß noch bei Polygonen, die in einen Kreis einbeschrieben sind, die Seite durch den Durchmesser des Kreises ersetzen. [El. XII, § 1]: „Ähnliche Polygone in Kreisen verhalten sich zueinander wie die Quadrate über den Durchmessern."
⟨6⟩ Schließlich muß man von den Polygonen zum Kreis übergehen. Dazu braucht man als Hilfssatz [El. X, § 1]: „Nimmt man bei Vorliegen zweier ungleicher (gleichartiger) Größen von der größeren ein Stück größer als die Hälfte weg und vom Rest ein Stück größer als die Hälfte und wiederholt dies immer, dann muß einmal eine Größe übrig bleiben, die kleiner als die kleinere Ausgangsgröße ist."

Dieser Satz folgt aus dem Axiom des Messens. Man hat ihn „die divisive Form des Axioms des Messens" genannt. Ich möchte die Bezeichnung „Exhaustionslemma" vorschlagen.

Jetzt endlich kommen wir zum Beweis des Satzes [El. XII, § 2]: „Kreise verhalten sich wie die Quadrate über den Durchmessern." Mit K_1, K_2 bezeichne ich sowohl die beiden Kreise wie ihre Flächen, mit d_1, d_2 ihre Durchmesser.

Aus der Annahme

(1) $$K_1 : K_2 \neq d_1^2 : d_2^2$$

soll ein Widerspruch hergeleitet werden.

Wenn (1) gilt, müßte es eine Fläche $F \neq K_2$ geben, für die

(2) $$K_1 : F = d_1^2 : d_2^2$$

ist. Daß es eine solche Fläche gibt, ist allerdings problematisch; ich gehe darauf nicht weiter ein.

Sei zunächst $F < K_2$ angenommen. Aus dem Kreis K_2 schneide man ein einbeschriebenes Quadrat heraus; das ist mehr als die Hälfte, denn das einbeschriebene Quadrat ist die Hälfte des umbeschriebenen Quadrats. Sodann schneide man die in Abb. 2.20 schraffierten Dreiecke heraus; sie bilden mehr als die Hälfte des Restes, denn jedes Dreieck ist die Hälfte des gezeichneten Rechtecks. So kann man ein solches Polygon P_2 erhalten, daß die Restfläche $K_2 - P_2 < K_2 - F$ ist; es ist also $P_2 > F$.

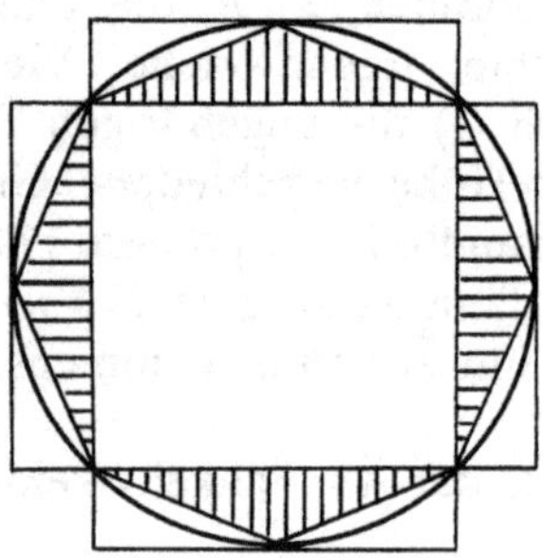

Abb. 2.20

In den Kreis K_1 zeichnet man ein zu P_2 ähnliches Polygon P_1 ein. Dann gilt nach ⟨5⟩

(3) $$P_1 : P_2 = d_1^2 : d_2^2.$$

Es ist aber $P_1 < K_1$ und $P_2 > F$. Daraus folgt

$$P_1 : P_2 < K_1 : F,$$

während nach (2) und (3) beide Verhältnisse gleich sind.

Hätte man $F > K_2$ angenommen, so gäbe es eine Fläche F' mit $K_1 : F = F' : K_2 = d_1^2 : d_2^2$, und dabei wäre $F' < K_1$. Damit ist dieser Fall auf den vorigen zurückgeführt.

2.3.3 Eine Parabelquadratur des Archimedes

Archimedes hat mehrere Verfahren zur Bestimmung des Flächeninhalts eines Parabelsegments angegeben. Wir wählen die folgende, nicht nur, weil sie ein schönes Beispiel für die Exhaustionsmethode ist, sondern auch, weil darin die Summe einer geometrischen Reihe vorkommt. [Qu. P. § 18–24]. Die Fläche des Parabelsegments sei p. Es wird zunächst das Dreieck ABC mit der Fläche d, die $>p/2$ ist, herausgeschnitten, sodann die Dreiecke ACS_1, BCS_2; sie sind so konstruiert, daß P_1, P_2 die Mitten von AM bzw. MB sind und $P_1S_1 \parallel CM \parallel P_2S_2$ ist. Aus den Eigenschaften der Parabel folgt, daß diese beiden Dreiecke zusammen die Fläche $d/4$ haben. Durch Fortsetzung des Verfahrens entsteht ein Polygon mit der Fläche

$$p_n = d\cdot(1+1/4+(1/4)^2+\ldots+(1/4)^n)\,.$$

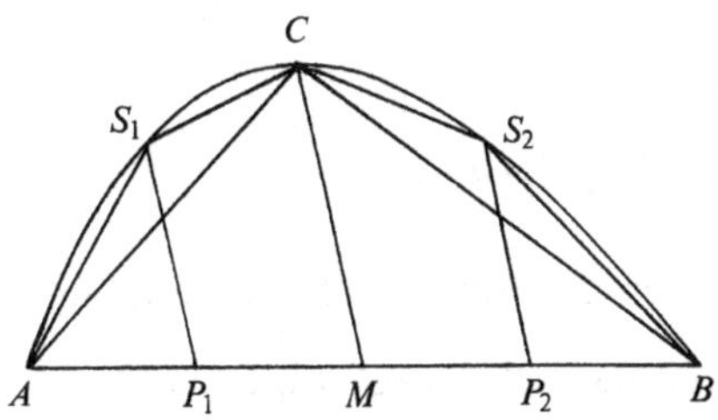

Abb. 2.21

Da jedesmal mehr als die Hälfte des Parabelsegments bzw. des Restes weggenommen ist, kann erreicht werden, daß $p-p_n$ kleiner als eine beliebig gegebene Größe wird.

Nun gilt, wenn $1+1/4+\ldots+(1/4)^n = s_n$ gesetzt wird,

$$s_n+(1/3)\cdot(1/4)^n = 4/3\,.$$

Dieser Satz lautet in den Worten des Archimedes: „Wenn Größen im vierfachen Verhältnis aufeinanderfolgen, so ist ihre Summe vermehrt um den dritten Teil des kleinsten Gliedes gleich 4/3 des größten.“ [Qu. P. § 19].

Der Beweis des Archimedes verläuft ungefähr (!) so: Es ist $a_i = 4\cdot a_{i+1}$, also

$$4\cdot(a_1+a_2+a_3+a_4) = a_0+a_1+a_2+a_3\,,$$

$$3\cdot(a_1+a_2+a_3)+4a_4 = a_0$$

$$a_1+a_2+a_3+a_4+\frac{1}{3}a_4 = \frac{1}{3}a_0$$

$$a_0+a_1+a_2+a_3+a_4+\frac{1}{3}a_4 = \frac{4}{3}a_0 \quad \text{w.z.b.w.}$$

Der Beweis ist leicht auf eine geometrische Reihe mit einem beliebigen Quotienten $q<1$ zu übertragen. Hat Archimedes also die Summenformel für die unendliche geometrische Reihe gefunden? Vielleicht hat er heuristisch damit gearbeitet, aber zum Beweis durfte so etwas damals nicht benutzt werden.

Übrigens läßt sich der Satz auch aus Euklid, El. IX, § 35 (s. S. 84) ableiten; der Beweis von Archimedes scheint mir aber einfacher zu sein.

Archimedes hat festgestellt

(1) n kann so groß gewählt werden, daß

$$p-p_n=p-d\cdot s_n$$

beliebig klein wird;

(2) n kann auch so groß gewählt werden, daß

$$\frac{4}{3}d-d\cdot s_n=\frac{1}{3}\left(\frac{1}{4}\right)^n d$$

beliebig klein wird.

Dabei ist (3) $p>p_n$ und (4) $\frac{4}{3}d>d\cdot s_n$.

$d\cdot s_n$ kommt den beiden Größen p und $\frac{4}{3}d$ beliebig nahe, also muß $p=\frac{4}{3}d$ sein. Archimedes beweist das sehr sorgfältig:

Fall 1: Angenommen, es sei $p>\frac{4}{3}d$, etwa $p=\frac{4}{3}d+u$.

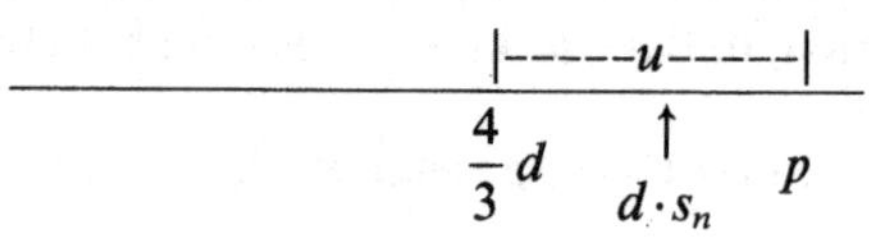

Man wähle n nach (1) so groß, daß $p-d\cdot s_n<u$ ist. Dann wäre $d\cdot s_n>p-u=\frac{4}{3}d$ im Widerspruch zu (4).

Fall 2: Die Annahme $p<\frac{4}{3}d$ ist entsprechend mit Hilfe von (2) zu widerlegen.

2.3.4 Archimedes' Abhandlung über die Spirale

1. Definition

Archimedes definiert [Sp. Def. 1 (nach § 11)]: „Wenn sich ein Halbstrahl in einer Ebene um seinen Endpunkt mit gleichförmiger Geschwindigkeit dreht, nach einer beliebigen Zahl von Drehungen wieder in die Anfangslage zurückkehrt und sich auf dem Halbstrahl ein Punkt mit gleichförmiger Geschwindigkeit, vom Endpunkt des Halbstrahls beginnend, bewegt, so beschreibt dieser Punkt eine Spirale".

Wir betrachten hier nur die erste Umdrehung. Wir halten uns auch nicht wörtlich an Archimedes, sondern benutzen auch modernere Schreibweisen.

In Polarkoordinaten ist die Gleichung der Spirale

$$r = c \cdot \varphi \, .$$

Wenn wir den zum Winkel $\varphi = 2\pi$ gehörigen Radius mit R bezeichnen, erhalten wir

$$r = \frac{R}{2\pi} \cdot \varphi \tag{1}$$

Bei Archimedes heißt R „Radius des ersten Kreises", d.h. des Kreises durch den nach dem ersten Umlauf erreichten Punkt. Aus (1) folgt für eine endliche Differenz

$$\Delta r = \frac{R}{2\pi} \cdot \Delta\varphi \, . \tag{2}$$

Es lassen sich leicht beliebig viele Punkte der Spirale zeichnen: zu den Winkeln $\varphi = 2\pi/2^k$ gehören die Radien $r = R/2^k$.

Die Gleichung (1) hat Ähnlichkeit mit der Gleichung der Quadratrix, bei der die Ordinate proportional dem Winkel ist: $y = \frac{1}{\pi/2} \cdot \varphi$ (s. S. 92). Entsprechend läßt sich auch die Spirale zur Teilung eines beliebigen Winkels in beliebig viele gleiche Teile benutzen: man braucht statt des Winkels nur den zugehörigen Radiusvektor zu teilen. Daß das in der Antike bereits bemerkt wurde, berichten Pappos [Coll. IV, Prop. 35 = Hultsch, S. 286–289] und Proklos [S. 272].

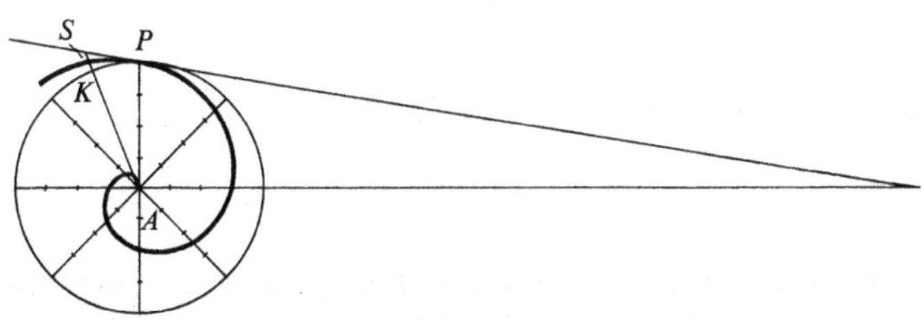

Abb. 2.22

2. Die Tangente

Die einzige aus der Antike bekannte Definition einer Tangente ist die der Kreistangente [Euklid, El. III, Def. 2]: „Daß sie den Kreis berühre, sagt man von einer geraden Linie, die einen Kreis trifft, ihn aber bei Verlängerung nicht schneidet." Diese Definition wurde sinngemäß für alle Kurven benutzt, und zwar bis ins 17. Jh. Erst damals kam der Gedanke auf, die Tangente als Grenzlage der Sekante zu definieren. Man faßte das auch so auf: Eine Kurve besteht aus unendlich vielen unendlich kleinen Strecken; die Tangente ist die Verlängerung einer dieser Strecken.

Man kann die Tangente an die Spirale mit einer kinematischen Methode finden: Die Bewegung des Spiralenpunktes $P=(r, \varphi)$ ist zusammengesetzt aus einer radialen Bewegung ⟨etwa in der Zeit Δt um die Strecke $\Delta r = PQ$⟩ und einer Bewegung auf der Kreisperipherie, d.h. in Richtung der Kreistangente ⟨um die Strecke $r \cdot \Delta\varphi = PK$⟩. Die Richtung der zusammengesetzten Bewegung, also die Richtung der Spiralentangente, ist PS. Wegen (1) und (2) gilt

$$\frac{PK}{PQ} = \frac{r \cdot \Delta\varphi}{\Delta r} = \varphi .$$

Die Abb. 2.23 zeigt: $AT = AP \cdot \dfrac{PK}{PQ} = r \cdot \varphi$, d.h. die Strecke AT, die die Tangente auf der Senkrechten zu AP abschneidet, ist gleich der Länge des (kurz gesagt) zu P gehörigen Kreisbogens, für $\varphi = 2\pi$ der Umfang des „ersten Kreises" (Abb. 2.22). Dieser Gedankengang findet sich z.B. bei Sluse und Newton [4.4].

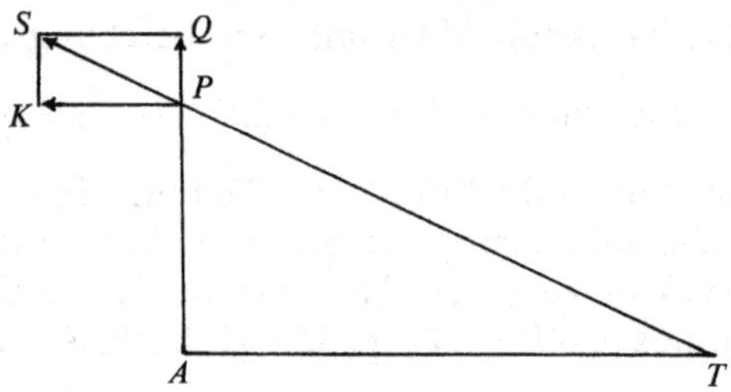

Abb. 2.23

Ob Archimedes auf diese Weise zu der Beziehung

(3) $$AT = 2\pi R$$

gekommen ist, sagt er nicht. Das Parallelogramm der Geschwindigkeiten kommt in der Schrift Mechanika (Bewegungsfragen) vor, die von Aristoteles oder aus seiner Schule stammt [Aristoteles 848 b 1–25], es war also zur Zeit des Archimedes bekannt. Bei seinem Beweis geht Archimedes von (3) aus. Wir nehmen statt dessen die allgemeinere Gleichung

$$AT = r\varphi$$

und wählen der bequemeren Zeichnung wegen $\varphi = \dfrac{\pi}{4}$ (Abb. 2.24). Im übrigen können wir uns genau an Archimedes halten. Er zeigt: Wählt man auf der Geraden AT einen Punkt U so, daß $AU > AT$ oder $AU < AT$ ist, so enthält in beiden Fällen die Gerade UP einen Punkt, der innerhalb der Spirale liegt.

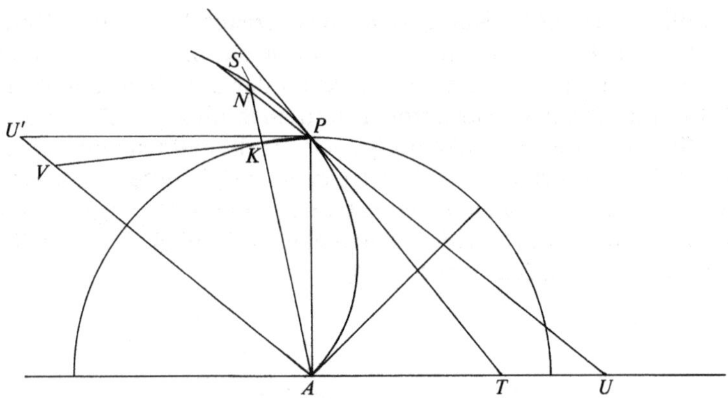

Abb. 2.24

Sei zunächst $AU > AT$.

Man zeichne in P die Senkrechte auf AP. Man verbinde U mit P und zeichne zu UP die Parallele durch A. Sie trifft die Senkrechte in U'. Es ist $PU' = AU > AT$.

Nun drehe man die Gerade PU' um P solange, bis $KV = AT$ wird. Das ist möglich, da KV von $PU' = AU > AT$ bis zu Null abnimmt.

Man verbinde A mit K; die Verlängerung schneide die Verlängerung von UP in N und die Spirale in S.

Behauptung: N liegt im Innern der Spirale, d.h. es ist $KN < KS$.

Beweis: Der zur Sehne KP gehörige Kreisbogen werde mit (KP) bezeichnet.

Es ist $\dfrac{KN}{(KP)} < \dfrac{KN}{KP}$.

Da die Dreiecke PKN und VKA ähnlich sind, ist dies

$$\frac{KN}{(KP)} < \frac{KN}{PK} = \frac{KA}{KV} = \frac{1}{2\pi}.$$

Für den Punkt S auf der Spirale ist

$$\frac{KS}{(KP)} = \frac{\Delta r}{R \cdot \Delta \varphi} = \frac{1}{2\pi}.$$

Vergleich mit der vorigen Gleichung zeigt:

$$KN < KS, \quad \text{w.z.b.w.}$$

Natürlich beweist Archimedes das Entsprechende auch für $AU < AT$ [s.z.B. Heath, Gr. M., Bd. 2, S. 70–72, 556–561].

Iamblichos (um 300 n.Chr.) berichtet, daß Archimedes mit Hilfe der Spirale die Rektifikation des Kreises geleistet habe (wiedergegeben im Kommentar des Simplikios zu den „Kategorien" des Aristoteles p. 192. Zitiert nach Heath, Gr. M., Bd. 1, S. 225). Archimedes selbst hat das nicht behauptet. Das Problem wäre ja auch nur auf die Konstruktion der Spirale und ihrer Tangente zurückgeführt, und diese Konstruktionen sind auch nicht mit Zirkel und Lineal ausführbar. Sie sind allerdings näherungsweise recht einfach und mit recht großer Genauigkeit ausführbar. Die Konstruktion der Punkte mit $\varphi = 2\pi/2^k$ erwähnten wir schon. Eine Tangentenkonstruktion hat Viète angegeben (s. Abb. 2.25): Man trage an AD nach beiden Seiten gleiche Winkel an und halbiere den Winkel zwischen den beiden Sehnen [4.4].

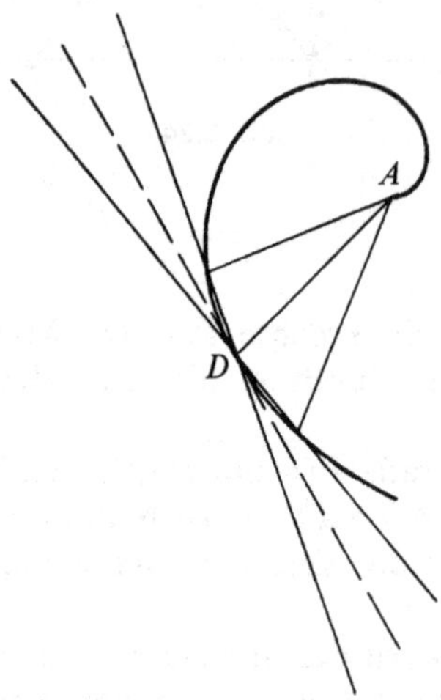

Abb. 2.25

3. Der Flächeninhalt

Während der ersten Umdrehung des erzeugenden Strahls, d.h. für $\varphi \leq 2\pi$, ist der Inhalt F der von der Spirale begrenzten Fläche ein Drittel des Inhalts des zugehörigen Kreissektors: $F = r^2\varphi/6$. Archimedes beweist das für $\varphi = 2\pi$ [Satz 24].

Beweis: Teilt man φ in n gleiche Teile, so ist F größer als der Inhalt der einbeschriebenen Kreissektoren und kleiner als der der umbeschriebenen; wir wollen von der Untersumme S_u und der Obersumme S_o sprechen. Archimedes schätzt die Differenz $S_o - S_u$ ab: denkt man sich die in der Abb. 2.26 schraffierten Stücke durch Drehen um A zusammengeschoben, so füllen sie gerade einen der Kreissektoren aus, und man kann n so groß wählen, daß dessen Inhalt kleiner als eine beliebig klein vorgegebene Größe wird.

S_u besteht aus $n-1$ Kreissektoren mit den Zentriwinkeln $\frac{\varphi}{n}$ und den Radien $\frac{r}{n}, 2\cdot\frac{r}{n}, \ldots, (n-1)\cdot\frac{r}{n}$. Es ist also

$$S_u = \frac{1}{2} \cdot \sum_{k=1}^{n-1} k^2 \left(\frac{r}{n}\right)^2 \frac{\varphi}{n} = \frac{1}{2} \frac{r^2 \varphi}{n^3} \cdot \sum_{k=1}^{n-1} k^2$$

Bei der Obersumme kommt genau ein Kreissektor (der letzte) hinzu:

$$S_o = \frac{1}{2} \frac{r^2 \varphi}{n^3} \cdot \sum_{k=1}^{n} k^2 .$$

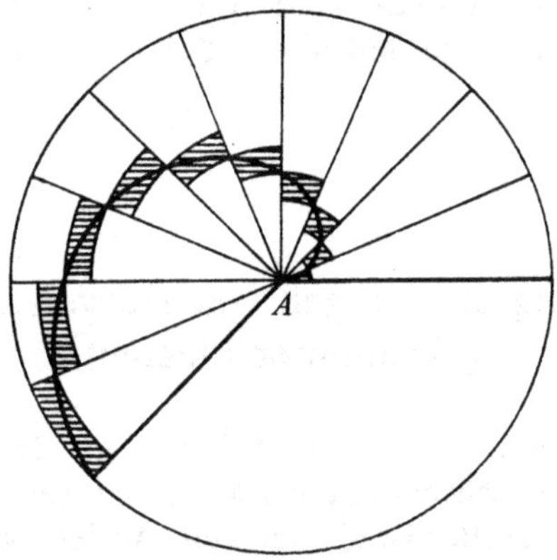

Abb. 2.26

Archimedes beweist durch geschicktes Rechnen

(1) $$3 \cdot \sum_{k=1}^{n-1} k^2 < n^3 < 3 \cdot \sum_{k=1}^{n} k^2 .$$

Wir (!) können das leicht durch vollständige Induktion bestätigen.
Aus (1) folgt

$$S_u < \frac{1}{6} r^2 \varphi < S_o .$$

Es gilt aber auch

$$S_u < F < S_o .$$

Da $S_o - S_u$ beliebig klein gemacht werden kann, folgt

$$F = \frac{1}{6} r^2 \varphi .$$

Archimedes beweist wieder sorgfältig, daß die Annahme $F \neq \frac{1}{6} r^2 \varphi$ zu einem Widerspruch führt.

Die Spiralenabhandlung enthält mehr als das, worüber hier berichtet wurde.

Archimedes hat noch andere Methoden zur Bestimmung von Flächen- und Rauminhalten erfunden und benutzt. In der „Methodenlehre" denkt er sich z. B. ein Parabelsegment und das einbeschriebene Dreieck aus Strecken bestehend [Op. Bd. 2, S. 436 = Op. d., S. 385] und hängt diese Strecken in verschiedenen Kombinationen an einen Wagebalken. Dieses Verfahren hat er allerdings nicht als beweiskräftig angesehen. In der „Quadratur der Parabel" nimmt er statt der Strecken Trapeze, die der Parabel ein- und umbeschrieben sind.

Die Leistungen des Archimedes sind in der Literatur so oft und gut besprochen worden, daß ich mich hier mit diesen Beispielen aus seinem Schaffen begnüge.

2.3.5 Zur Berechnung der Längen von Kurven und der Oberfläche gekrümmter Flächen

Daß der Flächeninhalt der Spirale größer ist als der der einbeschriebenen und kleiner als der der umbeschriebenen Kreissektoren, kann damit begründet werden, daß das Ganze größer ist als der Teil. Anders ist es bei der Länge von Kurven. Nun fragt man damals nicht, ob eine Kurve überhaupt eine Länge hat oder wie etwa eine solche Länge zu definieren sei. Allenfalls fragt man, ob die Länge eines Kreisbogens mit einer geraden Strecke kommensurabel oder gar gleich sein kann [Aristoteles, Phys. VII, Kap. 4 = 248 b 4–6].

Archimedes hat einen Weg gefunden, die Länge einer gekrümmten Kurve zwischen den Längen von Streckenzügen einzuschließen (deren Länge ist natürlich unproblematisch). Die ähnliche Behandlung von gekrümmten Oberflächen bespreche ich hier nicht; man findet sie z. B. bei van der Waerden [E. W., S. 367] oder bei Heath [Gr. M., Bd. 2, S. 34 ff.] oder natürlich bei Archimedes selbst [K. u. Z.].

Dazu muß Archimedes den Begriff der Konkavität einführen [K. u. Z. I, Def. 2]: „Nach einer Seite konkav nenne ich ein Kurvenstück von der Eigenschaft, daß, wenn man zwei beliebige Punkte des Kurvenstücks geradlinig verbindet, die zwischen diesen beiden Punkten liegenden Kurvenpunkte alle auf dieser Seite der Geraden liegen oder allenfalls auf der Geraden selbst, keinesfalls aber auf der anderen Seite."

Dann postuliert er:

[Post. 1]: „Von allen Linienstücken, die gleiche Endpunkte haben, ist die gerade Linie die kürzeste."

[Post. 2]: „Die übrigen Linien aber, die in einer und derselben Ebene liegen und dieselben Endpunkte haben, sind einander ungleich, wenn sie nach der gleichen Seite konkav sind und die eine ganz von der anderen und der geraden Verbindungslinie der Endpunkte umfaßt wird oder teilweise umfaßt wird, teilweise mit einer der beiden Linien identisch ist. Und zwar ist diejenige, welche umfaßt wird, die kleinere."

Wenn man eine Definition der Bogenlänge einer Kurve zur Verfügung hat, muß man diese Postulate natürlich beweisen; für Archimedes ersetzen sie aber gerade eine Definition. Aus ihnen folgt, daß der Umfang U eines Kreises vom Durchmesser d kleiner ist als der jedes umbeschriebenen und größer als der jedes einbeschriebenen Polygons. Er läßt sich also mit beliebiger Genauigkeit zwischen zwei Grenzen einschließen. Archimedes hat bekanntlich berechnet:

$$3\frac{10}{71}\cdot d < U < 3\frac{1}{7}\cdot d\,.$$

2.4 Geometrische Konstruktionen

2.4.1 Geometrische Algebra. Quadratische Gleichungen

In den beiden vorangehenden Abschnitten stand die Entwicklung der allgemeinen Methoden im Vordergrund: der Methode der Deduktion und der Methode des Umgangs mit Grenzwerten (dieses Wort ist hier als Andeutung und Erinnerung gemeint). Dabei wurde etwas zu wenig betont, daß sich gleichzeitig die Kunst des Konstruierens entwickelte, nicht nur in der Geometrie (von der hier allerdings vorzugsweise gesprochen wird), sondern auch in der Zahlentheorie, z. B. bei der Konstruktion vollkommener Zahlen oder bei der Konstruktion des größten gemeinsamen Teilers mittels des (schon vor Euklid bekannten) „Euklidischen Teilerverfahrens“. Diese Kunst des Konstruierens mußte sich parallel zur Kunst des Deduzierens entwickeln; das Deduzieren als Zurückführen auf einfachere Sätze hängt geradezu davon ab, daß man komplizierte Figuren auf einfache zurückführen kann; und daß eine Axiomatik der Geometrie möglich ist, hängt davon ab, daß sich in allen Figuren einfache Grundelemente finden lassen, etwa Gerade und Kreis.

Sicher hat man auch in vorgriechischer Zeit konstruiert. Man denke etwa an die Śulbasūtras oder an die aus Megalithen hergestellten Heiligtümer in England und Schottland. Jeder Architekt eines größeren Bauwerks sowohl in Ägypten wie in Mesopotamien wird Konstruktionszeichnungen gemacht haben; Reste davon sind auch erhalten. Aber es gibt keinen Hinweis darauf, daß das Konstruieren zum Gegenstand einer Theorie gemacht wurde, wie das bei den Griechen geschehen ist. Die Grundlagen dieser Theorie sind im ersten Teil des ersten Buches von Euklids Elementen zusammengestellt.

Der zweite Teil dieses Buches enthält die oben besprochene Lehre vom Flächeninhalt. Das zweite Buch hat man „geometrische Algebra“ genannt. Es enthält algebraische Formeln in geometrischer Form. Eine dabei oft auftretende Figur ist der Gnomon [Def. 2]: „In jedem Parallelogramm soll ein beliebiges der um seine Diagonale liegenden Parallelogramme zusammen mit den beiden Ergänzungen ein Gnomon heißen.“

§ 1 gibt das distributive Gesetz in der Form: „Hat man zwei Strecken und teilt die eine von ihnen in beliebig viele Abschnitte, so ist das Rechteck aus den beiden Strecken den Rechtecken aus der ungeteilten Strecke und allen einzelnen Abschnitten zusammen gleich."

§ 5: „Teilt man eine Strecke sowohl in gleiche als auch in ungleiche Abschnitte, so ist das Rechteck aus den ungleichen Abschnitten der ganzen Strecke zusammen mit dem Quadrat über der Strecke zwischen den Teilpunkten dem Quadrat über der Hälfte gleich" (Abb. 2.27). Algebraisch kann man das durch die Formel ausdrücken

$$xy+\left(\frac{x-y}{2}\right)^2=\left(\frac{x+y}{2}\right)^2.$$

Diese Beziehung wurde von den Babyloniern oft benutzt; sollten diese sie vielleicht schon geometrisch gedeutet oder begründet haben?

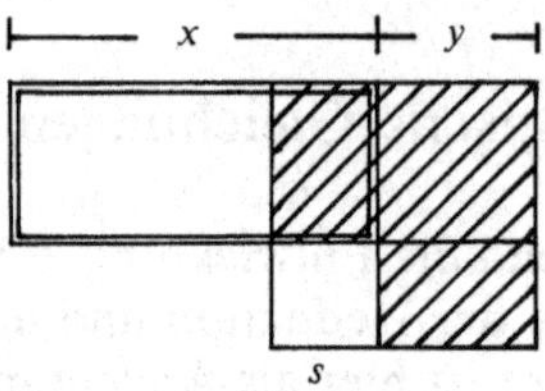

Abb. 2.27

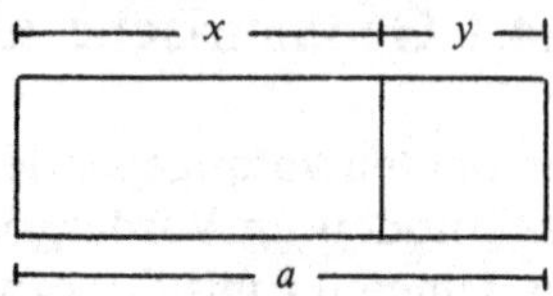

Abb. 2.28

Euklids Beweis beruht darauf, daß das doppelt umrandete Rechteck gleich dem schraffierten Gnomon ist.

Da der Gnomon höchstens gleich $\left(\frac{x+y}{2}\right)^2$ ist, folgt daraus (geometrisch!)

$$xy\leq\left(\frac{x+y}{2}\right)^2.$$

Dieser Satz spielt bei der Flächenanlegung eine Rolle. Die einfache Flächenanlegung (παραβολή, lat. *adplicatio,* Parabel) ist die Aufgabe, eine gegebene Fläche F an eine gegebene Strecke a anzulegen, d. h. ein Rechteck mit der Seite a und der Fläche F zu bestimmen, also algebraisch: die Gleichung $F=ax$ zu lösen.

Ich zeichne überall in diesem Abschnitt Rechtecke statt der von Euklid angegebenen Parallelogramme und ersetze auch im Text „Parallelogramm" durch „Rechteck".

Die Flächenanlegung mit Fehlen (ἔλλειψις, Ellipse) ist die Aufgabe [El. VI, § 28]: An eine gegebene Strecke $\langle a\rangle$ eine gegebene Fläche $\langle F\rangle$ so anzulegen, daß ein Quadrat fehlt (Abb. 2.28). Es ist also die Aufgabe zu lösen

$$x+y=a$$
$$xy\ =F$$

oder

$$x\cdot(a-x)=F.$$

Aus [El. II, § 5] folgt, daß die Aufgabe nur lösbar ist, wenn $F \leq (a/2)^2$ ist. Euklid bringt *vor* dieser Aufgabe den Satz [El. VI, § 27]: Von allen Flächen, die man an eine feste Strecke so anlegen kann, daß ein Quadrat fehlt, ist das Quadrat über der halben Strecke die größte. ⟨Text vereinfacht.⟩ Und er fügt in § 28 die Bedingung hinzu, die wir durch $F \leq (a/2)^2$ ausdrücken.

Der Lösungsweg ist: Man verschafft sich $\frac{x-y}{2}$ nach [II, 5], indem man die Fläche $(a/2)^2 - F$ konstruiert und in ein Quadrat verwandelt; dessen Seite ist dann

$$s = \sqrt{(a/2)^2 - F}\,.$$

Nach Abb. 2.27 ist dann $\qquad x = (a/2) + s\,.$

Da x und y in der Aufgabe gleichberechtigt sind, hat man die zweite Lösung

$$y = (a/2) - s\,.$$

Im Hinblick auf die Einführung der komplexen Zahlen im 16. Jh. sei bemerkt: Setzt man, wie das bis ins 16. Jh. üblich war, alle Größen als positiv voraus, so muß man die folgenden Typen quadratischer Gleichungen unterscheiden:

(1) $$x^2 + ax = F$$

(2) $$x^2 + F = ax$$

(3) $$x^2 = ax + F\,.$$

Die Typen (1) und (3) haben genau eine positive reelle Lösung, und eine negative, die damals nicht interessierte. Der Typ (2) ist der hier behandelte. Wir haben gesehen: Diese Gleichung hat

zwei (positive reelle) Lösungen, wenn $F < (a/2)^2$ ist,
eine (positive reelle) Lösung, wenn $F = (a/2)^2$ ist,
keine (positive reelle) Lösung, wenn $F > (a/2)^2$ ist.

Dieser Sachverhalt wird von al-Ḫwārizmī ausdrücklich beschrieben (s. S. 199).

Die quadratischen Gleichungen bieten daher keinen Anlaß zur Einführung komplexer Zahlen, denn in dem einzigen Fall, in dem sie auftreten würden, wußte man, daß die Gleichung „unmöglich" ist, und zwar bevor man anfing zu rechnen. Erst bei der Lösung kubischer Gleichungen beschäftigte man sich mit komplexen Zahlen.

Euklid behandelt dann in [El. VI, § 29] die Aufgabe der Flächenanlegung mit Überschuß (ὑπερβολή, Hyperbel): An eine gegebene Strecke ⟨a⟩ eine Fläche ⟨F⟩ so anzulegen, daß ein Quadrat überschießt (Abb. 2.29). Er löst sie geometrisch, ähnlich wie die vorangehende Aufgabe. Algebraisch ist das Gleichungssystem $x-y=a$, $xy=F$ zu lösen. Elimination von y ergibt:

$$x(x-a)=F, \quad \text{also} \quad x^2=ax+F.$$

Elimination von x ergibt

$$y(y+a)=F, \quad \text{also} \quad y^2+ay=F;$$

das sind die Typen (3) und (1).

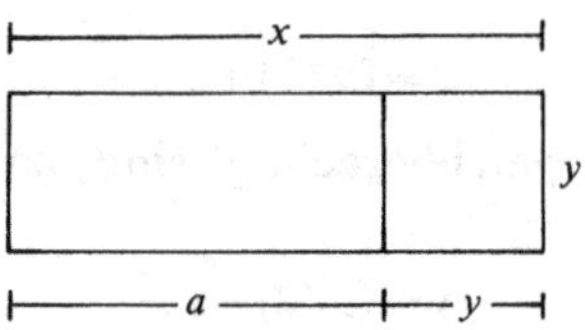

Abb. 2.29

Nach Proklos (bzw. Eudemos) [S. 419] stammt die Theorie der Flächenanlegung von den Pythagoreern. Es ist nicht unwahrscheinlich, daß diese an sich etwas seltsamen Aufgaben die Übersetzung babylonischer algebraischer Ideen in geometrische Konstruktionen sind.

Warum die Griechen algebraische Aussagen in geometrische übersetzt haben, ist oft besprochen worden. Geometrische Aussagen umfassen auch inkommensurable Größen, also Verhältnisse, die nicht durch Zahlenverhältnisse dargestellt werden können. Außerdem waren die Grundlagen der Arithmetik und Algebra nicht so klar wie die der Geometrie. Anscheinend hat man auf Grund der Definition der Zahl als Menge die Grundgesetze der Arithmetik auf Gesetze über endliche Mengen zurückgeführt, aber hier fehlte die klare begriffliche Erfassung.

2.4.2 Zur Geschichte der Kegelschnittslehre

Die Kunst des Konstruierens dürfte sich etwa im 5. Jh. voll entfaltet haben (z. B. bei Hippokrates), so daß u. a. die Konstruktion der regelmäßigen Polyeder (abschließend ausgearbeitet wahrscheinlich von Theaitetos) und dann auch die Konstruktion und Untersuchung der Kegelschnitte möglich geworden ist.

Pappos berichtet [Coll. VII, 30 = Hultsch S. 672]: „Die vier Bücher Euklids über die Kegelschnitte hat Apollonios so vervollständigt, daß er vier Bücher hinzugefügt, also acht Bücher herausgegeben hat. Aristaios, der die bis jetzt überlieferten fünf Bücher über körperliche Örter im Zusammenhang mit den Kegelschnitten geschrieben hat, nennt sie den Schnitt mit dem spitzwinkligen, dem rechtwinkligen und dem stumpfwinkligen Kegel.“

Ein geometrischer Ort ist eine Punktmenge, deren Elemente durch eine gegebene Bedingung bestimmt sind, z. B.: die Menge derjenigen Punkte, von denen aus eine gegebene Strecke unter gleichen Winkeln gesehen wird.

Die Griechen unterschieden ebene, körperliche und linienhafte Örter. Ebene Örter sind Gerade und Kreis, körperliche Örter sind solche, zu denen räumliche Konstruktionen erforderlich sind, insbesondere die Kegelschnitte, linienhafte Örter erfordern spezielle Kurvenkonstruktionen wie z. B. die Quadratrix. Das ist ein Ansatz dazu, geometrische Aufgaben und Kurven nach der Stufe der Schwierigkeit einzuteilen, eine Vorstufe zur Einteilung nach dem Grad der Gleichung, die natürlich erst nach Einführung der Koordinaten möglich war.

Bei Menaichmos dachten wir an die Möglichkeit, daß seine Kurven nur durch gewisse Bedingungen definiert und auf Grund dieser Definition gezeichnet sein könnten. Eine Äußerung von Eutokios [Kommentar zu Archimedes, dessen Op. Bd. 3, S. 96] scheint dem zu widersprechen. Es heißt dort: wer den Würfel verdoppeln wolle, brauche sich u. a. nicht darum zu sorgen, daß die Triaden (drei Kurven) des Menaichmos den Kegel schneiden,

μηδὲ Μεναιχμείους κωνοτομεῖν τριάδας
διζήσῃ,

er könne vielmehr das Verfahren des Eratosthenes anwenden. Die Äußerung stammt also aus einer Zeit nach Eratosthenes. Jedenfalls hat entweder schon Menaichmos oder Aristaios den Zusammenhang zwischen solchen Bedingungen und den Schnitten eines Kegels gesehen.

Euklid definiert [XI, Def. 18]: „Ein Kegel ist der Körper, der umschlossen wird, wenn ein rechtwinkliges Dreieck, während eine der Seiten um den rechten Winkel fest bleibt, durch Herumführen wieder in dieselbe Lage zurückgebracht wird, von der es ausging."

Man betrachtete also zunächst nur gerade Kreiskegel; man schnitt sie mit Ebenen senkrecht zu einer Mantellinie. Deshalb brauchte man für die drei Arten von Kegelschnitten drei verschiedene Kegel. Archimedes benutzt noch dieselben Namen wie Aristaios. Die Überschrift „Quadratur der Parabel" *Τετραγωνισμὸς παραβολῆς*, stammt sicher nicht von ihm; im Text der Arbeit kommt das Wort „Parabel" nicht vor.

Pappos berichtet [Coll. VII, 34 = S. 676–679], daß Euklid die Priorität des Aristaios anerkannt habe. Nach Hultsch soll diese Stelle von einem Scholiasten stammen, der über die alten Mathematiker gut Bescheid wußte. Euklid hätte danach auch hier, wie in den Elementen, Ergebnisse seiner Vorgänger übernommen und wahrscheinlich geordnet und erweitert. Die Werke von Euklid und Aristaios sind verloren; es ist verständlich, daß spätere Abschreiber sich nur für das modernste Werk, das des Apollonios, interessiert haben.

Apollonios ließ auch schiefe Kreiskegel zu. Er definiert [K. I, Def. 1]: „Wenn ein Punkt mit einem Punkte der Peripherie eines Kreises, welcher mit jenem Punkt nicht in einer Ebene liegt, geradlinig verbunden wird, die Verbindungslinie nach beiden Seiten verlängert wird und unter Beibehaltung jenes ersten Punktes längs der Kreisperipherie bewegt wird, bis sie in ihre ursprüngliche Lage zurückkehrt, so nenne ich die durch die Gerade beschriebene Fläche, die aus zwei im Scheitel aneinander grenzenden Flächen zusammengesetzt ist, deren jede bei Verlängerung der erzeugenden Geraden ins Unendliche reicht, eine Kegelfläche. ..."

Während Euklid den Kegel als Körper definiert, definiert also Apollonios die Kegel*fläche*. Dabei liegt die Auffassung zugrunde, daß eine Fläche durch Bewegung einer Linie entsteht, während für Euklid die Fläche Grenze eines Körpers ist.

Apollonios fand alle Kegelschnitte an demselben Kegel, indem er verschiedene Neigungen der Schnittebene zuließ. Er führte die Namen Parabel, Hyperbel, Ellipse ein; der Grund dafür wird im folgenden Abschnitt erkennbar werden.

2.4.3 Die „Scheitelgleichungen" der Kegelschnitte

Apollonios definiert [K. I, Def. 4]: „Als Durchmesser einer ebenen Kurve bezeichne ich eine Gerade, die irgendeine Schar paralleler Sehnen halbiert, als Scheitel der Kurve bezeichne ich den auf der Kurve liegenden Endpunkt des Durchmessers; jede der Parallelen aber bezeichne ich als zum Durchmesser geordnet gezogen."

„Geordnet" heißt *τεταγμένως*, lateinisch *ordinatim*. Das ist der Ursprung des Wortes „Ordinate".

Die Kennzeichnung der Parabel [K. I, § 11].

„Es werde ein Kegel durch die axiale Ebene ⟨ABC⟩ geschnitten (Abb. 2.30), außerdem durch eine zweite ⟨ZED⟩ die die Grundfläche des Kegels in einer Geraden schneidet, die senkrecht stehe auf der Grundlinie des durch die erste Ebene erzeugten axialen Dreiecks. Es sei ferner der Durchmesser des Kegelschnitts ⟨ZH⟩ der einen Seite ⟨AC⟩ des axialen Dreiecks parallel. Dann wird das Quadrat jeder von einem Punkt des Kegelschnittes bis zum Durchmesser gezogenen Parallelen zu der Geraden, in welcher die schneidende Ebene die Grundebene schneidet ⟨y^2⟩, gleich sein einem Rechteck, dessen eine Seite gleich der durch diese Parallele vom Durchmesser abgeschnittenen Strecke ⟨x⟩ ist, und dessen andere Seite eine konstante Strecke q ist ⟨$y^2 = qx$⟩, wobei q dadurch bestimmt ist, daß es sich zu der Entfernung zwischen der Spitze des Kegels und dem Scheitel des Kegelschnitts ⟨AZ⟩ verhält wie das Quadrat über der Basis des Grundkreises zum Rechteck, das aus den beiden anderen Seiten des Achsendreiecks gebildet ist. Ein solcher Kegelschnitt werde Parabel genannt."

$$\left\langle \frac{q}{AZ} = \frac{BC^2}{AC \cdot AB} \right\rangle$$

Beweis: Es gilt

(1) $y^2 = uv$ (Gleichung des Kreises über MN);

(2) $\frac{u}{x} = \frac{BC}{AC}$ denn $\triangle MLZ \sim \triangle BCA$;

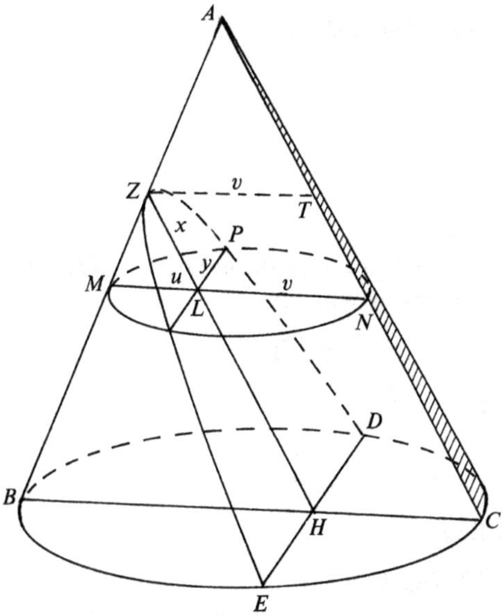

Abb. 2.30. Parabel.
Es ist $ZH \| AC$.

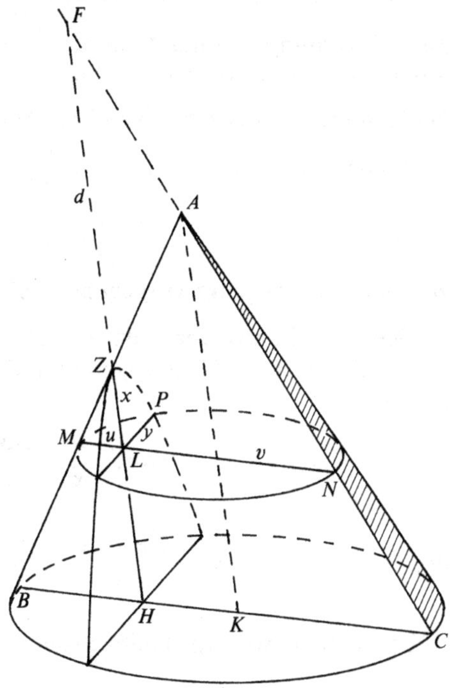

$ML = u, \quad LN = v,$
$ZL = x, \quad LP = y.$

Abb. 2.31. Hyperbel.
Es wird $AK \| ZH$ gezeichnet.

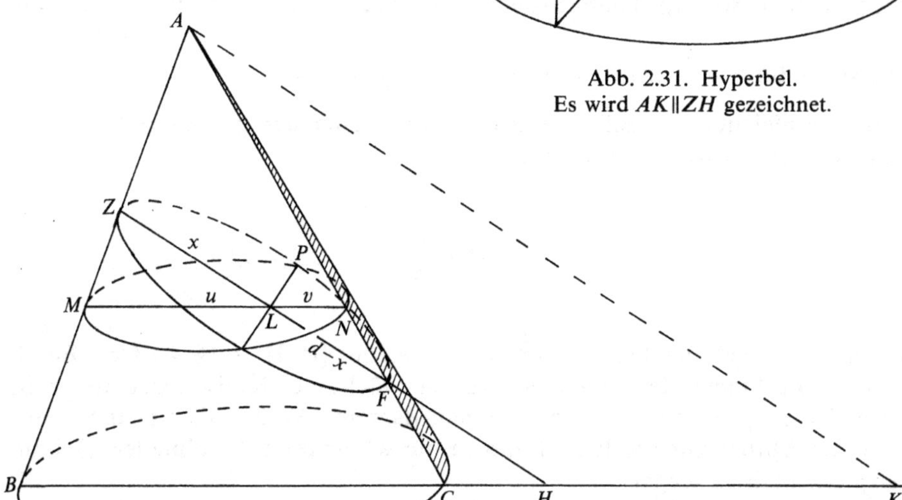

Abb. 2.32. Ellipse.
Es wird $AK \| ZH$ gezogen.

(3) $$\frac{v}{AZ}=\frac{BC}{AB} \quad \text{denn } \triangle ZTA \sim \triangle BCA$$

Daraus folgt $y^2=\dfrac{AZ\cdot BC^2}{AC\cdot AB}\cdot x=q\cdot x$.

Für zwei Parabelpunkte ergibt sich $\dfrac{y_1^2}{y_2^2}=\dfrac{x_1}{x_2}$.

Diese Beziehung benutzt Archimedes [Qu. P. § 3] mit der Bemerkung: „Dies ist in den Elementen der Kegelschnittlehre bewiesen worden."

Die Kennzeichnung der Hyperbel (Abb. 2.31) [K. I, § 12].

Wieder ist $y^2=uv$, ferner $\dfrac{u}{x}=\dfrac{BK}{AK}$, $\dfrac{v}{d+x}=\dfrac{KC}{AK}$

also ist $$y^2=\frac{BK\cdot KC}{AK^2}\cdot(d+x)\cdot x=p\cdot(d+x)\cdot x.$$

(BK, KC und AK sind vorgegebene Größen).

Die Kennzeichnung der Ellipse (Abb. 2.32) [K. I, § 13].

Die durch A zu ZH gezogene Parallele trifft BC jetzt außerhalb des Kegels. Es gilt:

$$y^2=uv, \quad \frac{u}{x}=\frac{BK}{AK}, \quad \frac{v}{d-x}=\frac{CK}{AK},$$

also $$y^2=\frac{BK\cdot CK}{AK^2}\cdot(d-x)\cdot x=p\cdot(d-x)\cdot x.$$

Bezeichnen wir die Halbachsen der Ellipse mit a, b, so ist $a=\dfrac{d}{2}$, b der Wert von y für $x=\dfrac{d}{2}$, also $b=\sqrt{p}\cdot\dfrac{d}{2}$; also ist $p=b^2/a^2$.

Wir vergleichen die Ellipse mit dem Kreis über der großen Achse. Seine Gleichung ist $z^2=(d-x)\cdot x$; also gilt

$$\frac{y}{z}=\sqrt{p}=\frac{b}{a}.$$

Aus dieser Beziehung hat Archimedes abgeleitet [P. H. E. § 4 = Op., Bd. 1, 276 ff.]: „Die Fläche der Ellipse hat zu der Fläche des Kreises, der die große Achse der Ellipse zum Durchmesser hat, dasselbe Verhältnis wie die kleine Achse der Ellipse zur großen." (Statt „Ellipse" schreibt Archimedes „Schnitt des spitzwinkligen Kegels".)

Vergleicht man die kennzeichnenden Gleichungen der Kegelschnitte mit den bei der Flächenanlegung (S. 128) aufgetretenen Gleichungen $F=ax$, $F=x(a-x)$, $F=y(a+y)$, so werden die Namen der Kegelschnitte verständlich.

Zum Vergleich mit der Koordinatengeometrie von Fermat und Descartes sei bemerkt, daß die kennzeichnenden Gleichungen Beziehungen zwischen Größen des einzelnen Kegelschnitts (Länge der Sehne und der Abschnitte des Durchmessers) angeben; von einem Koordinatensystem ist nicht die Rede.

In [K. I, § 52–56] zeigt Apollonios, daß bei gegebenem Parameter (q bzw. p) stets ein Kegel und eine Ebene gefunden werden können, deren Schnitt eine Parabel bzw. Hyperbel bzw. Ellipse mit dem gegebenen Parameter ist. Bei der Untersuchung der Kegelschnitte braucht man nun nicht mehr auf die räumliche Konstruktion zurückzugreifen; alles, was man über die Kegelschnitte wissen will, kann man in der Ebene aus den kennzeichnenden Gleichungen ableiten.

2.4.4 Tangenten an die Kegelschnitte

Apollonios [K. I, § 33]: „Wenn von einem Parabelpunkt eine Sehne zum Durchmesser geordnet gezogen wird und der auf dem Durchmesser gebildete Abschnitt über die Parabel hinaus um sich selbst verlängert wird, so wird die Verbindungslinie des so gewonnenen Punktes mit dem auf der Parabel gewählten Punkt die Parabel berühren." (Abb. 2.33).

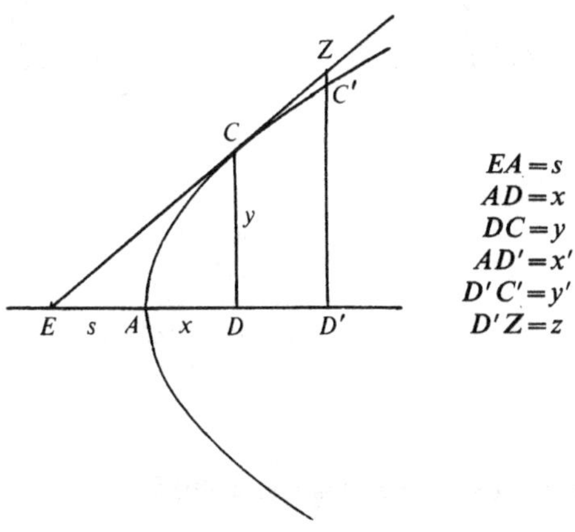

Abb. 2.33

Apollonios beweist: Wenn $EA = AD = x$ gewählt wird, enthält die Gerade EC keinen Innenpunkt der Parabel, d. h. die Annahme $z < y'$ führt zu einem Widerspruch.

Beweis: Es ist

(1)
$$\frac{z}{y} = \frac{x + x'}{2x} \left(= \frac{ED'}{ED} \right)$$

(2)
$$\frac{y'^2}{y^2} = \frac{x'}{x}.$$

Wäre $z<y'$, so wäre

$$\left(\frac{x+x'}{2x}\right)^2<\frac{y'^2}{y^2}=\frac{x'}{x}.$$

Daraus würde folgen $\left(\frac{x+x'}{2}\right)^2<xx'$ im Widerspruch zu einem bekannten Satz (s. S. 128).

Diesen Beweis findet man noch bei Galilei [4.4].

§ 34: „Es werde auf einer Hyperbel, Ellipse oder einem Kreise ein Punkt angenommen und durch ihn eine Sehne geordnet zum Durchmesser gezogen. Sie teilt den Durchmesser nach einem gewissen Verhältnis außen oder innen. Wenn nun der Durchmesser nach dem gleichen Verhältnis innen oder außen (also harmonisch) geteilt wird und durch diesen Teilpunkt die Verbindungslinie mit dem Kurvenpunkt gezogen wird, so berührt diese Verbindungslinie die Kurve.“ (Abb. 2.34, 2.35).

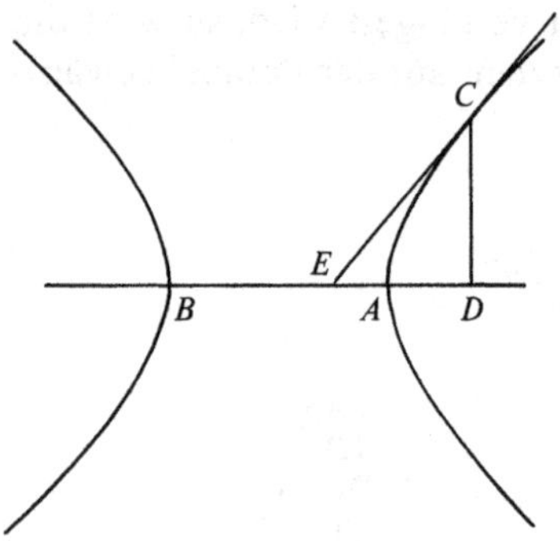

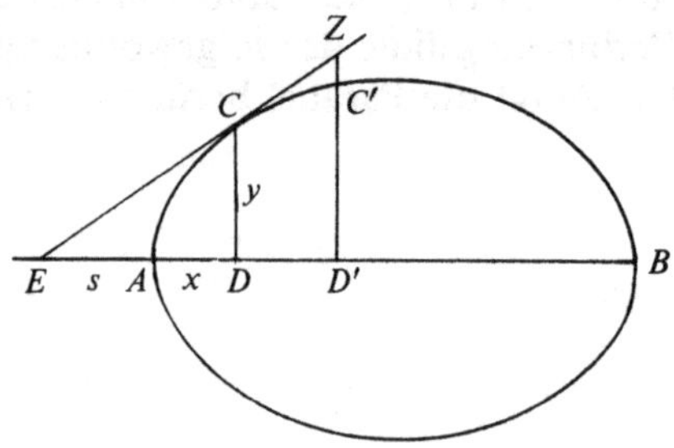

$AB=d$
$EA=s$
$AD=x,\ DC=y$
$AD'=x',\ D'C'=y'$
$D'Z=z.$

Abb. 2.34 Abb. 2.35

Beweis für die Ellipse: Vorausgesetzt wird

$$(1)\qquad \frac{EA}{EB}=\frac{DA}{DB},\quad \text{also}\quad \frac{s}{s+d}=\frac{x}{d-x}.$$

(Die Längen der Strecken werden ohne Rücksicht auf die Richtung positiv gerechnet.)

Es soll gezeigt werden, daß $z>y'$ ist.

Apollonios erreicht das durch geschicktes Rechnen mit Streckenverhältnissen mit einigen Hilfslinien. Der Beweis ist so ausführlich dargestellt, daß jeder Schritt leicht nachvollzogen werden kann. Ich skizziere hier einen Weg, der vielleicht als eine Übersetzung des Grundgedankens von Apollonios ins Algebraische angesehen werden kann.

Zur Verfügung stehen die Gleichungen

$$\frac{z}{y} = \frac{x'+s}{x+s} \tag{2}$$

$$\frac{y^2}{y'^2} = \frac{(d-x)\,x}{(d-x')\,x'}. \tag{3}$$

Daraus kann man ausrechnen

$$\frac{z^2}{y'^2} = \frac{(x'+s)^2}{(x+s)^2} \cdot \frac{(d-x)\,x}{(d-x')\,x'};$$

mit Hilfe von (1) läßt sich feststellen, daß der Zähler größer ist als der Nenner.

Mit diesem Satz ist Apollonios schon dem Satz über Pol und Polare recht nahe, den er in [K. III, § 37] ausspricht: „Zieht man durch den Schnittpunkt zweier Tangenten eines Kegelschnitts, eines Kreises oder zweier zugehöriger Hyperbeln eine Gerade, die die Kurve in zwei Punkten schneidet, so wird diejenige Strecke auf ihr, die zwischen diesen Punkten liegt, durch die Verbindungslinie der Berührungspunkte der Tangenten und den Tangentenschnittpunkt im gleichen Verhältnis geteilt.“

2.4.5 Einige Beispiele aus der „Sammlung“ des Pappos

Pappos lebte in Alexandria um 300 n. Chr., und wir sind mit unserer Darstellung noch im 3. Jh. v. Chr. Trotzdem seien einige Beispiele aus seiner „Sammlung“ hier angefügt, weil er in diesem Werk meist über ältere Ergebnisse berichtet und sie kommentiert, allerdings manchmal auch ergänzt.

Ein Abschnitt in Buch III [12–16, S. 70–83] handelt „von den drei Mitteln“. Die Definitionen sind (gekürzt, in moderner Schreibweise):
b ist arithmetisches Mittel zwischen a und c ($a>b>c$), wenn

$$a-b=b-c \text{ oder } a:a=(a-b):(b-c) \text{ ist,}$$

geometrisches Mittel, wenn $a:b=b:c$ oder $a:b=(a-b):(b-c)$ ist,

harmonisches Mittel, wenn $a:c=(a-b):(b-c)$ ist. ⟨Für das harmonische Mittel gilt auch $b=\frac{2ac}{a+c}$, ferner: $\frac{1}{b}$ ist das arithmetische Mittel zwischen $\frac{1}{a}$ und $\frac{1}{c}$. In der „harmonischen Reihe“ $1+\frac{1}{2}+\frac{1}{3}+\frac{1}{4}+\dots$ ist also jedes Glied das harmonische Mittel zwischen den beiden benachbarten Gliedern.⟩

Nun werden die Mittel geometrisch konstruiert. Eine Konstruktion des arithmetischen Mittels erwähnt Pappos verständlicherweise nicht. Das geometrische Mittel erhält er gemäß Abb. 2.36: *BD* ist das geometrische Mittel zwischen *AB* und *BC*.

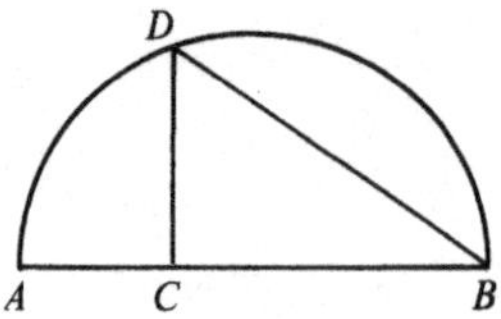

Abb. 2.36

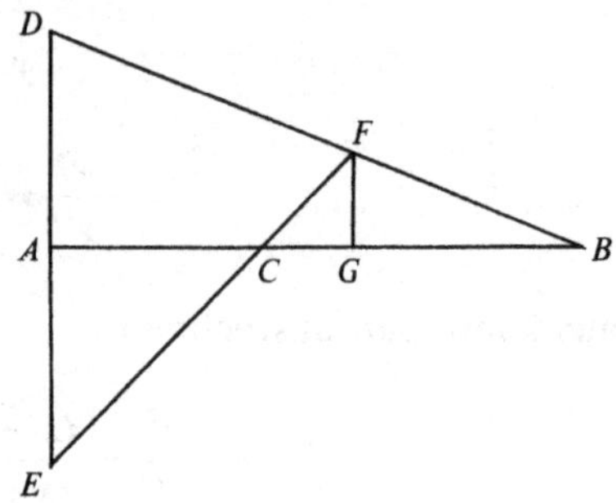

Abb. 2.37

Das harmonische Mittel zwischen $AB=a$ und $BG=c$ wird so konstruiert (s. Abb. 2.37): Zeichne senkrecht zu *AB* die Gerade *DAE* und mache $AD=AE$. Verbinde *D* mit *B* und errichte in *G* die Senkrechte auf *AB*. Der Schnittpunkt dieser beiden Geraden sei *F*. Verbinde *E* mit *F*; die Verbindungsgerade schneide *AB* in *C*. Dann ist $AC=b$ das gesuchte harmonische Mittel.
Beweis: $a:c=AB:BG=AD:FG=AC:CG=(a-b):(b-c)$.
⟨Die vorletzte Gleichung besagt: $AB:BG=AC:CG$, d.h. die Strecke *AG* wird von *B* und *C* außen und innen im gleichen Verhältnis geteilt, *C* ist also der vierte harmonische Punkt zu *A*, *G* und *B*.

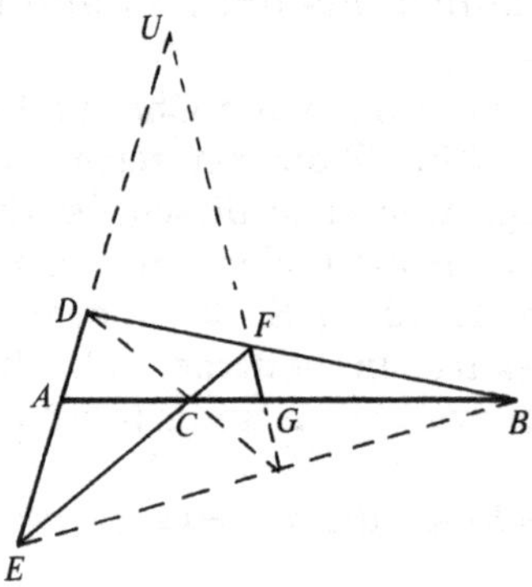

Abb. 2.38

Im Lichte der projektiven Geometrie kann man die Konstruktion so sehen: Auf einer von *AB* verschiedenen Geraden durch *A* verschafft man sich vier harmonische Punkte *E*, *D*, *A*, *U*. Bei der Konstruktion des Pappos ist der vierte harmonische Punkt zu *D*, *E* und *A* der uneigentliche Punkt der Geraden, in Abb. 2.38 der Punkt *U*. Man projiziert *E*, *A*, *D*, *U* von *B* aus auf die Gerade *UG*, sodann von *E* aus auf *AB*.⟩

Pappos konstruiert jeweils nicht nur das Mittel, sondern zu je zwei Größen in der Proportion die dritte. Er sagt, daß er diese Konstruktion „gemäß den Alten" berichtet habe [S. 80]. Wir dürfen dabei wohl an die Pythagoreer denken. Er selbst fügt eine Konstruktion hinzu, mit der alle drei Mittel in *einer* Zeichnung hergestellt werden können.

Im Buch VII berichtet Pappos u. a., daß Euklid drei Bücher „Porismen" geschrieben habe. Was „Porismen" sind, erläutert er ausführlich, ohne daß es dadurch klar wird. Es sollen Zwischendinge zwischen Problemen (Konstruktionsaufgaben) und Theoremen sein. Während ein Problem das Finden einer Konstruktion verlangt, und ein Theorem einen Beweis, soll bei einem Porisma beides nötig sein. U. a. schreibt Pappos [S. 652]: *πόρισμά ἐστιν τὸ λεῖπον ὑποθέσει τοπικοῦ θεωρήματος.* „Ein Porisma ist das, was an der Voraussetzung für einen Satz über einen Ort fehlt." Man könnte auf den Gedanken kommen, daß es sich um Aussagen über unterbestimmte geometrische Örter handelt, d. h. über Kurvenscharen, die von einem oder mehreren noch unbestimmten Parametern abhängen.

Leider gibt Pappos nur Hilfssätze oder Erläuterungen zu den Porismen Euklids an, nicht die Porismen selbst. Diese Hilfssätze haben durchaus selbständiges Interesse; und wenn man von ihnen auf die Porismen selbst schließt, muß das ein bedeutendes Werk gewesen sein. [Coll. VII, S. 648–661, 866–919], [Heath, Gr. M. Bd. 1, S. 431–438].

[Coll. VII, Prop. 129, S. 870–873] (Buchstaben geändert) Abb. 2.39. „Werden durch die drei Geraden SB, SC, SD von einem beliebigen Punkt A aus die Geraden $ABCD$, $AB'C'D'$ gezogen, so gilt:

$$AB \cdot CD : CB \cdot AD = AB' \cdot C'D' : C'B' \cdot AD'\text{."}$$

⟨Behauptet wird also die Invarianz des Doppelverhältnisses bei einer (speziellen) perspektiven Abbildung.⟩

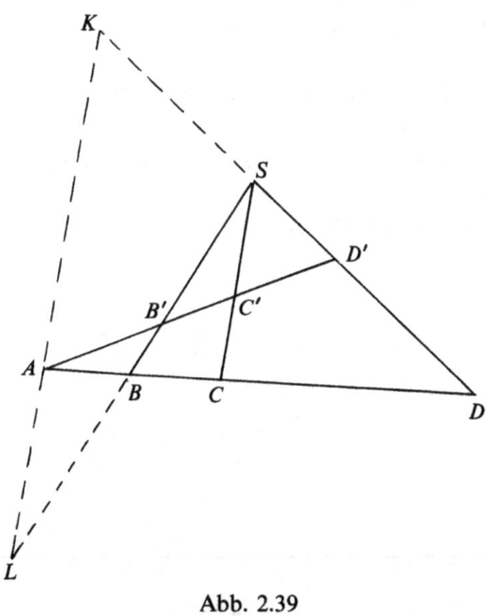

Abb. 2.39

Beweis: Man zeichne durch A die Parallele zu SC; sie schneide DS in K und SB in L.

Es ist $\triangle BAL \sim \triangle BCS$, also $\dfrac{AB}{CB} = \dfrac{AL}{CS}$.

Da $SC \| KA$ ist, gilt $\dfrac{CD}{AD} = \dfrac{CS}{AK}$.

Zusammensetzen der Verhältnisse ergibt $\dfrac{AB \cdot CD}{CB \cdot AD} = \dfrac{AL}{AK}$.

Ebenso ergibt sich $\dfrac{AB' \cdot C'D'}{C'B' \cdot AD'} = \dfrac{AL}{AK}$.

$\dfrac{AB \cdot CD}{CB \cdot AD}$ heißt nach Jacob Steiner „Doppelverhältnis" [4.4]; wir schreiben dafür (AC, BD).

Eine Umkehrung von Prop. 129 ist Prop. 136: Wenn die Punkte A, B, C, D und A, B', C', D' auf je einer Geraden liegen, S der Schnittpunkt der Geraden BB' und DD' ist und

$$(1) \qquad (AC, BD) = (AC', B'D')$$

ist, so liegen die Punkte C, S, C' auf einer Geraden.

Wenn nämlich die Gerade CS die Gerade AB' in C'' schneidet, gilt

$$(2) \qquad (AC, BD) = (AC'', B'D').$$

Aus (1) und (2) folgt $C' = C''$. Das hat erst von Staudt 1847 bewiesen [4.4]. Pappos beweist den Satz mit Hilfskonstruktionen und mittels ähnlicher Dreiecke.

Der sog. Satz von Pappos-Pascal erscheint in Prop. 139 ungefähr in der Form (Abb. 2.40): Die Geraden AEC und DBF mögen sich in N schneiden. Es sei

R der Schnittpunkt von AB, DE,
S der Schnittpunkt von BC, EF
T der Schnittpunkt von CD, FA.

Dann liegen R, S, T auf einer Geraden.

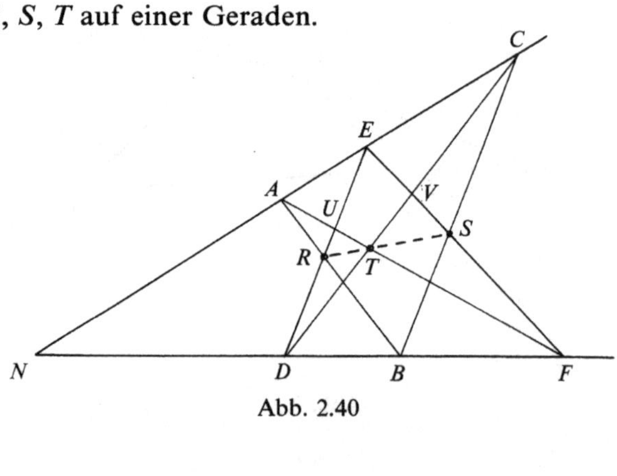

Abb. 2.40

Nach Prop. 136 muß bewiesen werden, daß $(ER, UD) = (ES, FV)$ ist.
Beweis: Man projiziere die Gerade ED von A aus auf die Gerade ND. Nach Prop. 129 ist dann $(ER, UD) = (NB, FD)$.
Projektion der Geraden EF von C aus auf die Gerade NB ergibt $(ES, FV) = (NB, FD)$.
Daraus folgt die Behauptung.

2.5 Aus Arithmetik und Algebra

2.5.1 Aus der Zahlentheorie

1. Primzahlen

Die Arithmetik wurde hauptsächlich im Kreis der Pythagoreer gepflegt, in deren Weltbild oder - wenn man so sagen soll - Religion ja die (ganzen) Zahlen eine große Rolle spielten. Die auf die Pythagoreer zurückgehenden sog. „arithmetischen Bücher" von Euklids Elementen (VII-IX) enthalten nicht nur ausführliche Untersuchungen über Zahlenverhältnisse, sondern auch einige grundlegende Sätze über Teilbarkeit und Primzahlen, z. B.:
[VII, § 30] (gekürzt): „Wenn eine Primzahl ein Produkt mißt, muß sie auch einen der Faktoren messen."
[VII, § 32]: „Jede Zahl ist entweder Primzahl oder wird von irgendeiner Primzahl gemessen."
[IX, § 14]: „Die kleinste Zahl, die von gewissen Primzahlen gemessen wird, läßt sich durch keine andere Primzahl messen außer den ursprünglich messenden."
[IX, § 20]: „Es gibt mehr Primzahlen als jede vorgelegte Anzahl von Primzahlen."

2. Pythagoreische Zahlentripel

Ein systematisches Verfahren zum Auffinden solcher Tripel haben vielleicht schon die Babylonier gehabt - wenn die Interpreten des Textes Plimpton 322 die Gedanken des Verfassers richtig erraten haben.

Euklid, dessen Bezeichnungsweise hier etwas vereinfacht wird, geht [El. X, § 28 a] von der Beziehung aus:

$$ab + \left(\frac{a-b}{2}\right)^2 = \left(\frac{a+b}{2}\right)^2 . \qquad (1)$$

Damit ganze Zahlen entstehen, müssen a und b beide gerade oder beide ungerade sein. Sodann muß man a, b so wählen, daß ab eine Quadratzahl wird. Das ist der Fall, wenn a und b ähnliche ebene Zahlen sind.

Ebene Zahlen sind solche, die in zwei Faktoren zerlegbar sind, etwa $a=pq$, $b=uv$. Ähnlich sind sie, wenn es eine ganze Zahl k gibt, so daß $p=ku$, $q=kv$ wird. Dann wird

$$ab=k^2u^2v^2 .$$

Ist uv gerade, so kann die Gleichung durch $(uv/2)^2$ dividiert werden, und man erhält

$$4k^2+(k^2-1)^2=(k^2+1)^2 . \tag{2}$$

Ist $b=uv$ ungerade, so muß auch $a=k^2uv$ ungerade, also k ungerade sein. Dann erhält man durch Division durch uv

$$k^2+\left(\frac{k^2-1}{2}\right)^2=\left(\frac{k^2+1}{2}\right)^2 . \tag{3}$$

Nach Proklos [S. 428] stammt die Vorschrift (2) von Platon, (3) von Pythagoras.

3. Figurierte Zahlen

Stellt man Zahlen durch ausgelegte Steinchen dar, so kann man aus ihnen Figuren legen und aus solchen Figuren auch Sätze ablesen. Das ist wahrscheinlich schon in sehr früher Zeit geschehen. Man hat Dreieckszahlen, Quadratzahlen, Fünfeckszahlen usw., im Raum Pyramidenzahlen mit dreieckiger oder quadratischer Basis, Kubikzahlen. Außer vereinzelten Hinweisen, z. B. bei Aristoteles [Phys. III, 4 = 203 a 13–15], finden wir zusammenhängende Darstellungen in der Arithmetik des Nikomachos von Gerasa und in der Schrift über Polygonalzahlen des Diophant. Nach Diophant soll Hypsikles (2. Jh. vor Chr.) den Satz gekannt haben: Die n-te p-ecks-zahl ist die Summe der ersten n Glieder der arithmetischen Reihe mit dem Anfangsglied 1 und der Differenz $d=p-2$ (s. Abb. 2.42). [Diophant Op. Bd. 1, S. 460].

Boetius (um 500 nach Chr.) hat die Arithmethik des Nikomachos lateinisch bearbeitet; dadurch kam sie in den Lehrplan der abendländischen Universitä-

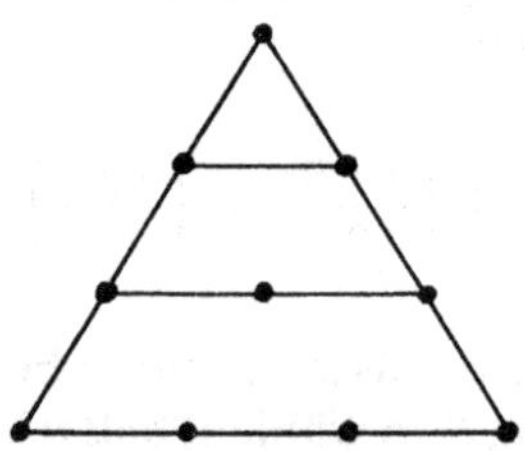

Abb. 2.41. Dreieckszahlen

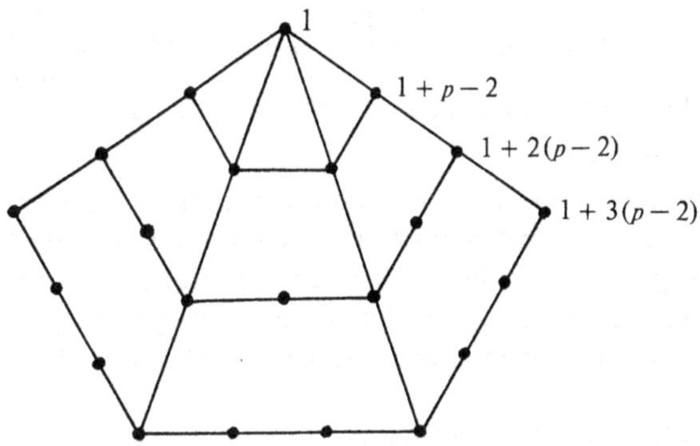

Abb. 2.42. Fünfeckszahlen

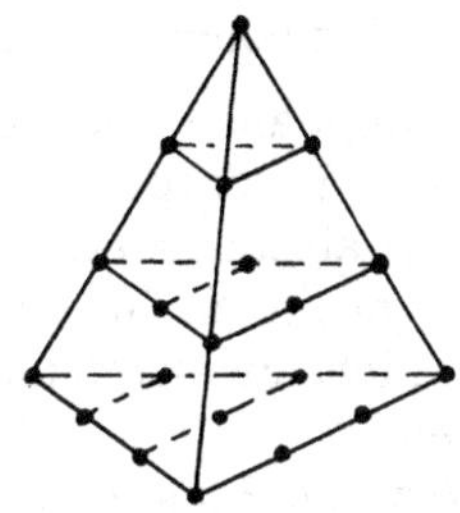

Abb. 2.43. Pyramidenzahlen

ten. Wir finden sie z. B. in dem Lehrbuch von Gregor Reisch [4.4]. Das Interesse an diesen Zahlen ist auch in der Neuzeit nicht erloschen, z. B. hat Fermat bemerkt, daß sich jede ganze Zahl als Summe von höchstens p p-ecks-zahlen darstellen läßt [4.4].

2.5.2 Aus der Algebra

Es hat bei den Griechen sicher einen elementaren praktischen Rechenunterricht gegeben [K. Vogel, Griech. Logistik], aber wenn es dazu Lehrbücher gegeben haben sollte, so sind sie nicht erhalten.

Bei Gelegenheit der Alexanderzüge sind astronomische Daten, wahrscheinlich auch algebraische Aufgaben und Lösungen nach Griechenland gekommen. Erkennbar ist das allerdings nur an der Ähnlichkeit, die manche Stellen bei Euklid, mehr noch bei Heron und Diophant mit babylonischen Problemen haben.

Diophants „Arithmetik" beginnt mit einer Aufzählung von Arten *(εἴδη)* von Zahlen, für die Bezeichnungen eingeführt werden:

$$\begin{array}{ll} \Delta^Y = \delta\acute{\upsilon}\nu\alpha\mu\iota\varsigma & \langle = \text{Quadrat} = x^2 \rangle \\ K^Y = \kappa\acute{\upsilon}\beta o\varsigma & \langle = \text{Kubus} = x^3 \rangle \\ \Delta^Y\Delta = \delta\upsilon\nu\alpha\mu o\delta\acute{\upsilon}\nu\alpha\mu\iota\varsigma & \langle = \text{Quadratoquadrat} = x^4 \rangle \\ \Delta K^Y = \delta\upsilon\nu\alpha\mu\acute{o}\kappa\upsilon\beta o\varsigma & \langle = \text{Quadratokubus} = x^5 \rangle \\ K^Y K = \kappa\upsilon\beta\acute{o}\kappa\upsilon\beta o\varsigma & \langle = \text{Kubokubus} = x^6 \rangle \end{array}$$

Eine unbekannte Größe, die keine Potenz einer Zahl ist, heißt *ἀριθμός* (Zahl) und wird durch ein Zeichen ausgedrückt, das Ähnlichkeit mit einem griechischen Schluß-ς hat und als Ligatur von *αρ* aufgefaßt werden kann. Dieses Zeichen tritt (mit Varianten) nicht nur in Diophant-Handschriften auf, die aus späterer Zeit stammen, sondern auch in einem Papyrus aus der Zeit Diophants [Pap. Michigan 620]. Wir schreiben dafür *s*.

Die reziproken Potenzen heißen *ἀριθμοστόν* $\left\langle = \frac{1}{x} \right\rangle$. *δυναμοστόν* $\left\langle = \frac{1}{x^2} \right\rangle$ usw. Sie werden durch ein Symbol bezeichnet, das Ähnlichkeit mit einem (etwas gebogenen) × hat: $\varsigma^{\times}$, $\Delta^{Y\times}$ usw.

Diophant stellt die Multiplikationsregeln für die Potenzen, auch die reziproken Potenzen, zusammen. Dazu kommt weiter die Regel: Das Produkt zweier abzuziehender Größen ist positiv, das Produkt einer abzuziehenden mit einer positiven Größe ist eine abzuziehende Größe. Die Übersetzung ist wegen der nicht zu vermeidenden Fachwörter problematisch; der griechische Text lautet:
Λεῖψις ἐπὶ λεῖψιν πολλαπλασιασθεῖσα ποιεῖ ὕπαρξιν,
λεῖψις δὲ ἐπὶ ὕπαρξιν ποιεῖ λεῖψιν.
Es sind nicht negative Zahlen gemeint, sondern die „abzuziehenden" Zahlen etwa bei der Ausrechnung von $(a-b)(c-d)$; insgesamt müssen die Zahlen positiv sein. Maximos Planudes sagt in einem Scholion [Diophant Op. Bd. 2, S. 139]: Diophant „spricht von etwas Positivem, das eine Wegnahme enthält."

Diophant benutzt auch ein Minuszeichen: ⋔. Heath hält es für wahrscheinlich, daß dieses Zeichen nicht, wie bei Diophant steht, ein umgekehrtes *Ψ* ist, sondern eine Kombination aus *Λ* und *I*, den Anfangsbuchstaben des Stammes *λιπ* von *λείπειν* [Gr. M. Bd. 2, S. 459].

εἶδος, das wir hier mit „Art" übersetzt haben, heißt lateinisch *species*; vielleicht ist das der Grund dafür, daß Viète seine Buchstabenrechnung „Logistica speciosa" nennt [4.4].

Für die Lösung von Gleichungen, in denen nur zwei Potenzen der Unbekannten vorkommen, gibt Diophant die Regel, daß sie auf die Form $a \cdot x^p = b \cdot x^q$ gebracht werden sollen; $p=0$ oder $q=0$ ist zugelassen: „Wenn bei einem Problem gewisse Arten denselben Arten gleich sind, aber nicht gleichviel, so muß man auf beiden Seiten Gleichartiges von Gleichartigem wegnehmen (*ἀφαιρεῖν*, abziehen), bis eine Art einer Art gleich ist. Wenn aber auf einer Seite oder auf beiden Seiten Subtrahenden stehen, so muß man auf beiden Seiten des Fehlende zusetzen (*προσθεῖναι*, addieren), so daß auf beiden Seiten nur Positives steht, und alsdann von beiden Seiten wieder Gleiches wegnehmen, bis auf beiden Seiten nur je eine Art übrigbleibt."
προσθεῖναι entspricht arabisch *al-ǧabr* = Einrichten, Ergänzen
ἀφαιρεῖν entspricht arabisch *al-muqābala* = Ausgleichen.
Ein Werk von al-Ḫwārizmī (9. Jh. n. Chr.) heißt: *Al-kitāb al-muḫtasar fī ḥisāb al-ǧabr w'al-muqābala* = ein kurzgefaßtes Buch über die Rechenverfahren des *al-ǧabr* und *al-muqābala*. Das ist der Ursprung des Wortes „Algebra".

Was bisher von Diophant berichtet wurde, steht in der Einleitung zum I. Buch. Im übrigen ist das Werk eine Sammlung von Aufgaben; sie sind zwar nach der Art der Probleme geordnet, aber eine allgemeine Theorie wird nicht geboten.

Beispiele:
Buch I, Aufg. 16: „Drei Zahlen von der Beschaffenheit sind zu finden, daß die Summen zu je zweien gegebenen Zahlen gleich sind. – Es ist dabei notwendig,

daß die halbe Summe der drei gegebenen Zahlen größer ist als jede der gegebenen Zahlen.“

Die Aufgabe ist also in unserer Schreibweise:

$$\begin{aligned} x+y \quad &= a \quad \text{(Diophant: 20)} \\ y+z &= b \quad (30) \\ x \quad +z &= c \quad (40)\,. \end{aligned}$$

Die Nebenbedingung erhält man so: Addition der drei Gleichungen ergibt $x+y+z=(a+b+c)/2$, und das muß $>x+y=a$ usw. sein.

Diophant führt das System auf eine Gleichung mit einer Unbekannten zurück, indem er

$$x+y+z=s$$

setzt. Dann ist

$$s=(a+b+c)/2, \quad x=s-b, \quad y=s-c, \quad z=s-a.$$

Diophant gibt die Lösung in Worten und mit den angegebenen bestimmten Zahlen, benutzt aber auch die verfügbaren Symbole.

I, 17 ist dieselbe Aufgabe mit vier Gleichungen und vier Unbekannten. 1484 hat Nicolas Chuquet die Aufgabe behandelt: [4.4] [Tropfke (unter 4.0.2.2) S. 147]: „Gesucht sind fünf Zahlen von der Art, daß sie zusammen ohne die erste 120 ergeben, ohne die zweite 180, ohne die dritte 240, ohne die vierte 300 und ohne die fünfte 360“, also

$$\begin{aligned} x_2+x_3+x_4+x_5 = s-x_1 &= a_1 = 120 \\ s-x_2 &= a_2 = 180 \\ s-x_3 &= a_3 = 240 \\ s-x_4 &= a_4 = 300 \\ s-x_5 &= a_5 = 360\,. \end{aligned}$$

Aus $4s=a_1+a_2+a_3+a_4+a_5$ würde sich hier die Bedingung

$$\frac{s}{4}>a_i \text{ für alle } i$$

ergeben. Sie ist für a_4 und a_5 nicht erfüllt. In der Lösung

$$x_1=180, \quad x_2=120, \quad x_3=60, \quad x_4=0, \quad x_5=-60$$

tritt daher 0 und eine negative Zahl auf. Das ist das erste Auftreten einer negativen reinen Zahl als Lösung einer Gleichung im Abendland; als „Schulden“ kommt eine negative Lösung bereits bei Leonardo von Pisa (1225) vor [4.4].

V, 1 als ein Beispiel (mittlerer Schwierigkeit) für die Art von Aufgaben, die Diophant hauptsächlich behandelt: „Es sind drei Zahlen $\langle A, B, C\rangle$ in geometrischer Proportion zu finden, so daß jede, vermindert um eine gegebene Zahl, ein Quadrat ergibt. Die gegebene Zahl sei 12.
Wenn die Zahlen in geometrischer Proportion stehen, so ist das Produkt der äußeren Glieder gleich dem Quadrat des mittleren $\langle A\cdot C=B^2\rangle$. Ich frage nun, welches Quadrat, vermindert um 12, ein Quadrat ist. Das ist leicht, eine solche Zahl ist $42\frac{1}{4}$."

Diophant bestimmt also zunächst eine Zahl k mit

$$k^2-12=\text{Quadrat}.$$

Man kann den speziellen Ansatz machen

$$k^2-12=(k-1)^2$$

und findet $k=6\frac{1}{2}$.

Diophant setzt nun $A=k^2$; dann ist die erste Bedingung, nämlich $A-12=$Quadrat, erfüllt.

Ferner setzt er $C=s^2$; dann folgt aus $A\cdot C=B^2$:

$$B=ks\,.$$

Nun müssen $s^2-12=p^2$ und $ks-12=q^2$ Quadratzahlen sein. Diophant bildet

$$p^2-q^2=s(s-k)\,,$$

vergleicht dies mit

$$\left(\frac{a+b}{2}\right)^2-\left(\frac{a-b}{2}\right)^2=a\cdot b$$

und setzt $a=s$, $b=s-k$, also

$$p=\frac{1}{2}(2s-k),\quad q=\frac{1}{2}k=\frac{13}{4}\,.$$

Aus der Gleichung

$$ks-12=q^2=\frac{169}{16}$$

ergibt sich $s=\dfrac{361}{104}$ und somit $A=42\dfrac{1}{2}$, $B=\dfrac{2346\frac{1}{2}}{104}$, $C=\dfrac{130321}{10816}$.

Bemerkt sei: Obwohl Diophant stets verlangt, „Zahlen" zu finden, läßt er auch Brüche als Lösungen zu, jedoch keine irrationalen Zahlen.

2.6 Aus der Entwicklung der Naturwissenschaft

Wir haben oben (2.2.1) darzulegen versucht, daß die Art der griechischen Mathematik zusammen mit der griechischen Philosophie und Naturwissenschaft entstanden ist und daß dieser Entwicklung eine gemeinsame Einstellung zugrunde liegt: Das Weltgeschehen soll nicht als Analogie zu menschlichen Erlebnissen, sondern „rational“ verstanden werden. Was „rational“ heißen soll, muß dabei erst erarbeitet werden.

Was verstanden werden soll, ist der Himmel, die Sonne, der Mond, die Sterne, ihre Bewegungen, ihre Auf- und Untergänge – und die Erde, ihre Größe und Gliederung, das Wetter, dann insbesondere das Werden und Vergehen der irdischen Dinge.

Wie soll das alles verstanden werden?

2.6.1 Astronomie

1. Entwicklung der Vorstellungen

Eine gewisse Ordnung am Himmel hatten auch die Babylonier und Ägypter beobachtet und zur Zeitmessung und zu Vorhersagen benutzt. Auf- und Untergänge der Sterne wurden beobachtet, auch Finsternisse, aber Vorstellungen über die Natur der Sterne (natürlich sind sie Götter) oder über die Bahnen finden wir nicht.

Thales stellte sich die Erde als eine Scheibe vor, die auf dem Wasser schwimmt [Aristoteles, Über den Himmel II, 13 = 294 a 28–32]. Anaximander dachte sie sich als eine Säulentrommel, deren Höhe 1/3 ihres Durchmessers ist, die in der Mitte der Welt schwebt. „Die Gestirne seien radförmige Verdichtungen von Luft, die von Feuer erfüllt seien und an gewissen Öffnungen Flammen aushauchten“ [Diels 12 A 18]. Die Mondfinsternis erfolge dadurch, daß das Feuerloch verstopft wird [Diels 12 A 22]. Diogenes Laertius berichtet [II, Kap. 1], Anaximander habe eine Erdkarte gezeichnet und eine „Sphäre“, d.h. einen Himmelsglobus hergestellt. Ferner habe er den Gnomon (Schattenstab, Sonnenuhr) erfunden und einen solchen in Sparta aufgestellt. Herodot berichtet jedoch [II, 109], daß die Griechen die Sonnenuhr von den Babyloniern übernommen haben. – Anaximander könnte diese Kenntnis in Griechenland verbreitet haben.

Der Gnomon ist als Beobachtungsinstrument interessant. Mit seiner Hilfe kann man z.B. die Nord-Süd-Richtung und die Ost-West-Richtung feststellen (s. S. 66). Damit wäre es möglich, den Meridiandurchgang von Sternen zu beobachten, nicht nur ihre Auf- und Untergänge. Es ist aber schwer festzustellen, wann das geschehen ist.

Anaximenes lehrte, „die Erde sei flach und schwimme auf der Luft“. „Die Gestirne bewegten sich nicht unter der Erde durch, sondern um die Erde herum, gerade wie sich auf unserem Kopf der Filzhut dreht.“ „Die Sonne würde während der Nacht von den höheren Gegenden der Erde verdeckt". [Diels 13 A 7].

Andere Denker, so Heraklit und Xenophanes, meinten, daß Sonne und Sterne täglich neu entzündet werden.

Wer zuerst die Kugelgestalt der Erde angenommen hat, ist unbekannt. Vielleicht war es einer der Pythagoreer, und vielleicht beruhte diese Annahme nicht auf Beobachtungen, sondern darauf, daß man die Kugel als den vollkommensten Körper ansah. Man kann die Kugelgestalt der Erde daraus erschließen, daß bei einer Mondfinsternis der Erdschatten stets kreisförmig erscheint. Aber erst Anaxagoras hat bemerkt, daß der Mond sein Licht von der Sonne erhält und daß eine Mondfinsternis dadurch entsteht, daß die Erde zwischen Sonne und Mond tritt [Platon, Kratylos 409a, b; weitere Quellen bei Heath: Aristarchus, S. 78-85].

Erstaunlich ist die reiche Phantasie dieser Männer des 6. Jh. Man macht sich Vorstellungen davon, wie das alles sein könnte; dann - erst dann - hat man die Möglichkeit, durch gezielte Beobachtungen diese Vorstellungen und ihre Konsequenzen zu überprüfen. Das ist im 5. Jh. geschehen. Besonders eingehend haben sich die Pythagoreer mit den Vorgängen am Himmel beschäftigt, die sie mit einer „Harmonie der Sphären" in Verbindung brachten.

Spätestens im Laufe dieses 5. Jh. muß bekannt geworden sein,

daß die Fixsterne sich in Kreisen parallel zum Himmelsäquator bewegen,

daß die Planeten - immer einschließlich Sonne und Mond - sich außerdem in der Ekliptik bewegen (die Babylonier kannten bereits vor 700 v. Chr. „Sterne im Weg des Mondes" und wußten, daß auch die Sonne und die übrigen Planeten sich auf diesem Wege bewegten [S. van der Waerden, Astr. S. 77]),

daß die Planeten dabei Schleifen und Rückläufe ausführen,

daß die Planeten verschiedene Abstände von der Erde haben.

Über eine dieser Erkenntnisse gibt es eine antike Notiz: Theon von Smyrna schreibt [zitiert nach Diels 41 A 7]: „Eudemos erzählt in seiner Geschichte der Astronomie, daß Oinopides als erster den Gürtel des Tierkreises gefunden habe." Ob er die Schiefe der Ekliptik als Kreisbogen über der Seite des regelmäßigen 15-ecks ($=24°$) ermittelt hat, ist nicht sicher. Proklos schreibt [Eukl. K., S. 269]; daß Euklid die Konstruktion des regelmäßigen Fünfzehnecks eben wegen dieser astronomischen Bedeutung in seine Elemente aufgenommen habe. Demnach muß dieser Wert jedenfalls vor Euklid bekannt gewesen sein. Man könnte ihn mittels eines Gnomons, dessen Schatten auf eine Halbkugelfläche fällt, leicht feststellen (Abb. 2.44).

Nach Vitruv [IX, 8] soll Aristarch von Samos (um 280 v. Chr.) ein solches Gerät erfunden haben. Ich möchte aber eine frühere Kenntnis davon nicht ausschließen. Nach Kleomedes [M. C. (d), I, 10] hat Eratosthenes es bei seiner Methode zur Messung des Erdumfangs benutzt, um aus dem Sonnenstand den Breitenunterschied zwischen Alexandria und Syene zu bestimmen. Diese Methode sei kurz skizziert (Abb. 2.45):

1) Alexandria und Syene liegen ungefähr auf dem gleichen Meridian. Die Entfernung ist $AS=5\,000$ Stadien.

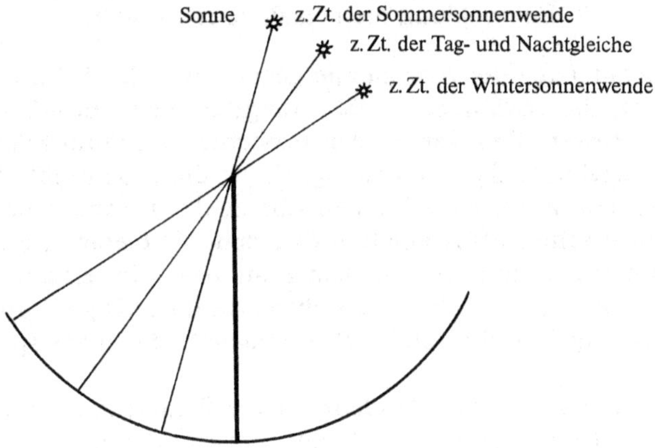

Abb. 2.44

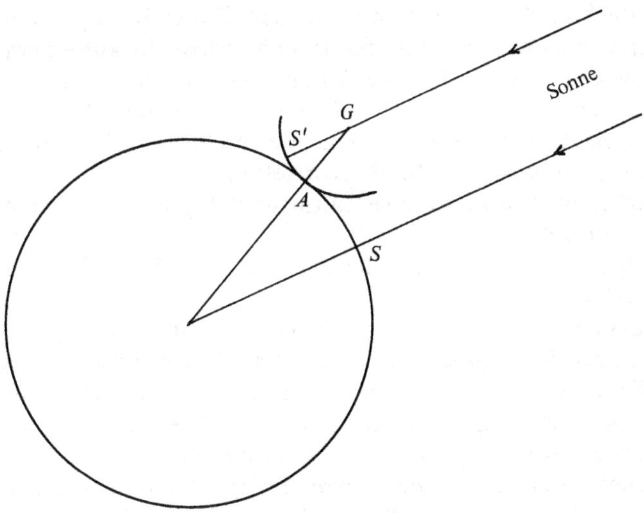

A: Alexandria
S: Syene (Assuan)
S': Ende des Schattens des Schattenstabs AG

Abb. 2.45

2) Am Tag der Sommersonnenwende steht die Sonne in Syene mittags im Zenith; ein Schattenstab wirft keinen Schatten; der Boden eines tiefen Brunnens ist beleuchtet.
3) Zu gleicher Zeit wird in Alexandria mit einem Schattenstab mit Halbkugelschale die Länge des Schattens gemessen: $AS' = 1/50$ des Kreisumfangs.

Also ist $AS = 1/50$ des Erdumfangs $= 5000$ Stadien, also der Erdumfang $= 250\,000$ Stadien.

2. Entwicklung mathematischer Modelle

Wir kehren zur Lage der Astronomie gegen Ende des 5. Jh. zurück. Es lag die Aufgabe vor, die erwähnten Beobachtungstatsachen zu erklären und mathematisch zu erfassen. Das war bei den Fixsternen verhältnismäßig leicht: sie sind an einer Kugel befestigt, die sich täglich um die Erde dreht, ihre Auf- und Untergänge werden in einer bestimmten Ebene, der Horizontebene, beobachtet. Zur mathematischen Erfassung brauchte man die Geometrie der bewegten Kugel. Werke darüber sind erst aus dem Ende des 4. Jh. erhalten: die Werke des Autolykos von Pitane „Über die sich bewegende Kugel" und „Über die Auf- und Untergänge" und Euklids „Phainomena", die etwas später geschrieben sind.

Weitaus schwieriger war es, Modelle für die Planetenbewegung zu finden. Dabei hat schon der Pythagoreer Philolaos (etwa in der Zeit von 440 bis 400) nicht die Erde, sondern ein Zentralfeuer in den Mittelpunkt der Welt gestellt. Van der Waerden führt auch Argumente dafür an, daß man bereits an eine Epizykeltheorie dachte, d. h. man nahm an, der Planet bewege sich auf einem Kreis (dem Epizykel), dessen Mittelpunkt sich seinerseits auf einem Kreis (dem Deferenten) bewegt. Diese Theorie konnte jedoch zunächst in ihrer ersten Form die Beobachtungen nicht befriedigend wiedergeben. Mag man nun eine solche frühe Epizykeltheorie annehmen oder nicht, die Situation um 400 war etwa diese: Gesucht wird eine Modellvorstellung, die
1) die Beobachtungen, und zwar verhältnismäßig genaue Beobachtungen, befriedigend wiedergibt,
2) die scheinbar unregelmäßigen Bewegungen der Planeten als regelmäßige Bewegungen erklärt.
Nun wußte man (schon in Babylon), daß die Planetenbewegungen trotz der scheinbaren Unregelmäßigkeiten periodisch sind, d. h. daß die Planeten nach bestimmten Zeiten wieder an der gleichen Stelle am Himmel stehen. Regelmäßige periodische Bewegungen waren damals nur als Kreisbewegungen vorstellbar. Außerdem konnte man aus dem System des Philolaos (oder auch aus einem, wenn auch noch unvollkommenen, Epizykelmodell) die Zuversicht gewinnen, daß eine Erklärung der Planetenbewegung durch Kreise möglich sein könnte. Platon schreibt [Gesetze VII, S. 822 a]: „Es ist keine richtige Ansicht von Sonne, Mond und den anderen Sternen, daß sie in der Irre herumziehen; gerade das Gegenteil ist der Fall: jeder von ihnen wandelt den gleichen Weg – nicht viele Wege, sondern nur einen einzigen, im Kreise; daß er viele Bahnen hat, ist nur Schein."

Daß die Planeten überhaupt geordnete Bahnbewegungen ausführen, und zwar Kreisbewegungen, war zur Zeit Platons eine ziemlich neue Einsicht und zunächst mehr ein Programm als eine gesicherte Erkenntnis. Ich halte aber die Aufstellung eines solchen Programms für einen wichtigen Schritt in der Geschichte der Astronomie, auch wenn die mathematische Durchführung zunächst nicht gelang und schließlich überhaupt nicht gelingen konnte. Erst Kepler hat das Postulat, daß die Planetenbahnen durch Kreise beschrieben werden müssen, aufgegeben; er beschrieb sie auf Grund der Beobachtungen und Messungen, wurde aber dabei von dem Gedanken geleitet, daß die Bahnen durch

Kräfte zwischen der Sonne und den Planeten bestimmt sein müssen; *das* ist eigentlich das neue Erklärungsprinzip.

Eudoxos erdachte für die Planetenbewegung ein Modell, das aus konzentrischen Sphären besteht, von denen jede in der nächsten befestigt ist, aber sich um eine andere Achse dreht. Damit können die Schleifen und Rückläufe erklärt werden, aber nicht die bei Mars und Venus beobachteten Änderungen der Helligkeit, die nur durch veränderliche Abstände von der Erde erklärbar sind.

Herakleides Pontikos (nach 388–315/310) hatte den Gedanken, daß die Erde sich in einem Tag um ihre Achse dreht und die Himmelskugel ruht. Ferner nahm er an, daß Venus und Merkur sich in Kreisen um die Sonne bewegen und mit dieser um die Erde. Der etwa 75 Jahre jüngere Aristarch von Samos stellte sogar die Sonne in den Mittelpunkt des Planetensystems.

Diese Gedanken setzten sich nicht durch. Gründe dafür bespricht Ptolemaios [Almagest I, Kap. 7]:

1) Die leichtesten Substanzen, nämlich die Himmelskörper, würden ruhen, während die schwere Erde sich bewegt. – Dagegen schreibt Kepler [4.4]: „Was ist leichter zu denken, daß sich jenes Pünktchen, die Erde, nach einer Seite hin dreht, oder aber daß die ganze Welt in zehn verschiedenen Bewegungen mit unerhörter Geschwindigkeit sich nach der anderen Seite hinkehrt?"

2) Bei der schnellen Bewegung der Erdoberfläche würde alles, was nicht fest mit ihr verbunden ist, zurückbleiben. – Noch Galilei hat die Frage besprochen, ob unbefestigte Gegenstände durch die Zentrifugalkraft von der Erde weggeschleudert werden könnten. Erst durch die Mechanik von Galilei und Newton konnte der Sachverhalt verstanden werden.

Die physikalischen Vorstellungen zur Zeit des Aristoteles sprachen objektiv für eine ruhende Erde.

Für die mathematische Erfassung der Planetenbewegung entstand neben der Epizykeltheorie eine Exzentertheorie, d. h.: der Planet bewegt sich auf einem Kreis, dessen Mittelpunkt nicht die Erde ist, und evtl. bewegt sich dieser Kreis noch als feste Scheibe um den Erdmittelpunkt. Nach Ptolemaios [Almagest XII, 1] hat Apollonios die Gleichwertigkeit beider Hypothesen erkannt, allerdings die Exzenterhypothese nur bei den äußeren Planeten für anwendbar gehalten.

Hipparch, der in den Jahren zwischen 141 und 127 teils in Alexandria, teils auf Rhodos sorgfältige Beobachtungen durchgeführt und neben anderen Leistungen einen Fixsternkatalog aufgestellt hat, wußte z. B. daß die Jahreszeiten verschieden lang sind, d. h. daß die Sonne in den verschiedenen Quadranten der Ekliptik verschieden lange verweilt.

Sei $ABCD$ der Kreis der Ekliptik, E sein Mittelpunkt, die Erde, A der Frühlingspunkt, B die Sommersonnenwende, C der Punkt der Herbst-tag-und-nacht-gleiche, D die Wintersonnenwende (Abb. 2.46).

Die Sonne braucht	von A bis B	$94\frac{1}{2}$ Tage
	von B bis C	$92\frac{1}{2}$ Tage
	von C bis A	$178\frac{1}{4}$ Tage.

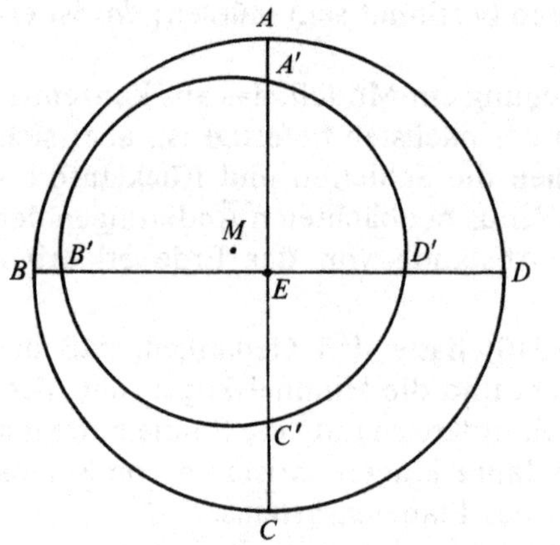

Abb. 2.46

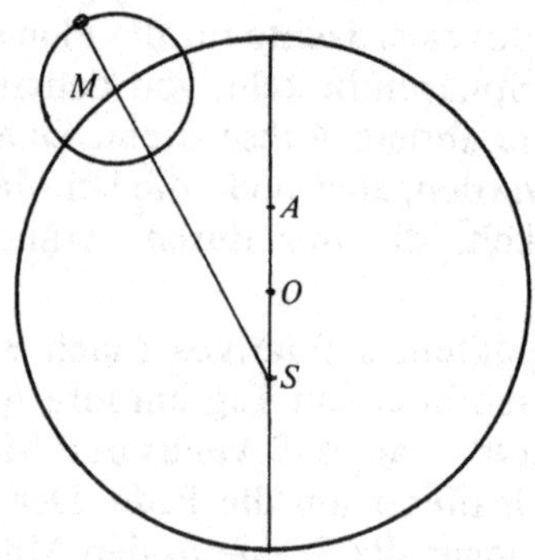

Abb. 2.47

Das erklärt Hipparch dadurch, daß die Sonne sich auf einem Kreis, dessen Mittelpunkt M nicht mit E zusammenfällt, mit konstanter Geschwindigkeit bewegt (Abb. 2.46). Dann müssen die Bögen

$$A'B' = 93°9', \quad B'C' = 91°11', \quad C'A' = 175°40'$$

sein. Daraus läßt sich die Lage des Mittelpunktes M berechnen. Ptolemaios führt die Rechnung durch, und zwar, wie er ausdrücklich sagt, „in Übereinstimmung mit den Darlegungen Hipparchs" [Almagest III, Kap. 4].

(Man kann sich die Aufgabe geometrisch so klarmachen: Man denke sich den Kreis $A'B'C'D'$ beweglich, markiere die Punkte A', B', C' gemäß den bekannten Bögen und verschiebe den Kreis so, daß die Punkte A', C' auf AC und B' auf BD zu liegen kommen.)

Bei der Theorie der Planetenbewegung sagt Ptolemaios, dieses Unternehmen sei „aus vielen Gründen mit großen Schwierigkeiten verbunden und begreiflicherweise noch von niemand vorher mit Erfolg in Angriff genommen worden" [Alm. IX, Kap. 2]. Ptolemaios kombiniert die Exzenter- und die Epizykelhypothese. Für den Mars, dessen Bahnberechnung Kepler zu seiner „Neuen Astronomie" führte, sieht das etwa so aus (Abb. 2.47): Der Planet bewegt sich auf einem Kreis, dessen Mittelpunkt M sich auf einem Kreis um O bewegt. O ist verschieden vom Weltmittelpunkt S, der für Ptolemaios die Erde, für Kepler die Sonne ist. Außerdem wird ein „Ausgleichspunkt" A benötigt, von dem aus gesehen die Bewegung mit konstanter Winkelgeschwindigkeit erfolgt. A wird so angenommen, daß O in der Mitte der Strecke AS liegt. Diese Annahme scheint bei Ptolemaios die Beobachtungen mit hinreichender Genauigkeit wiederzugeben; bei Kepler ist das nicht mehr der Fall.

Wenn der Planet in Opposition zur Sonne steht, d.h. wenn Sonne, Erde und Planet in einer Geraden stehen, ist es gleichgültig, ob von der Erde oder von der Sonne aus beobachtet wird; der Planet erscheint an der gleichen Stelle der Ekliptik. Bei Ptolemaios bedeutet das, daß es gleichgültig ist, ob man den Planeten oder den Mittelpunkt des Epizykels betrachtet.

Die Aufgabe ist nun (Abb. 2.48): Es sind drei Stellungen M_1, M_2, M_3 des Planeten bezüglich der Ekliptik beobachtet, d.h. es sind die Winkel M_1SM_2, M_2SM_3, M_3SM_1 bekannt. Ferner sind die Zeiten dieser Beobachtungen bekannt, d.h. die Winkel M_1AM_2, M_2AM_3, M_3AM_1. Denkt man sich die drei Strahlen von S aus gezeichnet und die drei Strahlen von A aus etwa auf einer beweglichen Folie gezeichnet, so ist diese Folie solange zu verschieben, bis der Mittelpunkt des durch die drei Schnittpunkte bestimmten Kreises in der Mitte der Strecke AS liegt.

(Diese Skizze des Problems stützt sich auf die Beschreibung von Kepler [Astronomia nova, 2. Teil, 16. Kap.] und die Erläuterungen von Max Caspar in der deutschen Übersetzung.)

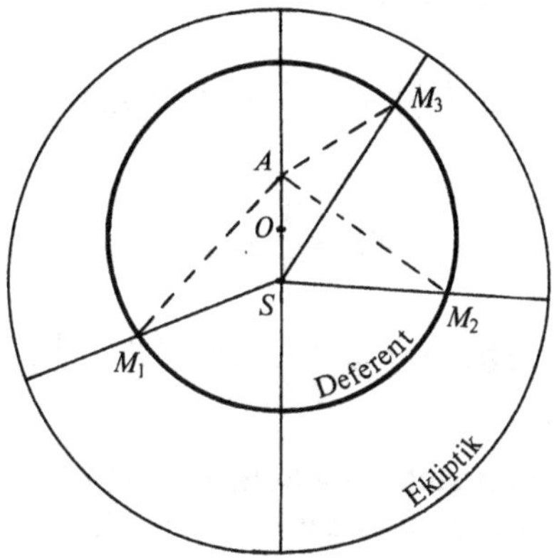

Abb. 2.48

3. Anfänge der Trigonometrie

Als mathematische Hilfsmittel für astronomische Rechnungen werden Kugelgeometrie und Trigonometrie benötigt. Ich bespreche hier nur die Anfänge der ebenen Trigonometrie, und zwar die Aufstellung einer Sehnentafel, die die Länge $S(\alpha)$ der zum Zentriwinkel α gehörigen Sehne angibt. Eine solche Tafel muß schon Hipparch berechnet haben; jedenfalls erwähnt Theon von Alexandria ein Werk von ihm „über die Sehnen im Kreise". Von dieser Tafel ist nichts erhalten. Toomer hat sich überlegt, wie sie ausgesehen und wie Hipparch sie berechnet haben könnte.

Der Durchmesser des Kreises sei d. Dann ist $S(90°)=\frac{d}{2}\cdot\sqrt{2}$ und $S(60°)=\frac{d}{2}$.

Mit $S(\alpha)$ ist auch $S(180°-\alpha)=C(\alpha)$ bekannt; denn es ist

$$S^2(\alpha)+C^2(\alpha)=d^2.$$

Ferner läßt sich nach einem Satz, der Archimedes zugeschrieben wird, bei gegebenem $S(\alpha)$ auch $S\left(\frac{\alpha}{2}\right)$ berechnen:

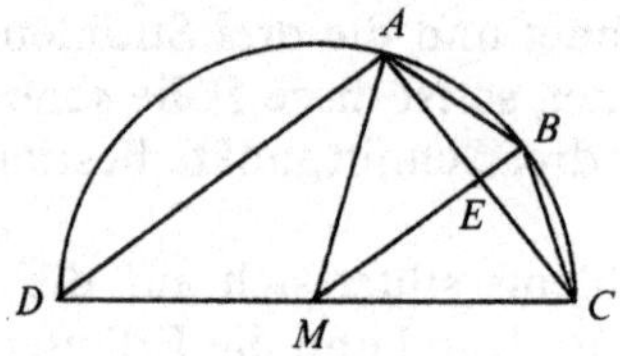

Abb. 2.49

In Abb. 2.49 sei $\sphericalangle AMC = \alpha$. Dann ist

$$S^2\left(\frac{\alpha}{2}\right) = BC^2 = EC^2 + EB^2$$

und

$$EC = \frac{1}{2}S(\alpha)\,,$$

$$EB = MB - ME = \frac{d}{2} - \frac{AD}{2} = \frac{d}{2} - \frac{1}{2}C(\alpha)\,.$$

Mit diesen Hilfsmitteln läßt sich eine Sehnentafel mit der Schrittweite $7\frac{1}{2}^\circ$ beberechnen. In der von Toomer angegebenen Tabelle 2.3 bedeutet ein senkrechter Pfeil den Übergang von α zu $\alpha/2$, ein waagerechter Pfeil den Übergang zu $180^\circ - \alpha$. Toomer vermutet danach, daß die Sehnentafel von Hipparch eine Schrittweite von $7\frac{1}{2}^\circ$ hatte. Dafür spricht auch, daß die Inder, die von der Sehne zum Sinus übergingen, eine sin-Tafel mit der Schrittweite $3\frac{3}{4}^\circ$ aufgestellt haben (Āryabhaṭa, s. S. 185); es ist ja

(1) $$\sin\frac{\alpha}{2} = \frac{1}{2}S(\alpha)\,.$$

Tabelle 2.3. Herstellung der Sehnentafel mit der Schrittweite $7\frac{1}{2}^\circ$ nach Toomer

		90°					
		↓					
		45° →	135°				
		↓	↓				
	$157\frac{1}{2}^\circ$ ←	$22\frac{1}{2}^\circ$	$67\frac{1}{2}^\circ$ →	$112\frac{1}{2}^\circ$			
	120° ←	60°					
		↓					
		30° →		150°			
		↓		↓			
	165° ←	15°		75° →		105°	
	↓	↓		↓		↓	
$97\frac{1}{2}^\circ$ ←	$82\frac{1}{2}^\circ$	$7\frac{1}{2}^\circ$ →	$172\frac{1}{2}^\circ$	$37\frac{1}{2}^\circ$ →	$142\frac{1}{2}^\circ$	$52\frac{1}{2}^\circ$ →	$127\frac{1}{2}^\circ$

Weiter kommt man, wenn man aus $S(\alpha)$ und $S(\beta)$ auch $S(\alpha+\beta)$ und $S(\alpha-\beta)$ ausrechnen kann. Das erreicht Ptolemaios mit dem Satz [I, Kap. 10]: „Es sei in den Kreis ein beliebiges Viereck $ABCD$ einbeschrieben, in welchem man die Diagonalen AC und BD ziehe. Dann ist das aus den Diagonalen gebildete Rechteck gleich der Summe der aus den einander gegenüberliegenden Seiten gebildeten Rechtecke."

(2) $$AC \cdot BD = AB \cdot DC + AD \cdot BC .$$

Beweis (s. Abb. 2.50): Man zeichne BE so, daß $\sphericalangle DBC = \sphericalangle ABE$ ist. Dann ist $\triangle BCE \sim \triangle BDA$; denn $\sphericalangle EBC = \sphericalangle ABD$ nach Konstruktion, $\sphericalangle BCE = \sphericalangle BDA$ als Peripheriewinkel über dem demselben Bogen. Also ist $AD : EC = BD : BC$ oder

(3) $$AD \cdot BC = EC \cdot BD .$$

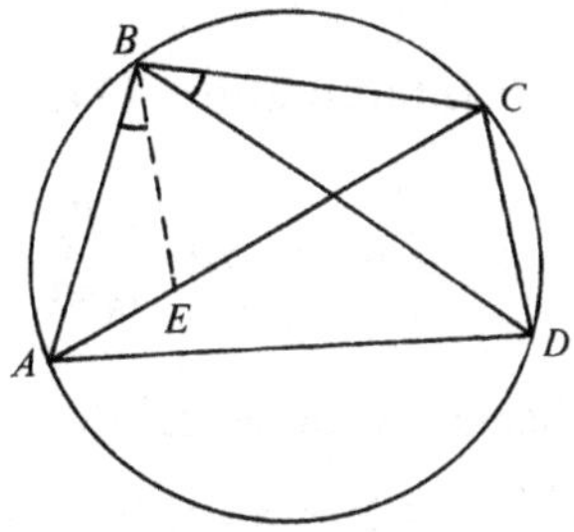

Abb. 2.50

Ferner ist $\triangle BAE \sim \triangle BDC$, also $AB : AE = BD : DC$ oder

(4) $$AB \cdot DC = AE \cdot BD .$$

Addition von (3) und (4) ergibt die Behauptung.

Es sei nun (Abb. 2.51) der Bogen $AB = \alpha$, der Bogen $AC = \gamma$, also der Bogen $BC = \gamma - \alpha$. Dann wird aus (2)

$$S(\gamma) \cdot C(\alpha) = S(\alpha) \cdot C(\gamma) + d \cdot S(\gamma - \alpha) .$$

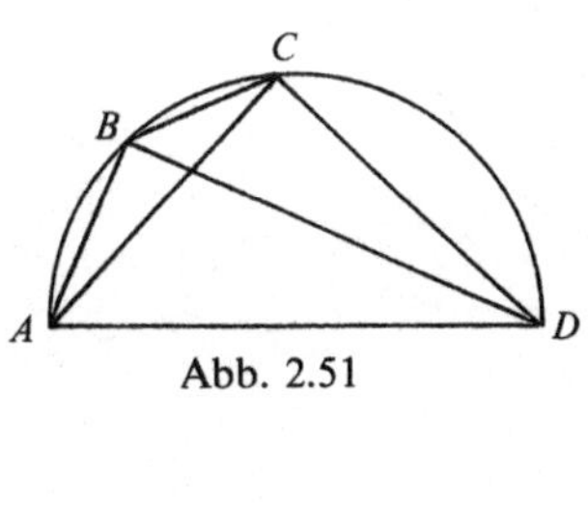

Abb. 2.51

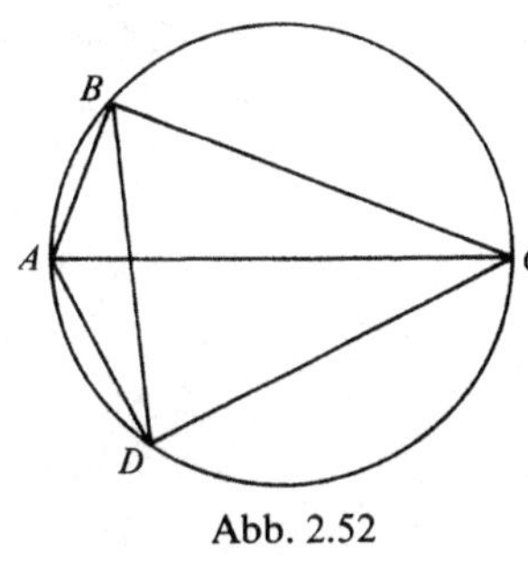

Abb. 2.52

Damit haben wir eine Formel für $S(\gamma-\alpha)$. Eine Formel für $S(\alpha+\beta)$ könnten wir hieraus durch Umrechnung erhalten. Man kann aber auch ein Viereck mit den Diagonalen $S(\alpha+\beta)$ und d zeichnen (Abb. 2.52). Es sei der Bogen $AB=\alpha$, der Bogen $AD=\beta$; dann liefert (2)

$$d\cdot S(\alpha+\beta)=S(\alpha)\cdot C(\beta)+S(\beta)\cdot C(\alpha)\,.$$

Anm.: Mittels (1) erhält man daraus das Additionstheorem der sin-Funktion. Trotzdem würde ich es nicht für richtig halten, wenn man sagen wollte, Ptolemaios habe das Additionstheorem des Sinus gefunden.

Außer $S(90°)$ und $S(60°)$ läßt sich auch $S(36°)$ berechnen, nämlich als Seite des Zehnecks durch Lösung einer quadratischen Gleichung. Mit den angegebenen Formeln erhält man dann $S(6°)$, $S(3°)$, $S(1\frac{1}{2}°)$, $S(\frac{3}{4}°)$. Ptolemaios setzt $d=120$ Teile (*partes*, abgekürzt: p) und erhält

$$S(1\tfrac{1}{2}°)=1^p34'15'',\quad S(\tfrac{3}{4}°)=0^p47'15''.$$

Nun berechnet er $S(1°)$ durch Interpolation. Dazu beweist er

(5) $$\text{Wenn } \beta>\alpha \text{ ist, so ist } \frac{S(\beta)}{S(\alpha)}<\frac{\beta}{\alpha}\,.$$

⟨Ziehen wir die Formel (1) heran, so bedeutet das:

Aus $\beta>\alpha$ folgt $\dfrac{\sin\beta}{\beta}<\dfrac{\sin\alpha}{\alpha}$, d.h. $\sin x$ wächst langsamer als x. Es scheint mir bemerkenswert zu sein, wie Ptolemaios das beweist.⟩

Es sei der Bogen $AB=\alpha$, der Bogen $BC=\beta$ (Abb. 2.53). Man halbiere den Winkel bei B, die Winkelhalbierende treffe den Kreis in D. Von D fälle man das Lot auf AC, sein Fußpunkt sei F. Um D schlage man mit DE den Kreis, der AD in H und die Verlängerung von DF in G trifft. (Man überlege sich, daß $DH<DA$ und $DF<DG$ ist.)

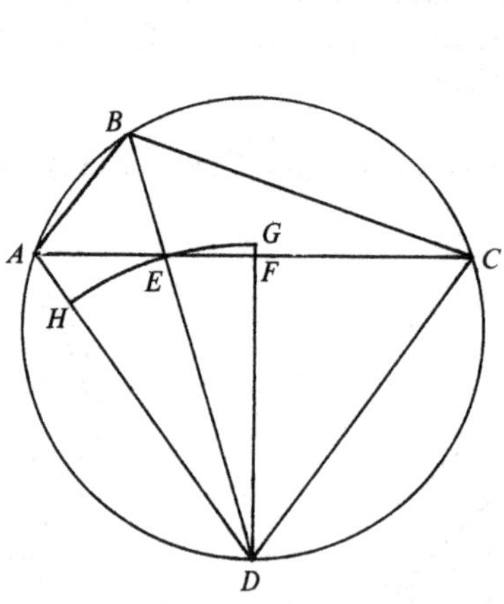

Abb. 2.53

Die Abkürzung Ks bedeute „Kreissektor". Es ist

$$\text{Ks}\, GDE > \triangle FDE$$
$$\text{Ks}\, EDH < \triangle EDA\,,$$

also $\frac{\text{Ks}\, GDE}{\text{Ks}\, EDH} > \frac{\triangle FDE}{\triangle DEA}$. Die Kreissektoren verhalten sich wie die Winkel, die Dreiecksflächen (da die Höhen der Dreiecke gleich sind) wie die Grundlinien, also gilt

$$\frac{\sphericalangle GDE}{\sphericalangle EDH} > \frac{EF}{EA}\,. \tag{6}$$

Man ermittelt aus der Figur

$$\sphericalangle GDE = \frac{\beta}{2} - \frac{1}{2}\left(\frac{\alpha+\beta}{2}\right) = \frac{1}{2}\left(\frac{\beta-\alpha}{2}\right)$$
$$\sphericalangle EDH = \frac{\alpha}{2}\,.$$

Somit wird (6) zu

$$\frac{\beta-\alpha}{2\alpha} > \frac{EF}{EA}\,.$$

Wir addieren beiderseits $1 = \frac{2\alpha}{2\alpha} = \frac{EA}{EA}$:

(Diese Operation wird in der griechischen Proportionenrechnung sehr oft ausgeführt.)

$$\frac{\beta+\alpha}{2\alpha} > \frac{AF}{EA}\,.$$

Wir multiplizieren mit 2: $\frac{\beta+\alpha}{\alpha} > \frac{AC}{AE}$

Wir subtrahieren $1 = \frac{\alpha}{\alpha} = \frac{AE}{AE}$: $\frac{\beta}{\alpha} > \frac{EC}{AE}$.

Nach einem Satz über die Winkelhalbierenden im Dreieck gilt

$$\frac{EC}{AE} = \frac{BC}{AB} = \frac{S(\beta)}{S(\alpha)}\,.$$

Damit ist die Behauptung bewiesen.

Aus (5) folgt

1) für $\beta=\frac{3}{2}$, $\alpha=1$: $S(1°)>\frac{2}{3}S(\frac{3}{2}°)=1^p2'50''$

2) für $\beta=1$, $\alpha=\frac{3}{4}$: $S(1°)<\frac{4}{3}S(\frac{3}{4}°)=1^p2'50''$.

Bei dieser Rechengenauigkeit ist also kein Unterschied mehr vorhanden; damit ist $S(1°)$ bestimmt. Bei dieser Genauigkeit ist $S(\frac{1}{2}°)=\frac{1}{2}S(1°)=0^p31'25''$. Damit kann Ptolemaios nun eine Sehnentafel mit der Schrittweite $\frac{1}{2}°$ ausrechnen.

Hiermit kann man auch den Wert von π ausrechnen. Ptolemaios hat das nicht getan, aber später z. B. al-Bīrunī. Auf Grund der letzten Bemerkung können wir von $S(1°)$ ausgehen. Das ist die Sehne des regelmäßigen 360-ecks. Wenn wir dessen Umfang als eine genügend gute Näherung für den Kreisumfang ansehen, erhalten wir

$$\pi=\frac{U}{d}=\frac{360}{120}\cdot 1^p2'50''=3^p8'30''.$$

Diesen Wert benutzt auch Ptolemaios, erklärt ihn aber als angenäherten Mittelwert zwischen $3\frac{1}{7}$ $\langle 3^p8'34''\rangle$ und $3\frac{10}{71}$ $\langle =3^p8'27''\rangle$ [Alm. d. , Bd. 1, S. 385].

2.6.2 Struktur der Materie

Wir knüpfen an S. 86 und 88 an. Nach dem unbestrittenen Grundsatz des Parmenides, daß Seiendes nicht aus Nicht-seiendem entstehen und nicht in Nicht-seiendes vergehen kann, mußte angenommen werden, daß die Stoffe aus Teilchen bestehen, die sich vereinigen und trennen können.

Wie man sich diese Teilchen vorzustellen hat, das versucht man aus der Erfahrung abzuleiten. Anaxagoras bemerkt: Es muß erklärbar sein, daß aus der Nahrung, die wir zu uns nehmen, sich Haar, Vene, Arterie, Fleisch, Sehnen, Knochen usw. bilden. In der Nahrung müssen also Teilchen sein, die Erzeuger von all diesem sind. [Aristoteles, W. u. V. I, 1=314a 18]. Weitere Belege s. Diels 59 A.

Empedokles denkt an die Qualitäten der Stoffe und hat die Vorstellung, daß diese aus den vier Grundqualitäten, die durch Feuer, Luft, Wasser, Erde charakterisiert werden, zusammengesetzt sind, wie wenn ein Maler Farben mischt [Diels 31 B 6, 21, 22].

In der nächsten Generation werden die Vorstellungen bestimmter; dabei bilden sich zwei Richtungen aus, die lange Zeit nebeneinander und gegeneinander bestanden.

Leukipp und Demokrit schreiben den kleinsten Teilen nur geometrische Eigenschaften zu; sie unterscheiden sich wie Buchstaben durch Form (wie *A* und *N*), Anordnung (wie *AN* und *NA*) und Lage (wie *N* und *Z*). Aus ihren geometrischen Eigenschaften müssen die Möglichkeiten der Zusammensetzung und die Qualitäten der Stoffe abgeleitet werden [Aristoteles, Metaph. A 4=985b 4–22].

Platon setzt einen qualitätslosen Grundstoff voraus, dem die geometrischen Formen der regelmäßigen Körper aufgeprägt werden. Dabei kommt der Erde der Würfel zu, dem Feuer das Tetraeder, der Luft das Oktaeder, dem Wasser das Ikosaeder. Die Oberflächen der drei letztgenannten bestehen aus gleichseitigen Dreiecken; das ist entscheidend für die Umwandelbarkeit dieser Stoffe ineinander. Aus zwei Teilen Feuer kann ein Teil Luft entstehen, aus $2\frac{1}{2}$ ⟨!⟩ Teilen Luft ein Teil Wasser. Man kann sich denken, daß sozusagen die Oberflächen abgezogen und anders zusammengesetzt werden. Aus Erde kann hierbei kein Stoff anderer Art werden. Das gleiche gilt für das Dodekaeder, dessen Oberfläche aus Fünfecken besteht. Dieser Gestalt „bediente sich Gott für das Weltganze“ [Timaios 53c–57c].

Aristoteles geht davon aus, daß aller Veränderung etwas zugrunde liegt, *an dem* die Veränderung stattfindet, das sich aber selbst nicht verändert, wie z.B. ein Mensch Mensch bleibt, wenn er aus einem Ungebildeten zu einem Gebildeten wird. [Phys. I, 7 = 189b ff.]. Diesem allen Dingen „Zugrundeliegenden“ (*ὑποκείμενον*, später lat. *substantia)* wird eine „Form“ (*εἶδος*, später lat. *forma)* aufgeprägt. Diese Form ist aber nicht geometrisch zu verstehen, sondern ergibt sich für die Urkörper (Elemente) aus den Gegensatzpaaren von Qualitäten:

kalt und trocken ergibt die Form „Erde“
kalt und feucht ergibt die Form „Wasser“
warm und feucht ergibt die Form „Luft“
warm und trocken ergibt die Form „Feuer“. [W. u. V. II, 2 = 329b].

Wenn nun die vorgefundenen Körper aus einfacheren Körpern und schließlich aus den Elementen zusammengesetzt sind, so ist zu fragen, in welcher Weise die Form der Bestandteile in der Form des Zusammengesetzten erhalten bleibt. Diese Frage wird von Aristoteles nur kurz angeschnitten [W. u. V. I, 10 = 327b 23–31]; sie ist im Mittelalter ausführlich durchdacht worden [Anneliese Maier: An der Grenze von Scholastik und Naturwissenschaft. Essen 1943]. Da dabei die Qualitäten nicht vollständig von einem Körper in den anderen übergehen, mußte man den Qualitäten auch Quantitäten zuschreiben. ⟨Betrachten wir etwa die Wärme in einem Stab⟩, so ist zu unterscheiden: 1) die *intensio*, die Intensität ⟨z.B. die Temperatur⟩ in jedem Punkt, 2) die *extensio*, die Verteilung der Intensität über den Stab. Da die *intensio* vom Ort abhängig ist, führt das auf den Begriff der Funktion und bei Nicole Oresme (14. Jh. n. Chr.) zur graphischen Darstellung von Funktionen [4.4].

2.6.3 Theorie der Bewegung

Schon Thales hatte in Einzelfällen gefragt, warum etwas geschieht, z.B. warum der Nil regelmäßig das Land überschwemmt, oder warum der Magnetstein das Eisen in Bewegung setzt. Aristoteles erklärt das Wissen um die Ursachen geradezu zu einem Kennzeichen wissenschaftlicher Erkenntnis. [Phys. I, 1 = 184a 10–14]. Warum also geschieht Werden und Vergehen, Veränderung und speziell Ortsveränderung, d.h. Bewegung? Empedokles hatte Liebe und

Streit als die Kräfte genannt, die das Weltgeschehen bewirken (wir würden Anziehung und Abstoßung sagen). [Diels 31 B 17]. Anaxagoras hatte eine Art göttlicher Vernunft *(νοῦς)* angenommen. Aristoteles sieht das etwas nüchterner. Die vier Elemente haben ihren natürlichen Ort, die Erde in der Mitte der Welt, das Feuer am Rande der Sphäre unter dem Mond, Wasser und Luft dazwischen. Jeder Körper strebt nach seinem natürlichen Ort. Das erklärt die Fallbewegung als eine natürliche Bewegung, für die keine weitere Ursache erforderlich ist. Der Himmelskörper selbst ist ein fünfter Stoff, der Äther, und ihm kommt als natürliche Bewegung die Kreisbewegung zu [Üb. d. Himmel I, 3 = 270b 20–31].

Alle übrigen Bewegungen bedürfen einer Ursache, und zwar nicht nur um in Gang gesetzt, sondern auch um aufrechterhalten zu werden. Diese Ursache kann im Körper selbst liegen, nämlich dann, wenn er eine Seele hat. Zu anderen Bewegungen ist eine äußere Ursache, eine „Kraft" erforderlich. [Metaph. Δ12 = 1019a 15]. Die Beziehung dieser Ursache zur Wirkung läßt sich mathematisch erfassen. Aristoteles braucht dazu ein Maß für die Bewegung und findet es in der in einer bestimmten Zeit zurückgelegten Strecke. Außerdem muß die bewegte Last in das Bewegungsgesetz eingehen. Als Beziehung, in der diese Größen stehen, wird Proportionalität angesetzt – an was für eine Beziehung sollte man damals sonst denken? Aristoteles schreibt [Phys. VII, 5 = 250a 4–12]: „Wenn dieselbe Kraft dasselbe ⟨dieselbe Last⟩ in einer bestimmten Zeit eine bestimmte Strecke weit bewegt, so wird sie dieselbe Last auch die halbe Strecke weit in der halben Zeit bewegen, und die halbe Kraft wird den halben Gegenstand in der gleichen Zeit die gleiche Strecke weit bewegen. ... Es ist jedoch nicht notwendig, daß dieselbe Kraft die doppelte Last in der gleichen Zeit die halbe Strecke weit bewegt."

Zur Erläuterung schreibt Philoponos [Komm. z. Phys. S. 881]: „Wenn jeder von zwei Männern allein eine Last von 100 Pfund in einer Stunde ein Stadion ⟨ca. 180 m⟩ weit zieht, so werden beide zusammen eine Last von 200 Pfund in der Stunde ein Stadion weit ziehen." – Bei einer Kritik an dem Gesetz des Aristoteles sollte man also berücksichtigen, daß der Begriff „Kraft" noch nicht genau festgelegt war.

2.7 Zusammenfassung

Wir haben oben (Abschn. 2.2.1) das Leben von Thales in dem lokalen Zusammenhang der politischen Lage in Kleinasien betrachtet. Wünschenswert wäre es, das Erwachen des griechischen Geistes im weltgeschichtlichen Zusammenhang zu sehen. Dazu kann ich hier nur Andeutungen bieten und verweise für ausführlichere Darstellungen auf von Fritz [Gr.] und Krafft [G. d. N.].

Die politische Struktur der Umgebung des östlichen Mittelmeers wurde entscheidend durch die dorische Wanderung um 1200 v. Chr. geprägt. Mit ihr hängt wahrscheinlich der Untergang des Hethiterreiches zusammen und auch das gefährliche Auftreten der „Seevölker" an den Grenzen Ägyptens. Nach dieser Wanderungszeit war Griechenland und die Westküste Kleinasiens von Griechen bewohnt, die meist in kleineren Stadtstaaten lebten. In Griechenland entwickelte sich Sparta als Militärstaat, Athen aus einem Zusammenschluß des attischen Adels. Die Herrschaftsformen wechselten, jedoch wurde die Gewalt des Herrschers durch allgemeine Gesetze, denen auch er unterworfen war, eingeschränkt und kontrolliert. In Sparta wurden solche Gesetze der Sage nach im 8. Jh. von Lykurg geschaffen, in Athen gaben 620 Drakon, 594 Solon Gesetze.

Im 10. oder 9. Jh. hatten die Griechen von den Phöniziern die Schrift übernommen. Während die Phönizier nur die Konsonanten schrieben, führten die Griechen auch das Schreiben der Vokale ein. Diese Schrift war leichter zu erlernen als die der Babylonier und die der Ägypter; so konnte das Schreiben Allgemeingut werden und blieb nicht besonders ausgebildeten Schreibern vorbehalten.

Um 800 entstanden die Epen Homers, um 700 schrieb Hesiod eine Theogonie, in der die Göttergeschlechter mit Rücksicht auf die Weltentstehung geordnet wurden, was als Vorstufe zu einer rationalen Theorie der Weltentstehung angesehen werden kann [Krafft, G. d. N.]

Von der Mitte des 8. Jh. an wurden an den Küsten von Süditalien, Sizilien und auch am Schwarzen Meer Kolonialstädte gegründet. Diese Kolonisation wurde um 550 angehalten, im Westen durch die Karthager und Etrusker, von denen die Griechen in der Seeschlacht von Alalia (Korsika) 535 besiegt wurden, im Osten durch das Erstarken des Perserreiches.

Es bestand lebhafter Handelsverkehr. Dabei hatte Milet außer dem Seeverkehr, nicht nur zwischen dem Mutterland und den Kolonien, sondern auch nach Phönizien und Ägypten, noch den Vorzug, daß es am Ende einer Straße lag, die von Mesopotamien durch Kleinasien führte; diese „persische Königsstraße“ war wahrscheinlich mindestens teilweise schon von den Hethitern angelegt.

Die Griechen dieser Zeit müssen besonders aufgeschlossen dafür gewesen sein, die Welt kennen zu lernen, alles Erfahrbare zu erfahren. In dieser Situation sehen wir Thales als einen Mann, der auf Reisen Kenntnisse sammelte, sie unter neuen Gesichtspunkten verarbeitete und weitergab. Er fand in Milet Schüler und Männer gleicher Geisteshaltung: Anaximander, Anaximenes und den Geographen Hekataios, der auf Grund von Reisen eine Erdkarte und eine Erdbeschreibung erstellte, und damit die Erdkarte des Anaximander verbesserte, der auch – um eine Einzelheit zu erwähnen – alte Sagen rational zu erklären versuchte.

Diese Männer lebten in einer unruhigen Zeit, als die Machtkämpfe der Lyder, Meder und Perser auch die ionischen Städte nicht verschonten. 546 kam Milet unter persische Herrschaft.

In der Wissenschaft sehen wir im **6. Jh.** das Suchen nach neuen Wegen, das Ersinnen von manchmal recht verschiedenartigen Möglichkeiten, die Erscheinungen zu verstehen, die in späterer Zeit teils genauer ausgeführt, teils abgeändert, teils verworfen wurden.

In der Astronomie sind es die verschiedenen Vorstellungen von der Gestalt der Erde, von den Sternen und ihren Bewegungen, in der Physik die Vorstellungen von einer Ausgangssubstanz, aus der die Dinge geworden sind, sowie

Vorstellungen über den Vorgang selbst (Verdünnung und Verdichtung) und evtl. der Gedanke an eine lenkende Kraft, z. B. bei Anaximenes die Luft, die als Atem das Leben des Menschen beherrscht.

In der zweiten Hälfte des 6. Jh. bringt Pythagoras den Gedanken: Alles ist Zahl. Er begründet damit eine Zahlentheorie, die noch mit Zahlenmystik durchsetzt, aber zum größten Teil reine Mathematik ist. Seine Musiktheorie ist die erste Darstellung physikalischer (hier akustischer) Sachverhalte durch Mathematik.

Pythagoras verließ Samos und ging nach Kroton, Xenophanes verließ Kolophon und ließ sich schließlich in Elea nieder, wo Parmenides sein Schüler wurde.

Heraklit und Parmenides haben um die Wende zum **5. Jh.** allgemeinverbindliche wissenschaftliche Grundsätze verkündet, Heraklit den des unentrinnbaren Naturgesetzes, Parmenides den der Unentrinnbarkeit der logischen Gesetze, die in dem Satz zum Ausdruck kommt, daß Seiendes niemals Nichtseiendes gewesen sein oder werden kann.

Dieser Grundsatz führt zu dem Gedanken, daß die Stoffe aus kleinsten Teilen bestehen müssen, und zum Nachdenken darüber, welche Ursachen für das Trennen und Verbinden anzunehmen sind.

In der Astronomie führen bessere Beobachtungen zu einer besseren Auffassung von der Form der Erde und der Bewegung der Sterne.

In der Mathematik wurden die Möglichkeiten des Konstruierens und des Beweisens ausgiebig ausgenutzt und führten zu einer starken Vermehrung der mathematischen Kenntnisse. Das beginnt mit der Lehre vom Geraden und Ungeraden und der Lehre vom Flächeninhalt bei den älteren Pythagoreern und zeigt sich u. a. in den geschickten Methoden, die zur Lösung der drei klassischen Probleme ersonnen wurden. Besonders wichtig wurde die Entdeckung inkommensurabler Strecken. Im Laufe des Jh. nimmt der Gedanke, „Elemente" der Mathematik aufzustellen, bestimmte Form an.

In der Logik wurden die Möglichkeiten des Argumentierens geübt und gegen Ende des Jh. Richtlinien gesucht, bei deren Anwendung das Argumentieren erfolgreich ist. Zunächst erscheint dabei die Forderung nach einer Festlegung des Ausgangsstandpunkts, d. h. nach Definition der behandelten Begriffe.

Am Anfang des **4. Jh.** steht Platon, der alle Teile der Wissenschaft beeinflußt hat.

In der Physik konzipiert er einen qualitätslosen Träger, dem die Formen der regelmäßigen Körper aufgeprägt werden.

In der Astronomie fordert er die Darstellung der Sternbewegungen durch Kreise (nachdem die Forschungen der Pythagoreer erwarten ließen, daß das möglich ist).

In der Logik fordert er genaue Begriffsbestimmungen, gibt eine Methode an, sie zu finden, und erkennt, daß die elementaren Begriffe nicht in dieser Weise definierbar sind.

In der Mathematik soll er die Beschränkung auf Lineal und Zirkel als Konstruktionsmittel gefordert haben. Das ist in dieser Form nicht nachweisbar, könnte aber den Sinn haben: Wenn man Grundlagen der Geometrie sucht, braucht man Grundfiguren, auf die alle Konstruktionen, und auf deren Grundeigenschaften alle Beweise aufgebaut werden.

So hat Platon für verschiedene Wissenschaften Richtlinien angegeben, vielleicht schon bestehende Richtlinien scharf und verbindlich formuliert. Die Ausarbeitung erfolgte umgehend - vielleicht war sie schon vorher von den Fachleuten in Angriff genommen worden.

Eudoxos erdachte für die Planetenbewegung das Modell der konzentrischen Sphären, vervollkommnete die auf Theaitetos zurückgehende Behandlung der Verhältnisse von (inkommensurablen) Größen und schuf die Grundlage der griechischen Infinitesimalmethode.

Autolykos entwickelte die Lehre von der bewegten Kugel, soweit sie für das Verständnis der Bewegung der Fixsterne erforderlich war.

Aristoteles hat verschiedene Gedanken einerseits bis zu den ersten Grundlagen analysiert und andererseits zu Ende gedacht. Seine Theorie der Materie, seine Theorie der Bewegung wurden zwar gelegentlich kritisiert, z. B. durch Philoponos im 6. Jh. nach Chr., aber erst zu Beginn der Neuzeit aufgegeben. Seine Analyse der Grundlagen einer beweisenden Wissenschaft (Definitionen, Postulate, Axiome) galt mindestens bis ins 19. Jh. und gilt in gewissem Sinne heute noch, nur denkt man seit der Entdeckung der Nichteuklidischen Geometrie etwas anders über die Wahrheit mathematischer Sätze. Euklid hat seine „Elemente“ nach diesen Regeln aufgebaut, wobei wieder offen bleibt, ob die Mathematiker dieses System selbständig entwickelt haben und Aristoteles es lediglich wissenschaftstheoretisch analysiert hat.

So ist etwa um 300 v. Chr. das wissenschaftliche Weltbild der Griechen im wesentlichen fertig. Ich nenne noch einmal die Stufen:
Erfinden verschiedener möglicher Vorstellungen.
Festsetzen einiger Grundprinzipien (Pythagoras, Heraklit, Parmenides).
Erweiterung und Vertiefung der Einzelkenntnisse.
Aufstellung eines Programms für eine systematische Ordnung (Platon).
Durchführung dieses Programms (Eudoxos, Aristoteles, Euklid).

Die systematische Ordnung mußte an einigen Stellen noch inhaltlich ausgefüllt werden. Die naturwissenschaftlichen Forschungen von Aristoteles wurden von den Nachfolgern in der Leitung seiner Schule weitergeführt, von Theophrast auf den Gebieten der Biologie und Mineralogie, von Straton von Lampsakos auf dem Gebiet der Physik.

In der Mathematik war um 300 die Methode endgültig durch Euklid festgelegt, und die allgemein interessierenden Probleme, diejenigen, deren Verständnis man bei Gebildeten voraussetzen konnte, waren zumeist gelöst. Was noch geleistet werden mußte, war die Bestimmung von Umfang und Fläche des Kreises und von Oberfläche und Volumen der Kugel, und das leistete Archimedes. Die Kegelschnittlehre war von Euklid schon in gewissem Umfang behandelt worden; diese und insbesondere ihre Erweiterung durch Apollonios dürften schon an der Grenze der höheren Mathematik stehen, die nur noch die Fachgelehrten interessierte.

Diesen Charakter einer höheren Mathematik hat alles, was bei den Griechen noch folgte. Dazu gehört z. B. die schöne Arbeit von Zenodoros (wahrscheinlich 2. Jh. v. Chr.) über die isoperimetrische Eigenschaft des Kreises und der Kugel, die sogar für die Astronomie Bedeutung hatte, weil diese Eigenschaft als *ein* Argument dafür galt, daß der Himmel kugelförmig ist. [Ptolemaios, Alm. I, Kap. 3]. Dazu gehören die Bemühungen des Poseidonios (ca. 135–51 v. Chr.) um eine neue Definition der Parallelen, nämlich nicht als Geraden, die sich bei Verlängerung ins Unendliche nicht schneiden, sondern als solche, die überall gleichen Abstand voneinander haben [Proklos, S. 176]. An diese problematische Definition schlossen sich Versuche zum Beweis des Parallelenpostulats an. Zur höheren Mathematik sind vielleicht schon die Porismen von Euklid zu rechnen. Leider wissen wir nicht, welches Ziel Euklid mit dieser Arbeit verfolgte. Ich möchte auch den größten Teil von Diophants Arithmetik dazu rechnen; ein kleiner Teil wird wohl zum Rechenunterricht für Kaufleute gehört haben.

Von anderer Art sind die mathematischen Theorien der Astronomie; deren Ausarbeitung wurde durch die beobachteten Tatsachen erzwungen. Diese Theorien wurden z. T. von Apollonios, z. T. von Hipparch (um 150 v. Chr.) und vollständig von Ptolemaios ausgearbeitet und wurden ohne Unterbrechung ständig weiter durchgearbeitet, ohne daß allerdings vor Kepler etwas grundsätzlich Neues gefunden wurde.

Über diese These von einer höheren Mathematik, die die Allgemeinheit nicht mehr interessierte (denken Sie dabei bitte an Leute wie den Redner Demosthenes oder den sonst umfassend gebildeten Cicero), bitte ich den Leser nachzudenken und sich seine eigene Meinung zu bilden. Mir erscheint sie als einer der Gründe dafür, daß sich die Mathematik damals nicht mehr weiterentwickelt hat. Die späteren Kommentatoren, Pappos, Theon von Alexandria, Proklos, Eutokios und andere haben zwar Tüchtiges geleistet, aber keine bahnbrechenden neuen Ideen mehr hervorgebracht.

Eine Sonderstellung nehmen Heron (um 62 n. Chr.) und Diophant ein. Herons mathematische Werke sind ganz auf die Praxis zugeschnitten. Sie enthalten elementare Geometrie mit vielen Vorschriften zur Berechnung von Figuren und Körpern, oft ohne Beweis. Die Autorschaft Herons ist z. T. fraglich, aber es kommt eigentlich gar nicht so sehr darauf an, wer dieses Material zusammengestellt hat. Von Diophants algebraisch-zahlentheoretischen Aufgaben wurden oben (S. 143) einige Beispiele gebracht. Bei beiden, Heron und Diophant, ist babylonischer Einfluß spürbar.

2.8 Mathematik bei den Römern

Irgendwo habe ich gelesen: Der einzige Beitrag, den die Römer zur Mathematikgeschichte geleistet haben, war der, daß ein römischer Soldat den Archimedes erschlagen hat. – In der Tat sind Fortschritte in der theoretischen Mathematik bei den Römern nicht zu finden; sie haben sich mehr für die praktischen Anwendungen interessiert.

Ihre Zahlenschreibweise ist zwar umständlicher als das indische Positionssystem; ich halte sie aber für besser als das babylonische System und als die griechische Darstellung der Zahlen durch Buchstaben. Abgesehen von der Form der Symbole ist das römische System dasselbe wie das ägyptische, nur durch Zeichen für 5, 50 usw. vermehrt. Wie im ägyptischen System ist die Darstellung einer Zahl unabhängig von der Stellung und Anordnung der Zeichen. Die Schreibweise IV statt IIII usw., die diese Unabhängigkeit zerstört, wurde erst im Mittelalter üblich.

Auch das Rechnen ist nicht so unbequem wie man zunächst meinen könnte. Die Addition ist jedenfalls leichter erlernbar als die unsrige. Um III + IIII = VII auszurechnen, braucht man nur zu wissen, daß IIIII durch V zu ersetzen ist. Für die Rechnung $3+4=7$ muß man die Bedeutung der Symbole und ein „Eins-und-eins" auswendig gelernt haben. (S. hierzu Leibniz, [4.4] und J. G. Kennedy: Arithmetic with Roman Numerals. Amer. Math. Monthly **88**, 1981, S. 29–32.)

Die Multiplikation könnte man durch Verdoppeln und Halbieren ausführen wie die Ägypter. Man könnte aber auch z. B. XXIII · CXXII so ausrechnen: man schreibt den einen Faktor senkrecht in seine Bestandteile zerlegt an und rechnet nach dem folgenden Schema:

XXIII	I
XXIII	I
CCXXX	X
CCXXX	X
MMCCC	C
MM DCCC VI	

(Bei dem Faktor X wird jedes Symbol durch das nächsthöhere ersetzt, bei dem Faktor C verfährt man entsprechend.)

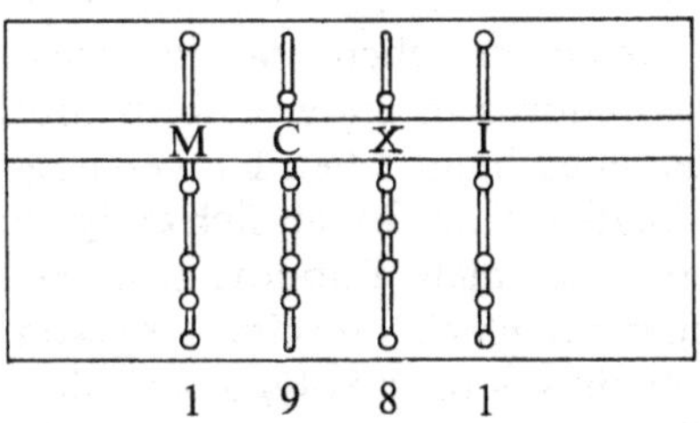

Abb. 2.54. Römischer Handabakus, schematisch

Ob die Römer so gerechnet haben, weiß ich nicht. Sie verwendeten wahrscheinlich ihren Handabakus, von dem einige Exemplare erhalten sind. Er besteht aus einer Tafel mit Rillen, in denen Marken (Kugeln oder Knöpfe) verschiebbar sind. Eine Marke im unteren Teil stellt eine Einheit, eine Marke im oberen Teil 5 Einheiten dar. Die für die Darstellung einer Zahl erforderlichen Marken werden in der Mitte zusammengeschoben, die übrigen bleiben am Rand. Man braucht also oben eine, unten vier Marken. Rechts neben I befinden sich noch Spalten für Brüche.

Wie man auf diesem Gerät addiert, ist klar. Die Multiplikation kann auf wiederholte Additionen zurückgeführt werden; das kommt ungefähr darauf hinaus, daß man das oben angeschriebene Schema anwendet. Ob dieses Rechnen einigermaßen bequem ist, kann man wohl erst nach etwas Übung feststellen. Jedenfalls kann man ohne Ein-mal-eins auskommen; allerdings läßt sich die Rechnung abkürzen, wenn man es beherrscht.

In Griechenland rechnete man auf Rechenbrettern, Platten, in die Striche für die Einer, Zehner usw. eingeritzt waren; darauf wurden Rechensteine gelegt. Eine solche Tafel aus dem 4. Jh. v. Chr. wurde in Salamis gefunden. Sie ist 1,50 mal 0,75 m groß, aus Marmor [van der Waerden, E. W., S. 72/73]. Der römische Handabakus, der etwa Postkartengröße hat, scheint praktischer zu sein.

Die römische Bruchrechnung beruht darauf, daß die Einheit, das *As*, in 12 Unzen eingeteilt wird. Das wird in den meisten Fällen genügt haben. Die Unze wurde noch eingeteilt in

semuncia	=	1/2 uncia	=	1/24
sicilicus	=	1/4 uncia	=	1/48
sextula	=	1/6 uncia	=	1/72
dimidia sextula	=	1/12 uncia	=	1/144
scripulum	=	1/24 uncia	=	1/288.

Diese Einteilung nach Art eines 12-er-Systems dürfte nicht unpraktisch gewesen sein.

Manche gebildeten Römer haben in Griechenland studiert, so Marcus Terentius Varro (116–27 v. Chr.), der neben vielen anderen Werken auch „Neun Bücher Disciplinae" geschrieben hat, von denen leider nur die Titel aus antiken Schriftenverzeichnissen bekannt sind: I. Grammatik. II. Dialektik. III. Rhetorik. IV. Geometrie. V. Arithmetik. VI. Astrologie. VII. Musik. VIII. Medizin. IX. Architektur. Die ersten sieben sind die „freien Künste" *(artes liberales)*, die später, von Cassiodorus in anderer Reihenfolge festgeschrieben, die Grundausbildung an den abendländischen Universitäten ausmachten. In einer Handschrift aus dem 5./6. Jh. n. Chr. finden sich einige Fragmente, die vielleicht aus dem Buch Geometrie stammen [Bubnov, s. unter Agrimensoren, S. 494–508]. Sie enthalten Regeln zur Flächenbestimmung von verschiedenen Dreiecken und Vierecken, auch einiges über Polygonalzahlen.

Cicero (106–43 v. Chr.) und Plinius (23/24–79 n. Chr.) haben sich mehr für die Naturwissenschaften als für die Mathematik interessiert. Die „Naturkunde" des Plinius war eine der wichtigsten Quellen für die Naturwissenschaft des Mittelalters.

Vitruv (geb. ca. 84 v. Chr.) legte Wert auf bestimmte Proportionen bei Bauten. Dafür ein paar Beispiele:

[Arch. III, Kap. 1]: „Kein Tempel kann ohne Symmetrie und Proportion eine vernünftige Formgebung haben, wenn seine Glieder nicht in einem bestimmten Verhältnis zueinander stehen, wie die Glieder eines wohlgeformten Men-

schen." – Zahlenverhältnisse am menschlichen Körper hat Polyklet (5. Jh. v. Chr.) in einer Schrift „Kanon" zusammengestellt. Vitruv überträgt das auf die Architektur von Tempeln, z. B. [IV, Kap. 1, 6]: „Als sie (die Erbauer des ersten dorischen Tempels) bemerkt hatten, daß der Fuß beim Manne der sechste Teil der Körperhöhe war, übertrugen sie dies (Maßverhältnis) ebenso auf die Säule, und sie machten die Säule einschließlich des Kapitells sechsmal so hoch, wie sie den Schaft unten dick machten. So begann die dorische Säule die Proportion, die Stärke und die Anmut des männlichen Körpers an den Tempeln zu zeigen."
[Arch. III, Kap. 1, 3]: „Ferner ist natürlicherweise der Mittelpunkt des Körpers der Nabel. Liegt nämlich ein Mensch mit gespreizten Armen und Beinen auf dem Rücken, und setzt man die Zirkelspitze an der Stelle des Nabels ein und schlägt einen Kreis, dann werden von dem Kreis die Fingerspitzen beider Hände und die Zehenspitzen berührt. – Ebenso wie sich am Körper ein Kreis ergibt, wird sich auch die Figur des Quadrats an ihm finden. Wenn man näm-

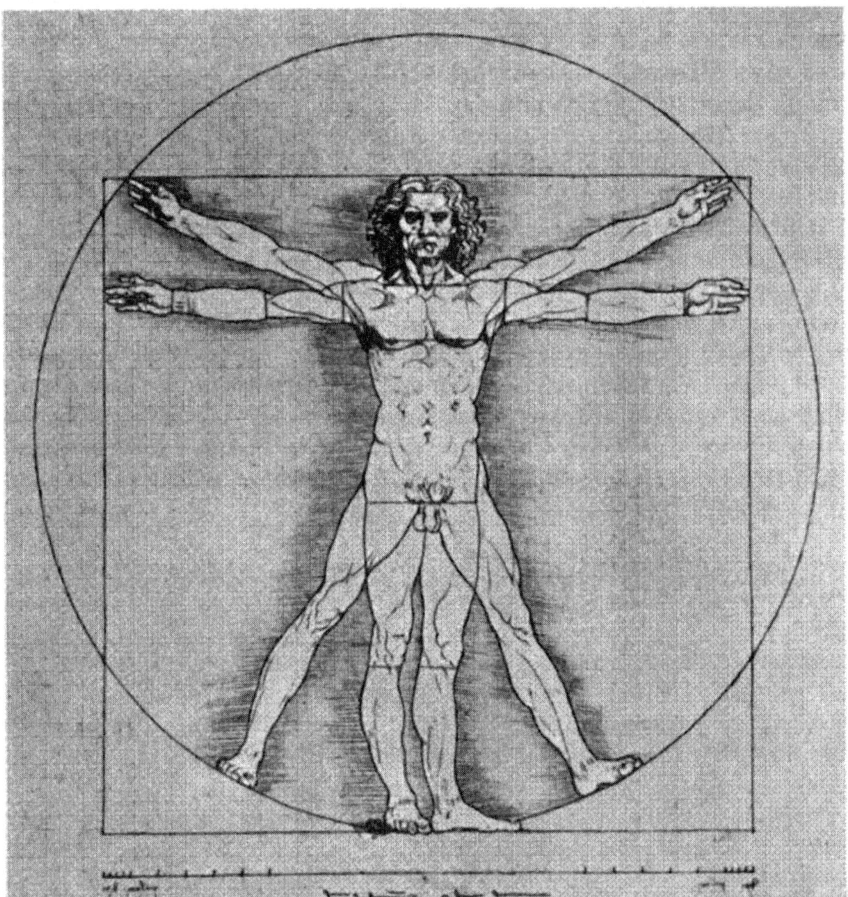

Abb. 2.55. Leonardo da Vinci: Proportionsschema der menschlichen Gestalt

lich von den Fußsohlen bis zum Scheitel Maß nimmt und wendet dieses Maß auf die ausgestreckten Hände an, so wird sich die gleiche Breite und Höhe ergeben.“ (Abb. 2.55).
In [V, Kap. 7, wegen Vertauschung von Seiten in der Handschrift auch als Kap. 6,1 bezeichnet] beschreibt Vitruv, wie der Grundriß eines Theaters nach einem regelmäßigen Zwölfeck konstruiert werden soll.
In [IX, Vorrede, 8] schlägt er vor, bei Treppen das Verhältnis 3:4:5 anzuwenden: Höhe 3, Länge am Boden 4, also Länge der Treppe 5 Einheiten.

Die römischen Feldmesser, die Agrimensoren, nach ihrem wichtigsten Instrument, der Groma (s. S. 60), auch Gromatiker genannt, brauchten einige elementare geometrische Kenntnisse von der Art, wie sie bei Varro auftreten. Als vollständige Lehrbücher des Vermessungswesens kann man die Schriften von Heron von Alexandria (1. Jh. n. Chr.) ansehen. Inhaltlich gehen die Werke der Agrimensoren nicht darüber hinaus, jedoch werden oft grobe Näherungen angegeben, z. B. $\frac{a+c}{2} \cdot \frac{b+d}{2}$ für die Fläche des Vierecks mit den Seiten a, b, c, d [Blume ..., Bd. 1, S. 355], die bei Heron nicht vorkommt. Heron zerlegt das Viereck in zwei Dreiecke. Die Absicht der Agrimensoren ist offenbar eine Bestimmung der Fläche auf Grund der leicht meßbaren Seiten ohne mühsame Rechnungen (Berechnung der Höhen der Dreiecke).

Ein Verfahren für die Messung der Breite eines Flusses wurde S. 77 erwähnt.

Die Schriften der Agrimensoren sind einfache Leitfäden für Praktiker; sie geben Regeln ohne Beweise und sind mit der großen griechischen Geometrie nicht vergleichbar. Aber sie bildeten den Anfang der abendländischen Geometrie und finden sich noch lange in den mittelalterlichen Lehrbüchern als *geometria practica*. Vermittler dieser Kenntnisse waren insbesondere Boetius (ca. 480–524 n. Chr.), der lateinische Bearbeitungen von Teilen von Euklids Elementen und auch von der Arithmetik des Nikomachos von Gerasa verfaßte, und Cassiodorus (ca. 490–583 n. Chr.), der einen Lehrplan für den Unterricht in den Klöstern entwarf, der später auch für die Universitäten maßgebend wurde.

3. Mathematik im Orient

In diesem Teil muß noch stärker als in den vorangegangenen betont werden, daß nur einige Beispiele gebracht werden, die einen Einblick in die Mathematik der Chinesen, Inder und islamischen Völker geben sollen. Dabei beschränke ich mich sogar auf die ältere Mathematik, grob gesagt auf die Zeit, bevor westlicher Einfluß in diesen Ländern wirksam werden konnte.

3.1 Altchinesische Mathematik

3.1.1 Alte Diagramme

Die ältesten Dokumente chinesischer Mathematik sind zwei Diagramme, die dem sagenhaften Kaiser Yü dem Großen von einem Drachenpferd aus dem Gelben Fluß und einer Schildkröte aus dem Fluß Lo übergeben sein sollen. Dieser Kaiser soll im 3. Jahrtausend v. Chr. China aus der Sintflut errettet haben, indem er ein Gebirge durchstach. Diese Legende ist nach Needham [S. 56] vor dem 5. Jh. v. Chr. entstanden, aber erst im 4. Jh. werden nachweislich Zahlen mit den Diagrammen in Verbindung gebracht. Die heute bekannten bildlichen Darstellungen scheinen auf das 2. Jh. v. Chr. zurückzugehen. Das eine Diagramm ist ein magisches Quadrat, das andere hat die Eigenschaft, daß die Summe der geraden Zahlen einerseits und die Summe der ungeraden Zahlen andererseits je 20 ist (Abb. 3.1).

3.1.2 Zahlzeichen

Erste Dokumente von Schrift treten in China erst in der SHANG-Zeit (etwa Mitte des 16. bis Mitte des 11. Jh. v. Chr.) auf. Das SHANG-Reich erstreckte sich im wesentlichen auf die Landschaft um den Gelben Fluß; ein Großkönig herrschte über zahlreiche ziemlich selbständige Fürsten, vielleicht leitete sich seine Macht hauptsächlich aus seiner Kultfunktion als oberster Priester ab. Aus dieser Zeit gibt es Orakelknochen, auf denen die Fragen an das Orakel verzeichnet waren. Man erhitzte die Knochen und leitete aus den auftretenden Sprüngen die Aussagen des Orakels ab. Auch Zahlen finden sich auf diesen Knochen; sie sind den modernen Zahlzeichen auffällig ähnlich (s. Tafel Zahlzeichen).

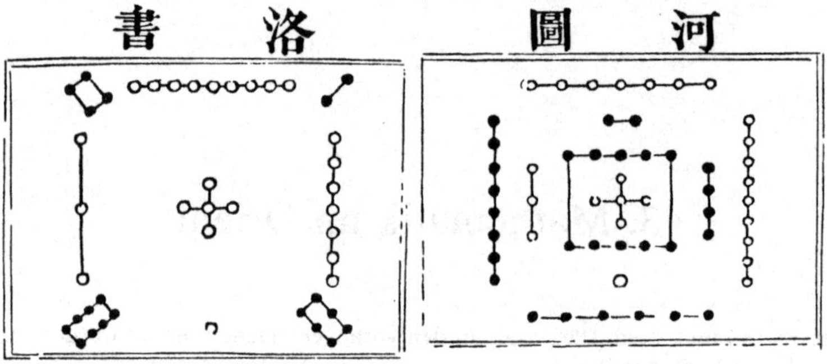

4	9	2
3	5	7
8	1	6

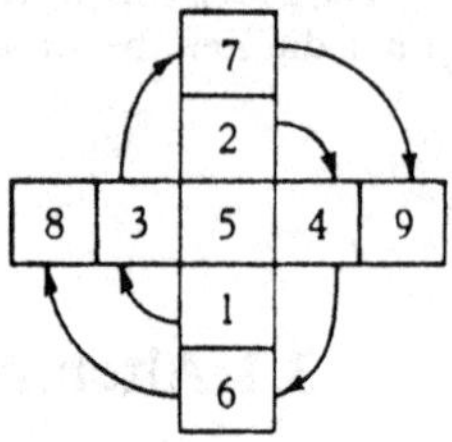

Das Lo Shu Diagramm Das Ho T'u Diagramm

Abb. 3.1 [nach Needham, S. 57]

Die Zahl 656 wird z. B. so geschrieben:

Orakel  =6 Hunderter, 5 Zehner, 6
modern 六 百 五 十 大

Dies ist ein Dezimalsystem, aber kein Positionssystem, denn die Zehnerpotenzen ergeben sich nicht aus der Stelle des Zahlzeichens, sondern sind besonders angegeben.

Seit mindestens dem 2. Jh. v. Chr. arbeiteten die Chinesen mit dem Rechenbrett, auf dem die Zahlen durch Stäbchen ausgelegt wurden, und zwar die Einer senkrecht , die Zehner waagerecht, die Hunderter wieder senkrecht usw. 5 Stäbchen wurden durch ein Stäbchen in jeweils anderer Richtung ersetzt (s. Tafel). Die Zahl 656 würde auf dem Rechenbrett so aussehen:

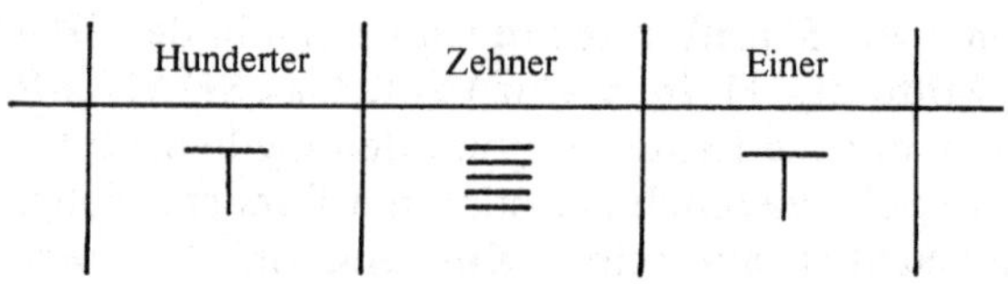

Da die Zahlzeichen mit den Zehnerpotenzen abwechseln (ähnlich wie bei den Babyloniern), kann man die Stäbchen auch ohne das beschriftete Rechenbrett hinlegen oder zeichnen. Eine eventuelle leere Stelle wird mindestens bis zum 8. Jh. n. Chr. durch eine Lücke wiedergegeben, z. B. 405 = |||| ||||| . Erst im

13. Jh. tritt dafür im Druck das Zeichen O auf; ob und wie lange es vorher schon in Gebrauch war, ist unbekannt. Ein Punkt oder kleiner Kreis für Null tritt in Inschriften in Sumatra im 7. Jh. n. Chr., in Indien im 9. Jh. n. Chr. auf [Sen, S. 175–179].

3.1.3 Geometrische Definitionen im Kanon der Mohisten

Die Shang wurden um 1100 v. Chr. von den Chou aus dem Wei-Tal abgelöst. Die Chou waren eine der vielen Völkerschaften des westchinesischen Hügellandes, die unter den kulturellen und politischen Einfluß der Shang geraten waren und dann das Gebiet der Shang eroberten. In den folgenden Jahrhunderten wuchsen viele kleinere Feudalstaaten zu wenigen Großstaaten zusammen (keineswegs freiwillig), die Macht der Zentralregierung erlosch allmählich, die Staaten bekämpften sich gegenseitig, bis schließlich die Ch'in obsiegten und 221 v. Chr. ein geeintes Reich gründeten. Der König der Ch'in legte sich nun den Titel Huang-ti zu, was gewöhnlich mit „Kaiser" übersetzt wird und bis 1912 der Titel des Herrschers blieb.

Die Zeit von 475 bis 221 heißt offiziell die „Zeit der kämpfenden Staaten". Sie ist zugleich das Zeitalter der „hundert philosophischen Schulen" [Toynbee, A.: Menschheit und Mutter Erde. Die Geschichte der großen Zivilisationen. Deutsch von K. Berisch. Düsseldorf 1979. – S. 199]. Es ist eine Zeit des gesellschaftlichen und geistigen Umbruchs, an dem die Philosophie wesentlichen Anteil hat. „Die chinesische Philosophie unterschied sich von der hellenischen dadurch, daß sie sich von Anfang an vorzugsweise mit dem praktischen Leben und erst in zweiter Linie mit Wissenschaft und Metaphysik beschäftigte" [Toynbee, a.a.O.]. Der für die folgende Zeit einflußreichste Philosoph war Konfuzius (K'ung fu-tzu, Meister K'ung); er lebte etwa 551–479 v. Chr., also etwa gleichzeitig mit Parmenides und Heraklit. Eine einzigartige Erscheinung ist MO Ti, ca. 480–405, also etwa gleichzeitig mit Sokrates. Er ist in erster Linie Sozialethiker; in seiner Schule wurden in den folgenden Jahrhunderten aber auch logische und erkenntnistheoretische Fragen angeschnitten. Im sog. „Mohistischen Kanon" (Mo Ching), der im Laufe des 4. bis 3. Jh. v. Chr. entstanden sein dürfte, finden sich Definitionen einiger geometrischer Grundbegriffe. Ein paar Beispiele davon seien hier wiedergegeben. Die Interpretation macht große Schwierigkeiten, zumal bei der Textüberlieferung auch mit Fehlschreibungen gerechnet werden muß. Die folgenden Übersetzungen hat mir Herr Kogelschatz nach Prüfung der wichtigsten chinesischen Kommentare und der Interpretationen von Forke, Needham und Graham mitgeteilt.

A 52: „*P'ing* (eben, flach, parallel) bedeutet gleich hoch."

A 53: „*T'ung ch'ang* (gleich lang) bedeutet, sich bei gerader (im Gegensatz zu schräger) Anordnung gegenseitig erschöpfen."

A 54: „*Chung* (Mitte) bedeutet gleich lang."
⟨Hier wird also die vorangegangene Definition benutzt.⟩ Zugehörige chinesische Erläuterung: „(Gemeint ist) der Mittelpunkt (wörtl. Herz), von dem ausgehend sich (die Entfernungen zu den Endpunkten) entspre-

chen.“ (Da der Kreis in A 58 erklärt wird, kann man hier an den Mittelpunkt einer Strecke denken.)

A 55 erklärt die Dicke bzw. Ausdehnung eines Körpers.

A 56 erklärt „Mittag“ durch den genau südlichen Stand der Sonne.

A 57: „*Chih* (gerade) heißt in Visierlinie stehen.“
⟨Vgl. Platon [Parmenides 137e]: Gerade ist das, dessen Mitte die Enden deckt (S. 109). Auch hier ist wohl an ein Visieren zu denken.⟩

A 58: „*Yüan* (rund, Kreis) gekennzeichnet durch *eine* Mitte und gleiche Längen.“
Anm. zum Inhalt (Kogelschatz): Das kann heißen (a) daß der Kreis eine Mitte hat, von der ausgehend alle Verbindungslinien zu Punkten der Peripherie gleich lang sind; (b) daß alle durch eine gemeinsame Mitte (i. S. v. A 54 = Halbierungspunkt) verlaufenden Verbindungslinien zwischen Punkten der Peripherie gleich lang sind.

Offenbar ist diese Gruppe von Definitionen logisch folgerichtig aufgebaut.

Diese Erklärungen sind in der chinesischen Literatur völlig alleinstehend. Sie haben keine Vorläufer und keine Nachfolger, sie werden nicht weiter ausgebaut, es wird keine deduktive Geometrie auf ihnen aufgebaut. Im Kanon folgen einige Sätze über die Bilder in einem Hohlspiegel und über die Waage, aber daraus wird auch keine mathematische Naturwissenschaft. Um die Frage beantworten zu können, warum diese Dinge in einem philosophischen System zur Sprache kommen, müßte man sich in das philosophische System hineindenken. Vielleicht ging es allgemein um die Festlegung von Begriffen, vielleicht hauptsächlich um ethische Begriffe (auch Sokrates bemühte sich z. B. um die Definition von „Frömmigkeit“ [Xenophon, Mem. IV, 6]), und da konnten diese einfachen geometrischen Begriffe als einführende Beispiele dienen. Man müßte dann nicht unbedingt an eine Abhängigkeit von den Griechen oder umgekehrt denken. Man sollte aber bei den Griechen nicht nur an Euklid und Platon denken, sondern daran, daß Definitionen dieser Art sicher schon den älteren Pythagoreern oder noch früher bekannt waren. Da der Mohistische Kanon im 4.–3. Jh. entstanden ist, ist das zeitlich wichtig.

3.1.4 Ein Lehrbuch für Verwaltungsbeamte

Die CH’IN-Dynastie wurde schon 206 v. Chr. nach dreijährigen Kämpfen von der HAN-Dynastie abgelöst. In der HAN-Zeit wurde das Reich im Innern gefestigt, freilich nicht vollständig beruhigt, und es dehnte sich nach allen Seiten aus, so daß Kontakte mit Persien und Indien teils zustande kamen, teils verbessert wurden. Die Verwaltung wurde Beamten übertragen (was z. T. schon früher üblich war), die auf besonderen Schulen ausgebildet wurden und Prüfungen ablegen mußten. Auf den Schulen mußte in erster Linie die Staats- und Gesellschaftsphilosophie (nach Konfuzius) gelernt werden, aber auch Astronomie und Mathematik.

Ein Lehrbuch der Mathematik aus dieser Zeit ist Chiu-chang suan-shu = Neun Bücher arithmetischer Technik. In der chinesischen Tradition wird das Werk Chou Kung (12. Jh. v. Chr.) oder auch dem legendären „Gelben Kaiser“ (Huang-ti, 3. Jahrtausend v. Chr.) zugeschrieben. Der älteste Text ist die kommentierte Ausgabe von LIU Hui (263 n. Chr.?). Er berichtet, daß das Buch in der frühen HAN-Zeit von CHANG Ts'ang (um 165–142 v. Chr.) nach alten Vorlagen verfaßt und durch KENG Shou-ch'ang (um 75–49 v. Chr.) ergänzt worden sei. Seine gegenwärtige Form hat es wahrscheinlich im 1. Jh. n. Chr. erhalten. In der T'ANG-Zeit wurde es in die Sammlung der „Zehn mathematischen Klassiker“ aufgenommen, die 1084 erstmals gedruckt wurde. Nach der Ausgabe von 1930 (Shanghai) wurde es von E. I. Berezkina ins Russische übersetzt (erschienen 1960) und unter Benutzung dieser russischen Ausgabe von K. Vogel ins Deutsche (erschienen 1968).

Ich habe das so ausführlich erzählt, weil sich ja doch die Frage stellt: Wie alt sind die hier vorgefundenen mathematischen Kenntnisse und wie alt ist die Form, in der sie dargeboten werden (wir werden sehen, daß es auch darauf ankommt)? Soll man annehmen, daß ein Lehrbuch der Verwaltungsakademie laufend auf den neuesten Stand gebracht wurde, oder soll man annehmen, daß man es in Ehrfurcht vor der Tradition stets wörtlich überliefert hat? – Es ist sicher, daß mindestens seit der Ausgabe von LIU Hui der Text unverändert erhalten blieb; neue Kenntnisse kamen ggf. in die Kommentare.

Die „Neun Bücher“ sind eine Aufgabensammlung. Die Aufgaben sind systematisch geordnet und zu je einer Gruppe von Aufgaben wird das Lösungsverfahren in Form einer allgemeinen Regel angegeben.

Buch I. Ausmessen von Feldern

Hier wird auch Bruchrechnung gelehrt, hauptsächlich aber die Berechnung der Flächeninhalte von Rechtecken, Dreiecken, Trapezen, Kreisen, Kreissegmenten und Kreisringen.
Beispiel: Aufg. 31. „Jetzt hat man ein rundes Feld; der Umfang ist 30 Schritt, der Durchmesser 10 Schritt. Die Frage ist: Wie groß ist das Feld? Die Antwort sagt: 75 (Quadrat-)Schritt.“ Aufg. 32 ist dieselbe Aufgabe mit anderen Zahlen. Dann folgen vier Regeln:
⟨1⟩ „Die Regel lautet: Der halbe Umfang und der halbe Durchmesser miteinander multipliziert ergibt die Fläche ...“ Also $F=\frac{u}{2}\cdot\frac{d}{2}$. Archimedes hat diesen Satz bewiesen. In den „Neun Büchern“ werden überhaupt keine Beweise gegeben. Die weiteren Regeln besagen, natürlich ähnlich in Worten ausgedrückt: $F=\frac{u\cdot d}{4}$, $F=\frac{3}{4}d^2$, $F=u^2/12$. Im allgemeinen wird zu einer Aufgabengruppe nur eine Regel angegeben.

Während hier der Wert 3 für π benutzt wird, hat LIU Hui im Kommentar mittels des 192-Ecks die Schranken

$$3{,}14\tfrac{64}{625}<\pi<3{,}14\tfrac{169}{625}$$

berechnet, und später sogar mittels des 3072-Ecks den Näherungswert 3927 : 1250 ⟨= 3,1416⟩ [Needham, S. 100f.].

Buch II. Die Regelung des Tausches von Feldfrüchten

Das Buch beginnt mit einer Liste, die aufzählt, wieviel Einheiten verschiedener Getreide- und Fruchtsorten 50 Einheiten Hirse entsprechen. Danach wird mittels des Dreisatzes ausgerechnet, welche Mengen gegeneinander getauscht werden können.

Buch III. Proportionale Verteilung

Beispiel: Aufgabe 5. – Vorbemerkung: Suan ist hier eine Steuereinheit, bestehend aus je 120 Personen. – „Der Nordbezirk hat 8758 Suan, der Westbezirk 7236 Suan, der Südbezirk 8356 Suan. Die drei Bezirke sollen zusammen 378 Mann für eine Schanzarbeit abstellen, und zwar entsprechend der Anzahl ihrer Suan …
Die Antwort sagt: Der Nordbezirk schickt $135\frac{11637}{12175}$ Mann, der Westbezirk schickt $112\frac{4004}{12175}$ Mann, der Südbezirk schickt $129\frac{8709}{12175}$ Mann." (Wie die Bezirksvorsteher das exakt machen sollten, wird nicht gesagt.)

Buch IV. Kleinere und größere Breite

Hier ist u.a. die Seite eines Quadrats gegebener Fläche und die eines Würfels von gegebenem Volumen zu berechnen, und es wird gelehrt, wie das numerisch zu machen ist.

Der Durchmesser einer Kugel vom gegebenen Volumen V wird als $d=\sqrt[3]{V\cdot\frac{16}{9}}$ berechnet.

LIU Hui berichtet dazu die folgende Herleitung: Die Kreisfläche ist 3/4 ⟨d.h. $\pi/4$⟩ von der Fläche des umschriebenen Quadrats; also ist das Volumen eines Zylinders $=3/4$ des Volumens des umbeschriebenen Quaders, also wenn der Zylinder den Durchmesser d und die Höhe d hat: $V_{\text{Zyl.}}=\frac{3}{4}d^3$.

Wenn man nun analog zum Kreis annimmt, daß das Volumen einer Kugel $=3/4$ des Volumens des umschriebenen Zylinders ist, erhält man $V_{\text{Kugel}}=\frac{3}{4}V_{\text{Zyl.}}=\frac{9}{16}d^3$.

Liu Hui stellt fest, daß diese Überlegung falsch ist. Er bemerkt, daß das Volumen der Kugel nicht $=3/4$ des umschriebenen Zylinders ist, sondern $=3/4$ des Durchdringungskörpers zweier aufeinander senkrechter Zylinder. Die Figur dieses Körpers kommt bei chinesischen Gefäßen öfter vor. Das benutzte Fachwort bedeutet etwa „Deckel mit quadratischer Grundfläche" (Abb. 3.2).

Man muß nur feststellen, daß jeder Schnitt parallel zu den Achsen der beiden Zylinder den Durchdringungskörper in einem Quadrat und die Kugel in dem einbeschriebenen Kreis schneidet – und das Cavalierische Prinzip anwenden. Dieses Prinzip ist von TSU Keng-chih (um 504–520) so ausgesprochen worden: „Wenn Volumina aus aufeinandergelegten Schichten bestehen und entsprechende Flächen gleich sind, so können die Volumina nicht ungleich sein." LIU Hui könnte unausgesprochen die folgende spezielle Variante benutzt haben: „Wenn ein Körper mit kreisförmigen Schnitten in einen Körper mit quadratischen Schnitten einbeschrieben ist, und in jedem Schnitt der Kreis dem Quadrat einbeschrieben ist, so verhalten sich die Volumina wie die Flächen von Kreis und Quadrat, nämlich wie 3:4" (statt π:4) [Wagner, Sph.].

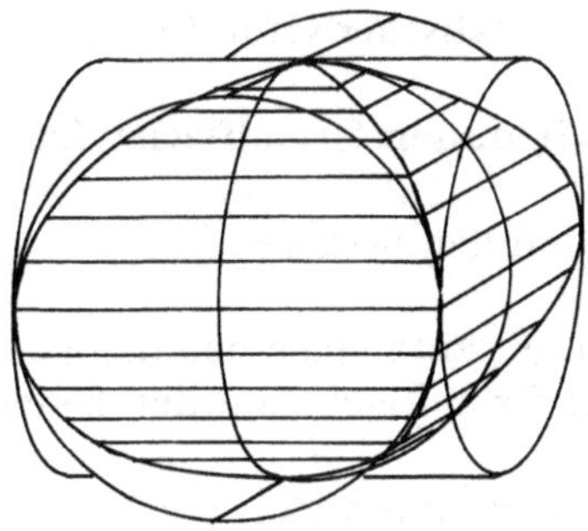

Abb. 3.2

Archimedes hat gefunden, daß das Volumen V_D des Durchdringungskörpers $V_D = \frac{2}{3} d^3$ ist [Meth., 2. Satz. Op. d., S. 383]. Setzt man das mit $V_K = \frac{\pi}{4} V_D$ zusammen, so erhält man $V_K = \frac{\pi}{6} d^3$. LIU Hui hat die Beziehung $V_D = \frac{2}{3} d^3$ nicht gefunden. TSU Keng-chih fand sie, indem er die Volumina der Ecken berechnete, die übrig bleiben, wenn man aus dem Würfel den Durchdringungskörper herausnimmt [Wagner, Sph.].

Buch V. Beurteilung der Arbeitsleistung

In der ersten Aufgabe wird das Volumenverhältnis von aufgelockerter, gewöhnlicher und festgestampfter Erde behandelt: 10000 Kubik-Fuß gewöhnlicher Erde = 7500 K.F. festgestampfter Erde = 12500 K.F. aufgelockerter Erde.

In den Aufgaben 2–7 werden die Volumina eines Walles, einer Wand, eines Dammes und verschiedener Gräben und die Anzahl der zum Bau benötigten Arbeiter berechnet; der Querschnitt ist stets ein gleichschenkliges Trapez (vgl. S. 28).

Es folgt die Berechnung der Volumina einiger geometrischer Grundkörper, deren Namen allerdings recht anschauliche Bedeutung haben; einige Beispiele werden im Folgenden angegeben. Dabei treten die Worte auf: *fang* = Quadrat, Rechteck, *yüan* = rund, *pao* = Erdwerk, *tao* = Hügel, *t'ing* = Hütte, *chui* = Spitzkörper, Ahle. Ich skizziere den Inhalt in moderner Formalschreibweise, während der Text Regeln in Worten gibt.

Aufg. 8. Quader mit quadratischer Basis *(fang pao tao)*:
$V = a^2 \cdot h$.

Aufg. 9. Zylinder *(yüan pao tao)* mit dem Umfang u und der Höhe h:
$V = u \cdot h/12$ (vgl. S. 36).

Aufg. 10. Quadratischer Pyramidenstumpf *(fang t'ing)*:
$V = (ab + a^2 + b^2) \cdot h/3$ (vgl. S. 63).

Aufg. 11. Kegelstumpf *(yüan t'ing)* mit dem unteren Umfang u_1 und dem oberen Umfang u_2:
$V = (u_1 u_2 + u_1^2 + u_2^2) \cdot h/36$ (vgl. S. 36).

Aufg. 12. Pyramide mit quadratischer Grundfläche *(fang chui)*:
$V = a^2 \cdot h/3$.
Aufg. 13. Kegel *(yüan chui)*, dessen Grundfläche den Umfang u hat:
$V = u^2 \cdot h/36$.
Aufg. 14. Halber Quader mit den Seiten a, b, h:
$V = a \cdot b \cdot h/2$.
Aufg. 15, 16. Zwei Körper, die zusammen den halben Quader ausmachen: eine Pyramide mit rechteckiger Grundfläche mit den Seiten a, b:
$V = a \cdot b \cdot h/3$,
eine Pyramide mit dreieckiger Grundfläche:
$V = a \cdot b \cdot h/6$.
Aufg. 17–28. Weitere etwas kompliziertere Körper.

Zerlegungen wie in Aufg. 14–16 können zum Beweis der Lösungen der Aufgaben 12, 13 führen, aber nicht ohne ein – grob gesagt – unendliches Verfahren. So macht es z. B. Euklid (bzw. Eudoxos) [El. XI, § 3–7]. Ähnlich verfährt LIU Hui in seinem Kommentar zu den „Neun Büchern" [Wagner, Pyr.], aber seine Untersuchung beschränkt sich auf Teilkörper eines (rechtwinkligen) Quaders, und den Grenzübergang beschreibt er mit Worten, die den Vorgang sozusagen philosophisch verständlich machen sollen, ohne eine exakte mathematische Abschätzung. – Die Zerlegung in Teilkörper war offenbar ein wichtiges Hilfsmittel zur Volumenberechnung.

Buch VI. Gerechte Steuereinschätzung

Die Höhe der Steuer hängt nicht nur von der Anzahl der Höfe in einem Bezirk ab, sondern auch von dem Weg, der bei der Ablieferung zurückzulegen ist.

Von ähnlichem Typ ist die Aufgabe, die wohl heute noch in Schulbüchern eine Rolle spielt, Aufg. 26. „In einen Teich führen 5 Kanäle. Öffnet man den ersten Kanal, so wird der Teich in $\frac{1}{3}$ Tag gefüllt, vom zweiten in 1 Tag, vom dritten in $2\frac{1}{2}$ Tagen, vom vierten in 3 Tagen, vom fünften in 5 Tagen. In wieviel Tagen füllen sie den Teich, wenn alle zugleich geöffnet werden?"

Buch VII. Überschuß und Fehlbetrag

Aufg. 12. „Zwei Ratten graben sich gegeneinander durch eine 5 Fuß dicke Wand. Die große Ratte macht am ersten Tag 1 Fuß, die kleine ebenfalls. Die große Ratte macht jetzt an jedem Tag das Doppelte, die kleine die Hälfte der Leistung vom Vortag. In wieviel Tagen treffen sie sich, und wieviel hat jede gegraben?" Die angegebene Regel besagt: Nach zwei Tagen hat man einen Fehlbetrag von 5 Zoll (1 Fuß = 10 Zoll), nach drei Tagen einen Überschuß von 3 Fuß 7 Zoll. Dazwischen wird linear interpoliert. (Dabei braucht man nicht anzunehmen, daß die Geschwindigkeiten stetig zunehmen; es kann auch so gedacht sein, daß diese jeweils einen Tag lang konstant sind.)

Andere Aufgaben lassen erkennen, daß das Verfahren der linearen Interpolation auch in ernsthafteren Fällen nützlich ist.

Buch VIII. Rechteckige Tabelle

Hier wird eine Art Matrizenrechnung zur Lösung von Systemen linearer Gleichungen angegeben.

Aufg. 1: „Aus drei Garben einer guten Ernte, 2 Garben einer mittelmäßigen Ernte und 1 Garbe einer schlechten Ernte erhält man den Ertrag von 39 Tou. Aus 2 Garben einer guten Ernte, 3 Garben einer mittelmäßigen Ernte und 1 Garbe einer schlechten Ernte erhält man 34 Tou. Aus 1 Garbe guter Ernte, 2 Garben mittelmäßiger Ernte und 3 Garben schlechter Ernte erhält man 26 Tou. Wieviel ist der Ertrag je einer Garbe?"

„Die Regel lautet: Lege auf der rechten Seite hin 3 Garben der guten Ernte, 2 Garben der mittelmäßigen Ernte, 1 Garbe der schlechten Ernte und den Ertrag, die 39 Tou. Die Reihen der mittleren und geringen Ernte ⟨es war 39 > 34 > 26⟩ lege hin wie auf der rechten Seite."

Es entsteht also das folgende Bild:

	Block 1	Block 2	Block 3
Garben der guten Ernte	1	2	3
Garben der mittelm. Ernte	2	3	2
Garben der schlecht. Ernte	3	1	1
Ertrag	26	34	39 Tou

„Immer multipliziere mit der Garbenzahl der guten Ernte der rechten Reihe die Zahlen der mittleren Reihe und nimm hintereinander die Reste."

Ich möchte mir das ganz konkret vorstellen:

Wenn 2 Garben g. E. + 3 Garben m. E. + 1 Garbe s. E. 34 Tou wert sind, so haben natürlich die dreifachen Mengen den dreifachen Wert. Und es ist auch klar, daß man von diesem dreifachen Block 2 den Block 3 abziehen, evtl. mehrmals abziehen kann. Man erhält dann das Bild:

1	$(3\cdot 2-2\cdot 3=)$ 0	3
2	$(3\cdot 3-2\cdot 2=)$ 5	2
3	$(3\cdot 1-2\cdot 1=)$ 1	1
26	$(3\cdot 34-2\cdot 39=)$ 24	39

„Weiterhin multipliziere die nächste Zahl und nimm hintereinander die Reste, jedoch darf in der mittleren Reihe das mittelmäßige Getreide nicht verschwinden. Und nimm bei der linken Reihe hintereinander die Reste, aber es darf in der linken Seite die schlechte Ernte nicht verschwinden."

So erhält man das Bild

0	0	3
0	5	2
36	1	1
99	24	39

Also bringt 1 Garbe der schlechten Ernte $\frac{99}{36}=2\frac{3}{4}$ Tou. Die weitere Rechnung ist klar.

Dabei können auch negative Zahlen auftreten; für diese werden Rechenregeln ausdrücklich angegeben [bei Aufg. 3].

Bemerkenswert ist: Systeme linearer Gleichungen kommen in allen Kulturen vor. Aber allgemeine, auf jedes beliebige Gleichungssystem anwendbare Verfahren sind nur von den Chinesen und den Indern angegeben worden. Bei Diophant, bei den Arabern und im Mittelalter im Abendland werden nur spezielle Lösungen für Gleichungen mit speziellen Werten der Koeffizienten vorgeführt.

Buch IX. Das rechtwinklige Dreieck

Dieses Buch enthält Aufgaben, die mit dem Satz des Pythagoras zu lösen sind, ohne daß ein Beweis dieses Satzes gegeben wird. Van der Waerden hat gezeigt [Prebab. M. I (unter 4.1.1)], daß viele dieser Aufgaben von der gleichen Art sind wie Aufgaben, die in babylonischen Texten vorkommen, insbesondere in dem aus der Seleukidenzeit stammenden Text BM 34568, aber auch in älteren Texten. Ob Beziehungen zwischen Babylon und China angenommen werden können oder eine gemeinsame präbabylonische Quelle, dürfte sich noch nicht endgültig entscheiden lassen. Manche Aufgaben sind auch von der Praxis her zu verstehen, ohne daß man an eine besondere Herkunft zu denken braucht, z. B. Aufg. 4: Aus einem Rundholz von 2 Fuß 5 Zoll ⟨1 Fuß = 10 Zoll⟩ Durchmesser sind Platten mit rechteckigem Querschnitt herzustellen, deren Dicke 7 Zoll betragen soll. Wie groß ist ihre Breite? Die Antwort sagt 2 Fuß 4 Zoll.

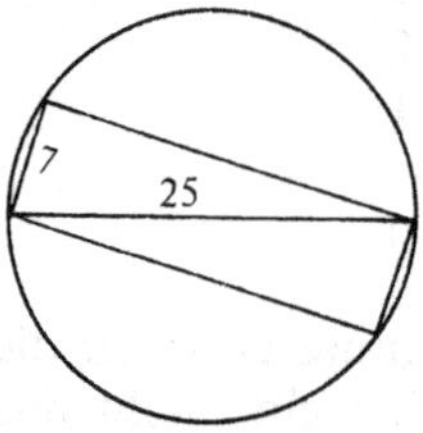

Abb. 3.3

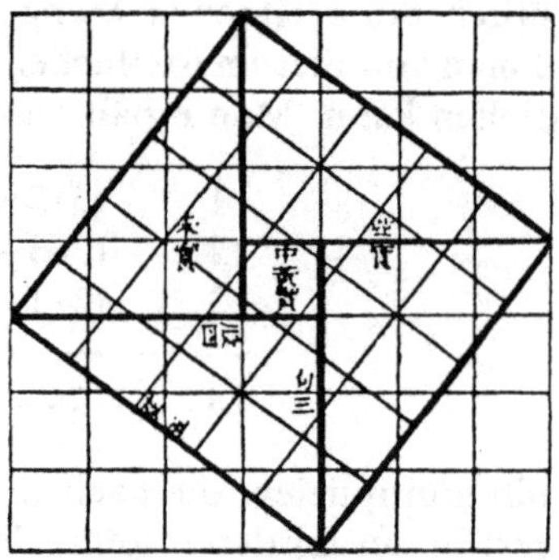

Abb. 3.4 [Needham, S. 22]

Eine Art Herleitung des Satzes von Pythagoras kommt im Chou-pei suan-ching vor. Diese Schrift, die auch zu den zehn mathematischen Klassikern gehört, ist wahrscheinlich etwas älter als die „Neun Bücher". Mit Chou ist die Hauptstadt der CHOU-Dynastie, Lo-yang, gemeint, der Titel besagt also: Der arithmetische Klassiker des Gnomon von CHOU [Kogelschatz S. 11]. In diesem Buch befindet sich die in Abb. 3.4 wiedergegebene Figur. Bezeichnen *wir* die Katheten der Dreiecke mit a, b, die Hypotenuse mit c, so läßt sich an der Figur ablesen

(1) $$c^2 = (a+b)^2 - 2ab\,.$$

Nimmt man die geometrisch leicht einzusehende Formel

$$(2) \qquad (a+b)^2 = a^2 + b^2 + 2ab$$

als bekannt an, so erhält man den Satz des Pythagoras.

Der Text lautet nach Needham [S. 22]: „Thus, let us cut a rectangle (diagonally) and make the width (kou) 3 (units) wide, and the length (ku) 4 (units) long. The diagonal (ching) between the (two) corners will then be 5 (units) long. ⟨Das soll anscheinend durch die folgende Überlegung bewiesen werden.⟩ Now after drawing a square on the diagonal, circumscribe it by half-rectangles like that which has been left outside, so as to form a (square) plate. Thus the (four) outer half-rectangles of width 3, length 4, and diagonal 5, together make (te cheng) two rectangles (of area 24); then (when this is subtracted from the square plate of area 49) the remainder (chang) is of area 25. This (process) is called „piling up the rectangles“ (chi chü).“

Ist das nun ein „Beweis“?

Zunächst: Ob auch an rechtwinklige Dreiecke mit anderen Seiten als 3, 4, 5 gedacht ist, ist aus dem Text nicht erkennbar.

Man könnte sich vorstellen, daß Dreiecke aus Holz mit den Seiten 3, 4, 5 bei Handwerkern in Gebrauch waren. Legt man vier solche Dreiecke so zusammen, daß die Hypotenusen ein Quadrat bilden, so bilden die acht Katheten nicht ein Achteck, sondern ein Quadrat, d.h. je zwei Katheten bilden eine Gerade. Das mag beim Spielen mit Dreiecken aus Holz eine – vielleicht überraschende – Entdeckung gewesen sein. Aber von unserem Standpunkt aus müßte es bewiesen werden, und dazu würde man z.B. den Satz von der Winkelsumme im Dreieck, jedenfalls irgendwie das Parallelenpostulat brauchen. Was im Chou-pei suan-ching bestenfalls geleistet wird, ist die Zurückführung des Satzes von Pythagoras auf die angegebene Erfahrungstatsache. Ich würde das Wort „Beweis“ dafür lieber nicht benutzen.

Im 3. Jh. n. Chr. schrieb CHAO Chün-ch'ing einen Kommentar zum Chou-pei suan-ching [übers. von B. S. Gillon 1977], der zahlreiche Varianten der Figur und Aufgaben zum Satz des Pythagoras enthält, aber auch keinen Beweis.

Zusammenhänge mit Vermessungsaufgaben, mit den Sulbasūtras und mit Bhāskara II bespricht Ang Tian-se [Chinese Interest in Right-angled Triangles. Hist. Math. **5**, 1978, S. 253–266].

Allgemeine Bemerkungen zu den „Neun Büchern“.

So ziemlich alle Aufgaben dieser Sammlung haben es mit Problemen zu tun, die dem Verwaltungsbeamten in der Praxis begegnen können. Auch die Ratten-Aufgabe; hier wird nämlich ein Beispiel für das Verfahren der linearen Interpolation vorgelegt, das vielseitig verwendbar ist. Daß der Lehrer den Unterricht mit solchen Beispielen amüsant zu machen versucht, zeugt von pädagogischem Geschick. Solche bildhaft-scherzhaften Beispiele kommen bei den Babyloniern, Ägyptern und auch bei Diophant gar nicht oder höchstens sehr selten vor.

Die Aufgaben sind gut angeordnet. Zu jeder Gruppe von Aufgaben wird eine allgemein formulierte Regel gegeben. Auch das kommt bei den anderen Völkern in dieser systematischen Form nicht vor.

An mehreren Stellen stellt sich die Frage nach der Abhängigkeit von den Babyloniern oder den Griechen. Die Volumenberechnungen von Buch V haben einige Ähnlichkeit mit babylonischen Aufgaben - aber Wälle und Gräben muß man überall bauen. Der Satz des Pythagoras war in alt-babylonischer Zeit bekannt, freilich ohne daß wir einen Beweis aus jener Zeit kennen. Bei manchen Aussagen denkt man sehr an griechischen Einfluß, und doch hat die chinesische Mathematik einen unverkennbar eigenständigen Charakter.

3.1.5 Eine Vermessungsaufgabe

LIU Hui hat als Ergänzung zu seinem Kommentar zu den Neun Büchern neun Vermessungsaufgaben hinzugefügt, heute bekannt unter dem Titel Hai-tao suan-ching (hai = Meer, tao = Insel, also: Mathematisches Handbuch von der Insel im Meer). Der Titel hängt mit der ersten Aufgabe zusammen: Es soll die Höhe einer Insel im Meer gemessen werden (Abb. 3.5).

$ST = x$, $TA = y$, $AB = d$

Abb. 3.5. Messung der Insel im Meer.
Zeichnung nach einer Abbildung in einer chinesischen Enzyklopädie aus dem 18. Jh.
[Nach Needham, S. 572]

Es werden zwei Stäbe (Gnomone) gleicher Länge ⟨$h=$⟩ 30 Fuß in einer Linie mit dem höchsten Punkt der Insel aufgestellt, und zwar im Abstand ⟨$d=$⟩ 1000 Schritt voneinander (1 Schritt = 6 Fuß). Vom ersten Stab aus muß man ⟨$a_1=$⟩ 123 Schritt zurückgehen, damit man vom Erdboden aus die Spitze des Stabes und die Spitze der Insel in einer Linie sieht, vom zweiten Stab aus ⟨$a_2=$⟩ 127 Schritt.

Als Lösung wird in Worten angegeben:

$$\langle 1 \rangle \qquad x=\frac{hd}{a_2-a_1}+h\,, \qquad\qquad \langle 2 \rangle \qquad y=\frac{a_1 d}{a_2-a_1}\,.$$

⟨Beweis: Es ist $\frac{x}{h}=\frac{y+a_1}{a_1}=\frac{y+d+a_2}{a_2}$, also $(y+a_1)a_2=(y+d+a_2)a_1$, daraus folgt ⟨2⟩, und aus $\frac{x}{h}=\frac{y}{a_1}+1$ folgt ⟨1⟩.⟩

Die Aufgabe, die Höhe eines Turmes zu bestimmen, an dessen Fußpunkt man nicht herangehen kann, kommt sehr oft vor, z. B. auch bei Āryabhaṭa [Gaṇitapāda Vers 16] und Brahmagupta (s. S. 191); auch die Messung der Höhe der Pyramiden gehört hierher. Für eine grobe Messung hat man später den „Jakobstab" benutzt, der von Levi ben Gerson (1288–1344) beschrieben worden ist [4.4]. Er besteht aus einem Stab, der mit Löchern im Abstand h versehen ist; in die Löcher kann ein Stäbchen der Länge h senkrecht eingesteckt werden. Man wählt die Standorte so, daß $a_1=n\cdot h$, $a_2=(n+1)\cdot h$ ist; dann wird $x=d+h$. Dabei wird h meist zu vernachlässigen sein.

Das Instrument kann so variiert werden, daß auch genauere Messungen damit möglich sind.

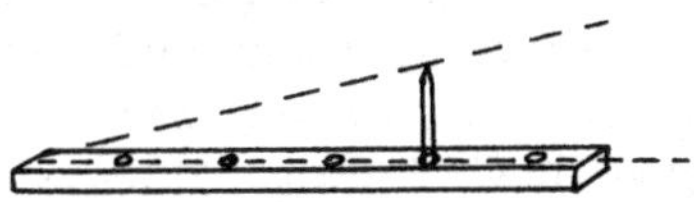

Abb. 3.6

3.1.6 Zwei zahlentheoretische Aufgaben

1. Die „Aufgabe der 100 Vögel" erscheint um 475 n. Chr. in dem Arithmetischen Handbuch von CHANG Ch'iu-chien (Chang Ch'iu-chien suan-ching) und um 566 in dem Kommentar von CHEN Luan zum Shu-shu chi-i (Memoir on some Traditions of Mathematical Art [Needham, S. 29]). Ob dieses Werk von HSÜ Yüeh (um 200 n. Chr.) stammt, ist umstritten; es kommt vielleicht auch CHEN Luan selbst als Verfasser in Frage. Die Aufgabe ist von vielen chinesischen, indischen, arabischen abendländischen Mathematikern behandelt worden, besonders ausführlich von Abū Kāmil (ca. 850–930 n. Chr.), und schließlich allgemein von Euler [4.4].

Eine Lösung von Abū Kāmil ist:

Für 100 Drachmen sollen 100 Vögel gekauft werden, Enten, Sperlinge und Hühner. 1 Ente kostet 5 Dr., 20 Sperlinge 1 Dr., 1 Huhn 1 Dr.

Die Zahl der Enten wird mit „šai“ bezeichnet. (šai = Ding, wir schreiben x); sie kosten also $5x$ Dr.

Die Zahl der Sperlinge wird mit „dīnār“ bezeichnet (= denarius, wir schreiben y); sie kosten also $\frac{1}{20}y$ Dr.

Dann bleiben von den 100 Drachmen

$$100-5x-\tfrac{1}{20}y$$

und von den 100 Vögeln

$$100-x-y\,.$$

Dies ist die Anzahl der Hühner. Da 1 Huhn 1 Dr. kostet, erhält man

$$100-5x-\tfrac{1}{20}y=100-x-y\,,$$

und daraus $y=\frac{80}{19}x$.
Da y eine ganze Zahl sein soll, muß x durch 19 teilbar sein.

$x=19$ ergibt $y=80$, und die Anzahl der Hühner ist 1.

$x=2\cdot 19$ ergibt $y>100$, ist also keine Lösung.

In anderen Fällen gibt es mehrere Lösungen, im Falle von 5 Vogelarten (2 Gleichungen mit 5 Unbekannten) erhält Abū Kāmil mit seinen Preisangaben 2676 Lösungen. Er bemerkt auch: „Ohne die Forderung der Ganzzahligkeit bekäme der Fragesteller Lösungen ohne Zahl, die nur beschränkt würde durch den Tod des Antwortenden.“

2. Das „Chinesische Restproblem“ findet sich im Arithmetischen Handbuch von Meister Sun (Sun Tzu Suan Ching), von dem man nur weiß, daß es zwischen 280 und 473 n. Chr. entstanden sein muß. [Needham S. 119]. „Wir haben eine Anzahl von Gegenständen, wissen aber nicht genau wieviel. Zählen wir sie zu dreien ab, so behalten wir 2 übrig, zählen wir sie zu je 5 ab, so behalten wir 3 übrig, zählen wir sie zu je 7 ab, so behalten wir 2 übrig. Wieviel Gegenstände sind es?“ Gesucht ist also eine Zahl $N\equiv 2 \pmod 3$, $\equiv 3 \pmod 5$, $\equiv 2 \pmod 7$. Sun Tzu verschafft sich drei Hilfszahlen:

$$a\equiv 1 \pmod 3,\quad \equiv 0 \pmod 5,\quad \equiv 0 \pmod 7\,,$$

d. h. ein solches Vielfaches von $5\cdot 7$, das $\equiv 1 \pmod 3$ ist; ein solches ist 70.

$$b\equiv 0 \pmod 3,\quad \equiv 1 \pmod 5,\quad \equiv 0 \pmod 7,\ \text{das ist } 21,$$
$$c\equiv 0 \pmod 3,\quad \equiv 0 \pmod 5,\quad \equiv 1 \pmod 7,\ \text{das ist } 15.$$

Dann hat $2a+3b+2c=233$ die verlangte Eigenschaft, aber man darf noch beliebige Vielfache von $3\cdot 5\cdot 7$ davon abziehen. Sun Tzu erhält so die kleinste Lösung 23.

Die Aufgabe findet sich auch bei Nikomachos von Gerasa [Ar., S. 152 f.] aber in einem vielleicht viel später hinzugefügten Anhang [s. Needham, S. 34]. Ich gebe den Gedankengang kurz in moderner Form wieder: Jemand habe sich eine Zahl zwischen 7 und 105 gedacht, und du willst die Zahl erraten. Laß ihn die Zahl durch 3, 5 und 7 dividieren und dir die Reste sagen; sie seien a, b, c. Dann ist die gedachte Zahl

$$x \equiv a \cdot 70 + b \cdot 21 + c \cdot 15 \pmod{105}.$$

Die Aufgabe kommt auch bei den Indern, den Arabern und im Abendland vor [s. Libbrecht]. Sie wurde allgemein von Euler und von Gauß behandelt [4.4].

Diese wenigen Beispiele können nur einen oberflächlichen Eindruck von der altchinesischen Mathematik vermitteln. Für ein weiteres Studium, auch der späteren Entwicklung der chinesischen Mathematik, sei auf die Werke von Juschkewitsch, Libbrecht, Mikami und Needham verwiesen.

3.2 Indische Mathematik

3.2.1 Historisches. Zahlenschreibweise

Als die Śulbasūtras geschrieben wurden, hatten sie ihre religiöse Bedeutung schon verloren. Um 500 v. Chr. hatten Buddha (ca. 560–480 v. Chr.) und Mahāvīra (550/540–477/468, Begründer des Jainismus) neue religiöse Anschauungen eingeführt. Beide lehrten im Gebiet des Staates Magadha, des mächtigsten unter vielen Einzelstaaten; seine Hauptstadt war Pāṭaliputra (heute Patna). Mahāvīra wird auch ein astronomisches Werk „Sūryaprajñapti" zugeschrieben, das wahrscheinlich jedenfalls wenige Jahrhunderte v. Chr. geschrieben wurde und frei von griechischem Einfluß ist [Sen, S. 80, 161]. Es enthält den später viel benutzten Näherungswert $\sqrt{10}$ für π.

Das Indusbecken wurde um 516 v. Chr. von Darius I. erobert. Dort wurde das Aramäische Verwaltungssprache. Die aramäische Schrift ist eine Variante der phönizisch-nordsemitischen Schrift, eine Buchstabenschrift, in der nur die Konsonanten geschrieben werden. Sobald man in einer Buchstabenschrift eine bestimmte Reihenfolge der Buchstaben festlegt, liegt es nahe, daß die Buchstaben auch Zahlbedeutung erhalten. Das geschah z. B. im Griechischen, im Hebräischen und im Arabischen. In Indien entstand aus der aramäischen Schrift die Kharoṣṭi-Schrift, in der aber die Zahlen nicht durch Buchstaben ausgedrückt wurden. Sie wurden aus den Zeichen

1: I, 4: X, 10: ʔ, 20: 3, 100: ʅI, 200: ʅII

zusammengesetzt, also z. B. 7: IIIX, 274: Xʔ333ʅII [Sen, S. 176/177].

Die Eroberung des Indusgebiets durch Alexander war für Indien nur eine kurze Episode. Danach hat Candragupta Maurya mit einer Aufständischen-

Truppe zunächst die makedonischen Generale und ihre indischen Verbündeten bekämpft und sich dann zum Herrn von Pāṭaliputra und König von Magadha gemacht (322 oder 313 v. Chr.). Mit Seleukos, dem Nachfolger Alexanders in Persien, schloß er einen Vertrag (305). Candraguptas Sohn vergrößerte das Reich, und sein Enkel Aśoka (Reg.-Zeit 272–236 v. Chr.) beherrschte den größten Teil Indiens (mit Ausnahme des Südens), Pakistans und Afghanistans. Davon zeugen Inschriften (Edikte) in allen Landesteilen; sie waren im Westen in Kharoṣṭi-Schrift, im Osten in Brahmi-Schrift abgefaßt. Die Herkunft dieser Schrift ist ungeklärt; auch sie hat gewisse Ähnlichkeit mit der aramäischen Schrift. In den Inschriften Aśokas treten für einige wenige Zahlen besondere Zeichen auf, die nicht Buchstaben sind. Das ist einer der vielen kleinen Schritte, die zu unserer Zahlenschreibweise geführt haben.

Versuchen wir diese Schritte einmal schematisch zusammenzustellen:

1. Als natürlichen Anfang kann man etwa die ägyptische Darstellung ansehen: Die Zahlen 1–9 werden durch Striche dargestellt: | bis |||/|||/||| ; für 10, 100, 1000 werden neue Symbole benutzt, die ebenfalls bis zur Anzahl von 9 neben- oder übereinander geschrieben werden.

2. Unsere Zahlzeichen von 1 bis 3 lassen noch heute die Herkunft aus Strichen erkennen. Es ist aber unbequem, mehr als drei oder vier Striche zu machen. So wurden schon in der hieratischen Schrift der Ägypter von 4 an neue Zeichen eingeführt, bei den Griechen im alten System und bei den Römern von 5 an.

3. Die Zeichen für die höheren Zehnerpotenzen werden nicht mehrfach angeschrieben, sondern es wird entweder die Wiederholung angedeutet, wie z. B. in der hieratischen Schrift: 10 = ʌ , 20 = ʼʌ usw. oder es wird die Anzahl der Zeichen angegeben, wie z. B. in der chinesischen Schrift und in der Kharoṣṭi-Schrift bei den Hundertern.

4. Schließlich werden die Zehnerpotenzen nicht mehr hingeschrieben, sondern sind an der Stelle (der Position) zu erkennen. Dazu muß man die Stellen richtig abzählen können. Das ist möglich, wenn wie bei den Babyloniern und den Strichzahlen der Chinesen die Symbole abwechseln:

𒁹 = 1, 𒌋 = 10, 𒁹 = 60 usw.

| = 1, — = 10, | = 100 usw.,

oder wenn für die Zahlen 1 bis 9 je nur ein Zeichen benutzt wird.

5. Individualzahlzeichen für 1 bis 9, später auch für Null, und zwar solche, die keine Buchstaben sind, erscheinen, wenn man von den hieratischen Zahlen absieht, zuerst in den Inschriften von Aśoka, dann in den nächsten Jahrhunderten in weiteren Inschriften. Bis zum 6. Jh. n. Chr. haben sie sich allgemein durchgesetzt. In der Mitte des 7. Jh. n. Chr. rühmt der Bischof Sēbōkht in Qen-neshrē am oberen Euphrat das indische Rechnen mit den neun Ziffern (also noch ohne Null) [Sarton, Int. Bd. 1, S. 493].

6. Eine Zwischenstufe ist die Darstellung der Zahlen durch Buchstaben. Dabei wurde aber z. B. im Griechischen kein Positionssystem verwendet, sondern man schrieb $10 = \iota$, $20 = \kappa$, …, $100 = \varrho$, $200 = \sigma$ usw. Eine besondere Form der

Darstellung durch Buchstaben erdachte Āryabhaṭa (498 n. Chr.); das ist ein Zeichen dafür, daß die „indischen Ziffern" damals jedenfalls noch nicht allgemein üblich waren.

3.2.2 Āryabhaṭa

Schon gegen Ende der Regierungszeit von Aśoka zerfiel das Reich. Die folgenden Jahrhunderte sind geprägt durch Invasionen fremder Völker und Machtkämpfe der einzelnen Staaten untereinander. Das Jahr des Einfalls der Śaka, 78 n. Chr., wird in vielen indischen Zeitangaben als Jahr 0 (der „Śaka-Ära") benutzt. Erst im 4. Jh. n. Chr. vermochten Candragupta I (ca. 310–335), Samudragupta (ca. 335–375) und Candragupta II (ca. 375–414) wieder ein größeres Reich zu begründen, wieder mit der Hauptstadt Pāṭaliputra, in dem es auch zu einer Blüte der Wissenschaft kam. Interesse bestand in erster Linie an der Astronomie, die in mehreren, Siddhānta genannten Schriften im 5. Jh. dargestellt wurde. Darin sind auch griechische Kenntnisse verarbeitet. Oft enthalten sie ein oder zwei Kapitel über Mathematik.

498 schrieb Āryabhaṭa das Werk „Āryabhaṭīya". Es besteht aus Versen, die zum Auswendiglernen gedacht sind und einer mündlichen Erläuterung durch den Lehrer bedürfen, daher für uns oft schwer verständlich sind.

Das Werk gliedert sich in vier Abschnitte (pādas; pāda = Fuß, Schritt):

I. Gītikāpāda. Gīti ist die Bezeichnung des Versmaßes. Dieser Teil enthält die Darstellung der Zahlen.
II. Gaṇitapāda. Gaṇita = Rechenkunst, Mathematik.
III. Kālakṛyāpāda. Zeitrechnung.
IV. Golapāda. Gola = Kugel, also Sphärik.

Der Gaṇitapāda enthält in 33 Versen einzelne Aufgaben, die nur teilweise miteinander zusammenhängen. Er beginnt mit Verfahren zum Ausziehen der Quadrat- und Kubikwurzel, bringt Formeln für die Fläche eines Dreiecks, das Volumen eines Tetraeders, die Fläche des Kreises ($F = r \cdot U/2$) und die Oberfläche der Halbkugel. Vers 10 lautet: „Einhundertvier mal acht, dazu zweiundsechzigtausend, ist näherungsweise der Kreisumfang für den Durchmesser eines Zehntausenderpaares."

Das bedeutet $\pi \approx \frac{62\,832}{20\,000}$. Wie Āryabhaṭa auf diesen Wert kommt, ist unbekannt.

Dann folgt ein Verfahren zur Berechnung einer Tabelle der Sinus-Funktion. Diese Funktion haben die Inder an Stelle der von Ptolemaios benutzten Sehnen eingeführt; sie erscheint schon in den Siddhāntas.

Vers 16 bringt die Höhenmessung wie die der „Insel im Meer" von LIU Hui (s. S. 181), freilich in anderer Einkleidung.

Vers 17 enthält den Satz des Pythagoras. Es sei aber noch einmal bemerkt: in Form eines Merkverses ohne Beweis.

Über arithmetische Reihen wußte Āryabhaṭa gut Bescheid. Ist a das Anfangsglied, d die Differenz, n die Anzahl der Glieder, S die Summe, so löst Āryabhaṭa u. a. die Aufgabe, aus a, d und S den Wert von n zu bestimmen.

⟨Das führt auf eine quadratische Gleichung⟩. Er gibt in Worten die Lösung

$$n=\frac{1}{2}\left(\frac{\sqrt{8Sd+(2a-d)^2}-2a}{d}+1\right).$$

Diese Lösung steht auch in Diophants Buch über die Polygonalzahlen. Āryabhaṭa gibt auch die Summen von je n natürlichen Zahlen, Dreieckszahlen, Pyramidenzahlen, Quadratzahlen und Kubikzahlen an. Auch lineare Gleichungen und Gleichungssysteme werden besprochen.

3.2.3 Unbestimmte Analytik

Die beiden letzten Verse 32/33 geben die Lösungsvorschrift für eine Aufgabe der unbestimmten Analytik. Diese Klasse von Aufgaben ist von Brahmagupta und Bhāskara II eingehend behandelt worden. Ich bespreche hier eine Aufgabe von Bhāskara II, weil dieser das Verfahren am ausführlichsten beschreibt [Līlāvatī, Kap. 12, § 253]. In unserer Ausdrucksweise lautet sie: Zwei ganze Zahlen x, y sind so zu bestimmen, daß

$$221x+65=195y \text{ ist } \langle\text{allgemein: } Ax+C=By\rangle$$

C muß durch den gemeinsamen Teiler von A und B teilbar sein. Dividiert man durch diesen, so erhält man

$$17x+5=15y \quad \langle ax+c=by,\ a, b \text{ teilerfremd}\rangle.$$

Nun kann man mittels des Euklidischen Teilerverfahrens zwei Zahlen u, v so bestimmen, daß

$$au+1=bv$$

wird. Wie man das macht, wird bei den Indern ausführlich beschrieben. Im gegebenen Beispiel wird $u=7$, $v=8$. Dann sind $x^*=cu=35$, $y^*=cv=40$ offenbar Lösungen der Aufgabe.

Man möchte aber *alle* Lösungen haben. Nach einem uns (!) geläufigen Verfahren findet man: Sind x, y und x_0, y_0 zwei Lösungen, ist also

$$ax+c=by$$

und

$$ax_0+c=by_0,$$

so gilt

$$a(x-x_0)=b(y-y_0),$$

und da a, b teilerfremd sind, muß

$$x-x_0=k\cdot b,\quad y-y_0=k\cdot a \quad \text{sein.}$$

Bhāskara gibt die kleinste Lösung $x_0=5$, $y_0=6$ an und findet dann für $k=1$ die Lösung $x=20$, $y=23$, für $k=2$ die Lösung $x=35$, $y=40$ „und so weiter“.

Āryabhaṭa behandelt eine etwas schwierigere Aufgabe, die sich etwa durch

$$a_1x-c_1\equiv 0 \pmod{b_1}$$

$$a_2x-c_2\equiv 0 \pmod{b_2}$$

umschreiben läßt.
Brahmagupta hat viele derartige Aufgaben, auch mit quadratischen Gleichungen, behandelt, und bei Bhāskara II findet sich eine schöne ausführliche Theorie.

Diese Aufgaben kommen aus der Astronomie und der Kalenderrechnung. Ihre Grundlage ist etwa diese: Die Sonne braucht zu einem vollen Umlauf, d.h. bis sie wieder an der gleichen Stelle der Ekliptik steht, $365\frac{1}{3}$ Tage; man setzt daher [Brahmagupta: Colebrooke S. 326] als Sonnenperiode $S=3$ Umläufe $=1096$ Tage, ferner

als Mondperiode $L=5$ Umläufe $=137$ Tage,
als Marsperiode $M=1$ Umlauf $=685$ Tage,
als Jupiterperiode $J=3$ Umläufe $=10960$ Tage usw.

Die modernen genauen Werte für diese Periode sind Sonne: 1095,768, Mond: 136,608, Mars: 686,180, Jupiter: 12997,76. – Mit den modernen Werten werden die Fragen nach ganzzahligen Lösungen der folgenden Probleme natürlich sinnlos.

Man kann nun z.B. fragen, welche Periode Sonne, Mond und Mars zusammen haben; diese müßte die Gleichungen

$$N=x\cdot S=y\cdot L=z\cdot M$$

erfüllen, N müßte das kleinste gemeinsame Vielfache von S, L, P sein.

Etwas schwieriger ist die Frage: Nach wieviel Tagen fehlen der Sonne zu einer Anzahl von vollen Umläufen noch r_s Tage und dem Mond zu einer (natürlich anderen) Anzahl von vollen Umläufen noch r_l Tage? Gesucht ist also

$$N=x\cdot S+r_s=y\cdot L+r_l$$

oder

$$N-r_s\equiv 0 \pmod{S},\quad N-r_l\equiv 0 \pmod{L}.$$

Das ist genau die eben besprochene Aufgabe (mit $a_1=a_2=1$).

Bei Hinzunahme mehrerer Planeten ergeben sich Systeme linearer Gleichungen mit mehreren Unbekannten. Derartige Aufgaben hat Brahmagupta (628) behandelt; ich gebe wieder ein Beispiel von Bhāskara II, bei dem die astronomische Einkleidung durch eine andere ersetzt ist [Bījagaṇita Kap. 6, § 157].

Vier Personen haben bzw.

5, 3, 6, 8 Pferde,
2, 7, 4, 1 Kamele,
8, 2, 1, 3 Esel,
7, 1, 2, 1 Ochsen.

Alle sind gleich reich. Wieviel kostet ein Pferd, ein Kamel, ein Esel, ein Ochse?

Die erste Unbekannte wird mit yāvat-tāvat (= Quantum - tantum) bezeichnet; das wird mit ya abgekürzt. Die weiteren Unbekannten bezeichnet man mit Farben:

kālaka	=	schwarz,	abgekürzt: ka
nīlaka	=	blau,	abgekürzt: ni
pītaka	=	gelb,	abgekürzt: pi
lohitaka	=	rot,	abgekürzt: lo

(zur besseren Unterscheidung von 10 schreibe ich Lo)
und evtl. noch weitere.

Setzt man den Preis eines Pferdes = ya 1, den eines Kamels = ka 1 usw., so verlangt die Aufgabe, daß die folgenden Ausdrücke gleich sein sollen:

ya 5 ka 2 ni 8 pi 7
ya 3 ka 7 ni 2 pi 1
ya 6 ka 4 ni 1 pi 2
ya 8 ka 1 ni 3 pi 1

Aus dem ersten und zweiten Ausdruck ergibt sich

(i) $$\text{ka } 5 \;\; \text{ni } \dot{6} \;\; \text{pi } \dot{6} = \text{ya } 2 \quad (\dot{6} \text{ bedeutet } -6)$$

(Bhāskara schreibt die beiden gleichen Ausdrücke untereinander.) Aus dem zweiten und dritten Ausdruck ergibt sich

(ii) $$\text{ka } 3 \;\; \text{ni } 1 \;\; \text{pi } \dot{1} = \text{ya } 3\,,$$

und aus dem dritten und vierten

(iii) $$\text{ka } 3 \;\; \text{ni } \dot{2} \;\; \text{pi } 1 = \text{ya } 2\,.$$

Aus (i) und (ii) ergibt sich

$$\text{ni } 20 \;\; \text{pi } 16 = \text{ka } 9\,,$$

aus (ii) und (iii)

$$\text{ni } 8 \;\; \text{pi } \dot{5} = \text{ka } 3\,,$$

und aus diesen beiden Gleichungen

$$\text{pi } 31 = \text{ni } 4\,.$$

Um alle Lösungen zu bekommen, führt Bhāskara eine neue Unbekannte Lo ein, und damit die Lösungen ganzzahlig werden (was bei den Preisen von Pferden usw. eigentlich nicht nötig wäre), setzt er auf Grund der letzten Gleichung pi 1 = Lo 4. Dann wird ni 1 = Lo 31. Einsetzen in die übrigen Gleichungen ergibt

$$\text{ka } 1 = \text{Lo } 76, \quad \text{ya } 1 = \text{Lo } 85\,.$$

Für Lo kann ein beliebiger Wert eingesetzt werden. Bhāskara gibt die Lösungen für Lo 1 = 1, 2, 3 an und sagt: „So können durch Einsetzen unendlich viele Antworten erhalten werden."

Wieviel von diesen Kenntnissen im Einzelnen schon bei Āryabhaṭa und Brahmagupta vorhanden war, soll hier nicht untersucht werden; die beiden einzigen Verse bei Āryabhaṭa bilden dafür keine ausreichende Grundlage. Auch über die Beziehungen zu China, wo Probleme der unbestimmten Analytik mindestens seit dem 4. Jh. n. Chr. behandelt wurden [Needham, S. 119] ist nichts bekannt.

Es ist unsicher, ob Āryabhaṭa in Pāṭaliputra gewirkt hat oder vielleicht in Südindien, wo noch viel später seine Tradition gepflegt wurde [Elfering, S. 44–46].

3.2.4 Brahmagupta

Brahmagupta (598 - nach 665) war Lehrer in Billamāla, dem heutigen Bhinmal, der damaligen Hauptstadt der Gurjara. Sein Brāhmasphuṭasiddhānta, geschrieben 628, enthält zwischen astronomischen Lehren zwei mathematische Kapitel: 12: Ganitādhyāya (Arithmetik), 18: Kuttakādhyāya (Algebra, unbestimmte Analytik).

Das Kap. 12 enthält u. a. die Abschnitte:

I. Bruchrechnung
II. Zinsrechnung (ganz kurz)
III. Reihen. Inhaltlich wie Āryabhaṭa
IV. Ebene Figuren.

Auf die Aufgabe 22 dieses Abschnitts werden wir später (S. 193) zurückkommen. Gesucht sind die Höhenabschnitte eines Dreiecks. Der uns interessierende Teil lautet: „Die Differenz der Quadrate der Seiten werde dividiert durch die Basis; der Quotient werde einmal zur Basis addiert und einmal von der Basis subtrahiert. Summe und Rest, dividiert durch 2, sind die Abschnitte."

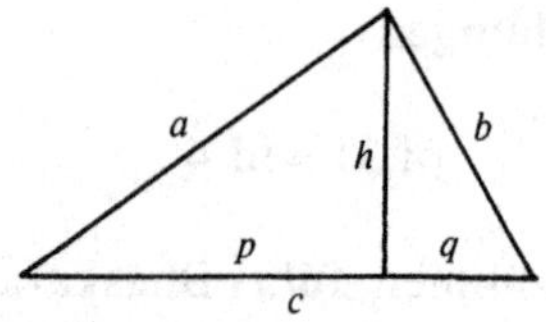

Abb. 3.7

Das besagt in unserer Schreibweise (s. Abb. 3.7)

$$c+\frac{a^2-b^2}{c}=2p\,, \qquad c-\frac{a^2-b^2}{c}=2q\,.$$

⟨Das läßt sich so bestätigen:
Es ist

(1) $$p+q=c\,,$$

(2) $$a^2-p^2=b^2-q^2\,,$$

also

$$a^2-b^2=p^2-q^2=c\cdot(p-q)$$

oder

(3) $$p-q=\frac{a^2-b^2}{c}\,.$$

Aus (1) und (3) folgt die Behauptung.⟩

Für die Herstellung pythagoreischer Dreiecke gibt Brahmagupta die folgende Regel, die wir in moderner Bezeichnung wiedergeben [Aufg. 35]: Eine Seite, c, des Dreiecks (B. sagt: des Rechtecks) sei beliebig angenommen. Man teile c^2 durch eine beliebig gewählte Zahl d; wenn man eine ganzzahlige Lösung haben will, muß d ein Teiler von c^2 sein, aber das sagt Brahmagupta nicht. Dann sind $\left(\frac{c^2}{d}-d\right)\frac{1}{2}=b$ und $b+d=a$ die beiden anderen Seiten des Dreiecks. ⟨Man kann diese Lösung leicht bestätigen. Man kann aber auch von der Aufgabe ausgehen, bei gegebenem c ganzzahlige Dreiecke mit vorgegebener Differenz $d=a-b$ zu finden. Ich habe den Verdacht, den ich nicht beweisen kann, daß diese Aufgabe für $d=1$ und $d=2$ den Konstruktionen in den Śulbasūtras zugrunde liegt.

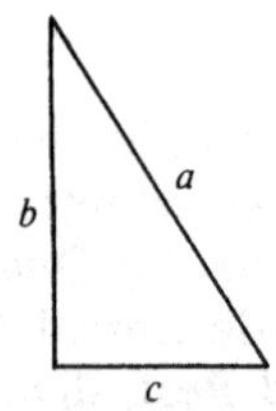

Abb. 3.8

Es ist

$$c^2 = a^2 - b^2 = d \cdot (a+b) .$$

Man muß also verlangen, daß d Teiler von c^2 ist. Man hat dann

$$\frac{c^2}{d} = a+b$$

und

$$d = a - b .$$

Daraus ergibt sich $\frac{c^2}{d} + d = 2a$, $\frac{c^2}{d} - d = 2b$. Es müßte noch $\frac{c^2}{d} + d$ eine gerade Zahl sein. Diese Bedingung ist aber nicht wesentlich; nötigenfalls kann man a, b, c mit 2 multiplizieren.⟩

Der Kommentator Pṛthūdakasvāmin (ca. 864) gibt als Beispiel:

$c=5$, $d=1$; dann wird $b=12$, $a=13$.

Bei Bhāskara II finden sich noch die Beispiele [Līlāvatī VI, 142]:

$c=12$, $d=2$; dann wird $b=35$, $a=37$.
$d=4$; dann wird $b=16$, $a=20$.
$d=6$; dann wird $b=\ 9$, $a=15$.

Die beiden letzten Beispiele sind allerdings wegen der Teilbarkeit durch 4 bzw. 3 nicht besonders interessant. Ein späterer Kommentator fügt noch hinzu

$c=16$, $d=2$; dann wird $b=63$, $a=65$.

IV–VIII. Volumina verschiedener Körper.

IX. Schatten eines Gnomons. Hier erscheint die gleiche Aufgabe wie bei LIU Hui (s. S. 180).

X. Supplement. Hier werden Regeln für die Multiplikation im dezimalen Positionssystem gegeben. Im Kommentar von Pṛthūdakasvāmin wird das Beispiel $235 \cdot 288$ etwa nach dem folgenden Schema gerechnet:

$$\begin{array}{lllll} 235 & \cdot & 2 & & = & 470 \\ 235 & \cdot & & 8 & = & 1880 \\ 235 & \cdot & & & 8 = & 1880 \\ \hline & & & & & 67680 \end{array} .$$

Wir verdanken den Indern auch die Rechenschemata, die der indischen Schreibweise der Zahlen angepaßt sind.

Im Kap. 18 erscheinen die Aufgaben der unbestimmten Analytik, von denen wir schon gesprochen haben, alle in astronomischer Einkleidung. Abgesehen von der Einkleidung gehört auch das chinesische Restproblem hierzu.

Abschnitt II gibt die Regeln für das Rechnen mit positiven und negativen Zahlen und der Null. „Positiv“ wird durch „dhana“ = Vermögen, „negativ“ durch „ṛṇa“ = Schulden ausgedrückt, aber diese Ausdrücke werden ganz abstrakt gebraucht. Negative Zahlen werden durch einen darüber gesetzten Punkt bezeichnet.

Erwähnt sei Nr. 36 (§ 24): „Das Quadrat von Negativem und Positivem ist dasselbe, das von Null ist Null. Die Wurzel hat dasjenige (Vorzeichen), woraus das Quadrat (entstanden ist).“ Fraglich ist, wie man das erkennen soll, vielleicht aus der Art der gestellten Aufgabe. Vollständige Klarheit über das doppelte Vorzeichen der Wurzel finden wir später bei Bhāskara II.

III. Gleichungen 1. Grades.

IV. Quadratische Gleichungen. Das Quadrat der Unbekannten heißt yāvatvarga, abgekürzt ya v. x^0 heißt rupa = Einheit, abgekürzt ru. Da Brahmagupta auch mit 0 und mit negativen Zahlen arbeitet, kann er jede quadratische Gleichung auf die Normalform $ax^2+bx=c$ bringen. Da er gleiche Ausdrücke in zwei Zeilen untereinanderschreibt, sieht die Gleichung $x^2-10x=-9$ so aus:

$$\begin{array}{lll} \text{ya v 0} & \text{ya 0} & \text{ru } \dot{9} \\ \text{ya v 1} & \text{ya } \dot{1}0 & \text{ru 0} \end{array} \quad \text{oder} \quad \begin{array}{lll} & & \text{ru } \dot{9} \\ \text{ya v 1} & \text{ya } \dot{1}0 & . \end{array}$$

Nun kommt er mit *einer* Lösungsvorschrift aus, die, natürlich in Worten, besagt:

$$x=(\sqrt{4ac+b^2}-b)/2a\,.$$

3.2.5 Bhāskara II

Nach der Gründung von Bagdad im Jahre 762 gelangte indisches Wissen zu den Arabern, andererseits begannen bereits im 9. Jh. Einfälle islamischer Völker in Indien, die im Laufe einiger Jahrhunderte zu einer islamischen Herrschaft über Indien führten. Bedeutsam waren die Eroberungszüge des Sultans Mahmūd von Gazna in den Jahren 1001–1026, in dessen Gefolge der Perser al-Bīrūnī Indien bereiste und ein großes Werk über Indien schrieb.

Die wichtigsten mathematischen Werke dieser Zeit sind:

Mahāvīra: Gaṇita-sāra-saṃgraha, um 850,
Śrīdhara: Pāṭīgaṇita und Triśatikā, um 990,
Śripāti: Gaṇitatilaka, um 1050.

Sie enthalten alle diese oder jene interessanten Einzelheiten, bringen aber im Großen und Ganzen den traditionellen Stoff, dessen Grundzüge schon bei Āryabhaṭa und Brahmagupta stehen. Als eine Zusammenfassung des gesamten mathematischen Wissens der Inder jener Zeit können die mathematischen Abschnitte im Siddhānta-śiromaṇi von Bhāskara II (um 1150) angesehen werden. Auch Bhāskara hat vieles, vielleicht das meiste, von seinen Vorgängern übernommen, sagt das auch gelegentlich, aber er hat alles ausführlicher, gründlicher und oft verständlicher dargestellt, mit mehr Beispielen versehen und doch auch ergänzt und weitergeführt. Seine besondere Stärke ist die unbestimmte Analytik, von der oben nur die ersten Ansätze wiedergegeben sind. Ich greife hier nur zwei andere Fragen heraus: 1) die Doppeldeutigkeit der Wurzel und die daraus entstehenden zwei Lösungen einer quadratischen Gleichung, 2) eine Aufgabe, in deren Lösung man einen „Beweis" des Satzes von Pythagoras sehen will.

Die beiden mathematischen Abschnitte des Werkes heißen Līlāvatī und Bījagaṇita.

„Līlāvatī" heißt „die Schöne". Das Werk ist an eine schöne Frau gerichtet, die auch oft direkt angesprochen wird. In Kap. 6, Ebene Figuren, Aufg. 166 wird verlangt, die Höhenabschnitte in einem Dreieck mit den Seiten 10, 17 und der Basis 9 zu finden (Abb. 3.9). Nach der schon von Brahmagupta angegebenen Regel ergibt sich

$$2q = 9 - (289 - 100)/9 = -12\,,$$
$$q = -6\,.$$

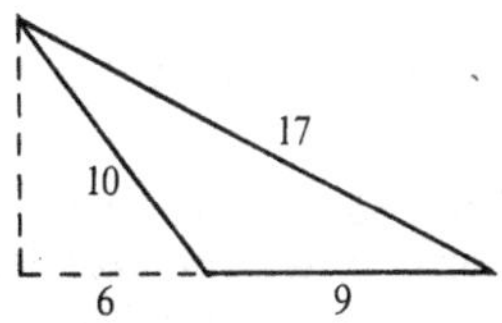

Abb. 3.9

Bhāskara schreibt: „Dies ist negativ, d.h. in entgegengesetzter Richtung." Eine negative Lösung wird also anerkannt, wenn sie auf Grund der Aufgabe sinnvoll ist.

„Bījagaṇita" bedeutet etwa Grundlagen der Mathematik (bīja = Samen, Grundlagen, aber nicht in dem heute meist üblichen Sinne). In Kap. 5, Quadratische Gleichungen, wird in § 130 die Zweiwertigkeit der Wurzel festgestellt.
§ 140: „Der fünfte Teil einer Herde Affen, weniger drei, quadriert, ging in eine Höhle. Ein Affe blieb zu sehen. Wieviel waren es?"

In unserer Schreibweise: $\left(\frac{x}{5} - 3\right)^2 + 1 = x$. Die Aufgabe hat zwei positive Lösungen, 50 und 5. Sie werden beide genannt, aber „die zweite Lösung ist unpassend; denn man billigt keine negative Anzahl." Die in der Aufgabe vorkommende Anzahl $\frac{x}{5} - 3$ wäre negativ.

In der vorangehenden Aufgabe, die ebenfalls von einer Herde Affen handelt und die in unserer Schreibweise $(x/8)^2 + 12 = x$ lautet, werden die beiden Lösungen $x = 48$ und $x = 16$ anerkannt.
§ 141. „Der Schatten eines 12 Finger hohen Gnomons, vermindert um den dritten Teil der Hypotenuse, ist 14 Finger lang. Wie lang ist der Schatten?" (Abb. 3.10).

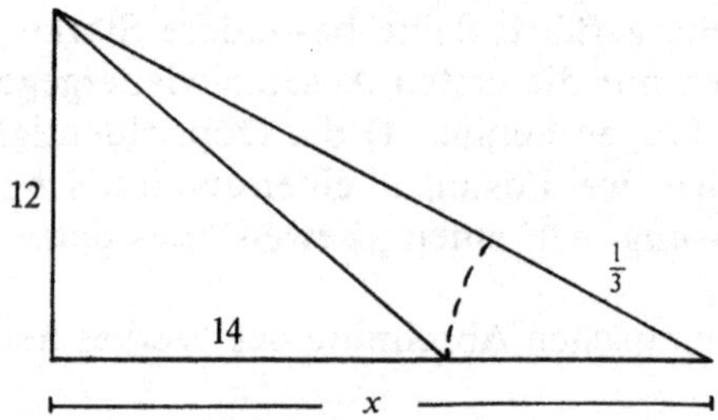

Abb. 3.10

⟨Setzt man die Hypotenuse $=c$, so hat man die Gleichungen

$$c^2=x^2+12^2, \qquad x-c/3=14.$$

Durch Elimination von c erhält man die Gleichung⟩

$$8x^2-252x=-1620$$

Die Lösungen sind 45/2 und 9. Die Lösung 9 wird abgelehnt, weil $x>14$ sein muß.

In § 146 finden wir einen Beitrag zu der Frage, ob und wie in der Geometrie der Inder der Satz des Pythagoras bewiesen wurde. Was ist die Hypotenuse einer ebenen Figur, in der die Basis und die Senkrechte 15 und 20 sind? „and show the demonstration of the received mode of computation."
Zwei Wege werden angegeben:
1) Man lege das Dreieck wie in Abb. 3.11 dargestellt. „Dann sind die Seiten der durch die Höhe gebildeten Teildreiecke proportional zu den Seiten des ganzen Dreiecks" (nicht ganz wörtlich). Warum sie proportional sind, wird nicht gesagt, immerhin wurde diese Tatsache schon in altbabylonischer Zeit benutzt (s. S. 23).

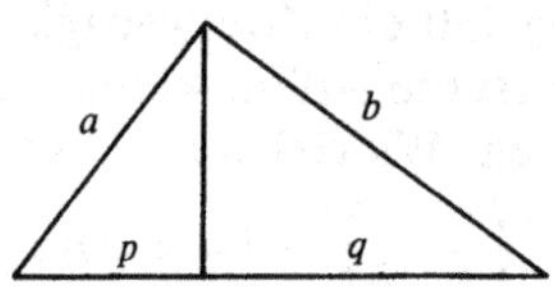

Abb. 3.11

Nun wird etwa so gerechnet:
Es ist $\dfrac{p}{a}=\dfrac{a}{c}$, $\dfrac{q}{b}=\dfrac{b}{c}$, also $a^2+b^2=pc+qc=c^2$.
2) Die Fläche des Dreiecks ist 150. Man lege vier solche Dreiecke so wie in Abb. 3.12 dargestellt. Bhāskara sagt dazu nur: „Siehe." Wie man sieht, besteht das große Quadrat aus 4 Dreiecken (Fläche 600) und einem kleinen Quadrat der Seite 5 ($=20-15$), hat also die Fläche 625 und somit die Seite 25.

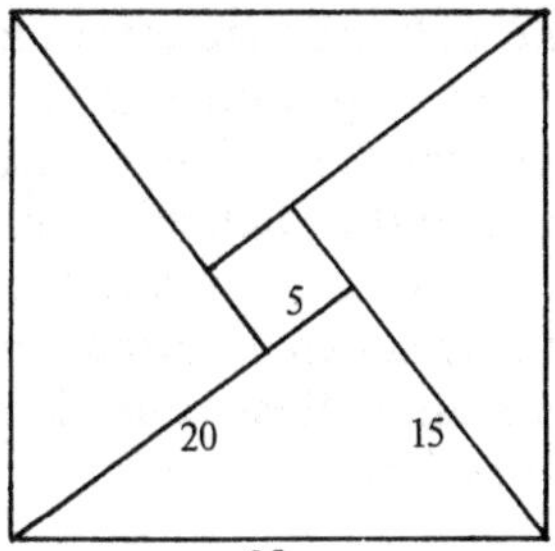

Abb. 3.12

Genau genommen ist aus der Figur abzulesen:

$$c^2 = (b-a)^2 + 4\,\frac{ab}{2}\,.$$

Bei beiden Verfahren geht man von anschaulich einleuchtenden Tatsachen aus und schließt eine Rechnung an.

3.2.6 Zusammenfassung

Wir verdanken der indischen Mathematik unsere Zahlenschreibweise und die zugehörigen Rechenschemata.

Wir verdanken ihr den Übergang von der Sehnenrechnung zur Rechnung mit den trigonometrischen Funktionen. Die Trigonometrie kommt bei den Indern hauptsächlich in der Astronomie zum Tragen.

Das Rechnen mit negativen Zahlen wurde von den Arabern nicht übernommen, was erstaunlich ist, und ist daher auch im Abendland nicht bekannt geworden. Man hat sich jahrhundertelang quälen müssen, bis man damit wieder vertraut wurde. Vielleicht lag das auch daran, daß man sich an eine Definition von „Zahl“ klammerte; und die griechische Definition von Zahl umfaßte die negativen Zahlen nicht. Die Inder waren mit einer solchen Zahldefinition nicht belastet.

Auch die zahlentheoretischen Leistungen der Inder sind im Abendland erst sehr spät bekannt geworden.

Die indischen mathematischen Schriften, nicht nur die von Āryabhaṭa, sind in Form von Merkversen abgefaßt. Sie geben allgemeine Regeln und z. T. auch allgemeine Sätze in allgemeiner Formulierung; Zahlenbeispiele sind manchmal beigegeben, manchmal auch erst von Kommentatoren hinzugefügt. Ob diese Regeln im mündlichen Unterricht bewiesen wurden, ist nicht ganz klar. In der Arithmetik ist das Beweisbedürfnis nicht sehr dringend. Die Rechenoperationen, Addition, Multiplikation usw. hat man wohl schon damals in jungen Jahren gelernt und durch Gewöhnung als selbstverständlich empfunden. Auch die Regeln wie z. B. das kommutative oder das distributive Gesetz, werden selbstverständlich angewandt, ohne daß man sie etwa als Axiome und ihre Anwendung als ein logisches Verfahren empfunden hätte. Tatsächlich sind Rechenergebnisse unter diesen Voraussetzungen sicher, außerdem kann man sie meistens oder immer kontrollieren und in beliebig vielen Einzelfällen bestätigen.

Die Geometrie der Inder ist eine rechnende Geometrie; es werden stets irgendwelche Größen *an* geometrischen Figuren ausgerechnet. Auch der Satz des Pythagoras wird zum Berechnen dieser oder jener Größen benutzt, und gewonnen wird er durch Herumrechnen an einer anschaulich einleuchtenden Figur.

3.3 Mathematik in den Ländern des Islam

Vorbemerkung: Aus Bequemlichkeit spricht man manchmal von der Mathematik der Araber oder arabischer Mathematik, obwohl viele der Mathematiker Perser, Choresmier, Juden u.a. waren, die in arabischer Sprache und Schrift schrieben.

3.3.1 Historisches

622 wanderte Mohammed von Mekka nach Medina aus; mit diesem Jahr beginnt die Zeitrechnung der „Hedschra". 634 starb Mohammed. 635 wurde Damaskus erobert und Hauptstadt der Kalifen. 637 wurde Persien erobert, 642 Alexandria (daß dabei die Bücherei verbrannt worden sei, ist eine erst im 13. Jh. entstandene Legende). 664 erreichten die Araber Kabul, 674 Buchara, 711 setzte der Feldherr Tarik bei dem nach ihm benannten Berge Dschebel-al-Tarik (Gibraltar) nach Spanien über. Also in weniger als hundert Jahren hatten die Araber einen großen Teil der damaligen Kulturwelt erobert. Dort begegneten sie der griechischen, persischen und indischen Wissenschaft.

Zur Verbreitung der griechischen Wissenschaft im Orient hat die Sekte der Nestorianer beigetragen. Nestorius war 428 Patriarch von Konstantinopel; er vertrat die sog. Zweinaturenlehre: Jesus war ein wirklicher Mensch mit menschlicher Natur, in dem die göttliche Natur wie in einem Tempel wohnte. Im Zusammenhang damit bekämpfte er die Bezeichnung Marias als Gottesmutter. Ein Konzil zu Ephesos 431 verurteilte diese Lehre und verbannte Nestorius nach Ägypten, wo er etwa 450 starb. Seine Anhänger gingen zunächst nach Edessa, wurden dort vom Kaiser Zeno von Konstantinopel 489 vertrieben und gingen ins Perserreich der Sassaniden, zunächst nach Nisibis, später nach Gundischapur, das unter Chosroes Nūshīrwān (531–579) zu einem geistigen Zentrum wurde. Dorthin gingen auch die 529 aus Athen vertriebenen griechischen Gelehrten.

Den Arabern ist griechische Wissenschaft sicher auch, vielleicht zuerst, aus syrischen Quellen bekannt geworden.

Im Jahre 773 kam ein Mann aus Indien nach Bagdad, der ein Buch über astronomische Berechnungen, „Sindhind", also einen der Siddhāntas, mitbrachte. Der Kalif al-Manṣūr (Kalif von 754 bis 775) beauftragte Muḥammad ibn Ibrāhīm al Fazārī mit der Übersetzung. Muḥammad war, wie der Name angibt, der Sohn von Ibrāhīm al-Fazārī, der als erster einen Astrolab konstruiert haben soll. Durch diese Übersetzung sind die indischen Ziffern in Bagdad bekannt geworden. Auch die Kalifen Hārūn al-Rashīd (Kalif 786–809) und al-Ma'mūn (Kalif 813–833) förderten die Übersetzertätigkeit. Al-Ma'mūn gründete in Bagdad ein „Haus der Weisheit“ (bayt al-ḥikma), zu dem eine Bibliothek und ein Observatorium gehörte.

Al-Ḥaǧǧāǧ ibn Yūsuf übersetzte die Elemente von Euklid einmal unter Hārūn al-Rashīd und einmal unter al-Ma'mūn, ferner 829/830 den Almagest von Ptolemaios aus dem Syrischen. Von ihm stammt der Titel Kitāb al-mijisṭi, aus dem der Titel Almagest geworden ist.

Die Banū Mūsā, die drei Söhne des Mūsā ibn Shākir (Mitte des 9. Jh.) verwandten ihr Vermögen (das der Vater durch nächtlichen Straßenraub erworben haben soll [Sigrid Hunke, S. 61/62]) zum Teil dazu, wissenschaftliche Handschriften zu erwerben und übersetzen zu lassen. Von ihnen finanziert oder unterstützt übersetzten Ishāq ibn Ḥunain die Elemente Euklids, Ṯābit ibn Qurra (826?–901) mit Mitarbeitern Apollonios, Euklid, Theodosios, Ptolemaios (Geographie) u. a.

Qusta ibn Lūqā (gest. ca. 912) übersetzte Diophant und Heron.

So waren um 900 sämtliche griechischen Klassiker der Mathematik in guten Übersetzungen verfügbar. Die Übersetzer haben aber auch Kommentare und eigene Arbeiten geschrieben. Al-Nayrīzī (gest. 922) schrieb einen Kommentar zu Euklid, in dem griechische Kommentare verarbeitet sind, und in dem besonders das Parallelenpostulat ausführlich besprochen ist.

3.3.2 Al-Ḫwārizmī

Al-Ḫwārizmī (gest. etwa 850) schrieb außer astronomischen Werken zwei mathematische:

1) *De numero Indorum.* Diese Schrift ist nur in lateinischer Übersetzung erhalten, von der seit dem 12. Jh. mehrere Abschriften bzw. Bearbeitungen vorhanden sind. Sie ist die wichtigste Quelle für die Kenntnis des Rechnens mit den indischen Ziffern im Abendland.

2) *Al-kitab al-muḫtaṣar fi ḥisāb al-ǧabr wa'l-muqābala*

„Ein kurzgefaßtes Buch über die Rechenverfahren durch Ergänzen und Ausgleichen.“ Al-Ḫwārizmī sagt, er wolle ein Buch schreiben, „für das, was die Leute fortwährend brauchen bei ihren Erbschaften und ihren Vermächtnissen und bei ihren Teilungen und ihren Prozeßbescheiden und ihren Handelsgeschäften und bei allem, womit sie sich befassen bei der Ausmessung der Ländereien und der Herstellung der Kanäle und der Geometrie und anderen dergleichen nach seinen Gesichtspunkten und Arten.“

Für Erbteilungsaufgaben waren die Vorschriften des Koran maßgebend. Ein einfaches Beispiel:

„Eine Frau starb und hinterließ ihren Gatten und ihren Sohn und drei Töchter und vermachte einem Manne ein Achtel ihres Vermögens und sein Siebentel.“ Das Vermögen ist nicht angegeben. Um 1/8 und 1/7 abzuziehen, wird es in 56

Anteile zerlegt. Dann bleiben als Rest $\langle R = \rangle$ 41 Anteile. Von diesem Rest erhält nach dem Koran der Mann 1/4, und von dem verbleibenden Rest $\frac{3}{4}R$ erhält ein Sohn doppelt soviel wie jede Tochter. Es sind also 5 Teile von $\frac{3}{4}R$ zu bilden. Deshalb zerlegt al-Ḫwārizmī jeden der 56 Anteile nochmals in 20, das ganze Vermögen also in 1120 Anteile. Davon entfallen auf das Legat 300 Anteile; für die Erben bleiben 820, für den Gatten 205, für den Sohn 246 und für jede Tochter 123 Anteile.

In einem Kapitel über Geometrie lehrt al-Ḫwārizmī die Berechnung der Flächen von Dreieck, Rechteck, Trapez u. a., gibt für den Kreisumfang verschiedene Näherungswerte an:

$$u = d \cdot (3 + 1/7) \text{ oder } = d \cdot \sqrt{10} \text{ oder } = d \cdot \tfrac{62\,832}{20\,000},$$

und berechnet verschiedene andere Flächen und Volumina.

Das „Verfahren des Ergänzens und Ausgleichens" dient zur Lösung von Gleichungen, hier zunächst von quadratischen Gleichungen. Es ist das, was Diophant mit den Worten προσθεῖναι und ἀφαιρεῖν beschreibt (s. S. 144). Die Arithmetik von Diophant wurde zwar erst in der zweiten Hälfte des 9. Jh. von Qustā ibn Lūqā ins Arabische übersetzt, kann aber al-Ḫwārizmī wohl auf andere Weise bekannt geworden sein.

Die Unbekannte wird mit šai = شيء = Sache, Ding oder mit ǧidr = جذر = Wurzel bezeichnet, ihr Quadrat mit māl = مال = Vermögen, ihre dritte Potenz mit kaʿb = كعب = Würfel.

Negative Zahlen und Null werden nicht zugelassen. Deshalb muß al-Ḫwārizmī 6 Typen von Gleichungen unterscheiden, drei einfache:

⟨A 1⟩ „Was anlangt die Vermögen, die gleich sind den Wurzeln" $ax^2 = bx$.
⟨A 2⟩ „Was anlangt die Vermögen, die gleich sind der Zahl" $ax^2 = c$.
⟨A 3⟩ „Was anlangt die Wurzeln, die gleich sind einer Zahl" $bx = c$.
und drei zusammengesetzte:
⟨B 1⟩ „Was anlangt die Vermögen und die Wurzeln, die gleich sind der Zahl" $ax^2 + bx = c$.
⟨B 2⟩ „Was anlangt die Vermögen und die Zahl, die gleich sind den Wurzeln" $ax^2 + c = bx$.
⟨B 3⟩ „Was anlangt die Wurzeln und die Zahl, die gleich sind dem Vermögen" $bx + c = ax^2$.

⟨B 2⟩ wird folgendermaßen gelöst:

„Ein Vermögen und 15 Denare ergeben 8 Wurzeln. Wie groß ist das Vermögen?	⟨$x^2 + 15 = 8x$ bzw. $x^2 + c = bx$
Multipliziere die Hälfte der Wurzeln mit sich, es werden 16.	$(b/2)^2 = 16$
Von diesen ziehe die 15 Dinare ab, es bleibt 1.	$(b/2)^2 - c = 1$
Die Wurzel daraus, nämlich 1, ziehe von der Hälfte der Wurzeln ab, es bleibt 3.	$\frac{b}{2} - \sqrt{(b/2)^2 - c} = x_1 = 3$

Oder addiere die Wurzel zu der Hälfte der Wurzeln; das ergibt 5. Es ist klar, daß beide Werte richtig sind. $\langle \frac{b}{2}+\sqrt{(b/2)^2-c}=x_2=5\rangle$

Es ist zu bemerken: Wenn das Quadrat der Hälfte der Wurzeln kleiner ist als die gegebene Zahl, wie wenn z. B. gesagt wäre: ein Vermögen und 15 Denare sind gleich 6 Wurzeln, dann ist die Aufgabe unmöglich. ⟨Nicht die Lösung, sondern die Aufgabe wird als unmöglich bezeichnet!⟩ Wenn es ⟨nämlich $(b/2)^2$⟩ aber gleich der gegebenen Zahl ist, wie wenn z. B. gesagt wäre: ein Vermögen und 9 Denare sind gleich 6 Wurzeln, dann ist die Hälfte der Wurzeln ⟨$b/2$⟩ die gesuchte Wurzel des Vermögens." [Karp. S. 128.]

Diese Fallunterscheidungen kommen nur beim Typ B 2 vor. Die Gleichungen der Typen B 1 und B 3 haben je eine positive und eine negative Lösung, und da die negative Lösung nicht in Betracht gezogen wird, sind sie eindeutig lösbar und daher nicht weiter problematisch.

Al-Ḫwārizmī beweist alle Lösungsregeln durch geometrische Konstruktionen, die denen von Euklid ähnlich sind.

Diese sechs Gleichungstypen waren jahrhundertelang das Kernstück der „Algebra", für die eben dieser Name sich schon bei den Arabern einbürgerte. Dazu kamen Gleichungen, in denen nur die Potenzen x^{2n+p}, x^{n+p} und x^p vorkommen. Sie können mittels Division durch x^p und der Substitution $x^n=y$ in einen der obigen Typen umgeformt werden; das hat al-Karaǧī (um 1000) angegeben. [Woepke, Fakhri S. 71 f.]. Erst Stifel (1544) ließ negative Koeffizienten zu und konnte dadurch die Anzahl der Typen verringern [4.4].

3.3.3 Kubische Gleichungen

Kubische Gleichungen traten bei einzelnen geometrischen Problemen auf, der einfachste Fall, der einer rein-kubischen Gleichung, bei der Würfelverdoppelung. Menaichmos hatte eine geometrische Lösung mit Hilfe von Kegelschnitten gefunden.

Archimedes kam bei der Aufgabe, eine Kugel durch eine Ebene so zu schneiden, daß die Inhalte der Teile ein gegebenes Verhältnis haben [K. u. Z. II, 4] auf die Aufgabe, eine Strecke x so zu bestimmen, daß zu gegebenen Strekken a, b, c die Proportion besteht

$$(a-x):b=c^2:x^2.$$

Eine Lösung gab er an dieser Stelle nicht, aber Eutokios fand in einer Schrift eine Lösung, die von Archimedes stammen könnte [Archimedes Op. Bd. 3, S. 130 ff.], nämlich als Schnitt der Parabel $y=x^2$ mit der Hyperbel $(a-x)y=bc^2$.

Auf kubische Gleichungen führen auch die Konstruktionen des regelmäßigen Siebenecks und des regelmäßigen Neunecks.

Berechnungen der regelmäßigen Polygone kommen schon bei den Babyloniern vor, natürlich näherungsweise (s. S. 37), ebenso bei Heron [Op. Bd. 3, S. 46–65]. Abū-l-Wafā' hat geometrische Konstruktionen für die Polygone bis zum Zehneck beschrieben, und zwar, außer für das 7-eck und das 9-eck, mit dem Lineal und einer festen Zirkelöffnung [Geom.]. Um das Neuneck zu erhalten, soll man das regelmäßige Dreieck in den Kreis einzeichnen und einen der drei Bögen in drei gleiche Teile teilen. ⟨Das könnte z.B. mit einer Einschiebungsmethode geschehen (s. S. 92).⟩ Die Siebeneckseite, sagt Abū-l-Wafā', ist näherungsweise die halbe Seite dieses Dreiecks. [Vgl. Heron, a.a.O. S. 54f.] ⟨Eine rohe Überschlagsrechnung zur ungefähren Kontrolle: Hat der Kreis den Radius 1, so ist hiernach die Seite des Siebenecks $s=\frac{\sqrt{3}}{2}$. Der Umfang des Siebenecks ist dann, wenn wir noch $\sqrt{3}$ durch $\frac{7}{4}$ ersetzen,

$$U_7=7s=6\tfrac{1}{8}\,.$$

Der Kreisumfang ist, wenn $\pi=3\frac{1}{7}$ gesetzt wird, $=6\frac{2}{7}$, also ein wenig größer als U_7, wie es sein muß. Würde man andererseits den Kreisumfang näherungsweise gleich dem Umfang des Siebenecks setzen, so ergäbe das $\pi=3\frac{1}{16}$.⟩

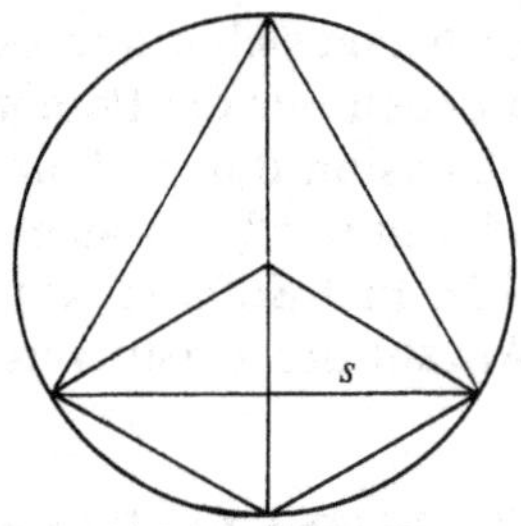

Abb. 3.13

Eine Konstruktion des Siebenecks mittels einer Einschiebung wird Archimedes zugeschrieben. Abū Sahl al-Qūhī gelang eine Konstruktion durch Schnitt einer Parabel mit einer Hyperbel. Er beginnt mit einer Analyse (s. Abb. 3.14): $A,.,B,G$ seien drei Ecken des Siebenecks. Wir (!) bezeichnen die Seite BG des Siebenecks mit s, den zugehörigen Peripheriewinkel mit α. Dann ist $\sphericalangle BGA=2\alpha$, als Peripheriewinkel über zwei Siebeneckseiten, und $\sphericalangle ABG=4\alpha$, weil $7\alpha=\pi$ ist.

Al-Qūhī verlängert die Gerade BG und macht $EB=AB\,\langle=x\rangle$, $GD=GA\,\langle=z\rangle$. Dann ergeben sich für die übrigen Winkel die in Abb. 3.14 angeschriebenen Werte.

Es soll nun bei gegebenem s der Kreis konstruiert werden. Das ist geleistet, wenn die Strecken x und z konstruiert werden können. (Man findet dabei etwa r als Kreisradius. Ist aber der Kreisradius r' gegeben und die zugehörige Siebeneckseite s' gesucht, so ist $s'=s\cdot\frac{r'}{r}$.)

Es ist $\triangle ABD\sim\triangle GBA$ (die Winkel sind gleich), also gilt $DB:BA=BA:GB$,

(1) $$BA^2=BG\cdot DB\,,$$

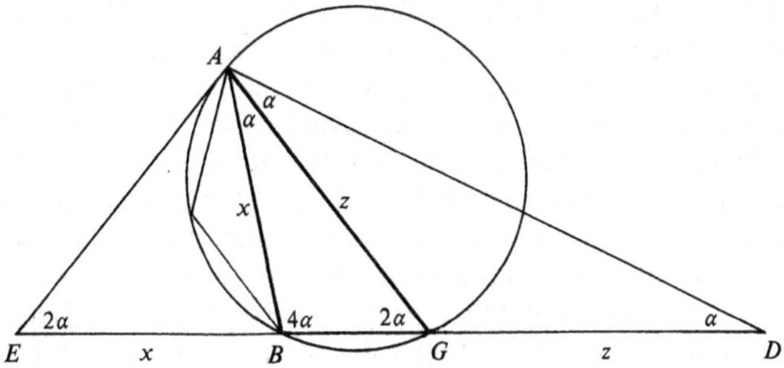

Abb. 3.14

in unserer Schreibweise

(1') $$x^2 = s \cdot (s+z)\,.$$

Ferner ist $\triangle AGE \sim \triangle BEA$, also $GE : EA = EA : EB$

(2) $$EA^2 = EB \cdot GE\,,$$

(2') $$z^2 = x \cdot (x+s)\,.$$

Al-Qūhī deutet (1) sofort als Gleichung einer Parabel, (2) als Gleichung einer Hyperbel; deren Schnittpunkt ergibt die gesuchten Strecken. Für die weiteren Ausführungen von al-Qūhī verweise ich auf die Arbeit von Frau Samplonius.

Wir (!) wollen die Gleichungen noch algebraisch weiter verfolgen. Der bequemeren Schreibweise halber setzen wir $s=1$; geometrisch bedeutet das die Wahl einer passenden Maßeinheit. Dann wird (1') zu $x^2 = 1+z$
(2') zu $z^2 = x \cdot (x+1)$.

Einsetzen von $z = x^2 - 1$ in (2') ergibt

$$(x^2-1)^2 = [(x+1)\,(x-1)]^2 = x \cdot (x+1)\,.$$

Diese Gleichung 4. Grades hat eine Lösung $x = -1$, die geometrisch nicht in Betracht kommt. Division durch $x+1$ ergibt die kubische Gleichung

$$x = (x-1)^2 \cdot (x+1)\,.$$

Das Verfahren von al-Qūhī kann also als geometrische Lösung dieser kubischen Gleichung aufgefaßt werden; er selbst gibt die algebraische Deutung nicht an. Es ist aber (in der Folgezeit) eine charakteristische Leistung arabischer Mathematiker, daß sie nicht bei dem einzelnen geometrischen Problem stehen bleiben, sondern für das allgemeine algebraische Problem - die Gleichung 3. Grades - geometrische Lösungen suchen. Ermöglicht wird das u.a. durch die algebraisch aufzufassende Bezeichnung der Unbekannten und ihrer Potenzen, die allerdings schon Heron und Diophant bekannt war.

Nach Erfolgen Einzelner in Einzelfällen gelang 'Omar Ḫayyām die Lösung aller kubischen Gleichungen mit Hilfe von Kegelschnitten (übrigens ohne Benutzung der Ellipse). Analog zu den 6 quadratischen Gleichungen stellte er alle Typen kubischer Gleichungen zusammen. Die Lösung der zweigliedrigen Gleichungen macht keine Schwierigkeiten. Von den dreigliedrigen werden diejenigen, die kein von x freies Glied enthalten, durch Division durch x zu quadratischen Gleichungen; die Lösung $x=0$ wurde ohnehin nicht anerkannt. Dann bleiben 6 dreigliedrige und 7 viergliedrige Typen übrig.

Für jeden dieser Typen hat 'Omar Ḫayyām Lösungskonstruktionen angegeben. Trotz sorgfältiger Untersuchungen darüber, wann keine oder zwei (positive reelle) Lösungen auftreten, ist ihm der Fall, daß drei positive reelle Lösungen auftreten können, entgangen. Wir besprechen daher das Beispiel

$$(x-1)(x-2)(x-3)=0, \quad \text{d.h. } x^3+11x=6x^2+6.$$

Es gehört zu dem viergliedrigen Typ: „Ein Kubus plus Seiten ist gleich Quadraten und einer Zahl."

$$x^3+bx=ax^2+c\,. \tag{1}$$

Der Gedankengang sei in moderner Form dargestellt. 'Omar Ḫayyām setzt $c=b\cdot s$, d.h. er führt eine neue Größe $s=\frac{c}{b}$ ein. Dann wird aus (1)

$$b(x-s)=x^2(a-x)\,.$$

Jetzt wird mit $x-s$ erweitert. Wir (!) wissen, daß die Schnittpunkte zweier Kegelschnitte durch eine Gleichung vierten Grades bestimmt sind.

$$b(x-s)^2=x^2(a-x)(x-s)\,.$$

Nun setzt man

$$(a-x)(x-s)=y^2\,. \tag{2}$$

Das ist die Gleichung des Halbkreises über AG in der Abb. 3.15.

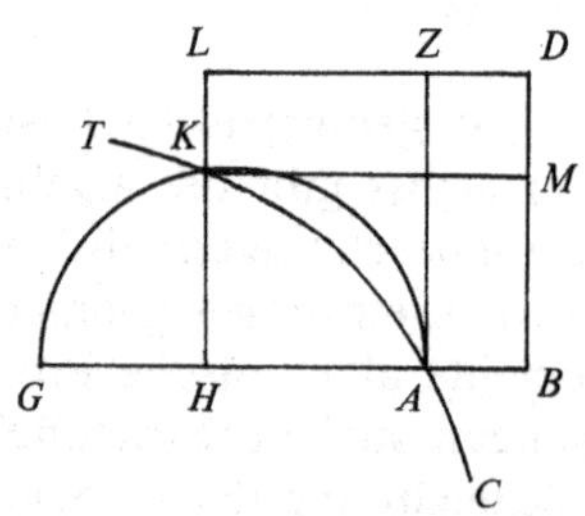

$AB=s$
$BH=x$
$BG=a$
$HK=y$
$BD=\sqrt{b}$

Abb. 3.15

Dann wird $b(x-s)^2=x^2y^2$ oder $\sqrt{b}(x-s)=xy$ oder

(3) $$x(\sqrt{b}-y)=\sqrt{b}\cdot s\,.$$

Das ist die Gleichung der Hyperbel mit den Asymptoten DL, DB.

Bei ʿOmar Ḫayyām steht diese Überlegung nicht. Er beschreibt, wie man den Kreis (2) und die Hyperbel (3) zeichnen soll und verifiziert, daß die Abszissen der Schnittpunkte Lösungen von (1) sind. Daß die Hyperbel bei genauer Zeichnung zwischen K und A zwei weitere Schnittpunkte mit dem Kreis haben kann, hat er offenbar nicht bemerkt; er behandelt auch kein Zahlenbeispiel.

Solche geometrischen Verfahren waren aber für astronomische Berechnungen nicht genau genug. Insbesondere interessierte die Seite des Neunecks oder des 18-ecks. Kennt man diese, zum Zentriwinkel von 20° gehörige Sehne, so kann man mittels der bekannten Sehnen zu den Winkeln von 60° und 72° (Fünfeck) und mit Hilfe der Additionssätze die Sehne des Winkels von 1° berechnen. Ich greife willkürlich eine Berechnung der Sehne zum Zentriwinkel von 20° von al-Bīrūnī heraus (Abb. 3.16) [Trig. S. 19–21].

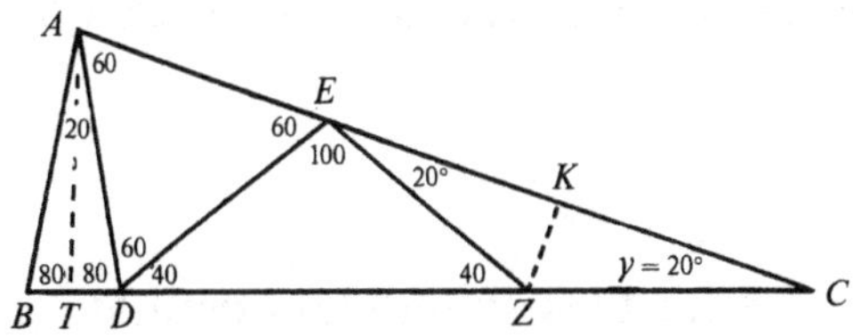

Abb. 3.16

Sei ABC ein gleichschenkliges Dreieck mit den Seiten $AC=BC=1$, $AB=x$ und dem Winkel $\gamma=20°$. Man zeichne D, E, Z so daß

$$x=AB=AD=DE=EZ$$

ist. Dann ergeben sich für die Winkel die in der Figur angegebenen Werte. Daraus folgt

$$AE=x \text{ und } ZC=x\,.$$

Fällt man die Lote AT und ZK, so ist

$$\triangle ATC \sim \triangle ZKC\,,$$

also $CZ:CK=CA:CT$.
Nun ist $CA=1$, $CK=CE/2=(1-x)/2$, $CZ=x$, also

(1) $$CT=(1-x)/2x\,.$$

Andererseits ist

(2) $$CT=BC-BT=1-BD/2\,.$$

BD erhält man aus der Ähnlichkeit der Dreiecke ABD und CAB:

$$CA:AB=AB:BD,$$

also

(3) $$BD=x^2 .$$

Aus (1), (2) und (3) folgt

$$x^3+1=3x .$$

Al-Bīrūnī gibt eine numerische Lösung an, die bis zur 4. Sexagesimalstelle genau ist. Wie er sie gefunden hat, sagt er nicht. Die graphische Lösung mit Kegelschnitten kann diese Genauigkeit natürlich nicht liefern.

Al-Kāšī (Anfang des 15. Jh.) hat die Gleichung so geschrieben:

$$x=(1+x^3)/3$$

und durch Iteration gelöst ($x_{n+1}=(1+x_n^3)/3$). [Nach Chelebi, Juschkewitsch S. 321].

3.3.4 Das Parallelenpostulat

Die meisten arabischen Mathematiker haben sich mit Euklid beschäftigt, und viele von ihnen haben über das Parallelenpostulat kritisch nachgedacht und es zu beweisen versucht.

Die Kritik an diesem Postulat begann schon bei den Griechen, und sie begann schon bei der Definition von „parallel". Euklid verlangt, daß sich die beiden Geraden *bei Verlängerung ins Unendliche* nicht schneiden. Statt dessen verlangt Poseidonios (um 100 v. Chr.), daß sie überall gleichen Abstand voneinander haben. Wir wollen solche Geraden „äquidistant" nennen und die Bezeichnung „parallel" im Sinne von Euklid für nicht-schneidende Geraden verwenden. In der Literatur werden beide Ausdrücke oft als gleichbedeutend benutzt.

Zu einer gegebenen Kurve (es wird sich hier nur um Geraden handeln, so daß wir uns um Ausnahmen nicht zu kümmern brauchen) kann man gedanklich eine äquidistante Kurve finden, indem man in allen Punkten Senkrechte gleicher Länge errichtet und deren Endpunkte verbindet. Die Frage ist, ob die zu einer Geraden äquidistanten Kurven stets wieder gerade Linien sind. Ich nenne diese Aussage das „Äquidistanz-Postulat" (A-Postulat). Aus ihm läßt sich das Parallelenpostulat (P-Postulat) beweisen, was allerdings noch etwas Mühe macht.

Mit „P-Postulat" ist stets die euklidische Form gemeint: Werden die Geraden g, h von der Geraden k so geschnitten, daß (s. Abb. 3.17) $\alpha+\beta<2R$ sind, so schneiden sich g und h auf der Seite von k, auf der diese Winkel liegen.

Wichtig ist dann, ob die Forscher das A-Postulat als Postulat erkannt oder stillschweigend als gültig angenommen haben.

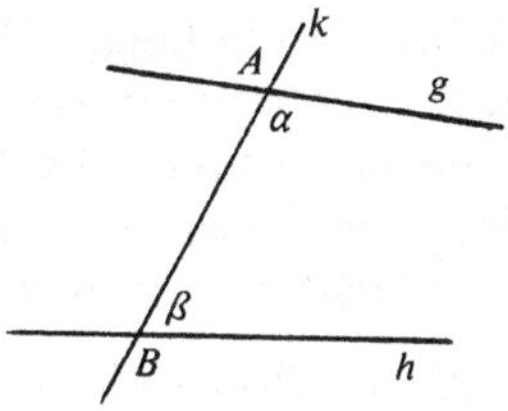

Abb. 3.17

Die verschiedenen Definitionen von „parallel" und „äquidistant" ergeben verschiedene Gesichtspunkte für den Beweis:

(1) Zu jeder Geraden h gibt es durch jeden Punkt A außerhalb von h eine parallele, d. h. nicht-schneidende Gerade. Man findet sie, indem man A mit einem beliebigen Punkt B von h verbindet und $\alpha+\beta=2R$ macht (Beweis folgt). Man muß dann beweisen, daß es höchstens eine solche Gerade gibt.

(2) Es gibt durch A höchstens eine zu h äquidistante Gerade. Man muß beweisen, daß es mindestens eine solche Gerade gibt.

Zu (1): Daß eine mit $\alpha+\beta=2R$ gezeichnete Gerade g die Gerade h nicht schneidet, beweist man mit Hilfe des Satzes vom Außenwinkel [Euklid, El. I, § 16]: „An jedem Dreieck ist der bei Verlängerung einer Seite entstehende Außenwinkel größer als jeder der beiden gegenüberliegenden Innenwinkel." Euklid beweist ihn so (Abb. 3.18): Das gegebene Dreieck sei ABC. E sei die Mitte von AC. Man verbinde B mit E und verlängere BE um sich selbst, d. h. man mache $EF=BE$. Dann sind die Dreiecke EAB und ECF kongruent, folglich $\sphericalangle\varphi_1=\sphericalangle\alpha$. Der Nebenwinkel von γ ist aber $\varphi_1+\varphi_2>\varphi_1=\alpha$.

Würden sich nun die mit $\alpha+\beta=2R$ gezeichneten Geraden im Punkte C schneiden (Abb. 3.19), so würde aus dem Satz vom Außenwinkel folgen, daß $\alpha'>\beta$ ist, während nach Konstruktion $\alpha'=2R-\alpha=\beta$ ist.

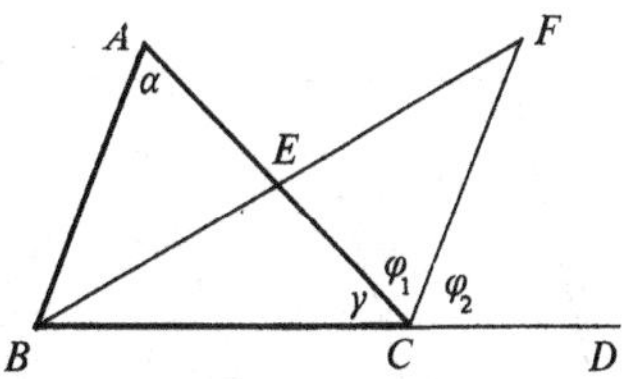

Abb. 3.18

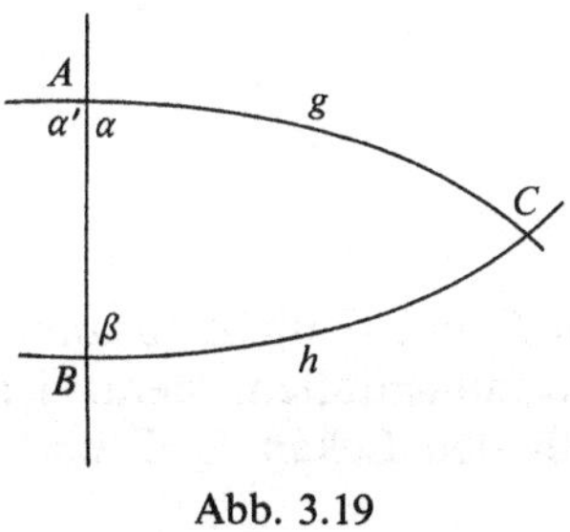

Abb. 3.19

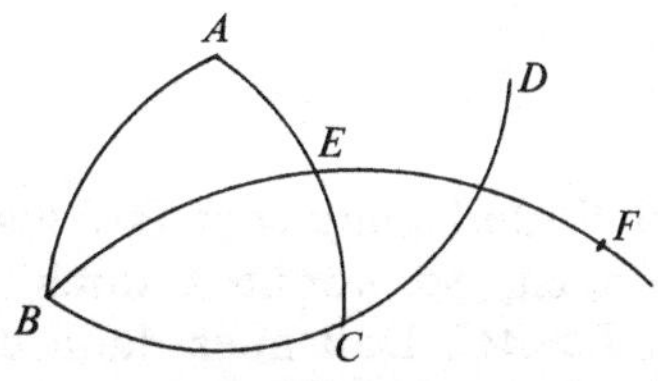

Abb. 3.20

Der Satz vom Außenwinkel ist in der Kugelgeometrie, wenn man die Großkreise als Geraden ansieht, falsch. Das liegt daran, daß sich die Geraden *BE* und *BC* noch im Gegenpunkt von *B* schneiden (Abb. 3.20). Der Punkt *F* kann dann vor oder hinter diesem Schnittpunkt liegen. Wenn diese sphärische (elliptische) Geometrie möglich (d. h. widerspruchsfrei) sein soll, muß man außer dem Parallelenpostulat noch auf ein weiteres Postulat von Euklid verzichten, entweder darauf, daß Geraden (Strecken) ins Unendliche verlängert werden können, oder darauf, daß zwei Geraden keinen Raum einschließen.

Nach al-Nayrīzī hat „Aganis" das P-Postulat mit Hilfe der Äquidistanzdefinition bewiesen; wir werden davon später sprechen. In der angegebenen Edition dieses Werkes ist gesagt, daß „Aganis" eine arabische Version des Namens „Geminos" sei. Da Geminos Schüler von Poseidonios war, wäre es verständlich, wenn gerade er einen solchen Beweis geführt hätte. Dagegen spricht jedoch, daß Simplikios den Aganis als *„socius noster"* bezeichnet (nach al-Nayrīzī in der lat. Übersetzung von Gerhard von Cremona; der ursprüngliche griechische Ausdruck ist leider nicht bekannt), er muß also ein Autor des 6. Jh. sein. Ferner: Proklos berichtet nichts von einem Beweis des Geminos, obwohl er sonst viel aus Geminos zitiert, und obwohl er das Parallelenpostulat ausführlich bespricht. Er berichtet über einen falschen Beweis von Ptolemaios und gibt einen eigenen Beweis, der allerdings auch nicht einwandfrei ist. Diese Beweise übergehe ich, dagegen möchte ich über eine andere Überlegung berichten, weil sie ein bezeichnendes Licht auf das mathematische Verständnis des Proklos wirft.

Proklos berichtet [zu Prop. 29] über einen Beweis „Anderer" dafür, daß zwei Geraden sich auch dann nicht schneiden können, wenn $\alpha+\beta<2R$ ist. Der Beweis geht von der Figur *BACD* aus (Abb. 3.21). Man halbiere *AC* in *E* und mache $CG=AF=AC/2$. Dann können die Punkte *F* und *G* nicht zusammenfallen, sonst wäre in dem Dreieck $ACF=G$ die Summe zweier Seiten gleich der dritten Seite. Diese Konstruktion kann unendlich oft wiederholt werden, die Geraden *AB* und *CD* können sich also nicht schneiden.

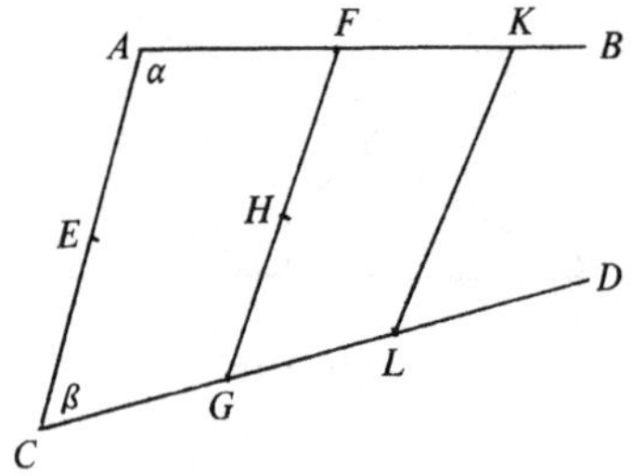

Abb. 3.21

Zur Widerlegung sagt Proklos: Wenn schon *F* und *G* nicht zusammenfallen können, so könnten doch *K* und *L* zusammenfallen, denn jetzt ist $AK+CL>AC$. Daß aber dann das Dreieck mit den Ecken *F*, *G* und $K=L$ nicht in Ordnung ist, scheint er zu übersehen.

Außerdem bemerkt er immerhin, daß es doch offenbar Geraden mit (ich sage kurz) $\alpha+\beta<2R$ gibt, die sich schneiden. Man braucht nur A mit G zu verbinden.

Daß die Summe der Strecken $AF+FK+\ldots$ konvergieren könnte, daran denkt Proklos nicht. Und doch wußte Archimedes schon 700 Jahre vorher, daß die Summe einer geometrischen Reihe endlich sein kann bzw. daß die Summe der Flächen der einem Parabelsegment nach Abb. 2.21, S. 119 einbeschriebenen Dreiecke endlich ist.

Ein Grundgedanke, der bei späteren Beweisversuchen des Parallelenpostulats immer wieder auftritt, stammt anscheinend von Simplikios [Sabra, Sim., S. 8 ff.]. Man wählt den Winkel α als einen rechten Winkel; der Winkel β ist dann spitz. Die Fälle, daß α ein spitzer oder stumpfer Winkel ist, lassen sich auf diesen Fall zurückführen. Man geht also von dem ausgezogenen Teil der Figur (Abb. 3.22) aus; zu beweisen ist, daß die Gerade g die Gerade h trifft.

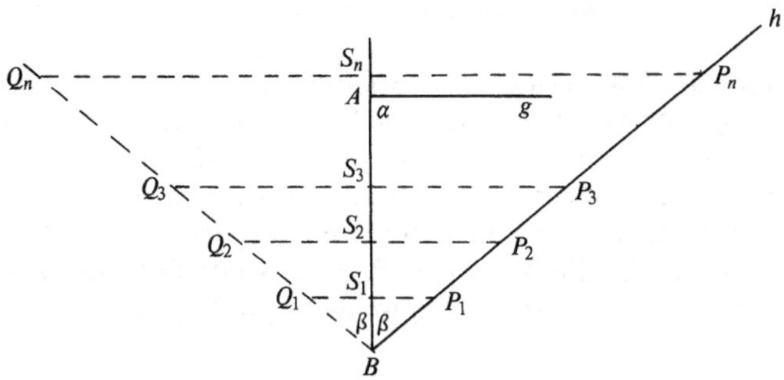

Abb. 3.22

Simplikios trägt den Winkel β noch einmal nach links an und schließt dann so: Es gibt unendlich viele Sehnen wachsender Länge, die den Winkel 2β unterspannen und auf beiden Schenkeln gleiche Strecken abschneiden. (Er verlangt also nur $BP_i=BQ_i$, nicht $BP_1=P_1P_2$ usw.) Also muß eine dieser Sehnen die Gerade BA außerhalb von A schneiden.

Das steht in einem Brief von ʿAlam al-Dīn Qayṣar ibn Abi'l-Qāsim an Naṣīr al-Dīn al-Ṭūsī, der im 13. Jh. nach Chr. geschrieben ist, und der Verfasser dieses Briefes bemerkt auch, daß dieser Beweis nicht schlüssig ist. Ich kann mir allerdings kaum vorstellen, daß Simplikios einen solchen Fehlschluß begangen haben sollte.

Man bekommt die benötigten Sehnen wachsender Länge besser in den Griff, wenn man

$$BP_1=P_1P_2=P_2P_3=\ldots=BQ_1=Q_1Q_2=Q_2Q_3=\ldots$$

macht. Da dann die Dreiecke BS_iP_i und BS_iQ_i kongruent sind, ist

(i) $$Q_iS_i=S_iP_i$$

und

(ii) $$\sphericalangle\sigma_i=\sphericalangle BS_iP_i=\sphericalangle BS_iQ_i=1R\,.$$

Daraus folgt zunächst, daß die Punkte S_i „oberhalb“ von B liegen, sonst wäre der Außenwinkel β, der spitz ist, kleiner als der Innenwinkel $\sigma_i = 1R$ (Abb. 3.23).

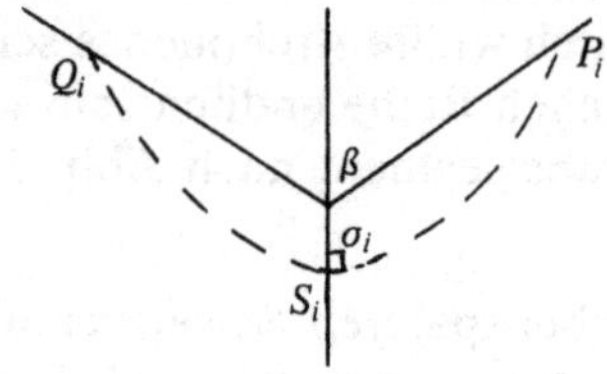

Abb. 3.23

Wenn man nun beweisen kann, daß

(HL) $$BS_1 = S_1S_2 = \ldots = S_iS_{i+1} = \ldots$$

ist, dann folgt aus dem Axiom von Archimedes, daß ein S_n oberhalb von A liegt. Dann folgt das P-Postulat so: Nach dem Axiom von Pasch [4.4], das in der erläuternden anschaulichen Fassung von Hilbert [Grundl. d. Geom., 7. Aufl., S. 5] so lautet: „Wenn eine Gerade ins Innere eines Dreiecks eintritt, tritt sie auch wieder heraus“, trifft die Gerade g *entweder* die Strecke BP_n, also die Gerade h, w.z.b.w., *oder* die Strecke S_nP_n. Der zweite Fall würde aber dem Satz vom Außenwinkel widersprechen: σ_n ist nicht größer *als* α.

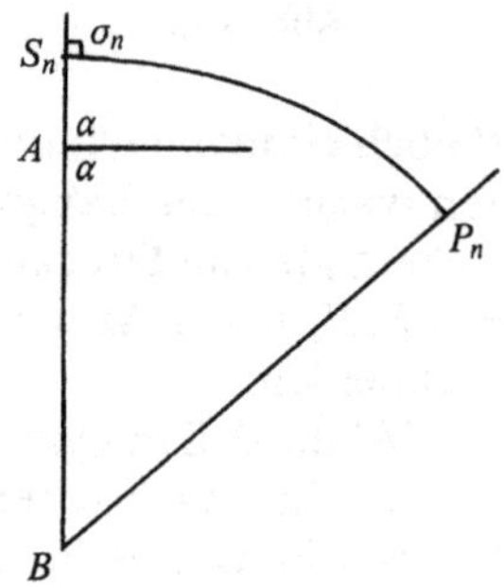

Abb. 3.24

Es kommt also darauf an, die Aussage HL zu beweisen. (Die Buchstaben HL sollen etwa „Hauptlemma“ bedeuten.)

Anm.: Das genannte Axiom hat Pasch in seinen „Vorlesungen über neuere Geometrie“ 1873/74 ausgesprochen, 1882 veröffentlicht. Es ist in früherer Zeit oft benutzt worden, ohne daß es ausdrücklich als Axiom genannt wurde. Nach Juschkewitsch [S. 283] hat Ibn al-Haiṯam es wenigstens ausgesprochen.

Im 9. Jh. n. Chr., also schon in der Anfangszeit der arabischen Mathematik, hat sich al-Ǧauharī mit dem Parallelenproblem beschäftigt. Er formuliert als

Ausgangspunkt sechs „Sätze“ [Sabra, T., S. 16], darunter (mit etwas anderen Worten):

(3) Ist im Dreieck ABC der Punkt D der Mittelpunkt von AB und E der Mittelpunkt von AC, so ist $BC = 2 \cdot DE$ (Abb. 3.25).

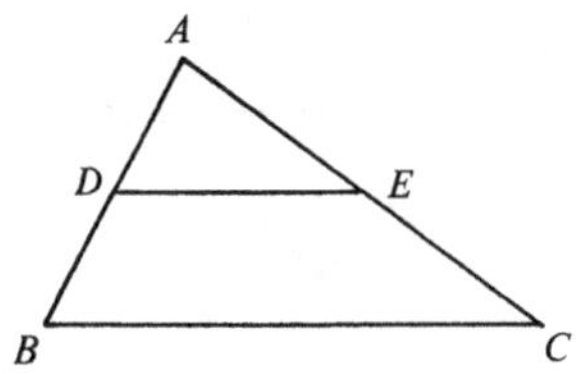

Abb. 3.25

(5) Wenn ein Winkel durch eine Gerade halbiert wird, so gibt es durch jeden Punkt der Winkelhalbierenden eine Gerade, die beide Schenkel trifft.

Allerdings ist aus dem Text nicht ersichtlich, ob al-Ǧauharī diese Sätze als Axiome aufgefaßt hat – vielleicht wenigstens in dem Sinne, daß er sie zur Grundlage der weiteren Überlegung macht, ohne sich um ihren Beweis zu kümmern.

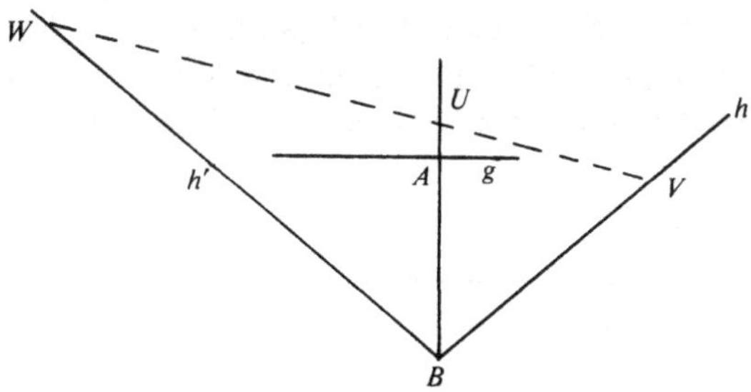

Abb. 3.26

Aus (5) folgt das P-Postulat so: Man gehe von dem ausgezogenen Teil der Figur (Abb. 3.26) aus, wähle einen Punkt U „oberhalb“ von A und zeichne eine Gerade (hier gestrichelt), die h in V und h' in W trifft. Die Gerade g trifft nach dem Axiom von Pasch entweder BV – dann ist die Behauptung bewiesen – oder UV. Im zweiten Fall kann sie UW nicht treffen, weil zwei Geraden nur einen Schnittpunkt haben; also muß sie BW treffen. Durch Spiegelung an AB sieht man, daß g dann auch h treffen muß.

Ob al-Ǧauharī den Beweis so geführt hat, ist mir nicht bekannt. Das Postulat (5) spielt in einem Beweis von Legendre eine Rolle.

Aus (3) folgt das P-Postulat so: Wendet man (3) auf das Dreieck $P_2 Q_2 B$ an, so ergibt sich, unter Berücksichtigung von (i), S. 207,

(iii) $$S_2 P_1 = \tfrac{1}{2} Q_2 B = Q_1 B .$$

Da ferner $Q_1S_1 = S_1P_1$ ist und die Winkel bei S_1 rechte Winkel sind, ist $\triangle Q_1S_1B \cong \triangle P_1S_1S_2$, also $BS_1 = S_1S_2$.

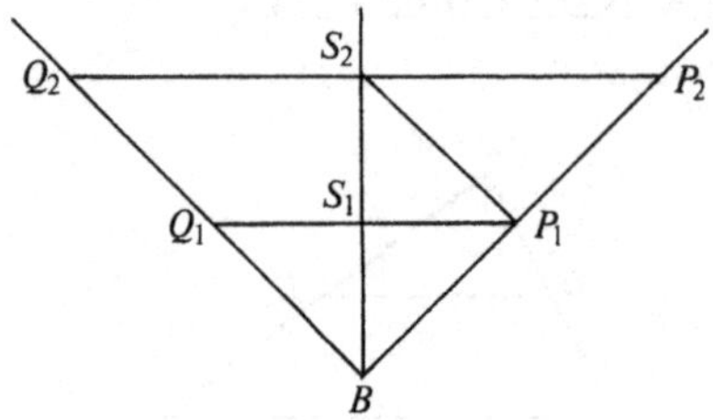

Abb. 3.27

Die weiteren in HL geforderten Gleichheiten sind ähnlich zu beweisen.

Auch hier weiß ich nicht, ob al-Ǧauharī den Beweis so geführt hat; ich wollte aber zeigen, daß ein Beweis auf der Grundlage von (5) oder von (3) möglich ist. Die Aussage (3) ist als Äquivalent zum Parallelenpostulat 1910 von W. H. Young wiederentdeckt worden [On a Form of the Parallel Axiom. Journal of Pure and Applied Mathematics **41,** 1910, S. 353–363].

Der Beweis des Aganis ist durch al-Nayrīzī vollständig überliefert. (Vielleicht kann er als Versuch einer Verbesserung des Beweises von Simplikios angesehen werden.) Aganis läßt die linke Hälfte der Figur Abb. 3.22 weg und fällt von den Punkten P_i Lote auf die Gerade AB (Abb. 3.28). (Ich nenne diese Figur gelegentlich „Aganis-Figur", obwohl Aganis etwas anders vorgeht; der Grundgedanke ist aber der gleiche.) Wieder kommt es darauf an, HL zu beweisen.

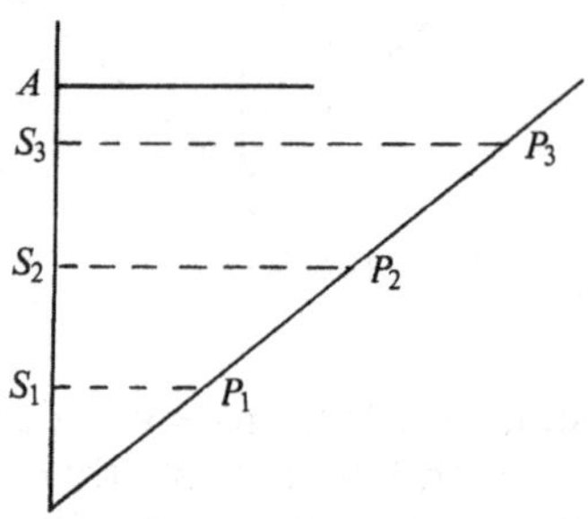

Abb. 3.28

Aganis betrachtet äquidistante Geraden im Sinne der Definition von Poseidonios (s. S. 204). Da aber die dem A-Postulat äquivalente Aussage nicht genau genug formuliert ist, ist der Beweis des Aganis etwas undeutlich.

Eine präzise Formulierung gab Ṯābit ibn Qurra (826/7–901). [Sabra, T., S. 19ff.]. Um zu einer Geraden g eine äquidistante Linie herzustellen, muß man eine feste Strecke s längs g so bewegen, daß sie mit g stets den gleichen Winkel bildet. Das erreicht man etwa, indem man ein rechtwinkliges Dreieck (in Abb.

3.29 das Dreieck AGZ mit $AG=s$) als starren Körper längs der Geraden GZD bewegt (im Sinne der arabischen Schreibrichtung von rechts nach links).

Aus der Analyse der Vorstellung von der Bewegung eines starren Körpers gewinnt Ṯābit die „Prämisse“ (gekürzt): Wenn ein starrer Körper sich als Ganzes geradlinig bewegt, so beschreibt jeder seiner Punkte eine gerade Linie. Gerade Linien auf dem Körper beschreiben dann und nur dann gerade Linien, wenn sie in der Bewegungsrichtung liegen. Mittels dieser Prämisse beweist er: Satz I: AB, GD seien zwei Geraden in einer Ebene; wenn sie von zwei anderen Geraden so geschnitten werden, daß $AG=EW$ und $\sphericalangle\omega=\sphericalangle\omega'$ ist, dann haben alle Lote, die von den Punkten der Geraden AB auf die Gerade GD gefällt werden, die gleiche Länge.

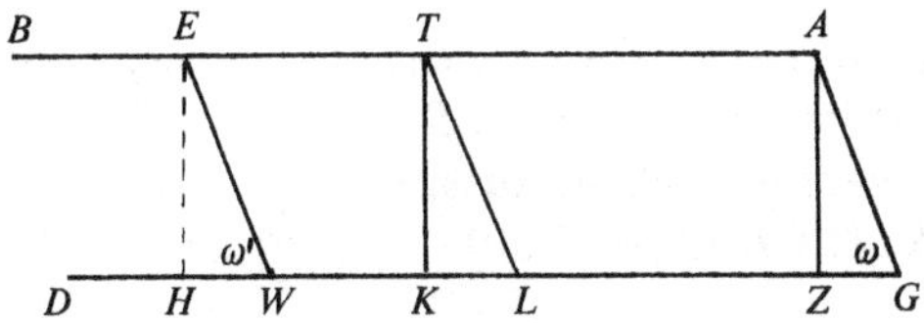

Abb. 3.29

Von nun an wird weder die Vorstellung von der Bewegung noch die Prämisse benutzt, sondern nur noch dieser Satz I.

Gebraucht wird der Satz nur in dem Spezialfall: I′: Sind zwei von AB auf GD gefällte Lote gleich lang, so sind alle solchen Lote gleich lang.

Das nächste Ziel ist der Satz II: Alle von $AB=g$ auf $GD=h$ gefällten Lote stehen auch auf g senkrecht.

Dazu beweist Ṯābit zunächst:

(V1) Gilt im Viereck $ABCD$ (Abb. 3.30)

$$\alpha=\beta \text{ und } AD=BC,$$

so ist $\gamma=\delta$.

Beweis: Auf Grund der Voraussetzungen ist $\triangle ABC \cong \triangle BAD$, also $AC=BD$. Daraus folgt $\triangle ACD \cong \triangle BDC$, also $\delta=\gamma$.

Ṯābit beweist auch die Umkehrung: Aus $\alpha=\beta$ und $\gamma=\delta$ folgt $AD=BC$.

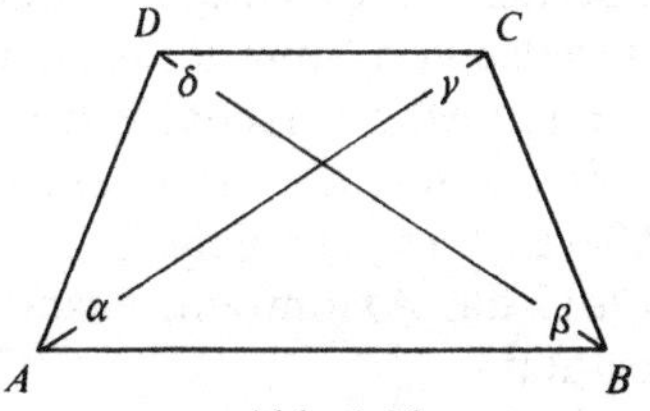

Abb. 3.30

Hierbei wurde Satz I′ (also aus anderer Sicht: das Parallelenpostulat) nicht benutzt. Bei dem folgenden Schritt wird aber I′ gebraucht (Abb. 3.31).

DA, *CB*, *FE* seien drei von g auf h gefällte Lote. Es wird vorausgesetzt, daß zwei von ihnen, also nach Satz I′ alle drei, gleich lang sind.

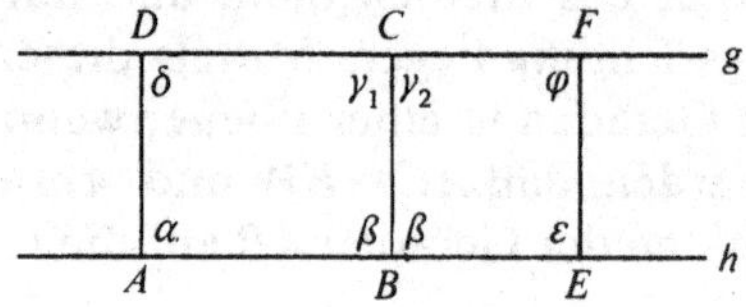

Abb. 3.31

Aus (V1) folgt dann $\delta=\gamma_1$, $\gamma_2=\varphi$, $\delta=\varphi$, also $\gamma_1=\gamma_2$, und zwar $=1R$, weil $\gamma_1+\gamma_2=2R$ ist. Somit ist auch $\delta=\varphi=1R$.

Man kann das Ergebnis auch so aussprechen:

(V2) Gilt im Viereck *ABCD* (Abb. 3.30)

$$AD=BC \text{ und } \alpha=\beta=1R,$$

so gilt unter Voraussetzung von Satz I′

$$\gamma=\delta=1R.$$

Ṯābit beweist auch, wieder unter Voraussetzung von Satz I′:

(V3) Wenn in einem Viereck drei Winkel rechte Winkel sind, so ist auch der vierte Winkel ein Rechter.

Mit Hilfe von (V2) oder auch (V3) läßt sich das Hauptlemma (HL) der Aganis-Figur und damit das P-Postulat beweisen. Das ist eine elementare Übungsaufgabe, die dem Leser überlassen sei.

Die Sätze (V1), (V2), (V3) bilden die Grundlage der Überlegungen von Saccheri und Lambert im 18. Jh. [4.4].

Damit unter den Einzelbeweisen das Grundproblem nicht verschüttet wird, sei noch einmal zusammengestellt: Ziel ist der Beweis der P-Postulats in der Form Euklids (zur Erinnerung: wenn $\alpha+\beta<2R$, dann schneiden sich g und h). Dabei muß irgendein anderes, bei Euklid nicht vorkommendes Postulat benutzt werden. Das wird auch meistens bewußt so gemacht; man verlangt nur, daß das neue Postulat einleuchtender ist.

Bei Simplikios, der kein solches Postulat voraussetzt, liegt ein Fehlschluß vor – wenn die arabische Überlieferung richtig ist. Jedoch scheint ein Grundgedanke fast aller weiteren Beweise von Simplikios zu stammen, der von Aganis deutlicher dargestellt worden ist: Man verschaffe sich eine (zu g parallele) Gerade $g'=S_1P_1$, die die Gerade h schneidet, und vergrößere das Dreieck BP_1S_1, bis A im Innern dieses größeren Dreiecks liegt (Abb. 3.32). Dabei wird immer das Archimedische Axiom und das Axiom von Pasch benutzt, außerdem aber, wie gesagt, ein weiteres Postulat.

Al-Ǧauharī hat zwei solche Postulate angegeben.

Ein viel benutztes Ersatzpostulat ergibt sich daraus, daß man (nach Poseidonios) den Begriff parallel = nicht-schneidend durch „äquidistant“ ersetzt. Daß die zu einer Geraden äquidistante Linie eine Gerade ist, ist anschaulich so einleuchtend, daß man es kaum als Postulat erkennt. Bei Aganis ist die Darstellung noch nicht recht deutlich, Ṯābit ibn Qurra hat den Sachverhalt klar gesehen. Aber er sagt doch nicht, daß sein Satz I ein neues Postulat ist, sondern „beweist“ ihn aus der Vorstellung von der Bewegung eines starren Körpers.

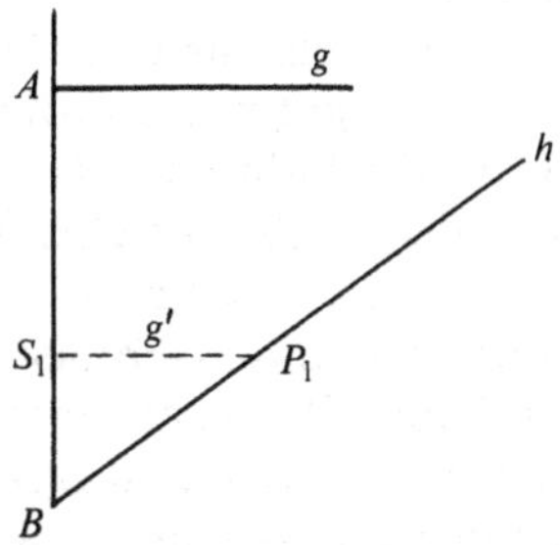

Abb. 3.32

Ibn al-Haiṯam hat noch ausführlicher erläutert, daß bei einer gleichmäßigen Bewegung einer auf einer Geraden senkrechten Strecke der Endpunkt dieser Strecke eine Gerade beschreibt. Seine weiteren Überlegungen bewegen sich auf ähnlichen Bahnen wie die von Ṯābit ibn Qurra.

ʿOmar Ḫayyām hat es grundsätzlich abgelehnt, daß der Begriff der Bewegung bei mathematischen Beweisen benutzt wird. Er benutzt aber den Satz, den Ṯābit ibn Qurra und Ibn al-Haiṯam aus dem Begriff der Bewegung abgeleitet haben: „Wenn zwei Geraden auf einer dritten senkrecht stehen, bleibt ihr Abstand konstant.“ Dazu sagt er [Amir-Móez, S. 282]: „This is indeed what a philosopher believes.“ Soll das vielleicht bedeuten: „Dies ist ein Axiom, das jeder wissenschaftlich denkende Mensch anerkennen wird“?

Nāṣir al Dīn al Ṭūsī benutzt die Aussage: Wenn die von g auf h gefällten Lote bei Fortschreiten in einer Richtung (etwa nach links) einmal kürzer werden, so werden sie bei weiterem Fortschreiten in derselben Richtung niemals wieder länger (Abb. 3.33) [Wallis, Op. Bd. 2, S. 669, Wortlaut gekürzt].

In allen Fällen wird entweder (V2) oder (V3) und daraus das P-Postulat mit der Aganis-Figur über das Hauptlemma HL bewiesen.

Nāṣir al-Dīn al-Ṭūsī hat auch bemerkt, daß (V2) äquivalent mit dem Satz ist, daß die Winkelsumme im Dreieck $= 2R$ ist.

Das Werk von Nāṣir al-Dīn al-Ṭūsī ist von Wallis und von Saccheri studiert worden.

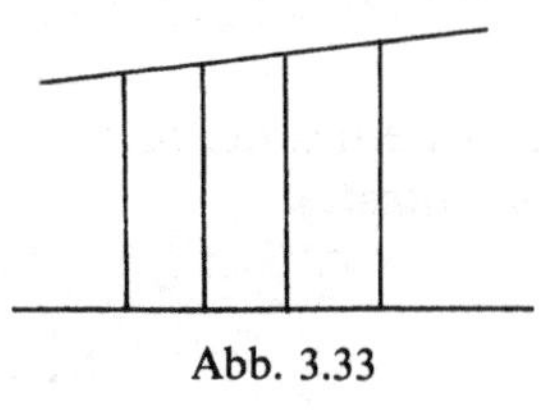

Abb. 3.33

3.3.5 Was haben wir den arabischen (choresmischen, persischen usw.) Mathematikern zu verdanken?

1. Sie haben die klassischen Werke der griechischen Mathematiker sorgfältig überliefert. Das Abendland hat diese griechischen Werke zuerst aus arabischen Übersetzungen kennen gelernt; erst später sind die griechischen Texte bekannt geworden, und einige wichtige Werke sind auch heute noch nur in der arabischen Übersetzung bekannt.

2. Sie haben griechische Ansätze bis zur vollständigen Klarheit durchgearbeitet und weiter ausgearbeitet. Das gilt z. B. für die Untersuchungen über das Parallelenpostulat, auch z. B. für die kubischen Gleichungen.

3. In den Algebra-Büchern der Araber erscheinen - wie bei den Indern - Anweisungen zur Ausführung der Rechenoperationen, nicht nur mit Zahlen, sondern auch mit Wurzelausdrücken und algebraischen Ausdrücken, d. h. Ausdrücken, die Unbekannte und ihre Potenzen enthalten. Es erscheinen auch Aufgaben aus dem täglichen Leben, z. B. der Kaufmannspraxis und dem Erbrecht. Aus der griechischen Literatur ist von Derartigem fast nichts bekannt. Daraus darf man freilich nicht schließen, daß es bei den Griechen so etwas nicht gegeben hätte; auch heute werden wahrscheinlich Lehrbücher der Grundschule nicht so sorgfältig aufbewahrt wie wissenschaftliche Werke.

Die Araber haben die Algebra „algebraisiert", indem sie konsequent die Bezeichnungen „Wurzel" (ğidr) oder „Ding" (šai) für x, „Vermögen" (māl) für x^2 und „Würfel" (kaʿab) für x^3 verwendet und geometrische Konstruktionen (wie z. B. bei Euklid) durch algebraisches Rechnen ersetzt haben, wofür die erforderlichen Verfahren erarbeitet und gelehrt wurden. Sie haben die Gleichungslehre durch die Aufstellung der verschiedenen Gleichungstypen systematisiert und damit eine Gliederung nach dem Grad der Gleichung - wenn nicht gerade eingeführt, so doch konsequent durchgeführt.

4. Besondere Leistungen haben die Araber auf dem Gebiet der Trigonometrie aufzuweisen; sie wurden in der vorliegenden Darstellung viel zu wenig berücksichtigt. Von den mit großer Genauigkeit ausgeführten numerischen Rechnungen habe ich nur ein Beispiel erwähnt (S. 204) und möchte noch nachtragen, daß al-Kāšī (1428) den Umfang des Kreises vom Radius 1 (also 2π) aus dem $3 \cdot 2^{28}$-eck sexagesimal zu

$$6;16,59,28,01,34,51,46,14,50$$

berechnet hat, mit einem Fehler von weniger als 1/4 Einheit der letzten Stelle. Diesen Wert hat er noch in den Dezimalbruch

$$6{,}283\,185\,307\,179\,586\,5$$

umgerechnet. Al-Kāšī's Schrift ist eines der ältesten Dokumente des Rechnens mit Dezimalbrüchen (nicht *das* älteste).

4. Biographisch-bibliographische Notizen*

Die in einer westlichen Sprache zugänglichen Quellen sollten einigermaßen vollständig aufgeführt sein, bei der Literatur habe ich mich nicht um Vollständigkeit bemüht; ich nenne Werke und Arbeiten, aus denen ich Wesentliches gelernt habe, und solche, die vermutlich leicht zugänglich sind.

4.0 Allgemeine Literatur

4.0.1 Nachschlagewerke

1. Naturwissenschaften

DSB: Dictionary of Scientific Biography.
  Hrsg. von C. C. Gillispie. 16 Bde. New York 1976–1980. (Biographien mit ausführlicher Darstellung der wissenschaftlichen Leistungen und Bibliographie)

Sarton, G.

Int.: Introduction to the History of Science. Washington, Baltimore. 1927–1948. Mehrere Nachdrucke.
  Bd. 1. From Homer to Omar Khayyam (11. Jh.) 1927.
  Bd. 2.1. 12. Jh. - 1931
  Bd. 2.2. 13. Jh. - 1931
  Bd. 3.1. 1. Hälfte des 14. Jh. - 1947.
  Bd. 3.2. 2. Hälfte des 14. Jh. - 1948.
  (Nach den Hälften der Jahrhunderte eingeteilt. Jeder Abschnitt enthält einen kurzen Überblick über die Entwicklung in diesem halben Jahrhundert, dann, nach Sachgebieten geordnet, die Gelehrten mit kurzen biographischen Daten, Stichworten zu ihren wissenschaftlichen Leistungen und sorgfältigen Bibliographien. – Berücksichtigt auch Religion, Philosophie und Medizin)

Krafft, F., und A. Meyer-Abich: Große Naturwissenschaftler. Biographisches Lexikon. Fischer-Bücherei 6010. Frankfurt (Main) 1970.

Pog.: Poggendorff, J. C.: Biographisch-Literarisches Handwörterbuch zur Geschichte der exakten Naturwissenschaften. (Kurze biographische Daten. Angabe der wissenschaftlichen Veröffentlichungen.)

2. Mathematik

Meschkowski, H.: Mathematiker-Lexikon.
  Mannheim, Bibliographisches Institut. 3. Aufl. 1980.

Hofmann, J. E.: Geschichte der Mathematik.
  Sammlung Göschen. Berlin: W. de Gruyter.
  Bd. 1. 2. Aufl.: 1963. Bd. 2: 1957. Bd. 3: 1957.
  (Hier aufgeführt wegen der ausführlichen Bibliographie)

---

* Erläuterungen zum Zitiersystem s. S. VII, Hinweise für den Leser

4.0.2 Gesamtdarstellungen

1. Naturwissenschaften

Taton, R. (Herausgeber): Histoire générale des sciences.
Bd. 1: La science antique et médiévale. Paris 1957.
Kleinere Werke:
Lorenzen, P.: Die Entstehung der exakten Naturwissenschaften. Berlin, Göttingen, Heidelberg: Springer 1960.
Störig, H. J.: Kleine Weltgeschichte der Wissenschaft. 2 Bde. Frankfurt a. M.: Fischer 1982.

2. Mathematik

Cantor, M.: Vorlesungen über Geschichte der Mathematik. 4 Bde., Nachdruck: Stuttgart: Teubner 1965.
(Das große klassische Werk. Die Darstellung reicht bis zum Jahre 1800.)
Becker, O.: Grundlagen der Mathematik in geschichtlicher Entwicklung. - Orbis Academicus Bd. II/6. Freiburg, München: Alber. 2. Aufl. 1964.
(Auszüge aus Originalarbeiten mit verbindendem Zwischentext. Das Wort „Grundlagen" im Titel ist zu beachten.)
Becker, O., und J. E. Hofmann: Geschichte der Mathematik. - Bonn: Athenäum-Verlag 1951.
(Das unter 4.0.1.2. genannte Werk von J. E. Hofmann ist als eine Neubearbeitung dieses Werkes anzusehen.)
Eves, H.: An Introduction to the History of Mathematics. New York usw.: Holt, Rinehart and Winston. 4. Aufl. 1974.
Kline, M.: Mathematical Thought from Ancient to Modern Times. New York: Oxford University Press 1972.
(1238 Seiten; S. 614–1022 behandeln das 19. Jh., S. 1023–1211 das 20. Jh.)
Kropp, G.: Geschichte der Mathematik. Probleme und Gestalten. Heidelberg: Quelle und Meyer 1969. (Eine kleine Einführung)
Loria, G.: Storia delle matematiche. 3 Bde. Mailand: Hoepli 1929, 1931, 1933.
Meschkowski, H.: Problemgeschichte der Mathematik. - Mannheim: Bibl. Inst.
I. Die Entwicklung der mathematischen Fragestellungen von den Anfängen bis ins ausgehende Mittelalter. 1979.
II. Die Mathematik des 17. und 18. Jahrhunderts. 1981.
Problemgeschichte der neueren Mathematik (1800–1950). 1978.
Popp, W.: Wege des exakten Denkens. Vier Jahrtausende Mathematik. München: Ehrenwirt. 1981.
Struik, D. J.: Abriß der Geschichte der Mathematik. 7. Aufl. Berlin: VEB Deutscher Verlag der Wissenschaften.
Tropfke, J.: Geschichte der Elementarmathematik.
2., z. T. 3. Aufl. 1923–1940.
4. Aufl., 1. Bd. Arithmetik und Algebra. Berlin: W. de Gruyter 1980.
Wussing, H.: Vorlesungen zur Geschichte der Mathematik. Berlin: VEB Verlag der Wissenschaften. 1979.
(365 Seiten. 15 Vorlesungen. Das Studienbuch für Mathematiklehrer in der DDR)
Wussing, H., und W. Arnold: Biographien bedeutender Mathematiker. Berlin 1975. Köln: Aulis Verlag 1978. (Sonderausgabe für die Wiss. Buchgesellschaft Darmstadt)
(41 Biographien von Pythagoras bis Emmy Noether)

Einzelfragen aus verschiedenen Zeiten
Damerow, P., und W. Lefèvre: Rechenstein, Experiment, Sprache. Histor. Fallstudien zur Entstehung der exakten Wiss. - Stuttgart: Klett-Cotta 1981.
Popp, W.: Ablösung antiker Rezepte zur Bestimmung von Flächen- und Rauminhalten durch wissenschaftlich begründete Formeln. Erläutert an Beispielen: 1) Kreisfläche, 2) Fläche des Kreissegments, 3) Pyramiden- und Kegelvolumen. - Diss. München 1964.

4.1 Vorgriechische Mathematik (und Naturwissenschaft)

4.1.0 Allgemeine Darstellungen

Neugebauer, O.: Vorl.: Vorlesungen über Geschichte der antiken mathematischen Wissenschaften. Bd. 1. Vorgriechische Mathematik. - Berlin: Springer 1934. 2. Aufl. (unverändert) 1969.
Ex. Sci.: The Exact Sciences in Antiquity. - Providence, Rhode Island: Brown Univ. Press. 2. Aufl. 1957. (Statt Bd. 2 des vorigen Titels)
Sarton, G.: Hist. A.: A History of Science. Ancient Science through the Golden Age of Greece. - Cambridge: Harvard Univ. Press. 1960.
Vogel, K.: VM: Vorgriechische Mathematik. - Hannover: Schroedel, Paderborn: Schöningh.
Bd. 1. Vorgeschichte und Ägypten. 1958.
Bd. 2. Die Mathematik der Babylonier. 1959.
van der Waerden, B. L.: E. W.: Erwachende Wissenschaft. Ägyptische, babylonische und griechische Mathematik. Basel, Stuttgart: Birkhäuser. 2. Aufl. 1966 (Original holländisch 1950).
Astr.: Die Anfänge der Astronomie. (Erwachende Wissenschaft Bd. 2) Groningen: Noordhoff 1966.
GAAC: Geometry and Algebra in Ancient Civilisations. Berlin, Heidelberg: Springer 1983.

Einzelfragen

Popp, W.: Ablösung antiker Rezepte ... s. unter 4.0.2.2.
Seidenberg, A.: Arbeiten im Arch. Hist. Exact. Sci.:
Or. Geom.: The Ritual Origin of Geometry. **1,** 1960/62, S. 488–527.
Or. Count.: The Ritual Origin of Counting. **2,** 1965, S. 1–40.
Sem. C.: On the Area of a Semi-Circle. **9,** 1972/73, S. 171–211.
Or. Math.: The Origin of Mathematics. **18,** 1977/78, S. 301–342.

4.1.1 Prähistorische Mathematik

Allgemein

Vogel, K.: VM, Bd. 1, s. unter 4.1.0.

Rechensteine

Schmandt-Besserat, Denise:
A. R.: An Archaic Recording System in the Uruk-Jemdet Nasr Period. - American Journal of Archaeology **83**, 1979, S. 19–48.
P. W.: The Earliest Precursor of Writing. - Scientific American **238**, Juni 1978, S. 38–47.
s. auch Damerow, P. unter 4.0.2.2, Einzelfragen.

Geometrie

Thom, A.: Megalithic Sites in Britain. - Oxford: Clarendon Press 1967. Reprint 1972. (Wichtige Sammlung von Plänen und Zahlenangaben, anspruchsvolle Theorien für geometrische Konstruktionen.)
Heggie, D. C.: Megalithic Science. Ancient Mathematics and Astronomy in North-West Europe. - London: Thames and Hudson Ltd. 1981. (Kritische Besprechung der geometrischen und astronomischen Theorien unter Berücksichtigung aller denkbaren Einwände; viele Literaturangaben.)

Weitere Literatur

Angell, I. O.: Megalithic Mathematics, Ancient Almanachs or Neolithic Nonsense? - Bulletin. The Institute of Mathematics and its Applications. Southend-on-Sea, Essex, **14**, 1978, S. 253–258.

(Konstruktionen 1) mit geschlossenen Schnüren und drei oder mehr Leitpflöcken, 2) auf Grund der Längenänderung eines Schattenstabes im Laufe eines Jahres. Die Angabe von zwei Konstruktionsmöglichkeiten soll zeigen, daß die geometrische Interpretation der Grundrisse nicht eindeutig ist.)

Ashbee, P.: The Bronce Age Round Barrow in Britain. London: Phoenix House Ltd. 1960. (Vermutung über das Aussehen von Woodhenge)

Burl, A.: The Stone Circles of the British Isles. New Haven, London: Yale University Press 1976.

Cowan, Th. M.: Megalithic Rings: Their Design Construction. Science **168**, Nr. 3929, April 1970, S. 321-325. (Grundrißkonstruktionen mit Schnüren mit zwei Verankerungspflöcken und zwei Leitpflöcken)

Wood, J. E.: Sun, Moon and Standing Stones. Oxford: Univ. Press 1978.

Mathematikgeschichtliche Zusammenhänge

van der Waerden, B. L.: Prebab. M.: On Pre-Babylonian Mathematics. Arch. Hist. Exact Sci. **23**, 1980, I: S. 1-25, II: S. 26-46.

4.1.2 Darstellung der Zahlen

Falkenstein, A.: Archaische Texte aus Uruk. - Ausgrabungen der Deutschen Forschungsgemeinschaft in Uruk-Warka. Bd. 2. Leipzig: Harrassowitz 1936.

Földes-Papp, K.: Vom Felsbild zum Alphabet. - Stuttgart: Belser Verlag 1966. Lizenzausgabe Bayreuth: Gondrom Verlag 1975.

Hartner, W.: Zahlen und Zahlensysteme bei Primitiv- und Hochkulturvölkern. - Paideuma, Bd. 2, Heft 6/7, 1943. Abgedruckt in: Oriens-Occidens. Festschrift zum 60. Geburtstag. Hildesheim: Olms 1968.

Menninger, K.: Zahlwort und Ziffer. Eine Kulturgeschichte der Zahl. 2 Bde. Göttingen: Vandenhoeck und Ruprecht. 2. Aufl. 1958.

Neugebauer, O.: Zur Entstehung des Sexagesimalsystems. - Abh. der Ges. der Wissenschaften zu Göttingen. Math.-Phys. Kl., Neue Folge Bd. 13, 1, 1927.

Powell, M. A. Jr.:

Sexag. S.: The Origin of the Sexagesimal System: The Interaction of Language and Writing. - Visible Language **6**, 1972, S. 5-17.

Ant.: The Antecedents of Old-Babylonian Place Notation and the Early History of Babylonian Mathematics. - Historia Mathematica **3**, 1976, S. 417-439.

Seidenberg, A.: Sixty S.: The Sixty System of Sumer. - Arch. Hist. Exact Sci. **2**, 1965, S. 436-440.

Sethe, K.: Von Zahlen und Zahlworten bei den alten Ägyptern. Straßburg 1916.

s. auch Damerow unter 4.0.2.2, Einzelfragen.

4.1.3 Babylonische Mathematik

Allgemeine Literatur

Bruins, E. M.

B. Geom.: Neuere Ergebnisse zur Babylonischen Geometrie. Praxis der Math. **1**, 1959, S. 201-207.

B. Alg.: Neuere Ergebnisse über Babylonische Algebra. Praxis der Math. **1**, 1959, S. 147-152.

Cun. Math.: Interpretation of Cuneiform Mathematics. Physis, **4**, 1962, S. 277-340.

Comp.: Computation in the Old Babylonian Period. Janus **58**, 1971, S. 222-267.

Rec.: Reciprocals and Pythagorean Triads. Physis **9**, 1967, Fasc. 4, S. 373-392.

Goetsch, H.: Die Algebra der Babylonier. Arch. Hist. Exact Sci. **5**, 1968, S. 79–153. (Umfassende übersichtliche Zusammenstellung)

Jeremias, A.: Handbuch der altorientalischen Geisteskultur. Berlin, Leipzig: W. de Gruyter. 2. Aufl. 1929. (Darin Abb. 89 und 90: Babylonische Weltkarte; hier Abb. 1.35).

Meißner, B.: Babylonien und Assyrien. Heidelberg: Winters Univ. Buchhandlung. 1. Bd. 1920. 2. Bd. 1925.

von Soden, W.: Leistung und Grenze sumerischer und babylonischer Wissenschaft. Die Welt als Geschichte. **2**, 1936, S. 411-464, 509–557. Nachdruck Darmstadt: Wiss. Buchges. 1965. (S. 75–99 des Nachdrucks: Charakterisierung der sumerischen und babylonischen Mathematik)

Unger, E.: Babylon, die heilige Stadt. Berlin und Leipzig: de Gruyter 1931.

Textausgaben

ST: Susa-Texte: Bruins, E. M., et M. Rutten: Textes mathématiques de Suse. Mémoires de la Mission Archéologique en Iran. Tome 34. Paris 1961.

MKT: Neugebauer, O.: Mathematische Keilschrifttexte. Qu. u. St. A 3, Teil 1, 2: 1935, Teil 3: 1937. Reprint: Berlin, Heidelberg, New York: Springer 1973.

MCT: Neugebauer, O., and A. Sachs: Mathematical Cuneiform Texts. American Oriental Series, Vol. 29. American Oriental Society, New Haven, Connecticut 1945.

TMB: Thureau-Dangin, F.: Textes Mathématiques Babyloniens. Leiden: Brill 1938.

Einzeln edierte Texte

E 1: Edzard, D. O.: Eine altsumerische Rechentafel (OIP 14, 70). Alter Orient und Altes Testament I „Lisan mithurti“. Festschrift W. von Soden (1969), S. 101-104. - [20].

E 2: Taha Baqir: An Important Mathematical Problem Text from Tell Harmal (Iraq Museum 55357). - Sumer **6**, 1950, S. 39-54. - [22 ff.].

E 3: Goetze, A.: A Mathematical Compendium from Tell Harmal. Sumer **7**, 1951, S. 126–155. - [41].

Museumssignaturen

AO Antiquités Orientales. Louvre, Paris.
BM British Museum, London.
IM Iraq Museum, Bagdad.
MLC Morgan Library Collection. New Haven.
VAT Vorderasiatische Abteilung. Tontafeln. Staatliche Museen, Berlin.
YBC Yale Babylonian Collection. New Haven.

4.1.4 Mathematik der Ägypter

Allgemeines über Ägypten

Lexikon der Ägyptologie. Begründet von W. Helck und E. Otto. Wiesbaden: Harrassowitz. In Bd. 1, 1975, Sp. 967 ff.: Chronologie. In Bd. 3, 1980, Sp. 1237-1245: Mathematik, von W. F. Reinicke (Viele Literaturangaben).

von Beckerath, J.: Abriß der Geschichte des alten Ägypten. München, Wien: Oldenbourg 1971.

Hornung, E.: Grundzüge der ägyptischen Geschichte. Darmstadt: Wiss. Buchges. 1978.

Erman, A.: Die Literatur der Ägypter. Leipzig 1923. (Darin eine Streitschrift aus der Zeit Ramses' II über die mathematischen Aufgaben eines Schreibers [50].)

Piankoff, A.: Egyptian Religious Texts and Representations, Bollingen Series XL, vol. 3: Mythological Papyri, ed. N. Rambova. New York: (c) Princeton University Press. 1957. Text figs. executed by Mark Hasselriis. [65]

Quibell, J. E.: Hierakonpolis I. Egyptian Research Account 4. London 1900. (Darin Bilder von der Keule des Königs Narmer und der Statue des Königs Chasechem [15].)

Gesamtdarstellungen

s. 4.1.0, ferner

Gillings, R. R.: Mathematics in the Time of the Pharaos. Cambridge, Mass., London 1972.

Neugebauer, O.: Die Geometrie der ägyptischen mathematischen Texte. Qu. u. St. B **1**, 1931, S. 413–451.
(Übersichtliche Zusammenstellung des Materials.)

Textausgaben

P.M.: Papyrus Moskau. – [49, 62]
Struve, W. W.: Mathematischer Papyrus des staatlichen Museums der schönen Künste in Moskau. Qu. u. St. A 1. Berlin 1930.

P.Rh.: Papyrus Rhind. – [49, 51]
Erste Ausgabe: A. Eisenlohr. Leipzig 1877.
Peet, T. E.: The Rhind Mathematical Papyrus. London 1923.
Benutzte Ausgabe: Chace, A. B., und Mitarbeiter: The Rhind Mathematical Papyrus. Mathematical Association of America. Oberlin, Ohio, U.S.A. Bd. 1. 1927. Bd. 2. 1929.

Dem. P.: Parker, R. A.: Demotic Mathematical Papyri. Brown Egyptological Studies VII. Providence, Rhode Island, and London 1972.

Lepsius, R.: Über eine hieroglyphische Inschrift am Tempel in Edfu. Abh. d. Königl. Akad. d. Wiss. Berlin 1855, S. 69–111. – [59]

Meeks, D.: Le grand texte des donations au Temple d'Edfou. Publications de l'Institut Francais d'Archéologie Orientale du Caire. 1972.

Reisner-Papyri
(Nach Gillings:) Gefunden 1904 von G. Reisner.
Hrsg. 1963–1969 von W. K. Simpson, Boston.
Sie stammen wahrscheinlich aus der Zeit Sesostris I (12. Dyn.) und sind somit anscheinend älter als P.M. und P.Rh. Sie enthalten numerische Rechnungen, insbesondere einfache Volumenberechnungen.

Literatur zu Einzelfragen

Becker, O.: Über die Proportionen der ägyptischen Pyramiden I. Die klassischen Pyramiden des Alten Reiches. Praxis der Math. **3**, 1961, S. 260–266.

Bruins, E. M.: Über die Approximation von $\pi/4$ in der ägyptischen Geometrie. Indag. Math. **7**, 1945, S. 11–15.

Gandz, S.: Die Harpedonapten oder Seilspanner und Seilknüpfer. Qu. u. St. B 1, 1931, S. 255–277.
(Die Seilspanner sind Landvermesser. Die Seilspannung ist auch eine wichtige Anfangszeremonie bei der Grundsteinlegung eines Tempels. Von einem Seil der Länge 12 mit Knoten zwischen den Längen 3, 4, 5 ist in den Urkunden keine Rede.)

Gundel, W.: Dekane und Dekanssternbilder. – Glückstadt und Hamburg 1936.

Hertwig, O.: Über geometrische Gestaltungsgrundlagen von Kultbauten des VI. Jahrhunderts v. Chr. zu Paestum. – München: Beck 1968. – Anhang I: Die praktischen Ziele der Pyramidenaufgaben im Papyrus Rhind.

Seidenberg, A. [Sem. C.]: On the Area of a Semi-Circle. – Arch. Hist. Exact Sci. **9**, 1972/73, S. 171–211.

Vogel, K.: Die Grundlagen der ägyptischen Arithmetik. – München 1929 (Dissertation).

van der Waerden, B. L.: Die Entstehungsgeschichte der ägyptischen Bruchrechnung. Qu. u. St. B 4, 1938, S. 359–382.

4.1.5 Altindische Mathematik

Quellen

The Śulvasūtra of Baudhāyana, with the Commentary by Dvārakānāthayajvan.
Ed. G. Thibaut. – The Pandit. A Monthly Publication of the Benares College Devoted to Sanskrit Literature. Bd. 9 u. 10. New Series Bd. 1. 1875–1877.

Das Āpastamba-Śulba-Sūtra.
Ed. Albert Bürk. Zeitschrift der Deutschen Morgenländischen Gesellschaft. Bd. 56, 1902.
Kātyāyana's Sūlbapariśishta with the Commentary by Rāma, Son of Sūryadāsa. Ed. G. Thibaut. - The Pandit, New Series Bd. 4. Benares 1882.

Gesamtdarstellung

Sen: D. M. Bose, S. N. Sen, B. V. Subbarayappa: A Concise History of Science in India. New Delhi: Indian National Science Academy. 1971.
(Die Abschnitte 1. A Survey of Source Materials, 2. Astronomy, 3. Mathematics sind von Sen verfaßt.)

Literatur

Thibaut, G.: On the Śulvasūtras. Journ. Asiatic Soc. Bengal, **44**, 1, 1875.
Michaels, A.: Beweisverfahren in der Vedischen Sakralgeometrie. Ein Beitrag zur Entstehungsgeschichte von Wissenschaft. Wiesbaden: Steiner 1978.
Alt- und Neu-Indische Studien, hrsg. vom Seminar für Kultur und Geschichte Indiens an der Universität Hamburg. (Betonung wissenschaftstheoretischer Gesichtspunkte. Viele Literaturangaben)
Müller, Conrad: Die Mathematik der Śulvasûtra. Abhandlungen aus dem Mathematischen Seminar der Hamburgischen Universität. **7**, 1930, S. 173-204.
(Eine gründliche mathematische Untersuchung)
Seidenberg, A. s. unter Nr. 4.1.0.

4.2 Griechische Mathematik

Quellensammlung

Diels: Diels, H.: Die Fragmente der Vorsokratiker. 6. Aufl., Hrsg. von W. Kranz. Berlin 1951. Nachdruck Wiss. Buchgemeinschaft, Tübingen.
Auswahl mit deutscher Übersetzung:
Kranz, W.: Vorsokratische Denker. Berlin, Frankfurt a. M. 1949.
Capelle, W.: Die Vorsokratiker. Kröners Taschenausgabe Nr. 119. Stuttgart: Kröner. 4. Aufl. 1953.
Balss, H.: Antike Astronomie. Aus griechischen und lateinischen Quellen mit Text, Übersetzung und Erläuterungen. München, Heimeran 1949.

Nachschlagewerke

LAW: Lexikon der Alten Welt.
Zürich und Stuttgart, Artemis-Verlag 1965.
Auch einzelne Teile erschienen.
Oxf.: The Oxford Classical Dictionary.
Ed. M. Cary u.a. Oxford. Clarendon Press 1949.
Nachdruck 1961.
RE: (Pauly-Wissowa): Paulys Realencyclopädie der classischen Altertumswissenschaft. Neue Bearbeitung, begonnen von G. Wissowa. Stuttgart.
TL: Tusculum-Lexikon griechischer und lateinischer Autoren des Altertums und des Mittelalters. 3. Aufl. bearb. von W. Buchwald, A. Hohlweg, O. Prinz. München, Zürich: Artemis Verlag 1982.

Gesamtdarstellungen

Heath, Sir Thomas L.
Gr. M.: A History of Greek Mathematics. 2 Bde. Oxford. Clarendon Press 1921. Nachdruck 1960.
Gr. Astr.: Greek Astronomy, London, New York 1932.
Sarton, George
Hist. A.: A History of Science. Ancient Science through the Golden Age of Greece. - Cambridge: Harvard University Press 1960.

Hist. H.: A History of Science. Hellenistic Science and Culture in the Last Three Century B. C. - Cambridge: Harvard University Press 1959.
van der Waerden, B. L.
E. W.: Erwachende Wissenschaft. Ägyptische, babylonische und griechische Mathematik. Aus dem Holländischen übersetzt von Helga Habicht. Basel, Stuttgart: Birkhäuser-Verlag. 2. Aufl. 1966.

Weitere Literatur
Soweit sich eine Arbeit eindeutig einem antiken Autor zuordnen läßt, sind die genauen Angaben dort gemacht.
Die Herausgeber der Werke der antiken Autoren sind hier nicht aufgeführt.

Becker, Oskar
Grundl.: Grundlagen der Mathematik in geschichtlicher Entwicklung. (Orbis Academicus Bd. II/6). Freiburg, München: Karl Alber 1954. 2. Aufl. 1964.
Ant.: Das mathematische Denken der Antike. Göttingen: Vandenhoeck und Ruprecht 1957.
Eud. I: Eudoxos-Studien I. Eine voreudoxische Proportionen-Lehre und ihre Spuren bei Aristoteles und Euklid. Qu. u. St. B 2, 1933, S. 311–333.
Eud. II: Eudoxos-Studien II. Warum haben die Griechen die Existenz der vierten Proportionale angenommen? Qu. u. St. B 2, 1933, S. 369–387.
Eud. III: Eudoxos-Studien III. Spuren eines Stetigkeitsaxioms in der Art des Dedekind'schen zur Zeit des Eudoxos. Qu. u. St. B 3, 1934, S. 236–244.
Eud. IV: Eudoxos-Studien IV. Das Prinzip des ausgeschlossenen Dritten in der griechischen Mathematik. Qu. u. St. B 3, 1934, S. 370–388.
Hipp.: Zur Textgestaltung des eudemischen Berichts über die Quadratur der Möndchen. Qu. u. St. B 3, 1936, S. 411–419.
G. u. U.: Die Lehre vom Geraden und Ungeraden im 9. Buch der Elemente Euklids. Qu. u. St. B 3, 1936, S. 533–553 = Gr. Math. S. 125–145.
Gr. Math.: Zur Geschichte der griechischen Mathematik. Darmstadt: Wiss. Buchges. 1965. Wege der Forschung Bd. 33. (Sammlung von Arbeiten verschiedener Autoren, hrsg. von O. Becker)
Beckmann, Friedhelm s. Euklid
Blume, F. s. Agrimensoren
Bubnov, N. s. Agrimensoren
Burkert, W.: Weisheit und Wissenschaft. Nürnberg 1962.
Dijksterhuis, E. J., s. Archimedes
Drachmann, A. G.: The Mechanical Technology of Greek and Roman Antiquity. Kopenhagen: Munksgaard 1963.
Edwards, C. H. Jr.: The Historical Development of the Calculus. New York, Heidelberg, Berlin: Springer 1979.
(Behandelt ausführlich auch die antiken Methoden)
Fladt, K.: Geschichte und Theorie der Kegelschnitte und der Flächen zweiten Grades. Stuttgart: Klett-Verlag 1965.
von Fritz, Kurt
Gr.: Grundprobleme der Geschichte der antiken Wissenschaft. Berlin, New York: W. de Gruyter 1971.
Darin u. a.:
Archai: Die Archai in der griechischen Mathematik. S. 335–429. Erstveröffentlichung: Archiv für Begriffsgeschichte **1**.
Gl.: Gleichheit, Kongruenz und Ähnlichkeit in der antiken Mathematik bis auf Euklid. S. 430–508.
Erstveröffentlichung: Archiv für Begriffsgeschichte.
Ink.: Die Entdeckung der Inkommensurabilität durch Hippasos von Metapont. S. 544–575. – Erstveröffentlichung (englisch): Annals of Math. **46**, 1945. – Deutsch auch in Becker, Gr. Math., S. 271–301.
Apeiron: Das Apeiron bei Aristoteles. S. 677–700.

Nicht in Gr.:
Pl. Th.: Platon, Theaetet und die antike Mathematik. Philologus 87 (N. F. Bd. 41) 1932, Neudruck mit einem Nachtrag. Darmstadt, Wiss. Buchges. 1969.
Folkerts, Menso, s. Euklid
Fowler, D. H., s. Eudoxos
Gomperz, Heinrich
Sophistik und Rhetorik. Das Bildungsideal des EU LEGEIN in seinem Verhältnis zur Philosophie des V. Jh.
Leipzig und Berlin: Teubner 1912. Nachdruck Darmstadt, Wiss. Buchges. 1965.
Heller, Siegfried
Theod.: Ein Beitrag zur Deutung der Theodoros-Stelle in Platons Dialog „Theaetet“. Centaurus **5**, 1956, S. 1–58.
St. T.: Die Entdeckung der stetigen Teilung durch die Pythagoreer. Abh. der Deutschen Akad. d. Wiss. Berlin, Klasse für Mathematik, Physik und Technik. Jahrgang 1958, Heft 6. 28 S.
Hertwig, O.: Über geometrische Gestaltungsgrundlagen von Kultbauten des VI. Jh. v. Chr. zu Paestum. München: Beck 1968.
Itard, J., s. Euklid
Knorr, W. B.: The Evolution of the Euclidean Elements. A Study of the Theory of Incommensurable Magnitudes and its Significance for Early Greek Geometry. Doordrecht (Holland), Boston: D. Reidel Publ. Comp. 1975.
Krafft, F.: Geschichte der Naturwissenschaft I. Die Begründung einer Wissenschaft von der Natur durch die Griechen. Freiburg i. Br.: Rombach 1971.
Lachmann, K., s. Agrimensoren
Mahoney, M. S.: Another Look at Greek Geometrical Analysis. Arch. Hist. Exact Sci. **5**, 1968, S. 318–348.
Müller, Wilhelm, s. Zenodoros
Neuenschwander, E.: Beitr.: Beiträge zur Frühgeschichte der griechischen Geometrie. Arch. Hist. Exact Sci. **11**, 1973, S. 127–133.
s. auch bei Euklid
Riddell, R. C., s. Eudoxos
Rudio, F.:
Hipp.: Der Bericht des Simplicius über die Quadraturen des Antiphon und des Hippokrates. Griech. und deutsch. 1907.
Kreism.: Archimedes, Huygens, Lambert, Legendre. Vier Abhandlungen über die Kreismessung. Deutsch hrsg. mit einer Übersicht über die Geschichte des Problems von der Quadratur des Zirkels von den ältesten Zeiten bis auf unsere Tage. Leipzig: Teubner 1892.
Schmidt, Wilhelm, s. Zenodoros
Schneider, Ivo, s. Archimedes
Steck, M., s. Euklid
Steele, A. D.: Über die Rolle von Zirkel und Lineal in der griechischen Mathematik. Qu. u. St. B 3, 1936, S. 313–369. Teil II und III auch in Becker, Gr. Math., S. 146–202.
Toomer, G. J., s. Hipparch
Szabó, Árpád
Anf.: Anfänge der griechischen Mathematik.
Budapest, Akdémiai Kiadó, 1969. Gemeinschaftsausgabe mit R. Oldenbourg, München, Wien.
1. Teil: Die Frühgeschichte der Theorie der Irrationalitäten.
2. Teil: Die voreuklidische Proportionenlehre.
3. Teil: Der Aufbau der systematisch-deduktiven Mathematik.
Anhang: Wie kamen die Pythagoreer zu dem Satz Eucl., Elem. II, 5?
(Das Buch faßt ältere Arbeiten des Verf. zusammen.)
Anf. e.: The Beginnings of Greek Mathematics.
Übers. (engl.) von A. M. Ungar.
Budapest, Akadémiai Kiadó 1978. Gemeinsam mit D. Reidel Publ. Comp. Dordrecht, Holland.

Wm.: Winkelmessung und Anfänge der Trigonometrie. Acta Antiqua Academiae Scientiarum Hungarica, Budapest, Bd. 24, 1976, S. 161-182.

Sch. Z.: Der Schattenzeiger. Ein altes Instrument der Astronomie, Geographie und Trigonometrie. Humanismus und Technik. Berlin. Bd. 22, 2. Heft, 1978, S. 36-62.

van der Waerden, B. L., s. unter 4.1.0 und 4.1.1; ferner:

Pyth. Wiss.: Pythagoreische Wissenschaft. In RE. Bd. 24, Sp. 277-300.

Pyth.: Die Pythagoreer. Religiöse Bruderschaft und Schule der Wissenschaft. Zürich, München: Artemis Verlag 1979.

Postulate: Die Postulate und Konstruktionen in der frühgriechischen Geometrie. Arch. Hist. Exact. Sci. **18**, 1977/78, S. 343-357.

Vogel, Kurt

Gr. L.: Beiträge zur griechischen Logistik.
Sitzungsber. der Bayer. Adak. d. Wiss., Math.-naturw. Abt. 1936, S. 357-472.
(Über die Rechenkunst der Griechen)

Griechische und römische Autoren

Aganis

Wahrscheinlich Zeitgenosse des Simplikios (6. Jh. n. Chr.). Gab einen Beweis des Parallelenpostulats [210]

Agatharchos

Mitte des 5. Jh. v. Chr. Maler aus Samos, arbeitete in Athen. Vitruv [Arch. VII, Vorr. 12]: „Zuerst nämlich schuf Agatharchos in Athen, als Äschylos eine Tragödie aufführte, eine Dekoration und hinterließ darüber eine Schrift."

Agrimensoren

Römische Feldmesser, nach ihrem wichtigsten Gerät, der Groma [60], auch Gromatiker genannt. Ihre Aufgaben waren das Abstecken von Tempelgebieten, Städten und Lagern, ferner Flurgrenzziehungen und Ackerverteilungen. Schriften gibt es etwa seit 100 n. Chr. Durch sie sind geometrische Kenntnisse ins Mittelalter überliefert worden. [168]. Vierecksformel [168].

Editionen:

Blume, F., K. Lachmann und A. Rudorff: Die Schriften der römischen Feldmesser. 2 Bde. Berlin 1848, 1852.

Bubnov, N.: Gerberti Opera Mathematica. Berlin 1899. Nachdruck Hildesheim: Olms 1963. – Appendix VII. De corporis gromaticorum libellis mathematicis.

Literatur:

Dilke, O. A. W.: The Roman Land Surveyors. An Introduction to the Agrimensores. – Newton Abbot: David and Charles 1971.

Alexander von Aphrodisias

Peripatetiker. Begann etwa 198 n. Chr. mit Vorlesungen in Athen. Schrieb Kommentare zu den Schriften des Aristoteles.

Bericht über Kreisquadraturen [95].

Ammonios Hermeiou

Geb. vor 445 n. Chr. Schüler von Proklos, seit 485 Schulhaupt der Platonischen Schule in Alexandria. Die Schüler dieser Schule waren teils Heiden, teils Christen. Die Schule bestand bis zur Eroberung von Alexandria durch die Araber (641/642). A. war vielleicht pro forma Christ. Zu seinen Schülern gehörten Simplikios und Philoponos. A. starb zwischen 517 und 526.

Zur Kreisquadratur [95].

Anaxagoras

Geb. ca. 500 in Klazomenai, kam etwa 460 nach Athen, wurde Freund des Perikles und des Euripides. Diog. L. [II, 8, 10]: „Man sagt, er habe den Fall des Meteorsteins in der Nähe von Aigospotamoi ⟨468/467⟩ vorausgesagt, von dem er sagte, er werde aus der Sonne herausfallen." – A. wird das schwerlich vorausgesagt haben, aber der Fall dieses Meteorsteins könnte der Anlaß dafür gewesen sein, daß er lehrte, die Sonne und alle Himmelskörper seien glühende Steine. Diese Lehre wird von Platon bezeugt [Apolog. 26 d]. A. wurde (daher) 430 wegen Gottlosigkeit angeklagt, mußte Athen verlassen und ging nach Lampsakos. Dort starb er um 425 v. Chr.
Mathematisches: A. soll sich im Gefängnis mit der Quadratur des Kreises beschäftigt haben [Plutarch, zitiert nach Diels 59 A 38] [94]. Er lehrte: „Im Kleinen gibt es kein Kleinstes, sondern immer noch ein Kleineres" [Diels 59 B 3].

Kleinste Teile der Stoffe [88] [158]. Der Mond erhält sein Licht von der Sonne [148].

Anaximander

Geb. etwa 610 in Milet, gest. etwa 546. Erklärte als Ursubstanz das Grenzenlosunendliche (apeiron) [73]. Die Erde habe die Form einer Säulentrommel, die Sterne seien mit Feuer gefüllte Schläuche mit einer Öffnung, aus der das Feuer herausscheint [147]. Er stellte in Sparta einen Gnomon (Schattenstab, Sonnenuhr) auf, soll eine Erdkarte gezeichnet und eine „Sphaira" (einen Himmelsglobus) konstruiert haben. [Diog. L. II, 1].

Anaximenes

Wirkte um 545 in Milet, gest. 528/525 (=63. Olympiade). Ursubstanz ist die Luft [74]. Die Erde ist eine flache Scheibe. Die Sterne bewegen sich nicht unter der Erde durch, sondern um die Erde herum [147].

Anthemius von Tralleis

Wurde 532 n. Chr. gemeinsam mit Isidoros von Milet mit dem Neubau der Hagia Sophia in Konstantinopel beauftragt, starb 534. Schrieb über Brennspiegel. [Heath: Gr. M. Bd. 2, S. 541–543].

Antiphon der Sophist

Lebte in Athen, war Zeitgenosse des Sokrates.
Quadratur des Kreises mittels einbeschriebener Polygone, berichtet von Themistios und Simplikios. [95, 97]

Literatur: F. Rudio: Der Bericht des Simplicius über die Quadraturen des Antiphon und des Hippokrates. Leipzig 1907.

Apollonios von Perge

Nach Angabe von Eutokios [Apollonios K. Bd. 2, S. 168] ist er in Perge in Pamphylien geboren und erreichte die Blütezeit seines Lebens (40 J.) zur Zeit des Ptolemaios Euergetes (Reg. Zeit 246–222/221). A. studierte in der Schule von Euklid in Alexandria [Pappos, Coll. VII, 35. Hultsch S. 678], wurde berühmt durch astronomische Arbeiten z. Z. von Ptolemaios Philopator (Reg. Zeit 222/221–204). Das vierte Buch der „Kegelschnitte" widmete er dem König Attalos von Pergamon (Reg. Zeit 241–197). Danach wird seine Lebenszeit auf etwa 262–190 v. Chr. angesetzt [Heath, Gr. M., Bd. 2, S. 126].

Hauptwerk: *Konika.* 8 Bücher, I–IV griechisch erhalten, V–VII arabisch erhalten, VIII verloren.

Editio princeps: E. Halley: Apollonii Conicorum libri octo. Oxford 1710. – Enthält den griechischen Text der Bücher I–IV, eine lateinische Übersetzung der Bücher V–VII und eine Wiederherstellung des Buches VIII.

K.: Apollonii Pergaei quae graece extant cum commentariis antiquis. Ed. J. L. Heiberg. Leipzig: Teubner. 2 Bde. 1891–1893. Gr. und lat.

K. d.: Die Kegelschnitte des Apollonios. Übers. von A. Czwalina. München, Berlin 1926. – Nachdruck: Darmstadt. Wiss. Buchges. 1967. (Buch I–IV).

K. d. Balsam: Balsam, H.: Des Apollonios sieben Bücher über Kegelschnitte nebst dem durch Halley wiederhergestellten achten Buche. Berlin 1861.

K. e.: T. L. Heath: Apollonius' Treatise on Conic Sections. Ed. in Modern Notation with Introductions, including an Essay on the Earlier History of the Subject. Cambridge 1896.

K. f.: P. ver Eecke: Les coniques. Brügge 1924. (Buch I–VII.)

K. ngr.: ΑΠΟΛΛΩΝΙΟΥ ΚΩΝΙΚΑ. Ed. E. Stamatis. Athen 1975–1976. I–IV: Text von Heiberg mit neugriechischer Übersetzung. V–VII: neugriechische Übersetzung nach Halley. 4 Bde.

Weitere Werke:

VS.: Über den Verhältnisschnitt.

Apollonii de sectione rationis libri duo ex arabico MSto latine versi. E. Halley, Oxford 1706.

(Die Aufgabe ist: gegeben sind zwei Geraden und auf jeder ein Punkt (A, B), ferner ein Punkt O außerhalb der Geraden. Durch diesen ist eine Gerade so zu legen, daß sie auf den gegebenen Geraden von den gegebenen Punkten aus Strecken in einem gegebenen Verhältnis abschneidet.)

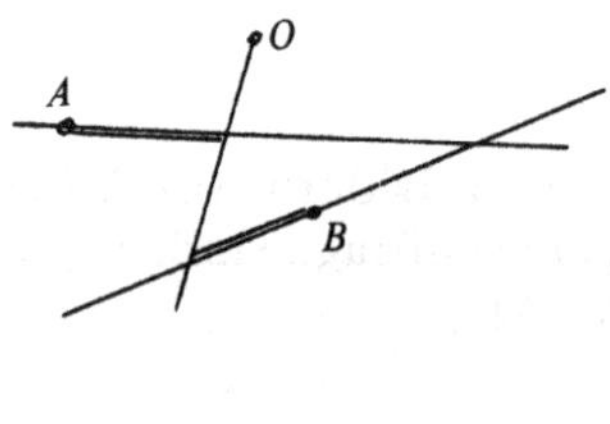

Über weitere Werke berichtet Pappos [Coll. VII, 3 = H. S. 636]; darunter sind:

2 Bücher über Berührungen. Gegeben sind drei Figuren; jede kann ein Punkt oder eine Gerade oder ein Kreis sein. Gesucht ist ein Kreis, der durch jeden der gegebenen Punkte geht (wenn Punkte gegeben sind) und die gegebenen Geraden oder Kreise berührt. [s. Heath, Gr. M. Bd. 2, S. 181].

2 Bücher über „Ebene Örter", die Fermat rekonstruiert hat.

2 Bücher über Einschiebungen.

Nach Proklos [Zu Def. 4, S. 105] bemerkte Apollonios, daß die Schraubenlinie auf dem Zylinder *ὁμοιομερής*, d.h. gleichförmig in ihren Teilen ist.

Nach Ptolemaios [Almagest XII, Kap. 1] hat Apollonios die Epizykel- und die Exzentertheorie der Planetenbewegung miteinander verglichen.

Literatur:

s. Fladt, zitiert auf S. 222.

Neugebauer, O.: Apollonius-Studien. Qu. u. St. B **2**, 1933, S. 215–254.

Archimedes

Archimedes wurde bei der Eroberung von Syrakus durch die Römer (212 v. Chr.) von einem römischen Soldaten erschlagen. Nach einer Angabe des byzantinischen Historiographen Tzetzes (1110–1185 n. Chr.) war er damals 75 Jahre alt. Er ist in Syrakus geboren, weilte vielleicht einige Zeit in Alexandria; nach Diodorus soll er dort die Wasserschnecke erfunden haben, ein Gerät zum Hochpumpen von Wasser, das wohl für Bewässerungsanlagen besonders nützlich war [Op. e., S. XVI]; beschrieben ist es bei Vitruv [Arch. X, 6]. Seine mathematischen Arbeiten sandte er (nach seiner Rückkehr nach Syrakus) an alexandrinische Mathematiker. In Syrakus war er nicht nur als Mathematiker tätig, sondern auch als Ingenieur und technischer Berater des Königs Hieron und seiner Nachfolger. An einzelnen Leistungen werden u. a. berichtet: die Prüfung einer Krone auf Reinheit des verwendeten Metalls mittels des spezifischen Gewichts [Vitruv, Arch. IX Vorrede § 9], ein Gerät, mit dem jede beliebige (große) Last von jeder beliebigen (kleinen) Kraft bewegt werden konnte [Pappos, Coll. VIII, Prop. 10] – Pappos erwähnt dort seinen Ausspruch: „Gib mir einen Punkt, auf dem ich stehen kann, und ich werde die Erde bewegen" *(δός μοί (φησι) ποῦ στῶ καὶ κινῶ τὴν γῆν)* – und vor allem seine Kriegsmaschinen, die bei der Belagerung von Syrakus eingesetzt wurden und die Einnahme der Stadt um zwei Jahre verzögerten [Plutarch: Marcellus, § 14–19].

Über seinen Tod gibt es verschiedene Versionen; eine davon besagt, er habe goldene Geräte (vielleicht ein Planetarium) zu Marcellus bringen wollen und sei dabei von einem Soldaten, der es auf das Gold abgesehen hatte, getötet worden.

Op.: Archimedis Opera omnia cum commentariis Eutocii. Ed. J. L. Heiberg. 2. Aufl., 3 Bde. Leipzig: Teubner 1910–1915. Nachdruck Stuttgart 1972. Dazu als Bd. 4: Archimedes: Über einander berührende Kreise. Ed. Y. Dold-Samplonius, H. Hermelink und M. Schramm. Stuttgart 1975.

Op. d.: Archimedes Werke, übers. von A. Czwalina. – Im Anhang: Kreismessung, übers. von F. Rudio. Des Archimedes Methodenlehre von den mechanischen Lehrsätzen, übers. von J. L. Heiberg und kommentiert von H. G. Zeuthen. – Darmstadt: Wiss. Buchges. 1963.

Op. e.: The Works of Archimedes. Ed. in Modern Notation with Introductory Chapters (185 S.) by T. L. Heath. 1897. – With a Supplement: The Method of Archimedes. 1912. – Nachdruck: New York: Dover Publ. 1953.

Op. f.: Oeuvres complètes d'Archimède. Ed. P. ver Eecke. Paris, Brüssel 1921. 2. Aufl. mit Übersetzung der Kommentare von Eutokios. Paris 1960.
Op. ngr.: ΑΡΧΙΜΗΔΟΥΣ ΑΠΑΝΤΑ, ed. E. Stamatis. Der Text von Heiberg mit neugriechischer Übersetzung, Scholien und Ergänzungen. 3 Teile in 4 Bd. Athen 1970–74.

Einzelne Werke

K. u. Z.: De sphaera et cylindro. Op. Bd. 1, S. 1–229.
Kugel und Zylinder. Op, d., S. 73–150.
Kr.: Dimensio circuli. Op. Bd. 1, S. 231–243.
Kreismessung. Op. d., S. 366–377.
P. H. E.: De conoidibus et sphaeroidibus. Op. Bd. 1, S. 245–445.
Über Paraboloide, Hyperboloide und Ellipsoide. Op. d., S. 211–281.
Sp.: De lineis spiralibus. Op. Bd. 2, S. 1–121.
Über Spiralen. Op. d., S. 1–71.
Gl. Fl.: De planorum aequilibriis. Op. Bd. 2, S. 123–213.
Über das Gleichgewicht ebener Flächen oder über den Schwerpunkt ebener Flächen. Op. d., S. 177–210.
SZ.: Arenarius. Op. Bd. 2, 215–259.
Die Sandzahl. Op. d., S. 347–364.
Qu. P.: Quadratura parabolae. Op. Bd. 2, S. 261–315.
Die Quadratur der Parabel. Op. d., S. 151–176.
Schw. K.: De corporibus fluitantibus. Op. Bd. 2, S. 317–413.
Über schwimmende Körper. Op. d., S. 283–346.
St.: Stomachion. Op. Bd. 2, S. 415–424.
Meth.: De mechanicis propositionibus ad Eratosthenem methodus. Op. Bd. 2, S. 425–507.
Eine neue Schrift des Archimedes. Op. d., S. 379–423.
Ass.: Liber assumptorum. Op. Bd. 2, S. 509–525.
Pr. B.: Problema bovinum. Op. Bd. 2, S. 527–534.

Literatur

Eine ausführliche Charakterisierung von Archimedes gibt Plutarch in der Biographie des Marcellus (§ 14–19).
Dijksterhuis, E. J.: Archimedes. Kopenhagen 1956.
Schneider, Ivo: Archimedes, Ingenieur, Naturwissenschaftler und Mathematiker. Darmstadt, Wiss. Buchgesellschaft 1979. Erträge der Forschung Bd. 102.
(Neue gründliche Durcharbeitung der Quellen, die z. T. zu neuen Auffassungen führt; insbesondere wird der Ingenieur Archimedes herausgestellt. – Ausführliches Literaturverzeichnis.)
Zu den Infinitesimalmethoden des Archimedes:
Bachmakova, I. G.: Les méthodes différentielles d'Archimède. Arch. Hist. Exact Sci. **2**, 1962/66, S. 87–107.
Edwards, C. H. Jr.
Dreiteilung des Winkels [92]. Quadratur der Parabel [119]. Summe einer geometrischen Reihe [119]. Spirale [120]. Länge einer Kurve, Konkavität [126]. Kreismessung [127, 173]. Bezeichnung der Kegelschnitte [131]. Fläche der Ellipse [134]. Volumen des Durchdringungskörpers zweier Zylinder [175]. Kubische Gleichung [199]. Siebeneck [200].

Archytas von Tarent

Er war ein Freund Platons und soll durch einen Brief an den Tyrannen Dionysios I von Syrakus Platon vor dem Tode gerettet haben [Diog. L. VIII, Kap. 4 = § 79–83]. Man setzt daher die Zeit der Wirksamkeit von A. als etwa 400–360 v. Chr. an. Er wurde siebenmal zum Strategen gewählt.

A. arbeitete über Musiktheorie, deren zahlentheoretische Grundlagen, auch über die Entstehung und Fortpflanzung der Töne. Nach Boetius [De musica III, 11] bewies er, daß zwischen zwei Zahlen, die im „überteiligen“ Verhältnis stehen, d.h. im Verhältnis $(n+1):n$, keine mittlere Proportionale (ganzzahlig) möglich ist. Ein etwas allgemeinerer Satz steht bei Euklid [El. VIII, 8]. Wahrscheinlich stammt das Buch VIII der El. von Archytas [van der Waerden, E. W., S. 182–188].

Für die Verdoppelung des Würfels, d.h. die Einschaltung zweier geometrischer Mittel zwischen zwei gegebenen Strecken, gab er eine raffinierte Konstruktion an, die von Eutokios [Archimedes, Op., Bd. 3, S. 84–89] nach Eudemos überliefert ist. Einen für Archytas möglichen Gedankengang gibt van der Waerden [E. W., S. 249–252].

Nach Vitruv [Arch. VII, Vorr., 14] hat A. „praecepta ... de machinationibus" aufgeschrieben, nach Diog. L. [s. o.] soll er die Mechanik nach mathematischen Prinzipien systematisch behandelt haben *(τὰ μηχανικὰ ταῖς μαθηματικαῖς προσχρησάμενος ἀρχαῖς μεθώδευσε)*.

Aristaios der Ältere

Pappos berichtet, daß A. „fünf Bücher über körperliche Örter in Verbindung mit Kegelschnitten" geschrieben habe [Coll. ed. Hultsch S. 672] [130]. Dieses Werk muß älter sein als Euklids Werk über Kegelschnitte. A.s Schaffenszeit könnte also etwa 350–330 v.Chr. gewesen sein. – Hypsikles nennt im sog. Buch XIV von Euklids Elementen A. als Quelle für den Satz: „Derselbe Kreis umschließt das Fünfeck des Dodekaeders und das Dreieck des Ikosaeders, wenn diese Körper derselben Kugel einbeschrieben sind" [Euklid Op. Bd. 5, S. 6]. – Mehr ist von A. nicht bekannt.

Aristarch von Samos

Um 280 v.Chr.
Archimedes schreibt [SZ. Kap. 1]: „Aristarch von Samos ... nahm an, daß die Fixsterne und die Sonne unbeweglich seien, die Erde sich um die Sonne, die in der Mitte der Erdbahn liege, in einem Kreise bewege, die Fixsternsphäre aber, deren Mittelpunkt im Mittelpunkt der Sonne liege, so groß sei, daß die Peripherie der Erdbahn sich zum Abstande der Fixsterne verhalte wie der Mittelpunkt der Kugel zu ihrer Oberfläche." Eine Schrift von A. darüber ist nicht erhalten. – [151]
Erhalten ist eine Schrift „Über die Größen und Abstände der Sonne und des Mondes".

T. Heath: Aristarchus of Samos, the Ancient Copernicus. A History of Greek Astronomy to Aristarchos, together with Aristarchus's Treatise on the Sizes and Distances of the Sun and Moon. A New Greek Text with Translation and Notes. Oxford: Clarendon Press 1913. Nachdruck Oxford 1959.

Aristoteles

Geb. 384 v.Chr. in Stageira.
367 trat A. in die Akademie Platons ein, der er bis zu Platons Tod 348/7 angehörte. Dann hielt er sich zeitweise beim Fürsten Hermeias von Atarneus (Kleinasien), zeitweise in Mytilene auf Lesbos auf. 343 wurde er von König Philipp von Makedonien zum Erzieher seines Sohnes Alexander berufen. Nach

dem Tod Philipps kehrte A. nach Athen zurück und gründete dort eine Schule (335), die Lykeion (nach dem Ort der Vorträge im Gymnasion Lykeion) oder Peripatos (nach einer benachbarten Wandelhalle – *peripatein* = umhergehen –) genannt wurde. Nach Alexanders Tod ging er wegen der antimakedonischen Haltung der Athener nach Chalkis auf Euböa (323), starb dort 322 v. Chr.

Op.: Aristotelis Opera, ed. I. Bekker im Auftrag der kgl. Preuß. Akad. Berlin: Reimer 1831.
Nachdruck: Darmstadt: Wiss. Buchges. 1960.
Nach dieser Ausgabe wird zitiert.

Einzelne Werke, insbesondere die hier benutzten:
Kat.: Kategorien.
Darin Kap. 4: Die 10 Kategorien [106].
Herm.: *Peri Hermeneias*. De interpretatione. Lehre vom Satz.
(Über Formen der sprachlichen Ausdrucksweise.)
1. Anal.: Analytica priora. Erste Analytik.
(Lehre vom Schluß. Syllogistik.)
2. Anal.: Analytica posteriora. Zweite Analytik.
Darin: Die Grundlagen einer beweisenden Wissenschaft [110].
Top.: Topik.
Buch VII handelt von der Definition.
Phys.: Physik.
In Buch III: Unterscheidung des der Wirklichkeit nach (*entelecheiā, actu*) Seienden und des der Möglichkeit nach (*dynamei, potentia*) Seienden.
In Buch IV u.a.: Diskussion über das Leere.
In Buch VIII, Kap. 5: Das Bewegungsgesetz [160].
Him.: Über den Himmel. De coelo.
W. u. V.: Vom Werden (Entstehen) und Vergehen.
Metaph.: Metaphysik.
Buch Δ enthält Erklärungen verschiedener Begriffe, u.a. Kap. 6: Das Eine [109]. Kap. 13: Die Quantität [106].
Politik.
Unt. L.: Über unteilbare Linien. (Alt, aber nicht von Aristoteles).
Ferner Schriften über Ethik, Rhetorik, Poetik und Zoologie u.a.

Literatur zur Mathematik bei Aristoteles:
von Fritz, K.
Heath, Th. L.: Mathematics in Aristotle. Oxford 1949.
Heiberg, J. L.: Mathematisches zu Aristoteles. – Abh. zur Gesch. d. mathem. Wissensch. **18**, 1904, S. 1–49. Auch einzeln erschienen: Leipzig 1904.
Tóth, Imre: Das Parallelenproblem im Corpus Aristotelicum. Arch. Hist. Exact Sci. **3**, 1967, S. 249–422.

Wichtig für die Grundlagen der Mathematik:
Metaph. Δ 13 = 1020 a 7 ff.: Erklärung des Begriffs „Größe" [106 ff.].
2. Anal. I, 2 und 10 = 71 b 9 ff., 76 a 31 ff.: Über die Grundlagen einer beweisenden Wissenschaft [110 ff.].

Weitere Hinweise: A. über Thales [72], über die Pythagoreer [81], über Sokrates [104]. Gattung und Art [106]. Definition; Größe, Grenze, zusammenhängend [106 f]. Parallelogramm der Geschwindigkeiten [122]. Figurierte Zahlen [142]. Vier Elemente [159]. Bewegungslehre [159].

Autolykos von Pitane

Nach Diogenes Laertius [IV, Kap. 6, 29] war Arkesilaos von Pitane zunächst Schüler von A., ging dann nach Athen und wurde Schüler von Theophrast. Also wird A. etwa gleichaltrig mit Theophrast (372–287) gewesen sein. Seine

Werke „Über die sich bewegende Kugel" und „Über die Auf- und Untergänge (der Sterne)" wurden von Euklid in den Phainomena benutzt. - [150]

Autolyci de sphaera quae movetur liber; de ortibus et occasibus libri duo, ed. F. Hultsch. Leipzig: Teubner 1885.

Deutsche Übersetzung von A. Czwalina: Autolykos: Rotierende Kugel und Aufgang und Untergang der Gestirne. - (Zusammen mit Theodosios von Tripolis: Sphaerik). Leipzig 1931. Ostw. Klass. 232.

Boetius, ca. 480–524 nach Chr. [142, 168]

Bryson von Herakleia

Schüler des Eukleides von Megara (ca. 450–370 v. Chr.). Wahrscheinlich identisch mit dem Bryson, der sich mit der Kreisquadratur beschäftigte und dabei den Satz (das Axiom) benutzte: Wozu es ein Größeres und ein Kleineres gibt, dazu gibt es auch ein Gleiches [95].

Literatur: O. Becker, Eud. II.

Cassiodorus Senator, 490–583 n. Chr. [168].

Cicero, Marcus Tullius

Geb. 3. 1. 106 in Arpinum. Studierte u. a. 78 in Athen, 78/77 bei Poseidonios in Rhodos. Auf weitere biographische Daten sei hier verzichtet. C. wurde am 7. 12. 43 v. Chr. bei Caieta ermordet.

Naturwissenschaftliche Angaben finden sich in den Schriften *De natura deorum* und *De divinatione* [166].

Deinostratos

Um 350 v. Chr. Bruder des Menaichmos [Proklos, Math. Verz.], benutzte die von Hippias von Elis zur Dreiteilung des Winkels gefundene Kurve zur Quadratur des Kreises; sie heißt daher Quadratrix [92].

Demetrios von Phaleron

Ca. 350–280 v. Chr. Politiker und Philosoph in Athen, das damals zum Einflußbereich der Ptolemäer gehörte. Bei der Eroberung Athens durch den makedonischen Feldherrn und späteren König Demetrios I Poliorketes mußte er 307 nach Ägypten fliehen. Von D. beraten, gründete Ptolemaios I Soter des „Museion" (s. unter Euklid). Wahrscheinlich hat D. Euklid in Athen gekannt und seine Berufung nach Alexandria veranlaßt.

Demokrit von Abdera

Geb. ca. 460 v. Chr. in Abdera, machte viele Reisen, hielt sich vielleicht auch in Athen auf, aber jedenfalls nur kurze Zeit. Er starb in seiner Heimat ca. 370 v. Chr.

D. hat die von Leukipp begründete Atomistik ausgebaut. Grundeigenschaften der Atome waren ihm Gestalt, Lage im Raum und relative Lage zueinander. [K. von Fritz in LAW]. [88, 158].

Von seinen mathematischen Werken ist fast nichts erhalten. Nach Archimedes [Meth. 1 = Op. Bd. 2, S. 430] hat er (ohne Beweis?) bemerkt, daß das Volumen des Kegels = 1/3 des Volumens des Zylinders mit gleicher Grundfläche und Höhe ist.

D. überlegte sich: „Wenn ein Kegel (*παρὰ τὴν βάσιν*, also) parallel zur Grundfläche von Ebenen geschnitten wird, wie soll man sich die entstehenden Schnittflächen denken, gleich oder ungleich? Sind sie ungleich, dann werden sie den Kegel ungleichmäßig machen, da er viele stufenartige Einschnitte und Vorsprünge erhält; sind sie dagegen gleich, so werden ⟨alle⟩ Schnitte gleich sein, und der Kegel wird die Erscheinung eines Zylinders darbieten." [Diels 68 B 155].

Diogenes Laertios, um 200 n. Chr.

Diog. L.:

Diogenis Laertii Vitae Philosophorum. Ed. H. S. Long. 2 Bde. Oxford, University Press 1964. (Griech.)

Diogenes Laertius: Leben und Meinungen berühmter Philosophen. Übers. von O. Apelt. Leipzig, Meiner 1921. Philos. Bibl. Bd. 53. (Deutsch)

(Ein damals populäres Werk, das viele wichtige Daten enthält [71].)

Diokles, um 100 n. Chr.

Schrieb ein Werk über Brennspiegel; darin beschreibt er die Kissoide (*κισσός* = Efeu), eine Kurve, mit der er die Aufgabe der Würfelverdoppelung, d. h. des Einschiebens zweier mittlerer Proportionaler zwischen zwei gegebenen Größen löst. Eutokios in [Archimedes Op. Bd. 3, S. 160ff.], Pappos [III, Hultsch, S. 54, IV, Hultsch S. 270].

Diophant von Alexandria

Anatolios, der ca. 270/280 n. Chr. Bischof von Laodicea war, widmete ihm eine Schrift über das ägyptische Rechnen. Das berichtet Psellos (11. Jh., Byzanz) in einem Brief [Op. Bd. 2, S. XVII, 38f. S. Heath, Gr. M. Bd. 2, S. 448]. Also lebte Diophant etwa um 250 n. Chr.

Op.: Diophanti Alexandrini Opera omnia cum Graecis commentariis. Griech. und lat. Ed. P. Tannery. 2 Bde. Leipzig 1893, 1895. Darin: Ar.: Arithmetik. 6 Bücher. – P.: Über Polygonalzahlen.

Op. e. = Heath, Dioph.: Heath, Sir Thomas L., Diophantus of Alexandria. A Study in the History of Greek Algebra. Cambridge 1895. 2. Aufl. 1910. Neudruck Dover Reprint 1964. (Wichtigste Literatur über Diophant.)

Op. d., W.: Die Arithmetik und die Schrift über die Polygonalzahlen. Deutsch von G. Wertheim. Leipzig 1890.

Op. d., C.: Arithmetik des Diophantos aus Alexandria. Buch über die Polygonalzahlen. Deutsch von A. Czwalina. Göttingen: Vandenhoeck und Ruprecht. 1952.

Op. f.: Franz. Übers. von P. ver Eecke. Brügge 1926. Paris 1959.

Op. ngr.: Diophantou Arithmetika. Griechisch und neugriechisch. Ed. E. S. Stamatis. Athen 1963.

1463 entdeckte Regiomotan eine Diophant-Handschrift.
1472 Bombelli behandelt Teile daraus in seiner Algebra.

1575 Lateinische Übersetzung von W. Holtzmann (Xylander) Basel.
1621 Griechische Ausgabe von Bachet de Méziriac.
1670 2. Aufl. mit Anmerkungen von Pierre de Fermat. Besorgt von dessen Sohn Samuel Fermat.

Die Arithmetik soll 13 Bücher umfaßt haben. Bekannt waren bis vor kurzem nur sechs. Vier weitere Bücher wurden in arabischer Übersetzung aufgefunden; sie sind als Buch IV–VII einzuordnen.

Rashed, Roshdi: Les travaux perdus de Diophant. – Revue d'hist. sciences **17**, 1974, 97–122, **18**, 1975, 3–30.

Sesiano, J.: Books IV to VII of Diophantus' Arithmetica in the Arabic Translation Attributed to Quṣṭā ibn Lūqā. New York, Heidelberg, Berlin: Springer 1982.
Überarbeitete Fassung der Dissertation Providence, USA, 1975.

Polygonalzahlen [142], Potenzen und Rechenoperationen [143], Beispiele [144].

Empedokles von Akragas, ca. 500–430 v. Chr.

E. ist der Schöpfer der Lehre von den vier Elementen Feuer, Luft, Wasser, Erde [88, 158]; bewegende Kräfte sind Liebe und Streit.

Epicharm

Komödiendichter in Syrakus um 480–470 v. Chr. [81].

Eratosthenes

Geb. in Kyrene ca. 276 v. Chr. (= etwas jünger als Archimedes, der seine Methodenlehre an E. sandte), kam um 245 nach Ägypten, wurde Erzieher des Kronprinzen und Vorsteher der Bibliothek in Alexandria, starb dort ca. 194 v. Chr.
E. erfand ein Gerät zur Einschaltung zweier mittlerer Proportionaler (Würfelverdoppelung) [Eutokios in Archimedes Op. Bd. 3, S. 88–97] [91]. – Das „Sieb des E.", ein Verfahren zur Ermittlung der Primzahlen, beschreibt Nikomachos in Ar. I, 13. – Über sein Verfahren zur Messung des Erdumfangs [148] berichten Kleomedes, M. C., I, 10, Strabon II, 5, Plinius, Nat. Hist. II, 247. – E. entwarf eine Erdkarte, deren Grundgerüst der ungefähre Parallelkreis durch Gibraltar, Rhodos und das Taurusgebirge und der ungefähre Meridian durch Meroe, Alexandria, Rhodos und die Mündung des Borysthenes (Dnjepr) waren [Strabon, II, 5, § 7]. – E. verfaßte eine „Chronographie", das ist ein Versuch, die Daten politischer und literarischer Ereignisse festzuhalten; als zeitliches Bezugssystem führte er die Olympiaden ein.

Eudemos von Rhodos

Um 320 v. Chr. Schüler von Aristoteles, Freund von Theophrast. Schrieb u. a. eine Geschichte der Astronomie, eine Geschichte der Arithmetik, eine Geschichte der Geometrie, aus der antike Autoren, insbesondere Proklos, viel entnommen haben [70].
Sätze von Thales [76]. Flächenanlegung pythagoreisch [87]. Möndchen des Hippokrates [97].

Eudoxos von Knidos

Die antiken Angaben über sein Leben sind nicht eindeutig. Wir folgen hier dem Artikel von K. von Fritz im LAW (1965) und geben zusätzlich die Daten von Lasserre (s. u.) an.

E. ist etwa 400 v. Chr. (L. 295) in Knidos geboren. Nach Diog. L. [VIII, 86-91] war er in der Geometrie Schüler des Archytas, in der Medizin des Siziliers Philiston. Im Alter von 22 Jahren kam er nach Athen, reiste von dort nach Ägypten (L. 365/4), wo er sich 16 Monate aufhielt und an einem Observatorium in der Nähe von Heliopolis astronomische Beobachtungen anstellte. Danach leitete er eine Schule in Kyzikos, ging 368 (L. 350) nach Athen und „scheint dort während Platons zweiter sizilischer Reise (367–365) und bei Aristoteles' Eintritt in die Akademie stellvertretender Vorsteher der Akademie gewesen zu sein". (Dagegen L.: „Sicher trat er nicht in die Akademie ein". S. 141). Später kehrte E. in seine Heimatstadt zurück und starb dort etwa 347 (L.: 342/1). (E. soll im Alter von 53 Jahren gestorben sein und Platon überlebt haben.)

In der Mathematik begründete er die Proportionenlehre für allgemeine Größen (Euklid, El. V) (s. hier Abschnitt 2.3.1) und die Exhaustionsmethode (s. 2.3.2), in der Astronomie gab er mit der Theorie der konzentrischen Sphären erstmals eine mathematische Darstellung der Planetenbewegungen [151].

Op. L.: = Lasserre: Eudoxos: Die Fragmente des Eudoxos von Knidos. Hrsg., übersetzt (deutsch), komm. von François Lasserre. Berlin: W. de Gruyter 1966.

Becker, O.: Eudoxos-Studien.

Riddell, R. C.: Eudoxan Mathematics and the Eudoxan Spheres. Arch. Hist. Exact Sci. **20**, 1979, S. 1–19.
(Eine Erklärung für die Konzeption der konzentrischen Sphären.)

Fowler, D. H.: Anthyphairetic Ratio and Eudoxan Proportion. Arch. Hist. Exact Sci. **24**, 1981, S. 69–72.

Euklid

Er war jünger als Eudoxos und älter als Archimedes, lebte wahrscheinlich zunächst in Athen, war Platoniker [Proklos, Math. Verz.]. Bei der Gründung des Museions in Alexandria (bald nach 300 v. Chr.) wurde er dorthin berufen und begründete dort eine einzigartige mathematische Schule. Apollonios soll bei seinen Schülern studiert haben; das dürfte um 250 v. Chr. gewesen sein. Demnach kann die Lebenszeit von Euklid etwa auf 340–270 angesetzt werden.

„Museion" bedeutet zunächst ein Musenheiligtum. Unter diesem Namen gründete Ptolemaios I Soter auf Rat des Demetrios von Phaleron ein Forschungsinstitut, in dem zahlreiche Gelehrte und Künstler aller Gebiete gemeinsam lebten und arbeiteten; dazu gehörte eine große Bibliothek. Das Museion bestand bis 389 n. Chr. Sein letzter Gelehrter war Theon von Alexandria.

Zur Überlieferungsgeschichte der Elemente:

Murdoch, J. In DSB

Folkerts, M.: Probleme der Euklidinterpretation. Centaurus **23**, 1980, S. 185-215.

Steck, M.: Bibliographia Euclideana. Nach dem Tode des Verf. hrsg. von M. Folkerts. Hildesheim: Gerstenberg 1981. (Ausführliche Beschreibung von Handschriften und Drucken, Abbildungen zahlreicher Titelblätter)

Theon von Alexandria besorgte eine griechische Ausgabe, die bis ins 19. Jh. maßgebend war. 1808 entdeckte Peyrard einen Text, der auf eine vor-theonische Fassung zurückgeht.
Mehrere arabische Gelehrte haben die El. ins Arabische übersetzt, so al-Ḥaǧǧāǧ (wirkte zwischen 786 und 833, wahrscheinlich in Bagdad), ferner Isḥāq ibn Ḥunain (gest. in Bagdad 910/911), dessen Übersetzung verloren ist; erhalten ist eine Bearbeitung von Ṯābit ibn Qurra (836–901).
Adelhard von Bath übersetzte die El. aus dem Arabischen ins Lateinische (zwischen 1116 und 1142); eine Neubearbeitung lieferte Campanus (kurz vor 1260). Dieser Text wurde 1482 in Venedig gedruckt. 1505 erschien eine Übersetzung aus dem Griechischen ins Lateinische von Zamberti, 1533 eine Edition des griechischen Textes durch Grynaeus (Basel), 1572 eine weitere lateinische Übersetzung von Commandino.

Die heute maßgebende Ausgabe ist:

Op.: Euclidis Opera omnia. Ed. J. L. Heiberg und H. Menge. Leipzig: Teubner.
Bd. 1-4: Euclidis Elementa. I-XIII. Ed. Heiberg 1883-1885.
Bd. 5: ⟨Die nicht von Euklid stammenden Bücher⟩ XIV, XV, Scholia in Elementa cum Prolegomenis criticis et Appendicibus. Ed. Heiberg 1888.
Bd. 6: Euclidis Data cum commentario Marini et scholiis antiquis. Ed. Menge 1896.
Bd. 7: Euclidis Optica, Opticorum Recensio Theonis, Catoptrica, cum scholiis antiquis. Ed. Heiberg 1895.
Bd. 8: Euclidis Phaenomena et Scripta Musica. Ed. Menge. Fragmenta. Ed. Heiberg 1916.
(Neue Ausgabe, hrsg. von E. Stamatis. Leipzig: Teubner, seit 1969)

Übersetzungen:

El.: Euklid: Die Elemente Buch I–XIII, übers. von Cl. Thaer. Leipzig 1933–1937. Nachdruck Darmstadt: Wiss. Buchges. 1962.
Ich habe gewöhnlich diese Ausgabe benutzt. Ich zitiere nach der Nummer des Buches (lat. Ziffern) und der Nr. der Definition oder des §. Das ist unabhängig von der Ausgabe.
El. e.: Heath, T. L.: The Thirteen Books of Euclid's Elements, translated from the Text of Heiberg, with Introduction and Commentary. 3 Bde. Cambridge 1908. – 1926. – Nachdruck New York: Dover.
El. f.: Peyrard, F.: Les Eléments d'Euclide, grec, latin, francais. 3 Bde. Paris 1814–1818.
El. (Ar.) f.: Itard, J.: Les livres arithmétiques d'Euclide. Paris: Hermann 1961.
(Die Bücher VII–IX, Übersetzung mit Einführung und Kommentar.)
Data: Die Data von Euklid, übers. von Cl. Thaer. Berlin, Göttingen, Heidelberg: Springer 1962.

Literatur:

s. Heath in El. e., Itard in El. (Ar.) f.
Heiberg, J. L.: Studien über Euklid. Leipzig 1882.
Beckmann, F.: Neue Gesichtspunkte zum 5. Buch Euklids. Arch. Hist. Exact Sci. **4**, 1967/68, S. 1–144.
Malmendier, N.: Eine Axiomatik zum 7. Buch der Elemente von Euklid. Mathem.-Physik. Semesterberichte **22**, 1975, S. 240–254.
Seidenberg, A.: Did Euclid's Elements, Book I, Develop Geometry Axiomatically? Arch. Hist. Exact Sci. **14**, 1974/75, S. 263–295.
van der Waerden, B. L.: Postulate.

Inhalt der Elemente

Die folgende Skizze des Inhalts soll zeigen, in welchem Zusammenhang die einzelnen zitierten Stellen stehen, und einen Eindruck davon geben, wie folgerichtig dieses Werk aufgebaut ist.

Buch I. Definitionen [107, 109]

1. Ein Punkt ist, was keine Teile hat.
2. Eine Linie breitenlose Länge.
3. Die Enden einer Linie sind Punkte.
4. Eine gerade Linie (Strecke) ist eine solche, die zu den Punkten auf ihr gleichmäßig liegt [109].
5. Ein Fläche ist, was nur Länge und Breite hat.
6. Die Enden einer Fläche sind Linien.
7. Eine ebene Fläche ist eine solche, die zu den geraden Linien auf ihr gleichmäßig liegt.
8. Ein ebener Winkel ist die Neigung zweier Linien in einer Ebene gegeneinander, die einander treffen, ohne einander gerade fortzusetzen.
9. Wenn die den Winkel umfassenden Linien gerade sind, heißt der Winkel geradlinig.
10. Wenn eine gerade Linie, auf eine gerade Linie gestellt, einander gleiche Nebenwinkel bildet, dann ist jeder der beiden gleichen Winkel ein Rechter;
    und die stehende gerade Linie heißt senkrecht zu (Lot auf) der, auf der sie steht.
11. Stumpf ist ein Winkel, wenn er größer als ein Rechter ist,
12. Spitz, wenn kleiner als ein Rechter.
13. Eine Grenze ist das, worin etwas endigt.
14. Eine Figur ist, was von einer oder mehreren Grenzen umfaßt wird [107].
15. Ein Kreis ist eine ebene, von einer einzigen Linie [die Umfang (Bogen) heißt] umfaßte Figur mit der Eigenschaft, daß alle von einem innerhalb der Figur gelegenen Punkt bis zur Linie [zum Umfang des Kreises] laufenden Strecken einander gleich sind [109];
16. Und Mittelpunkt des Kreises heißt dieser Punkt.
17. Ein Durchmesser des Kreises ist jede durch den Mittelpunkt gezogene, auf beiden Seiten vom Kreisumfang begrenzte Strecke; eine solche hat auch die Eigenschaft, den Kreis zu halbieren. – [78].
18. Ein Halbkreis ist die vom Durchmesser und dem durch ihn abgeschnittenen Bogen umfaßte Figur; [und Mittelpunkt ist beim Halbkreise derselbe Punkt wie beim Kreise.]

19–22. ⟨Erklärung der verschiedenen Arten von geradlinigen Figuren, Dreiecken und Vierecken⟩

23. Parallel sind gerade Linien, die in derselben Ebene liegen und dabei, wenn man sie nach beiden Seiten ins unendliche verlängert, auf keiner einander treffen. [Abschnitt 3.3.4]

Postulate. Αἰτήματα. [109–111]

Gefordert soll sein:

1. Daß man von jedem Punkt nach jedem Punkt die Strecke ziehen kann,
2. Daß man eine begrenzte gerade Linie zusammenhängend gerade verlängern kann,
3. Daß man mit jedem Mittelpunkt und Abstand den Kreis zeichnen kann,
4. (Ax. 10) Daß alle rechten Winkel einander gleich sind,

5. (Ax. 11) Und daß, wenn eine gerade Linie beim Schnitt mit zwei geraden Linien bewirkt, daß innen auf derselben Seite entstehende Winkel zusammen kleiner als zwei Rechte werden, dann die zwei geraden Linien bei Verlängerung ins unendliche sich treffen auf der Seite, auf der die Winkel liegen, die zusammen kleiner als zwei Rechte sind. [Abschnitt 3.3.4]

Axiome. Κοιναὶ ἔννοιαι.
1. Was demselben gleich ist, ist auch einander gleich.
2. Wenn Gleichem Gleiches hinzugefügt wird, sind die Ganzen gleich.
3. Wenn von Gleichem Gleiches weggenommen wird, sind die Reste gleich.
4. [Wenn Ungleichem Gleiches hinzugefügt wird, sind die Ganzen ungleich.]
5. (6) [Die Doppelten von demselben sind einander gleich.]
6. (7) [Die Halben von demselben sind einander gleich.]
7. (8) Was einander deckt, ist einander gleich.
8. (9) Das Ganze ist größer als der Teil.
9. (12) [Zwei Strecken umfassen keinen Flächenraum.]

Es folgen Grundkonstruktionen (Abtragen von Strecken und Winkeln, Fällen von Loten usw.) und die dazu erforderlichen Sätze, insbesondere Kongruenzsätze. § 16: Satz vom Außenwinkel [205]. § 27–31 bringen Sätze über Parallelen, von § 29 an unter Benutzung des Parallelenpostulats, das für das Folgende unentbehrlich ist [89]. § 32: Winkelsumme im Dreieck. § 33,34: Existenz von Parallelogrammen (und damit von Rechtecken). Die Diagonale halbiert das Parallelogramm. – Dann folgt die Lehre vom Flächeninhalt und der Satz des Pythagoras.

Buch II. „Geometrische Algebra"
Geometrische Beweise von Sätzen, die wir lieber algebraisch aussprechen, z.B.
§ 4. $(a+b)^2 = a^2 + b^2 + 2ab$.
§ 8. $4ab + (a-b)^2 = (a+b)^2$.
Sie werden später als Hilfssätze gebraucht; z.T. wurden sie schon in der babylonischen Algebra benutzt.

Buch III. Kreislehre
Def. 2: Daß sie den Kreis berühre (Tangente sei) sagt man von einer geraden Linie, die einen Kreis trifft, ihn aber bei Verlängerung nicht schneidet [121].
Def. 6: Kreisabschnitt ist die von einer Strecke und einem Kreisbogen begrenzte Figur.
Def. 7: Winkel des Abschnitts ist der von der Strecke und dem Kreisbogen umfaßte.
§ 16: Eine rechtwinklig zum Kreisdurchmesser vom Endpunkt aus gezogene gerade Linie muß außerhalb des Kreies fallen, und in den Zwischenraum der geraden Linie und des Bogens läßt sich keine weitere gerade Linie nebenhineinziehen.
Der Winkel des Halbkreises ist größer als jeder spitze geradlinige Winkel, der Restwinkel kleiner.
Diese Aussagen über den Berührungswinkel sind mit Rücksicht auf den Zwi-

schenwertsatz viel diskutiert worden, z. B. von Proklos [95] und im 16. Jh. von Clavius und Peletier.

Buch IV. Regelmäßige Polygone (Dreieck, Quadrat, Fünfeck, Fünfzehneck) und ihre ein- und umbeschriebenen Kreise

Bisher wurden keine Verhältnisse geometrischer Größen, also keine Ähnlichkeit, und keine Flächeninhalte krummlinig begrenzter Figuren betrachtet. Dazu ist zunächst eine allgemeine Theorie der Größenverhältnisse erforderlich. Sie wird in *Buch V* entwickelt, das auf Eudoxos zurückgehen soll [115].

Def. 4: Daß sie ein Verhältnis zueinander haben, sagt man von Größen, die vervielfältigt einander übertreffen können.

Def. 5: Man sagt, daß Größen in demselben Verhältnis stehen, die erste zur zweiten wie die dritte zur vierten, wenn bei beliebiger Vervielfältigung die Gleichvielfachen der ersten und dritten den Gleichvielfachen der zweiten und vierten gegenüber, paarweise entsprechend genommen, entweder zugleich größer oder zugleich gleich oder zugleich kleiner sind [115].

Buch VI. Ähnlichkeitslehre

§ 19: Ähnliche Dreiecke (§ 20: Ähnliche Vielecke) stehen zueinander zweimal im Verhältnis entsprechender Seiten. ⟨D. h. die Flächen verhalten sich wie die Quadrate der Seiten.⟩

In § 27–29 steht die geometrische Lösung quadratischer Gleichungen. Sie steht mit Recht an dieser Stelle, denn Euklid spricht nicht (wie ich es vereinfachend getan habe [128]) von Rechtecken und Quadraten, sondern z. B. in § 28 von der Aufgabe: „An eine gegebene Strecke ein einer geradlinigen Figur gleiches Parallelogramm so anzulegen, daß ein einem gegebenen ähnliches Parallelogramm fehlt."

Die arithmetischen *Bücher VII–IX* scheinen den konsequenten Aufbau zu unterbrechen. Aber gerade wenn man weiß, daß die Verhältnisse ganzer Zahlen für die Geometrie nicht ausreichen, ist es sinnvoll, die Theorie dieser Zahlenverhältnisse zu entwickeln, um zu sehen, wie weit man damit kommt und was man damit nicht mehr erreichen kann. Z. B. wird in VI, § 12 gezeigt, daß man zu drei Strecken stets mittels ähnlicher Dreiecke eine vierte proportionale Strecke konstruieren kann, während in IX, § 19 gezeigt wird, daß es zu drei Zahlen a, b, c nur dann eine vierte Proportionale ($a:b=c:x$) gibt, wenn bc durch a teilbar ist.

Buch VII beginnt mit der klassischen Definition der Zahl:

Def. 1: Einheit ist das, wonach jedes Ding eines genannt wird [81].

Def. 2: Zahl ist die aus Einheiten zusammengesetzte Menge.

Def. 3–5 beschreiben die Verhältnisse, in denen zwei Zahlen zueinander stehen können. Dazu wird in § 4 bewiesen, daß es keine anderen Verhältnisse zwischen Zahlen geben kann. In § 20 wird auf dieser Grundlage die Gleichheit von Zahlenverhältnissen definiert [114].

Vorher wird die Einteilung der Zahlen in gerade und ungerade usw. [81], Primzahlen und zusammengesetzte Zahlen erklärt. Auf die Definitionen folgt die Erklärung der Wechselwegnahme (wechselseitigen Subtraktion):

§ 1: Nimmt man bei Vorliegen zweier ungleicher Zahlen abwechselnd immer

die kleinere von der größeren weg, so müssen, wenn niemals ein Rest die vorangehende Zahl genau mißt, bis die Einheit übrig bleibt, die ursprünglichen Zahlen gegeneinander prim sein.
In § 2 wird nach dieser Methode der größte gemeinsame Teiler zweier Zahlen ermittelt.
Von dem reichen Inhalt der arithmetischen Bücher erwähne ich nur noch die Frage der Einschaltung von einem oder zwei geometrischen Mitteln zwischen zwei gegebenen Zahlen in Buch VIII, die für die Rationalität oder Irrationalität von Quadrat- und Kubikwurzeln entscheidend ist, ferner die Sätze über die Zerlegung einer Zahl in Primzahlen [141], sowie die Lehre vom Geraden und Ungeraden und den Satz über vollkommene Zahlen am Ende von Buch IX [82].

In *Buch X*, das vermutlich von Theaitetos stammt, wird eine Theorie der quadratischen Irrationalitäten entwickelt. Es beginnt ähnlich wie Buch VII:
§ 1. Nimmt man bei Vorliegen zweier ungleicher (gleichartiger) Größen von der größeren ein Stück größer als die Hälfte weg und vom Rest ein Stück größer als die Hälfte und wiederholt dies immer, dann muß einmal eine Größe übrig bleiben, die kleiner als die kleinere Ausgangsgröße ist.
Dieser Satz folgt leicht aus V, Def. 4. Er ist die Grundlage der ganzen griechischen Infinitesimalmathematik. - [117].
§ 2: Mißt, wenn man unter zwei ungleichen Größen abwechselnd immer die kleinere von der größeren wegnimmt, der Rest niemals genau die vorhergehende Größe, so müssen die Größen inkommensurabel sein.
Den Hauptinhalt des Buches bildet eine Theorie und Klassifikation der Irrationalitäten, die in Buch XIII benutzt wird.
Am Ende des Buches steht der Beweis dafür „daß in jedem Quadrat die Diagonale der Seite linear inkommensurabel ist". Er könnte am Anfang des Buches stehen, denn er zeigt, daß es Strecken gibt, die linear inkommensurabel, aber quadratisch kommensurabel sind - andernfalls ginge die ganze Theorie ins Leere. Aber die Methode, mit der das bewiesen wird, ist eine ganz andere als die in § 1 gelehrte allgemeine Methode.

Mit *Buch XI* beginnt die Geometrie der räumlichen Figuren. Bemerkenswert ist, daß Kugel, Kegel und Zylinder durch Bewegung (Drehung eines Halbkreises, eines rechtwinkligen Dreiecks, eines Rechtecks) definiert werden [131]. Dann folgen (ähnlich wie in Buch I) grundlegende Sätze, z. B.
§ 3: Wenn zwei Ebenen einander schneiden, ist ihr Schnittgebilde eine gerade Linie,
ferner Sätze, die ohne Infinitesimalbetrachtungen beweisbar sind, z. B.
§ 32: Parallelflache unter derselben Höhe verhalten sich zueinander wie die Grundflächen.
§ 33: Ähnliche Parallelflache stehen zueinander dreimal im Verhältnis entsprechender Kanten.

In *Buch XII* wird die Exhaustionsmethode angewandt, um zu beweisen:
§ 2: Kreise verhalten sich zueinander wie die Quadrate über den Durchmessern [117].

§ 7, Zusatz: Jede Pyramide ist ein Drittel des Prismas, welches mit ihr dieselbe Grundfläche und dieselbe Höhe hat.
§ 10: Jeder Kegel ist ein Drittel des Zylinders, der mit ihm dieselbe Grundfläche und die gleiche Höhe hat.
In einem Scholion [Euklid, Op. Bd. 5, S. 628] wird dieser Satz dem Eudoxos zugeschrieben. Man wird das für das ganze Buch annehmen dürfen.
§ 18: Kugeln stehen zueinander dreimal im Verhältnis ihrer Durchmesser.

Buch XIII behandelt die Konstruktion der regelmäßigen Polyeder. Es wird angegeben, zu welcher Klasse von Irrationalitäten das Verhältnis der Kanten zum Kugeldurchmesser gehört.

Eutokios

Geb. ca. 480 n. Chr. in Askalon (Palästina), besuchte die Schule in Alexandria z. Z. als Ammonios dort Mathematik lehrte, wirkte in Byzanz. E. schrieb Kommentare zu drei Werken des Archimedes (K. u. Z., Kr., Gl. Fl.) [Archimedes Op. Bd. 3] und zu den ersten vier Büchern des Apollonios über Kegelschnitte [Apollonios Op. Bd. 2] [70]. Der Kommentar zu K. u. Z. enthält 12 Lösungsmethoden für die Verdoppelung des Würfels mit Angabe ihrer Erfinder [93], darunter die „Triaden des Menaichmos“ [131].

ver Eecke, P.: Introduction à Eutokios. Archives Internationales d'Histoire des Sciences. Jg. 7, 1954, S. 131–132.

Geminos von Rhodos

Ob sein Name griechischen oder lateinischen Ursprungs ist, ist unsicher, auch Geburtsort und Geburtsdatum sind unsicher. Wahrscheinlich ist G. auf Rhodos geboren, war Schüler von Poseidonios, schrieb seine Werke etwa 73–67 v. Chr. Mit dem Mathematiker, der bei al-Nayrīzī „Aganis“ genannt wird, ist G. wahrscheinlich nicht identisch [206].
Von seinen Werken ist erhalten:

Astr.: Gemini elementa astronomiae. Ed. mit deutscher Übersetzung von K. Manitius. Leipzig: Teubner 1898.

Aus einer mathematischen Enzyklopädie, die nach Eutokios [Komm. zu den Kegelschnitten des Apollonios, Apollonios Op. Bd. 2, S. 170] den Titel „Theorie der Mathematischen Wissenschaften“ *(τῶν μαθημάτων θεωρία)* hatte, haben Proklos u. A. viel zitiert. Ein Stück über die Gliederung der Mathematik ist bei Heron [Op. Bd. 4, S. 97–108] wiedergegeben.

Gorgias von Leontinoi

Ca. 485–380 v. Chr. Einer ber berühmtesten Sophisten; Redner und Lehrer der Rhetorik. 427 war er als Führer einer Gesandtschaft der Leontiner in Athen. – [102].

Literatur: Gomperz, H.: Sophistik und Rhetorik.

Hekataios von Milet

Ca. 560/550–480 v. Chr. Seine Werke sind nur in Fragmenten erhalten.

Erdbeschreibung [161].
(Von Herodot oft benutzt und kritisiert. - Verbesserung der Erdkarte des Anaximander.)
Genealogiai.
(Versuch „eine Chronologie zu schaffen, in die sich die gesamte Sagengeschichte einordnen ließ. An dieser übte er eine Art rationalistischer Kritik, indem er „Übertreibungen" reduzierte und Wunderbares und Unglaubliches psychologisch deutete." [K. von Fritz in LAW].)

Herakleides Pontikos

Geb. ca. 388 v. Chr. in Herakleia am Pontos, kam vor 364 nach Athen, schloß sich an Speusipp an (den Neffen und Nachfolger Platons in der Leitung der Akademie), hörte auch Aristoteles. Er „war ein reicher Mann, ... hielt auf feine und weiche Kleidung und war überaus stattlich von Figur" [Diog. L. V, Kap. 6, 86–94]. Nach dem Tod von Speusipp kandidierte er für die Leitung der Akademie, unterlag aber knapp dem Xenokrates. Darauf ging er in seine Heimat zurück. Er starb ca. 310.
Diogenes L. schreibt: „Es gibt von ihm ganz hervorragende und treffliche Schriften", und zwar über sehr verschiedenartige Gegenstände: Ethik, Physik, Astronomie, Grammatik, Musik, Rhetorik, Poetik, Geschichte, „auch über Geometrie und Dialektik".
H. vertrat die Ansicht, daß die Erde sich täglich einmal um ihre Achse dreht, ferner daß Merkur und Venus um die Sonne kreisen, die Sonne und alle übrigen Planeten um die Erde [151].

Literatur: Heath: Aristarch, S. 249–283, besonders 252–255.

Heraklit von Ephesos, ca. 550–480 v. Chr.

Ein Teil seiner Lehre wurde hier (im Anschluß an Nietzsche) so interpretiert, daß die Veränderlichkeit des Geschehens von unveränderlichen und zwingenden Naturgesetzen beherrscht wird [74]. - Sonne und Sterne werden täglich neu entzündet [148].

Herodot

Geb. etwa 484 v. Chr. in Halikarnassos, war verwickelt in die Parteikämpfe der Heimatstadt, wurde verbannt nach Samos, machte Reisen ins Schwarzmeergebiet, nach Thrakien und Makedonien, nach Babylon und nach Ägypten, ging etwa 447 nach Athen, dann 443/2 in die 444 von Perikles gegründete Kolonie Thurioi am Golf von Tarent, erlebte noch den Ausbruch des Peloponnesischen Krieges 430 und starb wahrscheinlich wenig später in Thurioi.
Hist.: Herodot. Historien. Griech.-deutsch hrsg. von J. Feix. 2 Bde. München: Heimeran 1963.

Heron von Alexandria

Zur Lebenszeit: In der Dioptra [35] ist eine Mondfinsternis beschrieben, die im Jahre 62 n. Chr. stattgefunden hat.

Seine Werke haben den Charakter von Handbüchern für Techniker; sie benutzen ältere Quellen und sind selbst nicht selten später überarbeitet worden.

Op.: Heronis Alexandrini Opera quae supersunt omnia. Leipzig: Teubner.
Bd. 1: Pneumatica et automata. Ed. W. Schmidt 1899.
Bd. 2: Mechanica et catoptrica. Ed. L. Nix, W. Schmidt 1900. (Die einfachen Maschinen: Hebel, Rolle usw. - In der Catopt. das Reflexionsgesetz und Anwendung von Spiegeln)
Bd. 3: Rationes dimetiendi (= Metrica) et commentatio dioptrica. Ed. H. Schoene 1903. (Regeln zur Berechnung von Flächen, u.a. von regelmäßigen Polygonen [38], Ellipse und Parabel, von Oberflächen von Zylinder, Kegel und Kugel. - Beschreibung der Dioptra, d.i. ein einem Theodoliten ähnliches Vermessungsinstrument, und des älteren *Asteriskon* (= Groma) [60]; Behandlung von Vermessungsaufgaben [60, 76])
Bd. 4: Definitiones. Heronis quae feruntur Geometrica. Mit Benutzung von Vorarbeiten von W. Schmidt ed. J. L. Heiberg 1912.
Bd. 5: Heronis quae feruntur Stereometrica et de Mensuris. Mit Benutzung von Vorarbeiten von W. Schmidt ed. J. L. Heiberg 1914.

Lit.: A. G. Drachmann: The Mechanical Technology of Greek and Roman Antiquity. Kopenhagen: Munksgaard 1963.

Hesiod

Um 700 v. Chr., lebte in Askra (Böotien).

Werke:
Theogonie. (Götterentstehung).
„Eine Entstehungsgeschichte der Welt, in der eine Fülle von teils alten mythischen Überlieferungen, teils mehr theologisch-philosophischen Spekulationen in einen ursprünglich keineswegs gegebenen systematischen, d.h. vor allem genealogischen Zusammenhang gebracht sind." G. Knebel in LAW. - [161]
Werke und Tage.
Enthält u.a. Regeln für die Landarbeit, Vorschriften über die richtige Zeit und Art der Akkerbestellung.

Hipparch

Geb. in Nikaia (Bithynien), führte von 141 bis 126 genaue astronomische Beobachtungen in Rhodos, z.T. auch in Alexandria durch, wozu er auch Instrumente ersann. Von seinen Werken ist nur ein Kommentar zu dem Lehrgedicht „Phainomena" (Himmelserscheinungen) von Aratos (3. Jh. v. Chr.) erhalten. Über seine Leistungen berichtet teilweise Plinius [Nat. Hist. II, 53, 57, 95, 188, 247], vor allem aber Ptolemaios. H. bemerkte die Präzession der Tag- und Nachtgleichen, beobachtete einen neuen Stern (134), stellte einen Fixsternkatalog auf, beschrieb die Bewegungen von Sonne und Mond nach der Exzentertheorie [151]. Die Theorie der (übrigen) Planeten, bei denen Ptolemaios die Epizykel- und Exzentertheorie kombinierte, scheint H. noch nicht ausgearbeitet zu haben. H. teilte als erster den Kreis auf seinen Instrumenten in 360°. Er berechnete eine Sehnentafel, nach Toomer vermutlich mit einer Schrittweite von $7\frac{1}{2}°$ [154].

Literatur:
Heath: Greek Astronomy. London–New York 1932.
Toomer, G. J.: The Chord Table of Hipparchus and the Early History of Greek Trigonometry. Centaurus **18**, 1974, S. 6–28.

Hippasos von Metapont

Seine Lebenszeit wird von van der Waerden [Pyth. S. 74] auf „etwa zwischen

520 und 480", von K. von Fritz [Ink., Gr. S. 459] auf etwa 450 v. Chr. angesetzt.

H. hat akustische Experimente mit Metallscheiben verschiedener Dicke und mit Vasen, die ganz oder teilweise mit Wasser gefüllt waren, angestellt [Diels 18, 12, 13].

Er hat sich mit der Theorie der Proportionen beschäftigt, dabei u. a. den Namen „harmonisches Mittel" eingeführt.

Iamblichos schreibt [V. P. 247]: „Wie andere behaupten, zürnte die Gottheit denjenigen, welche die Lehren des Pythagoras an die Öffentlichkeit trugen. So sei der Mann wie ein Frevler im Meer ertrunken, der den Aufbau des Körpers mit zwanzig Ecken verriet, die Tatsache, daß der Zwölfflächner - einer der sogenannten fünf Körper - sich einer Kugel einbeschreiben läßt. ⟨In V. P. 88 ist hierfür Hippasos genannt.⟩ Einige sagen auch, ihm sei dies widerfahren, weil er das Geheimnis des Irrationalen und Inkommensurablen verraten habe." [101]

Wegen der Entdeckung des Inkommensurablen ziehe ich die spätere Datierung der Lebenszeit des H. vor. Zwischen der Lehre des Pythagoras „Alles ist Zahl" und der Entdeckung, daß nicht alles Zahl ist, möchte ich den Pythagoreern etwas Zeit lassen. Die zum Beweis der Inkommensurabilität benötigten Kenntnisse und Methoden, ja dieser Begriff selbst, mußten doch erst erarbeitet werden.

Für die frühe Datierung wird angeführt:

1) Aristoteles schreibt [Metaph. A 3 = 984a 7]: „Hippasos von Metapont und Heraklit von Ephesos haben das Feuer" als Ursprung der Dinge angesehen. Das läßt darauf schließen, daß Aristoteles den Hippasos als älter oder gleich alt mit Heraklit angesehen hat; aber absolut zwingend ist dieser Schluß wohl nicht.

2) Nach Theon von Smyrna [Diels 18; 13] haben „Lasos von Hermione, wie man sagt, und Hippasos von Metapont" ... akustische Versuche mit Vasen durchgeführt. Da Lasos um 520 gelebt hat, würde dieser Satz für die frühe Datierung sprechen, wenn man aus ihm schließt, daß Lasos und Hippasos diese Versuche gemeinsam oder gleichzeitig durchgeführt haben. Aber das steht ja gar nicht da.

Für eine gründliche Diskussion der Argumente verweise ich auf die oben angegebene Literatur.

Hippias von Elis

Um 420 v. Chr. Nach Platon [Hippias maior, 282d, e] war er zu gleicher Zeit wie Protagoras in Sizilien, war aber „viel jünger" als dieser. H. unternahm zu Vorträgen und als Gesandter seiner Heimatstadt Reisen durch die ganze griechische Welt, trat bei den Olympischen Spielen im Redewettkampf auf. Seine Vorträge umfaßten alle Gebiete der Bildung und Erziehung; er lehrte (als erster) die Fächer des später sog. Quadriviums: Arithmetik, Astronomie, Geometrie, Musik [Platon, Protagoras 318e]. H. leistete die Dreiteilung des Winkels mittels der später (s. Deinostratos) Quadratrix genannten Kurve [Proklos, K. Eukl. S. 65, 271, 356] [91].
Schilderungen bei Platon in den Dialogen Hippias minor, Hippias maior, Protagoras.

Hippokrates von Chios

Wirkte in Athen etwa 450–430 v. Chr.
H. führte die Aufgabe der Würfelverdoppelung auf das Einschalten zweier geometrischer Mittel zwischen zwei gegebenen Größen zurück [Eutokios im

Komm. zu Archimedes K. u. Z., Archimedes, Op. Bd. 3, S. 88] [2.35], quadrierte von Kreisbögen begrenzte Möndchen [Rudio] [97], schrieb „Elemente“ der Geometrie [Proklos, Math. Verz.] [99].

Rudio, F.: Der Bericht des Simplicius über die Quadraturen des Antiphon und des Hippokrates. Leipzig: Teubner 1907.

Becker, O. Hipp.: Zur Textgestaltung des eudemischen Berichts über die Quadratur der Möndchen. Qu. u. St. B 3, 1936, S. 411–419.

Etwa gleichzeitig lebte der Arzt Hippokrates von Kos (geb. 460 v. Chr., gest. in hohem Alter in Larissa).

Hypatia

Tochter von Theon von Alexandria. Philosophin und Mathematikerin, schrieb Kommentare zu Diophant, Apollonios und Ptolemaios, die alle verloren sind. Sie wurde von Christen beschuldigt, den Stadtpräfekten gegen den Bischof Kyrillos aufgewiegelt zu haben, und 415 n. Chr. ermordet.

Hypsikles

2. Jh. v. Chr. (vor Hipparch?). Verfasser des sog. Buches XIV der Elemente von Euklid (Sätze über das Ikosaeder und Dodekaeder). Diophant nennt ihn als Autor der Erklärung (Definition) der Polygonalzahlen als Reihen [Polygonalzahlen § 4] [142]. Des H. Schrift Anaphorikos (Aufgang der Sternbilder) ist die erste griechische Schrift, in der die Einteilung des Kreises (der Ekliptik) in 360 Grad angegeben wird [Heath, Gr. M. Bd. 2, S. 214]. Ferner enthält sie Sätze über die Summe arithmetischer Reihen [Neugebauer, MKT Bd. 3, S. 78]. Beziehungen zur babylonischen Astronomie sind wahrscheinlich.

An.: Manitius, K.: Des Hypsikles Schrift Anaphorikos nach Überlieferung und Inhalt kritisch behandelt. Programm des Gymnasiums zum heiligen Kreuz in Dresden. Dresden 1888.

Iamblichos

Ca. 250–330 n. Chr. Geb. in Chalkis im südl. Syrien (Koile-Syrien), war Schüler von Porphyrios, Neuplatoniker, gründete eine Schule in Apameia (Syrien). I. schrieb eine Art Enzyklopädie der Pythagoreischen Lehre.

V. P.: Iamblichos: Pythagoras. Legende, Lehre, Lebensgestaltung. Griech. u. deutsch ed. von M. von Albrecht. Zürich und Stuttgart: Artemis Verlag 1963. [80].
Auch: De vita Pythagorica liber. Ed. L. Deubner. Leipzig: Teubner 1937. Neuauflage, besorgt von U. Klein. Stuttgart 1975.

Protr.: Iamblichi Protreptikos. Ed. H. Pistelli. Leipzig 1888.

Math.: Iamblichi de communi mathematica scientia. Ed. N. Festa. Leipzig 1891.

Nik.: Iamblichi in Nicomachi arithmeticam introductionem liber. Ed. H. Pistelli. Leipzig 1894. [82].

Theol. Ar.: Theologumena arithmeticae. Ed. V. de Falco. Leipzig: Teubner 1922.

Bab.: Iamblichi Babyloniacorum Reliquiae. Ed. E. Habrich. Leipzig: Teubner 1960.

Iunius: Marcus Iunius Nipsus

Römischer Feldmesser, wohl 2. Jh. n. Chr.

Fluminis varatio. Übermessung eines Flusses [77], in Blume … (s. unter Agrimensoren) Bd. 1, S. 285 f.; Erläuterung: Bd. 2, S. 340. Zuweisung unsicher.

Kleomedes

1. Jh. v. Chr.? K. benutzt und zitiert Poseidonios (135–51 v. Chr.), lebte also später als dieser. Er nennt Ptolemaios nicht; danach läßt sich vermuten, daß er früher als Ptolemaios lebte. Vielleicht war er Schüler von Poseidonios.

Sein Werk enthält Berichte über die Erdmessung des Eratosthenes und eine ähnliche des Poseidonios [148].

M. C.: Cleomedis de motu circulari corporum caelestium libri duo. Ed. mit lat. Übers. Hermann Ziegler, Leipzig 1891.

M. C. d.: Kleomedes. Die Kreisbewegung der Gestirne. Deutsch von A. Czwalina. Leipzig 1927. Ostwalds Klass. Nr. 220.

Leon

Geb. ca. 800 n. Chr. in Hypate (Thessalien). Philosoph und Mathematiker in Byzanz, Prof. am Madaurapalast. Neubegründer und Leiter der Bardas-Universität (863). Man verdankt L. die besten Handschriften der griechischen mathematischen Klassiker. – Bei arithmetischen Sätzen verwendet er Buchstaben als Variable für Zahlen, nicht in ihrer Bedeutung als bestimmte Zahlen. Vorlesungsnotizen sind wiedergegeben in Euklid Op. Bd. 5, S. 714–718. – [K. Vogel im LAW].

Leukipp

Mitte des 5. Jh. v. Chr., aus Milet. Begründer des Atomismus [88, 158].

Menaichmos

Um 360 v. Chr. Schüler des Eudoxos von Knidos. Löste die Aufgabe der Verdoppelung des Würfels durch Schnitt zweier Kegelschnitte [93].

Menelaos von Alexandria

Mathematiker und Astronom. Zur Lebenszeit: Ptolemaios berichtet von zwei astronomischen Beobachtungen, die M. im ersten Jahr Trajans (98 n. Chr.) in Rom gemacht hat [Alm. VII, Kap. 3. Alm. d., Bd. 2, S. 26 und 28].
Drei Bücher Sphaerica (Kugelgeometrie, sphärische Trigonometrie) sind arabisch erhalten, andere Schriften verloren.

A. Björnbo: Studien über Menelaos' Sphärik. Abhandlungen zur Gesch. d. math. Wissenschaften, Heft 14, 1902.

Krause, M.: Die Sphärik von Menelaos aus Alexandrien in der Verbesserung von Abū Naṣr Manṣur b. 'Ali b. 'Irāq mit Untersuchungen zur Geschichte des Textes bei den islamischen Mathematikern. Abhandlungen der Gesellschaft der Wissenschaften zu Göttingen, Phil.-Hist. Klasse, 3. Ser., Nr. 17, 1936.

Heath, Gr. M. Bd. 2, S. 260–273.

Nikomachos von Gerasa

(Wahrscheinlich Gerasa östl. des Jordans). Um 100 n. Chr. Seine Arithmetik enthält pythagoreisches Gedankengut. Sie wurde von Apuleius (123 – nach 170

n. Chr.) und von Boetius ins Lateinische übersetzt und wurde dadurch zur Grundlage des mittelalterlichen Universitätsunterichts in Arithmetik.

Ar.: Nicomachi Geraseni Pythagorei introductionis arithmeticae libri II. Ed. R. Hoche, Leipzig: Teubner 1866.

Ar. e.: Nicomachus, Introduction to Arithmetic, translated by M. L. d'Ooge. New York: Macmillan 1926. Nachdruck New York: Johnson Reprint Corporation 1972 [81, 182].

Harm.: Encheiridion Harmonices. (Handbuch der Harmonielehre.)

Theol. Ar.: Theologumena arithmeticae, ed. F. Ast. Leipzig 1817. Dieses Werk wird heute Iamblichos zugeschrieben, enthält aber Material von Nikomachos.

Oinopides von Chios

Um 440 v. Chr. Nach Proklos [K. Eukl., Math. Verz.] war er „wenig jünger als Anaxagoras".

Proklos nennt ihn bei den Aufgaben, auf eine Gerade ein Lot zu fällen [zu Prop. 12], hier [89], und an eine Strecke einen Winkel anzutragen [Prop. 23]. Nach Eudemos, zitiert von Theon von Smyrna [Diels 41; 7] soll er die Schiefe der Ekliptik „gefunden" haben [148]. O. gab das „Große Jahr" (bestimmt durch volle Umläufe von Sonne und Mond) zu 59 Jahren an [Diels 41; 9].

Frajese, A.: Il cerchio nelle geometria di Enopide di Chio. Archimede, 1967, fasc. 6, ed. Le Monnier, Firenze, S. 285–294.

Pamphile

Aus Epidaurus. Schriftstellerin z. Z. des Kaisers Nero. Diogenes Laertius nennt sie für den Satz des Thales [75].

Pappos von Alexandria

Zur Lebenszeit: Im Kommentar zum Almagest berechnet P. eine Finsternis des Jahres 320 n. Chr.

Werke:

Coll.: Pappi Alexandrini Collectionis quae supersunt ed. F. Hultsch. Griech. u. lat. 3 Bde. Berlin 1875–1878. Nachdruck Amsterdam: Hakkert 1965.
Buch I ist verloren, II teilweise, III–VIII vollständig erhalten.
P. berichtet über ältere Ergebnisse, bringt Hilfssätze zum besseren Verständnis und eigene Ergänzungen.

Coll. f.: Pappus d'Alexandrie. La collection mathématique. Franz. Übers. und Komm. von P. ver Eecke. 2 Bde. Paris, Brügge 1933.

Coll. d.: Die Sammlung des Pappus von Alexandrien. ⟨Buch VII und VIII⟩. Griech. und deutsch hrsg. von C. J. Gerhardt. Halle 1871.

K. Alm.: Kommentar zu Ptolemaios' Almagest. Ed. A. Rome. Rom 1931.

K. El. X.: Kommentar zu Euklid, Elemente X.
(W): arab. von al-Dimisqī, ed. F. Woepcke, Paris 1855,
(S): deutsch von H. Suter, Abh. zur Gesch. der Naturwiss., Heft 4, S. 9–78, Erlangen 1922.
(TH): arabisch und englisch von William Thomson, mit Erläuterungen von G. Junge und W. Thomson. Cambridge: Harvard Univ. Press 1930.

Quadratrix [91], Neusis [92], Spirale [121], Geschichte der Kegelschnitte [130], Konstruktion des geom. und harm. Mittels [137], Invarianz des Doppelverhältnisses [139], Satz von Pappos-Pascal [140].

Parmenides von Elea

Ca. 515–445 v. Chr. Zur Lebenszeit: Platon erzählt [Parmenides 127 a–c], P. sei im Alter von etwa 65 Jahren beim Panathenäenfest in Athen gewesen, gemeinsam mit Zenon, der damals ungefähr 40 Jahre alt war; Sokrates sei damals noch sehr jung gewesen.

P. lehrte, „daß es das Nichtseiende auf keine Weise geben kann und daß es daher weder ein Werden noch ein Vergehen noch überhaupt eine Bewegung geben kann. ... Die philosophischen Systeme der Folgezeit ... sind alle Versuche, das durch die Argumente des P. gestellte Problem der Möglichkeit der Vielheit, des Werdens und Vergehens, sowie der Bewegung, zu lösen“ [K. von Fritz im LAW] [86, 158, 162]. – Einheit [82].

Philolaos aus Kroton

Pythagoreer, lebte später in Tarent. Nach Diog. L. VIII, 84 hat Platon Bücher über die pythagoreische Lehre von ihm gekauft; das müßte 388 v. Chr. gewesen sein. Wenn P. einer der beiden jungen Männer war, die sich aus dem Brandanschlag 445 retten konnten (s. Pythagoreer), so könnte er etwa 465/460–385 v. Chr. gelebt haben.

P. setzte das Feuer (als das vornehmste Element) in den Mittelpunkt der Welt; die Erde sowie eine Gegenerde und die Planeten (einschl. Sonne und Mond) kreisen um dieses Zentralfeuer. [Diels 44 A 16, 17, 21], [150].

Literatur: van der Waerden: Pyth.

Philoponos, Johannes

Geb. wahrscheinlich in Alexandria am Ende des 5. Jh. n. Chr. Schüler des Ammonios Hermeiou. Seine Aristoteleskommentare sind „weiter ausgebaute und mit eigenen Zusätzen und Exkursen versehene Skripten, die er nach den Vorlesungen des Ammonios angefertigt hatte“ [Böhm, S. 28] [95]. Besonders gegenüber den physikalischen Vorstellungen von Aristoteles ist P. sehr kritisch und selbständig. – [160]. – P. war Christ. – Sein Kommentar zur Meteorologie des Aristoteles ist nach 529 verfaßt.

Literatur: Böhm, Walter: Johannes Philoponos. Ausgewählte Schriften. Übersetzt, eingeleitet und kommentiert. München, Paderborn, Wien: Schöningh Verlag 1967.

Platon

Geb. 427 v. Chr. in Athen; hatte etwa seit etwa 407 Umgang mit Sokrates. Nach dessen Verurteilung soll P. sich zu dem Philosophen Euklid, der auch Schüler von Sokrates war, nach Megara begeben haben. Bezeugt sind Reisen nach Unteritalien und Sizilien 388/387, nach Syrakus 367–365 und 361–360. P. starb in Athen 348/347. P. hat wahrscheinlich zwischen 387 und 367 die Akademie gegründet; sie wurde 529 vom Kaiser Justinian aufgelöst.

Op.: Platonis Opera, ed. J. Burnet, 5 Bde. Oxford 1900–1907. Mehrfach nachgedruckt. Zitiert werden, wie es allgemein üblich ist, die Seiten und Abschnitte der Ausgabe von Henricus Stephanus, Paris 1578, die in den meisten neueren Ausgaben angegeben sind.

[70], - P. über Thales [72], Tadel mechanischer Würfelverdoppelung [89], Gerade und Kreis als Grundformen [88, 109], Verdoppelung des Quadrats [91], Inkommensurabilität [100], Momente der Erkenntnis [104], Definitionen allgemein [105], Kreis [104], Grenze [107], Einheit [109], Gerade [109], Kreisbewegung der Sterne [150], Elemente = regelmäßige Körper [159].

Plinius,

C. Plinius Secundus der Ältere (gegenüber seinem Neffen und Adoptivsohn gleichen Namens). Geb. 23/24 n. Chr. in Novum Comum (Como am Comer See), kam früh nach Rom, diente 47–52 als Offizier in Germanien, kehrte 52 nach Rom zurück, war wahrscheinlich Anwalt, trieb rhetorische und grammatische Studien, setzte später seine militärische Laufbahn fort. „Sein letzter Posten war das Kommando über die kaiserliche Flotte in Misenum. Dort fand er beim Ausbruch des Vesuvs am 25. August 79 den Tod, als ihn wissenschaftliche Interessen und das Verlangen, in der allgemeinen Verwirrung hilfreich einzugreifen, in die Nähe des Vulkans trieben. Als Todesursache ist Herzschlag infolge Herzverkalkung anzunehmen, da der starke Asthmatiker den Anstrengungen und Aufregungen in Zusammenhang mit der Katastrophe physisch nicht gewachsen war". [Winkler in Nat. Hist. Bd. 1, S. 322–325]. Sein Werk Nat. Hist. war eine der wichtigsten Quellen für die Naturwissenschaft des Mittelalters. P. schreibt in der Praefatio [I, 17]: „Zwanzigtausend der Behandlung werte Gegenstände ... habe ich aus der Lektüre von ungefähr 2000 Büchern ... zusammengefaßt". - [166].

Nat. Hist.: C. Plinii Secundi Naturalis Historiae libri XXXVII
C. Plinius Secundus d. Ä. Naturkunde.
Lat. deutsch, hrsg. und übers. von Roderich König in Zusammenarbeit mit Gerhard Winkler. Heimeran Verlag, seit 1973.

Plutarch

Geb. 45/50 n. Chr. in Chaironeia (Böotien), studierte in Athen, schloß sich der Akademie an, machte Reisen, wahrscheinlich nach Sardes und Alexandria, sicher nach Italien und Rom, kehrte schließlich nach Chaironeia zurück, starb dort bald nach 120 n. Chr.

Werke:

B. p.: *Bioi paralleloi.* 24 Biographienpaare von je einem Griechen und Römer. - Griech. mit engl. Übersetzung von B. Perrin in Loeb Classical Library. 6 Bde. London 1914–1918.

B. p. d.: Plutarch: Große Griechen und Römer. Eingel. und übers. von Konrat Ziegler. Zürich, Stuttgart: Artemis-Verlag. In Bd. 3, 1955 steht die Biographie von Marcellus mit einem Bericht über Archimedes.

L.: De facie in orbe lunae. - Benutzte deutsche Übersetzung: Plutarch, Das Mondgesicht, übers. und erläutert von Herwig Görgemanns. Zürich: Artemis-Verlag 1968. (Reihe: Lebendige Antike).

M.: Moralia. (Sammlung von etwa 80 Schriften).

Porphyrios

Geb. 233 n. Chr. in Batanea (Palästina) oder Tyrus, kam 264 nach Rom und blieb dort bis zu seinem Tod ca. 304 n. Chr. P. schrieb Kommentare zu Plotin, zu Ptolemaios' Musik, eine Einführung zu Aristoteles' Kategorien; diese wurde durch die lat. Übersetzung von Boetius für das Mittelalter eine wichtige Einführung in die Logik (Baum des Porphyrios [106]). Ferner schrieb P. Biographien von Plotin und Pythagoras. - Einer seiner Schüler war Iamblichos.

Poseidonios

Geb. ca. 135 v. Chr. in Apameia am Orontes (Syrien). Stoiker. Studierte in Athen, ließ sich in Rhodos nieder, machte Reisen nach Spanien, Südgallien, Italien, Sizilien und mehrmals nach Rom. Cicero, Pompeius und andere Römer haben ihn in Rhodos besucht. Einer seiner Schüler war Geminos. P. starb wahrscheinlich auf einer Reise nach Rom 51 v. Chr.

Nach Proklos [K. Eukl., zu Def. 35] definierte er parallele Geraden als Geraden gleichen Abstands [204].

Proklos Diadochos

Geb. 410/411 n. Chr. in Byzanz, aufgewachsen in Xanthos (Lykien), studierte in Alexandria und Athen, wurde Haupt der Platonischen Akademie. Einer seiner Schüler war Ammonios. P. starb am 17. 4. 485.
Er schrieb Kommentare zu Hesiod, Platon, Aristoteles, zum I. Buch von Euklids Elementen und zum Tetrabiblos, dem astrologischen Werk von Ptolemaios.
Sein Euklid-Kommentar enthält viele historische Nachrichten, gestützt insbesondere auf die Werke von Eudemos und Geminos. Er wurde zuerst gedruckt in der griechischen Euklid-Ausgabe von Grynaeus, Basel 1533, in lateinischer Übersetzung von Barocius, Padua 1560, und in der Euklid-Ausgabe von Commandino, Pesaro 1572.

K. Eukl.: Procli Diadochi in primum Euclidis Elementorum librum Commentarii. Ed. G. Friedlein. Leipzig: Teubner 1873.
Ich zitiere nach dieser heute maßgebenden Ausgabe, für die Textwiedergabe benutze ich die deutsche Übersetzung.

K. Eukl. d.: Proclus Diadochus, Kommentar zum ersten Buch von Euklids „Elementen". Übersetzt von P. L. Schönberger, O. S. B., eingeleitet und hrsg. von M. Steck. Halle 1945.

Vergleich der Seitenzahlen:

Friedlein:	1	100	150	200	250	300	350	400
deutsch:	163	235	271	307	341	375	408	445

K. Eukl. e.: Proklos: A Commentary of the First Book of Euclid's Elements, translated with Introduction and Notes by G. R. Morrow. Princeton: University Press 1970.

K. Eukl. f.: Proclus de Lycie. Les commentaires sur le premier livre des éléments d'Euclide. Ed. P. ver Eecke. Brügge 1948.

[70] - Über Thales [76], über den Satz des Pythagoras [80], Definition des Punktes [82], Oinopides [89], zur Kreisquadratur [95], Zwischenwertsatz [96], Spirale zur Winkeldreiteilung [121], Flächenanlegung [88], Fünfzehneck [148], zum Parallelenpostulat [206].

Das sog. Mathematikerverzeichnis [K. Eukl. S. 64–69] sei hier in der Übersetzung von P. Schönberger wiedergegeben [K. Eukl. d., S. 210–214]. Ob und wie weit es auf Eudemos zurückgeht, ist nicht sicher. Jedenfalls konnte Eudemos nicht über Euklid, Eratosthenes und Archimedes berichten. Für die Nachrichten über Pythagoras kommt auch Iamblichos als Quelle in Frage.

Das Mathematikerverzeichnis des Proklus

Es sagte nun freilich der gefeierte Aristoteles, dieselben Anschauungen kehrten häufig wieder bei den Menschen in bestimmten Weltperioden; und nicht in unserer Zeit oder der Zeit derer, die wir kannten, hätten die Wissenschaften zum ersten Male ihren Ursprung genommen, sondern auch in anderen Perioden (unmöglich zu sagen, wie viele ihrer schon waren und noch sein werden), seien sie aufgeblüht und wieder verschwunden. Da wir aber den Ursprung der Künste und Wissenschaften in der gegenwärtigen Periode zu erforschen haben, so sagen wir, die meisten berichten, daß bei den Ägyptern die Geometrie zuerst ausgebildet wurde und ihren Ursprung mit den Landvermessungen nahm. Sie waren ihnen notwendig wegen des Steigens des Nils, der die den einzelnen zustehenden Grenzen unkenntlich machte. Und es ist nicht zu verwundern, daß das praktische Bedürfnis zur Schaffung dieser und der anderen Wissenschaften führte, da alles im Bereich des Werdens vom Unvollkommenen zum Vollkommenen sich entwickelt. Von der Sinneswahrnehmung möchte also füglich der Übergang zum logischen Denken und von diesem zur reinen Geistesschau erfolgen. Wie nun bei den Phönikern aus Handel und Verkehr die Anfänge der genauen Kenntnis der Zahlen sich ergaben, so wurde auch bei den Ägyptern aus dem bezeichneten Grunde die Geometrie geschaffen. Thales aber verpflanzte zuerst, nachdem er nach Ägypten gekommen, diese Wissenschaft nach Griechenland und machte selbst viele Entdeckungen; zu vielen anderen legte er für die Späteren den Grund. Sein Verfahren war dabei teilweise mehr allgemeiner Art, teilweise mehr auf die Sinnendinge ausgerichtet. Nach ihm war es Mamertios, der Bruder des Dichters Stesichoros, der nach der Überlieferung sich mit dem Studium der Geometrie befaßte, und Hippias von Elis berichtete, daß er wegen der Geometrie zu Ruhm gelangte; ihnen folgte Pythagoras, der ihren wissenschaftlichen Betrieb in das System der höheren Bildung einbezog. Seine Untersuchungen galten ihren obersten Prinzipien, und seine theoretischen Forschungen bewegten sich frei von materiellen Einflüssen im Bereich des reinen Denkens. Er war es auch, der die Lehre von den Proportionen (den irrationalen Werten?) und die Darstellung von den fünf Weltkörpern schuf. Nach diesen befaßte sich Anaxagoras von Klazomenä mit vielen Problemen der Geometrie und dann, wenig jünger als Anaxagoras, Oinopides von Chios. Von beiden bemerkt Platon in den „*Rivalen*", sie seien wegen ihrer mathematischen Kenntnisse berühmt geworden. Nach diesen waren Hippokrates von Chios, der Erfinder der Möndchenquadratur, und Theodor von Kyrene, namhafte Fachvertreter. Denn Hippokrates begegnet uns in der Geschichte als erster Verfasser eines Elementarbuches. Auf sie folgte Platon, dessen eifrigem Studium es zu verdanken ist, daß die anderen mathematischen Wissenszweige und besonders die Geometrie den größten Aufschwung nahmen. Er hat ersichtlich seine Schriften mit mathematischem Gedankengut ganz und gar durchsetzt und geht allenthalben darauf aus, in den Philosophiebeflissenen das Staunen über diese Dinge hervorzurufen. In dieser Zeit lebten auch der Thasier Leodamas, Archytas von Tarent und Theaitetos von Athen, von denen die Lehrsätze vermehrt und in ein den wissenschaftlichen Anforderungen entsprechenderes System gebracht wurden. Jünger als Leodamas ist Neokleides und dessen Schüler Leon, die den Wissensstand ihrer Vorgänger beträchtlich erweiterten, so daß Leon ein in Hinsicht auf Reichtum und Brauchbarkeit der Beweise gediegenes Elementarbuch verfassen und auch genaue Bestimmungen dafür geben konnte, wann die Lösung einer gestellten Aufgabe möglich ist und wann nicht. Eudoxos von Knidos sodann, wenig jünger als Leon und ein Freund von Platons Schülern, hat als erster die Zahl der sogenannten allgemeinen Lehrsätze vermehrt, zu den drei Proportionen drei weitere hinzugefügt und die Lehre von der Teilung der Geraden, die Platon grundgelegt hatte, in mehreren Sätzen weitergeführt, wobei er sich auch der analytischen Methode bediente. Amyntas von Heraklea, ein Freund Platons, Menaichmos, Schüler des Eudoxos, der auch mit Platon gleichzeitig war, und dessen Bruder Deinostratos bauten das ganze System der Geometrie noch vollkommener aus. Theudios ferner aus Magnesia war hervorragend auf dem Gebiete der Mathematik und der anderen Wissenschaften. Denn er brachte die Elementarlehre in ein geordnetes System und gab vielen definitionsartigen Bestimmungen eine allgemeinere Fassung (andere Lesart: vielen speziellen Sätzen). Auch der Kyzikener Athenaios, der derselben Zeit angehört, machte sich durch seine Leistungen auf dem Gebiete der anderen mathematischen Disziplinen und besonders der Geometrie einen Namen. All diese lebten miteinander in der Akademie und betrieben gemeinsam ihre Forschungen. Hermotimos aber von Kolophon entwickelte die Ergebnisse des Eudoxos und Theaitetos weiter, leistete einen beträchtlichen Beitrag zu den „*Elementen*" und schrieb einiges über (geometrische) Örter. Philippos von Medma ferner, Platons Schüler und von diesem zum Studium der Mathematik angeregt, betrieb seine Forschungen nach Anleitung Platons und stellte sich nur solche Aufgaben, von denen er sich eine Förderung der platonischen Philosophie versprach. Bis auf diesen herab führen die Geschichtsschreiber die Entwicklung dieser Wissenschaften zurück. Nicht viel jünger als diese ist Euklid, der die „*Elemente*" zusammenstellte, viele Ergebnisse des Eudoxos zusammenfaßte, viele des Theaitetos zum Abschluß, und die weniger stringenten Beweise seiner Vorgänger in eine unwiderlegbare Form brachte. Er lebte zur Zeit des ersten Ptolemaios. Denn Archimedes, der nach dem ersten Ptolemaios lebte, erwähnt Euklid und erzählt auch in der Tat, Ptolemaios habe ihn einmal gefragt, ob es nicht für die Geometrie einen kürzeren Weg gebe als die Lehre der „*Elemente*". Er aber antwortete, es führe kein königlicher Weg zur Geometrie. Er ist jünger als Platons Schüler, aber älter als Eratosthenes und Archimedes; denn diese sind Zeitgenossen, wie Eratosthenes irgendwo sagt. Er gehörte zur platonischen Schule und war mit dieser Philosophie vertraut, weshalb er auch als Ziel der gesamten Elementarlehre die Darstellung der sogenannten platonischen Körper aufstellte. Von ihm stammt auch noch eine große Menge anderer mathematischer Schriften, alle ausgezeichnet durch bewundernswerte Exaktheit und wissenschaftliche Spekulation, so z. B. seine „*Optik*" und „*Katoptrik*" (Lehre von der Lichtreflexion), seine „*Elementarlehre der Musik*", ferner sein Buch „*Über die Teilung der Figuren*". Besondere Bewunderung verdient bei seinem Elementarbuch der Geometrie der systematische Aufbau, und die Auswahl der für die „*Elemente*" geschaffenen Lehrsätze und Konstruktionsaufgaben. Denn nicht, was man überhaupt anführen konnte, sondern was zur grundlegenden Einführung diente, nahm er auf.

Protagoras

Geb. etwa 480 v. Chr. in Abdera.
P. war der Begründer des sophistischen Lebensstils: er machte Vortragsreisen, hielt Lehrkurse gegen Honorar, auch in Athen, oft als Gast reicher bildungsbeflissener Häuser. Er soll auf einer Fahrt nach Sizilien bei einem Schiffbruch umgekommen sein, 411 v. Chr. - [103].
Platon Theaitetos 152a: „Aller Dinge Maß ist der Mensch, der seienden, daß (wie) sie sind, der nichtseienden, daß (wie) sie nicht sind."
Diog. L. IX, 51: „Er sagte als Erster, über jede Sache gebe es zwei einander entgegengesetzte Aussagen" (*λόγους* ⟨= Ansichten, Überlegungen; jedes Ding kann von zwei Seiten betrachtet werden⟩).
Aristoteles Metaph. II, 2, 997b 35 - 998a 4: „Die sichtbaren Linien sind gar nicht so wie der Geometer sagt; weder ist etwas so ⟨d. h. im Sinne des Geometers⟩ gerade, noch so gekrümmt; der Kreis berührt die Gerade nicht in einem Punkte, sondern so wie Protagoras zeigte ..."

Ptolemaios, Klaudios

Ca. 100–170 n. Chr., lebte in Alexandria. Im Almagest finden sich Beobachtungen aus den Jahren 127–141; das ist der einzige sichere Anhaltspunkt für seine Lebenszeit. Der Almagest ist das älteste der größeren Werke des P.; in den anderen Werken wird auf ihn Bezug genommen.

Op.: Claudii Ptolemaei Opera quae exstant omnia. Leipzig. Bd. 1. Syntaxis mathematica. Ed. J. L. Heiberg. 2 Teile 1898, 1903. Griech. Titel: *Μαθηματικὴ σύνταξις*, später *Μεγάλη σ.* oder *Μεγίστη σ.*, arabisch: *al-miǧisṭi* (al-Haǧǧāǧ [197]); daraus wurde „Almagest".
Bd. 2. Opera astronomica minora. Ed. J. L. Heiberg. 1907.
Bd. 3,1. *Apotelesmatika*. (Astrologische Einflüsse). Ed. F. Boll und A. Boer. 1957. - Das aus vier Büchern bestehende Werk wird oft „Tetrabiblos" genannt.
Bd. 3,2. *Περὶ κριτηρίου καὶ ἡγεμονικοῦ*. Ed. F. Lammert. 1952.
Alm.: Almagest = Op. Bd. 1.
Alm. d.: Ptolemäus. Handbuch der Astronomie. Deutsch von K. Manitius. 1911. 2. Aufl. mit Berichtigungen von O. Neugebauer. Leipzig: Teubner 1963.
Alm. f.: Composition Mathématique de Claude Ptolémée. Frz. von M. Halma. Paris. Bd. 1: 1813, Bd. 2: 1816.
H. pl.: Hypotheses planetariae. Griech. und deutsch in Op. Bd. 2. („In der vorliegenden Schrift ist es unser Ziel, nur das Allgemeine dieser ⟨im Almagest⟩ erwähnten Dinge niederzulegen, damit sie sich unserem Geiste und dem Geiste derer, die dafür Instrumente bauen, leicht vorstellen lassen ...")
An.: Analemma. In Op. Bd. 2.
(Erklärung eines Verfahrens zur Bestimmung der Winkel bei der Sonnenuhr.)
Pl.: Planisphaerium. In Op. Bd. 2.
(Projektion der Himmelskugel vom Himmelssüdpol auf die Äquatorebene.)
Tb.: Tetrabiblos = Op. Bd. 3,1.
Tb. e.: Text mit engl. Übersetzung in Loeb Classical Library.
Geogr.: Claudii Ptolemaei Geographica. Ed. C. F. A. Nobbe. 2 Bde. Leipzig 1843–1845. Nachdruck in 1 Bd. Hildesheim 1966.
Optik: L'Optique de Claude Ptolémée dans la version latine d'après l'arabe de l'émir Eugène de Sicile. Ed. A. Lejeune. (Université de Louvain, Recueil de travaux d'histoire et de philologie, 4° Série, Fasc. 8) Louvain 1956.
Harmonica: I. Dühring: Die Harmonielehre des Klaudios Ptolemaios. Göteborgs högskolas arskrift **36**, no. 1, 1930.

Gründe für das Stillstehen der Erde [151]. Theorie der Planetenbewegung [152]. Satz vom Viereck im Kreis, trigonometrische Sätze [55].

Pythagoras und die Pythagoreer [Abschnitt 2.2.2]

Pythagoras ist um 600 oder um 570 v. Chr. geboren. Er ist in Samos aufgewachsen, machte Reisen nach Phönizien, Ägypten und Babylon, kehrte nach Samos zurück, wanderte um 529 nach Kroton (Süditalien) aus und gründete dort einen Orden, dessen Mitglieder insbesondere auf eine bestimmte, genau festgelegte Lebensweise verpflichtet wurden. Anscheinend auf Grund feindseliger Haltung der Bevölkerung gegen die Pythagoreer ging er um 509 nach Metapont und starb dort.

Die Pythagoreer machten sich einerseits unbeliebt dadurch, daß sie sich gegen Nicht-Mitglieder abschlossen, andererseits „wollte man das Gemeinwesen von Pythagoreern verwaltet sehen“ [Iamblichos, V. P. 249]. Unruhen in Kroton um 509 blieben auf diese Stadt beschränkt und dauerten nicht lange. Die Pythagoreer behielten politischen Einfluß, haben aber anscheinend gelegentlich ihre Macht mißbraucht, z. B. nach der Eroberung von Sybaris das gewonnene Land nicht verlost, jedenfalls kamen Bestrebungen auf, die Oligarchie durch eine demokratische Verfassung zu ersetzen. „Damals setzten sich sogar aus dem Rat der Tausend Hippasos, Diodoros und Theages für die Zulassung aller Bürger zu den Staatsämtern und zur Volksversammlung ein: auch sollten die Amtspersonen vor durch das Los bestimmten Vertretern der Gesamtheit Rechenschaft abzulegen haben. Die Pythagoreer Alkimachos, Deinarchos, Meton und Demokedes widersetzten sich dem Plan und suchten die Zerstörung der ererbten Verfassung zu verhindern. Doch es siegten die Fürsprecher der Menge.“ [Iamblichos, V. P. 257]. An anderer Stelle berichtet Iamblichos [V. P. 249]: Die Gegner der Pythagoreer gingen so weit, „daß sie, als die Pythagoreer zu Kroton in Milons Haus beisammen saßen und politische Fragen berieten, das Haus anzündeten. Alle fanden den Flammentod, bis auf zwei: Archippos und Lysis. Sie waren die Jüngsten und Kräftigsten und konnten sich irgendwie ins Freie durchschlagen.“ Nach einem Scholion zu Platons Phaidon waren es Archippos und Philolaos, nach Plutarch Philolaos und Lysis [Diels 44 A 1a und 4a]. Diese Unruhen fanden etwa 445 statt. In den antiken Nachrichten werden die beiden Aufstände gegen die Pythagoreer (509 und 445) nicht deutlich auseinandergehalten. Es ist also auch nicht sicher, ob Hippasos 509 oder 445 aufgetreten ist.

Mit dieser Katastrophe war der Orden der Pythagoreer als solcher ausgelöscht. Es gab jedoch weiterhin Pythagoreer, Einzelne oder kleine Gruppen, die der Lehre des Pythagoras anhingen. Philolaos – wenn sein Name hier richtig ist – lebte später in Tarent und wurde Lehrer von Archytas, der in Tarent sogar eine führende politische Rolle spielte.

Eine antike Quelle: Iamblichos, V. P.

Literatur:

Burkert, W.; von Fritz, K., Ink.; van der Waerden, B. L., Pyth., Pyth. Wiss.

Allgemeines [80]. Winkelsumme im Dreieck [90]. Flächenanlegung [87]. Arithmetische Bücher Euklids [141]. Kugelgestalt der Erde [148]. Zentralfeuer (s. Philolaos) [150].

Simplikios

6. Jh. n. Chr. Neuplatonischer Philosoph. Geb. in Kilikien, Schüler von Ammonios Hermeiou, wirkte in Athen, ging nach der Schließung der Akademie 529 an den Hof des Königs Chosroes von Persien, kehrte 533 zurück. Schrieb Kommentare zu mehreren Werken des Aristoteles (wahrscheinlich nach 533), die viele wichtige historische Angaben enthalten; z. B. hat er die Quadratur der Möndchen von Hippokrates überliefert [95]. Zur Halbierung des Kreises durch den Durchmesser [78]. Ein Beweis des Parallelenpostulats [207].

Sokrates

Geb. 470 v. Chr. in Athen, 399 zum Tode durch den Giftbecher verurteilt.
Aristoteles, Metaph. XII, 4 = 1078 b 27–29: „Zwei Dinge muß man Sokrates mit Recht zubilligen: die (an das Wesen der Dinge) heranführenden Untersuchungen und die Definition der Allgemeinbegriffe." *τούς τ' ἐπακτικοὺς λόγους* – das könnte auch mit „die induktiven Beweise" übersetzt werden – *καὶ τὸ ὁρίζεσθαι καθόλου* [103].
Xenophon, Mem. IV, 7: „Zum Beispiel behauptete er, man brauche die Geometrie nur soweit zu lernen, daß man im Notfall in der Lage sei, ein Stück Land richtig ausgemessen zu übernehmen, zu übergeben, zu verteilen oder seine Berechnung zu beweisen. Das sei aber leicht zu lernen. Man brauche nur einmal bei der Messung aufzupassen, dann wisse man schon genau, wie groß das Land sei und wie gemessen wird. Dagegen lehnte er ab, die Geometrie bis zu den schwerverständlichen Figuren zu lernen. Denn nach seiner Meinung war nicht einzusehen, wozu das nütze. Trotzdem war er darin nicht Laie, er meinte aber, solche Untersuchungen nähmen ein Menschenleben in Anspruch und hielten von vielen anderen nützlichen Kenntnissen ab."

Strabon

Historiker und Geograph. Geb. 64/63 v. Chr. in Amaseia (Pontos), machte ausgedehnte Reisen, lebte seit 7 v. Chr. wieder in Amaseia, seine letzten Notizen stammen aus den Jahren zwischen 23 und 26 n. Chr.

Schriften:
Historische Kommentare. Davon sind nur Fragmente erhalten.
Geogr.: Geographica. 17 Bücher. Ed. G. Kramer. Berlin 1844.
(Darin wird die Weltkarte des Eratosthenes zugrundegelegt und beschrieben.)
Geogr. d.: Strabo's Erdbeschreibung, übers. von A. Forbiger.
Berlin und Stuttgart 1855–1903.

Straton von Lampsakos

Geb. ca. 330 v. Chr. in Lampsakos, wurde 287 als Nachfolger von Theophrast Leiter der peripatetischen Schule in Athen, starb 269 v. Chr.

Seine Vorstellungen über das Vakuum, die er auch durch Experimente stützte (es gibt ein Vakuum „naturgemäß" nur im Kleinen, zwischen den Atomen; dadurch wird Verdünnung und Verdichtung der Luft möglich) hatten Einfluß auf die weitere Entwicklung, zunächst bei Heron. S. hat auch über Mechanik gearbeitet. – [163].

Thales von Milet

Ca. 624–548/545 v. Chr. Leben und Leistungen [72–79, 90]. Die Erde schwimmt auf dem Wasser [147].

Theaitetos

416–369 v. Chr. Platon schildert ihn im Dialog „Theaitetos", der im Jahre 399 v. Chr. spielt, als einen Jüngling von etwa 17 Jahren. Er war Schüler von Theodoros und Freund von Platon. 369 wurde er in der Schlacht vor Korinth verwundet, nach Athen gebracht und starb an seinen Wunden und der im Heere ausgebrochenen Ruhr. – Von ihm stammt wahrscheinlich im wesentlichen die Theorie der Irrationalitäten in Euklids El. X und die Theorie der regelmäßigen Körper El. XIII.
Literatur: K. von Fritz: Ink. – W. R. Knorr. – A. Szabó: Anf., S. 79 ff.

Themistios

Ca. 317–388 n. Chr. Geb. in Paphlagonien, wirkte in Konstantinopel als Philosoph und Redner; schrieb Paraphrasen zu Werken des Aristoteles. – [95].

Theodoros von Kyrene

470/460–390/380 v. Chr. Proklos nennt ihn im Mathematiker-Verzeichnis zusammen mit Hippokrates von Chios, Iamblichos führt ihn in einer Liste der Pythagoreer aus Tarent auf [V. P. 267], Platon schildert ihn im Dialog Theaitetos (399) als einen älteren Mann, der die Diskussion seinem Schüler Theaitetos überläßt; er selbst habe sich „aus dem bloßen Denken ⟨ἐκ τῶν ψιλῶν λόγων = aus dem leeren Gerede?⟩ in die Mathematik gerettet" [165 a]. Theaitetos schildert eine Unterrichtsstunde, in der Theodoros die Irrationalität von $\sqrt{3}, \sqrt{5}, .., \sqrt{17}$ vorführt [147 d–148 d].

Theodosios von Bithynien

2. Jh. v. Chr.? Vitruv nennt ihn als Erfinder einer Sonnenuhr „für jeden Ort" [Arch. IX, Kap. 8,1], also muß Th. vor der Abfassung von De architectura gelebt haben. Vielleicht war er Zeitgenosse von Hipparch, nach dem Charakter der Sphärik eher etwas älter.
Hauptwerk:

Sph.: Heiberg, J. L.: Theodosius Tripolites Sphaerica. Abhandlungen der Gesellschaft der Wissenschaften zu Göttingen, Phil.-Hist. Klasse, N. S. *19*, Nr. 3, 1927.
(Kugelgeometrie mit Anwendung auf die Astronomie. Erweiterung der Sphärik des Autolykos und der Phainomena von Euklid.)

Sph. d.: Die Sphärik des Theodosios. Übers. von E. Nizze. Stralsund 1826.

Lit.: Heath: Gr. M. Bd. 2, S. 245–252.

Theon von Alexandria

2. Hälfte des 4. Jh. n. Chr. Vater der Hypatia.
Herausgeber des Euklid. Erst im 19. Jh. wurde eine Handschrift gefunden, die

auf eine vor-theonische Fassung der Elemente zurückgeht [70]. Th. schrieb ferner Kommentare zu Werken von Ptolemaios. - [116].

Theon von Smyrna

Zur Lebenszeit: Ptolemaios benutzt vier Beobachtungen der Planeten Merkur und Venus aus den Jahren 127, 129, 130, 132 n. Chr. aus den „von dem Mathematiker Theon uns hinterlassenen Aufzeichnungen".
Schrift:

M. Pl.: Theonis Smyrnaei expositio rerum mathematicarum ad legendum Platonem utilium. Ed. E. Hiller, Leipzig 1878.
(Eine Einführung in die Mathematik für Studenten der Philosophie. Von den 5 Teilen (1) Arithmetik, (2) ebene Geometrie, (3) Stereometrie, (4) Astronomie, (5) Musik sind (1) und (4), sowie Teile von (5) erhalten. (1) enthält interessante zahlentheoretische Sätze, in (4) wird das Weltbild des Herakleides vertreten.)

Theophrast

Geb. 372 v. Chr. in Erebos auf Lesbos, ging nach Athen, wurde Schüler von Aristoteles und nach dessen Fortgang aus Athen (322) Leiter von dessen Schule bis zu seinem Tod 287 v. Chr. Sein Nachfolger war Straton von Lampsakos. Von naturwissenschaftlichem Interesse sind insbesondere seine Schriften über Botanik und Mineralogie. Seine Geschichte der Naturphilosophie ist verloren, die Auszüge daraus, die sich bei anderen Schriftstellern finden, sind wichtige historische Quellen.

Op.: Theophrasti Eresii quae supersunt omnia. Ed. F. Wimmer, Leipzig.
Vol. I. Historia plantarum. 1854.
Vol. II. De causis plantarum. 1854.
Vol. III. U. a. de lapidibus ... 1862.

Theudios aus Magnesia

Er ist nur aus dem Math. Verz. des Proklos bekannt: „Er hat die Elemente in guter Ordnung zusammengestellt und vielen speziellen Sätzen eine allgemeinere Fassung gegeben" [99]. Nach seiner Stellung in diesem Verzeichnis müßte er etwa ein Zeitgenosse von Platon gewesen sein. Man kann annehmen, daß Aristoteles seine mathematischen Kenntnisse von ihm erworben hat.

Varro, Marcus Terentius

Geb. 116 v. Chr. in Reate bei Rom, studierte um 82 in Athen, war ca. 86 Quästor, 77–71 als Legat von Pompeius in Spanien, 70 Volkstribun, 68 Prätor, 49 wieder Legat von Pompeius. Nach dem Tode von Pompeius wurde V. von Caesar begnadigt und 47 zum Reichsoberbibliothekar ernannt. Nach dem Tode von Caesar wurde V. von Antonius geächtet; er entkam zwar dem Tod, aber seine Bibliothek wurde geplündert.
V. starb 27 v. Chr.
Von seinen zahlreichen Schriften sind nur erhalten:
Vollständig: Rerum rusticarum libri III.

Mit Lücken: die Bücher 5–10 der 25 Bücher De lingua latina.
Verloren ist auch: Disciplinarum libri IX [166].

Vitruv

Seine erst im 15. Jh. erwähnten Vornamen sowie der Beiname Pollio sind unsicher.
Geb. etwa 84 v. Chr. Leitete unter Caesar und später unter Augustus den Bau von Kriegsmaschinen, war auch 33 v. Chr. beim Bau der römischen Wasserleitung tätig, erbaute die Basilika von Fano.
Sein Werk „De architectura libri decem" ist wahrscheinlich in den Jahren 33–22 v. Chr. verfaßt und wurde vielleicht erst 14 v. Chr. herausgegeben. – [166].
V.s Todesjahr ist unbekannt.

Benutzte Ausgabe:

Arch.: Vitruv. Zehn Bücher über Architektur. Lat. u. deutsch. Übers. von Curt Fensterbusch. Darmstadt: Wiss. Buchges. 1964.

Xenophanes

570–475/470 v. Chr. Geb. in Kolophon, verließt seine Vaterstadt im Alter von 25 Jahren aus Anlaß der Eroberung durch die Perser (545), wanderte 67 Jahre als Rhapsode „durch das Hellenische Land auf und ab" [Diels 21 B 8], bis er sich in hohem Alter in Elea niederließ. Er gilt als der Begründer der eleatischen Schule.
Aristoteles, Metaph. A 5, 986b 21–24: „Xenophanes stellte zuerst eine solche Einheitslehre auf (Parmenides soll ja sein Schüler gewesen sein) ... er blickte auf den ganzen Himmel hin und sagte, das Eine sei die Gottheit".
Aus Hippolytos [Diels 21 A 33]: „Er lehrt, eins sei das All, und sagt, die Gottheit sei ewig, eins, überall gleich, begrenzt, kugelförmig und in allen ihren Teilen voll Wahrnehmung." – [86].

Xenophon

Ca. 426 – nach 355 v. Chr. Geb. in Athen, Schüler von Sokrates, schloß sich dem griechischen Söldnerheer des gegen Artaxerxes II. rebellierenden persischen Prinzen Kyros an; nach dessen Niederlage und Tod bei Kunaxa (401) führte X. die 10000 Griechen zum Schwarzen Meer, von wo sie über Byzanz zurückkehren konnten. Das Heer trat dann in die Dienste Spartas.

Von Xenophons Schriften wurde hier benutzt:

Mem.: Memorabilien. Erinnerungen an Sokrates. Deutsch in: Xenophon. Die Sokratischen Schriften, übers. von E. Bux. Stuttgart: Kröner Verlag 1956.

Zenodoros

2. Jh. v. Chr.? Z. bewies, daß der Kreis unter allen Figuren gleichen Umfangs den größten Flächeninhalt hat, sowie die entsprechende Eigenschaft der Kugel gegenüber den regelmäßigen Polyedern und den Körpern, die durch Rotation eines zu einer Achse symmetrischen Polygons entstehen, dessen Ecken auf einem Kreis liegen, die also aus Kegeln und Kegelstümpfen zusammengesetzt sind. – [163].

Quellen:

Theon von Alexandria, Kommentar zum Almagest I, Kap. 3.
Pappos, Coll. V., und Ed. Hultsch, Bd. 3, S. 1189–1211.
Deutsche Übersetzung in
Müller, Wilhelm: Das isoperimetrische Problem im Altertum. Sudhoffs Archiv **37**, 1953, S. 39–71.
Lit.: Schmidt, Wilhelm: Zur Geschichte der Isoperimetrie im Altertum. Bibl. Math. (3), **2**, 1901, S. 5–8.

Zenon von Elea

Geb. etwa 490 v. Chr. Z. war im Alter von 40 Jahren mit seinem Lehrer Parmenides in Athen, als Sokrates noch sehr jung war [Platon, Parmenides 127]. Die berühmten vier Beweise Zenons gegen die Bewegung stehen in Aristoteles' Physik VI, 9, 239 b 5 – 240 a 13. [86].

4.3 Mathematik im Orient

Juschkewitsch, A. P.: Geschichte der Mathematik im Mittelalter.
Russisches Original: Moskau 1961. Deutsche Übersetzung von V. Ziegler, Leipzig. Basel: Pfalz-Verlag 1964.

4.3.1 Altchinesische Mathematik

Allgemeine Literatur

Kogelschatz, H.: Bibliographische Daten zum frühen mathematischen Schrifttum Chinas im Umfeld der „Zehn mathematischen Klassiker" (1. Jh. v. Chr. bis 7. Jh. n. Chr.). – Veröffentlichungen des Forschungsinstituts des Deutschen Museums für die Geschichte der Naturwissenschaften und der Technik. Reihe B. München 1981. (Dieser Arbeit sind die meisten einschlägigen Daten entnommen.)
Mikami, Yoshio: The Development of Mathematics in China and Japan. Abh. zur Gesch. d. Math. **30**, Leipzig 1913.
Needham, J.: Science and Civilisation in China. – With the Collaboration of Wang Ling. – Bd. 3. Mathematics and the Sciences of the Heavens and the Earth. – Cambridge University Press 1959.

Für die spätere chinesische Mathematik:

Libbrecht, U.: Chinese Mathematics in the Thirteenth Century. The Shu-shu chiu-chang of Ch'in Chiu-shao. – Cambridge, Mass., London 1973.
Darin: V. The Chinese Remainder Theorem: A Monograph. (S. 213–413).

Die wichtigste chinesische Sammlung ist

Suan-ching shih shu. Die „Zehn mathematischen Klassiker". Erstmals während der T'ANG-Dynastie (656) unter diesem Obertitel zusammengefaßt: in der Bearbeitung von LI Ch'unfeng und seinem Stab, als Lehrbuchsammlung für das neugegründete Mathematische Institut an der Staatsakademie; zugleich als Prüfungsgrundlage für den entsprechenden Zweig im staatlichen Examenssystem. – Drei Druckausgaben: 1084, 1213, 1774. (Kogelschatz, S. 31).

Editionen und Literatur zu einzelnen Werken

Zum Kanon der Mohisten [171]

Forke, A.: Mê Ti, des Sozialethikers und seiner Schüler philosophische Werke, übers. (deutsch) und erl. von A. Forke. - Mitteilungen des Seminars für Orientalische Sprachen an der Friedrich-Wilhelm-Universität zu Berlin. Beiband zum Jahrgang 23/25. Berlin 1922.

Graham, A. C.: Later Mohist Logic, Ethics and Science. - Hongkong, London 1978.

Chiu-chang suan-shu. Neun Bücher arithmetischer Technik. - Deutsch mit Erläuterungen von K. Vogel. Braunschweig: Vieweg 1968. (Ostwalds Klassiker, Neue Folge Bd. 4.) [173].

Gillon, B. S.: Introduction, Translation and Discussion of Chao Chün-Ch'ing's „Notes to the Diagrams of Short Legs and Long Legs and of Squares and Circles". - Hist. Math. **4**, 1977, S. 253-293. [179].

van Hee, P. L.: Le classique de L'île maritime, ouvrage chinois du IIIe siècle. - Qu. u. St. B **2**, 1933, S. 255-280.

(Enthält: LIU Hui, Hai-tao suan-ching = mathematisches Handbuch von der Insel im Meer (frz.) [180] und als Einleitung: Tableau général des mathématiciens chinois.)

Wagner, D. B.:

Sph.: Liu Hui and Tsu Keng-chih on the Volume of a Sphere. Chinese Science Vol. III, March 1978. Philadelphia, Pennsylvania, S. 59-79. [174].

Pyr.: An Early Chinese Derivation of the Volume of a Pyramid: Liu Hui, Third Century A. D. - Hist. Math. **6**, 1979, S. 164-188. [176].

Die in den Titeln vorkommenden Worte bedeuten:

chang:	Buch, Kapitel	suan:	Mathematik, Arithmetik
ching:	Handbuch, Klassiker	shi:	10
chiu:	9	shu:	Kunst (im Sinne von Können, lat. ars)
hai:	Meer	tao:	Insel
pei:	Gnomon		

Chinesische Mathematiker in zeitlicher Anordnung

Bei der geringen Anzahl wird auf eine alphabetische Anordnung verzichtet.

Die Mathematiker sind oft nur durch die Titel ihrer Werke bekannt.

CHANG Heng, 78-139 n. Chr.

Dichter, Mathematiker und Astronom. - Berechnung des Kugelvolumens [174].

HSÜ Yüeh, um 200 n. Chr.

Verfasser eines verloren gegangenen Kommentars zu den „Neun Büchern", angeblicher Verfasser des Shu-shu chi-i. (Darin: Die Aufgabe der 100 Vögel [181]).

CHAO Chün-ch'ing, 3. Jh. n. Chr.

Verfasser des ältesten Kommentars zum Chou-pei suan-ching (nach 222). - Zum Satz des Pythagoras s. o. Gillon und [179].

LIU Hui, 3. Jh. n. Chr.

Kommentar zu den „Neun Büchern" [173]. Ergänzung dazu: Neun Vermessungsaufgaben (Hai-tao suan-ching) [180].

SUN Tzu, Ende des 4. Jh.

Sun-tzu suan-ching: Meister Sun's Arithmetisches Handbuch. (Darin: Das chinesische Restproblem [182]).

CHANG Ch'iu-chien, 5. Jh.

Chang Ch'iu-chien suan-ching: Mathematisches Handbuch von CHANG Ch'iu-chien (zwischen 466 und 485). - Aufgabe der 100 Vögel [181].

TSU Keng-chih, um 504–520.
Kugelvolumen [174].

CHEN Luan, um 566
Schöpfer des 566 eingeführten T'ien-ho-Kalenders. – Kommentator, vielleicht Verfasser des Shu-shu chi-i. [181].

LI Ch'un-feng, 607–670
Verantwortlich für die Zusammenstellung der „Zehn mathematischen Klassiker" (656) als Lehrbuchsammlung für das neugegründete Mathematische Institut an der Staatsakademie [173].

4.3.2 Indische Mathematik

Literatur

Sen: Bose, D. M.; S. N. Sen; B. V. Subbarayappa:
A Concise History of Science in India.
Indian National Science Academy, New Delhi 1971.
(Die Abschnitte 1. A Survey of Source Materials, 2. Astronomy, 3. Mathematics sind von Sen verfaßt.)
Datta, B.: Geometry in the Jaina Cosmography.
Qu. u. St. B **1**, 1931, S. 245–254.
Datta, B. and A. N. Singh: History of Hindu Mathematics.
A Source Book. Lahore 1935–1938.
2. Aufl. Bombay, Asia Publishing House. 1962.
Colebrooke, H. Th.: Algebra with Arithmetic and Mensuration from the Sanskrit of Brahmagupta and Bhāskara. London 1817. Neudruck Walluf bei Wiesbaden: Sändig 1973.
Enthält eine ausführliche Einleitung und die englische Übersetzung von
Bhāskara II: Līlāvatī und Bījagaṇita
Brahmagupta: Kap. 12. Ganitādhyāya (Arithmetik)
Kap. 18. Kuttakādhyāya (Algebra).
Nau, M. F.: Notes d'astronomie Syrienne.
Journal asiatique (10), **16**, 1910, S. 209–228.
Darin: III. La plus ancienne mention orientale des chiffres indiens. S. 225–227.
Weitere Literaturangaben in K. Elfering: Die Mathematik des Āryabhaṭa I. München 1975.

Indische Mathematiker in zeitlicher Anordnung

Āryabhaṭa I, geb. 476, lebte vielleicht in Pāṭaliputra, vielleicht in Südindien. Schrieb 498/499: Āryabhaṭīya [185 ff.].
Englische Übersetzung: Clark, W. E.: The Āryabhaṭīya of Āryabhaṭa. Chicago 1930.
Text und deutsche Übersetzung: Elfering, K.: Die Mathematik des Āryabhaṭa I. München: Wilhelm Fink Verlag 1975.

Brahmagupta, 598 – nach 665, wirkte als Lehrer in Billamāla (heute Bhinmal bei Mt. Abu in Rajastan), damals Hauptstadt der Gurjaras.
Schrieb im Alter von 30 Jahren: Brāhmasputasiddhānta [189 ff.]. Englische Übersetzung der mathematischen Teile bei Colebrooke.
Pythagoreische Dreiecke [5], [190].

Bhāskara I schrieb 629 einen Kommentar zur Āryabhaṭa.

Mahāvīra, wirkte in Mysore, schrieb um 850 Gaṇita-sāra-saṃgraha [192].
Ed. mit engl. Übers. M. Raṅgācārya. Madras 1912.

Pṛthūdakasvāmin, schrieb ca. 864 einen Kommentar zu Brahmagupta.

Śrīdhara, ca. 990. Bekannt sind zwei Werke:
Pāṭīgaṇita, und ein kürzeres: Triśatikā [192]. Ein weiteres über Algebra ist bei Bhāskara II erwähnt.
Englische Übersetzung: The Triśatikā of Śrīdharācārya by N. Ramanujacharia and G. R. Kaye. Bibl. Math. (3), **13**, 1912, S. 203–217.

Āryabhaṭa II, zwischen 950 und 1100, schrieb einen Kommentar zu Āryabhaṭa I.

al-Bīrūnī, geb. 973 in Kath (Choresmien), gest. 1051 (?) in Ghazna; war bei den Eroberungszügen des Sultans Mahmūd von Gazna (1001–1026) in dessen Gefolge in Indien und schrieb ein großes Werk darüber [192]:
Alberuni's India. An account of the religion, philosophy, literature, geography, chronology, astronomy, customs, laws and astrology of India about A. D. 1030. Ed. E. C. Sachau, London 1887. Nachdrucke: London 1910, New Delhi 1964.

Śrīpati, wirkte etwa 1039–1056 in Rohiṇīkhaṇḍa, Mahārāṣṭra; schrieb über Astronomie, Astrologie und Mathematik, u. a. Gaṇitatilaka, offenbar unter Benutzung der Werke von Śrīdhara [192].

Bhāskara II, geb. 1114 in Bījapur (Karnata), schrieb 1150 Siddhānta-śiromaṇi. Die mathematischen Teile, Līlāvatī und Bīja-gaṇita wurden von Colebrooke ins Englische übersetzt.
Satz des Pythagoras [34], [194].

Das Bakhshālī-Manuskript, ein auf Birkenrinde geschriebenes Rechenbuch, wurde 1881 in der Nähe des Dorfes Bakhshālī bei Peschawar in Nordwestindien gefunden. Es wird datiert
von Kaye: wahrscheinlich 12. Jh. n. Chr.
von Datta/Singh: ca. 200 n. Chr.
von Sen: 3./4. Jh. n. Chr.
Da es das vollständige indische Zahlensystem enthält, fällt es mir schwer zu glauben, daß es vor Āryabhaṭa entstanden sein könnte, der ein viel komplizierteres System der Zahlendarstellung entwickelt hat.
Edition des Bakhshālī-Manuskripts: G. R. Kaye, Kalkutta 1927.

4.3.3 Mathematik in den Ländern des Islam

Literatur

Brockelmann, C.: Geschichte der arabischen Literatur. Weimar 1897.
Suter, H.:
F.: Das Mathematiker-Verzeichnis im Fihrist des ibn Abi Ja'ub an-Nadim. Abh. z. Gesch. d. Math. **6**, 1. Leipzig 1892.
M. u. A.: Die Mathematiker und Astronomen der Araber und ihre Werke. Abh. z. Gesch. d. Math. **10**, Leipzig 1900.
Nachträge und Berichtigungen. A. a. O. **14**, Leipzig 1902.
Sezgin, F.: Geschichte des arabischen Schrifttums. Bd. 5. Mathematik bis ca. 430 H. (= 1052 n. Chr.) Leiden 1974.
L. arab. W.: Lexikon der arabischen Welt. Ed. Stephan und Nandy Ronart. Zürich und München: Artemis Verlag 1972.

Arnold, Th. und Alfred Guillaume: The Legacy of Islam. Oxford Univ. Press 1931. Nachdruck 1960.
Nasr, Seyyed Hossein: Science and Civilisation in Islam. Cambridge (Mass.): Harvard Univ. Press 1968.
O'Leary, De Lacy: Arabic Thought and its Place in History. London 1922. 2. Aufl. 1939. Nachdruck 1954.
Hunke, Sigrid: Allahs Sonne über dem Abendland. Fischer-Bücherei 1965.
(Ein lebendig geschriebenes populäres Werk)

Zum Parallelenpostulat
Sabra, A. I.:
T.: Thābit ibn Qurra on Euclid's Parallels Postulate. Journal of the Warburg and Courtauld Institutes **31**, London 1968, S. 12–32.
Sim.: Simplicius's Proof of Euclid's Parallels Postulate. A.a.O. **32**, 1969, S. 1–19.

Islamische Autoren in zeitlicher Anordnung

Wie in den vorangegangenen Abschnitten ist damit eine gewisse Information über die Entwicklung der Wissenschaft beabsichtigt, die hier differenzierter und besser bekannt ist als bei den Chinesen und den Indern in den betrachteten Zeitabschnitten. Da hier auch mehr Namen auftreten, wird ein alphabetisches Verzeichnis mit Angabe der Nummer der zeitlichen Reihenfolge vorausgeschickt.

1. al-Fazārī Ibrāhīm ibn Ḥabib, gest. ca. 777.
Astronom in Bagdad, soll als Erster Astrolabe konstruiert haben. [197]

2. Muḥammad ibn Ibrāhīm al-Fazārī
Sohn des Vorigen, gest. 796/806.
Übersetzte auf Veranlassung von al-Manṣūr einen Siddhānta (den Brāhmasphuṭa-Siddhānta des Brahmagupta ?) 772/3 [196].

3. Ǧābir ibn Ḥaiyan, wirkte um 776 in Kūfā,
im Mittelalter als Alchemist Geber bekannt.

4. al-Ḥaǧǧāǧ (8./9. Jh.)
al-Ḥaǧǧāǧ ibn Yūsuf ibn Maṭar.
Übersetzte Euklids Elemente einmal z. Z. von Hārūn al-Rašhīd und einmal zur Zeit von al-Ma'mūn, ferner 829/830 den Almagest, aus dem Syrischen [197].

5. al-Ḫwārizmī
Abū Abdallāh Moḥammed ibn Mūsā al-Ḫwārizmī
geb. ca. 780 in Ḫwārizm, heute Khiva südl. des Aralsees, wirkte unter al-Ma'mūn in Bagdad, starb ca. 850.

N. Ind.: De numero Indorum. Nur lateinisch erhalten. - [197].
Algoritmi de numero Indorum. Ed. B. Boncompagni. Rom 1857.
Mohammed ibn Musa Alchwarizmi's Algorismus. Nach der einzigen (lateinischen) Handschrift in Faksimile mit Transkription und Komm. herausgeg. von K. Vogel. Aalen: Zeller 1963.

Alg.: Al-kitab al-muḫtaṣar fi ḥisāb al-ǧabr wa'l-muqābala
Ein kurzgefaßtes Buch über die Rechenverfahren durch Ergänzen und Ausgleichen. - [197 ff.].
Rosen: The Algebra of Mohammed ben Musa. Arab. mit engl. Übersetzung. Ed. F. Rosen. London 1831.
Libri: Lat. Übers. von Gerhard von Cremona in Libri, Histoire des Sciences Mathématiques en Italie, Bd. 1, Note 12, S. 253–297. Paris 1838.
Karp.: Robert of Chester's Latin Translation of the Algebra of al-Khowarizmi. Mit engl. Übers., ed. L. Ch. Karpinski, New York 1915.

Lit. dazu: J. Ruska: Zur ältesten arabischen Algebra und Rechenkunst. Heidelberg 1917. (Sitzungsber. d. Heidelb. Akad. d. Wiss., Phil.-hist. Kl. Jg. 1917, Abh. 2)

Das Kapitel Geometrie ist wiedergegeben in S. Gandz: The Mishnat ha Middot. Qu. u. St. A, Bd. 2. 1932.

al-Ḫwārizmī verfaßte auch astronomische Schriften und Tafeln sowie einen Auszug aus der Geographie des Ptolemaios.

6. al-Ǧauharī
al-ʿAbbās ibn Saʿīd al-Ǧauharī,
war einer der Astronomen im Dienste von al-Ma'mūn, nahm teil an astronomischen Beobachtungen in Bagdad 829–830 und in Damaskus 832–833.
Er schrieb einen Kommentar zu Euklids Elementen, mit Zusätzen. Daraus zitiert al-Ṭūsī sechs Sätze, die das Parallelenpostulat betreffen [208].

7. al-Farġānī
Abū-l-ʿAbbās Aḥmad ibn Muḥammad ibn Kaṯīr al-Farġānī, im Abendland bekannt als Alfraganus. Geb. in Farġānā, Transoxanien, gest. in Ägypten nach 861. Astronom im Dienste von al-Ma'mūn, beteiligt an einem mißglückten Kanalbau unter al-Mutawakkil. Der Anfang des Kanals lag zu tief, so daß der Kanal nur bei hohem Stand des Tigris genügend Wasser führte. Anscheinend starb der Kalif, bevor der Fehler entdeckt wurde.

8. al-Kindī

Abū Yūsuf Ya'qūb ibn Isḥāq ibn al-Ṣabbāḥ al-Kindī,
geb. in Basra Anf. d. 9. Jh., wirkte in Bagdad unter al-Ma'mūn und al-Mutawakkil, starb ca. 873.
Philosoph, vielseitiger Gelehrter.

Rescher, N.: Al-Kindī. An Annotated Bibliography. Pittsburg 1964.

Mathematisch-naturwissenschaftlich bemerkenswert:

Al-Kindi's Epistle on the Finitude of the Universe. Ed. N. Rescher und Haig Khatchadourian. Isis **56**, 1965, S. 426–433 (englisch).

9. Banū Mūsā

Drei Söhne von Mūsā ibn Sākir, der z. Z. von al-Ma'mūn starb. Der Älteste, Muḥammed, starb etwa 872/3. – [197].
Aḥmad beschäftigte sich mit Mechanik, Ḥasan mit Geometrie.

The verba filiorum of the Banū Mūsā. Lat. Übersetzung von Gerhard von Cremona mit engl. Übersetzung in M. Clagett: Archimedes in the Middle Ages. Vol. I. The Arabo-Latin Tradition. Madison: The University of Wisconsin Press 1964. (Kap. 4, S. 223-367).

H. Suter: Über die Geometrie der Söhne des Mūsā ben Schākir. Bibl. Math. (3), **3**, 1902, S. 259–272.

Kitāb al ḥijal:

F. Hauser: Über das kitāb al ḥijal – das Werk über die sinnreichen Anordnungen – der Benū Mūsā. Abh. z. Gesch. d. Naturw. u. d. Medizin, Heft 1, Erlangen 1922. (Spielerische Automaten in der Art von Heron.)

Die Banū Mūsā bemühten sich um den Erwerb griechischer Handschriften und veranlaßten oder förderten die Übersetzertätigkeit von Ḥunain ibn Isḥāq, Ṯābit ibn Qurra u. a.

10. Ḥunain ibn Isḥāq

Abū Zaid Ḥunain ibn Isḥāq al-'Ibādī ('Ibād ist der Name eines christlichen Araberstammes, der in der Nähe von Ḥīra ansässig war), geb. in Hīra 809/810, wirkte in Jundīshāpūr, dann in Bagdad, starb 873. Nestorianer. Er übersetzte hauptsächlich medizinische Schriften.

11. Isḥāq ibn Ḥunain

Abu Ya'qūb Isḥāq ibn Ḥunain ibn Isḥāq al-'Ibādī
Sohn des Vorigen. Geb. 830. Starb in Bagdad 910/911.
Übersetzte Aristoteles, Euklid, Ptolemaios, Menelaos, Archimedes, Hypsikles u. a. Einige dieser Übersetzungen wurden von Ṯābit ibn Qurra überarbeitet, so z. B. die Übersetzung der Elemente Euklids, die für die weitere Überlieferung wichtig wurde [197].

12. Ṯābit ibn Qurra

Abu-l-Ḥasan Ṯābit ibn Qurra ibn Marwān al-Ḥarrānī, geb. 826/827 in Harrān (Mesopotamien), wurde von Moḥammed ibn Mūsā ibn Šakīr nach Bagdad eingeladen, Übersetzte Werke von Archimedes, die Kegelschnitte des Apollonios u. a. [3.38], schrieb Kommentare zu Euklids Elementen und zu Ptolemaios' Almagest und eigene Arbeiten über Mathematik, Astronomie und Physik. Er starb 901.

Zwei Beweise des Parallelenpostulats [210]: Sabra T.

Einige weitere Schriften:
Suter, H.: Über die Ausmessung der Parabel von Thābit. Sitzungsber. d. physik. mediz. Sozietät Erlangen, **48**, 1918, 65–86.
–: Die Abhandlungen Thābits und Abū Sahl al-Kūhīs über die Ausmessung der Paraboloide. A.a.O. 186–227.
Björnbo, A.: Thābits Werk über den Transversalensatz. Erlangen 1924.
Weidemann, E.: Die Schrift über den Qarastūn. Bibl. Math. (3) **12**, 1912, S. 21–39.
(Diese Schrift über das Hebelgesetz geht wahrscheinlich auf griechische Quellen zurück. Lateinische Bearbeitungen waren im Mittelalter verbreitet.)
Lat. und engl. in: E. A. Moody and M. Clagett: Medieval Science of Weight. Madison 1952. Teilweise referiert in M. Clagett: The Science of Mechanics in the Middle Ages. Madison: Univ. of Wisconsin Press 1961.

13. Aḥmad ibn Yūsuf
Abū Ǧa'far Aḥmad ibn Yūsuf ibn Ibrāhīm ibn al-Dāya al-Miṣrī d.h. der Ägypter. Gest. ca. 912.
Sein Werk „De proportione et proportionalitate" beeinflußte Leonardo von Pisa und Jordanus Nemorarius.

14. Qustā ibn Lūqā
Qustā ibn Lūqā al-Ba'labakkī, d.h. aus Baalbek (Syrien), ein Christ griechischer Herkunft; der Name Qustā ist vielleicht eine syrische Abwandlung von Constans oder Constantinus. Er wirkte in Bagdad. Zahlreiche Übersetzungen, u.a. von Diophant und Heron wurden von ihm oder unter seiner Leitung angefertigt [197]. Er schrieb Kommentare zu Euklid und ein Werk über das kugelförmige Astrolab.
Er starb ca. 912.

15. al-Nayrīzī
Abū al-'Abbas al-Faḍl ibn Ḥātim al-Nayrīzī, d.h. aus Nayrīz bei Ṡhiraz. Lat.: Anaritius. Gest. ca. 922. Er schrieb außer astronomischen Werken und Tafeln einen Kommentar zu Euklids Elementen [197], der von Gerhard von Cremona ins Lateinische übersetzt wurde. Besonders wichtig ist darin die Besprechung des Parallelenpostulats [206].
Anaritii in decem libros priores Elementorum Euclidis commentarii ex interpretatione Gherardi Cremonensis. Ed. M. Curtze. Leipzig: Teubner 1899.

16. Abū Kāmil
Šuǧā' ibn Aslam ibn Muḥammad ibn Šuǧā' Abū Kāmil al-Ḥasib, auch: al-Miṣrī, d.h. aus Ägypten. Lebte ca. 850–930. Seine Algebra wurde von al-Karaǧī und von Leonardo von Pisa benutzt.
Alg.: Kitāb fi al-ǧabr wa'l-muqābala.
The Algebra of Abū Kāmil. Komm. Mordecai Finci.
Hebr. Text u. engl. Übers., ed. M. Levey. Madison 1966.
The Algebra of Abu Kamil Shoja' ben Aslam. Ausz. einer lat. Übers. mit Komm. Ed. L. C. Karpinski. Bibl. Math. (3), **12**, 1911/12, S. 40–55.
S.: Das Buch der Seltenheiten der Rechenkunst von Abū Kāmil el-Miṣrī. Deutsche Übers. u. Komm., ed. H. Suter. Bibl. Math. (3), **11**, 1910/11, S. 100–120.
(Darin das Problem der 100 Vögel [181].)
F. u. Z.: Suter, H.: Die Abhandlung über das Fünfeck und das Zehneck. Bibl. Math. (3), **10**, 1910, S. 15–42.

17. al-Fārābī

Abū Naṣr Muḥammad ibn Muḥammad ibn Tarḫān ibn Uzlagh al-Fārābī, geb. in Wasīj bei Fārāb (Turkestan), studierte in Bagdad, lebte meist in Aleppo, starb in Damaskus 950/1. Neuplatoniker, Enzyklopädist. –

Eine seiner Schriften:

Iḥṣa al-ʿUlūm. Aufzählung der Wissenschaften.

Sie wurde von Gerhard von Cremona ins Lat. übersetzt.

Deutsche Übersetzung der Einleitung und der Beschreibung der mathematischen Wissenschaften:

Wiedemann, E.: Über al-Fārābīs Aufzählung der Wissenschaften. Sitzungsber. der physik. mediz. Sozietät in Erlangen **39**, 1907, S. 74–101.

18. Abū-l-Wāfā'

Muḥammad ibn Muḥammad ibn Yaḥyā Abū-l-Wāfā' al-Būzağāni, geb. 940 in Būzağān (in Ḫurāsān, jetzt im Iran), arbeitete an dem mathematisch-astronomischen Institut in Bagdad, starb 997/8.

Ar.: Kitāb al-Manāzil fīmā yaḥtāğu ilaihi l-kuttāb wa-l-ʿummāl min ʿilm al-ḥisāb: Schrift der Stufenfolge über das, was die Schreiber und Sekretäre von der Arithmetik benötigen.
Arabisch ediert von Aḥmad Saʿīdān in: ʿIlm al-ḥisāb al-ʿarabī, ʿAmmān 1971, S. 64–368.
Inhaltsangabe: A. S. Saidan: The Arithmetic of Abū'l-Wafā'. Isis **65**, 1974, S. 367–375.
Besprochen (russisch) von M. I. Medovoy in Istoriko-matematicheskie issledovanija **11**, 1958 (Auftreten negativer Zahlen) und **13**, 1960.

Geom.: Kitāb fīmā yaḥtāğu ilaihi ṣ-ṣāniʿ min aʿmāl al-handasa.
Buch über das, was der Handwerker an geometrischen Konstruktionen benötigt.
Teile einer wahrscheinlich von einem Schüler verfaßten Bearbeitung in deutscher Übersetzung:

Geom. d.: H. Suter: Das Buch der geometrischen Konstruktionen des Abu'l Wefâ. – Abh. zur Gesch. der Naturw. und der Medizin. Erlangen. Heft 4, 1922, S. 94–109.
(Inhalt: Grundkonstruktionen. Konstruktionen regelmäßiger Polygone [200] und ihrer ein- und umbeschriebenen Kreise. Konstruktionen von Figuren in Figuren, z. B.: In ein Quadrat ein gleichseitiges Dreieck einzubeschreiben. Die Konstruktionen werden mit nur einer Zirkelöffnung ausgeführt.)

19. al-Qūhī (Sarton, Int. Bd. 1, S. 665: al-Kūhī)

Abū Sahl al-Qūhī Waiğan ibn Rustam, aus Kuh, Tabaristan, war 988 bei einer astronomischen Beobachtung in Bagdad anwesend; schrieb mehrere Arbeiten im Anschluß an die Werke von Euklid und Archimedes, u. a. konstruierte er die Seite des regelmäßigen Siebenecks durch Schnitt einer Parabel und einer Hyperbel (Lösung einer kubischen Gleichung) [200].

Samplonius, Y.: Die Konstruktion des regelmäßigen Siebenecks nach Abū Sahl al-Qūhī Waiğan ibn Rustam. Janus **50**, 1963, S. 227–249.

20. al-Karağī

Abū Bakr Muhammad ibn al-Hasan (al-Ḥāsib) al-Karağī (al-ḥāsib = der Rechner). Lebte in Bagdad, starb 1019/29.

al-Kāfī fī l-ḥisāb. Genügendes über das Rechnen.
Deutsch von A. Hochheim. 3 Teile. Halle 1878–1880.

al-Faḫrī fī (ṣinaʿat a)l-ğabr wa-l-muqābala.
Algebra, dem Wezir Faḫralmulk gewidmet.
Woepcke, F.: Extrait du Fakhri. Paris 1853. – [199].

al-Badiʿ fī l-ḥisāb.
L'algèbre. Al-badiʿ d'al-Karagi. Ed. A. Anbūba. Beirut 1964.

Diese Werke sind eine umfassende gründliche Darstellung der algebraischen Kenntnisse der Araber.

Erst kürzlich wurde ein geologisch-hydrologisches Werk von al-Karağī entdeckt: „Die Erschließung verborgener Gewässer". Es handelt vom Kreislauf des Wassers, dem Grundwasser und der Trinkbarkeit.

Mehdi Nadji: Karadjis „Erschließung verborgener Gewässer". Technikgeschichte Bd. **39**, 1972, S. 11-23.

21. Ibn al-Haiṯam

Abū ʿAlī al-Ḥasan ibn al-Ḥasan ibn al-Haiṯam al Baṣrī; al-Ḥasan wurde latinisiert zu Alhazen.

Geb. 965 in Basra, ging nach Ägypten und versprach eine Nilregulierung, sah aber am Ort die Unmöglichkeit ein. Trotzdem erhielt er eine hohe Stellung beim Kalifen al-Ḥākim (996-1020). Aus Sorge wegen der Unberechenbarkeit des Kalifen täuschte er eine Geisteskrankheit vor und lebte in Hausarrest bis zum Tode des Kalifen. Dann wurde er wieder gesund und lebte in Kairo bis etwa 1041.

Sein Hauptwerk:

Kitāb fī 'l-Manāẓir. Schrift über die optischen Gegenstände. Es lag seit der Mitte des 13. Jh. in einer lateinischen Übersetzung vor. Diese bildete die Grundlage für das Lehrbuch von Witelo, entstanden zwischen 1270 und 1276.

Einige weitere Schriften:

Kitāb fī Hay'at al-ʿĀlam. Schrift über den Aufbau der Welt. s. Schramm, Ph. S. 63 ff.

Fī Ḍaw' al-Ḳamar. Über das Licht des Mondes.
s. Schramm, Ph. S. 69 ff.

Mathematische Schriften:

Sharh Muṣaddarāt Uḳlidis. Kommentar zu den einleitenden Sätzen Euklids. S. Schramm St., S. 3. (Darin Diskussion des Parallelenpostulats [213].)
Das Buch der Kommentare zu den Einführungen der „Elemente" Euklids von Hasan ibn al-Haiṯām. Übers. (russisch) von B. A. Rosenfeld. Istoriko-matematicheskie issledovanija **11**, 1958, 743 ff.

Literatur:

Schramm, M.:
Ph.: Ibn al-Haythams Weg zur Physik. Wiesbaden: Steiner 1963.
St.: Ibn al-Haithams Stellung in der Geschichte der Wissenschaften. - Fikrun Wa Fann Nr. 6, 1965, S. 1-22. (S. 9: „Ibn al-Haytham entwickelt zum ersten Mal systematisch experimentelle Methoden. Nicht daß nicht schon vorher experimentiert worden wäre; ... aber als systematisch verwendetes Arbeitsmittel ist das Experiment eine Errungenschaft Ibn al-Haythams.")

22. al-Bīrūnī

Abū al-Raiḥān Muḥammad ibn Aḥmad al-Bīrūnī

Geb. 973 in Kath (Choresmien), war bei den Eroberungszügen des Sultans Mahmūd von Gazna (1001-1026) in dessen Gefolge in Indien, kehrte nach dem Tod von Mahmūd nach Gazna zurück, starb dort 1048.

Schriften:

Chr.: Chronologie der alten Völker. (Geschrieben 1000)
Ed. E. Sachau Leipzig 1878.
Engl. Übers. von E. Sachau, London 1879. Nachdruck Frankfurt 1969.

Ind.: Alberuni's India.
Ed. E. Sachau. London 1887.
Engl. Übers. von E. Sachau. London 1888. Nachdruck Delhi 1964.

Sehn.: Das Buch von der Auffindung der Sehnen im Kreise. Deutsche Übers. von H. Suter. Bibl. Math. (3) **11**, 1910, S. 11-78.

Trig.: Die trigonometrischen Lehren des persischen Astronomen Abu'l-Raiḥān Muh. ibn Aḥmad al-Bīrūnī. Ed. C. Schoy. Hannover 1927. - [203].

23. Ibn Sīnā
Abū ʿAlī al-Ḥusain ibn ʿAbdallāh ibn Sīnā
latinisiert: Avicenna, geb. 980 in Afšana bei Buchara, gest. 1037 in Hamadān. Galt in der Scholastik als eine der größten Autoritäten.
Er schrieb u. a.:

Kitāb al-šifa. Buch der Genesung der Seele. Eine philosophische Enzyklopädie.
Qānūn fī-l-ṭibb. Kanon der Medizin.

24. al-Zarqālī
Abu Isḥaq Ibrahim ibn Yaḥya al-Naqqaš.
Lebte in Cordoba ca. 1029–1087.
Astronom. Herausgeber der „Toledanischen Tafeln" (Planetentafeln) und Verfasser der Einleitung, die die Herstellung von trigonometrischen Tafeln beschreibt. Dieses Werk diente als Quelle für den Tractatus de sinibus, chordis et arcubus von Johannes von Gmunden, 1437.

25. ʿOmar Ḫayyam
Abū al-Fatḥ ʿUmar ibn Ibrāhīm al-Ḫayyāmi giyāṯ al-Dīn „der Zeltmacher", geb. 1048 (?) in Nishapur, dort gest. 1131.
Als Dichter berühmt durch seine Sonette Rubāʿīyāt.
Gab für alle Typen kubischer Gleichungen geometrische Lösungen mit Kegelschnitten [202 f.].

Alg. Woepcke: L'algèbre d'Omar Alkhayyāmi. Arab. und franz. ed. F. Woepcke, Paris 1851.
Alg. Winter: The algebra of ʿUmar Khayyam. Engl. Übers. von H. J. J. Winter und W. ʿArafat. J. R. Asiatic Soc. Bengal. Science **16,1**, 1950, 27–77.
Alg Rashed: L'oeuvre algébrique d'al-Khayyām, établie, traduite et analysée par Rashdi Rashed et Ahmed Dhebbar. Aleppo 1981.

Versuch eines Beweises des Parallelenpostulats [213]:

Discussion of Difficulties in Euclid. By Omar Ibn Abrahim al-Khayyami (Omar Khayyam). Engl. Übers. von Ali R. Amir-Móez. Scripta Math. **24**, 1959, 275–303.

26. Ibn Rušd (lat. Averroes)
Geb. 1126 in Cordoba, wurde wegen seiner philosophischen Anschauungen nach Afrika verbannt, aber 1195 vom Kalifen Jūsuf wieder an seinen Hof in Marrakesch geholt. Er starb in Marrakesch 1198.
„Der bedeutendste der arabischen Aristoteliker und der letzte arabische Denker, dessen Werk über die Sprach- und Religionsgrenze hinaus auf die Christenheit eingewirkt hat." [G. E. von Grunebaum in Propyläen-Weltgeschichte Bd. 5, S. 167].

27. Nāṣir al-Dīn al-Ṭūsī
Abū Gaʿfar Muḥammad ibn al-Hasan, Nasir al-Dīn al-Ṭūsī, al-Muhaqqiq, geb. 1201 in Tūs/Ḫurāsān (Persien).
„Al-Ṭūsī war überzeugter Schiit und scharfer Gegner des sunnitischen Kalifats. Seine politische Tätigkeit brachte ihn in Kontakt mit dem Mongolenfürsten Hūlāgū Ḫān, dem er bei der Vorbereitung des Zuges gegen Bagdad wertvolle Dienste leistete. Nach der Eroberung der Stadt (1258) belohnte ihn Hūlāgū mit der Ernennung zu seinem Hofastrologen und stellte ihm überdies reichliche Mittel zur Erbauung einer Sternwarte in Marāgha nahe dem Urmia-See im

nordwestlichen Persien zur Verfügung." [L. arab. W.]
al-Ṭūsī starb 1274.
Seine Hauptleistungen liegen auf dem Gebiet der Astronomie und Trigonometrie.
Seinen Beweis des Parallelenpostulats (auf Grund eines anderen geeigneten Postulats) hat Edward Pocock auf Veranlassung von Wallis ins Lateinische übersetzt; diese Übersetzung ist in Wallis, Opera Bd. 2, S. 669–673 wiedergegeben. al-Tūsī wird auch von Saccheri (1733) zitiert. – [213].

28. al-Kāšī
Ǧamšīd ibn Mas'ūd ibn Maḥmūd al-Kāšī
Geb. in Kašān, arbeitete an der von Ulug Beg errichteten Sternwarte in Samarkand, war Mitarbeiter der nach Ulug Beg benannten Tafeln. al-Kāšī starb 1429 in Samarkand.
Miftaḥ al-hisāb. Schlüssel des Rechnens. Verfaßt 1427.
P. Luckey: Die Rechenkunst bei Ǧamšīd b. Mas'ūd al-Kāšī mit Rückblicken auf die ältere Geschichte des Rechnens. Abhandlungen für die Kunde des Morgenlandes 31,1, Wiesbaden: Steiner 1951.
„eine zergliedernde und vergleichende Berichterstattung über ihren Inhalt" [S. VIII]. Darin u. a. Umrechnung von Sexagesimalbrüchen in Dezimalbrüche.
P. Luckey: Der Lehrbrief über den Kreisumfang (ar-risāla al-muḥītīya) von Ǧamšīd b. Mas'ūd al-Kāšī. Abh. der Akad. d. Wiss. Berlin, Math.-naturwiss. Kl. 1950, 6. Berlin 1953. [214].
Lösung einer kubischen Gleichung durch ein Iterationsverfahren [204].

29. Bahā' al-Dīn
Bahā' al-Din Muḥammad ibn al-Ḥusain al-'Amilī,
geb. 1547 in Baalbek, lebte wahrscheinlich in Persien, starb 1622 in Isfahan.
Beha-eddin's Essenz der Rechenkunst, arab. und deutsch ed. G. H. F. Nesselmann. Berlin 1843.
„Beha-eddin lebte in der spätesten Zeit der Blüte der arabischen Kultur, sein Werk ist gewissermaßen der letzte Blick, den ein Scheidender auf den Glanz früherer Jahre zurückwirft, um davon dem Gedächtnisse noch zu erhalten, was sich noch retten läßt."
In einem Abschnitt „Unlösbare Aufgaben" findet sich: „Eine Kubikzahl soll in zwei Teile geteilt werden, die auch Kubikzahlen sind."

4.4 Zitierte Autoren des Abendlandes

Albert von Sachsen, ca. 1325–1390
„Was einander deckt, ist einander gleich", angewandt auf Mengen [111]: Quaestiones ... in libros de celo et mundo. 1492. Quaestio X.

Bachet de Méziriac, Claude Gaspard, 1581–1638
Problèmes plaisans et délectables, qui se font par les nombres. Lyon 1612, 2. Aufl. 1624. Prop. IV–XIII: Sätze über gerade-mal-gerade usw. Zahlen [84].

Bolzano, Bernard, 1781–1848
Kontinuum [107]: Paradoxien des Unendlichen. Verfaßt 1847/48, hrsg. von F. Prihonsky 1851. § 38. – Zwischenwertsatz [96]: Rein analytischer Beweis des Lehrsatzes, daß zwischen je zwey Werthen, die ein entgegengesetztes Resultat gewähren, wenigstens eine reelle Wurzel der Gleichung liege. Prag 1817. Ostw. Klass. 153. Leipzig 1905.

Chuquet, Nicolas, gest. 1488

Triparty en la science des nombres. 1484. Ed. E. Marre. Bulletino bibliogr. storia scienze mat. fis. **13**, 1880, S. 555–659, 693–814. – Darin S. 642 ein System linearer Gleichungen mit negativer Lösung [145].

Clavius, Christoph, 1537–1612

Euclidis elementorum libri XV. Rom 1574. Benutzte Ausgabe Köln 1591. – Buch I, Axiom XIX (S. 18): Omne totum aequale est omnibus suis partibus simul sumptis [107]. – Zwischenwertsatz [96]: Buch III, Theor. 15. S. 145.

Descartes, René, 1596–1650

Intuition und Deduktion [85]: Regulae ad directionem ingenii. (1629). Ed. A. Buchenau. Leipzig 1907, deutsch von A. Buchenau: Regeln zur Leitung des Geistes. Leipzig: Meiner 1920. – Regel III.

Dürer, Albrecht, 1471–1528

Näherungsweise Kreiskonstruktion [69]: Underweysung der messung, mit dem zirckel vnd richtscheyt. Nürnberg 1525. – In Buch 2.

Euler, Leonhard, 1707–1783

Op.: Opera omnia. Hrsg. von der Schweiz. Naturforsch. Gesellschaft. I = Serie I, Opera mathematica.

Über vollkommene Zahlen [85]: De numeris amicabilibus. – Posthum erschienen: Comm. Arithm. **2**, 1849, S. 627–636 = Op. I, Bd. 5, S. 353–365. – Zum Problem der 100 Vögel (Regel Coeci) [181]: Algebra (1770) = Op. I, Bd. 1. 2. Teil, 2. Abschnitt, Kap. 2. – Zum „Chinesischen Restproblem" [183]: Solutio problematis arithmetici de inveniendo numero, qui per datos numeros divisus relinquat data residua. Comm. acad. sci. Petrop. **7**, (1734/35), 1740 = Op. I, Bd. 2, S. 18–32.

Fermat, Pierre, de, 1601–1665

Op.: Oeuvres de Fermat. Ed. P. Tannery, Ch. de Henry. 5 Bde. Paris 1891–1922.

p-ecks-Zahlen [143]: Brief an Mersenne, Sept. oder Okt. 1636. Op. Bd. 2, S. 65.

Galilei, Galileo, 1564–1642

Parabeltangente [136]: Discorsi e dimostrazioni matematiche intorno a due nove scienze attenenti alla meccanica e i movimenti locali. Leiden 1638. – Deutsch von A. von Oettingen: Unterredungen und mathematische Demonstrationen über zwei neue Wissenszweige ... Leipzig 1890, 1891. Ostw. Klass. 11. 24. 25. Nachdruck Darmstadt: Wiss. Buchges. 1964. – 4. Tag. S. 220.

Gauß, Carl Friedrich, 1777–1855

Op.: Werke, hrsg. von der Kgl. Ges. d. Wissenschaften, Göttingen. 12 Bde. 2. Abdruck 1870–1938. Nachdruck Hildesheim, New York 1973.

Lösung von Kongruenzen („Chinesisches Restproblem") [183]: Disquisitiones arithmeticae. Leipzig 1801 = Op. Bd. 1. – Deutsch von H. Maser: Untersuchungen über höhere Arithmetik. 1889. Nachdruck Bronx, New York: Chelsea 1965. – 2. Abschnitt, § 32ff.

Kepler, Johannes, 1571–1630

Op.: Gesammelte Werke. Ed. W. v. Dyck, M. Caspar, F. Hammer, M. List. Kepler-Kommission der Bayer. Akad. d. Wissenschaften. 1938 –

Drehung der Erde [151]: Mysterium Cosmographicum. Op. Bd. 8. Deutsch von M. Caspar: Das Weltgeheimnis. Augsburg: Filser 1923. Kap. 1. – Planetenbewegung [153]: Astronomia Nova 1609. Op. Bd. 3. Deutsch von M. Caspar: Neue Astronomie. München, Berlin: Oldenbourg 1929.

Lambert, Johann Heinrich, 1728–1777

Zum Parallelenpostulat [212]: Theorie der Parallelenlinien. Aufgesetzt 1766, veröffentlicht posthum 1786. - Wiedergegeben in: Die Theorie der Parallelenlinien von Euklid bis auf Gauß. Hrsg. von P. Stäckel und F. Engel. Leipzig: Teubner 1895.

Leibniz, Gottfried Wilhelm, 1646–1716

LMG: Leibniz Mathematische Schriften. Hrsg. von C. I. Gerhardt, 7 Bde. 1849–1863. Nachdruck Hildesheim: Olms 1971.
LPG: Leibniz. Die philosophischen Schriften. Hrsg. von C. I. Gerhardt. 7 Bde. Berlin 1875–1890. Nachdruck Hildesheim: Olms 1965.
Der Durchmesser halbiert den Kreis [78]: LMG Bd. 5, S. 197. - Kontinuum [107]: LMG Bd. 7, S. 284. - Rechnen mit römischen Ziffern [165]: Brief an Detlef Clüver, 18./28. 5. 1680. LPG Bd. 7, S. 17f.

Leonardo von Pisa, ca. 1170 - ca. 1240

Op.: Scritti di Leonardo Pisano. Ed. B. Boncompagni, Rom, Bd. 1: 1857, Bd. 2: 1862.
Zum Satz des Pythagoras [33]: Liber abbaci (1202), Op. Bd. 1, S. 397. - Negative Gleichungslösung [145]: Flos (1225), Op. Bd. 2, S. 238.

Levi ben Gerson, 1288–1344

Jakobstab [181]: M. Curtze: Die Abhandlung des Levi ben Gerson über Trigonometrie und den Jakobstab. Bibl. Math. (2), **12**, 1898, S. 97–112.

Newton, Isaak, 1642–1726/27

Tangente an die Spirale [122]: The Mathematical Papers, ed. D. T. Whiteside, Cambridge. Bd. 1, 1967, S. 369/370 (niedergeschrieben Okt. 1665).

Nietzsche, Friedrich, 1844–1900

Thales [73]: Die Philosophie im tragischen Zeitalter der Griechen. Abschnitt 3. - Heraklit [74]: a.a.O. Abschnitt 5.

Oresme, Nicolas, 1320/5–1382

Quantität der Qualitäten, graphische Darstellung einer Funktion [159]: Quaestiones disputatae de Euclidis elementis. (Auch in anderen Schriften). Zitiert nach O. Becker: Die Grundlagen der Mathematik in geschichtlicher Entwicklung. Freiburg, München; Alber 1954, 2. Aufl. 1964. S. 131f.

Pasch, Moritz, 1843–1930

Axiom von Pasch [208]: Vorlesungen über neuere Geometrie (gehalten 1873/74). Leipzig: Teubner 1882. IV. Grundsatz. S. 21.

Reisch, Gregor, ca. 1470–1525

Margarita philosophica. 1503. Benutzte Ausgabe: Straßburg 1504. Baum des Porphyrios [106]: Buch II, Tract. I, Cap. 5. - Polygonalzahlen [143]: Buch IV, Tract. I, Cap. 23–26. - Jakobstab [181]: Buch VI, Tract. II, Cap. 4.

Riemann, Bernhard, 1826–1866

n-dim. Mannigfaltigkeit [109]: Über die Hypothesen, welche der Geometrie zu Grunde liegen. Habilitationsvortrag 1854. Abh. der Kgl. Ges. d. Wiss. Göttingen 1868. Ges. mathematische Werke, hrsg. von H. Weber. 2. Aufl. 1892. Nachdruck New York: Dover Publ. 1953, S. 272ff.

Saccheri, Girolamo, 1667–1733

Zum Parallelenpostulat [212]: Euclides ab omni naevo vindicatus. Mailand 1733. Deutsch in: P. Stäckel, F. Engel: Die Theorie der Parallellinien von Euklid bis auf Gauß. Leipzig: Teubner 1895.

Schopenhauer, Arthur, 1788–1860

Zum Beweis des Satzes von Pythagoras [33]: Die Welt als Wille und Vorstellung (1818), 1. Buch § 15.

Sluse, René François de, 1622–1685

Tangentenkonstruktion [122]: Rosenfeld, L.: René-François de Sluse et le problème des tangentes. Isis **10**, 1928, S. 416–434.

von Staudt, Christian, 1798–1867

Eindeutige Bestimmung eines Punktes durch ein Doppelverhältnis [140]: Geometrie der Lage 1847.

Steiner, Jacob, 1796–1863

„Doppelverhältnis" [140]: Systematische Entwicklung der Abhängigkeit geometrischer Gestalten voneinander. 1832. Ostw. Klass. Nr. 82, 83. Leipzig 1896. – 1. Abschnitt, 1. Kap., § 4.

Stevin, Simon, 1548–1620

Groma = Feldmeßkreuz [60] erwähnt in De Thiende, Anhang. The Principal Works of Simon Stevin, Bd. II A, ed. by D. J. Struik. Amsterdam 1958. S. 249.

Stifel, Michael, 1487?–1567

Negative Gleichungskoeffizienten [199]: Arithmetica Integra, 1544, fol. 240 r.

Viète, François, 1540–1603

Op.: Opera mathematica, ed. F. à Schooten. Leiden 1646. Nachdruck, hrsg. von J. E. Hofmann. Hildesheim, New York: Olms 1970.
„Logistica speciosa" [144]: In artem analyticen Isagoge, Cap. IV, Op. S. 4. „Logistice numerosa est quae per numeros, Speciosa quae per species seu rerum formas exhibetur, ut pote per Alphabetica elementa." – Spiralentangente [124]: Variorum de rebus mathematicis responsorum liber VIII. Cap. XIV, Prop. IV = Op. S. 390, und Cap. XVI, Prop. II = Op. S. 395. Siehe auch: J. E. Hofmann: François Viète und die Archimedische Spirale. Archiv d. Math. **5**, 1954, S. 138–145.

Ergänzungen zur Literatur

S. 216, Mathematik: Scholz, E. (Hrsg.): Geschichte der Algebra. Mannheim, Wien, Zürich: B. I. Wissenschaftsverlag, 1990.

S. 262, nach Zeile 8: Berggren, J. L.: Episodes in the Mathematics of Medieval Islam. New York, Springer 1986.

S. 262, nach Zeile 13: Jauuiche, K.: La Théorie des Paralleles en Pays d'Islam. Paris: Vrin 1986.

S. 258, Altchinesische Mathematik: Li Yan and Dù Shiràn: Chinese Mathematics. A Concise History. Uxford: Clarendon Press 1987.

4.5 Zeitliche Übersichten und Kartenskizzen

Zeitliche Übersicht: Mesopotamien

	um 3200 Einwanderung der Sumerer			
3000				
				Entstehung der Schrift (Tafeln aus Uruk)
2500				metrologische Tabellen
	um 2300 Sargon von Akkad			
	2230–2130 Fremdherrschaft der Gutäer			
	2130–2015 neusumerisches Reich			Rechen-tabellen
2000				
	Babylon	Erstarken von Assur	Hethiter	Texte von Tell Harmal, Susa-Texte, altbabylon. Texte
	um 1700 Hammurapi 1595 Hethiter zerstören Babylon			
1500		1530–1350 Mitannireich		
			1400–1200 jüngeres Hethiterreich	
		1117–1070 Tiglatpilesar I		
1000				
	um 850 Einwanderung der Chaldäer		Meder Perser	
	747–735 Nabonassar			seit 747 überlieferte astronomische Beobachtungen
		614 Meder zerstören Assur		
500	539 Perser erobern Babylon			
		Alexander		Mond- und Planeten-rechnungen
		Seleukiden		

Zeitliche Übersicht: Ägypten

3000		Zusammenschluß Ober- und Unterägypten: Narmer	Schrift Zahlzeichen
	Frühzeit 2950–2640	1. u. 2. Dyn. Letzter König der 2. Dyn.: Chasechemui	
2500	Altes Reich 2640–2155	3.–6. Dyn. 4. Dyn.: Pyramiden	
	1. Zw.-zeit	11. Dyn. (Theben) 2134–1991 2040 Reichseinigung durch Mentuhotep	
2000	Mittleres Reich 2040–1785	12. Dyn. 1991–1785 Amenemhet III 1844–1797	P.Moskau, P.Rhind Urschrift
	2. Zwischen-zeit	13./14. Dyn. 1785–1660 Hyksos 1660–1540	P.Moskau, P.Rhind Abschrift
1500	Neues Reich 1552–1070	18. Dyn. 1552–1306 Echnaton 1364–1347 19. Dyn. 1306–1186 Ramses II. 1290–1224 Schlacht bei Kadesch 1285 20. Dyn. 1186–1070	P.Anastasi
1000	3. Zwischen-zeit		
500	Spätzeit	671 Assyrer 525 Perser 332 Alexander Ptolemäer Tempel von Edfu	Demotische Papyri 300 v. Chr. -300 n. Chr.

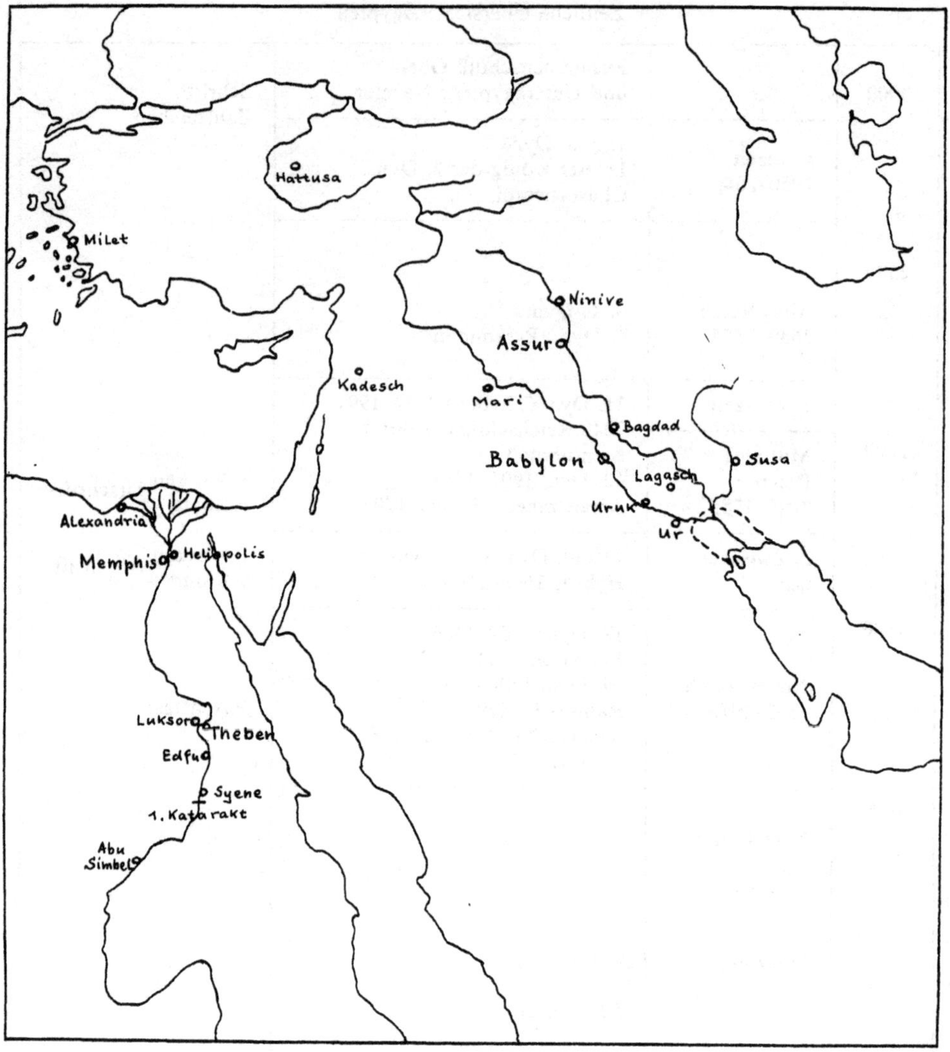

Ägypten und Mesopotamien

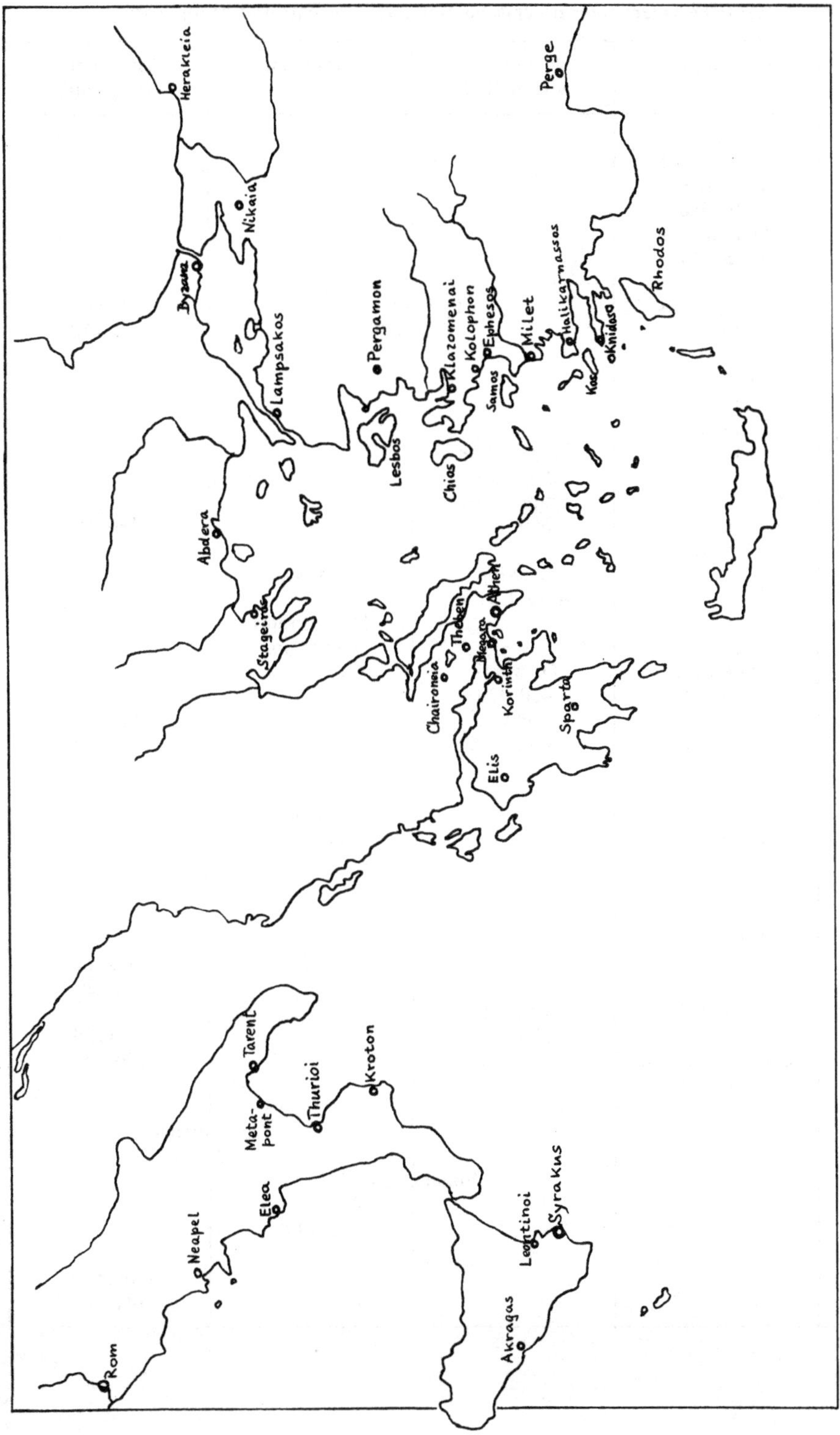

Heimatorte griechischer Mathematiker

Zeitliche Übersicht: Griechische Naturwissenschaft und Mathematik

	Philosophie	Naturwissenschaft	Mathematik	Astronomie Geographie
600	Thales 624–548/545 Anaximander 610–546 Anaximenes um 546			
	Xenophanes 570–475	Pythagoras 570–480		Hekataios 560–480
	Heraklit um 500			
500	Parmenides 515–445	Anaxagoras 500–425 Empedokles 500–430		
	Zenon v. Elea 490–430			Herodot 484–430
		Leukipp Mitte d. 5. Jh.	Hippasos	
			Hippokrates von Chios	
	Sokrates 469–399	Demokrit 460–370		
400	Platon 427–348	Archytas um 400–360		Philolaos um 400
			Eudoxos 400–347	
			Menaichmos um 360	
	Aristoteles 384–322			
	Theophrast 371–287		Euklid	Pytheas aus Massilia um 320
300	Epikur 341–270	Straton 330–269		Aristarch 320–250
	Zenon v. Kition 334–263			
			Eratosthenes 290–210	
		Archimedes 287–212		
			Apollonios 262–190	
200				
				Hipparch 141–126

Zeitliche Übersicht: Griechische und römische Autoren

	Athen	Alexandria	(Rhodos) Rom
200			
			Hipparch 141–126
100			Poseidonios 135–51 Geminos, um 70 Cicero 106–43 Lukrez 97–55 Vitruv 84–20
0			
		Heron um 62	Plinius d. Ä. 23–79 Nikomachos von Gerasa um 100
100	Theon von Smyrna		
		Ptolemaios	
200	Alexander von Aphrodisias		Plotin 205–270
		Diophant	
300	Iamblichos 250–330		
		Pappos Theon v. Alexandria Hypatia gest. 415	Augustinus 354–430
400			
	Proklos 411–485	Ammonios vor 445–517/26	Boetius 480–524
500	Simplikios	Philoponos	Cassiodoros 490–583
529	Schließung der Akademie		Benedikt Monte Cassino

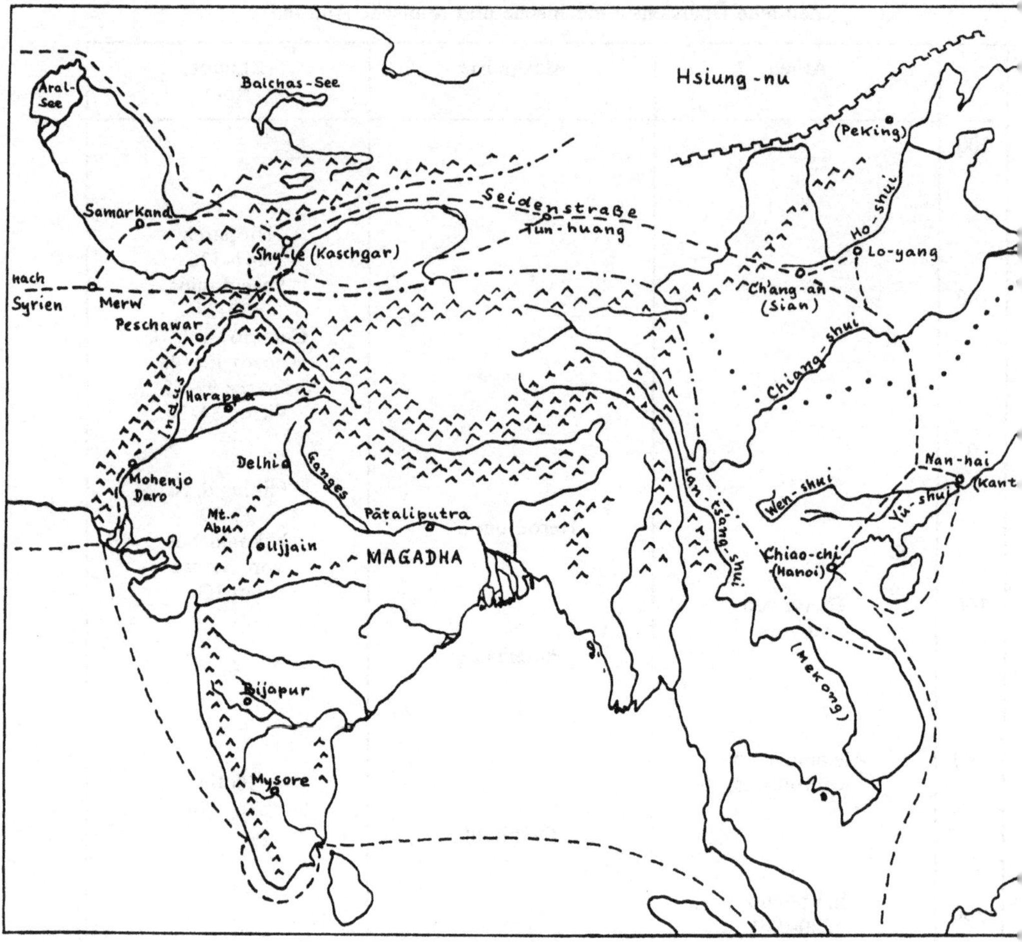

Indien und China

Erläuterungen zur Kartenskizze von China

Große Mauer zur HAN-Zeit ⎽⎺⎽⎺⎽⎺⎽⎺⎽
Handelswege - - - - -

Das Gebiet der „Kämpfenden Staaten" reichte ungefähr bis zur Linie·······

Zur HAN-Zeit dehnte sich das Reich etwa bis zur Linie -·-·-·- aus. Diese Linie stellt aber nur eine grobe Orientierungshilfe dar. Der Machtbereich Chinas wurde durch militärische Operationen oft stark verändert; im N führten sie weit in das Gebiet der Hsiung-nu hinein. Wichtig sind im W die Nähe zu Persien und die Übergänge ins Indus-Tal, im S die Nähe zu Indien und der Zugang zu bequemen Seewegen.

Die Hauptstadt war in der Spätzeit der CHOU-Dynastie Lo-yang, in der HAN-Zeit zunächst Ch'ang-an, später wieder Lo-yang.

Da die ältesten überlieferten mathematischen Werke in der HAN-Zeit zusammengestellt wurden (wenn auch aus älterem Material), bezieht sich die Skizze, soweit möglich, auf diese Zeit. Namen von Städten und Flüssen wurden (soweit möglich) in der zur HAN-Zeit üblichen Form angegeben, evtl. die bei uns eingebürgerten modernen Namen in Klammern beigefügt.

Erläuterungen zu einigen chinesischen Wörtern:

- *shui* = Wasser, alte Bezeichnung für Fluß, z. B. Ho-shui = der Fluß Ho.
- *ho* = urspr. Eigenname des Huang-ho (CHOU-Zeit); seit der HAN-Zeit allgemein für große Flüsse, deshalb die Kennzeichnung *des* Ho-Flusses durch das Attribut *huang* (gelb).
- *chiang* („kiang") = urspr. Eigenname des „Yangtse-kiang"; später allgemein für große Flüsse, einhergehend mit der Kennzeichnung *des* Chiang-Flusses durch das Attribut *ch'ang* (lang); daher der noch heute gültige Name Ch'ang-chiang.
- *pei* = Norden (z. B. Pei-ching = Nord/Hauptstadt; unser „Peking").
- *nan* = Süden (z. B. Nan-hai = Süd/Meer).
- *hsi* = Westen (z. B. Hsi-an = West/Frieden; unser „Sian").
- *tung* = Osten (z. B. Tung-ching = Ost/Hauptstadt; das jap. „Tokio").

Die wichtigsten Informationen stammen von H. Kogelschatz.

Zeitliche Übersicht: Chinesische Mathematik

	Seit d. 16. Jh. SHANG-Dynastie	ca. 1400: Orakelknochen mit Zahlzeichen
	Seit d. 11. Jh. CHOU-Dynastie	
500		551–479 Konfuzius
	475–221 Chan Kuo	480–405 MO Ti
400	„Kämpfende Staaten"	
300		4./3. Jh. Kanon der Mohisten
	221–207 CH'IN-Dyn.	seit vor 200: Rechenbretter mit Stäbchen
200		
100	206 v. Chr. –220 n. Chr.	Chou-pei suan-ching in der heutigen Gestalt um 100 v. Chr.
	HAN-Dynastie	Chiu-chang suan-shu („Neun Bücher") in der heutigen Gestalt etwa 1. Jh. n. Chr.
0		
100		78–139: CHANG Heng (Kugelvolumen)
200		um 200: HSÜ Yüeh
	220–265 San Kuo „Drei Königreiche"	nach 222: CHAO-Chün-ch'ing: Kommentar zu Chou-pei suan-ching
300		2. H. 3. Jh.: LIU Hui: Kommentar zu den „Neun Büchern" Hai-tao suan-ching
	265–420 CHIN-Dynastie	Ende des 4. Jh.: Sun-tzu suan-ching
400		
	420–581 Nan Pei Ch'ao „Nördl. u. Südl. Dynastien"	um 475: Chang Ch'iu-chien suan-ching
500		um 504–520: TSU Keng-chih
		um 566: CHEN Luan; kommentierte u. a. Chou-pei suan-ching, Chiu-chang suan-shu, Shu-shu chi-i
600	581–618 SUI-Dynastie	607–670: LI Ch'un-feng
		656 Zusammenstellung der zehn mathematischen Klassiker
700	618–906 T'ANG-Dynastie	

Zeitliche Übersicht: Indische Mathematik

500	516 Darius I erobert das Indusbecken, Verwaltungssprache aramäisch	ca. 560 - 480 Buddha ca. 545 - 470 Mahāvīra (Jainismus)
	327–325 Alexander ca. 332–185 Maurya-Dyn. 272–336 Aśoka	Karoṣṭi-Schrift und -Ziffern
0	78 n. Chr. Beginn der Śaka-Ära	
	ca. 310–6. Jh. Gupta-Dynastie	3./4. Jh. (?) Bakhshālī-Manuskript 5. Jh. Siddhāntas 476 - ? Āryabhaṭa
500	„Hindu-Mittelalter“	598 - nach 665 Brahmagupta um 629 Bhāskara I (Komm. zu Āryabhaṭa) Mitte des 7. Jh. Sēbōkht' kennt das indische Zahlensystem um 850 Mahāvīra um 864 Pṛthūdakasvāmin (Komm. zu Brahmagupta) um 990 Śrīdhara
1000	1001–1026 Raubzüge des Sultans Muhmūd von Gazna 1206 Sultanat Delhi	973–1048 al-Bīrūnī um 1050 Śrīpati 1114 - ? Bhāskara II

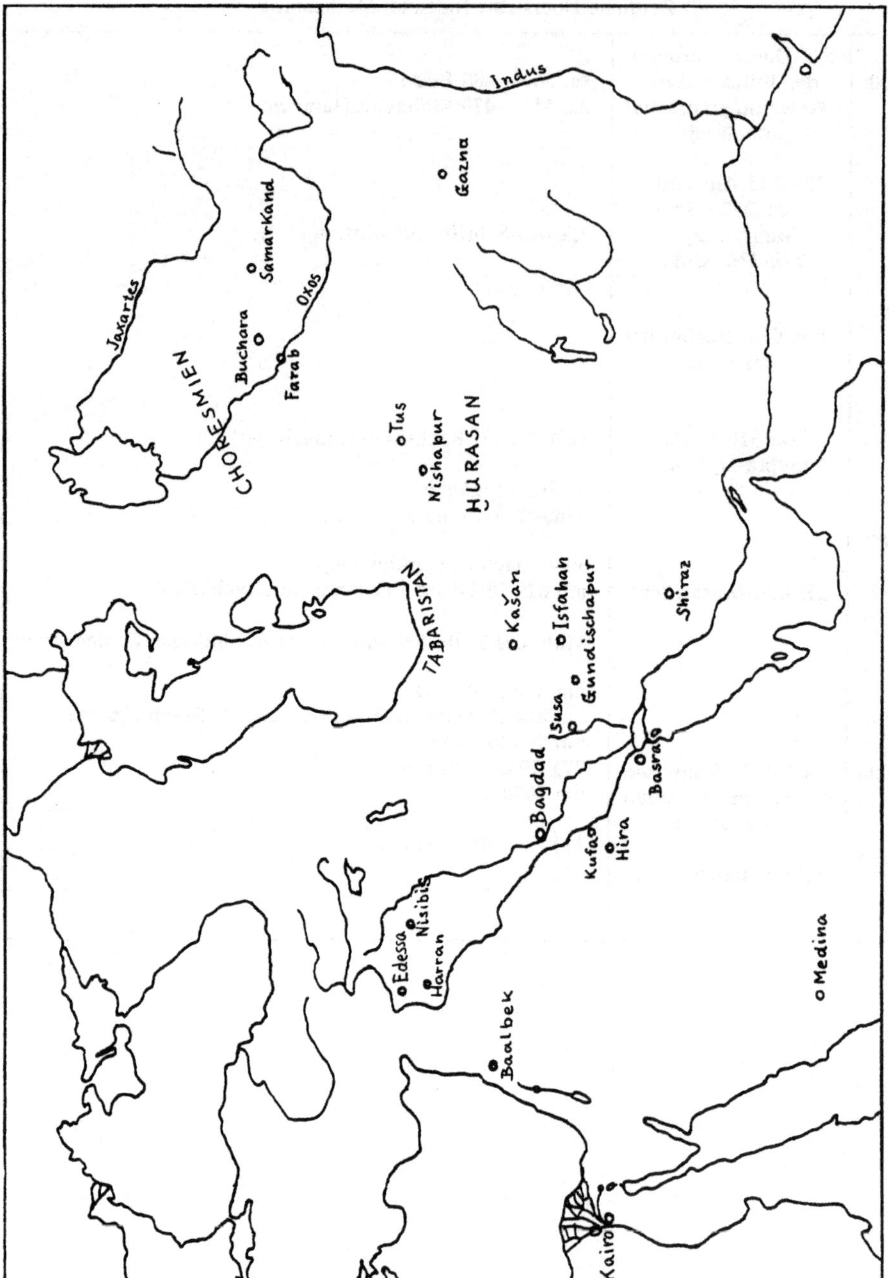

Heimatorte und Wirkungsstätten islamischer Mathematiker

Zeitliche Übersicht: Islamische Mathematiker

750	al-Manṣūr Kalif 754–775 762 Bagdad	772 al-Fazārī übersetzt Siddhānta um 776 Ǧābir ibn Ḥaiyan, Alchemist in Kufa
800	Harūn al-Rašīd 786–809	al-Haǧǧāǧ übersetzt Euklid
	al-Ma'mūn 813–833	al-Ḫwārizmī, gest. um 850 al-Ǧauharī (zum Parallelenpostulat)
850	al-Mutawakkil 847–861	al-Farġānī, Astronom al-Kindi, gest. um 873, Philosoph Banū Mūsā, drei Brüder, der älteste starb etwa 872/73 Isḥāq ibn Ḥunain, 830–910/11 übers. Euklid, Archimedes u. a. Ṯābit ibn Qurra, 826/27–901
900		Qustā ibn Lūqā, gest. ca. 912, übers. Diophant al-Nayrīzī, gest. ca. 922. Euklid-Kommentar Abū Kāmil, 850–930 al-Fārābī, gest. 950. Aufzählung der Wissenschaften
950		Abū-l-Wāfā', 940–997/98 Abū Sahl al-Qūhī, um 980/990 al-Karaǧī, gest. 1019/29 Ibn al-Haiṯam, 965–1041
1000	al-Ḥākim 996–1020 Kairo	al-Bīrūnī, 972–1048 Ibn Sina (Avicenna), 980–1037
1050		al-Zarqālī, 1029–1087
	1085 Eroberung von Toledo	'Omar Ḫayyām, 1048–1131.
1100		
	1258 Hulagu Han erobert Bagdad	Ibn Rušd (Averroes) 1126–1198 Nāṣir al-Dīn al-Ṭūsī, 1201–1274
	1453 Eroberung von Konstantinopel	al-Kāšī, gest. 1429 Bahā' al-Dīn, 1547–1622

Zahlzeichen

	1	2	3	4	5	6	7	8	9
Ägypten Hieroglyphen	𓏺	𓏻	𓏼	𓏽	𓏾	𓏿	𓐀	𓐁	
Ägypten Pap. Rhind	ı	ıı	ııı	—	"|	[illegible]	[illegible]	[illegible]	[illegible]
Altsumerisch	D	D D	D D D						
Babylonisch	𒁹	𒈫	𒐈	𒐉	𒐊	𒐋	𒐌	𒐍	𒐎
Griechen herodianisch	Ι	ΙΙ	ΙΙΙ	ΙΙΙΙ	Γ	ΓΙ	ΓΙΙ	ΓΙΙΙ	ΓΙΙΙΙ
Griechen Buchstaben	α	β	γ	δ	ε	ϛ	ζ	η	ϑ
China Orakelknochen	一	二	三	亖	ㄨ	[illegible]	十	)(	[illegible]
China Stäbchen	𝍠	𝍡	𝍢	𝍣	𝍤	𝍥	𝍦	𝍧	𝍨
China Schrift	一	二	三	四	五	六	七	八	九
Indien Kharoṣṭischrift	I	II	III	X	IX	IIX	IIIX	XX	
Indien Sanskrit	१	२	३	४	५	६	७	८	९
Araber Buchstaben	ا	ب	ج	د	ه	و	ز	ح	ط
Ostarabisch 10. Jh.	١	٢	٣	۴	۵	۶	٧	٨	٩
Westarabisch 14. Jh.	1	2	3	4	5	6	7	8	9

Zahlzeichen

10	20	50	60	100	200	500	600	1000	0

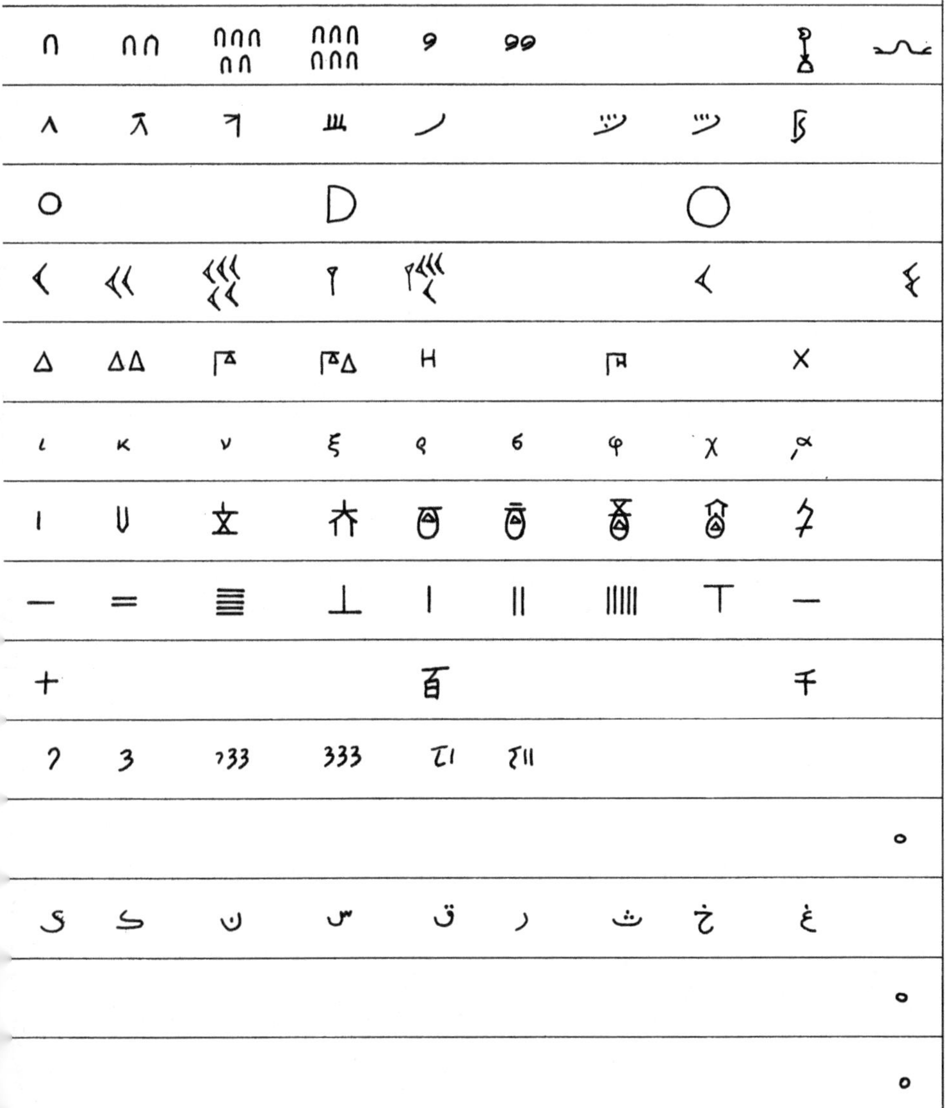

Stichwortverzeichnis

Abkürzungen: prh. = prähistorisch, bab. = babylonisch, äg. = ägyptisch, Sul. = Śulbasūtras, gr. = griechisch, chin. = chinesisch, ind. = indisch, ar. = arabisch.

Helmuth Gericke

Mathematik im Abendland

Von den römischen Feldmessern bis zu Descartes

marix verlag

Vorwort

Ursprünglich sollte in diesem Buch, als Fortsetzung der „Mathematik in Antike und Orient“, die ganze abendländische Mathematik im Umfang einer zweistündigen Vorlesung behandelt werden. Das Schicksal der Mathematik im Mittelalter, das Überleben eines Restes der griechischen Kenntnisse und die Wiedergewinnung aller dieser Kenntnisse hat mich jedoch so beschäftigt, daß ich ihm mehr Raum gegeben habe. Ich wollte auch nicht darauf verzichten, über die Werke von — wenigstens für ihre Zeit — bedeutenden Mathematikern ausführlich zu berichten und ausgewählte Stücke (meist Aufgaben) vollständig vorzuführen. So endet dieses Buch mit der Algebra und der Geometrie von Descartes (1637). Die Mathematikgeschichte hat hier keinen sehr scharfen Einschnitt, zumal Fermat und Descartes durch Extremwert- und Tangentenbestimmungen wichtige Vorarbeiten für die Entstehung der Infinitesimalrechnung geleistet haben. Aber mit der hier nicht mehr behandelten Infinitesimalrechnung beginnt doch die Mathematik des Unendlichen, das vorher zwar manchmal Gegenstand des Nachdenkens, aber noch nicht des mathematischen Kalküls war.

Die Quellen der mittelalterlichen Wissenschaft sind Handschriften, deren Studium eine eigene Wissenschaft ist. Ich habe selbst keine Handschriften im Original studiert, sondern mich nur auf Editionen gestützt. Solche sind etwa seit der Mitte des vorigen Jahrhunderts (z. B. Boncompagni's Edition der Werke von Leonardo von Pisa 1857, 1862) in immer größerem Umfang und mit großer philologischer Gründlichkeit veranstaltet worden. Ich möchte hier nur die zahlreichen Editionen von Maximilian Curtze aus der Zeit von 1885 bis 1903 nennen, ferner die von Kurt Vogel, von Wolfgang Kaunzner, denen ich auch persönlich viel verdanke. Besonders hervorheben möchte ich die Editionen H. L. L. Busard, der sie mir als Sonderdrucke zugänglich gemacht hat und dem ich viele persönliche Mitteilungen verdanke. Natürlich kann und will ich hier nicht alle wichtigen Arbeiten nennen, dafür verweise ich auf die „Bibliographischen Angaben“.

Mein besonderer Dank gilt dem Leiter des Instituts für Geschichte der Naturwissenschaften der Universität München, Herrn Menso Folkerts, der meine Arbeit in jeder Weise unterstützt hat. Er hat mich auf viele neuere Literatur nicht nur hingewiesen, sondern sie mir auch zugänglich gemacht. An dem Zustandekommen des vorliegenden Buches in dieser Form hat er wesentlichen Anteil. Er hat auch die Korrekturen mitgelesen.

Von Frau Kirsti Andersen habe ich viel über Perspektive gelernt, von Frau Uta Lindgren über die mittelalterliche Kartographie sowie über Gerbert und die Mathematik in der spanischen Mark, von Frau Raffaela Franci und Frau Laura Toti Rigatelli über die Algebra in Italien in der Zeit zwischen Leonardo von Pisa und Luca Pacioli. Besonders fruchtbar war die gemeinsame Arbeit mit Kurt Vogel und Frau Karin Reich an der Neubearbeitung von Tropfke, Geschichte der Elementarmathematik, und an den Werken von Viète.

Der jahrelangen Zusammenarbeit mit den Kollegen des Instituts für Geschichte der Naturwissenschaften der Universität München und des Forschungsinstituts des Deutschen Museums habe ich viel zu verdanken, auch den vielen Gesprächen, die ich auf Tagungen, oft in Oberwolfach, mit Kollegen führen konnte.

Über einige Themen des vorliegenden Buches findet man ausführlichere Darstellungen in dem Buch von M. Folkerts, E. Knobloch und K. Reich: „Maß, Zahl und Gewicht“ (Herzog-August-Bibliothek Wolfenbüttel 1989, Vertrieb VCH Verlagsgesellschaft Weinheim), z. B. über Klassifikationen der Wissenschaften, über Euklid und die Euklid-Überlieferung, über Michael Stifel, über Praktische Geometrie und Instrumente, über Rechenmeister und Lehrbücher u.a. Das Buch ist ein Ausstellungskatalog der genannten Bibliothek, enthält aber nicht nur Beschreibungen der ausgestellten Werke und Abbildungen aus diesen, sondern gründliche Arbeiten über die geistigen und mathematischen Zusammenhänge. Die Bibliothek verfügt über erstaunlich viele Werke aus dem 16. und 17. Jh. (nicht nur solche), so daß ein recht vollständiges Bild der Mathematik jener Zeit entsteht. (Das Buch ist mir erst nach Fertigstellung meines Manuskripts bekannt geworden.)

Dem Springer-Verlag bin ich für die sachkundige, liebenswürdige Hilfe bei der Gestaltung des Buches sehr dankbar.

Freiburg, im Februar 1990 Helmuth Gericke

Hinweise für den Leser

Spitze Klammern ⟨ ⟩ bezeichnen eigene Einfügungen in fremdem Text. Eckige Klammern [ ] bezeichnen Hinweise auf die „Bibliographischen Angaben". Sind von einem Autor mehrere Schriften benutzt, so werden sie durch abgekürzte Titel oder durch die beiden letzten Ziffern des Erscheinungsjahrs unterschieden. Bei Verweisungen innerhalb des Buches ist oft statt der Seitenzahl die Abschnittsnummer angegeben.

Op. steht allgemein für Opera omnia, Collected Works, Gesammelte Werke usw. Ed. steht für Edition oder Editor, ed. für edited by, auch für die entsprechenden Ausdrücke in anderen Sprachen.

/ zwischen Zeitangaben bedeutet „zwischen".

Bei arabischen Autoren habe ich meistens die im Mittelalter üblichen latinisierten Namensformen benutzt. Griechische Worte habe ich — ungern und daher nicht immer — in lateinischen Buchstaben wiedergegeben.

In Kleindruck stehen Stücke, die überschlagen werden können, ohne daß der Sachzusammenhang gestört ist.

Biographische Daten, also die Lebensumstände eines Autors, sind oft, eigentlich immer, von Bedeutung für sein wissenschaftliches Werk; ich habe sie deshalb in der Regel in den Text hineingenommen, seltener in das Namen- und Schriftenverzeichnis. Da sie manchmal doch den Zusammenhang unterbrechen, wurden sie oft in Kleindruck gesetzt.

Inhaltsverzeichnis

Vorschau

1. Die mathematischen Wissenschaften im ersten Jahrtausend

In Rom und im christlichen Abendland hat es im Mittelalter keine neuen mathematischen Forschungsergebnisse gegeben. Eine andere Frage ist, wie stark in der allgemeinen Geisteshaltung der Boden für ein neues Wachstum in der Neuzeit vorbereitet wurde. Zunächst hat die Mathematikgeschichte zu untersuchen, wo und wie die Reste der großen griechischen Mathematik diese Zeit überlebt haben, und wie sie – zum großen Teil, aber nicht ausschließlich über die Araber – wieder vollständig bekannt wurden.

1.1. Als die Römer begannen, sich mit der griechischen Wissenschaft eingehender zu beschäftigen, ungefähr im 1. Jh. v. Chr., hatte diese ihren Höhepunkt schon hinter sich. Insbesonders hatte der Gedanke, daß die Mathematik ein unentbehrlicher Bestandteil des Weltverständnisses sei, an Wirkkraft verloren. Es wurden aber auch nach Euklid und Archimedes noch wichtige Kenntnisse erarbeitet. Einige davon, die später im Mittelalter eine Rolle spielten, mußten dargestellt werden.

1.2. Die Römer pflegten die Mathematik 1) wegen ihrer Anwendung im Vermessungswesen, 2) als Teil der Allgemeinbildung des Gebildeten, d.h. des Rhetors. Dazu gehörte nur ein wenig Grundlagenwissen und erstaunlicherweise so etwas wie Zahlenmystik. (Das Wort "Mystik" scheint mir diese Betrachtungsweise der Zahlen nicht ganz richtig wiederzugeben.) (1. Jh. v. Chr.–6. Jh. n. Chr.)

1.3. Inzwischen wurde die griechische Wissenschaft bekanntlich in Alexandria weiterentwickelt, und für die Überlieferung wurde Byzanz wichtig.

1.4. Während bei den Römern die Rhetoren die „Gebildeten" waren, waren es im Christentum die Mönche, Priester und Bischöfe. Als Anlaß für die Beschäftigung mit Mathematik kommt jetzt hinzu, daß sie zum Verständnis der Bibel beitragen soll (in einer manchmal problematischen Weise), und daß man sie zur Berechnung des Osterdatums gebraucht. Ein Hauptanliegen der Kirche war damals die Christianisierung des mittleren und nördlichen Europa. Hinter der Front, die gegen die Heiden allmählich vorgeschoben wurde, begann eine stärkere Pflege der Bildung, z. B. unter Karl dem Großen durch Alkuin, und durch wachsende Bedeutung der Kloster- und Domschulen, z. B. in Reims unter Gerbert. (6.–10. Jh.).

2. Die Aneignung der arabischen und griechischen Wissenschaft

2.1. Das 11. Jh. ist eine Vorbereitungszeit. Durch die vorhandenen Schulen wurde der Geist geübt und der Wunsch nach umfassenderem Wissen geweckt.

2.2. Im 12. Jh. wurden die wichtigsten Werke ins Lateinische übersetzt, überwiegend aus dem Arabischen, aber auch aus dem Griechischen.

2.3. Im 13. Jh. begann die Aufarbeitung der erworbenen Kenntnisse zu Lehrbüchern und wissenschaftlichen Werken eigener Prägung. Die Arbeiten von Leonardo von Pisa, Jordanus de Nemore und Sacrobosco wurden in der ersten Hälfte dieses Jahrhunderts geschrieben. Dabei sind die Grundlagen der Algebra: das Werk von al-Ḫwārizmī und seine Erweiterungen durch Abû Kāmil und al-Karaǧī, die Grundlagen der Geometrie: die Werke von Euklid und Heron in der arabischen Überlieferung und den Übersetzungen von Adelard von Bath, Gerhard von Cremona und Anderen. Eine in Süditalien oder Sizilien entstandene Euklid-Übersetzung aus dem Griechischen scheint nicht sehr weit verbreitet gewesen zu sein. Die etwa 1255/59 entstandene Euklid-Bearbeitung von Campanus, die für einige Jahrhunderte maßgebend war, stützt sich ganz auf Übersetzungen aus dem Arabischen. Es sind aber auch Gedanken von Jordanus de Nemore eingearbeitet.

2.4. Mehr in der zweiten Hälfte des 13. Jh. erfolgte das Eindringen in die wissenschaftstheoretische und naturwissenschaftliche Gedankenwelt des Aristoteles. Dabei benutzte man nicht nur die Kommentare des Averroes, sondern auch die griechischen Kommentare von Simplikios, Philoponos und Anderen, und man griff auch auf die griechischen Originale der Schriften des Aristoteles zurück, die von Wilhelm von Moerbeke ins Lateinische übersetzt wurden.

Die Gedankenwelt des Aristoteles war nur schwer mit den christlichen Anschauungen in Einklang zu bringen. Nach Aristoteles soll das Weltgeschehen nicht durch Wunder, sondern rational erklärt werden. Daß sich diese Auffassung durchsetzen konnte, halte ich für einen ersten Schritt auf dem Wege zur neuzeitlichen Naturwissenschaft.

Dazu kommt die Beschäftigung mit der Optik (wobei die Erklärung des Regenbogens eines der Motive war), mit dem Magnetismus (der Magnetkompaß wurde in der abendländischen Schiffahrt seit dem 13. Jh. benutzt), auch mit Anwendungen der Mathematik in der Kunst und Technik der Bauhütten.

Wilhelm von Moerbeke übersetzte um 1269 auch die meisten Werke des Archimedes aus dem Griechischen ins Lateinische; das Interesse der Zeit konzentrierte sich aber auf die Berechnung des Kreisinhalts.

2.5. Kritische Auseinandersetzungen mit den Ergebnissen des Aristoteles sind für das 14. Jh. charakteristisch. Sie beziehen sich auf Begriffe der Bewegung, das Vakuum, den Bau der Materie und auf die Begriffe des Unendlichen und des Kontinuums. Führend waren die Universitäten von Oxford und Paris. Die Gelehrten waren meistens Theologen; ihnen kam es nicht so sehr auf einzelne mathematische Sätze an, sondern auf Fragen von grundsätzlicher Bedeutung. Zwar blieb damals alles noch ungefähr im Rahmen des Weltbildes des Aristoteles, aber man kam doch zu Korrekturen und Weiterentwicklungen der Ergebnisse, auch zu neuen Begriffsbildungen; z. B. kam man dem Funktionsbegriff sehr nahe (Oresme).

Eine Voraussetzung für derartige Untersuchungen war eine mathematische Grundausbildung, wie sie seit Boetius und bis ins 16. Jh. im Rahmen der *artes liberales* vermittelt wurde, zunächst von den Kloster- und Domschulen, dann in der artistischen oder philosophischen Fakultät der Universitäten. Im Quadrivium wurde gelehrt:

als *Arithmetica speculativa* die Arithmetik von Nikomachos/Boetius,

als *Arithmetica practica* das Rechnen mit den indischen Ziffern, auch Bruchrechnung – dies allerdings erst seit etwa dem 12. Jh.,

als *Geometria speculativa* Anfangsgründe aus Euklid's Elementen,

als *Geometria practica* etwas Vermessungsgeometrie, die auf die Agrimensoren zurückgeht und oft im Anschluß an Leonardo von Pisa gelehrt wurde: Vermessungen mit dem Quadranten und dem Jakobstab und Berechnungen von Flächen- und Rauminhalten,

ferner *Musik* und *Astronomie.*

In Rechenschulen, besonders in Italien, wurde kaufmännisches Rechnen und Algebra gelehrt, ebenfalls im Anschluß an Leonardo von Pisa. Die Suche nach den Lösungen der kubischen Gleichungen begann, führte aber vorerst nur in wenigen Einzelfällen zum Erfolg.

3. 15. Jahrhundert. Neuanfänge und Zusammenfassungen des gesicherten Wissens

Im 14. Jh. scheint die Naturwissenschaft und die Mathematik trotz fruchtbarer Ansätze in eine gewisse Stagnation zu verfallen. Im 15. Jh. brachte die Renaissance neue Aufgaben und neue Impulse. Die Entstehung und das Wesen der Renaissance zu beschreiben, ist – trotz ihrer Bedeutung für die Mathematik – nicht Aufgabe dieses Buches. Zitiert sei nur ein Stichwort, mit dem Jakob Burckhardt sie charakterisiert: „Die Entdeckung der Welt und des Menschen."

3.1. Geometrie

3.1.1. Die Maler sahen als ihre Aufgabe nicht mehr (nur) die Versinnlichung des jenseitigen Reiches Gottes an, sondern die Nachbildung der sichtbaren Wirklichkeit. Das gemalte Bild sollte im Auge den gleichen Eindruck hervorrufen wie der Gegenstand selbst. Das Mittel dazu war die geometrische Konstruktion des perspektiven Bildes. Die von Brunelleschi, Alberti und Piero della Francesca zuerst erarbeitete Theorie der Perspektive führte später – viel später – zur Darstellenden Geometrie und zur Projektiven Geometrie. Einen Anfang zu einer allgemeineren Theorie machte Desargues, der die Kegelschnitte unter den neuen Gesichtspunkten behandelte und für die erforderlichen neuen Begriffe Namen einführte, (die allerdings oft der Botanik entnommen und nicht immer glücklich gewählt waren).

3.1.2. Auch bei der Zeichnung von Figuren (Spiralen, regelmäßige Polygone) verlangte man genaue geometrische Konstruktionen (evtl. Näherungskonstruktionen). Solche exakten Konstruktionen dürften bei Strukturelementen der Architektur schon früher üblich und notwendig gewesen sein.

3.1.3. Dagegen scheint die praktische Geometrie, die ich oft Vermessungsgeometrie genannt habe, keine wesentlichen Fortschritte gemacht zu haben. Luca Pacioli beruft sich in seiner *Summa de Arithmetica, Geometria, Proportioni e Proportionalita* (1494) ausdrücklich auf Leonardo von Pisa.

Diese *Summa* ist eine großartige Zusammenfassung des gesamten Wissens der Zeit, sowohl in der Geometrie wie auch in der Arithmetik und Algebra. Diese Bestandsaufnahme (übrigens ohne den Anspruch, neue Ergebnisse zu bringen) war der gesicherte Ausgangspunkt für weitere Forschungen.

3.1.4. Während die Mathematik im allgemeinen in die Hände solcher Leute überging, die sie in ihrem Beruf brauchten oder deren Hauptberuf die Lehre der Mathematik war, hat noch einmal ein Theologe die Mathematik für die Zwecke der Theologie benutzt: Nikolaus von Kues. Die geometrische Vorstellung, daß im Unendlichen der Unterschied zwischen Kreis und Gerade verschwindet, soll das Verständnis dafür fördern, daß im „absolut Größten" Gegensätzliches zusammenfällt. Die Mathematik als Vorbild für das Verständnis schwieriger Fragen, das wurde z. B. von Gregor Reisch als Motiv für das Erlernen der mathematischen Wissenschaften genannt, wobei Nikolaus von Kues zitiert wird. Auch Descartes hat in der Mathematik ein Vorbild dafür gesehen, wie unbezweifelbare Wahrheiten gefunden werden können.

3.2. Wie das Vermessungswesen, so ist auch die Astronomie fast ununterbrochen zu allen Zeiten und von allen Völkern gepflegt worden, sei es nun wegen der Kalenderrechnung oder der Astrologie, die sich trotz der strikten Ablehnung durch Augustinus nicht nur im 15. Jh. behauptet hat. Beobachtungsdaten und Tabellen mußten ständig verbessert werden. Zum Aufgeben der Theorie des Ptolemaios kam es im 15. Jh. noch nicht, vielmehr wurde diese von Peurbach und Regiomontan noch einmal gründlich durchgearbeitet. Aus der Berechnung der Tafeln trat die Trigonometrie jetzt als eigenes Teilgebiet der Mathematik heraus.

3.3. In der Arithmetik und Algebra wurden die vorhandenen Kenntnisse, wie gesagt, in der *Summa* von Luca Pacioli zusammengestellt. Zur Bestandsaufnahme gehört auch die Behauptung, daß Gleichungen der Form

$$ax^4 + cx^2 = dx$$

$$ax^4 + dx = cx^2$$

„unmöglich" seien. Mehr Ansätze zu Neuem enthält das ähnlich umfassende Werk *Triparty* von Chuquet, u.a. eine klare Darlegung des Rechnens mit negativen Zahlen.

Kenntnisse im Rechnen und in der Algebra breiteten sich auch nach Norden aus, und gerade im deutschsprachigen Raum entstanden Anfänge einer algebraischen Symbolik: die Zeichen $+$, $-$, und Symbole für die Potenzen der Unbekannten.

3.4. An – wahrscheinlich – den meisten Universitäten wurde (natürlich) der traditionelle Stoff der *artes liberales* gelehrt, allerdings unter Berücksichtigung neuer Darstellungen, z. B. in der Astronomie der Arbeiten von Peurbach und Regiomontan.

Selbstverständlich hatte der Buchdruck großen Einfluß auch auf die mathematische und naturwissenschaftliche Literatur. Zu den früh gedruckten Werken gehören

1472 die *Theoricae novae planetarum* von Peurbach,
1482 die Euklid-Bearbeitung von Campanus,
1483 das Bamberger Rechenbuch von U. Wagner,
1489 die *Behend und hüpsch Rechnung* von Widman von Eger,
1494 die *Summa* von Luca Pacioli.

Die von Regiomontan geplante Edition aller mathematischen Klassiker brauchte noch etwas Zeit. Anscheinend waren sich die Herausgeber dessen bewußt, daß mit dem Druck eines Werkes, das dann in mehreren hundert Exemplaren in die Welt geht, mehr Verantwortung verbunden ist, als mit dem einmaligen Abschreiben einer Handschrift. Die Ausgaben wurden nunmehr sorgfältiger philologisch bearbeitet. Die wichtigsten klassischen Werke wurden im 16. Jh. im Druck zugänglich.

4. Die Zeit von 1500 bis 1637

4.1. Arithmetik und Algebra 1500–1637

4.1.1. Bei der Verbreitung der Rechenkunst im deutschsprachigen Raum kam es zunächst natürlich auf das gründliche Erlernen an. Hier war offenbar die Methode von Adam Ries damals besonders erfolgreich. Bei Schreyber und Rudolff könnte man vielleicht Spuren eines Bemühens entdecken, zu verstehen, was das Wesentliche an der Sache ist, etwa bei der zweckmäßigen Darstellung der Potenzen oder der Reduzierung der Gleichungstypen. Sehr deutlich erscheint die Frage nach dem Wesentlichen in der *Arithmetica integra* des Pfarrers Michael Stifel.

4.1.2. Inzwischen gelang in Italien die algebraische Lösung der kubischen Gleichung, und zwar im Zusammenhang mit einer Gleichungstheorie, die zunächst Aussagen über Gleichungen sammelt (Anzahl der Lösungen, Wirkung von Transformationen usw.), bevor sie sich der Lösung zuwendet.

4.1.3/4. Die Gleichungstheorie führte dazu, nicht nur irrationale, sondern auch negative und komplexe Zahlen zuzulassen und sogar als Zahlen anzusehen. Die griechische Definition der Zahl als Menge von Einheiten mußte durch eine allgemeinere ersetzt werden. Den ersten Anstoß gab Ramus; er wurde durch Stevin erweitert, aber erst mit oder nach Descartes kam eine neue Definition zustande, die allerdings von geometrischen Begriffen Gebrauch machte.

4.1.5. In der algebraischen Symbolik brachte Viète die wichtigsten Fortschritte: Bezeichnung der unbekannten und der bekannten Größen durch Buchstaben, was u.a. die Unterscheidung mehrerer Unbekannter ermöglichte, Bezeichnung der Potenzen durch die Basis *und* die Exponenten, wenn auch mit noch ungeschickter Bezeichnung der Exponenten, konsequente Benutzung von Zeichen der Zusammenfassung. Damit bekam die Algebra ein neues, fast schon modernes Gesicht.

4.1.6. Die Folgezeit brachte einige formale Verbesserungen (Übergang von großen zu kleinen Buchstaben), vor allem den Aufbau von Polynomen aus Linearfaktoren und die Erkenntnis oder die Überzeugung von der Gültigkeit des Fundamentalsatzes der Algebra, aber noch nicht den Beweis.

4.1.7. Im 3. Buch von Descartes' Geometrie sind die bisherigen Ergebnisse der Algebra auf knappstem Raum zusammengefaßt, mit weiteren Verbesserungen und Zusätzen von Descartes. Die Forschung steht jetzt vor den beiden Fragen: 1) Gilt der Fundamentalsatz, d. h. hat eine Gleichung genau soviele Lösungen wie ihr Grad angibt, und was bedeuten Lösungen, denen „keine reellen Größen entsprechen"? 2) Sind Gleichungen vom 5 und höheren Grade mit den „elementaren" Methoden, zu denen auch das Ausziehen von Wurzeln gehört, lösbar?

4.2. Geometrie 1500–1637

4.2.1/2. Die Geometrie hat es zunächst mit den Schwierigkeiten in den Elementen Euklids zu tun: der Definition des Größenverhältnisses, dem Berührungswinkel, der erst später von Wallis mit der Krümmung identifiziert wurde, und dem Parallelenpostulat, das die Geometer bis zu Gauß beschäftigt hat.

4.2.3. Im 16. Jh. wurden auch die übrigen Klassiker: Archimedes, Apollonios, Pappos und Heron durch die Editionen von Commandino im Druck zugänglich.

4.2.4. Im Anschluß an Apollonios und Pappos behandelte Viète einige spezielle Aufgaben (die Kreisberührungen, die Spiralentangente u.a.). Seine algebraische Symbolik ermöglichte die analytische Geometrie.

4.2.5. Fermat kam über die Rekonstruktion der „ebenen Örter" von Apollonios (nach dem Bericht, den Pappos davon gibt) dazu, daß eine Gleichung zwischen zwei Variablen eine Kurve darstellt. Descartes erkannte, daß gewisse geometrische Konstruktionen den algebraischen Operationen entsprechen.

Nunmehr können Funktionen (das Wort findet sich erst bei Leibniz) sowohl durch Kurven wie durch Gleichungen dargestellt werden. Das ist eine der Voraussetzungen der Infinitesimalrechnung.

1. Die mathematischen Wissenschaften im ersten Jahrtausend

1.1. Der Stand der griechischen Wissenschaften zur Zeit der Übernahme durch die Römer

1.1.1. Allgemeines. Gliederung der Wissenschaften

Die abendländische Mathematik beginnt in Rom. Die Anfänge setzen sich zusammen aus der eigenen Tradition der Römer und übernommenem griechischem Wissensgut.

Zur eigenen Tradition gehört das im Alltagsleben unentbehrliche elementare Rechnen (darüber wurde in „Mathematik in Antike und Orient" kurz berichtet; dieses Buch wird hier mit „A.u.O." zitiert) und vielleicht auch das Wissen der Feldmesser einschließlich der Inhaltsberechnung einfacher Figuren.

Die Übernahme griechischen Wissens begann, als die Römer ihren Existenzkampf gegen Karthago bestanden hatten, und als sie allmählich Griechenland unterwarfen. 168 v. Chr. besiegte Lucius Aemilius Paullus den Makedonerkönig Perseus und brachte seine Bibliothek mit nach Rom. Als Sulla 82 Athen erobert hatte, brachte er die Bibliothek des Apellikon, die Teile der Bibliothek des Aristoteles enthielt, nach Rom, und Lucullus brachte aus seinen Feldzügen in Asien die Bibliothek des Mithridates als Beute mit. Etwa im Jahr 82 studierte Varro in Athen, 79 Cicero in Athen und bei Poseidonios auf Rhodos.

In welchem Zustand war damals die griechische Mathematik?

Ziel der griechischen Naturphilosophie und Naturwissenschaft war es, die Welt und das Weltgeschehen allein mit den Mitteln des menschlichen Verstandes, ohne Rückgriff auf Mythen und göttliche Wundertaten zu verstehen. Das schließt nicht aus, daß ein „Demiurg" die Welt geschaffen hat; eben dessen Tätigkeit sollte rational verstanden werden.

Pythagoras entdeckte die grundlegende Bedeutung der Zahl. Zahlen bestimmen die Harmonie in der Musik und die Harmonie der Sphären; Zahlen sind das Wesen der Dinge.

Für Platon war die Mathematik, die mit allgemeinen abstrakten Figuren arbeitet – der Mathematiker macht Aussagen über *das* Dreieck, nicht über ein einzelnes, konkret vorliegendes Dreieck – eine Hilfe auf dem Wege zum Verständnis der Ideen.

Bestimmend für den Weg der Mathematik wurde die Methode, Kompliziertes in Einfaches zu zerlegen. Platon sah Gerade und Kreis als die Grundfiguren an, aus denen alle Figuren zusammengesetzt sein müssen. Und die Logik machte es möglich, komplizierte Aussagen auf einfache Definitionen, Postulate und Axiome zurückzuführen.

Aristoteles hat das alles in ein großartiges, aber starres System gebracht. Die logische, also die axiomatisch-deduktive Methode wird in der 1. und 2. Analytik beschrieben. Der Gegenstand der Mathematik wird in der Kategorienlehre und in der Metaphysik bestimmt: es ist die Kategorie „Größe" (*poson*) eine der zehn Kategorien, die alles umfassen, was über Seiendes ausgesagt werden kann. Die Größen werden eingeteilt in diskrete (die Zahlen) und kontinuierliche (Linien, Flächen, Körper). Elemente der Kontinua sind nach Euklid bzw. Platon Gerade und Kreis. Aus ihnen werden weitere Figuren konstruiert, und zwar mittels der Operationen, die auf Grund der Postulate erlaubt sind, allerdings auch durch Bewegungen (ein Kegel entsteht durch Drehung eines rechtwinkligen Dreiecks um eine Kathete [Euklid, El. XI, Def. 18]) und Schnitte (z. B. eines Kegels mit einer Ebene). Jedenfalls ist seit Euklid genau festgelegt, was ein Mathematiker tun darf, und wie er vorgehen muß.

Das gilt auch für die von Eudoxos eingeführten infinitesimalen Methoden; sie beruhen auf zwei Sätzen:
1) dem sog. Archimedischen Axiom und dem daraus abgeleiteten Satz [Euklid, El. X, 1] „Nimmt man bei Vorliegen zweier ungleicher Größen von der größeren ein Stück größer als die Hälfte weg und vom Rest ein Stück größer als die Hälfte und wiederholt dies immer, dann muß einmal ⟨natürlich nach endlich vielen Schritten⟩ eine Größe übrig bleiben, die kleiner als die kleinere Ausgangsgröße ist".
2) dem Satz: „Was gegenüber demselben größer und kleiner ist, das ist gleich"; so ungefähr steht es in dem Bericht des Alexander über die Kreisquadratur des Bryson [Becker, Eudoxos-Studien II; Qu. u. St., B2, 1933, S. 370/371]. Gemeint ist, daß im Innern einer Intervallschachtelung höchstens eine reelle Größe liegt; ausführlicher: Seien a_n, b_n ($n = 1, 2 \ldots$) zwei Folgen mit den Eigenschaften

$$a_n < a_{n+1} < b_{n+1} < b_n \,, \tag{1}$$

(2) für genügend große n wird $b_n - a_n$ beliebig klein.
Wenn dann für zwei Größen A, B gilt: für alle n ist

$$a_n < A < b_n \,, \qquad a_n < B < b_n \,,$$

dann ist $A = B$.

Dieser Satz wird im Einzelfall indirekt bewiesen; das macht z. B. Archimedes bei der Berechnung des Flächeninhalts der Spirale [A.u.O., S.125]. Der Satz steckt auch in der Definition der Gleichheit von Verhältnissen [Euklid, El. V, Def. 5].

Auf diesen fest vorgeschriebenen Methoden und Regeln beruht die Sicherheit der Mathematik. Das bedeutet aber auch eine gewisse Erstarrung. Über die Methoden und Regeln braucht nicht mehr nachgedacht zu werden und darf auch nicht mehr nachgedacht werden; sie sind zu lernen und routinemäßig anzuwenden. Die Mathematik wird zu einer Schulwissenschaft, andererseits zu einem genügend zuverlässigen Hilfsmittel für die Anwendungen in der Mechanik, Optik, Vermessungskunde und Astronomie.

In dieser Situation schreibt man Lehrbücher, die weniger neue Ergebnisse enthalten, sondern Zusammenfassungen vorhandenen Wissens sind. Euklid schrieb außer den „Elementen" ein Lehrbuch über Kegelschnitte, (das durch das wahrscheinlich bessere des Apollonios verdrängt wurde und nicht erhalten ist), über Musiktheorie (*Sectio canonis*, Op., Bd. 8), über Kugelgeometrie im Zusammenhang mit der Bewegung der Fixsterne, (Phänomena, Op., Bd. 8), über Optik (Op., Bd. 7), und über Teilungen von Figuren. Natürlich konnten auf der Grundlage sicheren Lehrbuchwissens neue Forschungsergebnisse erzielt werden; davon zeugen vor allem die Werke des Archimedes. Aber damit war anscheinend eine Grenze erreicht, die erst in der Neuzeit überschritten wurde, z.T. dadurch, daß der Mathematik außer der Kategorie der Größe auch die Kategorie der Relation erschlossen wurde.

Von den vielen Gesichtspunkten, die bei der Entwicklung der hellenistischen Mathematik berücksichtigt werden müssen, möchte ich nur noch diesen erwähnen: Der Impuls, der davon ausging, daß die Mathematik als ein unentbehrlicher Bestandteil der Welterkenntnis aufgefaßt wurde, scheint sich mindestens stark abgeschwächt zu haben. Daß die mathematische Methode zur Erkenntnis der Wahrheit führt, konnte doch nur mit der wichtigen Einschränkung behauptet werden, daß die Wahrheit der Axiome nicht mehr mit mathematischen Mitteln festgestellt werden kann. Im Christentum wurde dann der Versuch, die Wahrheit allein mit den Mitteln des menschlichen Verstandes zu finden, vollständig abgelehnt.

Inzwischen tritt eine andere Frage in den Vordergrund: Welche Bedeutung, welchen Wert hat die Mathematik für die Bildung des Menschen, und wo und in welchem Umfang ist sie daher in der Ausbildung anzusetzen?

Pythagoras hat die *Mathemata*, Arithmetik, Musik, Geometrie, Astronomie in den Ausbildungsplan seiner Jünger aufgenommen, Platon hat sie für die Ausbildung der Führungsschicht seines Idealstaates verlangt. Es hat in Griechenland damals ein ungefähr geregeltes Erziehungs- und Ausbildungswesen gegeben. Es begann mit dem, was man als das Wichtigste ansah, der körperlichen (sportlichen) und musischen Ausbildung, dann kamen Lesen und Schreiben und das elementare Rechnen, ferner Kenntnisse der klassischen Literatur (Homer u. a.) und die Kunst der Rede, schließlich die vier Mathemata. Die Ausbildung dauerte etwa vom 7. bis zum 20. Lebensjahr. Etwa vom 4. Jh. an wurde diese enzyklopädische Allgemeinbildung (*enkyklios paideia*) zum Bildungsziel, das später auch von den Römern übernommen wurde. [LAW, Artikel „Bildung", Sp. 468]. Dabei wurde die erste Stufe nach dem elementaren Lesen, Schreiben und Rechnen in die drei Fächer Grammatik, Logik oder Dialektik und Rhetorik gegliedert, die seit Boetius (s. 1.2.2.8) als *Trivium* (Dreiweg) bezeichnet werden. Zusammen mit den vier Mathemata (seit Boetius: *Quadrivium*) bildeten sie die *artes liberales*, d. h. die Kenntnisse, die der freie Mann erlernen sollte.

Proklos schreibt [Ed. Friedlein S. 65], Pythagoras habe die Geometrie in den Ausbildungsplan des freien Mannes aufgenommen (*εἰς σχῆμα παιδείας ἐλευθέρου μετέστησεν*). Daraus kann freilich nicht ohne weiteres geschlossen werden, daß dieser Ausdruck auf Pythagoras zurückgeht.

Welche Stellung man der Mathematik in der Gesamtheit der Wissenschaften und im Lehrplan der Allgemeinbildung einräumt, das hat natürlich maßgebenden Einfluß auf die Entwicklung der Mathematik.

Aristoteles gliedert die Tätigkeiten der menschlichen Vernunft in *praktikē* (dazu gehören Ethik und Politik), *poiētikē* (schaffende, wohl das vernunftgemäße Schaffen des Handwerkers, aber auch die Tätigkeiten des Steuermanns und des Arztes) und *theorētikē* (Physik, Mathematik und Theologie, d. h. etwa die Lehre vom ersten Beweger der Welt) [Metaph. E 1 = 1025 b 25, 1026 a 18 – 19]. Bei den mathematischen Wissenschaften unterscheidet er zwischen der reinen Theorie und ihren Anwendungen auf die wahrnehmbaren Dinge. Er sagt z. B., daß die Harmonik der Arithmetik, die Mechanik und Optik der Geometrie, die Nautik der Astronomie untergeordnet sei [Anal. post. I, 9 = 76 a 23–25, I, 13 = 78 b 37–79 a 3, auch Metaph. B 2 = 997 b].

In Zeile 997 b 32 nennt er in diesem Zusammenhang auch die Geodäsie, aber ohne zu sagen, was dieser Name hier bedeutet; Gohlke übersetzt „Erdkunde", man wird aber wohl auch an Vermessungslehre denken können.

Diese Gliederung hat sich im Wesentlichen durchgesetzt, wenn sie auch im Einzelnen gelegentlich variiert worden ist:

1) Einteilung der Vernunfttätigkeit oder Philosophie in praktische, schaffende und theoretische, wobei die schaffende oft übergangen wurde,
2) Einteilung der theoretischen Philosophie in Physik, Mathematik und Theologie,
3) Einteilung der Mathematik in die vier Disziplinen,
4) Einteilung dieser Disziplinen in einen theoretischen und einen praktischen Teil, so der Arithmetik in (pythagoreische) Zahlentheorie und Rechenkunst (Logistik), der Geometrie in die euklidische Geometrie (manchmal nur kleine Teile davon) und Vermessungslehre, der Astronomie in Himmelskunde und Nautik.

Eine von Geminos (um 70 v. Chr.) stammende Gliederung hat Proklos überliefert [Eukl. Komm., ed. Friedlein, S. 38]. Geminos war Schüler des Stoikers Poseidonios, der in Rhodos eine Schule gegründet hatte und dort u.a. auch von Cicero besucht wurde. Geminos schrieb ein Werk „Theorie der mathematischen Wissenschaften" in sechs Büchern, von dem uns nur Bruchstücke durch Proklos erhalten sind. Er teilt die mathematischen Wissenchaften ein in solche, die sich mit den Gedankendingen (*noēta*) beschäftigen (Arithmetik und Geometrie), und solche, die es mit den wahrnehmbaren Dingen (*aisthēta*) zu tun haben (Mechanik, Astronomie, Optik, Geodäsie, Kanonik, d. h. Musik, und Logistik, d. h. das elementare Rechnen).

Hier wird Geodäsie als Vermessen von Landstücken erklärt. Bemerkenswert ist das Auftreten dieser Disziplin lange Zeit vor Heron.

Was die Römer vorfanden, war also eine durch Methoden und Regeln festgelegte Mathematik, die ihren bestimmten Platz im System der Wissenschaften und im Unterricht der Allgemeinbildung hatte, und für die auch gute Lehrbücher vorhanden waren. Von den Anwendungsgebieten interessierten sich die Römer hauptsächlich für die Vermessungskunde; diese führten sie aber auf die Etrusker, d. h. auf ihre eigene Überlieferung, zurück.

1.1.2. Einige später benutzte Arbeiten

Dieser Abschnitt kann vorläufig überschlagen werden.

1.1.2.1. Optik. Die Optik hat einen physikalisch-physiologischen und einen geometrischen Teil. Gefragt wird 1) Wie kommt das Sehen zustande? 2) In welcher Form erscheinen die gesehenen Gegenstände dem Auge?

Zu 1)

Demokrit stellte sich vor, daß von den Gegenständen kleine körperliche Bilder ausgesandt werden [Quellen: Diels, Fragmente der Vorsokratiker, 68 A 135 (aus Theophrast), Diogenes Laertius X, 48–49 (Brief von Epikur an Herodot), Lukrez: *De rerum natura* IV, 63–64].

Platon lehrte [Timaios 45 c, d]: Sehstrahlen (sie sind ein mildes Feuer) treten aus dem Auge aus, verbinden sich mit dem Tageslicht zu einem einzigen Körper, der bis zu den getroffenen Gegenständen reicht und deren Aussehen und Bewegungen dem Auge mitteilt.

Aristoteles hält sich vorsichtig an unbestreitbare Tatsachen und logisch zwingende Folgerungen [Über die Seele II, 7 = 418 a 29 ff.]. Was wir sehen, sind Farben. Sie sind aber nicht sichtbar ohne Licht. Licht ist nicht Feuer, sondern die Anwesenheit von Feuer oder etwas Ähnlichem im Durchsichtigen. Die Farbe hat die Fähigkeit, das Durchsichtige (z. B. die Luft) zu erregen, und wenn (oder: da) dieses zusammenhängend ist, wird das Sinneswerkzeug erregt [419 a 13–14].

Auch der Bau des Auges wird untersucht.

Zu 2)

Hiervon handelt Euklids „Optik" [Op., Bd. 7]. Das Buch beginnt mit Postulaten (griech. *horoi* = Definitionen, aber sie werden eingeleitet mit dem Wort *hypokeisto* = es sei vorausgesetzt).

„1. Es sei vorausgesetzt, daß die Sehstrahlen vom Auge aus in geraden Linien verlaufen, die voneinander durch Zwischenräume getrennt sind;

2. daß die von den Sehstrahlen umfaßte Figur ein Kegel ist, dessen Spitze im Auge und dessen Basis an der Grenze der gesehenen Gegenstände liegt;

3. daß nur das gesehen wird, auf das die Sehstrahlen fallen, . . .

4. daß das, was unter größerem Winkel gesehen wird, größer erscheint. . ."

Aus dem dritten Postulat folgt, daß kein Gegenstand ganz gesehen wird, sondern nur die Punkte, auf die die Sehstrahlen fallen (Satz 1). Das ist die einzige Aussage, bei der vorausgesetzt werden muß, daß die Sehstrahlen vom Auge ausgehen. Nimmt man aber an, wie das schon Ptolemaios getan hat [*Optica* II, 50; zitiert nach Lindberg: Theory of Vision . . . S. 16 und 221], daß die Sehstrahlen den Sehkegel kontinuierlich ausfüllen, so entfällt dieser Gesichtspunkt, und es ist gleichgültig, ob man annimmt, daß die Sehstrahlen vom Auge ausgehen oder daß sie vom Gegenstand ausgehen.

Die folgenden Beispiele sollen einen Eindruck von der Art der weiteren Sätze geben.

Satz 5: Von zwei gleichen Größen in verschiedener Entfernung erscheint die nähere größer. – Das folgt unmittelbar aus dem 4. Postulat.

Daraus folgt Satz 6: Zwei aus einer gewissen Entfernung betrachtete Parallele scheinen verschiedene Abstände zu haben . . . . Ihr Abstand erscheint in der Nähe

größer als in weiterer Entfernung. ⟨Daß parallele Geraden sich im Unendlichen treffen, sagt Euklid natürlich nicht.⟩
Sätze 25, 26, 27: Wird eine Kugel mit zwei Augen gesehen, so wird ein Teil gesehen, der kleiner, gleich oder größer als die Halbkugel ist, je nachdem der Augenabstand kleiner oder gleich oder größer als der Kugeldurchmesser ist.
Satz 37: Es gibt einen ⟨geometrischen⟩ Ort, von dem aus gesehen ein Gegenstand ⟨eine Strecke *BC*⟩ ebenso groß erscheint wie vom Punkt *A* aus, wenn *A* sich auf diesem Ort bewegt, nämlich den Kreis durch *ABC* (Abb. 1.1).

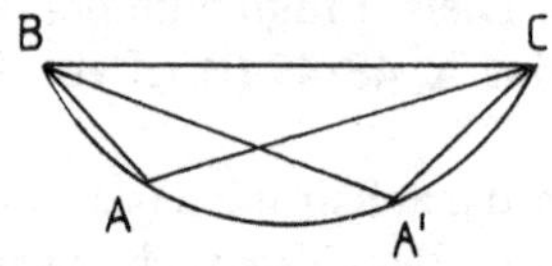

Abb. 1.1

Satz 45: Es gibt Punkte, von denen aus gesehen verschieden lange Strecken als gleich lang erscheinen. – Man hat über *BC* und *CD* ähnliche Kreise zu zeichnen, d. h. die Radien müssen sich zueinander verhalten wie *BC* zu *CD* (Abb. 1.2). Der Schnittpunkt *Z* ist der gesuchte Punkt.

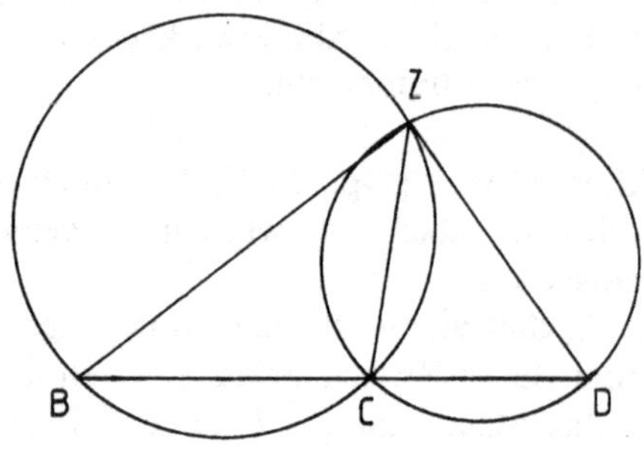

Abb. 1.2

Von etwas allgemeinerer Bedeutung ist der Beweis von Satz 8, der eine Verschärfung von Satz 5 ist: Gleiche und parallele Größen (*AB*, *CD* in Abb. 1.3) werden nicht proportional zu den Abständen gesehen.

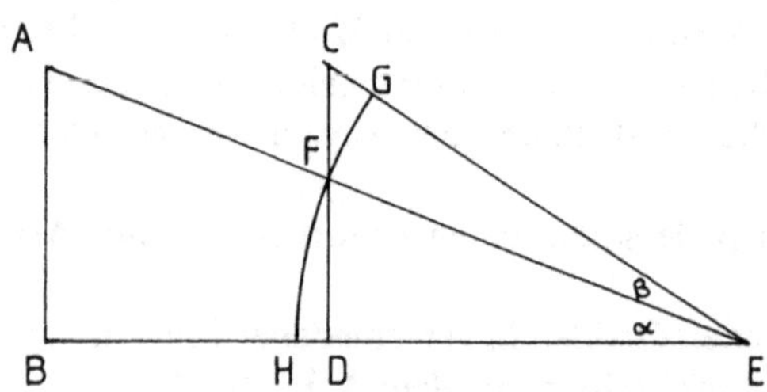

Abb. 1.3

Bezeichnen wir $\sphericalangle\, BEA$ mit α, $\sphericalangle\, FEC$ mit β, so wird behauptet:

$$\frac{\alpha+\beta}{\alpha} \text{ nicht} = \text{, sondern} < \frac{BE}{DE}\,.$$

Beweis: Man zeichne den Kreis um E durch den Punkt F. Dann gilt

$$\frac{\beta}{\alpha} = \frac{\text{Sektor } GEF}{\text{Sektor } FEH} < \frac{\text{Dreieck } CFE}{\text{Dreieck } FED} = \frac{CF}{FD}\,,$$

$$\frac{\alpha+\beta}{\alpha} < \frac{CF+FD}{FD} = \frac{CD}{FD} = \frac{AB}{FD} = \frac{BE}{DE}\,.$$

Benutzt man die erst später eingeführte *tan*-Funktion, so besagt der Satz

$$\frac{\alpha+\beta}{\alpha} < \frac{\tan(\alpha+\beta)}{\tan\alpha}\,,$$

d. h. *tan x* wächst schneller als x.

Das Beweisverfahren: Übergang von den Winkeln zu Sektoren, von diesen zu Dreiecken mit gleicher Höhe und dann zu deren Grundlinien, kommt öfter vor. Der Satz wird z. B. beim Beweis der Isoperimetrie des Kreises gebraucht. Einen ähnlichen Satz, nämlich

$$\frac{\sin(\alpha+\beta)}{\sin\alpha} < \frac{\alpha+\beta}{\alpha}$$

benutzt Ptolemaios bei der Abschätzung der Sehne zum Winkel 1° (A.u.O., S.156).

Euklid handelt vom direkten Sehen; die Maler der Renaissance wollten auf einer ebenen Fläche ein Bild malen, das im Auge denselben Eindruck hervorrufen sollte wie der Gegenstand selbst. Sie mußten deshalb den Sehkegel mit einer Ebene schneiden. Bei Euklid kommt etwas Derartiges nur einmal vor, im Satz 10: „Von unterhalb des Auges gelegenen Ebenen erscheinen die entfernteren Teile höher.“

Euklid beweist das ungefähr so (Abb. 1.4): A sei das Auge, $BCDE$ eine in der betrachteten Ebene liegende Gerade, AC, AD, AE seien die Sehstrahlen. „Man wähle auf BC willkürlich einen Punkt F und errichte in ihm die Senkrechte auf BC“ ⟨hier wird der Sehkegel geschnitten⟩; auf ihr liegt das Bild HG der entfernteren Strecke DE oberhalb des Bildes KH der näheren Strecke CD.

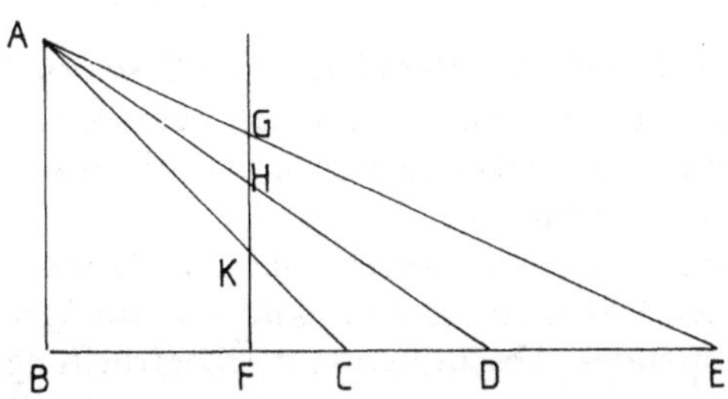

Abb. 1.4

Das Reflexionsgesetz wird nicht (wie man eigentlich erwarten würde) unter den Postulaten genannt, aber in § 19 zur Bestimmung der Höhe eines Gegenstandes mittels eines Spiegels benutzt (Abb. 1.5). CD sei die gesuchte Höhe, A die Stelle des Auges. Auf Grund des Reflexionsgesetzes sind die Dreiecke ABE und CDE ähnlich. Wenn die Strecken AB, BE und ED bekannt sind, ergibt sich CD aus

$$CD : DE = AB : BE \; .$$

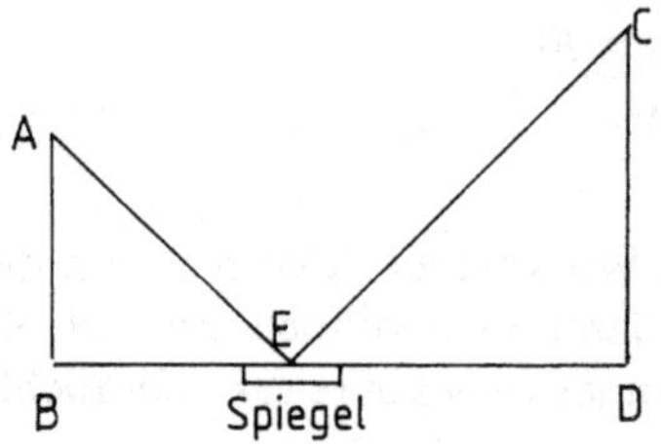

Abb. 1.5

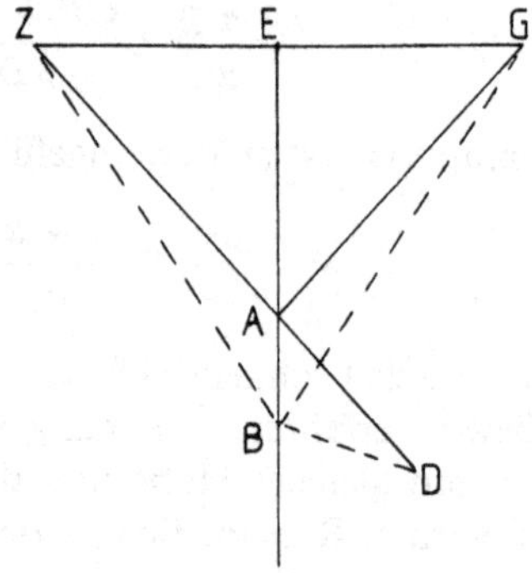

Abb. 1.6

Eigentlich gehört das Reflexionsgesetz in die Katoptrik, die Lehre von den Spiegelungen. Bei Heron steht es auch in dem Werk dieses Titels [Satz 4; Op. Bd. 2, S. 325 ff.]. Heron beweist es auf Grund der Annahme, daß das Licht den kürzesten Weg wählt: „Es sei (Abb. 1.6) AB ein ebener Spiegel, Punkt G das Auge, D das Gesehene. Und es falle in den Spiegel der Strahl GA, und man verbinde AD. Es sei ferner $\sphericalangle EAG = \sphericalangle BAD$.

In ähnlicher Weise falle ein anderer Strahl GB ein, und man verbinde BD. Ich behaupte

$$GA + AD < GB + BD.\text{"}$$

Zum Beweis wird G (geometrisch) an der Geraden AB in den Punkt Z gespiegelt. Dann ist AZ die geradlinige Verlängerung von DA, also

$$GA + AD = ZA + AD < ZB + BD = GB + BD \; .$$

Anm.: Liegen G und D auf einer Parallelen zu AB, so erhält man den Satz, der beim isoperimetrischen Problem eine Rolle spielt: Von allen Dreiecken mit gleicher Grundlinie und gleicher Höhe (also auch gleichem Flächeninhalt) hat das gleichschenklige den kleinsten Umfang.

Es gibt keinen Grund, daran zu zweifeln, daß die „Optik" wirklich von Euklid stammt [Heiberg in den Prolegomena zu Euklid, Op. Bd. 7, S. XXIX]; erhalten ist sie allerdings nur in späteren Abschriften und Überarbeitungen. Ob § 19 mit der Benutzung des Reflexionsgesetzes vielleicht eine spätere Einschiebung sein könnte, kann ich nicht beurteilen.

In einer Euklid fälschlich zugeschriebenen Katoptrik (d.i. die Lehre von den Spiegelungen an ebenen, konkaven und konvexen Flächen) steht das Reflexionsgesetz unter den Postulaten [Op. Bd. 7, S. 286/287]. Dort steht auch ein Experiment zur Brechung: Legt man einen Gegenstand so auf den Boden eines Gefäßes, daß man ihn, von einem bestimmten Punkt aus über den Rand des Gefäßes visierend, gerade nicht mehr sieht, und füllt man dann Wasser in das Gefäß, so sieht man ihn wieder. Nach Olympiodoros war das schon Archimedes bekannt [Heath: A History of Greek Mathematics, Bd. 1, S. 444].

Ptolemaios hat die Brechung an den Grenzflächen von Luft und Wasser, Luft und Glas, Wasser und Glas beobachtet und für die Winkel Tabellen angegeben [L'Optique, ed. A. Lejeune, Louvain 1956, S. 223 ff.].

1.1.2.2. Über Teilungen von Figuren. Nach Proklos [Euklid-Komm. ed. Friedlein S. 69, 4 und 144, 18 ff.] hat Euklid ein Buch über Teilungen (*peri diaireseon*) geschrieben. Es ist nur in einer arabischen Übersetzung erhalten, in der die Lösungen der einfachen Aufgaben weggelassen sind. Eine französische Übersetzung von Woepcke (1851) ist in Euklids Op. Bd. 8, S. 227–235 abgedruckt. Zur Zuweisung dieser Schrift an Euklid s. Heath, Greek Math. Bd. 1, S. 425–430.

Die Aufgaben sind, ein Dreieck, ein Trapez, einen Kreis oder auch eine andere Figur in einem vorgegebenem Verhältnis zu teilen. Diese Aufgaben sind u.a. von Heron [*Metrika*, Buch III] und später von Savasorda (um 1100), Leonardo von Pisa (1225) und Jordanus de Nemore (1. Hälfte des 13. Jh.) behandelt worden.
Beispiele:
Aufgabe 1: Ein Dreieck in zwei gleiche Teile zu teilen durch eine zur Grundlinie parallele Gerade.
Aufgabe 3: . . . durch eine Gerade, die durch einen gegebenen Punkt auf einer Dreiecksseite geht.

Heron löst die Aufgabe in Metrika III, 3. Eine andere, die folgende Lösung steht z. B. bei Jordanus de Nemore [*Liber philotegni* 21, *De triangulis* II, 8].
Das Dreieck ABC (Abb. 1.7) soll durch eine durch D gehende Gerade in zwei gleiche Teile geteilt werden. – M sei die Mitte von AB. Wenn $D = M$ ist, ist DC die gesuchte Teilungslinie. Sonst ziehe man durch M die Parallele zu DC; ihr Schnittpunkt mit AC oder BC sei E. Dann ist DE die gesuchte Teilungslinie. Das folgt daraus, daß MC das Dreieck ABC halbiert und die Dreiecke MED und MEC gleich sind.

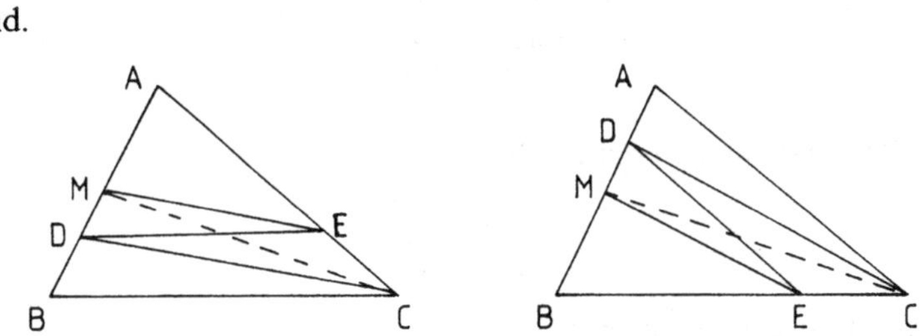

Abb. 1.7

Aufgabe 19: Ein gegebenes Dreieck in zwei gleiche Teile zu teilen, durch eine Gerade, die durch einen gegebenen Punkt im Innern des Dreiecks geht.

In moderner Schreibweise läßt sich die Aufgabe folgendermaßen lösen: Man ziehe $ED \parallel BC$. Wir setzen (Abb. 1.8)

$$AB = c\,, \quad BC = a\,,$$
$$DE = p\,, \quad EB = q\,;$$

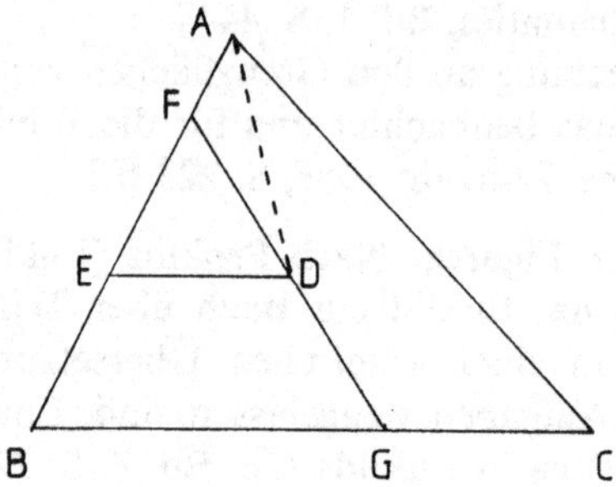

Abb. 1.8

diese Größen sind gegeben; ferner

$$BF = y\,, \quad BG = x\,.$$

Der Inhalt des Dreiecks ABC ist $\frac{1}{2}ac \cdot \sin\beta$,
der Inhalt des Dreiecks FBG $\frac{1}{2}xy \cdot \sin\beta$.
Es ist also der Punkt F so zu bestimmen, daß

(1) $$xy = \frac{1}{2}ac$$

wird.
Ferner gilt

(2) $$\frac{y-q}{p} = \frac{y}{x}\,.$$

Setzen wir (1) in (2) ein, so ergibt sich

$$\frac{y-q}{p} = \frac{y^2}{ac/2}$$

und mit der Abkürzung $ac/2p = t$:

(3) $$y(t-y) = tq\,.$$

Diese Überlegung steht nicht bei Euklid. Er konstruiert zunächst ohne Begründung $t = ac/2p$, d. h. er verlangt, die Fläche $ac/2$ an die Strecke p anzulegen.

Dann verlangt er, die Fläche tq an die Strecke t so anzulegen, daß ein Quadrat fehlt; das ist die Lösung der Gleichung (3). Dann zeigt er, daß die durch den so gefundenen Punkt F gezogene Gerade FDG das Dreieck halbiert.

Euklid löst auch die entsprechende Aufgabe für den Fall, daß D außerhalb des Dreiecks liegt. Heron behandelt beide Aufgaben in den Metrika, aber ohne Beweis; dieser, sagt er, werde in der „Theorie der Raumschnitte" gegeben, die aber nicht bekannt ist. Savasorda bringt diese etwas schwierigeren Aufgaben nicht, aber bei Leonardo von Pisa und Jordanus de Nemore treten sie auf.

Bei Jordanus findet sich eine Variante: Er verbindet noch D mit A. Dann ist der Flächeninhalt des Dreiecks AED bekannt. ⟨Ich bezeichne die Flächeninhalte der Dreiecke durch Klammern. Es ist $(AED) = \frac{1}{2}p \cdot (c - q) \cdot \sin \beta$⟩. Gebraucht wird nur das Verhältnis dieses Flächeninhalts zu dem des Dreiecks. Jordanus bestimmt eine Strecke MN durch

$$\frac{(AED)}{(ABC)/2} = \frac{AE}{MN}.$$

Nun betrachtet er das Dreieck FED. Es gilt

$$\frac{(FED)}{(AED)} = \frac{FE}{AE};$$

andererseits ist

$$\frac{(FED)}{(FBG)} = \frac{FE^2}{FB^2}.$$

Division ergibt, da $(FBG) = (ABC)/2$ sein soll,

$$\frac{(AED)}{(ABC)/2} = \frac{FE \cdot AE}{FB^2}.$$

Nach der ersten Gleichung ist dies $= \dfrac{AE}{MN}$.

Setzen wir $FE = y - q$, $FB = y$, $MN = t$ ein, so erhalten wir nach einfacher Umrechnung die Gleichung (3): $y(t - y) = tq$.

1.1.2.3. Das isoperimetrische Problem

Literatur s. unter Zenodoros.

Ptolemaios führt unter den Gründen dafür, daß der Himmel eine Kugel ist, nebenbei auch den folgenden an: „Da von den Figuren gleichen Umfangs die Vielecke, welche mehr Ecken haben, die größeren sind, so hat von den ebenen Figuren der Kreis, von den Körpern die Kugel . . . den Vorrang" [Almagest I, 3].

Das Problem ist auch als „Problem der Dido" bekannt. Vergil erzählt [Aeneis, 1. Gesang, Vers 340–368; zitiert nach Müller, S. 41]: Als Dido in die Gegend von Karthago kam, erhielt sie soviel Land, wie mit einer Rindshaut umspannt werden konnte. Justinus [s. Müller, a.a.O.] fügt hinzu, daß sie die Haut in dünne Riemchen zerschneiden ließ, um ein größeres Stück zu erhalten. Ob sie dann diese Riemchen in Form eines Kreises ausspannen ließ, darüber wird nichts gesagt.

Bekannt war den Griechen die Frage, ob man aus dem Umfang einer Figur ihren Flächeninhalt erschließen kann, etwa die Größe einer Insel aus der Zeit, die man zum Umsegeln braucht.

Im Mittelalter war die Bemerkung des Ptolemaios der Hauptgrund für die Beschäftigung mit diesem Problem.

Einen Beweis, der sich auf Sätze von Archimedes stützt, gab Zenodoros. Er ist von Pappos im 5. Buch seiner „Sammlung", von Theon im Kommentar zum Almagest und in einer Einleitung zum Almagest von einem unbekannten Verfasser erhalten. Nach Untersuchungen von G. J. Toomer war Zenodoros wahrscheinlich Zeitgenosse von Apollonios und Diokles.

Ich skizziere den Inhalt der Fassung von Theon im Anschluß an die deutsche Übersetzung von Müller, ohne mich wörtlich an den Text und dessen Bezeichnungen zu halten.

⟨Satz 1⟩: Von den geradlinigen regelmäßigen, d. h. gleichseitigen und gleichwinkligen Figuren gleichen Umfangs ist die mit größerer Eckenzahl größer.

Beweis: Sei ABC (Abb. 1.9) ein Teildreieck des regulären n-Ecks, u dessen Umfang, r_n der Radius des einbeschriebenen Kreises, α_n der halbe Zentriwinkel, also

(1) $$BM = u/2n\,, \qquad \alpha_n = \pi/n\,.$$

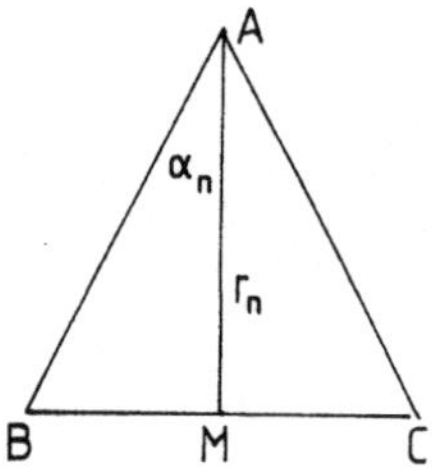

Abb. 1.9

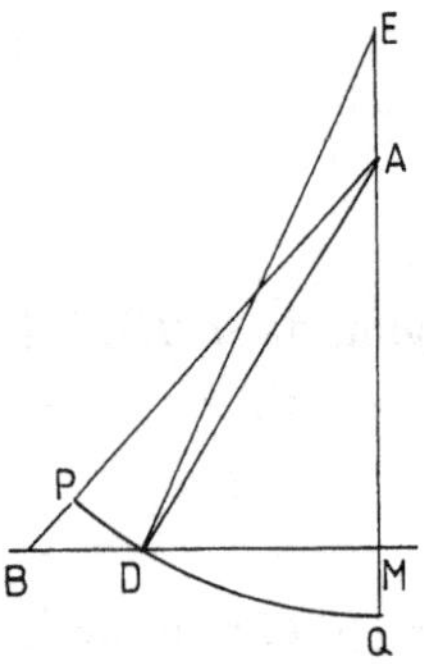

Abb. 1.10

Die doppelte Fläche des Dreiecks ABC ist dann $(u/n)\cdot r_n$,
die doppelte Fläche des n-Ecks $2F_n = u\cdot r_n$.
Behauptet wird

$$F_{n+1} > F_n\,, \quad \text{also} \quad r_{n+1} > r_n\,.$$

Zenodoros legt das halbe Dreieck des $(n+1)$-Ecks (EDM) in das Dreieck des n-Ecks hinein (Abb. 1.10); daß $DM < BM$ ist, ist klar; zu beweisen ist

$$EM\,(=r_{n+1}) > AM\,(=r_n)\,.$$

Zenodoros verbindet D mit A und beweist

(2) $$\sphericalangle DAM > \sphericalangle DEM\,.$$

Daraus folgt die Behauptung.

Nach (1) ist

$$\frac{BM}{DM} = \frac{\sphericalangle BAM}{\sphericalangle DEM}. \tag{3}$$

Man schlage um A einen Kreis mit dem Radius AD. Dann gilt, wie in Euklids Optik, Satz 8 (1.1.2.1)

$$\frac{BM}{DM} > \frac{\sphericalangle PAM}{\sphericalangle DAM}. \tag{4}$$

Aus (3) und (4) folgt $\sphericalangle DAM > \sphericalangle DEM$, w.z.b.w. .

⟨Satz 2⟩: Wenn ein Kreis denselben Umfang hat wie ein geradliniges gleichseitiges und gleichwinkliges Vieleck, dann ist der Kreis größer.

Wir betrachten

1) das reguläre n-Eck P_n mit dem Umfang u und dem Radius des einbeschriebenen Kreises r_n; seine doppelte Fläche ist $2F(P_n) = u \cdot r_n$;
2) den Kreis mit dem gleichen Umfang u und dem Radius r; seine doppelte Fläche ist $2F(K) = u \cdot r$;
3) das diesem Kreis umbeschriebene zu P_n ähnliche Polygon Q_n; sein Umfang sei U; seine doppelte Fläche ist dann $2F(Q_n) = U \cdot r$.

Es ist $U > u$; das ist anschaulich einleuchtend; Archimedes hat aber ein eigenes Postulat eingeführt, aus dem es ableitbar ist [Kugel und Zylinder I, Post. 2; s. A.u.O., S. 126].

Für die ähnlichen Polygone Q_n und P_n gilt

$$\frac{U}{u} = \frac{r}{r_n} > 1,$$

und daraus folgt $F(K) > F(P_n)$.

Galilei hat diese Aussage etwas verschärft [Unterredungen und mathematische Demonstrationen ... Ostw. Kl. 11, S. 52 f]. Setzen wir

$$U : u = r : r_n = k$$

so ist

$$2F(P_n) = u \cdot r_n,$$

$$2F(K) = u \cdot r_n \cdot k,$$

$$2F(Q_n) = u \cdot k \cdot r_n \cdot k,$$

$F(K)$ ist also die mittlere Proportionale zwischen $F(P_n)$ und $F(Q_n)$.

Nun ist noch zu beweisen, daß unter allen n-Ecken mit gleichem Umfang das gleichseitige und gleichwinklige den größten Inhalt hat.

Dazu beweist Zenodoros zunächst ⟨Hilfssatz⟩: Unter den Dreiecken mit gleicher Basis und gleichem Umfang hat das gleichschenklige den größten Flächeninhalt.

Der Satz ist äquivalent mit dem im Zusammenhang mit dem Reflexionsgesetz bewiesenen Satz, daß unter allen Dreiecken mit gleicher Basis und gleicher Höhe das gleichschenklige den kleinsten Umfang hat.

Anm. Wir wissen nicht, ob Heron den Beweis selbst gefunden oder einen altbekannten Beweis mitgeteilt hat.

Zenodoros beweist seine Fassung des Satzes ungefähr so (Abb. 1.11):

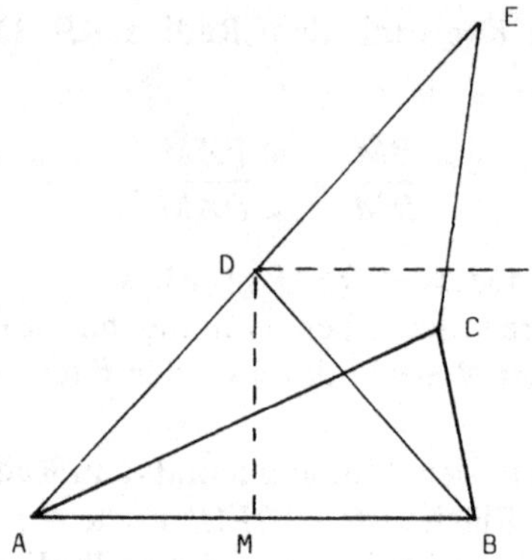

Abb. 1.11

ABC sei das Ausgangsdreieck, *ABD* das gleichschenklige Dreieck mit dem gleichen Umfang. Man verlängere *AD* um sich selbst; dann ist

$$AD = DE = DB\,.$$

Es ist

$$AC + CE > AD + DE = AC + CB\,,$$

also

$$CE > CB\,.$$

Daraus folgt, daß C „unterhalb" der durch D gezogenen Parallele zu AB liegt. Das Dreieck *ABC* hat also eine kleinere Höhe als das Dreieck *ABD*.

Wir (!) können uns den Satz des Zenodoros auch so klar machen: Die Basis AB des Dreiecks werde festgehalten und die Spitze C so bewegt, daß $AC + CB$ konstant bleibt. Dann beschreibt C eine Ellipse, deren höchster Punkt über der Mitte von AB liegt.

Aus dem Hilfssatz folgt ⟨Satz 3⟩: Wenn ein n-Eck zwei verschieden lange Seiten hat, kann seine Fläche durch Abänderung eines Randdreiecks bei gleichem Umfang vergrößert werden (oder sein Umfang bei gleichbleibender Fläche verkleinert werden; wir wollen bequemlichkeitshalber sagen: es kann isoperimetrisch verbessert werden).

⟨Satz 4⟩: Hat ein Polygon lauter gleiche Seiten, aber ungleiche Winkel, so läßt sich ein Polygon finden, das gleichen Umfang, aber größere Fläche hat.

Für den Beweis setzen wir voraus, daß zwei ungleiche Winkel vorkommen, die nicht aufeinanderfolgen (Abb. 1.12). Das ist sicher der Fall, wenn die Eckenzahl $n \geq 5$ ist.

Bei $n = 3$ haben wir bei gleichen Seiten stets gleiche Winkel; bei $n = 4$ sieht man leicht, daß der Rhombus kleinere Fläche hat als das umfangsgleiche Quadrat.

Wir legen die beiden Dreiecke ABC_1 und C_2DE längs einer Geraden zusammen, wie es Abb. 1.13 zeigt. Es sei $\beta < \delta$. Dann liegt B höher über *ACE* als D. Wir denken

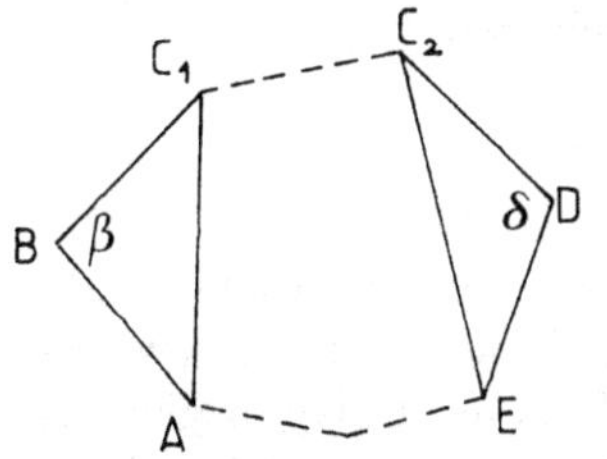

Abb. 1.12

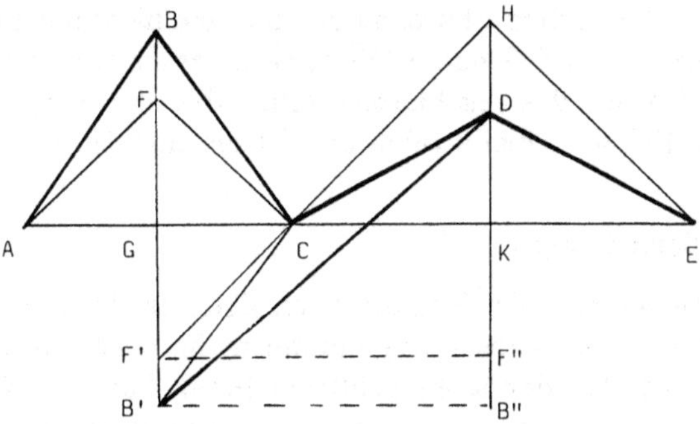

Abb. 1.13

uns den Streckenzug $ABCDE$ als einen Faden, der bei A und E befestigt ist und bei C durch eine Öse läuft. Wir ziehen B herunter in den Punkt F und D herauf in den Punkt H, so, daß $\sphericalangle AFC$ gleich $\sphericalangle CHE$ wird und natürlich die Länge des Fadens gleich bleibt. Eine exakte Konstruktion ist in der Weise möglich, daß man den Faden $ABCDE$ im Verhältnis $AC:CE$ teilt; sie wird bei Pappos genau besprochen. Die Gleichheit der Polygonseiten geht dabei freilich verloren.

Auf der linken Seite ist die doppelte Fläche des Dreiecks FBC verloren gegangen, auf der rechten Seite die doppelte Fläche des Dreiecks HDC hinzugekommen. Wir müssen beweisen, daß die hinzugekommene Fläche größer ist.

Unter unseren Voraussetzungen ($AB = BC = CD = DE$ und $\beta < \delta$) ist $GC < CK$. Wenn wir also beweisen können, daß $FB < HD$ ist, ist das Verlangte geleistet.

Zum Beweis klappen wir das Dreieck BGC nach unten und überzeugen uns davon, daß die Figur der Lage nach richtig gezeichnet ist, d. h. daß die Punkte F', C, H auf einer Geraden liegen und daß $B'C + CD > B'D$ ist. Da die Länge des Fadens gleich geblieben ist, ist

$$B'C + CD = F'H ,$$

also

$$F'H^2 > B'D^2 . \qquad (1)$$

Im rechtwinkligen Dreieck $F'F''H$ ist

$$F'H^2 = (F'F'')^2 + (F''H)^2 = GK^2 + (GF + HK)^2 .$$

Im rechtwinkligen Dreieck $B'B''D$ ist

$$B'D^2 = GK^2 + (GB + DK)^2 .$$

Aus (1) folgt also, da alle auftretenden Größen positiv sind,

$$GF + HK > GB + DK$$

oder

$$HK - DK > GB - GF , \quad \text{w.z.b.w.}$$

Diese Sätze erlauben nur, zu jedem nicht regelmäßigen n-Eck ein isoperimetrisch besseres n-Eck herzustellen. Wenn es ein isoperimetrisch bestes n-Eck gibt, kann es also nur das regelmäßige sein. Aber die Frage, ob es ein isoperimetrisch bestes n-Eck gibt, bleibt offen und ist bis zum 19. Jh. offen geblieben.

Bemerkungen

Wenn man den Satz über den Kreis als das Ziel der Untersuchung ansieht, ist der Satz 1 (über die Polygone mit mehr Ecken) überflüssig, da ja in Satz 2 bewiesen wird, daß der Kreis größeren Inhalt hat als *jedes* regelmäßige Polygon gleichen Umfangs. Der Satz könnte freilich heuristisch auf den Satz über den Kreis hinführen, man könnte sogar an einen Grenzübergang zu unendlich vielen Ecken denken. Die griechischen Autoren vermeiden das, aber Bradwardine hat es später so gemacht (2.5.4.1).

Der Satz 1 hat aber auch eine selbständige Bedeutung, die z. B. bei Pappos wesentlich ist. Pappos geht [*Coll.*, Buch V] davon aus, daß Gott den Bienen gewisse mathematische Kenntnisse verliehen haben müsse, weil sie als Grundriß ihrer Waben das regelmäßige Sechseck gewählt haben. An diesen Grundriß werden nämlich die folgenden Forderungen gestellt:
1) Es muß eine schöne Figur sein, deshalb kommen nur regelmäßige Polygone in Frage.
2) Die Ebene muß lückenlos überdeckt sein. Deshalb kommen nur das gleichseitige Dreieck, das Quadrat und das regelmäßige Sechseck in Frage, was Pappos streng beweist.
3) Der Materialverbrauch muß möglichst gering sein, d. h. im Grundriß muß bei gegebenem Umfang ein möglichst großer Flächeninhalt erreicht werden. Die Lösung dieser Aufgabe wird gerade durch Satz 1 geliefert.

1.1.2.4. Polygonalzahlen. Es ist eine alte Übung, Zahlen durch ausgelegte Steinchen darzustellen; vielleicht haben die Babylonier das schon getan, sicher die Pythagoreer. Man kommt dann auch darauf, Steinchen in Form von Polygonen auszulegen. Aristoteles spricht davon, daß gewisse Leute „die Zahlen in die Form von Dreiecken und Vierecken bringen" [Metaphys. N 5 = 1092 b 11–12; weitere Angaben bei Becker: Das math. Denken der Antike, S. 40 ff.] Nikomachos von Gerasa (um 100 n. Chr.), dessen Arithmetik hauptsächlich pythagoreisches Gedankengut enthält, hat die Polygonalzahlen beschrieben, Hypsikles (2. Jh. v. Chr.) hat einige wesentliche Sätze angegeben [zitiert nach Neugebauer: Mathem. Keilschrifttexte, Bd. 3, S. 77–78], Diophant (um 250 n. Chr.) hat sie in einer kleinen Schrift über Polygonalzahlen systematisch behandelt; er zitiert auch Hypsikles.

Wie eine Polygonalzahl hergestellt wird, zeigt Abb. 1.14 am Beispiel der Fünfeckszahlen. Die n-te p-Eckszahl $\langle S_n(p)\rangle$ ist die Summe von n Gliedern einer arithmetischen Reihe mit dem Anfangsglied 1 und der Differenz $p - 2$. Das hat, wie Diophant berichtet, Hypsikles angegeben. Er benutzte, wie die Babylonier, arithmetische Reihen zur Behandlung astronomischer Probleme, z. B. zur (ziemlich rohen) Berechnung der Änderung der Tageslänge im Laufe des Jahres [Neugebauer, a.a.O.].

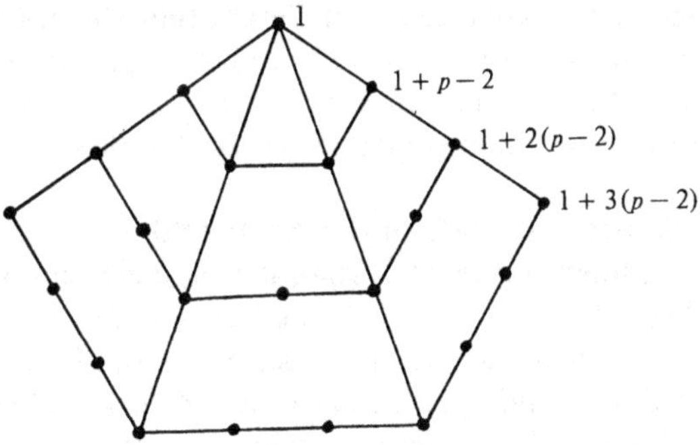

Abb. 1.14

Bei Hypsikles steht auch (in anderen Worten) der Satz: Die Summe einer arithmetischen Reihe von n Gliedern ist das halbe Produkt aus n und der Summe des ersten und letzten Gliedes.

Demnach ist

(1) $$S_n(p) = \frac{1}{2} n \cdot (1 + 1 + (n-1)(p-2)) = \frac{1}{2}(n^2(p-2) - n \cdot (p-4)) .$$

Die folgenden Sätze entnehme ich der Schrift von Diophant, obwohl sie vielleicht schon früher bekannt waren. Ich verzichte auch auf die Wiedergabe von Diophants Beweisen und ersetze sie durch angedeutete Rechnungen in unserer Schreibweise.

„Jede Polygonalzahl, multipliziert mit dem 8-fachen der um 2 verminderten Eckenzahl, gibt, wenn man das Quadrat der um 4 verminderten Eckenzahl addiert, ein Quadrat."

(2) $$S_n(p) \cdot 8 \cdot (p-2) + (p-4)^2 = q^2 ,$$

und zwar ist

(3) $$q = 2n(p-2) - (p-4) = (2n-1)(p-2) + 2 .$$

Das läßt sich mittels (1) nachrechnen.

Daraus ergibt sich

(4) $$n = \frac{q + (p-4)}{2 \cdot (p-2)} .$$

Mittels dieser Formeln kann man

1) wenn n und p gegeben sind, $S_n(p)$ finden,
2) wenn $S_n(p) = z$ und p gegeben sind, und wenn z wirklich eine p-Eckszahl ist, die „Seite" n finden.

Wenn Varro, der um 80 v. Chr. in Athen studierte, diese Sätze gekannt hat (dazu s. 1.2.1.2), wäre zu vermuten, daß sie von Hypsikles oder aus seiner Schule stammen.

1.1.2.5. Die Arithmetik des Nikomachos von Gerasa (um 100 n. Chr.). Dieses Werk wurde von Apuleius von Madaura (um 150 n. Chr.) und von Boetius (um 500 n. Chr.) ins Lateinische übersetzt und bearbeitet. In dieser Fassung wurde es im Mittelalter viel benutzt und bildete einen festen Bestandteil des Unterrichts. Was für ein Werk ist das?

Nikomachos begründet das Studium der Arithmetik damit, „daß sie im Geiste des Schöpfergottes vor allem Anderen vorhanden ist, gleichsam wie ein ordnender und vorbildhafter Begriff (*logos*, evtl. = Idee), auf den der Schöpfer aller Dinge hinblickte wie auf ein ursprünglich vorliegendes Vorbild, als er das aus dem Stoff Hervorgegangene ordnete und das Endziel des Zweckmäßigen festlegte . . .“ [I, 4, 2]. Die Zahlen sind das Wesen der Dinge; für den späten Platon sind die Ideen Zahlen; und die Ordnung im Zahlenreich ist Vorbild und Modell der Ordnung der Welt. Deshalb beschreibt Nikomachos die Ordnung im Zahlenreich.

Die erste Einteilung ist die in gerade und ungerade Zahlen. Die geraden Zahlen werden eingeteilt in

1) gerade mal gerade; das sind Zahlen, die halbiert werden können, und zwar bis hinab zur Einheit, also Zahlen der Form 2^n. Nikomachos nennt 1, 2, 4, 8, 16, 32, 64, 128, 256, 512. Euklid nennt Zahlen gerade mal gerade, wenn sie sich in zwei gerade Zahlen zerlegen lassen, also durch 4 teilbar sind [El. VII, Def. 8]. Bachet hat die Zahlen der Definition des Nikomachos *pairement pair seulement* genannt [*Problemes plaisans* . . . 1624].

2) gerade mal ungerade nennt Nikomachos die Zahlen von der Form 2 mal ungerade, z. B. 6, 10, 14, 18, 22, 26, während Euklid sie wörtlich als gerade mal ungerade erklärt [El. VII, Def. 9].

3) ungerade mal gerade nennt Nikomachos die Zahlen, die durch fortgesetztes Halbieren nicht auf die Einheit zurückgeführt werden können, also die Zahlen der Form 2^n mal ungerade, z. B. 24, 28, 40. Euklid macht zwischen 2) und 3) keinen Unterschied.

Das ist also ein Versuch, die Einteilung der Zahlen in gerade und ungerade zu verfeinern; Nikomachos unterscheidet die Zahlen, die $\equiv 2$ und die $\equiv 0 \pmod 4$ sind, und er bemüht sich auch, die besonderen Eigenschaften jeder Klasse herauszuarbeiten. Solche Überlegungen haben später auch Jordanus de Nemore [*Elementa Arithmetica* (1496), Buch III], Stifel [*Arithmetica integra*, Buch I, fol. 9 r ff.] und Bachet angestellt. Es wurde auch untersucht, in welche Klasse die Summe und das Produkt zweier Zahlen aus einer oder zwei Klassen fällt.

Die ungeraden Zahlen werden eingeteilt in Primzahlen und zusammengesetzte Zahlen. Die Primzahlen werden mit dem „Sieb des Eratosthenes“ gefunden.

Eine andere Einteilung [I, 14] ist die in überschießende, vollkommene und mangelhafte Zahlen, je nachdem die Summe der Teiler größer, gleich oder kleiner ist als die Zahl selbst. Als vollkommene Zahlen nennt Nikomachos 6, 28, 496, 8128. Der Begriff der vollkommenen Zahl (griech. *téleios*, lat. *perfectus*) verleitet geradezu zu mystischen Spekulationen. Davon ist in *diesem* Werk des Nikomachos kaum etwas zu finden, aber eine Neigung zur Zahlenmystik scheint zu allen Zeiten, auch im Mittelalter, vorhanden gewesen zu sein.

In Kap. 17 folgt wieder eine neue Einteilung, jetzt nach der Relation, d. h. eine Klassifizierung der Zahlenverhältnisse, die die Grundlage für die Musik bildet.

Eine Zahl ⟨*a*⟩ heißt gegenüber einer Zahl ⟨*b*⟩

πολλαπλάσιος	lat. *multiplex*,	wenn $a:b = k$,
ἐπιμόριος	*superparticularis* ,	wenn $a:b = 1 + \frac{1}{n}$,
ἐπιμερής	*superpartiens* ,	wenn $a:b = 1 + \frac{k}{n}$,
πολλαπλασιεπιμόριος	*multiplex superparticularis* ,	wenn $a:b = m + \frac{1}{n}$,
πολλαπλασιεπιμερής	*multiplex superpartiens* ,	wenn $a:b = m + \frac{k}{n}$ ist .

(Alle Buchstaben bezeichnen natürliche Zahlen.)

Das zweite Buch behandelt die Einteilung der Zahlen nach geometrischen Gesichtspunkten, also die Polygonal- und Polyederzahlen, ferner das arithmetische, geometrische und harmonische Mittel.

Das Buch von Nikomachos enthält keine neuen Forschungsergebnisse. Nikomachos gibt auch keine Beweise; bei einer derartigen Darlegung der Gliederung des Zahlenreiches sind sie auch nicht zu erwarten. Nikomachos führt Begriffe ein und erläutert sie. Er zeigt, was es im Reich der Zahlen alles gibt.

1.1.2.6. Vermessungswesen. Aufgaben und Geräte. Vermessungsarbeiten sind schon beim Bau der ägyptischen Pyramiden und Tempel nötig gewesen. „Seilspanner" (= Harpedonapten, so nennt sie Demokrit) sind gelegentlich auf Bildern aus dem Alten Reich dargestellt. Erforderlich war, außer der Bestimmung der Himmelsrichtungen, die Herstellung genauer rechter Winkel, das genaue Nivellement des Fundaments und das genaue Einhalten des Böschungswinkels.

Eine alte Aufgabe ist auch das Vermessen der Felder. Unregelmäßig begrenzte Flächenstücke zerlegte man in Rechtecke oder Trapeze und Dreiecke, gelegentlich auch allgemeine Vierecke. Das zeigen z. B. ein altbabylonischer Felderplan (Abb. 1.15) und die zahlenmäßigen Angaben über die Landstücke, die dem Horus-Tempel in Edfu (2. Jh. v. Chr.) gehörten (s. A.u.O., S. 59). Wie's gemacht wird, beschreibt Heron (1. Jh. n. Chr.) [Dioptra 24, Op. Bd. 3, S. 266]: Man lege eine Gerade quer durch die Fläche und suche auf ihr diejenigen Punkte *C*, *D*, *E*, *F*, *G*, von denen aus die Ecken unter rechten Winkeln gesehen werden (Abb. 1.16) usw.

Bei Griechen und Römern erforderte der Bau von Wasserleitungen genaues Nivellieren. Um 530 v. Chr. legte Eupalinos auf Samos einen etwa 1 km langen Tunnel durch einen Berg. Der Tunnel wurde zugleich von beiden Seiten aus in Angriff genommen, und die beiden Stollen trafen in der Mitte mit sehr geringer Abweichung aufeinander.

Für diese Arbeiten brauchte man Meßschnüre und Meßlatten, ein Nivelliergerät und ein Gerät zum Visieren unter einem rechten Winkel.

Ein Nivelliergerät mit dem griechischen Namen *Chorobates* wird von Vitruv beschrieben [*De architectura* V, 5, 1]. Nach dieser Beschreibung ist die Abb. 1.17 gezeichnet [Kretzschmer, F.: Bilddokumente römischer Technik. Düsseldorf.

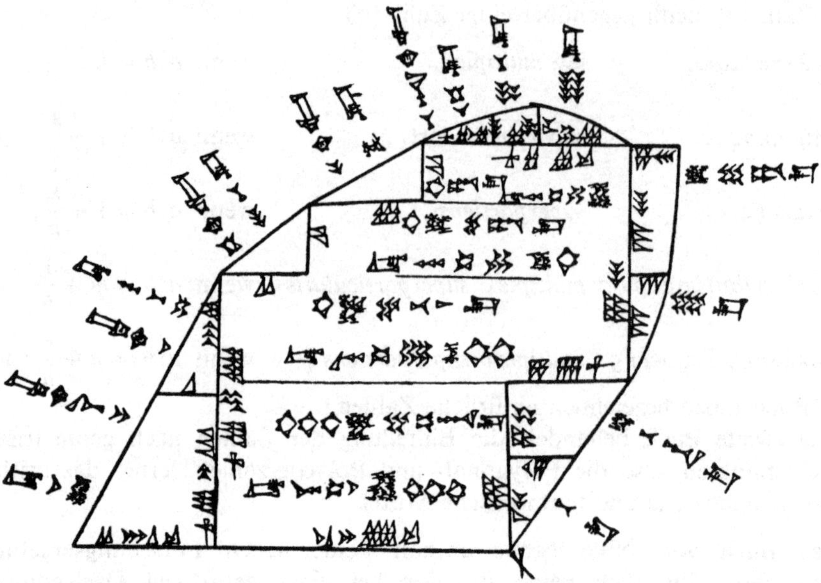

Abb. 1.15. Altbabylonischer Felderplan. Aus: Meißner, B.: Babylonien und Assyrien. Heidelberg: Winter 1925. S. 390/391

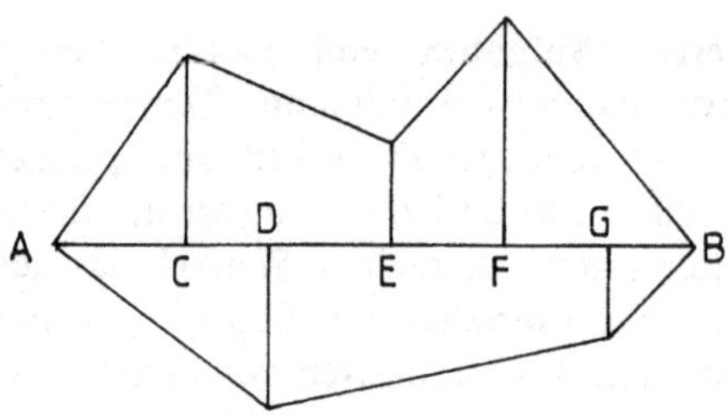

Abb. 1.16. Vermessung eines unregelmäßig begrenzten Landstücks. Nach Heron: Dioptra 24. Op. Bd. 3, S. 266

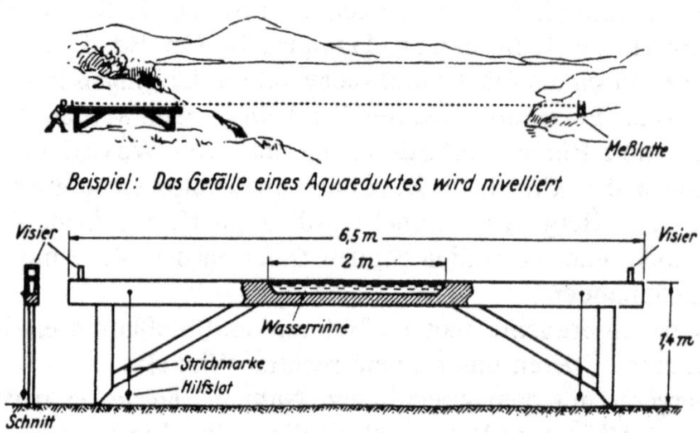

Abb. 1.17. Chorobates. Zeichnung von Kretzschmer nach Vitruv (Bilddokumente römischer Technik)

3. Aufl. 1967]. Die genau horizontale Einstellung wird festgelegt 1) durch Lote, die genau vor Strichmarken hängen müssen, 2) durch eine mit Wasser gefüllte Rinne, bei der der Wasserspiegel gleichmäßig weit vom oberen Rand entfernt sein muß.

Ein Gerät zum Visieren unter rechten Winkeln wird von Heron als *Asteriskon* beschrieben [Dioptra 33]. Bei den Römern hieß ein entsprechendes Gerät *groma*, die Feldmesser (Agrimensoren) hießen nach diesem Gerät auch Gromatiker. Das Gerät besteht im Wesentlichen aus einem Metallkreuz, an dessen Enden mit Gewichten beschwerte Fäden herabhängen, über die visiert wird. Das Kreuz muß auf einem seitlich versetzten Fuß befestigt werden, da die Visierlinien durch die Mitte gehen (Abb. 1.18). Ein ähnliches Gerät wird von Simon Stevin als *meterscruys* beschrieben (Abb. 1.19).

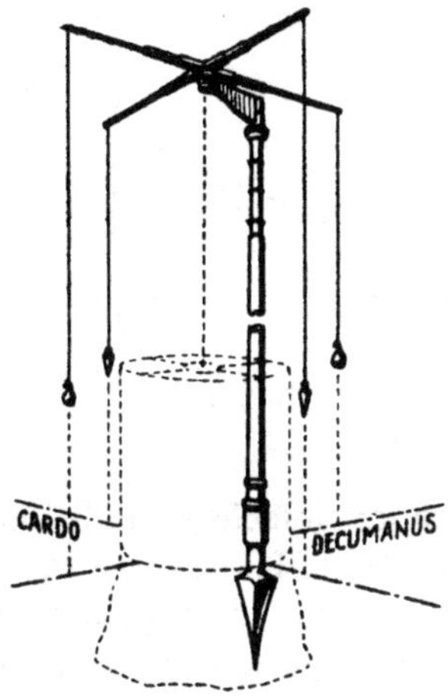

Abb. 1.18. Groma. Aus Kretzschmer: Bilddokumente römischer Technik

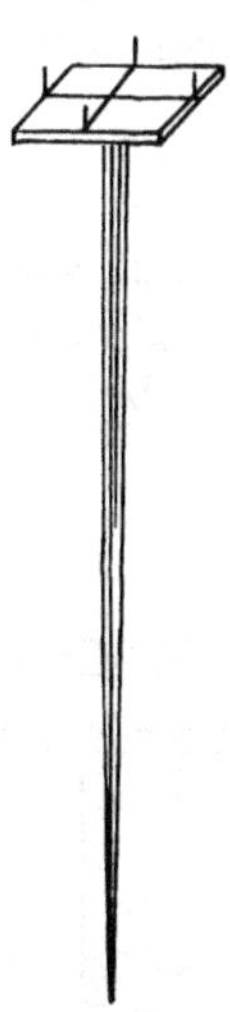

Abb. 1.19. *Meterscruys.* Stevin: Van de Meetdaet, 1605

Weitere Vermessungsaufgaben sind: die Messung der Entfernung zu einem unzugänglichen Punkt, z. B. die Entfernung zu einem Schiff auf See (Thales) oder die Breite eines Flusses, und die Messung der Höhe eines unzugänglichen Gegenstandes, z. B. eines Turmes oder der Mauer einer belagerten Stadt. Dazu braucht man nicht unbedingt andere Geräte, es genügen Meßschnüre und Meßlatten.

Die erste Aufgabe beschreibt Heron so [Dioptra 8]: A sei der eigene Standort; es soll die Entfernung zum Punkt *B* gemessen werden (Abb. 1.20). Man wähle auf der Verlängerung von *BA* einen beliebigen Punkt *C*, gehe von diesem im rechten Winkel zu *BC* bis zu einem beliebigen Punkt *E*, ziehe in *A* die Senkrechte auf *AB* bis zu demjenigen Punkt *D*, der auf der Visierlinie von *E* nach *B* liegt. Da *AC*, *CE* und *AD* gemessen werden können, läßt sich *AB* berechnen.

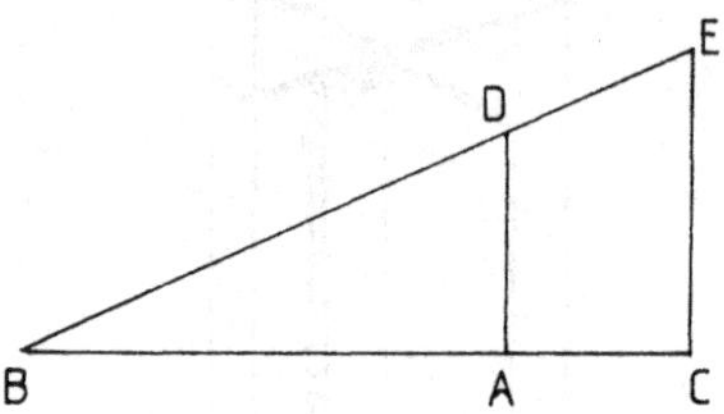

Abb. 1.20

Die zweite Aufgabe läßt sich im einfachsten Fall ähnlich lösen. Es sei jetzt *B* der eigene Standpunkt, *CE* die gesuchte Höhe (man muß sich die Figur jetzt in der vertikalen Ebene denken), und es sei vorausgesetzt, daß die Entfernung *BC* bekannt ist. Dann stelle man an einer geeigneten Stelle *A* eine Meßlatte auf und lese auf ihr die Länge *AD* ab, usw.

Was zu tun ist, wenn die Entfernung *BC* nicht bekannt ist, ist (später) oft beschrieben worden, z. B. in China von Liu Hui (3. Jh. n. Chr.; s. A.u.O., S. 180). Man kommt jedenfalls mit den gleichen Mitteln aus und braucht kein Gerät zum Winkelmessen.

Heron hat ein Gerät beschrieben, das alle diese verschiedenen Anwendungen zuläßt; er nennt es *Dioptra.* Er ersetzt sozusagen den Chorobates durch ein Visierlineal von 4 Ellen (ca. 2 m) Länge mit einer Vertiefung, in die ein wassergefülltes *U*-Rohr eingelassen ist (Abb. 1.21); man visiert über die Was-

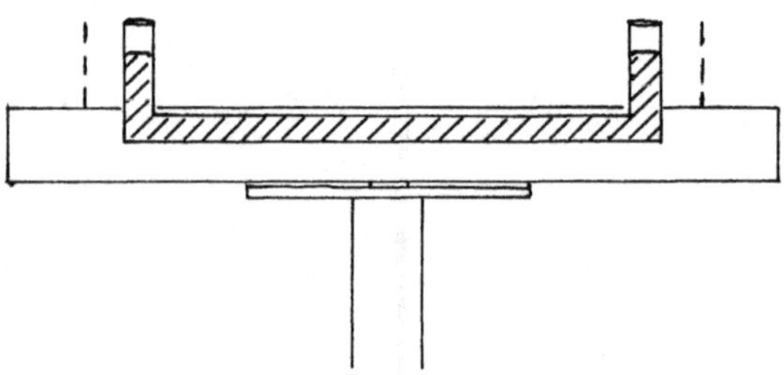

Abb. 1.21. Skizze des Grundgedankens von Heron's Dioptra

seroberflächen und durch Schlitze in zusätzlich angebrachten verschiebbaren Metallplättchen – in der Zeichnung nur durch je drei kleine Striche angedeutet.

Das Lineal wird in der Mitte auf einen Fuß gesetzt, und zwar so, daß es über einer am Fuß befestigten horizontalen Kreisscheibe drehbar ist.

Durch einige Zahnräder und Schrauben erreicht Heron noch, daß das Gerät auch schräg gestellt werden kann, sogar in eine senkrechte Ebene [genaue Beschreibung von Heron mit Zeichnungen von H. Schoene in Op., Bd. 3, S. 188–201].

Mit dem horizontal gestellten Lineal lassen sich mit Hilfe von Meßlatten, die mit Skalen versehen sind, Nivellements ausführen.

Auf der Kreisscheibe sind zwei zueinander senkrechte Linien angebracht; man kann das Lineal in diese Richtungen stellen und damit im Gelände zwei zueinander senkrechte Linien festlegen.

Die Scheibe kann auch (für astronomische Winkelmessungen) mit einem in 360° eingeteilten Kreis versehen werden [Dioptra 32].

Von den Astronomen, wahrscheinlich schon von Hipparch (um 140/130 v. Chr.) wurden zur Messung der Sonnenhöhe und von Sternhöhen Geräte benutzt, die Ptolemaios folgendermaßen beschreibt [Almagest I, 12]: Ein Kreisring aus Metall mit einer Gradeinteilung wird senkrecht in die Meridianebene gestellt. In ihm ist ein zweiter Kreisring drehbar, an dem zwei Plättchen in diametral gegenüberliegenden Punkten angebracht sind. Dieser Ring wird so gedreht, daß der Schatten des einen Plättchens gerade das andere Plättchen bedeckt (Abb. 1.22).

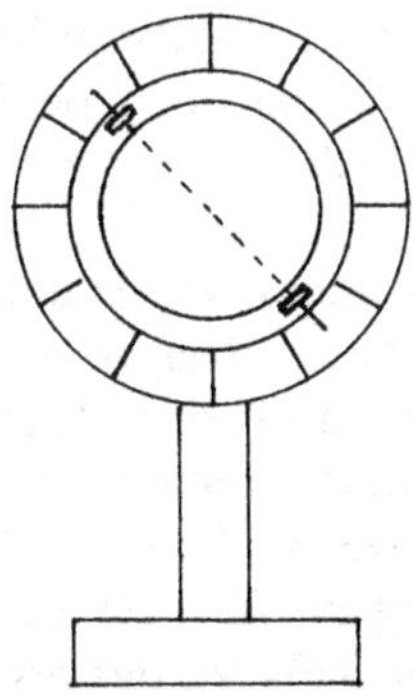

Abb. 1.22. Gerät zur Messung der Sonnenhöhe nach Ptolemaios. Almagest I, 12

Noch praktischer, sagt Ptolemaios, sei hierfür der Quadrant (Abb. 1.23). In den Punkten A und C sind Stifte angebracht. Durch ein in A aufgehängtes Lot wird die senkrechte Lage der Kante AC kontrolliert (das Lot muß dem Stift C anliegen). Der Schatten des Stiftes A wird auf der Skala abgelesen. [Almagest I, 12].

Die Araber haben (ebene) Astrolabe konstruiert, auf deren Rückseite entsprechende Skalen und Visiereinrichtungen angebracht waren. Messungen mit einem solchen Gerät werden in der *Geometria incerti auctoris* (9. Jh.) beschrieben, und zwar so genau, daß man die Einrichtung des Geräts daraus erschließen kann (s. 1.4.7).

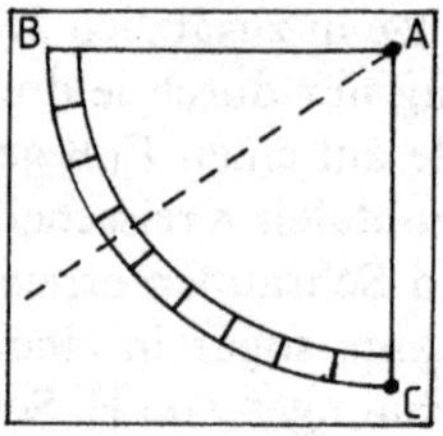

Abb. 1.23. Quadrant nach Ptolemaios. Almagest I, 12

Wir kehren zu Heron zurück. In der Schrift „Über die Dioptra“ beschreibt er die Konstruktion des Geräts und die Arten seiner Anwendung. Im Anhang beschreibt er die Messung größerer Entfernungen:
1) durch Zählung der Umdrehungen eines Wagenrades. Die Anzahl der Umdrehungen wird mit Einschaltung von Zahnrädern durch Zeigerstellungen angezeigt. Auch Vitruv beschreibt dieses Verfahren, und zwar mit einer Vorrichtung, bei der nach je 400 Umdrehungen ein Steinchen in einen bronzenen Behälter fällt.

Bemerkenswert ist bei Vitruv die Angabe, daß ein Rad von $4\frac{1}{6}$ Fuß Durchmesser bei einer Umdrehung $12\frac{1}{2}$ Fuß zurücklegt. Dabei scheint das $\frac{1}{6}$ eine von einem Abschreiber vorgenommene „Verbesserung“ zu sein. Vitruv dürfte aus Erfahrung gewußt haben, daß ein Rad von 4 Fuß Durchmesser nicht 12, sondern ungefähr $12\frac{1}{2}$ Fuß zurücklegt; das entspricht $\pi = 3\frac{1}{8}$; dieser Wert kommt gelegentlich bei den Babyloniern vor – und in geometrischer Form bei Dürer (3.1.2.2). Der Abschreiber des Werkes von Vitruv hielt offenbar $\pi = 3$ für richtig und „verbesserte“ den Text.
2) Wenn die Entfernung nicht mit einem Wagen durchfahren werden kann, wie z. B. die Entfernung von Rom nach Alexandria, so kann sie astronomisch berechnet werden, z. B. aus der Angabe, daß eine Mondfinsternis 10 Tage vor der Frühlingstag- und -nachtgleiche in Rom um die dritte, in Alexandria um die fünfte Nachtstunde beobachtet wurde [Heron: Dioptra 35; Op. Bd. 3, S. 302/303]. Heron berechnet daraus die Entfernung zu 20° auf dem Großkreis, wenn der ganze Großkreis, also der Erdumfang = 360° ist; das ergibt ungefähr 2200 km.

Es ist nachgerechnet worden, daß eine solche Mondfinsternis im Jahre 62 nach Chr. stattgefunden hat. Diese Mondfinsternis muß Heron erlebt haben. Das ist die einzige genaue Angabe über seine Lebenszeit. Heron lebte also nach Varro und Vitruv und vor den meisten römischen Agrimensoren Vitruv, der viele griechische Autoren zitiert, nennt Heron nicht.

1.1.2.7. Vermessungswesen. Berechnungen. In der Schrift *Metrika* (Vermessungslehre) bringt Heron diejenigen geometrischen Aufgaben und Sätze, die der Feldmesser braucht, und zwar im Buch I die Berechnungen der Flächen ebener Figuren aus den Längen ihrer Seiten, ⟨denn die Randstrecken sind im Gelände leichter zu messen als z. B. die Höhe eines Dreiecks⟩.

Die Flächen von Rechtecken und rechtwinkligen Dreiecken sind leicht aus den Seiten zu berechnen. Bei anderen Dreiecken hat man zunächst die Höhe zu berechnen. Das ist bei gleichschenkligen Dreiecken leicht, bei anderen Dreiecken geht Heron davon aus, daß

(1) $$a^2 + c^2 = b^2 + 2cp$$

ist (Abb. 1.24), „wie gezeigt" [Kap. 5]. Ein Beweis steht in Euklids Elementen [II, 13]; al-Ḫwārizimī berechnet (1) aus

(2) $$h^2 = a^2 - p^2 = b^2 - (c - p)^2$$

mit den Zahlen 13, 15, 14 statt *a*, *b*, *c* und *šai* $\langle = x \rangle$ statt *p* [Ed. Gandz, Qu. u. St. A 2, S.79 f].

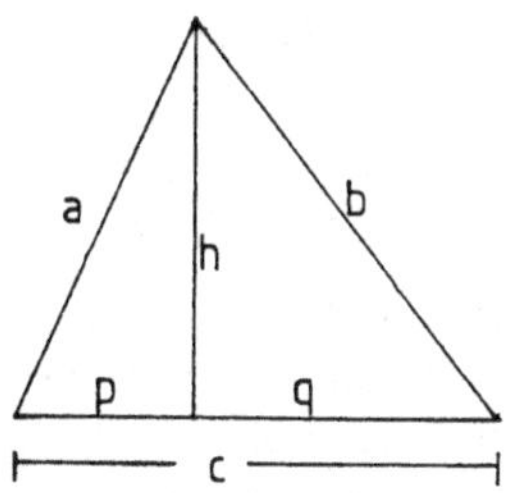

Abb. 1.24

Wenn die Seiten *a*, *b*, *c* gegeben sind, ergibt sich aus (1)

(3) $$p = (a^2 + c^2 - b^2)/2c\ ,$$

sodann *h* aus (2) und $F = hc/2$.

Heron errechnet für $a = 13$, $b = 15$, $c = 14$ der Reihe nach $p = 5$, $h = 12$, $F = 84$.

Ein anderer Weg führt über den Radius $\langle r \rangle$ des einbeschriebenen Kreises. Ist $s = (a + b + c)/2$, so ist

$$F = r \cdot s\ .$$

Auf diesem Wege beweist Heron in Kap. 8

$$F = \sqrt{s(s-a)(s-b)(s-c)}\ ,$$

die „Heronische Dreiecksformel"; nach arabischen Quellen geht sie auf Archimedes zurück [Heath, Greek Math. Bd. 2, S. 322].

Brahmagupta verwendet die analoge Formel

(4) $$F = \sqrt{(s-a)(s-b)(s-c)(s-d)}$$

auch für Vierecke mit den Seiten *a*, *b*, *c*, *d*; er faßt sogar die Dreiecksformel als Spezialfall ($d = 0$) auf [Brāhmasphutasiddhānta (628 n. Chr.), Kap. 12, Sect. 4, ed. Colebrooke (1817), S. 295 ff.]. Nun ist ein Viereck durch die Angabe seiner vier Seiten nicht bestimmt; Heron sagt [Kap. 16], man müsse auch noch eine Diagonale kennen. „Denn wenn ebendieselben Seiten des Vierecks gegeben sind, so verändert sich sein Inhalt, wenn es dem Rhombus genähert und, mit Beibehaltung derselben Seiten, seitwärts verschoben wird." Die Formel (4) kann also nicht allgemein gelten; sie gilt aber für Sehnenvierecke im Kreis, und wenn die gegebenen Seiten der

Bedingung genügen, daß die Summe von je dreien größer ist als die vierte, gibt es genau ein Sehnenviereck mit diesen Seiten. Das weiß man aber erst etwa seit Regiomontan (um 1464).

Vor dem allgemeinen Viereck hat Heron in Kap. 10–16 verschiedene Formen von Trapezen berechnet. Diese Figuren: Dreiecke, Vierecke, speziell Rechtecke und Trapeze, reichen für das Vermessen von Feldern nach dem oben angegebenen Verfahren aus. Heron berechnet ferner [Kap. 17–25] die Flächen der regelmäßigen Polygone vom Dreieck bis zum Zwölfeck, stets aus der gegebenen Seite. Für das Siebeneck, Neuneck und Elfeck gibt er einfache Näherungskonstruktionen, für Quadratwurzeln benutzt er einfache Näherungswerte.

Die Fläche des gleichseitigen Dreiecks mit der Seite $\langle s = \rangle$ 10 $\langle$und der Höhe $h\rangle$ berechnet Heron hier [Kap. 17] so: Es ist

$$h = \frac{s}{2} \cdot \sqrt{3}\,, \quad F = \frac{s}{2} \cdot h\,, \quad F^2 = \frac{3}{16} s^4 = 1875\,,$$

$\sqrt{1875}$ ist näherungsweise gleich $43\frac{1}{3}$.

In der Schrift *Geometrika*, die in der vorliegenden Form nicht von Heron stammt, sondern wahrscheinlich eine Bearbeitung aus dem 10. Jh. ist [Heath, Greek Math. Bd. 2, S. 318], wird ohne Begründung angegeben:

$$F = s^2\left(\frac{1}{3} + \frac{1}{10}\right), \quad h = s\left(1 - \frac{1}{10} - \frac{1}{30}\right)$$

[Op. Bd. 4, 222–225]; das bedeutet, daß für $\sqrt{3}$ der Näherungswert 26/15 benutzt wurde.

Fast bei jedem Polygon ist in *Metrika* I irgendeine interessante Einzelheit zu bemerken:

Bei der Berechnung des Fünfecks tritt $\sqrt{5}$ auf; Heron benutzt den Näherungswert 9/4 und erhält $F = s^2 \cdot 5/3$. Dieser Wert kommt bereits in babylonischen Texten vor (Susa-Texte I und III, s. A.u.O. S. 37/38).

Beim Siebeneck geht Heron davon aus, daß seine Seite näherungsweise gleich der Höhe des zum Sechseck gehörenden Mittelpunktsdreiecks ist, also = AD in Abb. 1.25. Heron benutzt den Näherungswert 7/4 für $\sqrt{3}$ und erhält

$$BC : AD = 8 : 7\,.$$

[Kap. 19/20].

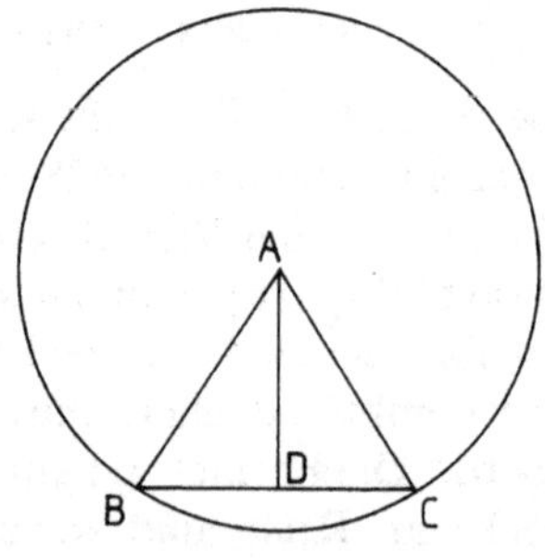

Abb. 1.25

Das Achteck [Kap. 21] bespreche ich, weil es bei Varro vorkommt. Sei KDE (Abb. 1.26) ein Teildreieck, also $DE = s$ die Seite des Achtecks, K der Mittelpunkt des umbeschriebenen Kreises. Dann ist $\alpha = 1/4$ eines rechten Winkels. Heron trägt in D noch einmal den Winkel α an. Dann ist $\sphericalangle\, DML = 2\alpha = \frac{1}{2}R$ und somit auch $\sphericalangle\, MDL = \frac{1}{2}R$. Im Dreieck MDL ist also

$$ML = LD = s/2\,, \tag{1}$$

$$MD = \frac{s}{2}\sqrt{2} \quad \text{oder} = \sqrt{s^2/2}\,. \tag{2}$$

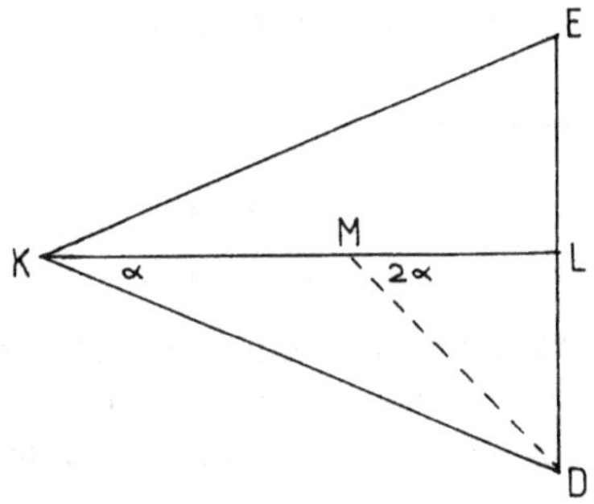

Abb. 1.26

Ferner ist KM = MD, also die Höhe des Dreiecks KDE

$$h = KM + ML = \frac{s}{2}(\sqrt{2} + 1)$$

oder

$$= \sqrt{s^2/2} + s/2\,.$$

Heron rechnet mit $s = 10$ und $\sqrt{2} \approx 17/12$ und erhält

$$F = 8 \cdot s \cdot h/2 = 2900/6 = 433\tfrac{1}{3}\,.$$

Nach den Polygonen behandelt Heron den Kreis, den Kreisring und das Kreissegment. In Kap. 30 sagt er: „Das Kreissegment, das kleiner als ein Halbkreis ist, pflegten die Alten ziemlich ungenau zu messen", nämlich als

$$F = \frac{s + h}{2} \cdot h \quad \text{(Abb. 1.27)}\,,$$

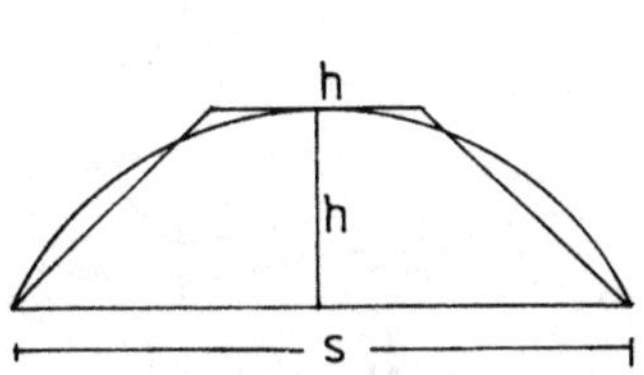

Abb. 1.27

d. h. sie ersetzten das Segment durch das Trapez, dessen zu s parallele Seite $= h$ ist. „Sie schlossen sich dabei anscheinend denen an, die den Umfang des Kreises als dreimal so groß annahmen als seinen Durchmesser". Für den Halbkreis ergibt sich nämlich ($s = 2h$, $h = r =$ Radius)

$$F = 3r^2/2\,.$$

[Kap. 31]: „Diejenigen dagegen, die genauere Forschungen angestellt haben, setzen zu dem angegebenen Inhalt des Segments noch 1/14 des Quadrats der Hälfte der Basis zu":

$$F = \frac{s+h}{2}\cdot h + (s/2)^2/14\,;$$

das ergibt nämlich für den Halbkreis

$$F = \frac{1}{2}r^2\cdot 3\frac{1}{7}\,.$$

Die Formel der „Alten" kommt in einem ägyptischen, demotischen Papyrus vor [Parker, Aufg. 36], der im 3. Jh. v. Chr. oder früher geschrieben wurde. Die verbesserte Form kann erst nach Archimedes entstanden sein.

Buch II handelt von der Berechnung der Volumina von Körpern: Quader, Zylinder, Kegel, Prisma, Pyramide, Pyramidenstumpf, Kugel, Kugelsegment, regelmäßige Polyeder. Wegen der späteren Bedeutung für die Faßmessung sei die Berechnung des Pyramidenstumpfs [§ 8] erwähnt. Heron nimmt als Grund- und Deckfläche Rechtecke, die nicht ähnlich zu sein brauchen. Um die Schreibweise und die Figur zu vereinfachen, nehme ich Quadrate mit den Seiten a und b in spezieller Lage. (Abb. 1.28). Der Pyramidenstumpf besteht aus

einem Quader mit dem Volumen	$b^2\cdot h$,
zwei Prismen mit dem Volumen von je	$b\cdot(a-b)\cdot h/2$,
einer Pyramide mit dem Volumen	$(a-b)^2\cdot h/3$.

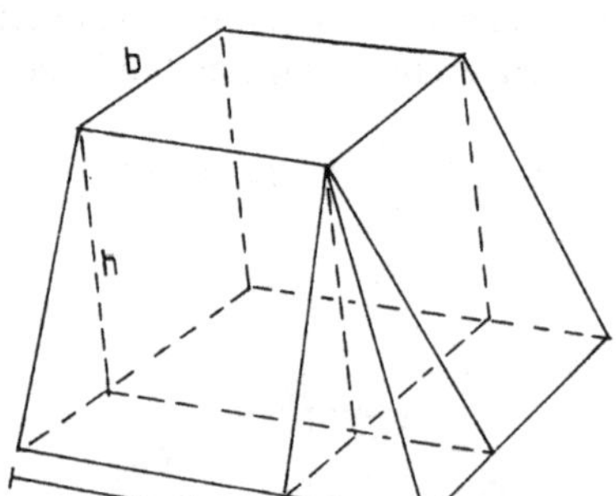

Abb. 1.28

Zusammen ergibt das

$$V = \left[a \cdot b + \frac{1}{3}(a-b)^2 \right] \cdot h \,.$$

Da

$$a \cdot b = \left(\frac{a+b}{2}\right)^2 - \left(\frac{a-b}{2}\right)^2$$

ist, was Euklid [El. II, 5] bewiesen hat, folgt hieraus

$$V = \left[\left(\frac{a+b}{2}\right)^2 + \frac{1}{3}\left(\frac{a-b}{2}\right)^2 \right] \cdot h \,. \tag{1}$$

Mit dieser Formel rechnet Heron.

Eine für uns (!) leichte Umrechnung ergibt die schon von den Ägyptern benutzte Formel (s. A.u.O., S. 63):

$$V = (a^2 + b^2 + a \cdot b) \cdot h/3 \,. \tag{2}$$

Das Volumen des einbeschriebenen Kegelstumpfes, der also von Kreisen mit den Durchmessern a, b begrenzt wird, erhält man durch Multiplikation mit $\pi/4$ [§ 9].

Am Schluß des Buches gibt Heron Anweisungen für die praktische Feststellung der Volumina unregelmäßiger Körper: Transportable Körper soll man (nach Archimedes) in eine durchgängig rechtwinklige, mit Wasser gefüllte Wanne tauchen, wieder herausziehen und den leer gewordenen Raum in der Wanne messen. Nicht transportable Körper soll man mit Wachs oder Lehm bestreichen, bis eine rechtwinklige Form herauskommt, die zu messen ist; dann soll man den Lehm abnehmen und wieder in eine rechtwinklige Form kneten. Die Differenz der beiden Volumina ist das Volumen des Körpers.

Buch III behandelt die Teilung von Flächen und Körpern in vorgeschriebenen Verhältnissen und damit zusammenhängende Aufgaben, z. T. wie in Euklids Buch der Teilungen; „denn das Geschäft, den Gleichberechtigten die gleiche Fläche Landes zuzuweisen, und denen, die es wert sind, im Verhältnis mehr, wird als ein sehr nützliches und notwendiges angesehen“ [Buch III, Vorrede].

1.1.2.8. Was ist und wozu dient Geometrie? Die Ansichten hierüber haben sich zwischen der Zeit der griechischen Klassik und dem Mittelalter geändert, und um diese Änderung verfolgen zu können, wäre es nützlich, zu wissen, wann und von wem die Heron zugeschriebenen Werke verfaßt wurden. Sie sind nur in Abschriften erhalten, von denen die ältesten im 11. Jh. in Byzanz geschrieben wurden. [Einzelheiten darüber finden sich in den *Prolegomena* zu den *Opera* Herons, auch bei Heath: Greek Math., Bd. 2, S. 307 ff.] Man nimmt an, daß die *Dioptra* und *Metrika* einigermaßen in der Originalfassung Herons erhalten sind. Von den *Definitiones* sagt Heiberg, er zweifle nicht, daß sie Heron zuzuschreiben sind [Heron: Op. Bd. 4, S. IV]; in der überlieferten Handschrift sind Stücke von Proklos (um 450 n. Chr.) und anderen Autoren hinzugefügt.

Platon hatte die Linien eingeteilt in Geraden, Kreise und aus ihnen zusammengesetzte Linien. Aufgabe der Geometrie war, alle Eigenschaften von Figuren auf die in den Postulaten festgelegten Eigenschaften von Geraden und Kreisen zurückzuführen. Das hat Euklid in den Elementen durchgeführt.

Euklid erklärt in den Definitionen in Buch I:
die Linie, die gerade Linie;
den Winkel, den rechten, spitzen und stumpfen Winkel;
sowie die folgenden Figuren:
den Kreis (als von nur einer Linie begrenzt);
die Arten der Dreiecke und Vierecke;
in Buch III Kreissektoren und Kreissegmente.
Die sonstigen zusammengesetzten Linien sind in den „Elementen" nicht Gegenstand der Untersuchung. Die Behandlung von Flächen und Körpern übergehe ich.

Nach Proklos [Euklid-Komm., zu Def. 4, ed. Friedlein S. 111] hat Geminos (1. Jh. v. Chr.) die Einteilung auf andere Linien erweitert und eine systematische Ordnung versucht. Das ist in Heron's *Definitiones* ausführlich ausgearbeitet.
Def. 3: „Die Linien sind teils gerade, teils nicht; die nicht geraden sind teils Kreisbögen, teils Schraubenlinien, teils krumme." In den Definitionen 3–7 werden diese Arten genauer erklärt.
Def. 26: „Die Figuren in einer Fläche sind teils einfach, teils zusammengesetzt . . . Die zusammengesetzten Figuren sind teils aus gleichartigen zusammengesetzt ⟨entweder nur aus Geraden oder nur aus Kreisbögen, wie z. B. Möndchen und Kreisringe⟩, oder aus ungleichartigen, wie die Kreissektoren, Halbkreise und Kreissegmente." Dann werden alle diese Figuren erklärt (Def. 28–64).

Gegenüber der Deduktion von Sätzen aus Axiomen tritt jetzt die Beschreibung der Mannigfaltigkeit der Formen in den Vordergrund, ähnlich wie bei Nikomachos die Beschreibung der Arten der Zahlen. Dic Geometrie wird definiert [Def. 135] als die Wissenschaft von Größen und Figuren und den diese umschließenden Flächen und Linien und ihren Eigenschaften und Beziehungen zueinander ⟨gekürzt⟩. Diese Erklärung wurde bis in die Neuzeit beibehalten. Sie begegnet uns z. B. bei dem römischen Feldmesser Balbus (um 107 n. Chr.) als *Expositio et ratio omnium formarum* (Darstellung und systematische Ordnung aller Figuren; 1.2.1.5), bei Martianus Capella (1.2.2.6, nicht als Definition, aber tatsächlich durchgeführt), bei Cassiodorus, Gerbert und z. B. noch in der *Margarita philosophica* von G. Reisch (um 1500), hier in der Form: *Geometria est disciplina magnitudinis immobilis formarumque descriptio contemplativa.* Geometrie ist die Wissenschaft von der unbeweglichen Größe und die betrachtende (theoretische) Beschreibung der Formen (= Figuren; *immobilis* = unbeweglich geht auf Nikomachos [I, 2, 2; ed Hoche S. 6] bzw. auf die Pythagoreer zurück; der Geometrie werden die unbewegten Figuren, der Astronomie (Sphärik) die Bewegungen zugeordnet).

Geometrica ist nicht der griechische überlieferte Titel einer einheitlichen Schrift, sondern eine vom Herausgeber gewählte Überschrift in lateinischer Form. Es ist offenbar eine Übcrarbeitung ⟨vielleicht von Vorlesungen Herons?⟩ für Feldmesser und Schulzwecke. Sie enthält ausführliche Angaben über die griechischen Maßeinheiten und viele, oft gleichartige Aufgaben. Sie enthält, ziemlich am Anfang, die Gliederung. [3, 18; Heron Op. Bd. 4, S. 181]: „Formen der Vermessung gibt es drei: *euthymetrikon* (Streckenmessung), *embadometrikon* (Flächenmessung), *stereometrikon* (Körpermessung)." Diese Gliederung kommt bei verschiedenen römischen Feldmessern vor [Bubnov, Gerberti Op., App. VII, S. 494, 510] und wurde später als Einteilung der *Geometria practica* allgemein üblich, z. B. noch im

Cursus mathematicus von Caspar Schott (Bamberg 1677) als *longimetria, planimetria, solidometria.* Die Streckenmessung wird manchmal als *altimetria* bezeichnet, wobei etwa an die Messung der Höhe eines Turmes gedacht ist.

Der Sache nach ist diese Einteilung auch in Heron's *Dioptra* und *Metrika* vorhanden, und zwar sinngemäß unterteilt: In der *Dioptra* wird die Längen*messung*, in den *Metrika* die Flächen- und Körper*berechnung* abgehandelt.

Hier zeigen sich die Keime der erst später konsequent durchgeführten Teilung der Geometrie in einen theoretischen und einen praktischen Teil (*Geometria speculativa* und *Geometria practica*). Der praktische Teil behandelt in der Regel Aufgaben des Vermessungswesens, der theoretische Teil *nicht* einen deduktiven Aufbau der Geometrie, sondern eine geordnete Aufzählung und Beschreibung der in Frage kommenden Figuren; von Euklid's Geometrie werden dazu nur die Definitionen der Grundbegriffe benötigt.

Ist diese neue Auffassung der Geometrie, vor allem des theoretischen Teils, in Alexandria bei Heron und seiner Schule entstanden oder hat der praktische Sinn der Römer, zusammen mit einem Streben nach Ordnung, dazu geführt? Man darf wohl an einen Gedankenaustausch zwischen den praktisch arbeitenden Geodäten (z. B. Balbus, Frontinus) und der Schule in Alexandria denken. Ich könnte mir vorstellen, daß die Geodäten aus alexandrinischen Schulschriften gelernt haben, und daß sie auf die Gestaltung dieser Schriften auch Einfluß genommen haben.

1.2. Mathematik bei den Römern

1.2.1. Vermessungsgeometrie

1.2.1.1. Allgemeine Bemerkungen. Im römischen Reich wurden Vermessungsarbeiten wohl zunächst von Priestern ausgeführt, wenn es um die Festlegung von Tempelbezirken ging, von Offizieren oder Unteroffizieren, wenn es sich um das Abstecken von Truppenlagern, von Architekten, wenn es sich um den Bau von Wasserleitungen handelte. Als das Reich größer wurde, ergaben sich auch größere Vermessungsaufgaben. Cäsar ordnete eine Reichsvermessung an und berief dazu Fachleute, deren Namen auf griechische Herkunft deuten [Aethicus, nach Cantor: Röm. Agrimensoren, S. 83]. Durchgeführt wurde diese Vermessung erst in den Jahren 37–20 v. Chr., anscheinend unter der Oberleitung von Marcus Vipsanius Agrippa (63–12 v. Chr.), einem Freund von Octavian (Kaiser Augustus). Nach seinen Angaben wurde eine Weltkarte angefertigt, die in Rom aufgestellt wurde, allerdings erst nach seinem Tode.

Ungefähr seit dieser Zeit gibt es schriftliche Aufzeichnungen über die Kenntnisse, die ein Feldmesser braucht, zunächst fragmentarisch in einzelnen Kapiteln von Werken über andere Gegenstände. Vitruv's Beschreibung eines Nivelliergeräts und eines Apparats zur Zählung der Umdrehungen eines Wagenrades wurden oben erwähnt, und von Varro haben wir gleich zu sprechen. Etwa seit dem Ende des 1. Jh. n. Chr. gab es berufsmäßige Agrimensoren und eigene Schriften für sie, die auch einschlägige juristische Fragen behandelten. Sie wurden im 3. Jh. zu einem *Corpus gromaticorum* zusammengefaßt. Das ist die Quelle für eine im 5/6. Jh. geschriebene

Handschrift (*Codex Arcerianus*, ursprünglich zwei Handschriften), die sich später im Kloster Bobbio befand, wo Gerbert sie um 983 studierte; sie ist jetzt in Wolfenbüttel. Sie enthält u.a. einige Fragmente, die Varro zugeschrieben werden.

1.2.1.2. Marcus Terentius Varro

wurde 116 v. Chr. in Reate bei Rom geboren, war etwa 86 Quaestor, um 82 zum Studium in Athen, 70 Volkstribun, 68 Praetor. Seit 78/77 stand er in Verbindung mit Pompeius, war dessen Legat in Spanien. Nach Caesars Sieg über Pompeius wurde Varro von Caesar begnadigt und 47 mit der Einrichtung einer Reichsbibliothek beauftragt. Nach Caesars Tod wurde Varro geächtet; er entkam zwar dem Tod, aber seine Bibliothek wurde vernichtet. Varro starb 27 v. Chr.

Cicero nennt Varro „einen Mann, der mit uns durch gleiche Studien und alte Freundschaft verbunden ist" [*Academica* I] und spricht über eine Enzyklopädie der Wissenschaften, an der Varro gerade arbeitet.

Von Varro's vielen Schriften sind nur drei Bücher über Landwirtschaft und Teile seines Werkes über die lateinische Sprache erhalten. Von seinem Werk *De disciplinis* sind die Überschriften der neun Bücher überliefert: I. Grammatik. II. Dialektik. III. Rhetorik. IV. Geometrie. V. Arithmetik. VI. Astrologie. VII. Musik. VIII. Medizin. IX. Architektur. Vermutlich war das der damals an griechischen Hochschulen übliche Studienplan.

Die wenigen Stücke des *Codex Arcerianus*, die Varro zugeschrieben werden, könnten Stücke aus den Büchern Geometrie und Arithmetik sein. Das Werk *de disciplinis* ist zwar heute nicht mehr erhalten, war aber zu der Zeit, als das *Corpus gromaticorum* zusammengestellt wurde, noch vorhanden. Cassiodorus zitiert in seinen *Institutiones* (Mitte des VI. Jh.) einige Sätze von Varro wörtlich [II, 3, ed. Mynors S. 109; II, 6, S. 151; II, 7, S. 155].

Die Varro-Fragmente sind von Bubnov veröffentlicht worden [*Gerberti Opera Mathematica*, 1899, *Appendix* VII]. Wenn die Zuschreibung an Varro richtig ist, sind es die ältesten Stücke römischer Mathematik; deshalb wollen wir sie etwas genauer ansehen. Ich bezeichne die Stücke mit V1–V6. Dabei habe ich die Reihenfolge gegenüber der von Bubnov, der sich an die Reihenfolge der Manuskripte hält, wegen der logischen Konsequenz abgeändert. Einige Beispiele werden wörtlich wiedergegeben, sonst nur über den Inhalt berichtet. Die Abbildung 1.29 ist von mir hinzugefügt.

V1. [Bubnov: Varro, Fragm. I, 9–10, S. 498–499].
Hier werden die Maßeinheiten besprochen; ich nenne nur einige:

Grundeinheit ist der Fuß (*pes*), ungefähr 30 cm.
$2\frac{1}{2}$ Fuß = 1 *gradus* (Schritt),
5 Fuß = 1 *passus* (Doppelschritt), etwa 1,5 m,
10 Fuß = 1 *pertica* (Rute),
1 Fuß = 4 *palmi* (Handbreiten) = 12 *unciae* = 16 *digiti* (Finger, Zoll).

Allgemein ist 1 *uncia* = 1/12 der Einheit.

Flächenmaße werden z. T. mit denselben Namen bezeichnet, manchmal mit dem Zusatz (z. B. *pes*) *prostratus* oder *quadratus*.

1 *actus* (Trieb) = 144 (Quadrat-)Ruten = 14 400 (Quadrat-)Fuß,
1 *iugerum* = 2 *actus* = 28 800 (Quadrat-)Fuß,
1 *iugerum* ist also ungefähr $(51\ \text{m})^2$, etwa 1 Morgen.

V2. [Bubnov: Varro, Fragm. I, 1–8, S. 495–497].

1. *Diametro circuitum invenire.*
Sic quaere: Diametrum hoc (= ped. XIIII) duco ter, fit XLII. huic adjicio II, id est XL[IIII]: erit circuitus.
„Aus dem Durchmesser den Umfang des Kreises finden. Mache es so: Den Durchmesser (14 Fuß) nimm dreimal, es ist 42. Dazu füge 2 ⟨ = 1/7 des Durchmessers⟩ hinzu; es ist 44; das ist der Umfang des Kreises."

⟨Gerechnet wird also mit dem Archimedischen Wert $3\frac{1}{7}$ für π .⟩

2. „Dasselbe auf andere Weise: Multipliziere den Durchmesser mit 22; es ist 308; nimm den 7-ten Teil; es ist 44."
3. Aus dem Umfang wird der Durchmesser berechnet, indem durch 22 dividiert und mit 7 multipliziert wird.
4. Ein *ager cuneatus* (rechtwinkliges Trapez) ist 100 Fuß lang, auf einer Seite 130 Fuß, auf der anderen Seite 70 Fuß breit. Gesucht ist die Fläche in *iugera*. Gerechnet wird $\frac{70+130}{2}\cdot 100$; das Ergebnis wird durch 100 und 24 und 12 geteilt.
5. Die Fläche eines gleichseitigen Dreiecks. Der Text ist lückenhaft; er besagt etwa: Multipliziere die Basis 40 mit der Höhe (*cathetus*) 34; es ist 1390, und nimm die Hälfte; es ist 695.

Bei 34 scheint ein Bruch zu fehlen. Rückwärts gerechnet ist $1390:40 = 34\frac{3}{4}$. Leider ist nicht angegeben, wie diese Zahl berechnet wurde. – Die Höhe ist $h = 20\cdot\sqrt{3}$. Nimmt man für $\sqrt{3}$ bekannte Näherungswerte, so erhält man mit $\sqrt{3} = 7/4$ für h den Wert 35, mit $\sqrt{3} = 26/15$ den Wert $34\frac{2}{3}$.

6. Ein Dreieck mit den Seiten 13, 14, 15. Als Höhe wird 12 angegeben, wieder ohne Rechnung (Abb. 1.29).

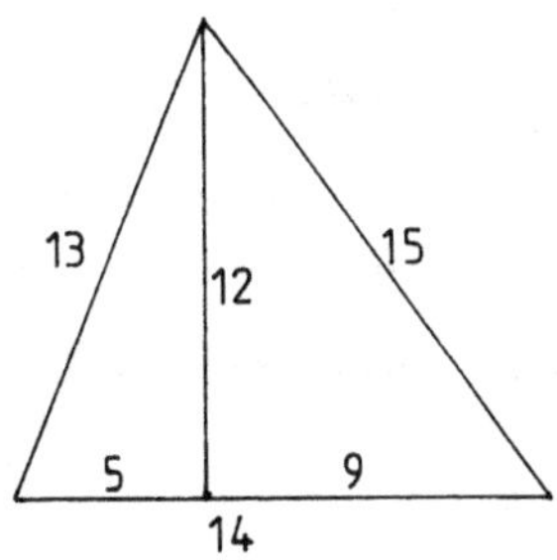

Abb. 1.29

Dieses Dreieck ist besonders bequem, weil seine Seiten, eine Höhe und die Höhenabschnitte ganze Zahlen sind. Heron benutzt dieses Dreieck mehrmals, aber das besagt nicht, daß er es entdeckt hat.

(Man kann ein solches Dreieck konstruieren, indem man zwei pythagoreische Dreiecke zusammensetzt, die eine Kathete gemeinsam haben.)

Die Aufgaben 7 und 8 behandeln Trapeze.

V3. [Bubnov: Varro, Fragm. 3, 1, S. 504]. *Multiplicatio in omne polygonum*: „Beim Dreieck multipliziere die betr. Zahl $\langle n \rangle$ mit sich, zähle die Zahl selbst dazu und nimm die Hälfte.–Beim Fünfeck multipliziere die Zahl mit sich, das Ergebnis mit 3, ziehe die Zahl selbst ab und nimm die Hälfte." So geht das weiter bis: „Beim Zehneck multipliziere die Zahl mit sich, das Ergebnis mit 8, ziehe die Zahl sechsmal ab und nimm die Hälfte." Das ist die Berechnung der n-ten p-Eckszahl nach der Formel (1) von Abschnitt 1.1.2.4.

V4. [Bubnov: Varro, Fragm. 3,2, S. 504/505]: *Latera polygonorum*. „Jedes Dreieck, 8 mal genommen, ergibt nach Hinzufügen der Einheit ein Quadrat; dessen Seite, nach Wegnahme einer Einheit, sodann halbiert, ergibt die Seite des Dreiecks." . . . „Jedes Zehneck, 64 mal genommen, ergibt nach Hinzufügen von 36 ein Quadrat; dessen Seite, um 6 vermehrt, und durch 16 dividiert, ergibt die Seite des Zehnecks." Das sind die Formeln (2) und (4) von Abschnitt 1.1.2.4.

V5. [Bubnov: Varro, Fragm. 1, 11–23, S. 499–503].

⟨In diesen Aufgaben handelt es sich um einen Acker, dessen Länge x und dessen Breite y in Fuß, dessen Fläche F in *iugera* gemessen wird. Setze ich für den Umrechnungsfaktor 28 800 zur Abkürzung k, so gilt also stets

(1) $$x \cdot y = k \cdot F \quad \text{bzw.} \quad y = (k/x) \cdot F\,.$$

Der Kürze halber gebe ich die Aufgaben in moderner Schreibweise. Varro gibt sie natürlich in Worten. Er gibt stets nur die Lösungsvorschrift ohne Begründung.

11. $$x = y\,, \quad F = 1\frac{1}{2}\,.$$

Gerechnet wird: $28\,800 \cdot 1\frac{1}{2} = 43\,200$; $x = \sqrt{43\,200} = 207$.
Richtig wäre $x = 207,84$.

12. $$x = 4y\,, \quad F = 2\,.$$

13. $$x = 1400\,, \quad F = 3\,.$$

14. „Ein Acker ist 1800 Fuß lang. Wieviel *iugera* er hat, das habe ich zum Kubus multipliziert und die Breite erhalten."

⟨Außer (1) gilt $F^3 = y$, also $x \cdot F^3 = k \cdot F$ oder $F^2 = k/x$.⟩

Gerechnet wird

$$28\,800 : 1800 = 16$$

$$\sqrt{16} = 4\,,$$

dieses kubiert, ist 64.
Die Breite ist 64 Fuß, die Fläche 4 iugera.

In dieser und den folgenden Aufgaben ist x gegeben; ich schreibe daher a statt x. Gesucht sind y und F. Außer

(1′) $$y = (k/a) \cdot F$$

wird verlangt

(2) $$y = F^m \quad \text{für} \quad m = 2, 3, 4, 5, 6\ .$$

Es ist also

$$F^{m-1} = k/a\ .$$

Aufg. Nr.	Gegeben a	m	Berechnet F	y
14	1800	3 (kybus)	4	64
19	1800	2 (dynamus)	16	256
20	$1066\frac{2}{3}$	4 (dynamodynamus)	3	81
21	$112\frac{1}{2}$	5 (dynamokybus)	4	1024
22	900	6 (kybokybus)	2	64
23	600	$y = (3F)^2$	$5\frac{1}{3}$	256

Man wird annehmen dürfen, daß die Aufgaben, d. h. die Werte von *a*, rückwärts, ausgehend von den Werten von *F* konstruiert wurden.

Dazwischen stehen Aufgaben mit Polygonalzahlen:

15. „Ein Acker ist 1600 Fuß lang. Wieviel *iugera* er hat, das habe ich zum Dreieck multipliziert und die Breite erhalten.

Teile 28 800 durch die Länge; es ist 18. Das multipliziere mit 2 und nimm die Einheit weg: es ist 35 ⟨ $= F$⟩. Dies multipliziere zum Dreieck; es ist 630“ ⟨ $= y$⟩.

An Stelle von (2) wird also jetzt, entsprechend Formel (1) in 1.1.2.4, verlangt

(3) $$y = \frac{1}{2} F \cdot (F + 1)\ .$$

Aus (1′) und (3) ergibt sich

$$\frac{1}{2}(F + 1) = k/a\ , \quad \text{also} \quad F = (k/a) \cdot 2 - 1\ .$$

16, 17 sind entsprechende Aufgaben für das Fünfeck und Sechseck.

In 18 wird gesagt, daß auch die übrigen Polygone so behandelt werden können. ⟨Daß das möglich ist, liegt daran, daß nach der genannten Formel die *n*-te *p*-Eckszahl mit *F* statt *n* die Form hat

$$F \cdot (uF + v)$$

mit bekannten Werten von *u* und *v*, d. h. daß sie nach Division durch *F* in *F* linear ist.⟩

Auffallend sind die nur mit einer lateinischen Endung versehenen griechischen Potenzbezeichnungen. Sie sind von Diophant systematisch besprochen worden, aber z. B. *dynamodynamis* findet sich auch bei Heron [*Metrika* I, 17; Op. Bd. 3, S. 48]. Daß sie schon früher in Gebrauch waren (Varro lebte ja etwa hundert Jahre vor Heron), ist zwar nicht belegt, aber nicht gerade unwahrscheinlich.

Auffallend ist die Art der Aufgaben, die mir sonst in dieser Form nicht bekannt sind.

Auffallend ist schließlich das Auftreten der Polygonalzahlen; sie werden hier als Ausdrücke der gleichen Art wie Quadrat- und Kubikzahlen behandelt.

Daß Polygonalzahlen überhaupt in einem *Corpus gromaticorum* auftreten, könnte den Grund haben, daß man sie als Flächeninhalt der Polygone aufgefaßt hat, so z. B. in einer fälschlich Boetius zugeschriebenen Geometrie [Folkerts: „Boethius" Geometrie II, S. 163–166] und noch um 1500 in der *Margarita philosophica* von G. Reisch [Buch VI, Tract. II, Kap. 18–24].

Unter den Varro-Fragmenten findet sich jedoch auch die folgende Berechnung der Fläche des regelmäßigen Achtecks [Bubnov: Varro, Fragm. 3.3, S. 505/506]: „Eine Seite mit sich (multipliziert); davon die Hälfte; vom Ergebnis die Seite ⟨d. h. die Seite des Quadrats, also die Quadratwurzel⟩. Dazu addieren wir die Hälfte einer Seite: das ist die Höhe des Dreiecks. ⟨Das ist die in 1.1.2.7 angegebene Formel

$$h = \sqrt{s^2/2} + s/2\,.\rangle$$

Dann nehmen wir eine Seite viermal und multiplizieren das Ergebnis mit der Höhe: das ist die Fläche."

1.2.1.3. Vitruv. Seine Lebenszeit ist nicht genau bekannt. Er kann etwa um 84 v. Chr. geboren sein, war Kriegsingenieur unter Cäsar und Augustus, auch am Bau der Wasserleitung in Rom beteiligt. Etwa zwischen 33 und 22 schrieb er *De architectura*; veröffentlicht wurde das Werk vielleicht erst 14 v. Chr.

Die Beschreibung eines Nivelliergeräts und eines Apparats zur Zählung der Umdrehungen eines Wagenrades wurden bereits erwähnt (1.1.2.6). Er lehrt auch die Himmelsrichtungen zu bestimmen: Man beobachte, wann der Schatten eines Gnomons am Vormittag und am Nachmittag gleich lang ist. Die Verbindungslinie der beiden Endpunkte des Schattens ist die W-O-Richtung [I, Kap. 6, 6]. So ist es bereits in den Śulbasūtras beschrieben (s. A.u. O., S. 66). Vitruv legt seinen Bauten stets bestimmte Zahlenverhältnisse oder Figuren zugrunde, z. B. der Einteilung eines Theaters ein regelmäßiges Zwölfeck.

1.2.1.4. Columella. Lucius Iunius Moderatus Columella war Offizier in Syrien, besaß später Güter in der Umgebung von Rom und schrieb ein Werk (12 Bücher) über Landwirtschaft, wahrscheinlich nach 64 n. Chr. Im Buch V lehrt er das, was ein Landwirt vom Vermessungswesen wissen muß; es ist sehr wenig: Kenntnis der Maßeinheiten, Berechnung des Rechtecks, des gleichseitigen Dreiecks nach der Vorschrift $F = s^2(1/3 + 1/10)$, des rechtwinkligen Dreiecks, des Kreises und des Kreissegments mit der verbesserten Vorschrift $F = \frac{s+h}{2}h + (s/2)^2/14$ (s. 1.1.2.7). Er gibt stets nur die Vorschrift und ein einziges Zahlenbeispiel. Als Anwendung der Flächenberechnung muß der Landwirt ausrechnen können, wieviel Rebstöcke er braucht, wenn er sie in einem Abstand von 5 Fuß voneinander auf ein bestimmtes Feld pflanzen will.

1.2.1.5. Balbus verfaßte eine *Expositio et ratio omnium formarum* (*forma* = Figur), und zwar, wie er selbst sagt, nach dem Sieg des Kaisers ⟨Trajan⟩ über die Daker

⟨107⟩. Balbus war an dem Feldzug beteiligt und hatte auf Veranlassung des Kaisers unmittelbar nach dem Einmarsch in das feindliche Land mit Vermessungsarbeiten zu beginnen.

Die Schrift beginnt mit den Benennungen der Maßeinheiten (*mensurarum appellationes*) und erörtert sodann die Anfangsgründe der Geometrie. Balbus erklärt die Begriffe Punkt, Linie, Fläche, Körper, Winkel, Figur und die Arten der Figuren (durch gerade Linien begrenzte, durch Geraden und Kreisbögen begrenzte). Sätze werden nicht erwähnt, außer Andeutungen über die Konstruktion von zueinander senkrechten Geraden auch keine Konstruktionsaufgaben. Es ist allerdings möglich, daß nur ein Anfangsstück der Schrift erhalten ist. Die Definitionen sind meist wörtliche Übersetzungen der Definitionen von Euklid, aber Balbus bringt auch Erklärungen und Einteilungen (z. B. der Arten der Linien), die an Heron erinnern.

Da die Schrift Varro's *de disciplinis* verloren ist, ist dies die älteste erhaltene lateinische Wiedergabe der Anfangsgründe der euklidischen Geometrie.

Beispiele

Balbus	Euklid *El. Buch I, Übersetzung von Thaer*
Omnis autem mensurarum obseruatio et oritur et desinit signo Jede Beobachtung von Messungen beginnt und endet mit dem Punkt.	
Signum est cuius pars nulla est.	Def. 1. Ein Punkt ist, was keine Teile hat
Extremitas est quo usque uni cuique possidendi ius concessum est, aut quo usque quisque suum seruat. (Gekürzt: Grenze ist das, bis wohin das Eigentumsrecht reicht.)	Def. 13. Eine Grenze ist das, worin etwas endet.
Linea est longitudo sine latitudine.	Def. 2. Eine Linie ist breitenlose Länge.
Lineae autem fines signa.	Def. 3. Die Enden einer Linie sind Punkte.
Linearum genera sunt trea, rectum, circumferens, flexuosum.	Heron: *Definitiones* 3: Die Linien sind teils gerade, teils nicht; die nicht geraden sind teils Kreisbögen, teils Schraubenlinien, teils krumme.
Recta linea est quae aequaliter suis signis posita est.	Euklid, El. I, Def. 4. Eine gerade Linie ist eine solche, die zu den Punkten auf ihr gleichmäßig liegt.
Forma est quae sub aliquo aut aliquibus finibus continetur.	Def. 14. Eine Figur ist, was von einer oder mehreren Grenzen umfaßt wird.

Anmerkungen

Bei den Agrimensoren wird der Punkt oft nicht beachtet, weil es an ihm nichts zu messen gibt.

Bei Aristoteles heißt der Punkt *stigma* (= Stich); die lateinische Übersetzung ist *punctum*; Cicero und Boetius, die sich ja eingehend mit Aristoteles beschäftigt haben, benutzen dieses Wort, das sich bekanntlich durchgesetzt hat. Bei Euklid und bei Heron heißt der Punkt *semeion* (= Zeichen, Marke). Balbus benutzt die lat. Übersetzung dieses Wortes, nämlich *signum*, gelegentlich aber auch *punctum*.

1.2.1.6. Frontinus und andere Agrimensoren. Sextus Iulius Frontinus (um 40 – um 103) war im Jahre 70 Prätor, in den Jahren 73, 98 und 100 Konsul, 74–77 Statthalter in Britannien, 97 *curator aquarum* (Generaldirektor der Wasserwerke) in Rom. Er schrieb über Feldmeßkunst, über Kriegskunst und über die Wasserleitungen und die Wasserversorgung von Rom.

Über Feldmeßkunst schrieben ferner Hyginus (ein Zeitgenosse von Frontinus), Siculus Flaccus, Iunius Nipsus, Epaphroditus und andere, meist im 2. Jh. n. Chr. Ihre Schriften enthalten manchmal noch Aufgaben über das rechtwinklige Dreieck [*Incerti liber Podismi*; Bubnov, Gerberti Op., App. VII, S. 510 ff.], gelegentlich bemerkenswerte Einzelergebnisse, z. B. berechnet Epaphroditus die Fläche eines Berges, dessen unterer Umfang 2500 Fuß, dessen mittlererUmfang 1600 Fuß und dessen oberer Umfang 100 Fuß beträgt; „im Aufstieg" habe er 500 Fuß. Er berechnet das Mittel der drei Umfänge und multipliziert das mit dem „Aufstieg" [Bubnov, S. 527]. Im Ganzen bringen diese Schriften der Agrimensoren gegenüber dem bisher Berichteten nichts wesentlich Neues.

1.2.2. Mathematik in der Allgemeinbildung der Römer

1.2.2.1. Allgemeine Bemerkungen. Die Römer haben sich wohl hauptsächlich, aber nicht nur wegen der Anwendungen mit Mathematik beschäftigt. Es bestand ein großes Interesse an der griechischen Philosophie und Naturwissenschaft, davon zeugen die Studienreisen von Varro, Cicero und Anderen; es bestand Interesse an der Erklärung der Naturerscheinungen, davon zeugt z. B. das Werk von Lukrez *De rerum natura* (nach dem Tod von Lukrez, 55, von Cicero herausgegeben), das die Weltansicht Epikurs auf der Grundlage der Atomtheorie von Leukipp und Demokrit darstellt; davon zeugen die Ausführungen von Cicero in *De natura deorum* (geschrieben im Jahre 44), ferner die 37 Bücher *Naturalis historia*, in denen Plinius „20 000 der Behandlung werte Gegenstände aus der Lektüre von ungefähr 2000 Bänden . . . aus ausgewählten Schriftstellern zusammengefaßt" hat [*Praefatio* 17] (abgeschlossen 77 n. Chr.).

Viel Mathematik war freilich nicht dabei. Die Ansicht von Platon und Aristoteles, daß die Mathematik ein unentbehrlicher Bestandteil der rationalen Welterkenntnis sei, hatte schon bei den Griechen an Bedeutung verloren. Und daß Naturereignisse durch Mathematik, d. h. durch Naturgesetze in mathematischer Form, besser verständlich werden, das war damals–zur Zeit Ciceros–noch nicht zu sehen. Die Astronomie befand sich noch in einem Entwicklungsstadium; man wußte, daß die Himmelsbewegungen durch gleichmäßige Kreisbewegungen erklärt werden müßten. Apollonios und Hipparch hatten wesentliche Ergebnisse erzielt, aber erst Ptolemaios hat eine vollständige Theorie der Planetenbewegungen gegeben – und die dürfte schon damals dem normalen Gebildeten zu schwer gewesen sein.

Immerhin wird der gebildete Römer gemerkt haben, daß die Mathematik in der griechischen Kultur eine bedeutende Rolle gespielt hat, und so wird er gemeint haben, daß er davon auch ein bißchen wissen müßte – natürlich nicht zuviel.

1.2.2.2. Cicero. Der gebildete Römer war der Rhetor. Die Hochschulen der Römer waren Rhetorenschulen. Rhetorik brauchte man zur Bewerbung um Staatsämter und zur Durchsetzung von Beschlüssen im Senat und vor Gericht. Der Redner muß natürlich zunächst die Kunst der Rede beherrschen, ferner juristische Kenntnisse haben. Wieviel er von den übrigen Wissenschaften wissen sollte, darüber spricht Cicero in *De oratore* (herausgegeben 54 v. Chr.). Er schreibt in der Form des Dialogs und kann daher verschiedene Ansichten hören lassen. Die Ansicht des Sokrates, „daß jemand, der wisse, was das Wesen der bestehenden Dinge sei, es auch andern klar machen könnte" [Xenophon: Memorabilien IV, 6] wird abgelehnt oder wenigstens eingeschränkt: „Niemand kann in dem beredt sein, was er nicht weiß; aber wenn er es auch noch so gut weiß, und nicht versteht, die Rede zu bilden und zu glätten, so kann er selbst das, wovon er Kenntnis hat, nicht beredt vortragen" [*De Oratore* I, 14, 63]. Ein paar Zeilen weiter heißt es noch deutlicher [I, 15, 65]: „Mag der Redner auch den Stoff der anderen Künste und Wissenschaften nicht kennen und nur das verstehen, was zu den Rechtserörterungen und zur gerichtlichen Übung erforderlich ist, so wird er doch, wenn er über diese Gegenstände reden soll, sobald er sich bei denen Rats geholt hat, die das, was jeder Sache eigentümlich angehört, kennen, als Redner weit besser darüber reden als selbst jene, die diese Gegenstände berufsmäßig treiben" (Übersetzung von R. Kühner, Goldmanns Gelbe Taschenbücher 850/851. Ohne Jahresangabe. ⟨Nach 1960⟩). Andererseits wird auch gesagt [I, 16, 72], daß „niemand unter die Zahl der Redner gerechnet werden dürfe, der nicht in allen, eines freien Mannes würdigen Wissenschaften ausgebildet sei".

Dabei ist noch gar nicht speziell von Mathematik die Rede. Cicero sagt [*De oratore* I, 3, 10], daß „die Mathematiker dunkle Gegenstände, eine entlegene, vielseitige und tiefe Wissenschaft bearbeiten". Er selbst hat als Quästor in Sizilien (i. J. 75) das Grab des Archimedes aufgesucht und instandsetzen lassen; er nennt gelegentlich Euklid und Archimedes [*De oratore* III, 33, 132] und er zitiert in [*Academica* I, Buch II, § 116] die Definitionen von Punkt und Linie. Ihm geht es dabei um die Art der Wahrheit der Definitionen und Grundaussagen der Mathematik. Für den Philosophen sind Grundlagenfragen besonders wichtig, und sie sind auch leichter zugänglich als die Ergebnisse der höheren Mathematik.

1.2.2.3. Quintilian (um 35–95 n. Chr.), der lange Zeit staatlich besoldeter Lehrer der Rhetorik war, hat in seiner *Institutio oratoria* einen Lehrplan für die Ausbildung des Redners entworfen. Selbstverständlich wird die Kunst der Rede gelehrt. Zur Ausbildung gehört aber auch Unterricht in Grammatik, Musik und Geometrie; dabei ist Logik und Arithmetik mitgemeint.

Geometrie soll schon in jungen Jahren gelernt werden, denn daher kommt Beweglichkeit des Geistes, Schärfe des Verstandes und schnelle Aufassungsgabe (*agitari namque animos et acui ingenia et celeritatem percipiendi venire inde concedunt* [*Inst. orat.* I, 10, 34]). Die in der Geometrie übliche strenge Beweisführung muß der Redner auch sonst beachten.

Aber nicht nur die Methode, auch der Inhalt der Geometrie ist wichtig. Dafür gibt Quintilian das Beispiel [*Inst. orat.* I, 10, 39–45]: Der Satz „Figuren gleichen Umfangs haben gleichen Flächeninhalt" ist falsch; der Kreis umfaßt mehr Fläche als das umfangsgleiche Quadrat, Quadrate mehr als Dreiecke, Dreiecke mit gleichen Seiten mehr als Dreiecke mit ungleichen Seiten. Ein Beweis dafür ist in einem Lehrplan für Rhetorik nicht zu erwarten. Quintilian gibt ein paar Beispiele: Die Flächen der Rechtecke mit den Seiten 15 und 5 oder 19 und 1 sind kleiner als 100 (die Fläche des Quadrats mit der Seite 10).

1.2.2.4. Apuleius. Zur Zeit von Quintilian gab es Rhetorenschulen nicht nur in Rom, sondern auch in anderen Städten des römischen Imperiums. Apuleius von Madaura (um 125–um 171 n. Chr.) erhielt seine Ausbildung in Madaura und an der Rhetorenschule in Karthago, studierte in Athen, machte Reisen, u. a. nach Samos und Phrygien, ließ sich in Mysterienkulte einweihen, war in Rom als Anwalt und Rhetor tätig, kehrte um 155 nach Afrika zurück, wurde um 161 in Karthago Provinzialpriester des Kaiserkultes.

Apuleius ist einer von den Autoren, die griechisches Gedankengut in lateinischer Sprache zugänglich gemacht haben, darunter auch etwas Mathematik. Cassiodorus berichtet, daß er die Arithmetik des Nikomachos von Gerasa übersetzt hat [*Instit.* II, 4, 7] und daß er über Musik geschrieben haben soll [*fertur*; *Instit.* II, 5, 10]. Diese Werke wurden anscheinend von den Werken von Boetius verdrängt, haben aber in der Zwischenzeit einigen Einfluß gehabt. Augustinus und Martianus Capella haben Werke von Apuleius gekannt und benutzt.

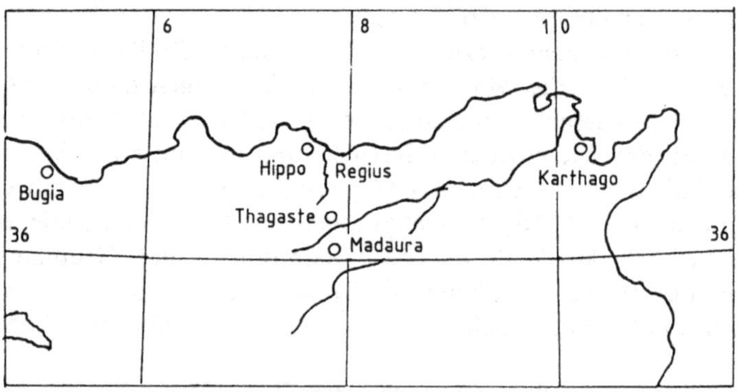

Abb. 1.30. Skizze von Nordafrika

1.2.2.5. Augustinus (345–430). Auch Augustinus hat den Bildungsweg eines Rhetors durchlaufen. Er ist in Thagaste als Sohn eines heidnischen Vaters und einer christlichen Mutter geboren, besuchte die Grammatikschule in Madaura, die

Rhetorschule in Karthago, war Grammatiklehrer in Madaura, dann städtischer Rhetor in Karthago, ging 383 nach Rom, wurde 384 Rhetor in Mailand. Dort wurde er 387 von Ambrosius getauft, ging 388 wieder nach Afrika, zunächst nach Thagaste, 391 nach Hippo Regius, wo er 396 Bischof wurde. Er starb während der Belagerung von Hippo Regius durch die Vandalen.

Noch vor seiner Taufe faßte er den Plan, Bücher über die *artes liberales* zu schreiben; vollendet wurde damals nur die Grammatik. Sechs Bücher über die Musik hat er als Bischof in Hippo Regius vollendet. Entwürfe zu den übrigen Wissenschaften sind nach seinen eigenen Angaben verlorengegangen [*Retract.* I, 6].

In seinen letzten Lebensjahren schrieb Augustinus *Retractationes* (Zurücknahmen), in denen er darlegt, welche früheren Auffassungen er jetzt für falsch hält. U. a. bedauert er, daß er die *liberales disciplinas* zu hoch eingeschätzt habe, „denn viele Heilige (*sancti*, vielleicht besser: gottgefällige Menschen) kennen sie nicht, und viele, die sie kennen, sind keine Heiligen“ [*Retract.* I, 3, 2].

In den nach der Taufe verfaßten Schriften kommen gelegentlich mathematische Gedanken vor, jedoch ganz im Rahmen der geistigen Welt der christlichen Theologie. Sie sollen daher später besprochen werden. Die Beschäftigung mit der Musik könnte mit der Entwicklung der Kirchenmusik zusammenhängen, die damals durch Ambrosius sehr gefördert wurde.

1.2.2.6. Martianus Capella (um 400) war Anwalt in Karthago. Als alter Mann, und jedenfalls vor der Eroberung von Karthago durch die Vandalen (439) schrieb er *De nuptiis Philologiae et Mercurii* (Über die Hochzeit der Philologie und des Merkur). „Merkur soll sich verheiraten, und zwar soll er die weiseste aller Jungfrauen, *Philologia*, zur Gattin erhalten. *Philologia* ist hier oberster Inbegriff aller Wissenschaften außer Philosophie und Berufswissenschaften“ [Dolch: Lehrplan d. Abendl., S. 70]. In ihrem Gefolge treten allegorisch als Jungfrauen die Disziplinen Grammatik, Dialektik, Rhetorik, Geometrie, Arithmetik, Astronomie und Harmonie auf und haben jeweils ihren Namen zu erklären und ihre Aufgabe und eine kurze Darstellung ihres Lehrinhalts anzugeben (*et nomen et officium ac totius expositio artis exquiritur*–z. B. Buch II, 228) Medizin und Architektur werden abgewiesen. Da sie es nur mit der Sorge um Angelegenheiten der Sterblichen und irdische Objekte zu tun haben, sollen sie im Senat der Götter schweigen (*quoniam his mortalium rerum cura terrenorumque sollertia est, . . . , in senatu caelite reticebunt*; Buch IX, 891). Die Aufzählung und Reihenfolge der Disziplinen erinnert natürlich an Varro; jetzt wird jedoch die Siebenzahl der *artes liberales* festgeschrieben; und so ist es das ganze Mittelalter hindurch geblieben.

Die Geometrie erklärt als ihre Aufgabe, die Gestalt und Größe der Erde, ihre Teile und Landschaften zu beschreiben, und tut das recht ausführlich (ihre Quelle ist Plinius). Dann wendet sie sich von der Beschreibung der konkreten Formen auf der Erde zur Beschreibung der abstrakten mathematischen Figuren, der Arten der Linien, der Winkel, der geometrischen Figuren; auch die Unterscheidung von kommensurablen, quadratisch kommensurablen und inkommensurablen Strecken (Euklid, El. X) wird erwähnt. Als sie dann die Aufgabe nennt, über einer gegebenen Strecke ein gleichseitiges Dreieck zu errichten, erkennen die Zuhörer darin die erste

Aufgabe aus Euklids Elementen, applaudieren und beenden damit die Ausführungen, die immerhin in der Aufzählung der Figuren, also als *formarum descriptio contemplativa* ziemlich vollständig ist.

Die Arithmetik beginnt mit der Aufzählung der Eigenarten der Zahlen von 1 bis 10; angegeben werden 1) rein arithmetische Eigenschaften, 2) halbmystische Eigenschaften, die meistens darauf beruhen, daß ungerade Zahlen als männlich, gerade Zahlen als weiblich gelten; auch wird jede Zahl einem der Götter zugeordnet; 3) Vorkommen der Zahlen; dazu sind Martianus Capella oder den von ihm benutzten Autoren (es ist an Iamblichus und an Theon von Smyrna zu denken) viele hübsche Einzelheiten eingefallen. Ich kann hier natürlich nur wenige Beispiele vorlegen:

Die Vier ist die erste zusammengesetzte, d. h. als Produkt darstellbare Zahl. Die Summe der ersten vier Zahlen ist 10 (und 10 ist das Ende der ersten Zahlenreihe und die Einheit der zweiten Zahlenreihe). Es gibt vier Jahreszeiten, vier Himmelsrichtungen, vier Grundelemente, vier Lebensalter des Menschen, vier Laster und vier Tugenden. Die Zahl Vier wird dem Merkur zugeordnet.

Die Sechs ist (bekanntlich) eine vollkommene Zahl, weil sie die Summe ihrer Teiler ist. Da sie das Produkt aus der ersten weiblichen Zahl 2 und der ersten männlichen Zahl 3 ist (1 ist keine Zahl, sondern der Ursprung der Zahlen), kommt sie der Venus zu. Zwischen 6 und ihrem Doppelten, 12, gibt es das arithmetische Mittel 9, das harmonische Mittel 8 und die beiden geometrischen Mittel 8 und 9, denn $6:8 = 9:12$ oder $6 \cdot 12 = 8 \cdot 9$.

Bei Sieben vermerkt Martianus Capella, daß das Kind mit 7 Monaten die ersten Zähne bekommt, mit 7 Jahren die zweiten, daß nach 2 mal 7 Jahren die Pubertät beginnt und nach 4 mal 7 Jahren das Wachstum des Menschen beendet ist u. a.

Nach der Beschreibung der Zahlen folgen die Erklärungen von
gerade mal gerade, gerade mal ungerade usw.,
Primzahlen und zusammengesetzten Zahlen (*incompositi* bzw. *compositi*),
vollkommenen, überschießenden, mangelhaften Zahlen,
den Arten der Verhältnisse (z. B. *superdimidio* = $1\frac{1}{2}$ usw.).

Es folgen eine ganze Menge Sätze und Aufgaben aus den arithmetischen Büchern (VII–IX) von Euklid's Elementen, u. a. die Bestimmung des größten gemeinsamen Teilers [M.C. VII, 785 = Eukl. VII, 2]. Ferner: Sind zwei Zahlen relativ prim zueinander (*inter se incompositi*), so sind auch ihre Potenzen relativ prim zueinander [M.C. VII, 779 = Eukl. VII, 27]. Etwas erschreckend ist ein Irrtum in VII, 793: Wenn eine Primzahl ein Produkt mißt, muß sie jeden der beiden Faktoren messen. Als Beispiel bringt Martianus Capella: 2 mißt 80, und 2 mißt sowohl 8 wie 10: Hätte er doch nur an $80 = 5 \cdot 16$ gedacht! Bei Euklid [VII, 30] steht's richtig.

Beweise gibt Martianus Capella nicht, nur einfache Beispiele mit kleinen Zahlen. Er nennt überall die griechischen Fachausdrücke, hat also aus griechischen Quellen geschöpft.

Die Geometrie und die Arithmetik bringen sehr viel weniger mathematische Kenntnisse als die „Elemente“ von Euklid. Es sind die mathematischen Kenntnisse eines Rechtsanwalts aus der „Provinz“, und als solche doch recht beachtlich. (Die für den Anwalt wichtigeren Disziplinen Grammatik, Dialektik, Rhetorik werden etwas gründlicher behandelt.) Denken wir vergleichsweise an die mathematischen Kenntnisse eines Rechtsanwalts unserer Tage. Der Rechtsanwalt, später der christliche Theologe, will wissen, wovon die Mathematik handelt, und was es da so alles gibt. Das kann er aus dem Buch von Martianus Capella erfahren. Es war im Mittelalter sehr verbreitet, es soll über 240 Handschriften geben [Ed. Willis, S. VII]. Wessner sagt [RE (Pauly-Wissowa) Bd. 14, 2, Artikel Martianus Capella]: „Es wird kaum eine größere Bibliothek gegeben haben, in der M.C. gefehlt hätte."

1.2.2.7. Macrobius (Anfang des 5. Jh.). Auch aus seinen Schriften erfahren wir etwas über den Wissensstand des gebildeten Römers seiner Zeit. Macrobius ist vielleicht in Nordafrika geboren und vielleicht identisch mit einem Macrobius, der zwischen 399 und 422 hohe Staatsämter innehatte. Er schrieb u. a. einen Kommentar zu Cicero's „Traum des Scipio."

Der jüngere Scipio trifft im Himmel seinen Vater Paulus und den älteren Scipio. Sie verkünden ihm sein weiteres Schicksal und zeigen ihm die Struktur des Weltalls: die Milchstraße und die neun Sphären, nämlich die Fixsternsphäre, die Sphären der Planeten Saturn, Jupiter, Mars, Sonne, Venus, Merkur und Mond und die Erdkugel. Und sie erklären ihm die Harmonie der Sphären. Daran schließen sich philosophische und moralische Betrachtungen an.

Macrobius bemüht sich, die angedeuteten Tatsachen und Verhältnisse ausführlich zu erklären.

Bei Cicero sagt der ältere Scipio zum Jüngeren [Über den Staat VI, 9, 12]: „Wenn deine Lebenszeit achtmal sieben Kreis- und Rückläufe der Sonne durchmessen hat und diese zwei Zahlen, deren jede aus besonderem Grund für vollständig ⟨*plenus*; Ziegler übersetzt *vollkommen*⟩ gilt, in naturgemäßem Umlauf das für dich schicksalhafte Produkt ergeben haben, dann wird dir allein und deinem Namen der ganze Staat sich zuwenden . . .". Macrobius gibt nun sehr viele Gründe dafür an, daß 8 und 7 als vollständig gelten [I, 5]. Ich erwähne nur als Beispiel für die Art der Gründe: Zwei Punkte bestimmen eine Gerade, zwei Geraden ⟨in geeigneter Lage⟩ ein Quadrat, zwei Quadrate, also 8 Punkte einen Würfel, und damit ist die Dimension des Raumes vollständig erreicht [I, 5, 11]. 7 besteht aus der Einheit, dem Ursprung der Zahlen, und der Zahl 6, die gleich der Summe ihrer Teiler ist [I, 6, 12]. Auch gibt es 7 Planeten.

Zur Erklärung des Weltalls wird zunächst die Größe und Entfernung der Sonne ermittelt. Nach Eratosthenes (der zitiert wird), weiß man, daß der Erdumfang 252000 Stadien beträgt. Der Durchmesser der Erde ist daher $= 252000 : \frac{22}{7}$ $= 80000$ Stadien „oder etwas mehr" [I, 20, 20].

700 Jahre später hat Hugo von St. Victor (1096–1141) diese Messungen und Berechnungen in seine *Practica geometriae* aufgenommen. Er zitiert Macrobius und betont, daß er dessen ungefähre Angaben genauer ausgerechnet hat. Die Division ergibt für den Erddurchmesser genau [ed. Baron, S. 214]

$$80181 + 1/2 + 7/22 \quad \text{Stadien} .$$

Als Entfernung der Sonne von der Erde gibt Macrobius 60 Erddurchmesser an. Das soll durch Schattenmessung ermittelt worden sein; die Verfahren können aber nicht einwandfrei gewesen sein. Macrobius setzt also den Durchmesser der Sonnenbahn

$$\langle d_S \rangle = 2 \cdot 60 \text{ Erddurchmesser} = 9\,600\,000 \text{ Stadien}\,.$$

Hugo gibt die Höhe der Sonne über der Erde „nach ägyptischen Beobachtungen" zu $\langle h = \rangle 4\,820\,000$ Stadien an. Damit wird

$$d_S = 2h + \text{Erddurchmesser} = 9720\,181 + 1/2 + 7/22 \text{ Stadien}\,.$$

Der Umfang der Sonnenbahn ist

$$\langle U_S = 22/7\, d_S \rangle = 30\,170\,000 \text{ Stadien bei Macrobius}\,,$$

$$= 30\,549\,142 + 6/7 \text{ Stadien bei Hugo}\,.$$

Den Durchmesser der Sonne mißt man so: Man mißt mit einer Sonnenuhr bei Sonnenaufgang die Zeit vom ersten Sichtbarwerden des Sonnenrandes bis zur Sichtbarkeit der ganzen Sonnenscheibe. Nach Hugo kann man auch mit dem Astrolab direkt die Breite der Sonnenscheibe messen. Man erhält 1/9 einer Stunde. Also ist die Länge der Sonnenbahn = $9 \cdot 24$ Durchmesser der Sonne, somit dieser Durchmesser

bei Macrobius $30\,170\,000 : 216 = 140\,000$ Stadien ,

bei Hugo $(30\,549\,142 + 6/7) : 216 = 141\,431 + (46 + 6/7)/216$ Stadien ,

„fast doppelt so groß wie der Durchmesser der Erde."

Für Hugo von St. Victor stehen die Vermessungstechnik und die zugehörigen geometrischen Überlegungen im Vordergrund, wie es dem Zweck seiner *Practica geometriae* entspricht. Macrobius bespricht auch die Umlaufszeiten und Abstände der Planeten. Die Umlaufszeiten sind ziemlich gut bekannt [I, 19, 3 ff.]:

Mond 1/12 Jahr
Sonne, Venus, Merkur 1 Jahr
Mars 2 Jahre (genauer Wert: 1,8809 Jahre)
Jupiter 12 Jahre (genau 11,8622 Jahre)
Saturn 30 Jahre (genau 29,4577 Jahre)

Wenn man annimmt, daß die Bahngeschwindigkeiten aller Planeten gleich sind, sind ihre Abstände vom Mittelpunkt (der Erde) proportional den Umlaufszeiten. Die Forderung der Sphärenharmonie, daß Verhältnisse der Form $(n + 1)/n$ vorliegen müssen, führt zu anderen Ansätzen [II, 3, 14].

Offenbar sind gerade diese populärwissenschaftlichen Werke gern gelesen worden, vielleicht auch deshalb, weil sie in eine dichterische Rahmenerzählung eingebettet sind.

1.2.2.8. Boetius (475/480–524)

Im 5. Jh. zogen die Vandalen durch Spanien nach Afrika, die Westgoten durch Italien nach Spanien, wo sie sich bis zur Eroberung durch die Araber hielten. Italien kam unter die Herrschaft der Ostgoten; seit 493 regierte Theoderich von Ravenna aus. Zu dieser Zeit lebte in Rom Anicius Manlius Severinus Boetius.

Von seinen Lebensdaten ist nur gesichert, daß er 510 Konsul von Rom war, und daß er 522/3 wegen angeblichen Hochverrats in oder bei Pavia eingekerkert und 524/5 hingerichtet wurde. Im Gefängnis schrieb er „Trost der Philosophie"; darin sind einige autobiographische Daten enthalten: Als vaterloses Waisenkind wurde er von angesehenen Männern der Verwandtschaft erzogen; er erhielt in der Jugend schon Würden, die Greisen oft versagt werden; er erlebte, daß seine beiden Söhne gleichzeitig zu Konsuln gewählt wurden und hielt inmitten dieser beiden Konsuln 522 eine Lobrede auf den König Theoderich.

Ob er in Athen oder Alexandria studiert hat, ist nicht sicher. Jedenfalls kannte er die griechische Wissenschaft und nahm sich vor, sie in lateinischer Sprache zugänglich zu machen. Er schrieb Übersetzungen, Bearbeitungen und Kommentare zu den logischen Schriften der Aristoteles und der Einführung des Porphyrios und zu den mathematischen Wissenschaften.

Im Kommentar zu Porphyrios [Migne, PL, Bd. 64, Sp. 11] teilt er die Philosophie in eine theoretische (*speculativa*) und eine praktische (*activa*), in demselben Sinne wie Aristoteles (1.1.1), jedoch ohne die schaffende Vernunfttätigkeit. Die theoretische Philosophie teilt er in einen Teil *de intellectibilibus* (das Wort hat er, wie er sagt, selbst konstruiert; gemeint ist das, was nur mit dem Verstand, ohne Mitwirkung der Sinne erfaßbar ist, also die Theologie), einen Teil *de intelligibilibus*, der *ea comprehendit, quae sunt omnium coelestium supernae divinitati operum causae*, ⟨d. h. der diejenigen (Begriffe oder Ideen) umfaßt, die für die höchste Gottheit die Grundlagen aller himmlischen Werke sind⟩, und *de naturalibus*. Die Logik kann sowohl als Teil der Philosophie wie auch als ihr Werkzeug (griech. *organon*, lat. *instrumentum*) aufgefaßt werden [Sp. 74]: (Seit dem 6. Jh. wird die Gesamtheit der logischen Schriften des Aristoteles *Organon* genannt.)

Bei den *intelligibilibus* hat Boetius vielleicht daran gedacht, daß bei Platon die Ideen die Vorbilder sind, nach denen der Demiurg die Welt geschaffen hat, und daß – ebenfalls für Platon – die Ideen in engem Zusammenhang mit Zahlen und mathematischen Formen stehen. Hugo von St. Victor (1096–1141), der diese Gliederung unter Berufung auf Boetius übernommen hat, sagt, daß mit den *intelligibilibus* die vier mathematischen Wissenschaften gemeint sind. Sie haben also auch bei Boetius einen wichtigen Platz in der Ordnung der Wissenschaften.

Aus Boetius' Schrift *De disciplina scholarium* [Migne, PL, Bd. 64, Sp.1223 ff.] ist einiges über das römische Bildungswesen zu ersehen. Im 7. Lebensjahr begann der Elementarunterricht. Die höhere Ausbildung des Heranwachsenden (*adultus*) begann mit derjenigen Wissenschaft, die Wahres und Falsches zu unterscheiden lehrt, der Logik. Daneben soll die Grammatik und die Rhetorik nicht vernachlässigt werden (Kap.1). Es folgen die vier mathematischen Wissenschaften. Boetius sagt in der Einleitung zu seiner Arithmetik: „Niemand kann in den philosophischen Disziplinen zum Gipfel der Vollkommenheit aufsteigen, wenn ihm nicht der Wert dieser Wissenschaft gleichsam auf einem vierfachen Wege klar geworden ist" (*haud quemquam in philosophiae disciplinis ad cumulum perfectionis evadere, nisi cui talis prudentiae nobilitas quodam quasi quadruvio vestigatur*). Diese Mahnung findet sich noch tausend Jahre später im Lehrbuch von Gregor Reisch [*Margarita philosophica* IV, Tract. I, Kap. 1].

Seit Boetius ist *Quadrivium* die Bezeichnung für die vier mathematischen Wissenschaften. Auch die Bezeichnung *Trivium* für Grammatik, Logik und Rhetorik findet sich bei Boetius. Im 1. Kap. der *Disc. Schol.* [Sp. 1226] sagt er, die Kenntnis der fünf Universalien ⟨nämlich der Begriffe *genus* (Gattung), *species* (Art), *differentia* (unterscheidende Merkmale), *proprium* (charakteristische Merkmale), *accidentia*

(Merkmale, deren Fehlen die Existenz der Substanz nicht beeinträchtigt)⟩ sei *trivialium scientiarum magistra, quadrivialiumque potentia, collateralium scientiarum plenitudo* (. . . die Lehrerin der Wissenschaften des Trivium, die Kraft der Wissenschaften des Quadrivium, die Fülle der angrenzenden Wissenschaften).

Die Übersetzung verdanke ich Herrn Scriba; mir hatten besonders die drei letzten Worte Schwierigkeiten gemacht. Mit den „angrenzenden Wissenschaften" sind wohl die beschreibenden Naturwissenschaften (Meteorologie, Botanik, Zoologie, Mineralogie usw.) gemeint, die im Anschluß an das Quadrivium gelehrt wurden. Hier, z. B. bei den biologischen Wissenschaften, dürfte die Beachtung der fünf Universalien für die Vollständigkeit der Beschreibung wichtig sein.

Boetius' *De institutione arithmetica* ist eine ziemlich genaue Übersetzung der Arithmetik des Nikomachos von Gerasa (1.1.2.5). Sie ist lange als Lehrbuch an den Universitäten in Gebrauch gewesen. Offenbar war die Darstellung dessen, was es im Reich der Zahlen alles gibt, dem Wissensbedürfnis der Zeit angemessen, und der Leitgedanke, daß die Zahlen im Geiste des Schöpfers als ordnende und vorbildhafte Begriffe vorhanden waren, daß also das Verständnis der Zahlen zum Verständnis des Wirkens Gottes hilfreich sein kann, entsprach dem Geiste der Zeit.

Die fünf Bücher *De institutione musica* des Boetius sind aus mehreren griechischen Quellen zusammengestellt. Boetius schildert die Musiktheorie der Pythagoreer, die von Platon, von Aristoxenos (4. Jh. v. Chr.), von Nikomachos und von Ptolemaios und stellt die verschiedenen Ansichten der Autoren einander gegenüber. Auch diese Musiktheorie ist gut überliefert.

Nach dem Zeugnis von Cassiodorus [Instit. II, 4, 3; ed Mynors S. 152] hat Boetius auch die Elemente Euklids ins Lateinische übersetzt. Im Mittelalter waren zwei Schriften unter dem Titel „Boetius' Geometrie" verbreitet. (Die Schreibweisen Boethius und Boetius können beide als richtig angesehen werden.) Die heute als „Boetius Geometrie I" bezeichnete Schrift entstand im 8. Jh. in Corbie. Sie enthält Teile einer Euklid-Übersetzung, Auszüge aus der Arithmetik des Boetius und Auszüge aus den Schriften der römischen Agrimensoren. „Boetius Geometrie II" entstand im 11. Jh. in Lothringen; sie enthält die gleichen Stücke von Euklid und ebenfalls Auszüge aus den Agrimensorenschriften, außerdem eine Beschreibung des Abakus-Rechnens, wie es von Gerbert von Aurillac (945/950–1003) gelehrt wurde.

Hiernach muß die Übersetzung von Boetius mindestens die folgenden Teile aus Euklids Elementen enthalten haben:

die Definitionen, Postulate und Axiome von Buch I,
die Definitionen von Buch II, III, IV und V,
die Sätze von Buch I–IV ohne Beweise,
den vollständigen Text der §§ 1–3 von Buch I; in diesen Paragraphen wird das Abtragen einer Strecke gelehrt; es sind Konstruktionsaufgaben, keine Sätze. Der erste Satz, nämlich der erste Kongruenzsatz, erscheint in § 4.

Zur Erinnerung: Buch I enthält die Grundkonstruktionen (Abtragen von Strecken und Winkeln, Errichten von Senkrechten usw.) und die (dazu erforderlichen) Kongruenzsätze, ferner die Grundlagen der Lehre vom Flächeninhalt und den Satz des Pythagoras. Buch II enthält „geometrische Algebra", d. h. Umformungen von Flächen ineinander, die wir gern als algebraische Identitäten schreiben.

Die Bücher III und IV enthalten die Lehre vom Kreis und den ein- und umbeschriebenen 3-, 4-, 5-, 15-Ecken. Das alles ist unabhängig davon, ob die betrachteten Größen kommensurabel oder inkommensurabel sind. Diese Unterscheidung wird erst bedeutsam, wenn von Größenverhältnissen gesprochen wird. Die grundlegenden Definitionen stehen in Buch V. Ob Boetius über das Anschreiben dieser Definitionen hinausgegangen ist, und ob er mehr von Euklids Elementen übersetzt hat, ist nicht erkennbar. [Folkerts: „Boethius" Geom. II, S. XI, 72, 105].

Daß Boetius auch eine *Astronomia* geschrieben hat, geht aus einem Brief von Cassiodorus und einem Brief von Gerbert (geschrieben im Jahre 983) hervor [Cantor, Vorl., Bd. 1, S. 575; Bubnov S. 99/100]. Dieses Werk ist nicht erhalten.

1.2.2.9. Cassiodorus Senator (480/490 – um 575) bekleidete hohe Ämter unter Theoderich und seinen Nachfolgern, denen er durch seine Sammlung königlicher Erlasse unentbehrlich wurde. Als die Gotenherrschaft in Italien durch Belisar und Narses im Auftrage des oströmischen Kaisers beendet wurde, zog er sich in das von ihm gegründete Kloster Vivarium in Kalabrien zurück (um 540).

In den *Institutiones* [I, 29; ed. Mynors, S. 73] schildert Cassiodorus das Kloster und seine Lage als sehr angenehmen Aufenthaltsort und spricht besonders von den Fischteichen (*vivaria*), in denen sich die gefangenen Fische so wohl fühlen können, als wenn sie frei wären. Ich möchte fast meinen, daß hier ein Vergleich mit dem abgeschlossenen Lebensraum (so könnte *vivarium* vielleicht auch gedeutet werden) der Mönche beabsichtigt ist.

Im Jahre 529 gründete Benedikt von Nursia das Kloster Monte Cassino. In seiner Ordensregel, die für die abendländischen Mönchsorden vorbildlich wurde, gab er den Mönchen auch bestimmte Stunden für literarische Studien.

Auch Cassiodorus hat seine Mönche zum Studium und zum Abschreiben überlieferter Schriften angehalten, natürlich in erster Linie der Bibel und der Schriften der Kirchenväter, aber auch anderer wissenschaftlicher Werke. Er schrieb *Institutiones divinarum* (Buch I) *et saecularium* (Buch II) *litterarum.* In Buch II behandelt er die *artes liberales* in der Weise, daß er jeweils den Namen der Disziplin erklärt, den Inhalt skizziert und die Quellen angibt. Die Siebenzahl wird durch mehrere Bibelworte gestützt, z. B. [Sprüche Salomos 9, 1]: „Die Weisheit baute sich ein Haus und errichtete sieben Säulen." Varro, Martianus Capella und Boetius werden mehrfach zitiert.

Die mathematischen Disziplinen charakterisiert Cassiodorus, in Anlehnung an Nikomachos, so [II, 3, 21; ed. Mynors S. 131]: „Die Arithmetik ist die Lehre von der zählbaren Größe, für sich genommen. Die Musik ist die Lehre von denjenigen Zahlen, die im Verhältnis zu anderen stehen und bei den Tönen gefunden werden. Die Geometrie ist die Lehre von der unbeweglichen Größe und den Formen, die Astronomie ist die Lehre vom Lauf der Gestirne am Himmel . . ."

Für die Arithmetik empfiehlt er die Schrift von Nikomachos, deren Inhalt er kurz andeutet, für die Musik nennt er u. a. Apuleius und Augustinus, über die Geometrie sagt er sehr wenig, nennt aber Euklid, Archimedes und Apollonios (deren Schriften also in Vivarium vorhanden gewesen sein müssen!) und die Euklid-Übersetzung von Boetius. Für die Astronomie wird Ptolemaios genannt, aber inhaltlich nur erwähnt, daß die Himmelsbewegung eine sphärische Bewegung (*sphericus motus*) ist, daß die Planeten manchmal vorrücken, manchmal rückläufig sind, daß die Sonne größer bzw. stärker (*fortior*) ist als die Erde, die Erde stärker als der Mond ist, daß bei einer Sonnenfinsternis die Sonne durch den Mond verdeckt wird, bei einer Mondfinsternis der Mond in den Erdschatten eintritt; ferner werden die sieben Klimazonen genannt. Das ist ungefähr die ganze Astronomie. Die Astrologie wird unter Berufung auf Augustinus (*De doctrina christiana*, Buch II) abgelehnt.

Das Buch von Cassiodorus soll nicht ein Lehr*buch*, sondern ein Lehr*plan* sein. Anscheinend ist es aber später oft als Lehrbuch aufgefaßt und benutzt worden.

Martianus Capella dachte an den römischen Rhetor, Cassiodorus an die Ausbildung christlicher Mönche; sein Verdienst ist es, einen Teil des antiken Bildungsgutes in die Klosterschulen und später in die Domschulen hinübergerettet zu haben. Viel Mathematik war freilich nicht dabei: in der Arithmetik neben dem elementaren Rechnen ein wenig Zahlentheorie nach Nikomachos, in der Geometrie die Beschreibung der Figuren und vielleicht noch die Definitionen der ersten vier Bücher der Elemente Euklid's. Dazu kamen einige Rechenvorschriften aus der Vermessungsgeometrie. Die Musik wurde noch verhältnismäßig ausführlich behandelt. Die Kenntnis der Astronomie blieb recht oberflächlich.

1.3. Die Entwicklung im östlichen Teil des Römischen Reiches

ist in der Zeit zwischen Varro und Cassiodorus natürlich auch weitergegangen. Die Hochschule oder, wenn man so sagen will: das Forschungsinstitut in Alexandria hatte eine große Bibliothek im Museion, die ungefähr 700000 Schriftrollen besessen haben soll, als sie bei der Eroberung Alexandrias durch Cäsar i.J. 47 v. Chr. in Flammen aufging. Eine kleinere Bibliothek im Serapeion umfaßte etwa 42000 Rollen.

Die großen Mathematiker und Astronomen von Alexandria sind bekannt; ich erinnere nur an einige: Heron (um 62 n. Chr.), Ptolemaios (um 150), Diophant (um 250), Pappos (um 300), Theon von Alexandria (Ende des 4. Jh.) und seine Tochter Hypatia.

Neben der heidnischen Hochschule gab es seit dem Ende des 2. Jh. in Alexandria eine christliche Katechetenschule, an der u. a. die berühmten Kirchenlehrer Clemens (bis 203) und Origenes (203–231) lehrten. Die Glaubensgegensätze führten zu Ausschreitungen, bei denen 391 die Bibliothek des Serapeions vernichtet wurde. Hypatia soll den Stadkommandanten gegen den Bischof Kyrillos (Bischof 412–444) aufgehetzt haben; sie wurde vom christlichen Pöbel 415 ermordet.

Der Bischof Kyrillos war auch der Gegner von Nestorius und erreichte, daß dessen Lehre von der doppelten, (göttlichen und menschlichen) Natur von Jesus 431 auf dem Konzil zu Ephesos verworfen und Nestorius verbannt wurde. Seine Anhänger gingen zunächst nach Edessa, dann nach Persien. Sie haben viel zur Ausbreitung der Wissenschaft beigetragen.

Der Neuplatoniker Proklos, geb. 410/411 in Byzanz, studierte und lehrte in Alexandria und in Athen, wurde dort Schulhaupt der Platonischen Akademie; er starb 485. Er schrieb u. a. einen Kommentar zum 1. Buch der Elemente Euklids, in dem die Interpretation mathematischer Begriffe im Sinne des Neuplatonismus einen großen Raum einnimmt, in dem aber auch viele wertvolle historische Notizen enthalten sind.

Ein Schüler von Proklos war Ammonios Hermeiu; er wurde Leiter der neuplatonischen Schule in Alexandria. Ob er Christ geworden ist, ist unsicher. An der Schule scheint eine gewisse religiöse Toleranz geherrscht zu haben; die neuplatonische Lehre stand der christlichen Lehre verhältnismäßig nahe.

Schüler von Ammonios waren u. a. Simplikios, Philoponos und Eutokios. Simplikios schrieb Kommentare zu Schriften des Aristoteles, in denen er gelegentlich mathematische Andeutungen des Aristoteles ausführlich erläutert, auch einen Kommentar zu den Elementen Euklids, von dem nur Auszüge im Kommentar von Anaritius (al-Nayrīzī) erhalten sind. Er lehrte in Athen; als die heidnische Akademie in Athen von Justinian 529 geschlossen wurde, ging er zunächst nach Persien, kehrte aber bald in das römische Reich zurück.

Johannes Philoponos war Christ; er lehrte in Alexandria und wurde der Nachfolger von Ammonios. In seinen Aristoteles-Kommentaren ist er sehr kritisch; seine Ansichten über das Unendliche, über das Vakuum und über die Bewegung wurden von Avempace (Ibn Bāǧǧa, um 1100) und von Averroes (Ibn Rušd, 1126–1195) aufgenommen und haben auf diesem Wege die Naturwissenschaft der Scholastik beeinflußt.

Eutokios von Askalon (Palästina; geb. um 480) schrieb Kommentare zu drei Schriften des Archimedes (Kugel und Zylinder, Kreismessung, Gleichgewicht ebener Flächen) und zu den Kegelschnitten des Apollonios. Den ersten seiner Archimedes-Kommentare sandte er mit der Bitte um Kritik an Ammonios, die Apollonios-Kommentare an seinen Freund Anthemios von Tralleis (gest. 534), der in Byzanz gemeinsam mit Isidoros von Milet den Neubau der Hagia Sophia leitete. Er arbeitete über Brennspiegel und in diesem Zusammenhang auch über Kegelschnitte. Ob die Bekanntschaft von Eutokios und Anthemios auf eine gemeinsame Studienzeit in Alexandria zurückgeht, oder (bzw. und) ob Eutokios in Byzanz gewesen ist, ist unsicher.

Isidoros von Milet leitete nach dem Tode des Anthemios den Bau der Hagia Sophia. Er besorgte die Herausgabe von Werken des Archimedes mit den Kommentaren des Eutokios, d. h. damals: er sorgte für einen Text, von dem Abschriften gemacht und verkauft werden konnten.

Diese Zeit, die erste Hälfte des 6. Jh., ist auch die Lebenszeit von Cassiodorus. Es ist möglich, daß er Kontakte zu Byzanz gehabt hat, vielleicht hat er um 540 eine Reise dorthin gemacht.

Aus den folgenden Jahrhunderten ist von byzantinischer Mathematik nichts bekannt. Erst als die Kalifen von Bagdad sich um die griechischen Wissenschaften bemühten, dachten auch die byzantinischen Kaiser wieder daran. Als der Philosoph und Mathematiker Leon (geb. um 800 in Hypate in Thessalien), der in Byzanz als Privatlehrer lebte, einen Ruf an den Hof des Kalifen al-Ma'mūn erhielt, entschloß sich der Kaiser zu einer Hausberufung und übernahm ihn als Lehrer in den Staatsdienst. Im Jahre 863 ernannte ihn der Cäsar Bardas zum Rektor der neugegründeten Universität am Magnaura-Palast. [Vogel, 62, 1: Der Anteil von Byzanz . . . S. 117–121].

Leon schrieb u. a. eine medizinische Enzyklopädie, auch soll er mechanische Einrichtungen am Magnaura-Palast und einen optischen Telegraphen konstruiert haben. Aus einem Euklid-Kommentar oder einer Euklid-Vorlesung sind einige Notizen in Euklids Opera, Bd. 5, S. 710–718 wiedergegeben. Darin werden Buchstaben als Variable für Zahlen benutzt, was allerdings schon bei Euklid [in Buch VII] und auch bei Pappos [Coll. VII, 283; ed Hultsch S. 968] vorkommt.

Ein Hauptverdienst von Leon besteht darin, daß er die klassischen Werke von Euklid, Archimedes, Apollonios, Diophant, Ptolemaios sammeln und abschreiben ließ. Auf diesen Handschriften beruht fast die ganze Überlieferung in griechischer Sprache. Die älteste erhaltene Euklid-Handschrift wurde im Jahre 888 in Byzanz geschrieben; sie befindet sich jetzt in Oxford. Eine Sammelhandschrift von Werken des Archimedes kam im 12. Jh. in die Bibliothek der Normannen und Staufer und nach der Schlacht von Benevent (1166) in die Hand des Papstes. Wilhelm von Moerbeke konnte sie zu seiner Archimedes-Übersetzung benutzen, später ist sie verschollen.

1.4. Wissenschaft im christlichen Abendland (6.–10. Jh.)

1.4.1. Anfänge

Der römische Adlige Cassiodorus gründete ein Kloster und wurde dessen Vorsteher. Ambrosius, 334/339 als Sohn eines *Praefectus praetorio* in Trier geboren, erhielt seine Ausbildung in Rom, wurde Konsul, ging 370 als *Consularis Liguriae et Aemiliae* nach Mailand und wurde dort 374 zum Bischof gewählt. Er starb 397. Der karthagisch-römische Rhetor Augustinus wurde Bischof von Hippo Regius – vornehme Römer wurden geistliche Würdenträger. Das Bildungsgut wurde neu bewertet: Gefragt war nicht mehr, was der Jurist und Regierungsbeamte wissen sollte, sondern was für den frommen Christen nützlich sein konnte.

Das Christentum stand ja zunächst der Wissenschaft und Philosophie sehr skeptisch gegenüber – alle ihre Erkenntnisse halfen nicht zur Erlangung des Heils der Seele, und die Wahrheit wurde nicht durch menschliches Nachdenken gefunden, sondern durch göttliche Offenbarung den Menschen geschenkt. Einige Kenntnisse der heidnischen Wissenschaft und Philosophie waren freilich nötig, um mit den Heiden, die man bekehren wollte, diskutieren zu können. Und etwas Naturwissenschaft war nützlich zum Verständnis der Bibel, z. B. der Schöpfungsgeschichte, die ja auch gegen die heidnischen Theorien der Weltentstehung verteidigt werden mußte. Man findet fast die gesamte Naturwissenschaft der damaligen Zeit in den Kommentaren zur Schöpfungsgeschichte.

Einen solchen Kommentar schrieb schon 180 n. Chr. Theophilus, Bischof von Antiocheia in Mesopotamien. Umfassender ist das *Hexaemeron* (Sechstagewerk) von Basilius (330–379, seit 370 Bischof von Caesarea in Kappadozien), der in Konstantinopel und in Athen studiert hatte und daher die griechische Wissenschaft, besonders die Werke des Aristoteles, kannte. Dieses griechisch geschriebene Werk wurde von Ambrosius lateinisch bearbeitet. Dabei benutzte er auch die

Schriften von Lukrez und Plinius. Aus diesem Werk zitiere ich ein in verschiedener Form von vielen Autoren angegebenes Motiv für die Beschäftigung mit der Naturwissenschaft [1. Tag, Kap. 5, § 17]: „Es ist diese Welt ein Spiegelbild des göttlichen Schaffens; das Schauen des Werkes führt zum Lobe des Meisters."

1.4.2. Augustinus

Auch Augustinus hat eine Erklärung der Schöpfungsgeschichte geschrieben [*De genesi ad literam*, Migne PL 34, Sp. 295–301]. Darin erläutert er, daß Gott die Welt in 6 Tagen geschaffen hat, weil 6 eine vollkommene Zahl ist. Sie ist die Summe ihrer Teiler 1, 2 und 3. Gott schuf am ersten Tage das Licht, am 2. und 3. Tag die Welt, nämlich am 2. Tag den Himmel, am 3. Tag die Erde, und in den drei übrigen Tagen stattete er die Welt aus, nämlich am 4. Tag den Himmel mit den Sternen und am 5. und 6. Tag die Erde mit Wassertieren und Landtieren. Gott hätte, sagt Augustinus, die Welt auch in weniger Tagen erschaffen können, aber er wollte auf diese Weise die Vollkommenheit der Zahl 6 sichtbar machen.

Die Schrift „Uber die christliche Lehre" (*De doctrina christiana*) handelt ausführlich von den Kenntnissen, die zum Verständnis der Heiligen Schrift notwendig sind. In Buch II, Kap. 16, § 25 heißt es: „Auch die Unkenntnis der Zahlen ist schuld, daß gar manche übertragene und geheimnisvolle Ausdrücke in der Heiligen Schrift nicht verstanden werden. So muß sich z. B. schon der uns gewissermaßen angeborene Verstand doch unbedingt die Frage stellen, was es denn zu bedeuten habe, daß Moses (Exod. 24, 18), Elias (3. Kön. 19, 8) und der Herr (Matth. 4, 2) selbst gerade vierzig Tage lang gefastet haben. Der durch diese Tatsache geschürzte Knoten wird nur durch die Kenntnis und die Betrachtung dieser Zahl gelöst. In der Zahl Vierzig ist nämlich viermal die Zahl Zehn enthalten und damit gewissermaßen die Kenntnis aller Dinge nach dem Verhältnis der Zeiten. Denn in der Vierzahl vollendet sich der Lauf des Tages und des Jahres: der Lauf eines Tages zerfällt in Morgen-, Mittag-, Abend- und Nachtstunden, der Lauf eines Jahres in Frühlings-, Sommer-, Herbst- und Wintermonate. Was nun in diesen Zeiten an Ergötzlichkeiten liegt, davon sollen wir uns, solange wir noch in dieser Zeitlichkeit leben, wegen der Ewigkeit, in der wir einmal leben wollen, enthalten und fasten; denn schon durch die Flüchtigkeit der Zeit wird uns die Lehre von der Verachtung des Vergänglichen und vom Streben nach Ewigem nahegelegt. Die Zehnzahl bedeutet sodann die Kenntnis des Schöpfers und des Geschöpfes: denn die (in der Zehnzahl enthaltene) Dreizahl kommt dem Schöpfer zu, die Siebenzahl aber weist wegen des Lebens und wegen des Leibes auf das Geschöpf hin. Im Leben wirken drei Kräfte, und darum soll man auch Gott aus ganzem Herzen, aus ganzer Seele und aus ganzem Gemüte lieben (Matth. 22, 37). Im Leib aber treten die vier Elemente, aus denen er besteht, ganz deutlich hervor. Diese Zehnzahl legt uns also dadurch, daß sie uns Zeitliches einschärft, d.h. viermal vorgehalten wird, nahe, keusch und in Enthaltsamkeit von der Ergötzlichkeit der Welt zu leben, d.h. vierzig Tage zu fasten. Dazu mahnt das Gesetz, das durch Moses vertreten wird, dazu mahnt die Prophezie, deren Vertreter Elias ist, und dazu mahnt uns der Herr selbst, der gleichsam im Besitz des Zeugnisses des Gesetzes und der Propheten mitten zwischen ihnen auf dem Berge (Tabor) leuchtete, wie seine Jünger staunend sahen (Matth. 17, 3 ff.).

Eine andere Frage ist sodann, wie denn aus der Zahl vierzig die Zahl fünfzig entsteht, die in unserer Religion wegen des Pfingstfestes nicht wenig geheiligt ist; daran reiht sich die Frage, wie denn diese Zahl fünfzig, wenn man sie wegen der drei Zeiten, vor dem Gesetz, unter dem Gesetz und unter der Gnade, oder wegen des Vaters, des Sohnes und des Heiligen Geistes, dreimal nimmt und zumal, wenn man noch die Dreifaltigkeit selbst hinzunimmt, auf das Geheimnis der ganz reinen Kirche bezogen wird, und wie man so auf jene 153 Fische kommt, welche die Apostel nach der Auferstehung des Herrn fingen, als sie ihre Netze zur Rechten auswarfen (Joh. 31, 6 und 11).

So werden unter vielen solchen und ähnlichen Zahlenformen gewisse Geheimnisse in den heiligen Büchern gleichnisweise angegeben, die den Lesern verschlossen bleiben, wenn sie keine Kenntnisse von den Zahlen haben."

Hier erinnert vieles an Martianus Capella (1.2.2.6).

Noch nach 400 Jahren hat Hrabanus Maurus in *De clericorum institutione*, Buch II, Kap. 23 diesen Abschnitt fast wörtlich abgeschrieben, und noch Stifel (um 1487–1567) war davon überzeugt, daß Gott den Menschen Geheimnisse in Zahlen und in Buchstaben, die Zahlen bedeuten, verschlüsselt mitteilen wollte, z. B. Tag und Stunde des Weltuntergangs.

Von der Geometrie, d.h. nur von einigen geometrischen Begriffen, macht Augustinus in der Schrift *De quantitate animae* Gebrauch. Er fragt, im Sinne der aristotelischen Kategorien, zunächst nach der Substanz der Seele; sie ist eine einfache Substanz eigener Art (*simplex quiddam et propriae substantiae*). „Einfach" bedeutet: nicht weiter aufzugliedern, ähnlich den Elementen Erde, Wasser, Luft und Feuer. Dann wird nach der Qualität der Seele gefragt; sie ist die Ähnlichkeit zu Gott. Die dritte Frage nach der Quantität der Seele wird sehr ausführlich besprochen. Die Seele hat weder Länge noch Breite noch Tiefe, ist aber nicht nichts, sondern unkörperlich, wie etwa die Gerechtigkeit etwas Unkörperliches ist und doch existiert.

Dann betrachtet Augustinus die Figuren und fragt nach der „besten" Figur, d.h. nach der, die die meisten Gleichmäßigkeiten (*aequalitates*) besitzt. Da kommen sofort nur regelmäßige Figuren in Frage, und hier ist das Quadrat besser als das Dreieck, denn im Quadrat liegt jeder Seite eine Seite, jedem Winkel ein Winkel, also ein Gebilde gleicher Art, gegenüber, während im Dreieck jeder Seite ein Winkel gegenüberliegt. Betrachtet man die Linien, die man vom Mittelpunkt der Figur zu den Seiten und den Ecken ziehen kann, so kommt dem Kreis die größte Gleichmäßigkeit (*summa aequalitas*) zu, bei dem alle diese Linien gleich lang sind.

Der Mittelpunkt als Punkt bedarf einer weiteren Betrachtung. Eine Fläche (Augustinus sagt: *latitudo*) ist in zwei Richtungen teilbar ⟨vgl. Aristoteles Metaph. Δ 13 = 1020 a 11 ff.⟩, eine Linie nur in einer Richtung. Wenn man demjenigen Gebilde den Vorrang gibt, das weniger Teilungsmöglichkeiten zuläßt, so hat schließlich der Punkt den Vorzug.

Ferner: Die Fläche enthält, und braucht somit, Linien; die Linie braucht Punkte; der Punkt braucht kein anderes Gebilde, ist aber (auch als Grenze) für die anderen Gebilde unentbehrlich. Auch als Mittelpunkt einer Figur hat er eine besondere *potentia*.

Augustinus benutzt diese Überlegungen dazu, verständlich zu machen, daß die Seele, obwohl sie keine meßbare Größe hat, doch nicht nichts ist und besondere Kräfte hat. Das kann ich hier nicht weiter ausführen.

Mathematik, bzw. mathematische Begriffe als Hilfsmittel zum Verständnis theologischer Fragen; die Art, wie das hier gemacht wird, wird uns etwas fremdartig vorkommen. Wir wollen aber nicht vergessen, daß die Bedeutung von Augustinus nicht auf dem Gebiet der Mathematik, sondern auf den Gebieten der Theologie und Philosophie liegt.

1.4.3. Isidorus von Sevilla

hat die Werke vom Ambrosius und Augustinus benutzt und zitiert. Isidorus stammte aus einer vornehmen romanisierten Familie in Cartagena, ist in dem damals westgotischen Sevilla aufgewachsen und wurde dort 600 Bischof. Sein Hauptwerk (*Etymologiarum sive Originum libri XX*) ist eine Art Begriffslexikon. Es behandelt das gesamte Wissen der Zeit von der Theologie bis zu Kriegsgeräten und Hauswirtschaftsgeräten. Isidorus geht stets von Worterklärungen aus und bietet meist nicht viel mehr. Als Gesamtübersicht war das Werk wichtig und wurde viel benutzt. Die Inhalte einiger Bücher seien genannt: Buch I: Grammatik, Buch II: Rhetorik und Dialektik, Buch III: Die vier mathematischen Wissenschaften (natürlich nur die elementarsten Grundbegriffe), Buch VI: Medizin. Buch VII handelt von Gott und den Engeln, Buch XII von den Tieren, Buch XVII „vom Krieg und von den Spielen", Buch XX von Lebensmitteln und Geräten der Haus- und Landwirtschaft. Die Mathematik wird also nur in einem von 20 Büchern behandelt, immerhin ist etwas davon vorhanden.

Isidorus schrieb noch ein kleineres Werk *De natura rerum.* Es behandelt die Zeiteinteilung (Tag, Woche, Monat, Jahr) und astronomische, meteorologische und geographische Fragen.

1.4.4. Beda Venerabilis

Die Wissenschaft folgt im mittleren und nordwestlichen Europa der Christianisierung. Als deren Folge entstanden viele Klöster als Stützpunkte des religiösen Lebens, aber auch der Kultur allgemein. In Frankreich hat der hl. Martin (um 315–387, seit 370/71 Bischof von Tours) die ersten Klöster gegründet, Liguge bei Poitiers und Marmoutier an der Loire. Gegen Ende des 6. Jh. baute der Bischof Gregor von Tours eine Abtei bei der Kirche des hl. Martin, die später durch Alkuin berühmt wurde.

Im Jahre 596 sandte Papst Gregor der Große (Papst 590–605) den Mönch Augustinus mit einigen Begleitern nach Kent zur Bekehrung der Angelsachsen. Er hatte Erfolg und wurde der erste Erzbischof von Canterbury.

An der Missionsarbeit waren irische Mönche stark beteiligt, nicht nur in England, sondern auch auf dem Festland. Columban wurde etwa 543 in der Provinz Leinster in SO-Irland geboren, wurde 560 Mönch in Bangor (Irland), wo er 30 Jahre als Lehrer wirkte. Im Alter von etwa 50 Jahren ging er mit zwölf Schülern auf das Festland und gründete in den Vogesen die Klöster Annegray, Luxeuil und

Fontaines. Wegen Zwistigkeiten mit dem König (er tadelte dessen unsittlichen Lebenswandel allzu heftig) mußte er Luxeuil 609/610 verlassen, hielt sich zunächst in Bregenz und Tuggen am Zürichsee auf, und scheint mit Erfolg unter den damals noch heidnischen Alamannen missioniert zu haben [LdM]. Aus der Zelle seines Schülers Gallus entstand das Kloster St. Gallen. Columban ging 612/13 nach Italien und gründete das Kloster Bobbio. Dort starb er 615.

In das Kloster Bobbio kamen im Laufe der Zeit wissenschaftlich bedeutende Handschriften, u.a. aus Vivarium, die auf diese Weise vor den Sarazenen gerettet wurden, die im 9. Jh. Sizilien und Teile von Süditalien eroberten. 981/82 war Gerbert von Aurillac Abt von Bobbio.

In England gründete Benedict Biscop im Jahre 674 das Kloster St. Peter in Wearmouth. Er machte mehrere Reisen nach Rom und brachte außer Reliquien auch „eine unzählbare Menge von Büchern aller Art“ mit [Beda: *Vita sanct. Abb.*, Migne PL Bd. 94, Sp. 717]. Im Kloster lebten zeitweise etwa 600 Mönche. 683 wurde das Kloster St. Paul in Jarrow gegründet, das mit Wearmouth ein Doppelkloster unter gemeinsamer Leitung bildete.

In der Umgebung dieses Klosters ist Beda 672/673 geboren. Als er sieben Jahre alt war, wurde er in das Kloster aufgenommen und blieb dort als Mönch, Diakon und Priester bis an sein Lebensende (735). Sein größtes Werk ist eine „Kirchengeschichte des englischen Volkes“. Er erzählt darin die Christianisierung Englands, auch die politischen Kämpfe, auch alle Wunder, die sich z. B. am Ort des Todes eines Märtyrers ereignet haben.

Außer historischen und theologischen Werken verfaßte Beda Lehrschriften (*Opera didascalica*); dazu gehören:

De orthographia. Darin werden die meisten gebräuchlichen Begriffe in ihrer richtigen Schreibweise angegeben und erklärt.

De arte metrica et de schematibus et tropis. Über Formen und Metrik in der Poesie. Eines der frühesten Werke Beda's, verfaßt wahrscheinlich 702/703.

De natura rerum. Ähnlich dem gleichnamigen Werk von Isidorus handelt es von astronomischen Begriffen, Zeitmaßen und meteorologischen Erscheinungen. Verfaßt vermutlich gleichzeitig mit

De temporibus (703). Dieses und das umfangreichere Werk

De temporum ratione (725) behandeln die Grundlagen und Methoden der Berechnung des Osterdatums.

Eine Arbeit *De arithmeticis propositionibus* wird Beda wahrscheinlich fälschlich zugeschrieben, immerhin entstand sie „spätestens in der 1. Hälfte des 9. Jh., eher wohl im 8. Jh.“ [Folkerts 72: Pseudo-Beda, S.36]. Sie enthält Regeln für das Rechnen mit negativen Zahlen, die im Abendland zu dieser Zeit sonst noch unbekannt waren.

Die Osterrechnung und ihre Geschichte hat Ch. W. Jones ausführlich dargestellt [*Bedae Opera de temporibus*]. Das Problem ist die Beziehung zwischen dem jüdischen Mondkalender und dem römischen (julianischen) Sonnenkalender. Die Tradition besagt, daß Jesus nach dem julianischen Kalender am Freitag, d. 25. März 29 gekreuzigt wurde und am darauf folgenden Sonntag auferstanden ist. Andererseits fand die Kreuzigung zur Zeit des Passahfestes statt. Dieses ist im jüdischen Mondkalender auf den 14. Tag des Monats *Nisan* festgelegt. Der Monat beginnt mit dem ersten Erscheinen der Mondsichel nach dem Neumond; der 14. Tag ist also der Tag nach dem Vollmond. Der *Nisan* war als erster Frühlingsmonat bestimmt, aber zunächst nicht astronomisch festgelegt. Eine (spätere) These ging davon aus, daß Gott die Welt zur Zeit der Frühjahrs-tag-und-nachtgleiche geschaffen habe, nach damaliger Rechnung am 25. März; der Mond wäre danach am 28. März geschaffen worden, und zwar als „Licht der Nacht", also als Vollmond. Das Passahfest, der 14. *Nisan*, konnte auf jeden Wochentag fallen; unter dem Papst Sixtus I wurde um 120 festgelegt, daß Ostern am Sonntag danach gefeiert werden sollte.

Das Ergebnis vieler Diskussionen in den ersten Jahrhunderten war, daß Ostern am ersten Sonntag nach dem ersten Vollmond nach der Frühjahrs-tag-und-nachtgleiche gefeiert werden sollte. Es wird oft gesagt, daß das auf dem Konzil von Nicaea 325 beschlossen worden sei, doch ist das in dieser bestimmten Form nicht sicher.

Zu berechnen ist also der Tag des ersten Frühlingsvollmonds. Das geschieht in der Weise, daß man von einem Datum mit bekannter Mondstellung ausgeht und um je $29\frac{1}{2}$ Tage weiterzählt, natürlich unter Berücksichtigung der verschiedenen Monatslängen. Beda geht von einem Jahr aus, in dem am Tag der Wintersonnenwende Neumond war, ohne anzugeben, in welchem Jahr das der Fall war; das ist auch wegen des gleich zu besprechenden 19-jährigen Zyklus nicht nötig. Am 1. Januar des folgenden Jahres war der Mond also 9 Tage alt. Beda berechnet (durch Weiterzählen) das Alter des Mondes für jeden Monatsersten und stellte das in einer Tabelle für 19 Jahre zusammen.

Nach 19 Jahren wiederholen sich die Zahlen. Dieser Zyklus war schon Meton (um 430 v. Chr. in Athen) bekannt und soll ebenfalls auf dem Konzil von Nicaea für die Osterrechnung vorgeschrieben worden sein. 1 Sonnenjahr hat ziemlich genau $12\frac{7}{19}$ Mondmonate; nach 19 Jahren ist also das Alter des Mondes am gleichen Kalendertag wieder dasselbe.

Innerhalb der 19-Jahr-Tabelle ist zu beachten, daß zwischen $19 \cdot 12$ normale Mondmonate 7 Mondmonate von der Dauer von 30 Tagen einzuschalten waren, und es mußte berücksichtigt werden, an welcher Stelle das geschah. Ferner: Das Kalenderjahr ist bekanntlich um 1/4 Tag kürzer als das Sonnenjahr, was durch Schalttage ausgeglichen wird. In 19 Jahren sind das $4\frac{3}{4}$ Tage. Das wird dadurch ausgeglichen, daß die 7 eingeschalteten Mondmonate zu 30 Tagen gerechnet werden; es bleibt aber eine Differenz von 1 Tag, d.h. der Mond muß einen Tag seines Alters überspringen; das wird als *saltus lunae* bezeichnet.

Der Schalttag heißt *bissextus*, weil bei den Römern der 6. Tag vor dem 1. März doppelt gerechnet wurde [*De temp. rat.*, Kap. 38].

Nach 19 Jahren fällt also der Frühlingsvollmond wieder auf denselben bzw. um 1 verschobenen Kalendertag. Wann fällt der darauf folgende Sonntag auf den gleichen Kalendertag? Der Wochentag verschiebt sich in jedem Jahr um 1 Kalendertag; unter Berücksichtigung der Schaltjahre fällt er also nach 28 Jahren wieder auf denselben Kalendertag. Das ergibt für den Ostersonntag eine Periode von $28 \cdot 19 = 532$ Jahren, die auch von Beda benutzt wird.

Alles das war schon vor Beda bekannt, vor allem in Alexandria, dessen Bischöfe die Entwicklung der Methoden wesentlich beeinflußt haben. Der Bischof Theophilus (385–412) hat ähnliche Ostertafeln berechnet, aber er war nicht der Erste und nicht der Einzige, der das getan hat. Beda's Werke *De temporibus* und *De temporum ratione* wurden die für lange Zeit maßgebenden Lehrbücher. Ich fasse die erforderlichen Kenntnisse noch einmal zusammen.

Beda beschreibt zuerst die Darstellung der Zahlen durch Fingerstellungen und durch griechische und lateinische Buchstaben (römische Ziffern), sodann auch die Darstellung der Brüche. Ferner werden die kleinsten Zeitmaße erklärt: die Stunde wird in 4 *puncta* oder in 10 *minuta* oder in 40 *momenta* geteilt, bei der Mondrechnung wird die Stunde auch zu 5 Punkten angesetzt. Dabei werden die Punkte als Entfernungen im Tierkreis aufgefaßt: 1 Punkt = 3°, 24 Stunden = 360°. Der Mond entfernt sich jeden Tag um 4 Punkte von der Sonne. – Das Sonnenjahr hat $365\frac{1}{4}$ Tage, das Mondjahr besteht aus 12 Mondmonaten zu $29\frac{1}{2}$ Tagen, also aus 354 Tagen, wenn aber ein Monat eingeschaltet wird, aus 384 Tagen. Dies, und die Regeln für die Einschaltungen, waren die Kenntnisse, die man zur Berechnung des Osterdatums brauchte, und das war auch wohl so ziemlich alles, was der Mönch von Mathematik und Astronomie lernte.

1.4.5. Alkuin von York

Ein Schüler von Beda war Egbert, der später Lehrer und Leiter der Kathedralschule in York und (732) Erzbischof von York wurde; er starb 766. Sein Mitarbeiter und Nachfolger als Erzbischof war Aelbert. Schüler von beiden, dann Lehrer und seit 778 Leiter der Schule war Alkuin. Im Jahre 780 traf er auf einer Romreise Karl den Großen, der ihn als Leiter der Palastschule nach Aachen berief und oft seinen Rat in kirchlichen Angelegenheiten in Anspruch nahm. 796 wurde er Abt des Klosters St. Martin in Tours, dessen Schule durch ihn berühmt wurde.

Die Ausgabe von Migne enthält die folgenden *Opera didascalica* von Alkuin [PL, Bd. 101]:

De grammatica.
De orthographia.
Dialogus de rhetorica et virtutibus.
De dialectica.
Disputatio. Begriffsbeschreibungen und Rätselfragen, z. B.: „Was ist der Körper? – Die Wohnung der Seele. . . . Ein Unbekannter sprach mit mir ohne Sprache und Stimme; er war niemals vorher und wird auch nachher nie sein; ich habe ihn nicht gehört und nicht gekannt. – Ein Traum hat dich beunruhigt.“ . . . Anscheinend gehörte auch das bei Alkuin zum Unterricht, „zur Schärfung des Geistes“.
De cursu et saltu lunae ac bissexto. (Vgl. S. 61).

Darin sind also die Wissenschaften des Triviums und ein Stück Astronomie enthalten, nämlich die Mondrechnung. Ob Alkuin auch über die übrigen Wissenschaften des Quadriviums geschrieben hat, ist nicht bekannt. Es gibt Andeutungen dafür, daß er der Verfasser einer Aufgabensammlung *Propositiones ad acuendos iuvenes* (Aufgaben zur Schärfung des Geistes der Jünglinge) ist, die jedenfalls aus seiner Zeit und geographisch aus dem Bereich des fränkischen Hofes stammt [Folkerts 78: Alkuin]. Die Sammlung enthält 53 Aufgaben verschiedener Art; die Lösungen sind angegeben, aber (mit einer Ausnahme) nicht die Lösungswege. Ich gebe einige Beispiele, nicht in wörtlicher Übersetzung, aber in Anlehnung an den Text, meist etwas gekürzt.

1. Von der Schnecke. Eine Schnecke wird von einer Schwalbe zum Essen eingeladen; der Weg ist 1 Meile (*leuva* = ca. 2,25 km) weit. Die Schnecke kann nicht mehr als 1 Unze (= 1/12) eines Fußes am Tag zurücklegen. In wieviel Tagen kommt sie zum Essen?
Lösung: 1 Meile = 1500 Doppelschritte = 7500 Fuß = 90000 Unzen. Wieviel Unzen, soviel Tage sind es; das macht 246 Jahre und 210 Tage. ⟨Der Sinn dieser Aufgabe könnte darin bestehen, daß die Umrechnung von Längeneinheiten geübt werden soll.⟩

2. Vom Spaziergänger. Ein Mann geht spazieren und trifft andere Menschen, die ihm entgegenkommen. Er sagt: wenn ihr noch einmal soviel wäret wie ihr seid, und dazu die Hälfte der Hälfte und davon noch einmal die Hälfte, dann wäret ihr mit mir zusammen 100.
Lösung: 36. Das Doppelte ist 72, davon die Hälfte der Hälfte ist 18, davon die Hälfte ist 9; dazu 1, ergibt 100.

⟨In unserer Schreibweise wäre das

$$2x + \frac{2x}{4} + \frac{1}{2}\left(\frac{2x}{4}\right) + 1 = 100 .$$

Die allgemeine Form einer solchen Aufgabe wäre

$$x\left(a_0 \pm \frac{a_1}{b_1} \pm \frac{a_2}{b_2} \pm \ldots \pm \frac{a_n}{b_n}\right) = c .$$

Solche Aufgaben kommen schon bei den Ägyptern vor [Pap. Rhind, Aufg. 24–34, A.u.O., S. 54]. Man nennt sie deshalb auch „Hau-Rechnungen". Sie finden sich auch in den „Arithmetischen Epigrammen", die zumeist von Metrodoros (4. Jh. n. Chr.?), wahrscheinlich auf Grund älterer Überlieferung, zusammengestellt sind [wiedergegeben in Diophant, Op. Bd. 2, S. 43–72]. Ein Beispiel:

„Warum drohest du denn mit Schlägen mir wegen der Nüsse,
Mutter? Es haben darein sich die artigen Mädchen geteilet.
Siehe, Melission hat zwei Siebtel der Nüsse genommen,
Titane drauf ein Zwölftel; ein Sechstel und Drittel dagegen
Nahmen Astyoche sich und Philinna, die lustigen; zwanzig
Packte Thetis sodann, die Räuberin, zwölfe noch Thisbe;
Glauke jedoch – da schau, wie sie lacht – sie hält in den Händen
Elf. So ist dies die einzige Nuß, die mir noch geblieben."

[Übers. Wertheim; S. 331]

„Scholion: Gesucht ist eine Zahl, von der nach Wegnahme von 2/7, 1/12, 1/6, 1/3 noch 44 übrig bleiben

$$\langle x - (2/7 + 1/12 + 1/6 + 1/3)x = 44\rangle$$

Die kleinste Zahl, die die angegebenen Teiler enthält, ist 84. Nimmt man davon 2/7, 1/12, 1/6, 1/3 weg, bleibt 11. Da 44 das Vierfache von 11 ist, nehme ich das Vierfache von 84, nämlich 336, und löse damit die Aufgabe." [Diophant, Op. Bd. 2, S. 53].

„Es ist gut möglich, daß die Metrodoros-Aufgaben im 8./9. Jh. in Westeuropa bekannt wurden, da wir wissen, daß von einer byzantinischen Gesandtschaft an Karl den Großen im Jahre 781 der Grieche Elissaios als Lehrer der Prinzessin Rotrud zurückblieb" [Folkerts 78, S. 33/34].

Alkuin, Aufgabe 6. Von zwei Händlern, die zusammen 100 Solidi haben. Für diese kaufen sie Schweine, und zwar je 5 Schweine für 2 Solidi, um sie zu mästen und mit Gewinn wieder zu verkaufen. Es stellt sich aber heraus, daß sie keine Zeit zum Mästen haben, also die Schweine sofort wieder verkaufen müssen, natürlich zum gleichen Preis: 5 Schweine für 2 Solidi. Sie wollen dabei aber einen Gewinn erzielen, und das geht so: Sie verteilen die Schweine; jeder erhält 125, aber der Erste die schlechteren, der Zweite die besseren. Der Erste verkauft 3 Schweine für 1 Solidus, der Zweite verkauft 2 Schweine für 1 Solidus. Der Erste erhält für 120 Schweine 40 Solidi, der Zweite für 120 Schweine 60 Solidi. Damit haben sie die seinerzeit bezahlten 100 Solidi zusammen, und jeder hat als Gewinn 5 Schweine übrig behalten.

13. Von einem König und seinem Heer. Ein König befiehlt seinem Werber, aus 30 Dörfern ein Heer auszuheben, und zwar soll er aus jedem Dorf zusätzlich soviel Männer herausholen, wie er hineingeführt hat. In das erste Dorf geht er allein, in das zweite mit einem zweiten Mann usw. Wieviel Männer sammelt er in diesen 30 Dörfern?

Lösung: Aus dem ersten Dorf kommen 2 Mann heraus, aus dem zweiten Dorf 4, aus dem dritten Dorf 8 . . . ⟨und so wird weitergerechnet bis⟩ aus dem 30. Dorf *milies LXXIII mille milia* $\overline{\mathit{DCCXLI}}$ *DCCCXXIIII* ⟨ = 1 073 741 824⟩ .

18. Vom Wolf, der Ziege und dem Kohlkopf. Ein Mann mußte einen Wolf, eine Ziege und einen Kohlkopf über einen Fluß bringen und konnte nur ein Boot finden, in dem er nur jeweils eines davon mitnehmen konnte.

⟨Von dieser Aufgabe bringt Alkuin mehrere Varianten, z. B. Aufg. 17: Drei Geschwisterpaare wollen einen Fluß überqueren; das Boot faßt nur zwei Personen; eine Frau darf nur mit dem eigenen Bruder allein bleiben.⟩

In der Aufgabe 42 wird die Summe natürlicher Zahlen berechnet:

42. Von einer Leiter mit 100 Sprossen. Eine Leiter hat 100 Sprossen. Auf der ersten Sprosse sitzt eine Taube, auf der zweiten Sprosse sitzen zwei Tauben, auf der dritten drei Tauben usw. bis zur hundertsten. Wieviel Tauben sind es im ganzen?

Hier wird ausnahmsweise der Lösungsweg angegeben: Von der ersten Sprosse, auf der 1 Taube sitzt, nimm diese weg und setze sie zu den 99 Tauben, die auf der 99. Sprosse sitzen; es werden zusammen 100 Tauben sein. Setze die 2 Tauben von der 2. Sprosse zu den 98 auf der 98. Sprosse, du findest wieder 100, usw. Die 50. Sprosse hat aber keine entsprechende, auch die 100. Sprosse bleibt allein. Fasse alles zusammen, und du findest 5050 Tauben ⟨$49 \cdot 100 + 50 + 100$⟩.

In einer Handschrift dieses Textes, die aus dem 11. Jh. stammt, wird für die Summe der aufeinanderfolgenden Zahlen ⟨$1 + 2 + \ldots + n$⟩ außerdem die folgende Regel angegeben: Ist das letzte Glied gerade, so multipliziere dessen Hälfte mit der folgenden Zahl ⟨$(n/2) \cdot (n + 1)$⟩; ist das letzte Glied ungerade, so werde es mit dem größeren seiner Teile multipliziert ⟨d.h. man zerlegt n in $(n - 1)/2$ und $(n + 1)/2$ und bildet $n \cdot (n + 1)/2$⟩. Diese Regeln hat schon Hypsikles im 2. Jh. v. Chr. ausgesprochen (1.1.2.4).

47. Vom Bischof, der 12 Brote an den Klerus verteilen läßt. Ein Bischof läßt 12 Brote an 12 Kleriker verteilen, und zwar erhält jeder Presbyter 2 Brote, jeder Diakon 1/2 Brot und jeder Lektor 1/4 Brot. Wieviele Presbyter, Diakone und Lektoren sind es?

Die Lösung: 5 Presbyter, 1 Diakon und 6 Lektoren, wird angegeben und verifiziert.

⟨Man könnte so rechnen: Sei x die Anzahl der Presbyter, y die der Diakone, z die der Lektoren; dann besagen die Bedingungen der Aufgabe

$$(1) \qquad x + y + z = 12$$

$$(2) \qquad 2x + y/2 + z/4 = 12 \quad \text{oder} \quad (2') \quad 8x + 2y + z = 48\,.$$

Aus (1) und (2′) folgt

$$(3) \qquad 7x + y = 36\,.$$

Man sieht eigentlich sofort, daß $x = 5$ und $y = 1$ eine Lösung von (3) ist. Daß es die einzige Lösung ist, sieht man so: Aus (3) folgt, daß $y - 1$ durch 7 teilbar sein muß. Da außerdem $y < 12$ sein muß, kommen nur die Werte 1 und 8 in Frage. Aus $y = 8$ würde aber $x = 4$ und $z = 0$ folgen.⟩

Aufgaben dieser Art tauchen zuerst in China im 5. Jh. n. Chr. auf; dort werden 100 Vögel verschiedener Arten gekauft. Bei den Arabern hat Abū Kāmil mehrere solche Aufgaben behandelt und alle Lösungsmöglichkeiten berücksichtigt. In einer seiner Aufgaben sind für 100 Drachmen 100 Vögel zu kaufen; 1 Ente kostet 5 Drachmen, 1 Huhn 1 Drachme und 20 Sperlinge 1 Drachme [A.u.O., S. 181/182]. Alkuin bringt mehrere Aufgaben dieses Typs. In Aufgabe 39 „Von einem Kaufmann im Orient" sind 100 Tiere für 100 Solidi zu kaufen; 1 Kamel kostet 5 Solidi, 1 Esel 1 Solidus, 20 Schafe 1 Solidus. Hier wird man an einen Zusammenhang denken, zumal Karl der Große mit Harūn al-Rašīd in diplomatischem Verkehr stand. Zwar lebte Abū Kāmil ca. 850–930, man wird aber annehmen dürfen, daß diese Aufgaben bei den Arabern schon früher bekannt waren.

Natürlich können nicht alle 53 Aufgaben hier besprochen werden, obwohl noch einige recht interessante darunter sind. Ich bespreche nur noch einige Flächenberechnungen.

In Aufgabe 23 wird die Fläche eines viereckigen Feldes, dessen gegenüberliegende Seiten 30 und 32, sowie 34 und 32 Ruten lang sind, als

$$\frac{30 + 32}{2} \cdot \frac{34 + 32}{2}$$

berechnet.

In Aufgabe 24 ist die Fläche eines gleichschenkligen Dreiecks mit den Schenkeln 30 und 30 und der Basis 18 gesucht. Gerechnet wird

$$\frac{30 + 30}{2} \cdot \frac{18}{2}\,.$$

Für Kreisberechnungen finden sich in verschiedenen Handschriften zwei verschiedene Fassungen. In Aufgabe 25 wird die Fläche ⟨ F ⟩ eines Kreises gesucht, dessen Umfang ⟨u⟩ 400 Ruten lang ist.

In Fassung I wird $F = (u/4)^2$ gerechnet (natürlich in Zahlen). ⟨Es wird also die Fläche des umfangsgleichen Quadrats berechnet.⟩

In Fassung II wird gerechnet

$$F = \frac{1}{2}\frac{u}{4}\cdot\frac{1}{2}\frac{u}{3}\cdot 4\,.$$

⟨Ein Versuch zur Deutung dieser seltsamen Rechnung: Man denkt sich den Kreis in vier Dreiecke zerlegt, deren Grundlinie $= u/4$ und deren Höhe gleich dem Kreisradius, also $= \frac{1}{2}\cdot\frac{u}{3}$ ist. Hier muß also die Beziehung $d = u/3$ bekannt sein.

Die Beziehung $F = u^2/12$ wurde schon von den Babyloniern benutzt (s. A.u.O., S. 36).⟩

In Aufgabe 29 wird gefragt, wieviel Häuser in einer runden Stadt vom Umfang 8000 Fuß Platz haben, wenn die Hausgrundstücke 30 Fuß lang und 20 Fuß breit sind.

In Fassung I wird der Kreisumfang entsprechend den Maßen der Hausgrundstücke im Verhältnis 3:2 geteilt in 4800 und 3200 Fuß. Die Hälften davon (2400 und 1600) ⟨sind die Seiten eines dem Kreis umfangsgleichen Rechtecks; sie⟩ werden durch 30 bzw. 20 geteilt. Das ergibt jedesmal 80, also haben $80 \cdot 80 = 6400$ Häuser Platz.

In Fassung II wird in der Formel für die Kreisfläche $u/4$ durch 20 und $u/3$ durch 30 geteilt, also $F/20 \cdot 30$ gerechnet. Danach hätten 8800 Häuser Platz.

Aufgabe 30: Eine Basilika ist 240 Fuß lang und 120 Fuß breit. Sie soll mit Steinplatten ausgelegt werden, die 23 Unzen = 1 Fuß, 11 Unzen lang und 12 Unzen = 1 Fuß breit sind.

Lösung: ⟨Man teilt die Länge der Basilika, $240 \cdot 12 = 2880$ Unzen, durch die Länge der Platten; das ergibt 125,2.. ; der Text sagt: ⟩ Die Länge von 240 Fuß wird von der Länge von 126 Platten ausgefüllt, die Breite von 120 Fuß von der Breite von 120 Platten. Also braucht man $126 \cdot 120 = 15\,120$ Platten.

Diese „älteste mathematische Aufgabensammlung in lateinischer Sprache" enthält Hinweise auf Kontakte mit Byzanz und der arabischen Welt. Um so erstaunlicher sind die recht groben Näherungen bei den Flächenberechnungen; die Agrimensoren kannten schon bessere Regeln, und der Wert $3\frac{1}{7}$ für die Kreiszahl war schon Varro bekannt. In der Aufgabe 30 ist die Abrundung auf eine ganze Anzahl von Platten natürlich sinnvoll.

„Die *Propositiones* können ihre Beziehung zur klösterlichen Welt nicht verleugnen (z. B. Aufg. 30 und 47) . . . Handel und Handwerk spielen nur eine sekundäre Rolle; Motive aus dem Landleben überwiegen" [Folkerts 78, S. 32/33].

Verhältnismäßig wenige Aufgaben sind Aufgaben aus der Praxis oder für die Praxis, einige sind überhaupt Denksportaufgaben ohne mathematischen Gehalt. Offenbar wurde im praktischen Leben damals keine oder nur sehr wenig Mathematik gebraucht. Die meisten Aufgaben dienen, wie der Titel sagt, ausschließlich der „Schärfung des Geistes".

1.4.6. Hrabanus Maurus

Viele Klöster aus dieser Zeit wurden durch ihre Handschriften und Buchmalereien bekannt, und gelegentlich war auch einmal eine mathematische Handschrift dabei [Folkerts 72]. Zur Beschaffung von Schriften haben die Mönche manchmal auch weite Reisen gemacht.

Zu Anfang des 8. Jh. entstanden die Klöster Reichenau (724), St Emmeram in Regensburg, Fulda (744) u.a. Im Kloster Fulda wurde Hrabanus Maurus (geb. um 776 in Mainz) ausgebildet, wurde 801 Diakon (wozu ein Alter von 21 Jahren erforderlich war), ging zur Weiterbildung für einige Zeit zu Alkuin nach Tours, war dann Lehrer und von 822 bis 842 Abt in Fulda, von 847 bis zu seinem Tode 856 Erzbischof von Mainz. Wegen seiner Verdienste um die Verbreitung der Wissenschaften wurde er in der Neuzeit als *Praeceptor Germaniae* bezeichnet. Seine Schriften sind meist Bibelerklärungen. Sein Werk *De universo* (22 Bücher) handelt von den in der Bibel vorkommenden Namen und Begriffen; das geht von der Dreifaltigkeit Gottes über Menschen und Tiere bis zu den Elementen der unbelebten Welt.

In seinem Werk „Über die Ausbildung der Kleriker" (*De clericorum institutione*, verfaßt 819) bespricht Hrabanus Maurus auch die *artes liberales* und erläutert, warum die Kleriker diese Wissenschaften studieren sollen.

Bei der Arithmetik [III, 22; PL 107, Sp. 399] sagt er, daß in der Bibel darauf Bezug genommen wird. Daß Gott alles nach Maß, Zahl und Gewicht geordnet hat, wird auch hier wie in vielen Schriften des Mittelalters zitiert; ferner: Eure Haare auf dem Haupte sind alle gezählt (Matth. 10, 30). Dann bemerkt Hrabanus, daß jede Zahl durch besondere Eigenschaften so bestimmt ist, daß keine einer anderen gleich ist (*Ita vero suis quisque numerus proprietatibus terminatur, ut nullus eorum par esse cuiquam alteri possit*). Das erinnert an Martianus Capella. Und dann folgt fast wörtlich das, was Augustinus über die Schöpfung in 6 Tagen und über die 40 Tage Fasten geschrieben hat (1.4.2).

Bei der Geometrie wird Varro für die Bemerkung zitiert, daß durch Vermessung der Ländereien und Festlegung der Grenzen herumziehenden Völkern der Nutzen des Friedens klar wird (. . . *prius quidem homines per dimensiones terrarum terminis positis, vagantibus populis pacis utilia praestitisse*). Ferner ist von den Entfernungen von Sonne und Mond die Rede, sowie vom Verständnis der Formen der Tabernakel und Gotteshäuser.

Die Musik übergehe ich. Bei der Astronomie wird u.a. auf die Berechnung des Osterdatums hingewiesen.

Welche Lehrbücher zu diesem Programm gehören, sagt Hrabanus Maurus hier nicht. Bei der Arithmetik wird man außer an Martianus Capella an die Arithmetik von Boetius/Nikomachos denken, bei der Geometrie vielleicht an „Boetius" Geometrie I, die außer Stücken aus Euklid auch Vermessungsgeometrie enthält. Über den *Computus* (die Berechnung de Osterdatums) hat Hrabanus Maurus selbst geschrieben, in enger Anlehnung an Beda.

1.4.7. Geometria incerti auctoris

Zur Ausbildung der Theologen gehörte natürlich nur wenig Mathematik. Es ist aber auch aus dem 9. Jh. eine recht gründliche Schrift über die Vermessungsgeometrie erhalten, allerdings nur die Bücher III und IV. Ihr Verfasser ist unbekannt; sie wird als *Geometria incerti auctoris* bezeichnet [Bubnov: Gerberti Op., Appendix IV]. In Buch III wird die praktische Ausführung von Vermessungsarbeiten beschrieben. Dabei wird außer anderen Geräten auch das Astrolab benutzt.

Den Grundgedanken des Astrolabs hat Ptolemaios im Planisphaerium beschrieben [in Op. Bd. 2]: Man projiziert die Himmelskugel (vielmehr ihren sichtbaren Teil) vom Himmelssüdpol aus auf die Äquatorebene. Bei dieser (stereographischen) Projektion gehen Kreise in Kreise über. Sie ist daher zur Darstellung astronomischer Vorgänge (etwa der Bahnen der Fixsterne und ihrer Auf- und Untergänge) gut geeignet. Auf der Rückseite wurden Skalen angebracht, die es gestatten, die Sonnenhöhe zu messen (Abb. 1.31): Am Rande der beiden oberen Quadranten ist die Gradeinteilung in je 90° eingetragen. In der unteren Hälfte befindet sich ein halbes Quadrat, dessen Halbseiten in der Regel in 12 Teile geteilt sind. In der Mitte ist drehbar ein Visierlineal angebracht; es heißt *mediclinium*; gelegentlich wird auch (z. B. Bubnov, S. 322) das Wort *alhidade* gebraucht, ein Zeichen dafür, daß das

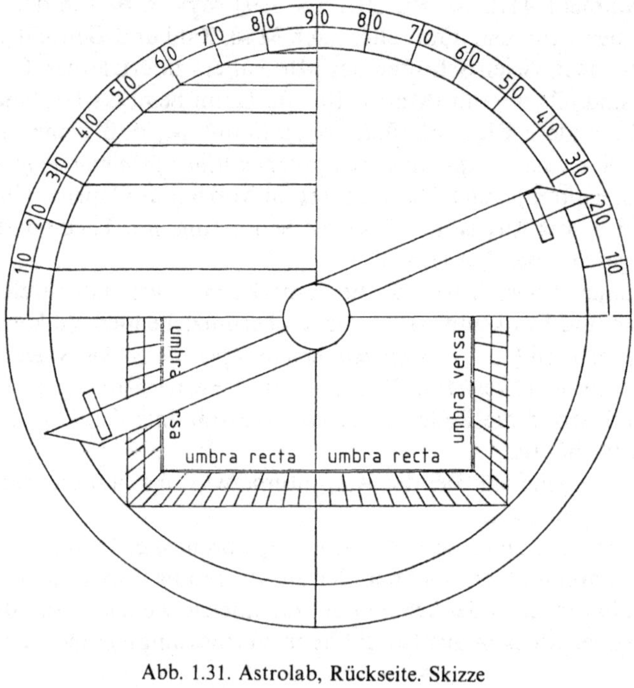

Abb. 1.31. Astrolab, Rückseite. Skizze

Abb. 1.32. Aus dem Lehrbuch *Astrolabium* von Franz Ritter. 1613. Die Abbildung zeigt, daß ein Astrolab noch andere Angaben außer den auf Abb. 1.31 dargestellten enthalten kann (und oft enthält). Auf den äußeren Kreisring mit der Gradeinteilung folgt ein Kreis mit den Tierkreiszeichen; jedes Zeichen hat 30°. Dann folgt, etwas exzentrisch, weil die Sonne die Tierkreiszeichen im Laufe des Jahres verschieden schnell durchläuft, ein Kreis, der in Monate und Tage eingeteilt ist. Stellt man die Alhidade auf einen bestimmten Tag ein, so kann man ablesen, in welchem Tierkreiszeichen die Sonne gerade steht.

Gerät von den Arabern übernommen wurde. Zum Visieren dienen zwei auf das Lineal senkrecht aufgesetzte, mit einem Loch versehene Plättchen.

Zur Messung der Sonnenhöhe muß das Gerät in senkrechter Lage gehalten oder aufgehängt werden; dann muß man die *alhidade* so einstellen, daß der Sonnenstrahl gerade durch die Löcher der beiden Visierplättchen fällt. Den Winkel kann man an der äußeren Teilung ablesen.

Man kann das Astrolab aber auch dazu benutzen, den Winkel der Sonnenhöhe zu bestimmen, wenn man die Länge des Schattens eines Stabes von 12 Einheiten

Länge gemessen hat. Man stellt die *alhidade* auf diese Zahl der Quadratseite und kann dann den Winkel ablesen.

Umbra recta bezeichnet den Schatten eines senkrechten Stabes auf einer horizontalen Ebene, *umbra versa* den Schatten eines horizontalen Stabes auf einer senkrechten Ebene (s. Abb. 2.3 in 2.2.6).

An den waagerechten Linien im linken oberen Quadranten kann mit einem Maßstab der Cosinus abgemessen werden, dann an dem senkrechten Durchmesser auch der Sinus. Auf vielen Astrolabien befinden sich statt dessen Kurven, an denen die Tageslänge zu verschiedenen Jahreszeiten abgelesen werden kann.

Die Rückseite des Astrolabs ist also eher eine graphische Funktionentafel als ein Vermessungsgerät. Bei der Größe des Geräts (die Durchmesser sind zwischen 10 cm und 25 cm lang) und der nicht gerade sehr festen Aufhängung oder Haltung mit der Hand ist keine große Genauigkeit zu erwarten. Aber in der *Geometria incerti auctoris* und in anderen mittelalterlichen Werken der *Geometria practica* wird die Verwendung als Vermessungsgerät beschrieben. Wie man die Höhe der Sonne mißt, kann man auch die Höhe eines Turmes messen; man muß nur jetzt durch die Löcher der Visierplättchen hindurch die Spitze des Turmes anvisieren. In der *Geometria incerti auctoris* werden zwei Verfahren angegeben: Entweder stellt man das Visierlineal auf 45° ein und geht solange vor oder zurück, bis es auf die Turmspitze zeigt; dann ist die Höhe gleich der Entfernung. Oder man visiert von irgendeinem Punkt C aus, dessen Entfernung vom Fußpunkt B des Turmes bekannt ($= d$) ist (Abb. 1.33). Jetzt benutzt man zweckmäßigerweise die Skala auf den Quadratseiten. Steht das Lineal auf der Zahl p, so gilt

$$h:d = p:12\,.$$

Daraus kann h berechnet werden.

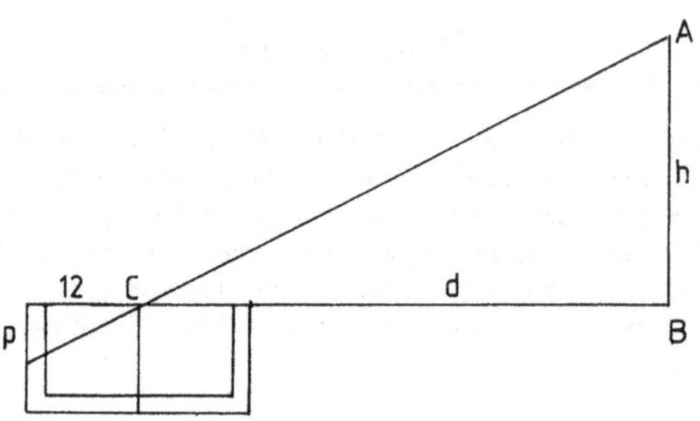

Abb. 1.33

In Aufgabe 2 wird angenommen, daß B unzugänglich ist, etwa wegen eines dazwischenliegenden Flusses (Abb. 1.34). Man visiert dann zunächst von C aus zu A und liest am Quadrat die Zahl a ab, z. B. $a = 4$. Es gilt also

$$\text{(1)} \qquad \frac{d}{h} = \frac{12}{a} = 3\,.$$

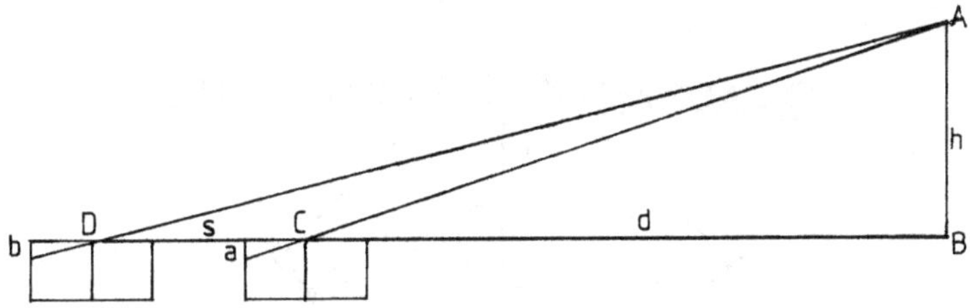

Abb. 1.34

Dann geht man zur Stelle D und liest $b = 3$ ab. Es gilt also

(2) $$\frac{d+s}{h} = \frac{12}{b} = 4\,.$$

Aus (1) und (2) folgt

$$\frac{s}{h} = \frac{12}{b} - \frac{12}{a} = \frac{12}{ab}(a-b)\,,$$

im Beispiel $\frac{s}{h} = 1$.

Der Text gibt die Rechenvorschrift in Worten und nur mit den angegebenen bestimmten Zahlen. Sie scheint dem hier formelmäßig dargestellten Weg ungefähr zu entsprechen.

Umgekehrt kann man, wenn man vom Punkt A aus visiert und die Höhe AB kennt, auch horizontale Strecken messen.

Die *Geometria incerti auctoris* enthält eine Reihe von Varianten derartiger Aufgaben, bei denen auch andere Geräte und Hilfsmittel benutzt werden. Auch die Konstruktion rechtwinkliger Dreiecke wird gelehrt.

Für beobachtende Messungen ist der Quadrant (wenn man will: ein Quadrant des Astrolabs) praktischer. Das hat schon Ptolemaios bemerkt, und auch dieses Instrument ist im Mittelalter oft beschrieben und benutzt worden, um nur ein Beispiel zu nennen: von Leonardo von Pisa [*Pratica geometriae*, Op., Bd. 2, S. 204]. Ich gebe zwei Formen in der Darstellung von Orontius Fineus (*Geometria practica* 1544) und Tartaglia (1537) wieder (Abb. 1.35, 1.36). Anders als bei Ptolemaios visiert man entlang einer Kante und ermittelt den Winkel gegen die durch ein Lot hergestellte Senkrechte.

Die lineare Skala auf den Quadratseiten ist zweckmäßig, wenn man mit ähnlichen Dreiecken arbeiten will. Im Beispiel der Abb. 1.35 b wird die Strecke EF daraus gewonnen, daß das Dreieck AEF dem schmalen Dreieck über AB ähnlich und die Strecke AE bekannt ist.

Die Skala auf dem Kreisbogen eignet sich für Winkelmessungen; Tartaglia mißt den Winkel, den das Geschützrohr mit der Horizontalen bildet.

Beide Skalen können auch auf *einem* Gerät angebracht werden.

Das Buch IV der *Geometria incerti auctoris* enthält die Maßeinheiten, ferner Berechnungen am Dreieck, Trapez, Kreis und anderen Figuren (61 Aufgaben). Ich

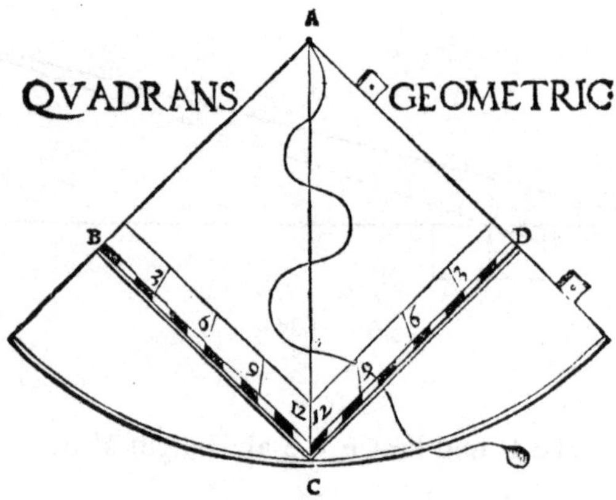

a

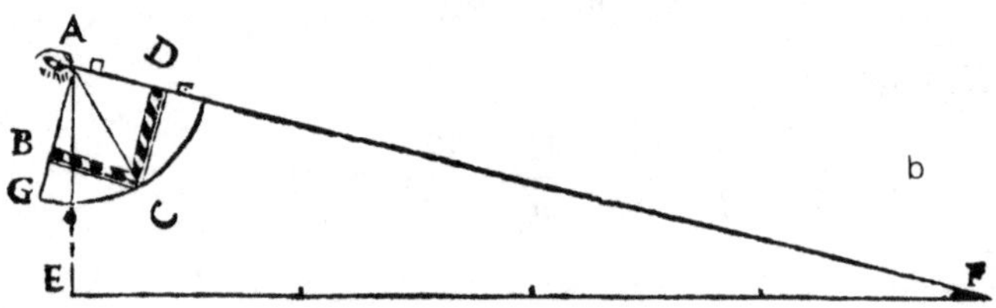

b

Abb. 1.35a, b. Quadrant und Entfernungsmessung aus Orontius Fineus, *Geometria practica*. 1544

nenne die Aufgaben 37 und 38 wegen der Ähnlichkeit mit Aufgaben der *Propositiones ad acuendos iuvenes* (1.4.5).

37. „Wenn du in einer kreisförmigen Stadt, deren Umfang 8008 Fuß beträgt, Häuser anlegen willst, deren Länge 30 Fuß und deren Breite 20 Fuß ist, mache es so . . .". Hier wird aus dem Umfang ⟨U⟩ der Durchmesser als

$$(U - U/22):3 \quad \langle \text{also} \quad d = \frac{7}{22} U \rangle$$

berechnet; das entspricht der Kreiszahl $\pi = 22/7$, die in den *Propositiones* nicht vorkommt. – Dann wird die Kreisfläche als $(U/2)\,(d/2)$ berechnet und durch 600 dividiert.

38. „Wieviel Platten sind nötig, um den Boden einer Basilika zu bedecken, deren Länge 240 Fuß, deren Breite 120 Fuß beträgt? Eine Platte habe in der Länge 23 Unzen, in der Breite 12 Unzen". ⟨12 Unzen = 1 Fuß⟩. – Hier werden nun nicht die Seiten der Basilika einzeln durch die Seiten der Platten dividiert (wie es eigentlich vernünftig ist und in den *Propositiones* auch gemacht wird), sondern es wird die ganze Fläche der Basilika durch die Fläche der Platten dividiert.

In Aufgabe 50 wird das Volumen einer Tonne mit dem unteren Durchmesser $\langle a \rangle = 3$ Fuß, dem oberen Durchmesser $\langle b \rangle = 2$ Fuß, dem mittleren Durchmesser $\langle m \rangle = 5$ Fuß und der Höhe $\langle h \rangle = 12$ Fuß nach der Vorschrift berechnet (natürlich in den gegebenen Zahlen):

$$V = (3m^2 + a^2 + b^2)\cdot(11/14)\cdot(h/3)\,, \quad \langle 11/14 = \pi/4 \rangle$$

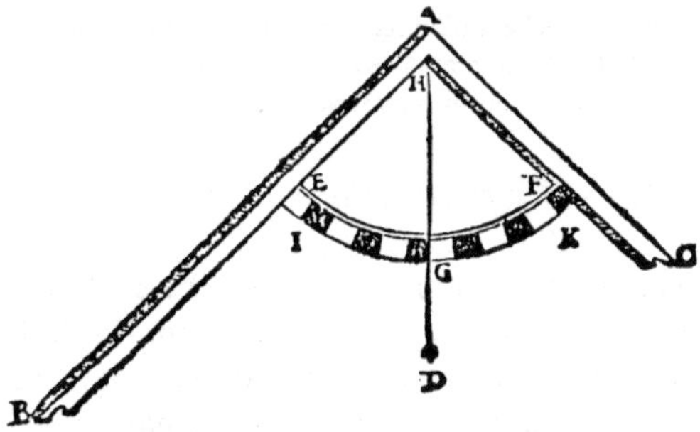

a

b

Abb. 1.36a, b. Quadrant und Richten eines Geschützes aus Tartaglia, *La nova scientia*. 1537

sodann das Volumen eines Gefäßes in Form eines Kegelstumpfes mit dem unteren Durchmesser $\langle a \rangle = 5$ Fuß, dem oberen Durchmesser $\langle b \rangle = 3$ Fuß und der Höhe $\langle h \rangle = 9$ Fuß zu

$$V = (a^2 + b^2 + ab)(h/3)(11/14) .$$

Begründet werden diese Vorschriften nicht. Die letzte Formel ist die ägyptische Formel (2) von S. 35. Wendet man sie auf die beiden Kegelstümpfe mit dem unteren Durchmesser m und den oberen Durchmessern a und b an, so erhält man

$$V = (2m^2 + a^2 + b^2 + (a + b)m) \cdot (h/6) \cdot (11/14) .$$

Da bei den Zahlen der Aufgabe $a + b = m$ ist, wäre die vorangegangene Formel richtig, wenn der Verfasser nicht mit $h/3$, sondern mit $h/6$ gerechnet hätte (s. hierzu Folkerts 74.2: Visierkunst). Daß das errechnete Volumen der Tonne größer ist als das des Zylinders von 5 Fuß Durchmesser und 12 Fuß Höhe, ist dem Verfasser der *Geometria* nicht aufgefallen.

Sollte eine Mathematikgeschichte solche mißlungenen Versuche lieber mit Stillschweigen übergehen? – Im vorliegenden Fall stellt die Praxis eine Aufgabe, die die Theorie nicht exakt lösen kann. Die Bemühungen um eine Behelfslösung schienen mir erwähnenswert zu sein.

1.4.8. Gerbert von Aurillac

Er wurde vor 945 geboren, erhielt den ersten Unterricht im Benediktinerkonvent St. Géraud in Aurillac, setzte seine Studien (967) unter dem Bischof Hatto von Vich fort; sein Biograph Richer schreibt, daß er „sehr viel und erfolgreich die mathematischen Wissenschaften studierte" (*in mathesi plurimum et efficaciter studuit* [Op., S. 376]). Vich gehörte zur Spanischen Mark, die im 8. Jh. unter arabische Herrschaft geraten war, aber schon gegen Ende des Jh. zurückerobert wurde. In diesem Grenzgebiet besaß die Grafschaft Barcelona eine gewisse Selbständigkeit. Hier trafen arabische und christliche Kultur zusammen [U. Lindgren 71], und hier hat Gerbert arabische Wissenschaft kennengelernt. 971 begleitete er den Bischof Hatto nach Rom, wo Kaiser Otto I auf ihn aufmerksam wurde. Gerbert ging dann nach Reims und begann eine Lehrtätigkeit an der Kathedralschule des Erzbischofs Adalbero. 981 wurde er Abt des Klosters Bobbio, mußte aber 983 von dort fliehen und ging wieder nach Reims, wurde dort 991 zum Erzbischof gewählt, aber vom Papst nicht anerkannt, ging 996 zum Kaiser Otto III, wurde auf dessen Veranlassung 998 Erzbischof von Ravenna und 999 Papst und nahm den Namen Sylvester II an. Er starb am 12. Mai 1003 in Rom.

Gerbert hat u.a. die Arithmetik und die Geometrie des Boetius studiert und Scholien dazu geschrieben.

Um 980 schrieb er über die Form des Abakus und das Rechnen darauf. Dabei werden nicht ununterschiedene Rechensteine benutzt, sondern „*apices*", auf denen Ziffern eingetragen sind, wahrscheinlich in der westarabischen Form. So erscheinen sie jedenfalls in den Handschriften von „Boethius" Geometrie II seit dem 11. Jh. [Folkerts 70,1: „Boethius" Geom. II und Bergmann, W.: Innovationen].

Eine Einführung in die Geometrie entstand etwa 980/982. In Kap. I spricht Gerbert über den Namen, die Erfinder und den Nutzen der Geometrie (zur Schärfung des Geistes), in Kap. II werden die Grundbegriffe kurz eingeführt, in Kap. III die Maßeinheiten erklärt, in Kap. IV die ebenen Figuren und die an ihnen vorkommenden Begriffe (Umfang, Fläche, Winkel usw.) beschrieben. Kap.V behandelt die Arten der Dreiecke, Kap. VI die rechtwinkligen Dreiecke (*trianguli pythagorici*). Von Kap. VII ist nur der Anfang erhalten, in dem von allgemeinen rechtwinkligen Figuren die Rede ist.

Die Zuschreibung eines Buches über das Astrolab ist nicht völlig sicher [Op. S. 109–147]. Es enthält außer der Beschreibung des Instruments einige Grundtatsachen der Astronomie und der Zeitmessung. Arabische Namen und Fachausdrücke zeugen von Gerberts Kenntnis der arabischen Wissenschaft.

1.4.9. Franco von Lüttich

Ein Schüler von Gerbert war Fulbert, der die Schule von Chartres zur Blüte brachte. Er war dort zunächst Kanzler (des Bischofs oder des Domkapitels) und Schulleiter, seit 1006 Bischof. Er starb 1028.

Einer seiner Schüler war Franco von Lüttich, der von 1066 an Leiter der Schule in Lüttich war; er starb 1083. Um 1050 schrieb er *De quadratura circuli.* Die Anregung zur Beschäftigung mit dieser Frage gab – für Franco wie für viele Andere – eine Bemerkung von Aristoteles [Kateg. 7; 7b 31–33], der die Kreisquadratur als Beispiel dafür anführt, daß etwas „wißbar" (*episteton*, lat. *scibile*) sein kann, auch wenn davon zur Zeit noch kein Wissen besteht. Nur war die Kreisquadratur zur Zeit Franco's eigentlich gar nicht problematisch, da man allgemein 22/7 als genauen Wert der Kreiszahl ansah.

Franco berichtet zunächst über die Verfahren Anderer, ein dem Kreis flächengleiches Quadrat herzustellen. Er sagt ungefähr: (a) Manche teilen den Durchmesser ⟨d⟩ in 8 Teile, nehmen den 8-ten Teil davon weg und erhalten so die Seite ⟨s⟩ des Quadrats. ⟨Sie setzen also $s = \frac{7}{8}d$; die Ägypter benutzten den besseren Wert $s = \frac{8}{9}d$⟩.
(b) Manche teilen den Durchmesser vom Mittelpunkt aus (also den Radius) in 4 Teile, verlängern die Radien um 1/4 und erhalten so die Ecken des Quadrats (Abb. 1.37). ⟨Dieselbe Konstruktion findet sich auch bei Dürer (3.1.2.2). Sie entspricht dem Wert $3\frac{1}{8}$ für die Kreiszahl. Dieser Wert kommt schon bei den Babyloniern vor [A.u.O.,.S. 41], vielleicht auch bei Vitruv (1.1.2.6).⟩

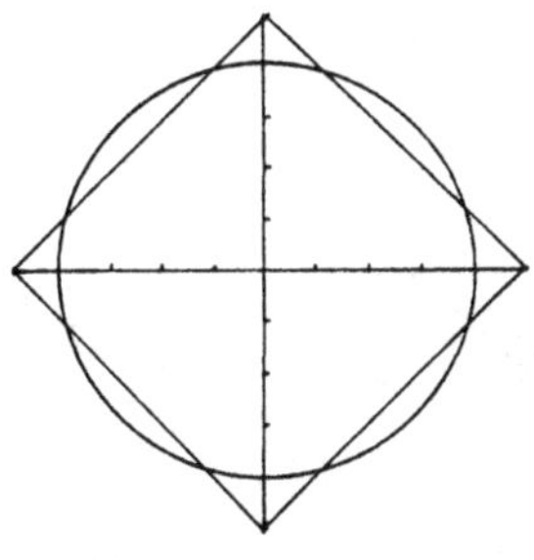

Abb. 1.37

(c) Außerdem gibt es Leute, die den Kreisumfang in 4 Teile teilen, aus diesen ein Quadrat bilden und behaupten, daß dieses dem Kreis gleich sei. Diese alle, sagt Franco, sind von der Wahrheit weit entfernt, weil sie sich gar nicht überlegen, wie man die Gleichheit zweier Flächen überhaupt untersuchen ⟨beurteilen, feststellen⟩ muß. Figuren können nämlich.

(a) nur zahlenmäßig gleich sein (*solo numero coaequantur*), wie z. B. ein Rechteck mit den Seiten 4 und 9 und ein Quadrat mit der Seite 6,
(b) nur konstruktiv gleich sein (*spatio tantum*),
(c) auf beide Arten gleich sein.

Kann ein Kreis einem Quadrat zahlenmäßig gleich sein? Man erhält die Fläche eines Kreises mit dem Durchmesser 14, indem man dessen Hälfte quadriert und mit 22/7 multipliziert, zu 154. Die Seite des Quadrats mit der Fläche 154 ist aber weder eine ganze Zahl – denn $12^2 < 154 < 13^2$ – aber auch kein Bruch. Denn

$$\left\langle \left(12\frac{4}{12}\right)^2 = \right\rangle \left(12\frac{1}{3}\right)^2 = 152\frac{1}{9} < 154$$

$$\left(12\frac{5}{12}\right)^2 = 154 + \left(\frac{5}{12}\right)^2 .$$

Franco überlegt allgemein: Wäre der Kreis durch einen Bruch zahlenmäßig quadrierbar, so wäre er auch durch Änderung der Maßeinheit ganzzahlig quadrierbar. ⟨Wäre $154 = (p/q)^2$, p,q ganze Zahlen,
so wäre $q^2 \cdot 154 = p^2$.
Da $154 = (d/2)^2 \cdot 22/7$ ist, brauchte man nur d durch $q \cdot d$ zu ersetzen.

Franco beweist also *nicht*, daß die Wurzel aus einer Nicht-quadratzahl irrational ist; er beweist auch nicht, daß π irrational ist, sondern, daß $\sqrt{22/7}$ irrational ist.⟩

Zahlenmäßig kann man also zum Kreis (mit dem Durchmesser 14) kein flächengleiches Quadrat finden. Konstruktiv kann man aber – als Zwischenstufe – ein flächengleiches Rechteck finden, nämlich mit den Seiten 14 ⟨$= d$⟩ und 11 ⟨$= u/2$⟩. Zum Beweis teilt Franco den Umfang in 44 Teile der Länge 1, also den Kreis in 44 Sektoren, und setzt diese dann passend zusammen (Abb. 1.38). Dabei ersetzt er die Kreissektoren durch rechtwinklige Dreiecke, ohne darüber zu sprechen.

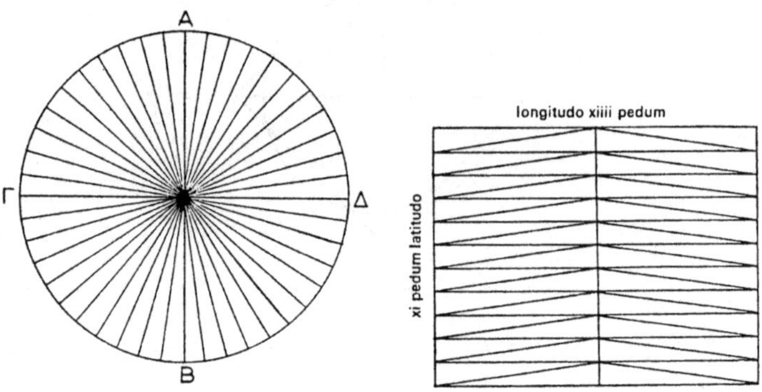

Abb. 1.38. Zur Kreisquadratur von Franco von Lüttich. Aus Folkerts und Smeur (Folkerts 76), S. 72

Dann muß noch das Rechteck in ein Quadrat verwandelt werden. Da Franco das griechische Verfahren nicht kennt, macht ihm das einige Mühe und gelingt auch nicht ganz. Er teilt aus dem Rechteck ein möglichst großes Quadrat ab und versucht, den Rest als Gnomon um das Quadrat herumzulegen.

Franco's Arbeit enthält noch weitere Aussagen über irrationale Zahlen und ihre Näherung durch Brüche. Ich nenne nur seine Näherung für $\sqrt{2}$: Sie ist größer als eine Zahl *ex uno et triente, semuncia, duella, dimidia sextula* und kleiner als eine Zahl *ex uno et quincunce.*

triens bedeutet 1/3; die übrigen Bezeichnungen gehen aus von der
uncia = Unze = 1/12:
quincunx = 5 Unzen = 5/12,
semuncia = 1/2 Unze = 1/24,
duella = 1/36,
sextula = 1/6 Unze = 1/72,
dimidia sextula = 1/144.
Franco stellt also fest:

$$1 + 1/3 + 1/24 + 1/36 + 1/144 \langle = 1 + 59/144 \rangle < \sqrt{2}$$

$$1 + 5/12 \langle = 1 + 60/144 \rangle > \sqrt{2}\,.$$

Vom Standpunkt der griechischen und arabischen Wissenschaft aus gesehen, erscheint die Arbeit von Franco als ziemlich primitiv; sie ist aber ein wichtiges Stück der mathematischen Kenntnisse im Abendland unmittelbar vor dem Eindringen der arabischen und griechischen Wissenschaft. Diese Kenntnisse sind ungefähr:

1) der Inhalt von „Boethius" Geometrie II (s. 1.2.2.8), also die Definitionen und Sätze der Bücher I–IV von Euklids Elementen, das Rechnen auf dem Abakus, die Berechnung der Flächen geometrischer Figuren und der Volumina einiger Körper nach den Vorschriften der Agrimensoren; dabei wird die Kreiszahl 22/7 benutzt, und für die Flächeninhalte der regelmäßigen Polygone werden die Polygonalzahlen genommen;
2) Vorschriften für Vermessungsarbeiten mit dem Astrolab, dem Quadranten und auch einfacheren Hilfsmitteln, wie sie etwa in der *Geometria incerti auctoris* oder in Gerbert's Schrift über das Astrolab zu finden sind;
3) die nikomachische Arithmetik oder Teile davon in der Übersetzung von Boetius, dazu die Zahlenmystik nach Martianus Capella und Macrobius;
4) algebraisch: Aufgabensammlungen in der Art der *Propositiones ad acuendos iuvenes* von Alkuin, weiterentwickelt in Richtung auf mehr Aufgaben aus der Praxis, auch der Kaufmannspraxis.

Das alles ist überliefertes Wissensgut, das noch dazu nicht immer verstanden wurde, und das sicher nur an wenigen Zentren vollständig vorhanden war. Demgegenüber zeigt die Arbeit Franco's so etwas wie das Erwachen mathematischen Denkens, das eigene Wege geht.

2. Die Aneignung der arabischen und griechischen Wissenschaft

2.1. 11. Jahrhundert. Vorbereitung. Schulung des Geistes

2.1.1. Allgemeine Lage

Im 11. Jh. begannen die Hauptstücke der griechischen Wissenschaft im Abendland bekannt zu werden, zunächst auf dem Wege über die Araber und zusammen mit deren Kommentaren, Weiterentwicklungen und eigenen Leistungen. Warum erst jetzt? Und warum auf diesem Umweg?

Nach der Auflösung der Akademie in Athen und der Zerstörung der Bibliotheken in Alexandria war Byzanz der Fundort der Schriften der griechischen Klassiker, und Kontakte zu Byzanz waren stets möglich und wurden auch genutzt. Cassiodorus war vielleicht in Byzanz, und zwar ungefähr zu der Zeit, als dort die Schriften von Archimedes und Apollonios mit den Kommentaren von Eutokios bearbeitet wurden. Er erwähnt diese Autoren in seinen *Institutiones*, und er wird wohl auch einige Schriften nach Vivarium mitgebracht haben, und einige davon sind wahrscheinlich auch in andere Klöster gelangt, bevor die Sarazenen Teile von Süditalien eroberten. Im Jahre 781 kam eine byzantinische Gesandtschaft zu Karl dem Großen. Otto I veranlaßte, daß sein Sohn 972 die byzantinische Prinzessin Theophanu heiratete, in deren Hofstaat jedenfalls einige (literarisch) gebildete Männer mit in den Westen kamen.

Aber im 11. Jh. fielen den Christen bei der Wiedereroberung Spaniens große arabische Bibliotheken in die Hände, besonders in Toledo (erobert 1085), und damit ungefähr die gesamte arabische wissenschaftliche Literatur, einschließlich der Übersetzungen und Kommentare griechischer Werke. Man brauchte sich nicht mehr um einzelne Schriften zu bemühen – was außerdem auch noch geschah – sondern man hatte eine Fülle von Material zur Hand, das nur ausgewertet werden mußte.

Dazu waren zu dieser Zeit auch die Voraussetzungen vorhanden:

(1) Es gab auf Grund der politischen, wirtschaftlichen und sozialen Lage Bevölkerungsschichten, die an Wissenschaft interessiert waren, sowohl an praktisch verwertbarer wie auch an abstrakter Wissenschaft.

(2) Es gab ein Schulwesen, in dem die Interessenten darauf vorbereitet wurden, wissenschaftlich zu denken und somit die neu zu erschließenden Quellen zu verstehen.

(3) Gerade durch diese Ausbildung wurde das Interesse auf die arabische Wissenschaft gelenkt, und zwar zu bestimmten Zielen.

Das sei im Folgenden noch ein wenig erläutert.

Zu (1) kann ich nur versuchen, durch ein paar Stichworte den Leser anzuregen, sich über diese Zusammenhänge Gedanken zu machen. Politisch gab es Machtkämpfe zwischen Kaiser und Papst und zwischen den Landesfürsten, aber es waren nicht mehr ganze Völker in Bewegung. Die Christianisierung Europas war im Wesentlichen abgeschlossen; die Kräfte der Kirche konnten sich anderen Aufgaben zuwenden; dazu gehörte die wissenschaftliche Bildung des Klerus. Der Handel begann aufzublühen, nicht nur im Mittelmeergebiet, wo Venedig, Genua und Pisa führend waren, sondern auch im übrigen Europa. Die Zahl der deutschen Städte wuchs zwischen 900 und 1200 von 40 auf 250 an [Heer: Mittelalter. In Kindlers Kulturgeschichte des Abendlandes, Bd. 9,10. 1977]. Die Städte gingen oft aus geschützten Marktorten hervor. Dort entwickelten sich Bevölkerungsschichten aus Kaufleuten, Handwerkern, Ärzten, Richtern und Verwaltungsbeamten, die Fachwissen brauchten, aber auch für allgemeine Bildung aufgeschlossen waren – neben den Theologen, die weiterhin eine führende Rolle spielten.

2.1.2. Schulen

2.1.2.1. Organisation, Lehrstoff. Karl der Große hat sich sehr um die allgemeine Volksbildung bemüht. In der Palastschule in Aachen unterrichtete Alkuin auch Mitglieder der kaiserlichen Familie. An Klöstern und Bischofssitzen wurden Schulen errichtet; berühmt wurden die Klosterschulen in Tours (Alkuin), Fulda (Hrabanus Maurus), auf der Reichenau, in St. Gallen, in Corvey. In der Regel gab es eine innere Schule, in der die künftigen Mönche unterrichtet wurden, und eine äußere Schule für die Angehörigen weltlicher Berufe. Auf der Reichenau hatte die innere Schule zeitweise 100, die äußere 400 Schüler. Gelehrt wurde zunächst Religion, das Glaubensbekenntnis und das Vaterunser, manchmal mußten auch die Psalmen auswendig gelernt werden. Erst dann folgten Lesen und Schreiben, zusammen mit Latein. Mit der Grammatik ergab sich der Einstieg in die *artes liberales*. Dabei lag der Schwerpunkt auf der Logik, die nach Boetius (1.2.2.8) Wahres und Falsches zu unterscheiden lehrt, und bei den mathematischen Wissenschaften auf der Osterrechnung, dem *Computus*. Von einer weitergehenden Beschäftigung mit der Mathematik in den Klöstern, auch nach der Schulzeit, zeugen die Abschriften mathematischer Texte, z. B. Aufgabensammlungen, und die Abfassung der Boetius zugeschriebenen Geometrie (II).

Die Schüler, die einen weltlichen Beruf anstrebten, besuchten die Schule etwa 7 Jahre, die künftigen Geistlichen erhielten danach noch einige Jahre Unterricht in Philosophie und Theologie [Driesch u. Esterhuis Bd. 1, S. 163ff., 172ff.].

Die an den Bischofssitzen errichteten Dom- oder Kathedralschulen standen unter der Aufsicht des Bischofs oder des Domkapitels und dienten der Weiterbildung der Geistlichen. Der Stoff scheint gegenüber dem der Klosterschulen nicht streng abgegrenzt gewesen zu sein.

Die Schulen wurden oft durch ihre Lehrer berühmt. In Reims hat Gerbert gelehrt, in Chartres sein Schüler Fulbert (s. 1.4.9). Er wird wohl auch etwas von Gerberts Kenntnissen der arabischen Wissenschaft dorthin vermittelt haben. Später wirkten dort Bernhard von Chartres (etwa 1114–1119 Magister, seit 1119 Kanzler, gest. um 1126) und sein Bruder Thierry, auf den wir später zurückkommen.

Von Bernhard stammt der Ausspruch: „Wir sind wie Zwerge, die auf den Schultern von Riesen stehen. So können wir mehr und weiter sehen als jene, nicht auf Grund der Schärfe unserer eigenen Augen oder der Größe unseres Körpers, sondern weil wir durch die Größe der Riesen gestützt und in die Höhe gehoben werden.“ [Überliefert von Johann von Salisbury; *Metalogicon* III, 4; zitiert nach Jeauneau, *Lectio philosophorum*, S. 53].

2.1.2.2. Abaelard. Die scholastische Methode

An der Kathedralschule von Paris lehrte um 1100 Wilhelm von Champeaux. 1108 zog er sich in das Augustinerkloster St. Victor in Paris zurück, nahm auf Drängen seiner Schüler dort seine Lehrtätigkeit wieder auf und wurde so zum Begründer der Schule von St. Victor. 1113 wurde er Bischof von Châlon-sur-Marne, wo er 1121 starb.

Einer seiner Schüler war Abaelard (1079–1142). Er lehrte zunächst an der Kathedralschule in Paris Logik und Theologie und gründete dann außerhalb der Stadt eine eigene Schule auf dem Berg der hl. Genoveva. Er war ein glänzender Lehrer, der viele Schüler anzog (es sollen bis zu 3000 gewesen sein), und ein scharfer Dialektiker. 1121 verließ er Paris wegen Anfeindungen und der Verurteilung einer seiner Schriften durch die Kirche, wurde Mönch in St. Denis, lehrte in der Nähe von Nogent, wohin ihm seine Schüler folgten, war einige Jahre Abt des Klosters St. Gildas in der Bretagne, kehrte 1136 nach Paris zurück, mußte es aber 1140 wieder verlassen, ging ins Kloster Cluny, dann in das Priorat St. Marcel, wo er 1142 starb. Seine Schrift *Sic et non* (entstanden wahrscheinlich 1121/22) gilt als Begründung der „scholastischen Methode“.

Die griechische (mathematische) Methode, die Wahrheit zu finden, bestand darin, Kompliziertes auf Einfaches, unmittelbar Einsichtiges (Axiome) zurückzuführen. Für den Christen ist die Wahrheit von Gott offenbart. Man beruft sich dabei auf das Wort 4. Mose 12, 6–8: „Gott sprach: Ist Jemand unter euch ein Prophet des Herrn, dem will ich mich kund machen in einem Gesicht, oder will mit ihm reden in einem Traum. Aber nicht also mein Knecht Mose, der in meinem ganzen Hause treu ist. Mündlich rede ich mit ihm, und er siehet den Herrn in seiner Gestalt, nicht durch dunkle Worte oder Gleichnis.“ Demnach ist die Wahrheit in der Heiligen Schrift und in den Schriften der von Gott inspirierten Kirchenväter zu finden. Man muß sich freilich damit auseinandersetzen, daß man zu manchen Fragen bei verschiedenen Autoren widersprüchliche Meinungen findet. Man soll dann prüfen, verlangt Abaelard, ob sie durch Mißverständnisse bei Übersetzungen oder durch Bedeutungswandel mancher Worte oder ähnliche Gründe zu erklären sind. Wenn der Widerspruch so nicht zu lösen ist, müssen die Meinungen der Autoritäten zusammengetragen werden, und es muß das beibehalten werden, was besser belegt ist.

Abaelard stellt zu 158, hauptsächlich theologischen, Fragen, z. B. über das Wesen der Trinität, verschiedene Meinungen verschiedener Autoren zusammen, „damit unsichere Leser zur größtmöglichen Übung im Suchen der Wahrheit aufgerufen werden. . . Denn durch Zweifeln kommen wir zur Untersuchung, durch die Untersuchung erfahren wir die Wahrheit“ (. . . *que teneros lectores ad maximum inquirendae veritatis exercitium provocent . . . Dubitando quippe ad inquisitionem venimus, inquirendo veritatem percipimus.* [*Sic et non*, ed. Boyer u. McKeon, S. 103].

Diese Methode, die Wahrheit zu suchen, wurde nicht nur auf theologische und philosophische, sondern auch auf naturwissenschaftliche Fragen angewandt, wobei statt der Meinungen der Autoritäten auch sachliche Argumente aufgezählt wurden. In diesem Sinne wurden die Disputationen zu einem wesentlichen Bestandteil des Universitätsbetriebs „zu dem Ende, daß durch Disputieren aus gegensätzlichen Meinungen die handgreifliche Wahrheit herausgeschält wird“ (*in eum finem, ut inter sententias ambiguas disputando veritas eliciatur manifesta*) [Kerer: *Statuta Collegii Sapientiae*, Freiburg 1497, fol. 39 v, ed. Beckmann, S. 84/85].

Für die Mathematik bedeutet das, daß Beweise nicht gefragt sind; es genügt, daß ein Satz oder eine Regel bei Euklid, vorläufig: bei Boetius, steht, und daß sich in der Literatur keine widersprechende Ansicht findet. Tatsächlich bringen viele Lehrbücher der Zeit nur Sätze und Regeln ohne Beweise. Andererseits ist man bei Übersetzungen und Bearbeitungen der Elemente Euklids und anderer antiker Schriften deren Gedankengängen gewissenhaft gefolgt.

2.1.2.3. Hugo von St. Victor. Eine Übersicht über den gesamten Lehrstoff, bei der auch die angewandten Wissenschaften berücksichtigt sind, bieten die Werke von Hugo von St. Victor. Er ist 1096 (vielleicht in Sachsen) geboren, wurde zunächst im Kloster Hamersleben ausgebildet, war seit 1115 Schüler an der Schule von St. Victor, seit 1125 Lehrer und von 1133 bis zu seinem Tode 1141 Schulleiter.

Außer theologischen Werken schrieb Hugo *Eruditionis didascaliae libri septem* (*Didascalicon*), eine Einführung in das philosophische und theologische Studium. Dieses Werk ist kein Lehrbuch, sondern ein Lehrplan mit Anweisungen zum Studium.

Im 2. Buch wird die Gliederung der Wissenschaften angegeben. Im Anschluß an Aristoteles bzw. Boetius wird die Philosophie eingeteilt in theoretische oder *speculativa* (Theologie, Mathematik und Physik), praktische oder *activa* (Ethik, Moral), mechanische (die sich mit den Werken der Menschen befaßt) und logische [Buch II, Kap. 2]. Die theoretische Philosophie wird nach den Begriffen *intellectibilis, intelligibilis, naturalis* eingeteilt (s. 1.2.2.8).

Der Kuriosität halber zitiere ich aus Kap. 4: *Matesis enim quando t habet sine aspiratione, interpretatur vanitas, et significat superstitionem illorum, qui fata hominum in constellationibus ponunt: unde et hujusmodi mathematici apellati sunt. Quando autem t habet aspiratum, doctrinam sonat.* (Matesis mit *t* ohne *h* wird interpretiert als Eitelkeit ⟨griech. *μάτην* = maten = umsonst, vergeblich⟩ und bezeichnet den Aberglauben derjenigen, die meinen, daß das Schicksal der Menschen in den Sternkonstellationen liege; daher wird die Bezeichnung „Mathematiker“ ⟨eigentlich müßte „Matematiker“ geschrieben werden⟩ auch in diesem Sinne gebraucht. Das Wort mit *th* bezeichnet die Lehre.)

Die Einteilung der mathematischen Wissenschaften ist die übliche. Zur Geometrie sagt Hugo [Buch II, Kap. 14]: „Sie hat drei Unterarten (*species*): die *planimetria* hat es mit Länge und Breite zu tun, die *altimetria* mit Höhen und Tiefen, die *cosmimetria* mit sphärischen Figuren; sie handelt nicht nur von der Messung der Welt, sondern heißt so, weil die Weltkugel unter allen Kugeln die vornehmste ist.“

Hugo unterscheidet die *geometria theorica, id est speculativa*, die das behandelt, was allein mit dem Verstand untersucht werden kann, und die *geometria practica*, die mit Instrumenten arbeitet. Er hat eine *Practica geometriae* geschrieben, in der er mit dem Astrolab und mit Meßlatten arbeitet. [Dort steht auch die angegebene Unterscheidung; ed. Baron S. 187].

Da die Grundaufgabe der Messungen mit dem Astrolab die Höhenmessung ist, beginnt er mit der *altimetria.* In einem kurzen Abschnitt über die *planimetria* wird nur die Messung einer horizontalen Strecke beschrieben.

Cosmimetria ist hier die Messung und Berechnung der Größe der Erde und der Sonne, sowie die Entfernung der Sonne und einiger dazugehöriger Daten. Für diese Daten wird Macrobius zitiert (1.2.2.7). Weitere Quellen sind die *Geometria incerti auctoris* und Gerbert's Abhandlung über das Astrolab.

Im Didascalicon berücksichtigt Hugo auch die mechanischen Wissenschaften. Er teilt sie, wohl in Analogie zu den *artes liberales*, in sieben Disziplinen(*scientias*): *Lanificium* = Weberei (hierin alle textilen Künste sowie Gerberei), *armatura et fabrilis* = Waffenschmiede (hierin auch alle Arbeiten in Metall, Stein, Holz, auch das Bauhandwerk), *navigatio* = Schiffahrt (auch Handel), *agricultura* (auch Gartenbau, Viehzucht, Hauswirtschaft), *venatio* = Jagd (auch Fischerei, Nahrungsmittelgewerbe), *medicina* = Heilkunde (auch Heilmittelkunde), *theatrica scientia* = Theaterkunst (auch Spiel und Sport). Im späten Mittelalter begegnen uns diese sieben mechanischen Künste in vielfältig abgewandelter Weise [Klemm: Kulturgesch. d. Technik, S. 86].

Die Einordnung dieser „mechanischen Künste" in das System der Wissenschaften ist von besonderer kulturgeschichtlicher Bedeutung, wurde doch bei den Griechen das Handwerk recht gering geachtet. Eine Reihe von technischen Errungenschaften war gerade in diesen Jahrhunderten teils erfunden, teils im Abendland eingeführt worden, z. B. ein neues Pferdegeschirr, das die Arbeitsleistung des Pferdes erheblich steigerte (das frühere drückte auf die Luftröhre des Pferdes), Windmühlen, Wasserräder, ein besseres Steuerruder an Schiffen u. a. [Klemm: Technik, S. 399]. Die Verbindung von Handwerk, Technik und Wissenschaft hat wesentlichen Anteil an der Entwicklung der neuzeitlichen Physik. Galilei hat viel in den Arsenalen der Marine in Venedig gelernt.

Mit der Einteilung der Wissenschaften haben sich auch arabische Gelehrte beschäftigt, u. a. al-Fārābī (gest. 950) in der Schrift „Aufzählung der Wissenschaften". Er teilt die mathematischen Wissenschaften in sieben Fächer: 1.Arithmetik. 2.Geometrie. 3.Optik. 4.Astronomie. 5.Musik. 6.Von den Gegenständen mit Gewicht (*De ponderibus*). 7.Von den Kunstgriffen (*De ingeniis*), damit sind alle „aus kluger Überlegung entspringenden Anwendungen der Arithmetik, Geometrie usw." gemeint, z. B. „die mit den Namen *Algebra* und *al-muqabala* benannte Lehre", das ist die Lehre von der Lösung quadratischer Gleichungen [ed. Wiedemann, S. 80 und 97]. Arithmetik, Geometrie, Astronomie und Musik werden in theoretische und praktische eingeteilt, die praktische Geometrie in *altimetria* (Höhenmessung), *planimetria* (Flächenmessung) und *cosmimetria* (hier: Körpermessung).

Al-Fārābī's Schrift wurde von Gerhard von Cremona übersetzt. Gundisalvi's Werk *De divisione philosophiae* ist teils eine Übersetzung, teils eine Bearbeitung, bei der auch andere Quellen, u. a. der Euklid-Kommentar von al-Nayrīzī, benutzt wurden. Wenn Gundisalvi Übersetzungen von Gerhard von Cremona (geb. 1114) benutzt hat, kann seine Schrift frühestens gegen Ende der 30-er Jahre entstanden sein. Jedoch hat Tummers 1984 gezeigt, daß auch andere Quellen in Frage kommen, so daß auch eine frühere Entstehungszeit möglich ist. Ob Hugo von St. Victor, der 1141 gestorben ist, das Werk gekannt hat, ist jedenfalls fraglich.

2.1.2.4. Thierry von Chartres. Ganz ungefähr läßt sich sagen, daß etwa seit 1130 die arabische Literatur allmählich in lateinischen Übersetzungen zugänglich wurde.

Thierry von Chartres war etwa von 1121 bis 1141 Magister in Chartres und in Paris, dann Kanzler und Archidiakon von Notre Dame in Chartres; er starb zwischen 1148 und 1153. Er hat die für die *artes liberales* benutzten Lehrbücher zusammengestellt und zu dieser Sammlung (*Heptateuchon*) ein Vorwort geschrieben. Im Vorwort nennt er als Quellen Varro, Plinius und Martianus Capella. Die Sammlung enthält u. a. Schriften der folgenden Autoren:

Fur die Grammatik: Donatus, Priscianus;
Rhetorik: Cicero, Martianus Capella;
Dialektik: Aristoteles, Boetius (deren logische Schriften);
Arithmetik: Boetius, Martianus Capella;
Musik: Boetius;
Geometrie: Columella, Frontinus, „Boetius“ Geometrie I und II, Geometria incerti auctoris, Gerbert;
Astronomie: Canon des Ptolemaios;

außerdem die Euklid-Übersetzung von Adelard (Version II) und die astronomischen Tafeln von al-Ḫwārizmī in der Übersetzung von Adelard. Auch das Planisphaerium von Ptolemaios, dessen Übersetzung Hermann von Kärnten seinem Lehrer Thierry gewidmet hat, wurde in den Lehrplan von Chartres aufgenommen.

2.1.3. Erste Übersetzungswünsche

Die Reihenfolge der Übersetzungen war zum Teil vom Zufall bestimmt, nämlich davon, was man in den eroberten Bibliotheken fand, zum Teil war sie von bestimmten Wünschen beeinflußt. Zu den zuerst übersetzten Werken gehören die astronomischen Werke von Ptolemaios und die zugehörigen Tafeln, dann die Elemente von Euklid und die Schriften von al-Ḫwārizmī über den Gebrauch der indischen Ziffern und über Algebra.

Die *Computus*-Schriften (Berechnung des Osterdatums) enthielten Zahlenangaben und Regeln zur Berechnung. Es ist verständlich, daß man nach Begründungen fragte.

Die Elemente Euklid's galten als notwendig zum Verständnis der astronomischen Werke. Auch hier fehlen in den vorhandenen Schriften („Boetius“ I und II, Schriften der Agrimensoren, auch bei Gerbert) die Begründungen (Beweise).

Das Streben, nach Begründungen zu fragen, um zum besseren Verständnis der Tatsachen zu kommen, möchte ich auch in der Erklärung der Schöpfungseschichte von Thierry von Chartres sehen (*Tractatus de sex dierum operibus*): Gott schuf im Anfang die vier Elemente mit ihren Eigenschaften und den ihnen innewohnenden Kräften. Diese Eigenschaften und Kräfte bewirken den weiteren Verlauf der Schöpfung, und zwar im Einklang mit dem biblischen Bericht.

Die algebraischen Schriften von al-Ḫwārizmī wurden aus praktischen Gründen gebraucht. Der immer stärker werdende Handel, besonders der Fernhandel, erforderte verfeinerte Rechenmethoden.

2.1.4. Erste Universitäten

Höhere Bildung und vertiefte Ausbildung wurde nicht nur von den Klerikern verlangt und gesucht.

In Salerno, das zeitweise von den Sarazenen beherrscht war und im 11. Jh. von den Normannen erobert wurde, entstand im 11. Jh. eine medizinische Hochschule, an der wohl auch die der christlichen überlegene Medizin der Moslems gelehrt wurde. Von Nutzen war die Übersetzungstätigkeit von Constantinus Africanus, der um 1020 in Karthago geboren war, nach Reisen in den Orient in Salerno wirkte und 1076 Mönch in Monte Cassino wurde. Er starb 1087.

In Bologna lehrte Irnerius das römische Recht, ob seit 1088 oder erst seit 1115, ist fraglich. Durch das Wirken seiner Schüler entstand eine Rechtshochschule, daneben im 12. Jh. eine Schule der Medizin und der *artes liberales.* Die Organisation entwickelte sich erst im 13. Jh. Die Lehrer schlossen sich zum *Collegium doctorum legum* und *Collegium doctorum decretorum* zusammen, die Studenten, zunächst nur die der Rechtswissenschaft, zu zwei Gemeinschaften, eine für die Studenten von diesseits der Alpen, die andere für die von jenseits des Gebirges. Diese Gemeinschaften hießen *universitates.*

In Montpellier entstand im 11. Jh. eine medizinische Schule; um 1260 kam, mit Lehrern aus Bologna, eine Rechtsschule hinzu.

Die Schulen in Paris schlossen sich um 1200 zusammen, zunächst unter der Leitung des Kanzlers der Kathedrale. Im Laufe des 13. Jh. wurde die Universität selbständig. Sie umfaßte die vier Fakultäten der *artes liberales*, der Theologie, der Rechtswissenschaft und der Medizin.

Die Universität Oxford entstand 1167, als der englische König die englischen Studenten aus Paris zurückrief.

2.2. 12. Jahrhundert. Übersetzungen

2.2.1. Savasorda: Buch der Messungen

Es ist nicht verwunderlich, daß einige der ersten Übersetzungen aus der spanischen Mark kommen. Das erste Werk, das wir besprechen wollen, ist eine Übersetzung aus dem Hebräischen, deren Vorlage auf arabische Quellen zurückgeht, ein Lehrbuch der Geometrie *Hibbur ha-mešiha we-ha-tišboret.* Sein Verfasser Abraham bar Hiyya lebte in Barcelona und zeitweise in Südfrankreich (etwa 1070–1136). Er hatte den Ehrentitel *sahib al-šurta* (etwa: Führer der Wache); daraus wurde in der lateinischen Literatur *Savasorda.* Das Buch ist für die Juden in Südfrankreich bestimmt, da sie „die Regeln der Geometrie nicht kannten und deshalb falsche Berechnungen ausführten" (aus der in der lat. Übersetzung weggelassenen Einleitung [Curtze, 1902, S. 5]). Es wurde von Plato von Tivoli unter dem Titel *Liber embadorum* ins Lateinische übersetzt. *Embadum* bedeutet eigentlich „Flächeninhalt". Zum Inhalt des Buches paßt die Bezeichnung „Buch der Messungen" (Vgl. Juschkewitsch, S. 342).

Hinsichtlich der Abfassungszeit und damit der Bedeutung des Werkes gibt es einige Unklarheiten. Ich stütze mich auf die Edition von Curtze, der eine Handschrift zu Grunde liegt, von der nicht sicher ist, ob sie aus dem 13. oder 15. Jh. stammt. Die Schlußworte lauten: „Hier endet der *Liber Embadorum*, der von dem Juden Savasorda in hebräischer Spreche verfaßt und von Plato von Tivoli in das Lateinische übertragen ist, im Jahre DX der Araber, am XV. Tage des Monats Saphar, um die dritte Stunde, während die Sonne in 20°15′ des Löwen verweilte, der Mond in 12°20′ der Fische, Saturn in 8°57′ des Stiers, Jupiter in 27°52′ des Widders, Mars in 27°15′ der Waage, Venus in 2°29′ der Waage, Merkur in 14°45′ des Löwen, der Drachenkopf in 0°1′ des Krebses, der Drachenschwanz in 0°1′ des Steinbocks."

Das Jahr $DX = 510$ der Araber ist das Jahr 1116, die astronomischen Daten gehören in das Jahr 1145, das ist in der arabischen Zeitrechnung das Jahr $540 = DXL$ [L. Minio-Paluello in *DSB*]. Vielleicht ist das *L* beim Abschreiben verlorengegangen. Für die Annahme, daß das Werk 1116 geschrieben (und 1145 übersetzt) wurde, scheint mir der Text nicht zu sprechen.

Wenn die Übersetzung 1116 fertig gewesen wäre (wie Curtze annahm), so wäre die darin enthaltene Darstellung der Lösung der quadratischen Gleichungen in der Art von al-Ḫwārizmī die erste lateinische Darstellung dieser Lösung. 1145 waren vielleicht schon Übersetzungen des Werkes von al-Ḫwārizmī vorhanden.

Der *Liber embadorum* ist in vier Kapitel eingeteilt:

Das erste Kapitel enthält

1) die Definitionen, Postulate und Axiome aus Buch I der Elemente Euklids. Axiom 8 lautet hier: „Größen, deren eine die andere nicht überragt, wenn man die eine auf die andere legt, sind einander gleich." *Illa quorum unus non excedit alterum, si superponatur alteri alterum, sunt aequalia.* Fast wörtlich ebenso lautet das Axiom bei Adelard von Bath [Version II; Folkerts 71,1: Anonyme lat. Euklidbearbeitungen, S. 27. Ax. 7] und auch bei Campanus [ed. Ratdolt 1482]. Die Fassung von Boetius (*Et quae sibimet conveniunt, aequalia sunt*) [Folkerts 70,1: „Boethius" Geom. II, S. 184, 185] entspricht mehr dem griechischen Text (deutsch: Was einander deckt, ist einander gleich). – Savasorda wird sicher nicht die Übersetzung von Boetius und wahrscheinlich auch keinen griechischen Text benutzt haben, sondern eine arabische Übersetzung, und zwar dieselbe wie Adelard von Bath.
2) die arithmetischen Definitionen von Buch VII der Elemente Euklids, ⟨obwohl sie in diesem Werk gar nicht gebraucht werden⟩.
3) „einige Sätze, welche für dieses Werk sehr nötig sind, deren Beweise wir aber, da sie von Euklid handgreiflich (*manifeste*) gegeben sind, verschweigen werden"; es handelt sich um die sog. „geometrische Algebra" von Buch II.
3) Sätze über Ähnlichkeit und Flächengleichheit bei Dreiecken und Parallelogrammen.

Im zweiten Kapitel „Über die Maßverhältnisse der Felder" (*de agrorum dimensionibus*) wird zunächst erläutert, daß das Quadrat die Grundlage der Flächenmessung ist. Sehr ausführlich wird auseinandergesetzt, daß die Fläche eines Quadrats, dessen Seiten 2 Ellen lang sind, 4 Quadratellen beträgt, und die Fläche eines Quadrats, dessen Seiten 10 Ellen lang sind, 100 Ellen.

Die Fläche des Rhombus ist das Produkt einer Diagonalen mit der Hälfte der anderen Diagonalen.

Es folgen weitere Aufgaben über das Quadrat, die ich kurz durch Symbole andeute:

Aufg. 8. Ist die Seite $s = 10$ Ellen, so ist die Diagonale $d = \sqrt{200}$ Ellen.

Aufg. 9. Ist $d = \sqrt{200}$ gegeben, so ist die Seite $s = \sqrt{d^2/2} = \sqrt{100}$.

Dann kommen quadratische Gleichungen:

Aufg. 10: „Wenn von dem Inhalte eines Quadrats, von dessen Fläche man die Summe seiner sämtlichen Seiten weggenommen hat, 21 übrigbleiben, wieviel Quadratellen enthält es dann, und wieviel Ellen sind zugleich in jeder Seite des Quadrats enthalten?"

Das entspricht der Gleichung $x^2 - 4x = 21$.

Das Lösungsverfahren und den geometrischen Beweis dafür auf Grund der vorausgeschickten Sätze aus Buch II der Elemente Euklids beschreibt Savasorda fast mit den gleichen Worten wie al-Ḫwārizmī, nur bezeichnet er x^2 und x nicht mit „Vermögen" und „Wurzel", sondern mit „Quadrat" und „Seite". Übrigens zieht er beim geometrischen Beweis keineswegs die Summe der vier Seiten vom Quadrat ab, sondern das Rechteck mit den Seiten 4 und x.

Nr. 11 und 12 bringen die Aufgaben

$$x^2 + 4x = 77$$

$$4x - x^2 = 3\,.$$

Damit hat Savasorda die drei Typen zusammengesetzter quadratischer Gleichungen von al-Ḫwārizmī; dieser ordnet sie allerdings so an, daß keine Minuszeichen auftreten (s. A.u.O., S. 198).

Auch beim Rechteck treten quadratische Gleichungen auf. Ich bezeichne die Seiten mit x, y, die Diagonale mit d. Savasorda verwendet natürlich keine Buchstaben und beschreibt auch das, was ich in Formeln schreibe, mit Worten.

13. Ist $x = 8$, $y = 6$ gegeben, so erhält man $d = \sqrt{x^2 + y^2} = 10$.
14. Es gilt $(x - y)^2 + 2xy = d^2$.
15. Ist $x - y = 2$ und $d = 10$ gegeben, so ergibt sich aus 14

$$xy = 48\,.$$

Dann ist

$$\left(\frac{x-y}{2}\right)^2 + xy = 49 = \left(\frac{x+y}{2}\right)^2$$

Aus $\frac{x+y}{2} = 7$ und $\frac{x-y}{2} = 1$ ergibt sich $x = 8$, $y = 6$.

16. Gegeben ist $xy = 48$, $x + y = 14$.
17. Gegeben ist $d + x = 18$, $y = 6$.
    (Hier wird $y^2 = d^2 - x^2 = (d + x)(d - x)$ benutzt.)
18. Gegeben ist $d = 13$, $xy = 60$.

Die Aufgaben 19 und 20 handeln vom Rhombus:

19. Sind dic Diagonalen $\langle d = \rangle$ 16 Ellen und $\langle e = \rangle$ 12 Ellen, so erhält man die Seite als

$$s = \sqrt{(d/2)^2 + (e/2)^2} = 10\,.$$

20. Ist der Flächeninhalt $F = 96$, $d = 16$, so ist die andere Diagonale $e = 2F/d$.

Es folgen Aufgaben über Dreiecke, Kreise, Kreissegmente und Vielecke. Bei der Kreismessung wird als Kreiszahl $3\frac{1}{7}$ benutzt. Der Wert des Ptolemaios $3 + (8\frac{1}{2})/60$

⟨sexagesimal 3; 08, 30⟩ wird erwähnt; diese Genauigkeit wird aber für die vorliegenden Zwecke als nicht erforderlich angesehen.

Sehnen und Bögen stehen in keinem festen Verhältnis zueinander, sagt Savasorda, deshalb kann keine allgemeine Berechnungsregel angegeben werden. Er gibt eine kleine Sehnentafel. Dabei setzt er den Durchmesser = 28, dann wird der Halbkreisbogen = $28 \cdot \frac{22}{14} = 44$. Zu den Sehnen der Längen 1, 2, ..., 28 werden die Bögen in *partes*, Minuten und Sekunden angegeben. Über die Berechnung sagt er nur, man müsse dazu „eine sehr große Zahl geometrischer Sätze kennen".

Dieses 2. Kapitel hat große Ähnlichkeit mit einem Werk von Abû Bekr, das Gerhard von Cremona übersetzt hat: *Liber in quo terrarum et corporum continentur mensurationes Ababuchri qui dicebatur Heus, translatus a magistro Girardo Cremonensi in Toleto de arabico in latinum abbreviatus*. Auch Abû Bekr behandelt die seit Heron in der praktischen Geometrie behandelten Figuren und benutzt die Beziehungen zwischen ihnen zu zahlreichen algebraischen Aufgaben.

Im 3. Kapitel „Felderteilungen" lehrt Savasorda die Teilung von Figuren in gegebenem Verhältnis in der Art der Euklid zugeschriebenen Schrift (1.1.2.2), läßt aber die schwierigeren Aufgaben (Teilung eines Dreiecks durch eine Gerade durch einen innerhalb oder außerhalb des Dreiecks gelegenen Punkt) fort.

Im 4. Kapitel werden Quader, Prismen, Pyramiden, und Pyramidenstümpfe, Kugeln und Kugelabschnitte berechnet.

Das Werk enthält also mehr oder weniger vollständige Auszüge aus mehreren arabischen Quellen. Savasorda gibt ausführliche Erklärungen und will für Lernende verständlich sein. Ich vermute, daß wir hier den geometrischen Lehrstoff arabischer Schulen vor uns haben – und daß Leonardo von Pisa diesen Stoff auch auf anderem Wege als über Savasorda kennengelernt haben kann.

2.2.2. Exkurs: Bemerkungen zur praktischen Geometrie im Orient

Heron lehrt im Buch I der *Metrika* diejenigen Berechnungen geometrischer Figuren, die der Feldmesser braucht. Er beginnt mit der Feststellung, daß nach geradlinigen rechtwinkligen Figuren gemessen wird; so erscheinen an erster Stelle das Quadrat und das Rechteck, dann folgt das rechtwinklige Dreieck, dann die übrigen Dreiecke, sodann die Vierecke, die man zur Berechnung in Dreiecke zerlegen muß, dann die übrigen geradlinig begrenzten Flächen, d. h. die regelmäßigen Polygone, schließlich der Kreis und das Kreissegment. Berechnet wird stets der Flächeninhalt. Auch die Oberflächen des Zylinders, des Kegels, der Kugel und des Kugelabschnitts berechnet Heron im 1. Buch, im 2. Buch dann die Volumina. Das 3. Buch handelt von der Teilung der Figuren.

Die hebräische Schrift *Mishnat ha-Middot* (Lehre vom Messen) wurde nach S. Gandz [Qu. u. St. A, Bd. 2] wahrscheinlich von einem Rabbi Nehemiah um 150 n. Chr. geschrieben. Sie beginnt mit einer Zählung: Es gibt vier Wege, die Fläche zu erfassen: das Viereck, das Dreieck, den Kreis und die Bogenfigur. ⟨Mit „Bogen" ist hier vermutlich die Schußwaffe gemeint, mit „Bogenfigur" jedenfalls das Kreissegment.⟩

Das Viereck ⟨Quadrat⟩ hat drei Bestimmungsstücke (Gandz: *aspects*): die Seite, die Diagonale und die Fläche.

Das Dreieck hat vier Bestimmungsstücke: das Seitenpaar, die Basis, die Höhe und die Fläche.

Der Kreis hat drei Bestimmungsstücke: den Umfang, den Durchmesser und die Fläche.

Die Bogenfigur hat vier Bestimmungsstücke: den Bogen, die Sehne, den Pfeil und die Fläche.

Es folgen die Grundregeln der Flächenberechnung für diese Figuren und der Volumenberechnung für einfache Körper.

In einem zweiten Durchgang werden ausführlicher die Arten der Dreiecke und Vierecke besprochen, und schließlich werden die Angaben der Bibel über die Maße der Stiftshütte und des „ehernen Meeres" erklärt. Der Bibeltext bot die Schwierigkeit, daß offenbar mit der Kreiszahl 3 gerechnet war [1. Kön. 7, 23]: „Er machte ein Meer, gegossen, zehn Ellen weit von einem Rande zum anderen rund umher, und fünf Ellen hoch, und eine Schnur dreißig Ellen lang war das Maß ringsum." Nun kennt der Verfasser der *Mishnat ha-Middot* die Kreiszahl $3\frac{1}{7}$; also erklärt er den Unterschied durch die Dicke der Wandung: 10 Ellen ist der äußere Durchmesser, 30 Ellen der innere Umfang.

Abgesehen hiervon enthält die *Mishnat ha-Middot* nichts, was nicht auch bei Heron zu finden ist. U. a. wird die Fläche des Dreiecks mit den Seiten 13, 14, 15 nach der sog. „Heronischen Formel" berechnet, und der Inhalt des Kreissegments nach der verbesserten Formel (1.1.2.7)

$$F = (s + h)\, h/2 + (s/2)^2/14\,.$$

Das Algebra-Buch von al-H̱wārizmī (*al-kitab al-muḫtaṣar fi ḥisab al-ǧabr wa'l-muqābala*) enthält ein Kapitel Geometrie, das sich weitgehend mit dem Inhalt der *Mishnat ha-Middot* deckt. Natürlich fehlen die Erklärungen der Bibelstellen; es sind aber auch wesentliche Zusätze vorhanden, z. B. ein Beweis des Satzes von Pythagoras für das gleichschenklig rechtwinklige Dreieck, für die Kreiszahl der Wert $\sqrt{10}$, der in den indischen Siddhāntas (5. Jh.) vorkommt, und der Wert $\frac{62\,832}{20\,000}$, der bei Āryabhata steht (498). Den Flächeninhalt des Dreiecks mit den Seiten 13, 14, 15 berechnet al-H̱wārizmī nicht mit der Heronischen Formel ⟨deren Beweis nicht ganz einfach ist⟩, sondern durch Berechnung der Höhe und der Höhenabschnitte, wie es ebenfalls von Heron angegeben ist (1.1.2.7); dieses Verfahren ist mittels des Satzes von Pythagoras leicht verständlich. Die Aufgabe, ein Quadrat in ein gleichschenkliges Dreieck einzubeschreiben, findet sich bei al-H̱wārizmī und in den nicht von Heron selbst verfaßten *Geometrica* [Heron, Op. Bd. 4, S. 254 und 432], aber nicht in der *Mishnat ha-Middot*.

Ich habe das hier so ausführlich besprochen, weil Gandz meint [S. 63]: „... we have in al-Khowarizmi's geometry only an Arabic version of the *Mishnat ha Middot*." Es spricht wohl doch einiges für eine gemeinsame Quelle, die bei Heron oder seiner Schule zu suchen wäre.

Abû Bekr behandelt in der oben (S. 87) genannten Schrift die gleichen Figuren, aber er fragt nicht nur, wie der Flächeninhalt aus den anderen Bestimmungsstücken berechnet werden kann, sondern wie jedes einzelne Bestimmungsstück berechnet werden kann, wenn die anderen Bestimmungsstücke oder eine algebraische Kombination aus ihnen gegeben ist.

Nur ein Beispiel: Nr. ⟨25⟩, die von Savasorda ebenfalls behandelte Aufgabe: Von einem Rechteck ist die Fläche (48) und die Summe zweier Seiten (14) gegeben. Abû Bekr löst sie auf zwei Weisen, die ich hier nur andeute:

1) Er rechnet: $\sqrt{(14/2)^2 - 48} = 1$.
Die Seiten sind $14/2 + 1$ und $14/2 - 1$.
Er rechnet also nach der Formel

$$\frac{a-b}{2} = \sqrt{\left(\frac{a+b}{2}\right)^2 - ab} \quad \text{usw.},$$

wie es auch schon die Babylonier gemacht haben (s. A.u.O., S. 27).
2) algebraisch: Er setzt eine Seite = x(*res*), dann ist die andere Seite $14 - x$ und die Fläche $14x - x^2 = 48$. Diese quadratische Gleichung wird nach der Vorschrift (von al-Ḫwārizmī) gelöst.

Zum Vergleich: Diophant löst in I, 27 die Aufgabe: Zwei Zahlen zu finden, deren Summe und deren Produkt gleich gegebenen Zahlen sind (bei Diophant 20 und 96). Er setzt die Differenz der beiden Zahlen = $2x$, dann sind die beiden Zahlen $10 + x$ und $10 - x$ und ihr Produkt $100 - x^2 = 96$. Diese quadratische Gleichung ist etwas einfacher als die obige.

Abû Bekr wirft die geometrischen und algebraischen Bezeichnungen nicht durcheinander, sondern sagt z. B.: Wir bezeichnen die Seite (lat. *latus*) mit (lat.) *res*, dann ist das Quadrat *census*.

Busard hat darauf aufmerksam gemacht, daß gerade diejenigen Aufgaben, in denen Längen und Flächen addiert werden, in gleicher Weise schon in einem altbabylonischen Text vorkommen [BM 13901; Thureau-Dangin: Textes mathématiques Babyloniens, S. 1 – 10, Neugebauer: Mathematische Keilschrifttexte, Bd. 3, S. 1 – 14].

Bab. 1: Die Fläche und die Seite des Quadrats habe ich addiert und 0; 45 ist es.
Abû Bekr ⟨3⟩: *aggregavi latus et aream et quod provenit, fuit centum et decem.*

$$F + s = s^2 + s = 110$$

Bab. 13: Die vier Seiten und die Fläche habe ich addiert, und 0; 41, 40 ist es.
Abû Bekr ⟨4⟩: *aggregasti latera eius* 4 *et eius aream et quod provenit, fuit centum et* 40.

$$F + 4s = s^2 + 4s = 140$$

Bab. 2: Die Seite des Quadrats von der Fläche habe ich subtrahiert, und 14, 30 ist es.
Abû Bekr ⟨5⟩: *minui latus ex area et remansit* 90.

$$F - s = s^2 - s = 90$$

Bab. 16: Ein Drittel der Seite des Quadrates von der Fläche habe ich abgezogen, und 0; 5 ist es.

Abû Bekr ⟨6⟩: *minui latera eius ex area eius et remanserunt* 60

$$s^2 - s/3 = 0;5\ ; \qquad s^2 - 4s = 60\ .$$

Das Addieren und Subtrahieren von Größen verschiedener Dimension kommt bei den Babyloniern häufig vor.

Die Schrift von Abû Bekr ist eine gediegene mathematische Arbeit. Sie ist gut geordnet aufgebaut, die verschiedenen – ich möchte sagen: vernünftigen Kombinationsmöglichkeiten sind vollständig ausgeschöpft. Die Darstellung ist knapp, aber vollständig. (Die Darstellung von Savasorda möchte ich dagegen als wortreich bezeichnen.)

In den Handschriften kommen mehrmals zwei kleinere Werke zusammen mit der Schrift von Abû Bekr vor: *Liber Saydi Abuothmi* und *Liber Aderameti*. Sie enthalten nur die Flächenberechnungen ohne die algebraischen Aufgaben [ed. Busard 1969].

2.2.3. Adelard von Bath (Euklid)

Berücksichtigt man den Stand der mathematischen Kenntnisse um 1100, so war die Übersetzung des vollständigen Textes von Euklids Elementen einschließlich der nicht von Euklid stammenden Bücher XIV und XV aus dem Arabischen ins Lateinische ein gewaltiges Werk. Wer war Adelard von Bath, der diese Arbeit unternahm? Können wir etwas von seinen Motiven ahnen? Er unternahm diese Arbeit erst verhältnismäßig spät in seinem Leben, nachdem er vorher astronomische Werke übersetzt hatte. In einem nach der Euklid-Übersetzung entstandenen Werk über das Astrolab schreibt er: „Wenn jemand den Grund für das sucht, was hier in einfacher Form auseinandergesetzt ist, so findet er es bei Euklid in den 15 Büchern der Geometrie, die wir aus dem Arabischen ins Lateinische übersetzt haben.“ (*Et omnium quidem supradictorum simpliciter expositorum siquis rationem postulaverit, intelligat eam apud Euclidem a quindecim libris artis geometrice quos ex arabico in latinum convertimus sermonem esse conniciendam.* – Zitiert nach Haskins, Studies in the History of Mediaeval Science (5.1.3.3), S. 25).

Adelard ist etwa 1070/80 in Bath geboren. Daraus, daß er später ein Buch über die Falknerei geschrieben hat, die damals hauptsächlich vom Adel betrieben wurde, kann man vielleicht schließen, daß er aus adligen Kreisen stammte; auch hat er anschienend Beziehungen zum englischen Königshof gehabt. Der damals für seinen Heimatort zuständige Bischof Johann stammte aus Tours. So wird man annehmen dürfen, daß er es war, der angeregt hat, daß Adelard zum Studium nach Tours ging. Adelard lehrte danach in Laon, dann entschloß er sich zu einer Reise in den Orient, um soviel wie möglich von der arabischen Wissenschaft zu lernen (*ut Arabum studia ego pro posse meo scrutarer* [*Quaest. nat.*, ed. Müller, S. 4.]). Er besuchte nach eigenen Angaben Salerno, Syrakus, Tarsus, Ministra und Jerusalem. Salerno und Syrakus, auch Antiochien wurden von Normannen beherrscht, Tarsus und Ministra lagen in der Nachbarschaft von Antiochien auf befreundetem armenischen Gebiet, in Jerusalem regierte Herzog Gottfried. Ob Adelard in von Arabern beherrschtem Gebiet war, ist aus den Quellen nicht zu belegen; Kontakte mit arabischen Wissenschaftlern konnte er in den angegebenen Orten finden. Ob er auch in Spanien war, ist nicht sicher. Nach sieben Jahren kehrte er in seine Heimat zurück. Sein Werk über das Astrolab muß, wie aus der Widmung erschlossen werden kann, zwischen 1142 und 1146 entstanden sein. Aus späterer Zeit gibt es keine Nachricht mehr über ihn.

Adelards erste Werke, *Regule abaci* und *De eodem et diverso* zeigen noch keine Spuren arabischer Kenntnisse.

Die *Regule abaci* behandeln Division und Bruchrechnung in der Art von Gerbert, den Adelard zitiert. Allerdings ist nicht sicher, ob mit *Dominus gybertus* wirklich Gerbert von Aurillac gemeint ist [Bubnov: Gerbert, S. 215, Fußn. 38]. Die indischen Ziffern, die bei Gerbert bereits vorkommen, benutzt Adelard nicht.

Die Schrift *De eodem et diverso* ist dem Bischof Wilhelm von Syrakus gewidmet, der von 1105–1115 dort Bischof war. (Aus derartigen Angaben muß die Lebenszeit Adelards und die Abfassungszeit seiner Werke abgeleitet werden.) Das Werk kennzeichnet Adelards Einstellung zum Leben und zur Wissenschaft. Es schildert eine Vision, deren Vorbild der Mythos von Herakles am Scheidewege ist: Auf einem nächtlichen Gange treten ihm zwei allegorische Frauengestalten entgegen, die *Philosophia* (Liebe zur Weisheit, charakterisiert als *eadem*, etwa: die Einheit) und *Philokosmia* (Liebe zur Welt, charakterisiert als *diversa*, etwa: Mannigfaltigkeit). Adelard soll sich entscheiden, welcher von beiden er folgen will. Die *Philokosmia* hat fünf Begleiterinnen: Reichtum, Macht, Würde, Ruhm und Lust, die *Philosophia* hat sieben Begleiterinnen, die *artes liberales*. Adelard entscheidet sich für die Philosophia und bekommt nun deren Begleiterinnen etwas genauer vorgestellt. In diesem Zusammenhang werden auch die mathematischen Wissenschaften kurz besprochen. Bei der Geometrie wird die Nilüberschwemmung erwähnt, die in jedem Jahr Neuvermessungen der Äcker erforderte. Dann wird von einem „weisen, durch Schärfe des Geistes ausgezeichneten Mann" (*sapiens quidem vir subtilitate mentis elatus*) gesprochen, der „vom Punkt ausging und über Linie und Fläche zum Körper aufstieg". Man könnte vielleicht daran denken, daß Adelard mit dem Studium der Elemente begonnen hat, aber was er bringt, ist nur ein kleiner Teil dessen, was bei anderen Autoren, z. B. bei Gerbert, zu finden ist. Er geht dann sofort zur Besprechung einfacher Vermessungsaufgaben über.

Kurz nach seiner Rückkehr in die Heimat schrieb Adelard *Quaestiones naturales*. In dieser Schrift werden Einzelfragen aus der Biologie, der Lehre vom menschlichen Körper, der Theorie des Sehens, der Geographie und der Astronomie besprochen. Hier ist griechisches und arabisches Wissen eingegangen, arabische Autoren werden aber nicht zitiert.

Aus dem Arabischen übersetzte Adelard 1126 die astronomischen Tafeln von al-Ḫwārizmī in der Bearbeitung von Maslama ibn Aḥmad al-Maǧrīṭī, der die Angaben auf den Meridian von Cordoba umgerechnet hatte. – Das gilt als Anzeichen dafür, daß Adelard vielleicht in Spanien war, jedenfalls dieses arabische Werk aus Spanien erhalten hat.

Die Euklid-Übersetzung dürfte um 1130 entstanden sein. In den Handschriften existieren drei Versionen: Version I ist eine Übersetzung, die am meisten verbreitete Version II eine Kurzfassung (Beweise sind oft nur angedeutet), Version III ein Kommentar, vielleicht von einem Schüler Adelards verfaßt. Als Vorlagen kommen außer einer arabischen Euklid-Ausgabe von al-Ḥaǧǧaǧ auch die pseudo-boetische Geometrie und andere Werke in Frage.

Busard hat gezeigt, daß die Versionen I und II nicht von demselben Verfasser geschrieben sein können.

Ob Adelard der „Magister A" ist, der al-Ḫwārizmī's Schrift über die indischen Ziffern übersetzt hat, ist fraglich [Vogel, (63, 2), S. 43].

Euklids Elemene wurden auch von Hermann von Kärnten (1143, – die Zuschreibung an ihn ist nicht völlig sicher) und von Gerhard von Cremona übersetzt. Im 12. und 13. Jh. entstanden mehrere Bearbeitungen [Folkerts, 71.1: Anonyme lat. Euklid-Bearbeitungen], eine davon vielleicht von Albertus Magnus, die keine neuen Übersetzungen sind, sondern sich auf die Übersetzungen von Adelard, Boetius und den von Gerhard von Cremona übersetzten Kommentar von al-Nayrīzī stützen. Für lange Zeit maßgebend wurde die Ausgabe von Campanus (1255/59), der aber auch keine neue Übersetzung zugrunde lag.

2.2.4. Übersetzungen aus dem Griechischen

Im 12. Jh. entstand in Süditalien oder Sizilien eine Euklid-Übersetzung aus dem Griechischen. Aus stilistischen Gründen ist zu schließen, daß der Verfasser derselbe ist, der auch, wahrscheinlich vorher, den Almagest des Ptolemaios übersetzt hat. Aus dem Vorwort zu dieser Übersetzung erfährt man zwar nicht den Namen des Verfassers, aber daß er in Salerno Medizin studiert hat; er erfuhr, daß in Palermo ein Exemplar des Almagest existierte, reiste dorthin und fertigte nach einschlägigen Studien eine Übersetzung an, etwa um 1160. Da er unter seinen Tätigkeiten die Euklid-Übersetzung nicht nennt, ist anzunehmen, daß er sie später angefertigt hat. [Murdoch, DSB, Bd. 4, S. 444. – Ed. Busard 1987].

Diese Übersetzung ist wenig bekannt geworden. Erst im 15. Jh. hat Georg Valla wieder Teile der Elemente aus dem Griechischen übersetzt. Eine vollständige Übersetzung aus dem Griechischen von Zamberti erschien 1505.

Wahrscheinlich im Zusammenhang mit der Almagest-Übersetzung entstand auch eine Übersetzung der Arbeit von Zenodoros über die Isoperimetrie (1.1.2.3), ebenfalls aus dem Griechischen [Ed. H. L. L. Busard: *De figuris isoperimetricis.* 1980]. Diese mathematisch doch ziemlich schwierige Schrift war im Mittelalter verhältnismäßig weit verbreitet, vermutlich deshalb, weil die Eigenschaft der Kugel, bei gegebener Oberfläche das größte Volumen zu umfassen, als ein Grund für die Kugelgestalt der Welt galt. Ptolemaios hat das wohl mehr nebenbei erwähnt, und die Araber haben auf diese Begründung anscheinend keinen großen Wert gelegt; für das Mittelalter aber war sie ein Zeichen für die Weisheit des Weltschöpfers.

2.2.5. Weitere Übersetzer, besonders Gerhard von Cremona

Hermann von Kärnten war Schüler von Thierry von Chartres. Seine erste datierte Schrift ist eine Übersetzung von *De revolutionibus mundi* oder *Prognostica* von Sahl ben Bīshr, 1138. 1141/42 war er im Ebro-Gebiet und in Leon, arbeitete mit Robert von Chester zusammen, u.a. an einer Übersetzung des Koran. 1143 ging er nach Toulouse, im gleichen Jahr nach Béziers. Er übersetzte u.a. das Planisphärium des Ptolemaios und schrieb ein eigenes Werk *De essentiis*.

Robert von Chester wurde 1143 Bischof von Pamplona, war 1145 in Segovia, 1147–1150 in London. Er übersetzte astronomische Werke, rechnete die von Adelard von Bath übersetzten Tafeln von al-Ḫwārizmī auf den Meridian von London um, und übersetzte die Algebra von al-Ḫwārizmī.

Zentrum der Übersetzertätigkeit war im 12. Jh. Toledo. Dort entstand, gefördert durch den Erzbischof Raymund (1126–1151) eine Art Übersetzungsinstitut (es wird von einem Kollegium oder auch einer Übersetzerschule gesprochen). Das fruchtbarste Mitglied war Gerhard von Cremona (1114–1187). Er kam aus Interesse an der Astronomie des Ptolemaios nach Toledo, war von der Fülle der dort vorhandenen Literatur fasziniert und übersetzte (nach einer von seinen Schülern angefertigten Liste) mehr als 71 astronomische, mathematische, philosophische und medizinische Werke. Darunter sind

- die Elemente und die Data von Euklid,
- die Sphärik von Theodosios und die von Menelaos,
- die Kreismessung von Archimedes,
- der Euklid-Kommentar von al-Nayrīzī,
- das Werk über Brennspiegel von Diokles (darin sind Stücke einer Übersetzung aus dem 1. Buch der Kegelschnitte des Apollonios enthalten),
- die Algebra des al-Ḫwārizmī,
- der Almagest des Ptolemaios,
- die *Canones sive regule super tabulas Toletanas* von al-Zarqālī,
- die Geometrie der Banū Mūsā (*Verba Filiorum Moysi Filii Sekir*),
- ein *Liber divisionum*, vielleicht das Euklid zugeschriebene Buch der Teilungen (1.1.2.2),
- der *Liber mensurationum* von Abū Bekr (2.2.2),
- naturwissenschaftliche Schriften des Aristoteles (Physik, Über den Himmel, Vom Werden und Vergehen, Meteorologie).

Manchmal arbeiteten zwei Übersetzer zusammen. So übersetzte z. B. der zum Christentum übergetretene Jude Johannes Hispalensis (gest. um 1153) aus dem Arabischen ins Kastilische, Dominicus Gundisalvi weiter ins Lateinische. Seine Schrift *De divisione philosophiae*, die auf arabischen Quellen beruht, wurde oben genannt (in 2.1.2.3).

Zum *Buch der Teilungen*: Leonardo von Pisa und Jordanus de Nemore behandeln Aufgaben aus diesem Buch, und zwar mehr als Savasorda (s. 1.1.2.2). Leonardo gibt sogar den Beweis von „Euklid“ fast wörtlich wieder. Das wäre gut erklärbar, wenn eine Übersetzung von Gerhard von Cremona zur Verfügung gestanden hat.

Die Banū Mūsā, die drei Söhne des Mūsā ibn Šākir, lebten im 9. Jh. Ihr großes Vermögen verwandten sie u.a. dazu, in Byzanz Schriften aufzukaufen. Das genannte Buch enthält gerade solche Probleme, bei denen man mit besonders großem Interesse rechnen konnte, nämlich:
die Kreismessung nach Archimedes, die Heronische Dreiecksformel,
die Berechnung von Volumen und Oberfläche an Kegel und Kugel,

Einschiebungsverfahren für das Einschalten zweier geometrischer Mittel zwischen zwei gegebenen Größen und für die Dreiteilung des Winkels,

ein Näherungsverfahren für die Berechnung der Kubikwurzel; es beruht darauf, daß mit einer geeigneten Potenz von 60 erweitert wird, in unserer Schreibweise

$$\sqrt[3]{a} = \sqrt[3]{a\,60^{3n}}/60^n\,.$$

Für $n = 1$: Nimmt man einen Näherungswert für $\sqrt[3]{a\,60^3}$, so hat man $\sqrt[3]{a}$ in Minuten.

Solche Probleme haben auch Leonardo von Pisa und Jordanus de Nemore behandelt.

2.2.6. Die Canones sive regule super tabulas Toletanas

haben auf die Astronomie und Trigonometrie des Abendlandes großen Einfluß gehabt, man kann sie geradezu als den Ausgangspunkt der abendländischen Trigonometrie ansehen. Ich berichte hier nur über eine Berechnung einer Sinustafel.

Zu einem Kreisbogen (*arcus*) *bcd* betrachtet man zunächst die zugehörige Sehne (*corda*, hier abgekürzt crd) *bd* und den Pfeil (*sagitta*) *ec* (Abb. 2.1). Der Bogen wird in Grad, Minuten und Sekunden gemessen, wobei der Kreisumfang = 360° gesetzt wird, also im Winkelmaß. Ich habe hier den Bogen *bcd* bzw. den Winkel *bmd* mit 2α bezeichnet. Den Durchmesser $\langle D \rangle$ teilte Ptolemaios in 120 *partes*, diese in Minuten und Sekunden; al-Zarqālī teilt den Durchmesser in 300 Minuten; diese sind also von den Winkelminuten zu unterscheiden.

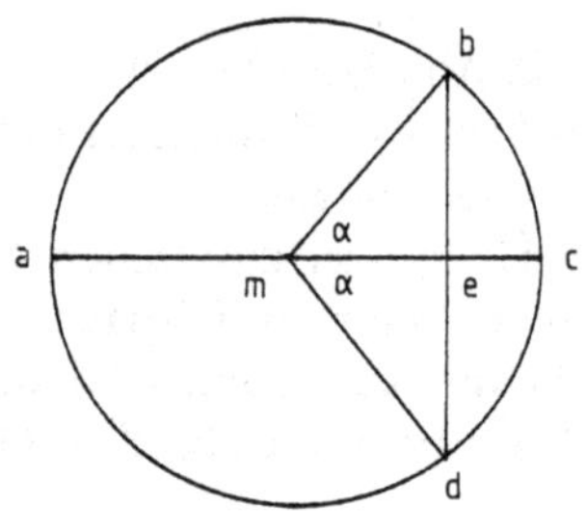

Abb. 2.1

Die Inder führten den *sinus* als halbe Sehne des doppelten Bogens ein:

$$\sin\alpha = \frac{1}{2}\,\text{crd}\,2\alpha\,.$$

Der Pfeil erscheint als *sagitta* oder später als *sinus versus* und wird dem Winkel α zugeordnet, also nicht dem doppelten Winkel.

$$\text{sagitta}\,\alpha = \text{sin vers}\,\alpha = ec\,.$$

Für das Verhältnis des Kreisumfangs zum Durchmesser gibt al-Zarqālī die Werte $3\frac{1}{7}$, $\sqrt{10}$ und $\frac{62\,832}{20\,000}$ an, doch spielt das bei der Tafel wegen der verschiedenen Maßeinheiten vorerst keine Rolle.

Die Sinus-Werte berechnet al-Zarqālī zunächst von 15° zu 15°. Er benutzt die Figur Abb. 2.2; sie entsteht, indem man um *e* einen Kreis schlägt, zwei zueinander senkrechte Durchmesser zeichnet und um ihre Schnittpunkte mit dem Kreis (*a*, *b*, *g*, *d*) Kreise mit dem gleichen Radius schlägt usw.

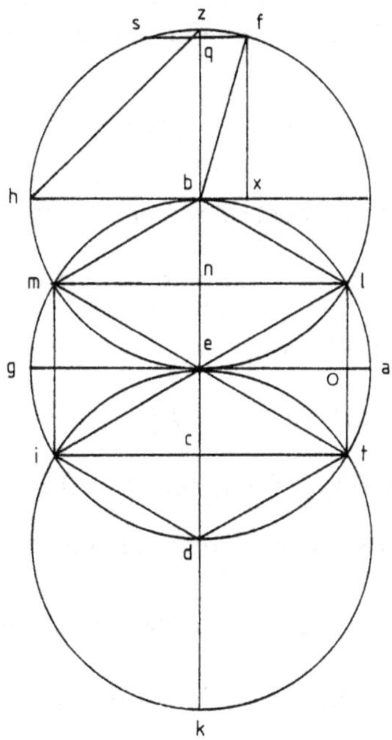

Abb. 2.2. Zur Berechnung der Sinus-werte nach al-Zarqālī. Zeichnung nach Curtze 1900

Al-Zarqālī schreibt: „Da festgesetzt ist, daß der Durchmesser 300 Minuten hat, wird die Sehne von 60° (das ist der sechste Teil des Kreises) 150 Minuten betragen und der Sinus von 30° 75 Minuten. Das ist die Hälfte der Strecke *mi* (Abb. 2.2), und der Sinus von 60° ist die Strecke *mn*, die Hälfte der Strecke *ml*, die die Sehne von 120° ist."

Nach diesem Beispiel der Darstellung von al-Zarqālī schreibe ich jetzt mit Benutzung unserer Symbole und mit R statt D/2:

$$\text{crd } 60° = \text{R} = 150' ,$$

$$\sin 30° = \tfrac{1}{2} \text{crd } 60° = 75' = \tfrac{1}{2}\, mi ,$$

$$\sin 60° = mn = \tfrac{1}{2}\, ml ,$$

$$ml = \text{crd } 120° .$$

⟨Zahlen gibt al-Zarqālī hier nicht an; es wäre $mn = R \cdot \sqrt{3}/2$.⟩

$$zh = \text{crd } 90° = \sqrt{45\,000}$$
$$\langle = 150 \cdot \sqrt{2} \rangle$$
$$\sin 45° = \tfrac{1}{2}\sqrt{45\,000} = \sqrt{11\,250}$$
$$\text{crd } 30° = la = \sqrt{lo^2 + ao^2}\,.$$

Dabei ist $lo = \sin 30°$, $ao = R - \sin 60°$ $\langle = R - \cos 30°$; die cos-Funktion wird jedoch nicht benutzt, sondern stets $\sin (90 - \alpha)$ statt $\cos \alpha$ geschrieben.$\rangle$

$$\sin 15° = \frac{1}{2} \text{crd } 30°\,.$$

Nun wird $sf = \text{crd } 30°$ gezeichnet. Dann erhält man

$$\sin 75° = fx = R^2 - \sin^2 15°$$

$\langle$Darin steckt die allgemeine Formel

$$\sin^2 (90 - \alpha) = R^2 - \sin^2 \alpha\,.\rangle$$

Damit hat man also die Sinus-Werte für 15°, 30°, 45°, 60°, 90° = R.

Um von $\sin \alpha$ zu $\sin \frac{\alpha}{2}$ zu kommen, kann man allgemein so vorgehen wie soeben: Man berechnet $\text{crd } \alpha \left(= 2 \sin \frac{\alpha}{2} \right)$ mittels der Beziehungen

$$\text{crd}^2\alpha = \sin^2\alpha + \sin\text{vers}^2\alpha$$
$$\sin\text{vers } \alpha = R - \sin (90 - \alpha)\,,$$

oder mittels

$$\text{crd}^2\alpha = D \cdot \sin \text{vers } \alpha\,.$$

(Die Kathete im rechtwinkligen Dreieck ist die mittlere Proportionale zwischen der Hypotenuse und dem anliegenden Abschnitt.)

Durch die Übergänge von $\sin \alpha$ zu $\sin (90 - \alpha)$ und zu $\sin \frac{\alpha}{2}$ kommt man, ausgehend von 90° und 60°, schon recht weit in der Aufstellung einer Sinus-Tafel, ohne den Fünfeckswinkel und ohne ein Additionstheorem zu benutzen. (Vgl. die Vermutung von Toomer über die Tafel des Hipparch, A.u.O., S. 154.) Diese weitergehenden Hilfsmittel waren freilich bereits Ptolemaios bekannt.

Al-Zarqālī kennt auch die Funktionen *Cotangens* und *Tangens*; sie heißen *umbra recta* und *umbra versa* und werden so erklärt (Abb. 2.3): *Umbra recta* ist der Schatten, den ein vertikaler Stab, dessen Länge = 12 gesetzt wird, auf eine horizontale Fläche wirft ⟨also, da 1/12 des Stabes als Längeneinheit gewählt wird, das Verhältnis der Schattenlänge zur Länge des Stabes⟩; *umbra versa* ist der Schatten, den ein horizontaler Stab der Länge 12 auf eine vertikale Fläche wirft.

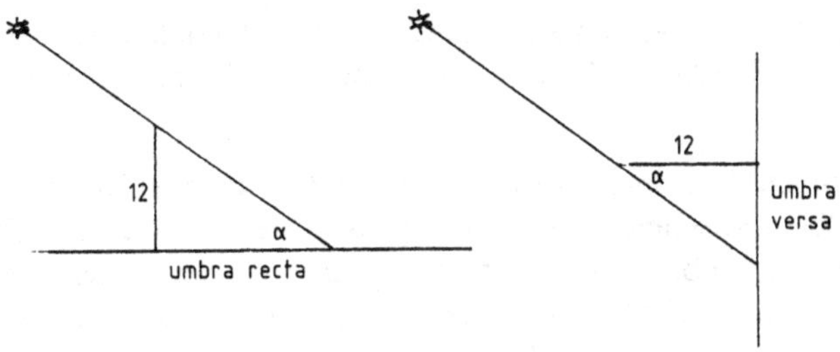

Abb. 2.3 (vgl. Abb. 1.31)

Al-Zarqālī kennt u.a. die Beziehungen

$$\text{umbra recta } \alpha : 12 = \sin (90 - \alpha) : \sin \alpha .$$

$$\sin \alpha = 1 : \sqrt{\cot^2 \alpha + 1}$$

Al-Zarqālīs Berechnungen sind u.a. im 14. Jh. von Johannes de Lineriis und im 15. Jh. von Johannes von Gmunden, später von Peurbach und Regiomontan übernommen und weiterentwickelt worden.

2.3. 13. Jahrhundert, 1. Hälfte. Bearbeitungen

Auf die reinen Übersetzungen der arabischen (und damit auch der griechischen) Literatur folgte sehr bald die selbständige Aufarbeitung für die eigenen Zwecke. Leonardo von Pisa gab mit seinem *Liber abaci* (1202) den Kaufleuten ein umfassendes Lehrbuch der Arithmetik und Algebra auf der Grundlage der arabischen Kenntnisse und fügte auch eine *Pratica geometriae* hinzu (1220). Jordanus de Nemore schrieb Lehrbücher des Rechnens, dann in sehr loser Anlehnung an Euklid, aber mit ganz eigener Gliederung, eine Arithmetik, eine Algebra (*De numeris datis*) und eine Geometrie (*Liber philotegni*); er arbeitete auch über Mechanik. Sacrobosco verfaßte (um 1230) elementare Lehrbücher der Arithmetik (*Algorismus vulgaris*) und der Astronomie (*De sphaera*) für die Studenten der Universität Paris, die noch in den folgenden Jahrhunderten viel benutzt wurden.

2.3.1. Leonardo von Pisa (1170/80 – nach 1240)

2.3.1.1. Biographisches. Sein Vater wurde als *publicus scriba* ⟨Sekretär?⟩ der Republik Pisa um 1192 mit der Leitung der Handelsniederlassung in Bugia (Algerien) betraut. Dort lernte Leonardo „in einer hervorragenden Schule" u. a. das Rechnen mit den indischen Ziffern. Auf Reisen nach Ägypten, Syrien, Byzanz, Sizilien und in die Provence erweiterte er seine mathematischen Kenntnisse. Um 1200 kehrte er nach Pisa zurück. Er stand im Verkehr mit Gelehrten aus dem Kreis um Friedrich II., wurde 1225 dem Kaiser bei dessen Besuch in Pisa vorgestellt. Die letzte Nachricht über ihn ist ein Dekret aus dem Jahre 1240, in dem ihm die Republik Pisa ein jährliches Salarium aussetzt.

Leonardo lernte offenbar viel aus mündlichem Unterricht, sagt aber auch [*Flos* (1225), Op. Bd. 2, S. 228], daß er das 10. Buch der Elemente Euklids sorgfältig studiert habe.

2.3.1.2. Liber abaci. In seinem großen Werk *Liber abaci* (1202) wird außer dem Rechnen mit den indischen Ziffern eine große Menge von Aufgaben aus dem kaufmännischen Leben behandelt, z. B. Umrechnungen der verschiedenen Geldeinheiten, Geschäfte mit mehreren Partnern, Zinsrechnung und vieles andere, auch Aufgaben, die mehr der Übung als der unmittelbaren Anwendung dienen, auch die – für den Kaufmann nicht besonders wichtige – Lösung quadratischer Gleichungen. Ich kann hier nur ein paar Beispiele besprechen und wähle Belege dafür, daß Leonardo

1) nach dem Vorbild der Araber für die Unbekannten bestimmte Bezeichnungen (z. B. *res*) einführt und auch mit diesen rechnet,
2) Buchstaben als Zeichen für beliebige Zahlen benutzt,
3) gelegentlich eine negative Gleichungslösung zuläßt.

Beispiel 1 [Op. Bd. 1, S. 190/191]:

Questio de eadem re nobis apud constantinopoli a quodam magistro proposita. (Aufgabe über denselben Gegenstand – es ist eine gleichartige Aufgabe vorangegangen – , die uns von einem Magister in Konstantinopel vorgelegt wurde).
⟨Ich übersetze zunächst fast wörtlich mit kleinen Kürzungen.⟩

Einer verlangt vom Anderen 7 Denare, dann hat er fünfmal soviel wie jener. Der Zweite verlangt vom Ersten 5 Denare, dann hat er siebenmal soviel wie jener.

a *e* *g* *d* *b*

Die Summe ihrer Denare sei die Strecke *ab*. Davon sei *ag* der Anteil des Ersten, *gb* der Anteil des Zweiten. In *gb* werde der Punkt *d* so gewählt, daß *gd* ⟨gleich⟩ 7 ist, und in *ag* der Punkt *e* so daß *eg* ⟨gleich⟩ 5 ist. Da der Erste vom Zweiten 7 verlangt, nämlich die Zahl *gd*, . . . hat er nachher die Zahl *ad*, und diese sollte das fünffache des Restes *db* sein. Wenn also die Zahl *ad* in fünf gleiche Teile geteilt wird, ist jeder Teil gleich der Zahl *db*, also ist *db* der sechste Teil von *ab*.

Wenn andererseits zur Zahl des Zweiten, nämlich *bg*, fünf Denare des Ersten hinzugefügt werden, nämlich die Zahl *ge*, dann hat der Zweite die Zahl *be*, und dem Ersten bleibt die Zahl *ea*. Und weil der Zweite nun das siebenfache des Anderen hat, wird die Zahl *be* das siebenfache der Zahl *ea* sein. Also ist *ea* ⟨gleich⟩ $\frac{1}{8}$ ⟨so geschrieben!⟩ der Zahl *ab*.

Nun war *bd* ⟨ = ⟩$\frac{1}{6}$ der Zahl *ab* . . . . Wenn also von *ab* $\frac{1}{8}$ und $\frac{1}{6}$ abgezogen werden, bleibt ed ⟨ = ⟩ 12 übrig.
⟨Von jetzt an skizziere ich nur den Gedankengang und benutze auch moderne Symbole.⟩

Es ist
$$ab\cdot\left(1-\frac{1}{8}-\frac{1}{6}\right)=12\;.$$
Leonardo macht den Ansatz
$$ab=24\;.$$
Es ist
$$24\cdot\left(1-\frac{1}{8}-\frac{1}{6}\right)=17\;,$$

also gilt
$$ab:24 = 12:17\ ,$$
$$ab = 24 \cdot 12/17\ .$$

Es war $bd = \frac{1}{6}\ ab$, also $= \dfrac{4 \cdot 12}{17} = 2\dfrac{14}{17}$, somit der Besitz des Zweiten $gb = gd + db = 7 + db = 9\dfrac{14}{17}$. Ferner ist $ae = \dfrac{1}{8}ab = 2\dfrac{2}{17}$, also der Besitz des Ersten $ag = ae + 5 = 7\dfrac{2}{17}$.

Es folgt ein zweites Lösungsverfahren: *De eodem secundum regulam rectam.* ⟨Übersetzung⟩: Dasselbe nach der richtigen Regel. – Zur Lösung solcher Aufgaben gibt es eine Regel, die „die richtige" genannt wird, die die Araber benutzen. Die Methode dieser Regel ist sehr lobenswert (*valde laudabilis*), da durch sie unendlich viele Aufgaben gelöst werden können. Wenn du diese Regel auf unsere Aufgabe anwenden willst, so setze, der Zweite habe *res* und die 7 Denare, die der Erste von ihm verlangt; und verstehe unter *res* einen unbekannten Betrag, den du finden willst. Weil der Erste, wenn er diese 7 Denare erhalten hat, fünfmal soviel hat wie jener, hat er zuerst 5 *res* minus 7 Denare, nachher 5 *res*, und dem Zweiten bleibt 1 *res*.

⟨Skizze des weiteren Gedankengangs⟩: Vor dem Austausch hatte der Erste 5 *res* – 7 Denare, der Zweite 1 *res* + 7 Denare. Wenn jetzt der Erste dem Zweiten 5 Denare gibt, dann hat er noch 5 *res* – 12 Denare, und der Zweite hat 1 *res* + 12 Denare. Das soll das siebenfache des Ersten sein, es ist also

$$7 \cdot (5\,res - 12) = 1\,res + 12\ .$$

Daraus folgt

$$34\,res = 96\ .$$

Die weitere Rechnung ist unproblematisch.

Bei der ersten Lösung werden also Zahlen durch Strecken dargestellt und diese durch ihre Randpunkte, Zahlen also durch Buchstabenpaare. Mit diesen Buchstaben wird unter Benutzung der geometrischen Anschauung gerechnet, und zwar in Worten, ohne Operationssymbole außer dem Bruchstrich, der bei Leonardo zum ersten Male auftritt.

Bei der zweiten Lösung wird mit dem Wort *res* (Übersetzung des arabischen *šai*) gearbeitet wie mit einem Symbol für die Unbekannte; die Rechnungen werden in Worten beschrieben.

Beispiel 2 [Op. Bd. 1, S. 455]:

„Die Zahl a sei in zwei Teile b, g geteilt ⟨$a = b + g$⟩. Man teile a durch b, das Ergebnis sei e, und man teile a durch g, das Ergebnis sei d. Ich behaupte, daß das Produkt von d in e gleich der Summe von d und e ist."

Wir schreiben dafür

$$\frac{b+g}{b} \cdot \frac{b+g}{g} = \frac{b+g}{b} + \frac{b+g}{g}\ .$$

Beispiel 3: Eine negative Gleichungslösung. [Op. Bd. 1, S. 349–352 und in der Arbeit *Flos* (1225), Op. Bd. 2, S. 238–239].

De quatuor hominibus et bursa ab eis reperta, questio notabilis. (Von vier Personen und einer von ihnen gefundenen Börse, eine bemerkenswerte Aufgabe).

Wir bezeichnen die Vermögen der vier Personen mit x_1, x_2, x_3, x_4 und den Inhalt der Börse mit b. In der Aufgabe wird verlangt: Wenn der Erste die Börse erhält, hat er doppelt soviel wie der Zweite und Dritte zusammen, also

$$x_1 + b = 2\cdot(x_2 + x_3)\,. \tag{1}$$

Die weiteren Angaben der Aufgabe entsprechen den Gleichungen

$$x_2 + b = 3\cdot(x_3 + x_4)\,, \tag{2}$$

$$x_3 + b = 4\cdot(x_4 + x_1)\,, \tag{3}$$

$$x_4 + b = 5\cdot(x_1 + x_2)\,. \tag{4}$$

Leonardo drückt das alles in Worten aus. Dann sagt er: „Ich werde zeigen, daß diese Aufgabe unlösbar ist, wenn nicht zugelassen wird, daß der Erste Schulden hat" (*hanc quidem questionem insolubilem esse monstrabo, nisi concedatur, primum hominem habere debitum*), d. h. daß x_1 negativ ist. Leonardo nennt das Vermögen des Ersten *dragma* (Drachme), das des Zweiten *res*. Abkürzungen dafür verwendet er nicht. *Wir* schreiben

$$x_1 = d\,, \quad x_2 = r$$

und geben die Rechnung Leonardos in moderner Schreibweise wieder.

Aus (1) ergibt sich $$x_3 = \frac{d+b}{2} - r\,;$$

aus (2) ergibt sich $$x_4 = \frac{r+b}{3} - x_3 = \frac{4}{3}r - \frac{1}{6}b - \frac{1}{2}d\,.$$

Mit diesen Werten erhält man aus (3)

$$b = \frac{38}{13}r + \frac{9}{13}d\,, \tag{5}$$

und aus (4)

$$b = \frac{22}{5}r + \frac{33}{5}d\,. \tag{6}$$

Da aber $\frac{22}{5} > \frac{38}{13}$ und $\frac{33}{5} > \frac{9}{13}$ ist, sind die beiden Werte von b nicht miteinander verträglich, wenn r und d positiv sind. Leonardo erwähnt auch, daß an Stelle von d auch eine andere Unbekannte negativ sein könnte (d.h. daß ein anderer Partner Schulden haben könnte), geht aber darauf nicht weiter ein.

Aus (5) und (6) berechnet er

$$\left(\frac{38}{13} - \frac{22}{5}\right)r = \left(\frac{33}{5} - \frac{9}{13}\right)d$$

$$r = -4d\,.$$

Er setzt dann $r = 4$; dann ist $d = -1$. (Da das Gleichungssystem homogen ist, kann für eine Unbekannte ein beliebiger Wert eingesetzt werden.) Leonardo rechnet nicht in dieser Weise mit negativen Zahlen; bei ihm sieht das ungefähr so aus: Das Verhältnis der *res* zu den *dragmas* ist ⟨absolut genommen⟩ 1 : 4. Wenn ich die *res* als 4 ansetze, so sind die Schulden des Ersten 1. (*Si ponam, rem esse.* 4., . . . , *erit debitum primi biz̄.* 1.) ⟨*biz̄* = Byzantiner, eine Geldeinheit⟩. Er erhält dann aus (6)

$$b = 11 ,$$

und aus den übrigen Gleichungen

$$x_3 = 1 , \quad x_4 = 4 .$$

In dieser und einigen weiteren Aufgaben von Leonardo von Pisa treten zum ersten Mal im Abendland negative Gleichungslösungen auf, allerdings in der Einkleidung als Schulden. Aus der arabischen Algebra sind keine negativen Lösungen bekannt, die Einstellung der Inder wurde in A.u.O., S. 193 besprochen.

Viele Aufgaben Leonardos kommen, wie die soeben besprochene, mathematisch darauf hinaus, ein System linearer Gleichungen mit mehreren Unbekannten zu lösen. In der Regel eliminiert er der Reihe nach die Unbekannten und nutzt dabei stets die spezielle Form der Gleichungen und die speziellen gegebenen Zahlenwerte aus, doch ist sein Vorgehen oft auf Gleichungen mit beliebigen Koeffizienten anwendbar. Eine allgemeine Regel gibt Leonardo nicht.

2.3.1.3. Eine kubische Gleichung. In der 1225 geschriebenen Arbeit *Flos* (die Blume) behandelt Leonardo Aufgaben, die ihm vom Magister Johannes aus der Umgebung des Kaisers Friedrich II gestellt worden sind. Eine davon ist die Lösung der kubischen Gleichung

(1) $$x^3 + 2x^2 + 10x = 20$$

. . . *ut inveniretur quidam cubus numerus, qui cum suis duobus quadratis et decem radicibus in unum collectis essent viginti.*

Leonardo verwendet hier die Bezeichnungen *quadratus* für x^2 und *radix* (arabisch *ǧidr*) für x. An anderer Stelle [Op. Bd. 1, S. 442] kommt auch *census* (arabisch *māl* = Vermögen) für x^2 vor, und zwar sagt Leonardo hier ungefähr: Die Wurzel (*radix*) des *census* ist die Seite (*latus*) des Quadrats. Mir scheint, daß hier teils zahlentheoretische, teils geometrische Vorstellungen zugrunde liegen. Die Aufgabe „. . . es soll eine Kubikzahl gefunden werden", klingt zahlentheoretisch, die folgenden Beweise Leonardos stützen sich auf die geometrische Anschauung.

Leonardo beweist, daß die Gleichung (1) keine ganzzahlige positive Lösung haben kann. Denn da $10x < 20$ sein muß, kann x höchstens $= 1$ sein; $x = 1$ ist aber keine Lösung.

Leonardo führt den Beweis geometrisch. Er setzt drei Rechtecke mit der Seite 10 und den Flächen $10x$, x^3, $2x^2$ so zusammen, wie in Abb. 2.4 gezeigt. Die Breiten der einzelnen Rechtecke sind unbestimmt, nur die Gesamtbreite $ai = 2$ ist bekannt (in der Abb. falsch gezeichnet). Daraus sieht man sofort, daß $x < 2$ sein muß.

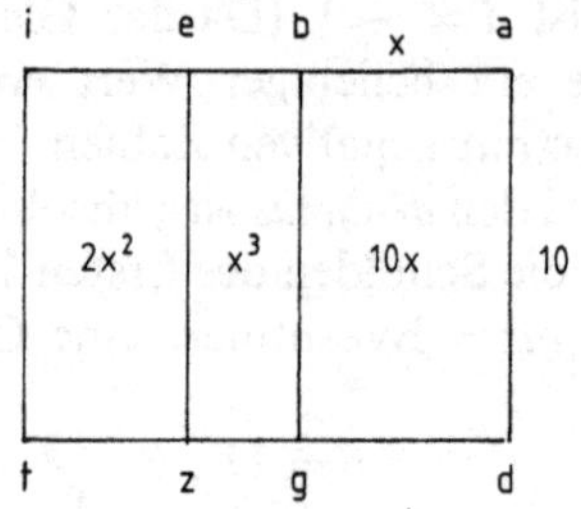

Abb. 2.4. Zeichnung nach Leonardo von Pisa. Op. Bd. 2, S. 228. Leonardo schreibt hier von rechts nach links wie die Araber. Das Alphabet ist das griechische: α, β, γ, δ, ε, ζ, (η fehlt, es müßte im Lateinischen auch durch *e* wiedergegeben werden) ϑ, ι.

Er führt auch aus, daß die Lösung kein Bruch sein kann. Wäre x ein Bruch, so wäre x^2 ein Bruch von einem Bruch und x^3 ein Bruch von einem Bruch von einem Bruch; ein solcher kann aber nicht die Summe der andersartigen Ausdrücke sein.

Wir können diese Aussage leicht bestätigen: Sei $x = p/q$, p, q teilerfremd, $q \neq 0$. Dann wird aus (1) nach Multiplikation mit q^3

$$p^3 + 2p^2q + 10pq^2 = 20q^3 ,$$

es müßte p^3 durch q teilbar sein, im Widerspruch dazu, daß p und q teilerfremd sind. (Kann man das als eine Präzisierung dessen ansehen, was Leonardo gemeint hat, aber nicht ausdrücken konnte?)

Leonardo beweist weiter, daß x auch nicht die Quadratwurzel aus einer rationalen Zahl sein kann, m.a.W. daß unmöglich x irrational und x^2 rational sein kann. Dazu betrachtet er die Strecke *ei*. Sie ist einerseits

$$ei = ai - ab - be = 2 - x - x^3/10 = 2 - x(1 + x^2/10) ,$$

also irrational. Andererseits ist

$$ei = x^2/5 ,$$

also rational.

Euklid hat im Buch *X* derElemente die Irrationalitäten zusammengestellt, die sich durch Kombination von Quadratwurzeln ergeben, bis zur Form

$$\sqrt{\sqrt{a} + \sqrt{b}} .$$

Leonardo sagt [Op. Bd. 2, S. 228]: „Ich habe dieses Buch sorgfältig studiert, bis ich seine Sätze meinem Gedächtnis eingeprägt und ihren Sinn verstanden hatte" (. . . *X.° Euclidis accuratius studui, adeo quod sui teoremata ipsius memorie commendaui, et ipsarum intellectum comprehendi*). Er untersucht alle von Euklid angegebenen Formen und stellt fest, daß keine dieser Formen Lösung der Gleichung (1) sein kann. (Damit kommt er der viel später gefundenen Aussage sehr nahe, daß (1) nicht durch Adjunktion von Quadratwurzeln zum Körper der rationalen Zahlen gelöst werden kann.) Er gibt die Näherungslösung an

$$1^\circ\ 22'\ \ 7''\ 42^{\mathrm{III}}\ 33^{\mathrm{IV}}\ 4^{\mathrm{V}}\ 40^{\mathrm{VI}} .$$

Wie er sie gefunden hat, sagt er nicht.

Die Gleichung kommt auch bei 'Omar Ḫayyām vor, der keine Lösung angibt [in der Übersetzung von Winter und 'Arafat, Journ. of the Royal Asiatic Society of Bengal. Science *16*, 1950, S. 70]. Allgemein betrachtet 'Omar Ḫayyām nur geometrische Lösungen mittels Kegelschnitten, die natürlich nicht die oben angegebene Genauigkeit liefern können.

2.3.1.4. Pratica geometriae. Leonardo schrieb sie (1220) [Op. Bd. 2, S. 1–226] „damit diejenigen, die auf Grund geometrischer Beweise, und diejenigen, die nach der üblichen Gewohnheit, gleichsam nach Art der Laien, über Messungen und Abmessungen arbeiten wollen, in den folgenden 8 Abschnitten dieser Kunst ein vollständiges Handbuch finden" (. . . *ut hi qui secundum demonstrationes geometricas: et hi qui secundum vulgarem consuetudinem, quasi laicalj more, in dimensionibus uoluerint operari super. viij. huius artis distinctiones, que inferius explicantur, perfectum inveniant documentum* [S. 1]).

Das Werk ähnelt im Aufbau und einigen Einzelheiten dem *Liber embadorum* von Savasorda, ist aber viel weitreichender und gründlicher.

Es beginnt mit der Einführung der geometrischen Grundbegriffe und der Erläuterung der Längen-, Flächen- und Körpermaße.

Abschnitt 1 bringt die Berechnung der Rechtecksfläche in ganzen Zahlen und in Brüchen, sowie in den verschiedenen Maßeinheiten.

In Abschnitt 2 wird das Auffinden der Quadratwurzel gelehrt, und zwar sowohl numerisch wie geometrisch gemäß Abb. 2.5, sowie das Rechnen mit Wurzelausdrücken.

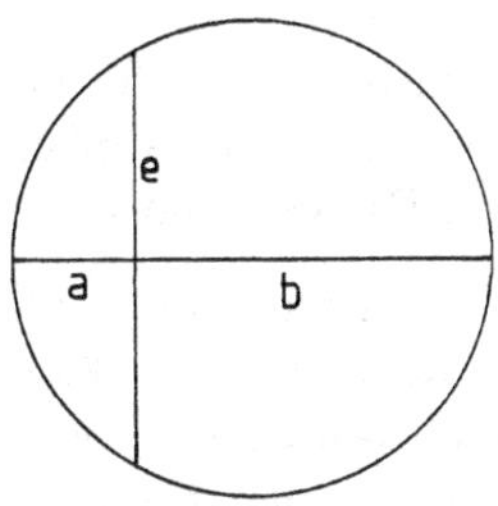

Abb. 2.5. $e = \sqrt{ab}$. (Buchstabenbezeichnung vom Verf., Leonardo bezeichnet Strecken durch ihre Endpunkte.)

Abschnitt 3 handelt von der Messung beliebiger Felder, d. h. ebener Figuren: Dreiecke, Vierecke, Polygone mit mehr als vier Seiten, Kreise. Für die Kreiszahl $\langle \pi \rangle$ errechnet er $1440 : 458\frac{1}{3} = 864 : 275$ und sagt, daß das näherungsweise $= 3\frac{1}{7}$ ist.

Bei den Vierecken werden wie bei Savasorda auch quadratische Gleichungen behandelt, einige in der Form von Savasorda, z. B. [S. 58]:

embadum et quatuor eius latera faciunt CXL

Eine Fläche (ein Quadrat) und vier ihrer Seiten ergeben 140.

Item est tetragonum, ex cuius embado si tollantur quatuor eius latera, remanent 77.

. . . ein Viereck; wenn man von seiner Fläche vier seiner Seiten wegnimmt, bleiben 77.

Leonardo geht aber sofort dazu über, die Typen von al-Ḫwārizmī zu beschreiben und die allgemeinen Lösungsregeln anzugeben.

In diesem Abschnitt bringt Leonardo auch die Sehnenrechnung von Ptolemaios und eine Sehnentafel. Dabei wählt er als Durchmesser 42 Ruten (*pertice*); dann ist der Umfang des Halbkreises 66 Ruten. Für diese 66 Teile gibt er die Länge der Sehnen an, und zwar in Ruten, Fuß, Unzen und Punkten. Dabei ist 1 Rute = 6 Fuß, 1 Fuß = 18 Unzen, 1 Unze = 20 Punkte. Z. B. ist die zu 33, also dem Viertelkreis gehörige Sehne = 29 Ruten, 4 Fuß, 3 Unzen, 9 Punkte. Das ist ein recht genauer Wert für $42/\sqrt{2}$ [S. 96].

Savasorda hat den Durchmesser in 28 Teile, also den Umfang in 44 Teile geteilt. Er gibt für die Sehnen die Bögen an, und zwar in *partes*, Minuten und Sekunden (2.2.1).

Leonardo hat (wie gesagt) auch dargelegt, wie die Sehnentafel berechnet wird. Er sagt aber auch: Die *agri mensores* werden Sehnen und Bögen mit einer Schnur ausmessen [S. 95].

Abschnitt 4: Teilung von Feldern in gegebenem Verhältnis. Daß Leonardo die bei Savasorda fehlende Aufgabe, ein Dreieck durch eine Gerade, die durch einen Innenpunkt geht, in zwei gleiche Teile, zu teilen, eingehend behandelt, und zwar fast wörtlich so wie im „Buch der Teilungen" [Euklid, Op. Bd. 8, S. 230], wurde schon gesagt.

Abschnitt 5: Vom Auffinden von Kubikwurzeln. Dabei wird auch eine geometrische Methode vorgeführt, die auf einer Einschiebung beruht und auf Philon von Byzanz zurückgeht.

Abschnitt 6: Volumina von Körpern.

Abschnitt 7: Vermessungsaufgaben mittels des Quadranten.

Abschnitt 8: *Subtilitates*, darunter z. B. Einbeschreiben eines gleichseitigen Fünfecks in ein gleichschenkliges Dreieck und in einen Kreis.

Zur Zeit von Leonardo von Pisa hatte der italienische Kaufmann in Italien selbst mit Zollschranken, vielen verschiedenen Währungen und auch mit Kriegen zu rechnen, beim Überseehandel kamen die Gefahren von Stürmen und Seeräubern hinzu. Das erforderte eine kluge Kalkulation. Leonardo bot im *Liber abbaci* das nötige Rüstzeug, soweit es damals irgend verfügbar war. Von jetzt an gab es Rechenmeister und Rechenschulen, die diese Kenntnisse weiter vermittelten, somit neue Pflegestätten mathematischer Arbeit und Mathematiklehrer.

Leonardo und seine Nachfolger taten das, was alle Mathematiklehrer seit den Zeiten der Babylonier tun: 1) Sie suchten, sammelten und erdachten Übungsbeispiele, die nicht unbedingt praktische Bedeutung haben mußten, sondern auch zur Unterhaltungsmathematik zu rechnen waren. 2) Sie waren bestrebt, ihre Kenntnisse zu erweitern, über das hinaus, was sie im Unterricht bieten mußten. Dabei gab gab es viele schöne neue Ansätze im Einzelnen, besonders auch bei der Untersuchung der Gleichungen dritten und höheren Grades, jedoch blieb fast alles ungefähr im Rahmen der überlieferten Methoden. Erst im 16. Jh. begann mit Cardano (von Scipione del Ferro und Tartaglia ist *hierüber* zu wenig bekannt) eine neue Algebra, die vorläufig und ganz roh etwa dadurch gekennzeichnet werden kann, daß der *Lösung* der Gleichungen eine *Theorie* der Gleichungen vorgeschaltet wurde.

2.3.2. Jordanus de Nemore

2.3.2.1. Übersicht. Ob er mit dem Ordensgeneral der Dominikaner, Jordanus Saxo (um 1180–1237), identisch ist, ist eine offene Frage. Ich möchte mich der Ansicht anschließen, daß das nicht der Fall ist. Dann ist über sein Leben allerdings nichts bekannt. Einige seiner Werke sind in dem zwischen 1246 und 1260 angefertigten Katalog von Richard de Fournival aufgezeichnet. Da sie offenbar auf vorhandenen Übersetzungen beruhen, dürften sie in der ersten Hälfte des 13. Jh. entstanden sein.

Jordanus schrieb bedeutende Arbeiten über Mechanik (*De ponderibus*); ferner Lehrbücher des elementaren Rechnens. Wir besprechen hier die folgenden Werke:
Elementa arithmetica. Eine Edition wird von H.L.L. Busard vorbereitet; ich danke ihm dafür, daß ich Teile des Manuskripts einsehen und benutzen durfte. Das Werk wurde mit Zusätzen von Jacobus Faber Stapulensis 1496 in Paris im Druck herausgegeben.
De numeris datis. Der Titel lehnt sich an den der *Data* von Euklid an; er bedeutet: Wenn gewisse Zahlenausdrücke gegeben sind, so sind auch die darin vorkommenden Zahlen gegeben, d.h. können ausgerechnet werden.
Liber philotegni. Der Inhalt kann grob als Geometrie des Messens beschrieben werden; das Werk steht in der Nähe der sonst als *Practica geometriae* bezeichneten Werke. „*Philotechnos*" bedeutet einen Liebhaber der *Techne*; damit ist wie mit dem lateinischen Wort *ars* etwa das auf Wissen gegründete Können oder so etwas wie praxisbezogene Wissenschaft gemeint. – Eine Bearbeitung dieses Werkes, vielleicht von einem Schüler des Jordanus, erschien später unter dem Titel *De triangulis.*

2.3.2.2. Elementa arithmetica. Sie enthalten Teile von dem, was in Euklids Elementen in den „arithmetischen" Büchern VII–IX und in der „geometrischen Algebra", Buch II steht, aber in sehr selbständiger und freier Bearbeitung, ferner die Lehre von den Proportionen, von den Polygonalzahlen und anderes.

Das Werk beginnt mit Definitionen. Die Numerierung stammt von Busard.
⟨i⟩ *Unitas est rei per se discretio.*
⟨Einheit ist die Aussonderung eines Dinges für sich. – Bei Euklid lautet die Definition in der Übersetzung von Thaer: „Einheit ist das, wonach jedes Ding eines genannt wird." Bei Campanus heißt es (im Druck von 1482): *Unitas est qua unaquaque res una dicitur.*⟩
⟨ii⟩ *Numerus est quantitas discretorum collectiva.*
⟨Zahl ist die zusammengefaßte Größe (das zusammengefaßte Maß) diskreter Gegenstände. Euklid: „Zahl ist die aus Einheiten zusammengesetzte Menge." Campanus: *Numerus est multitudo ex unitatibus composita.*⟩
⟨iii⟩ *Naturalis series numerorum dicitur in qua secundum unitatis additionem fit ipsorum computatio.*
⟨Als natürliche Zahlenreihe wird diejenige bezeichnet, bei der die Berechnung ihrer Glieder durch Addition der Einheit geschieht.

Der Begriff der natürlichen Zahlenreihe kommt in der Arithmetik des Nikomachos von Gerasa als *physikon chyma* [I, 18, 4] oder *physikos stichos* [II, 8, 3] vor. Boetius übernimmt ihn in der Form *positi in naturali constitutione numeri* [Inst. arithm. I, 32]. Für den Ausdruck „natürliche Zahl" bestand damals kein

Bedarf, weil der geltende Zahlbegriff (Zusammenfassung von Einheiten) nur die natürlichen Zahlen umfaßte.⟩

⟨iv⟩ *Differentia numerorum appellatur numerus ille quo maior super minorem habundat.*

⟨Differenz von Zahlen wird diejenige Zahl genannt, um die die größere die kleinere übertrifft.

Ob man aus dieser Fassung in Worten die Formel

$$a - b = d \Leftrightarrow b + d = a$$

herauslesen kann, scheint mir nicht ganz sicher.⟩

⟨v⟩ *Numeri ab aliis equedistare dicuntur cum ipsorum ad illos equales sunt differentie.*

⟨Man sagt, daß Zahlen voneinander gleichen Abstand haben, wenn ihre Differenzen gleich sind.⟩

⟨vi⟩ *Numerus per alium multiplicatur qui totiens coacervatur sibi quotiens in multiplicante est unitas; et qui ex multiplicatione provenit productus nominatur.*

⟨Eine Zahl wird mit einer anderen multipliziert, indem sie so oft aufgehäuft wird wie die multiplizierende Zahl Einheiten enthält; die bei der Multiplikation herauskommende Zahl wird Produkt genannt. – Wie bei Euklid sind Multiplikand und Multiplikator unterschieden, und es muß später festgestellt werden, daß sie vertauschbar sind.⟩

⟨vii⟩ *Numerus alium numerare dicitur qui secundum aliquem multiplicatus ipsum producit.*

⟨Man sagt, eine Zahl zählt eine andere, wenn sie mit irgendeiner ⟨Zahl⟩ multipliziert, jene hervorbringt.⟩

⟨viii⟩ *Pars est numerus numeri minor maioris cum minor maiorem numerat, et qui numeratur numerantis multiplex appellatur.*

⟨Eine Zahl ist Teil einer Zahl, die kleinere von der größeren, wenn die kleinere die größere zählt; und die, welche gezählt wird, heißt Vielfaches der zählenden.

Euklid bringt als Definition 3 von Buch VII: „Teil einer Zahl ist eine Zahl, die kleinere von der größeren, wenn sie die größere genau mißt.“ Was „genau mißt“ bedeutet, erklärt er nicht, und die Multiplikation erklärt er erst in Def. 15. Das Vorgehen des Jordanus dürfte unseren Vorstellungen besser entsprechen.⟩

⟨ix⟩ *Denominans est numerus secundum quem sumitur pars in suo toto.*

⟨Nenner ist die Zahl, nach der der Teil in seinem Ganzen genommen wird. Gemeint ist wohl: Wenn $a = m \cdot b$, also $b = a/m$ ist, so heißt m der Nenner. Der Ausdruck *denominatio* wird auch dann gebraucht, wenn $a = (m/n) \cdot b$, also $a:b = m:n$ gilt, d. h.: bei Verhältnissen ist die *denominatio*, als Zahl aufgefaßt, der „Wert“ des Verhältnisses.⟩

Die Definitionen x – xiv übergehe ich.

Es folgen drei *petitiones* ⟨ Postulate⟩:

Hier mag in den meisten Fällen meine Übersetzung oder eine Darstellung in moderner Formelschreibweise genügen.

⟨i⟩ Zu jeder Zahl können beliebig viele gleiche Zahlen angenommen werden.

⟨ii⟩ Zu jeder Zahl gibt es eine um beliebig viel größere.

⟨iii⟩ Die Zahlenreihe kann ins Unendliche ausgedehnt werden.

Dann kommen acht *communes animi conceptiones* (Axiome):

⟨i⟩ Jeder Teil ist kleiner als sein Ganzes.

⟨ii⟩ Stets ist derjenige Teil kleiner, der den größeren Nenner hat.

⟨iii⟩ Gleiche Vielfache von derselben Zahl oder gleichen Zahlen sind gleich.

$$a = b \Rightarrow n \cdot a = n \cdot b \,.$$

⟨iv⟩
$$n \cdot a = n \cdot b \Rightarrow a = b \,.$$

⟨v⟩ *Omnis numeri pars est unitas ab ipso denominato.*
Die Einheit ist Teil von jeder Zahl, und diese selbst ist ihr Nenner.

$$1 = n/n \,.$$

⟨vi⟩ *Quilibet numerus totus est ab unitate quota pars ipsius est unitas.*
⟨Sinngemäß etwa: Ist eine Zahl das n-fache der Einheit, so ist die Einheit ihr n-ter Teil.⟩

⟨vii⟩ Wenn die Einheit mit einer Zahl oder diese mit der Einheit multipliziert wird, so entsteht die Zahl selbst.

$$1 \cdot n = n \cdot 1 = n \,.$$

⟨viii⟩ Die Differenz der äußeren Zahlen ist aus deren Differenzen mit der mittleren zusammengesetzt.

$$a - c = (a - b) + (b - c) \,.$$

Bei Euklid gibt es in den arithmetischen Büchern weder Postulate noch Axiome. Nur die Axiome des ersten Buches gelten allgemein für Größen, also auch für Zahlen. Sie seien zum Vergleich hier aufgeführt. In eckigen Klammern stehen (nach Thaer) diejenigen Axiome, die bei Proklos nicht genannt sind, also wahrscheinlich erst später hinzugefügt worden sind.

1. Was demselben gleich ist, ist auch einander gleich.
2. Wenn Gleichem Gleiches hinzugefügt wird, sind die Ganzen gleich.
3. Wenn von Gleichem Gleiches weggenommen wird, sind die Reste gleich.
4. [Wenn Ungleichem Gleiches hinzugefügt wird, sind die Ganzen ungleich.]
5. [Die Doppelten von demselben sind einander gleich.]
6. [Die Halben von demselben sind einander gleich.]
7. Was einander deckt, ist einander gleich.
8. Das Ganze ist größer als der Teil.
9. [Zwei Strecken umfassen keinen Flächenraum.]

Euklids Postulate 1–3 im ersten Buch sichern die Existenz von Geraden und Kreisen. Auch die Postulate des Jordanus sind Existenzaussagen. Campanus hat das erste Postulat so ergänzt: „Zu jeder Zahl können beliebig viele gleiche oder vielfache angenommen werden.“ Daraus könnte man die Existenz des Produkts herauslesen, übrigens auch aus der kürzeren Fassung des Jordanus, wenn man zuläßt, daß beliebig viele gleiche Zahlen auch zusammengefaßt werden dürfen.

Das zweite Postulat könnte die Existenz der Summe sichern.

Das dritte Postulat folgt eigentlich aus dem zweiten; es erinnert an Euklids Postulat 2: „daß man eine begrenzte gerade Linie zusammenhängend gerade verlängern kann.“

Jordanus hat das Axiom 8 übernommen und die (unechten) Axiome 5 und 6 verallgemeinert. Daß er die Axiome 1–3 nicht aufführt, ist nicht recht verständlich. Lefèvre (Jacobus Faber Stapulensis) hat sie hinzugefügt, auch das Axiom 4, und weitere Postulate und Axiome eingeführt, *ut disciplina se faciliorem ubique prestet*, also um die Darstellung zu vereinfachen. Ich nenne nur (in moderner Schreibweise; Lefèvre sagt alles in Worten):

Postulat 6: $(a \cdot b) : b = a$, $(a : b) \cdot b = a$.

Axiom 9: Wenn $a - b = d$ ist, dann ist $a - d = b$ und $b + d = a$.

Oben wurde erwähnt, daß das vielleicht nicht ohne weiteres aus der Definition iv zu ersehen ist.

Axiom 13: Wenn $a > b$ und $c > d$ ist, dann ist $a + c > b + d$.

Warum wurden diese Postulate und Axiome eingeführt, die Euklid anscheinend nicht gebraucht hat? Zunächst: Jordanus stellt die Arithmetik für sich dar, nicht im Zusammenhang mit der Geometrie; er muß sie deshalb sozusagen auf eigene Füße stellen.

Ferner: Viele von den Axiomen sind Übersetzungen der Definitionen und der Folgerungen aus ihnen in (auch noch in Worten ausgedrückten) Formeln, d. h. in Grundgesetze des Rechnens. Man ist dann in der Lage, die später erforderlichen Rechenoperationen auf diese Grundgesetze zurückzuführen, ohne auf die Definitionen und evtl. anschaulich evidente Aussagen zurückgehen zu müssen.

Campanus hat die Postulate und Axiome von Jordanus in seine Euklidausgabe übernommen; Viète hat seiner Isagoge eine Sammlung von Grundgesetzen des Rechnens vorangestellt, die er nicht beweist, sondern „als bewiesen ansieht". Zu einer geordnet und folgerichtig aufgebauten Axiomatik der Algebra ist es erst im 19. Jh. gekommen; die ersten Ansätze dazu möchte ich hier bei Jordanus sehen.

Jordanus baut die Arithmetik rein arithmetisch auf, ohne geometrische Hilfsmittel. Zunächst beschafft er sich das distributive Gesetz, in derselben Weise wie Euklid in Buch VII, §5. Ich gebe Euklids Text in der Übersetzung von Thaer, jedoch mit der Skizze und den griechischen Buchstaben nach Heiberg.

Euklid VII, 5

Wenn eine Zahl von einer Zahl ein Teil ist und eine weitere Zahl von einer weiteren derselbe Teil, dann muß auch die Summe von der Summe derselbe Teil sein, wie die eine Zahl von der entsprechenden.

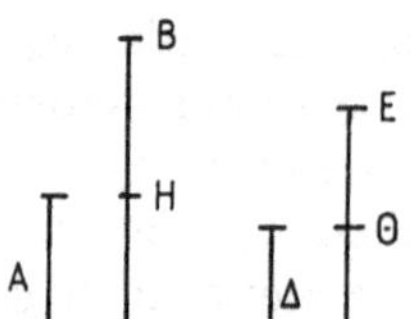

Jordanus, Satz iv

Wenn die erste Zahl von der zweiten derselbe Teil ist wie die dritte von der vierten, werden die erste und dritte derselbe Teil von der zweiten und vierten sein wie die erste von der zweiten.

⟨Wenn $a = b/n$ und $c = d/n$ ist, so ist $a + c = (b + d)/n$.⟩

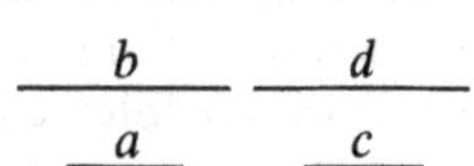

Euklid VII, 5

Die Zahl A sei ein Teil von $B\Gamma$, und eine weitere Δ von einer weiteren EZ derselbe Teil wie A von $B\Gamma$.
Ich behaupte, daß auch die Summe von A und Δ von der Summe von $B\Gamma$ und EZ derselbe Teil ist wie A von $B\Gamma$.

Da nämlich Δ derselbe Teil von EZ ist wie A von $B\Gamma$, so enthält EZ ebensoviele Zahlen gleich Δ wie $B\Gamma$ Zahlen gleich A. Man zerlege $B\Gamma$ in die Zahlen gleich A, nämlich BH, $H\Gamma$ und EZ in die Zahlen gleich Δ, nämlich $E\theta$, θZ. Dann muß die Anzahl der Zahlen BH, $H\Gamma$ der Anzahl der Zahlen $E\theta$, θZ gleich sein. Da $BH = A$ und $E\theta = \Delta$ sind, sind $BH + E\theta$ gleich $A + \Delta$. Aus demselben Grunde sind $H\Gamma + \theta Z$ gleich $A + \Delta$. Also enthalten $B\Gamma + EZ$ ebensoviel Zahlen $A + \Delta$ wie $B\Gamma$ solche gleich A. $B\Gamma + EZ$ ist also von $A + \Delta$ Ebenso-vielfaches wie $B\Gamma$ von A; also ist $A + \Delta$ von $B\Gamma + EZ$ derselbe Teil, wie A von $B\Gamma$.

Jordanus, Satz iv

Die erste Zahl sei a, die zweite b, die dritte c, die vierte d.

Da a derselbe Teil von b ist wie c von d, sieht man, daß b und d in ähnliche ⟨einander entsprechende⟩ Teile geteilt sind.

$$\langle b = a + a + \ldots + a$$

$$d = c + c + \ldots + c\rangle$$

Aber der erste Teil der einen Zahl zusammen mit dem ersten Teil der anderen ist *a et c*, ebenso der zweite mit dem zweiten. Und weil diese Verbindung so oft hergestellt werden kann, wie die erste Zahl in der zweiten enthalten ist, ist die Folge, daß die Zahl *a et c* so oft in *b et d* enthalten ist wie a in b.

Welche stillschweigend gemachten Voraussetzungen stecken in diesem Beweis? Zunächst das assoziative und kommutative Gesetz der Addition oder – was ungefähr auf dasselbe hinauskommt – die entsprechenden Gesetze für den Sprachgebrauch des Wortes „und". Sodann die Verwendung des Begriffes „ebenso oft", der ja auch in der Definition der Multiplikation auftritt. Dieser Begriff dürfte ohne Bedenken benutzt worden sein. Allerdings könnte Einiges darauf hindeuten, daß auch an (damals natürlich nicht vollständige) Induktion gedacht wurde, z. B. daß in Euklids Beweis mit $n = 2$ gearbeitet wird.

Dieses Stück könnte ein Schlüssel zu des Jordanus Einführung von Buchstaben für Zahlen sein. Euklid stellt Zahlen durch Strecken dar und bezeichnet diese durch ihre Endpunkte mit zwei Buchstaben oder auch durch nur einen Buchstaben. Jordanus zeichnet zunächst auch noch die Strecken, bezeichnet sie aber alle durch nur einen Buchstaben. Dann scheint er die Strecken zu vergessen und faßt die Buchstaben unmittelbar als Darstellung der Zahlen auf.

Für die Summe schreibt Jordanus hier *a et b*, an anderer Stelle setzt er die Buchstaben einfach nebeneinander: $ab \langle = a + b\rangle$.

Anm.: Die in Euklids Elementen dargestellte Arithmetik stammt von den Pythagoreern. Die überlieferten Handschriften der Werke von Jordanus sind nicht von ihm selbst, sondern von späteren Abschreibern geschrieben. Trotzdem spreche ich weiterhin von „Euklid" und „Jordanus".

Jordanus beweist
in v: Wenn $a = e\cdot(b/f)$ und $c = e\cdot(d/f)$ ist, so ist $a + c = e\cdot(b + d)/f$, mit diesen Buchstaben, sonst aber in Worten, ohne Benutzung von Operationssymbolen;
in vi, rein in Worten: Wenn (für mehrere i) $u_i = p\cdot v_i$ ist, so ist

$$\Sigma u_i = p\cdot\Sigma v_i\,;$$

in vii und viii das kommutative Gesetz der Multiplikation, rein in Worten, d. h. unter unausgesprochener Benutzung der Regeln des Sprachgebrauchs.

Ich vergleiche noch einige Sätze mit den entsprechenden Sätzen Euklids bzw. der Pythagoreer.

Euklid II, 2

Teilt man eine Strecke, wie es gerade trifft, so sind die Rechtecke aus der ganzen Strecke und beiden einzelnen Abschnitten zusammen dem Quadrat über der ganzen Strecke gleich.

Man teile die Strecke AB beliebig, im Punkte C. Ich behaupte, daß

$AB\cdot BC + AB\cdot AC = AB^2$ ist.

Jordanus xiii

Das Produkt einer Zahl mit sich selbst ist gleich dem Produkt aus dieser Zahl und allen ihren Teilen.

⟨Sei $u = v + w$;

dann ist

$u^2 = u\cdot(v + w)$⟩

II, 3

Teilt man eine Strecke, wie es gerade trifft, so ist das Rechteck aus der ganzen Strecke und einem der Abschnitte dem Rechteck aus den Abschnitten und dem Quadrat über vorgenanntem Abschnitt zusammen gleich.

Man teile die Strecke AB beliebig, in C. Ich behaupte

$$AB\cdot BC = AC\cdot CB + BC^2\,.$$

xiv

Ist eine Zahl in zwei Teile geteilt, so ist das Produkt der ganzen Zahl mit einem der Teile gleich dem Produkt dieses Teils mit sich und mit dem anderen Teil.

⟨$(u + v)u = u^2 + uv$.⟩

II, 4

Teilt man eine Strecke, wie es gerade trifft, so ist das Quadrat über der ganzen Strecke den Quadraten über den Abschnitten und zweimal dem Rechteck aus den Abschnitten zusammen gleich.

xv

Wenn eine Zahl in zwei Zahlen geteilt ist, so ist das Produkt der ganzen Zahl mit sich gleich den Produkten der beiden Teile mit sich und dem zweifachen Produkt des einen Teils mit dem anderen.

Euklid beweist jeden dieser Sätze mit einer eigenen Figur. Jordanus führt die Sätze auf die vorangegangenen und schließlich besonders auf das distributive Gesetz zurück.

Es schien mir wichtig, das rein arithmetische Vorgehen des Jordanus herauszustellen. Auf den weiteren Inhalt dieses Werkes gehe ich nicht mehr ein.

2.3.2.3. De numeris datis. Das Werk (Über gegebene Zahlen) deutet schon im Titel an, daß es nach dem Vorbild von Euklids *Data* verfaßt, ist. Jedoch handelt Euklid von geometrischen Größen, ihrer Gestalt und ihren Verhältnissen, Jordanus von Zahlen.

Zunächst wird gesagt, wann Zahlen und Verhältnisse als „gegeben" anzusehen sind:

Eine Zahl ist gegeben, wenn ihre Größe (*quantitas*) bekannt ist. (Vgl. die zweite Definition der *Elementa Arithmetica*, 2.3.2.2)

Eine Zahl ist ⟨in Beziehung⟩ zu einer anderen gegeben, wenn ihr Verhältnis zu jener gegeben ist.

Ein Verhältnis ist gegeben, wenn seine *denominatio* (sein Wert) gegeben ist. (Diese Begriffe sind am Anfang von Buch II der *El. Arithm.* erklärt.)

Die Aussagen (bzw. Aufgaben) sind stets von der Form: Wenn gewisse Kombinationen von Zahlen gegeben sind, so sind die Zahlen selbst gegeben, d. h. berechenbar.

I-1. „Wenn eine gegebene Zahl in zwei Zahlen geteilt ist, deren Differenz gegeben ist, so sind die Zahlen selbst gegeben." ⟨Diese Aufgabe konnten schon die Babylonier lösen. Bei Diophant ist es die Aufgabe I, 1.⟩

I-2. Eine Verallgemeinerung. Ich übersetze nicht, sondern referiere mit den von Jordanus benutzten Buchstaben: Wenn die gegebene Zahl a in die ⟨gesuchten⟩ Zahlen b, c, d, e geteilt ist ⟨$a = b + c + d + e$⟩, und wenn die Differenzen $b - e = f$, $c - e = g$, $d - e = h$ gegeben sind, so sind b, c, d, e gegeben.

I-3. sei als Beispiel übersetzt. Ich verwende im Text die Buchstaben von Jordanus, in der Erläuterung die bei Jordanus nicht vorkommenden Buchstaben x, y, S.

„Eine gegebene Zahl sei in zwei Zahlen zerlegt; wenn das Produkt der einen in die andere gegeben ist, ist notwendig jede von beiden gegeben". ⟨Es ist also x und y aus $S = x + y$ und $d = x \cdot y$ zu berechnen. Auch das konnten schon die Babylonier. Bei Diophant ist es die Aufgabe I, 27.

Jordanus bezeichnet die kleinere der beiden Zahlen mit a ⟨ $= y$⟩, die Differenz $x - y$ mit b. Die größere Zahl ist dann ab; Nebeneinanderschreiben bedeutet Addition. Die gegebene Zahl $x + y$ wäre mit aba zu bezeichnen, aber anscheinend scheut Jordanus diesen Ausdruck; er bezeichnet die kleinere Zahl mit c und sagt gelegentlich (so z. B. in der Aufg. I-7), daß $c = a$ sein soll.⟩

Text	Erläuterung
	$a = c = y,\ b = x - y,\ ab = x$.
Die gegebene Zahl *abc* sei in *ab* und *c* zerlegt. Das Produkt von *ab* in *c* sei *d*. *abc* mit sich multipliziert sei *e*.	$abc = x + y = S$ (gegeben) $ab \cdot c = x \cdot y = d$ (gegeben) $(x + y)^2 = e$
Das Vierfache von *d* sei *f*;	$4x \cdot y = f$
dieses werde von *e* abgezogen; es bleibt *g*, und das ist das Quadrat der Differenz von *ab* und *c*.	$(x + y)^2 - 4x \cdot y = g$, $= (x - y)^2$

Text	Erläuterung
Die Wurzel daraus ist *b*, das ist die Differenz von *ab* und *c*. Da nun *b* gegeben ist, ist auch *c* und *ab* gegeben ⟨nach I-1⟩.	$\sqrt{g} = b = x - y$.

Es folgt ein Zahlenbeispiel: $S = 10,\ x \cdot y = 21$.

Die hier benutzte Formel

$$(x + y)^2 - 4x \cdot y = (x - y)^2$$

ist in den *El. Arithm.* I, 17 bewiesen.

Ich skizziere einige weitere Aufgaben:

I-4. Gegeben ist $x + y$ und $g = x^2 + y^2$.

Lösung: „Nach einem früheren Verfahren" (*modo praemisso*) ist $e = 2x \cdot y$ bekannt. Wie aus dem angegebenen Zahlenbeispiel zu ersehen ist, wird es aus

$$e = (x + y)^2 - g$$

berechnet; das kann aus *El. Arithm.* I, 15 abgelesen werden. Damit ist die Aufgabe auf I-3 zurückgeführt.

I-5. Gegeben ist $b = x - y$ und $d = x \cdot y$.

Zur Lösung wird benutzt, daß $b^2 + 4d = (x + y)^2$ ist.

I-6. Gegeben ist $b = x - y$ und $g = x^2 + y^2$.

Gerechnet wird: $g - b^2 = e = 2x \cdot y$ usw.

Das ist eine zusammenhängende Aufgabengruppe, in der auch die gleichen Buchstaben für die gleichen Ausdrücke benutzt werden. In ähnlicher Weise werden verschiedene Aufgabentypen variiert. In jeder Aufgabe wird das Lösungsverfahren mit Benutzung von Buchstaben beschrieben und dann ein Zahlenbeispiel durchgerechnet. Die benötigten Formeln werden als bekannt vorausgesetzt bzw. stillschweigend benutzt. Die Zahlen schreibt Jordanus hier in römischen Ziffern; bei dieser Schreibweise addiert man (im Prinzip) tatsächlich durch Nebeneinanderschreiben.

Die letzte Aufgabe des ersten Buches ist

I-29. Gegeben ist $S = x + y$ und die Gleichung $S \cdot y = x^2$.

Gang der Rechnung:

$$S^2 = S \cdot x + S \cdot y = S \cdot x + x^2 ,$$

$$4S^2 = 4S \cdot x + 4x^2 ,$$

$$5S^2 = 4S \cdot x + 4x^2 + S^2 = (2x + S)^2 \quad \text{usw}$$

Buch II beginnt mit der Aussage: „Wenn vier Zahlen proportional sind und drei von ihnen gegeben sind, so ist auch die vierte gegeben." Es werden z. T. recht komplizierte Aussagen über vier proportionale Zahlen behandelt.

Aus Buch III nenne ich nur III-5: „Wenn von drei in stetiger Proportion stehenden Zahlen $\langle a:b = b:c \rangle$ die mittlere und die Summe der äußeren gegeben ist, dann sind auch die einzelnen gegeben."

Mit b ist $a \cdot c = b^2$ gegeben. Damit ist die Aufgabe auf I-3 zurückgeführt. (Vgl. Viète, 4.1.5.4).

Jordanus behandelt die quadratischen Gleichungen in den bei den Arabern üblichen Formen in Buch IV:

IV-8. „Wenn ein Quadrat nach Addition seiner mit einer gegebenen Zahl multiplizierten Wurzel eine gegebene Zahl ergibt, ist es selbst gegeben."

⟨$x^2 + p \cdot x = q$. Die Buchstaben p, q, x kommen bei Jordanus nicht vor.⟩

IV-9. ⟨$x^2 + q = p \cdot x$.⟩

IV-10. ⟨$p \cdot x + q = x^2$.⟩

Die Darstellung des Lösungsweges ist noch ziemlich schwerfällig.

Lösung von IV-8.

Übersetzung	Erläuterung
Das Quadrat sei *a*. Seine Wurzel	$x^2 = a$
b werde multipliziert mit *cd* ⟨d. h.	$x = b$
c + *d*⟩, wobei *c* und *d* jeweils die Hälfte von jenem ⟨gegebenen Faktor *p*⟩ seien.	$c = d = p/2$
Das Produkt von *b* in *cd* sei *e*.	$b \cdot (c + d) = x \cdot p = e$.
⟨Nach Voraussetzung⟩ ist *ae* gegeben.	$a + e = x^2 + p \cdot x = q$.
Fügt man *d* Quadrat zu *ae* hinzu, so entstehe *aef*; dies	$a + e + d^2 = x^2 + p \cdot x + (p/2)^2$
besteht aus *bc* mit sich multipliziert.	$= (x + p/2)^2$.
Da *aef* gegeben ist,	$= q + (p/2)^2$
ist auch *bc* gegeben.	$x + (p/2) = \sqrt{q + (p/2)^2}$.
Nach Subtraktion von *c* bleibt *b* als gegeben übrig, und so ist auch *a* gegeben.	

2.3.2.4. Der Liber philotegni beginnt mit Definitionen:

⟨1⟩ *Continuitas est indiscretio termini* (in *De triangulis*: *terminorum*) *cum terminandi potentia.*

Das ist anscheinend eine sehr knappe Andeutung der Definition von Aristoteles, der „zusammenhängend" (*syneches*, lat. *continuum*) durch Zusammenfallen der Grenzen erklärt [Phys. V, 3 = 227 a 11]. Übersetzungsversuch: Stetigkeit (Kontinuität) ist die Ununterscheidbarkeit der Grenzen, die (wenn sie auch tatsächlich nicht Grenzen sind, doch) die Fähigkeit haben, zu begrenzen.

⟨2⟩ *Punctus est fixio simplicis continuitatis.*

Der Punkt ist die Heftung (Fixierung?) des einfachen Zusammenhangs. ⟨Zwei Linien werden in einem Punkt zusammengeheftet – oder: Eine Linie wird durch ihre Endpunkte fixiert?⟩

⟨3⟩ *Simplex autem continuitas in linea est, duplex in superficie, triplex in corpore.*

Ein einfacher Zusammenhang ist in der Linie vorhanden, ein doppelter in der Fläche, ein dreifacher im Körper.

⟨4⟩ *Continuitas alia recta, alia curva.*

Der Zusammenhang ist manchmal gerade, manchmal gekrümmt.

⟨5⟩ *Rectum est, quod non omittit simplex medium.*

Gerade ist das, was das einfache Zwischen-Kontinuum nicht ausläßt.

⟨6⟩ *Angulus autem est continuorum incontinuitas termino convenientium.*
Ein Winkel (eine Ecke) ist die Unstetigkeit ⟨zweier⟩ stetiger Größen, die in einer Grenze zusammentreffen. ⟨Diese Erklärung umfaßt auch den Winkel zwischen Flächen.⟩
⟨7⟩ *Figura vero est ex terminorum qualitate et applicandi modo forma proveniens.*
Figur ist die Form (Gestalt), die aus der Eigenschaft der Grenzen und der Art, wie sie angebracht sind, hervorgeht.

Diese recht eigenwilligen Definitionen erinnern mehr an Aristoteles als an Euklid. Ob es in den Kommentaren zu Aristoteles oder zu Euklid Vorbilder gibt, ist mir nicht bekannt. Übrigens werden diese Definitionen im Folgenden nicht benutzt, jedenfalls nicht zitiert – wie auch bei Euklid.

Es folgen auch keine Postulate oder Axiome, sondern 63 Sätze, bei denen eine Gliederung nach Gruppen mit gewissen Gemeinsamkeiten erkennbar ist. Ich wähle als Beispiele einige Sätze, die mit dem isoperimetrischen Problem zusammenhängen.

Die Sätze 1–13 handeln von Dreiecken, von den Verhältnissen der Seiten, Winkel und Höhen.
Satz 5: Wenn in einem rechtwinkligen Dreieck von einem der anderen Winkel eine Gerade zur Basis gezogen wird, so ist ⟨in unserer Schreibweise, s. Abb. 2.6⟩

$$\frac{\beta}{\alpha} = \frac{\text{Sektor } MBD}{\text{Sektor } MEB} < \frac{\triangle MBC}{\triangle MAB} = \frac{BC}{AB}.$$

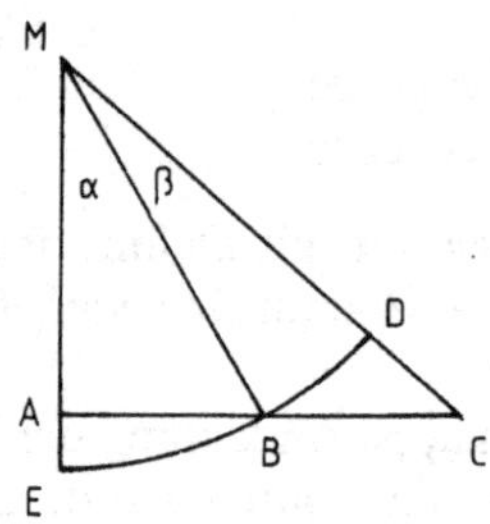

Abb. 2.6

Daraus folgt

$$\frac{\alpha + \beta}{\alpha} < \frac{AC}{AB}.$$

Das ist der Hilfssatz zu Satz 1 des *Liber isoperimetrorum* (s. S. 92 und 19(4)), den Jordanus hier auch nennt.

Die Sätze 14–20 behandeln die Teilung von Strecken in gegebenem Verhältnis, die Sätze 21–23 die Teilung von Dreiecken, Satz 24 die Teilung des Vierecks. Hier zeigen sich Anklänge an den *Liber embadorum* von Savasorda, jedoch auch Aufgaben, die über die von Savasorda hinausgehen, sich aber im „Buch der Teilungen“ von Euklid (?) finden.

Es folgen Sätze über Kreissehnen und Bögen, über sich berührende Kreise, über Polygone, die einem Kreis ein- oder umbeschrieben sind, und solche, die einem anderen Polygon einbeschrieben sind.
Satz 46. Von zwei demselben Kreis umbeschriebenen gleichseitigen Polygonen hat das mit mehr Ecken kleineren Umfang. (Abb. 2.7).

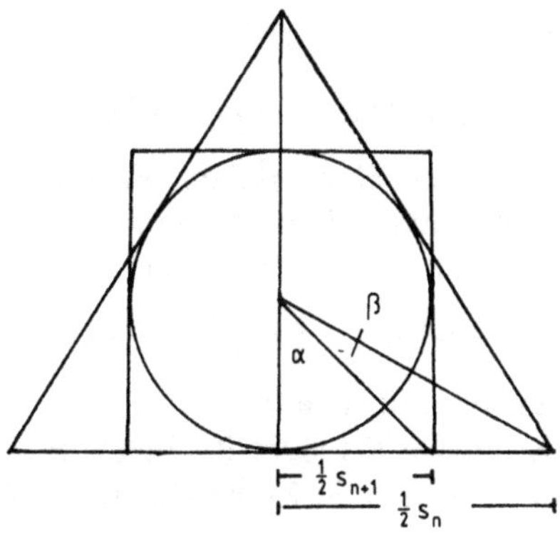

Abb. 2.7

Jordanus beweist den Satz für das Dreieck und Viereck (Quadrat), jedoch so, daß ohne weiteres dafür das n-Eck und das $(n + 1)$-Eck eingesetzt werden können.

Aus Satz 5 folgt

$$\frac{\alpha + \beta}{\alpha} < \frac{s_n}{s_{n+1}},$$

und da $\alpha + \beta = \pi/n$, $\alpha = \pi/(n + 1)$ ist,

$$(n + 1) \cdot s_{n+1} < n \cdot s_n$$

Das sind aber gerade die Umfänge; es ist also

$$u_{n+1} < u_n,$$

und da die Flächeninhalte $F = u \cdot r/2$ sind

$$F_{n+1} < F_n.$$

Satz 61: Das gleichseitige Dreieck hat größeren Flächeninhalt als jedes andere Dreieck gleichen Umfangs.

Ich ersetze den etwas mühsamen geometrischen Beweis des Jordanus durch eine Überlegung, die nur zeigen soll, daß der Satz elementar beweisbar ist (Abb. 2.8).

Der gegebene Umfang sei $6g$ (der Faktor dient dazu, das unbequeme Schreiben von Brüchen zu vermeiden). Die Seite des gleichseitigen Dreiecks ist also $2g$.

Beim ungleichseitigen Dreieck sei a die größte Seite. Ich setze $a = 2g + 2e$. Zunächst ersetze ich das Dreieck durch ein umfangsgleiches gleichschenkliges Dreieck über der Basis a. Dadurch wird der Flächeninhalt höchstens vergrößert.

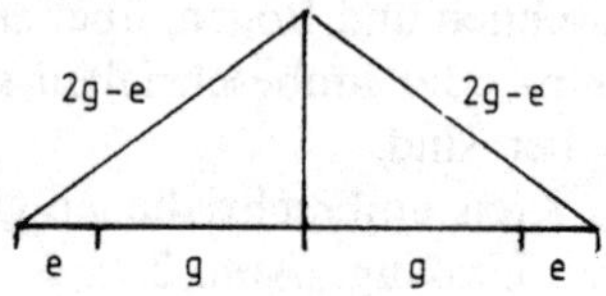

Abb. 2.8

Dieses Dreieck hat die Seiten

$$a = 2g + 2e\,, \qquad b = c = 2g - e\,.$$

Man kann nun, z. B. mit der Heronischen Formel, nachrechnen, daß der Flächeninhalt dieses Dreiecks am größten ist, wenn $e = 0$ ist. Dabei kommt es nur auf den Ausdruck $A = (s - a)(s - b)(s - c)$ an. Da $s = 3g$ ist, ist

$$A = (g - 2e)(g + e)^2 = g^3 - e^2(3g + 2e)\,,$$

und das ist offenbar am größten für $e = 0$.
Satz 62: Jedes Quadrat ist größer als jedes Rechteck gleichen Umfangs. ⟨Sind a, b die Seiten des Rechtecks, so ist $(a + b)/2$ die Seite des umfangsgleichen Quadrats, und es ist

$$a \cdot b < ((a + b)/2)^2\,.\rangle$$

Satz 63. Von zwei regelmäßigen Polygonen gleichen Umfangs ist das mit mehr Ecken das größere.

Jordanus beweist den Satz für das Viereck und das Fünfeck, jedoch so, daß der Beweis ohne weiteres auf den allgemeinen Fall übertragbar ist. (Abb. 2.9)

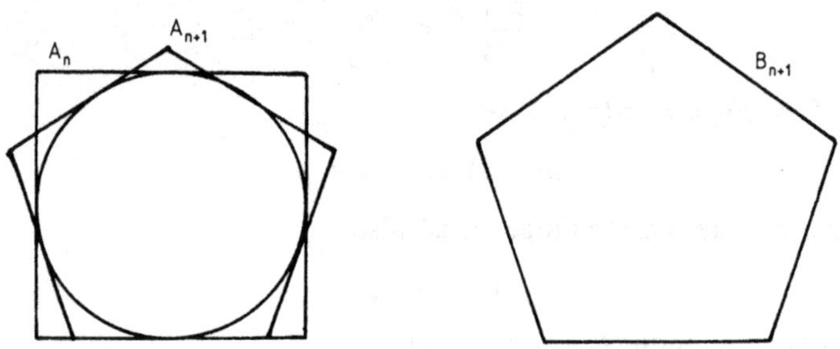

Abb. 2.9

Die Polygone seien A_n und B_{n+1}. Nach Voraussetzung ist

(1) $$u(A_n) = u(B_{n+1})\,.$$

Dem Polygon A_n werde ein Kreis einbeschrieben und diesem Kreis ein zu B_{n+1} ähnliches $(n + 1) -$ Eck A_{n+1} umbeschrieben. Da die Flächeninhalte den Quadraten der Umfänge proportional sind, und wegen (1) gilt

$$\frac{F(B_{n+1})}{F(A_{n+1})} = \frac{u^2(B_{n+1})}{u^2(A_{n+1})} = \frac{u^2(A_n)}{u^2(A_{n+1})}\,.$$

Nach Satz 46 ist

$$\frac{F(A_{n+1})}{F(A_n)} = \frac{u(A_{n+1})}{u(A_n)} < 1 .$$

Multiplikation ergibt

$$\frac{F(B_{n+1})}{F(A_n)} = \frac{u^2(A_n)}{u^2(A_{n+1})} \cdot \frac{u(A_{n+1})}{u(A_n)} > 1, \quad \text{w.z.b.w.}$$

Jordanus ordnet also diejenigen isoperimetrischen Sätze, die ihm passend erscheinen, dort in seine systematische Darstellung ein, wo sie systematisch hingehören.

Die Sätze 61–63 fehlen in der Bearbeitung *De triangulis*. Andererseits enthält diese Bearbeitung eine falsche Kreisquadratur, die im *Liber philotegni* fehlt.

Die besprochenen Schriften lassen Jordanus als einen sehr selbständigen Denker erscheinen. Während bei Euklid Arithmetik und Algebra der Geometrie untergeordnet sind (z. B. Buch II und die quadratischen Gleichungen in Buch VI), hat Jordanus diese Gebiete sauber voneinander getrennt, die Arithmetik durch Postulate und Axiome auf eigene Füße gestellt und bei Beweisen auf geometrische Hilfen verzichtet. Die Definition der Teilbarkeit ist gegenüber Euklid verbessert. In *De numeris datis* wird die Algebra unabhängig von der Geometrie ausgearbeitet, während z. B. al-Ḫwārizmī geometrische Beweise benutzt. Ferner wird das bei Euklid angedeutete Rechnen mit Buchstaben folgerichtig durchgeführt. In der Geometrie (*Liber philotegni*) gibt Jordanus die Definitionen in einer neuartigen Form. Die Beweise führt er rein geometrisch. Die von mir gelegentlich zur Erläuterung herangezogenen Rechnungen stehen nicht im Text.

2.3.3. Johannes de Sacrobosco

Er ist gegen Ende des 12. Jh. geboren. Als sein Heimatland wird manchmal Schottland, manchmal England, manchmal Irland angegeben. „The Scottish hypothesis has the advantage of providing a reasonable explanation of the word Sacrobosco as derived from the name of the well-known monastery of St. Cross at Holywood in Nithsdale" [O. Pedersen, S. 181]. Als Datum für seinen Eintritt in die Pariser Universität wird der 5. Juni 1221 genannt. Gestorben ist Sacrobosco wahrscheinlich 1236 in Paris.

Die Reihenfolge seiner Werke, nämlich

Algorismus vulgaris,
Tractatus de quadrante,
Tractatus de sphaera,
Compotus

kann nur auf Grund der Zahl der zitierten Autoren vermutet werden. Sicher datiert ist nur der *Compotus*, der 1232/1235 geschrieben wurde.

Der *Algorismus vulgaris* ist das erste weit verbreitete Universitätslehrbuch über die Darstellung der Zahlen in indischen Ziffern und das Rechnen mit ihnen. Der *Liber abaci* von Leonardo von Pisa wurde zwar 1202 geschrieben, doch scheint erst die 2. Aufl. 1228 weitere Verbreitung gefunden zu haben. Außerdem war dieses Buch für Kaufleute bzw. Rechenschulen geschrieben.

Sacrobosco erklärt den Titel so [ed. Curtze, S. 1]: *Hanc igitur scientiam numerandi compendiosam quidam philosophus edidit nomine ALGUS, unde et Algorismus nuncupatur,* (*quae*) *vel ars numerandi, vel ars inductoria in numerum interpretatur.* (Diese Wissenschaft des Zählens hat ein Gelehrter des Namens Algus ⟨al-H̱wārizmī⟩ umfassend dargestellt, daher wird sie Algorismus genannt. Man versteht darunter die Kunst des Zählens ⟨und Rechnens⟩ oder die Einführung in die Zahlenlehre.)

Sacrobosco behandelt die Darstellung der Zahlen in indischen Ziffern, die Addition, Subtraktion, Halbierung und Verdoppelung (das waren damals noch besondere Rechenoperationen), Multiplikation, Division, Summierung der einfachsten arithmetischen Reihen und das Ausziehen der Quadrat- und Kubikwurzel.

Bei der Beschreibung der Darstellung der Zahlen im dezimalen Positionssystem zählt Sacrobosco die Stellen von rechts nach links [5.3]: „Eine Ziffer an der folgenden Stelle bedeutet zehnmal soviel wie an der vorangegangenen." Dazu erläutert er: „Wir schreiben hier ⟨von rechts⟩ nach links nach Art der Araber oder der Juden, der Erfinder dieser Wissenschaft" ⟨*Sinistrorsum autem scribimus in hac arte more arabico sive iudaico, huius scientiae inventorum*). Diese Bemerkung könnte [nach Sarton, Introduction Bd. 2, S. 618] der Anlaß dafür gewesen sein, daß man die indischen Ziffern nunmehr „arabische Ziffern" nannte, weil doch angeblich die Araber diese Schreibweise erfunden haben.

Den Inhalt des *Tractatus de sphaera* beschreibt Sacrobosco in der Einleitung so: „Den Traktat über die Kugel teilen wir in vier Kapitel. Im ersten sagen wir, was eine Kugel ist, was ihr Zentrum, was ihre Achse, was der Himmelspol ist, wieviel Sphären es gibt und was die Gestalt der Welt ist ⟨ferner empfiehlt er, sich eine *sphaera artificialis* oder *materialis* aus Metall oder Holz (*ex subtili metallo vel ligno idoneo*) herzustellen und beschreibt die Herstellung⟩, im zweiten handeln wir von den Kreisen, aus denen die *sphaera materialis* zusammengesetzt ist und von der Himmelskugel, deren Aufbau durch jene veranschaulicht wird, im dritten vom Auf- und Untergang der ⟨Tierkreis-⟩ Zeichen und von der Verschiedenheit der Tage und Nächte, wie sie für die Bewohner verschiedener Gegenden eintritt, und von der Einteilung der Klimazonen, im vierten von den Kreisen und Bewegungen der Planeten und von den Ursachen der Finsternisse."

Bei der Besprechung der Gestalt der Welt sagt Sacrobosco: „Daß der Himmel rund ist, hat einen dreifachen Grund: Ähnlichkeit (*similitudo*), Zweckmäßigkeit (*commoditas*) und Notwendigkeit (*necessitas*).

Ähnlichkeit, da ja die wahrnehmbare Welt geschaffen ist gemäß der Ähnlichkeit mit dem Urbild der Welt, in dem kein Anfang und kein Ende ist. Daher hat die Welt eine runde Form, bei der kein Anfang und kein Ende angegeben werden kann.

Zweckmäßigkeit, weil unter allen isoperimetrischen Körpern ⟨eigentlich: allen Körpern gleicher Oberfläche⟩ die Kugel die größte ist; auch hat unter allen Formen die runde den größten Inhalt . . . Weil nun die Welt alles umfassen soll, deshalb war diese Form für sie nützlich und zweckmäßig.

Notwendigkeit, denn wenn die Welt nicht rund wäre, sondern etwa dreiseitig oder vierseitig oder vielseitig, würden ⟨da die Welt sich ja in sich dreht⟩ zwei Unmöglichkeiten folgen, nämlich, daß ein Ort leer wäre und ein Körper ohne Ort, wie es sich an den herausragenden und den umschlossenen Ecken zeigt." Das wird durch die in Abb. 2.10. wiedergegebenen Figuren erläutert.

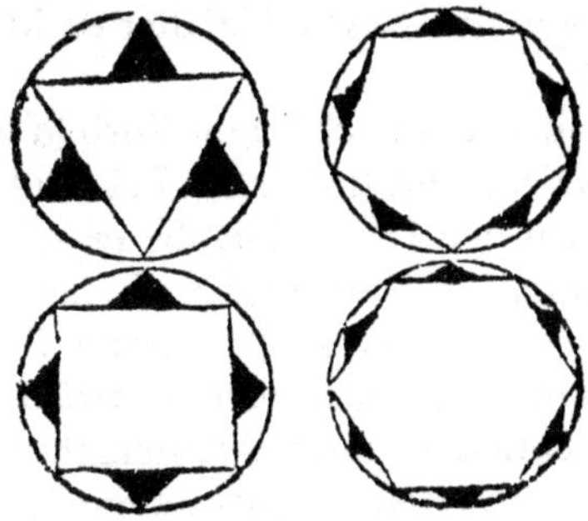

Abb. 2.10. Aus Sacrobosco, *De sphaera*

Sacrobosco fragt hier nicht nach astronomischen Beobachtungen, aus denen die Kugelgestalt der Welt zu erschließen wäre, sondern nach den Gründen dafür, daß Gott die Welt kugelförmig geschaffen hat. Dafür ist die isoperimetrische Eigenschaft des Kreises und der Kugel ein willkommenes Argument, und so findet sich diese Eigenschaft auch in Kommentaren zu Sacrobosco's Schrift genannt oder bewiesen. Den unter „Notwendigkeit" genannten Grund hat schon Aristoteles angegeben [Über den Himmel II, 4].

Ich finde Sacrobosco's Formulierung recht einprägsam. Die Stichworte *similitudo, commoditas, necessitas* kann sich der Student leicht merken und beim Examen herunterschnurren; was sie bedeuten, wird ihm dabei schon einfallen – wenn der Prüfer es überhaupt noch wissen will.

Leonardo von Pisa schrieb für Kaufleute und Praktiker, Jordanus de Nemore für Studenten und Fachgelehrte; ob er selbst an einer Universität gelehrt hat, weiß man nicht. Sacrobosco schreibt für Studenten und sagt das auch im Titel von *De sphaera*: . . . *ad utilitatem studentium philosophiae Parisiensis Academiae illustratus* [nach den Titelblättern der Druckausgaben, wiedergegeben in Steck: *Bibliographia Euclideana*; Folkerts 81.2]. Die überlieferte Literatur wurde also den Bedürfnissen der Zeit angepaßt.

2.3.4. Universitäten

Die gewachsenen Universitäten, Bologna, Paris, Oxford, Montpellier, erhielten Statuten und besondere Rechte von Landesfürsten und vom Papst. Es gab nun Vorbilder, nach denen weitere Universitäten gegründet und eingerichtet werden konnten. Die Universität Cambridge entstand 1209 durch Auszug von Studenten und Professoren aus Oxford.

In Paris stiftete 1257 Robert de Sorbon ein „Haus des Lernens“, ein Heim für arme Studenten und Magister der Theologie; nach ihm hat die Universität ihren Namen erhalten. Richard de Fournival, Kanzler der Kirche von Amiens, stiftete dem Haus seine Bibliothek, ca. 300 Bände, und schuf damit die erste öffentliche Bibliothek in Paris (Katalog: *Biblionomia*).

In Oxford entstanden Colleges, das Balliol-College um 1260, das Merton-College 1263/64, gestiftet von dem Bischof Walter de Merton von Rochester, das University College ca. 1280.

Die Universität Paris und später nach ihrem Vorbild viele andere Universitäten hatten vier Fakultäten. Der Student trat in die Fakultät der *Artes* (Artisten- oder Philosophische Fakultät) ein und lernte dort die *artes liberales* und Philosophie, gegliedert in *Philosophia naturalis* (Naturwissenschaften), *rationalis* (Lehre von der Natur der Seele, Unsterblichkeit usw.) und *moralis* (Ethik). In dieser Fakultät erwarb er zunächst den Grad des *Baccalaureus artium*, dann den des *Magister artium* und damit die Berechtigung, in der Artistenfakultät zu lehren und in einer der „höheren“ Fakultäten, Theologie, Rechtswissenschaft, Medizin, zu studieren. (Diese Studienordnung galt z. B. um 1500 an der Universität Freiburg i. Br., war aber damals schon eine feste Tradition.)

In der ersten Hälfte des 13. Jh. entstanden die Orden der Dominikaner (1216 vom Papst bestätigt) und der Franziskaner oder Minoriten (bestätigt 1221 und 1223). Sie unterhielten eigene Schulen, die Dominikaner z. B. in Köln, die Franziskaner z. B. in Oxford, hatten aber auch Einfluß auf die Universitäten, weil viele Ordensangehörige dort lehrten.

Allmählich traten die Universitäten an die Stelle der kirchlichen Hochschulen; sie waren etwas unabhängiger von der Kirche, mußten aber in der Regel außer vom Landesfürsten auch vom Papst bestätigt werden, und der Einfluß der Theologen war auch in der philosophischen Fakultät noch recht groß.

2.4. 13. Jahrhundert, 2. Hälfte

2.4.1. Übersetzungen

Die Übersetzungen und Bearbeitungen mathematischer Werke erreichten einen vorläufigen Abschluß durch die Euklid-Bearbeitung von Campanus und die Übersetzung vieler Werke des Archimedes aus dem Griechischen durch Wilhelm von Moerbeke.

Wilhelm von Moerbeke wurde um 1215 (?) geboren, wahrscheinlich in Moerbeke an der Grenze von Flandern und Brabant. Wann er in den Dominikanerorden eintrat, ist unbekannt, ebenso ob er in Paris und/oder Köln studiert hat. Er war dann einige Zeit in Griechenland. Das erste sichere Datum ist das der Fertigstellung einer Übersetzung des Kommentars von Alexander von Aphrodisias zur Meteorologie des Aristoteles: 1260 in Nicaea. Spätestens 1267 war W.v.M. in Viterbo, der damaligen Papstresidenz, von 1272 bis 1278 Kaplan und Beichtvater des Papstes, warb an den Höfen von Savoyen und Frankreich für den 9. Kreuzzug. 1278 wurde er Bischof von Korinth. Am 26. Okt. 1286 wird sein Nachfolger genannt; W.v.M. muß also (kurz) vorher gestorben sein.

Er übersetzte die Schriften des Archimedes über Spiralen, über Kugel und Zylinder, über Konoide und Sphäroide und über schwimmende Körper. Es fehlten nur der Sandrechner und die Methodenlehre. Ferner übersetzte er die Kommentare des Eutokios, die Katoptrik und Pneumatik von Heron, das Analemma von Ptolemaios, sowie viele Werke von Aristoteles und einige medizinische Schriften von Hippokrates und Galen.

In Viterbo kam damals ein Gelehrtenkreis zusammen, zu dem auch Campanus von Novara, Witelo und Thomas von Aquin gehörten. Campanus besorgte in den Jahren 1255/59 die für Jahrhunderte maßgebende Euklid-Ausgabe, keine neue Übersetzung, sondern eine kommentierte Bearbeitung der vorhandenen Übersetzungen. Sie wurde erstmals 1482 und dann sehr oft gedruckt. Witelo schrieb, wahrscheinlich am Anfang der 70-er Jahre, ein großes Werk über Optik, das er Wilhelm von Moerbeke widmete. (1604 schrieb Kepler: *Ad Vitellionem paralipomena, quibus astronomiae pars optica traditur.*)

Das Geburtsdatum von Campanus ist unbekannt. Er war ein Bekannter des Papstes Urban IV (1261–1264), der ihn zu einem seiner Kaplane bestellte. 1264 war Campanus Rektor der Kirche von Sariano, dann Kanoniker in Toledo, 1270 Pfarrer von Felmersham (Bedfordshire), 1290 auch Kanoniker in Paris. Derartige kirchliche Pfründen erforderten nicht unbedingt die Anwesenheit an dem betr. Ort. Campanus starb 1296.

Witelo ist wahrscheinlich in Schlesien geboren. Aus Stellen in seiner Optik ist zu entnehmen, daß er Breslau und Umgebung gut kennt. In der Ausgabe von Risner wird er *Thuringopolonus* genannt, (*patre videlicet Polono et matre Thuringa, aut contra* ⟨!⟩, *procreatus*; fol. 2r) 1253 wird er als Student in Paris erwähnt, also muß er etwa 1230/35 geboren sein. 1262/65 war er Student des kanonischen Rechts in Padua, seit etwa 1268/69 war er in Viterbo. In seinem Buch benutzt er eine lateinische Übersetzung der Optik von Alhazen, deren Übersetzer unbekannt ist, ferner die von Wilhelm von Moerbeke 1269 übersetzte Katoptrik von Heron. Also kann Witelos Optik nicht vor 1270 entstanden sein, und die Arbeit daran wird wohl einige Jahre gedauert haben. Witelo starb also sicher nicht vor 1275, wahrscheinlich im Kloster Witów bei Petrukau.

In Spanien förderte König Alfons X von Kastilien (Reg. Zeit 1252–1282), der den Beinamen *el Sabio* (der Gelehrte) erhielt, besonders die Astronomie. Auf der Grundlage der Tafeln von al-Zarqālī wurden um 1270 die sog. Alfonsinischen Tafeln zusammengestellt; das sind Tabellen der sichtbaren Bewegungen der Sonne, des Mondes und der Planeten; das Werk enthält außerdem einiges über Trigonometrie, Geographie, Chronologie, Astrologie u. a. Die Tafeln wurden bis zur Zeit von Kopernikus benutzt.

Am Ende des 13. Jh. war ein großer Teil der klassischen mathematischen und naturwissenschaftlichen Literatur in lateinischer Sprache zugänglich. In der Mathematik fehlten noch die folgenden Werke:

Der Sandrechner wurde 1450 von Jakob von Cremona übersetzt, im Rahmen einer neuen Archimedes-Übersetzung.

Die Methodenlehre wurde erst 1906 von Heiberg wiedergefunden.

Von den Kegelschnitten des Apollonios existierte nur das in 2.2.5 genannte Fragment. Die griechisch erhaltenen Bücher I–IV wurden durch die Übersetzung von Commandino 1566 bekannt; vorausgegangen waren Übersetzungen von Memmo 1537 und Maurolico 1548. Eine lateinische Übersetzung der nur arabisch erhaltenen Bücher V–VII und eine Rekonstruktion des verlorenen Buches VIII gab Halley 1710.

Eine Handschrift der Arithmetik von Diophant entdeckte Regiomontan 1463 in Venedig.

Die „Sammlung" des Pappos übersetzte Commandino (gedruckt 1588).
Der Kommentar des Proklos zum I. Buch der Elemente Euklids wurde griechisch gedruckt in der Euklid-Ausgabe des Grynaeus 1533, in lateinischer Übersetzung von Barocius 1560.

2.4.2. Aristoteles' naturwissenschaftliche Denkweise

Das Denken der Scholastiker wurde weitgehend durch die Denkweise des Aristoteles bestimmt, wie sie in seinen wissenschaftstheoretischen und naturwissenschaftlichen Schriften niedergelegt ist. Die logischen Schriften waren ohne Unterbrechung bekannt gewesen; in der lateinischen Fassung von Boetius bildeten sie die Grundlage für die im Rahmen der *artes liberales* gelehrte Logik. Wann und auf welchem Wege die übrigen Schriften des Aristoteles in lateinischer Sprache zugänglich wurden, geht aus der Tabelle auf S. 123 hervor. Grosseteste bearbeitete die 2. Analytik (wahrscheinlich schon vor 1209) und die Physik nach griechischen Texten. Die für lange Zeit gültige Form erhielten die Werke des Aristoteles durch die Übersetzungen von Wilhelm von Moerbeke.

Die logischen Schriften enthielten keinen weltanschaulichen Zündstoff. Dagegen ist schon die 2. Analytik, die Theorie einer beweisenden Wissenschaft bedenklich, wird doch in ihr der Versuch gemacht, die Wahrheit allein mit den Mitteln des menschlichen Verstandes zu finden, während sie nach christlicher Auffassung nur durch göttliche Offenbarung oder Inspiration erreicht werden kann. Noch bedenklicher waren die Grundsätze der Naturforschung, die Aristoteles in der „Physik" auseinandersetzt und durchführt, und die Folgerungen, die sich daraus für die Struktur der Welt (Über den Himmel) und für die Struktur der Materie (Vom Werden und Vergehen) ergeben. Aristoteles fragt stets: Was ist denkmöglich? Welches sind die am meisten einleuchtenden Grundtatsachen, und was kann rein logisch aus ihnen gefolgert werden? Z. B. kann nicht aus Nichts Etwas werden. Eine Weltschöpfung aus dem Nichts ist daher undenkbar; auch daß Gott durch Wundertaten in das (gesetzmäßig ablaufende) Weltgeschehen eingreifen könnte, liegt ganz außerhalb dieses Gedankenkreises.

Es ist also verständlich, daß die Naturwissenschaft des Aristoteles von der Kirche zunächst abgelehnt wurde. In Paris war die Lektüre dieser Schriften seit 1210 verboten. Das Verbot wurde 1215 erneuert, wurde aber spätestens 1255 nicht mehr beachtet. [Näheres bei Grant: Das physikalische Weltbild des Mittelalters, bes. S. 44–46]. Erfolgreicher war das Bestreben, die Lehren des Aristoteles so zu interpretieren, daß sie mit der kirchlichen Lehre vereinbar wurden, und ausgesprochene „Irrlehren" zu widerlegen, womöglich mit den eigenen Mitteln des Aristoteles, der Erfahrung und der Logik. Beim Studium dieser Werke des Aristoteles wurde also von vornherein Kritik verlangt. Tatsächlich hielten nicht alle seine Behauptungen einer strengen Kritik stand. Gerade dies: die Anerkennung der wissenschaftlichen Grundsätze des Aristoteles, verbunden mit strenger Kritik im Einzelnen, halte ich für den Anfang der neuzeitlichen Naturwissenschaft.

Der hier erforderliche und erfolgte Auffassungswandel sei mit zwei Zitaten belegt:

Aristoteles, lateinische Übersetzungen

gr.: aus dem Griechischen, ar.: aus dem Arabischen, t.: unvollständig, Av.: Kommentar von Averroes

	Boetius 510/20	Jakob von Venedig 1125/50	Gerhard von Cremona 1150/86	Michael Scotus 1220/35	Grosseteste um 1235	Wilhelm von Moerbeke 1260/70
Kategorien	gr.					gr.
De interpretatione	gr.					gr.
1. Analytik	gr.					
2. Analytik		gr.	ar.		bearb.	gr.
Topik	gr.					
Sophist. Widerl.	gr.	gr.				gr.
Physik		gr.	ar.	ar., Av.	bearb.	gr.
Üb. d. Himmel			ar.	ar., Av.	gr. t.	gr.
Werden und Vergehen			ar. t.	Av. t.		gr.
Meteorologie			ar.	Av.		gr.
Über die Seele		gr.		ar., Av.		gr.
Metaphysik		gr.		ar. t., Av.		gr.
Tierkunde				ar. t., Av.		gr.

Quellen: Bernard G. Dod in Cambr. Hist. L.M. – E. Grant: Source Book.

Adelard von Bath wird in den *Quaestiones naturales* [Kap. 1, zitiert nach Crombie: Grosseteste, S. 12] gefragt, ob das Wachsen der Pflanzen nicht „ausschließlich als wunderbare Wirkung des wunderbaren göttlichen Willens zu erklären sei“. Er antwortet: „Es ist gewiß Gottes Wille, daß Pflanzen aus der Erde hervorwachsen. Aber es geschieht doch nicht ohne einen verstehbaren Grund“ (*Voluntas quidem creatoris est, ut a terra herbae nascuntur. Sed eadem sine ratione non est*). (Die *Quaestiones* ähneln in der Form den *Problemata* des Aristoteles).

Albertus Magnus (um 1200 – 1280) sagt: „Wir haben in der Naturwissenschaft nicht zu untersuchen, wie Gott der Schöpfer nach seinem freien Willen das von ihm Erschaffene zu einem Wunder gebraucht, sondern was in den Naturdingen durch die in der Natur gelegenen Ursachen geschehen kann.“ [Zitiert nach Dijksterhuis, Die Mechanisierung des Weltbildes, S. 148.] Diese Auffassung kommt ja auch in der Erklärung der Schöpfungsgeschichte von Thierry von Chartres zum Ausdruck.

Es soll nicht behauptet werden, daß dieser Auffassungswandel allein durch die Schriften des Aristoteles verursacht wurde. Das Bestreben, auf rationale Erklärungen nicht zu verzichten, wenn sie möglich sind, dürfte auch ohne Aristoteles entstanden sein.

In gewisser Weise ist ein ähnlicher Auffassungswandel auch in der Mathematik zu spüren. Die Prinzipien des Aristoteles waren schon von Euklid angewandt worden (vielleicht hat Aristoteles sie sogar von den Mathematikern gelernt); sie wurden also schon durch die Euklid-Übersetzungen im Mittelalter bekannt. Vorher hatten sich vor allem die Praktiker mit Rechenvorschriften ohne Begründung begnügt. Die vielbenutzte Version II der Euklid-Übersetzung von Adelard von Bath enthält keine Beweise, nur Hinweise auf die heranzuziehenden Sätze; Jordanus de Nemore führt die beweisende Methode streng durch, und Campanus hat sogar bemängelt, daß Euklid nicht alle benötigten Axiome aufgeführt hat. Jedoch hat es lange gedauert, bis sich die beweisende Methode als allgemein verbindliche Methode durchgesetzt hat.

Wir betrachten zunächst die Naturwissenschaften, allerdings mit dem Hintergedanken an ihre Beziehungen zur Mathematik.

2.4.3. Die Physik des Aristoteles

Was Aristoteles zu bieten hatte, war ein von den ersten Grundlagen an sorgfältig und folgerichtig aufgebautes Weltbild, das vollständig und in sich abgeschlossen war, in dem jeder Teil den anderen stützte und in dem auf jede Frage eine Antwort bereit war. Aristoteles konnte sich dabei auf die in 250 Jahren geleistete Vorarbeit der griechischen Denker von Thales bis Platon stützen; er hat ihre Gedanken und Ergebnisse kritisch durchgearbeitet und zu einem einheitlichen Weltbild verarbeitet. Dieses Werk muß auf die Scholastiker einen ungeheueren Eindruck gemacht haben; einige Jahrhunderte lang gehörte es zu den Hauptgegenständen des Studiums.

Die Welt mit den Mitteln des menschlichen Verstandes zu erklären – das muß man nicht nur fordern, sondern man muß sagen, wie es gemacht werden soll. Die

Physik des Aristoteles beginnt m…
meinen, wenn wir von „Wissen“ und „…
verstehen, wenn wir Erkenntnis über d…
zipien (*archai*) und über die Elemente (*st*…
vielleicht etwas gewaltsamen Interpretation: …
sowohl Körper wie Ereignisse in einer zusam…
versuchen, 1) sie in ihre einfachen Bestandteile aufzu…
d. h. etwa: grundlegende Naturgesetze, zu finden, u…
Kausalketten, zu finden, durch die sich die Einzelerschein…
ableiten lassen.

Wo konnte Kritik ansetzen? Die „Prinzipien“, „Ursache…
mußten gesucht und angegeben werden. Aristoteles fand sie in de…
in Überlegungen darüber, was man sich denken und vorstellen kann.
Ein Prinzip des Aristoteles ist: Jedes Bewegte wird von Etwas bewegt. [Ph…
= 241 a 24]. Das bedeutet: Jede Bewegung benötigt eine Kraft, von de…
Gang gehalten werden muß. Wer wollte bestreiten, daß das eine Erfahrun…
sache ist? – Ferner fordert Aristoteles, daß die Kraft in Verbindung mit de…
bewegten Körper stehen muß [Physik VII, 2 = 244 a 15–b 1]. Eine Fernwirkung
kann man sich nicht vorstellen. (Aristoteles erklärt auch die Lichtausbreitung
durch Fortpflanzung der Erregung im Medium, s. 1.1.2.1).

Bei der Erklärung der Wurfbewegung ergaben sich Schwierigkeiten. Ein geworfener Körper oder ein abgeschossener Pfeil bewegt sich offenbar ohne unmittelbar einwirkende äußere Kraft. Aristoteles wußte auch dafür eine Lösung: der Werfende bewegt auch die Luft, und diese bewegt den geworfenen Körper weiter. Schon Philoponos hat diese Lösung abgelehnt und gemeint, daß der Werfende dem Körper eine Kraft mitteilt (*dynamis kinetike*), die ihn weiterbewegt. Das ist noch nicht das Trägheitsgesetz, aber ein Schritt auf dem Wege dazu.

Quellen für die Mechanik waren außer der „Physik“ auch die von Aristoteles oder aus seiner Schule stammenden „Mechanischen Probleme“, deren Überlieferung allerdings fraglich ist, ein Euklid zugeschriebenes Werk *De canonio* (Über die Waage), das nur arabisch überliefert ist, und die „Mechanik“ von Heron. Jordanus de Nemore schrieb einen *Liber de ponderibus* und weitere Werke über Statik. Er gab erstmals das richtige Gesetz der schiefen Ebene an. Die Mechanik Mittelalters hat M. Clagett ausführlich und mit vielen Dokumenten dargestellt [Science of Mechanics in the Middle Ages. Madison 1961].

2.4.4. Optik

Die Auffassungen und Erkenntnisse der Griechen wurden in 1.1.2.1 dargestellt.

Bei den Arabern findet sich die Theorie des Lichts und des Sehens z. B. in den Aristoteles-Kommentaren von al-Kindī und Averroes (Ibn Rušd) [Lindberg: Theories of Vision . . .]; das bedeutendste Werk ist die „Große Optik“ von Alhazen (Ibn al-Haiṯam), in dem alle Teile der Theorie abgehandelt und durch sorgfältig durchdachte Experimente gestützt sind [Schramm: Ibn al-Haiṯhams Weg zur Physik]. Die Schriften des Averroes wurden von Michael Scotus am

Anfang des 13. Jh. übersetzt. Eine la… ung der Optik von Alhazen wird von Jordanus de Nemore i… (1220/1230) zitiert [Lindberg S. 209; Clagett: Archimedes … Übersetzer ist unbekannt.

Robert Grosseteste … r in Oxford, von 1235 an Bischof von Lincoln) kan… wahrscheinlich nicht, er war aber im übrigen sehr … Aristoteles. Er schrieb Kommentare zur 2. A… oteles seine Theorie einer beweisenden Wisse… hysik. In seinem *Hexaemeron* zitiert er die … s, Ambrosius, Augustinus und anderen und … inen Punkten. In dieser Schrift und in einigen … e Theorie von Licht und Materie, die vielleicht … flußt ist. Das Licht ist für ihn der Archetypus der … ichtbar ist, ist es die erste körperliche Form, die … somit erst die Dinge der Welt hervor. Von einem … nach allen Richtungen aus und erzeugt *subito* ⟨momen- … Lichtkugel. (*Formam primam corporalem, quam quidam … esse arbitror. Lux enim per se in omnem partem se ipsam … cto lucis sphaera lucis quamvis magna subito generetur, nisi* … *De luce*, Op. S. 51]. Auf diese Weise dehnt das Licht die erste … Kugel aus, bis die äußerst mögliche Verdünnung der Materie erreicht ist, diese Kugel ist das Firmament [S. 54]. Durch Rückstrahlung nach innen entstehen die neun Himmelssphären. (Man sage bitte nicht, daß Grosseteste die Entstehung der Welt aus einem Urknall vorweggenommen habe.)

In der Schrift *De lineis, angulis et figuris* . . . [Op., S. 59–65] sagt Grosseteste: „Der Nutzen der Betrachtung der Linien, Winkel und Figuren ist sehr groß, da es unmöglich ist, die Naturwissenschaft ohne sie zu verstehen" (*Utilitas considerationis linearum, angulorum et figurarum est maxima, quoniam impossibile est scire naturalem philosophiam sine illis*). Erläutert wird das an der Optik, und zwar treten Geraden und Winkel bei der Reflexion und Brechung auf, die Figur der Kugel bei der Ausbreitung des Lichts, die Pyramide bei der von einem ⟨beleuchteten⟩ Flächenstück ausgehenden Wirkung auf einen Punkt ⟨z. B. das Auge⟩. In der Schrift *De iride et speculis* [Op., S. 72–78] wird der Regenbogen durch Brechung erklärt, und zwar die Verschiedenheit der Farben durch Unterschiede der Sonnenstrahlen (. . . *varietas coloris in diversis partibus unius et eiusdem iridis maxime accidit propter multitudinem et paucitatem radiorum solis* [S. 77]). Damit sind alle wesentlichen Punkte der damaligen Optik angesprochen, z. T. allerdings recht kurz.

Roger Bacon (ca. 1210/15 – 1292/94) nennt Grosseteste und Pierre de Maricourt (s. 2.4.5) seine Lehrer und Vorbilder. Ansonsten sah und kritisierte er die Mängel des damaligen Wissenschaftsbetriebs. Er nennt vier Momente, die dem Erfassen der Wahrheit entgegenstehen [Op. maius I, 1, ed. Bridges S. 2]:

„1. Den Respekt vor einer zweifelhaften und schon darum unwürdigen Autorität,

2. das Festhalten an einer eingewurzelten Tradition,

3. die Bedeutung, die man populären Vorurteilen beimißt,

4. das Verschleiern von Unwissenheit durch einen Schein von Gelehrsamkeit." [Dijksterhuis, Die Mechanisierung des Weltbildes, S. 152.] Der lateinische Text lautet: *fragilis et indignae auctoritatis exemplum, consuetudinis diuturnitas, vulgi sensus imperiti, et propriae ignorantiae occultatio cum ostentatione sapientae apparentis.*

Roger Bacon studierte in Oxford, studierte und lehrte in Paris (etwa seit 1240), trat dem Franziskanerorden bei, war zwischen 1250 und 1257 wieder in Oxford, dann wieder in Paris. 1266 wurde er von Papst Clemens IV aufgefordert, ihm seine Ansichten und Vorschläge zur Behebung der Mißstände in der Wissenschaft mitzuteilen (. . . *per tuas nobis declares literas, quae tibi videnter adhibenda esse remedia circa illa quae nuper esse tanti discriminis intimasti* . . .) [*Opus majus*, ed. Bridges, S. 2, Fußnote]. Roger Bacon folgte dieser Aufforderung durch ein Werk, das als *Opus majus* bezeichnet wird. Als Ergänzung schrieb er ein *Opus minus* und zur Erläuterung beider Werke ein *Opus tertium*. Alle diese Werke, dazu eine Abhandlung *De multiplicatione specierum* sandte er schon 1267 an den Papst. Clemens IV starb bald danach; wie er auf diese Werke reagierte, ja, ob er sie überhaupt noch lesen konnte, ist unbekannt.

Im Jahre 1278 wurde Roger Bacon auf Grund von „certain suspected novelties" [Bridges, Introduction zur Edition des *Opus majus*, S. XXXI] eingekerkert, 1292 freigelassen; er starb bald danach.

In den an den Papst gesandten Werken will Bacon auseinandersetzen, wie Wissenschaft betrieben werden soll. Er fordert zunächst Sprachkenntnisse, nicht nur des Lateinischen, sondern auch des Griechischen, Hebräischen und Arabischen, damit die einschlägigen Werke in der Originalsprache gelesen werden können und Übersetzungsfehler ausgeschaltet werden. Sehr ausführlich spricht er von dem Nutzen der Mathematik für die Wissenschaften, besonders die Astronomie und Kalenderrechnung, die Musik und die Optik. Ferner fordert er eindringlich eine *scientia experimentalis*. Jedoch gibt es zwei Arten von *experientia* [*Opus Majus* VI, 1, gekürzt wiedergegeben von Dijksterhuis, Die Mechanisierung des Weltbildes S. 155]: „. . . die menschliche oder philosophische, die auf sinnlicher Erfahrung beruht und zur Erkenntnis der irdischen Objekte führt, und die innere Erleuchtung, die durch göttliches Eingreifen zustande kommt und die sich sowohl auf das Stoffliche als auch auf das Geistige beziehen kann." – Der letzte Teil des *Opus majus* handelt von der *Philosophia moralis*, die „besser und vornehmer als die anderen ist."

Mathematik und Experiment sind besonders wichtig in der Optik, die Bacon im Teil V des *Opus majus* und in der Schrift *De multiplicatione specierum* behandelt. Er zitiert außer Aristoteles auch Euklid, Ptolemaios, al-Kindī und Alhazen. Das eigenartige Phänomen, das nicht nur in der Optik, aber in dieser besonders eindrucksvoll erscheint, ist dieses: Von einem *agens* (einer Kraftquelle, speziell einer Lichtquelle) werden auf die Umgebung Anregungen (Bacon nennt sie *species*) ausgestrahlt, die schließlich im Sinnesorgan (dem Auge – aber ähnlich auch z. B. beim Schall im Ohr) Wirkungen hervorrufen. Diesen Ausbreitungsvorgang bezeichnet Bacon im Anschluß an Grosseteste als *multiplicatio specierum*. Wie man ihn sich denken kann, das wird ausführlich, aber weitgehend spekulativ besprochen, d. h. es werden die Argumente für und wider verschiedene Denkmöglichkeiten erörtert.

Roger Bacon bespricht auch die Reflexion und Brechung, unter Einsatz von Mathematik und Experimenten. Außer einem etwas besseren Verständnis der Brechungserscheinungen, aber immer noch ohne das quantitative Brechungsgesetz, sind keine neuen mathematischen oder physikalischen Erkenntnisse dabei herausgekommen. Trotzdem hat das energische Eintreten für Mathematik und Experimente anscheinend damals eine große Wirkung gehabt.

Übrigens bemerkt Bacon im *Opus tertium*, Kap. IX, daß die Mathematik eine teure Angelegenheit sei: Außer den Aufwendungen für die Personen sind weitere erhebliche Aufwendungen für Instrumente nötig; denn ohne sie gibt es kein Wissen. (*Et praeter expensas istarum personarum oporteret magnas expensas fieri: nam sine instrumentis mathematicis nihil potest scire.*) ⟨Vielleicht hat er an astronomische Beobachtungs- und Meßgeräte gedacht; und anscheinend haben die Mathematiker, von denen oft astrologische Voraussagen gefordert wurden, auch „angemessene" Honorare gefordert. – In einem an den Papst gerichteten Schreiben ist das offenbar eine Bitte um Bewilligung von Mitteln für die Forschung.⟩

Johannes Pecham (1230/35–1292) ist wahrscheinlich in Paris mit Roger Bacon zusammengetroffen; beide waren Franziskaner. Pecham studierte und lehrte in Oxford und Paris, kehrte 1271/72 nach Oxford zurück, war Lehrer an der Schule der Franziskaner, 1275 Ordensprovinzial, 1277 Lehrer der Theologie an der päpstlichen Kurie, 1279 Erzbischof von Canterbury. Er schrieb, wahrscheinlich zwischen 1269 und 1277 einen *Tractatus de perspectiva*, später ein kurzgefaßtes Lehrbuch *Perspectiva communis* (1277/79), das sehr weite Verbreitung gefunden hat.

Ein großes Werk *Perspectiva* in engem Anschluß an Alhazen schrieb Witelo, wahrscheinlich um 1270. Darin sind auch die mathematischen Fragen wie z. B. die Spiegelung an gekrümmten Flächen, ausführlich behandelt.

Diese Schriften gehen nur in (vielleicht nicht unbedeutenden) Einzelfragen über das hinaus, was schon die Griechen angesetzt und die Araber weiter ausgeführt hatten. Aber durch sie ist die Optik im Abendland zu einer lebendigen Wissenschaft geworden. Im Vordergrund des Interesses steht, wie schon gesagt, die physikalische Optik. Die geometrische Optik wird oft kurz, aber z. B. bei Witelo auch ausführlich behandelt. In keinem dieser Werke wird von der Aufgabe des Malers gesprochen, den Raum auf eine Ebene abzubilden, obwohl das Sehen eigentlich auch eine solche Abbildung ist, aber sie enthalten die Grundlagen, auf denen im 15. Jh. die Lehre von der Perspektive (im engeren Sinne) aufgebaut werden konnte. Im 13. Jh. hatten die Maler vielleicht noch gar nicht die Absicht, die wirkliche, sichtbare Welt so darzustellen, wie sie tatsächlich gesehen wird.

2.4.5. Magnetismus

Eine saubere experimentelle Arbeit ist die *Epistola Petri Peregrini* ⟨Pierre de Maricourt⟩ *ad Sygerum Foucaucourt Militem, de Magnete.*

Aus dem Namen ist zu schließen, daß der Verfasser in Maricourt (vielleicht Méharicourt in der Picardie [Schlund, S. 449]) geboren ist. Der Brief schließt: „Beendet im Feldlager bei der Belagerung von Lucera am 8. August anno Domini 1269" [Klemm, Technik, S. 84]. In Lucera hatte Friedrich II. seine Leibwache (Sarazenen) angesiedelt. Papst Clemens IV. hatte deshalb zu einem Kreuzzug gegen die Stadt aufgerufen. Der Beiname *Peregrinus* bedeutet vielleicht „Kreuzfahrer".

Roger Bacon nennt Petrus seinen Lehrer und rühmt seine umfassende Gelehrsamkeit [*Opus tert.*, Kap. 13]; es ist wahrscheinlich, aber nicht ganz sicher, daß Petrus Peregrinus gemeint ist.

Vor nicht allzu langer Zeit war der Magnetkompaß im Abendland bekannt geworden; nun untersucht Pierre de Maricourt die Eigenschaften des Magnetsteins. Daß er zwei Pole hat, gilt als Ähnlichkeit mit dem Himmel; deshalb soll der Magnetstein kugelförmig geschliffen werden. (Gilbert sprach 1600 von einer „kleinen Erde", *terrella*). Um die Pole zu finden, soll man kleine eiserne Nadeln über den Magnetstein halten ⟨vielleicht drehbar an Fäden⟩ und ihre Richtungen einzeichnen. Diese Linien laufen an den Polen zusammen. An den Polen stellt sich die Nadel senkrecht ein. Um festzustellen, welches der Nordpol und welches der Südpol ist, setzt man den Magnetstein in einem hölzernen Schiffchen auf ein Wasserbecken und sieht, welcher Pol sich nach Norden dreht. Bei Zerbrechen des Magnetsteins enthält jeder Teil beide Pole. Mit einem zweiten Magnetstein kann man feststellen, daß gleichnamige Pole sich abstoßen, ungleichnamige sich anziehen. Zum Schluß beschreibt Pierre de Maricourt ein magnetisches Perpetuum mobile, (das vermutlich nicht experimentell erprobt war).

2.4.6. Technische Neuerungen

Die Technik hat in diesen Jahrhunderten einige wesentliche Fortschritte gemacht. Aus dem „Chronologischen Verzeichnis technischer Leistungen" in Klemm, Technik, S. 399 entnehme ich

12. Jh.	Silberbergbau im Erzgebirge
	Ausbreitung der Wasserräder
	Windmühlen in Europa
	Reines Segelschiff (ohne Ruderer)
	Drehbares hinteres Steuerruder (Heckruder)
	Trittwebstuhl
	Gotisches Strebesystem
	Ziegelbau in Deutschland
	Entdeckung der starken Säuren (Schwefelsäure, Salpetersäure). Erste Beschreibung im 13. Jh.
1146	Steinbrücke über die Donau in Regensburg
13. Jh.	Schwerer Räderpflug mit Messer, Pflugschar und Streichbrett
	Schubkarren
	Kompaß in Europa
	Einfache Schiffahrtsschleusen in Holland und Deutschland.

2.4.7. Das Bauhüttenbuch von Villard de Honnecourt

Dem Namen nach stammt der Autor aus Honnecourt in der Picardie. Er zeichnete in Reims, Cambrai, Chartres, Laon, Lausanne, Meaux und Vaucelles, berichtet auch, daß er in Ungarn war. Das Bauhüttenbuch läßt sich nach der Bauzeit der aufgenommenen Bauten und Bauteile auf etwa 1235 datieren. Welche Bauten nach den Plänen von Villard de Honnecourt gebaut wurden, ist nicht mit Sicherheit nachzuweisen, wahrscheinlich ist seine Mitarbeit am Bau der Kirche von St. Quentin.

Das Bauhüttenbuch enthält Zeichnungen von Bauwerken, Bauteilen, Figuren, auch technischen Geräten, die meist nicht als bestimmte Baupläne, sondern als Muster und Anregungen dienen sollten. Zeichnungen von Grundrissen und Fensterrosen zeigen ideenreiche Kombinationen von Kreisen und Polygonen, u. a. die Teilung eines Halbkreises in fünf oder sieben gleiche Teile, ohne daß gesagt wird, wie das gemacht wird (Abb. 2.11, 2.12). Für nicht in einer Ebene liegende Stücke wird weder eine genaue Zweitafelprojektion noch eine genaue Perspektive gezeichnet, sondern es werden z. B. nach vorn herausragende Teile eines Bauwerks nach oben umgeklappt gezeichnet (Abb. 2.13) oder es wird z. B. bei der Darstellung eines Perpetuum mobile ein senkrecht zur Zeichenebene stehendes Rad als Vollkreis in der Zeichenebene gezeichnet (Abb. 2.14).

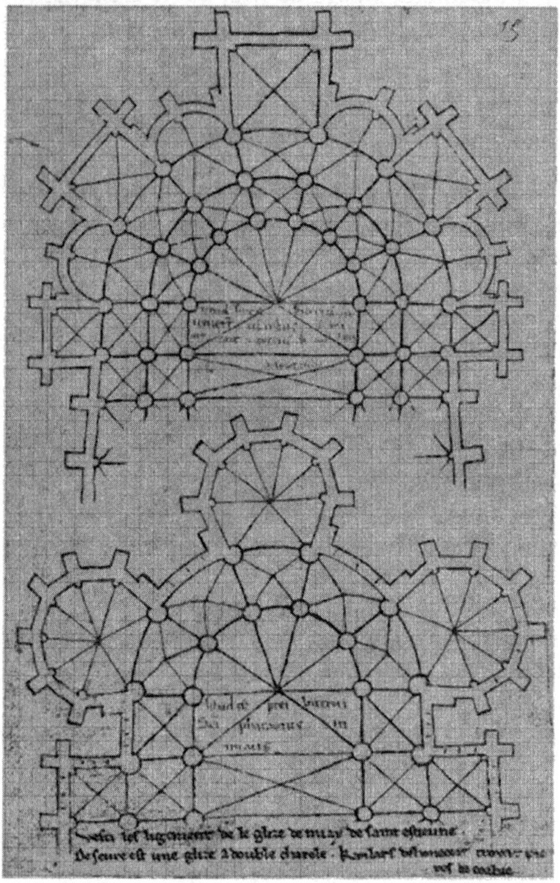

Abb. 2.11. Chorgrundrisse. Villard de Honnecourt, ed. Hahnloser, Tafel 29. Beschriftung:
a) Diesen Chor haben Villard von Honnecourt und Peter von Corbie in gemeinsamer Besprechung miteinander erfunden.
b) Dies ist der Chor von Sankt Faron in Meaux.
c) Seht hier den Grundriß der Kirche von Sankt Stefan zu Meaux. Darüber ist eine Kirche mit doppeltem Umgang, die Villard von Honnecourt entworfen hat und Peter von Corbie.

Abb. 2.12. Villard de Honnecourt, ed. Hahnloser. Ausschnitt aus Tafel 30. Umschrift: Dies ist ein Fenster im Tempel der Heiligen Maria zu Chartres.

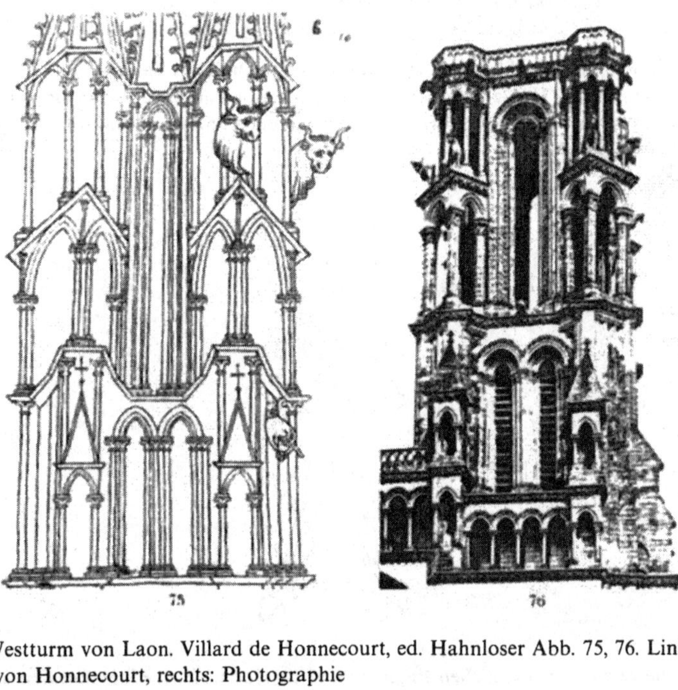

Abb. 2.13. Westturm von Laon. Villard de Honnecourt, ed. Hahnloser Abb. 75, 76. Links: Zeichnung von Villard von Honnecourt, rechts: Photographie

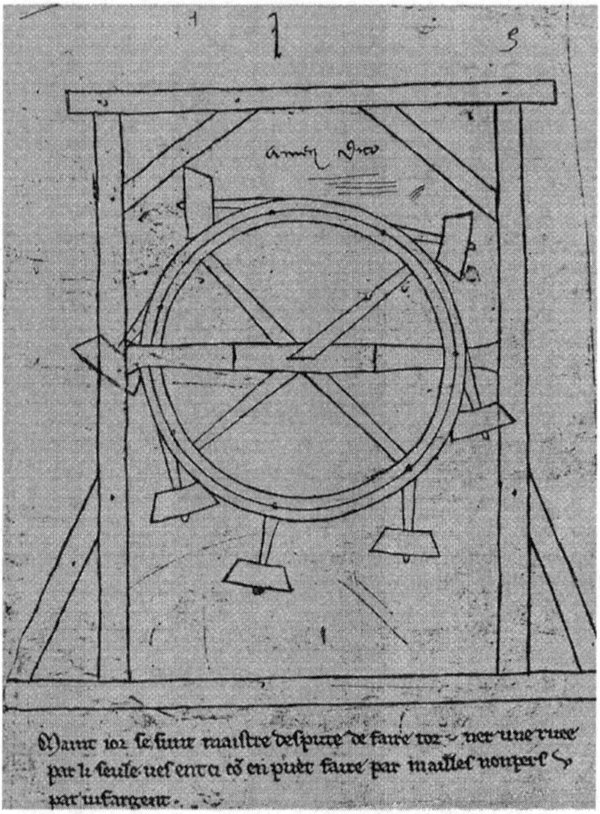

Abb. 2.14. Perpetuum mobile. Villard de Honnecourt, ed. Hahnloser, Tafel 9.
Unterschrift: Gar manchen Tag lang haben Meister darüber beratschlagt, wie man ein Rad machen könne, das sich von selber dreht. Hier ist eines, das man aus einer ungeraden Anzahl von Hämmern oder mit Quecksilber machen kann.

Abb. 2.15. Schema einer menschlichen Figur. Villard de Honnecourt, ed. Hahnloser; aus Tafel 37

Geometrische Schemata werden oft bei der Zeichnung von Menschen und Tieren zu Grunde gelegt. Abb. 2.15 (Tafel 37 g) zeigt Villards Hauptschema: „Als Maßeinheit wählt Villard die Kopflänge. Sie entspricht, zweimal genommen, der Schulterbreite und ebenso der Entfernung zwischen den Knöchelpunkten. Sie ergibt, viermal auf der Diagonalen abgetragen, die Zentren der Knie und, sechsmal verlängert, die Lage der Fußmitten. . . . Die Verhältinisse lauten demnach, in Kopflängen ausgedrückt, 1 : 2 : 4 : 6“ [Hahnloser S. 95]. Besonders gern benutzt Villard das Pentagramm, (das übrigens in diesem Skizzenbuch nicht exakt gezeichnet wird; Abb. 2.16). Hahnloser charakterisiert die Arbeitsweise Villards so: „Konstruktive Gedanken auf geometrischer Grundlage frei nach künstlerischem Gutdünken ausgeführt“.

Abb. 2.16. Das Pentagrammschema. Villard de Honnecourt, ed. Hahnloser, Tafel 36, Figuren f, l

Ein Nachfolger Villards hat auf Tafel 39 viele „der Geometrie entnommene Figuren“, also so etwa: geometrische Hilfssätze bzw. -regeln, zusammengestellt (Abb. 2.17). Die Erläuterungen sind nicht immer verständlich. Ich greife die folgenden heraus:

l) Messung der Breite eines Gewässers. Vermutlich sollen die geschwungenen (Holz-) Teile des Geräts auf den zu vermessenden Punkt gerichtet und dann festgelegt (festgeschraubt) werden. Dann kann man das Gerät bewegen und auf einen Punkt bekannter Entfernung einstellen. .

m) Bei der Messung der Breite eines weit entfernten Fensters soll man wohl die beweglichen Teile des Geräts auf je eine Seitenwand des Fensters richten, so daß sie um die Breite des Fensters voneinander abstehen.

o) Hier ist ein Quadrat zu halbieren.

q) Man hat an ein zylindrisches Gefäß zu denken, bei dem die Fläche des Grundkreises verdoppelt werden soll; das kann mittels eines (hölzernen) rechten Winkels gemacht werden (Abb. 2.18).

Auf Tafel 40 hat Villard selbst die Messung der Höhe eines Turms dargestellt, und zwar mit Hilfe eines gleichschenklig rechtwinkligen Dreiecks. Die Höhe des Turms über Augenhöhe ist gleich der Entfernung (vgl. 1.4.7).

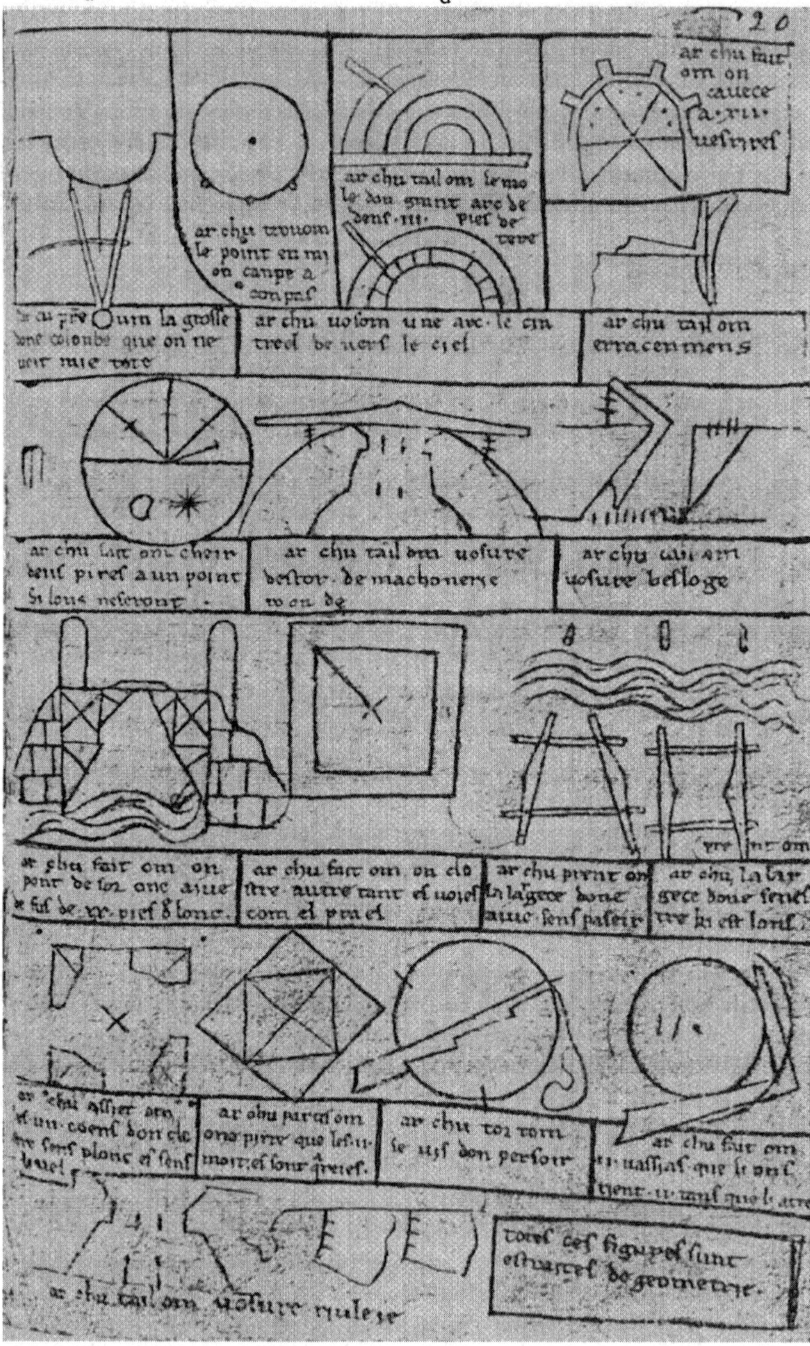

Abb. 2.17. Villard de Honnecourt, ed. Hahnloser, Tafel 39

Unterschriften auf Tafel 39:

a) Auf diese Weise nimmt man die Dicke einer Säule auf, die man nicht ganz sieht.

b) Auf diese Weise findet man den Mittelpunkt zu einem Kreisausschnitt.

c) Auf diese Weise teilt man den Model eines Bogens drei Fuß über der Erde.

d) Auf diese Weise wölbt man einen aufwärtsgerichteten Kreisbogen.

e) Auf diese Weise macht man einen Chor mit 12 Glasfenstern.

f) Auf diese Weise teilt man einen Gewölbeansatz ein.

g) Auf diese Weise läßt man zwei Steine in einem Punkt zusammenkommen, mögen sie auch entfernt sein.

h) Auf diese Weise schneidet man einen Fensterbogen aus rundem Mauerwerk.

i) Auf diese Weise behaut man einen schrägen Schlußstein.

j) Auf diese Weise macht man eine Brücke über ein Gewässer aus zwanzig Fuß langen Balken.

k) Auf diese Weise legt man einen Kreuzgang an, sowohl hinsichtlich der Gänge wie hinsichtlich des Gartens.

l) Auf diese Weise nimmt man die Breite eines Gewässers auf, das man nicht überqueren kann.

m) Auf diese Weise nimmt man die Breite eines Fensters ab, das weit weg ist.

n) Auf diese Weise setzt man die vier Ecksteine eines Klosters (Kreuzgangs) ohne Senkblei und ohne Wasserwaage.

o) Auf diese Weise zerteilt man einen Stein so, daß beide Hälften quadratisch werden.

p) Auf diese Weise dreht man die Schraube einer Presse.

q) Auf diese Weise macht man zwei Gefäße, von denen eines zweimal soviel wie das andere enthält.

r) Auf diese Weise teilt man einen regelmäßigen Gewölbestein ein.

s) Alle diese Figuren sind der Geometrie entnommen.

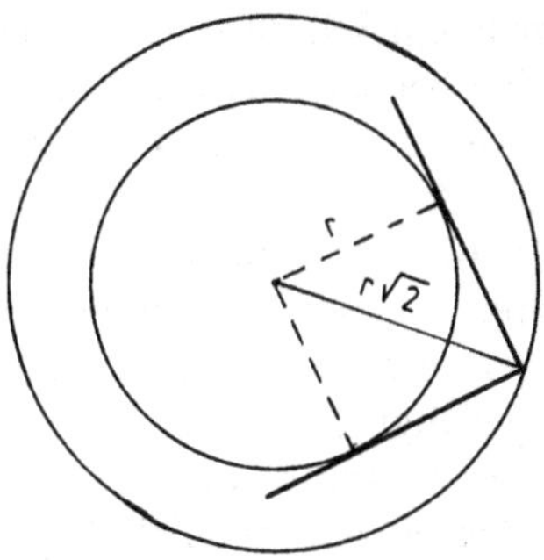

Abb. 2.18. Zu Tafel 39q. Verdoppelung der Kreisfläche

2.4.8. Biologie. Albertus Magnus

Viele Pflanzen, aber auch einige Tiere und Mineralien, waren für die Medizin wichtig. Quelle solcher Kenntnisse war vor allem das Werk *Hyle iatrike* (lat. *Materia medica*) des Arztes Dioskurides, der zur Zeit Neros lebte.

Wahrscheinlich um 200 n. Chr. enstand unter dem Titel „Der Physiologus“ eine Sammlung von Geschichten von Tieren, Bäumen und Steinen, die allegorisch gedeutet wurden.

Ein Beispiel aus dem Kapitel 11 über die Schlange: „Wenn die Schlange alt wird . . . dann fastet sie vierzig Tage und Nächte lang, so lange, bis ihre Haut zu schlottern anfängt. Dann sucht sie einen Felsen mit einer engen Schluft, und da geht sie hinein und wetzt daran ihren Leib und wirft das Alter ab und wird jung.–Also auch du Mensch, so du willst abwerfen das alte Kleid der Sünde, bring durch den engen Pfad, durch Fasten und jegliche Kasteiung dein Fleisch zum Schwinden. Denn die Pforte ist eng und der Weg ist schmal, der zum Leben führt. So wirst du aus alt jung und wirst gerettet werden."

Die Schrift war weit verbreitet, und sie hat wohl schon damals nicht den Anspruch erhoben, eine wissenschaftliche Schrift zu sein. An die Stelle solcher Geschichten trat nun die sorgfältige Beobachtung, die besonders von Albertus Magnus gepflegt wurde.

Albertus Magnus ist um 1200 in Lauingen an der Donau geboren, ging zum Studium nach Padua, weil es in Deutschland noch keine Universitäten gab, trat (wahrscheinlich in Padua 1223) in den Dominikanerorden ein, setzte sein Studium im Kölner Kloster fort, war Lektor der Theologie in den Konventen seines Ordens in Freiburg, Hildesheim, Regensburg und Straßburg, ging 1243 nach Paris (nur dort konnte man zum Doktor der Theologie promoviert werden), wurde 1248 Leiter des neugegründeten *Studium generale* in Köln, war 1254–1257 Provinzialprior der deutschen Ordensprovinz, die damals von der Schweiz bis zur Ostsee, von Belgien bis Sachsen und Thüringen reichte, war 1260–1262 Bischof von Regensburg, seit 1263 Kreuzzugsprediger, seit 1270 wieder in Köln. Dort starb er am 15. Nov. 1280.

Albertus hat, besonders zur Zeit seiner Tätigkeit als Provinzialprior, viele Reisen gemacht, und zwar der Ordensregel entsprechend zu Fuß. Dabei hat er sehr viel beobachtet, und er hatte immer ein Schreibzeug bei sich, um die Beobachtungen zu notieren. Er berichtet z. B., daß bei den Ausschachtungsarbeiten zum Kölner Dom, dessen Bau 1248 begonnen wurde, „Fußböden von erstaunlicher Ausführung und Schönheit" gefunden wurden [Ausg. Texte Nr. 87], er beschreibt den Fliegenpliz [Nr. 93], den Hamster [Nr. 108], verschiedene Fische [Nr. 109–112], bespricht kritisch Probleme der Alchimie und vieles andere. Er bemerkt [Nr. 95]: „Daß Salzwasser dicker und erdiger ist als Süßwasser, läßt sich an folgendem Vorgang beweisen: Nehmen wir zwei gleichgroße Gefäße, das eine mit Salzwasser gefüllt, das andere mit Süßwasser, dazu nehme man ein frisches volles Ei, von dessen Flüssigkeit noch nichts verdampft ist: im salzhaltigen Wasser schwimmt das Ei oben, im Süßwasser geht es unter." – Diese wenigen Beispiele sollen nur die Vielseitigkeit Alberts andeuten.

Albertus hat sich auch mit einigen grundsätzlichen Fragen der Mathematik auseinandergesetzt, z. B. [Nr. 159]: „. . . ist die Ausdehnung des Körpers das erste Maß, und die Fläche hat nur als Grenze des Körpers, nicht aus sich, zwei Dimensionen, und der Körper hat seine Ausdehnung nicht von der Fläche, sondern umgekehrt; und die Linie hat eine einzige Dimension nur als Grenze der Fläche, wie der Punkt als das Ende der Linie das Unteilbar-Sein besitzt." Gelegentlich zitiert er das 5. und das 2. Buch der Elemente Euklids [Nr. 157]. In der Schrift *De caelo et mundo*, die die Schrift des gleichen Titels von Aristoteles behandelt, bespricht er die Aussage des Aristoteles [306b 5–8] „es gibt nur wenige Figuren, die zusammengelegt ihren Ort vollständig ausfüllen; bei den Flächenformen sind es nur drei: das Dreieck, das Viereck und das Sechseck; bei den Körperformen kommen nur zwei in Frage: die Pyramide und der Würfel."

Ob eine Euklid-Bearbeitung, als deren Verfasser ein „Albert" angegeben ist, von Albertus Magnus stammt, ist nicht ganz sicher.

2.5. 14. Jahrhundert. Kritischer Aufbruch

Ein hervorstechender Zug des 14. Jh. ist die kritische Auseinandersetzung mit Aristoteles mit gelehrter Auswertung der Kommentare, aber auch mit neuen Ideen. *Quaestiones* (Fragen, Problemdiskussionen) zu Schriften des Aristoteles sind eine bevorzugte Schriftgattung. Wie der Titel sagt, geht es darin um Einzelfragen, nicht darum, das System im Ganzen in Frage zu stellen. Träger dieser Wissenschaft sind die Magister der Universitäten Oxford und Paris, meist Theologen; einige von ihnen wurden später Bischöfe. Zunächst seien einige dieser Gelehrten vorgestellt, über deren Arbeiten nachher in sachlichem Zusammenhang berichtet werden soll.

2.5.1 Biographische Daten

Wir früher schon gesagt wurde (2.4.4), hatte *Robert Grosseteste* in Oxford gelehrt (2.4.4), die Franziskaner *Roger Bacon* und *Johannes Pecham* waren in Oxford und in Paris tätig gewesen.

Heinrich von Harclay (um 1270–1317) wurde 1296 in Oxford *Magister artium,* 1297 zum Priester geweiht, studierte Theologie in Paris, lehrte dann in Oxford, wo er 1312 Magister der Theologie und im gleichen Jahre Kanzler wurde. Er schrieb einen Kommentar zu einem in der theologischen Ausbildung viel benutzten Werk, den „Sentenzen" des Petrus Lombardus (verfaßt 1150/52), sowie *Quaestiones.*

Thomas Bradwardine (1290/1300–1349) war 1321 Fellow des Balliol College, 1323–1335 Fellow des Merton-College in Oxford, 1321 *Baccalaureus artium,* 1323 *Magister artium,* 1333 *Baccalaureus der Theologie,* 1348 *Doctor der Theologie* – 1333 wurde er Canonicus von Lincoln, 1337 Kanzler der St. Pauls Kathedrale in London, 1338/39 Kaplan des Königs Eduard III., den er 1346 nach Frankreich begleitete, 1349 nach anfänglichem Widerstand des Königs, der seinen Kaplan behalten wollte, Erzbischof von Canterbury, starb aber noch im gleichen Jahre an der Pest. Er schrieb außer theologischen Schriften: *Arithmetica speculativa, Geometria speculativa,* einen Traktat über das Bewegungsgesetz des Aristoteles und einen Traktat *De continuo.*

In Oxford lehrten auch *William Heytesbury,* der 1330–1348 als Fellow des Merton College genannt wird und vielleicht 1371 Kanzler war, sowie *Richard Swineshead,* der 1344 und 1335 als Fellow des Merton College genannt wird und nach Bradwardines Trakat über das Bewegungsgesetz, also nach 1328, und vor 1350 einen *Liber Calculationum* schrieb, in dem es um die Rechnungen bezüglich der Quantität der Qualitäten geht.

In Paris studierte und lehrte *Johannes Buridan*; 1320 wurde er *Magister artium,* 1327/8 und 1340 war er Rektor. In seinen *Quaestiones super octo phisicorum libros Aristotelis* behandelt er u. a. Probleme des Unendlichen und entwickelt die (im Ansatz auf Philoponos zurückgehende) Impetus-Theorie, eine Vorstufe des Trägheitsgesetzes. Er starb nach 1358.

Zu seinen Schülern gehören Nicole Oresme und Albert von Sachsen. *Nicole Oresme* ist zwischen 1320 und 1325 geboren, wahrscheinlich in der Normandie, studierte um 1340 in Paris, wurde 1356 Magister am Collège von Navarra in Paris, 1362 Canonicus, 1364 Dekan an der Kathedrale von Rouen, 1377 Bischof von

Lisieux. 1364–1380 teilte er seine Zeit zwischen Paris und Rouen, 1380 zog er nach Lisieux; dort starb er 1382.

Albert von Sachsen ist um 1316 in Helmstedt geboren, studierte in Paris, wurde dort 1351 *Magister artium*, war 1353 Rektor. 1362 trat er in den Dienst von Papst Urban V. und erwirkte von ihm das Privileg zur Gründung der Universität Wien, deren erster Rektor er 1365 wurde. Da es mit dem Aufbau der Universität nur langsam voranging, übernahm Albert 1366 das Bistum Halberstadt. Er starb 1390.

Auch *Gregor von Rimini* hat in Paris studiert und lehrte dann in Bologna, Padua, Perugia und in Paris; dort las er über die Sentenzen des Petrus Lombardus, zu denen er auch einen Kommentar schrieb. 1545 wurde er Magister der Theologie, 1357 Ordensgeneral der Augustiner-Eremiten. Er starb 1358.

Alle diese Leute waren keine berufsmäßigen Mathematiker – berufsmäßige Mathematiker gab es damals nur als Rechenmeister – aber sie beschäftigten sich neben anderen auch mit solchen Fragen, die in der Entwicklung der Mathematik eine Rolle spielten. Sie bemühten sich um das Verständnis des Unendlichen und um das Verständnis der Welt und des Weltgeschehens, z. B. um die Isoperimetrie als Grund für die Kugelgestalt der Welt, um das Grundgesetz der Bewegung und um den Bau der Materie, wobei die Zusammensetzung aus einfacheren Bestandteilen auf mathematische Fragen führte (Stichwort: *intensio et remissio formarum*; S. 150).

2.5.2. Über das Unendliche

Aristoteles hatte die Auffassung vertreten, daß die Welt und die Zeit und das Geschehen ohne Anfang und Ende sei [Üb. d. Himmel I und II, 1; Physik VIII]. Das widersprach der christlichen Lehre, daß Gott die Welt vor endlicher Zeit erschaffen hat. Überlegungen dazu finden sich schon im Physikkommentar und in der Schrift „Über die Unendlichkeit der Welt, gegen Proklos" von Philoponos, dessen Gedanken über Avempace und Averroes und deren lateinische Übersetzungen im Abendland bekannt wurden.

Aristoteles sagt [Physik III, 5 = 203b 30–32]: „Es ergibt sich viel Unmögliches, mag man annehmen, daß das Unendliche nicht existiere oder daß es existiere."

Zunächst muß man natürlich festlegen, was mit dem Wort *apeiron* (unendlich, unbegrenzt) gemeint ist: [Physik III, 6 = 207a 1–2] *οὐ γὰρ οὗ μηδὲν ἔξω, ἀλλ' οὗ ἀεί τι ἔξω ἐστί, τοῦτο ἄπειρόν ἐστιν.* „Nämlich nicht dasjenige, außerhalb dessen Nichts ist, sondern gerade dasjenige, außerhalb dessen immer noch Etwas ist, ist unbegrenzt" (Übersetzung von Prantl; ich würde den zweiten Teil so auffassen: „ . . . von dem es ⟨so weit man auch gehen mag⟩ immer noch etwas außerhalb ⟨des schon Erreichten⟩ gibt". Bolzano sagt [Paradoxien des Unendlichen 1847/48, § 9]: „ . . . werde ich eine Vielheit, die so beschaffen ist, daß jede endliche Menge nur einen Teil von ihr darstellt, eine unendliche Vielheit nennen.")

Sodann benutzt Aristoteles seine Unterscheidung von potentiellem und aktualem Sein, die eigentlich zur Erklärung des Begriffs Bewegung eingeführt wurde. Unter dem griechischen Wort *kinesis* versteht Aristoteles nicht nur die Ortsbewegung, sondern auch Änderung der Quantität oder Qualität. Er sagt ungefähr: Ein Marmorblock ist der Möglichkeit nach (*dynamei*, lat. *potentia*) eine Statue.

Wenn der Bildhauer sie ausarbeitet, wird das der Möglichkeit nach Seiende ein Seiendes in Wirklichkeit (*energeia* oder *entelecheia*, lat. *actu*). Dieser Übergang ist Bewegung. [Physik II, 1]. In der Scholastik drückte man das so aus: *Motus est actus entis in potentia. prout in potentia est.* Dazu sagt Descartes [Le Monde, Kap. 7, Op. Bd. 11, S. 39]: Diese Worte „*sont pour moy si obscurs, que je suis contraint de les laisser icy en leur langue, parce que je ne les sçauroit interpreter.*" – Mir scheint, in der modernen Physik wird die Frage „Was ist Bewegung?" auch nicht beantwortet, sondern gar nicht gestellt.

Anwendung auf das Unendliche: Die Zahl ist im Sinne der Definition unbegrenzt, weil man immer noch weiterzählen kann; die Zeit ist unbegrenzt. weil es immer wieder einen neuen Tag gibt. Das Unendliche ist aber niemals fertig, es kann nicht in endlicher Zeit durchlaufen werden [Metaphys. A2 = 994b 30–31], es kann nur potentiell, niemals aktual existieren.

Damit konnten sich die Griechen zufrieden gehen, für die Christen aber entstand die Frage, ob Gott in seiner Allmacht nicht doch auch ein aktual Unendliches erschaffen könnte. Eine Überlegung dazu ist: Gott könnte so etwas „in den proportionalen Teilen einer Stunde" erschaffen: er könnte in der ersten halben Stunde eine bestimmte Größe erschaffen, in der nächsten Viertelstunde noch einmal dieselbe Größe, in der nächsten Achtelstunde noch einmal usw.; am Ende der Stunde wäre eine aktual unendliche Größe vorhanden. Diese Überlegung findet sich z. B. bei Buridan [*Quaestiones* zur Physik des Aristoteles, gedruckt 1509, fol. 62 v].

Oft wurde die Frage erörtert, ob es Größenunterschiede im Unendlichen geben kann oder ob Unendlich gleich Unendlich ist. Philoponos (Anf. 6.Jh. n. Chr.) schließt etwa so: Da das Unendliche nicht durchlaufen werden kann, kann ein Unendliches nicht größer sein als ein anderes, denn das kleinere müßte ja zuerst ganz durchlaufen (also aktual vorhanden) sein.

Daraus erschließt Philoponos die Endlichkeit der Zeit und der Welt. Bestände die Welt seit unendlicher Zeit, so müßte die Zahl der bis jetzt geborenen Menschen (aktual) unendlich sein; sie wird aber durch die Neugeborenen stets vergrößert. Ferner: Die Anzahl der Umläufe der Sonne um die Erde wäre unendlich, die Anzahl der Umläufe des Mondes aber etwa zwölfmal so groß [Über die Endlichkeit der Welt I, 3; Phys.-Komm., zitiert nach Böhm, S. 311 f].

Die Welt kann auch nicht räumlich unendlich sein, bzw. es kann keinen unendlich großen Körper geben. Es gilt nämlich allgemein: „Wenn das Unendliche aus zwei Bestandteilen zusammengesetzt ist, so sind entweder beide endlich; dann ist das Ganze endlich; oder beide unendlich; dann ist das Unendliche verdoppelt, also seinem Doppelten gleich; oder eins endlich, eins unendlich; dann wird das Unendliche durch das Endliche vermehrt und größer als es selbst" [Phys.-Komm., ed. Vitelli, S. 440/441]. Wenn es einen unendlichen Körper gäbe, könnte man ihn in zwei Bestandteile zerlegen, etwa indem man ein endliches Stück herausschneidet. In dieser Weise hat al-Kindī diesen Beweis geführt bzw. übernommen [Lehrbrief über die Endlichkeit der Welt].

Man kann die Schlußweise auch so wenden: Wenn es eine (aktual) unendliche Größe gäbe, könnte man sie in Teile zerlegen, von denen mindestens einer unendlich ist. Aus dem Satz „Unendlich gleich Unendlich" folgt dann, daß das Ganze gleich dem Teil ist, im Widerspruch zu einem Axiom Euklids.

Man kann sogar erreichen,daß der Teil größer wird als das Ganze. Roger Bacon argumentiert so [*Opus tertium*, Kap. 41]: Wäre die Welt unendlich, so könnte man eine Strecke AB nach beiden Seiten ins Unendliche verlängern, das durch die Buchstaben C, D vertreten werde. Dann gilt (in moderner Schreibweise; Roger Bacon kannte die Zeichen „ = “ und „ > “ nicht):

D B A C

$$BD = BAC, \text{ denn es ist Unendlich gleich Unendlich },$$

$$BAC > AC, \text{ denn das Ganze ist größer als der Teil },$$

$$AC = ABD, \text{ denn es ist Unendlich gleich unendlich }.$$

Daraus folgt $BD > ABD$, der Teil wäre größer als das Ganze.

Grosseteste bemerkt jedoch [*De luce* . . . , entstanden zwischen 1220 und 1235, ed. Baur, S. 52/53]: Es gibt verschieden große Unendlich. Denn die Menge der ganzen Zahlen ist unendlich und größer als die ebenfalls unendliche Menge der geraden Zahlen. (*Et sunt infinita aliis infinitis plura et alia aliis pauciora. Aggregatio omnium numerorum tam parium quam imparium est infinita, et est maior aggregatione omnium numerorum parium, quae nihilominus est infinita; excedit namque eam aggregatione omnium numerorum imparium.*)

Man kam wohl auch auf den Gedanken, daß es trotzdem ebensoviel gerade Zahlen gibt wie ganze Zahlen, nicht nur weil allgemein Unendlich gleich Unendlich ist, sondern weil die geraden und die ganzen Zahlen umkehrbar eindeutig (bijektiv) einander zugeordnet werden können. Diese Methode, unendliche Mengen durch elementweise Zuordnung miteinander zu vergleichen, scheint damals aufgekommen zu sein; ich habe den Eindruck, daß z. B. Bradwardine, Oresme und Albert von Sachsen (s.u.) schon mit ihr vertraut waren.

Die logisch geschulten Scholastiker zogen aus dieser Situation (natürlich) die Folgerung, übrigens ganz im Sinne von Aristoteles: Die Begriffe Ganzes und Teil, größer und kleiner sind nicht selbstverständlich klar, sondern müssen genau definiert werden.

Heinrich von Harclay (1270–1317) beschreibt die Beziehung des Ganzen zum Teil so [Murdoch 82, S. 571, aus *Quaestio de infinito et continuo*]: „Das, was etwas anderes enthält und etwas darüber hinaus oder etwas außerhalb davon, ist ein Ganzes bezüglich jenes“ (*Illud quod continet aliud et aliquid ultra illud vel praeter illud est totum respectu illius*).

Bei Gregor von Rimini wird besonders deutlich, daß die Beziehungen Ganzes/Teil und größer/kleiner nicht ohne weiteres identisch sind. Er definiert sie getrennt und unterscheidet jedesmal zwei Arten [Vorlesungen zu den Sentenzen von Petrus Lombardus, gehalten in Paris 1342, veröffentlicht 1522, zitiert nach Murdoch 82, S. 572]: „Im ersten Sinne wird Ganzes zum Teil genannt, was etwas enthält, was ein Etwas ist, und etwas außer jenem . . . Im zweiten Sinne wird Ganzes genannt, was im ersten Sinne etwas enthält, aber soviel Größen enthält wie das Enthaltene nicht enthält.“ (*Primo modo omne quod includit aliquid quod est aliquid et aliud praeter illud aliquid et quodlibet illius dicitur totum ad illud, et omne sic inclusum dicitur pars includentis. Secundo modo dicitur totum illud quod includit aliquid primo modo et includit tanta tot quot non includit inclusum* . . .).

⟨Im dem zweiten Sinne ständen die ganzen Zahlen und die geraden Zahlen nicht in der Beziehung Ganzes/Teil. Für endliche Mengen sind beide Erklärungen gleichwertig.⟩

Ferner: „Auf eine Art, im eigentlichen Sinne, wird diejenige Menge (*multitudo*) größer als die andere genannt, welche die Einheit öfter enthält oder mehr Einheiten enthält . . . In anderer Weise, im uneigentlichen Sinne, wird diejenige Menge größer genannt, die alle Einheiten der anderen Menge und noch einige andere Einheiten enthält, auch wenn sie nicht mehr Einheiten enthält als jene". (*Secundo distinguo hos terminos maius et minus . . . uno modo sumitur proprie et sic multitudo . . . dicitur maior quae pluries continet unum vel plures unitates, illa vero minor quae paucies seu pauciores. Alio modo sumitur improprie, et sic omnis multitudo quae includit unitates omnes alterius multitudinis et quasdam alias unitates ab illis dicitur maior illa, esto quod non includat plures unitates quam illa.*)

Dann folgt eine Angabe über die Beziehung der Definitionen: „Und auf diese ⟨uneigentliche⟩ Weise die größere Menge als die andere zu sein, ist nichts anderes als jene zu enthalten und im Verhältnis zu jener ein Ganzes der ersten Art zu sein." (*Et hoc modo esse maiorem multitudinem alia non est aliud quam includere illam et esse totum respectu illius primo modo.*)

Anm.: Daß eine Menge ebensoviel (oder mehr oder weniger) Elemente oder Einheiten enthält wie eine andere, kann bei unendlichen Mengen nur durch elementweise Zuordnung festgestellt werden. Das hat z. B. Albert von Sachsen deutlich gesagt (s. S. 143).

Bradwardine hat in seiner Schrift *De causa Dei contra Pelagium* (1344) so argumentiert [nach Murdoch 61, S. 18]: Bestände die Welt seit unendlicher Zeit, so würde es bis heute (aktual) unendlich viele Körper und ebenso unendlich viele Seelen gegeben haben. Man kann die erste Seele dem ersten Körper zuordnen, die zweite Seele dem zweiten Körper usw. Man kann aber auch dem ersten Körper die erste Seele, dem zweiten Körper die zehnte Seele, dem dritten Körper die hundertste Seele zuordnen usw. Auch so wären alle Körper mit einer Seele versehen, und Gott hätte viel zu viele Seelen (oder bei anderer Zuordnung viel zu viele Körper) erschaffen. Das wäre absurd.

Für stetige Größen (die er allerdings in abzählbar viele Teile zerlegt), argumentiert Bradwardine so: Man denke sich eine unendliche Menge von Würfeln in der Richtung nach Westen aneinandergelegt:

1	2	3	4	5	6	

Dann ordne man sie in der Weise um, daß der zweite Würfel an den ersten in östlicher Richtung angelegt wird, der dritte in westlicher Richtung, der vierte wieder in östlicher usw.:

	6	4	2	1	3	5	7	

Dann wäre auch hier ein Teil dem Ganzen gleich. Man kann die Würfel auch so anordnen, daß der ganze Raum ausgefüllt wird. Oresme [*Le livre du ciel et du monde*, ed. Menut, S. 234 ff.] und ebenso Albert von Sachsen [*Quaestiones in libros de celo et mundo*, 1492 *Quaestio X* = 1516 *Quaestio* VIII] machen aus dem ersten Würfel eine Kugel und legen die folgenden Würfel, zu Kugelschalen deformiert, umeinander. Dann ist ein nur in einer Richtung unendlicher Balken gleich dem gesamten Raum. (Beide machen das „in den proportionalen Teilen einer Stunde"; beide sind Schüler von Buridan.)

Albert von Sachsen (1316–1390) behandelt [a.a. O.] die Frage, „ob ein Unendliches größer oder kleiner sein könne als ein anderes, wenn es mehrere Unendlich gäbe, bzw. ob eines mit dem anderen vergleichbar sei."

Wie es üblich ist, führt er zunächst Argumente *für* die Behauptung an (*arguitur quod sic*). „Denn (*quia*) wenn es mehrere wären, müßte jede beliebige von ihnen eine Größe (*quantum*) sein; denn es ist ein Kennzeichen der Größe, daß bei ihr von gleich und ungleich gesprochen werden kann, wie Aristoteles in den *praedicamentis* ⟨Kateg. 6⟩ sagt, also (*ergo*) kann ein Unendliches einem Unendlichen gleich oder ungleich sein, und folglich auch vergleichbar hinsichtlich „größer" und „kleiner". – Ich möchte das so auffassen: Wenn die gestellte Frage überhaupt sinnvoll sein soll, müssen die betrachteten Gegenstände unseres Denkens zur Kategorie „Größe" gehören, in dem genauen Sinn, den Aristoteles festgelegt hat (Kat. 6, Metaphys. *Δ* 13; A.u.O., S. 106–108). Jedenfalls können wir von jetzt an stets von unendlichen *Größen* sprechen.

Nun gibt es verschiedene Arten von Größen: Zahlen, geometrische Körper, Flächen und Linien, Bewegungen, Kräfte und allgemein „Intensitäten" (s. Oresme, 2.5.5.1), z. B. Wärme und Schwere. Nur Größen gleicher Art können miteinander verglichen werden. Albert geht bei seiner Argumentation meistens alle diese Größenarten durch, z. B. bringt er für Körper die Überlegung: „Eine Säule, die sich in einer Richtung ins Unendliche erstreckt, ist Teil einer Größe, die sich nach allen Seiten ins Unendlich erstreckt; und der Teil ist kleiner als das Ganze" (Euklid, El. I, Axiom 8). (6°).

Allgemein von gleichartigen Größen handelt 12°: „Sei eine endliche Größe *a* doppelt so groß wie *b*. Es werde jedes von beiden in den proportionalen Teilen einer Stunde verdoppelt. Dann geht offenbar während dieser Stunde von diesem Verhältnis nichts verloren, weil *a* ständig doppelt so groß ist wie *b*. Also ist es auch am Ende doppelt so groß, weil nicht plötzlich im letzten Augenblick etwas verloren gehen kann."

Dieses letzte Argument ist etwas fragwürdig; wichtig erscheint mir, daß Albert an die Möglichkeit gedacht hat, daß im Unendlichen etwas anders sein könnte als im Endlichen – auch wenn er diese Möglichkeit ablehnt.

Nach sehr vielen Argumenten für die Behauptung, daß eine unendliche Größe größer oder kleiner sein kann als eine andere, folgt die Argumentation für das Gegenteil (*arguitur quod non*), wobei übrigens nicht versucht wird, die Argumente des ersten Teils im Einzelnen zu widerlegen.

Albert beginnt mit zwei *Distinctiones*, Erläuterungen zu den Begriffen *gleich* und *größer*. Dann gliedert er die Argumentation in vier *Conclusiones*. Für die erste *Conclusio* schickt er drei *Suppositiones* (Hypothesen, Postulate) voraus:

1. Nichts kann größer oder kleiner gemacht werden durch bloße Umordnung der Teile (gekürzt).
2. „Wenn irgend zwei Größen aufeinander gelegt oder in Gedanken (*per imaginationem*) aneinander gelegt sind, und wenn dann die eine die andere weder überragt noch von ihr überragt wird, dann ist die eine weder größer noch kleiner als die andere." ⟨Das ist das Axiom I, 7 aus den Elementen Euklids: Was einander deckt (aufeinander paßt), ist einander gleich, in der Fassung von Adelard und Campanus (s. S. 85). Albert bezieht es ausdrücklich auch auf Größen, die aus diskreten Teilen bestehen = *multitudines*, Mengen:⟩ „Ebenso, wenn zwei Mengen (*multitudines*) sich so verhalten, daß jeder Einheit der einen eine Einheit der anderen entspricht, dann ist die eine weder größer noch kleiner als die andere. Das erscheint als an sich gesichert (*per se manifestum*), da ja die eine die andere nicht überragt." Damit ist einmal ausdrücklich gesagt, was schon mehrfach benutzt worden ist, nämlich daß zwei Mengen „gleich" (in unserer Ausdrucksweise „gleichmächtig") sind, wenn sie sich bijektiv aufeinander abbilden lassen.

3. Unendliches hat zu Unendlichem (vielleicht ist das ein Schreibfehler; es sollte „Endlichem" heißen) kein endliches Verhältnis.

Die erste *Conclusio* lautet nun: „Keine unendliche Größe ist größer oder kleiner als eine andere unendliche Größe" ⟨der gleichen Art⟩.

Unter den Argumenten erscheint die Umwandlung eines Balkens in eine Kugel, und für Mengen aus diskreten Elementen das folgende: Es sei eine Fläche von 1 Quadratfuß in proportionale Teile geteilt. Auf das erste Feld lege man „etwas Weißes" ⟨einen weißen Stein⟩, auf das zweite Feld etwas Schwarzes, auf das dritte wieder etwas Weißes usw. Nun nehme man den schwarzen Stein vom zweiten Feld weg und ersetze ihn durch den nächsten weißen Stein und verfahre entsprechend mit den übrigen schwarzen Steinen. Schließlich (am Ende einer Stunde) sind alle Felder mit weißen Steinen besetzt, also waren ebensoviele weiße Steine vorhanden wie weiße und schwarze Steine zusammen. Man kann das so interpretieren: Es gibt ebensoviele ungerade Zahlen wie ganze Zahlen, aber in dieser Form sagt Albert das nicht.

Albert beweist die *Conclusio* auch allgemein; den etwas komplizierten (und natürlich falschen) Beweis übergehe ich. Daß der Satz – modern ausgedrückt: Alle unendlichen Mengen sind gleichmächtig – falsch ist, hat freilich erst Georg Cantor 1874 bewiesen.

Für die zweite *Conclusio* benutzt Albert wieder drei *Suppositiones*:
1. Ein Teil einer Größe ist nicht gleich der Größe, deren Teil er ist.
2. Wenn eine Größe eine andere überragt und nicht von einem Teil der anderen überragt wird, so sind die Größen ungleich.
3. Wenn Gleiches von Gleichem weggenommen oder Gleiches zu Gleichem hinzugefügt wird, sind die Ergebnisse gleich.

Die erste dieser *Suppositiones* hat Albert schon im ersten Teil benutzt, um zu beweisen, daß es verschieden große unendliche Größen gibt. Jetzt formuliert er als zweite *Conclusio*: *Aliqua duo infinita non sunt equalia.* „Es gibt zwei unendliche Größen, die ungleich sind".

Den Widerspruch zwischen der ersten und zweiten *Conclusio* will Albert durch die dritte *Conclusio* überwinden: „Keine unendlichen Größen sind miteinander vergleichbar“ (*Nulla infinita sunt adinvicem comparabilia*). Das ist etwa im Sinne von „inkommensurabel“ zu verstehen.

Aber diese *Conclusio* widerspricht ja der Tatsache, daß der unendliche Balken gleich der unendlichen Kugel ist, also diese beiden unendlichen Größen jedenfalls vergleichbar sind.

Albert schließt: Aus der Annahme, daß Unendliches existiere, folgen lauter Widersprüche, also *impossibile est esse infinitum*, „es ist unmöglich, daß Unendliches *ist*“ ⟨d. h. aktual existiert⟩.

Vgl. Sesiano 88.

Albert (und nicht er allein) hat bemerkt, daß bei unendlichen Mengen eine echte Teilmenge auf die ganze Menge bijektiv abbildbar sein kann. Das steht im Widerspruch zu Euklid's Axiomen „Was einander deckt, ist einander gleich“ und „Das Ganze ist größer als sein Teil“. Darüber ist man damals nicht hinweggekommen. Noch Galilei folgert „daß die Attribute „groß“, „klein“, „gleich“ weder zwischen Unendlichen noch zwischen Unendlichem und Endlichem statthaben können“ [Discorsi . . . , 1. Tag. Ed. Öttingen, S. 32].

2.5.3. Das Kontinuum

Aristoteles erklärt [Physik V, 3 = 226b–227a] die folgenden Begriffe: Gegenstände heißen

ephexēs = aufeinanderfolgend, wenn zwischen je zweien sich nichts derselben Gattung befindet; als Beispiel nennt er Häuser ⟨die getrennt an einer Straße stehen⟩;

echomenon = sich anreihend (Übers. von Prantl), wenn zwei aufeinanderfolgende sich berühren, d. h. wenn nichts zwischen ihnen liegt, ⟨ich würde an Häuser denken, die aneinanderstoßen, aber jedes eigene Wände haben⟩;

syneches = zusammenhängend, lat. *continuum*, wenn bei zwei sich berührenden Gegenständen die ⟨Teile der⟩ Grenzen, mit denen sie sich berühren, zusammenfallen ⟨also wenn zwei Häuser eine gemeinsame Wand haben⟩.

Ein Kontinuum ist eine Größe, die sich in gleichartige zusammenhängende Teile zerlegen läßt [Metaph. *Δ* 13 = 1020a 7 ff., s. auch A.u.O., S. 107]. Geht die Teilung ins Unendliche oder endet sie bei unteilbaren Teilen (= Atomen; ich verwende dieses Wort hier in diesem strengen Sinne)? Kann ein Kontinuum aus Atomen bestehen? Aristoteles sagt ungefähr [Physik VI, 1]: Bei einem Atom gibt es keinen Unterschied zwischen Grenze und Innerem, es ist sozusagen ganz Grenze. Wenn die Grenzen zweier Atome zusammenfallen, so fallen die Atome ganz zusammen. (Aristoteles meint anscheinend, daß das auch der Fall ist, wenn sie sich nur berühren.) Ein Kontinuum kann also nicht aus Atomen bestehen, geometrisch: eine Strecke kann nicht aus Punkten bestehen.

Man hat auch an die Möglichkeit gedacht, daß eine unteilbare Strecke nicht notwendig ein Punkt ist, sondern eine ⟨endliche?⟩ Länge hat [Über unteilbare Linien 969 b 33–970 a 3; ob diese Schrift von Aristoteles stammt, ist unsicher]. Alle Streckenatome müßten die gleiche Länge haben, sonst könnte man die kleinere auf der größeren abtragen, diese wäre also teilbar. Da nun jede Strecke in ⟨endlich viele?⟩ Streckenatome zerlegbar ist, hätten alle Strecken ein gemeinsames Maß, es gäbe keine inkommensurablen Strecken.

Diese Argumentation wurde noch verschärft. Man setze 16 unteilbare Teile (hier: Quadrate) so zusammen, daß sie ein Quadrat bilden. Dann würden sowohl die Seiten wie die Diagonale aus je vier unteilbaren Teilen bestehen, sie wären also nicht nur kommensurabel, sondern sogar gleich (Abb. 2.19). [Das Argument stammt wahrscheinlich von Avicenna und ist dem Abendland (Roger Bacon) durch Algazel bekannt geworden. Thijssen S. 27.]

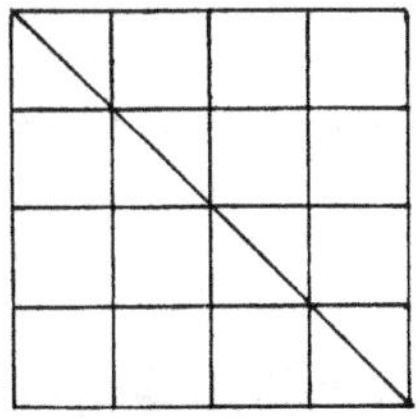

Abb. 2.19

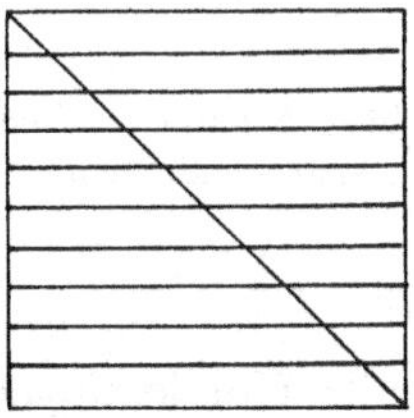

Abb. 2.20

Roger Bacon zitiert den Beweis von Algazel in seinen *Quaestiones* zur Physik [*Opera hactenus inedita*, ed. Steele, Bd. 13, S. 327, zit. nach Thijssen, S. 27], argumentiert aber im *Opus maius* [IV, Kap. 9] etwas anders (Abb. 2.20): Man verbinde alle Streckenatome einer Quadratseite mit denen der gegenüberliegenden Seite. Dann erfüllen diese Linien ⟨oder Streifen unteilbarer Breite⟩ das ganze Quadrat, ihre Schnitte mit der Diagonalen also die ganze Diagonale. Also ist die Diagonale aus ebensovielen Atomen zusammengesetzt wie die Seite.

Heinrich von Harclay hat die Meinung des Aristoteles nicht anerkannt. Er sagt: [Murdoch 82, S. 577]: Freilich berührt ein Unteilbares ein anderes im Ganzen, aber das ist auf zwei Weisen möglich: 1) in derselben Lage; dann findet Überlagerung statt, und unendlich viele Indivisiblen machen nicht mehr aus als eines; 2) in verschiedener Lage; dann kann etwas Größeres entstehen.

Dico quod indivisibile tangit indivisibile secundum totum, sed potest hoc esse dupliciter: vel totum tangit totum in eodem situ, et tunc est superpositio sicut dicit Commentator, et non faciunt infinita indivisibilia plus quam unum . . . . Si tamen indivisibile applicetur immediate ad indivisibile secundum distinctum situm, potest magis facere secundum situm.

Damit ist Heinrich von Harclay der modernen Auffassung sehr nahe, die Bolzano so ausgedrückt hat: Unendlich viele Punkte können so dicht liegen, daß man von einem Kontinuum sprechen kann, nämlich wenn in jeder noch so kleinen Nachbarschaft eines Punktes stets noch mindestens ein weiterer Punkt der Menge liegt. „Allerdings“, sagt Bolzano, „läßt es sich nicht mit den Fingern begreifen, allerdings auch nicht mit den Augen wahrnehmen; wohl aber wird es erkannt durch den Verstand. . .“ [Paradoxien des Unendlichen §38]. Daß die Definition von Bolzano ergänzungsbedürftig ist, hat Georg Cantor bemerkt. Davon ist später zu sprechen.

Heinrich von Harclay war Magister und von 1312 bis zu seinem Tode 1317 Kanzler der Universität Oxford. Wenige Jahre später studierte Bradwardine in Oxford. Er schrieb ein umfassendes Lehr- und Handbuch *De continuo.* Der Traktat beginnt mit Definitionen, dann folgen Postulate (*Suppositiones*), dann 150 (!) *Conclusiones,* in denen die verschiedenen Ansichten besprochen werden: Kann ein Kontinuum aus endlich vielen Atomen bestehen? Oder aus unendlich vielen, die entweder lückenlos aneinanderliegen (hier wird „*Henricus modernus*" zitiert) oder Zwischenräume haben? Alles das wird mit vielen Argumenten widerlegt, und schließlich bleibt die Ansicht von Aristoteles übrig: Kein Kontinuum besteht aus Atomen, vielmehr besteht jedes Kontinuum aus unendlich vielen Kontinuen der gleichen Art.

[Subow, Nr. 140]: Nullum continuum ex athomis integrari. – Corrollarium: Omne continuum ex infinitis continuis similis specie cum illo componi.

Bemerkungen

1. Ich habe alle Überlegungen übergangen, die mit dem Bewegungsbegriff arbeiten, obwohl sie bis auf Zenon von Elea zurückgehen.
2. Viele scholastische Gelehrte, nicht nur die hier genannten, haben viel Gedankenarbeit für die Untersuchung des Unendlichen und des Kontinuums aufgewandt. Dabei wurden auch einige Probleme gesehen oder geahnt, die später große Bedeutung erlangten:
1) daß klar gesagt wurde, daß zwei Mengen „gleich" sind, wenn sie bijektiv aufeinander abgebildet werden können;
2) daß man bemerkte, daß zwei unendliche Mengen „gleich" sein können, obwohl die eine eine echte Teilmenge der anderen ist;
3) daß bei der Frage, ob ein Kontinuum aus Punkten bestehen kann, auch – wenn auch dunkel – der Gedanke auftauchte, daß Punkte *secundum distinctum situm* dicht liegen können.

2.5.4. Thomas Bradwardine

Seine *Arithmetica speculativa* ist, wie im Titel gesagt wird, „aus den Büchern des Euklid, des Boetius und Anderer exzerpiert". Sie enthält dementsprechend die pythagoreische Zahlentheorie, wie sie bei Boetius zu finden ist.

2.5.4.1. Isoperimetrie. Die *Geometria speculativa* ist ein *breve compendium artis geometriae,* „aus den Büchern des Euklid, des Boetius und Campanus zusammengestellt".

A.G. Molland hat das Werk ausführlich besprochen [Arch. Hist. Exact Sci. **19**, 1978] und kritisch neu ediert [Stuttgart: Steiner 1988]. Ich danke Herrn Molland dafür, daß er mir schon vorher den revidierten Text des Abschnitts über die Isoperimetrie und einige wichtige Hinweise mitgeteilt hat.

Bradwardine behandelt auch einige Gegenstände, die bei Euklid nicht vorkommen, u. a. Sternpolygone (z. B.: Das Sternsechseck besteht aus zwei Dreiecken; daher ist die Summe seiner Winkel = $4R$), die Bedeckung der Umgebung eines

Punktes im Raum mit Kuben und Pyramiden, sowie die Frage, wieviel Kugeln gleichen Durchmessers eine solche Kugel berühren können. Wir besprechen das Kapitel *De ysoperimetricis* (Traktat I, Kap. 5). Das Kapitel ist in fünf *conclusiones* eingeteilt. Die erste *conclusio* erläutert das Wort: „Isoperimetrisch sind Figuren, die eine zur anderen, deren Umfänge gleich sind." Das wird etymologisch erklärt; weshalb diese Erklärung *conclusio* heißt, ist nicht recht verständlich.

2. *conclusio.* „Von allen umfangsgleichen Polygonen ist das, welches mehr Ecken (Winkel *) hat, größer".

„Diesen Schluß zeige ich an den ersten Polygonen, nämlich dem Dreieck und dem Viereck. Ich nehme also ein gleichseitiges oder gleichschenkliges Dreieck an (Abb. 2.21). Wenn es gleichschenklig ist, seien *AB* und *AC* die gleichen Seiten. Dann errichte ich im Punkte *D*, der Mitte der Basis, die Senkrechte *DA*, die das Dreieck in zwei gleiche Dreiecke teilt, Dann zeichne ich *AE* parallel und gleich zu *DC*, und *CE* parallel zu *AD*. . . . . Ich behaupte erstens, daß das Viereck *ADEC* die gleiche Fläche hat wie das Dreieck *ABC*. Zweitens behaupte ich, daß das Viereck kleineren Umfang hat als das Dreieck. Daraus schließe ich, daß, wenn man den Umfang des Vierecks vergrößert, bis er dem Umfang des Dreiecks gleich wird, die Fläche des Vierecks ⟨*ADGF*⟩ größer ist als die des umfangsgleichen Dreiecks."

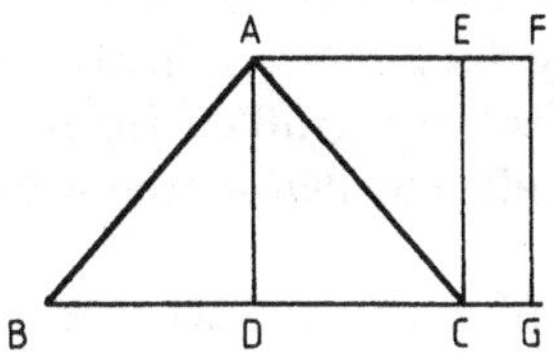

Abb. 2.21

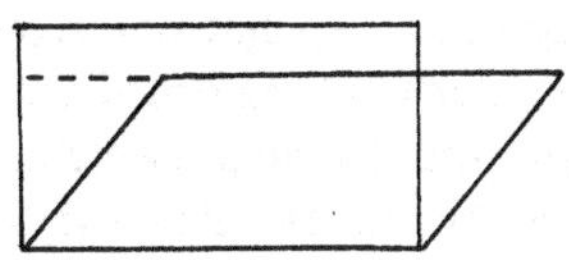

Abb. 2.22

⟨Es folgen ausführliche exakte Beweise der angegebenen Behauptungen.⟩

„Der Satz ist also richtig für Dreiecke und Vierecke, gilt aber allgemein für alle ⟨Polygone⟩, (weil die größere Zahl der Ecken eine Dilatation der Figur bewirkt, die an den Stellen der Ecken weiter vom Zentrum zurückweicht; und so bewirkt die größere Zahl der Ecken ceteris paribus eine größere Ausdehnung der Figur . . .)"

3. *conclusio.* „Von allen umfangsgleichen Polygonen mit gleicher Anzahl der Winkel ist das gleichwinklige das größere."

Bradwardine beweist das für das Parallelogramm und das Rechteck, wie in Abb. 2.22 angedeutet, und behauptet es für alle derartigen Polygone.

4. *conclusio.* „Von allen umfangsgleichen Polygonen mit gleichvielen Seiten und gleichen Winkeln ist das gleichseitige größer."

Bradwardine führt aus, daß das Rechteck mit den Seiten 2 und 4, dessen Umfang 12 und dessen Fläche 8 ist, kleineren Flächeninhalt hat als das Quadrat mit der Seite 3, das ebenfalls den Umfang 12, aber die Fläche 9 hat (Abb. 2.23), und sagt: „Und so wird bei jeder Art von Figuren die reguläre die mit größtem Inhalt sein, wenn Gleichheit der Umfänge vorausgesetzt ist."

---

* Das lat. Wort *angulus* bedeutet sowohl Ecke wie Winkel.

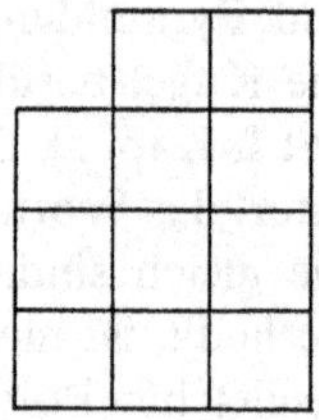

Abb. 2.23

„Nachdem wir nun von regulären und, auch der Art nach, unähnlichen Figuren ausgehend zu regulären Figuren gekommen sind, fügen wir jetzt einen Schluß über den Kreis hinzu, der von allen Figuren die regelmäßigste und einförmigste ist (*regularissima et uniformissima*)."

5. *conclusio.* „Von allen umfangsgleichen Figuren ist der Kreis die größte. Daraus folgt, daß der Kreis unter den gleichen Flächen von der kürzesten Linie umschlossen wird.

Dieser Schluß ergibt sich aus den drei vorangehenden.

Wenn nämlich die Figur größer ist, die mehr Ecken (Winkel) hat (wie der erste der drei Schlüsse sagt), der Kreis aber ganz und gar Winkel ist, wie im 3. Buch „Über den Himmel" gesagt ist, – denn der Umfang des Kreises ist in allen Punkten gekrümmt . . . – so hat der Kreis in dieser Hinsicht den größten Inhalt, . . . und zwar weil der Umfang des Kreises gleichmäßig an allen Stellen so weit wie möglich vom Mittelpunkt zurückweicht. .

Ferner: Wenn die gleichwinklige Figur die größte ist, wie der zweite Schluß sagt, der Kreis aber in höchstem Maße gleich in seinen Krümmungen ist, weil sein Umfang gleichförmig gekrümmt ist, so folgt, daß auch in dieser Hinsicht der Kreis am größten ist.

Schließlich: Wenn die gleichseitige Figur die größte ist, wie der dritte Schluß sagt, der Kreis aber in höchstem Maße gleich in seinen Seiten ist – das geht aus dem Folgenden hervor: Wenn ein gleichseitiges Polygon dem Kreis einbeschrieben wird, so schneidet jede Seite des Polygons ein gleiches Stück des Kreisumfangs ab, und diese Stücke sind sozusagen die Seiten des Kreises – so folgt, daß auch in dieser Hinsicht der Kreis am größten ist. Also ist in Bezug auf alle Bedingungen des Flächeninhalts der Kreis die größte unter den ebenen Figuren; und entsprechend die Kugel bei den Körpern."

Weder Zenodoros noch Bradwardine sagt, daß die Polygone konvex sein sollen; das werden wir ihnen nicht übelnehmen.

Man darf wohl annehmen, daß Bradwardine die Arbeit des Zenodoros gekannt hat, (vielleicht in einer etwas entstellten Form, aber einen Hinweis darauf gibt es nicht). Warum macht er es anders? Insbesondere: Warum ersetzt er die strengen Beweise des Zenodoros durch die Angabe von je einem Beispiel?

Sehen wir uns noch einmal die Arbeit des Zenodoros an: Satz 1 ist mit Rücksicht auf Satz 2 eigentlich überflüssig. Mit Satz 2 macht er den zweiten Schritt vor dem ersten: er geht vom regulären Polygon zum Kreis über, und nachher erst vom beliebigen Polygon zum regulären.

Bradwardine geht systematisch von einem beliebigen Polygon aus und geht zunächst zu einem ebensolchen mit mehr Ecken über. Und er benutzt diese Aussage bei der ersten der drei Argumentationen für die Maximaleigenschaft des Kreises.

Leider ist der Satz falsch. Ein Gegenbeispiel kann man sich, angeregt durch Quintilian (1.2.2.3), so zurechtlegen: Das gleichseitige Dreieck mit der Seite 40 hat die Fläche

$$F = s^2 \cdot \sqrt{3}/4 .$$

Mit der Näherung $\sqrt{3} = 7/4$ ist das $= 700$. Ein Rechteck mit den Seiten 59 und 1 hat den gleichen Umfang, aber die Fläche 59.

Indes braucht Bradwardine eigentlich nur die Aussage: Zu jedem Polygon gibt es ein umfangsgleiches mit mehr Ecken und größerer Fläche.

Nun schreitet Bradwardine zuerst zu gleichwinkligen, dann zu gleichseitigen Polygonen und zum Kreis fort, dessen Maximaleigenschaft er als Grenzfall aus allen drei Argumenten ableitet.

Im Einzelnen: Bradwardine *kann* exakt beweisen. Das zeigen u. a. die Beweise zu den in der zweiten *conclusio* angegebenen Behauptungen, die ich gerade deshalb nicht wiedergegeben habe. Sind die Beispiele, die Bradwardine gibt, vielleicht einleuchtender als die mühsamen Beweise des Zenodoros?

Bradwardine hat als Theologe sicher Rhetorik gelernt. Zur Redekunst gehört neben vielem anderen auch die „Argumentation". „Ein Argument ist eine Überlegung, die für eine zunächst zweifelhafte Sache Vertrauen erzeugt." (*Argumentum ⟨esse⟩ rationem, quae rei dubiae faciat fidem*). Das steht in Ciceros Topik, in Boetius' Kommentar dazu und in anderen mittelalterlichen Schriften zur Rhetorik.

Für die Griechen war der exakte Beweis der einzige Weg zur Wahrheit; die Theologen des Mittelalters kannten andere Wege.

2.5.4.2. Das Bewegungsgesetz. Der Traktat „Über die Verhältnisse der Geschwindigkeiten bei Bewegungen" wurde 1328 fertiggestellt.

Mit Verhältnissen rechnete man damals noch grundsätzlich anders als mit Zahlen; man konnte sie nicht addieren oder multiplizieren, sondern nur „zusammensetzen".

1) Sind $A:B$, $B:C$ die beiden Verhältnisse, so ergibt die Zusammensetzung das Verhältnis $A:C$.

2) Haben die Verhältnisse $A:B$ und $C:D$ kein gemeinsames Mittelglied, so muß man sie zu $A \cdot C : B \cdot C$ und $B \cdot C : B \cdot D$ erweitern und erhält als zusammengesetztes Verhältnis $A \cdot C : B \cdot D$. Insbesondere ist $A^2 : B^2$ das „doppelte Verhältnis" von $A:B$.

3) Jedem Verhältnis wird ein Zahlenwert zugeschrieben (griech. *pēlikotēs*, lat. *denominatio*), nämlich der Wert, mit dem man das Hinterglied multiplizieren muß, um das Vorderglied zu erhalten. (Natürlich ist es problematisch, daß ich hier von einem „Zahlenwert" rede). Dem zusammengesetzten Verhältnis entspricht das Produkt der „Zahlenwerte".

Das alles geht schon auf die Antike zurück.

Bradwardine untersucht nun das Bewegungsgesetz des Aristoteles (s. A.u.O:, S. 160). Es besagt: Die Geschwindigkeit ⟨v⟩ ist proportional dem Verhältnis der bewegenden Kraft $\langle K \rangle$ zur Widerstandskraft des bewegten Gegenstandes $\langle W \rangle$. Wir würden das – mit dem Proportionalitätsfaktor k – so schreiben:

$$v = k\,(K : W)\,.$$

Aristoteles hat bereits bemerkt, daß dieses Gesetz nicht allgemein gilt: bei einer kleinen Kraft und einer großen Masse kommt unter Umständen überhaupt keine Bewegung zustande. Deshalb interpretiert Bradwardine das Gesetz so: „Das Verhältnis der Geschwindigkeiten *folgt* dem Verhältnis der bewegenden Kraft zur (Widerstands-)Kraft des bewegten Gegenstandes," (*proportio velocitatum in motibus sequitur proportionem potentiae motoris ad potentiam rei motae*) und zwar so, daß dem doppelten Verhältnis von $K : W$, also $(K : W)^2$, die doppelte Geschwindigkeit $2v$ entspricht. In unserer Schreibweise wäre das allgemein

$$n \cdot v = n \cdot f(K : W) = f\,((K : W)^n)\,,$$

d. h. es wäre

$$v \sim \log\,(K : W)\,.$$

Den Begriff des Logarithmus gab es zur Zeit von Bradwardine noch nicht. Zu sehen war aber, daß v nur dann > 0 ist, wenn $K > W$ ist. Bradwardine prüft sein Gesetz nicht an der Erfahrung (wie sollte er auch z. B. die *potentia rei motae* messen?), sondern stützt es durch Interpretation der Texte der Aristoteles-Kommentare.

Soll man in diesen Überlegungen und besonders in dem Wort *sequitur* eine Vorahnung davon sehen, daß es außer der einfachen Proportionalität noch andere funktionale Zusammenhänge gibt?

Über Bradwardines *Tractatus de continuo* wurde in 2.5.3 gesprochen, über seine Überlegungen zum Unendlichen in dem theologischen Werk *De causa Dei contra Pelagium* in 2.5.2.

2.5.5. Nicole Oresme

2.5.5.1. Latitudo formarum. Nach Aristoteles ist jeder Körper eine Kombination aus Stoff und Form, wobei „Form" ungefähr die Gesamtheit der Eigenschaften bzw. Qualitäten bedeutet. Die Qualitäten „kalt" und „feucht" bestimmen die Form „Wasser" usw. Wenn aus zwei Körpern ein neuer Körper zusammengesetzt wird, und zwar im Sinne einer chemischen Verbindung, aber vielleicht auch im Sinne des Zusammenschüttens von Wasser verschiedener Temperatur, so ist zu fragen, in welcher Weise die Formen der Bestandteile (bei Wasser gehört der Grad der Wärme dazu) in der Form des Zusammengesetzten enthalten sind. Offenbar müssen die Formen oder besser die die Form bestimmenden Qualitäten eine Vermehrung (*intensio*, hier im Sinne von „Intensivierung") oder Verminderung (*remissio*) erleiden können. So kommt es zur Betrachtung der Quantität der Qualitäten. Damit haben sich mehrere Magister von Oxford und Paris (die nicht zeitlebens Magister blieben) beschäftigt (s. hierzu besonders die Arbeiten von Anneliese Maier). Nicole Oresme hat eine graphische Darstellung eingeführt.

Die Qualität eines Körpers hat eine Ausdehnung (*extensio*) über den ganzen Körper hin und eine Intensität (*intensio*) an jedem Punkt des Körpers. Wir können etwa an die Temperaturverteilung in einem Stab denken. Die Theorie wird auch auf die Bewegung angewandt; in diesem Falle ist die Ausdehnung die Zeit, die Intensität die Geschwindigkeit.

Bei einer linearen Ausdehnung wie in den genannten Beispielen stellt Oresme die Ausdehnung als Länge (*longitudo*), die Intensität durch dazu senkrechte Strecken (als Breite = *latitudo*; daher der Titel *latitudo formarum*) dar. Dazu sagt er: „Denn welches Verhältnis zwischen Intensitäten derselben Art gefunden wird, wird auch zwischen den Strecken gefunden und umgekehrt." [Zitiert nach Becker, Grundlagen, S. 131].

Man unterscheidet die folgenden Arten der Verteilung der Quantität:

1) *uniformis* = gleichförmig; die Grenzlinie der Breiten ist eine zur Grundlinie parallele Gerade (Abb. 2.24a);

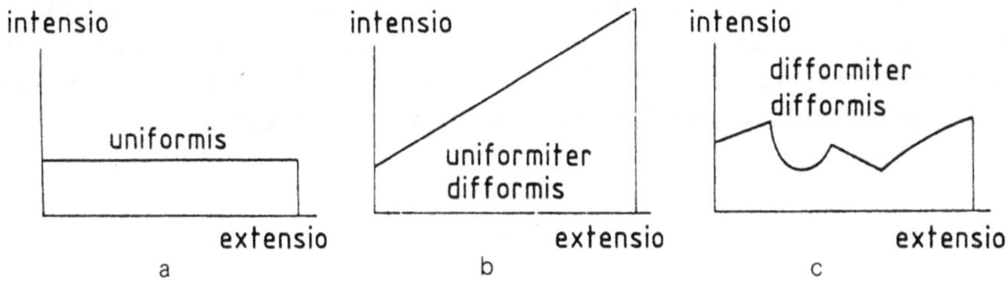

Abb. 2.24

2) *uniformiter difformis* = gleichförmigerweise ungleichförmig (Abb. 2.24b); Oresme beschreibt sie dadurch, daß „drei oder mehr beliebige Linien, die untereinander gleichweit abstehen, sich gemäß einer arithmetischen Proportion gegenseitig übertreffen, so daß um wieviel die eine die andere übersteigt, um so viel die dritte unmittelbar folgende die zweite übertrifft. Woraus hervorgeht, daß die höchste Linie (die Gipfelkurve) . . . eine Gerade in ungleichem Abstand von der Basis ist" [Becker, S. 132. Beide Zitate aus den *Quaestiones disputatae de Euclidis elementis*].

Oresme beweist auch [*Tract. de configuratione intensionum, pars III, cap.* 8, zitiert nach Becker, S. 132–134]: „Jede gleichförmigerweise ungleichförmige Qualität hat dieselbe Quantität ⟨in der graphischen Darstellung ist das die Fläche⟩, als wenn sie gleichfömig demselben Objekt zukommen würde mit dem Grade des mittleren Punktes", und zwar durch die Kongruenz der Dreiecke EFC und EGB (Abb. 2.25). Der Satz wurde bereits von Heytesbury und von Swineshead bewiesen.

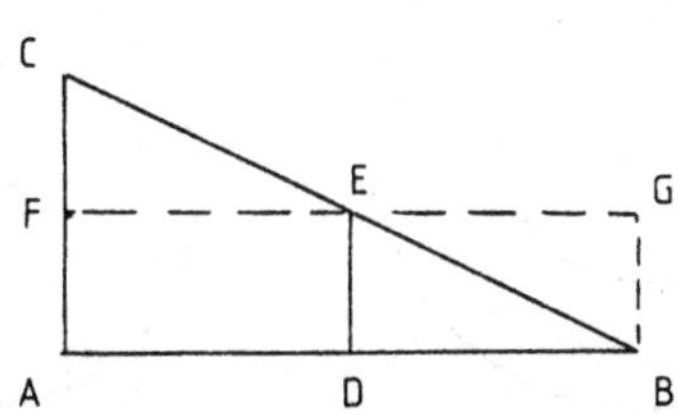

Abb. 2.25

Daß die Fallbewegung eine gleichförmig beschleunigte Bewegung, also uniformiter difformis, ist, sagt Oresme nicht. Das hat erst Domingo de Soto ausgesprochen [*Quaestiones super octo libros Physicorum Aristotelis*, gedruckt 1555; nach Clagett, Science of Mechanics in the Middle Ages, S. 555, Fußn. 21]. Galilei hat es durch Versuche bestätigt.

3) *difformiter difformis*, d. h. beliebig ungleichmäßig (Abb. 2.24c).

2.5.5.2. Krümmung. Oresme wendet diese Darstellung auch auf die Krümmung einer Kurve an. In diesem Falle ist die Ausdehnung die Länge der Kurve, die Intensität das Maß der lokalen Krümmung. Aber wie kann man die Krümmung messen? Oresme sieht dafür zwei Möglichkeiten: die eine wäre, sie durch die Abweichung von der Geradheit, also durch den Berührungswinkel, zu messen. Da gibt es Schwierigkeiten, z. B. weil – nach Oresme – ein Winkel zwischen einer Geraden und einer Kurve (BAC) und ein Winkel zwischen zwei Kurven (CAD) inkommensurabel sind (Abb. 2.26). Wir dürfen den Grund wohl darin sehen, daß es damals kein brauchbares Maß für den Berührungswinkel gab.

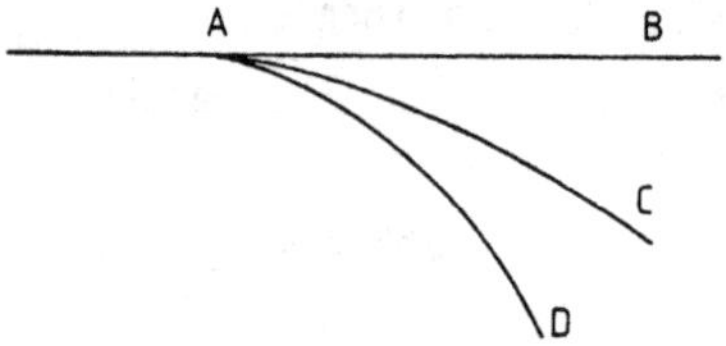

Abb. 2.26

Die zweite Möglichkeit beschreibt Oresme so: Zunächst ist die Krümmung eines Kreises gleichförmig (*uniformis*) und umgekehrt proportional dem Durchmesser. Da die *extensio*, der Kreisumfang, dem Durchmesser direkt proportional ist, ist das Gesamtmaß der Krümmung bei allen Kreisen dasselbe.

Die Krümmung anderer Kurven will Oresme erfassen, indem er sie sich durch Bewegung eines Punktes auf einem sich drehenden Strahl erzeugt denkt. Bleibt der Punkt bei der Drehung auf dem Strahl fest, so entsteht ein Kreis, die Krümmung ist konstant (Abb. 2.27). Bewegt sich der Punkt mit gleichförmiger Geschwindigkeit,

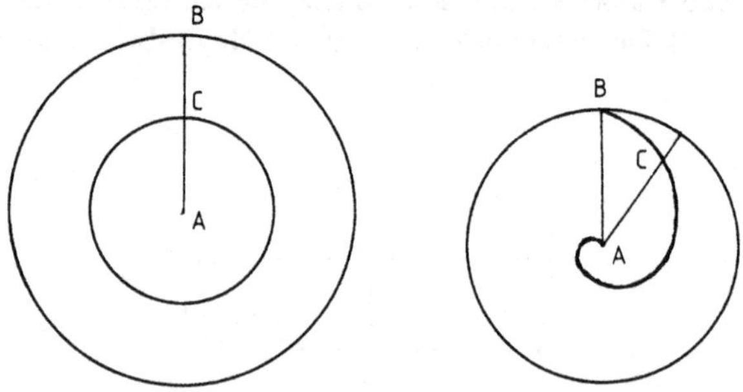

Abb. 2.27. Aus Oresme: *Tractatus de configurationibus qualitatum*, ed. Clagett. S. 221

so entsteht eine (Archimedische) Spirale. Ihr schreibt Oresme eine gleichmäßig veränderliche (*uniformiter difformis*) Krümmung zu. (Tatsächlich ist die – modern definierte – Krümmung der Archimedischen Spirale nicht linear vom Drehwinkel abhängig.) [*Tractatus de configurationibus qualitatum* . . . , ed. Clagett, Kap. 20, 21].

Soweit mir bekannt ist, ist dies der erste Versuch, die Krümmung einer Kurve quantitativ zu untersuchen.

Wenn die Ausdehnung nicht nur eine Linie, sondern eine Fläche ist, erhält man als Gesamtmaß der Qualität einen Körper. Die Qualität eines Körpers müßte man sich vierdimensional „in einer anderen Art von Quantität" vorstellen (*qualitas corporis ymaginabitur habere 4*^{or} *dimensiones in alio genere quantitatis*). Jedoch meint Oresme sofort, das sei nicht nötig. Denn durch Bewegung eines Punktes entsteht eine Linie, durch Bewegung einer Linie entsteht eine Fläche, aber durch Bewegung eines Körpers entsteht nur wieder ein Körper (*non oportet, si corpus ymagitur fluere, quod causet 4*^{m} *genus quantitatis, sed solum corpus*) [*Quaest. super geometriam Euclidis, Quaestio* 10, fol. 27 r, b, ed. Busard S. 27].

2.5.5.3. Geometrische Reihen. In der zweiten der genannten *Quaestiones* fragt Oresme, „ob eine Größe durch Hinzufügen proportionaler Teile ins Unendliche vergrößert werden könne" (*Utrum magnitudini possit fieri addicio in infinitum per partes proporcionales*) [fol. 34 r–v, ed. Busard S. 3–6]. Nach Argumenten, die *gegen* diese Möglichkeit sprechen, führt er *für* diese Möglichkeit u. a. an, daß eine unendliche geometrische Reihe eine unendliche Summe hat, wenn der Quotient $\geqq 1$ ist, und eine endliche Summe, wenn er < 1 ist.

Notandum . . . quod, si fiat addicio in infinitum per partes proporcionales in proporcione equalitatis vel maioris inequalitatis, totum fieret infinitum; si non, fiat hoc secundum proporcionem minoris inequalitatis, nunquam fieret infinitum, etsi fieret addicio in infinitum.

Oresme bemerkt auch: Wenn die Glieder der Reihe abnehmen, aber nicht proportional, so kann die Summe unendlich sein. „Zu einer Größe von 1 Fuß werde im ersten proportionalen Teil einer Stunde 1/2 Fuß, im zweiten Teil 1/3 Fuß, dann 1/4 Fuß, 1/5 Fuß hinzugefügt, und so ins Unendliche nach der Ordnung der Zahlen, dann, behaupte ich, wird das Ganze unendlich sein. Das wird folgendermaßen bewiesen: Es existieren unendlich viele Teile, von denen jeder größer als 1/2 Fuß ist, also ist das Ganze unendlich. Der Vordersatz gilt, weil 1/4 und 1/3 mehr sind als 1/2, ähnlich 1/5 bis 1/8, dann bis 1/16 und so bis ins Unendliche."

2.5.5.4. Hat Oresme gebrochene Exponenten eingeführt? In seiner Schrift „Über die Verhältnisse von Verhältnissen" (*De proportionibus proportionum*) stellt er das Rechnen mit Verhältnissen sehr klar dar. Man kann Verhältnisse „addieren" im Sinne von „zusammensetzen" (s. 2.5.4.2) und infolgedessen auch subtrahieren und mit ganzen Zahlen multiplizieren.

⟨Ich bezeichne ein Verhältnis mit einem großen Buchstaben, das Zusammensetzen mit $*$, die Multiplikation mit Zahlen mit $\times$. In dieser Bezeichnung ist

$$3 \times A = A * A * A \,.\rangle$$

Man kann auch zu einem Verhältnis $B = b_1 : b_2$ ein Verhältnis A angeben, für das $3 \times A = B$ ist, indem man geometrische Mittel a_1, a_2 einschaltet, so daß

$$b_1 : a_1 = a_1 : a_2 = a_2 : b_2$$

ist. (Daß man sie nicht immer ohne Weiteres berechnen kann, weiß Oresme.) Dann wäre A als $\frac{1}{3} \times B$ zu bezeichnen, und es ist auch klar, was

$$A = \frac{m}{n} \times B\,, \quad \text{mit ganzen Zahlen } m, n\,,$$

bedeutet. *Wir* würden dafür $A = B^{m/n}$ schreiben, aber für Oresme ist das eine Multiplikation eines Verhältnisses mit einem rationalen Verhältnis, oder m.a.W. $m : n$ ist das Verhältnis der Verhältnisse A und B.

Es gibt irrationale Verhältnisse, die zu einem rationalen Verhältnis in einem rationalen Verhältnis stehen ⟨z. B. $\sqrt{2} : 1 = \frac{1}{2} \times (2 : 1)$⟩. Daß es auch irrationale Verhältnisse gibt, bei denen das nicht der Fall ist, hält Oresme für wahrscheinlich, sagt aber: „Das weiß ich nicht zu beweisen; aber wenn das Gegenteil wahr wäre, ist ⟨wäre?⟩ es unbeweisbar und unbekannt" (*Istud, tamen, nescio demonstrare sed si oppositum sit verum est indemonstrabile et ignotum*) [S. 162]. Das besagt in unserer Ausdrucksweise, daß nicht alle irrationalen Zahlen Wurzelausdrücke sind.

Oresme meint auch, daß es viel mehr irrationale als rationale Verhältnisse gibt, und daß deshalb die Bewegungen der Himmelskörper höchstwahrscheinlich inkommensurabel sind (*verisimillimum est quod aliquis motus celi sit alicui motui alterius orbis incommensurabilis*) [S. 304].

2.5.6. Bemerkungen und Ergänzungen

Einen großen Teil der Anstrengungen der Gelehrten des 14. Jh., besonders in Oxford und Paris, möchte ich dem Stichwort „Verfeinerung der Begriffe und Ansätze des Aristoteles" unterordnen. Da ist z. B. die Frage, in welcher Weise in einem zusammengesetzten Körper die „Formen" (Qualitäten) der Bestandteile enthalten sind. Sie zwingt dazu, die Quantität der Qualitäten zu beachten und die Verteilung der Intensität über die Ausdehnung des Körpers zu untersuchen. Das ist mindestens eine Vorbereitung des Funktionsbegriffs, wenn man nicht schon etwas mehr darin sehen will.

Bei der Unterscheidung zwischen gleichmäßiger (*uniformis*), gleichmäßig ungleichförmiger (*uniformiter difformis*) und vollständig ungleichförmiger (*difformiter difformis*) Verteilung ist besonders der mittlere Begriff wichtig, der bei Anwendung auf die Bewegung den Begriff der gleichförmigen Beschleunigung ergibt. Dazu gehört eine für diesen Fall brauchbare Definition der Momentangeschwindigkeit, die sich z. B. bei Heytesbury findet [A. Maier: An der Grenze von Scholastik und Naturwissenschaft, 1943, S. 285], nämlich als diejenige Geschwindigkeit, die ein Körper haben würde, wenn er sich von dem betrachteten Augenblick an mit konstanter Geschwindigkeit bewegen würde. Dabei bleibt freilich offen, wie man diese Momentangeschwindigkeit messen oder berechnen kann; das wurde erst mit Hilfe eines Grenzübergangs möglich.

Ich sehe darin auch einen Zusammenhang mit den – wieder auf Aristoteles zurückgehenden – Überlegungen über das Kontinuum. Leibniz schreibt an anderer Stelle [Mathem, Schriften, ed. Gerhardt, Bd. 7, S. 273]: „Man muß aber wissen, daß eine Linie nicht aus Punkten zusammengesetzt ist, auch eine Fläche nicht aus Linien, ein Körper nicht aus Flächen, sondern eine Linie aus Linienstückchen (*ex lineolis*), eine Fläche aus Flächenstückchen, ein Körper aus Körperchen, die unendlich klein sind (*ex corpusculis indefinite parvis*). Das heißt, es wird gezeigt, daß zwei ausgedehnte Größen verglichen werden können ⟨und zwar auch dann, wenn sie inkommensurabel sind⟩, indem man sie in gleiche oder kongruente Teile zerlegt, die beliebig klein sind, . . . und daß dabei der Fehler kleiner als einer der Teile wird.“ Die Einführung des „beliebig kleinen Fehlers“ macht das Unendlich-Kleine durch Endliches erfaßbar.

Bradwardines Bewegungsgesetz möchte ich als eine Verfeinerung des aristotelischen ansehen; er selbst hat es als eine genauere Interpretation aufgefaßt. Beide Formen waren insofern gleichwertig, als man damals im allgemeinen sicher nicht zwischen

$$v \text{ proportional } K:W \quad \text{und} \quad v \text{ proportional } \log(K:W)$$

experimentell entscheiden konnte; nur in der Nähe von $K:W=1$ war Bradwardines Form noch möglich, während die Form von Aristoteles versagte, wenn man sie auf diese Fälle anwandte, was Aristoteles ausdrücklich abgelehnt hat. Wichtig erscheint mir, daß überhaupt eine Änderung des Gesetzes in Betracht gezogen wurde.

Bei der Wurfbewegung kann die Meinung des Aristoteles, daß es keine fernwirkenden Kräfte gäbe, durchaus aufrecht erhalten werden. Man muß sie nur ergänzen durch die Annahme, daß dem geworfenen Körper eine „bewegende Kraft“ mitgegeben wird, die schon Philoponos eingeführt und die Buridan unter dem Namen *impetus* genauer untersucht hat.

Bradwardine, Oresme, Albert von Sachsen und andere Gelehrte jener Zeit waren Theologen, und ich meine: das zeigt sich auch daran, welchen Fragestellungen sie sich mit besonderem Fleiß zuwandten. Das Unendliche hängt mit der Allmacht Gottes zusammen, und mit der Frage, ob die Welt seit Ewigkeit besteht oder vor endlicher Zeit geschaffen wurde. Die isoperimetrische Eigenschaft der Kugel zeigt, daß Gott der Welt eine zweckmäßige Form gegeben hat. Bei den Fragen nach dem Aufbau der Materie und den Gesetzen der Bewegung wäre es nicht angebracht, nach einer unmittelbaren Beziehung zur Religion zu suchen, wenn auch allgemein das Verständnis des Weltgeschehens zur Erkenntnis der Größe und Weisheit Gottes führen soll. Jedenfalls ist es Grundlagenforschung ohne Berücksichtigung praktischer Anwendung.

Diese Untersuchungen erreichten im 14. Jh. einen Höhepunkt, danach trat ein Stillstand ein, vielleicht auch als Folge der großen Pestepidemien. Mir scheint, man durchforschte zwar die Ausführungen des Aristoteles mit gründlicher Kritik, blieb aber im Ganzen im Rahmen seines Weltbildes. Erst Galilei brachte hier den Durchbruch – um es durch ein Schlagwort anzudeuten: den absoluten Vorrang des Experiments vor der Überlieferung.

2.5.7. Praktische Mathematik

Hier verlief die Entwicklung eher stetig. Lehrbücher der Vermessungsgeometrie wurden sozusagen in regelmäßigen Abständen geschrieben, etwa im 9. Jh. die *Geometria incerti auctoris*, im 11. Jh. „Boetius" Geometrie II, im 12. Jh. die *Practica geometriae* von Hugo von St. Victor, 1220 die *Pratica geometriae* von Leonardo von Pisa. 1246 folgte eine *Practica geometriae* von Dominicus von Clavasio, der an der Pariser Universität lehrte.

Sie ist eingeteilt in *altimetria* (Messung von senkrechten oder waagerechten Längen mit Stangen oder mit dem Quadranten), *planimetria* (Konstruktion und Flächenberechnung ebener Figuren, auch Berechnung der Oberflächen von Kegel und Zylinder), *stereometria* (Volumenberechnung von Prisma und Kugel).

Etwa zur gleichen Zeit beschrieb Levi ben Gerson (1288–1344) ein neues Vermessungsgerät, den Jakobstab (*baculus Jacob*).

Levi ben Gerson lebte in Orange und besuchte gelegentlich Avignon, wo sein Bruder Arzt bei Papst Clemens VI war. Sein Werk *Milhamot Adonai* (Die Kriege des Herrn) ist eine Religionsphilosophie, in der die – auch einzeln überlieferte – Astronomie einen breiten Raum einnimmt (in einer der Handschriften 257 Folios). Darin wird der Jakobstab beschrieben. Auf einem Stab, der mit einer Skala versehen ist, ist eine quadratische Platte verschiebbar. Will man den Winkel zwischen zwei Sternen messen, so ist das Gerät so zu stellen, wie es die Abb. 2.28 zeigt.

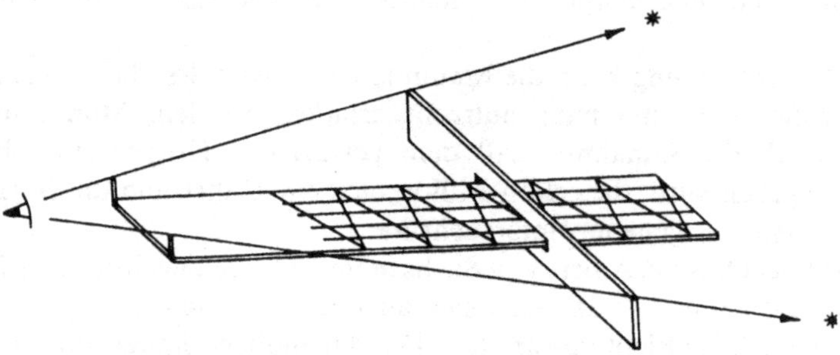

Abb. 2.28. Der Jakobstab nach der Beschreibung von Levi ben Gerson. Aus: B. R. Goldstein: The Astronomy of Levi ben Gerson. 1985, New York, Berlin: Springer 1985, S. 147

Levi ben Gerson nennt sein Gerät gelegentlich *megalleh amuqqot* (*secretum revelator*), anscheinend in Anlehnung an Hiob 12, 22: „Er öffnet die finsteren Gründe und bringt heraus das Dunkel an das Licht." Die Bezeichnung „Jakobstab" soll auf Genesis 32, 10 zurückgehen. Jakob war aus Furcht vor seinem Bruder Esau außer Landes gegangen und so reich geworden, daß er seine Gefolgschaft und sein Vieh in zwei „Heere" einteilen konnte, als er nach Jahren zurückkehrte. Er sagt: „Ich hatte nicht mehr als diesen Stab, als ich über den Jordan ging, und nun bin ich zwei Heere geworden." [Nach J. Samsó in DSB VIII, 1973].

Eine vereinfachte Form beschreibt G. Reisch in der *Margarita Philosophica* [benutzte Ausgabe: 1504; Buch VI, Tract. II, Kap. 4]. In einem Stab sind in gleichen Abständen Löcher angebracht, in die ein Stab gesteckt werden kann, dessen Länge gleich dem Abstand der Löcher ist (Abb. 2.29). Will man z. B. die Höhe eines Turmes messen, so hat man ihn von zwei Stellen aus anzuvisieren, die so zu wählen sind, daß der Stab einmal in das *n-te* und einmal in das $(n+1)$*-te* Loch gesteckt ist (Abb. 2.30). Dann gilt

$$\frac{n}{1} = \frac{s}{h}, \quad \frac{n+1}{1} = \frac{s+d}{h},$$

also ist $h = d$.

Abb. 2.29. Aus G. Reisch: *Margarita philosophica*

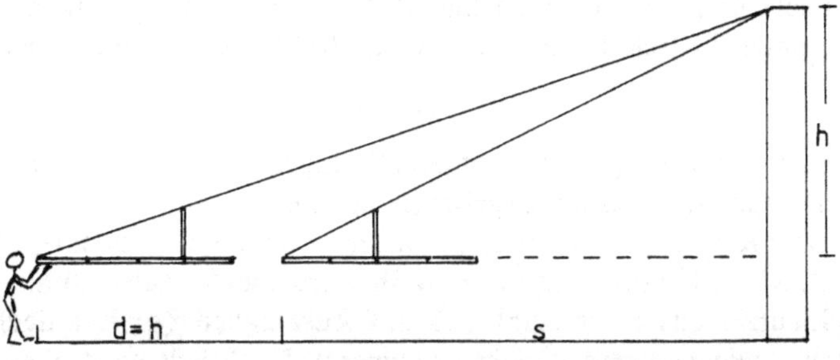

Abb. 2.30. Messung der Höhe eines Turmes

Abb. 2.31. Aus Orontius Fineus: *Geometria practica*

Das Bild in der *Margarita philosophica* zeigt, daß der Zeichner sicher niemals mit dem Gerät gearbeitet hat. Trotzdem ist es beachtlich, daß es im Rahmen der *geometria practica* in einem Universitätslehrbuch behandelt wird.

Levi ben Gerson selbst hat mehrere Varianten beschrieben, die das Gerät zu genaueren Messungen tauglich machen.

Astronomische und trignometrische Tafeln wurden im Anschluß an al-Zarqālī und Leonardo von Pisa von Johannes de Lineriis (um 1320–1335 in Paris) und von Johannes de Muris (etwa zur gleichen Zeit in Paris) neu berechnet.

Das kaufmännische Rechnen wurde im Anschluß an Leonardo von Pisa zunächst in Italien gepflegt, bald aber auch im übrigen Europa. W. Van Egmond hat einen *Libro di ragioni* von Paoli Gerardi (1228) ediert und eine *Aliabraa argibra* von Meister Dardi von Pisa (1344?) beschrieben; ein *Trattato d'arithmetica* von Paolo dell'Abbaco (Paolo Dagomari, 1281–1365/72) wurde von Arrighi ediert, weitere z. T. anonyme Arbeiten sind von R. Franci und L. Toti Rigatelli bearbeitet worden.

Zukunftsträchtig in diesen Arbeiten sind die Behandlung der quadratischen Gleichungen in der Weise von al-Ḫwārizmī und die Versuche, Gleichungen höheren Grades, zunächst kubische Gleichungen, in ähnlicher Weise zu lösen.

Seit al-Karağī (um 1000) weiß man, daß Gleichungen der Form

$$x^{2n+p} + b \cdot x^{n+p} = c \cdot x^p \tag{1}$$

auf quadratische Gleichungen zurückgeführt werden können. Aufgaben dieser Art wurden im späten Mittelalter oft behandelt, aber bei Gleichungen der Form

$$x^3 = n + a \cdot x \tag{2}$$

konnte man zunächst nur (durch Probieren?) Regeln finden, die für spezielle Werte der gegebenen Größen richtige Ergebnisse lieferten.

In einem von Raffaela Franci beschriebenen anonymen Manuskript [Folkerts – Lindgren S. 221–228] vom Ende des 14. Jh. wird die Aufgabe (2) als „Ausziehen einer Kubikwurzel aus einer Zahl $\langle n \rangle$ mit Zusatzglied $\langle ax \rangle$" aufgefaßt (*radice chubicha con l'aghugnimento d'alchuno numero*). Natürlich wird alles in Worten ausgedrückt und durch Zahlenbeispiele erklärt.

Man kann eine solche Gleichung für beliebiges n und beliebiges a nicht immer lösen, aber man kann zu jeder Zahl n eine Zahl a finden, für die (2) lösbar ist. Man braucht nur eine Kubikzahl $b^3 > n$ und $a = (b^3 - n)/b$ zu wählen, dann ist b eine Lösung von (2).

In dem gleichen Manuskript wird die Lösung der Gleichung

$$x^3 + px^2 = q \tag{3}$$

auf die Lösung der Gleichung

$$y^3 = 3 \cdot (p/3)^3 y + (q - 2 \cdot (p/3)^3) , \tag{4}$$

also auf eine Gleichung vom Typ (2), zurückgeführt. Es ist dann

$$x = y - p/3 .$$

Im Manuskript wird keine Begründung angegeben. Aber da die Beziehung

$$(u + v)^3 = u^3 + v^3 + 3u^2v + 3uv^2$$

offenbar bekannt war (sie steht z. B. in der *Pratica geometriae* von Leonardo von Pisa), ist das Verfahren leicht zu bestätigen, etwa so:

$$(x + p/3)^3 = x^3 + p \cdot x^2 + 3 \cdot (p/3)^2 x + (p/3)^3 .$$

Daraus ergibt sich mit Benutzung von (3)

$$(x + p/3)^3 = q + 3(p/3)^2(x + p/3) - 2(p/3)^3 .$$

Daß derartige Probleme auch außerhalb Italiens bearbeitet wurden, zeigt u. a. das *Quadripartitum numerorum* des Johannes de Muris (1343). Das Werk ist in vier Bücher eingeteilt; im dritten Buch werden die quadratischen Gleichungen behandelt. Abhängigkeit von al-Ḫwārizmī und Leonardo von Pisa zeigt sich z. T. sogar in den Zahlenbeispielen. Johannes de Muris bespricht dort auch die kubische Gleichung

$$x^2(10 - x) = 32 .$$

Der Text lautet [Karpinski, S. 105]:

Secta decem sunt et pars in se ducta, quod exit
In reliquum fertur equum triginta duobus
Esto res pars vna, secunda decem minus ex re
Res in rem censum sed pars per quinque 2a
Ducta dabit census bis quinque cuboque minuto
Vndique redde cubum quem tu temptando duobus
Censibus oppone poteris concludere forte
Octo sunt census qui triginta duobus
Quatuor minus erit redix duo que tua pars est
Cui manet octo soror sicut vult regula prima.

Ich versuche eine sehr freie Übersetzung und setze dabei x für *res*, x^2 für *census*, x^3 für *cubus*:
Teile 10 in zwei Teile; der eine Teil mit sich und das Produkt mit dem anderen Teil multipliziert ergibt 32.

Der eine Teil sei x; dann ist der andere Teil $10 - x$

$$x^2(10 - x) = x^2 \cdot 2 \cdot 5 - x^3 .$$

Ziehe den Kubus ab, den du versuchsweise (*temptando*!) gleich $2x^2$ gesetzt hast, dann erhältst du

$$8x^2 = 32 ,$$

also

$$x^2 = 4 , \quad x = 2 .$$

Anschließend wird die Lösung der Gleichung

$$x^2(10 - x) = 63 ; \quad \langle x = 3 \rangle$$

noch etwas umständlicher beschrieben. Es ist für uns schwer vorstellbar, wie derartige Probleme ohne Symbolik und ohne Formelschreibweise überhaupt bewältigt werden konnten.

Aus Deutschland sind vor dem 15. Jh. keine Schriften über das Rechnen der Praxis oder über Algebra bekannt. Es gibt in der Klosterliteratur Aufgabensammlungen – Folkerts [71, 2] hat über 30 derartige Manuskripte untersucht – sie enthalten nur Aufgaben der Unterhaltungsmathematik in der Art von Alkuin's *Propositiones ad acuendos iuvenes.* Dabei gab es auch im Norden Fernhandel (die Hanse hatte ihre Blütezeit im 14. Jh.), und die Kaufleute mußten vermutlich rechnen können. Vielleicht wurde es im Rahmen der Kaufmannslehre mündlich gelehrt.

Abb. 2.32. Ungefähre Lage einiger im Text genannter Orte

Zeittafel

	Islam	Italien	Spanien
1000			
10	Ibn Sīnā (Avicenna)		
20	980–1037		
30			
40			
50		Constantinus Africanus	
60		1020–1087	
70			
80	ʻOmar Ḫayyām		
90	1048–1131	Irnerius	Savasorda
1100		1060–1140	1070–1136
10	Ibn Bāǧǧa (Avempace)		Hermann von Kärnten
20	1100–1138		Robert von Chester
30			um 1140
40			Gerhard von Cremona
50	Ibn Rušd (Averroes)		1114–1187
60	1126–1198		Gundissalvi
70			Johannes von Sevilla
80			um 1150
90			
1200		Leonardo von Pisa	Michael Scotus
10		1170–1240	1175–1235
20		Campanus von Navarra	
30		1200–1296	
40	Nāṣir al-Dīn al-Ṭūsī	Wilhelm von Moerbeke	
50	1201–1274	1220–1286	
60		Witelo	
70		1230–1277	
80			
90		Giotto	
1300		1266/67–1336	
10			
20			
30			
40			
50			
60			
70			
80			
90			
1400			

Erläuterung zur Zeittafel. Eine Einteilung der Autoren nach Ländern ist bei der Freizügigkeit der Gelehrten im Mittelalter ziemlich sinnlos. Sie dient zunächst der Entzerrung, damit nicht zu viele Namen übereinander geschrieben werden müssen.

Interessant wären 1) das Geburts- oder Heimatland (das ist manchmal unbekannt), 2) die Hauptwirkungsstätte (manche Gelehrte hatten mehrere). Meistens habe ich die Hauptwirkungsstätte

Frankreich	England	Deutschland	
			1000
Fulbert			10
960–1028			20
			30
			40
			50
			60
			70
			80
Wilhelm von Champeaux			90
1070–1121			1100
Abaelard	Adelard von Bath		10
1079–1142	1075–1146		20
Hugo von St. Viktor			30
1096–1141			40
Thierry von Chartres			50
(1100)–1155			60
			70
			80
			90
	Robert Grosseteste		1200
Sacrobosco	1168–1235		10
1200–1236		Jordanus de Nemore	20
Villard de Honnecourt			30
um 1235	Roger Bacon	Albertus Magnus	40
Thomas von Aquin	1220–1290	(1200)–1280	50
1224–1275			60
Pierre de Maricourt			70
um 1269			80
	Burley		90
	1275–1343		1300
Buridan	Thomas Bradwardine		10
1295–1358	1290–1349		20
			30
	Heytesbury		40
Nicole Oresme	Swineshead	Albert von Sachsen	50
1320–1382		1316–1390	60
			70
			80
			90
			1400

berücksichtigt, weil dadurch vielleicht zu sehen sein könnte, wo zu gewissen Zeiten geistige Zentren waren, aber auch das ist problematisch. So bleibt als Sinn der Tafel hauptsächlich der zeitliche Überblick.

Die hier angegebenen Jahreszahlen sind oft unsicher; genauere Angaben stehen im Namen- und Schriftenverzeichnis.

3. 15. Jahrhundert

3.1. Geometrie

3.1.1. Perspektive

3.1.1.1. Giotto. Über den Maler Giotto (1267–1336), dessen Hauptwerk, die Fresken in der Arena-Kapelle in Padua 1305/06 entstanden, schreibt H. Weigert [Weltkunstgeschichte, ed. W. Braunfels, Bd. 2, S. 182]: „Der leibhafte Mensch, nicht mehr die gottsuchende Seele, ist das neue Thema. Der wirkliche Mensch aber, der körperliche, braucht, um existieren zu können, einen Raum um sich. Die mittelalterlichen Gestalten leben ideell im Gottesreich, das durch den Goldgrund der Mosaiken und Altäre illusioniert wurde. Anstelle dieses Goldgrundes hatte zuerst Giotto blauen Himmel gegeben. Zugleich schuf er um seine vollrund gewordenen Gestalten durch Architekturen oder Felsen eine Bühne, auf der sie agieren konnten. Er machte das früher flächige Bild räumlich. Seine Nachfolger fügten dieser Bühne weitere raumschaffende Elemente bei, bis der gewonnene Raum organisiert und systematisch aufgebaut werden mußte. Das geschah durch die Zentralperspektive, um die die Renaissance gerungen hat, bis sie von dem gelehrten Baumeister Brunelleschi bald nach 1400 logisch konstruiert wurde.“

3.1.1.2. Brunelleschi

Filippo Brunelleschi ist 1377 als Sohn des Notars Ser Brunellesco di Lippo geboren, erhielt eine humanistische Ausbildung, machte dann eine Goldschmiedlehre durch, war als Architekt und Baumeister in Florenz tätig. Eine technische Glanzleistung von ihm ist der Bau der Domkuppel von Florenz, begonnen 1420, eingeweiht 1436. Brunelleschi starb 1446.

Eine Biographie von ihm schrieb Antonio di Tuccio Manetti, der von 1423 bis 1497 in Florenz lebte, Architekt war und in den Jahren nach 1440 mit Brunelleschi persönlich bekannt war. Über die Perspektive schreibt er: (Übersetzung des englischen Textes von C. Enggass mit Seitenblicken auf den italienischen Text, nicht immer wörtlich, z. T. gekürzt. Die Zahlen geben die Textzeilen der Edition von Saalman an).

[143]: „In derselben Zeit ⟨d. h. noch vor 1401⟩ verwirklichte er das, was die Maler heute *Perspektive* nennen, weil es ein Teil dieser Wissenschaft ist, die darin besteht, daß sie gut und im richtigen Verhältnis (*bene e con ragione*) die Vergrößerungen und Verkleinerungen der näheren und entfernteren Objekte zur Darstellung bringt, so wie sie vom menschlichen Auge gesehen werden, . . . entsprechend dem Abstand, in dem sie sich zeigen.“

[167]: „Er demonstrierte sein System der Perspektive zuerst auf einer kleinen Tafel von etwa 1/2 Elle im Quadrat. Er machte eine Zeichnung von dem Äußeren des Tempels von San Giovanni von Florenz, und zwar soviel, wie man bei

Betrachtung von außen davon sehen kann. Dazu stellte er sich selbst drei Ellen weit ins Innere des mittleren Portals von Santa Maria del Fiore und malte mit solcher Sorgfalt und Genauigkeit die schwarzen und weißen Marmorfelder, daß ein Miniaturist es nicht besser machen könnte. Im Vordergrund zeichnete er soviel von dem Platz, wie vom Auge erfaßt werden kann, d. h. von der Seite der Misericordia bis zum Bogen und der Seite der Schafe (Markt), und von der Seite mit der Säule des Hl. Zenobius bis zur Seite der Strohs (Markt). . . . Um den Himmel zu zeigen, d. h. wie die gemalten Gebäude frei gegen die Luft stehen, verwandte er poliertes Silber, so daß die Luft und der wirkliche Himmel sich darin spiegelten und die Wolken sich mit dem Wind bewegten.

Da es bei einem solchen Bild nötig ist, daß der Maler von vornherein einen Punkt festlegt, von dem aus sein Bild betrachtet werden muß, damit Längen Breiten und Distanzen richtig gesehen werden . . . (denn jeder andere Punkt würde gegenüber diesem einen die Formen für das Auge verändern), machte er ein Loch in die Tafel, genau an derjenigen Stelle des Tempels von San Giovanni, der dem Auge des Betrachters, der im mittleren Portal von Santa Maria del Fiore steht, genau gegenüberliegt. Das Loch war auf der Bildseite so groß wie eine Linse und weitete sich kegelförmig wie ein Damenstrohhut aus, so daß es auf der Rückseite so groß wie ein Dukaten oder etwas größer war. Wer das Bild betrachten wollte, mußte mit einer Hand die Tafel mit der Rückseite vor das Auge halten, so daß das Auge vor der weiten Seite des Lochs stand. Mit der anderen Hand mußte er, eine Armlänge (Elle) entfernt einen Spiegel halten, in dem er das Bild sehen konnte. Der Betrachter konnte dann (durch Hinhalten und Wegnehmen des Spiegels) das Bild mit der Wirklichkeit vergleichen. ⟨Außerdem war sichergestellt, daß er nur mit einem Auge beobachtete.⟩ Ich habe ⟨sagt Manetti⟩ dies in der Hand gehalten und oft gesehen und kann es bezeugen." ⟨Offenbar hat Brunelleschi das Bild aufbewahrt und noch in späteren Jahren vorgeführt.⟩

[204]: „Er machte auch ein perspektives Bild vom Palazzo dei Signori."

3.1.1.3. Alberti. Brunelleschis perspektivische Zeichnungen sind nicht erhalten, und eine Schrift über die Theorie hat er nicht verfaßt. Vasari (1511–1574) berichtet in seinem Werk „Künstler der Renaissance": „Vornehmlich lehrte er diese Kunst dem Maler Masaccio, seinem Freunde". Von Masaccio stammen auch perspektivisch konstruierte Gemälde, die zu den ersten dieser Art gehören, z. B. „Trinität" (Santa Maria Novella, Florenz, um 1425). Die Theorie wurde ausführlich von Alberti dargestellt; die italienische Fassung seiner Schrift *Della pittura* (1436) ist Brunelleschi gewidmet.

Leon Battista Alberti ist am 14. Febr. 1404 in Genua geboren. Wegen der Pest zog sein Vater nach Venedig. A. studierte (1421) Jura in Bologna, daneben Mathematik und Naturwissenschaften. Er stand dann im Dienst des Kardinals Albergati und später des Papstes Eugen IV., war im diplomatischen Dienst in Frankreich, den Niederlanden und Deutschland, erhielt 1432 ein Amt an der päpstlichen Kurie, wirkte u. a. auch in Florenz, Bologna, Ferrara, Siena und Rom; er starb in Rom am 25. April 1472.

Alberti besaß, wie auch andere Künstler seiner Zeit, eine umfassende humanistische Bildung. Er kannte z. B. die Literatur über die griechischen Maler, (deren Werke ja verloren sind), er kannte Vitruvs Schrift *De architectura* (von der 1414 zwei Manuskripte wiederentdeckt worden waren), und hat sie in seinem Werk *De re aedificatoria* viel benutzt und zitiert; er kannte Euklids Elemente und Optik und die optischen Werke seiner Zeit, wahrscheinlich besonders die damals weit verbreitete *Perspectiva communis* von Pecham.

Das Wort *Perspectiva* bedeutete damals noch allgemein „Optik". Behandelt wurde der Sehvorgang, auch der Bau des Auges, das Erscheinungsbild eines Gegenstands beim direkten Sehen und das Sehen auf Grund von Reflexion und Brechung.

Grundlage der Theorie ist, daß das Sehen durch geradlinige „Sehstrahlen" zustandekommt. Alberti sagt, daß es für seine Betrachtung gleichgültig ist, ob die Sehstrahlen vom Auge oder vom Gegenstand ausgehen.

Unter den Sehstrahlen ist der jenige ausgezeichnet, der die betrachtete Fläche (die Bildebene) senkrecht trifft. Alberti nennt ihn „Zentralstrahl".

Die Einführung der Bildebene leitet Alberti so ein [Janitschek, S. 68]: „. . . So mögen sie (die Maler) denn wissen, daß sie, wenn sie die Bildfläche mit Linien beschreiben und die umrissenen Stellen mit Farbe bedecken, nichts Anderes versuchen, als auf dieser Bildfläche die Formen der gesehenen Dinge so darzustellen, als wäre jene von durchsichtigem Glas, welches durch die Sehpyramide hindurchgeht, bei Festhaltung einer bestimmten Entfernung, einem bestimmten Augenpunkt (*certa positione di centro*) und bestimmter Lage der Gegenstände."

In früheren Werken über Optik ist von der Bildebene niemals die Rede, weil diese Werke ja vom Sehen und nicht vom Malen handeln. Bei Euklid kommt nur einmal ein Schnitt durch die Sehpyramide vor, in Satz 10 (1.1.2.1).

Alberti empfiehlt, den Durchschnitt durch die Sehpyramide durch einen Schleier zu realisieren [Janitschek, S. 100] : „Man nimmt einen ganz feinen, dünn gewebten Schleier von beliebiger Farbe, welcher durch stärkere Fäden in eine beliebige Anzahl von Parallelogrammen geteilt ist." Er beschreibt, wie mit diesem Schleier zu arbeiten ist, u. a. kommt es darauf an, den Augenpunkt, also die Spitze der Sehpyramide festzuhalten. Alberti rät, zuerst die Grenzen des zu zeichnenden Gegenstandes auf dem Schleier festzulegen; dann könne man die Spitze der Sehpyramide stets leicht wiederfinden.

Das beobachtende Zeichnen mittels eines Schleiers kann durch eine Konstruktion ergänzt oder ersetzt werden. Eine Konstruktion ist jedenfalls dann nötig, wenn gedachte Gegenstände in einem gedachten Raum gezeichnet werden sollen.

Alberti behandelt im 1. Buch die mathematischen Grundlagen in systematischer Ordnung, betont aber, daß er „nicht als Mathematiker, sondern als Maler über diese Dinge spreche. Denn während jener, absehend von jedem Stoff, allein mit dem Verstande die Form der Dinge mißt, will dieser, daß die Dinge von dem Auge geschaut werden" [S. 50]. Eine der Konstruktionsgrundlagen ist: „Das Auge mißt die Länge einer Strecke mit den Sehstrahlen wie mit den Schenkeln eines Winkels . . . Daher pflegt man zu sagen, daß man beim Sehen ein Dreieck bilde, dessen Grundlinie die gesehene Strecke, und dessen Schenkel jene Strahlen seien . . . Je spitzer der Augenwinkel sein wird, um so kleiner wird die gesehene Strecke erscheinen. Dies erklärt auch, warum eine sehr weit entfernte Strecke *quasi* nicht größer als ein Punkt erscheint" [S. 58]. Als einen der grundlegenden Sätze nennt er: „daß in dem Falle, daß eine Linie zwei Seiten eines Dreiecks schneidet, und diese

Linie, die nun ein neues Dreieck bildet, zur Linie des größeren Dreiecks parallel ist, das kleinere Dreieck dem größeren proportional sein wird" [S. 70].

Die Konstruktion geht davon aus, daß zunächst eine quadratisch eingeteilte Grundfläche gezeichnet wird, auf die später die gewünschten Gegenstände (Wände usw.) aufgesetzt werden.

Zur Erläuterung diene Abb. 3.1. *BCD'E'* sei die Grundfläche, *BCPQ* die Bildebene, *A* der Augenpunkt. Daß die Basis der Bildebene mit der Vorderkante der abzubildenden Grundfläche zusammenfällt, ist nicht nötig, es dient zur Vereinfachung der Zeichnung. Alberti beschreibt nur die Konstruktion innerhalb der Bildebene, und zwar in proportionaler Verkleinerung, die man sich auch durch Parallelverschiebung der Bildebene entstanden denken kann. Als Maß für die Verkleinerung wählt Alberti die Größe, die ein Mensch im Bild haben soll. Er schreibt [S. 76] : „Da uns nun der Mensch unter allen Dingen das bekannteste ist, so verstand vielleicht Pythagoras ⟨gemeint ist wohl Protagoras⟩ mit seinen Worten, der Mensch sei das Maß aller Dinge, daß man alle Akzidentien der Dinge nur im Vergleiche mit den Akzidentien des Menschen erkenne."

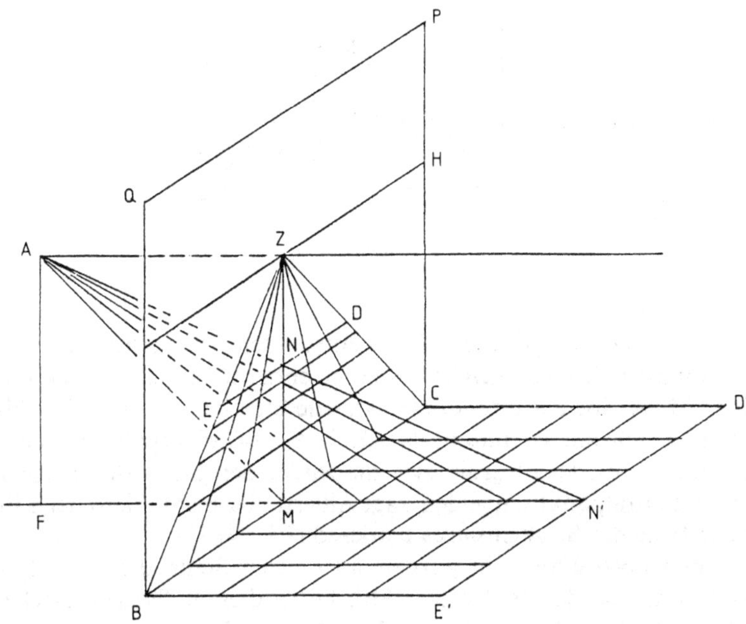

Abb. 3.1

Die Konstruktion wird so beschrieben [S. 78] : „Vorerst beschreibe ich auf die Bildfläche ein rechtwinkliges Viereck von beliebiger Größe, welches ich mir wie ein geöffnetes Fenster vorstelle, wodurch ich das erblicke, was hier gemalt werden soll. Dann bestimme ich mir nach Belieben die Größe des Menschen in meinem Bilde. Hierauf teile ich mir dieses Höhenmaß des Menschen in drei Teile, welche Teile proportional zu jenem Maße sind, welches man Elle nennt, da man findet, daß die Größe eines normalen Menschen ungefähr drei Ellen beträgt.

Mit diesem Maß teile ich die Basis des Vierecks in so viele Teile als das möglich, und eben diese Linie ist dann jeder nächsten dazu parallel gezogenen Querlinie proportional.

Innerhalb dieses Vierecks bestimme ich dann nach dem Augenschein einen festen Punkt, welcher jene Stelle einnimmt, die der Zentralstrahl trifft, weshalb ich ihn den Zentralpunkt nenne ⟨in Abb. 3.2 der Punkt Z⟩. Gut wird es sein, wenn die Distanz zwischen diesem Punkt und der Basis nicht mehr beträgt als die Höhe des Menschen, welcher hier gemalt werden soll, da dann der Beschauer sowohl, wie die gesehenen gemalten Gegenstände sich auf ein und derselben Ebene zu befinden scheinen. Ist der Zentralpunkt bestimmt, wie ich angab, so ziehe ich dann von ihm aus gerade Linien zu allen Teilungspunkten der Basis des Vierecks. Diese Linien zeigen mir, in welcher Weise jede Querdimension gleichsam ins Unendliche hinaus fortlaufend sich verändere."

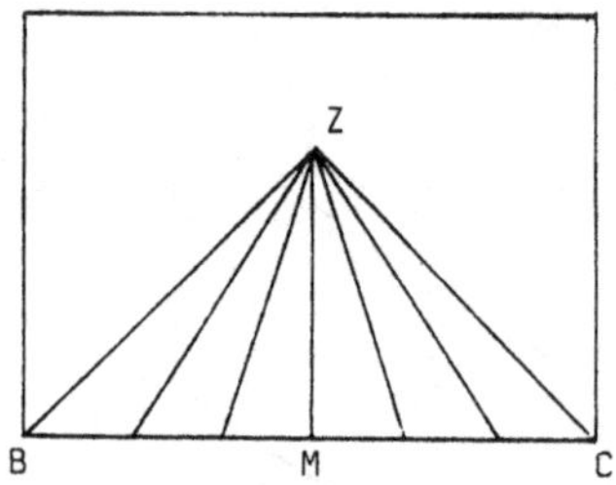

Abb. 3.2

Zunächst ist also die Figur der Abb. 3.2 entstanden. - Wie schon bei Euklid steht, erscheint von zwei gleich langen Strecken die entferntere kürzer. Alberti ermittelt, in welchem Maße eine zur Grundlinie parallele Strecke, etwa $E'D'$ in Abb. 3.1, im Bild verkürzt erscheint: sie muß in das Dreieck ZBC eingepaßt werden.

Warum das so ist, also warum sich die Bilder der zur Bildebene senkrechten Geraden im Zentralpunkt schneiden, sagt Alberti hier nicht; Piero della Francesca hat das mit Hilfe des Strahlensatzes bewiesen (3.1.1.4).

Es muß nun noch festgestellt werden, an welcher Stelle, d. h. in welcher Höhe über der Grundlinie das Bild dieser Strecke in diesem Dreieck erscheint. Das geschieht mit der in Abb. 3.3a dargestellten Konstruktion.

[Alberti, ed. Janitschek, S. 82] : „In welchem Abstand die Querlinien aufeinander folgen, das ergibt sich so: Ich nehme einen kleinen Flächenraum (*Prendo uno picciolo spatio* – gemeint ist wahrscheinlich: ich mache auf einem kleinen Blatt eine Hilfszeichnung), auf dem ich eine gerade Linie zeichne, und teile sie in ähnliche Teile wie die Basis des Vierecks geteilt ist (Abb. 3.3a). Über dem Endpunkt dieser Geraden zeichne ich einen Punkt, ebenso hoch über derselben, wie der Zentralpunkt über der Basis des Vierecks. Von diesem Punkte aus ziehe ich Geraden zu den Teilungspunkten. Dann lege ich fest, welchen Abstand ich vom Auge zum Bild

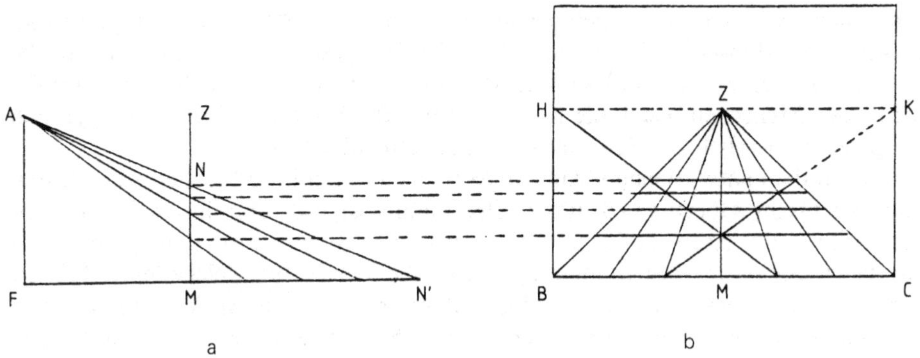

Abb. 3.3

haben will, und dort zeichne ich eine senkrechte Gerade . . . diese wird mir mit ihren Schnittpunkten die Abstände der Querlinien geben."

⟨Die Konstruktion erinnert an den Satz 10 aus Euklids Optik, besonders auch dadurch, daß zuerst die Lage des Auges und des Gegenstandes festgelegt wird, und dann erst die Lage der Bildebene.

Vermutlich hat Alberti die Abstände der Querlinien nicht so geometrisch übertragen, wie ich es hier skizziert habe; er wird proportionale Strecken abgetragen haben.⟩

Als Kontrolle gibt Alberti an: „Ob dies in richtiger Weise geschehen ist, werde ich daran erkennen, daß in solchem Falle ein und dieselbe Gerade die Diagonale mehrerer auf dem Bilde gezeichneter Felder bilden wird."

⟨Es gibt zwei Scharen paralleler Diagonalen, die sich im Bild in je einem Punkt (H, bzw. K) auf der Horizontgeraden schneiden. Wenn das Fußbodenmuster aus Quadraten in der in Abb. 3.1 gezeichneten Lage besteht, so bilden diese Diagonalen mit der Geraden BC Winkel von 45°. Die Geraden AH und AK gehen durch dieselben unendlich fernen Punkte wie die Diagonalen, sind also zu diesen parallel, bilden also mit AZ Winkel von 45°; also ist $ZH = ZK = AZ$. Die Punkte H, K heißen deshalb Distanzpunkte (diese Bezeichnung ist in der Literatur nicht eindeutig). Sie brauchen nicht auf dem Bildrand zu liegen; ich habe sie dort gezeichnet, weil das in der Renaissancemalerei gelegentlich so gemacht wurde. – Man kann die Hilfszeichnung Abb. 3.3a vermeiden, wenn man die Distanzpunkte beliebig wählt (damit hat man den Abstand des Auges von der Bildebene festgelegt); man findet dann die Abstände der Querlinien durch die Schnittpunkte der Diagonalen mit den Geraden, die von Z zu den Teilpunkten von BC gehen. – Diese Überlegung findet sich hier bei Alberti nicht. Das Verfahren scheint aber von den Malern sehr bald benutzt worden zu sein.⟩

Alberti beschreibt hier nur die Horizontlinie [S. 82] : „ . . . beschreibe ich auf der Bildfläche eine zur Basis parallele Gerade, welche von der einen Seite des Vierecks zur anderen durch den Zentralpunkt geht und das Viereck teilt ⟨HZK⟩. Diese Linie bezeichnet die Grenze, welche keine gesehene Größe, die nicht höher ist als das Auge des Beschauers, überschreiten kann. Da sie durch den Zentralpunkt geht, nennt man sie *linea centrica* ⟨ich bleibe bei „Horizontlinie"⟩. Daher kommt es, daß die gemalten Menschen, die auf das letzte Ellenfeld gesetzt sind, kleiner sind als die anderen; daß es so sein muß, beweist die Wirklichkeit. In Tempeln sehen wir die Köpfe der Menschen *quasi* alle in einer Höhe, die Füße der Entfernteren jedoch entsprechen ziemlich den Knieen der Näherstehenden."

Wie auf dem entworfenen Grundriß Mauern und ähnliche Flächen zu errichten sind, beschreibt Alberti so [S. 106]: „Der Anfang ist, daß ich mit den Fundamenten beginne. Ich trage die Länge und Breite der Mauern in die entsprechenden Parallelen ein; in der Zeichnung folge ich hierbei der Natur, welche lehrt, daß ich von keinem viereckigen rechtwinkligen Körper auf einen Blick mehr als zwei miteinander verbundene Seiten sehen könnte. Solches also beobachte ich bei der Zeichnung der Mauerfundamente; ich beginne dabei immer mit den näheren Flächen . . . indem ich ihre Länge und Breite in die entsprechenden Parallelen der Grundfläche einzeichne, und zwar in der Weise, daß ich ebensoviele Parallelen nehme als ich will, daß (die Mauer) Ellen (lang und breit) sei. Die Mitte einer jeden Parallele finde ich da, wo sich zwei Diagonalen durchschneiden. So beschreibe ich mir nach Belieben die Fundamente. Die Höhe bestimme ich dann auf nicht sehr schwierige Weise. Die Höhe der Wand wird nämlich von demselben Maßverhältnis bestimmt, welches zwischen der Zentrallinie ⟨Horizontlinie⟩ und jener Stelle der Bodenfläche herrscht, von welcher aus sie ⟨die Wand⟩ sich erhebt. Wenn du demnach annehmen würdest, die Distanz von der Bodenfläche bis zur Zentrallinie betrüge die Höhe eines Menschen, so wären dies also drei Ellen; willst du nun aber, daß deine Wand zwölf Ellen hoch sei, so wirst du um dreimal so viel in die Höhe gehen, als der Abstand von der Zentrallinie zu jener Bodenfläche beträgt" (Abb. 3.4).

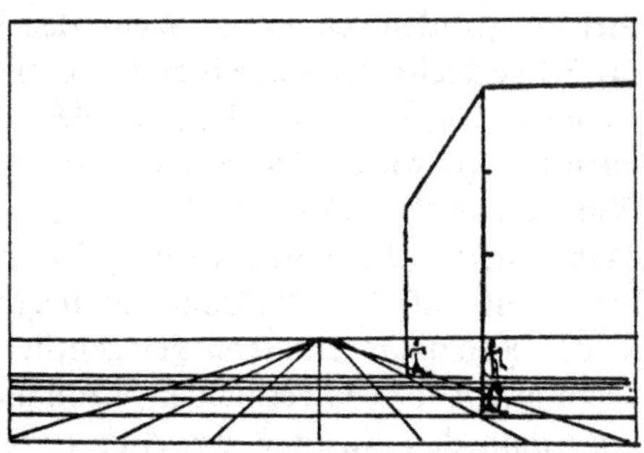

Abb. 3.4

Dann erläutert Alberti noch, wie man einen Kreis perspektivisch zeichnet, nämlich indem man ihn mit einem Quadratnetz überzieht, dessen perspektivische Darstellung ja oben gelehrt wurde.

Alberti hat u.a. auch eine Schrift *Ludi matematici* verfaßt, in der er Vermessungs- und ähnliche Aufgaben behandelt.

3.1.1.4. Piero della Francesca ist um 1420 in Borgo Sansepolcro am Tiber geboren, war als Maler u.a. in Perugia, Florenz, Arezzo, Urbino, Rom, Ferrara und in seiner Heimatstadt tätig und ist dort am 12. Okt. 1492 gestorben. Außer über die Perspektive (*de prospectiva pingendi*) schrieb er über die fünf regelmäßigen Körper (*Libellus de quinque corporibus regularibus*) und auch über Arithmetik und Algebra (*Trattato d'abaco*).

Auch in dem Buch über die Perspektive zeigt sich sein mathematisches Interesse. Er bemüht sich um mathematische Beweise, während Alberti „nicht als Mathematiker, sondern als Maler“ schrieb, also nur anschaulich einleuchtende Regeln gab.

Piero della Francesca lehrt das Zeichnen geometrischer Figuren, von einfachen zu komplizierteren aufsteigend. Die für das Zeichnen einfachste Figur ist das Quadrat. Das Bild eines (in der horizontalen Grundebene liegenden) Quadrats $BCD'E'$ (Abb. 3.5 – in Abb. 3.1 war es ein Rechteck, aber das ist hier gleichgültig) konstruiert er in zwei Schritten [*De prospectiva pingendi*, Nr. 12, 13]. Zuerst wird wie in Abb. 3.3a das Bild MN der Mittellinie MN' gefunden. Zum Beweis zieht Piero della Francesca die Gerade AM; dann sieht man, daß die Strecke MN von A aus gesehen unter dem gleichen Winkel erscheint wie MN'. Entsprechendes gilt für jede Teilstrecke.

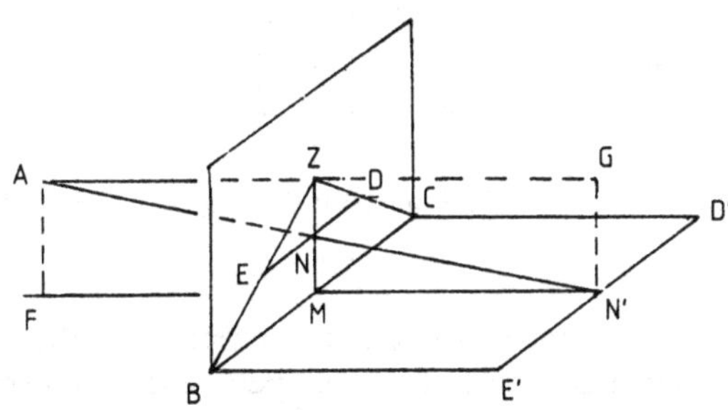

Abb. 3.5

Den Punkt Z bestimmt Piero della Francesca so: Er soll senkrecht über M (der Mitte von BC) liegen, und es soll $ZM = AF$ sein (Abb. 3.5). Er zieht die Geraden ZB und ZC und durch N die Parallele zu BC. Die Schnittpunkte seien E, D. Behauptet wird, daß dann ED das Bild von $E'D'$ ist, d. h. daß die Punkte A, E, E' und A, D, D' auf je einer Geraden liegen.

Dem – wie mir scheint, etwas mühsamen – Beweis von Piero della Francesca scheint der folgende Gedanke zugrunde zu liegen:

Im Dreieck ZBM gilt $\quad EN : BM = ZN : ZM$;

im Dreieck AGN' gilt $\quad ZN : GN' = AN : AN'$.

Da $BM = E'N'$ und $ZM = GN'$ ist, folgt

$$EN : E'N' = AN : AN' .$$

Daraus folgt, daß *A*, *E*, *E'* auf einer Geraden liegen.
Der Beweis für *A*, *D*, *D'* verläuft entsprechend.

⟨Umgekehrt läßt sich schließen: Wenn *E* das Bild von *E'* und *D* das Bild von *D'* ist, also die Punkte *A*, *E*, *E'* und *A*, *D*, *D'* auf je einer Geraden liegen, so schneiden sich die Geraden *BE* und *CD* im Punkte *Z*.⟩

Ist erst einmal ein Quadrat perspektivisch richtig gezeichnet, so lassen sich daraus die Bilder anderer Figuren ableiten. Mit Hilfe der Diagonalen zeigt Piero della Francesca, wie man in das gezeichnete Quadrat ein kleineres Quadrat an einer Ecke einzeichnet (Abb. 3.6a). Auf diese Weise kann man das Quadrat in kleinere Quadrate aufteilen (Abb. 3.6b), man kann auch durch Abschneiden an den Ecken ein regelmäßiges Achteck herstellen und abbilden (Abb. 3.6c).

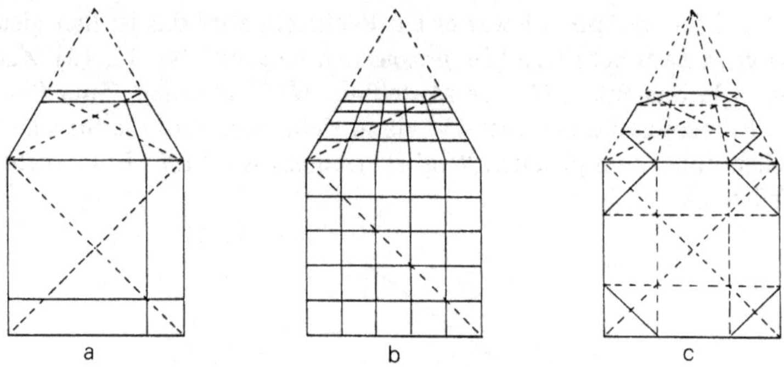

Abb. 3.6. Zeichnung nach Piero della Francesca: *De prospectiva pingendi*, ed. Winterberg

Später gibt Piero della Francesca noch ein anderes Verfahren an, um zunächst „ein Quadrat in der Grundebene richtig perspektivisch zu verkürzen" (§ 45). Es wird an Hand der Abb. 3.7 erläutert. Der untere Teil der Figur 3.7 a stellt den Grundriß dar, die Linie FG den Grundriß der senkrecht stehenden Bildebene, *A* den des Augenpunktes. Man verbindet die Ecken der Figur mit *A* (mit in *A* befestigten Fäden, am besten aus Roßhaar) und markiert die Schnittpunkte mit *FG*, nämlich *B*, *D*, *M*, *E*, *C*, auf einem an die Linie *FG* angelegten Streifen (Holzstreifen). Mit diesem Streifen überträgt man die Punkte auf die Grundlinie der Figur 3.7b. Die Höhen, in denen die Ecken des Quadrats auf der Bildebene erscheinen, erhält man in der gleichen Weise aus dem oberen Teil der Figur 3.7a. (Ich finde es etwas störend, daß das Quadrat hier aufrecht gezeichnet ist; es wäre eigentlich nur durch die Linie *CE* darzustellen. Aber Piero della Francesca will bei anderen Figuren, z. B. einem Achteck, auch die Lage von Teilen der Figur sichtbar machen.) Diese Höhenmaße werden in der Figur 3.7b auf den Geraden *AH*, *AI* abgetragen. Damit erhält man gewissermaßen die Koordinaten der Ecken der Bildfigur.

Piero della Francesca zeigt das Verfahren noch an verwickelteren Figuren; als krönenden Abschluß zeichnet er einen Kranz. (Die im Druck wiedergegebene Zeichnung, Abb. 3.8, scheint nicht ganz korrekt zu sein.)

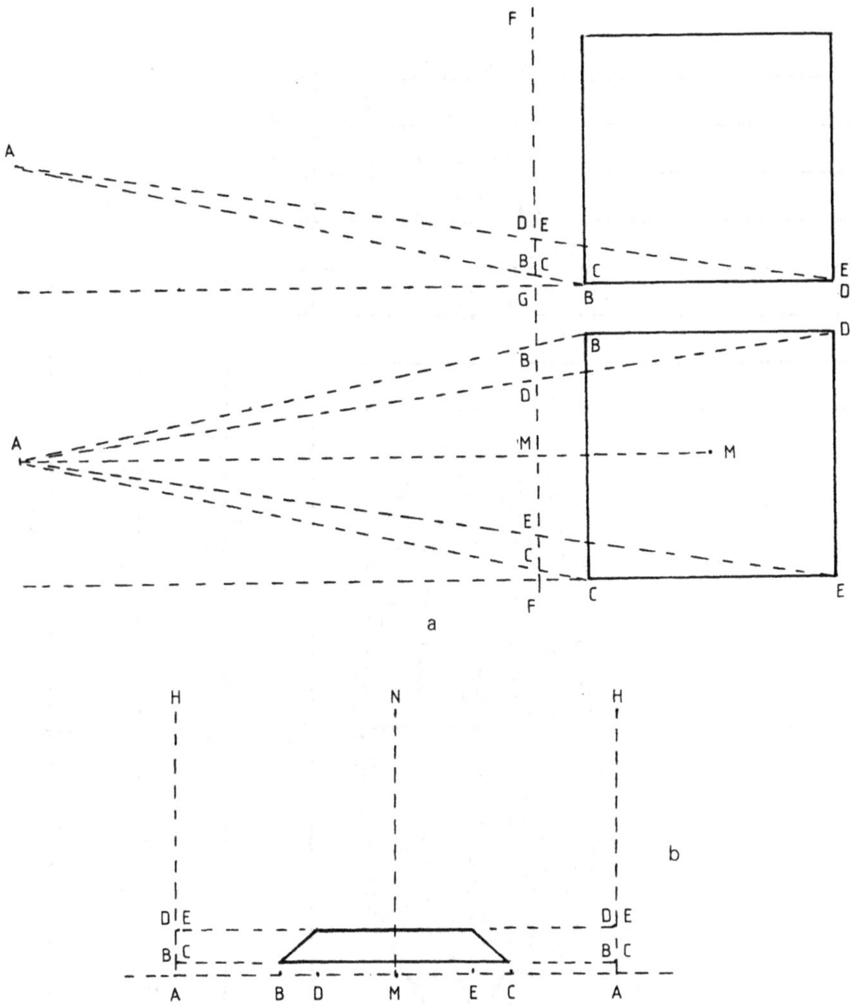

Abb. 3.7. Aus Piero della Francesca: *De prospectiva pingendi*, ed. Winterberg (Beschriftung vergrößert)

Die Schrift *Libellus de quinque corporibus regularibus* enthält nur Berechnungen, aber keine Konstruktionsanweisungen für die regelmäßigen Vielecke und Polyeder. Für eine von diesem Werk abhängige Schrift von Luca Pacioli hat Leonardo da Vinci die Zeichnungen gemacht. Daß Leonardo seine Gemälde exakt perspektivisch konstruiert hat, wie die meisten Maler der Zeit, ist bekannt.

3.1.1.5. Rückblick und Ausblick. Brunelleschi hat erkannt, daß sich z. B. ein Platz mit den zugehörigen Gebäuden mittels einer geometrischen Konstruktion so darstellen läßt, daß das Bild im Auge denselben Eindruck hervorruft wie die Wirklichkeit. Die Art der Konstruktion hat er nicht beschrieben, aber, wie Bilder von Masaccio zeigen, muß sie geeignet gewesen sein, auch solche Gegenstände

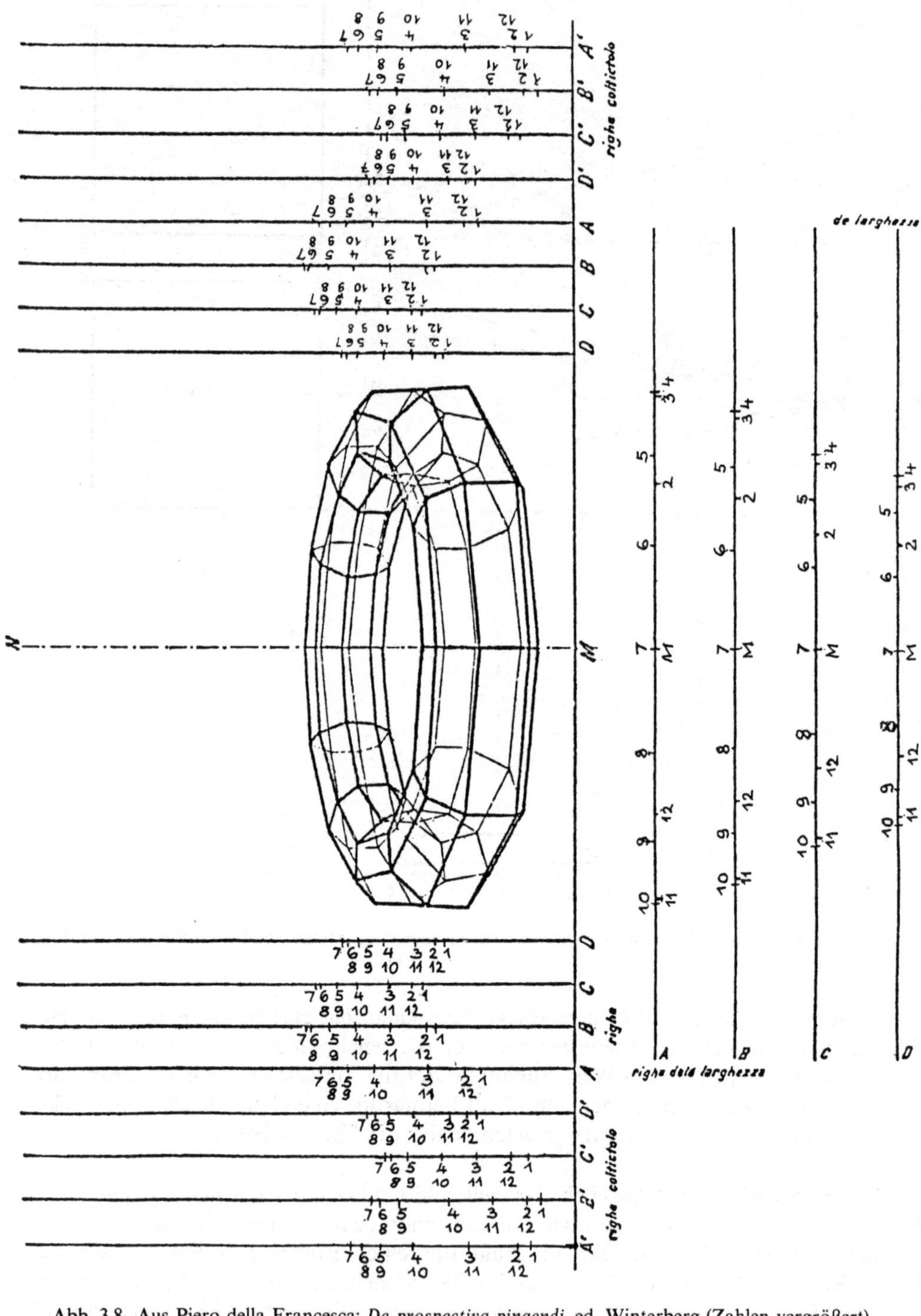

Abb. 3.8. Aus Piero della Francesca: *De prospectiva pingendi*, ed. Winterberg (Zahlen vergrößert)

exakt darzustellen, die nicht in Wirklichkeit, sondern nur in der Vorstellung des Malers existieren.

Ein solches Verfahren hat Alberti beschrieben; vielleicht war es das von Brunelleschi. Zunächst muß die Vorstellung realisiert werden, d. h. die Gestalt und Größe des Gegenstandes und seine Lage in Bezug auf die Bildebene müssen festgelegt werden. Alberti macht das, indem er eine horizontale Ebene zugrundelegt (wir nennen sie Grundebene), die in Quadrate eingeteilt ist. Die zu zeichnenden Gegenstände werden auf diese Grundebene aufgesetzt und es wird ihre Höhe angegeben. Alberti lehrt, wie diese quadratisch eingeteilte Grundebene und wie die Höhen in der Bildebene darzustellen sind. Diese Vorschriften sind zwar einleuchtend, erfordern aber einen Beweis, nämlich dafür, daß die Sehstrahlen zu den konstruierten Bildpunkten dieselben sind wie die zu den Punkten des Gegenstandes. Einen solchen Beweis hat Piero della Francesca gegeben. Er beruht u. a. auf dem Postulat Euklids, daß die Sehstrahlen gerade Linien sind.

Eine Grundlage der Konstruktion ist die Erkenntnis oder Entdeckung, daß die Bilder paralleler Geraden sich in einem Punkte treffen. Das muß eigentlich als erstaunlich empfunden worden sein; denn Euklid zeigt zwar in der Optik (Satz 6, s. 1.1.2.1), daß die Abstände paralleler Geraden mit der Entfernung vom Auge kleiner werden, aber seine Definition lautet (gekürzt): Parallel sind Geraden, die sich bei Verlängerung ins Unendliche nicht treffen. Ich weiß nicht, ob Alberti und Piero della Francesca den Schnittpunkt der Bilder paralleler Geraden als einen in Wirklichkeit nicht vorhandenen Hilfspunkt für die Konstruktion empfunden haben. Guidobaldo del Monte spricht (1600) von einem *punctum concursus* [Struik in Princ. Works of Simon Stevin, Bd. II B, S. 790]. Deutlich sagt es Simon Stevin. Er schrieb 1605 als drittes Stück der *Wisconstighe Gedachtenissen* drei Bücher *Van de Deursichtighe* (das ist die Übersetzung von *perspectiva*). Das erste Buch handelt *Van de Verschaevwing* (*scenographia* = praktische Perspektive), das zweite von der Spiegelung, das dritte von der Brechung.

Das erste Buch beginnt mit 16 Definitionen; die 12. lautet:

Saempunt is daer de voortghetrocken schaeuvven van verscheyden verschaeulicke rechte (am Rand: *Parallelis*) *evevvijdeghe linien in versamen.*

Sammelpunkt ist der Punkt, in dem die verlängerten Bilder verschiedener paralleler Geraden zusammenkommen.

Stevin sagt dazu: Auf Grund von Euklids Definition 35 ⟨bei anderer Zählung: 23⟩ können sich gerade Linien, wenn sie ⟨ins Unendliche⟩ verlängert werden, nicht treffen, aber ihre verlängerten Bilder können sich treffen, wenn sie nicht zu den Objektgeraden parallel sind, wie in Satz 3 gezeigt werden wird.

Desargues hat den Sachverhalt so dargestellt [Brouillon project, 1639]: „Um von mehreren geraden Linien auszudrücken, daß sie alle untereinander parallel oder nach einem und demselben Punkte gerichtet sind, heißt es hier, daß alle diese Geraden dieselbe „Zuordnung“ (*ordonnance*) haben, worunter man bei der einen sowohl wie bei der anderen Art der Lage dieser Geraden verstehen wird, daß sie alle nach einem und demselben Punkte streben.

Der Ort, nach dem man sich so mehrere Geraden bei der einen ebensowohl wie bei der andern Art der Lage strebend denkt, heißt hier „Ziel der Zuordnung“ jener Geraden (*but d'une ordonnance*).

Um diejenige Art der gegenseitigen Lage mehrerer Geraden auszudrücken, bei der sie alle untereinander parallel sind, heißt es hier, daß alle diese Geraden dieselbe Zuordnung haben, deren Ziel in jeder von ihnen nach beiden Seiten in unendlicher Entfernung liegt."

Girard Desargues wurde am 2. März 1591 in Lyon getauft. 1630 (vermutlich schon früher) war er als Architekt in Paris tätig. Ob er 1628 bei der Belagerung von La Rochelle Descartes getroffen hat, ist fraglich. Nach 1644 war Desargues teils in Paris, teils in Lyon als Architekt tätig. Er starb 1661 in Lyon.

Wir kehren zu Piero della Francesca zurück. Sein Verfahren ist zunächst ungefähr des gleiche wie das von Alberti, aber er verzichtet darauf, alle Ecken des Quadratnetzes abzubilden; es genügen die Ecken der zu zeichnenden Figur, die er auch auf Hilfsgeraden projiziert. Im Grunde genommen benutzt er Grund- und Aufriß seines Gegenstandes.

Den Grund- und Aufriß benutzt auch Dürer. Gedruckte Ausgaben der Arbeiten von Alberti und von Piero della Francesca standen ihm nicht zur Verfügung; er mußte sich durch persönliche Unterweisung in das Verfahren einweisen lassen. Auf seiner zweiten Italienreise schrieb er am 13. Okt. 1506 aus Venedig an Pirkheimer: „Ich bin nach 10 Tagen hier frei, danach werde ich nach Bologna reiten, um der Kunst geheimer Perspektive Willen, die mich einer lehren will . . ." Wer dieser „Einer" ist, ist nicht bekannt; es könnte Luca Paciola sein, vielleicht auch Scipione del Ferro, der von 1496 bis 1526 in Bologna Arithmetik und Geometrie lehrte [zitiert nach Papesch in der Faksimile-Ausgabe der *Underweysung*].

Guidobaldo del Monte (1545–1607), ein Edelmann aus Pesaro, war Schüler von Commandino, dessen Bearbeitung der *Collectiones* von Pappos er später (1588) herausgab, studierte in Padua, nahm am Krieg gegen die Türken teil. Nach seiner Rückkehr widmete er sich wissenschaftlichen Studien. 1588 wurde er Generalinspektor der Festungen der Toskana, lebte zeitweise in Florenz, wo er den jungen Galilei anregte und förderte.

Guidobaldo del Monte hat in *Perspectivae libri sex* (Pisauri 1600) die Theorie der Perspektive in aller Strenge ausgearbeitet. Struik hat den Inhalt dieses Werkes [in Princ. Works of Simon Stevin, Bd. II b, S. 790] kurz angegeben. Stevin's Schrift über die Perspektive hat manche Ähnlichkeit mit dem Werk von Guidobaldo del Monte, aber ob Stevin dieses Werk gekannt hat, läßt sich nicht mit Sicherheit feststellen.

Stevin geht streng systematisch vor: Auf 16 Definitionen folgen zwei Postulate:
1. Der Objektpunkt, Bildpunkt und Augenpunkt liegen in gerader Linie. ⟨Das ist nichts anderes als Euklid's Postulat, daß die Sehstrahlen gerade Linien bilden.⟩
2. Ein Punkt, eine Linie oder eine Ebene, die in der Bildebene liegen, sind ihre eigenen Bilder.

Dann folgen vier Sätze:
1. Die Gerade zwischen zwei Bildpunkten ist das Bild der Verbindungsgeraden der beiden Objektpunkte. ⟨Bei perspektiver Abbildung gehen Geraden in Geraden über.⟩

Die Sätze 2, 3, 4 beschreiben die „Sammelpunkte" von Scharen paralleler Geraden.

Dann folgen Aufgaben:
1. Gegeben sei ein Punkt A in der Grundebene, die Bildebene senkrecht auf der Grundebene, die Projektion des Augenpunktes auf die Grundebene und seine Höhe über dieser. Gesucht ist das Bild von A.

Zur Erläuterung der Lösung ändere ich Stevin's Figur (Abb. 3.9a) ab, indem ich *DE* nach oben umklappe (Abb. 3.9b). Die Figur kann dann als perspektives Bild aufgefaßt werden, wobei die Punkte *H*, *G*, *F* in der Bildebene, die Punkte *A*, *H*, *I*, *D*, *F* in der Grundebene liegen; *E* ist der Augenpunkt, *D* sein *voet* (Fußpunkt) in der Grundebene.

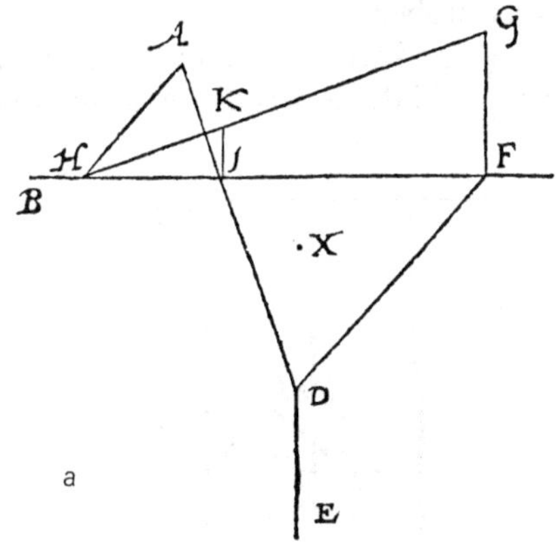

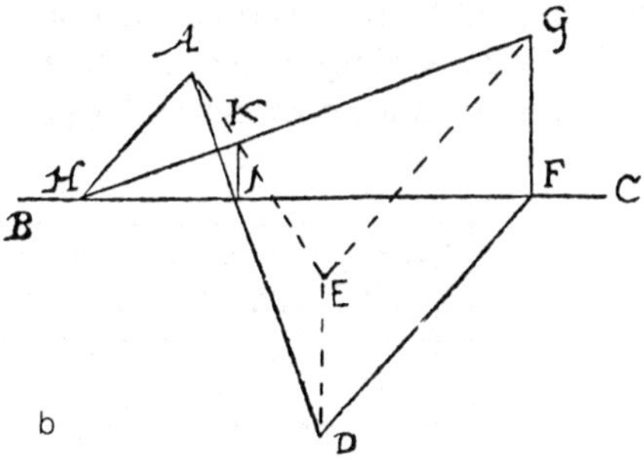

Abb. 3.9b. Stevins Figur, geändert

Abb. 3.9a. Stevin: 1. Bouk der Deursichtighe. S. 22

In der Grundebene zeichne man durch *D* eine beliebige Gerade, die nur nicht durch *A* gehen darf; sie treffe die Bildebene (deren „Grundlinie" *BC*) in *F*. Man zeichne $FG = DE$ in der Bildebene senkrecht auf *FD*. Durch *A* ziehe man die Parallele zu *DF*; sie treffe die Grundlinie in *H*. Man verbinde *H* mit *G* und *A* mit *D*. *AD* schneide die Grundlinie in *I*. In *I* errichte man in der Bildebene die Senkrechte auf der Grundlinie. Ihr Schnittpunkt *K* mit *HG* ist der gesuchte Bildpunkt von *A*.

Dann muß bewiesen werden – und Stevin tut das auch –, daß die Punkte *A*, *K*, *E* auf einer Geraden liegen.

In der zweiten Aufgabe ist ein Punkt „über der Grundebene in der Luft" gegeben, natürlich zeichnerisch durch seine Projektion auf die Grundebene und die Höhe darüber.

Damit stehen die Mittel zur Verfügung, um eine beliebige (geradlinige) Figur zu zeichnen, wenn ihr Grundriß und die Höhen ihrer Punkte (der Aufriß) gegeben sind. Stevin wählt als Beispiel in Aufgabe 5 einen Quader mit aufgesetzter Pyramide.

1636 veröffentlichte Desargues eine kleine Schrift *Exemple de l'une des manieres universelles du S.G.D.L.* ⟨S. Girard Desargues de Lyon⟩ *touchant la pratique de la perspective sans employer aucun tiers poinçt de distance ny d'autre nature, qui soit hors du champ de l'ouvrage* [Field and Gray, S. 144]. Auch er verwendet einen Quader mit aufgesetzter Pyramide als Beispiel, an dem alles Notwendige gezeigt werden kann. Er legt den Grundriß mit Zahlenangaben zugrunde (Abb. 3.10a, oben rechts); ich habe ihn herausgezeichnet, aber nur die notwendigen Zahlenangaben eingetragen (Abb. 3.10b). *ab* ist die Spur der Bildebene, *t* die Projektion des Augenpunktes, *ts* ist senkrecht zu denken, es gibt die Augenhöhe an. Die quadratische Grundfläche des Quaders hat die Seite 15 (Fuß) und liegt parallel zur

Grundfläche, die Höhe ist, wie die seitlich gezeichnete Strecke x angibt, 17 (Fuß) über der Grundebene und 1 (Fuß) darunter.

Im Bild ist AB die Grundlinie der Bildebene, FGE die Horizontgerade. Die Konstruktion des Bildes des Quaders beruht darauf, daß durch Konstruktionen, wie oben links, die Verkürzungen der Maße je nach der Entfernung von der Bildebene zeichnerisch ermittelt werden. Diesen – ich möchte sagen: metrischen – Gesichtspunkt hat Desargues besonders hervorgehoben.

Dies sind nur einige Beispiele. Die Entwicklung der Theorie ist darauf ausgerichtet, den mathematischen Kern der perspektiven Abbildung herauszuarbeiten und

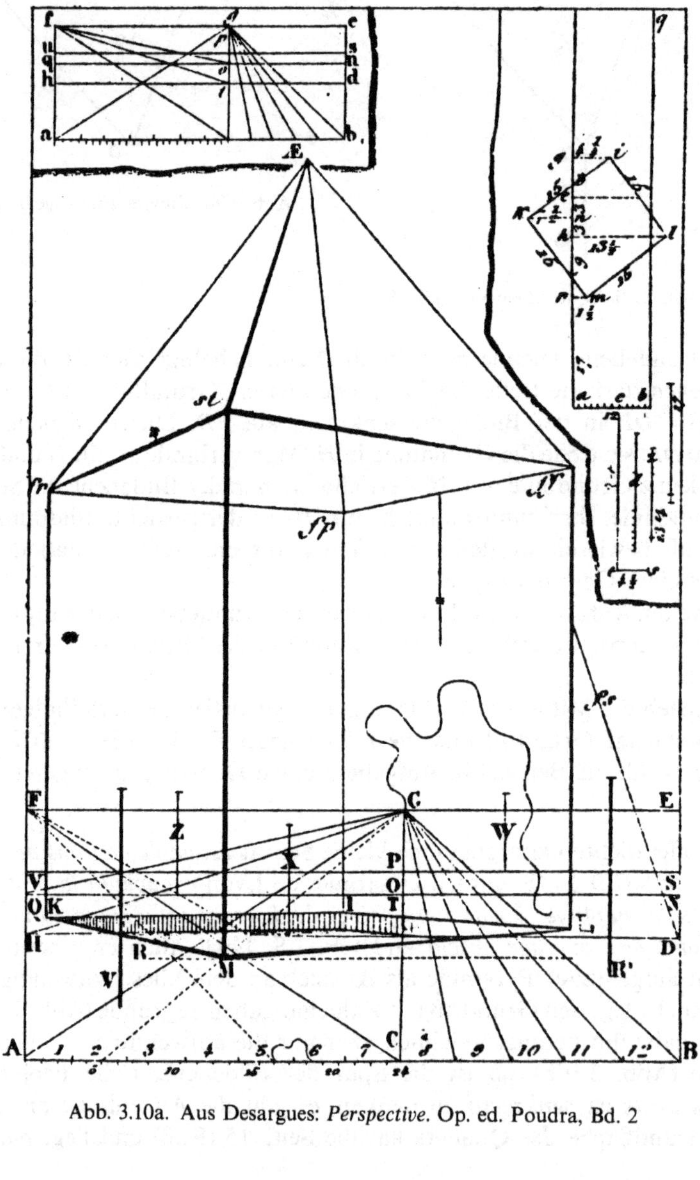

Abb. 3.10a. Aus Desargues: *Perspective*. Op. ed. Poudra, Bd. 2

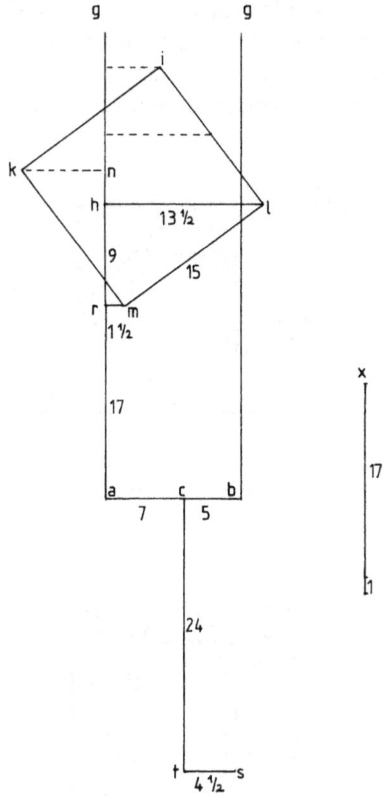

Abb. 3.10b. Ausschnitt aus Abb. 3.10a

einige, möglichst wenige, Konstruktionen anzugeben, mit denen alle Aufgaben bewältigt werden können. Dabei soll nach Möglichkeit die künstliche Zutat von Grundriß und Aufriß vermieden, d. h. die Lage der Objektpunkte durch natürlichere Angaben festgelegt werden. Diese Entwicklung, an der s'Gravesande (*Essai de perspective* 1711), Taylor (*Linear perspective* 1715, 1719), Lambert (*Die freye Perspektive* 1759) mitgewirkt haben, fällt nicht mehr in den in diesem Buch behandelten Zeitraum.
Literatur: K. Andersen, besonders 85.2, 85.4, 88.
J. V. Field: Perspective and the mathematicians: Alberti to Desargues. In: C. Hay: Mathematics from Manuscript to Print.

3.1.2. Geometrische Konstruktionen

3.1.2.1. Roriczer: Von der Fialen Gerechtigkeit. Geometria deutsch. Matthäus Roriczer war seit etwa 1463 als Baumeister in Nürnberg, Eßlingen und Eichstätt tätig und wurde 1480 Dombaumeister in Regensburg; er starb etwa 1492/95. 1486 wurde ein *puechlen der fialen gerechtigkeit* von ihm gedruckt, in dem die Maßverhältnisse für den Bau von Fialen dargestellt sind.

Roriczer geht von einem Quadrat aus, in das zweimal ein Quadrat von jeweils dem halben Flächeninhalt einbeschrieben wird (Abb. 3.11). Das mittlere der drei Quadrate wird so gedreht, daß die Grundfigur von Abb. 3.12a entsteht. Nun werden noch die Punkte *o* konstruiert, indem $no = \frac{2}{3} ni$ gemacht wird.

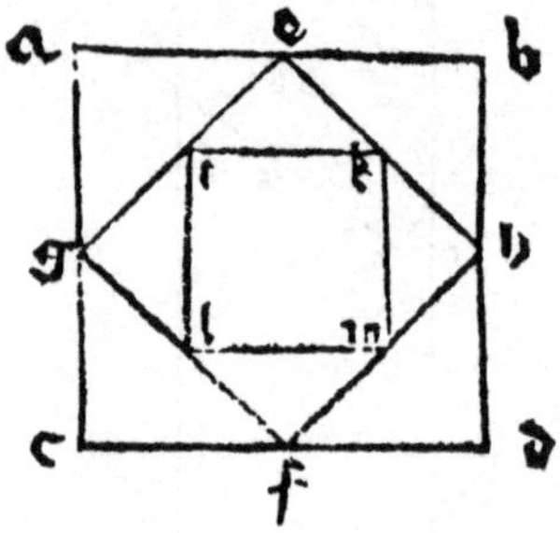

Abb. 3.11. Aus Roriczer: *Von der Fialen Gerechtigkeit*

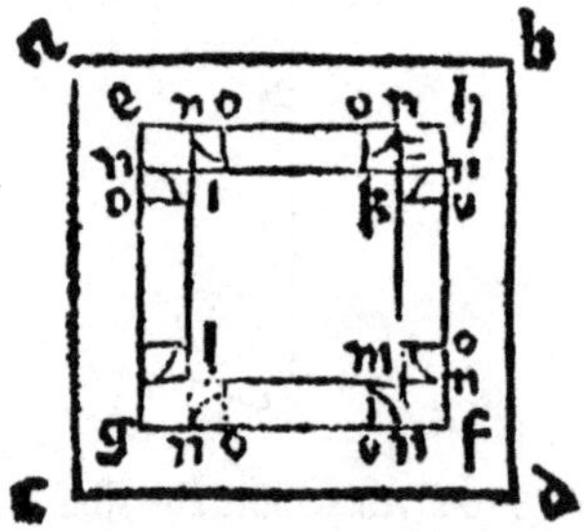

Abb. 3.12a. Aus Roriczer: *Von der Fialen Gerechtigkeit*

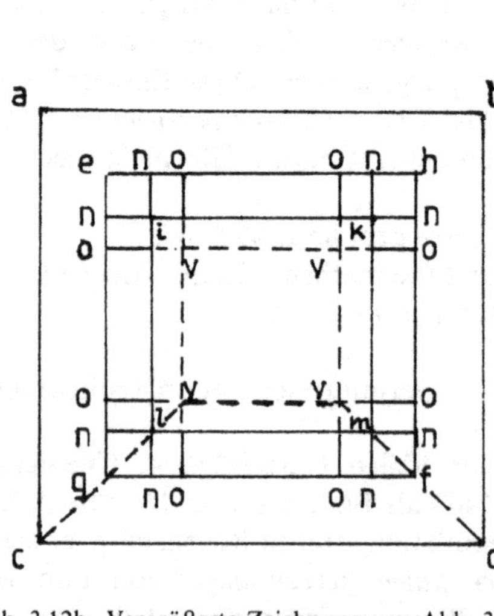

Abb. 3.12b. Vergrößerte Zeichnung von Abb. 3.12a

⟨Man kann leicht nachrechnen: Wenn man 2/3 als Näherung für $1/\sqrt{2}$ ansieht, entspricht das dem Einfügen eines weiteren Quadrats mit wiederum dem halben Flächeninhalt, was ich in Abb. 3.12b ausgeführt habe.⟩

Diese Figur dient als Grundriß der Fiale. Der Aufriß des „Leibs" der Fiale wird nach Abb. 13a, b gezeichnet. Die Höhe soll 6 *ab* betragen. Das Quadrat *abcd* von Abb. 3.12a ist jetzt als *opcd* bezeichnet. Die Gerade *mn* soll von *op* denselben Abstand haben wie *eh* von *abef*. Das Rechteck *mncd* ist der Aufriß des Sockels. Über *mn* wird nun das Stück *cvvd* der Abb. 3.12b gezeichnet; die weitere Konstruktion ist aus den Figuren zu ersehen.

Auf diesen „Leib" der Fiale wird der „Riese" (Helm, Spitzdach) aufgesetzt. (Abb. 3.13c). Seine Höhe soll 7 *ab* betragen, die untere Breite *cd* (Abb. 3.13c) = *eh* (Abb. 12b), die obere Breite = 2 *no* sein. Die weiteren Einzelheiten führe ich nicht mehr auf. Das Ganze ist dann in Abb. 3.14 zu erkennen. Auch die Maße des Wimpergs (Mitte) werden aus der Quadratfigur gewonnen.

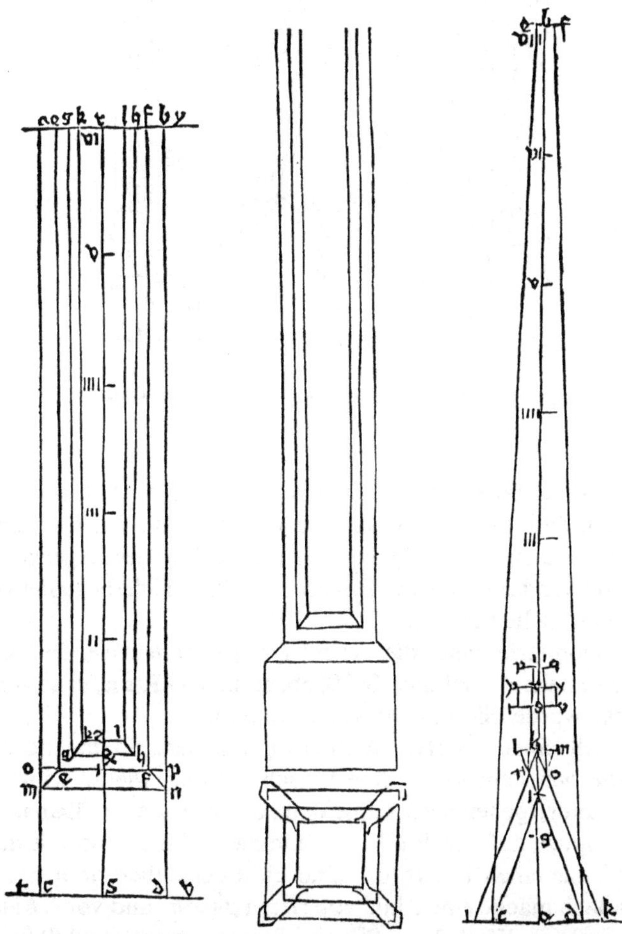

Abb. 3.13. Aus Roriczer: *Von der Fialen Gerechtigkeit*

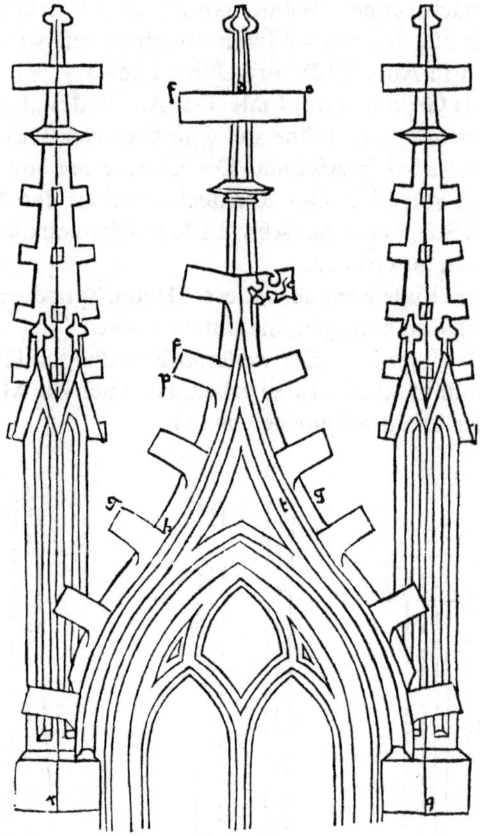

Abb. 3.14. Aus Roriczer: *Von der Fialen Gerechtigkeit*

Gebaut wird also in ganz bestimmten geometrischen Verhältnissen. „Denzinger hat nachgewiesen, daß die Konstruktionsgrundsätze, die M. Roriczer in seinem „Büchlein von der Fialen Gerechtigkeit" lehrt, beim Bau des Regensburger Domes tatsächlich zur Anwendung kamen" [Geldner, S. 72]. Tieferliegende geometrische Kenntnisse werden nicht benutzt.

Etwas mehr Geometrie bietet die Schrift *Geometria deutsch*, die („es kann kein Zweifel darüber bestehen", Geldner, S. 70) ebenfalls von Roriczer stammt und etwa 1487/88 gedruckt wurde. Sie besteht aus 9 Aufgaben.

„Erstens: schnell einen rechten Winkel zu machen. So mache zwei Gerade übereinander (die sich schneiden) ohne Einschränkung, wie du willst, und wo die Geraden übereinander gehen (sich schneiden), da setze ein :*e*:. Danach setze einen Zirkel mit einer Spitze auf den Punkt :*e*: und ziehe ihn auf, soweit du willst, und mache auf jede Linie einen Punkt, das sind die Buchstaben :*a*:*b*:*c*:; das alles sei einer Weite. Danach mache eine Linie von :*a*: in das :*b*: und vom :*b*: in das :*c*: So hast du einen rechten Winkel, wofür ein Beispiel hier folgt" (Übertragung in modernes Deutsch von Geldner), (Abb. 3.15).

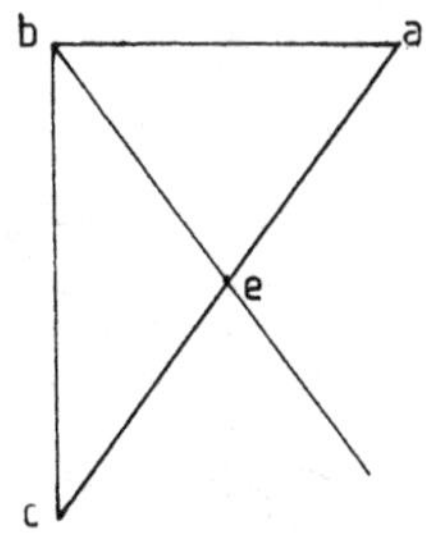

Abb. 3.15. Konstruktion eines rechten Winkels. Zeichnung nach Roriczer: *Geometria deutsch*

Daß das Verfahren vielleicht schon den Griechen bekannt war, kann man aus einer Bemerkung von Proklos im Kommentar zu Euklid I, 11 schließen. Euklid gibt andere Verfahren an, um auf einer Geraden in einem gegebenen Punkt die Senkrechte zu errichten [I; 11] und auf eine Gerade von einem nicht auf ihr gelegenen Punkt das Lot zu fällen [I, 12]. Das Verfahren von Roriczer dient nur dazu, irgendwo einen rechten Winkel zu zeichnen, läßt sich aber leicht so abändern, daß auch die bestimmteren Aufgaben damit gelöst werden können. Proklos schreibt:

„Der mit Hilfe des Halbkreises geführte Beweis ⟨der bei Roriczer ja nötig wäre⟩ . . . setzt viele spätere Sätze voraus und fällt gänzlich aus der Anordnung der Elemente heraus" – denn der Satz des Thales (daß der Winkel im Halbkreis ein Rechter ist) steht bei Euklid erst im Buch III, 31 und kann daher im Buch I noch nicht benutzt werden. Andererseits hat Euklid keine Veranlassung, im Buch III auf die Konstruktion eines rechten Winkels zurückzukommen.

Die gleiche Konstruktion wie bei Roriczer steht im „Buch der geometrischen Konstruktionen" von Abū-l-Wāfā' (940–997/8) – [deutsch von H. Suter, 1922, S. 94–109]. In dieser Schrift beschreibt Abū-l-Wāfā' Konstruktionen mit einer festen Zirkelöffnung, u. a. auch die Konstruktion regelmäßiger Vielecke.

Roriczers Konstruktion kommt ja auch mit einer festen Zirkelöffnung aus, und das ist auch in der folgenden Aufgabe der Fall, deren Text beginnt: „Wer ein Fünfeck zeichnen will mit unverrücktem Zirkel . . ."

Es sei (Abb. 3.16) *ab* die Seite des zu zeichnenden Fünfecks. Man wähle *ab* als Zirkelöffnung und schlage die Kreise um *a* und *b*; ihre Schnittpunkte seien *c*, *d*. Man zeichne die Gerade *cd*. Nun schlage man den Kreis (mit der Zirkelöffnung *ab*) um *d*. Er geht natürlich durch die Punkte *a*, *b*; seine Schnittpunkte mit den vorigen Kreisen seien *f*, *g*, sein Schnittpunkt mit der Geraden *cd* sei *e*. Die Geraden *fe* und *ge* schneiden die gezeichneten Kreise in *k* und *l*; *k* und *l* sind zwei Punkte des gesuchten Fünfecks, den fünften Punkt *i* findet man, indem man die Kreise (immer mit der Zirkelöffnung *ab*) um *k* und *l* schlägt.

Einen Beweis gibt Roriczer nicht, auch bei den anderen Aufgaben nicht, er gibt ja Anweisungen für Handwerker. Seine Konstruktion, die auch in Dürer's „Underweysung" dargestellt ist, ist auch nicht exakt. Abū-l-Wāfā' beschreibt eine exakte Konstruktion, die daher ganz anders verläuft.

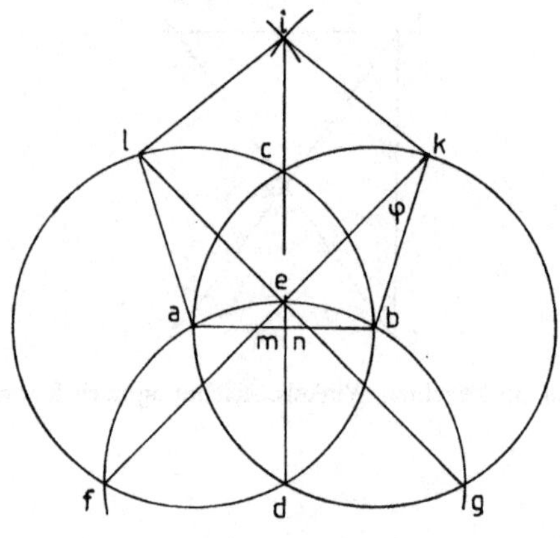

Abb. 3.16. Näherungskonstruktion eines regelmäßigen Fünfecks nach Roriczer: *Geometria deutsch*

Clavius hat ausgerechnet, daß die Winkel bei *a* und *b* nicht 108°, sondern 108°22′ sind (*Geometria practica*, 1604, *Theor.* 11, *Propos.* 29: *Descriptionem Pentagoni aequilateri et aequianguli supra datam rectam ab Alberto Durero traditam et quam omnes fere Architecti atque artifices approbant, falsam essse, demonstrare*).

Clavius berechnet den Winkel bei *b* aus dem Dreieck *mbk*.

Er setzt die Länge der gegebenen Geraden *ab* ⟨den Kreisradius *r*⟩ gleich 10 000 000; dann ist $bn = 5\,000\,000$.

1) $kb = r = 10\,000\,000$.
2) $\sphericalangle\, kmb = 45°(= \sphericalangle\, efd)$.
   Einfache geometrische Überlegungen, die Clavius sorgfältig ausführt, überlasse ich dem Leser.
3) $\sphericalangle\, mne = 1\,R$,
   also: $nm = ne = r(1 - \sqrt{3}/2) = 1\,339\,746$.
4) $bm = bn + nm \qquad = 6\,339\,746$

Aus dem sin-Satz

$$\frac{\sin\varphi}{\sin 45°} = \frac{\sin\varphi}{7\,071\,068} = \frac{bm}{bk}$$

ergibt sich

$$\varphi = 26°38'$$

$$\sphericalangle\, mbk = 180° - 45° - 26°38' = 108°22'$$

Übrigens ist die Konstruktion, obwohl sie kompliziert aussieht, gar nicht so unbequem, eben weil mit nur einer Zirkelöffnung zu arbeiten ist.

⟨Aufgabe 3⟩ „Wer schnell ein Siebeneck zeichnen will (*Wer ain siben ort pehent außtailen will*), der zeichne einen vollständigen Kreis und setze ein .*e*. in den Mittelpunkt." Dann zeichne man die Sehne *ba* = *be*; ihr Mittelpunkt sei *d*. *ed* ist die Seite des dem Kreis einbeschriebenen Siebenecks (Abb. 3.17).

Diese Näherungskonstruktion findet sich bereits bei Heron [Vermessungslehre I, 29, Hilfssatz, Op. Bd. 3, S. 54/55]: Bei Abū-l-Wāfā' steht die aequivalente

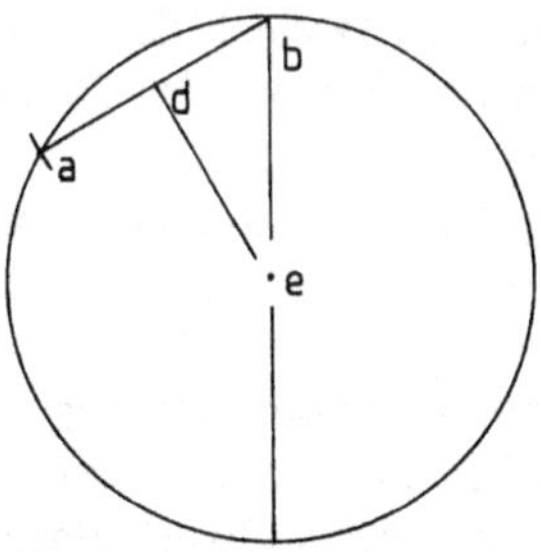

Abb. 3.17. Näherungskonstruktion eines regelmäßigen Siebenecks nach Roriczer: *Geometria deutsch*

Erklärung: Die Siebeneckseite ist näherungsweise gleich der halben Seite des dem Kreis einbeschriebenen gleichseitigen Dreiecks. [Suter, S. 104].
⟨Aufgabe 4⟩ Um ein Achteck zu zeichnen, schlägt man um die Ecken eines Quadrats Kreise mit der halben Diagonale als Radius. (Abb. 3.18). Diese Konstruktion wird schon in Agrimensorenhandschriften aus dem 10. Jh. beschrieben [Bubnov: Gerberti Op. math., S. 553].

Abb. 3.18. Konstruktion eines regelmäßigen Achtecks nach Roriczer: *Geometria deutsch*

⟨5⟩ Will man einen Kreis rektifizieren, so zeichne man drei Kreise nebeneinander und füge zu den drei Durchmessern ein Siebentel eines Durchmessers hinzu.
⟨6⟩ Der „verlorene" Mittelpunkt eines Kreisbogens wird so bestimmt, wie es in Abb. 3.19 angedeutet ist.

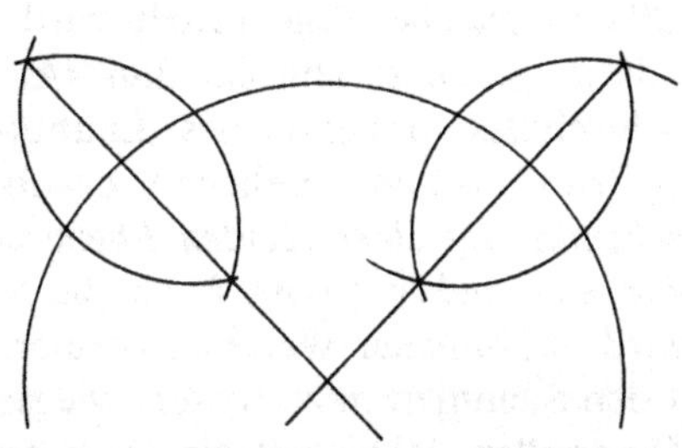

Abb. 3.19. Auffinden des Kreismittelpunkts nach Roriczer: *Geometria deutsch*

⟨7⟩ Um ein zu einem gleichseitigen Dreieck flächengleiches Quadrat zu zeichnen, nehme man 2/3 der Dreiecksseite als Seite des Quadrats. ⟨Das entspricht einem Näherungswert 16/9 für $\sqrt{3}$.⟩

Die Zeichnungen eines Stechhelms ⟨8⟩ und eines Wappenschildes ⟨9⟩ sind nicht in allen Drucken vorhanden.

3.1.2.2. Albrecht Dürer: Vnderweysung der messung . . . Er ist am 21. Mai 1471 in Nürnberg als Sohn des Goldschmieds Albrecht Dürer geboren; 1484 – 1486 lernte er bei seinem Vater das Goldschmiedehandwerk, dann ging er in die Lehre bei dem Maler Michael Wolgemut. In der umfangreichen Bibliothek seines Freundes Willibald Pirckheimer (1470–1530) hatte er die Möglichkeit, die Werke antiker Autoren (Archimedes, Plinius, Vitruv, Ptolemaios u. a.) kennen zu lernen. 1490 ging Dürer auf Wanderschaft nach Freiburg i. Br., Straßburg, Colmar und Basel. 1494 kehrte er nach Nürnberg zurück, heiratete, reiste im Herbst nach Italien, kehrte 1495 zurück und richtete in Nürnberg eine eigene Werkstatt ein. 1505 reiste er nach Venedig, um für die Kirche der deutschen Kolonie ein „Rosenkranzfest" zu malen. Anschließend ließ er sich in Bologna über Perspektive belehren (s. 3.1.1.5). 1520/21 machte Dürer eine Reise in die Niederlande. Er starb am 6. April 1528 in Nürnberg.

Aus Notizen und Fragmenten Dürers geht hervor, daß er ein enzyklopädisches Werk „Speis der Malerknaben" schreiben wollte. Für „Vier Bücher menschlicher Proportion" war das Manuskript 1523 druckreif, kam aber wegen verschiedener Hindernisse erst 1528 (nach Dürers Tod) zur Veröffentlichung. Als Vorstufe zu diesem Werk schrieb Dürer die „Vnderweysung der messung mit dem zirckel vnd richtscheyt", die 1525 erschien. Aus Anlaß der Türkenkriege schrieb er 1527 ein Lehrbuch der Befestigungslehre für die Kriegsingenieure König Ferdinands.

In der *Underweysung* lehrt Dürer, Figuren, die der Maler zeichnen will, mit Zirkel und Lineal zu konstruieren (Aus diesem Werk stammen die Abbildungen 3.20 bis 3.30.). Für Spiralen gibt er drei Konstruktionen an: 1) durch Zusammensetzung aus Halbkreisen, 2) Man teile einen Kreis in zwölf Teile und ein Lineal von der Länge des Kreisradius in 24 Teile. Man drehe das Lineal um den Mittelpunkt a (Abb. 3.20 b); wenn es vom Mittelpunkt zum Punkt 1 der Kreisperipherie zeigt, markiere man den Punkt 1 des Lineals, bei Drehung bis zum Punkt 2 der Kreisperipherie den Punkt 2 des Lineals usw. Wenn das Lineal in 24 gleiche Teile geteilt ist, entstehen zwei Umläufe der Archimedischen Spirale. 3) Das Lineal wird gemäß Abb. 3.20a in Teile abnehmender Größe geteilt, indem der Kreisbogen in Abb. 3.20a in gleiche Teile geteilt wird. Dürer bevorzugt (aus künstlerischem Gefühl?) diese „geendert schneckenlini" (Abb. 3.20 b). Er benutzt sie u. a. zur Zeichnung eines Bischofsstabes und eines „Laubbossen" (Abb. 3.21). Auch wird über dieser Linie als Grundriß eine räumliche Schraubenlinie gezeichnet (Abb. 3.22). (*So nun die schneckenlini auf einer rechten Ebene getzogen ist, will ich sie nachfolget von vnden vber sich ziehen leren.*) Auch die Schraubenlinie auf dem geraden Kreiszylinder wird in ähnlicher Weise konstruiert.

Ferner: „Vonnöten ist den Steinmetzen zu wissen, wie sie einen halben Zirkelriß oder Bogenlini in die Länge sollen ziehen, daß sie der ersten in der Höh und sonst in allen Dingen gemäß bleiben." Es folgt die Beschreibung der Figur (Abb. 3.23).

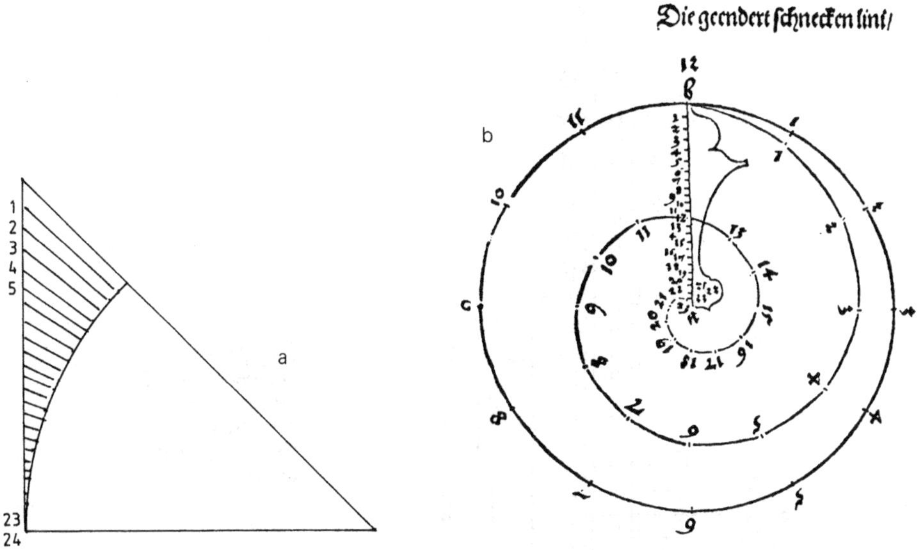

Abb. 3.20. Die geendert schneckenlini. a Konstruktionsgrundlage, b Ausführung

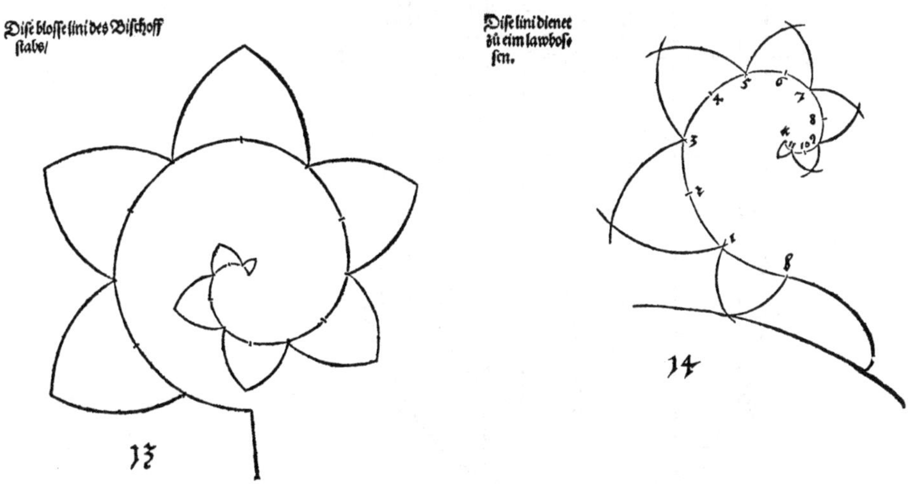

Abb. 3.21. Anwendungen der Spirale

Dann beschreibt Dürer die Konstruktion der Kegelschnitte. Abb. 3.24 zeigt die Zeichnung der Ellipse, die Dürer *eyerlini* nennt. Anscheinend hat er nicht bemerkt, daß sie zwei Symmetrieachsen hat, auch nicht, daß es dieselbe Kurve ist wie der vorher gezeichnete in die Länge gezogene Zirkelriß. Als perspektives Bild eines Kreises, auch eines ebenen Schnittes einer Kugel, erscheint die Ellipse bei Dürer mehrmals, aber ohne Hinweis darauf, daß es dieselbe Kurve ist wie der Kegelschnitt.

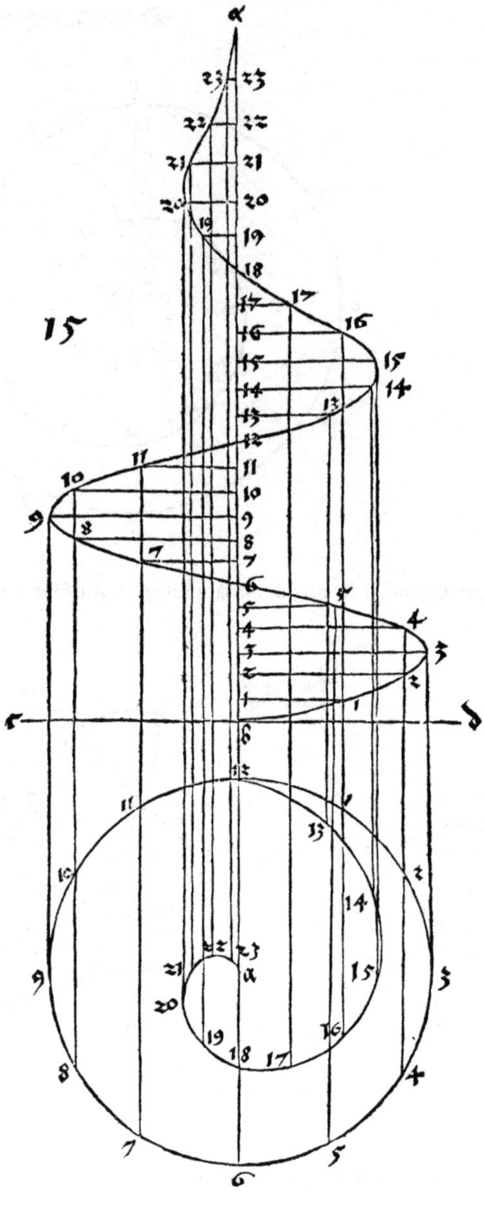

Dyß ist der schnech auß dem grund auf getzogen / mit allen notturfftigen linien darauß er gemacht wirdet.

Abb. 3.22

Den Abschluß des 1. Buches bildet die Konstruktion einer *muschellini*, „die in mancherlei Sachen zu brauchen ist“ (Abb. 3.25). Auf eine Linie *ab* setze ich 16 Punkte in gleicher Weise, doch so, daß zwischen dem Ende *b* und dem Punkt 16 ein Stück übrig bleibe. Danach setze ich eine aufrechte Linie auf die Linie *AB* in den Punkt 13 und punktiere auch sie mit diesen Zahlen. Dann verbinde ich den Punkt

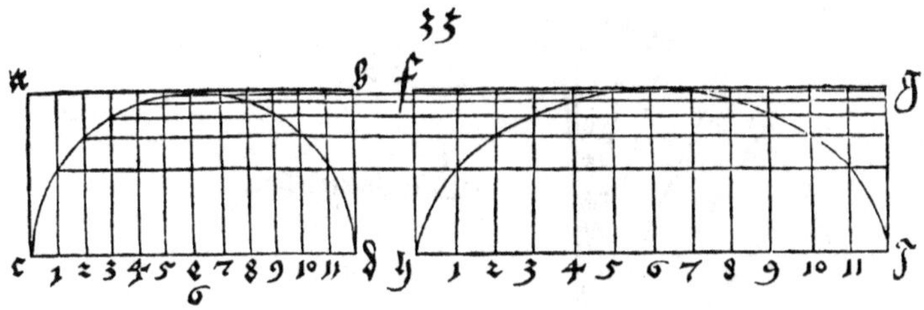

Abb. 3.23. Der in die Länge gezogene Zirkelriß

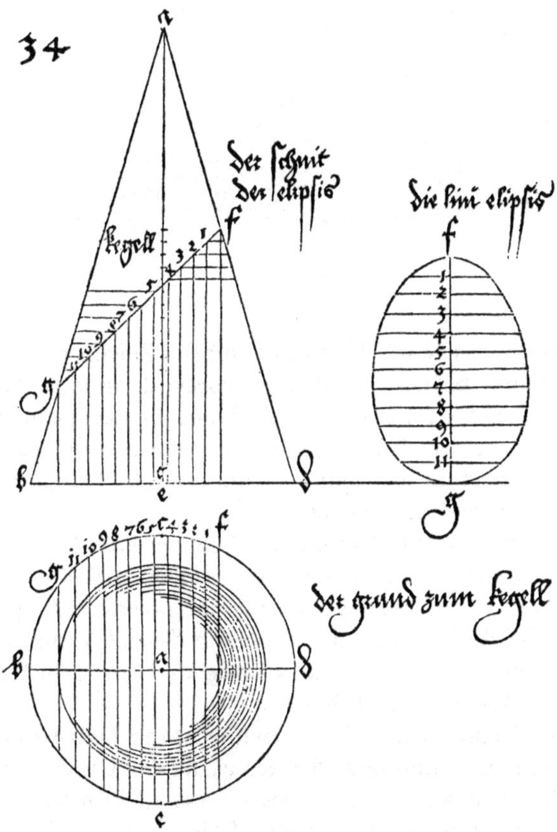

Abb. 3.24

1 auf *ab* mit dem Punkt 1 auf der Senkrechten und trage auf dieser Geraden vom Punkt 1 auf *ab* aus die Strecke *ab* ab usw. ⟨Ungefähr Dürers Wortlaut, gekürzt.⟩

Im 2. Buch bespricht Dürer zunächst einige Grundaufgaben, u. a. Teilung einer Geraden in gleiche Teile, Zeichnung eines rechten Winkels (wie in der *Geometria deutsch*), Auffinden des Mittelpunkts eines Kreisbogens (wie in der *Geometria deutsch*), Zeichnung eines Kreises durch drei gegebene Punkte.

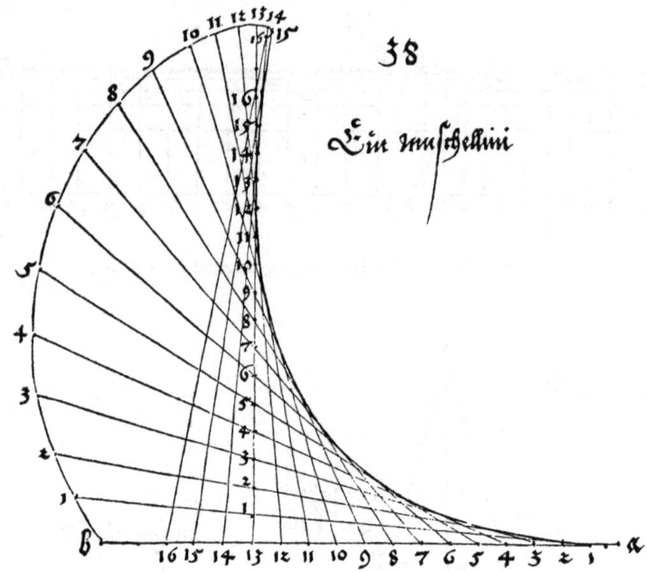

Abb. 3.25

Die regelmäßigen Vielecke werden in einer für das Zeichnen praktischen Reihenfolge vorgeführt. Dürer beginnt mit dem Sechseck, dann folgt das Dreieck, dann das Siebeneck, dessen Seite (ungefähr) die halbe Dreiecksseite ist. Durch Halbierung des Bogens über der Siebeneckseite entsteht das 14-Eck.

Eine zweite Reihe beginnt mit dem Quadrat. Durch Halbieren der Kreisbögen entstehen das Achteck und das 16-Eck.

⟨Die Konstruktion des Achtecks nach der Aufgabe 4 der *Geometria deutsch* wird nicht angegeben. Daraus sollte man aber nicht schließen, daß Dürer die *Geometria deutsch* nicht gekannt hätte; sein Verfahren leistet allgemein die Konstruktion des $2n$-Ecks aus dem n-Eck. Da aber die *Geometria deutsch* vermutlich überliefertes Handwerkswissen enthält, ist es nicht so wichtig, ob Dürer sein Wissen auf diesem oder einem anderen Wege erhalten hat.⟩

Das Fünfeck wird nach Abb. 3.26 gezeichnet: Man halbiert den Radius ac in e und schlägt um e mit dem Radius ed den Kreis, der den Durchmesser bac in f trifft. df ist die Seite des dem Kreis dbc einbeschriebenen Fünfecks, fa die Seite des Zehnecks. Das steht schon bei Ptolemaios [Almagest I, 10]. Außerdem ist die senkrechte Strecke über e näherungsweise die Seite des Siebenecks.

Aus dem Dreieck und dem Fünfeck wird das 15-Eck konstruiert. Ferner gibt Dürer Näherungskonstruktionen für das Neuneck, das 11-Eck und das 13-Eck, schließlich noch die Fünfeckskonstruktion wie in der *Geometria deutsch*.

Um einen Kreisbogen in drei gleiche Teile zu teilen (Abb. 3.27) teilt Dürer zunächst die Sehne in drei gleiche Teile: $ac = cd = db$. Dann schlägt er mit ac einen Kreis um a und mit bd einen Kreis um b; diese Kreise treffen den Kreisbogen ab in e und f. In c und d errichtet er die Senkrechten auf ab; sie treffen den Kreisbogen in g, h. Dann sind die Bögen ae, gh und fb gleich lang, und es müssen noch die

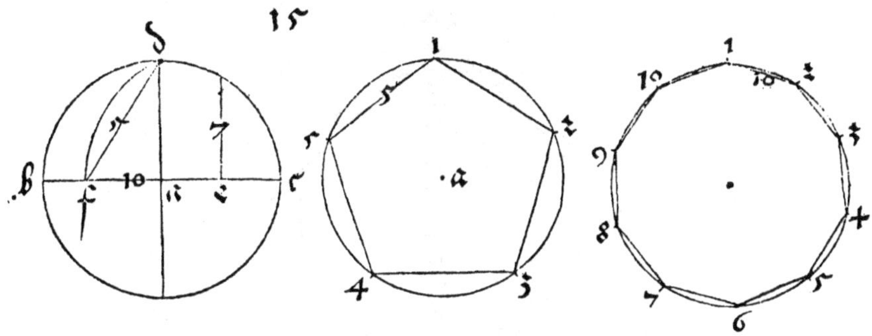

Abb. 3.26. Fünfeck und Zehneck

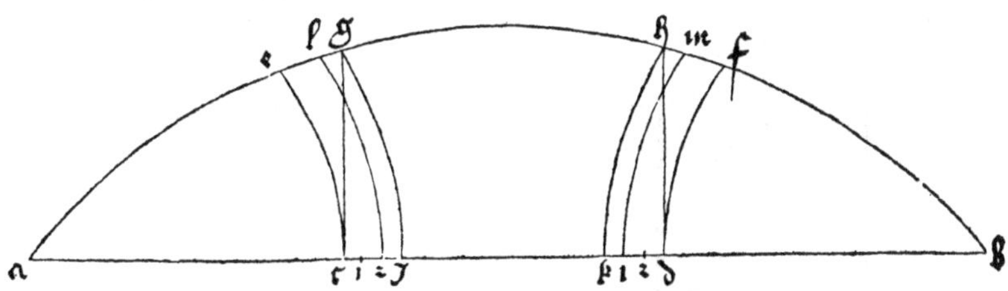

Abb. 3.27. Dreiteilung des Kreisbogens

Zwischenstücke *eg* und *hf* in drei gleiche Teile geteilt werden. Dazu schlägt Dürer mit *ag* den Kreis um *a* und mit *bh* den Kreis um *b*; sie treffen *ab* in *i* und *k*. Nun teilt man die Strecken *ci* und *dk* in drei gleiche Teile und überträgt die – kurz gesagt – zweiten Teilpunkte auf den Kreisbogen.

Danach beschreibt Dürer Figuren, die aus Kreisen und Vielecken zusammengesetzt sind und untersucht auch, in welcher Weise ein Ebenenstück durch solche Figuren vollständig überdeckt werden kann.

Ferner: „Vonnöten wäre zu wissen *Quadratura circuli*, das ist die Gleichheit eines Zirkels und eines Quadrates, also daß eines ebenso viel Inhalt hätte als das andere. Aber solches ist noch nicht von den Gelehrten demonstrirt. Mechanice, das ist beiläufig, also daß es im Werk nicht oder nur um ein kleines fehlt, mag diese Gleichheit also gemacht werden. Reiß eine Vierung und teile den Ortstrich in zehn Teile und reiße danach einen Zirkelriß, dessen Durchmesser acht Teile haben soll, wie die Quadratur deren 10; wie ich das unten aufgerissen habe." (Abb. 3.28)
⟨Ist r der Radius des Kreises, s die Seite des Quadrats, so ist hier $2r = \frac{8}{10}\cdot\sqrt{2}\cdot s$, also wäre $r^2 = \frac{8}{25}s^2$, und da $\pi\cdot r^2 = s^2$ sein soll, wäre $\pi = 3\frac{1}{8}$, ein Wert, der auch bei den Babyloniern (s. A.u.O., S. 41) und vielleicht bei Vitruv (s. 1.1.2.6) vorkommt. Natürlich folgt aus dieser Stelle nicht, daß Dürer den Wert $3\frac{1}{7}$ nicht gekannt hätte; er will hier ein für den Zeichner bequemes Verfahren angeben.⟩

Das dritte Buch enthält Vorschläge für Säulen und Figuren auf Säulen, auch eine Überlegung darüber, wie man die Schrift an einem Turm mit der Höhe vergrößern muß, damit sie, von unten gesehen, gleich groß erscheint (Abb. 3.29). Für die

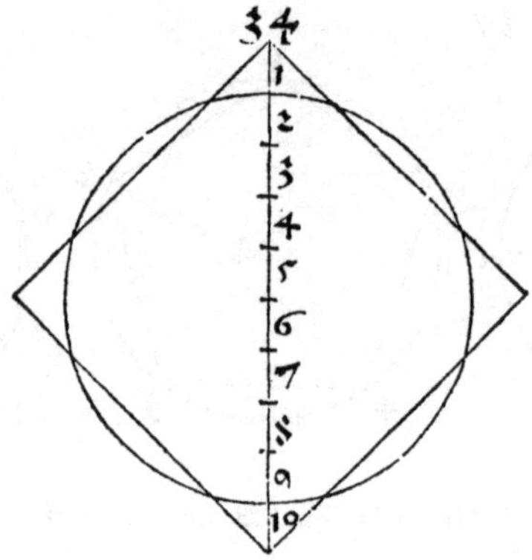

Abb. 3.28. Konstruktion des einem Quadrat flächengleichen Kreises

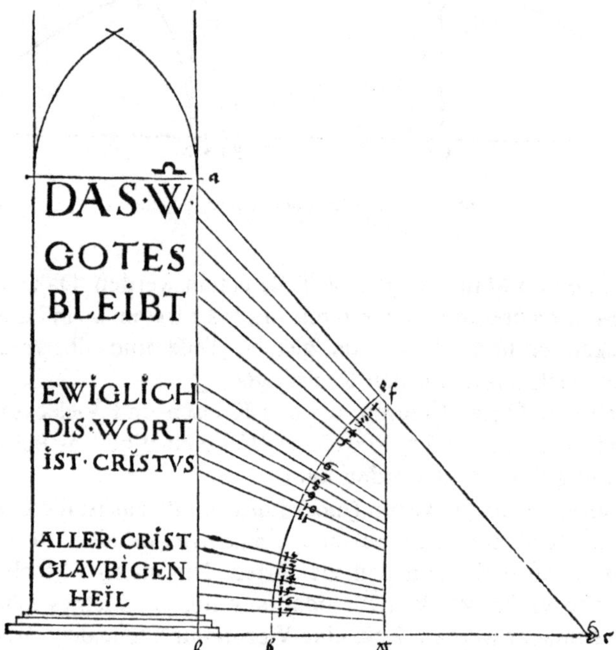

Abb. 3.29. Änderung der Schriftgröße mit der Höhe

Buchstaben des Alphabets werden geometrische Konstruktionen angegeben (ein Beispiel: Abb. 3.30).

Das vierte Buch enthält Netze von regelmäßigen und halbregelmäßigen Körpern, einige der aus der Antike bekannten Verfahren zur Verdoppelung des Würfels und die perspektivische Darstellung eines Würfels und seines Schattens aus dem Grund- und Aufriß, aber auch eine Vorschrift, die als Konstruktion aus

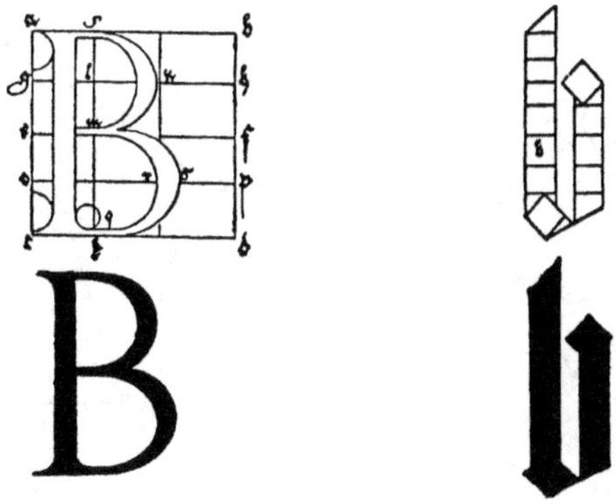

Abb. 3.30. Geometrisch konstruierte Buchstaben

den Distanzpunkten interpretiert werden kann, ferner Verfahren zur Abzeichnung gegebener Gegenstände, die dem „Schleier" von Alberti gleichwertig sind.

3.1.3. Messende und rechnende Geometrie

3.1.3.1. Piero della Francesca hat einen *Trattato d'abaco* geschrieben, der 1970 von G. Arrighi ediert wurde. Er beginnt mit der Bruchrechnung, enthält Aufgaben aus dem kaufmännischen Rechnen, dann 61 Aufgaben mit Gleichungen vom 2. bis 5. Grade mit z. T. seltsamen Lösungsregeln, schließlich (fol 83r–119v) Berechnungen geometrischer Größen mit Mitteln der Algebra, in der Art von Abû Bekr und Savasorda, die z. T. auch bei Leonardo von Pisa zu finden sind.

Ein Beispiel aus den Aufgaben über das Dreieck: Im Dreieck ABC sei BC um eine Elle größer als AB, und AC um eine Elle größer als BC; die Fläche sei 84. Wie groß sind die Seiten? Zur Lösung wird eine quadratische Gleichung gebraucht; die Lösung ist $AB = 13$, $BC = 14$, $AC = 15$.

Aus den Aufgaben über das Quadrat: Zieht man die Fläche von den 4 Seiten ab, so bleibt 3. (Abû Bekr ⟨9⟩, Savasorda 11, Leonardo von Pisa; Op., Bd. 2, S. 60).

Aus den Aufgaben über das Rechteck: Die Diagonale sei $\langle d \rangle = 10$, die Summe der Seiten $\langle a + b \rangle = 14$. Piero della Francesca berechnet zunächst die Fläche $\langle F \rangle$ aus

$$(a+b)^2 - d^2 = 2ab = 2F$$
$$F = 48\,.$$

Dann ist die Aufgabe dieselbe wie die Aufgabe ⟨25⟩ von Abû Bekr und wird wie diese auf zwei Wegen gelöst (s. 2.2.2).

Es folgen Rechnungen über das Parallelogramm, das Fünfeck, das Sechseck, das Achteck, den Kreis und Figuren im Kreis, sowie Körper, darunter den halbregelmäßigen Körper, der aus 6 Quadraten und 8 Dreiecken besteht (Abb. 3.31); er entsteht durch Abschneiden der Ecken von einem Würfel, und so berechnet Piero della Francesca auch sein Volumen.

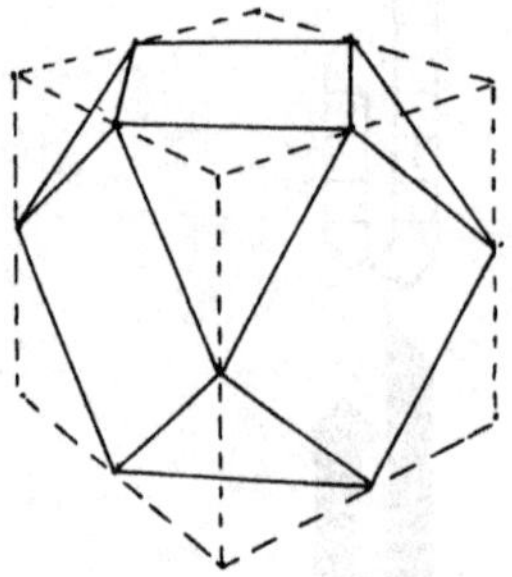

Abb. 3.31

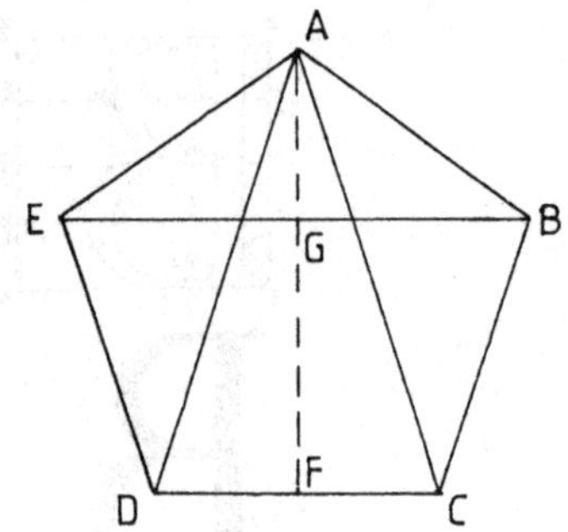

Abb. 3.32

Bei der Berechnung des Fünfecks geht er davon aus, daß, wenn s die Seite, d die Diagonale ist (Piero della Francesca benutzt Buchstaben nur zur Bezeichnung der Punkte),

$$d:s = s:(d - s)\,, \quad \text{also} \quad s^2 = d^2 - sd$$

ist. Mit $s = 4$ erhält er

$$d = \sqrt{20} + 2\,.$$

Dann läßt sich AF aus dem Dreick ACF und AG aus dem Dreieck ABG berechnen. Den Flächeninhalt des Fünfecks erhält man als Summe der Flächen der drei Dreiecke ABC, ACD, ADE (Abb. 3.32).

3.1.3.2. Chuquet: Géométrie. Piero della Francesca schrieb den *Trattato d'abaco* wahrscheinlich zwischen 1470 und 1480. Etwa zur gleichen Zeit, um 1475, schrieb Chuquet eine erste Fassung seiner *Géométrie*; die endgültige Niederschrift stammt aus dem Jahre 1484, ebenso wie die Niederschrift der *Triparty en la science des nombres*.

Wann und wo Nicolas Chuquet geboren wurde, ist unbekannt. In der *Triparty* nennt er sich *parisien Bachelier en medecine.* Er kam 1480 nach Lyon, war dort „*escripvain*" (lehrte Kinder schreiben), später „*Maistre d'algorisme*" bis zu seinem Tod 1488.

200 Schritt von Chuquet entfernt wohnte, mindestens seit 1483, der Vater von Estienne de La Roche und dieser selbst. Der Vater starb in dem genannten Jahr; Estienne muß damals noch sehr jung gewesen sein. Man kann annehmen, daß Chuquet ihn in den mathematischen Wissenschaften unterrichtete. Später besaß E. de La Roche die Werke von Chuquet und machte in seinem Buch *Larismetique et Geometrie* (1520, 2. Aufl. 1538) ausgiebig Gebrauch davon.

Die *Géométrie* von Chuquet enthält ungefähr alles, was man damals auf dem Gebiet der *geometria practica* konnte und wußte, mit originalen weiterführenden Beiträgen. Sie beginnt mit den grundlegenden Verfahren der Flächenberechnung von Dreiecken, Vierecken und aus Geraden und Kreisbögen zusammengesetzten Figuren, Oberflächen- und Volumenberechnungen von Kegel, Pyramide, Zylinder und Kugel (§§ 1–53). Es folgen Vermessungsanweisungen mit dem Quadranten (§§ 54–78), vermischte Aufgaben (§§ 79–96), Aufgaben über Kreise und Aufgaben, die in algebraische Berechnungen übergehen, zunächst über Dreiecke, von § 135 an über Vierecke.

§ 145: Breite, Länge und Fläche eines Rechtecks sollen sich verhalten wie 4:5:6. – Chuquet setzt die Breite $= 4x$ (er schreibt 4^1), dann ist die Länge $5x$ und die Fläche $20x^2 = 6x$.

§ 146: Die Fläche eines Rechtecks sei $\sqrt{200}$, die Länge um 3 größer als die Breite. – Setze die Breite $= x$, dann ist die Länge $= x + 3$ und die Fläche $x^2 + 3x = \sqrt{200}$.

Die Rechnungen werden immer vollständig durchgeführt; im letzten Falle werden die Zahlen etwas unbequem.

Es ist erstaunlich, daß diese eigentlich sinnlosen Aufgaben damals offenbar recht beliebt waren. Handelt es sich einfach um Übungen im Rechnen mit quadratischen Gleichungen? Oder steht der Wunsch dahinter, die Beziehungen zwischen verschiedenen Größen einer Figur aufzuhellen, z. B. festzustellen, daß nicht nur der Inhalt aus den Seiten, sondern auch die Seiten aus dem Inhalt und zusätzlichen Angaben berechenbar sind, und welche Angaben man überhaupt braucht, um alle Größen einer Figur ausrechnen zu können.

Es folgen (§§ 147–231 (Ende)) viele verschiedenartige Berechnungen und Konstruktionen, z. B. von Polygonen und Figuren, die anderen Figuren einbeschrieben sind, Volumenberechnungen und vieles andere. Ich erwähne nur:

§ 156. Die geometrische Darstellung von Quadratwurzeln.

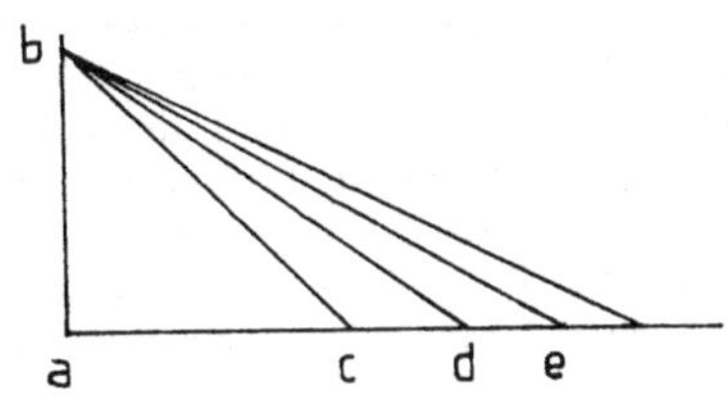

Abb. 3.33

ab sei senkrecht auf *ac*, und es sei $ab = ac = 1$. Macht man $ad = bc$, $ae = bd$ usw., so erhält man

$$ad = \sqrt{2}\,, \quad ae = \sqrt{3} \quad \text{usw}\,.$$

Die Aufgabe steht im Zusammenhang mit der Faßmessung. Man mißt mit der Quadratwurzelskala den Durchmesser und mit einer linearen Skala die Höhe.

§ 202. Das Auffinden des „verlorenen" Mittelpunktes eines Kreises, wie bei Roriczer und Dürer.

§ 203. Das Errichten einer Senkrechten auf der Geraden *bc* im Endpunkt *b*. Man wähle einen beliebigen Punkt *d* und schlage um *d* mit dem Radius *db* den Kreis. Er treffe *bc* in *g*. Die Verlängerung von *gd* treffe den Kreis in *k*. Dann ist *kb* die gesuchte Senkrechte. (Chuquet wählt *d* auf einem beliebigen Kreis um *b*, dann hat er bereits die erforderliche Zirkeleinstellung.)

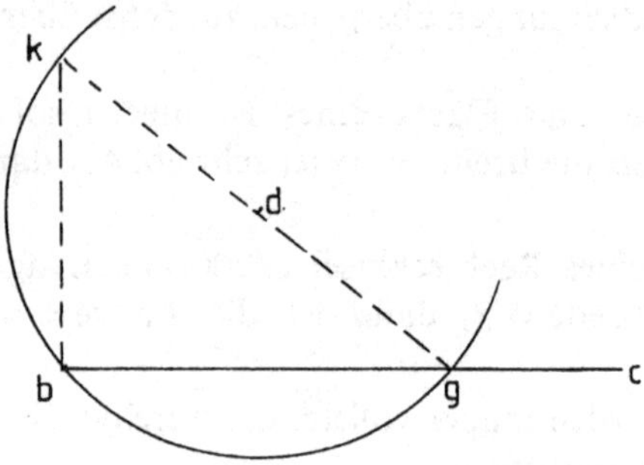

Abb. 3.34

§ 224. Konstruktion von ineinanderliegenden Quadraten und Kreisen, deren Flächen sich wie 1:2:3:4:... verhalten. Das geht über Roriczer's Konstruktion in „Der Fialen Gerechtigkeit" weit hinaus.

Nach Abhängigkeiten zwischen Roriczer und Chuquet möchte ich nicht suchen, vielmehr möchte ich annehmen, daß Baumeister und Handwerker der zuständigen Berufe allgemein über derartiges Wissen verfügten.

3.1.3.3. Luca Pacioli (Fra Luca di Borgo)

ist um 1445 in Sansepolcro (am Tiber) geboren, am gleichen Ort wie 1410 Piero della Francesca, der vielleicht sein Lehrer war. Er trat in den Dienst des Venezianischen Kaufmanns Antonio Rompiani, lebte in dessen Haus und studierte Mathematik bei Domenico Bragardino. (Ich meine, daß das Leben in diesem Milieu seine Arbeitsweise und sein Werk beeinflußt haben wird.)

Zwischen 1470 und 1477 wurde P. Frater des Minoritenordens. Nach Beendigung des theologischen Studiums lehrte er Mathematik, u. a. 1477–1480 an der Universität Perugia, 1481 in Zara (Zadar, Yugoslavien, damals unter venezianischer Herrschaft). 1487 – 1489 weilte er wieder in Sansepolcro und schrieb dort seine *Summa de Arithmetica, Geometria, Proportioni e Proportionalita.* Das Werk war 1494 druckfertig und ist dem Herzog von Urbino gewidmet, der vielleicht P's Schüler war.

1497 wurde P. von Ludovico Sforza nach Mailand eingeladen; dort traf er Leonardo da Vinci, der die Zeichnungen zu P's Werk über die regelmäßigen Körper anfertigte. (*De divina proportione*, gedruckt in Venedig 1509).

Nach 1499 lebte und wirkte P. in Florenz, Pisa, Bologna und schließlich wieder in Sansepolcro, wo er 1517 starb.

Die *Summa* enthält keine wesentlich neuen Ergebnisse, sondern ist eine umfassende Darstellung des gesamten Wissens der Zeit. Der zweite Teil, der *tractatus geometriae* handelt „von der kontinuierlichen Größe, also der Geometrie, und zwar, soweit sie sich auf die Praxis bezieht, aber auch von der Theorie aller Operationen, stets mit ihren Grundlagen . . ."

Luca Pacioli sagt auch, er folge größtenteils Leonardo von Pisa, und wenn etwas ohne Angabe des Urhebers gesagt sei, sei es von diesem.

Der Traktat ist in acht Abschnitte (*distinctiones*) geteilt. Der erste Abschnitt bringt den Inhalt der Bücher I, II, VI der Elemente Euklids, also die Grundkonstruktionen und die Lehre vom Flächeninhalt, die geometrische Algebra und die Ähnlichkeitslehre.

Der zweite Abschnitt handelt von Teilungslinien in Dreiecken.

Im dritten Abschnitt werden Aufgaben über rechtwinklige Figuren mittels der Algebra (quadratische Gleichungen) gelöst.

Der vierte Abschnitt bringt die Kreislehre nach Euklid III, dann die Kreisberechnung. Wie Leonardo (s. S. 103), aber etwas vereinfacht, errechnet Luca für die Kreiszahl den Wert 1440/458 = $3\frac{33}{229} \approx 3\frac{1}{7}$, *questo non sia pontalmente la verita; ma e molto presso* [fol. 30r]. Seine Sehnentafel mit dem Kreisdurchmeser 42 und dem Halbkreisumfang 66 ist mit der von Leonardo identisch.

Der fünfte Abschnitt enthält die Teilung von Figuren, auch des Kreises, in proportionale Teile.

Im 6. Abschnitt wird die Stereometrie nach Euklid XI gelehrt, ferner die Berechnung der Oberflächen und Volumina von Körpern.

Im 7. Abschnitt bespricht Luca die Vermessungsinstrumente: das „geometrische Quadrat" (mit der Skala auf den Seiten eines Quadrats) und den Quadranten (mit der Skala auf einem Kreisquadranten) und gibt viele Anwendungsbeispiele.

Der 8. Abschnitt bringt über 150 Aufgaben verschiedener Art, z. B. die Berechnung das Volumens eines Fasses, das durch zwei Kegelstümpfe erfaßt wird; die Aufgaben, einem gegebenen Dreieck 1, 2 oder 3 möglichst große gleiche Kreise einzubeschreiben, sowie einem Kreis 3, 4, 5 oder 6 Kreise einzubeschreiben. Ein spezieller Traktat behandelt reguläre Körper und u. a. auch den Körper, dessen Oberfläche aus 8 Dreiecken und 6 Quadraten besteht, den auch Piero della Francesca berechnet hat (s. Abb. 3.31). (Luca Pacioli hat Vieles von seinem Landsmann Piero della Francesca übernommen.)

3.1.3.4. Faßmessung. Im 15. Jh. bekam die Faßmessung besonders in Süddeutschland eine große Bedeutung infolge des aufstrebenden Handels, an dem auch der Wein Anteil hatte. An großen Märkten wurden die Fässer durch vereidigte „Visierer" kontrolliert. Der Maßstab, mit dem die Fässer gemessen wurde, hieß „Visierrute." Ihre Einrichtung und ihr Gebrauch ist in vielen Handschriften und Büchern beschrieben. M. Folkerts hat das alles ausführlich dargestellt [74.2].

Der Inhalt eines Fasses konnte damals nicht exakt bestimmt werden; näherungsweise kann man das Faß durch zwei Kegelstümpfe ersetzen, wie es z. B. auch Luca Pacioli macht. Eine andere Näherung hat Dominicus von Clavasio angegeben [*Practica Geometriae*, 1346, ed. Busard S. 575]: Man bilde das Mittel zwischen den Flächen der beiden Böden, sodann das Mittel zwischen diesem und der Fläche der Faßmitte, also mit den früheren Bezeichnungen (S. 72) bis auf den Faktor $\pi/4$

$$\frac{1}{2}\left(\frac{a^2+b^2}{2}+m^2\right)=(a^2+b^2+2m^2)/4\,.$$

Dieser Mittelwert, der noch mit der Höhe (Länge) des Fasses zu multiplizieren ist, wird z. B. auch von Erhart Helm angegeben, dessen „Visierbüchlein" als Anhang zum Rechenbuch von Adam Ries (1553 und öfter) gedruckt und dadurch sehr bekannt wurde. Er ist in der Praxis bequem.

Da nämlich auf jeden Fall die Quadrate der Durchmesser gebraucht werden, erhält die Visierrute, außer einer linearen Einteilung zur Messung der Länge, eine Quadratwurzeleinteilung, wie sie z. B. von Chuquet (3.1.3.2) und auch von Helm beschrieben wird, und die vermutlich schon früher bekannt war (s. Abb. 3.33). Man liest also bei der Messung der Durchmesser sofort ihre Quadrate ab, markiert sie mit Kreidestrichen und kann die Mittelwerte wahrscheinlich sogar nach Augenmaß finden.

Bei der Wahl der Einheit geht man von einem Normgefäß aus, das den Durchmesser d_0, die Höhe h_0 und das Volumen 1 (in einer passenden Einheit, etwa Eimer) hat. d_0 wählt man als Einheit der Quadratwurzelskala, h_0 als Einheit einer linearen Skala. Ist $d \cdot d_0$ der gemittelte Durchmesser, $h \cdot h_0$ die Höhe des Fasses, so ist das Volumen $d^2 \cdot h$.

Auch das Ausrechnen dieses Produktes soll dem Visierer erspart bleiben. Dazu wird eine für den vorliegenden Zweck vereinfachte Multiplikationstafel angefertigt, die im Prinzip so aussehen würde, wie es in Abb. 3.35 dargestellt ist. Für die Praxis genügt es, einige wenige der senkrechten Skalen zusammenzustellen, und zwar so, daß auch mechanische Interpolation möglich ist.

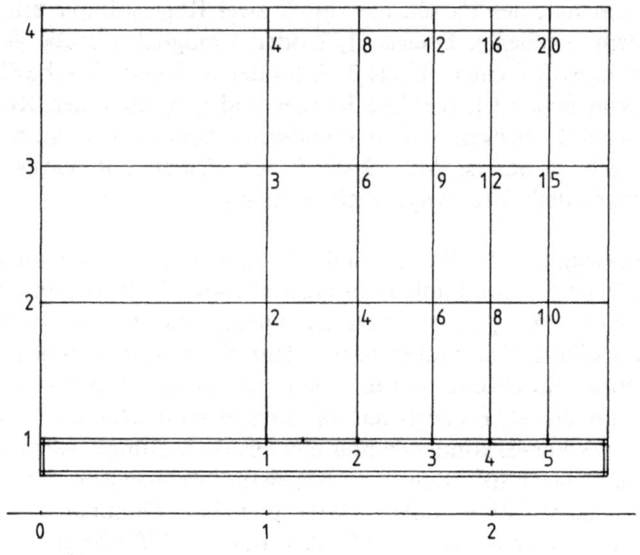

Abb. 3.35

Wenn auf Grund von Regeln oder Gewohnheiten des Handwerks zwischen *d* und *h* ein bestimmtes Verhältnis eingehalten wird, genügt eine einzige Ablesung mit einer nach Kubikwurzeln eingeteilten Visierrute, um sofort den Inhalt des Fasses anzugeben. Das war bei den österreichischen Fässern damals der Fall; es galt die Regel: 1/3 der Daubenlänge soll als Radius der Faßmitte genommen werden [Kepler: Österreichisches Wein-Visier-Büchlein, § 75; Op. ed. Bayer. Akad. d. Wiss. Bd. 9, S. 210]. Kepler hat nachgewiesen, daß dieses Verhältnis besonders günstig ist.

3.1.3.5. Kartographie. Zu Anfang des 15. Jh. wurde die „Geographie" des Ptolemaios im Abendland bekannt.

Um 1403 brachte Manuel Chrysoloras eine griechische Handschrift nach Florenz. Er war um 1350 in Byzanz geboren, verließ 1396 die von den Türken bedrängte Stadt, wurde Lehrer des Griechischen in

Florenz, wirkte in der Folgezeit in Mailand und Pavia, kehrte 1403 nach Byzanz zurück, reiste bald wieder in diplomatischer Mission in den Westen und brachte dabei griechische Handschriften mit. Er reiste über Paris nach England, später in Begleitung des Papstes zum Konzil nach Konstanz, wo er 1415 starb. Die Geographie wurde schon 1406/1410 von Chrysoloras und Jacopo Angelo da Scarperia ins Lateinische übersetzt. Der erste Druck erschien 1475 in Vincenza.

Während im Mittelalter, wie auch schon in der Antike, der bewohnte Teil der Erde oft als Kreis dargestellt wurde, der schematisch in Europa, Asien und Afrika oder in Klimazonen eingeteilt wurde, beruht die Darstellung des Ptolemaios darauf, daß bestimmte Punkte (Städte, Flußmündungen, Einmündungen von Nebenflüssen, Vorgebirge usw.) durch ihre geographische Länge und Breite festgelegt und in diesem Gradnetz gezeichnet werden. Das Verfahren geht auf Eratosthenes, Hipparch und Marinos von Tyrus zurück. Damit sind zwei Aufgaben verbunden: 1) die Bestimmung der Länge and Breite eines Ortes, 2) die Übertragung des Gradnetzes von der Kugel auf die Zeichenebene. Während die zweite Aufgabe eine rein geometrische ist, hat die erste Aufgabe nur auf Umwegen später einen Einfluß auf die Geometrie ausgeübt.

Zu 1). Die geogr. Breite eines Ortes läßt sich mit verhältnismäßig einfachen Mitteln bestimmen. Ptolemaios gibt in der Regel die Dauer des längsten Tages an, z. B. für Rom $19\frac{1}{12}$ Stunden. Zur Bestimmung der geogr. Länge eines Ortes muß man die Längendifferenz zu einem Ort bekannter Länge (schließlich zu einem willkürlich gewählten Nullmeridian) messen. Das geht z. B. durch Messung des Eintritts einer Mondfinsternis (s. 1.1.2.6) oder durch Messung der Weglänge zwischen den beiden Orten, natürlich unter Berücksichtigung der Richtung. Eine solche Messung ist schon auf dem Landweg sehr ungenau, und erst recht, wenn ein Seeweg dazukommt, was übrigens dazu geführt hat, daß der östliche Weg nach Indien viel zu weit und infolgedessen der Seeweg in westlicher Richtung zu kurz angenommen wurde.

Erst 1553 hat Gemma Frisius ein neues Verfahren vorgeschlagen. Er schreibt: „In unserem Jahrhundert werden so kleine Uhren hergestellt, daß sie wegen ihrer geringen Größe dem Reisenden keine Last sind. Sie gehen oft kontinuierlich 24 Stunden lang, auch wenn sie transportiert werden. Mit ihrer Hilfe läßt sich die geogr. Länge messen“ (nicht ganz wörtlich übersetzt). Man nimmt sozusagen die Ortszeit des Ausgangsortes mit und vergleicht sie mit der (mit dem Astrolab feststellbaren) Ortszeit des Zielortes. Die Differenz ist der Gradunterschied in Stunden (1 Std = 15°). Man müsse allerdings darauf achten, sagt Gemma Frisius, daß die Uhr unterwegs nicht stehen bleibt; auch empfiehlt er, sie durch Sand- oder Wasseruhren zu kontrollieren.

Brauchbar wurde das Verfahren erst, als Galilei das Pendel in die Zeitmessung eingeführt hatte, und die Geometrie kam erst 1658 zum Zuge, als Huygens die Zykloide untersuchte und eine Uhr mit einem Zykloidenpendel konstruierte.

Gemma Frisius wurde 1508 in Dokkum geboren, studierte in Groningen, dann in Löwen, wurde dort 1536 Magister der Medizin, 1541 Doktor, später Professor. Er starb 1555 in Löwen. 1529 gab er die *Cosmographia* des Peter Apian heraus, 1533 schrieb er *Libellus de locorum describendorum ratione*, in dem er die Triangulation zur Landvermessung empfiehlt, 1542 erschien in Wittenberg *Arithmeticae practicae methodus* (verfaßt 1536), die bis 1652 mehrere Auflagen erlebte, 1553 erschien in Antwerpen ein Werk *De Principiis Astronomiae et Cosmographiae*, aus dessen Kap. 9 das obige Zitat stammt.

Zu 2) Diese Aufgabe hat Marinos von Tyrus (Anf. des 2. Jh. n. Chr.) vermutlich durch eine Karte gelöst, bei der Parallelkreise und Meridiane aufeinander senkrecht stehende gerade Linien waren. Wir kennen seine Arbeit nur aus der Kritik des Ptolemaios.

Ptolemaios konstruiert ein Gradnetz, in dem die Meridiane gerade Linien und die Parallelkreise konzentrische Kreise sind. Die Abbildung ist längs aller Meridiane und längs eines mittleren Parallelkreises längentreu.

Wir (!) beginnen die Zeichnung (Abb. 3.36) mit dem Mittelmeridian MA. M soll der Mittelpunkt der konzentrischen Parallelkreise werden, durch A soll der Kreis gehen, der das Bild des Äquators ist, durch T das Bild des Parallelkreises von Thule (63° nördl. Breite). Der Abstand AT soll deshalb 63 (geeignete) Einheiten betragen.

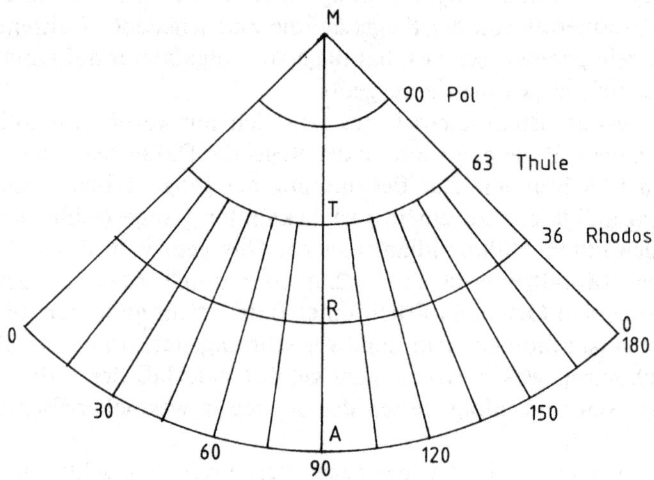

Abb. 3.36. Skizze zur Karte des Ptolemaios

Das Verhältnis der Länge des Parallelkreises von Thule zu der Länge des Äquators ist bekannt; Ptolemaios gibt es zu 115 : 52 an. Diese Zahlen sind so gewählt, daß die Differenz = 63 ist.

⟨Es ist ja stets möglich, aus $x : y = a$, $x - y = b$ die Werte von x und y zu berechnen, wenn a und b gegeben sind.⟩

In diesem Verhältnis müssen die Kreisradien MA und MT stehen, wenn die Abbildung dieser beiden Parallelkreise längentreu sein soll. Der Punkt M ist also dadurch bestimmt, daß $MA = 115$ und $MT = 52$ Einheiten sein soll.

Wie lang müssen die Parallelkreisbögen gewählt werden? Für die damals bekannte Welt müssen sie die Breite von 180° umfassen. Die Länge von 1° ist auf dem Äquator ebensogroß wie auf einem Meridian (die Abplattung war damals natürlich unbekannt), also = 1 Zeicheneinheit. Man könnte also auf dem Äquator vom Mittelmeridian aus nach jeder Seite 18 mal je 5 Einheiten abtragen; dann wäre die Abbildung längs des Äquators längentreu. Verbindet man die Teilpunkte mit M, so sind auch die Abschnitte auf dem Parallelkreis von Thule längentreu abgebildet; so war ja das Teilverhältnis gewählt. So ist die Abb. 3.36 gezeichnet, allerdings mit Schritten von je 15 Einheiten.

Ptolemaios teilt jedoch den Parallelkreis von Rhodos im richtigen Maßstab (4 Einheiten = 5°) und verbindet diese Teilpunkte mit *M*. Damit geht die Längentreue auf dem Äquator und auf dem Kreis von Thule verloren.

Um die Längentreue auf allen drei Parallelkreisen zu erreichen, kann man jeden im richtigen Verhältnis teilen und die Meridiane durch Kreise durch diese je drei Punkte darstellen. So macht es Ptolemaios in einem zweiten Entwurf. Ganz so einfach ist es nicht, aber auf weitere Einzelheiten will ich hier nicht eingehen.

Ptolemaios geht auch nach Süden über den Äquator hinaus und gibt weitere Parallelkreise an, die in das Netz einzutragen sind (Abb. 3.37, 38). Originalzeichnungen von ihm sind nicht erhalten, die Abbildungen sind an Hand des Textes konstruiert.

Diese beiden Gradnetzentwürfe sind keine Projektionen im strengen Sinne. Durch eine Zentral- oder Parallelprojektion kann ein Kreisbogen (hier: ein Stück des Mittelmeridians) nicht längentreu auf ein Geradenstück abgebildet werden. Aus dem gleichen Grud ist auch ein dritter Entwurf, den Ptolemaios im Buch VII, Kap. 6 – allerdings etwas dunkel – beschreibt, keine echte Projektion, obwohl Ptolemaios sich gelegentlich überlegt, wie die Erde aussieht, wenn sie von einem bestimmten Punkt (senkrecht über dem Mittelmeridian) aus gesehen wird. Der Einfluß der Geometrie des Ptolemaios auf die Maler der Renaissance scheint noch nicht mit Sicherheit bekannt zu sein.

Die drei Entwürfe sind z. B. von O. Neugebauer beschrieben worden (The Exact Sciences in Antiquity. Providence, Rhode Island, 2. Aufl. 1957, S. 220 ff.), ferner von S. Y. Edgerton (The Renaissance Rediscovery of Linear Perspective 1975, Kap. VII, VIII), der dritte Entwurf, mit einer z. T. neuen Interpretation, von K. Andersen (The Central Projection in One of Ptolemy's Map Constructions. Centaurus 30, 1987, S. 106–113).

Die beiden ersten Entwürfe sind in vielen Karten der damaligen Zeit angewandt worden, sie wurden auch weiterentwickelt. Für die Darstellung der ganzen Erde

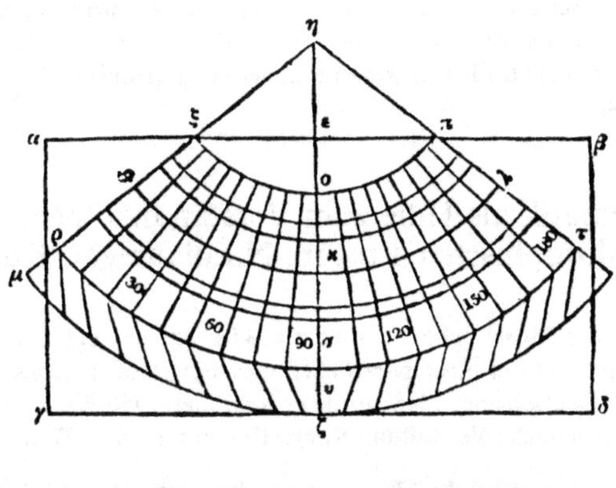

Abb. 3.37. Ptolemaios' erste Gradnetzkonstruktion. Geographia I, 24. Ed. Nobbe, Bd. 1, S. 47

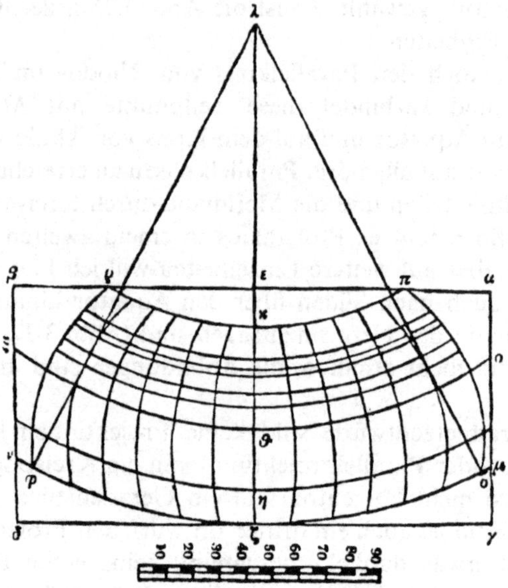

Abb. 3.38. Ptolemaios' zweite Gradnetzkonstruktion. Geographia I, 24. Ed. Nobbe, Bd. 1, S. 54

sind sie nicht besonders günstig, und für die Seefahrt war die winkeltreue Karte, die Mercator 1569 herausbrachte, vorteilhaft. Hier sind die Meridiane parallele gerade Linien, und daß ihr Abstand zum Pol hin abnimmt, wird dadurch ausgeglichen, daß der Abstand der Parallelkreise entsprechend vergrößert wird. Die allgemeine Theorie der Abbildungen einer Kugel auf eine Ebene wurde im 18. Jh. von Lambert, Euler, Lagrange und später von Gauß ausgearbeitet. Der Ausgangspunkt für alle diese Arbeiten ist das Kennenlernen der Geographie des Ptolemaios im 15. Jh.

Gerardus Mercator (Gerhard Krämer) wurde am 3. Mai 1512 in Rupelmonde (Ostflandern) geboren, studierte 1530–1532 unter Gemma Frisius in Löwen, wo er sich als Instrumentenbauer und Kartograph etablierte. Seine ersten Arbeiten waren Globen (1534–1537); seit 1537 veröffentlichte er Landkarten. 1552 übernahm er den Lehrstuhl für Kosmographie an der neugegründeten Universität Duisburg. Dort starb er am 2. Dez. 1594.

3.1.4. Mathematik als Hilfe zum Verständnis theologischer und philosophischer Fragen: Nikolaus von Kues

Er ist 1401 in Kues an der Mosel geboren, studierte Kirchenrecht und Theologie, nahm 1432 am Konzil zu Basel teil, war 1438 mit einer päpstlichen Gesandtschaft in Konstantinopel, dann oft als päpstlicher Gesandter in Deutschland. 1448 wurde er Kardinal, 1450 Bischof von Brixen, 1459 Legat und Generalvikar für die weltliche Verwaltung Roms. Er starb 1464 in Todi (Umbrien).

Ein Ziel des Kusaners war das Verstehen des „absolut Größten", zu dem kein Größeres mehr denkbar ist, also des Unendlichen. Inwiefern die Mathematik dabei nützlich sein kann, versuche ich mittels einiger, z. T. von mir gekürzter, Sätze aus der Schrift *De docta ignorantia*, Buch I, anzudeuten.

Aus Kap. 1: Alle, die etwas untersuchen, beurteilen das Ungewisse im Vergleich und gemäß seinem Verhältnis zu einem als gewiß Vorausgesetzten; also ist jede Untersuchung ein Vergleich, der sich eines Verhältnisses als Mittel bedient. ... Deshalb ist das Unendliche als Unendliches, da es sich jeder Verhältnisbeziehung entzieht (*cum omnem proportionem aufugiat*), unbekannt.

Aus Kap. 11: Alle unsere weisen und heiligen Lehrer stimmen darin überein, daß das Sichtbare in Wahrheit Bild des Unsichtbaren sei, und daß der Schöpfer auf erkenntnismäßigem Wege von den Geschöpfen wie in einem Spiegel und Gleichnis erkannt und gesehen werden könne. ...

Wenn eine Untersuchung vom Bild aus geschieht, ist es notwendig, daß beim Bild, in dessen übertragenem Verhältnisbezug das Unbekannte erforscht wird, kein Zweifel besteht, da der Weg zum Ungewissen nur durch das Gewisse möglich ist. ... ⟨Deshalb werden wir⟩ die mathematischen Zeichen wegen ihrer unvergänglichen Gewissheit gebrauchen können.

Aus Kap. 12: Aus dem Vorhergehenden steht als wahr fest, daß das schlechthin Größte nichts von dem sein kann, was von uns gewußt oder erfahren wird; da wir uns vornehmen, es durch Symbole zu erforschen, ist es notwendig, die einfache Ähnlichkeit zu überschreiten.

Jedes Mathematische ist endlich und kann auch nicht anders vorgestellt werden; so müssen wir, wenn wir Endliches als Beispiel gebrauchen wollen, um zum schlechthin Größten emporzusteigen, zuerst die mathematischen Figuren als endliche mit ihren Eigenschaften und Verhältnissen betrachten und diese Verhältnisse entsprechend auf unendliche derartige Figuren übertragen; danach müssen wir in einem dritten Schritt, höher als bisher, die Verhältnisse der unendlichen Figuren auf das schlechthin Unendliche, das von jeder Figur völlig losgelöst ist, übertragen. Dann wird unsere Unwissenheit auf unbegreifliche Weise darüber belehrt werden, wie wir, die wir uns mit jenem Rätsel mühen, über das Höchste denken sollen. ...

Der fromme Anselm verglich die größte Wahrheit mit der unendlichen Geradheit. ... Andere verglichen ein Dreieck mit gleichen Seiten und drei rechten Winkeln mit der Dreifaltigkeit; ein solches Dreieck muß natürlich unendlich sein. Andere nannten Gott einen unendlichen Kreis, andere eine unendliche Kugel. Wir aber werden zeigen, daß sie alle miteinander über das Größte richtig gedacht haben und die Meinung aller eine ist.

Aus Kap. 13: Gäbe es eine unendliche Linie, so wäre sie eine Gerade, ebenso ein Dreieck, Kreis und Kugel. – Das wird in Kap. 13–15 ausführlich begründet.

Nikolaus von Kues hat zum Unendlichen eine andere Einstellung als die Scholastiker wie etwa Bradwardine oder Albert von Sachsen. Jene suchten dem Unendlichen mit den Mitteln der Logik beizukommen; nur was widerspruchsfrei gedacht werden kann, kann existieren. Und solange die Logik von den Verhältnissen im Endlichen abgeleitet ist, und solange in der Mathematik der Satz gilt: Das Ganze ist größer als sein Teil, solange gibt es „Paradoxien des Unendlichen" (Bolzano). Nikolaus von Kues nimmt die Widersprüche hin; das Unendliche ist eben anders als das uns vertraute Endliche, hier fällt Widersprechendes zusammen. Die *coincidentia oppositorum* ist ein zentraler Gedanke seiner Philosophie.

Im Unendlichen ist vieles anders als im Endlichen. Das muß man zunächst einmal einsehen und anerkennen. Dann erst ist eine mathematische Untersuchung des Unendlichen möglich; ich denke etwa an die Rechenregeln für unendlich kleine Größen in der Infinitesimalrechnung, an die Größenbeziehungen zwischen unendlichen Mengen und deren Topologie.

Nikolaus von Kues vollendete das Werk *De docta ignorantia* im Jahre 1440. In den Jahren 1445–1459 schrieb er mehrere mathematische Abhandlungen, deren Gegenstand hauptsächlich die Rektifikation und Quadratur des Kreises war. Schon 1445 kannte er die Werke des Archimedes; etwa 1453 erhielt er vom Papst Nikolaus V eine Übersetzung der Werke des Archimedes, die Jacob von Cremona auf Veranlassung des Papstes angefertigt hatte. Eine Abschrift dieser Übersetzung hat auch Regiomontan benutzt. (Kann man sich vorstellen, daß heutzutage der Papst einem Kardinal die Werke von Gauß schickt?)

3.2. Astronomie und Trigonometrie

An der Universität Wien wirkten im 15. Jh. drei Männer, die zur Verbreitung und Entwicklung der Astronomie und Trigonometrie wesentlich beigetragen haben: Johannes von Gmunden (geb. vor 1385 in Gmund am Traunsee, gest. 1442 in Wien), Georg von Peurbach (geb. 1423 in Peuerbach, Oberösterreich, gest. 1461 in Wien) und Regiomontanus (Johannes Müller, geb. 1436 in Königsberg in Franken, gest. 1476 in Rom). Die in Italien und in Paris bereits bekannten Kenntnisse wurden erlernt, durchgearbeitet und weiterentwickelt.

Die Universität Wien war 1365 von Albert von Sachsen, der u. a. auch in Paris gelernt und gelehrt hatte, gegründet worden, kam aber wegen Streitigkeiten der österreichischen Herzöge zunächst nicht recht in Gang. Albert ging schon 1366 als Bischof nach Halberstadt. 1385 wurde sie unter der Leitung von Heinrich von Langenstein, der in Paris Schüler von Albert gewesen war, wieder eröffnet. Die Vorlesungsthemen in der artistischen Fakultät wurden zu Beginn jedes Studienjahrs unter den Magistern verteilt, z. T. ausgelost. Daß dabei die Dozenten nicht immer von ihrem Lehrauftrag begeistert waren, sieht man schon daraus, daß, solange Heinrich von Langenstein Rektor war, jeder Dozent nur ein einziges Mal ein mathematisches Thema gelesen hat [Vogel, K., 73.1: Der Donauraum, S.12].

Heinrich von Langenstein wurde 1325/1340 in der Nähe von Marburg (Lahn) geboren, studierte in Paris, wurde dort 1363 Magister artium, 1375 Vizekanzler. Durch das Schisma aus Paris vertrieben, war L. seit 1383 in Wien, wo er die Reform der Universität betrieb. Er starb am 11. Febr. 1397.

3.2.1. Johannes von Gmunden

wurde 1400 an der Universität Wien eingeschrieben, 1402 Baccalaureus, 1406 Magister (dazu war ein Alter von 21 Jahren erforderlich, er muß also 1385 oder früher geboren sein). Er hielt zunächst philosophische, dann mathematische und seit 1420 nur noch astronomische Vorlesungen. Dadurch, daß sich Magister in dieser Weise spezialisierten, kam es in Wien und auch an anderen Universitäten zu besonderen Lehrstühlen für Mathematik und Astronomie.

Johannes von Gmunden wurde 1425 Domherr von St. Stephan. Er hat unermüdlich an der Verbesserung astronomischer Tafeln gearbeitet. 1437 erschien sein *Tractatus de sinibus, chordis et arcubus*, in dem er die Berechnung von Sehnen- und Sinus-Tafeln lehrt. Im ersten Teil bringt er die Methode von al-Zarqālī (2.2.6), im zweiten Teil die von Ptolemaios (s. A.u.O., S. 153 ff.). Das sind also keine neuen Ergebnisse, aber die Wiedergabe des überkommenen Wissensgutes war Ausgangspunkt der weiteren Entwicklung.

Johannes von Gmunden hat auch astronomische Instrumente konstruiert. Diese und seine Bücher vermachte er der Universität.

3.2.2. Georg von Peurbach

Als Johannes von Gmunden 1442 starb, war Georg von Peurbach 19 Jahre alt. 1446 wurde er an der Universität Wien eingeschrieben. Er kann also nicht als direkter Schüler von Johannes von Gmunden angesehen werden, aber er kann ihn noch persönlich kennengelernt haben, und sicher hat er seine Werke studiert. Peurbach wurde 1448 *Baccalaureus Artium*, machte dann Reisen durch Deutschland, Frankreich und Italien und wurde 1453 Magister in Wien. 1454 hielt er eine Vorlesung über Planetentheorie, die sein Schüler und Mitarbeiter Regiomontan 1472 unter dem Titel *Nova Theorica Planetarum* zum Druck brachte. Dieses Werk war lange Zeit ein wichtiges Lehrbuch der Astronomie – bis das Ptolemäische System durch das Kopernikanische abgelöst wurde. Peurbach kannte den Almagest des Ptolemaios sehr genau; er beabsichtigte eine neue kommentierte Ausgabe, die er wegen seines frühen Todes nur bis zum sechsten Buch ausführen konnte; Regiomontan hat sie später vollendet.

3.2.3. Regiomontan

wurde 1450 an der Universität Wien eingeschrieben, wurde 1452 Baccalaureus, 1457 Magister. Er hat astronomische und mathematische Schriften durchgearbeitet, auch Jahrbücher mit den Angaben der Planetenörter berechnet. Berechnungen dieser Art wurden für die Erstellung von Horoskopen gebraucht.

Regiomontan erstellte im Auftrag von Kaiser Friedrich III ein Horoskop für dessen Braut Leonore von Portugal. Er betont, wir schwer diese Aufgabe sei, berechnet sorgfältig die Stellung der Planeten zur Zeit der Geburt, erörtert den Einfluß der verschiedenen Stellungen und kommt zu dem Ergebnis: Leonore wird ein Alter von 49 Jahren erreichen und zwei Söhne und eine Tochter haben, von denen der Erstgeborene nur kurz leben wird, während seine Geschwister kein (so bei Zinner) hohes Alter erreichen werden. Tatsächlich wurde Leonore nur 30 Jahre alt; sie gebar fünf Kinder, von denen Maximilian ⟨der Erstgeborene!⟩ und Kunigunde ein höheres Alter erreichten. Aber das wußte ja die Kaiserin noch nicht, als sie nach der Geburt des Thronfolgers Maximilian I Regiomontan mit der Deutung des Schicksals ihres Sohnes beauftragte. Regiomontan gab wieder eine eingehende Erklärung und prophezeite Maximilian ein Lebensalter von 49 3/4 Jahren. Er würde mit 27 Jahren eine schwächliche Frau heiraten und von ihr einen Sohn und drei Töchter haben. Daß er wenige Jahre vorher dem Erstgeborenen ein kurzes Leben prophezeit hatte, störte offenbar nicht. Tatsächlich wurde Maximilian 59 3/4 Jahre alt, und die anderen Angaben erwiesen sich auch als falsch. [Nach Zinner, S. 36–38, z. T. wörtlich.]

Astrologen und Astronomen zogen aus solchen Fehldeutungen nur den Schluß, daß man bessere Beobachtungen und genauere Tafelwerke brauchte ⟨daß also die Fürsten mehr Geld für die Astronomie bewilligen müßten⟩. Regiomontan hat mehrmals trigonometrische Tafeln berechnet. Da man nicht mit Dezimalbrüchen rechnen konnte, erreichte man die gewünschte Genauigkeit durch Wahl eines großen Kreisradius. Bekanntlich ist

$$\sin\alpha = s/R ,$$

wobei s die halbe Sehne des doppelten Winkels und R der Kreisradius ist.

Ptolemaios hatte $R = 60$ gesetzt und mit Sexagesimalbrüchen gerechnet. Für andere Werte bei Savasorda, al-Zarqālī und Leonardo von Pisa siehe 2.2.1, 2.2.6, 2.3.1.4. Regiomontan wählte in *De triangulis* $R = 60\,000$, später (1468) auch 10 000 000. Dann läßt sich mit einer ganzen Zahl s der Sinus auf 7 Stellen genau angeben, und man hat eigentlich schon eine Dezimalbruchdarstellung.

Über Regiomontans Studien in Wien gibt eine Handschrift Auskunft, die als „Wiener Rechenbuch" bezeichnet wird. Ihren Inhalt hat Folkerts [80.1] beschrieben. Sie enthält Abschriften und Auszüge fremder Werke und Zusätze und Entwürfe von Regiomontan. Darunter befinden sich die *Musica speculativa* von Johannes de Muris, mechanische Schriften von Tābit ibn Qurra und Jordanus de Nemore, eine Algorismusschrift (*Algorismus demonstratus* von Gernardus, 13. Jh.), die Schrift über isoperimetrische Figuren, Auszüge aus den Kegelschnitten von Apollonios nach einer wahrscheinlich von Gerhard von Cremona angefertigten lateinischen Übersetzung. Kenntnis von Euklids Elementen, Archimedes' Kreismessung, der Geometrie der Banū Mūsā ist aus Regiomontans Entwürfen zu entnehmen.

Diese unvollständige Aufzählung (für vollständige Angaben verweise ich auf die Arbeiten von M. Folkerts [74.1, 77, 80.1, 85]) mag auch zeigen, welche Werke für einen eifrigen Interessenten in Wien zugänglich waren. Ganz schlecht waren die Bestände an mathematischen Werken anscheinend nicht.

Regiomontans Zusätze und Entwürfe (z. B. über vollkommene Zahlen) führen das Erlernte etwas weiter; sie zeugen vor allem von einem gründlichen kritischen Verständnis.

Über Regiomontans Beschäftigung mit kubischen Gleichungen, die auch bis in die Wiener Zeit zurückgeht, wird später (3.3.2) berichtet.

1461 weilte der Kardinal Bessarion in Wien, um im Auftrag des Papstes beim Kaiser Unterstützung für einen Kampf gegen die Türken zu finden.

Bessarion war Grieche, 1403 (?) in Trapezunt geboren, wurde 1431 Priester, 1437 Erzbischof von Nikaia. Auf dem Konzil von Ferrara/Florenz 1438/39 war er einer der Wortführer der griechischen Bischöfe und setzte sich für die Union der Ost- und Westkirche ein. 1439 wurde er römischer Kardinal, nach seiner Umsiedlung nach Rom 1443 Protektor der griechischen Mönche in Italien. Als päpstlicher Legat war Bessarion 1450–55 in Bologna, 1460–61 zur Werbung für einen Kreuzzug in Deutschland, u. a. in Wien, 1463 in Venedig, 1472 in Frankreich. Er starb 1472 in Ravenna.

Bessarion hatte lebhafte wissenschaftliche Interessen; er hat griechische Handschriften in den Westen gebracht, und als er nach Wien kam, hatte er eine Übersetzung des Ptolemaios begonnen und wollte sie mit Hilfe von Peurbach weiterführen. Er lud Peurbach und auf dessen Wunsch auch Regiomontan ein, mit ihm nach Italien zu kommen. Da Peurbach unerwartet starb, ging Regiomontan allein mit Bessarion nach Italien. Er hat dort nicht nur die Bearbeitung des Almagest von Peurbach vollendet und ein eigenes Werk über die Dreieckslehre (*De triangulis*) verfaßt, sondern überall Handschriften gesammelt, die er bearbeiten und zum Druck bringen wollte. (1453 ist die erste Gutenberg-Bibel gedruckt worden.) 1463 entdeckte Regiomontan in Venedig eine Handschrift von Diophants Arithmetik, die dadurch im Abendland wieder bekannt wurde. 1467–1471 war er in Ungarn beim König Matthias Corvinus, 1471 ging er nach Nürnberg und richtete dort eine Druckerei ein. Zunächst wurde die *Nova Theorica Planetarum* von Peurbach und die Astronomie des Manilius gedruckt. Über die weiteren Pläne gibt ein Verzeichnis Auskunft, das wahrscheinlich 1473/74 angefertigt wurde [Op., S. 533]. Es enthält die Elemente Euklids, den Kommentar Theons zum Almagest, die Werke des Archimedes, die Perspektive des Witelo und viele andere mathematische und astronomische Werke. Von den Vorarbeiten für die Editionen von Euklid und Archimedes sind Handschriften erhalten. Regiomontan hat, was damals durchaus nicht üblich war, mehrere Vorlagen kritisch verglichen, um einen möglichst korrekten Text herzustellen. Leider konnte er seine Pläne nicht ausführen. 1475 wurde er zur Mitarbeit an der Kalenderreform nach Rom berufen und starb dort 1476, wahrscheinlich an der Pest.

1464 hielt Regiomontan in Padua eine Vorlesung über die Astronomie des Alfraganus. In der Antrittsrede schildert er die Entwicklung der mathematischen Wissenschaften, besonders die Geschichte ihrer Überlieferung, die er sehr genau kennt. Er berichtet z. B., daß Euklid 13 Bücher Elemente geschrieben und Hypsikles zwei Bücher hinzugefügt habe ⟨tatsächlich stammt das sog. 14. Buch von Hypsikles, das 15. von einem Schüler von Isidoros von Milet⟩. Unter den vielen zitierten Werken sind mir aufgefallen: *De numeris datis* ⟨von Jordanus de Nemore⟩, *Quadripartitum numerorum* ⟨von Johannes de Muris⟩, *De proportione velocitatum in motibus* ⟨von Bradwardine⟩. Besonders hervorgehoben werden die kürzlich aufgefundenen Bücher von Diophant, *in quibus flos ipse totius Arithmeticae latet, ars uidelicet rei & census, quam hodie uocant Algebram* (in denen die Blüte der ganzen Arithmetik verborgen ist, nämlich die Lehre von *res* (x) und *census* (x^2), die man heute Algebra nennt). Für die Astronomie nennt er neben vielen Anderen Albategnius (al-Battānī), *quem Latinum fecit Plato quidam Tiburtinus*. Regiomontan hat diese Schrift bearbeitet. Zusammen mit „Rudimenten der Astronomie des Alfraganus" und der hier besprochenen Antrittsrede wurde sie 1537 in Nürnberg gedruckt. Das 3. Kapitel behandelt die Trigonometrie; dort ist auch der *cos*-Satz für sphärische Dreiecke angegeben [Sarton: Introduction, Bd. 1, S. 603].

Zur Astrologie sagt Regiomontan (er redet sie direkt an): „Du bist ohne Zweifel die zuverlässigste Künderin des unsterblichen Gottes; du bietest die Regeln, durch die seine Geheimnisse zu entschlüsseln sind" (*Tu es procul dubio fidelissima immortalis Dei nuncia, que secretis suis interpretandis legem praebes*).

Das Werk *De triangulis* (5 Bücher) hat Regiomontan zum größten Teil in den Jahren 1462–64 geschrieben, aber nicht mehr abschließend überarbeitet. Im Vorwort berichtet er, daß schon Peurbach die Absicht hatte, als Vorbereitung auf die astronomischen Werke ein Buch über die Dreieckslehre zu schreiben, sie aber nicht mehr ausführen konnte. Das Werk behandelt ebene und sphärische Dreiecke nicht nur mit elementaren Methoden, sondern hauptsächlich mit Hilfe der trigonometrischen Funktionen. Das ist für das Abendland etwas Neues. Die trigonometrischen Funktionen wurden zunächst in der Regel nur als Hilfsmittel der Astronomie behandelt. Allmählich wurden die Berechnungsmethoden der Tafeln dieser Funktionen ein selbständiges Arbeitsgebiet, etwa in dem Traktat des Johannes von Gmunden. Eine völlig von der Astronomie losgelöste Dreieckslehre mit diesen Funktionen hatte es bisher im Abendland nicht gegeben. Welche Quellen, außer Albategnius, Regiomontan noch benutzt hat, und wieviel Eigenes er hinzugefügt hat, ist noch nicht genauer untersucht; seine Stärke war die kritische und geordnete Aufarbeitung überlieferten Wissens. Jedenfalls ist *De triangulis* der Anfang und die Grundlage der trigonometrischen Dreieckslehre (man verzeihe den Pleonasmus) im Abendland.

Im 1. Buch werden Aufgaben am ebenen Dreieck mit elementaren Mitteln behandelt; das 2. Buch beginnt mit dem Sinus-Satz für ebene Dreiecke, der den weiteren Ausführungen zugrunde gelegt wird. Im 3. und 4. Buch wird die sphärische Geometrie und Trigonometrie gelehrt; dabei erscheint der Sinus-Satz für sphärische Dreiecke. Das 5. Buch bringt den Cosinus-Satz für sphärische Dreiecke und Anwendungen davon.

Erwähnt sei hier nur der Satz IV, 49: „Jedes sphärische Dreieck hat drei Winkel, die zusammen größer als zwei Rechte sind."

3.2.4. Der Flächeninhalt des sphärischen Dreiecks

Daß dieser Überschuß dem Flächeninhalt des Dreiecks proportional ist, erwähnt Regiomontan hier nicht. In einem Brief an Christian Roder vom 4. Juli 1471 [Ed. Curtze, Abh. 12, 1902, S. 332] stellt er diesem die Aufgabe: „Ein sphärisches Dreieck aus Großkreisbögen habe die Seiten 15°, 24° und 34°, der Kugeldurchmesser sei 100 Fuß. Ich frage nach dem Inhalt dieses Dreiecks." Ob oder wie Regiomontan diese Aufgabe lösen konnte, ist nicht bekannt. (Wie man aus den Seiten die Winkel berechnet, wird in *De triangulis* gelehrt.)

Überhaupt enthält der Briefwechsel von Regiomontan mit Giovanni Bianchini, dem Hofastronomen des Herzogs von Ferrara, den Regiomontan in Italien kennen gelernt hatte, mit dem Hofastrologen des Fürsten von Urbino, Jacob von Speyer, und mit Christian Roder, Mathematikprofessor in Erfurt, viele interessante mathematische und astronomische Einzelprobleme.

Den Flächeninhalt eines sphärischen Dreiecks zu bestimmen, gelang Harriot, nach eigener Angabe am 18. Sept. 1603: „Von der Winkelsumme ziehe 180 ab, den Rest dividiere durch 360. Dann drückt dieser Bruch den Teil der Halbkugel aus, den das Dreieck einnimmt." Harriots Beweis steht in einem damals unveröffentlichten Manuskript. Erst 1979 hat Lohne ihn veröffentlicht. 1629 gab Girard einen anderen Beweis [Invention nouvelle . . . , 3. Teil]. Ein dem Harriot'schen ähnlicher Beweis steht in Cavalieri's Schrift *Directorium generale uranometricum*, 1632.

Der Gedankengang ist ungefähr der folgende (Abb. 3.39): Für die Fläche F eines Zweiecks mit dem Winkel α gilt, wenn H die Halbkugelfläche ist und die Winkel in Grad gemessen werden

$$F:H = \alpha:180\,.$$

Also ist

$$\frac{F(ABC)+F(A'BC)}{H} = \frac{\alpha}{180}\,,$$

$$\frac{F(ABC)+F(AB'C)}{H} = \frac{\beta}{180}\,,$$

$$\frac{F(ABC)+F(ABC')}{H} = \frac{\gamma}{180}\,.$$

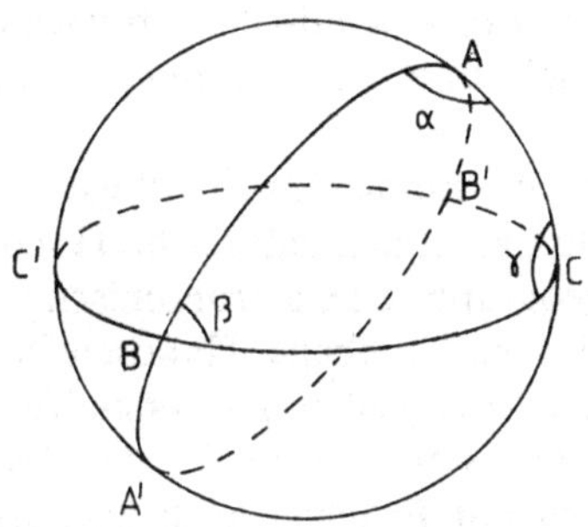

Abb. 3.39. Fläche des sphärischen Dreiecks

Die Fläche des Dreiecks ABC' ist gleich der Fläche des von den Gegenpunkten gebildeten Dreiecks $A'B'C$. Die Flächen $A'BC + AB'C + A'B'C + ABC$ bilden eine Halbkugel. Also ist

$$\frac{2F(ABC)+H}{H} = \frac{\alpha+\beta+\gamma}{180}\,.$$

Daraus ergibt sich

$$\frac{F(ABC)}{H} = \frac{\alpha+\beta+\gamma-180}{360}\,.$$

3.3. Arithmetik und Algebra

3.3.1. Quellen und Literatur

In Italien wurden Arithmetik und Algebra weiterhin wie im 14. Jh. in Rechenschulen und von Rechenmeistern gepflegt, ohne daß wesentlich Neues gefunden wurde. 1494 wurde die *Summa de Arithmetica, Geometria, Proportioni e Proportionalita* von Luca Pacioli gedruckt, eine Zusammenfassung des gesamten Wissens der Zeit. Infolgedessen gerieten die handschriftlich verbreiteten Werke der früheren Rechenmeister weitgehend in Vergessenheit und wurden erst in jüngster Zeit wieder entdeckt. Einige wichtige Werke aus italienischen Bibliotheken hat G. Arrighi veröffentlicht (etwa seit 1964). W. Van Egmond hat 1980 die *Italian Abbacus Manuscripts and Printed Books to 1600* katalogisiert. Frau R. Franci und Frau L. Toti Rigatelli sind wichtige Editionen zu verdanken; eine Übersicht gibt ihre Arbeit *Towards a History of Algebra from Leonardo of Pisa to Luca Pacioli* (Janus 72, 1985).

In Lyon schrieb 1484 Chuquet zwei Werke: *Le Triparty en la science des Nombres* und *La Géométrie*, die auch als Zusammenfassung des vorhandenen Wissens angesehen werden können, aber auch einige neue Ansätze enthalten, z. B. bei der Darstellung der Potenzen und besonders bei der Besprechung der negativen Zahlen.

In Deutschland verbreitete sich die Kenntnis der neuen Arithmetik und Algebra etwa seit der Mitte des 15. Jh., was mit der Entwicklung des Handels zusammenhängen dürfte. Peurbach und Regiomontan kamen mit Kenntnissen aus Italien nach Deutschland.

Im Benediktinerkloster St. Emmeram in Regensburg wirkte der Mönch Fridericus Gerhart. Von ihm stammen zahlreiche Handschriften, meist theologischen Inhalts, aber auch geographische, astronomische und mathematische. Eine 1449–1450 (Nachtrag 1456) geschriebene Handschrift enthält den *Algorismus Ratisbonensis*. Er besteht aus drei Teilen: Der erste Teil behandelt – sich eng an Sacrobosco's *Algorismus vulgaris* anschließend – das Rechnen mit ganzen Zahlen, der zweite Teil das Rechnen mit Brüchen nach dem *Algorismus de minuciis* des Johannes de Lineriis (geschrieben um 1340). Der dritte Teil, die *Practica*, enthielt in der ersten Fassung 67 Aufgaben, später 354 Aufgaben aus der Praxis des täglichen Lebens und des Kaufmanns und aus der Unterhaltungsmathematik. Die *Practica* hat K. Vogel 1954 herausgegeben.

Beispiele aus der Practica des Algorismus Ratisbonensis

83. *Regula posicionis*

Item ein wechsler gibt $187\frac{1}{2}$ *oboli vmb* 1 *fl* ⟨*Gulden*⟩
vnd ein kaufman pringt dem wechsler 33
fl vnd spricht zv ym: wechselt mir ein tail
von den 33 *fl, daz mir demnach so vil fl*
an den 33 *fl vber pleiben als vil*
ir mir oboli gebt. Queritur, wye gros der
tailer ist, den er ym von den 33 *fl gewechslet hat.*

⟨Wir würden etwa die Teile der 33 *fl* mit x und y bezeichnen und hätten die Gleichungen

$$x + y = 33$$

$$x \cdot 187\tfrac{1}{2} = y\,.$$

Da man aber nicht mit algebraischen Symbolen rechnen kann, wird – übrigens recht oft – der „doppelte falsche Ansatz" benutzt. Man setze versuchweise $x = \frac{1}{2}$;

dann erhält man $y = x \cdot 187\frac{1}{2} = 93\frac{3}{4}$ statt $33 - \frac{1}{2}$, also $61\frac{1}{4} = 245/4$ zu viel. Der Text lautet:⟩

Mach posiciones also: ich secz, er wechselt 1 fl. Nu vmb 1/2 fl gibt er yme 93 oboli 3/4. Nw gibt er ym ze vil 245/4. Item ein ander posicion: Ich secz, er wechselt ym 1/3, so hat er darnach 2/3 fl. nu 1/3 kumpt pro $62\frac{1}{2}$ *oboli, so gibt er ijm aber ze vil* $29\frac{5}{6}$, *ist* 179/6.

	1/2		1/3	
plus	245/4		179/6	*plus*
		377/12		

⟨Bei einem zweiten Versuchsansatz $x = 1/3$ ergibt sich $29\frac{5}{6}$ zu viel. Zur Erläuterung der folgenden Rechnung diene die Figur Abb. 3.40⟩.

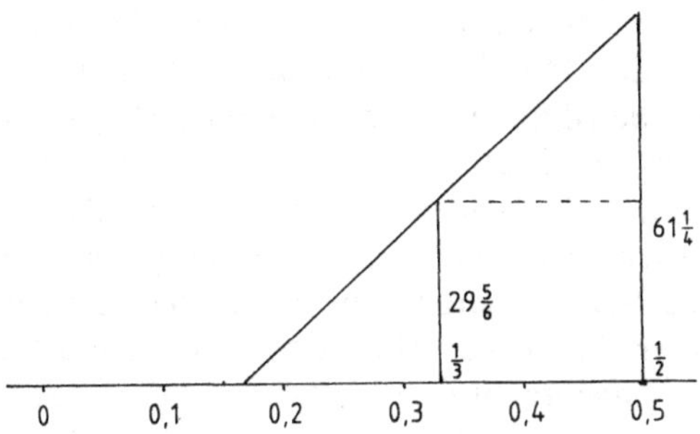

Abb. 3.40

Nu subtrahir aijns von dem andern, pleibt 377/12, dein tailer. Nu multiplizier creuczling vnd diuidirs, facit 66/377 eines fl vnd das wechselt er ijm vnd das kumpt vmb 32 oboli 311/377 vnd als vil fl scilicet 32 311/377 pleiben dem kaufman vber.

183.

Item: ainer dingt ein arbeiter in einem weingarten mit solichem geding: welchen tag er arbait, so wil er ym geben 10 ⟨*Pf*⟩, *wolt er aber des weingarten mit fleiß nit warten, welches tags er feyret, so wolt er ym abslahen* 12 ⟨ *Pf* ⟩. *Nu vber 40 tag so rechen sy mit einander vnd er hat alz vil gearbait vnd alz vil gefeyrt, daz ayner dem ander nichts schuldig ist. Nu wiltu wissen, wie uil tag er gearbait het und wie uil tag gefeirt hat.*

Die Beschreibung des Lösungsweges übergehe ich. Das Ergebnis ist: Er hat 21 9/11 Tage gearbeitet und 18 2/11 Tage gefeiert. Die 9/11 bzw. 2/11 werden als Stunden bezeichnet, „da ein ⟨Arbeits-⟩Tag 11 Stunden hat" (*quando dies est* 11 *horarum*). (Ein solcher Tarifvertrag war in der „guten alten Zeit" möglich!)

354. Diese letzte Aufgabe der *Practica* sei mit den Worten von K. Vogel beschrieben: „Um 40 fl werden Ziegen gekauft, und zwar kosten im Einkauf 5 Ziegen je 2 fl, es waren also 100 Ziegen. Nun werden beim Verkauf wieder 5 Ziegen um 2 fl hergegeben, und es soll trotzdem ein Gewinn von 1 2/3 fl erzielt werden. Wie ist dies möglich? Der Trick liegt darin, daß 2 verschiedene Verkaufspreise eingeführt werden. Man gibt nämlich für 1 fl 2 Ziegen besserer Qualität oder 3 Ziegen schlechterer Qualität je zur Hälfte ab. . . ." –

Diese Aufgabe hatte schon zur Zeit Karls des Großen den auf Schärfung des Geistes bedachten Jünglingen Spaß gemacht (s. 1.4.5).

In den 80-er Jahren des 15. Jh. wurde in Leipzig eine Sammelhandschrift geschrieben (jetzt: Codex Dresden C 80). Sie enthält u. a. die Arithmetik von Nikomachos/Boetius, die Algorismen von Johannes Hispalensis, Sacrobosco und Johannes de Muris, das Bruchrechnen von Jordanus de Nemore und Johannes de Lineriis, die Proportionenlehre von Nicole Oresme und Thomas Bradwardine, für die Algebra die al-H̱wārizmī-Übersetzung von Robert von Chester und *De numeris datis* von Jordanus de Nemore, ferner eine lateinische und eine deutsche Algebra [nach Vogel 81]. Dieser Codex war seinerzeit im Besitz von Johannes Widman; er hat viele Randnotizen angebracht und die lateinische Algebra als Vorlage für die Algebra-Vorlesung benutzt, die er 1486 an der Universität Leipzig gehalten hat; sie ist in Nachschriften von Schülern erhalten [Kaunzner 1968].

Johannes Widman wurde um 1460 in Eger geboren, wurde 1480 an der Universität Leipzig immatrikuliert, 1482 Baccalaureus, 1485 Magister. Er schrieb ein Lehrbuch *Behend und hüpsch Rechnung vff allen Kauffmanschafften*, das 1489 in Leipzig gedruckt wurde (2. Aufl. 1508). Die Zeichen + und –, die handschriftlich schon in der deutschen Algebra und in Widmans Randnotizen vorkommen, erscheinen hier erstmals im Druck. Widman soll 1498 noch tätig gewesen sein; Nachrichten aus späterer Zeit fehlen.

Zu den ersten Drucken arithmetisch-algebraischer Werke gehören in Italien

die sog. Treviso-Arithmetik, deren Verfasser nicht bekannt ist; sie wurde 1478 in Treviso gedruckt und ist somit wohl der erste Druck eines derartigen Werkes;

die *Arithmetica* von Piero Borghi, Venedig 1484, die bis 1550 zehn weitere Auflagen erlebte (Faksimile-Nachdruck: München: Graphos 1964),

und die schon genannte *Summa* von Luca Pacioli, Venedig 1494;

in Deutschland

das Bamberger Blockbuch, in dem die ganzen Seiten in Holz geschnitten als Druckvorlage verwendet wurden, entstanden wahrscheinlich zwischen 1471 und 1482 (ed. Vogel 1980),

das Bamberger Rechenbuch von 1483 von Ulrich Wagner (Faksimile-Nachdruck München: Graphos 1966, ferner mit moderner Umschrift von E. Schröder: Berlin 1988)

und die *Behend und hüpsch Rechnung. . .* von Widman, Leipzig 1489.

Zum Lehrstoff der Arithmetik und Algebra gehören in der Regel

1) die Lehre von den elementaren Rechenoperationen, manchmal bis zur Summierung einfacher arithmetischer Reihen und zum Ausziehen von Wurzeln,
2) Aufgaben aus dem täglichen Leben, Kaufmannsrechnungen, Berechnung von Arbeitsleistungen, Mischungsrechnung usw., auch Aufgaben zur Unterhaltung, wobei die Grenze zwischen diesen und Aufgaben aus der Praxis oft nicht genau anzugeben ist. Zur Lösung muß man sich jeweils ein dem vorliegenden Fall angepaßtes Verfahren einfallen lassen. Es werden zwar Regeln angegeben, aber die mathematischen Methoden werden nicht abstrakt herausgearbeitet.
3) quadratische Gleichungen und Versuche zur Lösung von Gleichungen höheren Grades, denen vorerst noch kein Erfolg beschieden war, die aber manchmal einzelne Schritte zur Vorbereitung der Lösung boten.

Außer diesen Bemühungen, vor allem um die kubische Gleichung, möchte ich die allmähliche Entwicklung einer algebraischen Symbolik und das Auftreten negativer Zahlen als wesentlich ansehen. Das sei noch ein wenig erläutert:

3.3.2. Kubische Gleichungen

Man versuchte natürlich, sie in ähnlicher Weise zu lösen wie quadratische. Bei einer quadratischen Gleichung

$$x^2 + px = q$$

ergänzt man bekanntlich auf beiden Seiten $(p/2)^2$ und erhält

$$(x + p/2)^2 = q + (p/2)^2 \, .$$

Geht das bei einer kubischen Gleichung auch? Kann man aus

$$x^3 + a_2x^2 + a_1x = a_0$$

durch Addition einer Konstanten auf beiden Seiten die Form

$$(x + c)^3 = x^3 + 3cx^2 + 3c^2x + c^3 = a_0 + c^3$$

erhalten? Dazu müßte c so gewählt werden, daß

$$3c = a_2 \, , \quad 3c^2 = a_1$$

wird, und das geht nur, wenn die Koeffizienten der gegebenen Gleichung der Bedingung

$$(*) \qquad (a_2/3)^2 = a_1/3$$

genügen.

Das ist bei einer Aufgabe aus der Zinsrechnung gerade der Fall.

In einem Manuskript von Regiomontan aus dem Jahre 1456 [Folkerts 77 und 85] kommt sie in der folgenden Form vor: „Jemand gewinnt mit 100 Gulden im ersten Jahr einen gewissen Betrag, im zweiten Jahr mit dem Kapital, nämlich 100, und dem Gewinn des ersten Jahres einen proportionalen Betrag, im dritten Jahr ebenso mit dem Kapital und dem Gewinn der vorangegangenen Jahre. Nach Ablauf des dritten Jahres hat er aus dem Kapital und den Gewinnen zusammen 265 Gulden. Gefragt wird, wieviel er im ersten Jahr gewonnen hat. – Setze das, was er im ersten Jahr gewonnen hat, als 1 *res* . . . ". Ich schreibe dafür x und gebe den Gedankengang in moderner Schreibweise wieder. Das Anfangskapital setze ich $= K_0 = 100$.

Am Ende des ersten Jahres hat der Gläubiger

$$K_1 = K_0 + x \, .$$

Der Gewinn des zweiten Jahres ist dem des ersten Jahres proportional, also

$$= x \cdot K_1 / K_0 \, .$$

Somit hat der Gläubiger am Ende des zweiten Jahres

$$K_2 = K_1 + K_1 \cdot x/100 = 100 + 2x + x^2/100 \, ,$$

und am Ende des dritten Jahres

$$K_3 = K_2 + K_2 \cdot x/100 = 100 + 3x + 3x^2/100 + x^3/10000 = 265 \, .$$

Regiomontan bringt diese Gleichung auf die Normalform *Cubus, census et res equantur numero,* also

$$x^3 + 300x^2 + 30\,000x = 1\,650\,000$$

Die Bedingung (∗) ist erfüllt; man kann $c = 100$ setzen und erhält

$$(x + 100)^3 = 2\,650\,000 \, ,$$

$$x = \sqrt[3]{2\,650\,000} - 100 \, .$$

Regiomontan erwähnt diese Aufgabe auch in einem Brief an Bianchini 1464 [Briefwechsel, ed. Curtze, 1902, S. 256] und schreibt dabei, daß er in der Literatur keine Lösungsmethode für die Gleichung

$$5x^4 + 3x^3 + 8x^2 = 260x + 50$$

gefunden habe. Für die Lösung der kubischen Gleichungen müsse man, meint er, über die Zerlegung eines Würfels besser Bescheid wissen ⟨mit Recht, geht doch auch die Lösung der quadratischen Gleichungen auf die Zerlegung eines Quadrats zurück⟩.

Piero della Francesca (1416–1492) hat außer seinen Werken über Malerei auch einen *Trattato d'abaco* geschrieben, dessen Abfassungszeit nicht genauer bekannt ist. Darin gibt er für 61 Gleichungstypen bis zum 5. Grad Lösungsvorschriften an, die manchmal nur für spezielle Zahlenwerte richtig sind.

Luca Pacioli behandelt in seiner *Summa* im 8. Teil, Traktat 5 und 6 die quadratischen und die auf diese zurückführbaren Gleichungen. Die Gleichungen

Censo de censo e censo equale a cosa $\langle ax^4 + cx^2 = dx \rangle$

Censo de censo e cosa equale a censo $\langle ax^4 + dx = cx^2 \rangle$

bezeichnet er als *imposible.*

Die Zinseszinsaufgaben behandelt er im 9. Teil, Trakat 5 unter der Überschrift *De meritis.* Sein Gedankengang, der durch Umrechnung von verschiedenen Geldeinheiten erschwert ist, ist ungefähr der folgende: Es ist

$$K_1 = K_0 + K_0 \cdot x = K_0 \cdot (1 + x)$$

(x ist hier der Gewinn pro Geldeinheit.)

Der Gewinn der folgenden Jahre soll proportional sein, d. h.

$$K_2 : K_1 = K_1 : K_0 \,,$$

also

$$K_2 = K_0 \cdot (1 + x)^2$$

$$\dots$$

$$K_n = K_0 \cdot (1 + x)^n \,.$$

Ist K_n gegeben und der Gewinn des ersten Jahres gesucht, so erhält man

$$K_0 \cdot x = K_0 \cdot \sqrt[n]{K_n / K_0} - K_0 \,.$$

Luca Pacioli geht bis zu $n = 10$.

3.3.3. Die algebraische Ausdrucksweise

In den vielen Schriften und Drucken, die das praktische Rechnen und die Anfänge der Algebra lehren, zeigen sich auch Anfänge einer symbolischen Algebra: Für die Rechenoperationen und für die Potenzen der Unbekannten erscheinen kurze Fachwörter, die dann noch abgekürzt und schließlich zu Symbolen werden.

Addition und Subtraktion

Natürlich ist die Ausdrucksweise auch bei demselben Verfasser nicht immer die gleiche. Leonardo von Pisa scheint die Operationen vorzugsweise dann ausführlich in Worten zu beschreiben, wenn sie unmittelbar ausführbar sind, z. B. *Liber abaci*, Op. Bd.1, S. 191:

. . . *si de numero* . . . 24 *auferantur numeri* . . . 4 *et* 3, *remanebunt* 17. Die verkürzte Ausdrucksweise durch *et* oder gelegentlich *plusquam* sowie *minus* verwendet er, wenn unbekannte Größen eingehen, also wenn die Operation nicht sofort ausführbar ist, z. B. [S. 192] in einer Aufgabe, bei der es um den Geldbesitz zweier Personen geht, und bei der eine „kleinere Summe" (neben einer „größeren Summe") als vorläufig unbekannte Hilfsgröße eingeführt ist:

invenies habere secundum hominem $\frac{7}{8}$ *minoris summe, minus denarios* 4; *et primum denarios* 5 *plusquam* $\frac{1}{8}$ *eiusdem summe.*

(Du findest: der Zweite hat 7/8 der „kleineren Summe" minus 4 Denare, der Erste 5 Denare mehr als 1/8 derselben Summe.)

plusquam = „mehr als" könnte ein Hinweis auf die Herkunft der Bezeichnung *plus* sein.

Gegen Ende des 15. Jh. sind *plus* und *minus* allgemein üblich und werden mit *p̃*, *m̃* abgekürzt, mit oder ohne ˜, das allgemein ein Zeichen für weggelassene Buchstaben ist.

Da es angebracht ist, Bücher über das praktische Rechnen in der Landessprache zu schreiben, werden die lateinischen Worte übersetzt:
piu, meno, z. B. bei Luca Pacioli,
plus, moins z. B. bei Chuquet,
mer, minner in der Deutschen Algebra 1481.

Das Zeichen „ – “ erscheint zuerst in der Deutschen Algebra [Vogel 81.1.: Die erste Deutsche Algebra . . . , S. 20]. Es könnte vielleicht aus *m̃* bzw. *m̄* durch Weglassen des Buchstabens *m* entstanden sein.

Das Zeichen „ + “ findet sich in den Randnotizen Widmans zu derselben Algebra [Vogel, S. 13]. Es ist wahrscheinlich aus *et* entstanden, das manchmal die Form *et* annahm.

Multiplikation

In lateinischen Texten wird sie oft als *ducere in* . . . (hineinführen in . . .) angezeigt, im Italienischen durch *moltiplicare via* . . . Davon bleiben die Worte *in* bzw. *via* übrig, die sozusagen ein Multiplikationssymbol vertreten. Im Deutschen sagt man *stund* (Deutsche Algebra) oder *mal* (Bamberger Rechenbuch 1483). Beide Ausdrücke bedeuten so etwas wie einen Zeitpunkt (vgl. engl. *times*). 3 *stund* 4 oder 3 *mal* 4 bedeutet also, daß 4 zu drei Zeitpunkten genommen werden soll.

Das Zeichen × stammt erst von Oughtred (1632), der Multiplikationspunkt von Leibniz. Ob schon in einem Brief von Regiomontan ein Multiplikationspunkt vorkommt, ist unsicher, weil es damals üblich war, Text, Zahlen und Operationszeichen durch Punkte voneinander zu trennen.

Division

Den Bruchstrich kannte schon Leonardo von Pisa. Der Doppelpunkt als Divisionszeichen stammt wieder von Oughtred.

Wurzelzeichen

R (für Radix) wird auch schon von Leonardo benutzt. Widman bezeichnete die Wurzel durch einen Punkt vor dem Radikanden. Daraus wurde ein Haken (der leichter zu schreiben und deutlicher zu erkennen ist als ein Punkt), der dann z. B. bei Adam Ries, Christoff Rudolff und Michael Stifel die Form $\surd$ annahm.

Der Strich über dem Radikanden kam erst viel später auf; er ist ursprünglich ein Zeichen der Zusammenfassung und wurde früher auch nur dann angebracht, wenn der Radikand eine Summe oder ein anderer zusammengesetzter Ausdruck war. Noch Gauß schrieb statt dessen Klammern, z. B. $\surd(EG - FF)$.

Die Potenzen der Unbekannten

Für x wird meistens *res* oder *radix*, im Italienischen *cosa* benutzt. Außerdem kommen vor: *positio* bei Cardano, *tanto* bei Bombelli, auch *latus* (= Seite, nämlich: des Quadrats).

Aus *cosa* entstand im Deutschen *Coss*, was allgemein zur Bezeichnung für Algebra wurde. Die Symbole heißen auch cossische Zeichen.

x^2 wird als *census* oder *quadratum* bezeichnet, x^3 als *cubus*.

Diese Worte wurden auch mit den ersten zwei oder drei Buchstaben abgekürzt.

Die höheren Potenzen werden durch Zusammensetzen gebildet. Da *.ce.cu.* oft als $(x^2)^3 = x^6$ aufgefaßt wurde, waren für x^5, x^7 usw. andere Bezeichnungen nötig. Bei Cardano findet sich z. B. für x^5 *relatum primum* (*Rel. p.*), für x^7 relatum secundum (Rel. 2), bei Christoff Rudolff und Anderen *sursolidum*, *bissursolidum* [Kaunzner 70.2].

Aus den abgekürzten Worten wurden in handschriftlicher Vereinfachung besondere Symbole, die zunächst im Druck übernommen, aber seit Viète durch Buchstaben ersetzt wurden. Regiomontan schrieb für die Unbekannte ein Zeichen, das wohl aus *re*(*s*) abgeleitet war; aus drucktechnischen Gründen wird es im folgenden durch ɼ ersetzt. *census* wurde durch ʒ bezeichnet, *cubus* durch ein anscheinend aus *cb* enstandenes Zeichen, *sursolidus* durch β (= *ss*).

Buteo bezeichnet die Unbekannte durch "eine nach unten gehende Linie, deren Kopf in einer engen Krümmung in sich zurückgebogen ist", also eine Figur, die dem griechischen Buchstaben ρ ähnlich ist. Er stellt x^2 und x^3 durch kleine Zeichnungen eines Quadrats und eines Würfels dar.

Buteo betont dabei die geometrische Deutung der Potenzen, die damals freilich bei den 4. und höheren Potenzen Schwierigkeiten machte. Stifel und Stevin [L'Arithmetique, Buch I, 2. Teil] setzen Kuben im dreidimensionalen Raum aneinander.

Daneben gab es – eigentlich seit Euklid [E1.IX,11] – die Vorstellung, daß die Potenzen Glieder einer geometrischen Reihe sind, die man numerieren kann, derart, daß die Multiplikation der Potenzen durch die Addition der Nummern ersetzt werden kann. Cardano numeriert noch etwas unpraktisch [*Practica arithmeticae*, Kap. 18]:

numerus	*radix*	*ce.*	*cu.*	
1	2	3	4	usw.

Stifel beginnt mit dem Exponenten 0 [Arithm. Int. Buch I, Kap. 4, fol. 31 r] und geht auch zu negativen Exponenten weiter [fol. 249 v].

Bombelli benutzt die Numerierung nicht nur zur Erklärung der Multiplikation, sondern zur Darstellung der Potenzen; dazu setzt er die Zahlen in halbkreisförmige Bögen:

$$1 \ \smile\!\!\!\!3 \ \text{aeq.} \ 15 \ \smile\!\!\!\!1 \ .\text{p.} \ 4 \qquad \text{bedeutet} \quad x^3 = 15x + 4\,.$$

Ebenso macht es Stevin, der nur statt der Bögen Kreise benutzt. Diese Darstellung der Potenzen durch Zahlen hat die umständliche Darstellung durch Worte sehr bald verdrängt.

Bei Bombelli und Stevin werden nur die Exponenten und nicht die Basis angegeben. Beide Angaben finden sich andeutungsweise bei Stifel (s. u.) und, systematisch benutzt, bei Viète. Er benutzt aber statt der Zahlen noch die alten Namen, er schreibt also z. B. *A. quadr.-quadr.* für A^4. In der Folgezeit wurden diese verbalen Bezeichnungen durch Zahlen in verschiedenen Stellungen ersetzt. Die heute übliche Schreibweise findet sich bei Descartes, und zwar schon in den *Regulae ad directionem ingenii* 1628.

Mehrere Unbekannte bezeichnete schon Leonardo von Pisa durch verschiedene Worte, z. B. *res* und *cosa*. Ähnlich macht es auch Cardano. Stifel bezeichnet mehrere Unbekannte mit *A*, *B*, *C* und ihre Potenzen durch die cossischen Zeichen: *A*ʒ bedeutet A^2 (s. S. 250); er macht aber kaum Gebrauch davon. Buteo verwendet die Buchstaben *A*, *B*, *C* bei der Lösung von linearen Gleichungen (s. S. 250).

3.3.4. Negative Zahlen

Seit Diophant sind Regeln bekannt, die z. B. in der Deutschen Algebra (1481) so lauten:

mer stund mer macht mer
vnnd mynner stund mynner machst meher
vnd meher stund mynner macht mynner
vnnd mynner stund meher mach auch mynner.

Damit sind nicht notwendig negative Zahlen, d. h. Zahlen < 0 gemeint; gedacht ist vielmehr an die Ausrechnung von Ausdrücken der Form $(a - b)(c - d)$, also von Produkten aus Differenzen positiver Zahlen.

Bei Leonardo von Pisa treten in Aufgaben, bei denen es um Geld geht, gelegentlich Schulden auf (s. S. 100), auch bei anderen Autoren der folgenden Zeit. Gelegentlich kommen auch in Aufgaben, in denen es um reine Zahlen geht, negative Lösungen vor, z. B. bei Luca Pacioli [Sesiano 85.2], aber es fehlt noch am rechten Verständnis für diese Größen.

Chuquet spricht von „mit Plus und Minus zusammengesetzten Zahlen" (*nombres composez par plus et par moins*), d. h. er sieht sie als eine neue Art von Zahlen an, für die vor allen Dingen die Rechenregeln festgelegt werden müssen.
Außer den bekannten Regeln für die Multiplikation (s.o.) müssen auch die Regeln für Addition und Subtraktion angegeben werden. Chuquet schreibt [fol. 35 v = Bull. 13, S. 641] – auch das Rechnen mit 0 ist noch nicht selbstverständlich – : *lon doit sauoir que qui adiouste ou soutrait* .0. *auec aulcun numbre laddition ou soustraction ne augmente ne diminue. Et qui adiouste vng moins auec vng aultre nombre ou qui dicellui le soustrayt laddition se diminue et la soustraction croist ainsi cōme qui adiouste. Moins* .4. *auec* .10. *l'addition monte* .6. *Et qui de* .10. *en soustrait moins* .4. *Il reste* .14.

Chuquet hat an späterer Stelle [Bull. 13, S. 715] die Rechenregeln ausführlicher und vollständiger beschrieben. Was er an der eben genannten Stelle sagt, dient nur zur Vorbereitung auf die Aufgabe [fol. 36r]: „Ich will fünf Zahlen finden, die zusammen ohne die erste 120 ergeben, ohne die zweite 180, ohne die dritte 240, ohne die vierte 300 und ohne die fünfte 360."

„Ich addiere diese fünf Zahlen; das ergibt 1200.
Diese dividiere ich durch 4; es kommt 300 heraus.
Davon subtrahiere ich die fünf Zahlen, und es bleiben 180, 120, 60, 0, *moins* 60. Das sind die gesuchten fünf Zahlen."

Für Chuquet sind also positive und negative Zahlen „mit plus und minus zusammengesetzte Zahlen", deren Rechenregeln angebbar sind. Arbeitet man mit ihnen gemäß diesen Rechenregeln, so sind auch negative Zahlen gegebenenfalls vernünftige Lösungen algebraischer Aufgaben.

3.4. Der Lehrstoff der philosophischen (artistischen) Fakultät einer mittleren oder kleinen Universität (Freiburg)

Er ist gut überliefert in der *Margarita philosophica* von Gregor Reisch, die 1503 erstmals gedruckt wurde. Das Titelbild zeigt über den sieben *artes liberales* die dreiköpfige *Philosophia naturalis* (als deren Vertreter unten Aristoteles gezeigt wird), *rationalis* und *moralis* (mit dem Vertreter Seneca), und über allen die *Philosophia divina* mit den Heiligen Augustinus, Gregorius, Hieronymus und Ambrosius.

Abb. 3.41. Aus G. Reisch: *Margarita philosophica.* Titelblatt

Abb. 3.42. Aus G. Reisch: *Margarita philosophica.* Titelbild zu Buch I: Grammatik

Mehr ins Einzelne geht das Titelbild des ersten Buches „Grammatik“: Nikostrata ist die Mutter des Euandros; sie kam mit ihrem Sohn von Arkadien nach Italien. Euandros wurde Bundesgenosse des Aeneas bei der Gründung von Rom. (Auf die verschiedenen Versionen der Sage von der Gründung Roms kann ich hier natürlich nicht eingehen.) Nikostrata galt als die Erfinderin des lateinischen Alphabets. Dieses zeigt sie dem Schüler und schließt ihm das Tor zum Turm der Wissenschaften auf. Er kommt zuerst in das *Triclinium*, den Speisesaal; dort soll er sich an der Grammatik des Donatus (lat. Grammatiker des 4. Jh.) und Priscianus (um 500; P. stammte aus Mauretanien, lehrte in Konstantinopel) laben. Dann steigt er auf zur Logik des Aristoteles, der Rhetorik und Poesie des Tullius (Cicero) und der Arithmetik des Boetius. Auf dem nächsten Stockwerk

Abb. 3.43. Aus G. Reisch: *Margarita philosophica*, Buch IV, Arithmetik

findet er die Musik (Pythagoras), die Geometrie (Euklid) und die Astronomie (Ptolemaios). Darüber erscheint die Physik; die dort stehende Abkürzung bedeutet *philosophus*; damit ist in der Regel Aristoteles gemeint. Ganz oben repräsentiert Petrus Lombardus die *Theologia seu Metaphysica*. – Man übersieht auf einen Blick den gesamten Lehrplan und die einschlägige Literatur.

Jedes einzelne Buch ist wieder mit einem Titelbild versehen. Bei der Arithmetik findet sich das ziemlich bekannte Bild, auf dem die Mienen des Boetius und Pythagoras die Überlegenheit des Rechnens mit den indischen Ziffern über das Rechnen auf dem Rechenbrett darstellen. Das Ziffernrechnen war offenbar aus der dem Boetius fälschlich zugeschriebenen „Geometrie II" bekannt.

Abb. 3.44. Aus G. Reisch: *Margarita philosophica*, Buch V, Musik

Das Buch hat zwei Teile: In der *Arithmetica speculativa* werden die Anfangsgründe der Zahlentheorie von Boetius/Nikomachos gelehrt, in der *Arithmetica practica* das elementare Rechnen mit den indischen Ziffern und das Rechnen mit gewöhnlichen und Sexagesimalbrüchen. Den Schluß bildet ein kurzes Kapitel über die *Regel de tri.* Aufgaben aus dem kaufmännischen Rechnen kommen nicht vor, auch keine quadratischen Gleichungen.

Das Titelbild zur Musik zeigt die damals gebräuchlichen Musikinstrumente, die Notenschrift und eine Waage, auf der Hämmer gewogen werden. Pythagoras soll am Klang von Schmiedehämmern die Abhängigkeit der Harmonie vom Gewicht der Hämmer gefunden haben (A.u.O., S. 80).

Abb. 3.45. Aus G. Reisch: *Margarita philosophica*, Buch VI, Geometrie

Beim Bild der Geometrie sind neben einigen Figuren einige Meßinstrumente zu sehen, z. B. Quadrant und Astrolab. Im ersten Teil, *Geometria speculativa*, werden geometrische Figuren beschrieben und Sätze über diese Figuren ohne Beweis aufgezählt. Den Abschluß bildet die Aussage, daß man die Ebene mit gleichseitigen Dreiecken oder mit Quadraten oder mit regelmäßigen Sechsecken lückenlos überdecken kann, den Raum nur mit Pyramiden und Würfeln. Im zweiten Teil, *Geometria practica*, wird das Messen mit dem Quadranten und dem Jakobstab gelehrt sowie die Berechnung von Flächeninhalten und Volumina. Als Kreiszahl wird natürlich 22/7 benutzt, für die Flächen der regelmäßigen Polygone werden die Polygonalzahlen angegeben.

Die Astronomie wird verhältnismäßig ausführlich behandelt, dabei werden Peurbach und Regiomontan, also immerhin die neueste Literatur, zitiert [Buch VII, Tract. I, Cap. 2]. Zur Astronomie gehört auch die Beschreibung der Klimazonen der Erde und die Astrologie, wobei Reisch einige Mühe hat, sie gegen die strikte Ablehnung von Augustinus zu verteidigen.

Nach den 7 Büchern über die *artes liberales* wird im Buch VIII (*De principiis rerum naturalium*) die Physik des Aristoteles behandelt, dabei auch das Unendliche und das Kontinuum.

In Buch IX folgt eine Beschreibung von meteorologischen Vorgängen, von Mineralien und Metallen mit Bemerkungen über die Alchemie, auch von Pflanzen und Tieren.

In Buch X (*De anima et potentiis eiusdem*) werden u. a. die Sinneswahrnehmungen behandelt, besonders das Sehen, also das Auge und die Optik.

In Buch XI (*De potentiis animae intellectivae*) geht es um die menschliche Seele und die Auferstehung. Bilder von Himmel und Hölle sind beigegeben.

Das letzte Buch (XII: *De principiis philosophiae moralis*) behandelt Tugenden und Laster.

Das also lernte der Student in der ersten Jahren seines Studiums. Wie schon früher gesagt (2.3.4), durfte der *magister artium* dann das Studium in einer der höheren Fakultäten beginnen und war gleichzeitig berechtigt und manchmal verpflichtet, in der philosphischen Fakultät zu lehren. In den Händen dieser Leute, die später Pfarrer oder Ärzte oder Juristen wurden, lag der mathematische Unterricht. Zunächst selten, später häufiger, spezialisierten sich einzelne Professoren auf Mathematik, evtl. zugleich Astronomie, z. B. in Wien Johannes von Gmunden und Georg Peurbach; in Paris war das schon früher üblich.

Gregor Reisch wurde 1487 in Freiburg immatrikuliert, wird also etwa 1470 geboren sein. Sein Geburtsort ist Balingen (Württemberg). 1488 wurde er Baccalaureus, 1489 Magister der freien Künste. 1494 war er in Ingolstadt inskribiert, 1496 trat er in das Kartäuserkloster in Freiburg ein, wurde dort 1502 Prior und starb 1525 nach einem Schlaganfall.

4. Die Zeit von 1500 bis 1637

In dieser Zeit entstanden eine Gleichungstheorie, ein neuer Zahlbegriff, das Rechnen mit Zeichen (Symbolen, Buchstaben) und die analytische Geometrie (Fermat 1636, Descartes 1637).

4.1. Algebra und Zahlbegriff

4.1.1. Verbreitung der Algebra in Deutschland

Kenntnisse im praktischen Rechnen und in der Algebra waren im 15. Jh. von Italien in den Norden, vorzüglich in den Donauraum und das südliche Deutschland gekommen. Sie wurden im 16. Jh. weiter verbreitet. Eine der wichtigsten Quellen war die Sammelhandschrift Dresden C 80 (3.3.1). Sie ging in den Besitz des Arztes Dr. Georg Sturtz in Erfurt über.

Georg Sturtz wurde 1490 in Buchholz bei Annaberg als Sohn eines durch den Bergbau reich gewordenen Grubenbesitzers geboren. Er besuchte die Lateinschule in Annaberg, bezog 1505 die Universität Erfurt, wurde 1506 Baccalaureus, nach Reisen nach Italien 1521 Magister, wirkte als praktischer Arzt und hielt Vorlesungen an der Universität. 1523 war er Rektor. 1525–1528 arbeitete er als Arzt in Annaberg und Joachimstal, kehrte dann nach Erfurt zurück. 1537 und 1540 wurde er als Arzt zu Luther und Melanchthon gerufen. Er starb am 7. April 1548 in Erfurt. Er besaß eine reichhaltige Bibliothek, die er seinen Freunden gern zugänglich machte.

Adam Ries ist 1492 in Staffelstein geboren; nach Wanderjahren wurde er 1517 in Erfurt seßhaft; dort wird er 1522 als Rechenmeister genannt. In dieser Zeit stellte ihm Sturtz den Codex Dresden C 80 zur Verfügung. Ries hat sich des öfteren auf dieses „alte verworfene Buch" bezogen und der lateinischen Algebra zahlreiche Aufgaben entnommen [Vogel; 59, 2 u. 4]. 1523 zog Ries nach Annaberg und war dort Rechenmeister und Bergwerksbeamter bis zu seinemTode am 30. März 1559. Berühmt wurde er durch seine Rechenbücher, in denen er das Rechnen „auf den linihen", d. h. auf dem Rechenbrett, und „mit der Feder", d. h. das schriftliche Rechnen mit den indischen Ziffern, lehrte und zahlreiche Aufgaben des angewandten Rechnens vorführte. Er schrieb auch eine „Coss" (Algebra der quadratischen Gleichungen).

Die lateinische Algebra ist wahrscheinlich auch Heinrich Schreyber (Grammateus) bekannt gewesen. Er ist vor 1496 in Erfurt geboren, wurde 1507 an der Universität Wien eingeschrieben, ging 1514 nach Krakau (vielleicht auf Grund von Studentenunruhen und behördlichen Gegenmaßnahmen in Wien), kehrte 1517 nach Wien zurück, wo er 1518 als Magister erwähnt wird. Damals muß er also mindestens 21 Jahre alt gewesen sein. 1521 wurde die Universität Wien wegen der Pest geschlossen; Schreyber ging zunächst nach Nürnberg, dann nach Erfurt, kehrte 1525 nach Wien zurück und starb noch im gleichen Jahre. Er hat mehrere Bücher über Arithmetik und Algebra geschrieben, darunter 1518 *Ayn new kunstlich Buech, welches gar gewiß und behend lernet nach der gemainen regel Detre, welschen practic, regeln falsi vnd etlichen regeln Cosse mancherlay schöne vnd zuwissen notürfftig rechnung auff kauffmanschafft. Auch nach den proportion der kunst des gesanngs jm diatonischen geschlecht auß zutailen monochordum, orgelpfeyffen vnd ander jnstrument auß der erfindung Pythagore. Weytter ist hier jnnen begriffen buechhaltten durch das Zornal, Kaps, vnd schuldbuch, Visier zumachen durch den quadrat vnnd triangel mit vil andern lustigen stücken der Geometrey. Gemacht auff der löblichen hoen schul zu Wienn in Osterreich durch Henricum Grammateum, oder schreyber von Erffurdt der sieben freyen künsten Maister.* Gedruckt wurde dieses Buch in Nürnberg 1521. Es ist von W. Kaunzner (1970. 5) beschrieben worden. Ich erwähne daraus nur, daß er sich – wie auch Andere, z. B. Chuquet – mit den Produkten und Quotienten der Potenzen der Unbekannten und anderer Zahlen beschäftigt hat; er ordnet der geometrischen Reihe der Potenzen die arithmetische Reihe der „Ordnungen" zu, und der Multiplikation der Potenzen die Addition, der Division der Potenzen die Subtraktion der Ordnungen.

Ein Schüler von Schreyber war Christoff Rudolff. Er ist in Jauer (Schlesien) geboren, wohl um 1500, lebte in Wien und starb vor 1543. Seine Coss (*Behend vnnd Hübsch Rechnung durch die künstreichen regeln Algebre/so gemeineklich die Coß genent̄ werden*) wurde 1525 in Straßburg gedruckt. Aus diesem Buch hat Michael Stifel die Algebra gelernt, und er hat 1553/54 eine erweiterte Bearbeitung davon herausgegeben.

Man beschäftigte sich nicht systematisch mit kubischen Gleichungen, wohl aber mit den Gleichungstypen, die sich auf quadratische Gleichungen zurückführen lassen, und man versuchte diese Typen in eine gewisse Ordnung zu bringen. Zeitweise war es üblich, 24 Typen aufzuführen; so machte es auch Adam Ries in seiner Coss. Rudolff erkannte, daß alles Wesentliche in 8 Typen zum Ausdruck kommt. Das ist keine sehr tiefliegende Erkenntnis, aber das einheitliche Zusammenfassen der vielen Typen war damals ein wichtiges Anliegen der Algebra.

4.1.2. Die kubische Gleichung

4.1.2.1. Scipione del Ferro. Er wurde 1465 in Bologna geboren und lehrte von 1496 bis zu seinem Tode 1526 Mathematik an der Universität Bologna. Ihm gelang um 1515 die Lösung einer der von Luca Pacioli als *impossibile* bezeichneten Gleichungen (3.3.2), nämlich

(I) $$x^3 + bx = c\ .$$

Seine Lösungsvorschrift lautet [Bortolotti, S. 157, zitiert nach Tropfke, 4. Aufl. Bd. 1, S. 447]: „... kubiere den dritten Teil der *cosa*, dann quadriere die Hälfte der Zahl, diese addiere zu dem Kubierten.

$$\langle (b/3)^3 + (c/2)^2 := r^2 \text{ (Abkürzung)} \rangle$$

Die Quadratwurzel aus dieser Summe plus der Hälfte der Zahl ergibt ein Binom, und die Kubikwurzel aus diesem Binom minus der Kubikwurzel aus seinem Residuum ergibt die *cosa.*“

(I.Lsg.) $$x = \sqrt[3]{r + (c/2)} - \sqrt[3]{r - (c/2)}\,.$$

Wie Scipione del Ferro diese Vorschrift gefunden oder bewiesen hat, ist nicht bekannt.

4.1.2.2. Tartaglia. Scipione del Ferro teilte seine Lösung seinem Schüler Antonio Maria Fior mit; dieser stellte 1535 Tartaglia 30 Aufgaben, die alle auf eine solche Gleichung führten. Tartaglia fand die Lösung, und man darf ihm wohl glauben, daß er sie selbständig gefunden hat. Von ihm erfuhr Cardano die Lösung, und zwar in Form eines Sonetts:

Text	Erläuterung
Quando che'l cubo con le cose appresso	$x^3 + bx = c$
Se agguaglia à qualche numero discreto	
Trovan dui altri, differenti in esso.	$U - V = c$
Dapoi terrai, questo per consueto,	
Che'l lor produtto semper sia equale	
Al terzo cubo, delle cose neto.	$UV = (b/3)^3$
El residuo poi suo generale	
Delli lor lati cubi, ben sottratti	
Varrà la tua cosa principale.	$x = \sqrt[3]{U} - \sqrt[3]{V}$

[*Quesiti et inventioni* IX, 25]

Hier erscheinen die meiner Meinung nach entscheidenden Worte: *Trovan dui altri* – „finde zwei andere Größen“. Man berechnet also zunächst Hilfsgrößen, die 1) einfacher zu berechnen sind als die gesuchte Größe selbst, und aus denen 2) die gesuchte Größe leicht berechnet werden kann. In dieser allgemeinen Form hat Lagrange die Methode beschrieben und benutzt [*Réflexions sur la résolution algébrique des équations.* Akad. Berlin 1770/71. Op. Bd. 3, S. 355]. Tartaglia setzt x einfach als Differenz an. Daß er dritte Wurzeln ansetzt, mag damit zusammenhängen, daß man seit Leonardo von Pisa (2.3.1.3) fragte, ob gewisse Irrationalitäten Lösungen kubischer Gleichungen sein können. Man kann ebensogut

$$x = u - v$$

ansetzen und erhält

$$x^3 = u^3 - v^3 - 3uv(u - v)\,,$$

also die Gleichung (I) mit

$$b = 3uv\,, \qquad c = u^3 - v^3\,.$$

Daraus lassen sich u und v berechnen, etwa mit Hilfe der schon von den Babyloniern benutzten Formel

$$\left(\frac{u^3 + v^3}{2}\right)^2 = u^3v^3 + \left(\frac{u^3 - v^3}{2}\right)^2.$$

Man erhält

$$\frac{u^3+v^3}{2} = \sqrt{(b/3)^3 + (c/2)^2} := r\,,$$

$$u^3 = r + (c/2)\,, \quad v^3 = r - (c/2)\,,$$

also für x den Ausdruck (I. Lsg.)

Nicolo Tartaglia – sein Familienname war Fontana – wurde 1499/1500 in Brescia geboren. 1512 erlitt er bei der Einnahme von Brescia durch die Franzosen eine schwere Gesichtsverletzung, die auch einen Sprachfehler zur Folge hatte. Er führte seitdem den Namen Tartaglia, d. h. der Stotterer. Später war er Rechenmeister in Brescia und Verona, 1534 Professor der Mathematik in Venedig. Er starb am 17. Dez. 1557 in Venedig.

4.1.2.3. Cardano

Girolamo Cardano wurde am 24. September 1501 in Pavia geboren. Er studierte Medizin in Pavia und Padua, wo er 1526 den Dr.-Grad erwarb. Dann praktizierte er zunächst im Landstädtchen Sacco bei Mailand, wurde 1534 Arzt am Mailänder Pfrundhaus und erhielt zugleich einen Lehrauftrag für Mathematik an der Mailänder Akademie. 1543 wurde er Professor der Medizin in Pavia. 1552 reiste er zur Behandlung des Erzbischofs von Edinburgh nach Schottland, dann praktizierte er wieder in Mailand, wo inzwischen auch sein ältester Sohn Arzt war. Dieser hat nach einer kurzen unglücklichen Ehe seine Frau vergiftet und wurde dafür 1560 hingerichtet – ein schwerer Schlag für den Vater. Cardano wurde 1562 Professor der Medizin in Bologna. 1570 wurde er von der Inquisition gefangengesetzt. Die Gründe sind nicht bekannt. Man könnte es ihm verübelt haben, daß er ein Horoskop von Jesus Christus aufgestellt hatte; auch mag es sonst in seinen Schriften Stellen geben, die die Inquisition nicht billigte. Auf Betreiben befreundeter Kardinäle (er hatte die Mutter des einen von schwerer Krankheit geheilt) wurde er nach drei Monaten entlassen, aber zunächst noch unter Hausarrest gehalten. Inzwischen war sein Prozeß nach Rom verlegt worden. Dorthin begab er sich 1571. Er erhielt Publikationsverbot, durfte aber in Rom praktizieren und erhielt sogar eine Pension vom Papst. Er starb 1576. Im Alter von 75 Jahren schrieb er eine Selbstbiographie, *De vita propria*, in der er nicht nur sein Leben, sondern besonders seine Lebensauffassung beschreibt.

In der Mailänder Zeit schrieb er *Practica Arithmeticae generalis, omnium copiosissima et utilissima* (Widmung 1537, Druck 1539). Sie umfaßt die gesamte damalige Arithmetik, vom Rechnen mit ganzen Zahlen, mit Brüchen, mit Irrationalitäten und mit den Ausdrücken für die Potenzen der Unbekannten bis zur Klassifikation der algebraischen Gleichungen, allerdings nur solchen, die sich auf quadratische Gleichungen zurückführen lassen. In Kap. 56 folgen 165 *quaestiones arithmeticae*, also Aufgaben aus der Praxis, in Kap. 57 dann 35 *quaestiones geometricae*, in denen die ganze rechnende Geometrie enthalten ist; den Schluß bildet ein Kapitel *De erroribus Fratris Lucae* (Fehler bei Luca Pacioli).

Über Cardano's mathematisches Hauptwerk *Ars magna sive de regulis algebraicis*, gedruckt in Nürnberg 1545, sprechen wir gleich ausführlich. [Op., Bd. 4, S. 221–302].

Ein weiteres großes Werk, *Ars magna arithmeticae* [Op., Bd. 4, S. 303–376] ist als Fortsetzung der *Practica Arithmeticae* gedacht. Cardano untersucht, ausgehend vom 10. Buch der Elemente Euklids, das Rechnen mit Irrationalitäten, besonders mit Binomen $a+\sqrt{b}$, $\sqrt{a}+b$, $\sqrt{a}+\sqrt{b}$ und den zugehörigen Residuen $a-\sqrt{b}$, $\sqrt{a}-b$, $\sqrt{a}-\sqrt{b}$ und ähnlichen Ausdrücken mit Kubikwurzeln. Diese

Ausdrücke werden als Bausteine zur Aufstellung algebraischer Gleichungen benutzt, z. B.

$$x = \sqrt[3]{\sqrt{33} + 5} - \sqrt[3]{\sqrt{33} - 5}$$

genügt der Gleichung

$$x^3 + 6x = 10 .$$

Das Werk enthält viele Beispiele zu diesen und anderen Problemen. Es hat viele Berührungspunkte mit der algebraischen *Ars magna*, u. a. handelt Kap. 28 *De Capitulo generale cubi et rerum aequalium numero, Magistri Nicolai Tartagliae, Brixiensis.* Ich könnte mir denken, daß diese Schrift eine Art Vorarbeit ist, aus der die algebraische *Ars magna* durch gründliche Umarbeitung hervorgegangen ist.

In Kap. 1, Nr. 1 dieser *Ars magna* (den Zusatz *sive de regulis algebraicis* lasse ich von jetzt an weg) berichtet Cardano, daß diese Kunst à *Mahomete, Mosis Arabis filio* ihren Anfang genommen habe, wie Leonardo von Pisa bezeuge. Den ursprünglich behandelten Gleichungstypen seien von unbekannten Autoren neue Typen hinzugefügt worden, die Luca Pacioli zusammengestellt habe. Scipione del Ferro sei es gelungen, den Gleichungstyp $x^3 + bx = c$ zu lösen; diese Lösung nennt Cardano ein Himmelsgeschenk (*donum profecto coeleste*). Auch Tartaglia habe die Lösung gefunden und ihm auf viele Bitten (*multis precibus exoratus*) mitgeteilt, und zwar (wie in Kap. 11 gesagt wird), ohne Beweis (*suppressa demonstratione*). Er selbst habe, durch die Worte von Luca Pacioli getäuscht, keine Hoffnung gehabt, etwas zu finden, das er nicht zu suchen gewagt habe (*Deceptus enim ego verbis Lucae Pacioli . . . desperabam tamen invenire, quod quaerere non audebam*). Nachdem er aber diesen Beweis gefunden habe, habe er gesehen, daß sich noch viel mehr erreichen lasse.

Nun folgen allgemeine Aussagen über die Anzahl der Lösungen von Gleichungen verschiedener Typen, die Cardano wohl erst zusammenstellen konnte, nachdem er viele Beispiele durchgerechnet hatte.

In Nr. 2 erklärt er den Unterschied zwischen ungeraden und geraden Potenzen (*impares aut pares denominationes*).

In Nr. 3 unterscheidet er wahre (*verae*) und falsche oder fiktive (fingierte) Lösungen (*falsae* oder *fictae*). „*Ficta* nennen wir eine Lösung, die von Schulden oder Abzuziehendem handelt" (. . . *ficta, sic enim vocamus eam, quae debiti est seu minoris*). Jedoch schreibt er die Gleichungen stets so, daß keine negativen Ausdrücke darin vorkommen, und behandelt alle die vielen Typen, die auf diese Weise entstehen. Hat er vielleicht den „fiktiven" Lösungen, obwohl er unbedenklich mit ihnen rechnet, doch nicht die gleiche Realität zuerkannt wie den „wahren"?

Wenn eine Gleichung nur gerade Potenzen der Unbekannten enthält, hat sie ebensoviele positive wie negative Lösungen mit je dem gleichen Betrag (*altera p̃. altera m̃. invicemque aequales*). So hat z. B. die Gleichung

$$x^4 + 12 = 7x^2$$

die Lösungen $+2$, -2, $+\sqrt{3}$, $-\sqrt{3}$. Hier ist – vielleicht zum ersten Mal – festgestellt, daß eine Gleichung vierten Grades vier Lösungen haben kann.

Aus Nr. 4: Wenn ungerade Potenzen, „und wenn es tausend wären", gleich einer (natürlich positiven) Zahl sind, so hat die Gleichung eine und nur eine positive und keine negative Lösung. Einen Beweis gibt Cardano hier nicht, aber man sieht ja sofort, daß eine Summe ungerader Potenzen von x für negative x negativ, für $x = 0$ gleich Null ist, und für positive x monoton wächst.

Die Gleichung

(I) $$x^3 + bx = c$$

hat also stets genau eine positive Lösung.

Bei der Gleichung

(III) $$x^3 + c = bx$$

müsse man, sagt Cardano, den Ausdruck

$$\langle B = \rangle\ \frac{2}{3}b \cdot \sqrt{\frac{b}{3}} \quad \langle = 2 \cdot \sqrt{(b/3)^3} \rangle$$

mit c vergleichen. ⟨Das kommt auf den Vergleich von $(b/3)^3$ mit $(c/2)^2$ hinaus.⟩ Die Gleichung hat stets eine negative Lösung, außerdem

wenn $B = c$ ist, eine positive ⟨Doppel-⟩ Lösung,

wenn $B > c$ ist, zwei positive Lösungen,

wenn $B < c$ ist, keine positive (reelle) Lösung.

Cardano könnte das aus der Lösungsformel (III. Lsg. – s. S. 234) abgeleitet haben.

Cardano sagt auch, daß im ersten Fall das Doppelte der positiven Lösung, im zweiten Fall die Summe der positiven Lösungen gleich (dem Betrag) der negativen Lösung sein muß.

In Nr. 8 bemerkt er, daß bei einer Gleichung der Form

$$x^3 + ax^2 = c \quad \text{oder } x^3 + c = ax^2$$

„die Differenz der wahren und der fiktiven Lösungen ⟨d. h. bei Berücksichtigung der Vorzeichen: die Summe der Lösungen⟩ gleich der Zahl der Quadrate ⟨d. h. gleich dem Koeffizienten von x^2⟩ sein muß".

Dies ist natürlich nur eine Auswahl. Cardano geht in diesem Kapitel ziemlich systematisch die Gleichungstypen durch, über die sich derartige Aussagen machen lassen.

In Kap. 2 werden die Gleichungstypen aufgezählt, die aus quadratischen und kubischen Gleichungen hervorgehen, wenn man x durch x^2 oder x^3 ersetzt. In den folgenden Kapiteln werden einfache Gleichungen gelöst, in Kap. 5 dann quadratische Gleichungen.

Die Lösungsregeln für die Gleichungen der Form

$$x^2 + ax = b\,, \quad \text{nämlich} \quad x = \sqrt{b + (a/2)^2} - a/2$$

$$x^2 = ax + b\,, \quad \text{nämlich} \quad x = \sqrt{b + (a/2)^2} + a/2\,,$$

beweist Cardano geometrisch wie al-Ḫwārizmī, den er auch nennt. Er spricht nur von der positiven Lösung. Vielleicht hat ihn der geometrische Beweis daran gehindert, die negative Lösung zu bemerken.

Für die Lösungsregel für die Gleichung

$$x^2 + b = ax\,, \quad \text{nämlich} \quad x = (a/2) \pm \sqrt{(a/2)^2 - b}$$

gibt er einen solchen geometrischen Beweis, der erkennen läßt, daß die Gleichung zwei positive Lösungen hat, wenn $(a/2)^2 > b$ ist. Dazu sagt er [Regula III]: „Wenn die Subtraktion der Zahl $\langle b \rangle$ vom Quadrat der Hälfte der Zahl der *res* nicht ausgeführt werden kann, dann ist die Aufgabe selbst falsch, und das, was gefunden werden soll, kann nicht existieren." An komplexe Zahlen denkt er hier also noch nicht.

In Kap. 6 werden die Beziehungen hergeleitet

$$\langle P \rangle \qquad (u + v)^3 = u^3 + v^3 + 3uv(u + v)$$

$$\langle M \rangle \qquad (u - v)^3 = u^3 - v^3 - 3uv(u - v)\,,$$

und zwar geometrisch aus der Zerlegung des Würfels, wie es für $\langle P \rangle$ in Abb. 4.1a dargestellt ist. Cardano zeichnet nur den Grundriß (Abb. 4.1b) und benutzt Buchstaben nur zur Bezeichnung von Punkten; Strecken bezeichnet er durch ihre Endpunkte.

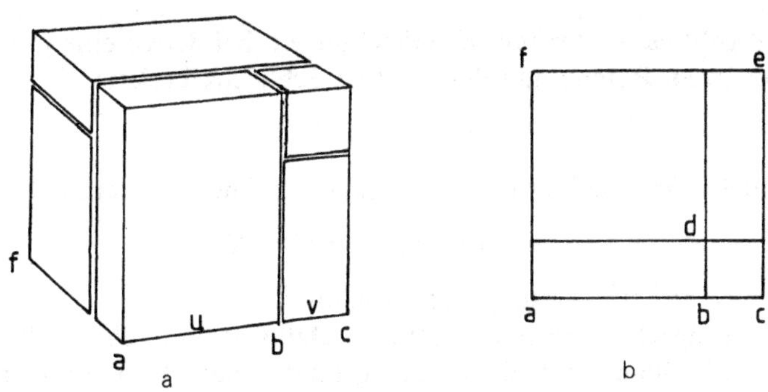

Abb. 4.1. Zerlegung eines Würfels. a Zeichnung, b Zeichnung nach Cardano

An eine Würfelzerlegung hatte schon Regiomontan gedacht, ihm fehlte aber der Gedanke an eine Zerlegung der Unbekannten in zwei Unbekannte.

Kap. 7: Transmutation von Gleichungstypen.

Cardano beginnt mit dem einfachen Fall: Eine Gleichung der Form

$$x^2 = ax + b$$

kann durch die Substitution

$$x = y + a$$

in die Form

$$y^2 + ay = b$$

transformiert werden. $\langle$Man sieht das sofort, wenn man die vorgelegte Gleichung in der Form $x(x - a) = b$ schreibt.$\rangle$

Das ist ein Spezialfall der allgemeinen Aussage: „Wenn eine mittlere Potenz gleich ist der Zahl und der höchsten Potenz, so kann sie in eine andere mittlere Potenz umgeformt werden, die um ebensoviel von der Zahl entfernt ist, wie die frühere von der höchsten Potenz."

So mühsam muß Cardano das beschreiben, was wir so ausdrücken können: Eine Gleichung der Form

$$px^m = N + x^n \,, \quad m < n \,,$$

kann in die Form

$$p' y^{n-m} = N' + y^n$$

transformiert werden.

Das läßt sich durch die Substitution $x = 1/y$ erreichen; Cardano verlangt aber $N' = N$. Also setzen wir $x = k/y$. Dann wird aus der vorgelegten Gleichung

$$p \cdot k^m/y^m = N + k^n/y^n$$

$$(pk^m/N)y^{n-m} = y^n + k^n/N \,.$$

Da $N' = k^n/N = N$ sein soll, muß $k = \sqrt[n]{N^2}$ gewählt werden.

In dem besonders interessierenden Fall $n = 3$, $m = 2$ wird

$$p' = p \cdot \sqrt[3]{N} \,.$$

Die Darstellung Cardano's ist natürlich etwas umständlicher. Er bringt mehrere Beispiele.

Im Kap. 8 geht es wieder um die Gleichungen, bei denen eine mittlere Potenz gleich der höchsten Potenz und der Zahl ist. Ich schreibe jetzt

$$px^m = N + x^{m+d}$$

Cardano findet: Wenn sich zwei Zahlen $\langle u, v \rangle$ so finden lassen, daß

$$u + v = p \,, \quad u \cdot v^{m/d} = N$$

ist, dann ist $x = v^{1/d}$ eine Lösung der Gleichung.

Das läßt sich durch Einsetzen bestätigen. Daß Cardano, der ja alles in Worten ausdrücken muß, diese Regel überhaupt gefunden hat, ist erstaunlich. Natürlich gibt es kein systematisches Verfahren, die Zahlen u, v zu finden; man muß raten oder probieren.

Im einfachsten Falle: $m = d = 1$ hat man

$$(u + v)x = uv + x^2 \,,$$

Cardano bringt u. a. auch das Beispiel

$$10x^3 = x^5 + 48$$

mit der Lösung: $u = 6$, $v = 4$, $x = \sqrt{4}$.

Kap. 9 handelt von linearen, Kap. 10 von quadratischen Gleichungen mit zwei Unbekannten.

Nach allen diesen Vorbereitungen kommt Cardano in Kap. 11 zur Lösung der kubischen Gleichung

$$\text{(I)} \qquad x^3 + bx = c$$

in der Weise, wie auf S. 227f. dargestellt wurde. Die Lösungsformel ist

(I. Lsg.) $$x = \sqrt[3]{r + (c/2)} - \sqrt[3]{r - (c/2)}\,,$$

mit der Abkürzung $r = \sqrt{(c/2)^2 + (b/3)^3}$.

In Kap. 12 löst Cardano die Gleichung

(II) $$x^3 = bx + c$$

mit dem Ansatz

$$x = u + v\,.$$

Mit der Abkürzung

$$w = \sqrt{(c/2)^2 - (b/3)^3}$$

ist die Lösung

(II. Lsg.) $$x = \sqrt[3]{(c/2) + w} + \sqrt[3]{(c/2) - w}\,.$$

Hier kann es vorkommen, daß w imaginär wird; ich führe das später von Bombelli behandelte Beispiel an:

(II.a) $$x^3 = 15x + 4\,,$$

bei dem $w = \sqrt{-121}$ wird.

Cardano sagt, daß man in einem solchen Falle auf die im Kap. 25 zusammengestellten Regeln zurückgreifen müsse, die nur in Sonderfällen eine Lösung zu finden gestatten.

Eine dieser Regeln kommt besonders dann (aber nicht nur dann) in Frage, wenn (II) eine ganzzahlige Lösung p hat. Dann muß c durch p teilbar sein: $c = p \cdot q$; das hat Descartes allgemein festgestellt. Nach Division durch p wird aus (II)

$$p^2 = b + q\,.$$

Cardano sagt [Kap. 25.2]: „Wenn ein Kubus gleich *res* und einer Zahl ist, und du findest zwei Zahlen, deren Produkt die Zahl der Gleichung ist, und deren eine die Wurzel aus der Summe der anderen und der Zahl der *res* ist, dann ist diejenige, die die Wurzel ist, die Lösung der Gleichung.“ Er erläutert die Regel an dem Beispiel

cubus aequalis 24. *p.* 32. *rebus*: $\quad x^3 = 24 + 32x$

mit der Lösung $p = 6$.

Im Falle der Gleichung (II.a) ist $c = 1 \cdot 4$, und 4 ist eine Lösung.

Den Gleichungstyp

(III) $$x^3 + c = bx$$

führt Cardano auf die Lösung des Typs (II) zurück, indem er zeigt: Ist y eine Lösung der Gleichung

$$y^3 = by + c,$$

so sind

$$x_1 = \frac{y}{2} + \sqrt{b - \frac{3}{4}y^2}\,, \quad x_2 = \frac{y}{2} - \sqrt{b - \frac{3}{4}y^2}$$

Lösungen der Gleichung (III). [Kap. 13]. Den Beweis führt Cardano hier geometrisch.

Cardano weiß auch, daß eine positive Lösung der Gleichung (II) eine negative Lösung der Gleichung (III) ist, und umgekehrt [Kap. 1, 5]. Seine bisherige Überlegung war: Die Lösungsformel der Gleichung (II) ist bekannt; aus einer Lösung der Gleichung (II) können nach dem angegebenen Verfahren zwei Lösungen der Gleichung (III) gewonnen werden. Diese Überlegung kann auch so gewendet werden: Wenn *eine* Lösung der Gleichung (III) irgendwie gefunden ist, können zwei weitere Lösungen berechnet werden.

Das wird im Kap. 25 noch auf anderem Wege hergeleitet. Die vorgelegte Gleichung sei also

$$x^3 + c = bx$$

Man habe eine Lösung y der Gleichung

$$y^3 = by + c$$

gefunden. Dann addiere man die beiden Gleichungen:

$$x^3 + y^3 = b(x + y)\,.$$

Division durch $x + y$ ergibt für x die quadratische Gleichung

$$x^2 - xy + y^2 = b\,.$$

Deren Lösungen sind die oben angegebenen. (Deswegen habe ich hier gegenüber Cardano's Vorgehen die Rollen von x und y vertauscht.)

Nach diesem Verfahren kann der Grad einer Gleichung erniedrigt werden, wenn eine Lösung bekannt ist.

Wegen der Überlegung von Kap. 1, 4 sei die Lösungsformel der Gleichung (III) aufgeschrieben. Wir erhalten sie aus der Lösungsformel für (II), indem wir c durch $-c$ ersetzen:

(III. Lsg.)
$$x = \sqrt[3]{w - (c/2)} - \sqrt[3]{w + (c/2)}$$
$$w = \sqrt{(c/2)^2 - (b/3)^3}\,.$$

Kap. 14, 15, 16: Die Gleichungen

$$x^3 = ax^2 + c$$
$$x^3 + ax^2 = c$$
$$x^3 + c = ax^2$$

werden entweder durch die Substitution $x = y \pm a/3$ oder nach Kap. 7 durch $x = k/y$ in je eine der Formen (I), (II), (III) transformiert. Dabei wird die Substitution $x = y \pm a/3$ durch Zerlegung des Würfels erklärt. Das ist jeweils nur eine Variante der Überlegung, die zu den Gleichungen $\langle P \rangle$, $\langle M \rangle$ von Kap. 6 geführt hat. Aber da Cardano die Symbolik für algebraische Umrechnungen fehlt, muß er jede Variante erneut geometrisch begründen.

Kap. 17–23: Die viergliedrigen kubischen Gleichungen werden durch $x = y \pm a/3$ auf dreigliedrige zurückgeführt.

In Kap. 24 (*De 44 Capitulis derivativis*) werden die Gleichungen besprochen, die aus den quadratischen und kubischen Gleichungen hervorgehen, wenn x durch x^2 oder x^3 ersetzt wird.

In Kap. 25 (*De capitulis imperfectis et specialibus*) werden Regeln angegeben, die nur für spezielle Gleichungen brauchbar sind. Zwei Beispiele wurden bereits angegeben.

Von den übrigen Kapiteln (das Buch hat 40 Kapitel) ist Kap. 37 besonders wichtig, weil darin zum ersten Mal komplexe Zahlen auftreten. In Kap. 39 wird die Lösung der biquadratischen Gleichungen angegeben, die, was Cardano ausdrücklich betont, von Ferrari gefunden wurde.

Luigi Ferrari wurde 1522 in Bologna geboren, wurde 1537 Schüler von Cardano in Mailand, später Lehrer der Mathematik in Bologna, er starb dort 1565. In den Jahren 1546/48 führte Ferrari für seinen Lehrer den Streit mit Tartaglia. Cardano hat eine Biographie seines Schülers geschrieben [Op., Bd. 9, S. 568–569].

4.1.2.4. Anmerkungen. In den gesammelten Werken von Cardano, die Spon 1663 herausgab, nehmen die mathematischen Schriften nur einen (den 4.) von zehn Bänden ein. Cardano schrieb auch über Medizin, Naturwissenschaften, Philosophie, Astrologie und Traumdeutung. Ein Beispiel: In *De subtilitate* (1550), Buch V, beschreibt er die Anziehungskraft von geriebenem Bernstein. „Die Ursache davon ist, daß von ihm ein feuchtes und klebriges Öl ausströmt und sich zu beliebigen leichten Körpern bewegt, wie auch das Feuer zu seiner Nahrung.“ Er betont auch den Unterschied gegenüber der magnetischen Anziehung.

Tartaglia untersucht in der Schrift *La nova scientia* (1537) u. a. die Flugbahn eines Artilleriegeschosses in Abhängigkeit von dem Winkel, den das Geschützrohr mit der Horizontalen bildet. Er wird mit einem Quadranten gemessen (Abb. 1.36), der in 12 Punkte eingeteilt ist (2 Punkte = 15°). Man stellte sich damals vor (Abb. 4.2), daß das Geschoß das Rohr geradlinig verläßt (AB) und dann durch die Schwerkraft auf einer Kreisbahn (BC) in eine senkrechte, wieder geradlinige Bahn (CD) gebracht wird. Tartaglia überlegte sich, daß die größte Schußweite dann erreicht wird, wenn der Kreisbogen gerade bis zur Horizontalebene reicht, also das senkrechte Bahnstück wegfällt; das müsse dann der Fall sein, wenn die Neigung des Geschützrohrs 45° beträgt. Das wurde durch ein Wettschießen eines *capo di bombardiere* von Verona mit einem *capo di bombardiere* von Padua geprüft. Bei 45°

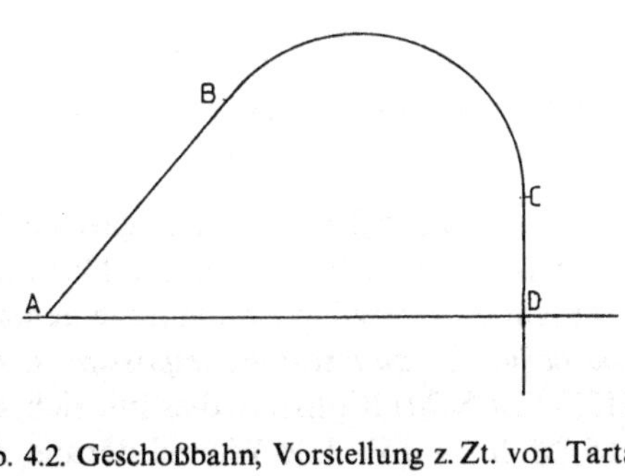

Abb. 4.2. Geschoßbahn; Vorstellung z. Zt. von Tartaglia

wurde eine Weite von 1971 *pertiche* erreicht, bei einer um 2 Punkte geringeren Rohrerhöhung 1872 *pertiche*. Tartaglia gibt an, daß die *pertica* zu 6 Fuß gerechnet wird. Da 1 Fuß = ca. 27–30 cm ist, schoß man also etwa 3 km weit.

Tartaglia war der Erste, der die Elemente von Euklid ins Italienische übersetzt hat (gedruckt in Venedig 1543).

Seine *Quesiti et inventione diversi* behandeln verschiedene, meist naturwissenschaftliche Fragen. Im Buch VI stellt er seinen Streit mit Cardano und Ferrari dar.

Tartaglia's mathematisches Hauptwerk ist: *General Trattato di numeri et misure*. 3 Bde., Venedig 1556–1560. Kubische Gleichungen werden darin nicht behandelt.

4.1.3. Komplexe Zahlen

Vorbemerkung: Die Bezeichnung „komplexe Zahl" hat Gauß 1831 eingeführt [*Theoria residuorum biquadraticorum, commentatio secunda*, Anzeige. Op. Bd. 2, S. 171]. In einem Lehrbuch von Bézout [*Cours de Mathématiques à l'usage des Gardes du Pavillon et de la Marine. Première Partie*, Paris 1773, S. 105] kommt die Bezeichnung *nombres complexes* für Größen vor, die verschiedene Maßeinheiten enthalten, z. B. Tage, Stunden, Minuten, Sekunden. – Die Bezeichnung i für $\sqrt{-1}$ wurde 1777 von Euler benutzt [*De formulis differentialibus* . . . , Op. I, Bd. 19, S. 130] und ist durch Gauß allgemein üblich geworden. – Es ist manchmal bequem, diese Bezeichnungen auch bei der Besprechung früherer Arbeiten zu benutzen.

4.1.3.1. Cardano. Das Kapitel 37, eines der letzten Kapitel der *Ars magna*, hat die Überschrift *De Regula falsum ponendi*. Es handelt sich darum, daß „Falsches", d. h. eine negative Zahl, „gesetzt", d. h. irgendwie als etwas Reales angesetzt wird bzw. werden muß. Cardano zählt drei Fälle auf:

1) Das Auftreten einer negativen Lösung.

Das erste Beispiel handelt vom Vermögen eines Franz ⟨ich bezeichne es mit x⟩ und der Mitgift ⟨y⟩ seiner Gattin. Gegeben sind die Beziehungen

$$y = x + 100$$

$$y^2 = x^2 + 400\,.$$

Die Lösung ist

$$x = -48\,, \quad y = 52\,.$$

Cardano spricht hier nicht von einer „fingierten" Lösung, sondern Franz hat wirklich Schulden.

2) Das Auftreten einer Quadratwurzel aus einer negativen Zahl.

Aufgabe: Teile 10 in zwei Teile, deren Produkt 40 ist. Dazu sagt Cardano ungefähr: Es ist sicher, daß diese Aufgabe unmöglich ist, dennoch gehen wir folgendermaßen vor (*manifestum est quod casus seu quaestio est impossibilis, sic tamen operabimur*): Wir halbieren 10; die Hälfte ist 5. Multipliziere dies mit sich; es ist 25. Ziehe 40 von 25 ab, der Rest ist m. 15 ⟨d. h. − 15⟩. Die Wurzel daraus, zu 5 addiert oder von

5 subtrahiert, sind die gesuchten Teile von 10, deren Produkt 40 ist. Es sind

5. *p.R.m.* 15 und 5. *m.R.m.* 15

$$\langle 5 + \sqrt{-15} \qquad 5 - \sqrt{-15} \rangle .$$

Man verifiziert, daß die Summe $= 10$ ist, sowie: „Multipliziere 5. p.R.m. 15 mit 5. m.R.m. 15; nach Weglassen der kreuzweise multiplizierten Glieder (*dimissis incruciationibus*) ergibt sich 25. m.m. 15, das ist 25.p.15, also 40“. Cardano schreibt das Schema hin:

5. *p.R.m.* 15

5. *m.R.m.* 15

---

25. *m.m.* 15. *quod est* 40 .

Die Anordnung zeigt, daß die kreuzweise multiplizierten Glieder $5 \cdot \sqrt{-15}$ und $5 \cdot (-\sqrt{-15})$ sind.

Die Worte *dimissis incruciationibus* übersetzt M. Cantor [Vorl. Bd. 2, 2. Aufl. 1900, Nachdruck 1965, S. 508] „die kreuzweise entstehenden Produkte fallen fort“, Vera Sanford [Source Book, ed. D.E. Smith 1929, S. 202] „the imaginary parts being lost“. Dagegen übersetzt Witmer [1968, S. 219] “Putting aside the mental tortures involved”, fügt aber als Fußnote hinzu: “We may perhaps suspect Cardano of indulging in a play on words here, for this can also be translated *the cross-multiplication having canceled out* . . .” Im Source Book von D. J. Struik steht [S. 69] “dismissing mental tortures” und Morris Kline [Mathematical Thought . . . 1972, S. 253] übernimmt die Übersetzung von Witmer, aber ohne die Fußnote.

Wie steht es nun um die „geistigen Qualen“ von Cardano? Handelt es sich um einen mathematischen Fachausdruck? Cardano behandelt in der *Practica Arithmetica*, Kap. 17, [Op. Bd. 4, S. 22/23] die Multiplikation von Binomen, in denen nur Wurzeln aus positiven Zahlen vorkommen, schreibt sie in der Anordnung

$$A + B$$

$$C + D$$

(statt A, B, C, D stehen bei Cardano Zahlen und Wurzelausdrücke) und nennt die Operation $A \cdot D + B \cdot C$ *in crucem multiplicare* oder *incruciare* und sagt auch, daß das Ergebnis *propter incruciationem* entsteht.

In der *Ars Magna Arithmeticae* behandelt Cardano die Aufgabe [*Quaestio* 38, Op. Bd. 4, S. 374]: Teile 1 in zwei Teile, deren Produkt 3 ist. Die Lösung ist

$$1/2 + \sqrt{1/4 - 3}$$

$$1/2 - \sqrt{1/4 - 3} .$$

Das Produkt ist, *quia incruciationes cadunt* (weil die kreuzweise multiplizierten Glieder wegfallen)

$$1/4 - (1/4 - 3) = 3 .$$

In demselben Werk steht als *Quaestio* 30 [S. 368] die Aufgabe: Teile 4 in zwei Teile, von denen der Kubus des einen zusammen mit dem Quadrate des anderen 30 ergibt, also in unserer Schreibweise

$$x + y = 4$$

$$x^3 + y^2 = 30\,.$$

Cardano sagt, man solle sie *per positionem incruciatam* lösen, und meint damit den Ansatz

$$x = u - 2$$

$$y = 6 - u\,.$$

Cardano sagt: *Pone unam partem esse.* 1.*co.* m̃.2. *et alteram.* 6. m̃.1.*co.* ⟨*co* = Abkürzung für *cosa(m)*⟩.
Die Zahlen 2 und 6 sind so gewählt, daß bei Einsetzen in die Gleichung $x^3 + y^2 = 30$ das in u lineare Glied wegfällt. Es entsteht die Gleichung

$$u^3 = 5u^2 + 2\,.$$

Ob Cardano geistige Qualen verspürt hat, wird sich wohl nicht mehr feststellen lassen. Immerhin hat er sich ernsthaft Gedanken darüber gemacht, was ein Ausdruck wie $\sqrt{-15}$ eigentlich ist. Er nennt ihn eine *quantitas sophistica* (ich möchte das mit „formale Größe" übersetzen). Man kann nicht alle diejenigen Operationen mit ihr ausführen, die man mit rein negativen Zahlen oder anderen Größen ausführen kann, und man kann nicht bestimmen, was sie ist (⟨*quantitas*⟩, *quae vere est sophistica, quoniam per eam, non ut in puro m̃. nec in aliis operationes exercere licet, nec venari quid sit*). Ich möchte es so umschreiben: Der Ausdruck $\sqrt{-15}$ ist an sich sinnlos, denn es gibt keine Quadratwurzel aus einer negativen Zahl. Aber man kann einen solchen sinnlosen Ausdruck hinschreiben, dazu reicht die für Cardano verfügbare Symbolik, und man kann – mit Vorsicht – mit ihm formal rechnen und erhält ein vernünftiges Ergebnis. Die hier erforderlichen Rechnungen sind nur

$$\sqrt{-15}\cdot\sqrt{-15} = -15$$

$$5\cdot\sqrt{-15} - 5\cdot\sqrt{-15} = 0\,.$$

Cardano hat später eine Schrift *Sermo de plus et minus* dem Problem des Rechnens mit komplexen Zahlen gewidmet, ist aber über die „Metaphysik dieser Größen" (dieser Ausdruck stammt von Gauß) nicht zur Klarheit gekommen.

Kap. 37. 3. Fall. Auftreten eines negativen Koeffizienten.
Aufgabe: Teile 6 in zwei Teile, deren Produkt -40 ist.

$$x + y = 6$$

$$xy = -40$$

Die Lösung ist $x = 10$, $y = -4$.

Negative, nicht „fingierte", Lösungen, negative Koeffizienten, Quadratwurzeln aus negativen Zahlen – hier überschreitet Cardano Grenzen der überlieferten

Auffassung, die er im ersten Teil des Werkes noch zu beachten schien. Er benutzt die komplexen Zahlen auch nicht dazu, in der Lösung der kubischen Gleichung II weiterzukommen. Das hat erst Bombelli getan.

4.1.3.2. Bombelli. Cardano hatte geklagt, daß man nicht erfassen könne, was eine Wurzel aus einer negativen Zahl sei (. . . *nec venari, quid sit*). Der Ingenieur Bombelli sah sie als eine neue Art von Wurzelausdrücken an, für die man eigene Rechengesetze aufstellen muß und kann, und mit denen man dann erfolgreich arbeiten kann. Daß für Wurzelausdrücke (schon bei positiven Radikanden) besondere Rechenregeln gelten, daran war man ja längst gewöhnt.

Raffael Bombelli wurde am 20. Januar 1526 in der Kathedrale San Pietro in Bologna getauft. Das hat S.A. Jayawardene erst 1963 aus den Kirchenbüchern ermittelt. In den Jahren vor 1560 war Bombelli als Ingenieur bei der Trockenlegung der Sümpfe im Val di Chiana in der Toskana tätig, 1561 beim Wiederaufbau einer 1557 durch Hochwasser zerstörten Tiberbrücke in Rom.

Sein Werk *L'Algebra* ist dem Bischof Alessandro Rufini von Melfi gewidmet, der ihn unterstützte und förderte, und in dessen Haus in Frascati bei Rom das Werk, wahrscheinlich 1557/60, geschrieben wurde. Ein Manuskript wurde 1923 von Bortolotti in der Bibliothek des Archigymnasiums Bologna gefunden. Es enthält: Buch I: Arithmetik, dabei das Rechnen mit komplexen Zahlen. Buch II: Algebraische Gleichungen. Cardano, Ferrari und Tartaglia werden zitiert, aber das Werk Cardanos als dunkel in der Darstellung bezeichnet (. . . *ma del dire fù oscuro*) [zitiert nach Jayawardene, Isis 64, S. 513]. Buch III: Aufgaben aus dem täglichen Leben und der Unterhaltungsmathematik. Buch IV und V: Geometrie. In den 60-er Jahren hat Bombelli gemeinsam mit Maria Pazzi aus Reggio in der Vatikanbibliothek die Arithmetik Diophants studiert. Offenbar hat er daraufhin viele praktische Aufgaben aus Buch III weggelassen und dafür Aufgaben von Diophant eingesetzt. In dieser Form sind Buch I–III 1572 gedruckt worden. Die Widmung trägt das Datum 22. Juni 1572. Bald danach muß Bombelli gestorben sein. In einem Dokument vom 5. Mai 1573 ist von seinen Erben die Rede. [Jayawardene, Isis 54, S. 395]. Die Bücher IV und V hat Bortolotti 1929 ediert, über die im Manuskript vorhandenen, aber im Druck weggelassenen Aufgaben aus Buch III berichtet Jayawardene [Isis 64, 1973].

J. E. Hofmann [Bombellis Algebra – eine genialische Einzelleistung, und ihre Einwirkung auf Leibniz; *Studia Leibnitiana* 4, 1972, S. 196–252] beschreibt ausführlich den Inhalt von Bombellis Algebra und ihren Einfluß auf die Mathematiker der folgenden Zeit.

Der Erstdruck von Bombelli's Algebra (Buch I–III) von 1572 ist selten; weiter verbreitet ist die 2. Aufl. von 1579. Nach dieser werden hier die Seitenzahlen zitiert.

Bombelli sagt [I, S. 169] sinngemäß etwa dies: Ich habe noch eine andere Art von Wurzeln aus zusammengesetzten Gliedern gefunden, die von den anderen sehr verschieden ist; sie entsteht bei dem Gleichungstyp *di cubo equale à tanti* $\langle x \rangle$ *e numero*

$$x^3 = bx + c\,, \tag{1}$$

wenn $(b/3)^2$ größer ist als $(c/2)^2$.

Diese Art von Wurzeln hat in ihrem Algorithmus Rechenoperationen, die von den anderen verschieden sind, und erfordert auch eine andere Bezeichnung. Wenn $(b/3)^2 > (c/2)^2$, also $w = (c/2)^2 - (b/3)^3$ negativ ist, kann $\pm\sqrt{w}$ weder positiv noch negativ genannt werden; ich nenne es daher im Falle der Addition *più di meno*, im Falle der Subtraktion *meno di meno*.

$\langle$Anscheinend faßt Bombelli *di meno* $\langle = \sqrt{-1} = i \rangle$ als eine Art Vorzeichen auf, *più di meno* $\langle = +i \rangle$ und *meno di meno* $\langle = -i \rangle$ als Überlagerung zweier Vorzeichen.$\rangle$

Die Rechenregeln für die Multiplikation sind

Più uia più di meno, fà più di meno	⟨ + *mal* + *i ergibt* + *i*
Meno uia più di meno, fà meno di meno	− *mal* + *i ergibt* − *i*
Più uia meno di meno, fà meno di meno	+ *mal* − *i ergibt* − *i*
Meno uia meno di meno, fà più di meno	− *mal* − *i ergibt* + *i*
Più di meno uia più di meno, fà meno	+ *i mal* + *i ergibt* −
Più di meno uia men di meno, fà più	+ *i mal* − *i ergibt* +
Meno di meno uia più di meno, fà più	− *i mal* + *i ergibt* +
Meno di meno uia men di meno, fà meno	− *i mal* − *i ergibt* − ⟩

Unter vielen Rechenbeispielen finden sich [S. 174] auch die folgenden:

(2) $$(2+i)^3 = 2 + i\cdot 11\,, \quad (2-i)^3 = 2 - i\cdot 11\,,$$

die bei der Lösung der Aufgabe

(3) $$x^3 = 15x + 4$$

gebraucht werden.

Bombelli bezeichnet die Potenzen der Unbekannten durch die Exponenten, die in einem Bogen hinter die Koeffizienten geschrieben werden; die Unbekannte selbst wird nicht bezeichnet; im Text heißt sie *Tanto.* Die Gleichung (3) sieht bei Bombelli so aus:

(*) Agguaglisi $1\,\underset{\smile}{3}$ à $15\,\underset{\smile}{1}$. p.4 .

Die Lösung nach der Formel von Cardano

$$x = \sqrt[3]{2 + i\cdot 11} + \sqrt[3]{2 - i\cdot 11}$$

sieht in Bombelli's Buch so aus:

R.c. ⌊ *2.p.di m.*11 ⌋ *R.c.* ⌊ *2.m.di m.*11 ⌋ ,

zu lesen: *Radix cubica* (2 *più di meno* 11) usw.

Genormte Zeichen der Zusammenfassung waren damals noch nicht allgemein im Gebrauch. Bombelli hatte im Manuskript so geschrieben:

R.c. $\underline{\lfloor\ \textit{2.p.di m.}11\ \rfloor}$.

aber der Strich unter dem Ausdruck war dem Drucker offenbar zu unbequem.

Aus (2) ergibt sich die Lösung ⟨*Lato* = Seite des Würfels⟩

*Lato .2.p.di m.*1 *2.m.di m.*1

Sommati fanno 4, *che e la ualuta del Tanto.*

$$2 + i + 2 - i = 4\,.$$

Man kommt also auf dem Wege über das Rechnen mit komplexen Zahlen zu einer reellen Lösung. Das dürfte ein Anreiz gewesen sein, sich mit diesen Größen doch etwas näher zu beschäftigen.

Bei quadratischen Gleichungen liegen die Dinge anders. In dem betr. Fall sind komplexe Zahlen nicht Durchgangsstadien zu einer reellen Lösung, sondern sie sind selbst Lösungen der Gleichung. Und man kann in diesem Falle mit gutem Grund die Gleichung selbst als unmöglich erklären (vgl. A.u.O., S. 129). Das geht auch bei Cardanos Beispiel. Wenn man die Produkte 1·9, 2·8, 3·7, 4·6, 5·5 bildet, sieht man, daß es keine (reellen) Zahlen geben kann, deren Summe 10 und deren Produkt 40 ist. Aber Cardano schreibt die komplexe Lösung hin, und auch Bombelli gibt [II, S. 262/3] für die Gleichung

$$x^2 + 20 = 8x$$

die Lösungen an

$$4.p.di\ m.2. \qquad \langle = 4 + i \cdot 2 \rangle$$

$$4.m.di\ m.2. \qquad \langle = 4 - i \cdot 2 \rangle\ .$$

4.1.4. Zum Zahlbegriff allgemein

Sind die „fingierten" Gleichungslösungen und die Quadratwurzeln aus solchen Größen überhaupt als Zahlen anzusehen? Das war eine spätere Sorge, zunächst war die Frage, ob Brüche und Wurzeln aus positiven Zahlen als Zahlen anzusehen sind, denn nach der griechischen Zahldefinition sind nur die positiven Zahlen außer der 1 „Zahlen". Noch bei Gregor Reisch (*Margarita philosophica* 1503) beginnt die *Arithmetica speculativa* mit der Definition: *Numerus est unitatum collectio . . . Unitas non est numerus.* Bei den negativen und den komplexen Zahlen war vorerst fraglich, ob sie überhaupt legitime Gegenstände der Mathematik sind.

4.1.4.1. Cardano. In seinem Buch *De numerorum proprietatibus* [Op., Bd. 4, S. 1–12] beginnt er ohne Definition: „Von den Zahlen werden einige Primzahlen, . . . andere zusammengesetzte Zahlen genannt." Die *Practica Arithmeticae* beginnt mit den Worten: „Gegenstand der Arithmetik ist die ganze Zahl, aber *per analogiam* sind es vier Gegenstände, nämlich die ganze Zahl, z. B. 3, die gebrochene Zahl, wie z. B. 1/7, die irrationale, wie z. B. Wurzel aus 7, die benannte, wie z. B. drei census $\langle = 3x^2$; es sind also nicht Maße oder gezählte Gegenstände gemeint$\rangle$; diese alle werde ich erklären."

Subiectum Arithmeticae numerus est integer, per analogiam quatuor subiecta sunt: videlicet numerus integer, ut 3, *fractus, ut* 1/7, *surdus, ut Radix* 7, *denominatus, ut census tres, quae omnia explicabo.*

Was meint Cardano mit den Worten *per analogiam*? Vielleicht, daß man mit diesen verschiedenen Arten von Gegenständen die gleichen Rechenoperationen (Addition, Subtraktion, Multiplikation, Division) ausführen kann, wenn auch in jeweils verschiedener Weise?

Es folgen die versprochenen Erklärungen, von denen ich jeweils nur den Anfang wiedergebe:

1. Ganze Zahlen sind diejenigen, die aus Einheiten bestehen.
2. Gebrochene Zahlen sind diejenigen, die durch zwei Ziffern (*binas literas*) bezeichnet werden.
3. *Surdi numeri* sind solche, die nicht für sich allein als das, was sie sind, erkannt werden können; *surdi* werden sie genannt, weil sie nicht gehört werden können, und sie können nicht gehört werden, weil sie nicht hervorgebracht (ausgesprochen)

werden können (*quia proferri nequeant*). Solche sind Wurzel aus 7 und ähnliche; das dadurch Bezeichnete ist die Zahl, die mit sich multipliziert, 7 ergibt; eine solche kann aber nicht gefunden werden.
4. *Numerus denominatus* ist eine solche, die nur wegen der Ähnlichkeit Zahl genannt wird.

In der deutschen Literatur heißen diese Zahlen „cossische Zahlen"; das ist aus der lateinisch/italienischen Bezeichnung *cosa* für die Unbekannte abgeleitet.

Dann werden die Rechenoperationen mit den zugehörigen Regeln erklärt, und zwar einzeln für jede der vier Arten von Zahlen. Das ist nicht neu, das haben schon Andere so gemacht, z. B. al-Karaǧī. Bemerkenswert ist, daß Cardano die alte Zahldefinition auf die ganzen Zahlen beschränkt und alle vier Gegenstände „Zahlen" nennt. Warum ist das erlaubt? Mit dieser Frage hat sich der Pfarrer Michael Stifel eingehend auseinandergesetzt.

4.1.4.2. Michael Stifel. Er ist um 1487 in Eßlingen geboren, wurde Augustiner-Mönch, 1511 zum Priester geweiht. Dann wurde er Anhänger Luthers, mußte 1522 aus dem Kloster fliehen, kam zu Luther nach Wittenberg, erhielt 1525 eine Pfarrstelle auf Schloß Tollet in Österreich, mußte wegen der Maßnahmen des späteren Kaisers Ferdinand gegen die Protestanten diese Wirkungsstätte verlassen und wurde Pfarrer in Lochau (heute Annaburg). (Abb. 4.3).

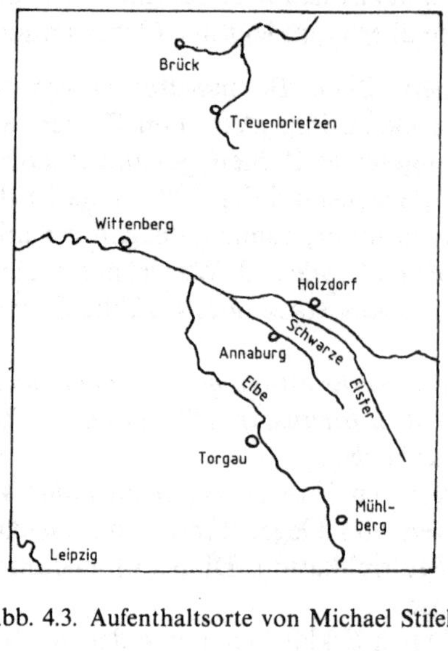

Abb. 4.3. Aufenthaltsorte von Michael Stifel

Stifels besondere Neigung galt der „Wortrechnung". Darunter ist die Auswertung der Buchstaben eines Wortes als Zahlen zu verstehen. Das kann auf verschiedene Weise geschehen. Man kann z. B. diejenigen Buchstaben auswählen, die eine Bedeutung als römische Ziffern haben. Aus dem Namen des Papstes LEO DECIMVS erhält man

$$L = 50, \quad D = 500, \quad C = 100, \quad I = 1, \quad V = 5 .$$

36	31	7	8	27	2
3	26	13	12	23	34
4	19	16	17	22	33
5	15	20	21	18	32
28	14	25	24	11	9
35	6	30	29	10	1

Abb. 4.4. Magisches Quadrat aus Stifel's *Rechen Büchlin vom End Christ*

M (= 1000) wird als Anfangsbuchstabe des Wortes Mysterium aufgefaßt und daher nicht mitgezählt; ferner wird die Anzahl der Buchstaben, nämlich 10, hinzugefügt; dann ergibt sich 666. Das ist die Zahl des großen Tieres der Apokalypse. [Offenb. Joh. 13, 18]: „Hier ist Weisheit! Wer Verstand hat, der überlege die Zahl des Tiers; denn es ist eines Menschen Zahl, und seine Zahl ist sechshundertund sechsundsechzig."

Stifel hat auch den Buchstaben des Alphabets die aufeinanderfolgenden Dreieckszahlen zugeordnet, also

$$\begin{matrix} a & b & c & d & e \\ 1 & 3 & 6 & 10 & 15 \end{matrix} \quad \text{usw}\,.$$

Damit erhielt er

$$\begin{matrix} i & & d & & b & & e & & s & & t & & i & & a & & l & & e & & o \\ 45 & + & 10 & + & 3 & + & 15 & + & 171 & + & 190 & + & 45 & + & 1 & + & 66 & + & 15 & + & 105 \end{matrix} = 666\,.$$

[Vogel im DSB, Artikel Stifel].

Pater Bongus ordnete, ähnlich der griechischen Zahlendarstellung, den Buchstaben A bis I die Zahlen 1 bis 9, den Buchstaben K bis S die Zahlen 10 bis 90, den Buchstaben $T, \ldots$ die Zahlen 100, ... zu. Damit erhielt er

$$\begin{matrix} M & & A & & R & & T & & I & & N & & L & & V & & T & & E & & R & & A \\ 30 & + & 1 & + & 80 & + & 100 & + & 9 & + & 40 & + & 20 & + & 200 & + & 100 & + & 5 & + & 80 & + & 1 \end{matrix} = 666\,.$$

Mit geeigneter Interpretation konnte man die Zahl 666 im ersten Weltkrieg Kaiser Wilhelm und später Adolf Hitler zuordnen [H. Eves: An Introduction to the History of Mathematics. 3. Aufl. 1964. S. 217].

Stifel veröffentlichte 1532 ein „Rechen Büchlin vom EndChrist". Es enthält u. a. das in Abb. 4.4 wiedergegebene magische Quadrat aus den Zahlen 1 bis 36, deren Summe 666 ist. Ferner berechnete er den Weltuntergang für den 18. Oktober 1533, 8 Uhr morgens. Man sollte das vielleicht nicht als allzu lächerlich empfinden. Die damaligen Zeiten dürften nicht allzu rosig gewesen sein, als Luther dichtete: „und wenn die Welt voll Teufel wär' ... ". Es war noch nicht lange her, daß Bauernaufstände entstanden und blutig niedergeschlagen worden waren (1525). Unter den Glaubenskämpfen hatte Stifel selbst zu leiden gehabt. Der Papst wurde als der

Antichrist bezeichnet, und das Auftreten des Antichrist bedeutete das nahe Ende der Welt. Es gab also Gründe, geradezu auf den Weltuntergang zu warten, zumal damit auch das Jüngste Gericht mit der Bestrafung der Bösen und der Belohnung der Guten verbunden war. Es wurden mehrmals Termine für den Weltuntergang vorausgesagt. Aber auch zu Stifels Termin trat er nicht ein. Stifel mußte fliehen und wurde einige Zeit in Wittenberg in Arrest gehalten. Herrn Dipl.-Ing. V. Kuntzemüller verdanke ich die Mitteilung, daß das Haus in Wittenberg noch zu sehen ist.

Luther nahm den Ausrutscher seines Freundes Stifel nicht tragisch; er sprach von einem „kleinen Anfechtlein" und verschaffte Stifel 1535 die Pfarrstelle in Holzdorf. 1541 wurde Stifel an der Universität Wittenberg immatrikuliert; angeregt und beraten von dem Arzt und Mathematiker Jakob Milich trieb er gründliche mathematische Studien. Welche Schriften er studiert hat, ist aus Zitaten seiner 1544 in Nürnberg erschienenen *Arithmetica integra* zu ersehen.

Das Werk besteht aus drei Büchern. Das erste Buch behandelt das elementare Rechnen, einfache Zahlentheorie (gerade und ungerade, gerade-mal-gerade usw. Zahlen, figurierte Zahlen, arithmetische und geometrische Reihen). Zitierte Quellen sind die arithmetischen Bücher Euklids in der Ausgabe von Campanus (sehr oft zitiert), die Arithmetik des Boetius (z. B. fol. 8r) und die des Jordanus de Nemore in der überarbeiteten Ausgabe von Faber Stapulensis, Paris 1496.

Das zweite Buch handelt von den irrationalen Zahlen im Anschluß an das 10. Buch Euklids (nach Campanus).

Für das dritte Buch, die Algebra, ist die Hauptquelle die *Coss* von Christoff Rudolff (sehr oft genannt, z. B. in der Vorrede, fol. 226 v; dort sagt Stifel, daß Christoff Rudolff nicht mehr am Leben ist), sodann Adam Ries und die *Practica Arithmeticae* von Cardano (Vorrede, a.a.O.) Bei Gelegenheit nennt Stifel auch Regiomontan im Zusammenhang mit Ptolemaios (fol. 293 v).

Anschließend schrieb Stifel eine *Deutsche Arithmetica. Inhaltend die Haußrechnung* ⟨elementares Rechnen, Aufgaben aus dem täglichen Leben⟩, *Deutsche Coss, Kirchrechnung* ⟨Berechnung des Osterdatums⟩, gedruckt in Nürnberg 1545.

1546 erschien, ebenfalls in Nürnberg: *Rechenbuch von der Welschen und Deutschen Practick* . . . ⟨das sind Namen für bestimmte Methoden des kaufmännischen Rechnens⟩.

1547 wurden die Protestanten in der Schlacht bei Mühlberg besiegt. Der protestantischen Pfarrer von Holzdorf mußte fliehen.

Stifel ging nach Ostpreußen, wurde 1551 Pfarrer in Haffstrom (Haberstro) bei Königsberg und hielt in Königsberg theologische und mathematische Vorlesungen. Er besorgte eine „gebesserte und sehr gemehrte" Neuausgabe der Coss von Christoff Rudolff, schrieb aber auch nochmals ein Werk über die Wortrechnung (1553).

1554 kehrte Stifel nach Sachsen zurück, wurde Pfarrer in Brück bei Treuenbrietzen, das damals zu Sachsen gehörte, 1559 Pfarrer in Jena, wo er auch Vorlesungen über Arithmetik hielt. Er starb am 19. April 1567.

Aus der *Arithmetica integra*

Über den Inhalt berichtet ausführlich J.E. Hofmann 1968. Hier seien nur einige Punkte herausgegriffen:

1. Stifel überlegt sich, ob Brüche und irrationale Zahlen mit Recht als Zahlen bezeichnet werden können. Zu dem Schluß, daß eine neue Definition von „Zahl" nötig ist, kommt er aber nicht.
2. Indem er in seiner Normalform für quadratische Gleichungen Subtraktionszeichen – nicht eigentlich negative Koeffizienten – zuläßt, kann er die Lösungsregeln für die drei Typen in eine Regel zusammenfassen.
3. Er untersucht, was negative Zahlen sind, und zwar indem er probiert, wie man mit ihnen umgehen kann.
4. Er erweitert die Zuordnung einer geometrischen und einer arithmetischen Reihe auf negative Exponenten. Diese Zuordnung ist eine Vorstufe des Rechnens mit Logarithmen.

Zu 1. Brüche und irrationale Zahlen.

In Buch I, Kap. 2. unterscheidet Stifel abstrakte und benannte Zahlen ⟨d. h. gezählte Gegenstände⟩. Brüche sind in gewissem Sinne benannte Zahlen, da aber die Benennung eine Zahl und nicht der Name eines konkreten Gegenstandes ist, können Brüche in uneigentlichem Sinne abstrakte Zahlen genannt werden (*improprie vocari abstractas*).

Aus Buch II sei das 1. Kapitel *De essentia numerorum irrationalium* fast vollständig wiedergegeben. „Mit Recht wird bei den irrationalen Zahlen darüber disputiert, ob sie wahre Zahlen sind oder fingierte (*ficti*). Weil nämlich bei Beweisen an geometrischen Figuren die irrationalen Zahlen noch Erfolg haben, wo die rationalen uns im Stich lassen, und sie genau das beweisen, was die rationalen Zahlen – jedenfalls mit den Beweismitteln, die sie uns bieten – nicht beweisen konnten, deshalb werden wir veranlaßt und gezwungen, zuzugeben, daß sie in Wahrheit existieren, nämlich auf Grund ihrer Wirkungen, die wir als real, sicher und feststehend empfinden.

Aber andere Gründe veranlassen uns zu der entgegengesetzten Behauptung, daß wir nämlich verneinen müssen, daß die irrationalen Zahlen Zahlen sind. Wenn wir nämlich versuchen, sie der *numeratio* zu unterwerfen* und sie mit rationalen Zahlen in ein Verhältnis zu setzen, dann finden wir, daß sie uns fortwährend entweichen, so daß keine von ihnen sich in sich selbst genau erfassen läßt. Das bemerken wir bei der Auflösung ⟨numerischen Approximation?⟩ von ihnen, wie ich unten an passender Stelle zeigen werde. Es kann nicht etwas eine wahre Zahl genannt werden, bei dem die Genauigkeit fehlt, und was zu wahren Zahlen kein bekanntes Verhältnis hat. So wie eine unendliche Zahl keine Zahl ist, so ist eine irrationale Zahl keine wahre Zahl, weil sie unter einem Nebel der Unendlichkeit verborgen ist; ist doch das Verhältnis einer irrationalen Zahl zu einer rationalen nicht weniger unbestimmt als das einer unendlichen zu einer endlichen.

Ferner: Wenn die irrationalen Zahlen wahre Zahlen wären, dann wären sie entweder ganze oder gebrochene ⟨Zahlen⟩. Gebrochene Zahlen . . . nenne ich diejenigen, die aus einem Zähler und einem Nenner bestehen, derart daß sie zwischen zwei aufeinanderfolgende ganze Zahlen fallen, wie z. B. $8\frac{7}{9}$ oder $\frac{79}{9}$ zwischen 8 und 9 fällt. 12/3 oder 12/4 rechne ich nicht zu den gebrochenen, sondern zu den ganzen Zahlen.

---

* Unter *numeratio* versteht Stifel Teilbarkeit. Eine Zahl „zählt" eine andere, wenn sie Teiler von ihr ist. (Buch I, Kap 2; vgl. Jordanus de Nemore, S. 106).

Daß die irrationalen Zahlen keine ganzen Zahlen sind, ist leicht zu zeigen. Denn jede beliebige irrationale Zahl fällt zwischen zwei aufeinanderfolgende ⟨ganze⟩ Zahlen, wie z. B. $\sqrt{6}$ zwischen 2 und 3 fällt, und $\sqrt{10}$, $\sqrt{11}$, $\sqrt{12}$, $\sqrt{13}$, $\sqrt{14}$, $\sqrt{15}$ zwischen 3 und 4 fallen, und ebenso bei den anderen. Es ist aber klar, daß zwischen zwei aufeinanderfolgende ganze Zahlen keine ganze Zahl fällt. . . .

Ferner kann keine irrationale Zahl eine gebrochene Zahl sein. Denn es ist unmöglich, daß durch Multiplikation einer gebrochenen Zahl mit sich eine ganze Zahl entsteht. . . .“

⟨Man dachte allgemein bei irrationalen Zahlen nur an Wurzeln. Stifel hat aber [im Appendix zu Buch II] auch das Verhältnis zwischen Kreisumfang und Durchmesser als irrational erkannt.⟩

„Ferner: Jede gebrochene Zahl hat ein bestimmtes und bekanntes Verhältnis zu jeder beliebigen ganzen Zahl; aber keine irrationale Zahl hat ein bestimmtes und bekanntes Verhältnis zu irgendeiner ganzen oder gebrochenen Zahl, wie ich gerade oben gesagt habe. . . .

Nun fallen freilich unendlich viele gebrochene Zahlen zwischen je zwei aufeinanderfolgende ⟨ganze⟩ Zahlen und ebenso fallen auch unendlich viele irrationale Zahlen zwischen je zwei aufeinanderfolgende ganze Zahlen. Aus den Ordnungen der beiden Arten von Zahlen ist jedoch leicht zu sehen, daß keine von ihnen aus ihrer Ordnung in die andere übergehen kann. Es ist also nicht richtig, wenn du meinst, irgendeine irrationale Zahl könne mit irgendeiner gebrochenen Zahl zusammenfallen wegen der unendlichen Anzahl der gebrochenen Zahlen. Aber sehen wir uns die erwähnten Ordnungen an. Ordnung der Brüche zwischen 2 und 3: $2\frac{1}{2}$, $2\frac{1}{3}$, $2\frac{2}{3}$, $2\frac{1}{4}$, $2\frac{3}{4}$, $2\frac{1}{5}$, $2\frac{2}{5}$, $2\frac{3}{5}$, $2\frac{4}{5}$, $2\frac{1}{6}$, $2\frac{5}{6}$, $2\frac{1}{7}$, $2\frac{2}{7}$, $2\frac{3}{7}$ und so weiter ins Unendliche. Ordnung der Wurzelausdrücke zwischen 2 und 3: $\sqrt{5}$, $\sqrt{6}$, $\sqrt{7}$, $\sqrt{8}$, $\sqrt[3]{9}$, $\sqrt[3]{10}$, . . . , $\sqrt[3]{26}$, $\sqrt[4]{17}$ . . . , $\sqrt[4]{26}$ und so weiter ins Unendliche.“

Das sind schöne Aussagen über irrationale Zahlen, besonders über ihre unendliche Anzahl, aber es fehlt der Gedanke, daß die antike Definition der Zahl als Zusammenfassung von Einheiten durch eine andere ersetzt werden muß, wenn irrationale Zahlen „Zahlen“ genannt werden sollen. Stifel sieht das anscheinend anders. „Irrationale Zahlen sind wahre Zahlen“ – das ist eine Aussage, die als wahr oder falsch nachgewiesen werden muß, und zwar mit der scholastischen *Sic-et-non*-Methode: es werden zunächst Argumente dafür, dann – gewichtigere – Argumente dagegen angegeben. Eine neue Definition der Zahl gab 1569 Petrus Ramus.

Zu 2. Minus-Zeichen in quadratischen Gleichungen.

Stifel sieht die Lösung einer quadratischen Gleichung als eine Rechenoperation an, nämlich als das Ausziehen einer Quadratwurzel aus einer „cossischen Zahl“. Er bringt daher die Gleichungen auf die Formen

moderne Schreibweise	Stifels Beispiele
$x^2 = ax + b$	1ʒ *aequatus* 1r + 35 156 *)
$x^2 = ax - b$	1ʒ *aequatus* 18r – 72
$x^2 = b - ax$	1ʒ *aequatus* 84 – 8r .

Der Gleichungstyp $x^2 = -ax - b$ wäre unsinnig, da a, b und x als positiv anzusehen sind; die Vorzeichen sind ja explizit angegeben.

Die Gleichung* stammt aus Stifels Erklärung einer Bibelstelle „von Judas Machabaeus und Nikanor“ [2. Maccab. 15, 25–27]: „Also zog Nikanor und sein Haufe her, mit Trompeten und großem Geschrei. Judas aber und die Seinen griffen die Feinde an ... und erschlugen in die 35 000 Mann.“ Stifel erklärt: Nikanor hat sein Heer im Quadrat aufgestellt. Er hatte syrische Hilfstruppen, die gerade eine Reihe längs einer Quadratseite bildeten, x Mann. Von seinen eigenen Leuten wurden 35 000 erschlagen, 156 konnten fliehen. Also bestand das Heer aus $x^2 = 1x + 35156$ Mann. [Arithm. int., fol. 234]. Die Lösung ist $x = 188$.

Während sich die früher üblichen Gleichungstypen dadurch unterschieden, welche Glieder auf welcher Seite standen, unterscheiden sich Stifels Typen dadurch, ob und an welcher Stelle ein Subtraktionszeichen auftritt. Dadurch ist es Stifel möglich, den Lösungsweg für die drei Typen einheitlich zu beschreiben, indem er nur an geeigneter Stelle berücksichtigt, ob ein Additionszeichen oder ein Subtraktionszeichen vorliegt.

Die Frage, ob Stifel negative Zahlen als Gleichungskoeffizienten zugelassen hat, oder nur das Subtraktionszeichen in der Normalform, ist kaum zu entscheiden. Da Stifel keine Symbole für die gegebenen Zahlen kennt, muß er bestimmte Zahlen als Beispiele hinschreiben, und diese sind natürlich positiv. Daß er im zweiten Fall etwa 18r + (− 72) schreibt, ist nicht zu erwarten. Er schreibt auch die dritte Gleichung nicht in der Form 1ʒ aeq. − 8r + 84. Man *kann* seine Regel so übersetzen, daß dabei von negativen Zahlen nicht die Rede ist. Seine Rechnung mit − 4 im dritten Beispiel läßt allerdings vermuten, daß er doch auch an negative Zahlen gedacht hat, die er im folgenden Kapitel bespricht.

Übersetzung *mit moderner Schreibweise*	*Text* (fol. 140 v) *Beispiel* (fol. 141 v)
$x^2 = b - ax$	1ʒ aequatus 84 − 8r
1. Beginne mit der Zahl der Wurzeln ⟨d.h. mit dem Koeffizienten von x⟩, halbiere sie, und setze die Hälfte an die Stelle jener, die an dieser Stelle stehen bleibe bis zum Ende der der ganzen Operation.	*Primo. A numero radicum incipe, eumque dimidiatum, loco eius pone dimidium illius, quod in loco suo stet, donec consumata sit tota operatio.*
$-a/2$	... *pono* − 4 *loco* − 8r
2. Quadriere diese hingeschriebene Hälfte	*Secundo. Multiplica, dimidium illud positum, quadrate.*
$(-a/2)^2$	... *scilicet* − 4 *in* − 4 *facit* + 16
3. Addiere oder subtrahiere ⟨das andere Glied der Gleichung⟩, wie es das Additions- oder Subtraktionszeichen fordert, ⟨hier also $+ b$⟩.	*Tertio. Adde vel Subtrahe iuxta signi additorum, aut signi subtractorum, exigentiam.*
$(-a/2)^2 + b$	84 + 16 = 100

Übersetzung *mit moderner Schreibweise*	*Text* (fol. 140 v) *Beispiel* (fol. 141 v)
4. Es ist die Quadratwurzel zu finden aus der Summe oder dem Rest.	*Quarto. Invenienda est radix quadrata, ex summa additionis tuae, vel ex subtractionis tuae relicto.*
$\sqrt{(-a/2)^2+b}$	$\sqrt{100}=10$
5. Addiere oder subtrahiere ⟨die oben bereitgestellte Zahl $-a/2$⟩ wie es das Zeichen oder dein Beispiel verlangt.	*Quinto. Adde aut Subtrahe juxta signi aut exempli tui exigentiam.*
$\sqrt{(-a/2)+b}-a/2$	$10-4=6$.

Wegen der hervorgehobenen Anfangsbuchstaben nennt Stifel diese Regel AMASIAS.

Zu 3. Negative Zahlen bei Stifel

Stifel nennt sie *numeri absurdi* [fol. 248 v] und *numeri ficti infra nihil* [fol. 249 r], sagt aber, daß diese Fiktion von größtem Nutzen für die Mathematik ist (*fitque haec fictio summa utilitate pro rebus mathematicis*).

Wie kommt man dazu, solche Zahlen zu bilden? Stifel sagt: Das hängt mit der Benutzung der Additions- und Subtraktionszeichen zusammen. Wir benutzen sie in zweifacher Weise aus Notwendigkeit, nämlich bei irrationalen und bei cossischen Zahlen ⟨in diesen Fällen kann man die Addition oder Subtraktion nicht ausführen, sondern muß die Wurzel- oder cossischen Zeichen mit dem + oder − Zeichen stehen lassen⟩. Außerdem benutzen wir die Zeichen *commoditatis gratia* (aus Bequemlichkeit oder Zweckmäßigkeit), um etwas zu zeigen oder zu beweisen. Stifel denkt daran, zwei Ausdrücke der Form $a \pm b$ zu addieren, zu subtrahieren, zu multiplizieren oder zu dividieren.

Wir würden im Falle der Addition etwa schreiben

$$(*) \qquad (a \pm b) + (c \pm d) = (a + c) \pm (b \pm d)\,.$$

Da Stifel keine Symbole für Zahlen und keine Klammern kennt, muß er diese vier Fälle einzeln hinschreiben:

8 + 4	8 − 4	8 + 5	8 − 5
10 + 5	10 − 5	10 − 4	10 + 4
18 + 9	18 − 9	18 + 1	18 − 1

Also man läßt auch hier die Zeichen + und − stehen, ohne die Summe oder die Differenz auszurechnen, um die Regel (*) zu zeigen.

Stifel macht das für die vier Rechenoperationen. Indem er ⟨in (*) für a und c⟩ 0 einsetzt, erhält er die Rechenregeln für negative Zahlen. Für die Multiplikation sieht das so aus:

$0+6$	$0-6$	$0+6$	$0-6$
$0+4$	$0-4$	$0-4$	$0+4$
$0+24$	$0+24$	$0-24$	$0-24.$

Stifel faßt also die negativen Zahlen als Binome auf ⟨an unverknüpfte Zahlenpaare denkt er sicher nicht⟩ und gewinnt die Rechenregeln für die negativen Zahlen aus den bekannten Rechenregeln für Binome. So deutlich sagt er das allerdings nicht.

Zu 4. Vorstufe der Logarithmen.

Als Beispiel für den Nutzen des Rechnens mit negativen Zahlen erweitert Stifel die Zuordnung einer arithmetischen und einer geometrischen Folge auf negative Zahlen in der arithmetischen und Brüche in der geometrischen Folge:

-3	-2	-1	0	1	2	3	4	5	6
$\frac{1}{8}$	$\frac{1}{4}$	$\frac{1}{2}$	1	2	4	8	16	32	64

Dazu rechnet er mehrere Beispiele; das erste ist: „1/8 multipliziert mit 64 ergibt 8. So auch -3 addiert zu 6 ergibt 3: Es ist aber -3 der Exponent ⟨dieses Wort hat Stifel eingeführt⟩ von 1/8, so auch 6 der Exponent der Zahl 64, und 3 der Exponent der Zahl 8" [fol. 149^v-150^r].

„Wir wissen heute, daß diese Stelle sehr wahrscheinlich auf John Neper, den einen Erstberechner der Logarithmen, eingewirkt hat, jedoch auch auf den von Neper unabhängigen anderen Erfinder der Logarithmen, Jobst Bürgi" [Hofmann, 68.1, S. 30].

Allgemein anerkannt wurden die negativen Zahlen noch lange nicht. Stevin hat sie anerkannt, Viète hat sie abgelehnt. Noch Descartes nennt negative Lösungen einer Gleichung *fausses racines*, aber das ist hier wohl schon ein Fachausdruck.

John Wallis sagt in seiner Arithmetik [1685, vermehrte lateinische Ausgabe 1693, Kap. 66]: „Es ist unmöglich, daß eine Größe weniger sei als Nichts oder eine Zahl kleiner als Null. Trotzdem ist die Annahme einer negativen Größe (*suppositio quantitatis Negativae*) weder nutzlos noch absurd, wenn sie nur richtig verstanden wird", nämlich wenn sie physikalisch interpretiert wird: „ -3 Schritte vorwärts zu gehen ist dasselbe wie 3 Schritte zurückgehen" (*processisse passibus* -3, *tantundem est ac* 3 *passibus retrocessisse*). Zu dieser Zeit war das Rechnen mit negativen Zahlen schon geläufig – es gab ja schon die analytische Geometrie und die Differentialrechnung – fraglich war nur noch, was man sich darunter vorzustellen hatte. Diese Frage ist erst im 19. Jh. im Rahmen eines systematischen Aufbaus des Zahlensystems gelöst worden.

Mehrere Unbekannte (aus *Arithmetica integra* III, Kap. 6)

Stifel berichtet, daß schon Christoff Rudolff und Cardano gelegentlich eine zweite Unbekannte eingeführt haben, die als *quantitas*, abgekürzt 1 *q* bezeichnet wurde. Stifel führt beliebig viele Unbekannte ein; die erste wird wie bisher mit r bezeichnet, die zweite mit *A*, die dritte mit *B* usw. Beim Rechnen werden diese mit den cossischen Zeichen so verbunden:

$$1\mathfrak{z}A \quad \text{bedeutet} \quad 1x^2A$$

$$1A\mathfrak{z} \quad \text{bedeutet} \quad 1A^2 .$$

Zwei von Stifels Rechenbeispielen:

Volo multiplicare 3 *A in* 9 *B*, *fiunt* 27 *AB*.
Volo multiplicare 2 *A*ꝫ *in* 5 *A cb*, *fiunt* 10 *Aβ*.

Ohne Rücksicht auf den Zusammenhang sei eine Bemerkung notiert, mit der Stifel Kritik an Euklid verteidigt: *quod propositiones Euclidis non sunt evangelium Christi* [*Arith. int.*, fol. 158 v]. Diese Äußerung wird auch von Buteo zitiert [Cantor, Bd. 2, S. 562], der sich mit einigen Problemen der *Arithmetica integra* kritisch auseinandersetzt. Auch Buteo bezeichnet mehrere Unbekannte mit den Buchstaben *A*, *B*, *C*, und dadurch gelingt es ihm, eine allgemeine Lösungsmethode für Systeme linearer Gleichungen übersichtlich zu beschreiben.

Systeme linearer Gleichungen kommen ja in den meisten Aufgabensammlungen vor, die Lösungen werden aber für jede Aufgabe gesondert durchgeführt. Die Verfahren sind manchmal verallgemeinerungsfähig, aber das wird nicht ausdrücklich gesagt (außer bei den Chinesen [A.u.O., S. 177] und bei den Indern [A.u.O., S. 188]).

Johannes Buteo (Jean Borrel) wurde 1492 als eines von 20 Kindern geboren. Um seinen Eltern nicht zur Last zu fallen, trat er um 1508 in das Kloster des Hl. Antonius ein. 1522 wurde er nach Paris geschickt und studierte bei Oronce Fine. 1528 kehrte er in das Kloster zurück. Im Religionskrieg mußte er 1562 das Kloster verlassen und fand Zuflucht in Romans-sur-Isère. Dort starb er zwischen 1564 und 1572.

Buteo schrieb mehrere Arbeiten über einzelne geometrische Probleme, u. a. über die Würfelverdoppelung und die Quadratur des Kreises, und 1559 *Logistica*, ein Lehrbuch der Arithmetik und Algebra. Im Vorwort nennt er Euklid, Archimedes und den Kommentar des Eutokios, Nicomachus, Boetius, Jordanus, Lucas Italus ⟨Luca Pacioli⟩, Stephanus à Rupe Lugdunensis ⟨Etienne de la Roche⟩. Im Buch III behandelt er die Algebra. Seine Zeichen für die Potenzen der Unbekannten wurden auf S. 217 beschrieben.

Drei lineare Gleichungen mit drei Unbekannten schreibt Buteo so [S. 190/1]:

⟨1⟩ 3A.1B.1C [42

⟨2⟩ 1A.4B.1C [32

⟨3⟩ 1A.1B.5C [40

[bedeutet so etwas wie Enthalten-sein; also: In 42 sind 3A, 1B und 1C enthalten.

„Aus diesen drei Gleichungen sind durch Multiplizieren und zueinander Addieren andere Gleichungen herzustellen, bis durch Abziehen der kleineren von der größeren nur eine Größe einer einzigen Bezeichnung übrig bleibt, und zwar so:

Multipliziere die zweite Gleichung mit 3, es entsteht

3*A*. 12*B*. 3*C* [96 .

Ziehe die erste Gleichung ab, es bleibt

⟨3⟩ 11*B*. 2*C* [54 .

Multipliziere die dritte Gleichung mit 3, es ensteht

3*A*. 3*B*. 15*C* [120 ;

ziehe die erste ab, es bleibt

⟨4⟩ 2*B*. 14*C* [78 ."

⟨Jetzt gekürzt⟩: Multipliziere ⟨4⟩ mit 11 und ⟨3⟩ mit 2 und subtrahiere; es bleibt

150*C* [750 .

Division durch 150 ergibt

C valere 5 .

Eine so klare Darstellung dürfte ohne die Bezeichnung der verschiedenen Unbekannten durch verschiedene Buchstaben (und eine etwas weiterentwickelte Symbolik) kaum zu erreichen sein.

Ob Viète die *Logistica* von Buteo gekannt hat, ist nicht bekannt; möglich wäre es wohl. Daß Viète seine Methode *Logistica* (*speciosa*) nennt, kann auf seiner Kenntnis der altgriechischen Ausdrucksweise beruhen.

4.1.4.3. Petrus Ramus (Pierre de la Ramée)

Er wurde 1515 in Cuth bei Soissons geboren, wurde 1536 Magister am Collège du Mans in Paris, 1545 Rektor des Collège de Presles und behielt diese Stellung bis zum Lebensende. Allerdings mußte er als Calvinist Paris zweimal verlassen, 1562/63 und 1568/70. In der Bartholomäusnacht 1572 wurde er ermordet.

Berühmt wurde Ramus durch seine kritische Auseinandersetzung mit der Logik und Philosophie des Aristoteles (*Dialecticae Institutiones. Aristotelae Animadversiones.* Paris 1543). Aber, obwohl er Professor der Rhetorik und Philosophie war, las er außerdem über die Elemente Euklids, die er von Anfang bis zum Ende durchging, und die er 1545 auch herausgab. Seine Kollegen tadelten ihn, weil er seine Zeit für Gegenstände verschwende, denen *inutilitas* und *obscuritas* vorgeworfen wurde. Ramus war jedoch mit Platon der Ansicht, daß die Mathematik als Vorbereitung auf das Verständnis der Philosophie nützlich sei. Er hat sich für die Errichtung eines Lehrstuhls für Mathematik an der Universität Paris eingesetzt und schließlich einen solchen Lehrstuhl gestiftet.

Ramus schrieb 1555 eine Arithmetik in drei Büchern, die mehrmals überarbeitet und neu aufgelegt wurde, 1560 eine Algebra; 1569 kam zur Arithmetik, jetzt in zwei Büchern, eine Geometrie in 27 Büchern hinzu.

Der Logiker Ramus legt natürlich vor allem Wert auf die Grundlagen und die Form und Ordnung der Darstellung der Wissenschaft. Seine Vorstellungen erläutert er in den *Scholae mathematicae* 1569 [hier zitiert als Sch.]. Von den 31

Büchern bringt Buch I eine ausführliche Geschichte der Mathematik, in Buch II bespricht er die *utilitas*, in Buch III die *obscuritas*. Die Bücher IV und V sind der Arithmetik, die übrigen Bücher den einzelnen Büchern der Elemente Euklids gewidmet.

Zur Überwindung der *obscuritas* fordert Ramus einen streng logischen Aufbau der Mathematik. Die Arithmetik müsse zuerst behandelt werden, nicht erst wie bei Euklid im Buch VII, auch müsse die Arithmetik arithmetisch und die Geometrie geometrisch behandelt werden [Sch. III, S. 80]. Die einzelnen Disziplinen müssen durch ihren Zweck definiert werden, die Arithmetik als *doctrina bene numerandi*, die Geometrie als *doctrina bene metiendi*. [Sch. IV, S. 111]. Dazu [S. 116]: „Das Wort *numerare* umfaßt die Addition, Subtraktion, Multiplikation und Division von Zahlen und Brüchen, sowie das Vergleichen von Verhältnissen und Proportionen."

In der Ausgabe der Arithmetik von 1555 hielt sich Ramus noch an die Definitionen VII, 1, 2 von Euklid: „Einheit ist das, wonach jedes Ding eines genannt wird. Zahl ist die aus Einheiten zusammengesetzte Menge." Ramus fügt als Erläuterung hinzu: „Die Einheit ist offenbar im eigentlichen Sinne keine Zahl, denn sie ist keine aus Einheiten zusammengesetzte Menge. Jedoch wie die Einheit bezeichnet wird als das, wonach jedes einzelne ⟨Ding⟩ eines genannt wird, so kann eine Zahl verstanden werden als das, wonach wir ein jedes zählen." In der letzten von ihm selbst besorgten Ausgabe von 1569 hat er die alte Definition weggelassen und definiert: *Numerus est secundum quem unumquodque numeratur*. – Man kann *numerare* hier schlecht anders als mit „zählen" übersetzen, nach der Erklärung in den Scholae ist aber allgemeiner das Rechnen gemeint. In diesem Sinne erfaßt die Definition von Ramus die positiven rationalen Zahlen.

4.1.4.4. Simon Stevin wurde 1548/49 in Brügge geboren, war als Buchhalter in Amsterdam tätig, machte Reisen nach Polen, Preußen und Norwegen, war dann bei der Finanzverwaltung der „Vrije van Brugge". 1581 ging er nach Leiden und wurde 1583 an der Universität eingeschrieben. Er veröffentlichte

1582 *Tafelen van Interest* (in Princ. Works, Bd. 2A)

1583 *Problemata geometrica* (in Princ. Works, Bd. 2A), anscheinend Teile eines geplanten größeren Werks.

1585 *Dialektike ofte Bewysconst*. Leiden: Plantijn.

1585 *De Thiende*. (Dezimalbruchrechnung) (in Princ. Works, Bd. 2A) Durch dieses Werk wurde die Dezimalbruchrechnung in Europa eingeführt. Stevin macht darin auch den Vorschlag, Maße und Gewichte dezimal zu unterteilen.

1585 *L'Arithmetique* (in Princ. Works, Bd. 2B; s. folgende Seite)

1586 *De Beghinselen der Weegconst* (Elemente der Statik; in Princ. Works, Bd. 1). Das Werk beginnt mit einer *Vytspraeck van de Weerdicheyt der Dvytsche Tael* (Besprechung der Bedeutung der niederländischen Sprache), die Stevin sehr geschätzt und für die er viele Fachausdrücke geschaffen hat. Behandelt wird der Hebel, die schiefe Ebene, die Zusammensetzung von Kräften und Schwerpunktbestimmungen.
Anhänge: *De Weegdaet* (praktische Anwendungen), *De Beghinselen des Waterwichts* (Elemente der Hydrostatik). Darin steht als Prop. 10 das später

sogenannte hydrostatische Paradoxon: „Auf jedem zum Horizont parallelen Bodenstück im Wasser ruht ein Wassergewicht, gleich dem Gewicht des Wassers in einem Prisma, dessen Grundfläche dieses Bodenstück und dessen Höhe die senkrechte Linie von der Bodenebene bis zur Wasseroberfläche ist.“

1594 *Appendice Algebraique* (in Princ. Works, Bd. 2B); ein Näherungsverfahren zur Lösung von (kubischen) Gleichungen; durch Probieren wird jeweils die nächste Dezimalstelle ermittelt.

1594 *De Stercktenbouwing* (Festungsbau; in Princ. Works Bd. 4).

1599 *De Havenfinding* (in Princ. Works, Bd. 3). Versuch der Längenbestimmung auf See mittels der Deklination der Magnetnadel.

Stevin hat sich auch mit dem Bau von Windmühlen zum Antrieb von Wasserpumpen beschäftigt. Er hat auch einen Wagen konstruiert, der vom Wind getrieben am Strand fahren konnte. Über eine Lehrtätigkeit Stevins an der damals gegründeten Ingenieurschule in Leiden scheint nichts näheres bekannt zu sein.

Spätestens seit 1593 stand Stevin im Dienste des Prinzen Moritz von Oranien, als Ingenieur und mathematischer Berater, seit 1604 als Quartiermeister. Für den Prinzen schrieb er 1605–1608 *Wisconstighe Gedachtenissen* (*Mémoires mathématiques*), darunter Werke über Astronomie, Geometrie und Perspektive. Stevin starb 1620 in Den Haag.

Die Arithmetik besteht aus zwei Büchern. Im ersten Buch (*des definitions*) behandelt Stevin den Zahlbegriff. Offenbar hat er die Ausführungen von Ramus gekannt. Auch er versteht unter *numeration* die vier elementaren Rechenoperationen [Anfang von Buch II, S. 81 – Seitenzahl des Originals, die in den Princ. Works angegeben ist], und die Definition der Zahl in Buch I ähnelt in der Form der von Ramus:

Def. 1: *Arithmetique est la science des nombres.*

Def. 2: *Nombre est cela, par lequel s'explique la quantité de chascune chose.*

Damit sind alle positiven reellen Zahlen erfaßt.

Stevin bespricht zunächst die alte Auffassung, daß die Eins keine Zahl sei, sondern das Prinzip ⟨Anfang, Ursprung, Ausgangspunkt⟩ der Zahlen, so wie der Punkt das Prinzip der Linie ist. Stevin begründet, daß die Eins eine Zahl ist, und daß nicht die Eins, sondern die Null dem Punkt entspricht.

Ferner betont er, daß die Zahl stetig ist; er sagt: sie durchdringt alle Teile der Größe, so wie die Feuchtigkeit das Wasser (*le nombre est quelque chose telle en grandeur, comme l'humidité en l'eau, car comme ceste ci s'entend par tout & en chasque partie de l'eau; Ainsi le nombre destiné à quelque grandeur s'estend par tout & en chasque partie de sa grandeur*) [S. 5].

Diesen „arithmetischen Zahlen“ stellt Stevin „geometrische Zahlen“ gegenüber; es sind im wesentlichen die Potenzen der Unbekannten, etwa wie bei Diophant. (Stevin hat im Anhang zur Arithmetik die ersten vier Bücher der Arithmetik Diophants wiedergegeben.) Es ist erstaunlich, wie schwer anscheinend das zu verstehen war, was wir seit Viète, der aber auch noch Schwierigkeiten hatte, oder etwa seit Descartes mit x, x^2 usw. bezeichnen. Stevin schließt sich an Bombelli an, den er auch nennt: mit ① bezeichnet er eine (zunächst unbestimmte) Strecke, mit ② ihr Quadrat, mit ③ ihren Kubus usw. Arithmetische Zahlen werden mit ⓪ bezeichnet. Schließlich nennt er Kombinationen wie $\frac{1}{4}$ ① oder $\sqrt{2}$ ③ „algebraische Zahlen" und Ausdrücke der Form 3 ③ + 5 ② − 4 ① + 6 *multinomies algebraiques.*

Das zweite Buch behandelt die Operationen mit algebraischen Ausdrücken. Hier beschreibt er [S. 166] die Multiplikation

soit 8 − 5 *multiplié par* 9 − 7

etwa so:

− 7 *fois* − 5 *font* + 35

− 7 *fois* 8 *faict* − 56

8 − 5 *multiplié par* 9 *donneront producits* 72 − 45 . . . usw .

Denkt er hier an Zahlen, die kleiner als Null sind, oder nur an solche, die von anderen abgezogen werden sollen?

Bei Gleichungen faßt er + und − als Vorzeichen der Koëffizienten auf und kann daher an Stelle von Stifels „addiere oder subtrahiere je nach dem Zeichen" sagen: „addiere, evtl. eine negative Zahl". Er sagt bei der Lösung der quadratischen Gleichungen: *Mais nous demonstrerons vne seule maniere, par laquelle sans varier d'une syllabe, l'operation sera en toutes trois* ⟨Gleichungstypen⟩ *la mesme* [S. 285].

Stevin bespricht auch bei quadratischen Gleichungen die negativen Lösungen (anscheinend als Erster – aber eine solche Behauptung kann grundsätzlich nie bewiesen, aber oftmals widerlegt werden). Allerdings sagt er dazu [S. 332]: *Et combien les mesmes ne semblent que solutions songées, toutefois elles sont vtiles, pour venir par les mesmes aux vraies solutions des problemes suiuãs par* +.

Bei der kubischen Gleichung

(1) $$x^3 = 30x + 36$$

berichtet Stevin [S. 308 f], daß Bombelli sie, der Regel entsprechend, durch

$\sqrt{}$ ③ *bino.* 18 + *de* − 26 + $\sqrt{}$ ③ *bino.* 18 − *de* − 26

d. h.

(2) $$\sqrt[3]{18 + i \cdot 26} + \sqrt[3]{18 - i \cdot 26}$$

gelöst habe.

„Wenn man nun durch die Zahlen dieser Lösung der tatsächlichen Lösung 6 unendlich nahe kommen könnte, wie man es mit der vorigen Gleichung machen kann, dann hätte die Lösung dieser Art von Gleichungen die gewünschte Perfektion."

Or si par les nombres de ceste solution, l'on sceust approcher infinement à 6 (*car ils vallent precisement autant*) *comme on faict par les nombres de la solution du precedent premier exemple, certes celle difference seroit en sa desirée parfection.*

Die vorangegangene Gleichung ist

$$x^3 = 6x + 40 ,$$

die Lösungsformel

$$x = \sqrt[3]{20 + \sqrt{392}} + \sqrt[3]{20 - \sqrt{392}}\,.$$

Durch näherungsweise Berechnung der Wurzelausdrücke kann man der Lösung 4 beliebig nahe kommen.

⟨In grober Näherung ist $\sqrt{392} = 19{,}8$

$$x = \sqrt[3]{39{,}8} + \sqrt[3]{0{,}2} = 3{,}44 + 0{,}58 = 4{,}02\,.⟩$$

Der „Arithmetik" hat Stevin eine freie Bearbeitung der ersten vier Bücher von Diophants Arithmetik hinzugefügt, die nicht nur durch die Bearbeitung von Bombelli (4.1.3.2), sondern inzwischen durch eine lateinische Übersetzung von Xylander (gedruckt 1575) zugänglich waren.

Xylander = Wilhelm Holzmann, wurde 1532 in Augsburg geboren, wurde 1558 Professor der griechischen Sprache in Heidelberg, 1562 Professor der aristotelischen Logik in Heidelberg und starb dort 1576. In den Jahren 1555–1562 übersetzte er die ersten sechs Bücher der Elemente Euklids aus dem Griechischen ins Deutsche.

Bei Stevins Gleichungsdarstellung fehlt immer noch 1) die Bezeichnung der gegebenen Größen durch Symbole, 2) die Angabe der Basis bei den Potenzen der Unbekannten. Beides hat Viète eingeführt, ungefähr zur gleichen Zeit.

4.1.5. „Neue Algebra". François Viète

4.1.5.1. Lebenslauf. Der größte Teil von Viètes Lebenszeit fällt in die Zeit der französischen Religionskriege (1562–1598). Viète ist 1540 in Fontenay-le-Comte geboren, besuchte zunächst dort die Klosterschule der Franziskaner, studierte dann Jura in Poitiers, wurde 1559 Baccalaureus und Lizentiat und ließ sich in seiner Heimatstadt als Advokat nieder. Seine Geschicklichkeit, in schwierigen Rechtsfällen gute Lösungen zu finden, hat seinen Lebensweg stark beeinflußt.

Er verfaßte eine Rechtfertigungsschrift für Jean de Parthenay, dem vorgeworfen wurde, er habe als Kommandant von Lyon die Stadt zu früh den Feinden übergeben, wurde 1564 Sekretär von de Parthenay und Lehrer seiner Tochter Cathérine. Ihr Interesse für Astronomie (Astrologie) und Mathematik dürfte Viètes Beschäftigung mit diesen Wissenschaften gefördert, wenn nicht gar angeregt haben. Er begann eine Darstellung der Planetentheorie, *Harmonicon coeleste*, auf der Grundlage des Ptolemäischen Systems; das Kopernikanische System lehnte er wegen seiner Ungenauigkeiten ab.

Cathérine heiratete 1568 den bretonischen Edelmann Charles de Quellenec; Viète ging 1571 nach Paris, als Rat am Parlament. In der Bartholomäusnacht 1572 wurde de Quellenec ermordet, Cathérine nur durch das Eingreifen des Herzogs René de Rohan gerettet. Viète war anscheinend nicht gefährdet; offenbar war er trotz seiner guten Beziehungen zu den Führern der Protestanten Katholik geblieben. Aber seine Aussichten auf eine Stelle als Rat am Parlament in Paris waren gering; er wurde 1573 Rat am Parlament der Bretagne in Rennes, hielt sich jedoch als Ratgeber des Königs Heinrich III meist in Paris auf. 1580 wurde er *maître des requètes* (*requètes* = Bittschriften; es wird sich oft um juristische Streitfälle und Gnadengesuche gehandelt haben).

Auf Betreiben religiös-politischer Gegner mußte der König Viète 1585 entlassen. Er lebte einige Jahre auf dem Gut von Cathérine de Parthenay und konnte sich in dieser Zeit mit mathematischen Studien und Arbeiten beschäftigen. Studiert hat er u. a. Cardano und Diophant.

1589 verlegte der König seinen Hof nach Tours und konnte Viète wieder in sein früheres Amt berufen, das Viète, seit 1594 wieder in Paris, und später unter Heinrich IV, bis 1602 innehatte. Er hat seinem König auch durch Entzifferung verschlüsselter Briefe der Gegner wertvolle Dienste geleistet. 1602 nahm er aus Gesundheitsgründen seinen Abschied. Er starb am 23. Februar 1603 in Paris.

Wie es scheint, hat es nur kurze Abschnitte im Leben Viètes gegeben, in denen er sich voll den Wissenschaften widmen konnte: die Zeit seiner Tätigkeit im Hause Parthenay und wohl noch die ersten Jahre in Paris, und dann wieder die Jahre der erzwungenen politischen Untätigkeit 1585–89. Wie sehr ihn die Tätigkeit als Berater des Königs und *maître des requètes* in Anspruch genommen hat, ist schwer zu beurteilen. Er hat daneben die Mathematik nicht vernachlässigt, hat aber nur wenige seiner Werke selbst zum Druck gebracht, mehrere von Schülern und Mitarbeitern herausgeben lassen.

4.1.5.2. Die Isagoge. Aus dem ersten der genannten Zeitabschnitte stammt das *Harmonicon coeleste*, das nur handschriftlich erhalten ist, und ein *Canon mathematicus* (Tafeln trigonometrischer Tafeln mit Erläuterungen), gedruckt in Paris 1579.

Aus dem zweiten Zeitabschnitt stammt eine Reihe von Arbeiten, deren Titel Viète 1591 als *Opera restitutae mathematicae Analyseos seu Algebra nova* zusammengestellt hat. Die erste und grundlegende Arbeit ist

In artem analyticen isagoge. Tours 1591.

(Die Endung *-cen* kommt aus dem Griechischen)

Hier schreibt Viète, allerdings erst im 5. Kapitel: „Damit diese Arbeit durch ein schematisch anzuwendendes Verfahren unterstützt wird, mögen die gegebenen Größen von den gesuchten unbekannten durch eine feste und immer gleichbleibende und einprägsame Bezeichnungsweise unterschieden werden, wie etwa dadurch, daß man die gesuchten Größen mit dem Buchstaben *A* oder einem anderen Vokal *E*, *I*, *O*, *U*, *Y*, die gegebenen mit den Buchstaben *B*, *G*, *D* oder anderen Konsonanten bezeichnet."

Quod opus, ut arte aliqua juvetur, symbolo constanti et perpetuo ac bene conspicuo datae magnitudines ab incertis quaesitiis distinguantur, ut pote magnitudines quaesititias elemento A aliave litera vocali, E, I, O, V, Y, datas elementis B, G, D, aliisve consonis designando.

Die Bezeichnung nicht nur der Unbekannten und ihrer Potenzen, sondern auch der bekannten Größen durch Symbole (Buchstaben), war wohl der für die Entwicklung der Algebra wichtigste Schritt. Daß so etwas bei Leonardo von Pisa und Jordanus de Nemore schon vorgekommen war, war anscheinend vergessen – vielleicht deshalb, weil diesen Verfassern noch zuviel fehlte, um das Rechnen mit Symbolen wirklich ausarbeiten zu können.

Wichtig war aber auch dies: Viète bezeichnet die Potenzen der Unbekannten durch die Angabe der Basis *und* der Dimension. Die Dimension bezeichnet er allerdings nicht zahlenmäßig durch die Exponenten, sondern in der letztlich auf Diophant zurückgehenden Weise als ⟨1⟩ *Latus seu Radix.* 2 *Quadratum.* 3 *Cubus.* 4 *Quadrato-quadratum.* 5 *Quadrato-cubus* ⟨dies ist also die 5., nicht die 6.Potenz⟩, usw. bis 9 *Cubo-cubo-cubus.*

Diophant nennt diese Formen oder Arten von Zahlen (Quadratzahlen, Kubikzahlen usw.) *eidē.* Das Wort *eidos* hängt mit *idein* = sehen, erblicken, zusammen und bedeutet Aussehen, Gestalt, in der Logik auch die Art im Gegensatz zur Gattung. Die lat. Übersetzung ist *species* (das Wort hängt mit dem nur in Zusammensetzungen gebräuchlichen Wort *specere* = sehen, zusammen) oder auch *forma.*

Viète nennt seine Methode *logistice* ⟨griechische Endung⟩ *speciosa. Logistikē* (*technē*) ist das Rechnen im Gegensatz zur Arithmetik = Zahlentheorie. Weiter erläutert Viète [Kap. 4]: *Logistice numerosa est quae per numeros, Speciosa quae per species seu rerum formas exhibetur, utpote per Alphabetica elementa,* also ungefähr (gekürzt): Die *logistice speciosa* arbeitet mit den *species* oder *formae* der Dinge, nämlich ⟨*utpote* = die vertreten werden durch?⟩ Buchstaben.

Wir wollen jetzt die Isagoge der Reihe nach durchgehen.

Im 1. Kapitel erklärt Viète den Begriff „Analysis"; sie ist „die Annahme des Gesuchten als bekannt und ⟨der Weg von dort⟩ durch Folgerungen zur Erfassung des Gesuchten." Das Verfahren ist in der Geometrie uralt, Platon soll es dem Leodamas beigebracht haben [Proklos, S. 211], Pappos hat es ausführlich beschrieben [*Collectio*, VII, 1,2]. ⟨In der Algebra besteht es offenbar darin, der gesuchten Größe einen Namen zu geben, sie mit x zu bezeichnen, und mit diesem Zeichen zu rechnen (als ob die Größe bekannt wäre), bis man auf eine Gleichung kommt, aus der der Wert von x unmittelbar zu ersehen ist.⟩

Das Rechnen mit den Zeichen (Symbolen, Buchstaben) muß gelernt und begründet werden. Kapitel 2 hat die Überschrift: *De Symbolis aequalitatum et proportionum.* Damit sind hier nicht die Rechensymbole gemeint, sondern die ohne Beweis aufgeführten Grundgesetze des Rechnens.

In Griechenland pflegte man dem Gast als Erinnerungs- und Erkennungszeichen die Hälfte eines zerbrochenen Ringes oder eines anderen geeigneten Gegenstandes zu schenken. Später wiesen sich die Gastfreunde durch Aneinanderlegen (*symballein*) der Stücke voreinander aus. Das Wort ist hier wohl aufzufassen als „charakteristische Eigenschaften der Gleichungen und Proportionen."

Die *Symbola* sind (z. T. gekürzt):

1. Das Ganze ist seinen Teilen gleich.
2. Was demselben gleich ist, ist untereinander gleich.
3. Wenn Gleiches zu Gleichem addiert wird, sind die Ganzen gleich.
4. Wenn Gleiches von Gleichem subtrahiert wird, sind die Reste gleich.
5. Wenn Gleiches mit Gleichem multipliziert wird, sind die Produkte gleich.
6. Wenn Gleiches durch Gleiches dividiert wird, sind die Ergebnisse gleich.
7. Wenn Größen direkt proportional sind, sind sie auch umgekehrt und vertauscht proportional. ⟨Wenn $a:b = c:d$ gilt, dann gilt auch $b:a = d:c$ und $a:c = b:d$.⟩

8.–11. Addition, Subtraktion, Multiplikation und Division von „ähnlichen" Verhältnissen.

12. Durch einen gemeinsamen Faktor oder Divisor wird eine Gleichheit oder ein Verhältnis nicht geändert.

13. Die Produkte mit den einzelnen Abschnitten sind gleich dem Produkt mit dem Ganzen. ⟨Das distributive Gesetz: $ab + ac + ad = a(b + c + d)$.⟩
14. Produkte oder Quotienten von mehrerern Größen sind gleich, unabhängig davon, in welcher Reihenfolge man die Größen multipliziert oder dividiert. ⟨$(a \cdot b) \cdot c = (a \cdot c) \cdot b$, $(a:b):c = (a:c):b$.⟩

15. 16. $a:b = c:d \Leftrightarrow ad = bc$.

„Daher kann die Proportion als die *constitutio* der Gleichung, die Gleichung als die *resolutio* der Proportion bezeichnet werden." Die Umwandlung einer Gleichung in eine Proportion ist für Viète ein Weg zur geometrischen Lösung einer Gleichung. In einer Proportion kann man zu drei Gliedern das vierte geometrisch konstruieren.

Viètes Algebra beginnt also mit einem System von Grundsätzen, die sowohl für die *logistica numerosa* wie für die *logistica speciosa* gelten; diese Unterscheidung wird erst später eingeführt. Viète läßt sich auch nicht auf eine Diskussion darüber ein, ob es sich um Axiome oder Postulate oder bewiesene Sätze handelt; sie werden als gültig angenommen (*quae adsumit Analytice ut demonstrata*).

Im Kapitel 3 (*De lege homogeneorum, et gradibus ac generibus magnitudinum comparatarum*) beschreibt Viète die Größen, von denen er handelt, nämlich Größen verschiedener Dimension. Es sind die oben genannten: *Latus*, . . . , *Cubo-cubo-cubus*. Das Grundgesetz lautet: Nur homogene Größen (d. h. Größen gleicher Dimension) können miteinander verglichen werden. In einer Gleichung müssen also auch die Koeffizienten Dimensionen haben. Diese Dimensionen bezeichnet Viète als: 1 *Longitudo latitudove* ⟨Länge oder Breite⟩. 2 *Planum* ⟨Ebene⟩. 3 *Solidum* ⟨Körper⟩ usw. durch Zusammensetzung bis 9 *Solido-solido-solidum*. Die Gleichung, die wir

$$x^4 + gx^2 + bx = z$$

schreiben würden, sieht bei Viète so aus:

A quad·quad. + G plano in A quad. + B solido in A aequatur Z plano-plano. ⟨Wir werden ggf. die Exponenten der Potenzen mit indischen Ziffern, die Dimensionen der anderen Größen mit römischen Ziffern bezeichnen, also:

$$A^4 + G^{\mathrm{II}} \cdot A^2 + B^{\mathrm{III}} \cdot A = Z^{\mathrm{IV}}\rangle$$

Im Kapitel 4 (*De praeceptis Logistices speciosae*) erklärt Viète den Ausdruck *logistica speciosa* und führt aus, wie mit den dimensionierten Größen gerechnet werden muß (also sinngemäß doch *auch* mit den *Arten* der Größen).

Addieren und subtrahieren darf man nur homogene Größen. Im allgemeinen wird man sie nur, mit dem Plus- oder Minus-Zeichen verbunden, nebeneinanderschreiben können.

Für die Multiplikation und Division muß Viète, da er die Dimension nicht in Zahlen angibt, umfangreiche Listen aufstellen, wie schon Diophant. Die letzte Zeile lautet:

Solido-solido-solidum adplicatum Solido restituit Solido-solidum.

(Eine Größe 9. Dimension dividiert durch eine Größe 3. Dimension führt auf eine Größe 6. Dimension zurück. – Das Wort *adplicatum* = angelegt für „dividiert" geht auf die Flächenanlegung zurück: Die Fläche $F = a \cdot b$, angelegt an a ergibt b – s. Abb. 4.5.)

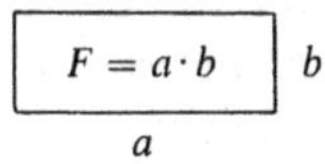

Abb. 4.5

Nachdem die Rechenregeln und Rechenoperationen mit den dimensionierten Größen erklärt sind, wird im 5. Kapitel das Verfahren der algebraischen Lösung eines Problems beschrieben. Es besteht in der Aufstellung einer Gleichung und deren Überführung in eine Normalform.

Viète sagt (§ 4): „Sowohl die gegebenen als auch die gesuchten Größen sollen gemäß der in der Aufgabe gegebenen Bedingung ins Verhältnis gesetzt und verglichen werden durch Addieren, Subtrahieren, Multiplizieren und Dividieren, wobei das Homogenitätsgesetz aufrecht erhalten bleiben muß. Es ist also offenbar, daß schließlich etwas gefunden werden wird, was der gesuchten Größe oder der Hauptpotenz, zu der sie aufsteigt, gleich ist, . . . “

(§ 5): „Damit diese Arbeit . . . unterstützt wird“, führt Viète Buchstaben ein. Dieser § wurde oben wiedergegeben.

Zum Vergleich eine Stelle aus Descartes' Geometrie [Faksimile-Ausg. S. 300, Schlesinger S. 4]: „Soll nun irgendein Problem gelöst werden, so betrachtet man es zuvörderst als bereits vollendet und führt für alle Linien, die für die Konstruktion nötig erscheinen, sowohl für die unbekannten als auch für die anderen, Bezeichnungen ein. Dann hat man, ohne zwischen bekannten und unbekannten Linien irgendeinen Unterschied zu machen, in der Reihenfolge, die die Art der gegenseitigen Abhängigkeit dieser Linien am natürlichsten hervortreten läßt, die Schwierigkeiten der Aufgabe zu durchforschen, bis man ein Mittel gefunden, um eine und dieselbe Größe auf zwei verschiedene Arten darzustellen; dies gibt dann eine Gleichung. . . . “

Als Normalform einer Gleichung wählt Viète diejenige, bei der das konstante Glied allein auf der rechten Seite steht, also z. B. für eine kubische Gleichung (in modernisierter Schreibweise)

$$A^3 + BA^2 + D^{\mathrm{II}}A = Z^{\mathrm{III}}$$

Bei Viète sieht das so aus:

$$A \text{ cubus} + B \text{ in } A \text{ quad.} + D \text{ plano in } A, \text{ aequetur } Z \text{ solido} .$$

Um eine Gleichung auf diese Form zu bringen, braucht man drei Umformungsregeln:

1) *Antithesis*: das Hinüberschaffen eines Gliedes von einer auf die andere Seite der Gleichung durch Addition oder Subtraktion.

2) *Hypobibasmus* (Herabdrücken des Grades): Falls alle Glieder eine Potenz der Unbekannten als gemeinsamen Faktor enthalten, die Division durch diesen.

3) *Parabolismus* (Anlegen = Dividieren): Falls die höchste Potenz einen anderen Faktor als 1 hat, Division durch diesen Faktor.

Viète beweist: Durch eine Antithesis oder durch einen Hypobibasmus oder durch einen Parabolismus wird die Gleichheit nicht geändert. Dabei werden deutlich die *Symbola* 3, 4 und 12 benutzt; der Wortlaut von 12 wird wiederholt.

Die Kapitel 6 und 7 enthalten kurze und sehr allgemein gehaltene Bemerkungen über die algebraische Lösung einer Gleichung, Kapitel 8 gibt eine Zusammenfassung.

Mir scheint, daß Viète teilweise mehr geahnt als gewußt hat, was er geleistet hat. Indem er bekannte und unbekannte Größen durch Buchstaben bezeichnet, hat er eine neue Art von mathematischen Objekten geschaffen, die die ganzen Zahlen, die Brüche, irrationalen Zahlen und „cossischen Zeichen" als Spezialfälle oder spezielle Interpretationen enthält. Früher hat man (z. B. Cardano und Stifel) für die speziellen Arten von Größen die Rechenregeln jeweils einzeln angeben müssen, und zwar auf Grund der Eigenschaften der speziellen Größenart. Aber es gibt Regeln, die für alle diese Größenarten gemeinsam gelten, und die kann man jetzt formulieren.

Zunächst müssen die Operationen allgemein beschrieben werden. Man kann natürlich nicht erwarten, daß Viète sagt: Es gibt zwei Verknüpfungsoperationen, die zu zwei Größen eine dritte eindeutig festlegen. Er erklärt nur, daß die Summe durch *plus* oder das Zeichen + bezeichnet wird, die Subtraktion durch das Zeichen − (und, falls man nicht weiß, welches der Glieder das größere ist, durch =, gelesen *minus incerto*), die Multiplikation durch das Wort *sub* oder *in*, die Division durch einen ⟨Bruch-⟩ Strich. Viète sagt auch nicht, daß die Operationen eigentlich durch die *Symbola* charakterisiert sind, aber er achtet darauf, daß die Rechenschritte auf Grund der *Symbola* bewiesen werden.

Dadurch, daß Viète seine Größen als geometrische Größen von bestimmten Dimensionen auffaßt, wird freilich die Allgemeinheit etwas verdunkelt. In den *Symbola* ist aber von der Dimension der Größen nicht die Rede, und in den weiteren Arbeiten von Viète können wir sie einfach vergessen. Das hat später Descartes dadurch gerechtfertigt, daß er sagt, man könne sich stets eine passende Potenz der Einheitsstrecke als Faktor hinzudenken.

4.1.5.3. Notae priores. Viète hat von seiner *logistica speciosa* ausgiebig Gebrauch gemacht; dafür einige Beispiele aus seinen weiteren Schriften.

Die Schrift *Notae priores* wurde nicht von Viète selbst herausgegeben, sondern erst 1631 von Beaugrand. Vielleicht hat Viète sie noch für verbesserungsbedürftig gehalten. Es ist eine Art Formelsammlung. Da es sich dabei nicht um zu lösende Gleichungen, sondern um algebraische Identitäten handelt, entfällt der Unterschied zwischen bekannten und unbekannten Größen.

In Proposition 11 wird verlangt, „Eine reine Potenz aus einem Binom zu bilden."

„Zuerst sei das Quadrat zu bilden . . . Man multipliziere $A + B$ mit $A + B$ und sammle die entstehenden Glieder zweiter Dimension; diese sind

$$A \text{ quadratum}$$

$$+ A \text{ in } B \text{ bis } \langle \text{bis} = \text{zweimal} \rangle$$

$$+ B \text{ quadrato} .$$

Diese sind gleich $A + B$ *quadrato*."

Dann wird der Kubus berechnet, indem $A + B$ mit dem soeben gebildeten Ausdruck für $(A + B)^2$ multipliziert wird. Cardano benötigte dazu die Zerlegung eines Würfels. Da Viète von diesem geometrischen Beweis unabhängig ist, kann er weiter rechnen, und zwar macht er es bis $(A + B)^6$. Wegen einer späteren Anwendung notiere ich den Ausdruck für $(A + B)^5$:

A quadrato-cubus, + *A quadrato-quadrato in B* 5, + *A cubo in B quadratum* 10, + *A quadrato in B cubum* 10, + *A in B quadrato-quadratum* 5, + *B quadrato-cubo.*

Viète sagt: Die Zusammensetzung der weiteren Potenzen ist ähnlich. Vollständige Induktion ist ihm schon deshalb (nicht nur deshalb) unmöglich, weil die Potenzen nicht durch die zahlenmäßige Angabe ihrer Exponenten gegeben sind.

Die Propositionen 45–56 handeln von rechtwinkligen Dreiecken. Viète bezeichnet ihre Seiten (Abb. 4.6) als Basis (D), Lot(B) und Hypotenuse (Z). Hier verwendet er konsequent Konsonanten in der Reihenfolge des griechischen Alphabets. Die Größen eines zweiten Dreiecks heißen G, F, X; ich verwende an Stelle verschiedener Buchstaben Indizes. Der dem Lot gegenüberliegende Winkel heißt „der spitze Winkel des Dreiecks." Einen Buchstaben verwendet Viète nicht; ich bezeichne ihn mit α.

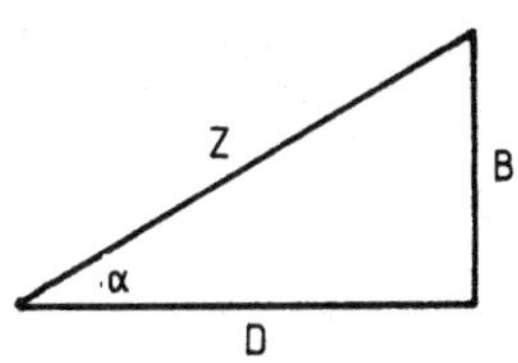

Abb. 4.6

Prop. 46 verlangt, aus zwei rechtwinkligen Dreiecken ein drittes rechtwinkliges Dreieck zu machen. Genaueres muß aus der Durchführung entnommen werden. Viète verlangt $Z_3 = Z_1 \cdot Z_2$, d. h.

$$Z_3^2 = D_3^2 + B_3^2 = (D_1^2 + B_1^2)(D_2^2 + B_2^2)$$
$$= D_1^2 B_2^2 + B_1^2 D_2^2 + D_1^2 D_2^2 + B_1^2 B_2^2$$

Nun kann man auf zwei Weisen

$$2 D_1 D_2 B_1 B_2 - 2 D_1 D_2 B_1 B_2$$

hinzufügen und erhält

1) Viète sagt „durch *Synaeresis*"

$$D_3^2 + B_3^2 = (D_1 B_2 + B_1 D_2)^2 + (D_1 D_2 - B_1 B_2)^2 ,$$

2) „*durch Diaeresis*"

$$D_3^2 + B_3^2 = (D_1 B_2 - B_1 D_2)^2 + (D_1 D_2 + B_1 B_2)^2 .$$

Damit hat man zunächst den Satz: Wenn zwei Quadratzahlen als Summen von je zwei Quadratzahlen darstellbar sind, so ist auch das Produkt als Summe von zwei Quadratzahlen darstellbar.

Außerdem ist $B/Z = \sin\alpha$, $D/Z = \cos\alpha$. Wenn man noch beweisen kann, daß bei Synaeresis $\alpha_3 = \alpha_1 + \alpha_2$, bei Diaeresis $\alpha_3 = \alpha_1 - \alpha_2$ ist, hat man die Additions- und Subtraktionstheoreme für *sin* und *cos*. Oder umgekehrt: Wenn man die Additions- und Subtraktionstheoreme beweist, so ist damit gezeigt, daß bei Synaeresis $\alpha_3 = \alpha_1 + \alpha_2$, bei Diaeresis $\alpha_3 = \alpha_1 - \alpha_2$ ist.

Diese Beweise stehen in der Schrift *Ad angulares sectiones*, die 1615 von Alexander Anderson herausgegeben wurde. Die Sätze stammen von Viète, die Beweise von Anderson.

Anderson führt die Beweise (ich behandele nur einen der vier Fälle) mit Hilfe der Figur Abb. 4.7, die so konstruiert ist, daß $\sphericalangle EAD = \sphericalangle CAB$ ist.
Dann ist $\triangle ADB \sim \triangle AEI$,
also $AD:DB = AE:EI = AE:(EB - IB)$
oder

(1) $$DB \cdot AE = AD \cdot EB - AD \cdot IB\,.$$

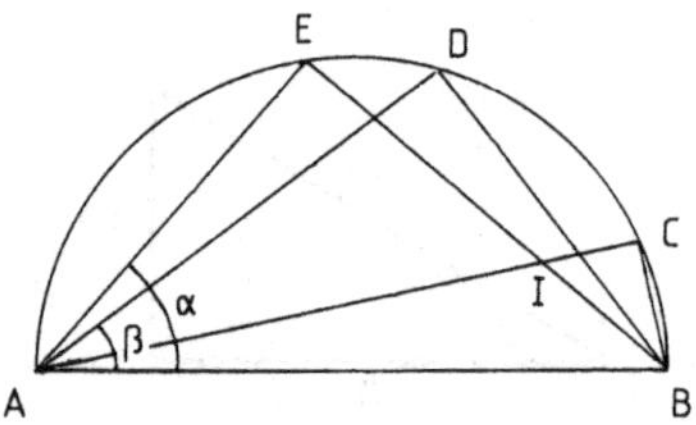

Abb. 4.7

Ferner ist $\triangle ADB\ (\sim \triangle AEI) \sim \triangle BCI$,
also $AD:AB = BC:IB$
oder $AD \cdot IB = AB \cdot BC.$
Einsetzen in (1) ergibt

(2) $$DB \cdot AE = AD \cdot EB - AB \cdot BC\,.$$

Setzen wir $AB = 1$, $\sphericalangle EAB = \alpha$, $\sphericalangle DAB = \beta$, $\sphericalangle CAB = \alpha - \beta$, so wird aus (2)

$$\sin(\alpha - \beta) = \sin\alpha \cdot \cos\beta - \cos\alpha \cdot \sin\beta\,.$$

Mittels der Additionstheoreme rechnet nun Viète, ausgehend von dem Dreieck der Abb. 4.6, der Reihe nach *sin nα* und *cos nα* bis zu $n = 5$ aus und kommt auf die folgende Regel (zur Vereinfachung setze ich wieder $Z = 1$): Von dem Binom $D + B$ bilde man die entsprechende Potenz, verteile die Glieder sukzessive in zwei Teile (ich schreibe sie in zwei Zeilen) und setze in jedem Teil das erste Glied als positiv, das zweite als negativ usw. Der erste Teil ergibt die Basis, der zweite das Lot des vielfachen Winkels.

Für $n = 5$ sieht das so aus:

$$D(5\alpha) = D^5 - 10D^3B^2 + 5DB^4 ,$$

$$B(5\alpha) = 5D^4B - 10D^2B^3 + B^5 .$$

Da (mit $Z = 1$) $D = \cos\alpha$, $B = \sin\alpha$ ist, entspricht das der Formel

$$(\cos\alpha + i \sin\alpha)^n = e^{in\alpha} = \cos n\alpha + i \sin n\alpha ,$$

aber Viète dachte nicht an die Verwendung imaginärer Zahlen; er hat nicht einmal negative Zahlen anerkannt (nur abzuziehende Glieder).

Die Kenntnis dieser Winkelteilungsgleichungen befähigte Viète, eine 1593 von Adriaan van Roomen den Mathematikern *totius terrarum orbis* vorgelegte Gleichung 45. Grades zu lösen. Er erkannte sie als die Aufgabe, einen Winkel in 45 Teile zu teilen; das läßt sich durch zweimalige Dreiteilung und eine Fünfteilung erreichen.

Adriaan van Roomen wurde am 29. Sept. 1561 in Löwen geboren, studierte am Jesuitenkolleg in Köln Mathematik und Philosophie, war 1585 in Rom, wo er mit Clavius zusammenkam, 1586 Prof. der Medizin und Mathematik in Löwen, 1593 Prof. der Medizin in Würzburg. Zwischen 1603 und 1610 lebte er teils in Würzburg, teils in Löwen, wo er 1604/5 Priester wurde. Reisen führten ihn u. a. 1598 nach Prag, 1601 nach Frankreich, wo er Viète besuchte, 1610 nach Polen. Er starb am 5. Mai 1615 in Mainz.

4.1.5.4. Zetetica. Viète behandelt in diesen fünf Büchern Aufgaben von Diophant (die Übersetzung von Xylander war 1575 erschienen) und Anderen. Die Vorteile des neuen Verfahrens werden dadurch besonders gut sichtbar, daß der Leser es mit den bekannten Verfahren vergleichen kann. Den folgerichtigen Aufbau darzulegen, würde hier zu weit führen. Ich gebe daher nur drei Beispiele, und zwar zum Vergleich mit Aufgaben von Jordanus de Nemore (2.3.2.3):

Buch I, Aufgabe 1: „Wenn die Differenz zweier Seiten (B) und deren Summe (D) gegeben ist, die Seiten zu finden."

⟨Gekürzt⟩ Die kleinere Seite sei A, also die größere $A + B$, die Summe $D = 2A + B$. Mittels Antithesis wird daraus $2A = D - B$, und nach Halbierung ist $A = \frac{1}{2}D - \frac{1}{2}B$ usw.

Buch II, Aufgabe 4: „Wenn das Rechteck aus den Seiten und die Summe der Seiten gegeben ist, werden die Seiten gefunden.

Denn das Quadrat der Summe der Seiten, vermindert um das vierfache Rechteck aus den Seiten, ist gleich dem Quadrat der Differenz der Seiten."

$$\langle (x + y)^2 - 4xy = (x - y)^2 \rangle$$

Damit hat Viète die Differenz der Seiten, und die Aufgabe ist (was Viète auch sagt) auf die Aufgabe I, 1 zurückgeführt.

Buch III, Aufgabe 2: „Wenn die mittlere von drei proportionalen ⟨Seiten⟩ und die Summe der äußeren gegeben ist, die äußeren zu finden". Viète sagt sinngemäß: Da das Quadrat der mittleren Seite gleich dem Rechteck aus den äußeren Seiten ist, ist die Aufgabe bereits durch II, 4 gelöst.

4.1.5.5. Gleichungstheorie. In den Schriften *De recognitione aequationum* und *De emendatione aequationum* (hrsg. von A. Anderson 1615) probiert Viète, welche Umformungen von Gleichungen möglich sind und was sich damit erreichen läßt.

Zunächst deutet er Gleichungen als Proportionen, im Sinne der in der *Isagoge* ausgesprochenen Ansicht: „Die Proportion kann als die *constitutio* der Gleichung, die Gleichung als die *resolutio* der Proportion bezeichnet werden" (s. S. 258).

Bei quadratischen Gleichungen sieht das so aus [*De recogn.* 3,1, Op. S. 85]: Die Gleichung

$$A \text{ quad.} + B \text{ in } A, \text{ aequetur } Z \text{ quad.}$$

läßt sich auffassen als die Proportion ⟨in unserer Schreibweise⟩

$$A:Z = Z:(A+B)\,.$$

Die Aufgabe ist dann: „Wenn von drei proportionalen Strecken die mittlere und die Differenz der äußeren ⟨B⟩ gegeben sind, das kleinere der äußeren Glieder zu finden."

Diese Aufgabe wird in den *Effectiones geometricae* mit der in Abb. 4.8 dargestellten Konstruktion gelöst [Prop. IX, Op. S. 232]. Viète sagt:
„Es wird das kanonische Diagramm dreier proportionaler Größen gezeichnet". Man zeichnet B und Z im rechten Winkel und schlägt um den Mittelpunkt von B den Kreis durch den Endpunkt von Z.

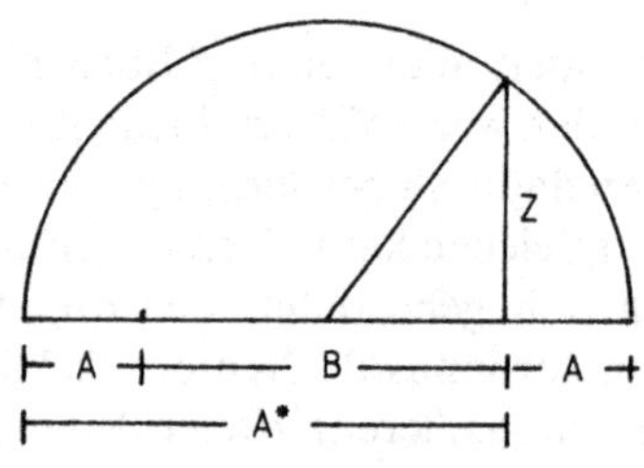

Abb. 4.8

Die Gleichung $A^2 - B \cdot A = Z^2$, also die Proportion

$$A:Z = Z:(A-B)$$

wird ebenso behandelt, nur ist A jetzt das größere der äußeren Glieder, in der Abb. 4.8 die mit A^* bezeichnete Strecke.

Bei der Gleichung $B \cdot A - A^2 = Z^2$, also der Proportion

$$A:Z = Z:(B-A)$$

ist B die Summe der äußeren Glieder. Jetzt hat man über B den Halbkreis und im Abstand Z die Parallele zur Grundlinie zu zeichnen. Sie kann keinen oder einen oder zwei Schnittpunkte mit dem Kreis haben. (Abb. 4.9).

Für die Umsetzung von kubischen Gleichungen in Proportionen braucht Viète vier Größen in stetiger Proportion. Ein Weg zu einer geometrischen Lösung scheint sich daraus nicht zu ergeben.

Ein Beispiel (Kap. 4, Theorem 1): „Wenn $A^3 + B^2 A = B^2 Z$ ist, so gibt es vier Größen in stetiger Proportion ⟨$p_1:p_2 = p_2:p_3 = p_3:p_4$⟩; das erste der äußeren Glieder ist B⟨$= p_1$⟩, die Summe des zweiten und vierten ist Z⟨$= p_2 + p_4$⟩, das

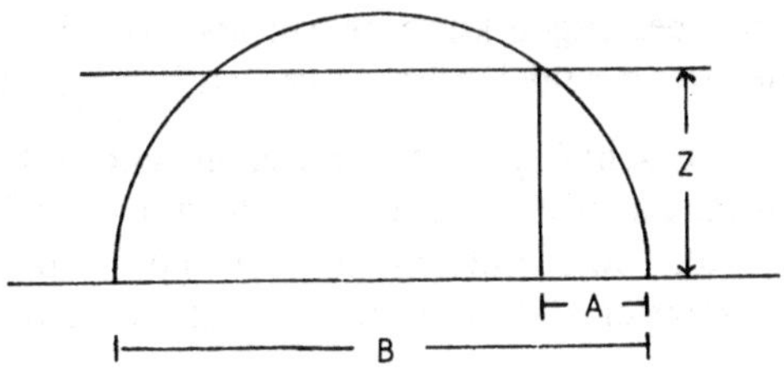

Abb. 4.9

zweite Glied ist $A\langle = p_2\rangle$." ⟨Man kann das z. B. in der Weise bestätigen, daß man ansetzt

$$p_1 = B\,, \quad p_2 = k \cdot B\,, \quad p_3 = k^2 \cdot B\,, \quad p_4 = k^3 \cdot B\,;$$

dann ist

$$A = k \cdot B\,, \quad Z = (k + k^3) \cdot B\,,$$

und die Gleichung ist durch Einsetzen dieser Ausdrücke zu bestätigen.⟩

Ferner studiert Viète [Kap. 7 ff] die „Allgemeine Methode der Transmutation ⟨ = Transformation⟩ von Gleichungen". Dabei geht er anscheinend darauf aus, aus einfacheren Gleichungen kompliziertere herzustellen, um zu sehen, welche Gleichungen sich auf einfachere zurückführen lassen. In Kap. 9 macht er aus der reinen Gleichung

$$A^2 = Z^{II}$$

durch die Substitution $A + B = E$ die gemischt quadratische Gleichung

$$E^2 - 2B \cdot E = Z^{II} - B^2\,.$$

In *De emendatione*, Kap. 1 führt er dann die gemischt quadratische Gleichung auf dem umgekehrten Wege auf die reine Gleichung zurück.

In Kap. 10, Th. 1 macht Viète aus

$$A^3 - 3B^2 \cdot A = Z^{III}\,,$$

also der Gleichung, in der das quadratische Glied fehlt, durch die Substitution $A - B = E$ die Gleichung

$$E^3 + 3B \cdot E^2 = Z^{III} - 2B^3\,.$$

In *De emend.*, Kap. 1 wird dann auch die Gleichung

$$A^3 + 3B \cdot A^2 = Z^{III}$$

durch die Substitution $A + B = E$ auf

$$E^3 - 3B^2 \cdot E = Z^{III} - 2B^3$$

„reduziert", und zwar als Spezialfall des allgemeinen Satzes, daß in jeder Gleichung n-ten Grades das Glied $(n - 1)$-ten Grades beseitigt werden kann. Das kann Viète natürlich nur für bestimmte Zahlen n hinschreiben, er beschreibt aber den allgemeinen Fall in Worten. Er bemerkt, daß man auch andere Glieder durch geeignete Substitutionen beseitigen kann, warnt aber vor der Hoffnung, alle Zwischenglieder einer Gleichung zugleich beseitigen zu können [Op., S. 129].

In *De emendatione*... beschäftigt sich Viète eingehend mit den Möglichkeiten, den Grad einer Gleichung zu reduzieren. Dazu gehört u.a. die Zurückführung einer Gleichung 4. Grades auf eine Gleichung 3. Grades und eine quadratische Gleichung. Im Kap. 7 zeigt er, daß man die kubische Gleichung

$$A^3 + 3B \cdot A = Z \tag{1}$$

⟨ich unterdrücke die Dimensionen der gegebenen Größen⟩ durch die Substitution $A = (B - E^2)/E$ in die Gleichung

$$E^6 + 2Z \cdot E^3 = B \tag{2}$$

transformieren kann. Das ist eine quadratische Gleichung für E^3. Damit ist die Lösung der kubischen Gleichung auf die Lösung einer quadratischen Gleichung und das Ausziehen einer Kubikwurzel zurückgeführt.

Das Ausziehen einer Kubikwurzel aus einer reellen Zahl kann geometrisch, nach Hippokrates von Chios, durch das Einschalten zweier geometrischer Mittel zwischen zwei gegebene Strecken geleistet werden; hat man die Kubikwurzel aus einer komplexen Zahl zu ziehen (die Lösung der Gleichung (2) kann immerhin komplex sein), so kommt wegen

$$\sqrt[3]{r\, e^{i\varphi}} = \sqrt[3]{r} \cdot e^{i\varphi/3}$$

eine Winkeldreiteilung hinzu. Diese beiden Aufgaben lassen sich mit der Einschiebungsmethode (Neusis) lösen (s. A.u.O., S. 92).

Viète beschreibt die Einschiebungsmethode, etwas spezieller als Pappos, ungefähr so: Durch einen gegebenen Punkt ist eine Gerade so zu legen, daß das von zwei anderen Geraden oder einer Geraden und einem Kreis abgeschnittene Stück eine beliebige gegebene Länge hat.

Da sich alle Gleichungen 4. Grades auf kubische und quadratische Gleichungen, alle kubischen Gleichungen auf die Form (1) zurückführen lassen, erhält man das Ergebnis: Wenn man außer den Konstruktionen mit Zirkel und Lineal als *Supplementum geometriae* die Einschiebungsmethode zuläßt, lassen sich alle Gleichungen bis zum 4. Grade geometrisch lösen. Zu diesem Ergebnis kommt Viète in der *Supplementum geometriae* betitelten Schrift.

Viète arbeitet nicht mit komplexen Zahlen, hat aber eine Gleichung für die Winkeldreiteilung zur Verfügung. Außerdem muß er außer (1) mehrere Fälle untersuchen, weil er keine negativen, sondern nur abzuziehende Größen zuläßt.

Wir kehren zu *De emendatione* ... zurück. In Kap. 3 untersucht Viète, wie man Lösungen einer Gleichung finden kann, wenn eine Lösung einer anderen Gleichung bekannt ist.

Problem 1 entspricht einer Rechnung von Cardano [*Ars magna* 25,6, s. hier S. 234], jedoch ist bei Viète besser zu sehen, wie man auf die Einführung der zweiten Gleichung kommt.

Vorgelegt sei die Gleichung

$$B \cdot A - A^3 = Z\,;$$

sie wird umgeordnet, und es wird E^3 addiert:

$$A^3 + E^3 = B \cdot A - Z + E^3 \,.$$

Die linke Seite ist durch $A + E$ teilbar; die rechte Seite wird durch $A + E$ teilbar, wenn E eine Lösung der Gleichung

$$E^3 - Z = B \cdot E$$

ist. Kennt man eine Lösung $E = D$ dieser Gleichung, so ergibt die Division

$$A^2 - A \cdot D + D^2 = B \,.$$

Die Ausgangsgleichung ist auf eine quadratische Gleichung zurückgeführt. Daß $A = -D$ eine Lösung der Ausgangsgleichung ist, sagt Viète nicht; negative Lösungen läßt er ja nicht zu.

Im Kap. 9 betrachtet Viète die Reduktion spezieller Gleichungen. In Theorem 2 wird die Gleichung

$$2B^2 \cdot A - A^3 = B^3$$

umgeformt in

$$A^3 - B^3 = 2\,B^2 \cdot A - 2\,B^3$$

und durch $A - B$ dividiert.

Es wäre seltsam, wenn Viète nicht gesehen hätte, daß $A = B$ eine Lösung ist, aber er sagt es nicht. Er sagt auch nicht, daß die Gleichung gerade deswegen durch $A - B$ teilbar ist. Das könnte damit zusammenhängen, daß Viète eine Gleichung niemals in der Form

$$\text{Polynom}\ (A) = 0$$

schreibt und sie infolgedessen erst umordnen muß, um die Teilbarkeit beider Seiten durch $A - B$ erkennen zu können.

Zwar hat John Napier, einer der Erfiner der Logarithmen (Bürgi erfand sie unabhängig), schon die genannte Normalform für Gleichungen benutzt und auch die Teilbarkeitsaussage gekannt (*wenn das Polynom* $P(A)$ *die Nullstelle* B *hat, ist* $P(A)$ *durch* $A - B$ *teilbar*), aber seine, wahrscheinlich vor 1572 entstandene Schrift *De arte logistica* wurde erst 1839 von einem seiner Nachkommen Mark Napier herausgegeben; auch der Titel stammt vom Herausgeber.

Das letzte Kapitel (14) bringt den Viète-schen Wurzelsatz. Viète schreibt ihn für die Grade 2 bis 5 auf (s. Abb. 4.10). Ich übersetze nur das *Theorema I*: Wenn $(B + D) \cdot A - A^2 = B \cdot D$ ist, so ist A durch jeden der beiden Werte B und D ausdrückbar.

In dem Beispiel bedeutet N = *numerus* die Unbekannte; das Beispiel besagt also: Wenn $3x - x^2 = 2$ ist, so ist $1x = 1$ *oder* 2.

Viète gibt keine Beweise; die Sätze sind ja auch durch Einsetzen sofort zu bestätigen. Konnten sie ohne den Teilbarkeitssatz bzw. ohne den Aufbau der Gleichung aus Linearfaktoren gefunden werden?

Ich halte es für möglich, daß jemand, der viel mit Gleichungen experimentiert, das Theorem 1 einfach *sieht*, und daß er, nachdem er den Aufbau dieser Gleichung durchschaut hat, auch die Aussagen für die höheren Grade konstruieren kann.

CAPVT XIV.

Collectio quarta.

THEOREMA I.

Si B + D in A − A quad., æquetur B in D: A explicabilis est de qualibet illarum duarum B vel D.

3N − 1Q, æquetur 2. fit 1 N 1, vel 2.

THEOREMA II.

Si A cubus − B − D − G in A quad. + B in D + B in G + D in G in A, æquetur B in D in G: A explicabilis est de qualibet illarum trium B, D, vel G.

1C − 6Q + 11N, æquatur 6. Fit 1 N 1, 2, vel 3.

THEOREMA III.

Si B in D in G + B in D in H + B in G in H + D in G in H in A − B in D − B in G − B in H − D in G − D in H − G in H in A quad. + B + D + G + H in A cubum − A quad.quad., æquetur B in D in G in H: A explicabilis est de qualibet illarum quatuor B, D, G H.

50N − 35Q + 10C − 1QQ. æquatur 24. fit 1N 1, 2, 3, vel 4.

THEOREMA IV.

Si A quadrato-cubus − B − D − G − H − K in A quad.quad. + B in D + B in G + B in H + B in K + D in G + D in H + D in K + G in H + G in K + H in K in A cubum − B in D in G − B in D in H − B in D in K − B in G in H − B in G in K − B in H in K − D in G in H − D in G in K − D in H in K − G in H in K in A quad. + B in D in G in H + B in D in G in K + B in D in H in K + B in G in H in K + D in G in H in K in A, æquetur B in D in G in H in K: A explicabilis est de qualibet illarum quinque B, D, G, H, K.

1QC − 15QQ + 85C − 225Q + 274N, æquatur 120. Fit 1 N 1, 2, 3, 4, vel 5.

Atque hæc elegans & perpulchræ speculationis sylloge, tractatui alioquin effuso, finem aliquem & Coronida tandem imponito.

FINIS.

Abb. 4.10. Der Viète-sche Wurzelsatz. De emendatione aequationum 14

Man kann aber auch etwas systematischer vorgehen. Schon Cardano macht manchmal den Versuch, das absolute Glied in geeignete Faktoren zu zerlegen.

Stellen wir uns die Aufgabe, eine quadratische Gleichung zu finden, die zwei verschiedene positive Lösungen B, D hat. Das muß – in unserer Schreibweise – eine Gleichung vom Typ

$$x^2 + c = bx$$

sein, denn die beiden anderen Typen haben nur eine positive Lösung. Bei Viète muß das konstante Glied allein auf der rechten Seite stehen, und zwar positiv. Da auch das Anfangsglied nicht negativ sein darf, hat die Gleichung bei Viète die Form

$$bx - x^2 = c\,.$$

Soll B eine Lösung sein, so muß c durch B teilbar sein; das wußte schon Cardano, es ist auch unmittelbar zu sehen. Sei also

$$c = B \cdot D \;;$$

es wird noch nicht angenommen, daß auch D eine Lösung ist.

Wenn B eine Lösung ist, gilt also

$$b \cdot B - B^2 = B \cdot D \,,$$

$$b = B + D \,.$$

Man sieht auch, daß auch D eine Lösung ist.

Suchen wir eine kubische Gleichung

$$x^3 + bx^2 + cx = d \tag{1}$$

mit den Lösungen B, D, G, so wollen wir gleich

$$d = B \cdot D \cdot G$$

ansetzen. Tragen wir B, D, G an Stelle von x in die Gleichung (1) ein, so erhalten wir nach Division durch diese Größen

$$B^2 + bB + c = D \cdot G \tag{2.1}$$

$$D^2 + bD + c = B \cdot G \tag{2.2}$$

$$G^2 + bG + c = B \cdot D \,. \tag{2.3}$$

Subtrahiert man 2.2 von 2.1 und dividiert durch $B - D$, so erhält man

$$B + D + b = -G \,, \quad \text{also} \quad b = -B - D - G \,.$$

Trägt man dieses b in eine der Gleichungen (2) ein, so erhält man

$$c = DG + BG + BD \,.$$

Nunmehr kann man die Gleichungen höheren Grades vermutlich analog konstruieren.

Auf die beiden Arbeiten *De recognitione et emendatione aequationum* folgt in der Schooten-Ausgabe *De numerosa potestatum purarum, atque adfectarum resolutione.* Darin werden numerische Näherungsverfahren für die Lösungen von reinen und gemischten Gleichungen bis zum Grade 4 angegeben. Die folgenden Arbeiten zur geometrischen Lösung der Gleichungen 2. Grades (*Effectionum geometricarum canonica recensio*) und 3. und 4. Grades (*Supplementum geometriae*) wurden schon besprochen. Damit ist Viètes Algebra abgeschlossen. Die übrigen Arbeiten Viète's enthalten noch viele schöne und wichtige Ergebnisse, die ich hier aber übergehe.

4.1.6. Von Viète zu Descartes, besonders der Fundamentalsatz der Algebra

Aus dem Viète'schen Wurzelsatz folgt, daß eine Gleichung soviele Lösungen haben *kann*, wie ihr Grad angibt; genauer: Zu jeder natürlichen Zahl n gibt es Gleichungen vom Grad n, die genau n Lösungen haben.

4.1.6.1. Peter Roth. Der Nürnberger Rechenmeister Peter Roth hat das in seiner Schrift *Arithmetica philosophica* 1608, also schon vor dem Erscheinen der Schrift Viètes, allgemein ausgesprochen und hinzugefügt, daß auch nicht mehr Lösungen existieren können, allerdings ohne Beweis.

(*nach Angabe der Grade* 2 *bis* 7) *vnnd alsofort vnendlich seynd in allen nachfolgenden Cossen auffs meinste so vil geltungen radicis zu finden/mit wieviel die höchste Quantitet der fürgegebenen Cossischen equation/vermög der Cossischen Progression/verzeichnet wird. Aber allhie ist solches nicht zu verstehn/daß darumb ein jede Cubicossische Vergleichung dreyerley Geltungen/ein ZZ. cossische viererley/ein Surdesolicossische fünfferley geltungen des radicis leidet, sondern alle die/so am meinsten geltungen leiden/die haben ihr so viel/vnd auch gar nicht mehr.*

4.1.6.2. Thomas Harriot

Im Anschluß an Viète hat Thomas Harriot (um 1560–1621) weitergearbeitet. Er studierte bis 1580 in Oxford, stand dann im Dienste von Walter Raleigh; in dessen Auftrag nahm er 1585/86 an einer Expedition nach Virginia teil, deren Ziel Vermessung des Landes und völkerkundliche Studien waren. Etwa seit 1598 sorgte der Earl von Northumberland für Harriots Unterhalt.

Harriot arbeitete über die Merkatorprojektion, über Stoßgesetze, über Optik, besonders das Brechungsgesetz (dabei wechselte er einige Briefe mit Kepler), über Astronomie und über Algebra. Er hat kaum etwas veröffentlicht, aber in der British Library und in Petworth House sind viele Manuskripte erhalten, über die J.A. Lohne ausführlich berichtet hat. Ein algebraisches Werk, *Artis analyticae praxis*, wurde nach Harriots Tode von Walter Warner und Thomas Aylesbury 1631 veröffentlicht.

Harriot verwendet statt der großen Buchstaben von Viète kleine Buchstaben, was das Schreiben etwas vereinfacht. Produkte bezeichnet er durch einfaches Nebeneinander-schreiben der Faktoren, ohne das Wort *in*, auch Potenzen schreibt er in dieser Weise, z. B. $cccccc \, \langle = c^6 \rangle$.

Wir erinnern uns: Bombelli und Stevin bezeichneten die Potenzen der Unbekannten durch Angabe der Exponenten, aber ohne Angabe der Basis. Viète gab die Basis an, aber mit der verbalen Bezeichnung der Exponenten. Unsere Schreibweise ist durch Descartes' *Geometrie* (1637) üblich geworden, Descartes hat sie aber schon in den um 1628 verfaßten *Regulae ad directionem ingenii* beschrieben (Regel 16).

Als Gleichheitszeichen hat schon Robert Recorde 1557 zwei parallele Striche benutzt. Harriot schreibt

$$\sqsupset\!\sqsubset \text{ für „gleich,} \quad <\!\!| \text{ für „kleiner als,} \quad |\!\!> \text{ für „größer als“} .$$

Im Druck sind die senkrechten Striche weggefallen.

Als besonders wichtig erscheint mir, daß Harriot Gleichungen aus Linearfaktoren zusammensetzt. Das sieht bei ihm so aus: „Kanonisch“ nennt er Gleichungen, die die Normalform von Viète haben, bei denen also das Absolutglied allein auf der rechten Seite steht. Außerdem gibt es Gleichungen, die zwar nicht kanonisch sind, aus denen aber kanonische Gleichungen gewonnen werden können (*canonicarum originales*); sie entstehen als Produkte von Linearfaktoren (*per ... multiplicationem e radicibus binomiis*). Das einfachste Beispiel ist, in Harriots Schreibweise und Anordnung,

$$\left.\begin{array}{r} a+b \\ \underline{a-c} \end{array}\right| \sqsupset\!\sqsubset aa + ba - ca - bc \, .$$

Daraus wird die kanonische Gleichung

$$aa + ba - ca \quad \text{II} \quad bc\ .$$

Harriot beweist auch, daß eine Gleichung keine anderen Lösungen haben kann als die aus den Linearfaktoren ablesbaren. Sein Beweisgedanke ist ungefähr: Sei z. B. $a = f$ eine Lösung der Gleichung

$$(a - b)(a - c)(a - d) = 0\ ,$$

sei also

$$(f - b)(f - c)(f - d) = 0\ .$$

Dann ergibt die Annahme $f \neq b, f \neq c, f \neq d$ einen Widerspruch.

Von negativen oder komplexen Lösungen spricht Harriot in dieser Schrift nicht – Lohne meint: aus Rücksicht auf seine Leser. In den Manuskripten kommen solche Lösungen vor.

4.1.6.3. Albert Girard (1595–1632)

ist wahrscheinlich in Lothringen geboren und aus religiösen Gründen in die Niederlande gegangen. 1629 war er Ingenieur in der Armee des Prinzen von Oranien.

1625 gab er die Arithmetik von Simon Stevin heraus, mit eigenen Zusätzen; nach seinem Tode erschien 1634 seine Bearbeitung der mathematischen Werke von Stevin. 1629 schrieb Girard *Invention nouvelle en algebre*.

Girard schreibt Gleichungen in der Form von Stevin, z. B.

1 ④ est esgale à 4 ① – 3 für $x^4 = 4x - 3$.

Von Viète sagt er [fol. F1v]: *qui surpasse tous les devanciers en l'algebre*. Er zitiert *De recognitione aequationum*. Viètes Wurzelsatz spricht er allgemein aus: In der XI. Definition erklärt er die elementarsymmetrischen Funktionen, die er *factions* nennt: Wenn mehrere Zahlen gegeben sind, so werde ihre Summe *premiere faction* genannt, die Summe aller Produkte zu je zweien *deuxiesme faction* usw.

Im II. Theoreme folgt der Satz von Viète, zusammen mit dem Fundamentalsatz der Algebra: *Toutes les equations d'algebre recoivent autant de solutions, que la denomination de la plus haute quantité le demonstre, excepté les incomplettes: & la premiere faction des solutions est esgale au nombre du premier meslé, la seconde faction des mesmes, est esgale au nombre du deuxiesme meslé; la troisiesme, au troisiesme, & tousjours ainsi, tellement que la derniere faction est esgale à la fermeture, & ce selon les signes qui se peuvent remarquer en l'ordre alternatif.*

Übersetzung, nicht ganz wörtlich: Alle algebraischen Gleichungen haben soviele Lösungen, wie der Exponent des höchsten Gliedes angibt, außer den unvollständigen ⟨diese Einschränkung ist überflüssig, was Girard später auch bemerkt hat⟩; und die erste *faction* der Lösungen ist gleich dem Koeffizienten des Gliedes, das um einem Grad niedriger ist als das höchste, die zweite *faction* gleich dem Koeffizienten des nächsten Gliedes, usw., und zwar mit abwechselnden Vorzeichen.

Einen Beweis gibt Girard nicht, wohl aber eine Reihe von Beispielen, darunter: Die oben angegebene Gleichung hat die Lösungen

$$1,\quad 1,\quad -1+\sqrt{-2}\,,\quad -1-\sqrt{-2}\,.$$

Dann stellt er die Frage, wozu es gut ist, diese „unmöglichen“ Lösungen zu berücksichtigen, und antwortet: Aus drei Gründen: 1) um der Gewißheit der allgemeinen Regel willen, 2) weil es dann keine weiteren Lösungen mehr gibt, 3) wegen ihrer Nützlichkeit; denn sie können zur Auffindung der Lösungen ähnlicher Gleichungen führen.

Girard hat auch die Darstellung der Potenzsummen bis zum Grade 4 durch die elementarsymmetrischen Funktionen (die *factions*) angegeben. Ist A die erste, B die zweite, C die dritte, D die vierte *faction*, so ist

die Summe der Quadrate $Aq - B2 \quad \langle = A^2 - 2B \rangle$

Kuben $A\,\mathrm{cub} - AB3 + C3 \quad \langle = A^3 - 3AB + 3C \rangle$

Biquadrate $Aqq - AqB4 + AC4 + Bq2 - D4$

$\langle = A^4 - 4A^2B + 4AC + 2B^2 - 4D \rangle$.

Zu den vielen Dingen, die außerdem in diesem Werk stehen, gehört auch die Berechnung der Fläche des sphärischen Dreiecks (in 3.2.4 kurz erwähnt). Girards Beweis ist mühsamer als der von Harriot oder Cavalieri.

4.1.7. Die Algebra in Descartes' Géométrie

René Descartes wurde am 31. März 1596 in La Haye (Touraine) geboren, war 1606–1614 Schüler des Jesuitenkollegs in La Fleche. Ob er dort den sieben Jahre älteren Pater Mersenne kennengelernt hat, ist unsicher. Anschließend studierte Descartes die Rechte in Poitiers und wurde 1616 Baccalaureus und Licentiat. 1618 ging er zur militärischen Ausbildung zu Moritz von Nassau, Prinz von Oranien, machte dann Reisen durch Dänemark und Deutschland. 1619 stand er im militärischen Dienst beim Herzog von Bayern. Am 10. Nov. 1619 fand er im Winterquartier entweder in Dillingen oder in Neuburg an der Donau *„mirabilis scientiae fundamenta“*. In den folgenden Jahren war Descartes wieder auf Reisen, u. a. in Italien, 1625–1628 lebte er meist in Paris, dann in Holland. Er besaß ein kleines Vermögen, das ihm ein unabhängiges Leben gestattete. Am 1. Sept. 1649 folgte er einer Einladung der Königin Christine von Schweden nach Stockholm; dort starb er am 11. Febr. 1650.

Über seine Auffassung von der Mathematik und besonders von dem Verhältnis von Geometrie und Algebra wird später zu sprechen sein. Sein Ziel ist stets klare und deutliche Erkenntnis des Wesentlichen.

Einige Überlegungen, besonders zur Darstellungsweise, stehen in den *Regulae ad directionem ingenii* (um 1628), das dritte Buch der *Geometrie* enthält eine Übersicht über die Algebra.

Symbole

Die Multiplikation drückt Descartes durch Nebeneinanderschreiben der Faktoren aus, die Division durch den Bruchstrich. Der Doppelpunkt „:“ wurde erst durch Leibniz üblich; vorher kommt er nur gelegentlich vor.

Potenzen schreibt Descartes in unserer Weise, jedoch bei zwei Faktoren aa statt a^2. Das taten z. B. auch noch Euler und Gauß, weil das Hochstellen des Exponenten in diesem Falle eher eine Erschwerung ist.

In den *Regulae* (Regel 16) verwendet Descartes die kleinen Buchstaben a, b, c für die bekannten, die großen Buchstaben A, B, C für die unbekannten Größen; in der

Geometrie nimmt er die Anfangsbuchstaben des Alphabets für die bekannten, die Endbuchstaben für die unbekannten Größen, und zwar zunächst in der Reihenfolge z, y, x; später wird x die erste Unbekannte.

Als Gleichheitszeichen verwendet Descartes ꝏ, das offenbar aus der Verschmelzung der Buchstaben a und e und nachfolgender Drehung entstanden ist. Der kleine Querstrich fehlt oft: ∞ Das in England bereits übliche Zeichen $=$ hat sich auf dem Festland erst durch Leibniz durchgesetzt.

Gleichungsform

Als „meistens die beste Form" wählt Descartes die, bei der die „Summe der Gleichung" ⟨wir sagen: das Gleichungspolynom, und schreiben $P(x)$⟩ gleich Null ist.

Lösungen

Aus der Zusammensetzung der Gleichung aus Linearfaktoren folgt, daß eine Gleichung soviele Lösungen haben kann, wie ihr Grad angibt. Die Lösungen können *racines vrayes*, d. h. > 0, oder *fausses*, d. h. < 0 sein. Das Wort *fausse* dürfte hier als Fachausdruck aufzufassen sein; das heute gebräuchliche „negativ" ist wohl nicht viel sinnvoller.

Ist $x = a$ eine Lösung, dann kann das Gleichungspolynom durch $x - a$ geteilt werden. ⟨Descartes sagt das mit anderen Worten.⟩

Eine Gleichung kann soviele positive Lösungen haben, wie im Gleichungspolynom Zeichenwechsel auftreten. (Ohne Beweis.)

Transformation von Gleichungen

Durch Wechsel jedes zweiten Vorzeichens läßt sich erreichen, daß alle wahren Lösungen zu falschen, alle falschen Lösungen zu wahren werden.

Durch die Transformation $x = y - 3$ kann man alle Lösungen um 3 vergrößern, durch die Transformation $x = y + 3$ um 3 vermindern. Mit einer Transformation dieser Art läßt sich auch das Glied zweithöchsten Grades beseitigen. Durch geeignete Transformationen lassen sich die Lösungen mit einem Faktor multiplizieren bzw. dividieren.

Imaginäre Lösungen

Au reste tant les vrayes racines que les fausses ne sont pas tousiours reelles; mais quelquefois seulement imaginaires; c'est a dire qu'on peut bien tousiours en imaginer autant que iay dit en chasque Equation; mais qu'il n'y a quelquefois aucune quantité, qui corresponde a celles qu'on imagine. [Faksimile-Ausgabe S. 380].

„Endlich bemerken wir, daß sowohl die wahren, wie falschen Wurzeln einer Gleichung nicht immer reell, sondern manchmal nur imaginär sind, d. h. man kann sich zwar alle Male bei jeder beliebigen Gleichung so viele Wurzeln, wie ich angegeben habe, vorstellen ⟨einbilden⟩, aber manchmal gibt es keine Größen, die den so vorgestellten entsprechen" [Schlesinger, S. 81].

Descartes sagt nichts darüber, wie diese imginären Lösungen aussehen könnten. Dementsprechend sagt Euler [*Recherches sur les racines imaginaires des équations,*

Op. I, 6, S. 119]: Alle imaginären Wurzeln einer Gleichung sind stets von der Form $M + N\sqrt{-1}$, wobei M und N reelle Größen sind.

Die Gleichung 4. *Grades*

Ihre Reduktion auf eine Gleichung 3. Grades beschreibt Descartes ungefähr so: An Stelle der Gleichung

$$\langle 1 \rangle \qquad x^4 + pxx + qx + r = 0$$

schreibe man

$$\langle 2 \rangle \qquad y^6 + 2py^4 + (pp - 4r)yy - qq = 0 \,.$$

Das ist eine kubische Gleichung für y^2. Wenn man eine Lösung dieser Gleichung gefunden hat, erhält man die Lösungen der Ausgangsgleichung als Lösungen der quadratischen Gleichungen

$$\langle 3 \rangle \qquad \begin{aligned} x^2 - yx + yy/2 + p/2 + q/2y &= 0 \\ x^2 + yx + yy/2 + p/2 - q/2y &= 0 \,. \end{aligned}$$

⟨Die Gleichung ⟨1⟩ ist damit in zwei quadratische Faktoren zerlegt. Man kann die Gleichung ⟨2⟩ so finden: Man setze

$$\langle 4 \rangle \qquad x^4 + pxx + qx + r = (x^2 + yx + b)(x^2 - yx + c)$$

und bestimme y, b, c durch Koeffizientenvergleich.

Daß die Koeffizienten von x in den beiden Faktoren gleiche Werte mit entgegengesetzten Vorzeichen haben müssen, folgt daraus, daß der Koeffizient von x^3 gleich Null ist. Dann sind die Koeffizienten

von x^2: $\quad -yy + b + c = p$, also muß $c + b = yy + p$ sein,

von x: $\quad yc - yb = q$, also muß $c - b = q/y$ sein,

von x°: $\quad cb = r$.

Nun ist

$$(c + b)^2 = (c - b)^2 + 4cb$$

also

$$(yy + p)^2 = (q/y)^2 + 4r \,.$$

Multiplikation mit yy ergibt die Gleichung ⟨2⟩.
Ferner ist

$$2c = yy + p + q/y \,,$$

$$2b = yy + p - q/y$$

Durch Einsetzen in ⟨4⟩ erhält man die Gleichungen ⟨3⟩.

Descartes schreibt die Gleichung ⟨1⟩ so:

$$x^4 \cdot pxx \cdot qx \cdot r = 0$$

Der Punkt vertritt das noch nicht übliche Zeichen $\pm$. Dann werden die je nach den Vorzeichen verschiedenen Fälle besprochen.⟩

Geometrische Lösung der Gleichungen 3. *und* 4. *Grades*

Descartes leistet sie mit Lineal und Zirkel und *einer* gezeichneten Parabel. Die vorgelegte Gleichung sei

⟨1⟩ $$z^4 = pzz + qz + r\,.$$

Die Gleichung 3. Grades entsteht, wenn man $r = 0$ setzt.

Descartes' Beschreibung kann durch die folgende Überlegung erklärt werden: Die gezeichnete Parabel sei

⟨2⟩ $$zz = x\,.$$

Damit wird aus ⟨1⟩

⟨3⟩ $$xx - px - qz = r\,.$$

Um daraus eine Kreisgleichung zu machen, addiert man $zz - x$:

$$xx - (p+1)x + zz - qz = r\,,$$

$$\left(x - \frac{p+1}{2}\right)^2 + \left(z - \frac{q}{2}\right)^2 = r + \left(\frac{p+1}{2}\right)^2 + \left(\frac{q}{2}\right)^2.$$

Der Kreismittelpunkt hat die Koordinaten $\frac{p+1}{2}$, $\frac{q}{2}$.

Der Radius ist, wenn $r = 0$ ist (Abb. 4.11a)

$$EA = \sqrt{\left(\frac{p+1}{2}\right)^2 + \left(\frac{q}{2}\right)^2}\,,$$

wenn $r > 0$ ist

$$EH = \sqrt{r + AE^2}\,.$$

EH erhält man, indem man $AH = \sqrt{r}$, d. h. als mittlere Proportionale zwischen 1 und r zeichnet und senkrecht zu EA aufträgt (Abb. 4.11b).

Wie im Falle $r < 0$ zu verfahren ist, kann man sich leicht überlegen.

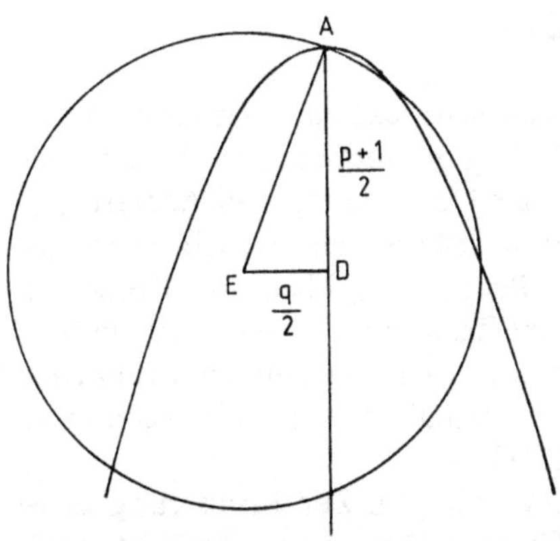

Abb. 4.11a

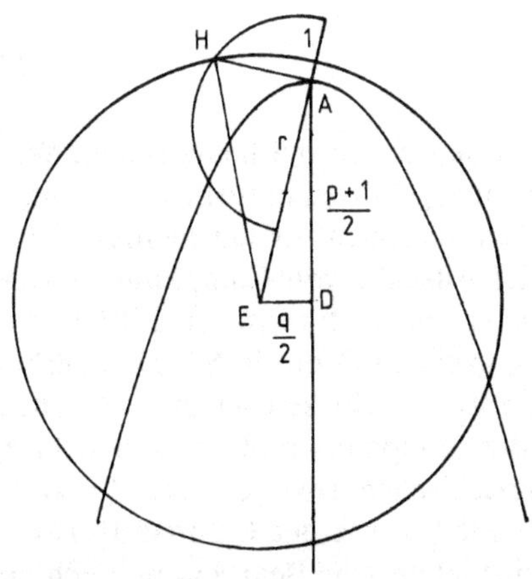

Abb. 4.11b

4.1.8. Bemerkungen zum Stand der Algebra

Mit den algebraischen Ausführungen von Descartes scheint mir ein Abschnitt der Entwicklung der Algebra abgeschlossen zu sein.

Das jahrhundertelange Suchen nach einer geeigneten Symbolik ist (fast) beendet; die entstandene Symbolik hat sich in den folgenden Jahrhunderten bis heute bewährt.

Die Null, die negativen Zahlen und die irrationalen Zahlen (man denkt damals meistens an Wurzelausdrücke) sind als Zahlen praktisch anerkannt, wenn auch noch keine befriedigende Definition vorhanden ist. Man hat auch gelernt, mit komplexen Zahlen zu rechnen, auch wenn man noch nicht weiß, was für Dinge das sind; aber man kann sie mit der vorhandenen Symbolik hinschreiben.

Was mit diesem Zahlbegriff, mit der Symbolik und mit elementaren Rechenverfahren erreicht werden konnte, ist erreicht. Hauptpunkte sind: die Überwindung der Vielzahl von Gleichungstypen, die Transformation von Gleichungen auf eine geeignete Normalform, dabei besonders die Beseitigung des zweithöchsten Gliedes, und der *Aufbau* von Gleichungen aus Linearfaktoren – die *Zerlegung* in Linearfaktoren war noch nicht immer möglich. Aber schon so ließen sich Aussagen über die Lösungen machen, z. B. über die größtmögliche Anzahl und den Zusammenhang mit den Koeffizienten. Die Lösung der Gleichungen bis zum vierten Grad mit elementaren Rechenverfahren einschließlich des Ausziehens von Wurzeln war gelungen.

Descartes hat das meiste davon knapp, klar und übersichtlich zusammengestellt.

Weitergehende Probleme waren sichtbar geworden, so die Frage nach der Lösbarkeit der Gleichungen höheren als vierten Grades mit den elementaren Rechenoperationen, und der Beweis dafür, daß jede algebraische Gleichung im Körper der komplexen Zahlen eine Lösung hat. Wir wissen, daß dazu ganz andere Hilfsmittel nötig sind.

4.2. Geometrie bis 1637

4.2.1. Euklid

Zu den ersten mathematischen Werken, die man gedruckt zur Verfügung haben wollte, gehörten natürlich die Elemente Euklids. Regiomontan hat Vorbereitungen dazu getroffen. Er hat mehrere Handschriften der Übersetzung von Adelard und der Ausgabe von Campanus besessen und große Teile davon kritisch bearbeitet, wahrscheinlich zwischen 1461 und 1467. Diese Bearbeitung blieb unvollendet; sie ist in einem Codex in Nürnberg erhalten. 1471 hat Regiomontan sich in einem Brief an Roder sehr kritisch zum Parallelenpostulat und zur Definition der Proportion (die Campanus mißverstanden hatte) geäußert. Damals hat er wohl auch einen griechischen Text gekannt [Folkerts 74,1 und 77].

1482 wurde der Campanus-Text von Ratdolt gedruckt. Zur Erinnerung: es ist eine lateinische Bearbeitung nach arabischen Quellen. Der griechische Text wurde von G. Valla benutzt, dessen Werk *De expetendis et fugiendis rebus* Stücke aus

Euklids Elementen enthält, außerdem übrigens Stücke aus den Werken von Apollonios, Archimedes, den Kommentaren von Eutokios und Heron.

Georg Valla ist 1447 in Piacenza geboren, studierte in Mailand, besonders die griechische Sprache, studierte und lehrte in Pavia, Mailand, Genua und von 1484/85 bis zu seinem Tode 1501 in Venedig. Er übersetzte und kommentierte griechische Schriften aus den verschiedensten Gebieten der Dichtung und Wissenschaft. Sein oben genanntes Hauptwerk behandelt in 49 Büchern die Arithmetik, Musik, Geometrie, Astronomie, Physik, Medizin, Grammatik, Dialektik, Poetik, Rhetorik, Ethik, Ökonomie, Politik, Physiologie und *res aeternas*. Es wurde von seinem Adoptivsohn 1501 in Venedig herausgegeben.

Eine vollständige Übersetzung der Elemente Euklids aus dem Griechischen von Zamberti wurde 1505 gedruckt. Den griechischen Text gab Grynaeus 1533 in Basel heraus. Diese Ausgabe enthielt auch den Kommentar von Proklos, der dann von Barocius ins Lateinische übersetzt wurde (gedruckt 1560 in Padua). Das Bekanntwerden dieses Proklos-Kommentars dürfte die Diskussion um das Parallelenpostulat, das darin ausführlich besprochen ist, mindestens gefördert, wenn nicht überhaupt erst in Gang gesetzt haben. Allerdings wird auch der Euklid-Kommentar von Nāsir al-Dīn al-Ṭūsī eine Rolle gespielt haben, der 1594 in Rom arabisch gedruckt wurde, aber offenbar Clavius schon früher (handschriftlich) bekannt war.

Francesco Maurolico hat an den Euklid-Ausgaben von Campanus, Valla und Zamberti strenge Kritik geübt; er warf den Verfassern Mangel an mathematischem Verständnis vor, wodurch sie nicht in der Lage gewesen seien, einen schlechten Text in Ordnung zu bringen [Rose, S. 165].

Für Maurolico halte ich mich an die Ausführungen von Rose [The Italian Renaissance of Mathematics, Kap. 8 (1975)] und von Clagett [Archimedes in the Middle Ages, Bd. 3, Teil 3, Kap. 5 (1978)]. Rose sagt, Maurolico sei „perhaps the greatest geometer of the sixteenth century". Seine Eltern stammten aus Byzanz; nach der Einnahme dieser Stadt durch die Türken ließen sie sich in Messina nieder. Dort wurde Franceso am 16. Sept. 1494 geboren. Seine Mutter und fünf seiner Brüder starben entweder 1500 oder 1523 an der Pest; am Leben blieben sein Vater, ein jüngerer Bruder Giacomo und eine Schwester Laura. Francesco wurde 1521 zum Priester geweiht; er wurde von einflußreichen Männern Siziliens gefördert, wirkte auch an öffentlichen Aufgaben mit, u. a. an der Instandhaltung der Befestigungen von Messina; 1548 wurde er Abt des Benediktinerklosters S. Maria del Parto. Er hielt mathematische und astronomische Vorlesungen am Karmeliterkonvent und an der Jesuiten-Universität in Messina. Er starb am 21. oder 22. Juli 1575 in S. Alessio bei Messina; die Stadt hatte er wegen der Pest verlassen.

Maurolico bemühte sich um gute Ausgaben der griechischen mathematischen Klassiker; dabei legte er auf mathematische Korrektheit mehr Wert als auf wortgetreue Übersetzung. In den 30-er Jahren las er über Euklid. Der größte Teil seiner *Elementorum Euclidis Epitome* ist nur handschriftlich erhalten, nur die Bücher XII – XV wurden kurz nach seinem Tode 1575 gedruckt – nachdem 1574 die große Euklid-Ausgabe von Clavius erschienen war. Mit Clavius stand Maurolico lange in freundschaftlicher Verbindung; vom April bis Sept. 1574 war Clavius in Messina.

Auch Maurolico's Bearbeitung der *Konika* des Apollonios, die 1547 fertiggestellt war, wurde erst sehr spät gedruckt: 1645, seine in den Jahren 1547 – 1550 entstandenen Archimedes-Bearbeitungen erst 1670. So kamen sie nicht recht zur Wirkung, weil inzwischen die Ausgaben von Commandino erschienen waren, mit dem Maurolico übrigens in brieflicher Verbindung stand.

Zu Lebzeiten von Maurolico, 1558, erschienen *Theodosii Sphaericorum Elementorum Libri III*. Das Buch enthält Übersetzungen von Werken des Theodosios,

Menelaos, Autolycos, der *Phaenomena* von Euklid, sowie eigene Beiträge von Maurolico.

Maurolico hat nicht nur übersetzt und bearbeitet, sondern auch eigene Arbeiten geschrieben. 1521–1523 schrieb er über Optik (gedruckt 1611), 1528 *Grammaticorum Rudimentorum Libelli sex*; darin ist eine Gliederung der Wissenschaften, besonders auch der mathematischen Wissenschaften enthalten. 1543 erschien eine *Cosmographia*; 1575, also schon nach seinem Tode, erschienen *Opuscula mathematica* und *Arithmeticorum libri duo*. Die Frage, ob in diesem Werk zum ersten Mal vollständige Induktion angewendet worden ist, hat H. Freudenthal untersucht [Zur Geschichte der vollständigen Induktion. Arch. Intern. Hist. Sci. 22, 1973, S. 17–37]. Man muß da sehr genau sagen, was man meint, und ich kann den Befund von Freudenthal nur grob andeuten. Bei ein paar Beweisen von Maurolico kann man „mit großer Liberalität" von vollständiger Induktion sprechen, aber derartige Beweise kommen auch schon in der Antike vor. Eine genaue Beschreibung dieser Beweismethode gab erst Pascal.

Für weitere, besonders auch nicht-mathematische Arbeiten von Maurolico verweise ich auf die angegebene Literatur.

Wenn alle Auflagen und Bearbeitungen mitgezählt werden, sind im 16. Jh. 110 Euklid-Ausgaben erschienen [Steck/Folkerts: *Bibliographia Euclideana* – für alle Angaben über Euklid-Editionen]. Auch Petrus Ramus hat eine Ausgabe der Elemente besorgt (vielleicht 1541, gesichert ist ein Druck 1545). Er selbst schrieb *Arithmeticae libri duo, Geometriae septem et viginti*, gedruckt Basel 1569, im gleichen Jahre wie die *Scholae mathematicae*, in denen er seine Grundsätze dargelegt hat: Die Geometrie ist *doctrina bene metiendi* [VI, S. 111]. Zum *bene metiri* gehört „die Natur und die Eigenschaften der meßbaren Gegenstände zu untersuchen, die meßbaren Gegenstände miteinander zu vergleichen, ihr Verhältnis und ihre Proportion und Ähnlichkeit sich klarzumachen" [Geometrie 1569, Buch I].

Die Unterscheidung zwischen Postulaten und Axiomen nennt er „scholastisch". Maßgebend ist einfach: „Was durch sich selbst klar ist, das wird in der Wissenschaft ohne Beweis angenommen" [Sch. VII, S. 160].

Die Definition „Punkt ist, was keine Größe hat" lehnt Ramus ab, weil durch eine Negation nichts definiert werden kann. Er bevorzugt die Definition als Grenze einer Linie [Sch. VI, S. 147].

In der „Geometrie" geht Ramus auf die Erklärungen von Aristoteles zurück, die ja eigentlich den Definitionen von Euklid vorangehen und zugrunde liegen (s. A.u.O., S. 106 ff.). Nach Aristoteles [Metaph. △13] ist „Größe" (poson, lat, *quantum*) das, was in gleichartige Teile geteilt werden kann. Was in nicht zusammenhängende Teile geteilt werden kann, heißt „Menge" (plēthos, lat. *multitudo*); *was in zusammenhängende* Teile geteilt werden kann, heißt „Ausdehnung" (megethos, lat. *magnitudo*).

Ramus knüpft an die Definition der Geometrie als *doctrina bene metiendi* an und erklärt weiter:

2. Gegenstand des Messens ist die Ausdehnung.
   Res ad bene metiendum proposita est magnitudo.
3. Ausdehnung ist zusammenhängende Größe.
   Magnitudo est quantitas continua.

4. Zusammenhängend ist das, dessen Teile eine gemeinsame Grenze haben.
   Continuum est, cujus partes communi termino continentur.
5. Grenze ist das Äußerste einer Ausdehnung.
   Terminus est magnitudinis extremum.
   Eine Ausdehnung wird erzeugt und zusammengehalten und geteilt durch dieselben Gegenstände, durch die sie begrenzt wird. Eine Linie, eine Fläche, ein Körper wird erzeugt durch die Bewegung eines Punktes bzw. einer Linie bzw. einer Fläche.
6. Ein Punkt ist ein in der Größe unteilbares Zeichen.
   Punctum est signum in magnitudine individuum. ⟨ Ramus hat also beachtet, daß das von Euklid benutzte Wort *semeion* eigentlich *signum* bedeutet; aber seit Cicero ist im Lateinischen das Fachwort *punctum* üblich, das wahrscheinlich auf die von Aristoteles benutzte Bezeichnung *stigma* zurückgeht.⟩

Ramus strebt nicht nach neuen mathematischen Erkenntnissen. Ihm geht es um das Ausmerzen logischer Fehler in den Grundlagen und um eine logisch einwandfreie, didaktisch brauchbare und verständliche Darstellung der Elemente der Mathematik. Ich erwähne nur noch seine Erklärung von „parallel"; er sagt: dieser Begriff müsse durch gleichen Abstand definiert werden, denn das sei die Ursache für das Parallel-sein (*haec enim caussa facit parallelas*) [Sch. VI, S. 159 – in der Geometrie von 1569 wird auch Poseidonios genannt, von dem nach Proklos (zu Def. 35) diese Definition stammt], nicht das Nicht-zusammenlaufen. Durch gleichen Abstand lassen sich nicht nur Geraden, sondern auch andere Kurven als parallel erklären (s. Abb. 4. 12).

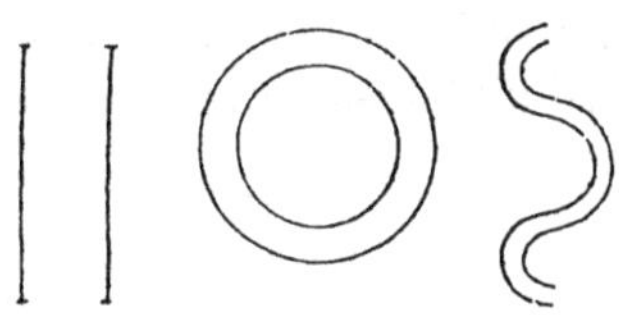

Abb. 4.12. Aus Ramus' Geometrie von 1569, Buch II, 11, S. 12

4.2.2. Schwierigkeiten bei Euklid

Einige Stellen in Euklids Elementen haben den Kommentatoren stets Schwierigkeiten gemacht. Abgesehen von der Theorie der Irrationalitäten im Buch X waren es besonders
1) die Definition des Verhältnisses (der Proportion) im Buch V und das Rechnen mit Proportionen,
2) der Berührungswinkel, der im Buch III bei der Kreistangente erwähnt wird,
3) das Parallelenpostulat.

Zu 1) mache ich nur ein paar kurze Bemerkungen, 2) und 3) werden ausführlicher besprochen.

4.2.2.1. Die Definition des Verhältnisses. Euklid definiert eigentlich nicht, was das Verhältnis zweier Größen ist, sondern wann zwei Verhältnisse einander gleich sind, und wann ein Verhältnis größer ist als ein anderes. Das genügt für seine Zwecke,

z. B. für den Satz, daß bei Dreiecken gleicher Höhe die Flächeninhalte proportional den Längen der Grundlinien sind (VI, 1). Es genügt auch zum Vergleich von Verhältnissen stetiger Größen mit Zahlenverhältnissen, z. B. für die Aussage, daß für das Verhältnis des Kreisumfangs u zur Länge d des Durchmessers gilt

$$22:7 > u:d > 223:71 .$$

Auch für uns würde Euklids Definition genügen. Wir würden etwa sagen: Ein Verhältnis ist eine Restklasse von Größenpaaren bezüglich der angegebenen Äquivalenzrelation. Indes hat man früher gelegentlich verlangt, daß die Definition die Erzeugung der Sache enthalten müsse [so z. B. Tschirnhaus: *Medicina mentis* 2. Teil, 2. Abschnitt, S. 67/68; übers. von Haussleiter S. 98].

Ferner hat man nach Euklid die Operation: man nehme (z. B.) 3/4 von 2/3 – als Zusammensetzung, also Addition von Verhältnissen aufgefaßt und hatte dann natürlich Mühe mit den Rechenregeln. Weiter gehe ich auf diese Fragen nicht ein; s. hierzu Folkerts 80.2: Probleme der Euklidinterpretation.

4.2.2.2. Der Berührungswinkel. In I, Def. 8 hat Euklid den Winkel als Neigung zweier (nicht notwendig gerader) Linien zueinander definiert. In III, Def. 7 erklärt er den „Winkel des Kreisabschnitts“ als den von der Sehne und dem Kreisbogen umfaßten Winkel (Abb. 4.13). ⟨Ein Spezialfall ist der Halbkreiswinkel⟩. Gebraucht werden diese Begriffe in III, § 16: „Eine rechtwinklig zum Kreisdurchmesser vom Endpunkt aus gezogene gerade Linie muß außerhalb des Kreises fallen, und in den Zwischenraum der geraden Linie und des Bogens läßt sich keine weitere gerade Linie nebenhineinziehen; der Winkel des Halbkreises ist größer als jeder spitze geradlinige Winkel, der Restwinkel ⟨also der Berührungswinkel zwischen dem Kreis und der Tangente⟩ kleiner.“ Das beweist Euklid.

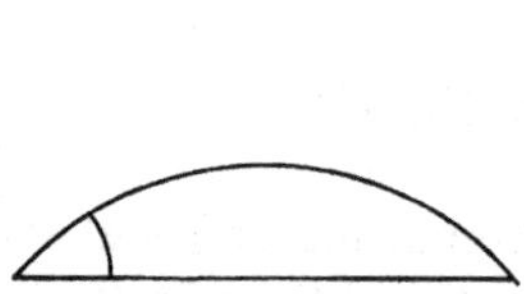

Abb. 4.13

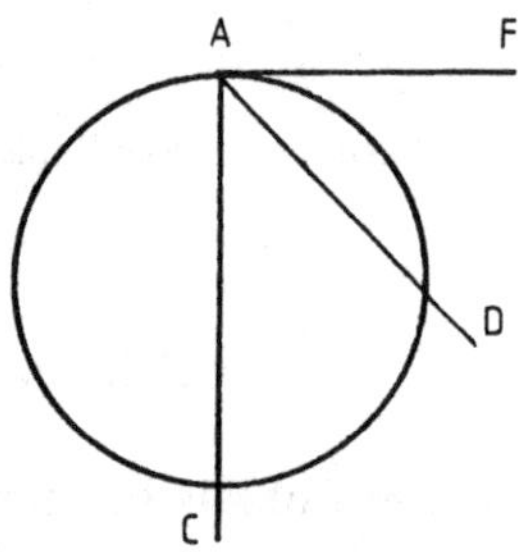

Abb. 4.14

Daraus schließt man nun nicht, daß der Berührungswinkel die Größe Null hat, sondern, daß er mit keinem geradlinigen Winkel vergleichbar (kommensurabel) ist. Man überlegt sich etwa das Folgende (nach Clavius, der hier Campanus zitiert): Dreht man die Gerade AC (Abb. 4.14) um A in die Lagen AD usw., so durchläuft der Winkel CAF bzw. DAF alle Werte von 90° bis 0°, ist aber niemals gleich dem Berührungswinkel. Also gilt der „Zwischenwertsatz“ nicht allgemein, vielmehr: „Der Übergang vom Größeren zum Kleineren vollzieht sich nicht in jedem Falle durch das Gleiche" [Proklos, zu Prop. 4; S. 234] selbst dann nicht, wenn er *per omnia media* erfolgt [Clavius, 3. Aufl., S. 145].

Der Zwischenwertsatz wurde auch in der Form ausgesprochen: Wozu es ein Größeres und ein Kleineres gibt, dazu gibt es auch ein Gleiches. Schon Bryson (um 400 v. Chr., s. A.u.O., S. 95) hatte daraus geschlossen: Da es zu einem Kreis ein größeres Quadrat (das umschriebene) und ein kleineres Quadrat (das einbeschriebene) gibt, gibt es auch ein zum Kreis gleiches Quadrat. Diese Möglichkeit der Kreisquadratur wurde jedoch gerade mit dem Hinweis darauf bestritten, daß der Zwischenwertsatz nicht allgemein gilt, so z. B. von Campanus und von Nikolaus von Kues [*De circuli quadratura*, 1450; ed. Josepha und J. E. Hofmann, S. 37].

Man sagte: Der Zwischenwertsatz gilt nur für homogene Größen (Größen gleicher Art), ebenso wie das sog. Archimedische Axiom. Sind nun die Fläche eines Kreises und die Fläche eines Quadrats Größen gleicher Art (die Frage blieb damals offen) oder sind sie inkommensurabel (was bei geeigneter Interpretation ja richtig ist)? Ist der Berührungswinkel, der ja immerhin ein ebener Winkel ist, von gleicher Art wie die geradlinigen Winkel? Darüber hat es zwischen Peletier und Clavius eine große Auseinandersetzung gegeben, die Clavius mit allen Argumenten Peletier's wiedergegeben hat [3. Aufl., S. 133–145].

Jacques Peletier wurde am 25. Juli 1517 in Le Mans geboren, studierte in Paris, wurde 1530 Sekretär des Bischofs von Le Mans, studierte weiter Griechisch, Mathematik und Medizin als Autodidakt, wurde 1543 Rektor des Collège de Bayeux in Paris, verließ 1547 Paris, arbeitete als Mathematiklehrer und Wundarzt, war vielseitig interessiert, u. a. an Poesie. Er starb im Juli 1582 in Paris.

1537 gab er die ersten sechs Bücher der Elemente Euklids lateinisch heraus (gedruckt in Lyon). Er vertrat (als Erster?) die Ansicht: Der Berührungswinkel ist überhaupt keine Größe, oder aber er hat die Größe Null. Eines seiner Argumente ist: Wenn man eine Figur ähnlich vergrößert, bleiben ihre Winkel gleich. Der Winkel zwischen dem Halbkreis und seinem Durchmesser ist also unabhängig von der Größe des Kreises (Abb. 4.15). Da also $\sphericalangle\, BAF = \sphericalangle\, BAM$ ist, ist auch $\sphericalangle\, DAM = \sphericalangle\, DAF$, es wäre also der Teil gleich dem Ganzen.

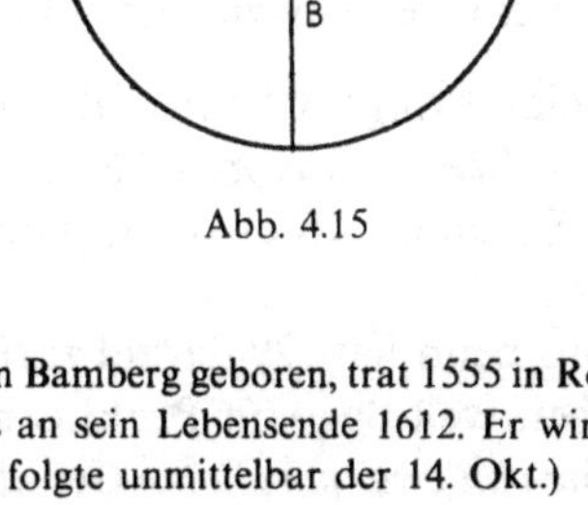

Abb. 4.15

Christoph Clavius wurde 1538 in Bamberg geboren, trat 1555 in Rom in den Jesuitenorden ein, lehrte seit 1565 in Rom Mathematik bis an sein Lebensende 1612. Er wirkte maßgebend an der Kalenderreform 1582 mit. (Auf den 4. Okt. folgte unmittelbar der 14. Okt.)

1574 erschien seine große kommentierte Euklid-Ausgabe. (Ich benutze die 3. Aufl. Köln 1591). Clavius' Auffassung ist ungefähr: Kennzeichen einer stetigen Größe ist (nach Aristoteles), daß sie ins Unendliche teilbar ist. Offenbar ist jeder Berührungswinkel durch Kreise mit immer größeren Radien ins Unendliche teilbar, also ist er eine Größe – und selbstverständlich nicht gleich Null.

Auch Viète hat sich mit dem Berührungswinkel beschäftigt [*Variarum de rebus mathematicis responsorum liber VIII, Cap. XIII*]. Er nennt ihn *diverticulum* und kommt zu dem Schluß: *Diverticulum igitur illud non est angulus.*

Dabei macht er die für die spätere Auffassung der Tangente wichtige Bemerkung: „Ein Kreis wird als eine ebene Figur von unendlich vielen Seiten und Winkeln angesehen; eine gerade Linie ⟨die Tangente⟩, die eine gerade Linie beliebig kleiner Länge enthält, fällt mit dieser geraden Linie zusammen und bildet mit ihr keinen Winkel." (*Circulus enim censetur figura plana, infinitorum laterum et angulorum; linea autem recta rectam contingens quantulaecunque sit longitudinis, coincidit in eandem lineam rectam, nec angulum facit*). Leibniz hat 1648 geschrieben [Mathematische Schriften, ed. C. I. Gerhardt, Halle 1848, Nachdruck Hildesheim: Olms 1971, Bd. 5, S. 223]: „Eine Tangente zu finden, besteht darin, eine Gerade zu ziehen, die zwei Kurvenpunkte verbindet, deren Abstand unendlich klein ist, oder die verlängerte Seite des Polygons mit unendlich vielen Ecken, das für uns mit der Kurve äquivalent ist."

Wallis hat die Frage in seiner Arbeit *De angulo contactus et semicirculi tractatus* (1656), *eiusque defensio* (1685) [Op., Bd. 2] behandelt. Er stimmt Clavius darin zu, daß der Berührungswinkel von anderer Art ist als ein geradliniger Winkel, sagt aber: „Was Jener Berührungswinkel nennt, ist nichts anderes als das, was ich Grad der Krümmung (*gradum curvitatis*) nenne" [Op., Bd. 2, S. 656].

Wallis vergleicht die Verhältnisse mit denen von Geschwindigkeit und Beschleunigung. Er sagt ungefähr [S. 654]: Geschwindigkeit ist keine Entfernung, sondern der Beginn einer Entfernung, und Beschleunigung ist keine Geschwindigkeit, sondern der Beginn einer Geschwindigkeit. Ebenso ist ein Winkel nicht ein Abstand, sondern der Beginn eines Abstands, und die Abweichung, mit der eine Kurve sich von ihrer Tangente entfernt, die man gewöhnlich Berührungswinkel nennt, ist nicht ein Winkel oder eine Neigung, sondern der Beginn einer Neigung; sie zeigt den Grad der Krümmung an.

Als Wallis dies 1685 schrieb, hatte Newton schon längst die Krümmung mittels der Differentialrechnung berechnet.

Nicole Oresme hatte einmal daran gedacht (s. 2.5.5.2), die Krümmung einer Kurve durch den Berührungswinkel zu messen, diesen Gedanken aber aufgegeben, weil der Berührungswinkel nicht meßbar zu sein schien.

4.2.2.3. Das Parallelenpostulat bringt Clavius als Axiom 13 wörtlich in der Fassung von Euklid (gekürzt: Wenn in Abb. 4.16 $\alpha+\beta<2R$ ist, dann schneiden sich die Geraden g und h). Er sagt, daß es schon von Geminos und Proklos als Axiom verworfen worden ist.

Ausführlich kommt Clavius beim Satz 29 darauf zurück. Er berichtet den Beweis des Proklos, verwirft ihn aber, weil das von Proklos benutzte Axiom:

Wenn eine gerade Linie eine von zwei parallelen Geraden schneidet, so schneidet sie auch die andere,

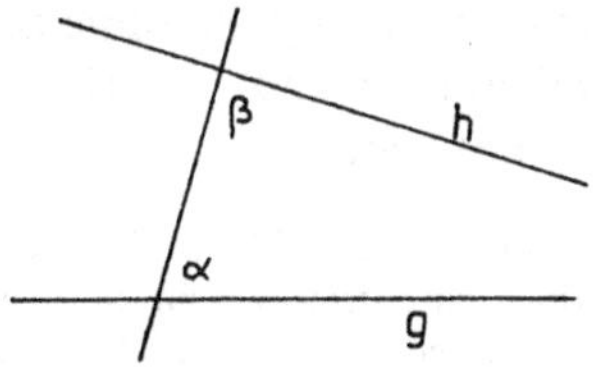

Abb. 4.16

ebenfalls zweifelhaft und dunkel zu sein scheint (*dubium et obscurum esse videtur*).

Er selbst will das Postulat auf Grund der §§ 1–28 von Euklid beweisen, denn bis dahin wird es von Euklid noch nicht benutzt. Er habe das in einer arabischen Quelle gesehen, die er aber nicht mehr habe bekommen können. Es müsse aber einiges vorausgeschickt werden, was zum Beweis erforderlich ist, als Erstes: „Die Linie, deren sämtliche Punkte von einer in der gleichen Ebene gelegenen Geraden gleich weit entfernt sind, ist eine Gerade."

Clavius begründet diesen Satz aus der Definition der Geraden als einer Linie, die gleichmäßig zu ihren Punkten liegt (*ex aequo sua interiacebit puncta*): Wenn *DC* (Abb. 4.17) eine solche Linie ist, so müsse auch die Linie *AB*, deren Punkte von *DC* alle den gleichen Abstand haben, gleichmäßig zu ihren Punkten liegen. Man könne sich nicht denken (*neque vero cogitatione apprehendi potest*), daß es anders sei. Dieses Prinzip, das allein genügt, um das Parallelenpostulat zu beweisen, ist so klar, daß es durch das natürliche Licht bekannt ist, und niemand bei gesundem Verstand es verneinen kann.

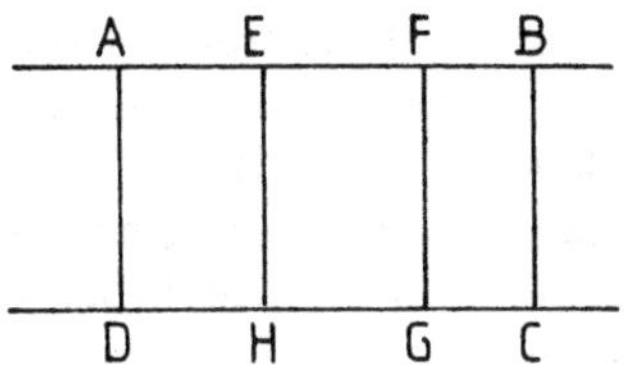

Abb. 4.17

Hat Clavius nun diesen Satz als ein zusätzlich erforderliches Postulat aufgefaßt, das er durch eine Plausibilitätsbetrachtung begründet hat, oder hat er seine Überlegung als einen strengen Beweis angesehen?

Die dann folgende Durchführung des Beweises ähnelt dem Beweis von Nāṣir al-Dīn al-Ṭūsī.

Borelli (1608–1679, *Euclides restitutus* 1658) nennt die entsprechende Aussage „Axiom". Er schreibt [S. 32]: „Für die folgenden Sätze muß die folgende Aussage vorausgeschickt werden, welche die Araber, Clavius, Guldin und Andere zu den evidentesten Prinzipien gerechnet haben:

Axiom 14: Wenn eine gerade Linie, die in einem ihrer Endpunkte stets auf einer anderen Geraden senkrecht steht, in derselben Ebene quer zu sich (*transversim*) bewegt wird, dann beschreibt der andere Endpunkt eine gerade Linie."

Das wird durch die gleichmäßige Bewegung ohne Schwankungen erklärt, wie es schon die Araber gemacht haben (s. A.u.O., S. 210 f). Auch Borelli hält also eine Begründung eines Axioms für notwendig.

Giovanni Alfonso Borelli wurde im Januar 1608 in Neapel geboren. Er wurde Schüler des Galilei-Schülers Castelli in Rom, erhielt eine Professur für Mathematik in Messina, ging 1656 nach Pisa, wurde dort 1657 Mitglied der *Accademia del cimento.* Nach deren Auflösung 1667 ging er wieder nach Messina, floh 1672 wegen politischer Unruhen nach Rom, wo er von der dort im Exil lebenden Königin Christine von Schweden unterstützt wurde. 1677 fand er Aufnahme im Kloster St. Pantaleon in Rom und lehrte an der Klosterschule Mathematik. Er starb am 31. Dez. 1679.

Borelli war ein vielseitiger Gelehrter. 1647/48 beobachtete und beschrieb er eine Fieber-Epidemie in Messina. 1656 beteiligte er sich an der Übersetzung der nur arabisch erhaltenen Bücher V, VI, VII der Kegelschnitte des Apollonios, die 1661 von Abraham Eccheliensis herausgegeben wurde. Im *Euclides restitutus* (Pisa 1658) behandelt er die Lehre von den Verhältnissen und das Parallelenpostulat. Im Sommer 1665 richtete er in der Festung San Miniato bei Florenz eine Sternwarte ein und beobachtete besonders die Jupitermonde, die Galilei „Mediceische Sterne" genannt hatte. In der Schrift *Theoricae mediceorum planetarum ex causis physicis deductae* (1666) entwickelt er ungefähr die folgende Planetentheorie: (1) Durch eine Zentralkraft werden die Planeten zum Zentralkörper hin bewegt. (2) Vom Zentralkörper gehen Strahlen aus, die sich mit dem Zentralkörper drehen und die Drehbewegung der Planeten um den Zentralkörper herum bewirken. (3) Dadurch entsteht eine Zentrifugalkraft, die mit der Zentralkraft im Gleichgewicht steht. – 1669 beobachtete und beschrieb Borelli einen Ausbruch des Ätna. 1667 schrieb er *De vi percussionis,* 1670 *De motibus naturalibus a gravitate pendentibus,* Vorstudien zu seinem Hauptwerk *De motu animalium,* in dem er u. a. die Körperbewegungen mechanisch (durch Hebelwirkung usw.) erklärt. Das Werk wurde nach Borelli's Tod von Giovanni di Gesù veröffentlicht (2 Bde. 1680, 1685) [Nach Thomas B. Settle im DSB].

John Wallis hat in einer Vorlesung 1651 den Beweis des Parallelenpostulats von al-Ṭūsī und 1663 einen eigenen Beweis vorgetragen. Dabei sagt er [zitiert nach Engel-Stäckel, Theorie der Parallellinien, S. 22]: „Ich meinesteils gestehe dem Euklid unbedenklich zu, was er fordert, nicht nur weil die Beweise der anderen an demselben Fehler leiden, den sie bei ihm tadeln ⟨nämlich auch ein unbewiesenes Postulat benutzen⟩, oder weil ihre Forderungen durchaus nicht einleuchtender sind, sondern weil man, wie mir scheint, unbedingt entweder diese Forderung oder statt ihrer eine andere stellen muß. . . " Beweisen konnte er diese Vermutung natürlich nicht. Er selbst nahm als zusätzliche Forderung an: „Zu jeder beliebigen Figur gebe es stets eine andere ihr ähnliche von beliebiger Größe." Damit konnte er das Parallelenpostulat beweisen.

4.2.3. Drucke der griechischen Klassiker: Commandino

Die Bemühungen von Maurolico um gute Klassikerausgaben wurden (wegen seiner Euklid-Bearbeitung) in 4.2.1 besprochen. Erfolgreicher war Commandino, der mit philologischer Sorgfalt griechische Originale und lateinische Übersetzungen benutzte und vieles auch selbst übersetzte.

Federigo Commandino wurde 1509 in Urbino geboren. Er studierte Philosophie und Medizin in Padua, arbeitete zeitweise in Rom, in Bologna, in Venedig und seit 1565 in Urbino, teils als Arzt, teils als Mathematiker, der stets auf der Suche nach Manuskripten war. Durch die Gunst von Fürsten und geistlichen Würdenträgern, die mit Stolz und Liebe ihre Bibliotheken pflegten, wurde ihm das Material für seine Editionsarbeiten zugänglich. Er starb am 3. Sept. 1575 in Urbino.

Er edierte

1558: Archimedes: Kreismessung, Spiralen, Quadratur der Parabel, Ellipsoide usw., Sandrechner.
Ptolemaios: *Planisphaerium.*

1565: Archimedes: Schwimmende Körper. Dazu ein eigenes Werk über Schwerpunkte.

1566: Apollonios: Kegelschnitte I–IV (die griechisch erhaltenen Bücher).
Serenus: Zylinderschnitte und Kegelschnitte.

1572: Euklid: Elemente.
Aristarch: Über die Größen und Abstände der Sonne und des Mondes.

1575: Heron: Pneumatik.

Ferner übersetzte und kommentierte er die *Collectio* des Pappos (Buch II–VII; Buch I ist verloren). Dieses Werk wurde postum von Guidobaldo del Monte herausgegeben (Pesaro 1588).

Diese nun im Druck zugänglichen Werke, besonders die bisher schwer zugänglichen Werke von Apollonios und Pappos, waren eine der Grundlagen für das Aufblühen der Mathematik im 17. Jh.

4.2.4. Geometrie bei Viète

Pappos berichtet, daß Apollonios zwei Bücher über „Berührungen" geschrieben habe [VII, 11; Hultsch S. 644 ff; Jones S. 90 ff]: es seien gegeben

entweder	drei Punkte
oder	drei Geraden
oder	zwei Punkte und eine Gerade
oder	zwei Geraden und ein Punkt
oder	zwei Punkte und ein Kreis
oder	zwei Kreise und ein Punkt
oder	zwei Geraden und ein Kreis
oder	zwei Kreise und eine Gerade
oder	ein Punkt und eine Gerade und ein Kreis
oder	drei Kreise.

Gesucht ist ein Kreis, der die gegebenen Stücke trifft bzw. berührt. Diese Aufgaben löst Viète, angeregt durch Adrianus Romanus, in der Schrift *Apollonius Gallus.* Apollonios und Pappos werden zitiert.

Im Anhang löst Viète die Aufgabe (Problem I), ein Dreieck zu konstruieren, wenn die Basis, die Höhe und die Differenz der Seiten gegeben ist, und sechs ähnliche Aufgaben, und zwar geometrisch, während solche Aufgaben früher (Viète nennt [Op., S. 339] Regiomontan) algebraisch ⟨durch quadratische Gleichungen⟩ gelöst wurden.

In der Schrift *Variorum de rebus mathematicis responsorum liber VIII* (andere Bücher sind nicht bekannt), Tours 1593, behandelt Viète verschiedene geometrische und trigonometrische Fragen, darunter auch den Zusammenhang

der Tangente an die Archimedische Spirale mit dem Kreisbogen im Sinne von Archimedes [Kap. XVI, Prop. II; Op., S. 395f] (s. A.u.O., S. 122–124).
⟨Ist $r = c \cdot \varphi$ die Gleichung der Spirale in Polarkoordinaten, PB die Tangente im Punkte P mit dem Argument φ (Abb. 4.18), so gilt

$$AB = \varphi \cdot r(\varphi) .$$

Die Figur ist für $\varphi = \pi$ gezeichnet.⟩

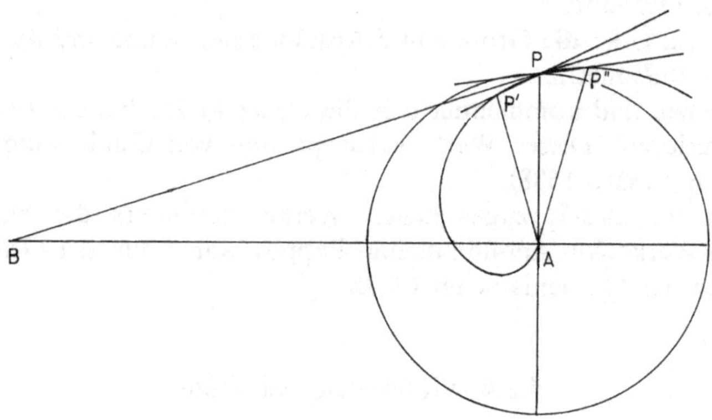

Abb. 4.18. Viète's Konstruktion der Spiraltangente

Ferner gibt Viète eine Näherungskonstruktion für die Tangente an die Spirale im Punkte $P(\varphi)$ an: Man zeichne die Punkte P', P'' mit den Argumenten $\varphi - \delta$, $\varphi + \delta$; die Winkelhalbierende des Winkels zwischen den Sekanten $P'P$ und PP'' ist näherungsweise die Tangente. Die Güte der Näherung prüft Viète, indem er berechnet, wie gut für den so konstruierten Punkt P die Gleichung $AB = \varphi \cdot r(\varphi)$ erfüllt ist. Er sagt auch, daß sie um so besser ist, je kleiner die Bögen $P'P$, PP'' gewählt werden.
Anm. Die Definition der Tangente als Grenzlage der Sekante existierte damals noch nicht.

4.2.5. Die Entstehung der analytischen Geometrie

4.2.5.1. Algebra und Geometrie. Als besonders wichtig für die Geometrie erwies sich Viète's „Neue Algebra", die mit Symbolen an Stelle von bestimmten Zahlen arbeitet. (Der Ausdruck „symbolische Algebra" ist sprachlich ungefähr ebenso richtig wie die „reitende Artilleriekaserne.") Damit hat die Algebra einen Vorsprung der Geometrie aufgeholt, die schon seit Euklid oder seinen Vorgängern mit Symbolen (Buchstaben) für Punkte und Buchstabenpaaren für Geraden usw. arbeitet, und damit unbestimmte Punkte und Geraden usw. bezeichnen kann. Auch die Figuren, von denen die Geometrie handelt, sind stets als beliebige, unbestimmte, nur durch die Bedingungen der gerade vorliegenden Aufgabe beschränkte Figuren anzusehen, während die Algebra bisher mit bestimmten Zahlen arbeiten mußte.

Zum Arbeiten mit Symbolen oder unbestimmten Objekten gehört ein Regelsystem, nach dem man zu arbeiten hat. In der Euklidischen Geometrie sind es die Postulate und Axiome, in der Neuen Algebra die „Symbola", die Viète ziemlich willkürlich aufzählt, und die erst im 19. Jh. genau festgelegt und geordnet wurden. Das mag damit zusammenhängen, daß das Regelsystem der Algebra den Mathematikern vom elementaren Zahlenrechnen vertraut war und daher eine genaue Festlegung nicht vorrangig nötig war.

Damit mag wieder zusammenhängen, daß nunmehr das Regelsystem der Algebra einfacher, übersichtlicher und bequemer zu sein schien als das der Geometrie. Ob und in welchem Sinne es tatsächlich einfacher ist, etwa hinsichtlich der Anzahl der Axiome, will ich nicht weiter untersuchen. Während man früher allgemeine algebraische Aussagen nur aussprechen und beweisen konnte, wenn man sie in geometrische Aussagen übersetzte, wie das z. B. im 2. Buch der Elemente Euklids und auch noch von Cardano gemacht wurde, übersetzt man jetzt geometrische Probleme in algebraische, um sie leichter lösen zu können. Das ist einer der Grundgedanken der analytischen Geometrie.

Ein weiterer Grundgedanke ist der, daß die parallele algebraische und geometrische Darstellung gerade für den Begriff günstig ist, der der Hauptbegriff der neuzeitlichen Mathematik werden sollte, den Begriff der Funktion. Eine Funktion kann durch eine Kurve und durch eine Gleichung dargestellt werden und kann gerade durch diese doppelte Darstellung besonders gut studiert werden.

4.2.5.2. Fermat

Pierre de Fermat wurde am 20. Aug. 1601 in Beaumont de Lomagne (bei Toulouse) getauft. Er studierte wahrscheinlich zunächst in Toulouse. Nach einer Bemerkung in einem Brief an Roberval vom 22. Sept. 1636 war er um 1629 in Bordeaux. (*Sur le sujet de la methode de maximis & minimis, vous scavez que puisque vous avez veu celle que Monsieur Despagnet vous a donnée, vous avés veu la mienne que je luy baillay il y a environ sept ans étant à Bordeaux* . . . Var. Op., S. 136). Mahoney vermutet, daß er dort von Schülern von Viète, besonders Beaugrand, in die Mathematik, besonders in die Arbeiten von Viète eingeführt wurde. Fermat ging dann nach Orléans und wurde dort am 1. Mai 1631 Baccalaureus der Rechte. Im gleichen Jahr wurde er Commissaire aux requêtes am Parlament in Toulouse, 1634 Conseiller de la Chambre des requêtes, 1648 Conseiller de la Chambre de l'édit. Als Parlamentarier hatte er Rang und Privilegien der noblesse de robe und durfte seinem Namen „de" vorsetzen. Zu dem von ihm zu betreuenden Gebiet gehörte Castres; dort ist er am 12. Jan. 1665 gestorben.

Fermats mathematische Arbeiten sind stark von Viète beeinflußt, besonders durch die *Isagoge* (gedruckt in Tours 1591) und *De recognitione et emendatione aequationum* (gedruckt in Paris 1615). Er kannte ferner die Werke von Archimedes, Apollonios und Pappos, die durch die Ausgaben von Commandino zugänglich waren, sowie die Arithmetik von Diophant, ed. von Bachet 1621. Alle diese Werke könnten dem jungen Fermat schon vor seinem Aufenthalt in Bordeaux zugänglich gewesen sein.

Die Werke Fermats wurden zu seinen Lebzeiten nicht gedruckt, waren aber durch Briefe und Abschriften den zeitgenössischen Mathematikern bekannt. Sein Sohn Samuel veröffentlichte 1670 Bachet's Diophantausgabe mit den Bemerkungen seines Vaters, 1679 eine Auswahl: *Varia opera mathematica D. Petri de Fermat*, hier zitiert als Var. Op.

In einem Brief an Etienne Pascal (den Vater von Blaise P.) und Roberval schreibt Fermat am 23. Aug. 1636 u. a. [Var. Op., S. 132]: „Ich habe viele andere geometrische Sätze gefunden, wie z. B. die Wiederherstellung aller Sätze ⟨von Apollonios⟩ über ebene Örter, aber was ich mehr schätze als alles übrige, ist eine Methode, um alle Arten von ebenen und körperlichen Problemen zu bestimmen (*determiner*), mit der ich auch Maxima und Minima finden kann . . ."

Ebene (geometrische) Örter sind Gerade und Kreis, körperliche Örter sind die Kegelschnitte. Ebene Probleme sind solche, die mittels Geraden und Kreisen, körperliche Probleme solche, die mittels Kegelschnitten gelöst werden können.

Apollonios hat zwei Bücher über ebene Örter geschrieben. Sie sind verloren, aber Pappos hat die in diesen Büchern bewiesenen Sätze ohne Beweise wiedergegeben [*Collectio* VII, 21, ed. Hultsch, S. 660 ff.]. Die Wiederherstellung besteht also in der Rekonstruktion der Beweise.

Pappos beschreibt die Probleme allgemein so (Abb. 4.19):

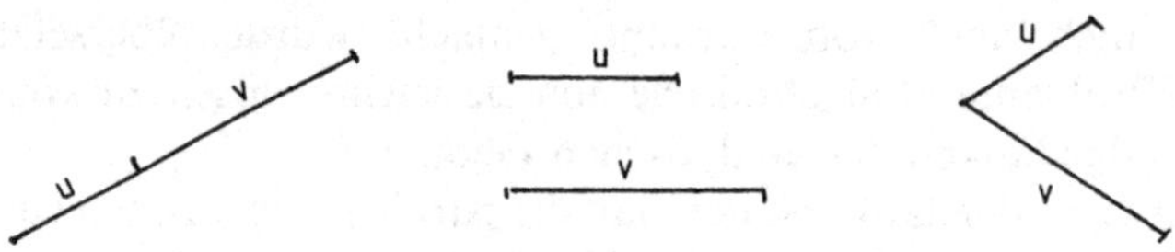

Abb. 4.19

Wenn zwei Strecken ⟨u, v⟩ gezogen werden
entweder von einem Punkt oder von zwei Punkten aus,
entweder auf einer Geraden liegend oder parallel oder einen festen Winkel bildend,
entweder in einem festen Verhältnis ⟨$u:v = c$⟩,
oder einen gegebenen Raum umfassend ⟨$u \cdot v = c$⟩,
und wenn dann der Endpunkt der einen Strecke einen gegebenen Ort ⟨eine gegebene Kurve⟩ beschreibt, so ist damit der Ort bestimmt, den der Endpunkt der anderen Strecke beschreibt.
⟨Es handelt sich also um eine proportionale Vergrößerung oder Verkleinerung oder eine Abbildung durch reziproke Radien, beides evtl. gefolgt von einer Parallelverschiebung oder Drehung.⟩

Durch die mehrfachen „entweder – oder" ergeben sich verschiedene Fälle, die Fermat einzeln ausgearbeitet hat. Der einfachste ist
Propositio I: u, v werden von einem Punkt A aus auf derselben Geraden abgetragen. Ihr Verhältnis sei konstant:

$$u(t):v(t) = c\ .$$

a) Der Endpunkt von $u(t)$ bewegt sich auf einer Geraden HD. Dann bewegt sich auch der Endpunkt von $v(t)$ auf einer Geraden (FG) (Abb. 4.20).
Beweis: Gegeben ist die Gerade HD und der Punkt A.
Fälle von A aus das Lot AC auf HD. Bestimme E so, daß $AC:AE = c$ ist. Ziehe durch E die Parallele FG zu HD. Dann gilt für jede Lage der Geraden FAB:

$$AB:AF = AC:AE = c\ .$$

b) Der Endpunkt von $u(t)$ beschreibe einen Kreis NCI. Dann beschreibt auch der Endpunkt von $v(t)$ einen Kreis (DEZ) (Abb. 4.21).

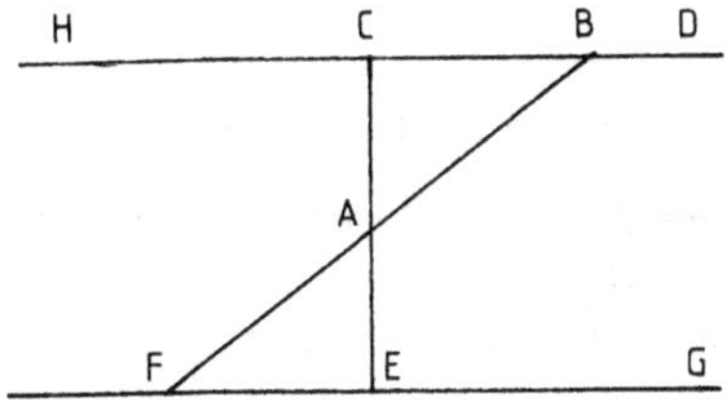

Abb. 4.20

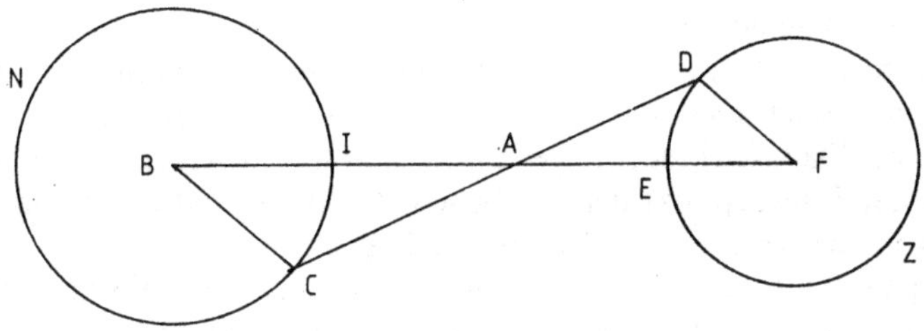

Abb. 4.21

Beweis: Gegeben ist der Kreis NCI mit dem Mittelpunkt B und der Punkt A. Verbinde A mit B; der Schnittpunkt mit dem Kreis sei I. Bestimme E so, daß $AI:AE = u:v = c$ wird, und bestimme F so, daß $BI:EF = c$ wird. Ein beliebiger Punkt C des Kreises um B wird mit A verbunden, und auf der Verlängerung von CA wird D so bestimmt, daß $CA:AD = c$ ist. Dann ist $\triangle ABC \sim \triangle AFD$, also $BC:FD = c$. Aus $BC = BI$ und $BI:EF = c$ folgt $FD = FE$. Alle so konstruierten Punkte D liegen also auf dem Kreis mit dem Radius EF um F.

Im zweiten Teil der Schrift über die ebenen Örter behandelt Fermat eine Reihe von Problemen, als deren Höhepunkt *Propositio V* angesehen werden kann. In einem Brief an Roberval (Ende 1636) beschreibt er sie so: Gegeben seien beliebig viele Punkte, z. B. fünf, A, G, F, H, E (denn der Satz gilt allgemein); gesucht wird der geometrische Ort (Fermat sagt gleich: der Kreis), für dessen Punkte M die Summe der Quadrate der Verbindungsstrecken mit den gegebenen Punkten $\langle$also $MA^2 + MG^2 + MF^2 + MH^2 + ME^2\rangle$ gleich einer gegebenen Fläche $\langle Z\rangle$ wird [Var. Op., S. 151/2].

Wir wollen uns den Satz in moderner Darstellung klarmachen; es genügen drei Punkte A, B, C. Wir wählen einen, später zu bestimmenden, Punkt O als Anfangspunkt und setzen die Vektoren

$$\overrightarrow{OA} = \mathfrak{a}\,, \quad \overrightarrow{OB} = \mathfrak{b}\,, \quad \overrightarrow{OC} = \mathfrak{c}\,.$$

$\mathfrak{x}$ sei der Vektor von O zu einem beliebigen Punkt des gesuchten geometrischen Ortes. Verlangt wird

$$(\mathfrak{x} - \mathfrak{a})^2 + (\mathfrak{x} - \mathfrak{b})^2 + (\mathfrak{x} - \mathfrak{c})^2 = Z\,.$$

Ausrechnung ergibt

$$3x^2 - 2x(a + b + c) + a^2 + b^2 + c^2 = Z .$$

Das ist die Gleichung eines Kreises, dessen Mittelpunkt $(a + b + c)/3$, also der Schwerpunkt der Punkte *A*, *B*, *C* ist.

Wählen wir diesen Punkt als Anfangspunkt *O*, so ist $a + b + c = 0$, und die Gleichung geht über in

$$(*) \qquad x^2 = \frac{1}{3}(Z - a^2 - b^2 - c^2) .$$

Damit ist auch der Radius des Kreises bestimmt; er ist gleich der Wurzel aus der rechten Seite der Gleichung (∗).

Fermat hatte natürlich keine Vektorrechnung zur Verfügung, aber auch noch nicht die analytische Geometrie, deren Entwicklung durch diese Arbeit erst angeregt wurde. Daß der gesuchte geometrische Ort ein Kreis ist, und daß dessen Mittelpunkt der Schwerpunkt der gegebenen Punkte ist, hat er anscheinend nicht hergeleitet, sondern vermutet und dann bestätigt.

Im einfachsten Fall, bei zwei gegebenen Punkten *A*, *B*, geht Fermat so vor (Abb. 4.22): Um den Mittelpunkt *E* der Strecke AB werde ein Kreis *ION* mit beliebigem Radius geschlagen. Behauptet wird, daß $AO^2 + OB^2$ von der Lage von *O* auf der Kreisperipherie unabhängig ist.

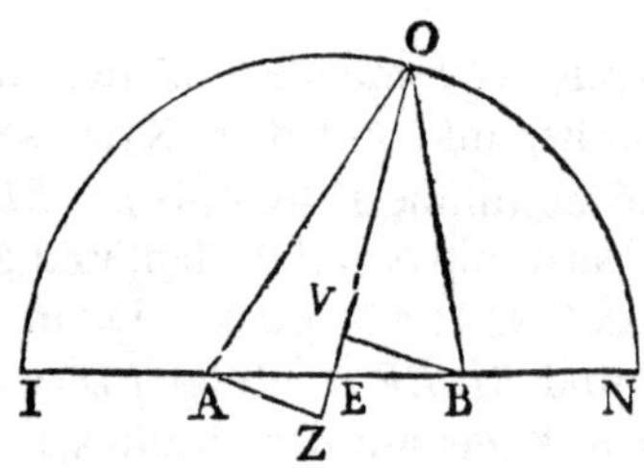

Abb. 4.22. Aus Fermat, Var. Op., S. 33

Beweis: Man fälle von *A* und *B* die Lote *AZ* und *BV* auf *OE*. Dann ist

$$\begin{aligned} AO^2 &= AZ^2 + ZO^2 = AE^2 - EZ^2 + (OE + EZ)^2 \\ &= AE^2 + OE^2 + 2OE \cdot EZ , \\ OB^2 &= EB^2 + OE^2 - 2OE \cdot EV , \end{aligned}$$

und da $EZ = EV$ ist,

$$AO^2 + OB^2 = AE^2 + EB^2 + 2OE^2 .$$

⟨Mit $EA = a$, $EB = b = -a$, $OE = x$ ist das die Gleichung

$$(x - a)^2 + (x - b)^2 = a^2 + b^2 + 2x^2 .⟩$$

Da *AE* und *EB* gegebene Strecken sind, und *OE* der Radius des Kreises ist, ist dieser Ausdruck von der Lage von *O* auf dem Kreise unabhängig.

Soll $AO^2 + OB^2 = Z$ sein, so ist der Radius OE des Kreises aus

$$AE^2 + EB^2 + 2\,OE^2 = Z$$

zu bestimmen. Es muß $Z > AE^2 + EB^2$ vorausgesetzt werden.

Fermat geht also (selbstverständlich) von geometrischen Beziehungen aus, übersetzt sie aber sofort in algebraische Aussagen. Das algebraische Rechnen mit geometrischen Größen ist für sein Vorgehen charakteristisch.

Bei mehr als zwei gegebenen Punkten werden die Überlegungen erheblich komplizierter. Mahoney hat sie ausführlich ausgearbeitet [The Mathematical Career . . . S. 101–113]. Besonders bemerkenswert ist Fermats Bestimmung des Schwerpunktes bei mehreren nicht auf einer Geraden gelegenen Punkten; Fermat wählt hier sechs Punkte, A, B, C, D, E, F (Abb. 4.23).

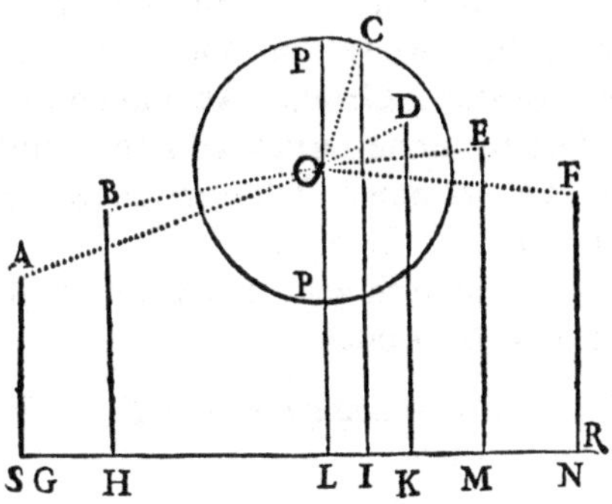

Abb. 4.23. Aus Fermat, Var. Op., S. 40

Man wähle eine Gerade SR so, daß alle gegebenen Punkte auf einer Seite von ihr liegen. Dann fälle man die Lote AG, BH, CI, DK, EM, FN auf SR, wähle L so, daß

$$GL = \frac{1}{6}(GH + GI + GK + GM + GN)$$

ist, errichte in L die Senkrechte auf SR und wähle O so, daß

$$LO = \frac{1}{6}(AG + BH + CI + DK + EM + FN)$$

ist. Damit ist praktisch ein rechtwinkliges Koordinatensystem eingeführt.

Erwähnt sei noch, daß Fermat für den Kreisradius OP angibt, es solle

$$Z = AO^2 + BO^2 + CO^2 + DO^2 + EO^2 + FO^2 + \frac{1}{6}OP^2$$

sein. Das entspricht der Gleichung (∗).

In der Abhandlung „Einführung in die ebenen und körperlichen Örter“ schreibt Fermat: „Es ist kein Zweifel, daß die Alten sehr viel über Örter geschrieben haben. Zeuge dessen ist Pappos, der zu Anfang des 7. Buches versichert, daß Apollonios über ebene, Aristaios über körperliche Örter geschrieben habe. Aber wenn wir uns nicht täuschen, fiel ihnen die Untersuchung der Örter nicht gerade leicht. Das schließen wir daraus, daß sie zahlreiche Örter nicht allgemein genug ausdrückten, wie man weiter unten sehen wird.

Sobald in einer Schlußgleichung zwei unbekannte Größen auftreten, hat man einen Ort, und der Endpunkt der einen Größe beschreibt eine gerade oder krumme Linie . . . .

Die Gleichungen kann man aber bequem versinnlichen, wenn man die beiden unbekannten Größen in einem gegebenen Winkel (den wir meist gleich einem Rechten nehmen) aneinandersetzt und von der einen die Lage und den einen Endpunkt gibt. Wenn dann keine der unbekannten Größen die zweite Potenz überschreitet, wird der Ort eben ⟨eine Gerade oder ein Kreis⟩ oder körperlich ⟨ein Kegelschnitt⟩ sein, wie aus dem folgenden klar hervorgehen wird.“

Es kommt nun daruf an, die bekannten geometrischen Eigenschaften der Kurven in Gleichungen zu übersetzen oder aus den Gleichungen herauszulesen.

Fermat verwendet die Schreibweise von Viète: A und E sind die Variablen, Konsonanten bezeichnen konstante Größen. Aber auch Punkte werden mit großen Buchstaben bezeichnet. Der benutzte Druck von 1679 enthält auch Symbole, die offensichtlich von Descartes stammen. Ich verwende hier die Buchstaben von Fermat, benutze aber auch neuere Symbole.

Die Gerade (Abb. 4.24) ist dadurch gekennzeichnet, daß A zu E in einem festen Verhältnis steht, etwa $A:E = B:D$ oder

$$D \text{ in } A \text{ aequetur } B \text{ in } E\ .$$

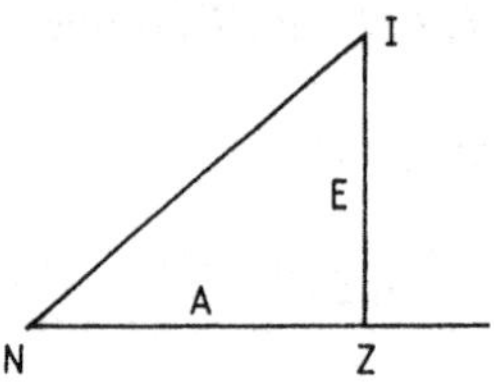

Abb. 4.24

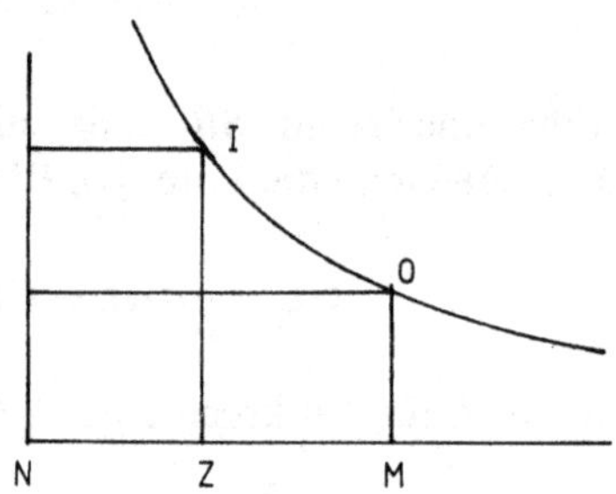

Abb. 4.25

Die Hyperbel (Abb. 4.25) ist durch den Satz gekennzeichnet [Apollonios: Kegelschnitte II, 12]: „Wenn von einem Punkt ⟨I⟩ einer Hyperbel aus zwei Geraden unter beliebigen Winkeln ⟨ich habe alle Winkel als rechte Winkel gezeichnet⟩ bis zu den Asymptoten gezogen werden und von einem anderen Punkt ⟨O⟩ der Hyperbel zwei diesen parallele Geraden, so ist das Rechteck gebildet aus den beiden ersten Strecken gleich dem Rechteck aus den beiden anderen Strecken.“ (Der Satz war sicher schon dem Menaichmos, einem Zeitgenossen von Sokrates, bekannt.)

Setzt man *NZ* bzw. *NM* gleich *A* und *ZI* bzw. *MO* gleich *E*, so erhält man die Gleichung $A \cdot E = const.$ oder

$$A \text{ in } E \text{ aeq. } Z.pl. \quad \langle \text{d. h. } Z. \text{ plano} \rangle .$$

Was ist denn nun der Unterschied zwischen der Kennzeichnung der Hyperbel durch Apollonios und der durch Fermat? Ein Versuch: Bei Apollonios sind zuerst die Hyperbel und ihre Asymptoten da; dann zieht man *in dieser Figur* gewisse Strecken und stellt geometrisch die Gleichheit von Rechtecken fest. Bei Fermat ist zuerst das Achsenkreuz da, und in diesem werden die Strecken *A* und *E* so gezeichnet, daß sie in der durch die Gleichung bestimmten Beziehung stehen.

Das Achsenkreuz muß nicht mit den Asymptoten der Hyperbel zusammenfallen; es kann auch verschoben sein. Ersetzt man z. B. in der Hyperbelgleichung *A* durch $A - S$ und *E* durch $R - E$, und nachher noch $Z + RS$ durch *D*, so erhält man

$$(A - S)(R - E) = Z ,$$

$$AR + SE - AE = Z + RS = D .$$

Auch diese Gleichung stellt eine Hyperbel dar.

Für die Parabel erwähnt Archimedes sinngemäß den Satz [*Quadratur der Parabel*, § 3]: Die Quadrate über den halben Sehnen verhalten sich wie die Abstände vom Scheitel (Abb. 4.26). „Das ist in den Elementen der Kegelschnittlehre bewiesen." Daraus ergibt sich sofort Fermat's Gleichung $\langle E^2 : A = const.$ oder$\rangle$

$$E^2 \text{ aeqale } D \text{ in } A .$$

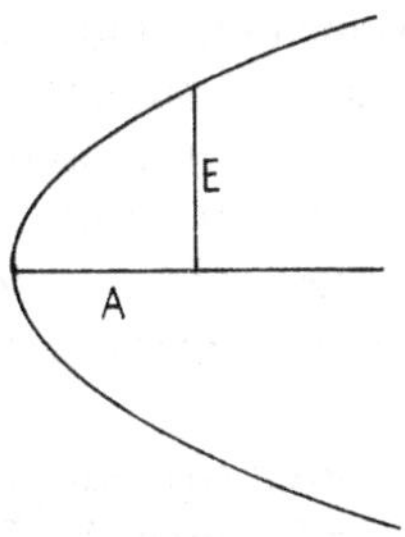

Abb. 4.26

Für den Kreis erhält Fermat die Gleichung

$$B^2 - A^2 = E^2 ,$$

und für die Ellipse

$$B^2 - A^2 \textit{ hat ein festes Verhältnis zu } E^2 .$$

Wichtig ist: Durch Transformationen, wie sie am Beispiel der Hyperbel oben gezeigt wurden, gelingt es Fermat, alle Formen linearer und quadratischer Gleichungen auf die Normalformen für die Gerade, den Kreis und die Kegelschnitte zurückzuführen.

4.2.5.3. Descartes. Sein Ziel war die sichere, unbezweifelbare Erkenntnis aller Wahrheiten, die dem menschlichen Geist (oder vielmehr dem durch die Lebenszeit beschränkten eigenen Geist) erreichbar sind. Dazu suchte er eine zuverlässige Methode und bemerkte [*Discours de la méthode*, 2. Abschn.], „daß von allen, die bis jetzt die Wahrheit in den Wissenschaften gesucht hatten, allein die Mathematiker einige Beweise, d. h. sichere und überzeugende Begründungen, hatten finden können, und so war ich überzeugt, daß ihr Gegenstand der allerleichteste gewesen sein müsse, und daß ich mithin diesen an den Anfang zu stellen hatte, wenngleich ich davon nur einen Nutzen erwarten konnte, nämlich, daß mein Geist sich an die Erkenntnis der Wahrheit gewöhne und sich nicht mit falschen Gründen begnüge."

Welches sind „die Tätigkeiten unseres Intellekts, durch die wir ohne jede Furcht vor Täuschung zur Erkenntnis der Dinge zu gelangen vermögen"? „Es sind nur zwei zulässig, nämlich Intuition und Deduktion." [*Regulae*, Regel III; dort auch die folgende Fortsetzung]: „Unter Intuition verstehe ich nicht das mannigfach wechselnde Zeugnis der Sinne oder das trügerische Urteil, das sich auf die verworrenen Bilder der sinnlichen Anschauung stützt, sondern ein so einfaches und distinktes Begreifen des reinen und aufmerksamen Geistes, daß über das Erkannte weiterhin kein Zweifel übrigbleibt ... So kann jeder durch Intuition mit dem Geiste erfassen, daß er existiert, daß er Bewußtsein hat, daß das Dreieck bloß durch drei Seiten begrenzt wird, die Kugel durch eine einzige Oberfläche und dergl.; welcher Sätze es bei weitem mehr gibt, als man gemeinhin denkt ... "

Unter Deduktion „verstehen wir all das, was sich aus bestimmten anderen, sicher erkannten Dingen mit Notwendigkeit ableiten läßt. Dies mußte nun deshalb geschehen, weil man von den meisten Dingen, wenngleich sie nicht von sich aus evident sind, doch ein sicheres Wissen hat, wenn sie nur von wahren und klar erkannten Prinzipien aus durch eine kontinuierliche und nirgendwo unterbrochene Bewegung des intuitiv jeden Einzelschritt hervorbringenden Denkens abgeleitet werden." ⟨Ich möchte hier besonders darauf hinweisen, daß jeder Einzelschritt der Deduktion durch Intuition gesichert sein muß.⟩

„Man kann demnach behaupten, daß ... die ersten Prinzipien allein durch Intuition, hingegen die entfernteren Folgerungen allein durch Deduktion erkannt werden."

Dadurch ist die axiomatisch-deduktive Methode als allgemeine Methode der Wahrheitssuche beschrieben, und zugleich Descartes' Auffassung von der Wahrheit der Axiome ausgesprochen: sie müssen durch Intuition gesichert sein.

Im Anschluß an das oben genannte Zitat aus dem *Discours* fährt Descartes fort: „Ich hatte jedoch darum keineswegs die Absicht, alle jene besonderen Wissenschaften zu erlernen, die man für gewöhnlich Mathematik nennt; denn ich sah, daß sie trotz der Verschiedenheit ihrer Gegenstände doch alle darin übereinstimmen, daß sie lediglich gewisse Beziehungen und Verhältnisse dieser Gegenstände betrachten, und ich meinte daher, ich brauche einzig jene Verhältnisse zu untersuchen, und zwar nur an solchen Gegenständen, an denen ich sie am leichtesten zu erkennen vermochte, ohne mich jedoch so daran zu binden, daß ich sie nicht auch leicht auf alle anderen übertragen könne, denen sie zukommen."

In diesem Sinne stellt Descartes am Anfang der *Geometrie* (die als Anhang zum *Discours* 1637 erschien) fest, daß mit Strecken geometrische Konstruktionen durchgeführt werden können, die den arithmetischen Operationen der Addition, Subtraktion, Multiplikation und Division, sowie dem Ausziehen von Quadratwurzeln entsprechen.

Wie diese Konstruktionen für die Addition und Subtraktion aussehen, ist klar. Die Multiplikation erklärt Descartes so: „Es sei z. B. (Abb. 4.27) *AB* die Einheit und es sei *BD* mit *BC* zu multiplizieren, so habe ich nur die Punkte *A* und *C* zu verbinden, dann *DE* parallel mit *CA* zu ziehen, und *BE* ist das Produkt dieser Multiplikation."

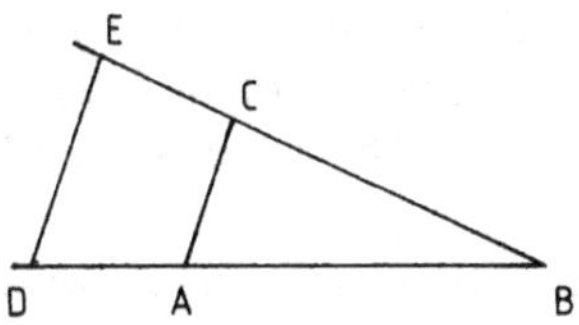

Abb. 4.27

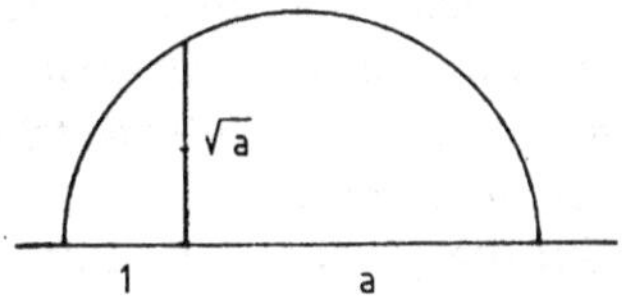

Abb. 4.28

Das Produkt zweier Strecken ist also nicht ein Rechteck, sondern wieder eine Strecke. Voraussetzung dafür ist, daß eine Einheitsstrecke festgelegt ist. Diese kann auch dazu dienen, die Homogenitätsregel von Viète zu überwinden. Wenn die Dimensionen zweier Größen ungleich sind, kann man eine dieser Größen mit einer geeigneten Potenz der Einheitsstrecke multiplizieren.

Das Ausziehen einer Quadratwurzel geschieht mit der in Abb. 4.28 dargestellten Figur.

Der Grundgedanke und das Ziel der *Geometrie* wird im ersten Satz des Werkes ausgesprochen, noch vor der Erklärung der Operationen: „Alle Probleme der Geometrie können leicht auf einen solchen Ausdruck gebracht werden, daß es nachher nur der Kenntnis der Länge gewisser gerader Linien bedarf, um diese Probleme zu konstruieren."

Dazu ist auch die Einführung eines Koordinatensystems nötig. (Es wird oft betont, daß eigentlich nur die Abszissenachse und der Anfangspunkt eingeführt werden.) Descartes sagt [Faks. Ausg., S. 320, Schlesinger S. 24]: „Ich wähle zu dem Ende eine gerade Linie, etwa *AB*, um auf ihre Punkte die Punkte der krummen Linie *EC* beziehen zu können; ferner wähle ich einen Punkt *A* auf *AB*, von dem aus als Anfangspunkt die Rechnung zu beginnen ist. – Ich sage, daß ich diese beiden *wähle*, weil es freisteht, sie ganz nach Belieben anzunehmen; denn wenn man auch durch eine geeignete Wahl bewirken kann, daß die Gleichung kürzer und einfacher werde, so ist doch leicht zu beweisen, daß sich immer dieselbe Gattung für die Linie ergibt, wir man auch die Wahl getroffen haben möge."

Descartes rechnet die Kurven ersten und zweiten Grades zur ersten Gattung, die vom dritten und vierten Grad zur zweiten Gattung usw. Der letzte Satz besagt, daß sich durch die von Descartes betrachteten Koordinatentransformationen (die nur linear sind), die Gattung (und sogar der Grad) der Kurve nicht ändert. Einen Beweis gibt Descartes allerdings nicht.

Das sind ungefähr die Grundlagen, auf denen Descartes die Untersuchung vieler Kurven und geometrischer Probleme aufbaut.

4.2.5.4. Eine geometrische Zahldefinition. Der Zuasmmenhang von Algebra und Geometrie ermöglichte auch eine neue Zahldefinition. Sie findet sich bei Wallis [Op., Bd. 1, Kap. IV, S. 26] und wird dort Descartes und seinem Interpreten van Schooten zugeschrieben: „denn diese haben geometrische Konstruktionen den arithmetischen Operationen angeglichen und dabei die Einheit nicht als Punkt angesehen, sondern als eine beliebig angenommene Strecke, und die übrigen Zahlen kennzeichnen sie dann als andere Strecken, die zu der angenommenen Strecke das gleiche Verhältnis haben wie die in Rede stehenden Zahlen zur Einheit.“ Leibniz hebt hervor, daß diese Definition alle Arten von ⟨reellen⟩ Zahlen umfaßt [Mathem. Schriften, ed. Gerhardt, Bd. 7, S. 24]: *Ex his manifestum est, Numerum in genere integrum, fractum, rationalem, surdum, ordinalium, transcendentem generali notione definiri posse, ut sit id quod homogeneum est Unitati, seu quod se habet ad Unitatem, ut recta ad rectam.*

Ungefähr die gleiche Definition steht in Newton's *Arithmetica universalis* [1732, S. 4]. Erst im 19. Jh. hat man eine neue Definition gesucht und gefunden, die von der Geometrie unabhängig ist.

Schlußbemerkung. Die analytische Geometrie ist (bekanntlich) nicht das Ende einer Entwicklung, sondern eher ein Anfang. Nachdem eine Kurve (bzw. eine Funktion) durch eine Gleichung dargestellt werden kann, lassen sich nicht nur die alten Probleme der Bestimmung der Tangenten, der Extremwerte und des Flächeninhalts jetzt algebraisch lösen, sondern es gelingt auch, die Lösungsmethoden allgemein, d. h. unabhängig von der besonderen Form der Gleichung zu beschreiben.

Die wichtigste Neuerung ist das Arbeiten mit unendlich kleinen Größen – mit all der Problematik, die damit verbunden ist. So ist die analytische Geometrie in gewissem Sinne doch ein Abschluß, nämlich der Analysis des Endlichen, auf die nunmehr die Analysis des Unendlichen folgt.

Hierfür sei auf die folgenden Werke verwiesen:

Boyer, C. B.: The History of the Calculus and its Conceptual Development. 1949. Dover Publ. 1959.
Baron, M. E.: The Origins of the Infinitesimal Calculus. Oxford . . . , Pergamon Press 1969. Nachdruck: New York: Dover Publ. 1987.
Edwards, C. H., Jr.: The Historical Development of the Calculus. New York: Springer 1979.
Volkert, K.: Geschichte der Analysis. Mannheim: B.I. Wissenschaftsverlag 1988.

5. Bibliographische Angaben

5.1. Literaturhinweise

5.1.1. Nachschlagewerke. Biographien

Diese Werke wurden selbstverständlich benutzt und deshalb nur in Ausnahmefällen zitiert.

ADB: Allgemeine Deutsche Biographie. Ed. Historische Commission bei der Kgl. Acad. d. Wiss. Leipzig. 56 Bde. 1875–1912.

DSB: Dictionary of Scientific Biography. Ed. C. C. Gillispie. 16 Bde. New York 1976–1980.

Die Großen der Weltgeschichte. Ed. K. Fassmann. Zürich: Kindler.
Bd. 1. Imhotep – Atticus. 1971. – Bd. 2. Cäsar – Karl der Große. 1972.
Bd. 3. Harun al Raschid – Petrarca. 1973. – Bd. 4. Boccacio – Palladio. 1974.
Bd. 5. Calvin – Huygens. 1974 – Bd. 6. Spinoza – Laplace. 1975.

Hofmann, J. E.: Geschichte der Mathematik. Sammlung Göschen. Berlin. W. de Gruyter. Bd. 1. 2. Aufl. 1963. Bd. 2. 1957. Bd. 3. 1957.

Krafft, F., und A. Meyer-Abich: Große Naturwissenschaftler. Biographisches Lexikon. Frankfurt: Fischer-Bücherei 1970. 2., neu bearbeitete Aufl. Mit einer Bibliographie zur Geschichte der Naturwissenschaften, ed. F. Krafft. Düsseldorf: VDI-Verlag 1986.

LAW: Lexikon der Alten Welt. Zürich, Stuttgart: Artemis Verlag 1965. Weitere Ausgaben als Taschenbücher bzw. Paperback.

LdM: Lexikon des Mittelalters. Zürich, München: Artemis Verlag. Seit 1980. Noch unvollständig.

Meschkowski, H.: Mathematiker-Lexikon. Mannheim: B. I. Wissenschaftsverlag. 3. Aufl. 1980.

NDB: Neue Deutsche Biographie. Ed. Historische Kommission bei der Bayer. Akad. d. Wiss. Seit 1925. Noch unvollständig.

Pog.: Poggendorff, J. C.: Biographisch-Literarisches Handwörterbuch zur Geschichte der exakten Naturwissenschaften. Bd. 1/2: Leipzig 1863; z. Zt. erschienen bis Bd. 7, Berichtsjahr 1962.

RE: (Pauly-Wissowa): Paulys Realencyclopädie der classischen Altertumswissenschaft. Neue Bearbeitung, begonnen von G. Wissowa. Stuttgart.

Sarton, G.: Introduction to the History of Science. Washington, Baltimore: Carnegie Institution. 1927–1948. Mehrere Nachdrucke. Bd. 1. From Homer to Omar Khayyam (11. Jh.) – Bd. 2.1. 12. Jh. – Bd. 2.2. 13. Jh. – Bd. 3.1. 14. Jh., 1. Hälfte – Bd. 3.2. 14. Jh., 2. Hälfte.

TL: Tusculum-Lexikon griechischer und lateinischer Autoren des Altertums und des Mittelalters. 3. Aufl. München, Zürich: Artemis-Verlag 1982.

Tropfke, J.: Geschichte der Elementarmathematik. Berlin: W. de Gruyter. 2., z. T. 3. Aufl. 1923–1940. – 4. Aufl., 1. Bd. Arithmetik und Algebra. 1980.

Ueberweg: Grundriß der Geschichte der Philosophie. 2. Teil: Die Patristische und Scholastische Philosophie. Ed. B. Geyer. Tübingen. Mittler und Sohn 1951.

Wussing, H., und W. Arnold: Biographien bedeutender Mathematiker. Volk und Wissen. Volkseigener Verlag Berlin, DDR 1975. Lizenzausgabe Köln: Aulis-Verlag Deubner 1978.

5.1.2. Textsammlungen. Werke mit ausführlichen Textwiedergaben

Migne: PL: Patrologia Latina.
- PG: Patrologia Graeca.
Becker, O.: Grundlagen der Mathematik in geschichtlicher Entwicklung. Freiburg, München: Alber 1954. 2. Aufl. 1964. Orbis Academicus II, 6.
Blume, F., K. Lachmann, A. Rudorff: Die Schriften der römischen Feldmesser. 2 Bde. Berlin 1848, 1852.
Bubnov, N.: Gerberti, postea Silvestri II Papae Opera Mathematica. Berlin 1899. Nachdruck: Hildesheim: Olms 1963.
Clagett, M.: The Science of Mechanics in the Middle Ages. Madison: Univ. of Wisconsin Press. London: Oxford Univ. Press. 1961.
–: Archimedes in the Middle Ages. Bd. 1: Madison: Univ. of Wisconsin Press 1964. Bd. 2–5: Philadelphia: The American Philosophical Society. 1976, 1978, 1980, 1984.
Grant, E. (Ed.): A Source Book in Medieval Science. Cambridge, Mass.: Harvard Univ. Press 1974.
Klemm, F.: Technik. Eine Geschichte ihrer Probleme. Freiburg, München: Alber 1954. Orbis Academicus II, 5.
Libri, G.: Histoire des sciences en Italie. 4 Bde. Paris 1838–1841.
Moody, E. A. and M. Clagett: The Medieval Science of Weights. Madison: Univ. of Wisconsin Press 1952.
Struik, D. J. (Ed.): A Source Book in Mathematics, 1200–1800. Cambridge, Mass.: Harvard Univ. Press 1969.

5.1.3. Gesamtdarstellungen

5.1.3.1. Mathematik

Cantor, M.: Vorlesungen über Geschichte der Mathematik. Stuttgart: Teubner. Bd. 1. 3. Aufl. 1907. – Bd. 2. (1200–1668), 2. Aufl. 1900. – Bd. 3. (1668–1758), 2. Aufl. 1902. – Bd. 4. (1759–1799), 1. Aufl. 1908. Nachdruck 1965.
Collette, J.-P.: Histoire des mathématiques. Ottawa (Canada) 1979.
Coolidge, J. L.: A History of Geometrical Methods. Oxford Univ. Press 1940. Nachdruck: New York. Dover Publ.
Eves, H.: An Introduction to the History of Mathematics. New York usw.: Holt, Rinehart and Winston. 4. Aufl. 1974.
Heath, Th.: A History of Greek Mathematics. Oxford: Clarendon Press 1921. Mehrere Nachdrucke; benutzt: 1960.
Kline, M.: Mathematical Thought from Ancient to Modern Times. New York: Oxford Univ. Press. 1972.
Loria, G.: Storia delle matematiche. 3 Bde. Mailand: Hoepli 1929, 1931, 1933.
Mainzer, K.: Geschichte der Geometrie. Mannheim: B.I. Wissenschaftsverlag 1980.
Meschkowski, H.: Problemgeschichte der Mathematik. Mannheim: B.I. Wissenschaftsverlag. I. Die Entwicklung der mathematischen Fragestellungen von den Anfängen bis ins ausgehende Mittelalter. 2. Aufl. 1984. – II. Die Mathematik des 17. und 18. Jh. 1981. – III. Die Entwicklung der Mathematik von Gauß bis Bourbaki. 2. Aufl. 1986.
Popp, W.: Wege des exakten Denkens. Vier Jahrtausende Mathematik. München: Ehrenwirt 1981.
Smith, D. E.: History of Mathematics. 2 Bde. 1923, 1925. Nachdruck: Dover Publ.
Struik, D. J.: Abriß der Geschichte der Mathematik. Berlin: VEB Deutscher Verlag der Wissenschaften.
Stuloff, N.: Die Entwicklung der Mathematik. Skripten nach der Vorlesung. Herausgegeben vom Fachberiech Mathematik der Universität Mainz. 1988.
Teil I. Von den Anfängen bis Cardano. (Vorl. W.S. 1982/83)
Teil II. Von Viète bis Euler. (Vorl. S.S. 1983)
Teil III. Von Gauss bis Hilbert. (Vorl. W.S. 1983/84)
In Vorbereitung:
Teil IV. Von Hilbert bis Bourbaki.
Teil V. Die Entwicklung der Analysis.
Teil VI. Die Geometrie im 19. Jahrhundert.

van der Waerden, B. L.: A History of Algebra. From al-Khwarizmi to Emmy Noether. Berlin, Heidelberg: Springer 1985.

Wussing, H.: Vorlesungen zur Geschichte der Mathematik. Berlin: VEB Deutscher Verlag der Wissenschaften. 1979.

5.1.3.2. Kulturgeschichte. Verschiedenes

Denifle, J. Die Universitäten des Mittelalters. 1885.

Dolch, J.: Lehrplan des Abendlandes. 3. Aufl. Ratingen, Wuppertal, Kastellaun 1971. Nachdruck: Darmstadt: Wiss. Buchges. 1982.

von den Driesch, J., und J. Esterhues: Geschichte der Erziehung und Bildung. Bd. 1. Von den Griechen bis zum Ausgang des Zeitalters der Aufklärung. 5. Aufl. Paderborn: Schöningh 1960.

Ekschmitt, W.: Das Gedächtnis der Völker. Berlin: Safari Verlag 1964.

Grundmann, H.: Vom Ursprung der Universität im Mittelalter. 2. Aufl. Darmstadt: Wiss. Buchges. 1976.

Hessel, A.: Geschichte der Bibliotheken. Göttingen: Pellens 1925.

Kindlers Kulturgeschichte des Abendlandes. Bde. 9, 10: Heer, F.: Mittelalter. 1977.

Klemm, F.: Kurze Geschichte der Technik. Freiburg: Herder 1961.

– : Zur Kulturgeschichte der Technik. Aufsätze und Vorträge. München: Deutsches Museum 1979.

Olschki, L.: Geschichte der neusprachlichen wissenschaftlichen Literatur. Bd. 1. Die Literatur der Technik und der angewandten Wissenschaften vom Mittelalter bis zur Renaissance. Leipzig usw.: Olschki 1919.

Paulsen, F.: Geschichte des gelehrten Unterrichts in Deutschland. 3. Aufl., ed. R. Lehmann. 2 Bde. 1919, 1920.

Störig, H. J.: Kleine Weltgeschichte der Wissenschaft. 2 Bde. Frankfurt: Fischer Taschenbuchverlag 1982.

Wiegert, H.: Renaissance, Manierismus und Barock. In: Braunfels, W. (Ed.): Weltkunstgeschichte. Bd. 2. Darmstadt: Deutsche Buchgemeinschaft 1964.

5.1.3.3. Mittelalter

Bischoff, B.: Mittelalterliche Studien. Ausgewählte Aufsätze zur Schriftkunde und Literaturgeschichte. Bd. 2. Stuttgart: Hersemann 1967.

Cambridge (Hist. L. G.): The Cambridge History of Later Greek and Early Medieval Philosophy. Ed. A. H. Armstrong. Cambridge University Press 1970.

– (Hist. L. M.): The Cambridge History of Later Medieval Philosophy. Ed. N. Kretschmann, A. Kenny, J. Pinborg. Associate Ed. E. Stump. Cambridge University Press 1982.

Crombie, A. C.: Augustine to Galilei. 2 Bde. 1952. London: Mercury Books 1961 und öfter. Deutsch Köln, Berlin 1964.

Dijksterhuis, E. J.: Die Mechanisierung des Weltbildes. Holl. 1950. Deutsch von H. Habicht. Berlin, Göttingen, Heidelberg: Springer 1956.

Grant, E.: Physical Science in the Middle Ages. Cambridge 1977. Deutsch von J. Prelog: Das physikalische Weltbild des Mittelalters. Zürich, München: Artemis Verlag 1980.

Grant, E. and J. Murdoch (Ed.): Mathematics and Its Applications to Science and Natural Philosophy in the Middle Ages. Cambridge University Press 1987.

Grössing, H.: Humanistische Naturwissenschaft. Zur Geschichte der Wiener mathematischen Schulen des 15. und 16. Jh. Baden-Baden: Valentin Koerner 1983.

Haskins, C. H.: Studies in the History of Mediaeval Science. New York: Harvard University Press. 1924. 2. Aufl. 1926. Nachdruck 1960.

– : Studies in Mediaeval Culture. New York: Frederic Ungar Publ. Co. 1958.

Juschkewitsch, A. P.: Geschichte der Mathematik im Mittelalter. Moskau 1961. Deutsch von V. Ziegler, Leipzig. 1964. – Basel: Pfalz-Verlag.

Lindberg, D. C. (Ed.): Science in the Middle Ages. Chicago, London: The University of Chicago Press 1978.

Rose, P. L.: The Italian Renaissance of Mathematics. Studies on Humanists and Mathematicians from Petrarch to Galileo. Genf, Librairie Droz 1975.

5.1.4. Zeitschriften. Auswahl

Abh. z. Gesch. d. Math.: Abhandlungen zur Geschichte der mathematischen Wissenschaften. Begründet von M. Cantor 1877.

Ann. of Sci.: Annals of Science. An International Review of the History of Science and Technology from the Thirteenth Century. Ed. I. Grattan-Guinness. London.

Arch. Hist. Exact Sci.: Archive for History of Exact Sciences. Ed. C. Truesdell. New York, Heidelberg, Berlin: Springer. Seit 1960.

Arch. Intern. Hist. Sci.: Archives Internationales d'Histoire des Sciences. Ed. Académie Internationale d'Histoire des Sciences. Rom: Istituto della Enciclopedia Italiana.

Bibl. Math.: Bibliotheca Mathematica. Ed. G. Eneström. Stockholm. Serie 1: 1884–1886. – Serie 2: **1**, 1887 – **13**, 1899. Serie 3: **1**, 1900 – **14**, 1913/14.

Brit. Journ. Hist. Sci.: British Journal for the History of Science.

Bull. Boncompagni: Bulletino di bibliografia e di storia delle scienze matematiche e fisiche. Ed. B. Boncompagni. Rom. **1**, 1868 – **20**, 1887.

Boll. Loria: Bolletino di bibliografia e storia delle scienze matematiche. Ed. G. Loria. Torino. **1**, 1898–**21**, 1919 (Fortsetzung des vorigen)

Centaurus: International Magazin of the History of Mathematics, Science and Technology. Kopenhagen.

Deutsche Mathematik. Ed. Th. Vahlen, L. Bieberbach. Leipzig: Hirzel. Jahrgang 1, 1935 – Jg. 5, 1942/44.

Elemente d. Math.: Elemente der Mathematik. Basel: Birkhäuser. (Beihefte: Mathematiker-Biographien)

Hist. Math.: Historia Mathematica. New York: Academic Press. Seit 1974.

Humanismus und Technik. Ed. Gesellschaft von Freunden der Technischen Universität Berlin.

Isis: An International Review devoted to the History of Science and its Cultural influences. Berkeley, California. Seit 1913.

Istor.-Mat. Issl.: Istoriko-matematičeskie issledovanija. Moskau. Seit 1948.

Janus: Revue internationale de l'histoire des sciences, de la médicine, de la pharmacie et de la technique. Leiden: Brill.

Journal des Savants. Paris. Gegr. 1665. Seit 1909 ed. par l'Académie des Inscriptions et Belles Lettres.

Journ. Hist. Ideas: Journal of the History of Ideas.

Math. Sem.-Ber.: Mathematische (früher: Mathematisch-Physikalische) Semesterberichte. Begründet 1932 von H. Behnke und O. Toeplitz. Göttingen: Vandenhoeck und Ruprecht.

Mediaeval Studies. Pontifical Institute of Mediaeval Studies. Toronto, Canada.

Miscellanea Mediaevalia. Veröffentlichungen des Thomas-Instituts der Universität zu Köln. Berlin, New York: W. de Gruyter.

Mitt. Cusanus-Ges.: Mitteilungen und Forschungsbeiträge der Cusanus-Gesellschaft. Mainz: Matthias-Grünewald-Verlag.

NTM: Schriftenreihe für Geschichte der Naturwissenschaften, Technik und Medizin. Leipzig. Seit 1960.

Osiris. Commentationes de scientiarum et eruditionis historia rationeque. Brüssel. Seit 1936.

Physis. Rivista internationale di storia della scienzia. Florenz. Seit 1959.

Praxis d. Math.: Praxis der Mathematik. Köln: Aulis-Verlag; Deubner. Begründet von G. Wolff 1959. Ed. D. Pohlmann.

Qu. u. St.: Quellen und Studien zur Geschichte der Mathematik, Astronomie und Physik. Berlin: Springer.
Abt. A: Quellen. Bd. 1, 1930 – Bd. 4, 1936.
Abt. B: Studien. Bd. 1, 1929 – Bd. 4, 1938.

Rete. Strukturgeschichte der Naturwissenschaften. Ed. E. Schmauderer und I. Schneider. Hildesheim: Gerstenberg. **1**, 1972 – **4**, 1976.

Revue d'Hist. Sci.: Revue d'Histoire des Sciences et de leur Applications. Paris. Seit 1947.

Scientiarum historia. Driemaandelijks tijdschrift voor de geschiedenis van de geneeskunde, wiskunde en de natuurwetenschappen. Antwerpen.

Sudhoffs Arch.: Sudhoffs Archiv. Zeitschrift für Wissenschaftsgeschichte. Wiesbaden: Steiner. – Begründet von C. Sudhoff 1907.

Transactions Roy. Soc. London: Transactions of the Royal Society, London. Seit 1665.
Zeitschr. f. Math. u. Phys.; Hist.-lit. Abt.: Zeitschrift für Mathematik und Physik. Historisch-literarische Abteilung. – Die hist.-lit. Abt. beginnt mit **20**, 1875. Die Zeitschrift erschien bis **45**, 1900.

5.1.5. Spezielle Arbeiten

Arbeiten über einzelne historische Autoren sind bei diesen im Namen- und Schriftenverzeichnis angegeben, Editionen, Übersetzungen und Kommentare in der Regel nur dort.
Ich bitte um Verständnis dafür, daß die Arbeiten der mir persönlich näher bekannten Kollegen ausführlicher angeführt sind als andere.

Andersen, K.
1985.1 Cavalieri's Method of Indivisibles. Arch. Hist. Exact Sci. **31**, S. 291–367.
1985.2 Some Observations Concerning Mathematicians' Treatment of Perspective. Constructions in the 17th and 18th Centuries. Folkerts, Lindgren: Mathemata. S. 409–425.
1985.3 mit Keld Nielsen: Synspyramider & Forsvindingspunkter. Traek af historien om geometri og perspektivlaere. Aarhus: Foreningen Videnskabshistorisk Museums Venner.
1985.4 The Problems of Scaling and of Choosing Parameters in Perspective Constructions, Particularly in the One by Alberti. Aarhus, University, History of Science Department. Preprint. Druck in: Analecta Romana Instituti Danici **16**.
1986 The Method of Indivisibles: Changing Understandings. Studia Leibnitiana, Sonderheft 14. 300 Jahre "Nova Methodus" von G. W. Leibniz. Symposion in Noordwijkerhout (Niederlande) 1984. Stuttgart: Steiner.
1987.1 The Central Projection in One of Ptolemy's Map Constructions. Centaurus **30**, S. 106–113.
1987.2 Ancient Roots of Linear Perspective. Acta Historica Scientiarum Naturalium et Medicinalium. **39**. Kopenhagen. S. 75–89.
1988 A mathematical perspective on the history of linear perspective from 1435 to the end of the 18th century. Aarhus, University, History of Science Department. Preprint.

Arrighi, G.
Editionen: Pisa: Domus Galileana. Testimonianze di storia della scienza.
1964 Paolo dell'Abbaco. Trattato d'aritmetica. Testimonianze 2.
1966 Leonardo Pisano: La pratica di geometria, volgarizzata da Cristofano di Gherardo di Dino cittadino pisano. Testimonianze 3.
1970 Piero della Francesca: Trattato d'abaco. Testimonianze 6.
1974 Calandri, Pier Maria: Tractato d'abbacho. Testimonianze 7.

Baron, M. E.: The Origins of the Infinitesimal Calculus. London: Pergamon 1969. Nachdruck: New York: Dover Publ. 1987.

Bergmann, W.: Innovationen im Quadrivium des 10. und 11. Jh. Studien zur Einführung von Astrolab und Abakus im lateinischen Mittelalter. Sudhoffs Arch., Beiheft 26. Stuttgart: Steiner, Wiesbaden 1985.

Boyer, C. B.
1949 The History of the Calculus and Its Conceptual Development. Nachdruck Dover Publ. 1959.
1956 History of Analytic Geometry. New York. Yoshiva Univ.

von Braunmühl, A.: Vorlesungen über Geschichte der Trigonometrie. 2 Teile. Leipzig: Teubner 1900.

Busard, H. L. L.
1961 Nicole Oresme: *Quaestiones super geometriam Euclidis*. Leiden.
1964 Über einige Papiere aus Viètes Nachlaß in der Pariser Bibliothèque Nationale (mit Wiedergabe des bisher ungedruckten Textes aus nouv. acqu. lat. 1643). Centaurus **10**, S. 65–126.
1965.1 Unendliche Reihen in *A est unum calidum*. Arch. Hist. Exact Sci. **2**, S. 387–397.
2 The *Practica Geometriae* of Dominicus de Clavasio. Arch. Hist. Exact Sci. **2**, S. 520–575.
3 Über die Verwandlung eines Quadrats in ein regelmäßiges Vieleck und die Konstruktion dieser Vielecke über einer gegebenen Linie bei Claude Mydorge. Janus **52**, S. 1–39.

1967 The Translation of the Elements of Euclid from the Arabic into Latin by Hermann of Carinthia(?). Janus **56**, Nachdruck: Leiden: Brill 1968. (Buch I–VI).
1968.1 L'algèbre au Moyen Age: Le *Liber mensurationum* d'Abû Bekr. Journal des Savants. Avril – Juin 1968, S. 65–124.
2 Het Rekenen met Breuken in de Middeleeuwen, in het bijzonder bij Johannes de Lineriis. Mededelingen van de Koninklijke Vlaamse Academie voor Wetenschappen, Letteren en schone Kunsten van Belgie. Klasse der Wetenschappen. Jaargang 30, 1968, Nr. 7.
1969.1 Quelques sujets de l'histoire des mathématiques au Moyen Age. Paris: Palais de la Découverte. D. 125. (Vorgetragen 20. IV. 1968).
2 Die Vermessungstraktate *Liber Saydi Abuothmi* und *Liber Aderameti*. Janus **56**, S. 161–174.
1971.1 Der *Tractatus proportionum* von Albert von Sachsen. Österr. Akad. d. Wiss., Math.-nat. Kl. Denkschr. 116, 2. Abh., S. 43–72.
2 Die Traktate *De Proportionibus* von Jordanus Nemorarius und Campanus. Centaurus **15**, S. 193–227.
3 Der Traktat *De sinibus, chordis et arcubus* von Johannes von Gmunden. Österr. Akad. d. Wiss., Math.-nat. Kl., Denkschr. 116, 3. Abh., S. 73–113.
4 Die *Arithmetica speculativa* des Johannes de Muris. Scientiarum historia **13**, S. 103 – 132.
1972 The Translation of the Elements of Euclid from the Arabic into Latin by Hermann of Carinthia(?), Books VII, VIII and IX. Janus **59**, S. 125–187, VII–XII Amsterdam 1977.
1973.1 (mit P. S. van Koningsveld): Der *Liber de arcubus similibus* des Ahmed ibn Jusuf. Annals of Science **30**, S. 381–406.
2 Über einige Euklid-Kommentare und Scholien, die im Mittelalter bekannt waren. Janus **60**, S. 53–58.
1974.1 The second part of chapter 5 of the *De arte mensurandi* by Johannes de Muris. In: For Dirk Struik (ed. R. S. Cohen u. a.) Dordrecht, S. 147–167.
2 Über einige Euklid-Scholien, die den Elementen von Euklid, übersetzt von Gerard von Cremona, angehängt worden sind. Centaurus **18**, S. 97–128.
1976 Über die Überlieferung der Elemente Euklids über die Länder des Nahen Ostens nach West-Europa. Hist. Math. **3**, S. 279–290.
1980 Der Traktat De isoperimetris, der unmittelbar aus dem Griechischen ins Lateinische übersetzt worden ist. Mediaeval Studies **42**, S. 62 – 88.
1983 The First Latin Translation of Euclid's Elements, Commonly ascribed to Adelard of Bath. Toronto: Pontifical Institute of Mediaeval Studies.
1984 The Latin Translation of the Arabic Version of Euclid's Elements, Commonly Ascribed to Gerard of Cremona. Leiden.
1985 Some Early Adaptations of Euclid's Elements and the Use of its Latin Translations. In: Folkerts, Lindgren: Mathemata, S. 129–164.
1987 The Medieval Latin Translation of Euclid's Elements Made directly from the Greek. Wiesbaden: Steiner. Reihe Boethius, Bd. 15.

Butzer, P. L., A. Schaffrath: Mathematics in Belgium from the Time of Charlemagne to the Seventeenth Century. Bull. Soc. Roy. Sci. Liège **55**, 1986, S. 99–134.

Clerval, l'Abbé: L'enseignement des Arts libéraux à Chartres et à Paris dans la première moitié du XIIe siècle d'après l'Heptateuchon de Thierry de Chartres. Paris: Bureaux des annales de Philosophie Chrétienne. 1889.

Curtze, M.
1885 *Liber trium fratrum de geometria.* Nova Acta der Kgl. Leop.-Carol. Deutschen Akad. der Naturforscher. Halle **49**, S. 105 – 167. Neue Ed.: Clagett: Archimedes in the MA, Bd. 1, 1964.
1887 *Jordani Nemorarii Geometria vel de triangulis libri IV.* Mitt. des Coppernicus-Vereins für Wissenschaft und Kunst. Thorn. Neue Ed.: Clagett: Archimedes in the MA, Bd. 5, Teil 3, 1984.
1895.1 Ein Beitrag zur Geschichte der Algebra in Deutschland im 15. Jh. Abh. z. Gesch. d. Math. **7**, S. 31–74: Handschrift München 14908 von Frater Fridericus. – S. 75 – 142: Handschrift München 14836. Feldmeßkunst aus der Geometrie Gerberts.
1895.2 Über den Dominicus Parisiensis der *Geometria Culmensis.* Bibl. Math. (2), **9**, S. 107 – 110.

1896 Über die im Mittelalter zur Feldmessung benutzten Instumente. Bibl. Math. (2), **10**, S. 65 – 72.

1897 *Petri Philomeni de Dacia in Algorismum Vulgarem Johannis de Sacrobosco Commentarius, una cum Algorismo ipso.* Kopenhagen. Neue Ed.: F. S. Pedersen. Kopenhagen 1983.

1898 Die Abhandlung des Levi ben Gerson über Trigonometrie und den Jacobstab. Bibl. Math. (2), **12**, S. 97 – 112. – Neue Ed.: Goldstine: The Astronomy of Levi ben Gerson. Berlin, Heidelberg: Springer 1985.

1899.1 Der *Tractatus Quadrantis* des Robert Anglicus in deutscher Übersetzung aus dem Jahre 1477. Abh. z. Gesch. d. Math. **9**, S. 41–63.

1899.2 *Anaritii in decem libros priores Elementorum Euclidis commentarii ex interpretatione Gherardi Cremonensis.* Leipzig: Teubner.

1900 Urkunden zur Geschichte der Trigonometrie im christlichen Mittelalter. Bibl. Math. (3), **1**, S. 321–416.

1902 Urkunden zur Geschichte der Mathematik im Mittelalter und der Renaissance. 1. Teil. Abh. z. Gesch. d. Math. **12**
S. 1 – 183: Der *Liber embadorum* des Savasorda in der Übersetzung des Plato von Tivoli.
S. 185 – 336: Der Briefwechsel Regiomontan's mit Giovanni Bianchini, Jacob von Speier und Christian Roder.

1903 2. Teil. Abh. z. Gesch. d. Math. **13**.
S. 337 – 434: Die *Practica Geometriae* des Leonardo Mainardi aus Cremona.
S. 435 – 609: Die „Algebra" des Initius Algebras *ad Ylem Geometram magistrum suum.*

Dauben, J. W. (Ed.): Mathematical Perspectives. Essays on Mathematics and its Historical Development. (Zum 60. Geburtstag von K.-H. Biermann). London, New York: Academic Press 1981.

Edgerton, S. Y. Jr.: The Renaissance Rediscovery of Linear Perspective. New York usw.: Harper & Row. 1975/1976.

Edwards, C. H., Jr.: The Historical Development of the Calculus. New York: Springer 1979

Field, J. V.: Perspective and the mathematicians: Alberti to Desargues. In: Hay: Mathematics from Manuscript to Print. 1988, S. 236–263.

Folkerts, M.

1968 Das Problem der pseudo-boethischen Geometrie. Sudhoffs Arch. **52**, S. 152–161.

1969.1 Zur Überlieferung der Agrimensoren. Schrijvers bisher verschollener „Codex Nansianus". Rheinisches Museum für Philologie, Neue Folge, Bd. 112, S. 53–70.

1969.2 Ein Versuch der Kreisrektifikation aus dem Ende des 15. Jh. Janus **56**, S. 175–181.

1970.1 „Boethius" Geometrie II, ein mathematisches Lehrbuch des Mittelalters. Wiesbaden: Steiner 1970. Reihe Boethius Bd. 9.

1970.2 Ein neuer Text des Euclides Latinus. Faksimiledruck der Handschrift Lüneburg D 4° 48, f. 13r–17v. Hildesheim: Gerstenberg.

1971.1 Anonyme lateinische Euklidbearbeitungen aus dem 12. Jh. Österr. Akad. d. Wiss., Math.-nat. Kl. Denkschr. 116, 1. Abh., S. 5–42.

1971.2 Mathematische Aufgabensammlungen aus dem ausgehenden Mittelalter. Sudhoffs Arch. **55**, S. 58–75.

1972 Pseudo-Beda. *De arithmeticis propositionibus.* Sudhoffs Arch. **56**, S. 22–43.

1974.1 Regiomontans Euklidhandschriften. Sudhoffs Arch. **58**, S. 149–164.

1974.2 Die Entwicklung und Bedeutung der Visierkunst als Beispiel der praktischen Mathematik der frühen Neuzeit. Humanismus und Technik **18**, S. 1–41.

1976 (gemeinsam mit A. J. E. M. Smeur, Dorst/Breda): A treatise on the squaring of the circle by Franco of Liège, of about 1050. Arch. Intern. Hist. Sci. **26**, S. 59–105 und 225–253.

1977 Regiomontanus als Mathematiker. Centaurus **21**, S. 214 – 245.

1978 Die älteste mathematische Aufgabensammlung in lateinischer Sprache: Die Alkuin zugeschriebenen *Propositiones ad acuendos iuvenes.* Österr. Akad. d. Wiss., Math.-nat. Kl. Denkschr. 116, 6.Abh., S. 13–80.

1980.1 Die mathematischen Studien Regiomontans in seiner Wiener Zeit. Regiomontanus-Studien, ed. G. Hamann. Österr. Akad. d. Wiss., Phil.-hist. Kl. Sitzungsberichte, 364. Bd., S. 175 – 209.

1980.2 Probleme der Euklidinterpretation und ihre Bedeutung für die Entwicklung der Mathematik. Centaurus **23**, S. 185–215.
1981.1 Zur Frühgeschichte der magischen Quadrate in Westeuropa. Sudhoffs Arch. **65**, S. 313–338.
1981.2 Ed.: Bibliographia Euclideana von M. Steck. Hildesheim: Gerstenberg.
1981.3 Mittelalterliche Handschriften in westlichen Sprachen in der Herzog August Bibliothek Wolfenbüttel. Ein vorläufiges Verzeichnis. Centaurus **25**, S. 1–49.
1981.4 Spätmittelalterliche Multiplikationsmethoden, Nepers Rhabdologie und Schickards Rechenmaschine. In: Wissenschaftsgeschichte um Wilhelm Schickard. Vorträge beim Symposium der Universität Tübingen im 500. Jahr ihres Bestehens am 24. u. 25. Juni 1977, ed. F. Seck (= Contubernium, Bd. 26), Tübingen.
1981.5 Mittelalterliche mathematische Handschriften in westlichen Sprachen in der Berliner Staatsbibliothek. Ein vorläufiges Verzeichnis. In: Mathematical Perspectives, ed. J. Dauben. New York. S. 53–93.
1981.6 The Importance of the Pseudo-Boethian Geometria During the Middle Ages. In: Boethius and the Liberal Arts, ed. M. Masi. Bern, Frankfurt a.M., S. 187–209.
1982 Die *Altercatio* in der Geometrie I des Pseudo-Boethius. Ein Beitrag zur Geometrie im mittelalterlichen Quadrivium. In: Fachprosa-Studien. Beiträge zur mittelalterlichen Wissenschafts- und Geistesgeschichte. Ed. G. Keil mit P. Assion, W. F. Daems, H.-U. Roehl. Berlin: Erich Schmidt. S. 84–114.
1983 Eine bisher unbekannte Abhandlung über das Rechenbrett aus dem beginnenden 14. Jh. Hist. Math. **10**, S. 435–447.
1985 Regiomontanus als Vermittler algebraischen Wissens. Folkerts, Lindgren: Mathemata. S. 207–219.
1986.1 Metrologische Aspekte in Rechenbüchern des Mittelalters und der Renaissance. In: Die historische Metrologie in den Wissenschaften. Ed. H. Witthöft, G. Binding, F. Irsigler, I. Schneider. St. Katharinen. S. 134–144.
1986.2 Die Bedeutung des lateinischen Mittelalters für die Entwicklung der Mathematik. Braunschweigische Wissenschaftliche Gesellschaft. Jahrbuch 1986. Göttingen. S. 179–192.
1987 Die Bedeutung des lateinischen Mittelalters für die Entwicklung der Mathematik. – Forschungsstand und Probleme. In: Wissenschaftsgeschichte heute. Ansprachen und wissenschaftliche Vorträge zum 25jährigen Bestehen des Instituts für Geschichte der Naturwissenschaften, Mathematik und Technik der Universität Hamburg. Ed. C. Hünemörder. Stuttgart: Steiner, Wiesbaden 1987. S. 87–114.
1988 Adelard's Versions of Euclid's Elements. Proceedings of the Adelard of Bath Colloquium. Warburg Institute, London.

Folkerts, M. und U. Lindgren, Ed.: Mathemata. Festschrift für Helmuth Gericke. Stuttgart: Steiner, Wiesbaden 1985.

Franci, R.: Contributi alla risolutione dell'equazione di 3° grado nel XIV secolo. In: Folkerts, Lindgren: Mathemata 1985. S. 221–228.

Franci, R., L. Toti Rigatelli
1985 Towards a History of Algebra from Leonardo of Pisa to Luca Pacioli. Janus **72**, 17–82.
1988 Fourteenth-century Italian algebra. In: Hay, C.: Mathematics from Manuscript to Print. S. 11–29.

Freudenthal, H.: Zur Geschichte der vollständigen Induktion. Arch. Intern. Hist. Sci. **22**, 1973, S. 17–37.

Gericke, H.
1970 Geschichte des Zahlbegriffs. B. I. Hochschultaschenbücher 172. Mannheim: Bibl. Inst.
1977 Wie vergleicht man unendliche Mengen? Sudhoffs Arch. **61**, S. 54–65.
1980 Wie dachten und denken die Mathematiker über das Unendliche? Sudhoffs Arch. **64**, S. 207–225.
1982.1 Zur Vorgeschichte und Entwicklung des Krümmungsbegriffs. Arch. Hist. Exact Sci. **27**, S. 1–21.
1982.2 Zur Geschichte des isoperimetrischen Problems. Math. Sem.-Ber. **29**, S. 160–187.
1984 Aus der Geschichte des Begriffs Kontinuum. Math. Sem.-Ber. **31**, S. 42–58.

Günther, S.: Geschichte des mathematischen Unterrichts im deutschen Mittelalter bis zum Jahre 1525. (Monumenta Germaniae Paedagogica 111), 1887. Nachdruck Wiesbaden: Sändig 1969.

Hay, C. (Ed.): Mathematics from Manuscript to Print. 1300 – 1600. Oxford: Clarendon Press 1988. Veröffentlichungen einer Englisch-Französischen Konferenz in Oxford 1984, anläßlich der Fünfhundert-Jahr-Feier der Fertigstellung der *Triparty* von Chuquet.
Part I: Italian and Provençal Mathematics.
Part II: Nicolas Chuquet and French mathematics.
Part III: Mathematics in the sixteenth century.
Part IV: Mathematics and its ramifications.

Hofmann, J. E. (s. auch Nachschlagewerke)

1942.1 Zum Winkelstreit der rheinischen Scholastiker in der ersten Hälfte des 11. Jh. Abh. d. Preuß. Akad. d. Wiss., Math.-nat. Kl. Jahrgang 1942.

1942.2 Ramon Lulls Kreisquadratur. (Cusanus-Studien VII. Die Quellen der Cusanischen Mathematik I). Sitzungsber. d. Heidelberger Akad. d. Wiss. Philos.-hist. Kl. Jahrgang 1941/42. 4. Abh.

1953 Im Gedenken an Francois Viète. Pyramide, Heft 11/12.

1954 Fr. Viète und die Archimedische Spirale. Archiv d. Math. **5**, S. 138 – 147.

1956 Über Viètes Konstruktion des regelmäßigen Siebenecks. Centaurus **4**, S. 177 – 184.

1958 Über eine Euklid-Bearbeitung, die dem Albertus Magnus zugeschrieben wird. Proc. Internat. Congress of Mathematicians.

1961 Über zahlentheoretische Methoden Fermats und Eulers, ihre Zusammenhänge und ihre Bedeutung. Arch. Hist. Exact Sci. **1**, S. 122 – 159.

1962.1 Vom Einfluß der antiken Mathematik auf das mittelalterliche Denken. Miscellanea Mediaevalia **1**, S. 96 – 111.

1962.2 Über Viètes Beiträge zur Geometrie der Einschiebungen. Math.-phys. Sem.-Ber. **8**, S. 191 – 214.

1965 Pierre Fermat – ein Pionier der neuen Mathematik. Praxis d. Math. **7**, S. 1 – 23.

1966 Mutmaßungen über das früheste mathematische Wissen des Nikolaus von Kues. Mitt. Cusanus-Ges. **5**, S. 98 – 136.

1967.1 Über Regiomontans und Buteons Stellungnahme zu Kreisnäherungen des Nikolaus von Kues. Mitt. Cusanus-Ges. **6**, S. 124 – 154.

1967.2 Michael Stifel, der führende Algebraiker in der Mitte des 16. Jh. Praxis d. Math. **9**, S. 121 – 123.

1968.1 Michael Stifel (1487? – 1567). Leben, Wirken und Bedeutung für die Mathematik seiner Zeit. Sudhoffs Arch. Beiheft 9. (Ausführliche Beschreibung des Inhalts der *Arithmetica integra*. Abbildungen der Titelblätter von Stifels Schriften.)

1968.2 Michael Stifel. Zur Mathematikgeschichte des 16. Jh. Jahrbuch für Geschichte der oberdeutschen Reichsstädte. Esslinger Studien Bd. 14, S. 30 – 60.

1971 Dürer als Mathematiker. Praxis d. Math. **13**, S. 85–91.

1972 Bombellis Algebra – eine genialische Einzelleistung und ihre Einwirkung auf Leibniz. Studia Leibnitiana **4**, S. 196 – 252.

Hund, F.: Geschichte der physikalischen Begriffe. Mannheim: B. I. Wissenschaftsverlag 1972.

Illmer, D.: Arithmetik in der gelehrten Arbeitsweise des frühen Mittelalters. In: Institutionen, Kultur und Gesellschaft im Mittelalter. Festschrift für Josef Fleckenstein. Ed. L. Fenske, W. Rösener und Th. Zotz. Sigmaringen: Jan Thorbecke Verlag 1984. – S. 35 – 58.

Jeauneau, E.: „Lectio philosophorum". Recherches sur l'école de Chartres. Amsterdam: Hakkert 1973.

Kaunzner, W.

1968.1 Über Johannes Widmann von Eger. München: Veröffentlichungen des Forsch. Inst. des Deutschen Museums. Reihe C, Nr. 7.

1968.2 Über eine arithmetische Abhandlung aus dem Prager Codex XI, C. 5. München: Forsch. Inst. des Deutschen Museums, Reihe C, Nr. 8.

1970.1 Über die Handschrift CGM 740 der Bayer. Staatsbibl. München. München: Forsch. Inst. des Deutschen Museums, Reihe C, Nr. 11.

1970.2 Über Christoff Rudolff und seine Coss. München: Forsch. Inst. des Deutschen Museums. Reihe A, Nr. 67.

1970.3 Über den Beginn des Rechnens mit Irrationalitäten in Deutschland. Janus **57**, S. 241–260.
1970.4 Über das Zusammenwirken von Systematik und Problematik in der frühen deutschen Algebra. Sudhoffs Arch. **54**, S. 299–315.
1970.5 Über die Algebra bei Heinrich Schreyber. Verhandlungen des Historischen Vereins für Oberpfalz und Regensburg **110**, S. 227–239.
1971.1 Deutsche Mathematiker des 15. und 16. Jahrhunderts und ihre Symbolik. Ein Brückenschlag in der Mathematik vom Altertum zur Neuzeit. Forsch. Inst. des Deutschen Museums. Reihe A, Nr. 90.
1971.2 Die Entwicklung der algebraischen Symbolik vor Kepler im deutschen Sprachgebiet. Kepler-Festschrift. Regensburg: Naturwissenschaftlicher Verein 1971. (Acta Albertina Ratisbonensia **32**)
1972.1 Gedanken zur praktischen und theoretischen Mathematik vor Kepler. Verhandlungen Hist. Verein, Oberpfalz und Regensburg **112**, S. 267–278.
1972.2 Über Proportionen und Hochzahlen. Ein Beitrag zur Geschichte der Rechenkunst. Janus **58**, S. 121 – 136.
1972.3 Über einige algebraische Abschnitte aus der Wiener Handschrift Nr. 5277. Österr. Akad. Wien. Math.-Nat. Kl. Denkschriften 116, 4. Abh. S. 115 – 184.
1984 Über frühe mathematische Handschriftenbestände in Regensburg. Hist. Verein, Regensburg **124**, S. 305–311.
1985.1 Über eine frühe lateinische Bearbeitung der Algebra al-Khwārizmīs im MS Lyell 52 der Bodleian Library Oxford. Arch. Hist. Exact Sci. **32**, S. 1–16.
1985.2 Zur Entwicklung der Mathematik im 16. Jahrhundert. Folkerts, Lindgren: Mathemata, S. 247–264.
1987 Über Charakteristika in der mittelalterlichen abendländischen Mathematik. Math. Semesterberichte **34**, S. 143–186.

Kerer, J.: *Statutae Collegiae Sapientiae.* Freiburg 1497. Faksimile-Ausgabe: J. Beckmann. Lindau, Konstanz: Jan Thorbecke Verlag 1957.

Knapp, H. G.: Zahl als Zeichen. – Zur „Technisierung" der Arithmetik im Mittelalter. Hist. Math. **15**, 1988, S. 114–134.

Kretzschmer, F.: Bilddokumente römischer Technik. Düsseldorf: VDI-Verlag. 3. Aufl. 1967.

Lindberg, D. C.
1970 John Pecham and the Science of Optics. Madison, Wisconsin.
1976 Theories of Vision from al-Kindi to Kepler. Chicago, London: The Univ. of Chicago Press.
1978 (Ed.) Science in the Middle Ages. Chicago, London: The Univ. of Chicago Press.

Lindgren, U.
1971 Die spanische Mark zwischen Orient und Occident. Studien zur kulturellen Situation der spanischen Mark im 10. Jh. Spanische Forschungen der Görresgesellschaft. 1. Reihe. 26. Bd. Münster: Aschendorffsche Verlagsbuchhandlung.
1976 Gerbert von Aurillac und das Quadrivium. Untersuchungen zur Bildung im Zeitalter der Ottonen. Sudhoffs Arch., Beiheft 18. Wiesbaden: Steiner.
1985.1 Schematische Zeichnungen in der Geographie der Antike und des Mittelalters. In: Folkerts, Lindgren: Mathemata, S. 69–82.
1985.2 Die *Geographie* des Claudius Ptolemaeus in München. Beschreibung der gedruckten Exemplare in der Bayerischen Staatsbibliothek. Arch. Intern. Hist. Sci. **35**, S. 148–239.

Maier, Anneliese
1949 Die Vorläufer Galileis im 14. Jh. – Rom.
1952 An der Grenze von Scholastik und Naturwissenschaft.

Maierù, A. e A. Paravicini Bagliani (Ed.): Studi sul XIV Secolo in Memoria di Anneliese Maier. Rom: Edizioni di Storia e Letteratura. 1981.
Darin im Vorwort eine Kurzbiographie von Anneliese Maier (geb. 17. Nov. 1905 in Tübingen, gest. 2. Dez. 1971 in Rom), ferner: John E. Murdoch, Edith D. Sylla: Anneliese Maier and the History of Medieval Science, sowie Bibliografia degli scritti di A.M.

Masi, M. (Ed.): Boethius and the Liberal Arts. A Collection of Essays. Bern, Frankfurt a.M., Las Vegas: Peter Lang 1981.

Murdoch, J. E.
1957 Geometry and the Continuum in the Fourteenth Century. Ph.D. Thesis. Univ. of Wisconsin 1957. – Facsimile University Microfilm International. Ann. Arbor, Michigan, London 1982.
1961 „*Rationes mathematicae*": Un aspect du rapport de mathématiques et de la philospphie au moyen age. Paris: Palais de la découverte. D 81.
1981 Henry of Harclay and the Infinite, In: Maierù e Paravicini Bagliani: Studi sul XIV Secolo in Memoria di Anneliese Maier. Rom 1981. S. 219–261.
1982 Infinity and Continuity. In: Cambridge Hist. L. M., S. 564–591.

Naux, Ch.: Histoire des logarithmes de Neper à Euler, 2 Bde. Paris 1966, 1970.

Neuenschwander, E.: René Descartes und die Entstehung der neuzeitlichen Mathematik. Vierteljahrsschrift der Naturforschenden Gesellschaft in Zürich **128**, 1983, S. 243–281. (Überblick über die Entwicklung der neuzeitlichen Mathematik vom Ende des Mittelalters bis zu Leibniz und Newton.)

Reiff, R.: Geschichte der unendlichen Reihen. München: Urban und Schwarzenberg. Nachdruck: Wiesbaden: Sändig 1969.

Schramm, M.: Ibn al-Haythams Weg zur Physik. Wiesbaden: Steiner 1963. Reihe Boethius Bd. 1.

Scriba, Ch. J.: Die mathematischen Wissenschaften im mittelalterlichen Bildungskanon der Sieben Freien Künste. Acta historica Leopoldina. Halle. Nr. 16, 1985, S. 25–54.

Sesiano, J.:
1984 Une arithmétique médiéval en langue provençale. Centaurus **27**, S. 26–75.
1985.1 Un système artificial de numération du Moyen Age. Folkerts, Lindgren: Mathemata. S. 165–196.
1985.2 The Appearance of Negative Solutions in Mediaeval Mathematics. Arch. Hist. Exact Sci. **32**, S. 105–150.
1988 On an Algorithm for the Approximation of Surds from a Provençal Treatise. In: C. Hay: Mathematics from Manuscript to Print. S. 30–55.

Steinschneider, M.: Die Mathematik bei den Juden. Bibl. Math. (2), **10**, 1896, S. 33–42, 77–83, 109–114.

Stuloff, N.: Mathematik in Byzanz. In: Kurt Vogel in Memoriam. Algorismus. Studien zur Gesch. d. Math. und der Naturwiss. Ed. M. Folkerts. Heft 1. München 1988.

Thurot, Ch.: De l'organisation de l'enseignement dans l'université de Paris au Moyen Age. Thèse. Paris, Besançon 1850.

Van Egmond, W.:
1978 The Earliest Vernacular Treatment of Algebra: The *Libro di ragioni* of Paolo Gerardi (1328). Physis **20**, S. 155–189.
1980 Practical Mathematics in the Italian Renaissance. A Catalog of Italian Abbacus Manuscripts and Printed Books to 1600. Florenz.
1983 The Algebra of Master Dardi of Pisa. Hist. Math. **10**, S. 399–421.
1985 A Catalog of François Viète's Printed and Manuscript Works. Folkerts, Lindgren: Mathemata, S. 359–396.
1988 How Algebra came to France. In: C. Hay: Mathematics from Manuscript to Print. Oxford.

Vogel, Kurt (1888–1985)

Kleinere Schriften zur Geschichte der Mathematik. Ed. M. Folkerts. Stuttgart: Steiner, Wiesbaden 1988. Reihe Boethius, Bd. 20. Dem darin enthaltenen Verzeichnis der Veröffentlichungen ist die folgende Auswahl derjenigen Arbeiten entnommen, die das hier behandelte Gebiet betreffen. Die Numerierung des genannten Verzeichnisses wurde beibehalten. Selbständig erschienene Publikationen sind durch * gekennzeichnet. Von diesen sind 59.2 und 73.1 in die „Kleineren Schriften" aufgenommen. Das Vorwort von M. Folkerts gibt einen Überblick über das wissenschaftliche Werk von K. Vogel.

Beiträge zur Geschichte der Arithmetik. Zum 90. Geburtstag des Verf. am 30. Sept. 1978 mit Lebensbeschreibung (verfaßt von Ivo Schneider) und Schriftenverzeichnis herausgegeben vom Forschungsinstitut des Deutschen Museums für die Geschichte der Naturwissenschaften und der Technik. München: Minerva Publ. (Enthält die deutschen Fassungen der Arbeiten 62.2 = 78.1, 74.4 = 78.2, 74.3 = 78.3, 78.5 = 78.4)

*1940.1 (Bearbeitung und Herausgabe von:) Tropfke, J.: Geschichte der Elementar-Mathematik. Bd. 4: Ebene Geometrie. 3. Aufl. Berlin: W. De Gruyter.

1940.2 Zur Geschichte der linearen Gleichungen mit mehreren Unbekannten. Deutsche Mathematik **5**, S. 217–240. (Besprechung einer Aufgabengruppe aus dem *Liber abbaci* des Leonardo von Pisa; 12. Kap. 5. Teil.)

1950.1 Das älteste deutsche gedruckte Rechenbuch, Bamberg 1482. Gymnasium und Wissenschaft. Festschrift des Maximiliansgymnasiums in München. S. 231–277.

*1954.1 Die Practica des Algorismus Ratisbonensis. Ein Rechenbuch des Benediktinerklosters St. Emmeram aus der Mitte des 15. Jh. München: C. H. Beck.

1954.2 Griechische Algebra in Rechenbüchern des Mittelalters. Math.-Phys. Sem.-Ber. **4**, S. 122–130.

1955.2 Ein fünfhundertjähriges Regensburger Rechenbuch. Unser Bayern. Heimatbeilage der Bayerischen Staatszeitung. 4. Jahrgang, Nr. 4, S. 30. (Kurze Beschreibung des Algorismus Ratisbonensis.)

1957.1 Mathematische Forschung und Bildung im frühen 17. Jh. Die Entfaltung der Wissenschaft. Vorträge gehalten auf der Tagung der Joachim Jungius-Gesellschaft der Wissenschaften. Hamburg 1957. S. 33–46.

*1959.2 Adam Riese, der deutsche Rechenmeister. Deutsches Museum, Abh. u. Ber. 27. Jahrgang, Heft 3, S. 4–37.

1959.4 Nachlese zum 400. Todestag von Adam Ries(e). Praxis d. Math., **1**, S. 85–88.

1960.1 Buchstabenrechnung und indische Ziffern in Byzanz. Akten des XI. Intern. Byzantinisten-Kongresses 1958. München. S. 660–664.

1960.3 Die Pflege der Mathematik an bayrischen Benediktinerklöstern des 15. Jh. Actes du IXe Congrès Internat. d'Histoire des Sciences. Barcelona – Madrid. 1959. Vol. I. Barcelona, Paris. S. 610–613.

1962.1 Der Anteil von Byzanz an Erhaltung und Weiterbildung der griechischen Mathematik. Miscellanea Mediaevalia. Bd. 1, S. 112–128.

1962.2 Das Fortleben babylonischer Mathematik bei den Völkern des Altertums und Mittelalters. Russisch; deutsch in: Beiträge (s.o.).

1962.3 500 Jahre deutsche Algebra. Praxis d. Math. **4**, 89–90.

*1963.1 (mit. H. Hunger) Ein byzantinisches Rechenbuch des 15. Jh. Österr. Akad. d. Wiss. Denkschriften Bd. 78, 2. Abh. Wien.

1963.2 Mohammed ibn Musa Alchwarizmi's Algorismus. Das früheste Lehrbuch zum Rechnen mit indischen Ziffern. Nach der einzigen (lateinischen) Handschrift (Cambridge Un. Lib. Ms. Ii. 6.5) in Faksimile mit Transkription und Kommentar. Aalen: Zeller.

1963.3 Der Trienter Algorismus von 1475. Nova Acta Leopoldina, Neue Folge, Bd. 27, Nr. 167, S. 183–200.

1964.1 Das Aufleben mathematischer Studien in Deutschland unter dem Einfluß italienischer Mathematiker der Renaissance. Actes du Symposium Internat. d'Histoire des Sciences, Turin 1961. Firenze. S. 180–187.

*1965.1 De Thiende von Simon Stevin. Das erste Lehrbuch der Dezimalbruchrechnung. Ostw. Kl., Neue Folge, Bd. 1. Frankfurt a.M.: Akad. Verlagsges.

1967.1 Byzantine Science. In: The Cambridge Medieval History. Vol. 4, S. 264–305, 452–470.

*1968.2 Ein byzantinisches Rechenbuch des frühen 14. Jh. Wiener byzantinische Studien, Bd. 6. Wien: Böhlaus Nachf.

1971.1 Byzanz, ein Mittler – auch in der Mathematik – zwischen Ost und West. XIII. Internat. Kongreß für Geschichte der Wissenschaft. Moskau. Russisch; deutsch in Beiträge (s.o.).

1971.2 Zur Geschichte der Lösung linearer Gleichungssysteme. XIIe Congrès Internat. d'Histoire des Sciences. Paris 1968. Tome IV, S. 179–182.

*1973.1 Der Donauraum, die Wiege mathematischer Studien in Deutschland. Mit drei bisher unveröffentlichten Texten des 15. Jh. Neue Münchner Beiträge zur Geschichte der Medizin und Naturwissenschaften. Naturwissenschaftshistorische Reihe, Bd. 3. München: Fritsch.

1973.2 Francesco Balducci Pegolotti als Mathematiker. Deutsches Museum, Abh. u. Ber., 41. Jahrg., Heft 1, S. 8–18.

1974.1 Die Mathematik auf ihrem Weg von den Griechen ins Abendland. Dialog, Schule und Wissenschaft, Klassische Sprachen und Literaturen, Probata-Probanda, **7**, S. 102 – 115.

1974.3 Bemerkungen zur Vorgeschichte des Logarithmus. Russisch; deutsch in: Beiträge (s.o.)
*1977.1 Ein italienisches Rechenbuch aus dem 14. Jh. (Columbia X 511 A 13). Veröffentlichungen des Forschungsinstituts des Deutschen Museums für die Geschichte der Naturwissenschaften und der Technik. Reihe C, Nr. 33.
1978.4/5 Überholte arithmetische kaufmännische Praktiken aus dem Mittelalter. Russisch; deutsch in: Beiträge (s.o.).
*1980.1 Tropfke, J.: Geschichte der Elementarmathematik. Bd. 1. 4. Aufl. (s.o. 5.1.1)
*1980.2 Das Bamberger Blockbuch. Inc. typ. Ic. I 44 der Staatsbibliothek Bamberg. Ein xylographisches Rechenbuch aus dem 15. Jh. München, New York, London, Paris: K. G. Saur.
*1981.1 Die erste deutsche Algebra aus dem Jahre 1481. Nach einer Handschrift aus C80 Dresdensis herausgeg. u. erläutert. Bayerische Akad. d. Wiss. Math.-nat. Kl., Abh., Neue Folge, Heft 160. München.
1984.1 Wie wurden al-Ḫwārizmīs mathematische Schriften in Deutschland bekannt? Sudhoffs Arch. **68**, S. 230–234.
1985.1 Die Übernahme der Algebra durch das Abendland. In: Folkerts, Lindgren: Mathemata. S. 197–206.
1985.2 Gerbert von Aurillac als Mathematiker. Acta Historica Leopoldina. Halle. Nr. 16, S. 9–23.

Wappler, E.
1887 Zur Geschichte der deutschen Algebra im 15. Jh. Programm Zwickau.
1890 Beitrag zur Geschichte der Mathematik. Abh. z. Gesch. d. Math. **5**, S. 147–169.
1899 Zur Geschichte der deutschen Algebra. Abh. z. Gesch. d. Math. **9**, S. 537–554.

Weisheipl. J. A.: Classifications of the Sciences in Medieval Thought. Mediaeval Studies **27**, 1965, S. 54–90.

Zinner, E.: Leben und Wirken des Johannes Müller aus Königsberg, genannt Regiomontanus. 2. Aufl. Osnabrück 1968.

5.2. Namen- und Schriftenverzeichnis

Hinter dem Namen ist die Stelle angegeben, an der der Autor hauptsächlich genannt wird. Meistens stehen dort auch kurze biographische Daten. Andere Stellen, an denen der Autor erwähnt wird, stehen unter *T* am Ende des Abschnitts.

Ich habe mich bemüht, die mathematischen Schriften der historischen Autoren vollständig anzugeben. Von den nicht-mathematischen (z. B. theologischen) Arbeiten mancher Autoren habe ich nur gelegentlich Beispiele genannt, um die Weite des Arbeitsfeldes des Autors anzudeuten.

Abaelard, Peter (2.1.2.2)

Geb. 1079 in Pallet bei Nantes, gest. 21. April 1142 im Priorat St. Marcel bei Chalon-sur-Saône.
Op.: Migne, PL, Bd. 178.
Darin Sp. 1339–1610: *Sic et non.* – Neue Ed.: B. Boyer and R. McKeon. Chicago, London: Univ. of Chicago Press 1976.

Abû Bekr (2.2.2)

Verfasser des *Liber in quo terrarum et corporum continentur mensurationes Ababuchri qui dicebatur Heus, translatus a magistro Girardo Cremonensi in Toleto de arabico in latinum abbreviatus.* Ed. H. L. L. Busard: L'algèbre au Moyen Âge: Le „Liber mensurationum" d'Abû Bekr. Journ. des Savants **1968**, Avril-Juin, S. 65–124. – Ich schreibe den Namen wie in dieser Arbeit: Abû, nicht Abū.

Abū Kāmil, um 850–930 (A.u.O., S. 265)

Das Buch des Seltenheiten der Rechenkunst von Abū Kāmil el-Misrī. Deutsche Übers. u. Komm.: H. Suter. Bibl. Math. (3), **11**, 1910, S. 100–120. Darin: Das Problem der 100 Vögel. A.u.O., S. 181, hier in 1.4.5.

Abū-l-Wāfā' (A.u.O., 266)

Geb. 940 in Buzagan (in Hurasan), arbeitete in Bagdad, gest. 997/998.
Das Buch der geometrischen Konstruktionen des Abu'l Wefâ. Deutsch von H. Suter. Abh. zur Gesch. der Naturw. und der Medizin. Erlangen. Heft 4, 1922, S. 94–109.
T: Konstruktion (Prüfung) eines rechten Winkels – Siebeneck 3.1.2.1.

Adelard von Bath (2.2.3)

Geb. 1070/1080 in Bath (England), gest. nach 1146 (?) in Bath (?).
Schriften
Regule abaci. Ed.: Boncompagni, B.: Intorno ad un scritto inedito di Adelardo di Bath, intitulato „Regule abaci". Bull. di Bibliografia e di Storia **14**, 1881, S. 1–134. (Text S. 91–134).
De eodem et diverso (etwa 1108/09). Ed.: Willner, H.: Des Adelard von Bath Traktat *De eodem et diverso.* Beiträge zur Geschichte der Philosophie des Mittelalters, Bd. 4, Heft 1. Münster 1903.
Quaestiones naturales. Ed.: Müller, Martin: Die *quaestiones naturales* des Adelardus von Bath. Beiträge zur Geschichte der Philosophie und Theologie des Mittelalters. Bd. 31, Heft 1. 1934.
Ezich Elkauresmi per Athelardum bathoniensem ex arabico sumptus. Ed. Suter, H.: Die astronomischen Tafeln des Muhammed ibn Mūsā al-Khwārizmī in der Bearbeitung des Maslama ibn Ahmed al-Madjriti und der latein. Übersetzung des Athelhard von Bath. Selsk. Skrifter of the Copenhagen Academy, 1914.
Liber ysagogarum Alchorismi in artem astronomicam a magistro A. compositus. Ed. der drei ersten Bücher der Einleitung: Curtze, M. in Abh. zur Gesch. d. Math. **8**, 1898, S. 1–27.

Übersetzung der Elemente Euklids
Nach Clagett (s.u.) werden drei Versionen unterschieden:
Version I. Ed. Busard, H. L. L.: The first Latin Translation of Euclid's Elements, commonly ascribed to Adelard of Bath. Books I–VIII and Books X.36–XV.2. (Der Rest fehlt in den Handschriften.) Toronto: Pontifical Institute of Mediaeval Studies, 1983.
Version II. Ed. in Vorbereitung. Exzerpte in Folkerts: Anon. lat. Euklidbearb.
Version III. Bisher nicht ediert.
Literatur
Clagett, M.: The medieval Latin translations from the Arabic of the Elements of Euclid, with special emphasis on the versions of Adelard of Bath. Isis **44**, 1953, S. 16–42.
Murdoch, J.: Transmission of the Elements. Im DSB, Bd. 4, 1971, Art. Euklid. (Darin sind auch die Ergebnisse von Clagett kurz wiedergegeben.)
Folkerts, M. (71,1): Anonyme lateinische Euklidbearbeitungen aus dem 12. Jh.
Folkerts, M. (87): Adelard's Versions of Euclid's Elements.
Biographien
Bliemetzrieder, F.: Adelhard von Bath. München: Max Hueber 1935.
Haskins, Ch. H.: Med. Sci. Chapter II.
T: Das Pflanzenwachstum hat auch natürliche Gründe 2.4.2.

Aelbert (1.4.5)
Erzbischof von York seit 766, gest. 780.
Quellen: Biographien von Alkuin.

Agrimensoren (1.2.1.4–6)
Editionen:
Blume, F., K. Lachmann und A. Rudorff: Die Schriften der römischen Feldmesser. 2 Bde. Berlin 1848, 1852.
Bubnov, N.: Gerberti Opera Mathematica. Berlin 1899. Nachdruck Hildesheim: Olms 1963. – Appendix VII. De corporis gromaticorum libellis mathematicis.
Literatur
Cantor, M.: Die römischen Agrimensoren und ihre Stellung in der Geschichte der Feldmeßkunst. Leipzig: Teubner 1875.
Dilke, O. A. W.: The Roman Land Surveyors. Newton Abbot: David and Charles 1971.
Folkerts, M. (69.1): Zur Überlieferung der Agrimensoren.
– (70.1): „Boethius" Geometrie II.

Agrippa, Marcus Vipsanius (1.2.1.1)
Geb. 64/63 v. Chr. in Dalmatien, gest. 12 v. Chr. in Campanien. In der Rhetorenschule in Rom lernte er Octavian (später Kaiser Augustus) kennen, mit dem er zeitlebens befreundet blieb. A. war als Feldherr in vielen Teilen des Reiches zu Lande und zur See erfolgreich, auch ein geschickter Politiker und zeitweise in Rom Bauherr öffentlicher Gebäude. Auf Grund der von ihm gesammelten Daten und Beschreibungen (*Commentarii geographici*) wurde eine Weltkarte hergestellt, die – allerdings erst einige Jahre nach seinem Tode – in Rom aufgestellt wurde [bezeugt durch Plinius, *Naturalis historia* III, 17].

Albategnius = al-Battānī (3.2.3)
Abū ʿAbdallāh Muḥammad ibn Jābir ibn Sinān, al-Raqqi, al-Ḥarrānī, al-Ṣābī
Geb. vor 858 in Harran, gest. 929 in Qaṣr al-Jiṣṣ (bei Samara)
Sein Haupwerk *Zīg* (Astronomie mit Tafeln) wurde von Robert von Chester (nicht erhalten) und von Plato von Tivoli ins Lateinische übersetzt, und *cum demonstrationibus geometricis et additionibus Joanni de Regiomonte* in Nürnberg 1537 gedruckt.

Albert von Sachsen (2.5.1)
Geb. um 1316 in Helmstedt, gest. 3. Juli 1390 in Halberstadt.
Quaestiones subtilissime Alberti de Saxonia in libros de coelo et mundo. Venedig 1492 und öfter, u.a. 1516.
Subtilissime quaestiones super octo libros Physicorum. Venedig 1504, 1516

Quaestiones in libros de generatione et corruptione. Venedig 1504, 1505, 1518.
Tractatus proportionum. Ed. H. L. L. Busard: Der *Tractatus proportionum* von Albert von Sachsen. Österr. Akad. d. Wiss., Math.-nat. Kl., Denkschriften 116. 2. Abh., S. 43–72. 1971.
De quadratura circuli. Ed. H. Suter, Zeitschr. f. Math. u. Phys. **29**, 1884, hist.-lit. Abt. S. 81–101. Neue Ed.: M. Clagett: Archimedes in the Middle Ages, Bd. 1, S. 398–432. (Clagett sagt, S. 404: „... that my text diverges only slightly from the very good text already published by H. Suter. . .")
Quaestio de proportione diametri quadrati ad costam eiusdem. Ed. H. Suter, a.a.O. **32**, 1887, S. 41–56. – Hierzu: V. P. Zoubow: Quelques Observations sur l'Auteur du Traité Anonyme „*Utrum dyameter alicuius quadrati sit commensurabilis costae eiusdem*". Isis **50**, 1950, S. 130–134.
T: Über das Unendliche 2.5.2.

Alberti, Leon Battista (3.1.1.3)

Geb. 14. Febr. 1404 in Genua, gest. 25. April 1472 in Rom.

Schriften

De pictura libri tres. 1435. Ital. Fassung von A. selbst 1436. Ital. u. deutsch von H. Janitschek in: Quellenschriften für Kunstgeschichte und Kunsttechnik des Mittelalters und der Renaisssance; ed. R. Eitelberger v. Edelberg. Bd. 11, Wien: Braumüller 1877. Engl.: *On Painting*; übers. von John R. Spencer. London 1958.
Leonis Baptistae Alberti Opera inedita. Ed. H. Mancini. Florenz: Sansoni 1890.
Darin:
- *Elementa picturae.* (Von A. ital. und lat. redigiert). S. 47–65.
- *De' ludi matematica.* S. 405–440.

Della famiglia. (In den 30-er Jahren)
De re aedificatoria. 1452 dem Papst Nikolaus V. vorgelegt, gedruckt 1485.

Literatur

Edgerton, S. Y. jr.: Alberti's Perspective: A New Discovery and a New Evaluation. Art Bulletin **48**, 1966, S. 367–378. (Dort auch weitere Literaturangaben).
Edgerton, S. Y. jr.: The Renaissance Rediscovery of Linear Perspective. New York usw.: 1975.
Michel, P. H.: La pensee de L. B. Alberti. Paris 1930.
Wolff, G.: Leone Battista Alberti als Mathematiker. Scientia **60**, 1936, S. 353–359.

Albertus Magnus (2.4.8)

Geb. 1193/1207 in Lauingen (Bayern), gest. 15. Nov. 1280 in Köln.

Benutzte Schriften

Ausgewählte Texte (Lat.-deutsch), ed. A. Fries mit einer Kurzbiographie von W. P. Eckert. Darmstadt: Wiss. Buchges. 1981.
Commentaar of Euclides' Elementen der Geometrie. Ed. P. M. J. E. Tummers. Nijmegen: Ingenium Publishers 1984.

Literatur

Hofmann, J. E.: Über eine Euklid-Bearbeitung, die dem Albertus Magnus zugeschrieben wird. Proc. Intern. Congress of Mathematicians. 14.–21. Aug. 1958.
Tummers, P. M. J. E.: The Commentary of Albert on Euclid's Elements of Geometry. In: Albertus Magnus and the Sciences. Commemorative Essays. Ed. J. A. Weisheipl, O. P. Pontifical Institute of Mediaeval Science. Toronto 1980.
Lo Bello, A.: Albertus Magnus on Mathematics. Hist. Math. **10**, 1983, S. 3–23.
T: Euklid-Übersetzung? 2.2.3 – Die Naturwissenschaft hat nach Ursachen, nicht nach Wundern zu suchen 2.4.2.

Alfonso el Sabio (= der Gelehrte) (2.4.1)

Geb. 1221 in Toledo, gest. 24. April 1284 in Sevilla.
Er wurde 1252 König Alfons X von Kastilien und Leon, 1282 von seinem Sohn abgesetzt. – Er förderte Übersetzungen, auch eine Neubearbeitung der Tafeln von al-Zarqālī, Titel: *Tables Alfonsinas. Libros del saber de astronomia.*
Literatur: Wegener, A.: Die astronomischen Werke Alfons X. Bibl. Math. (3), **6**, 1905, S. 129–185.

Algazel = al-Ġaz(z)ālī (2.5.3)

Abū Ḥāmid Muḥammad ibn Muḥammad al-Ṭūsī

Geb. 1058 in Ṭūs (Chorasan), gest. Dez. 1111 in al-Tābarān, einer Vorstadt von Ṭūs. Er wurde in Ṭūs und Nišābūr ausgebildet, lehrte in Bagdad, zeitweise in Syrien, dann in Nišābūr, schließlich in Ṭūs. Er schrieb außer theologischen Schriften u. a.

Makāṣid al-falāsifa (Tendenzen der Philosophen)

Tahāfut al-falāsifa (der innere Widerspruch der Philosophen).

Ein Teil seiner Werke wurde von Gundisalvi (vor 1150) ins Lateinische übersetzt und hat in der Scholastik großen Einfluß ausgeübt.

Literatur

The Encyclopaedia of Islam, Bd. 2. New Edition. Leiden: Brill; London: Luzac 1965.

Thijssen, J.M.M.H.: Roger Bacon. Arch. Intern. d'Histoire des Sciences **34**, 1984, S. 25–34.

Alhazen = Ibn al-Haiṯam (2.4.4; A.u.O., S. 267)

Geb. um 965 in Basra, gest. um 1041 in Kairo.

Eine lat. Übersetzung seiner Großen Optik (*Kitāb fi'l Manāzir*):

Opticae Thesaurus Alhazeni Arabis libri septem, nunc primum editi, item Vitellonis Thuringopoloni libri X, a Federico Risnero, Basileae 1572.

Literatur: Schramm, M.: Ibn al-Hayṯhams Weg zur Physik. Wiesbaden: Steiner 1963. (Reihe Boethius, Bd. 1)

Alkuin (Alh-win = Freund des Tempels), auch *Albinus* (1.4.5)

Geb. um 735 in York, gest. 19. Mai 804 in Tours.

Op.: Migne, PL, Bd. 100, 101.

In Bd. 101: *Opera didascalica.*

Folkerts, M. (78): Die älteste mathematische Aufgabensammlung in lateinischer Sprache: Die Alkuin zugeschriebenen *Propositiones ad acuendos iuvenes.*

Biographien

Dümmler, E. in ADB, Bd. 1, 1875.

Ferner in A. Hauck: Kirchengeschichte Deutschlands. Bd. 2. Berlin: Akademie-Verlag 1952. S. 129–158. (Mit Besprechung seiner Werke und seiner Schüler.)

Ambrosius (1.4.1)

Geb. 334/339 in Trier, gest. 4. April 397 in Mailand.

Op.: Migne, PL, Bd. 14–18.

Hexaemeron in Bd. 14, Sp. 123–274. Deutsch mit Biographie von J. E. Niederhuber. Bibliothek der Kirchenväter Bd. 17. Kempten und München: Kösel 1914.

Ammonios Hermeiou (1.3; A.u.O., S. 225)

Um 445–515/516 in Alexandria.

Schüler von Proklos, Lehrer von Eutokios, Philoponos, Simplikios

Anaritius = al-Nayrīzī (A.u.O., S. 265)

Gest. um 922.

Anaritii in decem libros priores Elementorum Euclidis commentarii ex interpretatione Gherardi Cremonensis. Ed. M. Curtze. Leipzig: Teubner 1899. Neue Ed. von Buch I: P. M. J. E. Tummers in: Albertus (Magnus?) Commentaar op Euclides' Elementen der Geometrie. Nijmegen: Ingenium Publishers 1984. Bd. 2, S. 103–190.

Arab. und lat. in: Besthorn, R. E., und J. L. Heiberg: *Euclidis Elementa ex interpretatione Al-Hadschdschadschii cum commentariis Al-Narizii.* Hauniae: In Libraria Gyldendaliana. 1893–1905.

T: Übers. von Gerhard von Cremona 2.2.5.

Anthemios von Tralleis (1.3; A.u.O., S. 225)

532 Baumeister der Hagia Sophia in Konstantinopel, gest. 534.

Literatur: Vogel, K. (62.1): Der Anteil von Byzanz an Erhaltung und Weiterbildung der griechischen Mathematik. Miscellanea Mediaevalia. Bd. 1.

Apollonios von Perge, etwa 262–190 v. Chr. (A.u.O., S. 226)

T: Erwähnte Übersetzungen: Gerhard von Cremona (in Diokles) 2.2.5, Commandino (Buch I–IV) 4.2.3 – Viète über „Berührungen" (Apollonius Gallus) 4.2.4 – Fermat über „Ebene Örter" 4.2.5.2.

Apuleius von Madaura (1.2.2.4)

Geb. um 125 n. Chr. in Madaura (Numidien), gest. wahrscheinlich um 171 in oder bei Karthago.

Schriften

Besonders bekannt ist der Roman: Der goldene Esel. Metamorphosen. Lat. u. deutsch ed. E. Brandt u. W. Ehlers. Zürich, München: Artemis Verlag. 3. Aufl. 1980.

De Platone et eius dogmate.

De mundo. (Eine Übersetzung der pseudoaristotelischen Schrift *Peri kosmou.*)

Peri hermeneias. (Aristotelische und Stoische Logik.) Die Zuschreibung an A. ist nicht sicher. Ausführliche Beschreibung: Sullivan, Marc W.: Apuleian Logic. The Nature, Sources, and Influence of Apuleius's Peri Hermeneias. Amsterdam: North-Holland Publ. Comp. 1967.

Archimedes, um 287–212 (A.u.O.)

Op. *Archimedis opera omnia cum commentariis Eutocii.* Ed. J. L. Heiberg. Leipzig: Teubner. 2. Aufl. Bd. 1: 1910, Bd. 2: 1913, Bd. 3: 1915. Nachdruck Stuttgart: Teubner 1972.

Auf dieser Ausgabe beruhen die folgenden Übersetzungen:

Op. deutsch: Archimedes Werke, übers. von A. Czwalina. Im Anhang: Kreismessung, übers. von F. Rudio. Methodenlehre, übers. von J. L. Heiberg, kommentiert von H. G. Zeuthen. Darmstadt: Wiss. Buchges. 1963.

Op. engl.: The Works of Archimedes, ed. T. L. Heath 1897. Suppl.: The Method of Archimedes. 1912. Nachdruck: New York: Dover Publ. 1953.

Op. frz.: Oeuvres complètes d'Archimède. Ed. P. Ver Eecke. Paris, Brüssel 1921. 2. Aufl. mit Übersetzung der Kommentare von Eutokios. Paris 1960.

Nachdruck des Textes von Heiberg mit neugriechischer Übersetzung, Scholien und Ergänzungen, ed. E. Stamatis. 3 Teile in 4 Bden. Athen 1970–1974.

Titel der einzelnen Schriften

in Op.	in Op. deutsch
De sphaera et cylindro	Kugel und Zylinder
Dimensio Circuli	Kreismessung
De conoidibus et sphaeroidibus	Über Paraboloide, Hyperboloide und Ellipsoide
De lineis spiralibus	Über Spiralen
De planorum aequilibriis	Über das Gleichgewicht ebener Flächen
Arenarius	Die Sandzahl
Quadratura parabolae	Die Quadratur der Parabel
De corporibus fluitantibus	Über schwimmende Körper
Stomachion	(nicht übersetzt)
Archimedis De mechanicis propositionibus ad Eratosthenem methodus	Des Archimedes Methodenlehre von den mechanischen Lehrsätzen, an Eratosthenes
Liber assumptorum	(nicht übersetzt)
Problema bovinum	(Rinderproblem; nicht übersetzt)

Die Überlieferung ist umfassend dargestellt in

Clagett, M.: Archimedes in the Middle Ages. Bd. 1: Madison: University of Wisconsin Press 1964. Bd. 2–5: Philadelphia: The American Philosophical Society. 1976, 1978, 1980, 1984.

Gerhard von Cremona übersetzte um 1150 aus dem Arabischen die Kreismessung und die Geometrie der Banū Mūsā, die die Sätze des Archimedes über Kreis und Kugel enthält. Wilhelm von Moerbeke übersetzte 1269 fast alle Werke von Archimedes aus dem Griechischen. (2.4.1).

Erste gedruckte griechische Ausgabe: Ed. Thomas Gechauff. Basel 1544

Lat. Übersetzung: Maurolico (4.2.1), Commandino. Venedig 1558. (4.2.3).

Aristoteles, 384–322 v. Chr. (A.u.O., S. 229 f)

Literatur zur Überlieferung: Dod, B. G.: *Aristoteles latinus*. In Cambridge History of Medieval Philosophy. 1982.
T. Gliederung der Wissenschaften 1.1.1 – Theorie des Sehens 1.1.2.1 – Bemerkung zur Kreisquadratur 1.4.9 – Seine naturwissenschaftliche Denkweise 2.4.2 – Übersetzungen S. 123 – Physik 2.4.3 – Über das Unendliche 2.5.2 – Über das Kontinuum 2.5.3.

Augustinus, Aurelius (1.2.2.5, 1.4.2)

Geb. 13. Nov. 354 in Thagaste, gest. 28. Aug. 430 in Hippo Regius.
Op.: Migne, PL, Bd. 32–47.
Benutzte Schriften
Retractationes. PL 32, Sp. 583–656.
De quantitate animae. PL 32, Sp. 1035–1081.
De doctrina christiana. PL 34, Sp. 15–122. Deutsch von P. Sigisbert Mitterer in Bibliothek der Kirchenväter, Bd. 49. München: Kösel und Pustet 1925.
De genesi ad litteram. PL 34, Sp. 245–486. Buch IV, Kap. 2. *De senarium numerorum perfectione*.
T: Bedeutung bestimmter Zahlen 1.4.2 – De quantitate animae 1.4.2.

Avempace = Ibn Bāǧǧa (1.3)

Geb. Ende des 11. Jh. in Saragossa, gest. 1138/39 in Fez. Er kam 1118 nach Sevilla, lebte später in Granada und Nordafrika. Er schrieb Kommentare zu Schriften des Aristoteles, war von Philoponos beeinflußt und beeinflußte seinerseits Averroes.
Literatur
Moody, E.: Galileo and Avempace: The Dynamics of the Leaning Tower Experiment. Journal of the History of Ideas **12**, S. 163–193, 375–422.

Averroes (Ibn Rušd) (1.3, S. 123) (A.u.O., S. 268)

Geb. 1126 in Cordoba, gest. 10. Dez. 1198 in Marrakesch.
Seine Kommentare zu den Schriften des Aristoteles wurden sehr bald ins Lateinische übersetzt und im Mittelalter viel benutzt.

Bachet de Méziriac, Claude Gaspard

Geb. 9. Okt. 1581 in Bourg-en-Bresse, gest. 26. Febr. 1638 in Bourg-en-Bresse. Er wurde bei den Jesuiten erzogen, studierte wahrscheinlich in Padua, lehrte vielleicht in den Jesuitenschulen in Mailand oder Como, lebte einige Jahre in Rom und in Paris, wo er 1635 Mitglied der neugegründeten französischen Akademie wurde.
Schriften
Problèmes plaisans et delectables, qui se font par les nombres. Lyon 1612. 2. Aufl. 1624.
Diophanti Alexandrini Arithmeticorum libri sex, et de numeris multangulis liber unus. Nunc primum Graece et Latine editi, atque absolutissimis commentariis illustrati. Paris 1621. Ausgabe mit Bemerkungen von Fermat: Toulouse 1670. (4.2.5.2).
T: Einteilung der Zahlen 1.1.2.5.

Bacon, Roger (2.4.4)

Geb. 1210/15 in Ilchester, Somerset, gest. nach 1292.
Schriften
Opus majus (1267). Ed. J. H. Bridges. Oxford: Clarendon Press. 2 Bde. 1897. Darin: Lebenslauf, von J. H. Bridges.
Opus minus (1267). *Opus tertium* (1267). *Compendium Philosophiae*. Ed. J. S. Brewer. London 1859.
Opera hactenus inedita. Ed. R. Steele. Oxford 1909–1940.
Compendium studii theologiae, verfaßt nach 1292, kurz vor seinem Tode.
Literatur
Busard, H. L. L.: Ein mittelalterlicher Euklid-Kommentar, der Roger Bacon zugeschrieben werden kann. Arch. Intern. Hist. Sci. **24**, 1974, S. 199–218.

Steele, R.: Roger Bacon as Professor. A Student's Notes. Isis **20**, 1933, S. 53–71.
Thijssen, J. M. M. H.: Roger Bacon (1214–1292/97): A Neglected Source in the Medieval Continuum Debate. Arch. Intern. Hist. Sci. **34**, 1984, S. 19–34.
T: Endlichkeit der Welt 2.5.2

Balbus, um 100 n. Chr. (1.2.1.5)

Schrift: *Balbus ad Celsum*: *Expositio et ratio omnium formarum*. Ed.: Blume, . . .: Röm. Feldmesser, Bd. 1, S. 91–108.

Banū Mūsā (2.2.5; A.u.O., S. 264)

Drei Söhne von Mūsā ibn Šakir, 9. Jh.
The *Verba filiorum* of the Banū Mūsā. Lat. Übers. von Gerhard von Cremona, ed. mit engl. Übers. M. Clagett: Archimedes in the Middle Ages, Bd. 1. 1964. S. 223–367.

Basilius (1.4.1)

Geb. um 330 in Caesarea in Kappadozien, gest 379 in Caesarea.
Schriften
Migne PG, Bd. 29–32.
Homiliae novem in Hexaemeron. In Bd. 29, Sp. 1–208.
Deutsche Übersetzung von A. Stegmann in: Bibl. d. Kirchenväter, Bd. 47. 1925.
Biographie von A. Stegmann in: Bibl. d. Kirchenväter, Bd. 46. 1925.

Beda Venerabilis (1.4.4)

Geb. 672/673 in oder bei Jarrow-on-Tyne (bei Newcastle), gest. 735 in Jarrow.
Op.: Migne, PL, Bd. 90–94;
auch: *Corpus Christianorum. Series Latina. CXXIII*: *Bedae Opera.* Turnholti. Typographi Brepols Editores Pontifici. *Pars VI. 1975/1980. Opera didascalica.*
Beda der Ehrwürdige: Kirchengeschichte des englischen Volkes. Lat. u. deutsch: Nach der Edition von B. Colgrave und R. A. B. Mynors ed. und übersetzt von G. Spitzbart. Darmstadt: Wiss. Buchges. 1982.
Jones, Ch. W.: *Bedae Opera de Temporibus.* Cambridge, Mass.: The Mediaeval Academy of America. 1943. – Darin: Development of the Latin Ecclesiastical Calendar.
Folkerts, M. (72): Pseudo-Beda: *De arithmeticis propositionibus.* Eine mathematische Schrift aus der Karolingerzeit. Sudh. Arch. **56**, 1972, S. 22–43.

Benedict Biscop (1.4.4)

Um 628–690, Gründer der Klöster Wearmouth und Jarrow.

Benedikt von Nursia (1.2.2.9)

Geb. um 480 in Nursia (heute: Norcia) bei Spoleto, gest. um 547 (?)/560(?), begraben in Monte Cassino. Das von ihm 529 gegründete Kloster auf dem Monte Cassino wurde Vorbild der abendländischen Klöster. In seiner *Regula* „gibt Benedikt seinen Mönchen im allgemeinen über acht Stunden kontinuierlich Ruhe, drei bis vier Stunden des Gebets, etwa vier Stunden des Studiums und der geistl. Lesung und sechs bis acht Stunden der Arbeit“ (R. Manselli mit D. v. Huebner im LdM).

Bernhard von Chartres (2.1.2.1)

Geb. in der Bretagne, gest. um 1126 in Chartres.
Bruder von Thierry von Chartres.
Johann von Salisbury überliefert *Metalogicon III*, 4: *Dicebat Bernardus Carnotensis nos esse quasi nanos gigantium humeris insidentes, ut possimus plura eis et remotiora videre, non utique proprii visus acumine aut eminentia corporis, sed quia in altum subvehimur et extollimur magnitudine gigantium.*
Literatur
Jeauneau, E.: „*Lectio philosophorum*“. Recherches sur l'École de Chartres. Amsterdam: Hakkert 1973. – Darin Chap. II. Versuch einer Interpretation des zitierten Ausspruchs. S. 51–73.

Bessarion (3.2.3)

Geb. 2. Jan. 1403 (?) in Trapezunt, gest. 18. Nov. 1472 in Ravenna.
Biographie: B. Kotter im Lexikon für Theologie und Kirche. Freiburg: Herder. 2. Bd. 1958.

Bianchini, Giovanni (3.2.3)

Hofastronom des Herzogs von Ferrara. Briefwechsel mit Regiomontan 1463/64: B. muß damals schon ein älterer Mann gewesen sein.
Im Briefwechsel mit Regiomontan werden erwähnt:
Astronomische Tafeln im Anhang zu einer Schrift über das *Primum mobile* (Curtze 1902, S. 206)
Flores Almagesti (Curtze, 1902, S. 236). Darin werden auch algebraische Fragen behandelt. Siehe Louis Birkenmajer. Bulletin Internat. de l'Acad. des Sciences de Cracovie. Classe des sciences math. et naturelles, Ser. A: Sciences mathématiques. Année 1911. Krakau 1911. (Folkerts, 80.1, S. 206/7).

Boetius, Anicius Manlius Severinus (1.2.2.8)

Geb. 475/480 in Rom, gest. 524/525 in oder bei Pavia.
Op.: Migne, PL, Bd. 63,64.
Einige (hier genannte) Schriften
In Porphyrium Dialogi PL 64, Sp. 9 ff.
De disciplina scholarium PL 64, Sp. 1223 ff.
Consolationis philosophiae libri quinque. Trost der Philosophie. Lat. u. deutsch ed. E. Gegenschatz und O. Gigon. Zürich, München: Artemis Verlag. 3. Aufl. 1981.
Boetii de institutione arithmetica libri duo, de institutione musica libri quinque. Accedit geometria quae fertur Boetii. Ed. G. Friedlein. Leipzig: Teubner 1867. – Engl. Übers.: Boethian Number Theory. Ed. M. Masi. Amsterdam: Rodopi 1983.
Literatur
Folkerts, M.: „Boethius" Geometrie II. Ein mathematisches Lehrbuch des Mittelalters. Wiesbaden: Steiner 1970. Reihe Boethius, Bd. 9.
Masi, M. (Ed.): Boethius and the Liberal Arts. A Collection of Essays. Bern, Frankfurt/M., Las Vegas: Peter Lang 1981.
Darin (S. 187–209): Folkerts, M., 81.3: The Importance of the Pseudo-Boethian *Geometria* during the Middle Age.
Biogr. von H. Holz in: Die Großen d. W., Bd. 2, S. 732–747.
T: Natürliche Zahlenreihe 2.3.2.2

Bolzano, Bernard

Geb. 5. Okt. 1781 in Prag, gest. 18. Dez. 1848 in Prag.
1804 bewarb sich B. um eine Lehrkanzel für Mathematik, die aber ein älterer Bewerber erhielt. 1805 erhielt B. zunächst provisorisch, 1806 endgültig die „Katechetenstelle für die philosophischen Schüler der Prager Universität." Wegen seiner kritischen kirchlichen und sozialen Auffassungen wurde er 1819 mit einer kleinen Pension entlassen. Seit 1815 war er Mitglied der kgl. böhmischen Gesellschaft der Wissenschaften, seit 1841 Sekretär der philosophischen und mathematischen Abteilung.
Grundbegriffe der Mengenlehre behandelt B. in
Wissenschaftslehre. 4 Bde. Geschrieben 1820–30, erschienen 1837. Auszüge: Bernard Bolzano's Grundlegung der Logik. Ausgewählte Paragraphen aus der Wissenschaftslehre. Ed. F. Kambartel. Philos. Bibl. 259. Hamburg 1963.
und ausführlich in
Paradoxien des Unendlichen. Geschrieben 1847/48, ed. F. Přihonski 1851. Nachdruck Darmstadt: Wiss. Buchges. 1964.
T: Def. der unendlichen Menge 2.5.2 – Def. des Kontinuums 2.5.3.

Bombelli, Rafael (4.1.3.2)

Getauft 20. Jan. 1526 in Bologna, gest. 1572/73 in Bologna.
L'algebra. Buch I–III. Bologna 1572. 2. Aufl. 1579.
L'algebra, Buch IV, V, ed. E. Bortolotti. Bologna 1929.

Literatur zu den Lebensdaten
Jayawardene, S. A.: Documenti inediti negli archivi di Bologna intorno a Raffaele Bombelli e la sua famiglia. Atti della Accademia delle Scienze dell'Istituto di Bologna. Ser. 11, Bd. 10. 1963, S. 235-247.
–: Documenti inediti riguardanti Raffaele Bombelli e il prosciugamento delle paludi della Val di Chiana. Atti . . . (s.o). Ser. 12, Bd. 1. 1965, S. 132-148.
–: Unpublished Documents Relating to Rafael Bombelli in the Archives of Bologna. Isis **54**, 1963, S. 391-395.
–: Rafael Bombelli, Engineer – Architect. Some Unpublished Documents of the Apostolic Camera. Isis **56**, 1965, S. 298-306.
Literatur zur Algebra
Hofmann, J. E.: Bombellis Algebra – eine genialische Einzelleistung und ihre Einwirkung auf Leibniz. Studia Leibnitiana **4**, 1972, S. 196-252.
Jayawardene, S. A.: The Influence of Practical Arithmetics on the Algebra of Rafael Bombelli. Isis **64**, 1973, S. 510-523.
Reich, K.: Diophant, Cardano, Bombelli, Viète, ein Vergleich ihrer Aufgaben. In: Rechenpfennige. Aufsätze zur Wissenschaftsgeschichte. Kurt Vogel zum 80. Geburtstag am 30. Sept. 1968. München. Forschungsinstitut des Deutschen Museums. 1968.

Borelli, Giovanni Alfonso (4.2.2.3)
Geb. 1608 (getauft am 28. Jan.) in Neapel, gest. 31. Dez. 1679 in Rom.
Euclides restitutus. Pisa 1658.
Theoricae mediceorum planetarum ex causis physicis deductae. 1666.
De vi percussionis. 1667.
Historia et meteorologia Aetnaei anni 1669.
De motibus naturalibus a gravitate pendentibus. 1670.
De motu animalium. Ed. Giovanni di Gesù. 2 Bde. 1680, 1685. Teile davon deutsch von M. Mangeringhausen: Die Bewegung der Tiere. Ostw. Kl. 221. Leipzig 1927.

Borghi, Piero (3.3.1)
Lebte in Venedig und starb dort nach 1494.
Arithmetica. Venedig 1484. Faksimile-Nachdruck: München: Graphos 1964.

Bradwardine, Thomas (2.5.1, 2.5.4)
Geb. 1290/1300 in der Grafschaft Sussex, gest. 26. August 1349 in London.
Mathematische Schriften
Arithmetica speculativa. – Benutzte Ausgabe: Paris 1495.
Geometria speculativa. – Benutzte Ausgabe: Paris 1511. – Neue Edition: G. Molland. Stuttgart: Steiner-Verl. 1988. Reihe Boethius 18.
Inhaltsbeschreibung: A. G. Molland: An Examination of Bradwardine's Geometry. Arch. Hist. Exact Sci. **19**, 1978, S. 113-175.
Tractatus proportionum seu de proportionibus velocitatum in motibus. 1328.
Ed. lat. u. engl.: H. L. Crosby: Thomas of Bradwardine. His *Tractatus de Proportionibus.* Its Significance for the Development of Mathematical Physics. Madison: Univ. of Wisconsin Press 1955.
Tractatus de continuo. Ed. J. E. Murdoch: Geometry and the Continuum in the Fourteenth Century. A Philosophical Analysis of Bradwardine's *Tractatus de Continuo.* Ph.D. thesis. Univ. of Wisconsin 1957. – Facsimile University Microfilms International. Ann Arbor, Michigan, USA, London 1982.
Auszüge und Beschreibungen:
Curtze, M.: Zeitschr. f. Math. u. Phys. **13**, 1868.
Stamm, E.: Isis **26**, 1937, S. 13-32.
Subow, W. P.: Istor.-Mat. Issl. **13**, 1960, S. 385-440.
T: Über das Unendliche 2.5.1 – De continuo 2.5.3 – Isoperimetrie 2.5.4.1 – Bewegungsgesetz 2.5.4.2.

Brahmagupta, 598 – nach 665 (A.u.O., S. 260).
Brāhmasphuṭasiddhānta. 628. – Engl. Übers. der mathematischen Teile in: Colebrooke, H. Th.: Algebra with Arithmetic and Mensuration from the Sanscrit of Brahmegupta and Bháscara. London 1817.

Nachdruck: Walluf bei Wiesbaden: Sändig 1973.
T: Verecksformel 1.1.2.7.

Brunelleschi, Filippo (3.1.1.2)

Geb. 1377 in Florenz, gest. 16. April 1446 in Florenz.
Literatur
Manetti: Vita di Brunelleschi, entstanden wahrscheinlich 1482/89. Ital. Text mit engl. Übers. von Catherine Enggass ed. H. Saalmann. The Pennsylvania State University Press. 1970.
Vasari (1511–1574): Künstler der Renaissance. Deutsch von H. Siebenhüner. Leipzig: Dieterich 1940.
Argan, G. C.: Brunelleschi. 1955.
Sanpaolesi, P. Brunelleschi. Mailand 1962.
Edgerton, S. Y.: The Renaissance Rediscovery of Linear Perspective. New York: Basic Book Inc. 1975.

Buridan, Jean (2.5.1)

Geb. um 1295 in Béthune (Diözese von Arras), gest. nach 1358 in Paris.
Benutzte Ausgabe: *Magistri Johanis Buridani subtilissime questiones super octo phisicorum libros Aristotelis, diligenter recognite et revise a magistro Johanne duellart de gandano* ... Paris 1509. Nachdruck Frankfurt a.M.: Minerva 1964.

Buteo, Johannes (Jean Borrel) (S. 250)

Geb. um 1492 in Charpey (Dauphine), gest. 1564/1572 in Romans-sur-Isère (Dauphine).
Opera geometrica. Lyon 1554.
De quadratura circuli. Lyon 1559.
Logistica. Lyon 1559.
Literatur: Wertheim, G.: Die Logistik des Johannes Buteo. Bibl. Math. (3), **2**, 1901, S. 213–219.

Campanus von Novara (2.4.1)

Geb. etwa 1200/1210 in Novara, gest. 1296.
Schriften
Euklid-Ausgabe, entstanden 1255/59, erstmals gedruckt: Venedig 1482. Die *subscriptio* auf dem letzten Blatt der Ausgabe lautet: *Opus elementorum euclidis megarensis in geometriam artem In id quoque Campani perspicacissimi Commentationes finiunt. Erhardus ratdolt Augustensis impressor solertissimus. venetijs impressit. Anno salutis M.CCCC. lxxxij.*
Theorica planetarum; dem Papst Urban IV gewidmet, etwa 1263. Ed. mit engl. Übers. F. S. Benjamin and G. J. Toomer: Campanus of Novara and Medieval Planetary Theory. Madison, Milwaukee, London: The Univ. of Wisconsin Press. 1971. – Darin S. 1–34: Leben und Werke.
Quadratura circuli. Ed. M. Clagett in: Archimedes in the Middle Ages, Bd. 1, S. 581–609.
De proportionibus. Ed. H. L. L. Busard: Die Traktate *De proportionibus* von Jordanus Nemorarius und Campanus. Centaurus **15**, 1971, S. 193–227.

Cardano, Girolamo (Hieronymus, Geronimo) (4.1.2.3)

Geb. 24. Sept. 1501 in Pavia, gest. 21. Sept. 1576 in Rom.
Op. Ed. C. Spon. 10 Bde., Bd. 4 (*Arithmetica, Geometrica, Musica*) Lyon 1663.
Einige einzelne Schriften
Practica arithmeticae generalis. Mailand 1539. (Wildmung datiert Jan. 1537) Op. Bd. 4, S. 13–216.
Ars magna sive de regulis algebraicis. Nürnberg 1545. Op. Bd. 4, S. 221–302. Engl. Übers.: T. R. Witmer: The Great Art or The Rules of Algebra by Girolamo Cardano. Cambridge (Mass.), London: M.I.T. Press 1968.
Ars magna Arithmeticae. Op., Bd. 4, S. 303–376.
De Regula Aliza. Op. Bd. 4, S. 377–434.
Sermo de plus et minus. Op. Bd. 4, S. 435–439. Darin wird Bombelli zitiert.
Opus novum de proportionibus. Op. Bd. 4, S. 463–601.
Autobiographie
De vita propria liber. 1576. Deutsche Übers. von H. Hefele: Des Girolamo Cardano von Mailand (Bürgers von Bologna) eigene Lebensbeschreibung. Jena: Diederichs 1914.
Biographien
Ore, O.: Cardano, the Gambling Scholar. Princeton University Press 1953.

Fierz, M.: Girolamo Cardano (1501–1576). Arzt, Naturphilosoph, Mathematiker, Astronom und Traumdeuter. Basel, Stuttgart: Birkhäuser 1977. Engl. Ausgabe 1983.
T: Komplexe Zahlen 4.1.3.1 – Zum Zahlbegriff 4.1.4.1.

Cassiodorus, Flavius Magnus Aurelius Senator (1.2.2.9)

Geb. 480/490 in Scylacium (jetzt Squillace, Kalabrien), gest ca. 575 im Kloster Vivarium bei Scylacium.
Op.: Migne, PL Bd. 69, 70.
Cassiodori Senatoris Institutiones. Liber primus Divinarum Litterarum, Liber secundus Saecularium Litterarum. Ed. R. A. B. Mynors. Oxford: Clarendon Press 1957. Nachdrucke 1961, 1963.

Castelli, Benedetto (S. 284)

Geb. 1578 in Brescia, gest. 16. (?) April 1643 in Rom.
C. trat 1595 in den Benediktinerorden ein, kam vor 1604 in das Kloster Santa Giustina in Padua und studierte bei Galilei. 1611 kam er nach Florenz, um mit Galilei zusammenzuarbeiten, 1613 wurde er auf Empfehlung Galileis Prof. der Mathematik in Pisa. Er arbeitete über Hydraulik (Wasserbewegung in Flüssen) und wurde um 1626 nach Rom berufen, als päpstlicher Berater in hydraulischen Fragen und Prof. der Mathematik an der Universität. Dort waren Borelli und Torricelli seine Schüler. 1628 erschien *Della misura dell'acque correnti.* C. arbeitete auch über Optik, fand 1634 das Gesetz, daß die Beleuchtungsstärke mit dem Quadrat der Entfernung abnimmt.

Chrysoloras, Manuel (3.1.3.5)

Geb. um 1350 in Konstantinopel, gest. 15. April 1415 in Konstanz. Diplomat; Vermittler griechischer Handschriften ins Abendland.

Chuquet, Nicolas (3.1.3.2)

Geburtsdatum und -ort unbekannt (vielleicht Paris), gest. 1488 in Lyon.
Das Manuskript fr. 1346 der französischen Nationalbibliothek enthält die Teile:
La triparty en la science des nombres. Ed. A. Marre. Bull. Boncompagni **13**, 1880, S. 555–659, 693–814.
Problèmes et applications. Auszugsweise ed.: E. Narducci. Bull. Boncompagni **14**, 1881, S. 413–437. (Appendice au Triparty.)
Commant la science des nombres se peult appliquer aux mesures de geometrie. Ed. L. Huillier: La Géométrie. Paris: Vrin 1979.
Commant la science des nombres se peult appliquer au fait de marchandise.
Engl. Übers. von Teilen: Nicolas Chuquet, Renaissance Mathematician. A study with extensive translations of Chuquet's mathematical manuscript completed in 1484, ed. Graham Flegg, Cynthia Hay, Barbara Moss. Dordrecht, Boston, Lancaster 1985.
Literatur
Hay, C. (Ed.): Mathematics from Manuscript to Print. 1300–1600. Oxford: Clarendon Press 1988. – Part II. Nicolas Chuquet and French Mathematics.
l'Huillier, H.: Eléments nouveaux pour la biographie de Nicolas Chuquet. Revue d'Hist. Sci. **39**, 4, 1976, S. 347–350.
T: Geometrie 3.1.3.2 – Negative Zahlen 3.3.4 – Triparty 3.2.4.

Cicero, Marcus Tullius, 106–43 v. Chr. (A.u.O., S. 231)

Zitate aus *De oratore* und aus *Academica* 1.2.2.2, aus *Somnium Scipionis* 1.2.2.7.

Clavius, Christoph (4.2.2.2)

Geb. 25. März 1538 in Bamberg, gest. 6. Febr. 1612 in Rom.
Op.: *Opera mathematica.* 5 Bde. Mainz 1611/12.
Euclidis elementorum libri XV. 1574. 2. Aufl. 1589. Hier benutzt: 3. Aufl. Köln 1591.
In Sphaeram Joannis de Sacrobosco commentarius. Rom 1581.
Epitome arithmeticae practicae. Rom 1583. 1585.
Astrolabium. Rom 1593.
Geometria practica. Rom 1604.
Algebra. Rom 1608.

Literatur: Knobloch, E.: Sur la vie et l'oeuvre de Christophore Clavius (1538–1612). Revue d'Hist. Sci. **41**, 1988, S. 331–356. – Dieser Arbeit, die mir erst nach Fertigstellung meines Manuskripts bekannt geworden ist, habe ich u.a. das Geburtsdatum von Clavius entnommen, das von Bernardino Baldi „dans sa biographie écrite en 1589 et éditée par Zaccagnini en 1908" angegeben ist.
T: Kontrolle der Fünfeckskonstruktion 3.1.2.1 – Berührungswinkel 4.2.2.2 – Parallelenpostulat 4.2.2.3.

Codex Arcerianus (1.2.1.1)

Wolfenbüttel, Cod. Guelf. 36.23. Benannt nach Arcerius, einem früheren Besitzer.
Die hier behandelten Stücke sind veröffentlicht in Bubnov: Gerberti Opera mathematica, App. VII.
Literatur: Folkerts 70,1: „Boethius" Geom. II. S. 95/96.

Columban (1.4.4)

Geb. um 543 in der Provinz Leinster (SO-Irland), gest. 23. Nov. 615 in Bobbio.
Gründer der Klöster Luxeuil, Bobbio u. a.

Columella, Lucius Iunius Moderatus (1.2.1.4)

1. Jh. n. Chr., geb. in Gades (heute Cadix) als römischer Bürger.
Nahm wahrscheinlich im Jahre 36 an einem Feldzug in Kilikien teil.
De re rustica libri duodecim. (Zwölf Bücher über Landwirtschaft), lat. – deutsch ed. W. Richter. München: Artemis Verlag. 3 Bde. 1981, 1982, 1983.
Columella: Über Landwirtschaft. Ein Lehr- und Handbuch der gesamten Acker- und Viehwirtschaft aus dem 1. Jh. u. Z. Deutsch von K. Ahrens. Berlin: Akademie-Verlag. 2. Aufl. 1976. (Ausführliche Einführung über das Leben und den Charakter Columellas.)
Biographie: Becker, W.: *De L. Iunii Moderati Columellae Vita et Scriptis.* Diss. Leipzig 1897.

Commandino, Federigo (4.2.3)

Geb. 1509 in Urbino, gest. 3. Sept. 1575 in Urbino.
Literatur
Clagett (5.1.2): Archimedes in the Middle Ages. Bd. 3, Teil 3. 1978.
Rose (5.1.3.3): Ital. Renaissance of Math. Kap. 9.

Constantinus Africanus (2.1.4)

Geb. um 1020 in Karthago, gest. 1087 in Monte Cassino.

Dardi, Meister Dardi von Pisa (2.5.7)

Aliabraa argibra (1344?), beschrieben von W. Van Egmond: The Algebra of Master Dardi of Pisa. Hist. Math. **10**, 1983, S. 399–421.

Desargues, Girard (3.1.1.5)

Geb. 1591 (getauft 2. März) in Lyon (Taton, s.u.: Die manchmal übliche Angabe 1593 beruht auf einem Irrtum von Baillet).
Gest. 1661 in Lyon (Taton: Ein Testament wurde am 8. Okt. 1661 eröffnet.)
Op.: Oeuvres de Desargues. Ed. M. Poudra. 2. Bde. Paris 1864.
In Bd. 1: Biographie von Poudra, ferner
Perspective. Paris 1636.
Brouillon projet d'une atteinte aux éuènemens des rencontres d'une cone auec un plan. Paris 1639. – Deutsch von M. Zacharias: Erster Entwurf eines Versuchs über die Ergebnisse des Zusammentreffens eines Kegels mit einer Ebene. Ostw. Kl. 197. Leipzig 1922.
Lecons de tenèbres. 1640.
Kleinere Schriften, darunter (S. 143–145): *Proposition géométrique* („Satz von Desargues").
Bd. 2: Analyse des ouvrages d'Abraham Bosse, élève et ami de Desargues. (B. arbeitete mit Billigung von D. dessen Ideen aus.)
Literatur
Field, J. V. und J. J. Gray: The Geometrical Work of Girard Desargues. New York, Berlin, Heidelberg: Springer 1987.

Taton, R.: L'oeuvre mathématique de Desargues. Paris: Presses universitaires de France 1951.
Zacharias, M.: Desargues Bedeutung für die projektive Geometrie. Deutsche Math. **5**, 1940, S. 446–457.

Descartes, René (4.1.7)

Geb. 31. März 1596 in La Haye (Touraine), gest. 11. Febr. 1650 in Stockholm.
Op.: Oeuvres de Descartes. Ed. Ch. Adam et P. Tannery. 13 Bde. Paris 1891–1912. In Bd. 12: Ch. Adam: Vie et oeuvres de Descartes.
Op. Pl.: Oeuvres et lettres. Ed. A. Bridoux. Bibliothèque de Pléiade. Brügge. Gallimard 1953. Neuauflage 1963. (Auswahl, franz.; lat. Schriften übersetzt.)
Einzelne Schriften
Regulae ad directionem ingenii. Verfaßt wahrscheinlich 1628. Ed. A. Buchenau. Leipzig 1907.
Deutsch von A. Buchenau: Regeln zur Leitung des Geistes. Die Erforschung der Wahrheit durch das natürliche Licht. Leipzig: Meiner, Phil. Bibl. 26b. 2. Aufl. 1920. Nachdruck 1948.
Traité du Monde. 1632. Zurückgezogen wegen der Verurteilung von Galilei. Ed. mit deutscher Übersetzung: G. M. Tripp. Weinheim: VCH Verlagsges. 1989.
Discours de la méthode pour bien conduire sa raison et chercher la vérité dans les sciences. Plus la dioptrique, les météores et la géométrie. Leiden 1637.
Mit deutscher Übersetzung ed. L. Gäbe. Meiner, Phil. Bibl. 261. Neudruck 1964.
Géométrie.
Faksimile-Ausgabe mit engl. Übers. ed. D. E. Smith and M. L. Latham. New York: Dover Publ. 1954.
Lat. mit Kommentaren ed. F. van Schooten 1649, erweitert 1659.
Deutsch von L. Schlesinger 1894. 2. Aufl. Leipzig 1923. Nachdruck: Darmstadt: Wiss. Buchges. 1969.
Meditationes de prima Philosophia. Paris 1641. 2. Aufl. mit Einwänden und Erwiderungen. Amsterdam 1642. – Deutsch von A. Buchenau. Meiner, Phil. Bibl. 27. 1915. Neudruck Hamburg 1954.
Principia Philosophiae. Amsterdam 1644. – Deutsch von A. Buchenau. Meiner, Phil. Bibl. 28. 7. Aufl. Hamburg 1955..
De solidorum elementis. Ed. P. J. Federico: Descartes on Polyhedra. New York: Springer 1982.
Biographien
Adam, Ch.: Descartes, sa vie et son oeuvre. Paris 1937.
Scott, J. F.: The Scientific Work of René Descartes. London 1952.
Röd, W. in: Die Großen der Weltgesch., Bd. 5. 1974.
T: Algebra 4.1.7 – analytische Geometrie 4.2.5.3 – Zahlbegriff 4.2.5.4.

Diophant, um 250 n. Chr. (A.u.O., S. 232)

Op. *Diophanti Alexandrini Opera omnia cum Graecis Commentariis.* Ed. P. Tannery. 2 Bde. Leipzig: Teubner 1893, 1895.
Diophantou Arithmetika, griech. mit neugriech. Übers. ed. E. S. Stamatis. Athen 1963.
Arithmetik und Polygonalzahlen. Deutsch von G. Wertheim. Leipzig 1890, ferner von A. Czwalina. Göttingen 1952.
T: Polygonalzahen 1.1.2.4 – Entdeckt von Regiomontan 3.2.3 – übersetzt von Xylander 4.1.4.4 – ed. von Bachet 4.2.5.2.

Domingo de Soto (2.5.5.1)

1494–1560, spanischer Dominikaner, studierte in Paris.
Quaestiones super octo libros Physicorum Aristotelis. Salamanca 1555.
Literatur: Clagett, M.: Science of Mechanics in the Middle Ages. S. 555.

Dominicus de Clavasio (2.5.7)

Geb. wahrscheinlich in Chivasso bei Turin, gest 1357/62.
Studierte in Paris, war 1349–1350 Mitglied der Artistenfakultät, 1356–1357 Mitglied der medizinischen Fakultät, Hofastrologe des Königs von Frankreich.
Schriften
Practica Geometriae, geschrieben in Paris 1346. Ed. H. L. L. Busard: The Practica Geometriae of Dominicus de Clavasio. Arch. Hist. Exact Sci. **2**, 1965, S. 520–575.
Quaestiones super perspectivam. Quaestio I und VI ed. G. F. Vescosini: Les questions de „perspective" de

Dominicus de Clivaxo. Centaurus **10**, 1964, S. 14 – 28.
Lectiones de Sphaera. Unpubliziert.
Kommentar zu *De Coelo et Mundo.* Unpubliziert.
Literatur: Curtze, M.: Über den Dominicus Parisiensis der „*Geometria Culmensis*". Bibl. Math. (2) **9**, 1895, S. 107–110.

Donatus, Aelius (3.4)
Lateinischer Grammatiker, 4. Jh. n. Chr.
Lehrbuch der Grammatik: *Ars minor* für Anfänger, *Ars maior* für Fortgeschrittene.

Dürer, Albrecht (3.1.2.2)
Geb. 21. Mai 1471 in Nürnberg, gest. 6. April 1528 in Nürnberg.
Schriften
Vnderweysung der messung mit dem zirckel und richtscheyt. Nürnberg 1525. 2. Aufl. mit Zusätzen aus Dürers handschriftlichem Nachlaß 1538. Faksimiledruck nach der Urausgabe vom Jahre 1525, ed. A. Jaeggli. Dietikon-Zürich: Verlag Josef Stocker-Schmid. 1966. – Darin: Papesch, Christine: Dürers Entwicklung zum Kunsttheoretiker der Renaissance und seine „Unterweisung der Messung."
Gekürzte Ausgabe: A. Peltzer. München 1909. Nachdruck Wiesbaden 1970.
Etliche underricht zu befestigung der Stett Schloss und flecken. Nürnberg 1527.
Vier Bücher von menschlicher Proportion. Nürnberg 1528.
Literatur zur Geometrie Dürers
Hofmann, J. E.: Dürer als Mathematiker. Praxis d. Math. **13**, 1971, S. 85–91, 117–122.
Schröder, E.: Dürer. Kunst und Geometrie. Akademie-Verlag Berlin 1980. Lizenzausgabe für alle nichtsozialistischen Länder: Basel: Birkhäuser 1980.

Egbert (1.4.5)
Erzbischof von York seit 732, gest. 766.
Quellen: Biographien von Alkuin.

Epaphroditus (1.2.1.6)
Vielleicht griechischer Geometer, vor dem 3. Jh. n. Chr.
Geometrische Fragmente von E. und Vitruvius Rufus ed. N. Bubnov: Gerberti Opera Math., App. VII, S. 518 ff.

Eudoxos von Knidos, um 400–347 v. Chr. (A.u.O., S. 234)
T: Infinitesimale Methoden 1.1.1.

Euklid, um 300 v. Chr. (A.u.O.)
Op.: Euclidis opera omnia, ed, J. L. Heiberg, H. Menge. 8 Bde. Leipzig: Teubner 1883–1916. Nachdruck ed. E. S. Stamatis. Leipzig: Teubner 1972.
Suppl. Anaritii in decem libros priores elementorum Euclidis commentarii ex interpretatione Gherardi Cremonensis, ed. M. Curtze. 1909.
Ausgaben, Kommentare, Übersetzungen der Elemente (Auswahl)
griechisch
um 370 n. Chr.: Redaktion von Theon von Alexandria, Grundlage fast aller weiterer Ausgaben. Theon redigierte auch die Data, Optik und Phainomena.
um 450: Kommentar von Proklos zu Buch I.
Anf. 6. Jh.: Kommentar von Simplikios; nur Fragmente erhalten im Kommentar des Anaritius.
888: älteste erhaltene Handschrift, geschrieben in Byzanz, jetzt in Oxford, Bodleian Library.
arabisch
von den zahlreichen Übersetzungen und Kommentaren sind für die Überlieferung wichtig:
um 800: Zwei Übersetzungen von al-Ḥaǧǧāǧ.
um 900: Übersetzung von Ishāq ibn Ḥunain, überarbeitet von Ṯābit ibn Qurra (auch Data und Optik).
um 900: Kommentar von al-Nayrīzī (Anaritius)
1248: Übersetzung und Kommentar von Nāṣir al-Dīn al-Ṭūsī, (auch Data, Optik, Phainomena). Arabisch gedruckt Rom 1594.

lateinisch (Editionen sind bei den Übersetzern angegeben).
um 500: Übersetzung von Boetius (natürlich aus dem Griechischen) nur teilweise in späteren Bearbeitungen erhalten.
um 1130: Übers. aus dem Arabischen von Adelard von Bath.
12. Jh.: Übers. aus dem Arab. Hermann von Kärnten.
Übers. aus dem Arab. Gerard von Cremona.
Anonyme Handschrift Lüneburg; diese und andere Handschriften aus dem 12. Jh. gehen indirekt auf arabische und griechische Quellen zurück. [Folkerts 71.1: Anon. lat. Euklidbearb.]
In Salerno oder Sizilien entstand (bald nach 1160?) eine Übersetzung aus dem Griechischen (2.2.4). Ed. Busard 1987.
13. Jh. Albertus (Magnus?) Kommentar
1255/59: Bearbeitung von Campanus; gedruckt von Ratdolt, Venedig 1482 und öfter.
1501: Bearbeitung von Valla in *De expetendis et fugiendis rebus.*
1505: Übers. aus dem Griechischen von Zamberti, enthält auch Data, Optik, Phaenomena und den Kommentar des Proklos.
1541(?): Ramus. Gesichert sind Auflagen von 1545, 1549, 1558.
1572: Übers. aus dem Griechischen von Commandino.
1574: Ausgabe von Clavius; mit vielen Kommentaren. Benutzt wurde die 3. Aufl. Köln 1591.
Weitere Ausgaben
1533: Griechisch von S. Grynaeus, Basel. Editio princeps. Dabei auch der Kommentar des Proklos.
1703: Griechisch und lat.: David Gregory. Euclidis quae supersunt omnia. Oxford. Enthält auch Data und Phaenomena.
1814–1818: F. Peyrard: Les oeuvres d'Euclide, en grec, en latin et en francais. Paris. Auf Grund der Entdeckung einer vortheonischen Redaktion.
1883–1916: Ed. Heiberg und Menge, s.o. unter Op.
1908: T. L. Heath: The thirteen books of Euclid's Elements, translated from the text of Heiberg with introduction and commentary. Cambridge: University Press.
1933–1937: Deutsche Übers. von Cl. Thaer nach dem Text von Heiberg. Ostw. Kl. Leipzig: Akad. Verlagsges. – Nachdruck: Darmstadt: Wiss. Buchges. 1962.

Data (Op. Bd. 6, ed. Menge 1896) und *Optik* (Op. Bd. 7, ed. Heiberg 1895).
Diese Schriften wurden oft gemeinsam mit den Elementen behandelt. Sie wurden redigiert von Theon von Alexandria, ins Arabische übersetzt von Isḥāq ibn Ḥunain/Ṯābit ibn Qurra, bearbeitet von Nāṣir al-Dīn al-Ṭūsī. Gerhard von Cremona übersetzte sie aus dem Arabischen ins Lateinische; außerdem existierten im 12. Jh. Übersetzungen aus dem Griechischen. Data und Optik, dazu die nicht von Euklid stammende Katoptrik, finden sich in der Übersetzung von Zamberti.
Neuere Übersetzungen
Ver Eecke, P.: Euclide. L'optique et la catoptrique. Paris, Brügge 1938. (frz.)
Thaer, Cl.: Die Data von Euklid. Berlin, Göttingen, Heidelberg: Springer 1962. (deutsch.)

Die Bedeutung der Optik für das Mittelalter wird dadurch eingeschränkt, daß die Grundlagen des Sehvorgangs schon vorher, u.a. von Platon und Aristoteles (deren Werke natürlich ohnehin studiert wurden) besprochen wurden und die geometrischen Fragen von Heron, Ptolemaios und Diokles (dessen Werk über Brennspiegel von Gerhard von Cremona übersetzt wurde) behandelt waren. Auf allen diesen Quellen fußte die Optik von Alhazen (*Opticae thesaurus*) und darauf wieder die *Perspectiva* von Witelo.

Auch die Bedeutung der *Phaenomena* (Op. Bd. 8, ed. Menge 1916 – Kugelgeometrie) wurde durch andere Werke beeinträchtigt, u. a. die von Gerhard von Cremona übersetzte Sphärik des Menelaos.

Die Musiktheorie Euklids (*Sectio Canonis*, Op. Bd. 8. ed. Menge 1916) wurde von Boetius in *de institutione musica* (neben anderen Werken) berücksichtigt.

Die *Hauptquellen* der vorstehenden Angaben sind
Murdoch, J.: Transmission of the Elements. DSB, Bd. 4, 1971, Art. Euklid.
Steck, M., ed. M. Folkerts: Bibliographia Euclideana. Hildesheim: Gerstenberg 1981.
McVaugh, M.: Gerard of Cremona, in: A Source Book in Medieval Science, ed. E. Grant. Cambridge, Mass., Harvard Univ. Press 1974.

Literatur
Folkerts, M. 71.1: Anonyme lateinische Euklidbearbeitungen aus dem 12. Jh.
– 80.2: Probleme der Euklidinterpretation
Schönbeck, J.: Euklid durch die Jahrhunderte. Jahrbuch Überblicke Mathematik 1984. S. 81–104. Mannheim Bibl. Inst.

Eutokios (1.3; A.u.O., S. 240)
Geb. um 480 in Askalon.
Literatur
Ver Eecke, P.: Introduction à Eutokios. Arch. Intern. Hist. Sci. **7**, 1954. S. 131–133.
Vogel, K. (62.1): Der Anteil von Byzanz an Erhaltung und Weiterbildung der griechischen Mathematik.

al-Fārābī (2.1.2.3; A.u.O., S. 266)
Geb. in Wasīj bei Fārāb (Turkestan), gest. 950/1 in Damaskus.
De scientiis. Aufzählung der Wissenschaften. Ins Lat. übersetzt von Gerhard von Cremona. Deutsche Übersetzung der Einleitung und der Beschreibung der mathematischen Wissenschaften: Wiedemann, E.: Über al-Fārābīs Aufzählung der Wissenschaften. Sitzungsber. der physik. mediz. Sozietät in Erlangen **39**, 1907, S. 74–101.
De ortu scientiarum. Ed. Cl. Baeumker. Beiträge zur Geschichte der Philosophie des Mittelalters Bd. 19, Heft 3. Münster 1916.

Fermat, Pierre de (4.2.5.2)
Getauft 20. Aug. 1602 in Beaumont de Lomagne (bei Toulouse), gest. 12. Jan. 1665 in Castres.
Op.: Oeuvres de Fermat. Ed. P. Tannery et Ch. de Henri. 5 Bde. Paris 1891–1922.
Varia Opera Mathematica D. Petri de Fermat. Toulouse 1679. Faksimile-Nachdruck Brüssel 1969.
In deutscher Übersetzung erschienen
Einführung in die ebenen und körperlichen Örter. Übers. von H. Wieleitner. Ostw. Kl. 208. Leipzig 1923.
Bemerkungen zu Diophant. Übers. von Max Miller. Ostw. Kl. 234. Leipzig 1932.
Abhandlungen über Maxima und Minima. Übers. von Max Miller. Ostw. Kl. 238. Leipzig 1934. – Auch in H. Wieleitner: Mathematische Quellenbücher IV, 1929.
Literatur
Itard, J.: Pierre Fermat. – Kurze Mathematiker-Biographien. Beihefte zur Zeitschrift „Elemente der Mathematik". Nr. 10. 2. Aufl. Basel 1979.
Hofmann, J. E. 65: Pierre Fermat – ein Pionier der neuen Mathematik.
– 61: Über zahlentheoretische Methoden Fermats und Eulers.
Mahoney, M. S.: The Mathematical Career of Pierre de Fermat (1601–1665). Princeton, New Jersey: Univ. Press 1972.
Schneider, Ivo in: Die Großen d. Weltgesch. Bd. 5, S. 780–794.

Ferrari, Luigi (4.1.2.3)
Geb. 1522 in Bologna, gest. 1565 in Bologna.
Biographie: Cardano: *Vita Ludovici Ferrarii Bononiensis.* Cardano, Op. Bd. 9, S. 568–569.

del Ferro, Scipione (4.1.2.1)
Geb. 6. Febr. 1465 in Bologna, gest. 29. Okt./16. Nov. 1526 in Bologna.
Literatur: Bortolotti, E.: L'algebra nella scuola matematica di Bologna del secolo XVI. Periodico di matematiche (4), **5**, 1925, S. 147–184.

Fine, Oronce (Orontius Fin(a)eus)
Geb. 1494 in Briançon, gest. 8. Okt. 1555 in Paris.
Protomathesis 1532 (Arithmetik, Geometrie, Kosmographie, Gnomonik)
Liber de Geometria practica. Straßburg 1544.
Im Titelblatt nennt er sich *Lutetiae liberalium disciplinarum Professor.* – Beschreibung des Quadranten (s. hier 1.4.7, Abb. 1.35) und des Jakobstabs (2.5.7, Abb. 2.31).

de Fournival, Richard (2.3.4)

Geb. 1201 in Amiens, gest. um 1260.
Biblionomia = Katalog seiner Bibliothek.

della Francesca, Piero (3.1.1.4)

Geb. um 1420 in Borgo Sansepolcro (am Tiber), gest. 12. Okt. 1492 in Borgo Sansepolcro.
De prospectiva pingendi. Ed. G. Nicco Fasola. Florenz 1942. Ed. mit deutscher Übersetzung: C. Winterberg: *Petrus pictor Burgensis: De prospectiva pingendi.* Straßburg: Heitz und Mündel 1899.
De quinque corporibus regularibus. Ed. G. Manzini: L'opera „*De corporibus regularibus*" di Pietro Franceschi detto della Francesca usurpata da Fra Luca Pacioli. Memorie della R. Accademia dei Lincei. Classe di scienze morali, storiche e filologiche, Anno 1915, Series quinta. Vol. XIV, fasc. VII^{B}.
Trattato d'abaco. Ed. G. Arrighi. Testimonianze di storia della Scienza. Bd. 6. Pisa: Domus Galilaeana 1970.
Literatur: Davis, M. D.: Piero della Francesca's Mathematical Treatises. The *Trattato d'abaco* and *Libellus de quinque corporibus regularibus.* Ravenna: Longo Editore 1977.

Franco von Lüttich (1.4.9)

1066 Leiter der Kathedralschule von Lüttich, gest. um 1083.
De quadratura circuli, verfaßt etwa 1050, ed. M. Folkerts and A. J. E. M. Smeur: A Treatise on the Squaring of the Circle by Franco of Liège, of about 1050. Arch. Intern. Hist. Sci. **26**, 1976 I, S. 59–105 (Text), II, S. 225–253 (Beschreibung und Erläuterungen).
Literatur: Butzer und Schaffrath: Mathematics in Belgium (5.1.5)

Fridericus Gerhart (3.3.1)

Gest. 1464/65 im Kloster St. Emmeram in Regensburg.
Literatur und Edition: K. Vogel 54.1: Die Practica des Algorismus Ratisbonensis. München: Beck 1954.

Frontinus, Sextus Iulius (1.2.1.6)

Um 40 – um 103 n. Chr. in Rom.
Texte und Literatur s. Agrimensoren.

Fulbert von Chartres (1.4.9)

Geb. um 960 in Mittelitalien, gest. 1028 in Chartres.

Galilei, Galileo

Geb. 15. Febr. 1564 in Pisa, gest. 8. Jan. 1642 in Arcetri bei Florenz.
Discorsi e dimostrazioni matematiche intorno a due nuove scienze.
Deutsch von A. Oettingen: Unterredungen und mathematische Demeonstrationen über zwei neue Wissenszweige, die Mechanik und die Fallgesetze betreffend. Leipzig. Ostw. Kl. 11 (1890), 24 (1904), 25 (1891). Nachdruck: Darmstadt: Wiss. Buchges. 1964.
T: Zur Isoperimetrie 1.1.2.3

Geminos (1.1.1; A.u.O., S. 240)

Um 70 v. Chr. auf Rhodos.
Aus seiner Schrift „Theorie der mathematischen Wissenschaften" zitieren Proklos und Heron.

Gemma Frisius, Rainer (3.1.3.5)

Geb. 8. Dez. 1508 in Dokkum, gest. 25. Mai 1555 in Löwen.
Edition: *Cosmographicus liber Petri Apiani.* Antwerpen 1529.
Schriften
Libellus de locorum describendorum ratione. 1533.
(Darin empfiehlt er die Triangulation zur Landesvermessung.)
Arithmeticae practicae methodus. Verfaßt 1536, gedruckt Wittenberg 1542 und öfter.

De principiis astronomiae et cosmographiae. Antwerpen 1553.
Darin Kap. 19. *De novo modo inveniendi longitudinem.*

Geometria incerti auctoris (1.4.7)

9./10. Jh. Ed. N. Bubnov: Gerberti Opera Math. App. IV.

Gerardi, Paolo (2.5.7)

Libro di ragioni (1328), ed. W. Van Egmond: The earliest vernacular treatment of algebra: The *Libro di ragioni* of Paolo Gerardi (1328). Physics **20**, 1978, S. 155–189.

Gerbert von Aurillac, Papst Sylvester II (1.4.8)

Geb. um 945 „*natione Aquitanus*" [Op., S. 382], gest. 12. Mai 1003 in Rom.
Op.: *Gerberti, postea Silvestri II papae Opera Mathematica.* Ed. N. Bubnov. Berlin 1899. Nachdruck Hildesheim: Olms 1963.
Darin u. a.
App. VI, S. 376–394: *Testimonia de Gerberto mathematico.* Auszüge aus Richeri historiarum liber III (geschrieben 996–998). Monumenta Germaniae Historica. Scriptorum III. Ed. H. G. Pertz. Hannover 1839.
App. VII, S. 394–553: *De corporis gromaticorum libellis mathematicis.*
Literatur
Lindgren, U. 76: Gerbert von Aurillac und das Quadrivium. Untersuchungen zur Bildung im Zeitalter der Ottonen. Sudhoffs Arch. Beiheft 18. Wiesbaden: Steiner 1976.
Vogel, K. 85,2: Gerbert von Aurillac als Mathematiker. Acta historica Leopoldina. Nr. 16. 1985, S. 9–23.

Gerhard von Cremona (2.2.5)

Geb. um 1114 in Cremona, gest. 1187 in Toledo (?)
Liste der Übersetzungen, zusammengestellt von M. McVaugh in Grant: Source-Book.
Einige edierte Übersetzungen
Euklid, Elemente: The Latin Translation of the Arabic Version of Euclid's Elements, Commonly Ascribed to Gerard of Cremona. Ed. H. L. L. Busard. Leiden 1984.
Archimedes: *De mensura circuli.* Ed. M. Clagett, Archimedes in the Middle Ages, Bd. 1, S. 30–58.
The *Verba filiorum* of the Banū Mūsā. Ed. M. Clagett, Archimedes in the Middle Ages, Bd. 1, S. 223–367.
Al-Ḫwārizmī: Algebra. Ed. G. Libri: Histoire des sciences mathématiques en Italie. Bd. **1**, 1838, Note XII, S. 253–297.
Abû Bekr: *Liber mensurationum.* Ed. H. L. L. Busard. Journ. des Savants 1968, April–Juin, S. 65–124.
Anaritii in decem libros priores Elementorum Euclidis commentarii ex interpretatione Gherardi Cremonensis. Ed. M. Curtze, Leipzig: Teubner 1899.
Al-Zarqālī: *Canones sive regule super tabulas Toletanas.* Ed. M. Curtze: Urkunden zur Geschichte der Trigonometrie im christlichen Mittelalter. Bibl. Math. (3), **1**, 1900, S. 337–347.
Literatur
Boncompagni, B.: Della vita e delle opere di Gherardo Cremonense. Acc. dei Lincei, Atti, **4**, 1851, 387–493.

Giotto (3.1.1.1)

Geb. 1266/67 in Vespignano, 14 Meilen von Florenz, gest. 8. Jan. 1336 in Florenz.
G. arbeitete als Maler in vielen Städten Italiens; 1305–1307 malte er die Fresken in der Arena-Kapelle in Padua.

Girard, Albert (4.1.6.3)

Geb. 1595, wahrscheinlich in St. Mihiel (Lothringen), gest 8. Dez. 1632, wahrscheinlich in Leiden.
Invention nouvelle en algebre. Amsterdam 1629. Nachdruck ed. Bierens de Haan, Leiden 1884.
Editionen
L'arithmetique von Simon Stevin, Leiden 1625
Les oeuvres mathematiques de Simon Stevin. Le tout revenue, corrigé et augmenté par Albert Girard. Elzevier, Leiden 1634.

Gregor von Rimini (2.5.1)

Geb. um 1300 in Rimini, gest. 1358.
Lectura in primum et secundum librum sententiarum ⟨des Petrus Lombardus⟩.
T: Ganzes und Teil – größer und kleiner 2.5.2.

Grosseteste, Robert (2.4.4)

Geb. um 1168, gest. in Lincoln 1253
G. erhielt seine Ausbildung in Lincoln, dann in Oxford. 1186/89 wird er als Magister erwähnt. Seine Lehrtätigkeit in Oxford wurde unterbrochen durch das *suspendium clericorum* (ein allgemeines Lehrverbot, das auch der Anlaß zur Abwanderung vieler Studenten und der Gründung der Universität Cambridge führte). G. war in dieser Zeit wahrscheinlich zum Theologiestudium in Paris. 1214 nahm er seine Lehrtätigkeit in Oxford wieder auf, wurde Magister Scholarum oder Kanzler der Universität. 1235 wurde er Bischof von Lincoln.
Schriften
Op.: Die philosophischen Werke des Robert Grosseteste, ed. L. Baur. Beiträge zur Geschichte der Philosophie des Mittelalters. Bd. 9, Münster 1912.
Darin: *De luce seu de inchoatione formarum*, S. 51–59. – *De lineis, angulis et figuris*, S. 59–65. – *De iride seu de iride et speculo*, S. 72–78.
Hexaemeron, ed. R. C. Dales and S. Gieben. Oxford University Press. London: The British Academy 1982.
Commentarius in posteriorum analyticorum libros. Ed. P. Rossi. Firenze: Olschki 1981.
Literatur
Baur, L.: Die Philosophie des Robert Grosseteste. Münster 1917. In: Beiträge zur Geschichte der Philosophie des Mittelalters. Bd. 18, 1919.
Crombie, A. C.: Robert Grosseteste and the Origins of Experimental Science. Oxford: Clarendon Press 1953.
Dijksterhuis, E. J.: Die Mechanisierung des Weltbildes. Berlin 1956.
T: Über das Unendliche 2.5.2.

Gundisalvi, Domingo (Dominicus Gundissalinus) (2.1.2.3)

Archidiakon von Segovia. Arbeitete gemeinsam mit Johannes Hispalensis im Übersetzergremium des Erzbischofs Raymund von Toledo (1126–1151).
De divisione philosophiae. Ed. L. Baur. Beiträge zur Geschichte der Philosophie des Mittelalters: Bd. 4. 1903.
Literatur
Tummers, M. J. E.: Some Notes on the Geometry Chapter of Dominicus Gundissalinus. Archives Internationales d'Histoire des Sciences **34**, 1984, S. 19–24.

al-Ḥaǧǧāǧ, 8./9. Jh. (2.2.3; A.u.O., S. 263)

1. Übersetzung der Elemente von Euklid unter Harūn al-Rašīd (Kalif 786–809); nicht erhalten.
2. Übersetzung unter al-Ma'mūn (Kalif 813–833), ed. R. E. Besthorn, J. L. Heiberg: *Euclidis Elementa ex interpretatione Al-Hadschdschadschii cum commantariis Al-Narizii. Arabice et Latine. Hauniae. In Libraria Gyldendaliana. Pars I*: 1893–97, *Pars II*: 1900–05, *Pars III*: 1910–32.

Harriot, Thomas (4.1.6.2)

Geb. um 1560 in Oxford, gest. 2. Juli 1621 in London.
Artis analyticae praxis. Ed. W. Warner 1631.
Manuskripte in der British Library (Britisches Museum) und in Petworth House (Sussex)
Literatur
Lohne, J. A. 59: Thomas Harriot. The Tycho Brahe of Optics. Centaurus **6**, 1959, S. 113–121. (Brechungsgesetz; Briefwechsel mit Kepler).
– 63: Zur Geschichte des Brechungsgesetzes. Sudh. Arch. **47**, 1963, S. 152–172.
– 65, 1: Regenbogen und Brechzahl. Sudh. Arch. **49**, 1965, S. 401–415.
– 65, 2: Thomas Harriot als Mathematiker. Centaurus **11**, 1965, S. 19–45.
– 66: Dokumente zur Revalidierung von Thomas Harriot als Algebraiker. Arch. Hist. Exact Sci. **3**, 1966, S. 185–205.

– 79: Essays on Thomas Harriot. Arch. Hist. Exact Sci. **20**, 1979, S. 189–312. I. Billard Balls and Laws of Collision. II. Ballistic Parabolas. III. A Survey of Harriot's Scientific Writings.
T: Flächeninhalt des sphärischen Dreiecks 3.2.4.

Heinrich von Harclay (2.5.1)

Geb. um 1270, gest 1317 in Oxford.
Literatur
Maier, Anneliese: Die Vorläufer Galileis im 14. Jh. Rom 1949.
Murdoch, J. E.: *Rationes mathematicae. Paris* 1961.
–: Henry of Harclay and the Infinite In: Maierù e Paravicini Bagliani: Studi sul XIV Secolo in Memoria di Anneliese Maier. Rom 1981.
–: Infinity and Continuity. In Cambridge History of Later Medieval Philosophy. 1982.

Heinrich von Langenstein (3.2)

Geb. 1325/1340 in der Nähe von Marburg (Lahn), gest. 11. Febr. 1397 in Wien.
Literatur
Grössing, H. (5.1.3.3): Humanistische Naturwissenschaft. Baden-Baden 1983.
Vogel, K., 73.1: Der Donauraum.

Hermann von Kärnten (Hermannus Dalmata) (2.2.5)

12. Jh. (1141 im Ebrogebiet, 1143 in Südfrankreich)
Edition
Busard, H. L. L.: The Translation of the Elements of Euclid from the Arabic into Latin by Hermann of Carinthia (?). Buch I–VI. Janus **54**, 1967, und Leiden: Brill 1968. Buch VII–IX: Janus **59**, 1972, Buch VII–XII Amsterdam 1977.
Literatur
Haskins: Mediaeval Science. Kap. III. (Dort auch Angabe weiterer Schriften).

Heron, um 62 n. Chr. (1.1.2.6; A.u.O., S. 241 f)

Op.: *Heronis Alexandrini Opera quae supersunt*. Leipzig: Teubner.
In Bd. 2, ed. L. Nix, W. Schmidt 1900: *Catoptrica* (Reflexionsgesetz).
In Bd. 3, ed. H. Schoene 1903: *Metrika, Dioptra.*
In Bd. 4, ed. J. L. Heiberg 1912: *Geometrica.*
T: Teilung von Figuren 1.1.2.2 – Mondfinsternis 1.1.2.6.

Heytesbury, William (2.5.1)

Wird 1330–1348 als *fellow* des Merton College in Oxford gennant, war vielleicht 1371 Kanzler in Oxford.
Regulae solvendi sophismata 1335.
Literatur
Clagett: Science of Mechanics in the Middle Ages.
Maier, Anneliese: An der Grenze von Scholastik und Naturwissenschaft.
Wilson, C.: William Heytesbury. Medieval Logic and the Rise of Mathematical Physics. Madison: University of Wisconsin Press. 1956. 2. Aufl. 1960.

Hrabanus Maurus (1.4.6)

Geb. um 776 in Mainz, gest. 856 in Mainz.
Op.: Migne, PL, Bd. 107–112.
In Bd. 107: *De clericorum institutione.* Verfaßt 819.
In Bd. 111: *De Universo*, 22 Bücher.
Biographie von E. Dümmler in ADB Bd. 27, 1888.

Hugo von St. Victor (2.1.2.3)

Geb. 1096, gest. 1141 in Paris.
Op.: Migne, PL, Bd. 175–177.
In Bd. 175: Abbé Flavien Hugonin: Essai sur la fondation de l'école de Saint-Victor de Paris. Chap. III. Vie de Hugues.

Hugonis de Sancto Victorio opera propaedeutica. Notre Dame 1966.
Didascalicon de studio legendi. A Critical Text. Ed. C. H. Buttimer. Washington 1939.
Practica Geometriae, ed. R. Baron. Osiris **12**, 1956, S. 176–224.
T: Größe der Erde, Entfernung and Größe der Sonne 1.2.2.7.

al-Ḫwārizmī (Mohammed ibn Musa) (A.u.O., S. 263)

Geb. um 780 in Ḫwārizm, gest. um 850 in Bagdad.
Algorismus de numero Indorum. Nur lat. erhalten.
Faksimile der Handschrift Cambridge Un. Lib. Ms. Ii. 6.5. mit Transkription und Kommentar ed. K. Vogel. Aalen: Zeller 1963.
Bearbeitung von Johannes Hispalensis: *Liber algorismi*: Ed. B. Boncompagni: Trattati d'aritmetica, I. *Algoritmi de numero Indorum.* Rom 1857.
Al-kitab al-muḫtaṣar fi ḥisāb al-ǧabr wa'l-muqābala.
Ed. mit engl. Übers. F. Rosen 1831. Nachdruck Hildesheim: Olms 1986.
Lat. Übers. von Gerhard von Cremona ed. G. Libri. Histoire des Sciences en Italie. Bd. 1, Note 12. S. 253–297. Paris 1838. Neuausgabe: B. Hughes, in: Mediaeval Studies, 1986.
Lat. Übers. von Robert von Chester ed. mit engl. Übers. L. Ch. Karpinski. New York 1915. Neuausgabe: B. Hughes: Robert of Chester's Latin Translation of al-Khwarizmi's al-Jabr. A New Critical Edition. Stuttgart: Steiner Verlag Wiesbaden 1989. (Boethius Bd. 14)
Das Kapitel *Geometrie* ist wiedergegeben mit engl. Übers. in: S. Gandz: The Mishnat ha Middot. Qu. u. St., Abt. A, Bd. 2. 1932.
T: Heronische Dreiecksformel 1.1.2.7 – Geometrie 2.2.2 – Übersetzungen der Algebra 2.2.5 – Übers. der Schrift über die indischen Ziffern von Adelard von Bath (?) 2.2.3.

Hypsikles (1.1.2.4; A.u.O., S. 244)

2. Jh. v. Chr.
Anaphorikos. Ed. K. Manitius. Programm des Gymnasiums zum Heiligen Kreuz in Dresden. 1888.
Sätze über Polygonalzahlen und Reihen in: Neugebauer, Mathem. Keilschrifttexte. Bd. 3, S. 78.

Irnerius (Guanerius, Wernerius) (2.1.4)

Geb. um 1060 in Bologna, gest. um 1140 in Bologna.

Isidoros von Milet (1.3)

Leitete nach dem Tode von Anthemios (534) den Bau der Hagia Sophia in Konstantinopel.

Isidorus von Sevilla (1.4.3)

Geb. 560/570 in Cartagena oder Sevilla, gest. 636 in Sevilla.
Op.: Migne, PL, Bd. 81–84.
Chronica: Chronik der Westgoten, erweitert um eine Geschichte der Vandalen und Sueven.
Etymologiarum sive Originum libri XX. (Geschrieben wahrscheinlich zwischen 622 und 633.) Ed. W. M. Lindsay, Oxford 1911.
De natura rerum. (Gewidmet Sisebut, König der Westgoten 612–621.) Ed. G. Becker, Berlin 1857. Nachdruck Amsterdam: Hakkert 1967.
Literatur: Brehaut, E.: An Encyclopedist of the Dark Ages: Isidore of Seville. New York: B. Franklin 1964. Nachdruck 1972.

Jacob von Cremona (Jacobus de Sancto Cassiano Cremonensis)

war Schüler und Mitarbeiter von Vittorino da Feltre in Mantua und wurde 1446 dessen Nachfolger als Tutor der Kinder des Herzogs Ludovico III Gonzaga. Auf Veranlassung des Papstes Nikolaus V übersetzte er Werke des Archimedes. Ein Exemplar dieser Übersetzung erhielt Nikolaus von Kues 1453. Auch Bessarion besaß eine Kopie, die Regiomontan abgeschrieben und bearbeitet hat (3.1.4).

Jacob von Speyer (3.2.3)

Astrologe beim Fürsten von Urbino. 1465 Briefwechsel mit Regiomontan.

Johannes von Gmunden (3.2.1)

Geb. vor 1385 in Gmunden am Traunsee, gest. 23. Febr. 1442 in Wien.
Tractatus de minutiis phisicis, gedruckt Wien 1515.
Tractatus de sinibus, chordis et arcubus. – Ed. H. L. L. Busard, 71.3.
Literatur
Grössing (5.1.3.3): Humanistische Naturwissenschaft. S. 73 ff.
Klug, R.: Johannes von Gmunden, der Begründer der Himmelskunde auf deutschem Boden. Nach seinen Schriften und den Archivalien der Wiener Universität. Akad. d. Wiss. Wien, Philos.-hist. Kl. Sitzungsber. **222**, 4. Abh. Wien 1943.
Vogel, K. 73.1: Der Donauraum, S. 13.

Johannes Hispalensis (J. von Sevilla) (2.2.5)

Gest. 1153.
Zum Christentum bekehrter Jude; sein jüdischer Name ist nicht bekannt.
Er arbeitete mit Unterstützung von Gundisalvi im Übersetzerkollegium des Erzbischofs Raymond von Toledo. Er übersetzte u. a.
al-Farghānī's Astronomie,
al-Fārābī: *De ortu scientiarum*,
Avicenna: *Kitāb al-šifā'*,
al-Gazzālī: *Maqāṣid al-falāsifa.*
Sein *liber algorismi* (ed. B. Boncompagni: Trattati d'aritmetica, I. *Algoritmi de numero Indorum.* Rom 1857) ist eine (vielleicht schon früher) erweiterte Bearbeitung der Arithmetik von al-Ḫwārizmī. (Vogel: Mohammed ibn Musa Alchwarizmi's Algorismus. Aalen: Zeller 1963, S. 43).

Johannes de Lineriis (2.2.4)

Geb. wahrscheinlich in der Diözese von Amiens, lebte etwa 1320–1335 in Paris.
Schriften
Algorismus de minutiis, wahrscheinlich um 1320. Ed. H Busard: Het Rekenen met Breuken (s. u.)
Canones super tabulas magnas, 1320.
Canones tabularum primi mobilis, 1322. Teilweise ed. in M. Curtze: Urkunden zur Geschichte der Trigonometrie im christlichen Mittelalter. Bibl. Math. (3), **1**, 1900, S. 391–413.
Theorica planetarum, 1335.
Ob Johannes de Lineriis 1350 einen Fixsternkatalog zusammengestellt hat, ist unsicher.
Literatur
Busard, H. L. L.: Het Rekenen met Breuken in de Middeleeuwen, in het bijzonder bij Johannes de Lineriis. Mededelingen van de Koninklijke Vlaamse Academie voor Wetenschappen, Letteren en schone Kunsten van Belgie. Klasse der Wetenschappen. Jaargang XXX, 1968, Nr. 7.

Johannes de Muris (Jean de Meurs) (2.5.7)

14. Jh., 1. Hälfte
Eine seiner Schriften ist unter dem Titel überliefert: *Tractatus Canonum minutiarum philosophicarum* ⟨Sexagesimalbrüche⟩ *et vulgarium* ⟨gewöhnliche Brüche⟩, *quem composuit mag. Johannes de Muris, Normannus, A. MCCCXXI.* Sein Werk *Musica speculativa secundum Boetium abbreviata* ist „Paris, Sorbona 1323" datiert [Sarton, Introduction Bd. 3, 1, S. 655 ff.]. Johannes de Muris stammte also aus der Normandie und war mindestens seit 1321 Magister an der Sorbonne in Paris.
Quadripartitum numerorum. 1343. Ed. G.l'Huillier, Diss. Paris 1979 (ungedruckt) [Folkerts (85) in: Folkerts, Lindgren; 208, 217].
Teile des 2. Buches ed. Nagl: Das Quadripartitum des Ioannes de Muris; Abh. z. Gesch. d. Math. **5**, S. 135–146. Teile des 3. Buches ed. L. C. Karpinski: The *Quadripartitum numerorum* of John de Meurs. Bibl. Math. (3) **13**, S. 99–144.
Arithmetica speculativa: Ed. H. L. L. Busard. Scientiarum historia **13**, 1971, S. 103–132.
Figura inveniendi sinus kardagarum . . . (Berechnung einer Sinustafel nach al-Zarqālī) Ed. M. Curtze: Urkunden zur Geschichte der Trigonometrie im christlichen Mittelalter. Bibl. Math. (3), **1**, S. 414–416.

Jordanus de Nemore (2.3.2)

1. Hälfte des 13. Jh.
Schriften
De plana spera. Ed. R. B. Thomson: Jordanus de Nemore and the Mathematics of Astrolabes: *De plana spera.* Toronto: Pontifical Institute of Mediaeval Studies. 1978. (Diesem Werk sind die meisten der vorliegenden Angaben entnommen.)
Mechanische Schriften
Elementa de ponderibus.
Liber de ratione ponderis (Zuschreibung unsicher)
Liber de ponderibus (Zuschreibung unsicher).
Diese drei Werke sind ediert, das erste mit lat. Übersetzung, in: E. A. Moody and M. Clagett: The Medieval Science of Weights. Madison: Univ. of Wisconsin Press 1952.
Algorismus-Schriften
Incipit: Communis et consuetus rerum cursus virtusque.
Tractatus minutiarum.
De elementis arismetice artis. Teilweise ediert von G. Eneström. Bibl. Math. (3), **7**, 1906/07, S. 24–37, **8**, 1907/08, S. 135–153, **14**, 1913/14, S. 41–54.
De numeris datis. Ed. mit engl. Übers. B. B. Hughes. Berkeley, Los Angeles, London:Univ. of California Press 1981.
De proportionibus. Ed. H. L. L. Busard: Die Traktate de Proportionibus von Jordanus and Campanus. Centaurus **15**, 1970/71, S. 193–227.
Elementa arithmetica. Ed. H. L. L. Busard in Vorbereitung. Gedruckt mit Zusätzen von Jacobus Faber Stapulensis: Paris 1496.
Liber philotegni. Ed. M. Clagett: Archimedes in the Middle Ages Bd. 5, Part II, 1984.
Liber de triangulis. Ed. M. Clagett, a.a.O. Bd. 5, Part III. 1984. (Vermutlich eine Bearbeitung des *Liber philotegni*, vielleicht von einem Schüler des Jordanus). Frühere Ed.: M. Curtze: Mitteilungen des Coppernicus-Vereins zu Thorn. 1887.
T: Teilung eines Dreiecks 1.1.2.2.

Kerer, Johannes (2.1.2.2)

Geb. 1430 in Wertheim, gest. 1507 in Ulm.
„Da das Domkapitel ⟨in Ulm⟩ am 24. März 1507 beschloß, ihn zu besingen „als ain Thurmherren", muß Kerer wohl kurz vor diesem Datum gestorben sein". [J. H. Beckmann in der Einführung zu den Statuta, S. 9].
K. studierte in Heidelberg, wurde dort 1453 Baccalaureus, 1456 Magister in der Artistenfakultät, lehrte dort und seit 1461, als die Unterrichtstätigkeit an der neugegründeten Universität begann, in Freiburg. 1474 wurde er Rektor der Münsterpfarrei, 1581 Dr. des kanonischen Rechts und lehrte an der juristischen Fakultät in Freiburg, bis er 1493 als Weihbischof nach Augsburg berufen wurde. Er stiftete die Studentenburse Collegium Sapientiae in Freiburg und verfaßte für sie 1497 Statuten, die das Leben im Haus und das Studium genau regeln und damit, und mit vielen Bildern, einen guten Einblick in den Universitätsbetrieb und das Studentenleben der Zeit geben. Zum 500-jährigen Jubiläum der Universität Freiburg wurde eine Faksimile–Ausgabe mit einer Einführung von H. J. Beckmann herausgegeben, mit einer Umschrift des lateinischen Textes und einer deutschen Übersetzung von R. Feger:
Statuta Collegii Sapientiae 1497. Lindau und Konstanz: Jan Thorbecke Verlag 1957.

al-Kindī (2.5.2, A.u.O., S. 264)

Wirkte im 9. Jh. in Bagdad, gest. 873.
Rescher, N. and Haig Khatchadourian: Al-Kindī's Epistle on the Finitude of the Universe. Isis **56**, 1965, S. 426–433.

Kyrillos (1.3)

412–444 Bischof von Alexandria.

Lambert, Johann Heinrich (3.1.1.5)

Geb. 26. Aug. 1728 in Mülhausen (Elsaß), gest. 25. Sept. 1777 in Berlin.

L. war lange Zeit Hauslehrer beim Grafen Salis in Chur, ging 1764 nach Berlin, wurde dort Mitglied der Akademie und 1770 Oberbaurat.
Die freye Perspective oder Anweisung, jeden Perspectivischen Aufriß von freyen Stücken und ohne Grundriß zu verfertigen. Zürich 1759, 2. Aufl. 1774.
Schriften zur Perspektive. Ed. M. Steck. Berlin: Lüttke Verlag 1943.

de La Roche, Estienne (3.1.3.2)
Geb. vor 1483 in Lyon.
Larismetique et Geometrie de maistre Estienne de la Roche, dite Villefranche (1520). *Nouvellement imprimee et des faultes corrigee . . . Lyon* 1538.
Literatur
l'Huillier, H.: Eléments nouveaux pour la biographie de Nicolas Chuquet. Revue d'hist. Sci. **19**, 1976, S. 347–350.
Hay, C. (Ed.): Mathematics from Manuscript to Print. 1300–1600. Oxford: Clarendon Press 1988. – Part II: Nicolas Chuquet and French Mathematics. – Darin (S. 117–126): Moss, Barbara: Chuquet's mathematical executor: Could Estienne de la Roche have changed the history of algebra?

Lefèvre d'Etaples, Jacques (Jacobus Faber Stapulensis) (2.3.2)
Geb. um 1460 in Etaples (Picardie), gest. 1536
1474/75 wurde er in Paris immatrikuliert, 1479 Baccalaureus, und wahrscheinlich 1480 Magister Artium. Über seinen Aufenthalt und seine Tätigkeit in den nächsten Jahren ist nichts bekannt. 1490–1508 lehrte er am Collège du Cardinal Lemoine in Paris Philosophie und die *Artes*. Er setzte sich besonders für den Rückgang auf die Originalschriften des Aristoteles ein, von denen er einige neu herausgab und kommentierte. 1496 gab er die Arithmetik des Jordanus de Nemore mit Zusätzen heraus, 1495 einen Kommentar zur Sphaera des Sacrobosco.
1508 ging er in das Kloster von St. Germain-des Pres. Sein dortiger Abt Guillaume Briçonnet wurde Bischof von Meaux und berief Lefèvre dorthin zur Unterstützung bei einem kirchlichen Reformprogramm. Lefèvre übersetzte das Neue Testament und die Psalmen, geriet aber wegen einiger seiner Auslegungen in den Verdacht der Häresie (anscheinend im Zusammenhang mit der Ausbreitung des Luthertums). 1525 floh er nach Straßburg, wurde 1526 vom König Franz I zurückberufen und zum Bibliothekar seiner Sammlungen und zum Tutor seiner Kinder berufen. Lefèvre vollendete seine Bibel-Übersetzung (gedruckt in Amsterdam 1530). Die letzten Jahre seines Lebens verbrachte er in ruhiger Zurückgezogenheit am Hofe von Marguerite d'Angoulême, Königin von Navarra.
Literatur: The Prefactory Epistles of Jaques Lefèvre d'Etaples and Related Texts. Ed. E. F. Rice, Jr. New York, London: Columbia Univ. Press 1972.

Leon (1.3)
Geb. um 800 in Hypate (Thessalien), 863 Leiter der Bardas-Universität in Konstantinopel, gest. nach 869.
Literatur
Heiberg, J. L.: Der byzantinische Mathematiker Leon. Bibl. Math. (2), 1887, S. 33–36.
Vogel, K., 60: Buchstabenrechnung und indische Ziffern in Byzanz.
– , 62.1: Der Anteil von Byzanz an Erhaltung und Weiterbildung der griechischen Mathematik.
Stuloff: Mathematik in Byzanz (5.1.5).

Leonardo von Pisa (2.3.1)
Geb. 1170/80 in Pisa, gest. nach 1240 in Pisa (?)
Op.: Scritti di Leonardo Pisano. Ed. B. Boncompagni. Rom. Bd. 1: 1857, Bd. 2: 1862.
Bd. 1: *Liber abaci.* (1202) 2. Aufl. 1228.
Bd. 2, S. 1–226: *Pratica geometriae.* 1220.
S. 227–247: *Flos.* 1225.
S. 247–252: Brief an Magister Theodorus.
S. 253–279: *Liber quadratorum.* 1225.
Einzelausgaben
La pratica di geometria. Ed. G. Arrighi. Pisa 1966.
Liber quadratorum. Frz. Le livre des nombres quarrés. Ed. P. VerEecke. Paris: Blanchard 1952. Engl. The Book of Squares. Ed. E. Sigler. 1986.

Literatur

Boncompagni, B.: Della vita e delle opere di Leonardo Pisano matematico del secolo decimo terzo. Atti dell' Accademia Pontifica de Nuovi Lincei. Bd. 5, Anno 5. Rom 1852. S. 5–91, 208–246.
Sesiano, J. 85.2: The Appearance of Negative Solutions in Mediaeval Mathematics.
Vogel, K. 40.2: Zur Geschichte der linearen Gleichungen mit mehreren Unbekannten. (Besprechung einer Aufgabengruppe aus dem *Liber abaci*. Kap. 12, 5. Teil.)

Leonardo da Vinci

Geb. 15. April 1452 in Vinci, gest. 2. Mai 1519 in Amboise.
Er ist so bekannt, daß ich nur seine Zeichnungen der regelmäßigen Körper für Luca Pacioli (De Divina Proportione) hier erwähne (3.1.1.4).

Levi ben Gerson (Gersonides, Leo de Balneolis) (2.5.7)

Geb. 1288 in Bagnols (?), gest. 20. April 1344.
Lebte in Orange und zeitweise in Avignon.

Schriften

Milḥamot Adonai (Die Kriege des Herrn), begonnen 1316/17, vollendet 1329. Im 5. Buch: Astronomie.
1321/22. *Sefer ha mispar* (Buch der Zahl), auch genannt *Ma'aseh ḥosheb* (Werk des Rechners).
1342 *De harmonicis numeris.*
1343 *De sinibus, chordis et arcubus.* (Dieses Werk soll Vorbild für Regiomontans *De triangulis* gewesen sein [J. Samsó in DSB]).
Von einem Kommentar zu Euklids Elementen I–V ist nur ein Fragment erhalten.

Literatur

Curtze, M.: Die Abhandlung des Levi ben Gerson über Trigonometrie und den Jacobstab. Bibl. Math. (2), **12**, 1898, S. 97–112. (Titel der Abh. im Codex Vindobonensis Palatinus 5277 (Philos. 68): *Leo de Balneolis Israhelita De Sinibus, Chordis et arcubus. Item Instrumento Revelatore Secretorum.*)
Goldstine, B. G.: The Astronomy of Levi ben Gerson. A Critical Edition of Chapters 1–20 with Translation and Commentary. Berlin, Heidelberg, New York, Tokyo: Springer. 1985.

Lukrez (Titus Lucretius Carus) (1.2.2.1)

Geb. 97/98, gest. 55 v. Chr.
Sein Lehrgedicht *De rerum natura* wurde postum von Cicero herausgegeben. Ed. mit deutscher Übers. K. Büchner. Zürich, Stuttgart: Artemis Verlag 1956.

Macrobius, Ambrosius Theodosius (1.2.2.7)

Geb. vielleicht in Nordafrika; vielleicht identisch mit einem M., der 399 *praefectus praetorio Hispaniarum*, 410 *proconsul Africae*, 422 *praepositus sacri cubiculi* war.

Schriften

Commentarii in Somnium Scipionis. Ed. J. Willis. Leipzig: Teubner 2. Aufl. 1970. (Macrobius, Bd. 2). – Engl. Übers. W. Stahl 1966.
Saturnalia. Ed. J. Willis. Macrobius Bd. 1. Leipzig 1970.
De differentiis et societatibus Graeci Latinique verbi.

Literatur

Witthacker, Th.: Macrobius. Cambridge 1923.

Manetti, Antonio di Tuccio (3.1.1.2)

Geb. 6. Juli 1423 in Florenz, gest. 26. Mai 1497 in Florenz.
Architekt; bekleidete seit 1470 verschiedene öffentliche Ämter.
Seine *Vita di Brunelleschi* entstand wahrscheinlich 1482/89. Ed.: The Life of Brunelleschi by Antonio di Tuccio Manetti. Ed. H. Saalman. Ital. Text mit engl. Übers. von Catherine Enggass. The Pennsylvania State University Press 1970.

Martianus Mineus Felix Capella (1.2.2.6)

Um 400 n. Chr., geb. in Madaura, wirkte als Anwalt in Karthago.

Schrift

Martiani Minei Felicis Capellae de nuptiis philologiae et mercurii. Ed. A. Dick, Leipzig: Teubner 1925. – Ed. J. Willis. Leipzig: Teubner 1983.

Masaccio (3.1.1.3)

Geb. 21. Dez. 1401 in Castello San Giovanni im Valdarno, gest. 1428 in Rom.

M. wurde von Brunelleschi in die Lehre von der Perspektive eingeführt und wandte sie in seinen Gemälden an.

Maurolico, Francesco (4.2.1)

Geb. 16. Sept. 1494 in Messina, gest. 21./22. Juli 1575 in S. Alessio bei Messina.

Einige Schriften

Photismi de Lumine et Umbra. Verfaßt 1521. *Diaphana.* Verfaßt 1523, revidiert und erweitert 1553/54, gedruckt 1611.

Grammaticorum Rudimentorum Libelli sex. Messina 1528.

Elementorum Euclidis Epitome. Verfaßt 1534–1563. Buch XII–XV gedruckt 1575.

Cosmographia. Beendet 1540, gedruckt Venedig 1543.

Emendatio et Restitutio Conicorum Apollonii Pergae. Beendet 1547, gedruckt Messina 1654.

Admirandi Archimedis Syracusani Monumenta omnia quae extant. (Studien 1534 und 1547–1550) Druck: Palermo 1685.

Theodosii Sphaericorum Elementorum Libri III. (Mit eigenen Beiträgen M.'s) Messina 1558.

Arithmeticae Libri Duo. Verfaßt 1557, gedruckt Venedig 1575.

Opuscula Mathematica. Verfaßt wohl vor 1572, gedruckt Venedig 1575.

Literatur

Rose (5.1.3.3): Ital. Renaissance of Math. Kap. 8.

Clagett (5.1.2): Archimedes in the Middle Ages. Bd. 3. Teil 3. 1978.

Freudenthal, H.: Zur Geschichte der vollständigen Induktion. Arch. Intern. Hist. Sci. **22**, 1953, S. 17–37.

Mercator, Gerardus (Gerhard Krämer) (3.1.3.5)

Geb. 3. Mai 1512 in Rupelmonde (Flandern), gest. 2. Dez. 1594 in Duisburg.

Literatur: Bagrow, L. und R. A. Skelton: Meister der Kartographie. Berlin: Safari-Verlag, 4. Aufl. 1973 (S. 519–520).

Metrodoros, 4./5. Jh. n. Chr. (?) (1.4.5)

Byzantinischer Grammatiker. Stellte eine Sammlung von Epigrammen zusammen, unter denen sich auch arithmetische Rätselaufgaben in Versform befinden. Diese sind wiedergegeben in Diophant, Op., Bd. 2, ed. Tannery, S. 43–72.

Michael Scotus (S. 123)

Geb. im letzten Viertel des 12. Jh. in Schottland, gest. um 1235 (in Palermo?).

Er war (um 1217) in Toledo tätig, um 1220 in Bologna, später wahrscheinlich am Hofe Friedrichs II. Er übersetzte aus dem Arabischen die Astronomie des al-Biṭrūǧī (Alpetragius) und die Zoologie und physikalische Schriften des Aristoteles mit den Kommentaren das Averroes, schrieb über Astrologie und Alchemie.

Mishnat ha-Middot (Lehre vom Messen) (2.2.2)

Verfaßt vielleicht von Rabbi Nehemiah um 150 n. Chr.

Ed. mit engl. Übersetzung: Gandz, S.: The Mishnat ha Middot of about 150 C.E. and The Geometry of Muhammad ibn Musa Al-Khowarizmi. Qu. u. St., Abt. A, Bd. 2. 1932.

Deutsch von H. Schapira. Abh. z. Gesch. d. Math. **3**, 1880.

del Monte, Guidobaldo (Guido Ubaldo) (3.1.1.5)

Geb. 1545 in Pesaro, gest. 1607 in Pesaro.

Mechanicorum liber. Pesaro 1577.
Theoria planisphaerium. Pesaro 1579.
Ed. von Commandino's Bearbeitung der *Collectiones* von Pappos. Pesaro 1588.
Perspectivae libri sex. Pesaro 1600.
Literatur: Rose (5.1.3.3): Ital. Renaissance of Math., Kap. 10.

Nestorius (1.3)

428–431 Patriarch von Konstantinopel, dann verbannt. „Die von ihm ins Leben gerufene kirchliche Bewegung der Nestorianer lebte im Orient noch jahrhundertelang fort" [TL].

Nikolaus von Kues (3.1.4)

Geb. 1401 in Kues an der Mosel, gest. 11. Aug. 1464 in Todi (Umbrien).

Benutzte Schriften
De docta ignorantia. 1440.
Benutzte Ausgabe und Übersetzung: Nikolaus von Kues. Philosophisch-theologische Schriften. Lat.-deutsch. Ed. L. Gabriel. Übers. und kommentiert von Dietlind und Wilhelm Dupré. Wien: Herder. Bd. 1. 1964.
Die mathematischen Schriften. Übers. von Josepha Hofmann. Mit Einführung und Anmerkungen von Joseph Ehrenfried Hofmann. Hamburg: Meiner 1952. Neue Aufl. 1981. Meiners Philos. Bibl. Bd. 231.
Literatur
Vansteenberghe, E.: Le Cardinal Nicolas de Cues (1401–1464). 1920.
Hofmann, J. E.: Die Quellen der Cusanischen Mathematik I: Ramon Lulls Kreisquadratur. Sitzungsber. der Heidelberger Akad. d. Wiss., Philos.-hist. Kl. Jahrgang 1941/42. 4. Abh.
– : Mutmassungen über das früheste mathematische Wissen des Nikolaus von Kues. Mitt. Cusanus-Ges. **5**, 1966, S. 98–136.
– : Über Regiomontans und Buteons Stellungnahme zu Kreisnäherungen des Nikolaus von Kues. Mitt. Cusanus-Ges. **6**, 1967, S. 124–154.
Stuloff, N.: Mathematische Tradition in Byzanz und ihr Fortleben bei Nikolaus von Kues. Mitt. Cusanus-Ges. **4**, 1964, S. 420–436.
– : Die Herkunft der Elemente der Mathematik bei Nikolaus von Kues im Lichte der neuzeitlichen Wissenschaft. Mitt. Cusanus-Ges. **6**, 1967, S. 55–64.
Breidert, W.: Mathematik und symbolische Erkenntnis bei Nikolaus von Kues. Mitt. Cusanus-Ges. **12**, S. 116–126.

Nikomachos von Gerasa, um 100 n. Chr. (1.1.2.5; A.u.O., S. 254)

Nicomachi Geraseni Pythagorei introductionis arithmeticae libri II. Ed. R. Hoche. Leipzig: Teubner 1866.
Nicomachus, Introduction to Arithmetic, translated by M. L. d'Ooge. New York: Macmillan 1926. Nachdruck New York: Johnson Reprint Corp. 1972.
T: Bearbeitung von Boetius 1.1.2.8.

Oresme, Nicole (2.5.1, 2.5.5)

Geb. 1320/1325 wahrscheinlich in der Nähe von Caen (Normandie), gest. 11. Juli 1382 in Lisieux.

Schriften
Le livre du ciel et du monde. Ed. franz. u. engl.: A. D. Menut and A. J. Denomy. Madison, Milwaukee, London: Univ. of Wisconsin Press 1968.
Algorismus proportionum. – Part I translated by E. Grant. Isis **56**, 1965, S. 327–341.
De proportionibus proportionum. Ed. lat. u. engl. E. Grant. Madison, Milwaukee, London: Univ. of Wisconsin Press 1966.
Tractatus de configurationibus qualitatum et motuum. Nicole Oresme and the Medieval Geometry of Qualities and Motions. Ed. lat. u. engl. M. Clagett. Madison, Milwaukee, London: Univ. of Wisconsin Press 1968.
Quaestiones super geometriam Euclidis. Ed. H. L. L. Busard. Leiden: Brill 1961.
Kurze Auszüge in Becker, Grundlagen, und in Struik, Source Book.
T: Gleichheit unendlicher Mengen 2.5.2.

Oughtred, William (3.3.3)

Geb. 1573/75 in Eton, gest. 30. Juni 1660.

O. studierte in Cambridge, war seit 1603 Pfarrer in einem Landort. Wallis widmete ihm, *Ecclesiae quae est Aldeburiae, in agro Surriensi, Rectori*, seine *Arithmetica Infinitorum*.

Oughtred's *Clavis Mathematicae*, 1631, eine Einführung in die Arithmetik und Algebra, bis zu quadratischen Gleichungen, wurde viel studiert, u. a. von Newton, und erlebte mehrere Auflagen.

Oughtred empfahl u. a. × für die Multiplikation und $a.b::c.d$ für die Proportion, die wir $a:b = c:d$ schreiben. In einer der postumen Ausgabe des *Clavis* von 1667 beigefügten Schrift *Theorematum in libris Archimedis de Sphaera et Cylindro* findet sich $\pi.\delta$ für das Verhältnis des Kreisumfangs zum Durchmesser.

Pacioli, Luca (Fra Luca di Borgo) (3.1.3.3)

Geb. um 1445 in Sansepolcro (am Tiber), gest. 1517 in Sansepolcro.

Schriften

Summa de Arithmetica, Geometria, Proportioni e Proportionalita. Venedig 1494.

De Divina Proportione. (1497), gedruckt Venedig 1509.

Literatur

Staigmüller, H.: Lucas Paciuolo. Zeitschr. f. Math. u. Phys. **34**, 1889, Hist.-lit. Abt., S. 81–102, 121–128.

Boncompagni, B. in Bull. Boncompagni **12**, 1897, S. 352–438, 863–872.

Jayawardene, S. A. in DSB und in Studies in the Italian Renaissance: A Collection in Honour of P. O. Kristeller. 1974.

Ricci, D. I.: Luca Pacioli, l'uomo e lo scienziato. Sansepolcro 1940.

Olschki, L.: Geschichte der neusprachl. wissenschaftl. Literatur. Bd. 1. Leipzig 1919.

Rose (5.1.3.3): Ital. Renaissance of Math. Kap. 6.

T: Geometrie 3.1.3.3 – kubische Gleichungen 3.3.2.

Paolo dell'Abbaco (Paolo Dagomari) (2.5.7)

Geb. bei Prato 1281, gest. 1374 in Florenz

Trattato d'Aritmetica, ed. G. Arrighi, Pisa: Domus Galilaeana 1964 (Testimonianze di storia della scienza 2).

Regoluzze; ed. G. Arrighi, Florenz 1966. (Auch in Libri, Histoire des sciences en Italie, Bd. 3, 1840, Note XXX.)

Pappos von Alexandria (A.u.O., S. 246)

1. Hälfte des 4. Jh. n. Chr.

Coll.: *Pappi Alexandrini Collectionis quae supersunt*, ed. F. Hultsch. Griech. u. Lat. 3 Bde. Berlin 1875–78. Nachdruck Amsterdam: Hakkert 1965. Franz. Übers. von P. Ver Eecke. 2 Bde. Paris, Brügge 1933. Buch VII und VIII griech. u. deutsch ed. C. J. Gerhardt. Halle 1871. Book 7 of the Collection, griech. und engl. ed. A. Jones. New York: Springer 1986.

Kommentar zu Ptolemaios' Almagest. Ed. A. Rome. Rom 1931.

Kommentar zu Euklid, Elemente X: arab. von al-Dimisqī. Ed F. Woepcke, Paris 1855. – Deutsch von H. Suter. Abh. z. Gesch. d. Naturwiss., Heft 4, Erlangen 1922. – Arab. und engl. von W. Thomson. Cambridge: Harvard Univ. Press 1930.

T: Isoperimetrie 1.1.2.3 – Übers. der Coll. von Commandino, ed. Guidobaldo del Monte 4.2.3 – benutzt von Viète 4.2.4 – von Fermat 4.2.5.2.

Pecham, Johannes (John Pecham) (2.4.4)

Geb. 1230/35 in Sussex, gest. 8. Dez. 1292 in Mortlake, Surrey.

Mathematische und naturwissenschaftliche Schriften

Tractatus de sphera.

Tractatus de numeris.

Tractatus de perspectiva (wahrscheinlich 1269/77). Ed. D. C. Lindberg. St. Bonaventura, N.Y.: The Franciscan Institute 1972.

Perspectiva communis (1277/79). Ed. D. C. Lindberg in: Pecham and the Science of Optics. Madison, Wisconsin 1970.

Peletier, Jacques (Peletarius) (4.2.2.2)

Geb. 25. Juli 1517 in Le Mans, gest. im Juli 1582 in Paris.

Schriften

Arithmeticae practicae methodus facilis per Gemmam Frisium huc acceserunt Peletarii annotationes. Paris 1545.

L'arithmétique departie en quatre livres. Poitiers 1549.

L'algèbre departie en deux livres. Lyons 1554.

In Euclidis elementa geometriae demonstrationum libri sex. Lyons 1557.

Commentarii tres, primus de dimensione circuli, secundus de contactu linearum, tertius de constitutione horoscopi. Basel 1563.

2. Teil auch Paris 1581, sowie als

Disquisitiones geometricae. Lyons 1567.

Literatur: Jugé, C.: Jacques Peletier du Mans (1517–1582). Essai sur sa Vie, son Oeuvre, son Influence. Paris 1907. Nachdruck: Genf: Slatkine Reprints 1970.

Peurbach, Georg Aunpeck von P. (3.2.2)

Geb. 30. Mai 1423 in Peuerbach, Oberösterreich, gest. 4. April 1461 in Wien.

Schriften

Algorithmus (gedruckt in Wien um 1510).

Tractatus super propositiones Ptolemaei de sinibus et cordibus (gedruckt Nürnberg 1541).

Theoricae novae planetarum (gedruckt durch Regiomontan, Nürnberg 1472).

Epitoma Almagesti Ptolemaei. Buch I–VI. Die Bücher VII–XIII hat Regiomontan nach dem Tode von Peurbach bearbeitet.

Literatur

Grössing (5.1.3.3): Humanistische Naturwissenschaft. S. 79 ff.

Rose (5.1.3.3): Ital. Renaissance of Math., Kap. 4.

Vogel, K. 73.1: Der Donauraum.

Zinner, E.: Leben und Wirken des Johannes Müller von Königsberg, genannt Regiomontanus. München 1938. 2. Aufl. Osnabrück 1968. S. 18–33.

Philoponos, Johannes (1.3; A.u.O., S. 247)

Anf. d. 6. Jh. n. Chr.

Literatur: Böhm, W.: Johannes Philoponos. Ausgewählte Schriften. Deutsche Übers. München, Paderborn, Wien: Schöningh 1967.

T: Endlichkeit der Zeit und der Welt 2.5.2.

Pierre de Maricourt (Petrus Peregrinus) (2.4.5)

Geb. wahrscheinlich in Maricourt (Méharicourt) in der Picardie. Nahm 1269 an der Belagerung von Lucera teil.

Epistola Petri Peregrini de Maricourt ad Sygerum Militem, de Magnete. Ed. G. Hellmann in *Rara magnetica.* Berlin 1898, II, 1, Kap. 2.

Auch in: G. Libri: Histoire des sciences mathématiques en Italie. Bd. 2, 1865, S. 487–505.

Engl. Übers. in E. Grant: A Source Book in Medieval Science. Cambridge. Mass.: Harvard Univ. Press 1974.

Literatur

Timoteo Bertelli Barnabita: Sopra Pietro Peregrino et sua Epistola de Magnete. Bull. Boncompagni **1**, 1868, besonders S. 70–99.

Schlund, E.: Petrus Peregrinus von Maricourt. Sein Leben und seine Schriften. Archivum Franciscanum Historicum **4**, 1911, S. 436–455, 633–643.

Klemm, F.: Technik, 1954, S. 81–84.

Plato von Tivoli (Plato Tiburtinus) (2.2.1)

Arbeitete zwischen 1132 und 1146 in Barcelona.

Übersetzte astronomische und mathematische Werke aus dem Arabischen ins Lateinische, zeitweise (1132–1136) gemeinsam mit Savasorda.

Platon (A.u.O., S. 247)

427–348/347 in Athen.

T: Bedeutung und Grundlagen der Mathematik 1.1.1 – Theorie des Sehens 1.1.2.1.

Plinius (C. Plinius Secundus der Ältere) (1.2.2.1; A.u.O., S. 248)

Geb. 23/24 n. Chr. in Novum Comum (Como am Comer See), gest. 25. Aug. 79 in Misenum, beim Ausbruch des Vesuv.

Naturalis historiae libri XXXVII. Ed. mit deutscher Übers. R. König und G. Winkler. Heimeran Verlag. Seit 1973. – Im Anhang zu Buch I Biographie und Verzeichnis anderer Ausgaben.

Priscianus (3.4)

Um 500 n. Chr. Aus Mauretanien, lehrte in Konstantinopel; schrieb *Institutiones grammaticae*.

Proklos Diadochos (1.3; A.u.O., S. 349)

Geb. 410/411 in Byzanz, gest. 17. April 485 in Athen.

Procli Diadochi in primum Euclidis Elementorum librum commentarii. Ed. G. Friedlein. Leipzig: Teubner 1873. (Auf diese Ausgabe beziehen sich die Seitenzahlen im Text.) – Deutsch von L. Schönberger, ed. M. Steck. Halle 1945.

Frühere Ausgaben (S. 4.2.1): Lat.: Zamberti 1505. – Griech. Grynaeus 1533. – Lat. Barocius 1560. Commandino 1572.

Ptolemaios, Klaudios (A.u.O., S. 252)

Lebte um 100–170 n. Chr. in Alexandria.

Op.: *Claudii Ptolemaei Opera quae exstant omnia*. Leipzig: Teubner.

Bd. 1: *Synatxis mathematica*. Ed. J. L. Heiberg. 2 Teile 1898, 1903. (Almagest).

Deutsch von K. Manitius: Ptolemäus: Handbuch der Astronomie. 1911. 2. Aufl. Leipzig: Teubner 1963.

Bd. 2.: *Opera astronomica minora*. Ed. J. L. Heiberg 1907.

Hypotheses planetariae. Analemma. Planisphaerium.

Bd.3.1: *Apotelesmatika*. Ed. F. Boll und A. Boer. 1957. (Tetrabiblos)

Bd.3.2: *Peri kriteriou kai hegemonikou*. Ed. F. Lammert. 1952.

L'Optique de Claude Ptolémée dans la version latine d'après l'arabe de l'émir Eugène de Sicile. Ed. A. Lejeune. Louvain 1956. Université de Louvain, Recueil de travaux d'histoire et de philologie, 4e Série, Fasc. 8.

Geographia. Ed. C. F. A. Nobbe. 3 Bde. Leipzig 1843, 1845.

von Mzik, H., F. Hopfner: Des Klaudios Ptolemaios Einführung in die darstellende Erdkunde. 1. Teil. Theorie und Grundlagen. Wien: Gerold 1938. (Klotho. Historische Studien zur feudalen und vorfeudalen Welt. Bd. 5.)

Biogr. von F. Krafft in: „Die Großen der Weltgesch." Bd. 2, 1972, S. 418–467.

T: Lichtbrechung 1.1.2.1 – Zur Isoperimetrie 1.1.2.3 – Gerät zur Messung der Sonnenhöhe; Quadrant 1.1.2.6 – Gradnetzkonstruktion 3.1.3.5.

Pythagoras (A.u.O., S. 253)

Geb. um 600 oder 570 in Samos, gest. um 509 in Metapont.

T: Bedeutung der Zahlen – Die vier Mathemata 1.1.1.

Quintilianus, Marcus Fabius (1.2.2.3)

Geb. um 35 n. Chr. in Calagurris (heute Calaharro) am Ebro, gest. um 95 in Spanien.

Q. erhielt seine Ausbildung in Rom, wirkte nach 57 als Lehrer in seiner Heimat, wurde 68 nach Rom berufen, erhielt unter Vespasian (69–79) eine staatlich bezahlte Professur für Rhetorik, die er zwanzig Jahre lang bekleidete. Um 90 zog er sich in seine Heimat zurück. – Wahrscheinlich war Tacitus sein Schüler.

Hauptwerk:

Institutio oratoria. 12 Bücher, erschienen etwa 95. Ed. W. Winterbottom. 2 Bde. Oxford: University Press 1970.

Literatur:

Seel, O.: Quintilian, oder die Kunst des Redens und Schweigens. Stuttgart: Klett-Cotta 1977.

Ramus, Petrus (Pierre de la Ramée) (4.1.4.3)

Geb. 1515 in Cuts bei Soissons, gest. 26. Aug. 1572 in Paris.

Dialecticae Institutiones. Aristotelae Animadversiones. Paris 1543. Faksimile-Neudruck, ed. W. Risse. Stuttgart-Bad Cannstadt: Friedrich Frommann Verlag. 1964.

Euclidis elementa Mathematica. trad. P. Ramus. Paris 1545. (Ob eine frühere Ausgabe 1541 existiert, ist fraglich.)

Arithmeticae libri tres. Paris 1555.

Arithmeticae libri tres. Paris 1557.

Algebra. Paris 1560. (Anonym, aber mit Sicherheit Ramus zuzuschreiben.)

Arithmeticae libri duo, Geometriae septem et viginti. Basel 1569.

Scholarum mathematicarum libri unus et triginta. Basel 1569.

Literatur

Verdonk, J. J.: Petrus Ramus en de wiskunde. Academisch Proefschrift. Assen 1966.

Ong, W.J.: Method and the Decay of Dialog. Cambridge/Mass. 1958. Harvard Univ. Press.

T: Geometrische Definitionen 4.2.1.

Regiomontanus, Johannes Molitoris (Müller) (3.2.3)

Geb. 6. Juni 1436 in Königsberg (Franken), gest. 8. Juli 1476 in Rom.

1447 ist ein Johannes Molitoris an der Universität Leipzig eingeschrieben. Meist wird angenommen, daß dieser mit Regiomontan identisch ist, der damals 11 Jahre alt war, aber schon für 1448 ein astronomisches Jahrbuch berechnete. E. Rosen äußert im DSB die Vermutung, daß es damals zwei Personen mit dem Namen Johannes Müller gegeben haben könnte.

Op.: *Joannis Regiomontani opera collectanea.* Faksimiledruck von neun Schriften Regiomontans und einer von ihm gedruckten Schrift seines Lehrers Purbach. Ed. F. Schmeidler. Osnabrück 1972.

Darin

1. Das Horoskop für die Kaiserin Leonore.
2. *An terra moveatur an quiescat.* (Nur 3 Seiten. Ablehnung der Erdbewegung)
3. *Oratio habita Patavii in praelectione Alfragani.* (Einleitungsrede zu einer astronomischen Vorlesung: Über die Entwicklung der mathematischen Wissenschaften. Gehalten 1464, veröffentlicht Nürnberg 1537).
4. *Epytoma . . . in almagestum ptolemei.* 13 Bücher.

5a. *De triangulis omnimodis libri quinque.* (Verfaßt 1462–1464, ediert 1533). Faksimiledruck mit englischer Übersetzung: B. Hughes: Regiomontanus on Triangles. Madison, Milwaukee, London 1967.

5b. *De quadratura circuli dialogus.*

6. (*Dialogus inter Viennensem et Cracoviensem adversus Gerardum Cremonensem in planetarum theoricas deliramenta*)
7. (Verzeichnis der Werke, deren Druck geplant war. – Wahrscheinlich 1473/74)
8. *Ephemerides Anni 1475.*
9. *Scripta clarissimi mathematici M. Joannis Regiomontani.* Ed. J. Schoner, Nürnberg 1544.
10. *Theoricae novae planetarum Georgii Purbachii.*

Weitere Schriften

1454–1462 Wiener Rechenbuch. – Teilweise ediert. (Teils Kopien aus älteren Werken, teils Eigenes)

nach 1460: Euklid-Bearbeitung. Unediert.

1461–1464: Archimedes-Handschrift. Unediert.

Mehrere astronomische und trigonometrische Tafeln.

Briefwechsel

Der Briefwechsel Regiomontan's mit Giovanni Bianchini, Jacob von Speier und Christian Roder. (M. Curtze: Urkunden zur Geschichte der Mathematik im Mittelalter und der Renaissance. Teil 1. S. 186–336) Leipzig 1902. Nachdruck New York, London 1968.

Literatur

von Braunmühl. A.: Geschichte der Trigonometrie, Teil 1, Kap. 7, § 1.

Clagett, M.: Archimedes in the Middle Ages. Bd. 3, 1978. Teil 3. (Darin Bericht über die Archimedes-Handschrift von Regiomontan).

Folkerts, M., 74.1: Regiomontans Euklidhandschriften. Sudhoffs Arch. **58**, 1974, S. 149–164.

– , 77: Regiomontanus als Mathematiker. Centaurus **21**, 1977, S. 214–245.

– , 80.1: Die mathematischen Studien Regiomontans in seiner Wiener Zeit. Regiomontanus-Studien, ed. G. Hamann. Österr. Akad. d. Wiss., Phil.-hist. Kl. Sitzungsber. 364. Bd., S. 175–209.
Grössing (5.1.3.3): Humanistische Naturwissenschaft. S. 117 ff.
Rose (5.1.3.3): Ital. Renaissance of Math., Kap. 4.
Vogel, K. 73.1: Der Donauraum . . .
Zinner, E.: Leben und Wirken des Johannes Müller von Königsberg, genannt Regiomontanus. München 1938. 2. Aufl. Osnabrück 1968.
T: Kubische Gleichung 3.3.2.

Reisch, Gregor (3.4)

Geb. etwa 1470 in Balingen (Württ.), gest 9. Mai 1525 in Freiburg i. Br.
Margarita Philosophica, totius Philosophiae Rationalis, Naturalis et Moralis principia dialogice duodecim libris complectens. Freiburg 1503.
Benutzt wurden die Ausgaben Freiburg und Straßburg 1504. Weitere Ausgaben (nach von Srbik) 1508, 1512, 1517, 1535, 1583, 1599, 1600.
Becker, U. (Ed.): Gregorius Reisch. Die erste Enzyklopädie aus Freiburg um 1495. Die Bilder der „*Margarita Philosophica*" des Gregorius Reisch, Prior der Kartause. Freiburg: Herder 1970.
Literatur
Münzel, G.: Der Kartäuserprior Gregor Reisch und die *Margarita philosophica.* Freiburg: Waibel 1937.
Robert Ritter von Srbik: Die *Margarita philosophica* des Gregor Reisch († 1525). Ein Beitrag zur Geschichte der Naturwissenschaften in Deutschland. Denkschriften der Akad. d. Wiss. Wien, Math.-nat. Kl., Bd. 104. 1941. (Biographie; Besprechung hauptsächlich des naturwissenschaftlichen Teils.)
T: Definition der Geometrie 1.1.2.8 – Polygonalzahlen als Flächeninhalt 1.2.1.2 – Bedeutung des Quadriviums 1.2.2.8 – Jakobstab 2.5.7.

Ries, Adam (4.1.1)

Geb. 1492 in Staffelstein, gest. 30. März 1559 in Annaberg.
Schriften
1518 *Rechnung auff der linihen gemacht durch Adam Riesen vonn Staffelsteyn in massen man es pflegt tzu lern in allen rechenschulen gruntlich begriffen anno 1518.* – 2. Aufl. 1525.
1522 *Rechenung auff der linihen vnd federn in zal/maß vnd gewicht auff allerley handierung gemacht vnd zusamen gelesen durch Adam Riesen vō Staffelsteyn Rechenmeyster zu Erffurdt im 1522. Jar.*
1524 *Die Coß.* Hrsg. von. B. Berlet (s. u.)
1550 *Rechenung nach der lenge auff den Linihen vnd Feder. Darzu forteil vnd behendigkeit durch die Proportiones/Practica genant/. Mit grüntlichem vnterricht des visierens. Durch Adam Riesen.* Faksimile-Nachdruck Hildesheim: Gerstenberg 1976.
1574 *Adam Risen Rechenbuch/auff Linien vnd Ziphren/in allerley Handthierung/Geschäfften vnd Kauffmanschaft.* Frankfurt 1574.
Literatur
Berlet, B.: Adam Riese, sein Leben, seine Rechenbücher. Die Coß von Adam Riese. Leipzig, Frankfurt 1892.
Deubner, F.: . . . nach Adam Riese. Leben und Wirken des großen Rechenmeisters. Leipzig, Jena 1959.
Roch, W.: Adam Ries. Ein Lebensbild des großen Rechenmeisters. Frankfurt: Herfurth 1959.
Vogel, K.: Adam Riese, der deutsche Rechenmeister. – Deutsches Museum, Abhandlungen und Berichte. 27. Jg. 1959, Heft 3. München: Oldenbourg 1959.
Vogel, K.: Nachlese zum 400. Todestag von Adam Ries(e). – Praxis der Math. **1**, 1959, S. 85–88.

Ritter, Franciscus (1.4.7)

„ein Prediger und Mathematicus von Nürnberg, studierte in Altdorf nebst der Theologie auch die mathematischen Wissenschaften, wurde darauf Pfarrer in Stöckelsberg im Pfältzischen ohnweit Altdorf, schrieb *speculum solis, de astrolabio* etc. und im Deutschen eine Beschreibung eines neuen Qvadranten, mit welchem man allerley Höhe und Länge ohne einige Rechnung abmessen kann, und starb um 1641". [Jöcher, Allgemeines Gelehrten-Lexikon, 3. Teil 1761, Sp. 2115.]

Astrolabium, das ist gründliche Beschreibung und Vnterricht . . . Nürnberg, *Auffs New wider aufgelegt.* Das Jahr der Abfassung ist in der folgenden Form angegeben: ALLeIn zV DIr HERR steht MeIn hoffnVng.
Die im Druck hervorgehobenen Buchstaben sind als römische Zahlzeichen zu lesen: LLIVDIMIV = 1613.

Robert von Chester (auch: *Ketenensis*) (2.2.5)
1. Hälfte des 12. Jh.
Robert of Chester's Latin Translation of the Algebra of al-Khowarizmi. Ed. L. Ch. Karpinski. London: Macmillan Comp. 1915. Neue Ausgabe von Hughes s. bei al-Ḫwārizmī.
Literatur
Haskins, C. H.: Studies in the History of Mediaeval Science. S. 120–123. (Dort auch Angabe weiterer Schriften)

Roder, Christian (3.2.3)
Geb. in Hamburg; war Magister (Prof. der Mathematik) an der Universität Erfurt, dort 1463 Dekan der Artistenfakultät und (1471, als Regiomontan an ihn schrieb) Vorstand einer reichhaltigen Bibliothek.
Literatur: Curtze, 1902: Der Briefwechsel Regiomontans . . .

van Roomen, Adriaan (Adrianus Romanus) (4.1.5.3)
Geb. am 29. Sept. 1561 in Löwen, gest. am 5. Mai 1615 in Mainz.
Biographie: P. Bockstaele in: National biografisch woordenboek. Brussels 1966. Sp. 751–765.

Roriczer, Matthäus (3.1.2.1)
Gest. um 1492/95 in Regensburg.
Er arbeitete etwa seit 1462 in Nürnberg, Eßlingen und Eichstätt, wurde 1480 Dombaumeister in Regensburg.
Schriften
Das Büchlein von der Fialen Gerechtigkeit. Regensburg 1486.
Die Geometria Deutsch. Regensburg um 1487/88.
Faksimileausgabe mit Textübertragung: F. Geldner. Wiesbaden: Pressler 1965.

Roth, Peter (4.1.6.1)
Rechenmeister in Nürnberg, gest. 1617.
Arithmetica philosophica. Nürnberg 1608.

Rudolff, Christoff (4.1.1)
Geb. in Jauer (Schlesien), wohl um 1500, gest. vor 1543, wohl in Wien.
Stifel nennt R. in dem 1543 geschriebenen Vorwort zum 3. Buch der *Arithmetica integra*: *iam in Christo quiescentem.*
Schriften
Behend und Hübsch Rechnung durch die künstreichen regeln Algebre/so gemeineklich die Coß genent werden. Argentori 1525. – Neuausgabe von M. Stifel. Königsberg 1553/54.
Künstliche Rechnung mit der Ziffer vnd mit den Zalpfennigen/samt der Wellischen Practica/vnd allerley fortheil auff die Regel de Tri. Wien 1526. Mehrere weitere Ausgaben.
Exempelbüchlin. Augsburg 1530. – Auch als Anhang zur „Künstlichen Rechnung" gedruckt, z. B. 1550.
Literatur
Kaunzner, W. 70.2: Über Christoff Rudolff und seine Coß.
– 71.1: Deutsche Mathematiker des 15. und 16. Jh. und ihre Symbolik.
Wappler, E. 99: Zur Geschichte der deutschen Algebra. Abh. z. Gesch. d. Math. **9**, 1899, S. 537–554.

de Sacrobosco, Johannes (2.3.3)
Geb. Ende des 12. Jh. in Holywood (?), gest. 1236 (?) in Paris
Algorismus vulgaris. Ed. M. Curtze: *Petri Philomeni de Dacia in algorismum vulgarem Johannis de Sacrobosco commentarium cum Algorismo ipso.* Kopenhagen: Høst. 1897. Neue Ausgabe: F. S. Pedersen: *Petri Philomenae de Dacia et Petri de S. Audomaro opera quadrivialia* (= *Corpus Philosophorum Danicorum Medii Aevi*, Pars 1, X:I), Kopenhagen 1983.

Tractatus de quadrante
Tractatus de sphaera. Ed. L. Thorndike: The Sphere of Sacrobosco and its Commentators. Chicago 1949. (Im 14. Jh. von Konrad von Megenberg ins Mittelhochdeutsche übersetzt.)
De computo eccelesiastico. Oder: *De anni ratione.* (Vorschlag zur Korrektur des Julianischen Kalenders)
Literatur: Pedersen, Olaf: In Quest of Sacrobosco. Journ. Hist. Astronom. **16**, 1985, S. 175–221.

Savasorda = Abraham bar Ḥiyya ha-Nasi (2.2.1)
Etwa 1070–1136, Barcelona.
Ha-Nasi bedeutet: der Fürst; der lat. Name Savasorda entstand aus seinem Titel *Sahib al-šurta* = Führer der Wache.
S. wirkte mit an der Übersetzung arabischer astronomischer Werke, z. T. in Zusammenarbeit mit Plato von Tivoli. Er schrieb in hebräischer Sprache mehrere astronomische Werke und ein Buch über praktische Geometrie:
Ḥibbur ha-mešiḥa we-ha-tišboret, das 1145 von Plato von Tivoli ins Lat. übersetzt wurde, Titel: *Liber embadorum* (Buch der Messungen).
Ed. mit deutscher Übersetzung in: M. Curtze: Urkunden zur Geschichte der Mathematik im Mittelalter und der Renaissance. Abh. zur Gesch. der mathem. Wissenschaften. 12. Heft. Leipzig: Teubner 1902.
Literatur
Steinschneider, M.: Die Mathematik bei den Juden. Bibl. Math. Neue Folge **10**, 1896, S. 33–38.

van Schooten, Frans, der Jüngere (s. bei Descartes und Viète)
Geb. um 1615 in Leiden, gest. 29. Mai 1660 in Leiden.
1631 Studium in Leiden, 1641–43 Reisen nach Paris, England und Irland, dann Prof. der Math. an der Ingenieurschule in Leiden. Zu seinen Schülern gehörten Huygens und Hudde.
Werke
1646 Ed. der *Opera Mathematica* von Viète. Leiden: Elzevier.
1649 Ed. der *Geometrie* von Descartes mit Kommentaren. Leiden: Elzevier. Vermehrte Ausgabe 1659.
1657 *Exercitationum Mathematicarum libri quinque. Quibus accedit Christiani Hugenii Tractatus de Ratiociniis in Aleae Ludo.*
Literatur
Hofmann, J. E.: Frans van Schooten der Jüngere. Wiesbaden: Steiner 1962. (Reihe Boethius, Bd. 9.)

Schreyber, Heinrich (Grammateus) (4.1.1)
Geb. 1492/96 (?) in Erfurt, gest. 1525 in Wien.
Literatur
Müller, Christian Friedrich: Henricus Grammateus und sein *Algorismus de integris.* Beilage zum Jahresberichte des Gymnasiums zu Zwickau 1896.
Kaunzner, W., 70.5: Über die Algebra bei Heinrich Schreyber. Verhandlungen des Historischen Vereins für Oberpfalz und Regensburg **110**, 1970, S. 227–239.

Simplikios (1.3; A.u.O., S. 254)
6. Jh. n. Chr. Schüler des Ammonios. Lebte dann in Athen, zeitweise in Persien.

de Sorbon, Robert (2.3.4)
Geb. 9. Okt. 1201 in Sorbon bei Rethel, gest. 15. Aug. 1274 in Paris.
Er war Kanoniker in Cambrai, dann Kaplan des Königs Ludwigs des Heiligen, 1258 Kanoniker der Kirche von Paris und Kanzler der Universität. [La Grande Encyclopédie. Paris. Bd. 30.]

Stevin, Simon (4.1.4.4)
Geb. 1548/49 in Brügge, gest. 20. Febr./18. April 1620 in Den Haag.
Op.: Les Oeuvres Mathématiques de Simon Stevin de Bruges. Le tout revenue, corrigé et augmenté par Albert Girard, Samielois, Mathématicien. Leiden: Elzevier 1634.
The Principal Works of Simon Stevin. Amsterdam: Zeitlinger. Faksimile-Ausgabe von Auszügen, bei holländischen Texten mit englischer Übersetzung.
Bd. 1. General Introduction. The Life and Works of Simon Stevin. (Ausführliches Verzeichnis der Werke, Ausgaben und Übersetzungen.) Mechanics. Ed. E. J. Dijksterhuis. 1955.

Bd. 2. A, B. Mathematics. Ed. D. J. Struik. 1958.
Bd. 3. Astronomy. Ed. A. Pannekoek. – Navigation. Ed. E. Crone. 1961.
Bd. 4. The Art of War. Ed. W. H. Schukking. 1964.
Bd. 5. The Works of Engineering. Ed. R. J. Forbes. – Music. Ed. A. D. Fokker. – Civil Life. Ed. A. Romein-Verschoor. 1966.
Deutsche Übersetzung von De Thiende von H. Gericke und K. Vogel, 65. Ostw. Kl. Neue Folge 1. Frankfurt a. M.: Akad. Verlagsges. 1965.
Biographie: Dijksterhuis, E. J.: Simon Stevin. 's-Gravenhage 1943. Engl. von R. Hooykaas und M. G. J. Minnaert. The Hague: M. Nijhoff 1970.

Stifel, Michael (4.1.4.2)

Geb. um 1487 in Esslingen, gest. 19. April 1567 in Jena.

Schriften

Ein Rechen Büchlin vom EndChrist. Apocalypsis in Apocalypsim. Wittemberg 1532.
Arithmetica Integra. Cum Praefatione Philippi Melanchthonis. Nürnberg 1544.
Deutsche Arithmetica. Inhaltend Die Haußrechnung. Deutsche Coß. Kirchrechnung. Nürnberg 1545.
Rechenbuch von der Welschen vnd Deutschen Practick. Nürnberg 1546.
Ein sehr wunderbarliche Wortrechnung, sampt einer mercklichen Erklärung ettlicher Zahlen Danielis, vnd der Offenbarung Sanct Johannis. (Königsberg) 1553.
Die Coß Christoffs Rudolffs. Die schönen Exempeln der Coß Durch Michael Stifel Gebessert vnd sehr gemehrt. Königsberg 1553.

Literatur

Cantor, M. in ADB, Bd. 36, 1893.
Hofmann, J. E. 67.2: Michael Stifel, der führende Algebraiker in der Mitte des 16. Jahrhunderts. Praxis d. Math. **9**, 1967, S. 121–123.
– 68.1: Michael Stifel (1487 ? –1567). Leben, Wirken und Bedeutung für die Mathematik seiner Zeit. Sudhoffs Arch. Beiheft 9. 1968. (Ausführliche Beschreibung des Inhalts der *Arithmetica integra.* Abbildungen der Titelblätter von Stifels Schriften.)
– 68.2: Michael Stifel. Zur Mathematikgeschichte des 16. Jh. Jahrbuch für Geschichte der oberdeutschen Reichsstädte. Esslinger Studien Bd. 14, S. 30–60.
Jentsch, W.: Michael Stifel – Mathematiker und Mitstreiter Luthers. NTM **23**, 1986, Heft. 1, S. 11–34.
Kamerau, G.: Artikel Stifel (Styfel) in der Realencyclopädie für protestantische Theologie und Kirche. Leipzig. Bd. 19, 3. Aufl. 1907, S. 4–28, und Bd. 24, 3. Aufl. 1913, S. 529.

Sturtz, Georg (4.1.1)

Geb. 1490 in Buchholz bei Annaberg, gest. 7. April 1548 in Erfurt.

Literatur: K. Vogel in: Adam Riese, der deutsche Rechenmeister. 1959.

Swineshead (Suisset), Richard (2.5.1)

Wird 1344 und 1355 als *fellow* des Merton College in Oxford genannt. *Liber calculationum*, geschrieben wahrscheinlich zwischen 1328 und 1350.

Literatur

Maier, Anneliese: An der Grenze von Scholastik und Naturwissenschaft.
Clagett: Science of Mechanics in the Middle Ages (5.1.2).

Tartaglia, Nicolo (Fontana) (4.1.2.2)

Geb. 1499/1500 in Brescia, gest. 17. Dez. 1557 in Venedig.

La Nova Scientia. Venedig 1537.
Euclide Megarense . . . di latino in volgar tradotto, con una ampla espositione dello istesso tradottore. Venedig 1543. (Erste italienische Euklid-Übersetzung).
Opera Archimedis. Venedig 1543. (Edition einiger Werke des Archimedes in der lat. Version von Wilhelm von Moerbeke.)
Quesiti et inventione diverse. Venedig 1546.
Risposto an Lodovico Ferrari. 1–4 Venedig 1547, 5–6 Brescia 1548. (Betr. den Streit um die kubische Gleichung)

Travagliata inventione. Venedig 1551.
General Trattato di numeri et misure. 6 Teile. Venedig 1556–1560.
T: Quadrant zur Messung der Neigung eines Geschützrohrs 1.4.7.

Theophilus (1.4.1)

2. Hälfte des 2. Jh. Bischof in Antiochia (Mesopotamien)
An Autolykos. Migne, PG, Bd. 6, Sp. 1023–1168. Deutsch von A. di Pauli, Bibl. d. Kirchenväter (2), Bd. 14, 1913.

Theophilus (1.4.4)

385–412 Bischof von Alexandria.

Thierry (Theodorich) von Chartres (2.1.2.4)

Geb. in der Bretagne, gest. um 1155 in Chartres.
Literatur und Editionen
Häring, N. M.: Commentaries on Boethius by Thierry of Chartres and his school. Toronto: Pontifical Institute of Mediaeval Studies. 1971.
Darin S. 553–575: *Tractatus de sex dierum operibus.*
Jeauneau, E.: „Lectio philosophorum". Recherches sur l'Ecole de Chartres. Amsterdam: Hakkert 1973. – (Sammlung von Aufsätzen aus den Jahren 1953–1969).
Darin S. 87–91: Le *Prologus in Eptatheucon* . . . (Mediaeval Studies **14**, 1954).

Thomas von Aquin (2.4.1)

Geb. 1224 in Roccasecca bei Aquino (in der Nähe von Neapel), gest. 7. März 1274 im Zisterzienserkloster Fossa nuova bei Terracina auf der Reise von Neapel zum Konzil zu Lyon.
Th. trat als Zwanzigjähriger in den Dominikanerorden ein, wurde Schüler von Albertus Magnus, 1253 Magister in Paris, lehrte in Orvieto. Viterbo, Rom, Paris (1269–1272) und Neapel.

Valla, Georg (4.2.1)

Geb. im Herbst 1447 in Piacenza, gest. 23. Jan. 1501 in Venedig.
Literatur
Heiberg, J. L.: Beiträge zur Geschichte Georg Valla's und seiner Bibliothek. 16. Beiheft zum Centralblatt für Bibliothekswesen. Leipzig: Harrassowitz 1896.
Darin: I. *Georgii Vallae vita per Johannem Cademustum Laudensem eius adoptivum filium.* (Mit ausführlichen Anmerkungen von Heiberg, auch einem Verzeichnis von Valla's Schriften.) – II. Briefe. – III. Die Bibliothek.

Varro, Marcus Terentius (1.2.1.2; A.u.O., S. 256/7)

Geb. 116 v. Chr. in Reate bei Rom, gest. 27 v. Chr.
Fragmente in Bubnov: Gerberti Opera Mathematica, App. VII.

Viète, François (4.1.5)

Geb. 1540 in Fontenay-le-Comte, gest. 23. Febr. 1603 in Paris.
Op. *Francisci Vietae Opera Mathematica.* Ed. Franciscus à Schooten. Leiden 1646. – Faksimile-Nachdruck mit Vorwort und Register von J. E. Hofmann. Hildesheim, New York: Olms 1970.
A Catalog of François Viète's Printed and Manuscript Works. W. Van Egmond in Folkerts, Lindgren: Mathemata, 1985, S. 359–396.

1a. *Canon Mathematicus.* 1b. *Universalium inspectionum liber.* Paris 1579. Nicht in Op.
2. *In artem analyticen isagoge.* Tours 1591. = Op., S. 1–12.
3. *Effectionum geometricarum canonica recensio.* Tours 1592. = Op., S. 229–239.
4. *Supplementum geometriae.* Tours 1593 = Op., S. 240–257.
5. *Variorum de rebus mathematicis liber VIII.* Tours 1593. = Op., S. 347–435.
6. *Zeteticorum libri quinque.* Tours 1593. Paris 1600. = Op., S. 42–81.
7. *Munimen adversus nova cyclometrica.* Paris 1594. = Op., S. 436–446.
8. *Pseudomesolabum.* Paris 1595. = Op., S. 258–285.

9. *Ad problema, quod omnibus Mathematicis totius orbis construendum proposuit Adrianus Romanus.* Paris 1595. = Op., S. 305–324.
10. *De numerosa potestatum resolutione.* Paris 1600. = Op., S. 162–228.
11. *Apollonius Gallus.* Paris 1600. = Op., S. 325–346.
12. *Relatio kalendarii vere Gregoriani.* Paris 1600. = Op., S. 447–503.
13. *Kalendarium gregorianum perpetuum.* Paris 1600. = Op., S. 504–533.
14. *Adversus Christophorum Clavium expostulatio.* Paris 1602. = Op., S. 540–544.
15. *De aequationum recognitione et emendatione.* Ed. A. Anderson, Paris 1615. = Op., S. 82–161.
16. *Ad angularium sectionum theoremata.* Ed. A. Anderson. Paris 1615. = Op., S. 286–304.
17. *Ad logisticen speciosam notae priores.* Ed. J. Beaugrand. Paris 1631. = Op., S. 13–41.

Unveröffentlicht: *Ad harmonicon coeleste.* Manuskript ca. 1600/03.

Neuere Übersetzungen

französisch:

Ritter, Frédéric: Oeuvres Mathématiques de François Viète de Fontenay. Manuskript. 5 Bde. ca. 1880. – *Isagoge* und *Notae priores*: Bull. Boncompagni **1**, 1868, S. 223–244, 245–276.

Grisard, J.: Zetetica (Nr. 6) in: François Viète, mathématicien de la fin du seizième siècle. Thèse de troisième cycle, École Pratique des Hautes Études. Paris 1968.

englisch

Witmer, T. R.: François Viète, The Analytic Art. Kent, Ohio 1983. (Die Schriften der *Nova algebra.* Nr. 2, 3, 4, 6, 10, 15, 16, 17.)

Ferrier, R.: The Exegetical Treatises of François Viète. Ph.D. Diss. Indiana University 1980. (*Effectiones geom., Suppl. geom.*)

Smith, J. Winfree: *Isagoge*, in Jacob Klein: Greek Mathematical Thought and the Origin of Algebra. Cambridge: The M.I.T. Press 1968.

deutsch

Reich, K., und H. Gericke: François Viète: Einführung in die neue Algebra. München: Fritsch 1973. (*Isagoge* und teilweise *Notae priores* und *Zetetica.*)

Literatur

Busard, H. L. L.: Über einige Papiere aus Viètes Nachlaß in der Pariser Bibliothèque Nationale. Centaurus **10**, 1964, S. 65–126.

Grisard, J.: François Viète, mathématicien de la fin du seizième siècle. Thèse Paris 1968.

Hofmann, J. E. 54: Fr. Viète und die Archimedische Spirale. Archiv d. Math. **5**, 1954, S. 138–147.
– 62.2: Über Viètes Beiträge zur Geometrie der Einschiebungen. Math.-phys. Sem.-Ber. **8**, 1962, S. 98–136.

Reich, K.: Quelques Remarques sur Marinus Ghetaldus et François Viète. Jugoslavenska Akademija Znanosti i Umjetnosti. Zagreb 1969.

Ritter, Frédéric: François Viète, inventeur de l'algebra moderne. Essai sur sa vie et son oeuvre. – La Revue occidentale philosophique, sociale et politique, second série, **10**, 1895, S. 234–274, 354–455.

Schneider, Ivo: François Viète. Biographischer Essay. In: Die Großen der Weltgeschichte. Bd. 5, S. 222–241.

T: Berührungswinkel 4.2.2.2 – „Berührungen" (Apollonius Gallus), Tangente an die Archimedische Spirale 4.2.4.

Villard de Honnecourt (2.4.7)

Geb. in Honnecourt (Picardie); Bauhüttenbuch etwa 1235. Ed.: H. R. Hahnloser: Villard de Honnecourt. Kritische Gesamtausgabe des Bauhüttenbuches ms. fr. 19093 der Pariser Nationalbibliothek. Wien: A. Schroll 1935.

Literatur: Klemm: Technik 1954, S. 78–81.

Vitruv (1.2.1.3; A.u.O., S. 257)

1. Jh. v. Chr., Rom.

De architectura libri decem. Benutzte Ausgabe: Zehn Bücher über Architektur. Lat. u. deutsch ed. C. Fensterbusch. Darmstadt: Wiss. Buchgem. 1964.

T: Chorobates 1.1.2.6 – Entfernungsmessung durch die Umdrehungen eines Wagenrades 1.1.2.6.

Vitruvius Rufus (1.2.1.6)

1./2. Jh. n. Chr. (?).
Geometrische Fragmente von Epaphroditus und V. R. ed. N. Bubnov: Gerberti Opera math. App. VII, S. 518 ff.

Wagner, Ulrich (3.3.1)

1457 und 1486/87 in Nürnberg als Rechenmeister genannt, gest. 1489/90.
Verfasser des Bamberger Rechenbuchs von 1483. – Faksimile-Ausgabe (ed. K. Elfering) mit Nachwort von J. J. Burckhardt. München: Graphos Verlag 1966. – Faksimile-Ausgabe mit Transkription und biographischen Angaben von E. Schröder. Berlin: Akademie-Verlag 1988. Lizenzausgabe Weinheim: VCH Verlagsgesellschaft.

Wallis, John (4.2.2.2)

Geb. 23. Nov. 1616 in Ashford (Kent), gest. 28. Okt. 1703 in Oxford.
Op.: *Opera Mathematica*. Oxford. Bd. 1: 1695, Bd. 2: 1693, Bd. 3: 1699.
In Bd. 1 u. a.:
Arithmetica Infinitorum. 1655/56.
Mathesis Universalis 1657.
In Bd. 2 u. a.:
Lat. Übers. von *Treatise on Algebra, both historical and practical*, 1685.
De angulo contactus et semicirculi tractatus. 1656; ergänzt 1685.
De Postulato quinto et Definitione Quinta Lib. 6 *Euclidis disceptatio geometrica*. (Darin: *Nasaraddini Demonstratio*, übersetzt von Edward Pocock).
Autobiographie 1696/97, ed. C. J. Scriba, Notes and Records of the Royal Society of London **25**, 1970, S. 17–46.
Literatur
Scott, J. F.: The Mathematical Work of John Wallis. London 1938. Nachdruck: New York: Chelsea 1981.
T: Negative Zahlen 4.1.4.2 – Berührungswinkel 4.2.2.2.

Widman, Johannes (3.3.1)

Geb. um 1460 in Eger, gest. nach 1498 in Leipzig (?). (Nachrichten aus späterer Zeit fehlen.)
Behend vnd hüpsch Rechnung vff allen Kauffmanschafften. Leipzig. 1489.
Literatur
Kaunzner, W. 68.1: Über Johannes Widman von Eger.
– 71.1: Deutsche Mathematiker des 15. und 16. Jh. und ihre Symbolik.
Wappler, E.: Zur Geschichte der Deutschen Algebra im 15. Jh. Programm Zwickau 1887.
– : Beitrag zur Geschichte der Mathematik. Abh. z. Gesch. d. Math. **5**, 1890, S. 147–169.
– : Zur Geschichte der deutschen Algebra. Abh. z. Gesch. d. Math. **9**, 1899, S. 537–554.

Wilhelm von Champeaux (2.1.2.1)

Geb. um 1070 in Champeaux bei Melun, gest. 18. Jan. 1121 in Châlons-sur-Marne. Gründer der Schule von St. Victor in Paris.
Biographie
Migne, PL Bd. 175. Abbé Flavien Hugonin: Essai sur la fondation de l'école de Saint-Victor de Paris.

Wilhelm von Moerbeke (2.4.1)

Geb. um 1215 (?), wahrscheinlich in Moerbeke an der Grenze von Flandern und Brabant, gest. vor dem 26. Okt. 1286.
Eine Liste seiner Übersetzungen zusammengestellt von E. Grant, findet sich in dessen Source Book in Medieval Science, S. 39–41.
Literatur: Clagett, M.: Archimedes in the Middle Ages, bes. Bd. 2.

Witelo (2.4.1)

Geb. um 1230/35 in Schlesien, gest. nach 1275, vermutlich im Kloster Witów bei Petrukau.

Optica, gedruckt 1535. Neue Ausgabe zusammen mit der Optik von Alhazen: *Opticae Thesaurus Alhazeni Arabis libri septem, nunc primum editi, item Vitellonis Thuringopoloni libri X, a Federico Risnero. Basileae* 1572.

Xylander = Wilhelm Holzmann (4.1.4.4)

Geb. 1532 in Augsburg, gest. 1576 in Heidelberg.
Deutsche Übersetzung der sechs ersten Bücher Euklids. 1562 (Basel, Augsburg).
Lat. Übersetzung der Arithmetik Diophants. 1575 (Basel).

al-Zarqālī (2.2.6)

Canones sive regule super tabulas Toletanas, übersetzt von Gerhard von Cremona, Auszüge ed. M. Curtze: Urkunden zur Geschichte der Trigonometrie im christlichen Mittelalter. Bibl. Math. (3), **1**, 1900, S. 337–347.

Zenodoros, 2. Jh. v. Chr. (1.1.2.3; A.u.O., S. 257)

Mathematiker und Astronom, wahrscheinlich Zeitgenosse von Apollonios und Diokles. (Nach Toomer, G. J.: The Mathematician Zenodoros. Greek, Roman, and Byzantine Studies. Duke Univ. Durham, North Carolina **13**, 1972, S. 177–192. Gleiche Angaben auch in Toomer, G. J.: Diocles on Burning Mirrors. Berlin, Heidelberg, New York: Springer 1976.)

Literatur zum isoperimetrischen Problem

Busard, H. L. L. (80): Der Traktat *De isoperimetris*, der unmittelbar aus dem Griechischen ins Lateinische übersetzt worden ist. Mediaeval Studies **42**, 1980, S. 62–88.

Schmidt, Wilhelm: Zur Geschichte der Isoperimetrie im Altertum. Bibl. Math. (3), **2**, 1901, S. 5–8.

Müller, Wilhelm: Das isoperimetrische Problem im Altertum mit einer Übersetzung der Abhandlung des Zenodoros nach Theon von Alexandrien. Sudhoffs Arch. **37**, 1953, S. 39–71.

Gericke, H.: Zur Geschichte des isoperimetrischen Problems. Math. Semesterberichte **29**, 1982, S. 160–187.

Stichwortverzeichnis

Es sind auch diejenigen Stellen angegeben, an denen nur gesagt ist, daß der genannte Begriff bei dem angegebenen Autor vorkommt.

FSC
www.fsc.org
MIX
Papier aus verantwortungsvollen Quellen
FSC® C083411

Bibliografische Information der Deutschen Nationalbibliothek
Die Deutsche Nationalbibliothek verzeichnet diese Publikation in der Deutschen Nationalbibliografie; detaillierte bibliografische Daten sind im Internet über http://dnb.d-nb.de abrufbar.

3. Auflage 2017

Sonderausgabe in einem Band mit 283 Abbildungen und 4 Kartenskizzen
Genehmigte Lizenzausgabe für marixverlag GmbH, Wiesbaden,

Umschlag: Anja Carrá, Weimar
Gesamtherstellung: CPI books GmH, Leck – Germany

ISBN: 978-3-86539-353-1

www.verlagshaus-roemerweg.de